西北五省区市售水果蔬菜农药残留报告

庞国芳　邱国玉　李　坚　主编

科学出版社

北　京

内 容 简 介

《西北五省区市售水果蔬菜农药残留报告》包括我国西北五省区 2020 年 8 类 20 种市售水果蔬菜农药残留侦测报告和膳食暴露风险与预警风险评估报告。分别介绍了市售水果蔬菜样品采集情况，液相色谱-四极杆飞行时间质谱（LC-Q-TOF/MS）和气相色谱-四极杆飞行时间质谱（GC-Q-TOF/MS）农药残留检测结果，农药残留分布情况，农药残留检出水平与最大残留限量(MRL)标准对比分析，以及农药残留膳食暴露风险评估与预警风险评估结果。

本书对从事农产品安全生产、农药科学管理与施用、食品安全研究与管理的相关人员具有重要参考价值，同时可供高等院校食品安全与质量检测等相关专业的师生参考，广大消费者也可从中获取健康饮食的裨益。

图书在版编目（CIP）数据

西北五省区市售水果蔬菜农药残留报告 / 庞国芳，邱国玉，李坚主编. —北京：科学出版社，2022.2

ISBN 978-7-03-071277-6

Ⅰ. ①西…　Ⅱ. ①庞…　②邱…　③李…　Ⅲ. ①水果-农药残留-研究报告-西北地区　②蔬菜-农药残留-研究报告-西北地区　Ⅳ. ①S481

中国版本图书馆 CIP 数据核字（2022）第 000823 号

责任编辑：杨　震　刘　冉/责任校对：杜子昂

责任印制：吴兆东/封面设计：北京图阅盛世

科学出版社 出版

北京东黄城根北街 16 号

邮政编码：100717

http：//www.sciencep.com

北京建宏印刷有限公司 印刷

科学出版社发行　各地新华书店经销

*

2022 年 2 月第　一　版　开本：787×1092　1/16

2022 年 2 月第一次印刷　印张：48 3/4

字数：1 160 000

定价：298.00 元

（如有印装质量问题，我社负责调换）

西北五省区市售水果蔬菜农药残留报告

编 委 会

主　编：庞国芳　邱国玉　李　坚

副主编：白若镔　吴福祥　申世刚　梁淑轩　常巧英　盖丽娟

编　委：（按姓名汉语拼音排序）

白若镔　常巧英　陈　敏　陈　婷　陈梦思　丁　辉

敦亚楠　冯　翀　盖丽娟　韩　晔　李　慧　李　坚

李晨曦　李晓春　李志俊　梁淑轩　刘笑笑　潘建忠

庞国芳　邱国玉　申世刚　苏　明　王二亮　王亚蓉

吴福祥　闫　君　闫文婷　杨志敏　张　婕　张　文

张虹艳　张菁菁　朱仁愿

前　言

食品安全是全球的重大民生问题，而食品中农药残留问题是引发食品安全事件的重要因素之一，尤其受到关注。欧盟、美国和日本等已制定了严格的农药最大残留限量（MRL）标准，我国《食品安全国家标准 食品中农药最大残留限量》规定了食品中 564 种农药的 10092 项 MRL，进一步加强了农药化学污染物残留监控。在关注农药残留对人类身体健康和生存环境造成新的潜在危害的同时，也对农药残留的检测技术、监控手段和风险评估能力提出了更高的要求。

作者团队此前围绕世界常用的 1200 多种农药和化学污染物展开多学科合作研究，例如，采用高分辨质谱技术开展无须实物标准品作参比的高通量非靶向农药残留检测技术研究；运用互联网技术与数据科学理论对海量农药残留检测数据的自动采集和智能分析研究；引入网络地理信息系统（Web-GIS）技术用于农药残留检测结果的空间可视化研究等，均取得了原创性突破，实现了农药残留检测技术信息化、检测结果大数据处理智能化、风险溯源可视化。

《西北五省区市售水果蔬菜农药残留报告》（以下简称《报告》）是上述多项研究成果综合应用于我国西北五省区农产品农药残留检测与风险评估的科学报告。为了真实反映西北五省区百姓餐桌上水果蔬菜中农药残留污染状况以及残留农药的相关风险，作者团队采用液相色谱-四极杆飞行时间质谱（LC-Q-TOF/MS）及气相色谱-四极杆飞行时间质谱（GC-Q-TOF/MS）两种高分辨质谱技术，从西北五省区 19 个城市（包括 4 个省会城市及 15 个水果蔬菜主产区城市）301 个采样点（包括超市、农贸市场、个体商户及电商平台等）随机采集了 8 类 20 种 2022 例市售水果蔬菜（均属于国家农药最大残留限量标准列明品种）样品进行了农药残留筛查，形成了西北五省区市售水果蔬菜农药残留检测报告。在此基础上，运用食品安全指数模型和风险系数模型，开发了风险评价应用程序，对上述水果蔬菜农药残留分别开展膳食暴露风险评估和预警风险评估，形成了 2020 年西北五省区市售水果蔬菜农药残留膳食暴露风险与预警风险评估报告。

为了便于查阅，本次出版的《报告》按我国西北五省区自然地理区域共分为 24 章：第 1～4 章为西北五省区总论，第 5～8 章为甘肃省，第 9～12 章为陕西省，第 13～16 章为青海省，第 17～20 章为宁夏回族自治区，第 21～24 章为新疆维吾尔自治区。

《报告》内容均采用统一的结构和方式进行叙述，对每个省区的市售水果蔬菜农药残留状况和风险评估结果均按照 LC-Q-TOF/MS 及 GC-Q-TOF/MS 两种技术分别阐述。主要包括：①市售水果蔬菜样品采集情况与农药残留检测结果；②农药残留检出水平与最大残留限量（MRL）标准对比分析；③水果蔬菜中农药残留分布情况；④水果蔬菜农药残留报告的初步结论；⑤水果蔬菜农药残留膳食暴露风险评估；⑥水果蔬菜农药残留预警风险评估；⑦水果蔬菜农药残留风险评估结论与建议。此外，还以附录形式介绍了农药残留风险评价模型。

本《报告》是国家市场监督管理总局科技计划项目（2021MK110）“高原夏菜农药

残留风险监测与质量控制研究”和兰州市食品药品检验检测研究院庞国芳院士工作站专项项目的研究成果之一。该项研究成果紧扣党的十九大提出的“实施健康中国战略”和国家“十四五”规划纲要第二十三章“强化全过程农产品质量安全监管”和第五十四章“严格食品药品安全监管”的主题，可为农药残留监管提供重要的技术和数据支撑。

本《报告》可供食品安全研究与管理、农产品生产加工、农药管理与施用的相关人员、政府监管部门及广大消费者阅读参考。

由于作者水平有限，书中不妥之处在所难免，恳请广大读者批评指正。

2021 年 12 月

目　录

第1章　LC-Q-TOF/MS 侦测西北五省区市售水果蔬菜农药残留报告

从西北五省区 19 个城市，随机采集了 2022 例水果蔬菜样品，使用液相色谱-飞行时间质谱（LC-Q-TOF/MS），进行了 842 种农药化学污染物的全面侦测（7 种负离子模式 ESI^-未涉及）。

1.1　样品概况

为了真实反映百姓餐桌上水果蔬菜中农药残留污染状况，本次所有检测样品均由检验人员于 2020 年 8 月至 10 月期间，从西北五省区 19 个城市的 301 个采样点，包括 70 个农贸市场、16 个电商平台、187 个个体商户和 28 个超市，以随机购买方式采集，总计 304 批 2022 例样品，从中检出农药 135 种，7679 频次。样品信息及西北五省区分布情况见表 1-1。

表 1-1　采样信息简表

采样地区	西北五省区 19 个城市
采样点（超市+农贸市场+个体商户+电商平台）	301
蔬菜样品种数	17
水果样品种数	3
样品总数	2022

1.1.1　样品种类和数量

本次侦测所采集的 2022 例样品涵盖蔬菜和水果 2 个大类，其中蔬菜 17 种 1722 例，水果 3 种 300 例。样品种类及数量明细见表 1-2。

表 1-2　样品分类及数量

样品分类	样品名称（数量）	数量小计
1. 蔬菜		1722
1）芸薹属类蔬菜	结球甘蓝（98），花椰菜（126），紫甘蓝（13）	237
2）茄果类蔬菜	辣椒（100），番茄（132），茄子（115）	347

续表

样品分类	样品名称（数量）	数量小计
3）瓜类蔬菜	西葫芦（109），黄瓜（100）	209
4）叶菜类蔬菜	芹菜（100），小白菜（99），小油菜（107），娃娃菜（101），大白菜（100），菠菜（121）	628
5）根茎类和薯芋类蔬菜	马铃薯（100）	100
6）豆类蔬菜	豇豆（101），菜豆（100）	201
2. 水果		300
1）仁果类水果	苹果（100），梨（100）	200
2）浆果和其他小型水果	葡萄（100）	100
合计	1.蔬菜 17 种 2.水果 3 种	2022

1.1.2 采样点数量与分布

本次侦测的 301 个采样点分布于西北 5 个省级行政区的 19 个城市，包括 5 个省会城市，14 个果蔬主产区城市。各地采样点数量分布情况见表 1-3。

表 1-3 西北五省区采样点数量

城市编号	省级	地级	采样点个数
农贸市场（70）			
1	甘肃省	武威市	9
2	甘肃省	天水市	1
3	甘肃省	兰州市	15
4	陕西省	西安市	1
5	陕西省	宝鸡市	2
6	宁夏回族自治区	中卫市	1
7	宁夏回族自治区	吴忠市	4
8	甘肃省	庆阳市	1
9	陕西省	咸阳市	1
10	宁夏回族自治区	银川市	3
11	青海省	海东市	2
12	甘肃省	白银市	6
13	甘肃省	张掖市	10
14	青海省	西宁市	9
15	甘肃省	定西市	5
总计			70

续表

城市编号	省级	地级	采样点个数
电商平台（16）			
1	新疆维吾尔自治区	乌鲁木齐市	16
	总计		16
个体商户（187）			
1	甘肃省	天水市	2
2	甘肃省	兰州市	73
3	陕西省	宝鸡市	7
4	陕西省	西安市	19
5	宁夏回族自治区	中卫市	7
6	陕西省	咸阳市	19
7	宁夏回族自治区	吴忠市	6
8	宁夏回族自治区	银川市	3
9	甘肃省	白银市	19
10	青海省	海东市	8
11	甘肃省	定西市	23
12	青海省	西宁市	1
	总计		187
超市（28）			
1	甘肃省	甘南藏族自治州	1
2	甘肃省	武威市	1
3	甘肃省	陇南市	2
4	甘肃省	兰州市	2
5	宁夏回族自治区	中卫市	2
6	陕西省	宝鸡市	1
7	甘肃省	庆阳市	1
8	宁夏回族自治区	银川市	5
9	甘肃省	平凉市	1
10	甘肃省	白银市	4
11	青海省	海东市	2
12	青海省	西宁市	2
13	甘肃省	定西市	4
	总计		28

1.2 样品中农药残留检出情况

1.2.1 农药残留监测总体概况

这次使用的检测方法是庞国芳院士团队最新研发的不需使用标准品对照，而以高分辨精确质量数（0.0001 *m/z*）为基准的 LC-Q-TOF/MS 检测技术，对于 2022 例样品，每例样品均侦测了 842 种农药化学污染物的残留现状。通过本次侦测，在 2022 例样品中共计检出农药化学污染物 135 种，检出 7679 频次。

1.2.1.1 19 个城市样品检出情况

统计分析发现，19 个采样城市中被测样品的农药检出率范围为 44.4%～100.0%。其中，有 13 个采样城市样品的检出率较高，超过了 80.0%，分别是：白银市、定西市、兰州市、平凉市、庆阳市、武威市、海东市、西安市、咸阳市、吴忠市、银川市、中卫市和乌鲁木齐市。平凉市、西安市和乌鲁木齐市的检出率最高，为 100.0%。甘南藏族自治州的检出率最低，为 44.4%，见图 1-1。

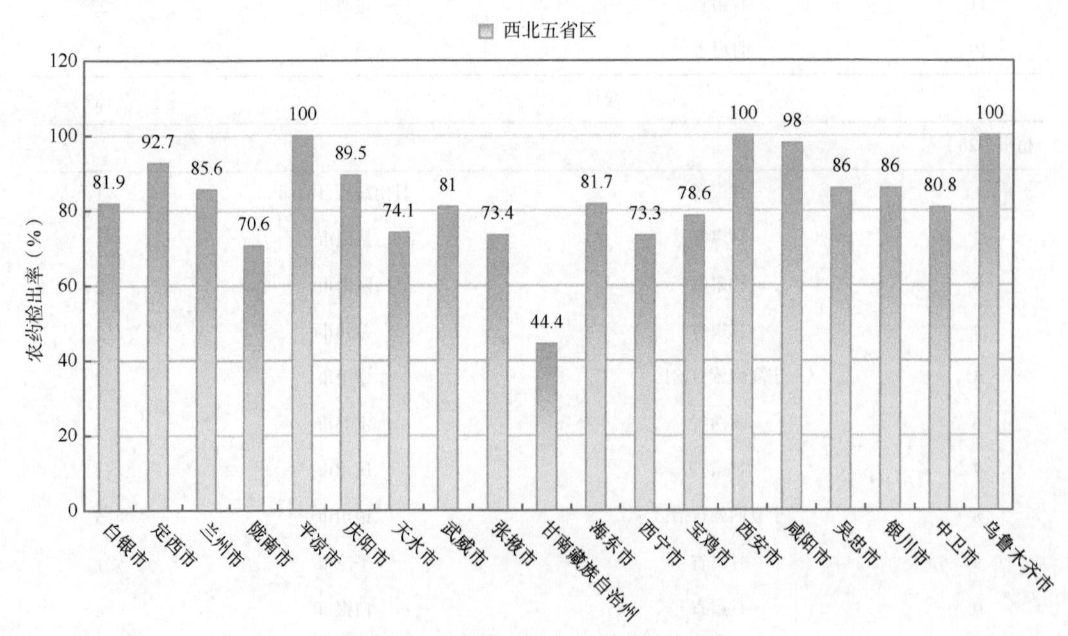

图 1-1 19 个重点城市农药残留检出率

1.2.1.2 检出农药品种总数与频次

统计分析发现，对于 2022 例样品中 842 种农药化学污染物的侦测，共检出农药 7679 频次，涉及农药 135 种，结果如图 1-2 所示。其中啶虫脒检出频次最高，共检出 639 次。

检出频次排名前 10 的农药如下：①啶虫脒（639），②烯酰吗啉（634），③多菌灵（419），④苯醚甲环唑（407），⑤吡唑醚菌酯（397），⑥噻虫嗪（358），⑦吡虫啉（352），⑧霜霉威（351），⑨噻虫胺（288），⑩灭蝇胺（221）。

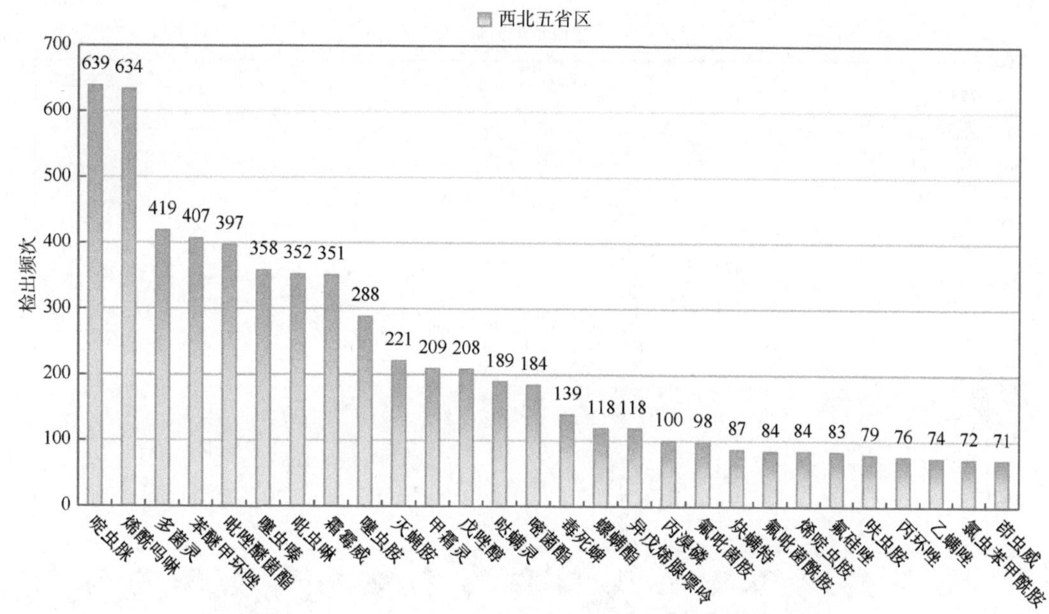

图 1-2　检出农药 135 种 7679 频次（仅列频次最高的 28 种农药）

由图 1-3 可见，番茄、芹菜、黄瓜、豇豆、菜豆、葡萄、小油菜、茄子、辣椒、梨、苹果、菠菜、小白菜、结球甘蓝、大白菜、西葫芦和花椰菜这 17 种果蔬样品中检出的农药品种数较高，均超过 30 种，其中，番茄和芹菜检出农药品种最多，均为 61 种。

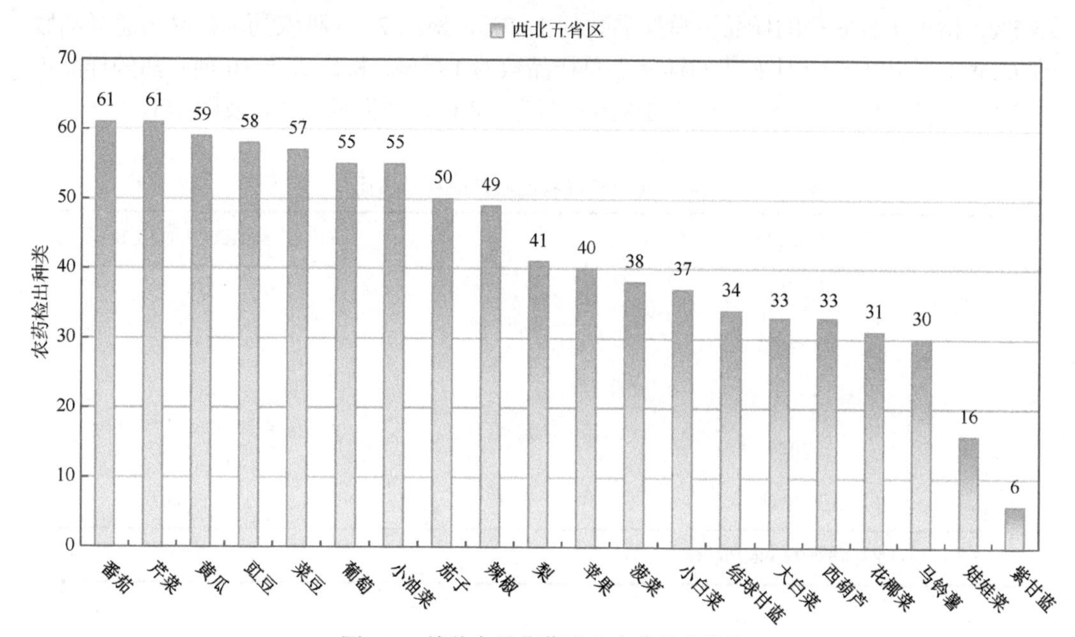

图 1-3　单种水果蔬菜检出农药的种类数

由图 1-4 可见，番茄、葡萄、黄瓜、小油菜、芹菜、茄子、豇豆、小白菜、苹果、菜豆、菠菜、梨、辣椒、大白菜、结球甘蓝、娃娃菜、西葫芦和马铃薯这 18 种果蔬样品中的农药检出频次较高，均超过 100 频次，其中，番茄检出农药频次最高，为 798 频次。

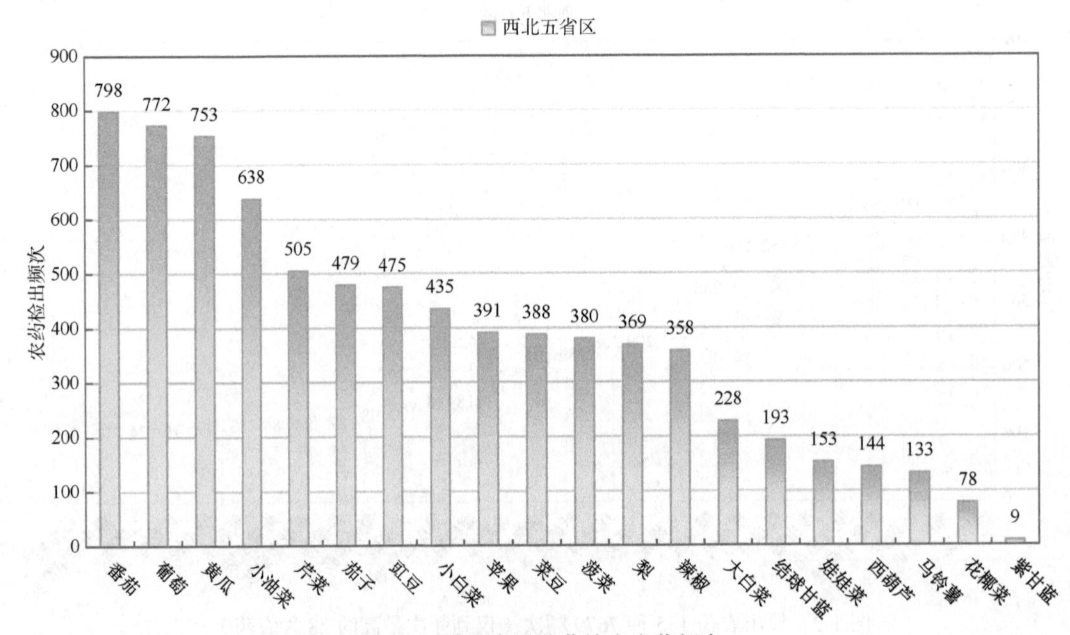

图 1-4　单种水果蔬菜检出农药频次

1.2.1.3　单例样品农药检出种类与占比

对单例样品检出农药种类和频次进行统计发现，未检出农药的样品占总样品数的 15.5%，检出 1 种农药的样品占总样品数的 14.7%，检出 2～5 种农药的样品占总样品数的 45.5%，检出 6～10 种农药的样品占总样品数的 18.5%，检出大于 10 种农药的样品占总样品数的 5.7%。每例样品中平均检出农药为 3.8 种，数据见表 1-4 及图 1-5。

表 1-4　单例样品检出农药品种及占比

检出农药品种数	样品数量/占比（%）
未检出	313/15.5
1 种	297/14.7
2～5 种	921/45.5
6～10 种	375/18.5
大于 10 种	116/5.7
单例样品平均检出农药品种	3.8 种

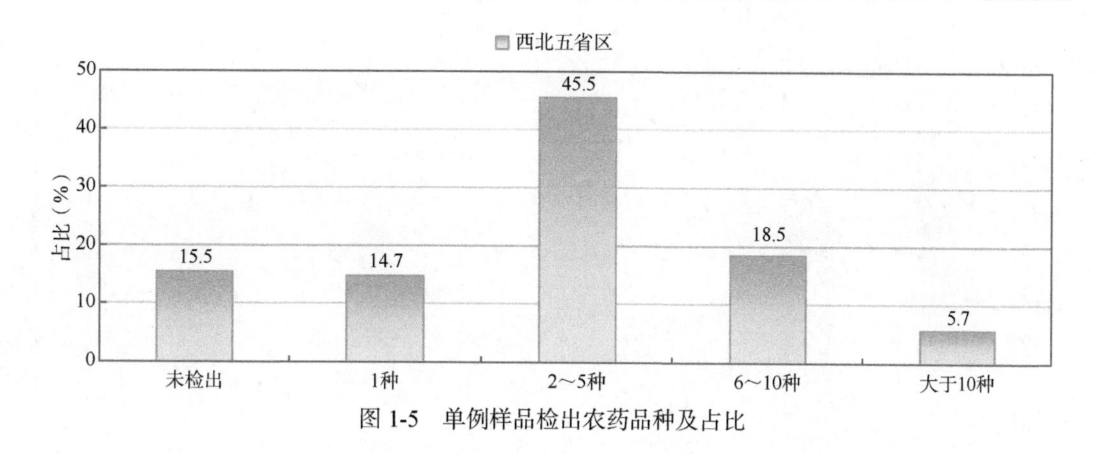

图 1-5　单例样品检出农药品种及占比

1.2.1.4　检出农药类别与占比

所有检出农药按功能分类，包括杀菌剂、杀虫剂、除草剂、杀螨剂、植物生长调节剂、灭鼠剂、杀线虫剂共 7 类 。其中杀菌剂与杀虫剂为主要检出的农药类别，分别占总数的 43.7%和 33.3%，见表 1-5 及图 1-6。

表 1-5　检出农药所属类别及占比

农药类别	数量/占比（%）
杀菌剂	59/43.7
杀虫剂	45/33.3
除草剂	13/9.6
杀螨剂	8/5.9
植物生长调节剂	8/5.9
灭鼠剂	1/0.7
杀线虫剂	1/0.7

1.2.1.5　检出农药的残留水平

按检出农药残留水平进行统计，残留水平在 1～5 μg/kg（含）的农药占总数的 45.8%，在 5～10 μg/kg（含）的农药占总数的 14.9%，在 10～100 μg/kg（含）的农药占总数的 31.1%，在 100～1000 μg/kg（含）的农药占总数的 7.5%，>1000 μg/kg 的农药占总数的 0.7%。

由此可见，这次检测的 304 批 2022 例水果蔬菜样品中农药多数处于较低残留水平。结果见表 1-6 及图 1-7。

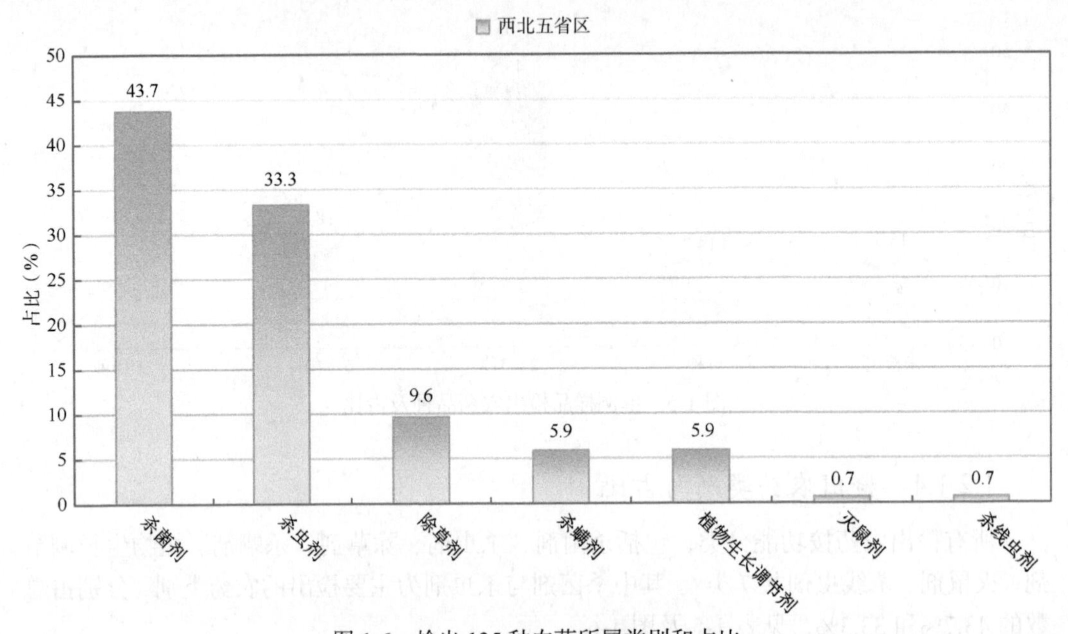

图 1-6　检出 135 种农药所属类别和占比

表 1-6　农药残留水平及占比

残留水平（μg/kg）	检出频次/占比（%）
1～5（含）	3516/45.8
5～10（含）	1146/14.9
10～100（含）	2391/31.1
100～1000（含）	573/7.5
>1000	53/0.7

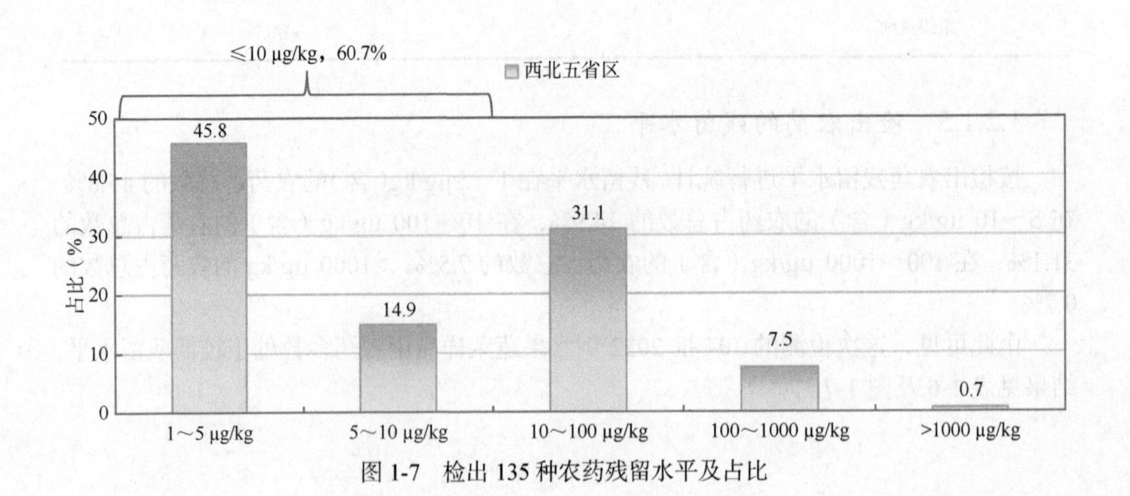

图 1-7　检出 135 种农药残留水平及占比

1.2.1.6 检出农药的毒性类别、检出频次和超标频次及占比

对这次检出的 135 种 7679 频次的农药，按剧毒、高毒、中毒、低毒和微毒这五个毒性类别进行分类，从中可以看出，西北五省区目前普遍使用的农药为中低微毒农药，品种占 91.9%，频次占 98.7%。结果见表 1-7 及图 1-8。

表 1-7 检出农药毒性类别及占比

毒性分类	农药品种/占比（%）	检出频次/占比（%）	超标频次/超标率（%）
剧毒农药	3/2.2	19/0.2	2/10.5
高毒农药	8/5.9	83/1.1	6/7.2
中毒农药	49/36.3	3397/44.2	11/0.3
低毒农药	45/33.3	2605/33.9	8/0.3
微毒农药	30/22.2	1575/20.5	2/0.1

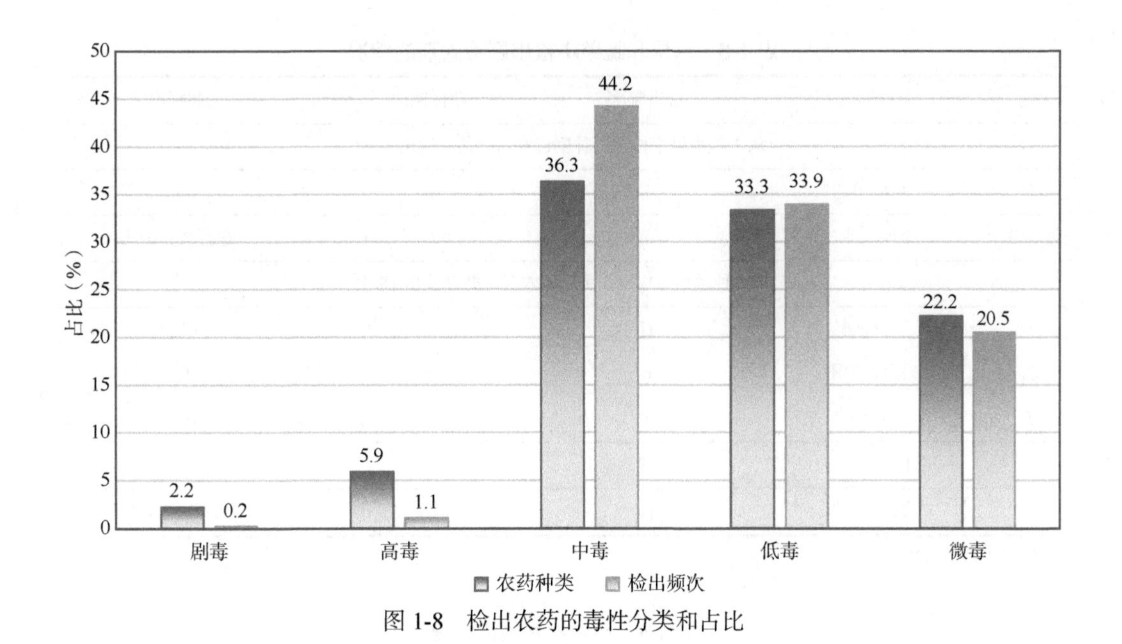

图 1-8 检出农药的毒性分类和占比

1.2.1.7 检出剧毒/高毒类农药的品种和频次

值得特别关注的是，在此次侦测的 2022 例样品中有 14 种蔬菜 2 种水果的 99 例样品检出了 11 种 102 频次的剧毒和高毒农药，占样品总量的 4.9%，详见图 1-9、表 1-8 及表 1-9。

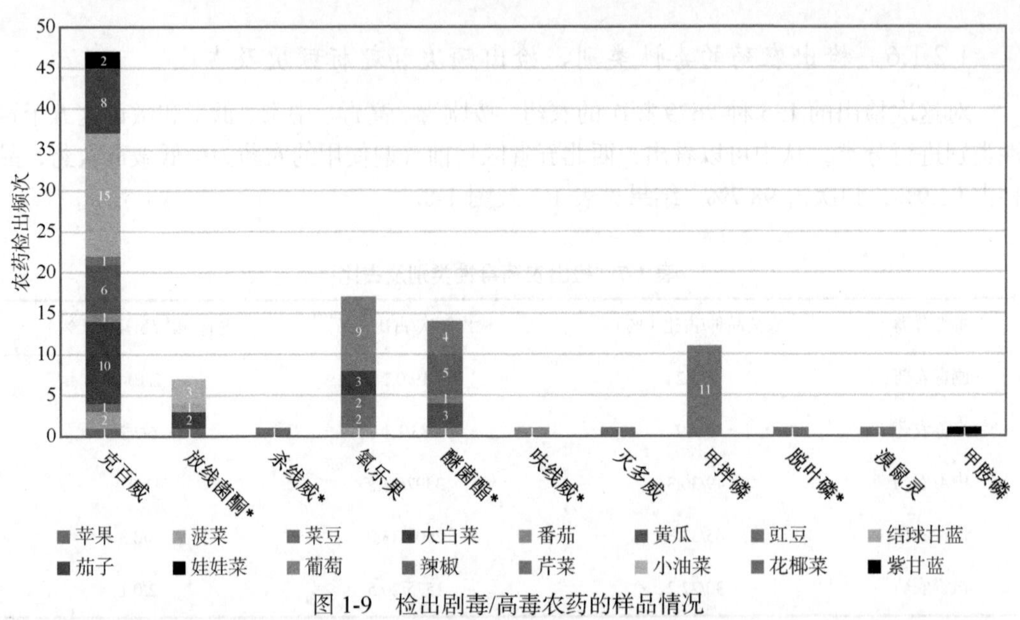

图 1-9 检出剧毒/高毒农药的样品情况

*表示允许在水果和蔬菜上使用的农药

表 1-8 水果和蔬菜中检出剧毒农药的情况

序号	农药名称	检出频次	超标频次	超标率
从 1 种水果中检出 1 种剧毒农药，共计检出 1 次				
1	放线菌酮*	1	0	0.0%
	小计	1	0	超标率：0.0%
从 5 种蔬菜中检出 3 种剧毒农药，共计检出 18 次				
1	甲拌磷*	11	2	18.2%
2	放线菌酮*	6	0	0.0%
3	溴鼠灵*	1	0	0.0%
	小计	18	2	超标率：11.1%
	合计	19	2	超标率：10.5%

* 表示剧毒农药

表 1-9 高毒农药检出情况

序号	农药名称	检出频次	超标频次	超标率
从 2 种水果中检出 4 种高毒农药，共计检出 12 次				
1	氧乐果	9	0	0.0%
2	克百威	1	0	0.0%
3	醚菌酯	1	0	0.0%
4	杀线威	1	0	0.0%
	小计	12	0	超标率：0.0%

续表

序号	农药名称	检出频次	超标频次	超标率
从 13 种蔬菜中检出 7 种高毒农药，共计检出 71 次				
1	克百威	46	3	6.5%
2	醚菌酯	13	0	0.0%
3	氧乐果	8	2	25.0%
4	呋线威	1	0	0.0%
5	甲胺磷	1	1	100.0%
6	灭多威	1	0	0.0%
7	脱叶磷	1	0	0.0%
	小计	71	6	超标率：8.5%
	合计	83	6	超标率：7.2%

在检出的剧毒和高毒农药中，有 6 种是我国早已禁止在水果和蔬菜上使用的，分别是：溴鼠灵、克百威、甲拌磷、甲胺磷、灭多威和氧乐果。禁用农药的检出情况见表 1-10。

表 1-10　禁用农药检出情况

序号	农药名称	检出频次	超标频次	超标率
从 3 种水果中检出 3 种禁用农药，共计检出 107 次				
1	毒死蜱	97	0	0.0%
2	氧乐果	9	0	0.0%
3	克百威	1	0	0.0%
	小计	107	0	超标率：0.0%
从 16 种蔬菜中检出 8 种禁用农药，共计检出 123 次				
1	克百威	46	3	6.5%
2	毒死蜱	42	4	9.5%
3	氟苯虫酰胺	13	0	0.0%
4	甲拌磷*	11	2	18.2%
5	氧乐果	8	2	25.0%
6	甲胺磷	1	1	100.0%
7	灭多威	1	0	0.0%
8	溴鼠灵*	1	0	0.0%
	小计	123	12	超标率：9.8%
	合计	230	12	超标率：5.2%

注：超标结果参考 MRL 中国国家标准计算

* 表示剧毒农药

此次抽检的果蔬样品中，有 1 种水果 5 种蔬菜检出了剧毒农药，分别是：苹果中检出放线菌酮 1 次；大白菜中检出放线菌酮 2 次；小油菜中检出放线菌酮 3 次；结球甘蓝中检出放线菌酮 1 次；花椰菜中检出溴鼠灵 1 次；芹菜中检出甲拌磷 11 次。

样品中检出剧毒和高毒农药残留水平超过 MRL 中国国家标准的频次为 8 次，其中：紫甘蓝检出甲胺磷超标 1 次；芹菜检出甲拌磷超标 2 次；茄子检出克百威超标 1 次，检出氧乐果超标 1 次；菠菜检出克百威超标 1 次；豇豆检出氧乐果超标 1 次，检出克百威超标 1 次。本次检出结果表明，高毒、剧毒农药的使用现象依旧存在。详见表 1-11。

表 1-11 各样本中检出剧毒/高毒农药情况

样品名称	农药名称	检出频次	超标频次	检出浓度（μg/kg）
水果 2 种				
苹果	克百威▲	1	0	18.4
苹果	杀线威	1	0	26.6
苹果	放线菌酮*	1	0	17.3
葡萄	氧乐果▲	9	0	7.1，1.3，2.8，1.1，1.7，2.9，1.4，4.0，6.3
葡萄	醚菌酯	1	0	4.5
小计		13	0	超标率：0.0%
蔬菜 14 种				
大白菜	克百威▲	10	0	1.5，3.8，1.6，1.2，3.3，4.0，8.7，1.1，1.4，4.0
大白菜	放线菌酮*	2	0	8.1，17.6
娃娃菜	克百威▲	2	0	3.5，2.4
小油菜	放线菌酮*	3	0	26.8，60.1，32.1
番茄	克百威▲	1	0	2.3
番茄	呋线威	1	0	1.8
番茄	醚菌酯	1	0	1.7
紫甘蓝	甲胺磷▲	1	1	220.3[a]
结球甘蓝	克百威▲	15	0	1.2，3.7，3.7，2.1，1.4，6.4，1.2，1.3，2.5，4.8，6.6，4.8，1.3，13.1，1.0
结球甘蓝	放线菌酮*	1	0	26.6
花椰菜	脱叶磷	1	0	1.4
花椰菜	溴鼠灵*▲	1	0	2.2
芹菜	醚菌酯	4	0	1.5，16.6，22.4，5.1
芹菜	甲拌磷*▲	11	2	72.7[a]，2.4，1.5，12.8[a]，1.4，3.6，3.6，1.7，2.0，3.0，2.1
茄子	克百威▲	8	1	35.6[a]，1.2，3.8，1.7，1.8，2.8，2.1，2.8
茄子	氧乐果▲	3	1	1.1，16.2，34.4[a]

续表

样品名称	农药名称	检出频次	超标频次	检出浓度（μg/kg）
菜豆	氧乐果▲	2	0	8.2，10.9
菜豆	克百威▲	1	0	13.2
菠菜	克百威▲	2	1	25.5[a]，8.8
菠菜	氧乐果▲	1	0	1.8
豇豆	氧乐果▲	2	1	9.6，45.0[a]
豇豆	克百威▲	1	1	155.6[a]
豇豆	灭多威▲	1	0	32.9
辣椒	醚菌酯	5	0	10.3，43.6，105.0，6.3，61.6
黄瓜	克百威▲	6	0	1.3，2.1，1.9，15.7，2.3，1.5
黄瓜	醚菌酯	3	0	5.7，8.3，17.9
小计		89	8	超标率：9.0%
合计		102	8	超标率：7.8%

* 表示剧毒农药；▲ 表示禁用农药；a 表示超标

1.2.2　西北五省区检出农药残留情况汇总

对侦测取得西北 5 个省级行政区的 19 个主要城市市售水果蔬菜的农药残留检出情况，项目组分别从检出的农药品种和检出残留农药的样品这两个方面进行归纳汇总，取各项排名前 10 的数据汇总得到表 1-12 至表 1-14，以展示西北五省区农药残留检测的总体概况。

1.2.2.1　检出频次排名前 10 的农药

表 1-12　西北五省区各地检出频次排名前 10 的农药情况汇总

序号	地区	行政区域代码	统计结果
1	西北五省区汇总		①啶虫脒（639），②烯酰吗啉（634），③多菌灵（419），④苯醚甲环唑（407），⑤吡唑醚菌酯（397），⑥噻虫嗪（358），⑦吡虫啉（352），⑧霜霉威（351），⑨噻虫胺（288），⑩灭蝇胺（221）
2	武威市	620600	①啶虫脒（29），②噻虫嗪（23），③噻虫胺（13），④霜霉威（13），⑤哒螨灵（12），⑥螺螨酯（10），⑦灭蝇胺（10），⑧戊唑醇（10），⑨吡虫啉（9），⑩丙溴磷（9）
3	天水市	620500	①烯酰吗啉（8），②苯醚甲环唑（6），③吡唑醚菌酯（6），④嘧菌酯（6），⑤戊唑醇（5），⑥吡虫啉（4），⑦己唑醇（4），⑧噻虫嗪（4），⑨霜霉威（4），⑩丙环唑（3）
4	甘南藏族自治州	623000	①苯醚甲环唑（1），②吡虫啉（1），③吡唑醚菌酯（1），④啶虫脒（1），⑤氟吡菌胺（1），⑥灭幼脲（1），⑦噻虫胺（1），⑧噻虫嗪（1），⑨烯酰吗啉（1）

续表

序号	地区	行政区域代码	统计结果
5	西安市	610100	①啶虫脒（57），②多菌灵（56），③霜霉威（39），④噻虫胺（38），⑤烯酰吗啉（36），⑥吡唑醚菌酯（31），⑦噻虫嗪（31），⑧戊唑醇（27），⑨苯醚甲环唑（25），⑩毒死蜱（25）
6	兰州市	620100	①烯酰吗啉（273），②啶虫脒（182），③多菌灵（132），④灭蝇胺（118），⑤吡唑醚菌酯（104），⑥霜霉威（104），⑦哒螨灵（89），⑧吡虫啉（87），⑨苯醚甲环唑（84），⑩甲霜灵（78）
7	中卫市	640500	①啶虫脒（43），②烯酰吗啉（27），③噻虫嗪（23），④吡唑醚菌酯（20），⑤苯醚甲环唑（18），⑥嘧菌酯（18），⑦灭蝇胺（16），⑧噻虫胺（15），⑨吡虫啉（11），⑩螺虫乙酯（11）
8	宝鸡市	610300	①苯醚甲环唑（30），②啶虫脒（29），③吡唑醚菌酯（25），④戊唑醇（23），⑤烯酰吗啉（17），⑥吡虫啉（15），⑦噻虫嗪（15），⑧嘧菌酯（14），⑨氯虫苯甲酰胺（13），⑩噻虫胺（12）
9	陇南市	621200	①吡虫啉（4），②啶虫脒（4），③苯醚甲环唑（2），④氟铃脲（2），⑤腈菌唑（2），⑥醚菌酯（2），⑦噻虫嗪（2），⑧烯酰吗啉（2），⑨吡蚜酮（1），⑩吡唑醚菌酯（1）
10	咸阳市	610400	①多菌灵（48），②吡唑醚菌酯（45），③噻虫胺（40），④啶虫脒（36），⑤苯醚甲环唑（35），⑥霜霉威（31），⑦甲霜灵（29），⑧吡虫啉（28），⑨毒死蜱（28），⑩噻虫嗪（28）
11	庆阳市	621000	①噻虫嗪（9），②烯酰吗啉（8），③吡唑醚菌酯（6），④啶虫脒（6），⑤噻虫胺（5），⑥霜霉威（5），⑦苯醚甲环唑（4），⑧多菌灵（3），⑨甲霜灵（3），⑩嘧菌酯（3）
12	吴忠市	640300	①吡虫啉（39），②烯酰吗啉（33），③苯醚甲环唑（31），④啶虫脒（26），⑤霜霉威（23），⑥氟硅唑（19），⑦噻虫嗪（19），⑧戊唑醇（18），⑨噻虫胺（13），⑩茚虫威（13）
13	银川市	640100	①烯酰吗啉（31），②啶虫脒（25），③苯醚甲环唑（23），④噻虫嗪（23），⑤吡唑醚菌酯（19），⑥噻虫胺（18），⑦嘧菌酯（12），⑧霜霉威（12），⑨戊唑醇（11），⑩肟菌酯（10）
14	乌鲁木齐市	650100	①啶虫脒（14），②多菌灵（11），③吡唑醚菌酯（7），④毒死蜱（7），⑤吡虫啉（5），⑥嘧菌酯（5），⑦烯酰吗啉（5），⑧乙螨唑（5），⑨苯醚甲环唑（4），⑩己唑醇（4）
15	白银市	620400	①啶虫脒（56），②烯酰吗啉（44），③苯醚甲环唑（34），④多菌灵（33），⑤霜霉威（28），⑥吡唑醚菌酯（27），⑦噻虫嗪（24），⑧吡虫啉（23），⑨噻虫胺（19），⑩毒死蜱（16）
16	海东市	630200	①烯酰吗啉（46），②苯醚甲环唑（45），③多菌灵（45），④吡唑醚菌酯（40），⑤啶虫脒（36），⑥霜霉威（32），⑦吡虫啉（31），⑧噻虫嗪（23），⑨啶酰菌胺（20），⑩嘧霉胺（19）
17	平凉市	620800	①烯酰吗啉（8），②啶虫脒（5），③噻虫嗪（4），④苯醚甲环唑（2），⑤吡虫啉（2），⑥吡蚜酮（2），⑦甲霜灵（2），⑧炔螨特（2），⑨噻虫胺（2），⑩吡唑醚菌酯（1）
18	定西市	621100	①多菌灵（39），②烯酰吗啉（34），③苯醚甲环唑（31），④吡唑醚菌酯（27），⑤啶虫脒（27），⑥吡虫啉（23），⑦霜霉威（21），⑧噻虫嗪（17），⑨噻虫胺（16），⑩戊唑醇（15）

续表

序号	地区	行政区域代码	统计结果
19	张掖市	620700	①啶虫脒（27），②噻虫嗪（23），③吡虫啉（19），④霜霉威（18），⑤烯酰吗啉（17），⑥丙溴磷（15），⑦苯醚甲环唑（12），⑧灭蝇胺（12），⑨毒死蜱（10），⑩噻虫胺（10）
20	西宁市	630100	①啶虫脒（33），②噻虫嗪（20），③烯酰吗啉（20），④吡虫啉（17），⑤苯醚甲环唑（14），⑥吡唑醚菌酯（10），⑦灭蝇胺（10），⑧螺螨酯（9），⑨多菌灵（8），⑩噻虫胺（8）

1.2.2.2 检出农药品种排名前10的水果蔬菜

表1-13 西北五省区各地检出农药品种排名前10的果蔬情况汇总

序号	地区	行政区域代码	分类	统计结果
1	西北五省区汇总		水果	①葡萄（55），②梨（41），③苹果（40）
			蔬菜	①番茄（61），②芹菜（61），③黄瓜（59），④豇豆（58），⑤菜豆（57），⑥小油菜（55），⑦茄子（50），⑧辣椒（49），⑨菠菜（38），⑩小白菜（37）
2	武威市	620600	水果	—
			蔬菜	①菜豆（28），②辣椒（26），③黄瓜（20），④芹菜（12），⑤番茄（11），⑥花椰菜（8），⑦马铃薯（5），⑧娃娃菜（3）
3	天水市	620500	水果	—
			蔬菜	①芹菜（19），②小油菜（12），③菜豆（7），④小白菜（7），⑤番茄（6），⑥辣椒（6），⑦茄子（4），⑧西葫芦（3），⑨花椰菜（2），⑩结球甘蓝（2）
4	甘南藏族自治州	623000	水果	—
			蔬菜	①小白菜（4），②辣椒（2），③芹菜（2），④番茄（1）
5	西安市	610100	水果	①葡萄（32），②苹果（22），③梨（18）
			蔬菜	①黄瓜（30），②菠菜（12）
6	兰州市	620100	水果	①葡萄（11），②苹果（2）
			蔬菜	①番茄（48），②小油菜（45），③豇豆（44），④菜豆（40），⑤茄子（31），⑥小白菜（31），⑦大白菜（27），⑧菠菜（21），⑨西葫芦（16），⑩娃娃菜（15）
7	中卫市	640500	水果	—
			蔬菜	①菜豆（27），②番茄（26），③茄子（24），④小油菜（23），⑤辣椒（14），⑥马铃薯（11），⑦芹菜（11），⑧西葫芦（10），⑨小白菜（8），⑩紫甘蓝（5）
8	宝鸡市	610300	水果	—
			蔬菜	①番茄（27），②茄子（26），③芹菜（22），④马铃薯（17），⑤豇豆（14），⑥结球甘蓝（13），⑦辣椒（13），⑧大白菜（10），⑨西葫芦（7），⑩菜豆（3）

续表

序号	地区	行政区域代码	分类	统计结果
9	陇南市	621200	水果	—
			蔬菜	①番茄（8），②芹菜（6），③茄子（5），④结球甘蓝（4），⑤大白菜（3），⑥辣椒（2），⑦菜豆（1），⑧西葫芦（1），⑨紫甘蓝（1），⑩花椰菜（0）
10	咸阳市	610400	水果	①葡萄（21），②苹果（15），③梨（13）
			蔬菜	①黄瓜（22），②菠菜（15）
11	庆阳市	621000	水果	—
			蔬菜	①茄子（14），②结球甘蓝（12），③豇豆（11），④菜豆（8），⑤辣椒（6），⑥芹菜（6），⑦小油菜（5），⑧马铃薯（4），⑨番茄（3），⑩西葫芦（3）
12	吴忠市	640300	水果	—
			蔬菜	①番茄（25），②小油菜（15），③结球甘蓝（12），④茄子（12），⑤芹菜（11），⑥花椰菜（6），⑦豇豆（6），⑧马铃薯（6），⑨辣椒（5），⑩西葫芦（4）
13	银川市	640100	水果	—
			蔬菜	①番茄（27），②菜豆（23），③茄子（23），④小油菜（21），⑤豇豆（14），⑥辣椒（14），⑦芹菜（11），⑧西葫芦（10），⑨小白菜（9），⑩花椰菜（8）
14	乌鲁木齐市	650100	水果	①梨（28），②葡萄（14），③苹果（10）
			蔬菜	—
15	白银市	620400	水果	①葡萄（33），②梨（25），③苹果（15）
			蔬菜	①黄瓜（28），②芹菜（24），③菠菜（19），④番茄（19），⑤小油菜（19），⑥辣椒（17），⑦茄子（16），⑧豇豆（15），⑨菜豆（7），⑩结球甘蓝（7）
16	海东市	630200	水果	①葡萄（35），②苹果（16），③梨（13）
			蔬菜	①黄瓜（37），②番茄（29），③豇豆（26），④芹菜（23），⑤茄子（20），⑥菠菜（15），⑦西葫芦（11），⑧辣椒（9），⑨结球甘蓝（7），⑩大白菜（5）
17	平凉市	620800	水果	—
			蔬菜	①芹菜（11），②茄子（9），③辣椒（8），④菜豆（6），⑤结球甘蓝（4），⑥番茄（3），⑦花椰菜（3），⑧黄瓜（2），⑨马铃薯（1）
18	定西市	621100	水果	①梨（22），②苹果（21），③葡萄（21）
			蔬菜	①黄瓜（37），②菠菜（19），③芹菜（6），④茄子（5），⑤番茄（4），⑥结球甘蓝（3），⑦辣椒（1），⑧马铃薯（1）
19	张掖市	620700	水果	—
			蔬菜	①芹菜（27），②辣椒（25），③菜豆（21），④番茄（20），⑤黄瓜（13），⑥娃娃菜（5），⑦马铃薯（4），⑧花椰菜（2）
20	西宁市	630100	水果	—
			蔬菜	①豇豆（26），②番茄（20），③茄子（18），④辣椒（16），⑤结球甘蓝（13），⑥芹菜（12），⑦大白菜（11），⑧马铃薯（7），⑨花椰菜（6），⑩西葫芦（4）

1.2.2.3 检出农药频次排名前 10 的水果蔬菜

表 1-14 西北五省区各地检出农药频次排名前 10 的果蔬情况汇总

序号	地区	行政区域代码	分类	统计结果
1	西北五省区汇总		水果	①葡萄（772），②苹果（391），③梨（369）
			蔬菜	①番茄（798），②黄瓜（753），③小油菜（638），④芹菜（505），⑤茄子（479），⑥豇豆（475），⑦小白菜（435），⑧菜豆（388），⑨菠菜（380），⑩辣椒（358）
2	武威市	620600	水果	—
			蔬菜	①辣椒（83），②菜豆（64），③黄瓜（53），④芹菜（39），⑤番茄（22），⑥花椰菜（15），⑦马铃薯（7），⑧娃娃菜（3）
3	天水市	620500	水果	—
			蔬菜	①芹菜（30），②小油菜（12），③番茄（9），④菜豆（8），⑤小白菜（7），⑥辣椒（6），⑦西葫芦（5），⑧茄子（4），⑨结球甘蓝（3），⑩花椰菜（2）
4	甘南藏族自治州	623000	水果	—
			蔬菜	①小白菜（4），②辣椒（2），③芹菜（2），④番茄（1）
5	西安市	610100	水果	①葡萄（217），②梨（95），③苹果（89）
			蔬菜	①黄瓜（218），②菠菜（71）
6	兰州市	620100	水果	①葡萄（11），②苹果（2）
			蔬菜	①小油菜（453），②小白菜（401），③番茄（246），④豇豆（244），⑤菜豆（163），⑥大白菜（161），⑦茄子（141），⑧娃娃菜（136），⑨菠菜（73），⑩结球甘蓝（37）
7	中卫市	640500	水果	—
			蔬菜	①番茄（68），②菜豆（49），③茄子（42），④小油菜（42），⑤辣椒（40），⑥马铃薯（34），⑦芹菜（27），⑧西葫芦（26），⑨小白菜（11），⑩紫甘蓝（7）
8	宝鸡市	610300	水果	—
			蔬菜	①茄子（66），②番茄（61），③豇豆（49），④芹菜（43），⑤马铃薯（36），⑥大白菜（27），⑦辣椒（24），⑧结球甘蓝（14），⑨西葫芦（14），⑩菜豆（3）
9	陇南市	621200	水果	—
			蔬菜	①芹菜（10），②番茄（8），③茄子（5），④结球甘蓝（4），⑤大白菜（3），⑥辣椒（2），⑦菜豆（1），⑧西葫芦（1），⑨紫甘蓝（1），⑩花椰菜（0）
10	咸阳市	610400	水果	①葡萄（251），②苹果（113），③梨（55）
			蔬菜	①黄瓜（158），②菠菜（82）
11	庆阳市	621000	水果	—
			蔬菜	①茄子（17），②结球甘蓝（12），③豇豆（11），④菜豆（8），⑤小油菜（7），⑥辣椒（6），⑦马铃薯（6），⑧芹菜（6），⑨番茄（3），⑩西葫芦（3）
12	吴忠市	640300	水果	—
			蔬菜	①番茄（121），②小油菜（63），③芹菜（47），④结球甘蓝（46），⑤茄子（44），⑥辣椒（23），⑦豇豆（16），⑧马铃薯（16），⑨花椰菜（10），⑩西葫芦（6）
13	银川市	640100	水果	—
			蔬菜	①番茄（69），②菜豆（38），③辣椒（36），④小油菜（35），⑤茄子（33），⑥芹菜（31），⑦西葫芦（22），⑧豇豆（20），⑨结球甘蓝（17），⑩小白菜（12）

续表

序号	地区	行政区域代码	分类	统计结果
14	乌鲁木齐市	650100	水果	①梨（62），②葡萄（26），③苹果（17）
			蔬菜	—
15	白银市	620400	水果	①葡萄（95），②梨（73），③苹果（46）
			蔬菜	①黄瓜（64），②菠菜（58），③芹菜（45），④番茄（37），⑤茄子（30），⑥辣椒（26），⑦小油菜（26），⑧豇豆（22），⑨结球甘蓝（9），⑩菜豆（8）
16	海东市	630200	水果	①葡萄（110），②苹果（48），③梨（24）
			蔬菜	①黄瓜（80），②番茄（75），③豇豆（70），④芹菜（67），⑤茄子（44），⑥菠菜（27），⑦结球甘蓝（23），⑧西葫芦（22），⑨辣椒（18），⑩马铃薯（10）
17	平凉市	620800	水果	—
			蔬菜	①芹菜（11），②茄子（9），③辣椒（8），④菜豆（6），⑤结球甘蓝（4），⑥番茄（3），⑦花椰菜（3），⑧黄瓜（2），⑨马铃薯（1）
18	定西市	621100	水果	①苹果（76），②葡萄（62），③梨（60）
			蔬菜	①黄瓜（139），②菠菜（69），③芹菜（6），④茄子（5），⑤番茄（4），⑥结球甘蓝（3），⑦辣椒（1），⑧马铃薯（1）
19	张掖市	620700	水果	—
			蔬菜	①芹菜（99），②辣椒（52），③黄瓜（39），④菜豆（37），⑤番茄（37），⑥娃娃菜（11），⑦马铃薯（4），⑧花椰菜（3）
20	西宁市	630100	水果	—
			蔬菜	①豇豆（43），②茄子（39），③番茄（34），④芹菜（32），⑤辣椒（31），⑥大白菜（25），⑦结球甘蓝（21），⑧马铃薯（8），⑨花椰菜（6），⑩西葫芦（6）

1.3 农药残留检出水平与最大残留限量标准对比分析

我国于 2019 年 8 月 15 日正式颁布并于 2020 年 2 月 15 日正式实施食品农药残留限量国家标准《食品中农药最大残留限量》（GB 2763—2019），该标准包括 467 个农药条目，涉及最大残留限量（MRL）标准 7108 项。将 7679 频次检出结果的浓度水平与 7108 项 MRL 中国国家标准进行比对，其中有 4873 频次的结果找到了对应的 MRL 标准，占 63.5%，还有 2806 频次的结果无相关 MRL 标准供参考，占 36.5%。

将此次侦测结果与国际上现行 MRL 标准对比发现，在 7679 频次的检出结果中有 7679 频次的结果找到了对应的 MRL 欧盟标准，占 100.0%，其中，7062 频次的结果有明确对应的 MRL 标准，占 92.0%，其余 617 频次按照欧盟一律标准判定，占 8.0%；有 7679 频次的结果找到了对应的 MRL 日本标准，占 100.0%，其中，5756 频次的结果有明确对应的 MRL 标准，占 75.0%，其余 1923 频次按照日本一律标准判定，占 25.0%；有 4732 频次的结果找到了对应的 MRL 中国香港标准，占 61.6%；有 5040 频次的结果找到了对应的 MRL 美国标准，占 65.6%；有 4192 频次的结果找到了对应的 MRL CAC 标准，占 54.6%（图 1-10 和图 1-11）。

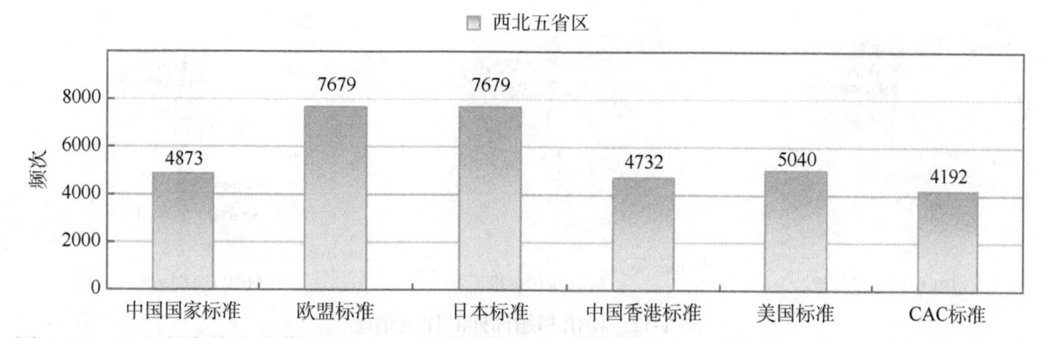

图 1-10 7679 频次检出农药可用 MRL 中国国家标准、欧盟标准、日本标准、中国香港标准、美国标准、CAC 标准判定衡量的数量

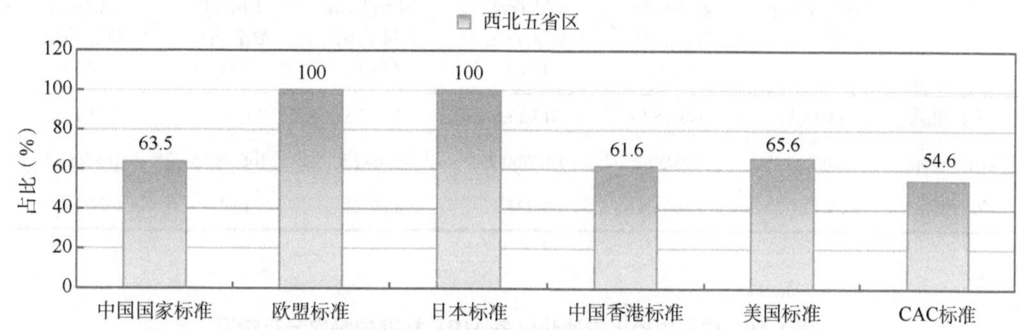

图 1-11 7679 频次检出农药可用 MRL 中国国家标准、欧盟标准、日本标准、中国香港标准、美国标准、CAC 标准衡量的占比

1.3.1 检出残留水平超标的样品分析

本次侦测的 2022 例样品中，313 例样品未检出任何残留农药，占样品总量的 15.5%，1709 例样品检出不同水平、不同种类的残留农药，占样品总量的 84.5%。在此，我们将本次侦测的农残检出情况与 MRL 中国国家标准、欧盟标准、日本标准、中国香港标准、美国标准和 CAC 标准这 6 大国际主流 MRL 标准进行对比分析，样品农残检出与超标情况见图 1-12、表 1-15，样品中检出农残超过各 MRL 标准的分布情况见表 1-16。

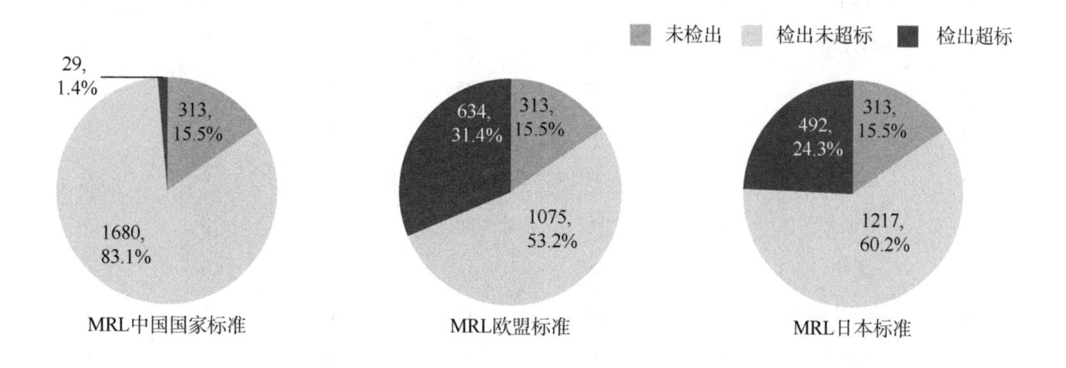

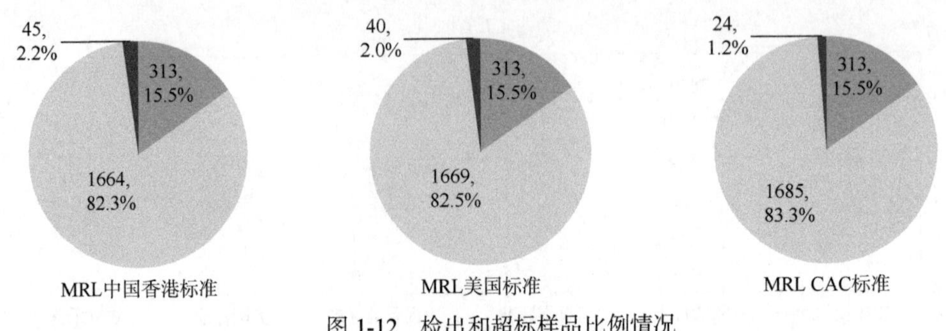

图 1-12　检出和超标样品比例情况

表 1-15　各 MRL 标准下样本农残检出与超标数量及占比

	中国国家标准数量/占比（%）	欧盟标准数量/占比（%）	日本标准数量/占比（%）	中国香港标准数量/占比（%）	美国标准数量/占比（%）	CAC 标准数量/占比（%）
未检出	313/15.5	313/15.5	313/15.5	313/15.5	313/15.5	313/15.5
检出未超标	1680/83.1	1075/53.2	1217/60.2	1664/82.3	1669/82.5	1685/83.3
检出超标	29/1.4	634/31.4	492/24.3	45/2.2	40/2.0	24/1.2

表 1-16　样品中检出农残超过各 MRL 标准的频次分布情况

序号	样品名称	中国国家标准	欧盟标准	日本标准	中国香港标准	美国标准	CAC 标准
1	小白菜	1	88	68	0	0	0
2	梨	1	36	9	1	4	1
3	紫甘蓝	1	1	1	1	0	0
4	芹菜	6	96	45	4	0	1
5	茄子	3	72	34	3	4	3
6	菜豆	3	57	141	5	2	2
7	菠菜	1	38	43	0	0	0
8	豇豆	4	67	185	13	11	5
9	辣椒	4	26	16	4	0	4
10	马铃薯	2	12	5	2	2	2
11	黄瓜	3	63	25	4	6	8
12	大白菜	0	46	45	0	0	0
13	娃娃菜	0	11	1	0	0	0
14	小油菜	0	153	85	0	0	0
15	番茄	0	29	14	1	0	0
16	结球甘蓝	0	35	15	0	1	0
17	花椰菜	0	11	8	0	0	0

续表

序号	样品名称	中国国家标准	欧盟标准	日本标准	中国香港标准	美国标准	CAC 标准
18	苹果	0	24	5	0	8	0
19	葡萄	0	53	38	7	3	0
20	西葫芦	0	4	0	0	0	0

1.3.2　检出残留水平超标的农药分析

按照 MRL 中国国家标准、欧盟标准、日本标准、中国香港标准、美国标准和 CAC 标准这 6 大国际主流 MRL 标准衡量，本次侦测检出的农药超标品种及频次情况见表 1-17。

表 1-17　各 MRL 标准下超标农药品种及频次

	中国国家标准	欧盟标准	日本标准	中国香港标准	美国标准	CAC 标准
超标农药品种	13	77	87	10	9	10
超标农药频次	29	922	783	45	41	26

1.3.2.1　按 MRL 中国国家标准衡量

按 MRL 中国国家标准衡量，共有 13 种农药超标，检出 29 频次，分别为剧毒农药甲拌磷，高毒农药甲胺磷、氧乐果和克百威，中毒农药茚虫威、吡唑醚菌酯、毒死蜱、吡虫啉、辛硫磷、啶虫脒和甲霜灵，低毒农药噻虫胺，微毒农药乙螨唑。检测结果见图 1-13。

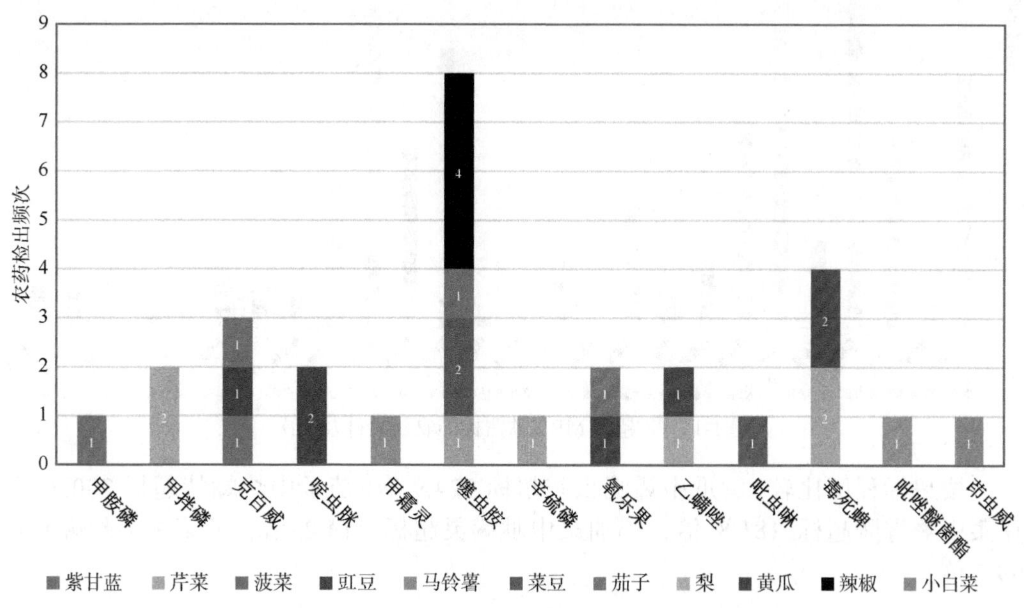

图 1-13　超过 MRL 中国国家标准农药品种及频次

按超标程度比较，芹菜中辛硫磷超标 18.8 倍，豇豆中克百威超标 6.8 倍，芹菜中甲拌磷超标 6.3 倍，紫甘蓝中甲胺磷超标 3.4 倍，芹菜中毒死蜱超标 3.1 倍。

1.3.2.2　按 MRL 欧盟标准衡量

按 MRL 欧盟标准衡量，共有 77 种农药超标，检出 922 频次，分别为剧毒农药放线菌酮和甲拌磷，高毒农药醚菌酯、甲胺磷、氧乐果、杀线威和克百威，中毒农药毒死蜱、氟硅唑、噁霜灵、吡唑醚菌酯、烯草酮、唑虫酰胺、双苯基脲、霜脲氰、粉唑醇、吡虫啉、多效唑、辛硫磷、咪鲜胺、丙溴磷、哒螨灵、甲哌、戊唑醇、三环唑、茵多酸、啶虫脒、腈菌唑、丙环唑、三唑酮、烯效唑、烯唑醇、三唑醇、甲霜灵、敌百虫、异丙威、仲丁威和嘧菌腙，低毒农药烯酰吗啉、噻虫嗪、二甲嘧酚、呋虫胺、螺螨酯、氟吗啉、四螨嗪、己唑醇、异菌脲、炔螨特、溴氰虫酰胺、灭蝇胺、敌草腈、扑草净、啶菌噁唑、灭幼脲、噻嗪酮、氟吡菌酰胺、胺鲜酯、烯肟菌胺、烯啶虫胺、噻虫胺、丁氟螨酯、氟苯虫酰胺、虱螨脲、嘧霉胺和异戊烯腺嘌呤，微毒农药乙霉威、氟唑磺隆、扑灭津、氰霜唑、氟吡菌胺、甲氧虫酰肼、多菌灵、霜霉威、氟铃脲、噻呋酰胺、氟啶脲和乙螨唑。检测结果见图 1-14。

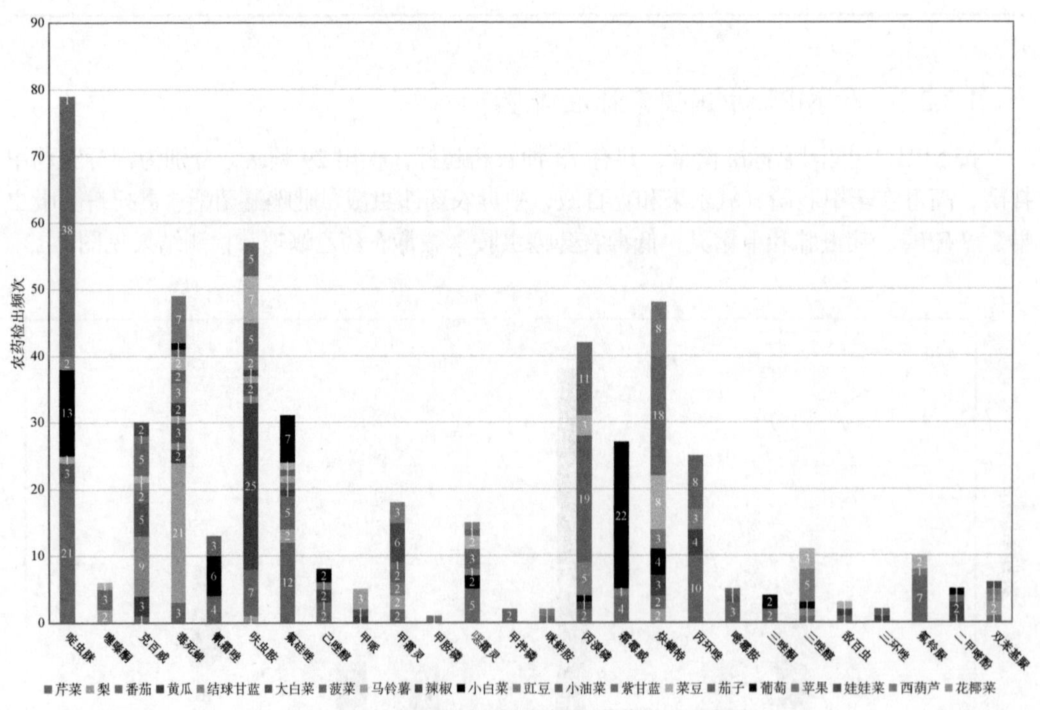

图 1-14-1　超过 MRL 欧盟标准农药品种及频次

按超标程度比较，黄瓜中烯啶虫胺超标 224.9 倍，茄子中炔螨特超标 200.3 倍，芹菜中嘧霉胺超标 181.8 倍，小油菜中哒螨灵超标 114.2 倍，菠菜中灭幼脲超标 99.2 倍。

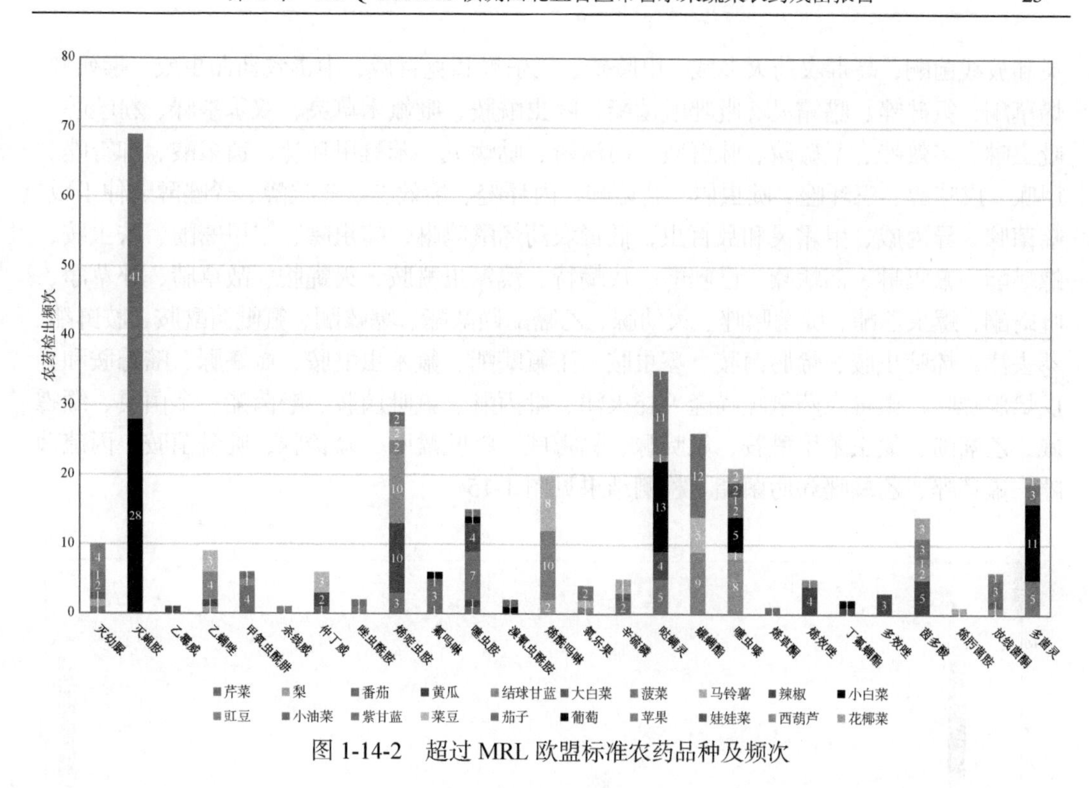

图 1-14-2　超过 MRL 欧盟标准农药品种及频次

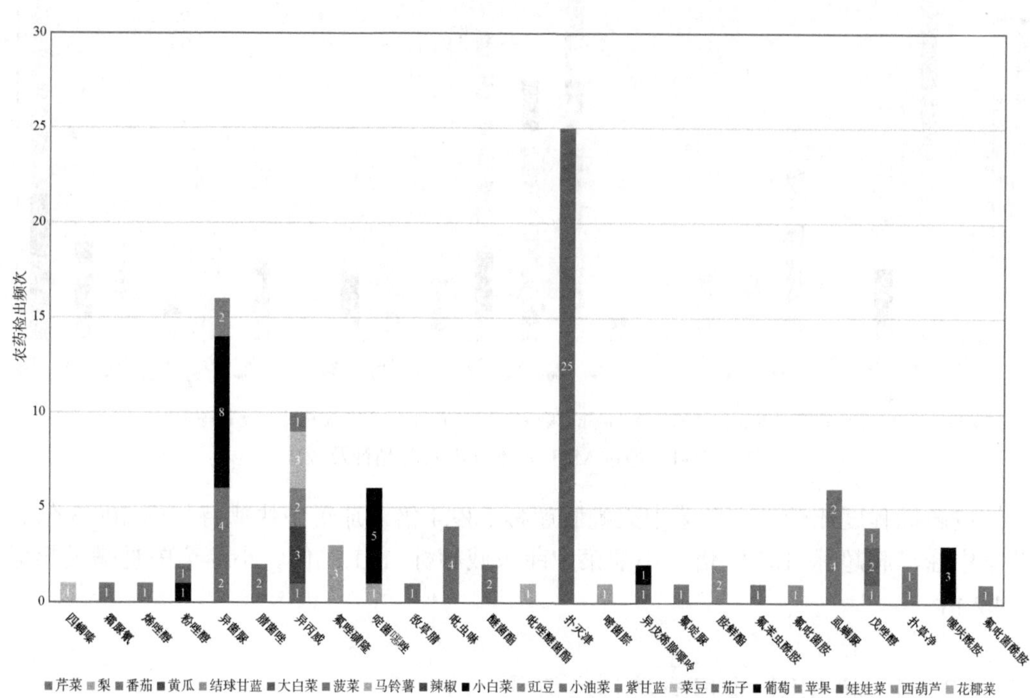

图 1-14-3　超过 MRL 欧盟标准农药品种及频次

1.3.2.3　按 MRL 日本标准衡量

按 MRL 日本标准衡量，共有 87 种农药超标，检出 783 频次，分别为剧毒农药溴鼠灵和放线菌酮，高毒农药灭多威、甲胺磷、氧乐果和克百威，中毒农药茚虫威、毒死蜱、烯草酮、氟硅唑、噁霜灵、吡唑醚菌酯、唑虫酰胺、吡氟禾草灵、双苯基脲、粉唑醇、吡虫啉、多效唑、辛硫磷、咪鲜胺、丙溴磷、哒螨灵、苯醚甲环唑、茵多酸、抑霉唑、甲哌、戊唑醇、三环唑、啶虫脒、腈菌唑、丙环唑、烯效唑、三唑醇、烯唑醇、仲丁威、嘧菌腙、异丙威、甲霜灵和敌百虫，低毒农药烯酰吗啉、噻虫嗪、二甲嘧酚、呋虫胺、螺螨酯、氟吗啉、四螨嗪、己唑醇、炔螨特、溴氰虫酰胺、灭蝇胺、敌草腈、扑草净、吡蚜酮、螺虫乙酯、啶菌噁唑、灭幼脲、乙嘧酚磺酸酯、噻嗪酮、氟吡菌酰胺、胺鲜酯、莠去津、烯啶虫胺、烯肟菌胺、噻虫胺、丁氟螨酯、氟苯虫酰胺、虱螨脲、嘧霉胺和异戊烯腺嘌呤，微毒农药氟唑磺隆、扑灭津、吡丙醚、氟吡菌胺、嘧菌酯、多菌灵、缬霉威、乙嘧酚、氯虫苯甲酰胺、氟啶脲、霜霉威、噻呋酰胺、氟铃脲、啶酰菌胺、丙硫菌唑、氟环唑、乙螨唑和肟菌酯。检测结果见图 1-15。

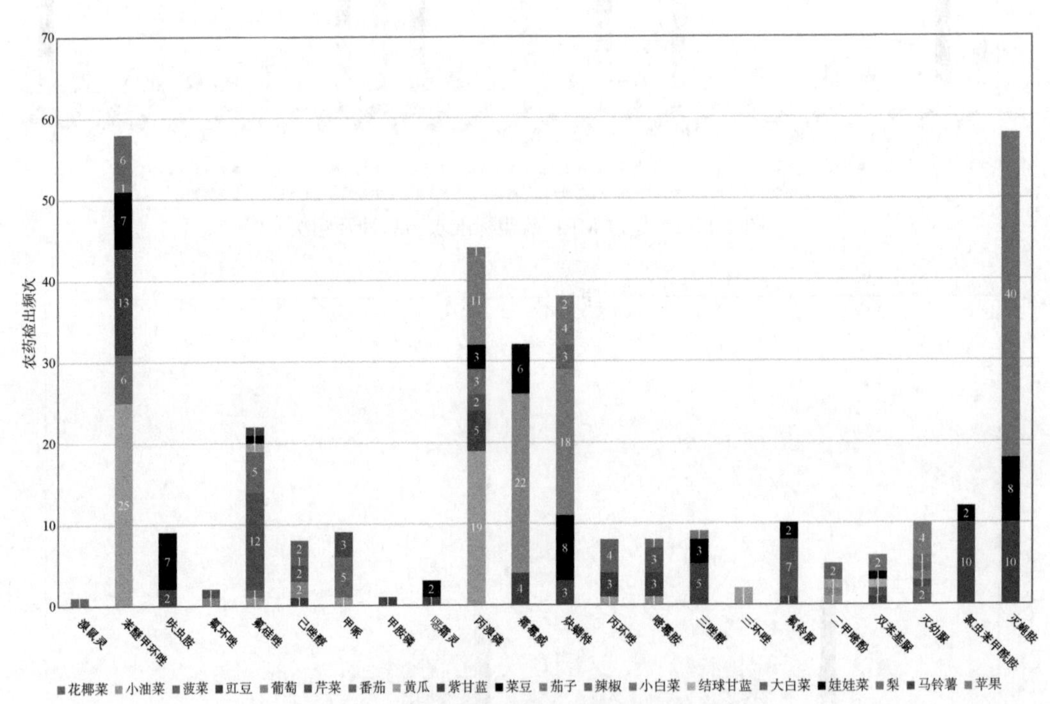

图 1-15-1 超过 MRL 日本标准农药品种及频次

按超标程度比较，小白菜中灭蝇胺超标 339.4 倍，茄子中炔螨特超标 200.3 倍，芹菜中嘧霉胺超标 181.8 倍，小油菜中茚虫威超标 141.8 倍，小油菜中哒螨灵超标 114.2 倍。

1.3.2.4 按 MRL 中国香港标准衡量

按 MRL 中国香港标准衡量，共有 10 种农药超标，检出 45 频次，分别为高毒农药甲胺磷，中毒农药毒死蜱、吡唑醚菌酯、吡虫啉、辛硫磷和啶虫脒，低毒农药噻虫嗪和噻虫胺，微毒农药吡丙醚和乙螨唑。检测结果见图 1-16。

按超标程度比较，豇豆中毒死蜱超标 58.5 倍，菜豆中毒死蜱超标 52.1 倍，芹菜中辛硫磷超标 18.8 倍，豇豆中吡唑醚菌酯超标 14.5 倍，豇豆中噻虫嗪超标 5.1 倍。

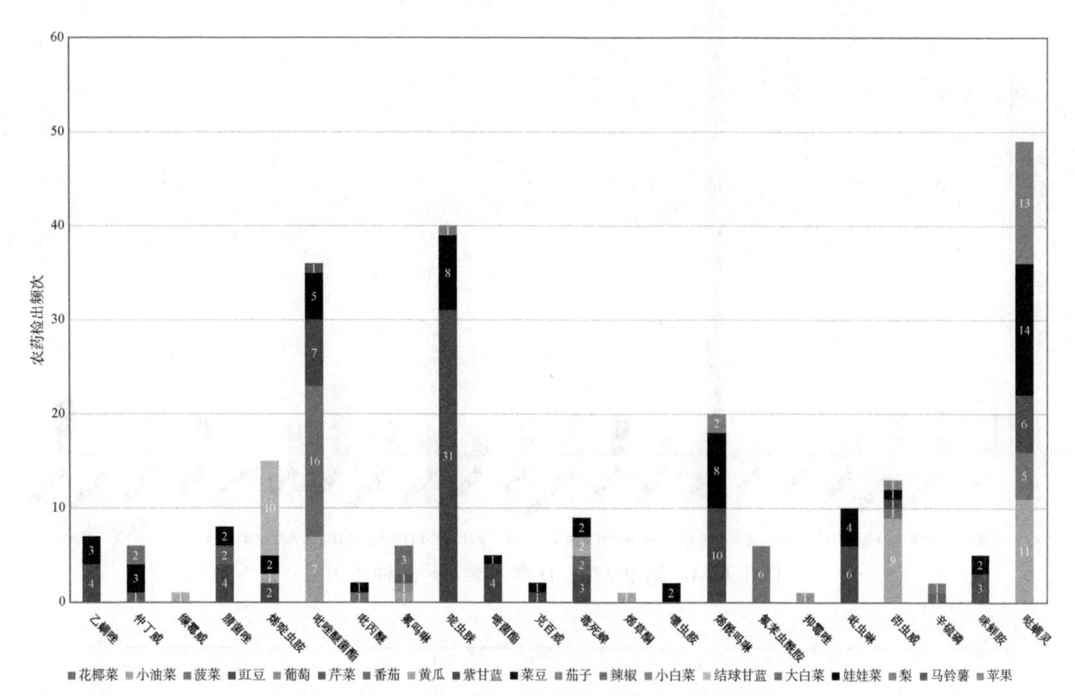

图 1-15-2 超过 MRL 日本标准农药品种及频次

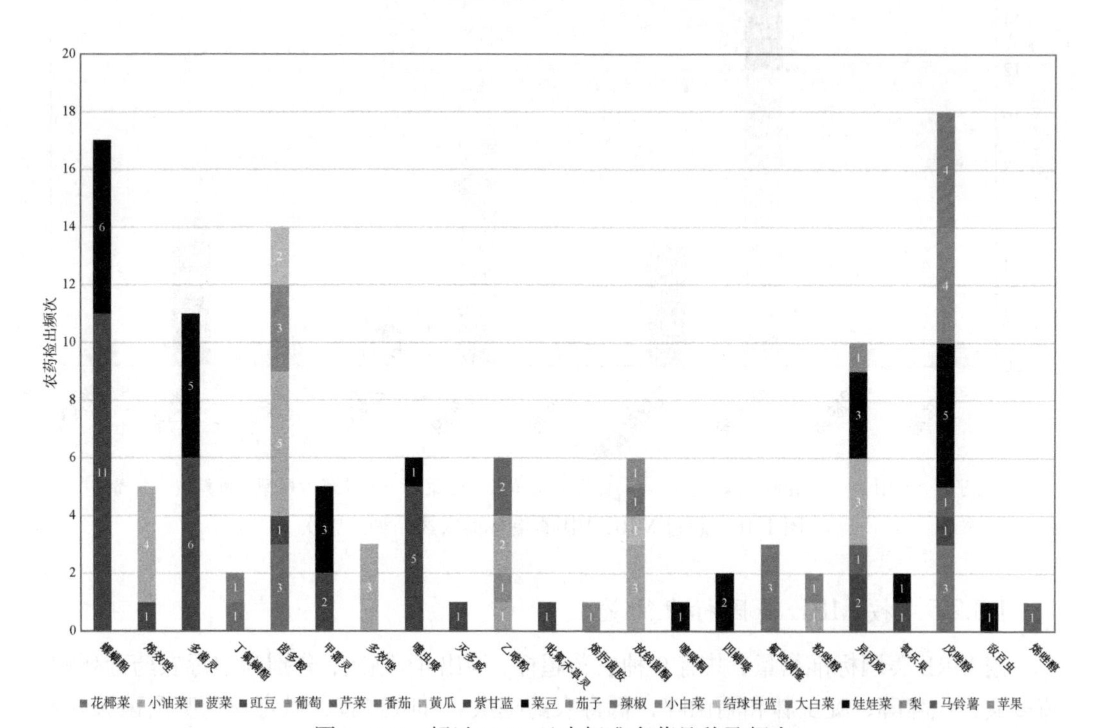

图 1-15-3 超过 MRL 日本标准农药品种及频次

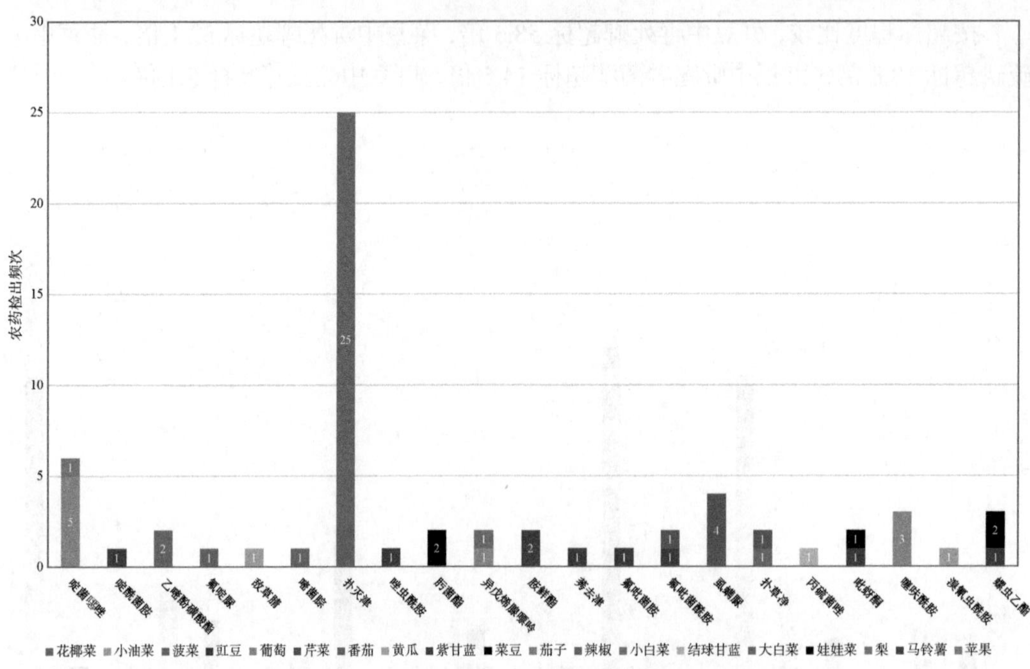

图 1-15-4　超过 MRL 日本标准农药品种及频次

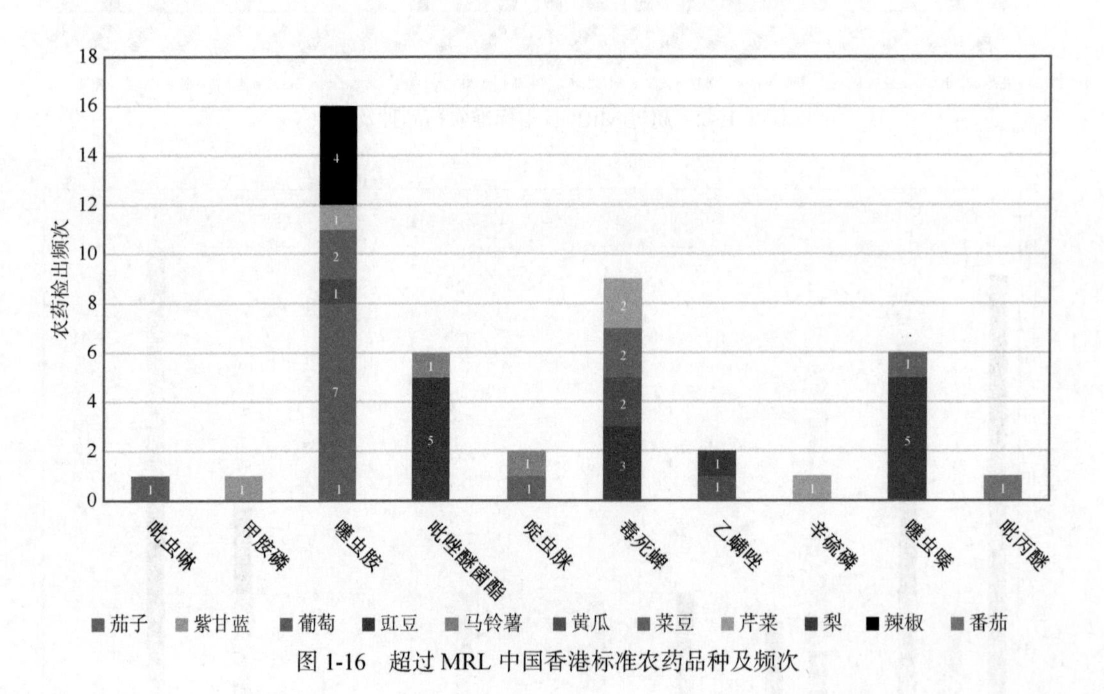

图 1-16　超过 MRL 中国香港标准农药品种及频次

1.3.2.5　按 MRL 美国标准衡量

按 MRL 美国标准衡量，共有 9 种农药超标，检出 41 频次，分别为中毒农药毒死蜱、茵多酸、戊唑醇、啶虫脒和腈菌唑，低毒农药噻虫嗪和呋虫胺，微毒农药啶酰菌胺和乙螨唑。检测结果见图 1-17。

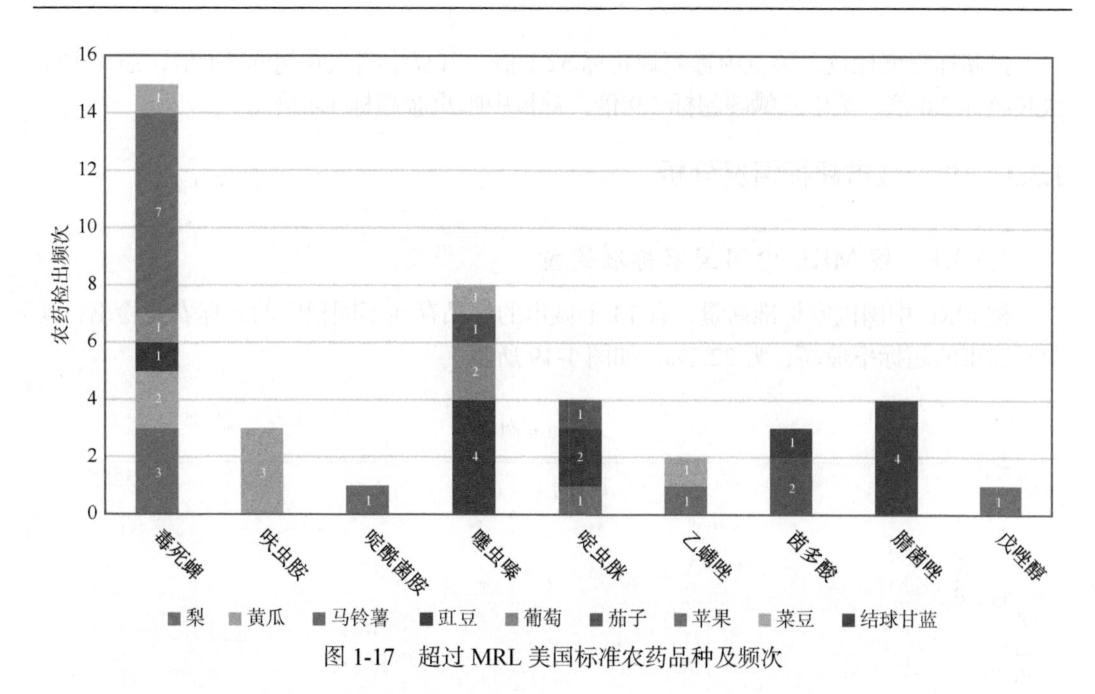

图 1-17　超过 MRL 美国标准农药品种及频次

按超标程度比较，豇豆中腈菌唑超标 21.1 倍，豇豆中毒死蜱超标 10.9 倍，菜豆中毒死蜱超标 9.6 倍，黄瓜中毒死蜱超标 4.2 倍，梨中毒死蜱超标 3.7 倍。

1.3.2.6　按 MRL CAC 标准衡量

按 MRL CAC 标准衡量，共有 10 种农药超标，检出 26 频次，分别为中毒农药毒死蜱、吡唑醚菌酯、吡虫啉、啶虫脒和甲霜灵，低毒农药噻虫嗪、呋虫胺和噻虫胺，微毒农药多菌灵和乙螨唑。检测结果见图 1-18。

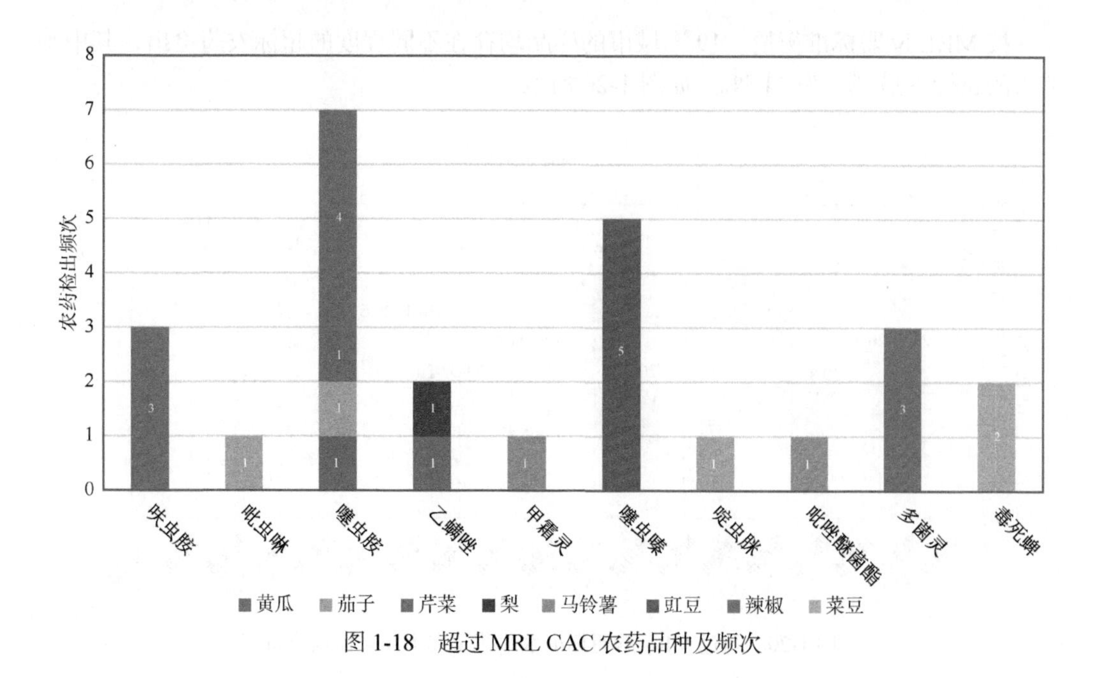

图 1-18　超过 MRL CAC 农药品种及频次

按超标程度比较，菜豆中毒死蜱超标 52.1 倍，豇豆中噻虫嗪超标 5.1 倍，茄子中噻虫胺超标 2.0 倍，梨中乙螨唑超标 1.9 倍，辣椒中噻虫胺超标 1.4 倍。

1.3.3 19 个城市超标情况分析

1.3.3.1 按 MRL 中国国家标准衡量

按 MRL 中国国家标准衡量，有 13 个城市的样品存在不同程度的超标农药检出，其中平凉市的超标率最高，为 22.2%，如图 1-19 所示。

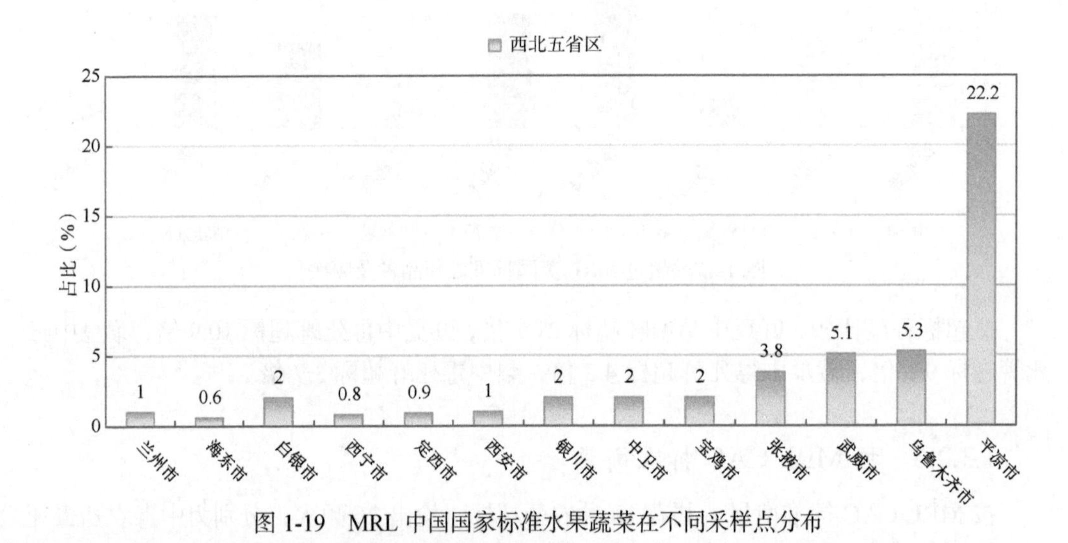

图 1-19 MRL 中国国家标准水果蔬菜在不同采样点分布

1.3.3.2 按 MRL 欧盟标准衡量

按 MRL 欧盟标准衡量，19 个城市的样品均存在不同程度的超标农药检出，其中平凉市的超标率最高，为 44.4%，如图 1-20 所示。

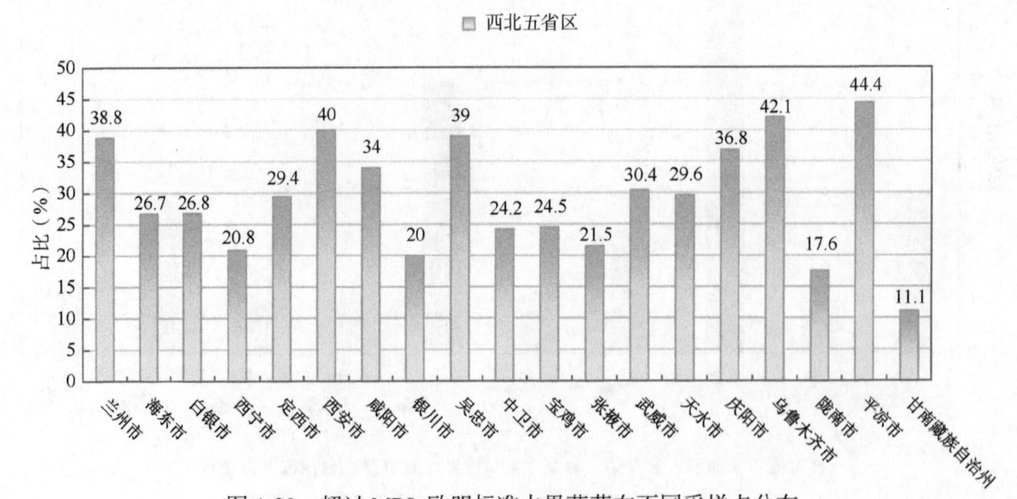

图 1-20 超过 MRL 欧盟标准水果蔬菜在不同采样点分布

1.3.3.3　按 MRL 日本标准衡量

按 MRL 日本标准衡量，19 个城市的样品均存在不同程度的超标农药检出，其中平凉市的超标率最高，为 44.4%，如图 1-21 所示。

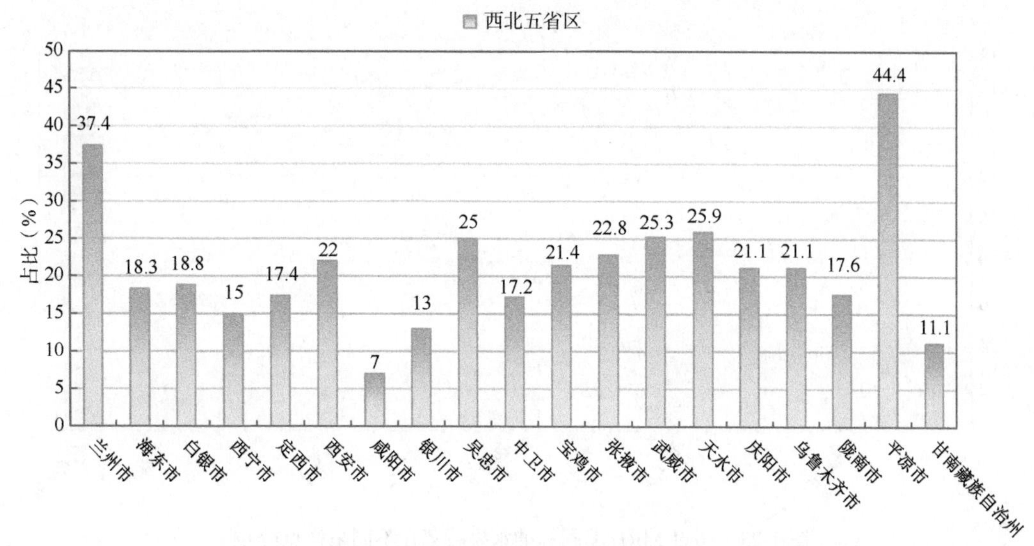

图 1-21　超过 MRL 日本标准水果蔬菜在不同采样点分布

1.3.3.4　按 MRL 中国香港标准衡量

按 MRL 中国香港标准衡量，有 13 个城市的样品存在不同程度的超标农药检出，其中咸阳市的超标率最高，为 6.0%，如图 1-22 所示。

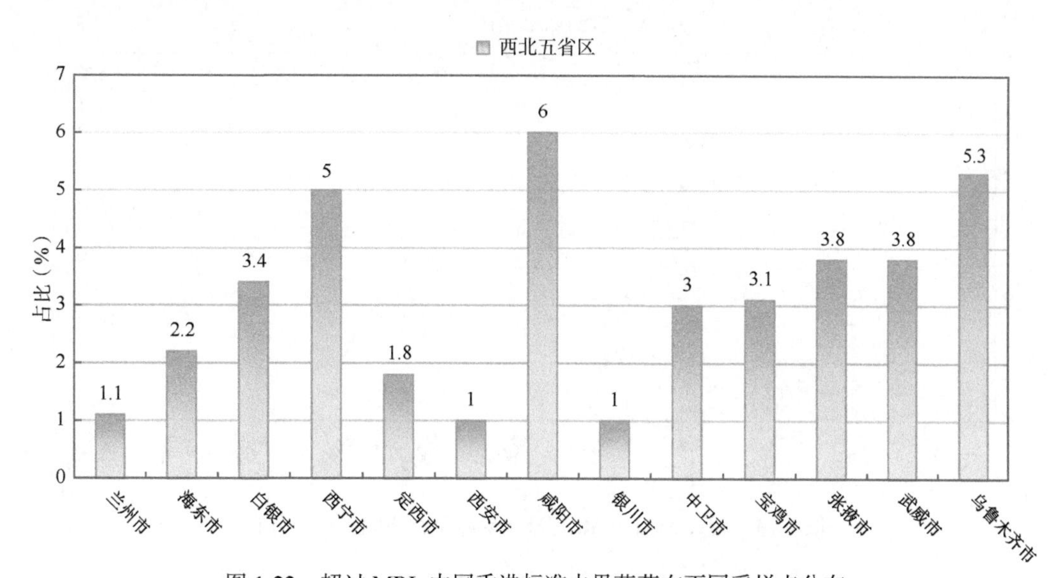

图 1-22　超过 MRL 中国香港标准水果蔬菜在不同采样点分布

1.3.3.5　按 MRL 美国标准衡量

按 MRL 美国标准衡量，有 11 个城市的样品存在不同程度的超标农药检出，其中乌鲁木齐市的超标率最高，为 15.8%，如图 1-23 所示。

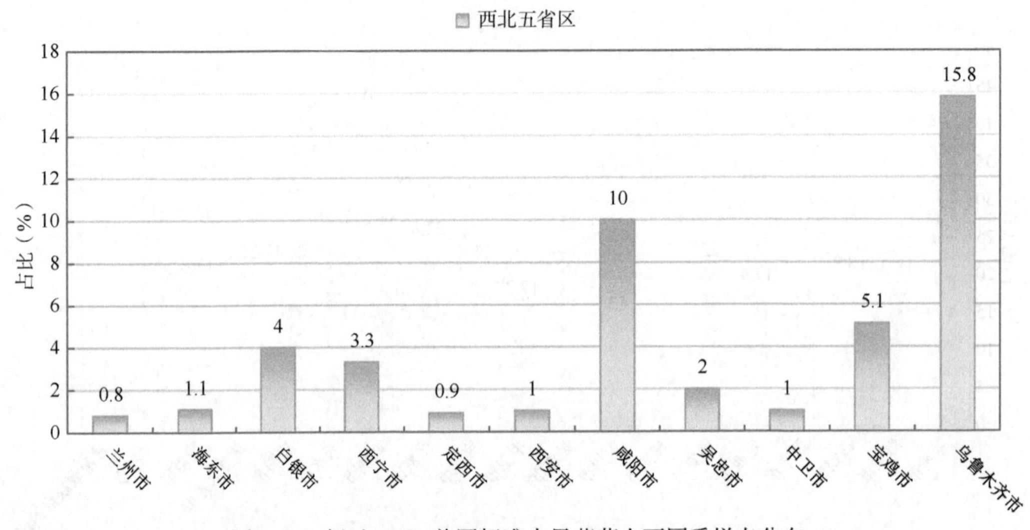

图 1-23　超过 MRL 美国标准水果蔬菜在不同采样点分布

1.3.3.6　按 MRL CAC 标准衡量

按 MRL CAC 标准衡量，有 11 个城市的样品存在不同程度的超标农药检出，其中乌鲁木齐市的超标率最高，为 5.3%，如图 1-24 所示。

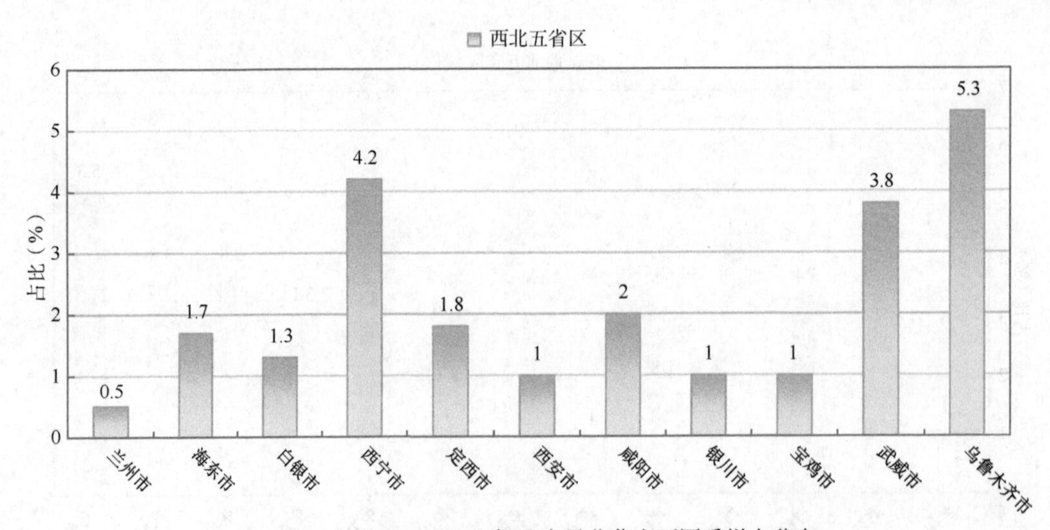

图 1-24　超过 MRL CAC 标准水果蔬菜在不同采样点分布

1.3.3.7　西北五省区 19 个城市超标农药检出率

将 19 个城市的侦测结果分别按 MRL 中国国家标准、欧盟标准、日本标准、中国香港标准、美国标准和 CAC 标准进行分析，见表 1-18。

表 1-18　19 个城市的超标农药检出率（%）

序号	城市	中国国家标准	欧盟标准	日本标准	中国香港标准	美国标准	CAC 标准
1	白银市	0.5	9.5	7.5	0.9	1.1	0.4
2	定西市	0.2	10.1	5.4	0.5	0.2	0.5
3	兰州市	0.3	17.0	17.2	0.3	0.3	0.1
4	陇南市	0.0	20.0	14.3	0.0	0.0	0.0
5	平凉市	4.3	19.1	14.9	0.0	0.0	0.0
6	庆阳市	0.0	11.2	11.2	0.0	0.0	0.0
7	天水市	0.0	14.0	11.6	0.0	0.0	0.0
8	武威市	1.4	13.6	14.3	1.0	0.0	1.0
9	张掖市	1.1	8.5	8.2	1.1	0.0	0.0
10	甘南藏族自治州	0.0	11.1	11.1	0.0	0.0	0.0
11	海东市	0.2	9.5	8.8	0.6	0.3	0.5
12	西宁市	0.4	14.9	12.1	2.4	1.6	2.0
13	宝鸡市	0.6	11.2	10.6	0.9	1.5	0.3
14	西安市	0.1	8.7	4.1	0.1	0.1	0.1
15	咸阳市	0.0	5.9	2.4	0.9	1.5	0.6
16	吴忠市	0.0	12.0	7.7	0.0	0.5	0.0
17	银川市	0.6	7.9	7.6	0.3	0.0	0.3
18	中卫市	0.6	11.6	8.2	0.8	0.3	0.0
19	乌鲁木齐市	1.0	15.2	6.7	1.0	2.9	1.0

1.4　水果中农药残留分布

1.4.1　检出农药品种和频次排前 3 的水果

本次残留侦测的水果共 3 种，包括葡萄、苹果和梨。

根据检出农药品种及频次进行排名，将各项排名前 3 位的水果样品检出情况列表说明，详见表 1-19。

表 1-19 检出农药品种和频次排名前 3 的水果

检出农药品种排名前 3（品种）	①葡萄（55），②梨（41），③苹果（40）
检出农药频次排名前 3（频次）	①葡萄（772），②苹果（391），③梨（369）
检出禁用、高毒及剧毒农药品种排名前 3（品种）	①苹果（4），②葡萄（3），③梨（1）
检出禁用、高毒及剧毒农药频次排名前 3（频次）	①苹果（58），②梨（35），③葡萄（17）

1.4.2 超标农药品种和频次排前 3 的水果

鉴于 MRL 欧盟标准和日本标准制定比较全面且覆盖率较高，我们参照 MRL 中国国家标准、欧盟标准和日本标准衡量水果样品中农残检出情况，将超标农药品种及频次排名前 3 的水果列表说明，详见表 1-20。

表 1-20 超标农药品种和频次排名前 3 的水果

超标农药品种排名前 3（农药品种数）	MRL 中国国家标准	①梨（1）
	MRL 欧盟标准	①梨（11），②葡萄（11），③苹果（7）
	MRL 日本标准	①葡萄（10），②梨（6），③苹果（2）
超标农药频次排名前 3（农药频次数）	MRL 中国国家标准	①梨（1）
	MRL 欧盟标准	①葡萄（53），②梨（36），③苹果（24）
	MRL 日本标准	①葡萄（38），②梨（9），③苹果（5）

通过对各品种水果样本总数及检出率进行综合分析发现，葡萄、苹果和梨的残留污染最为严重，在此，我们参照 MRL 中国国家标准、欧盟标准和日本标准对这 3 种水果的农残检出情况进行进一步分析。

1.4.3 农药残留检出率较高的水果样品分析

1.4.3.1 葡萄

这次共检测 100 例葡萄样品，99 例样品中检出了农药残留，检出率为 99.0%，检出农药共计 55 种。其中烯酰吗啉、苯醚甲环唑、吡唑醚菌酯、啶虫脒和多菌灵检出频次较高，分别检出了 63、56、56、45 和 44 次。葡萄中农药检出品种和频次见图 1-25，检出农残超标情况见表 1-21 和图 1-26。

表 1-21 葡萄中农药残留超标情况明细表

样品总数			检出农药样品数	样品检出率（%）	检出农药品种总数
100			99	99	55
	超标农药品种	超标农药频次	按照 MRL 中国国家标准、欧盟标准和日本标准衡量超标农药名称及频次		
中国国家标准	0	0			
欧盟标准	11	53	霜霉威（22），异菌脲（8），氟硅唑（7），啶菌噁唑（5），噻呋酰胺（3），己唑醇（2），三唑酮（2），毒死蜱（1），二甲嘧酚（1），氟吗啉（1），异戊烯腺嘌呤（1）		
日本标准	10	38	霜霉威（22），啶菌噁唑（5），噻呋酰胺（3），己唑醇（2），二甲嘧酚（1），氟环唑（1），氟吗啉（1），乙嘧酚（1），异戊烯腺嘌呤（1），抑霉唑（1）		

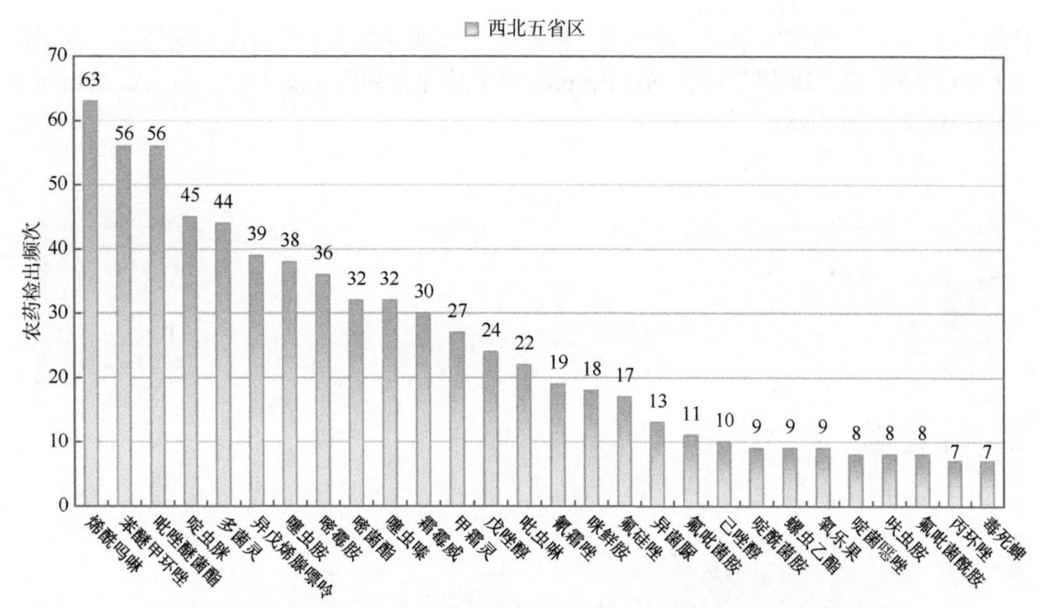

图 1-25　葡萄样品检出农药品种和频次分析（仅列出 7 频次及以上的数据）

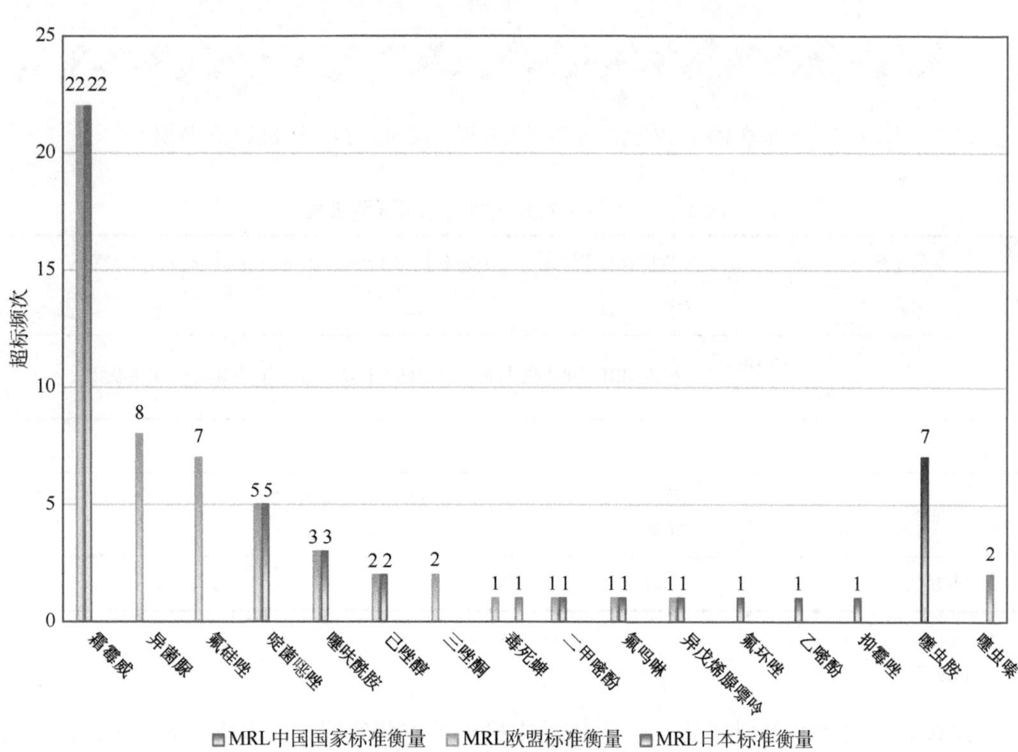

图 1-26　葡萄样品中超标农药分析

1.4.3.2　苹果

这次共检测 100 例苹果样品，94 例样品中检出了农药残留，检出率为 94.0%，检出农药共计 40 种。其中多菌灵、毒死蜱、啶虫脒、炔螨特和戊唑醇检出频次较高，分别检出了 74、55、43、28 和 25 次。苹果中农药检出品种和频次见图 1-27，检出农残超标情况见表 1-22 和图 1-28。

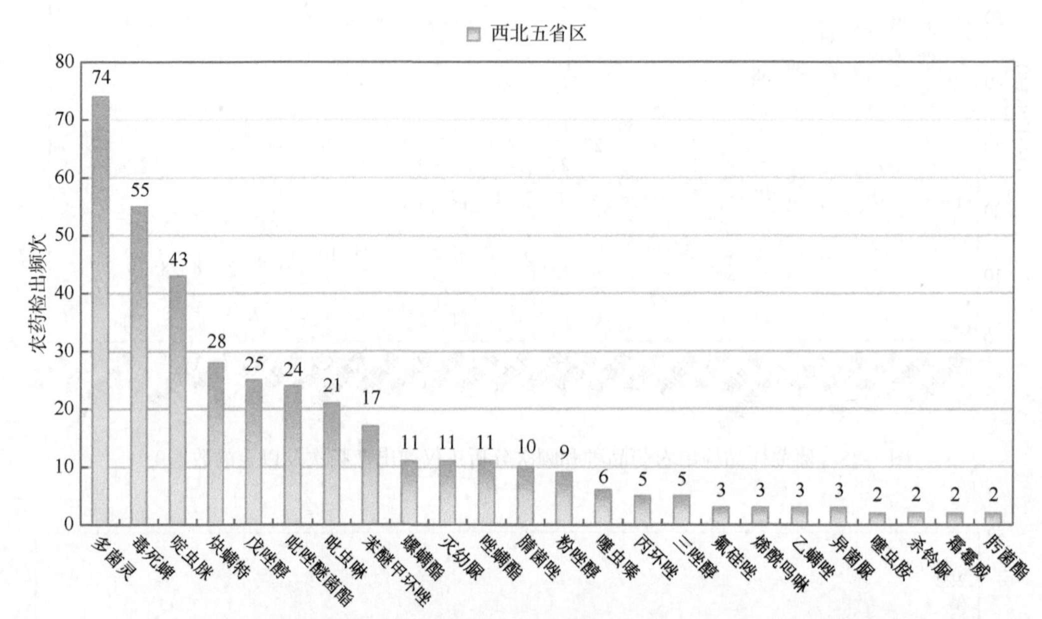

图 1-27　苹果样品检出农药品种和频次分析（仅列出 2 频次及以上的数据）

表 1-22　苹果中农药残留超标情况明细表

样品总数	检出农药样品数	样品检出率（%）	检出农药品种总数
100	94	94	40

	超标农药品种	超标农药频次	按照 MRL 中国国家标准、欧盟标准和日本标准衡量超标农药名称及频次
中国国家标准	0	0	
欧盟标准	7	24	炔螨特（8），毒死蜱（7），灭幼脲（4），异菌脲（2），放线菌酮（1），克百威（1），杀线威（1）
日本标准	2	5	灭幼脲（4），放线菌酮（1）

1.4.3.3　梨

这次共检测 100 例梨样品，87 例样品中检出了农药残留，检出率为 87.0%，检出农药共计 41 种。其中啶虫脒、噻虫胺、吡虫啉、毒死蜱和多菌灵检出频次较高，分别检出了 47、38、36、35 和 24 次。梨中农药检出品种和频次见图 1-29，检出农残超标情况见表 1-23 和图 1-30。

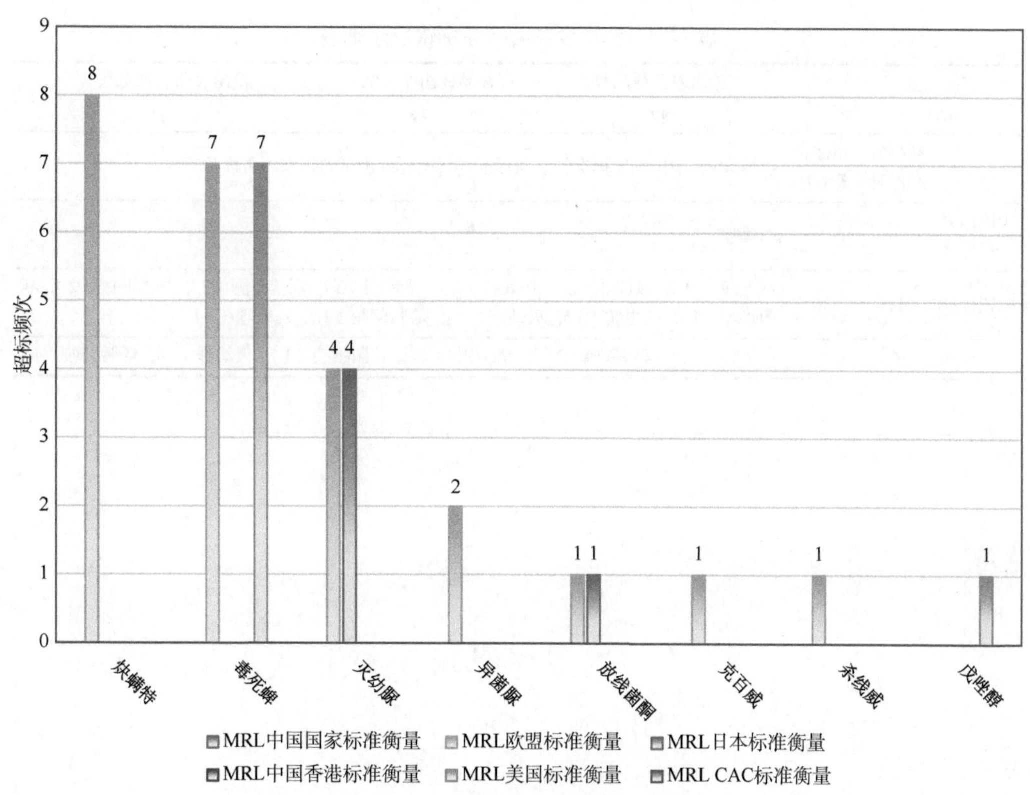

图 1-28 苹果样品中超标农药分析

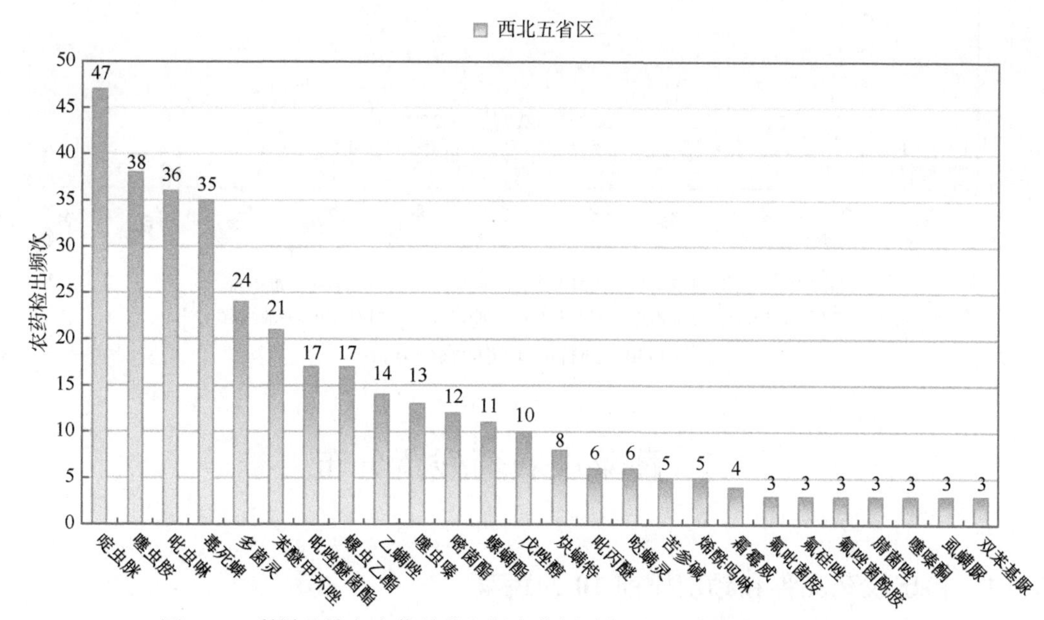

图 1-29 梨样品检出农药品种和频次分析（仅列出 3 频次及以上的数据）

表 1-23　梨中农药残留超标情况明细表

样品总数	检出农药样品数	样品检出率（%）	检出农药品种总数
100	87	87	41
	超标农药品种	超标农药频次	按照 MRL 中国国家标准、欧盟标准和日本标准衡量超标农药名称及频次
中国国家标准	1	1	乙螨唑（1）
欧盟标准	11	36	毒死蜱（21），氟硅唑（2），炔螨特（2），噻嗪酮（2），双苯基脲（2），烯酰吗啉（2），啶菌噁唑（1），呋虫胺（1），灭幼脲（1），烯肟菌胺（1），乙螨唑（1）
日本标准	6	9	炔螨特（2），双苯基脲（2），烯酰吗啉（2），啶菌噁唑（1），灭幼脲（1），烯肟菌胺（1）

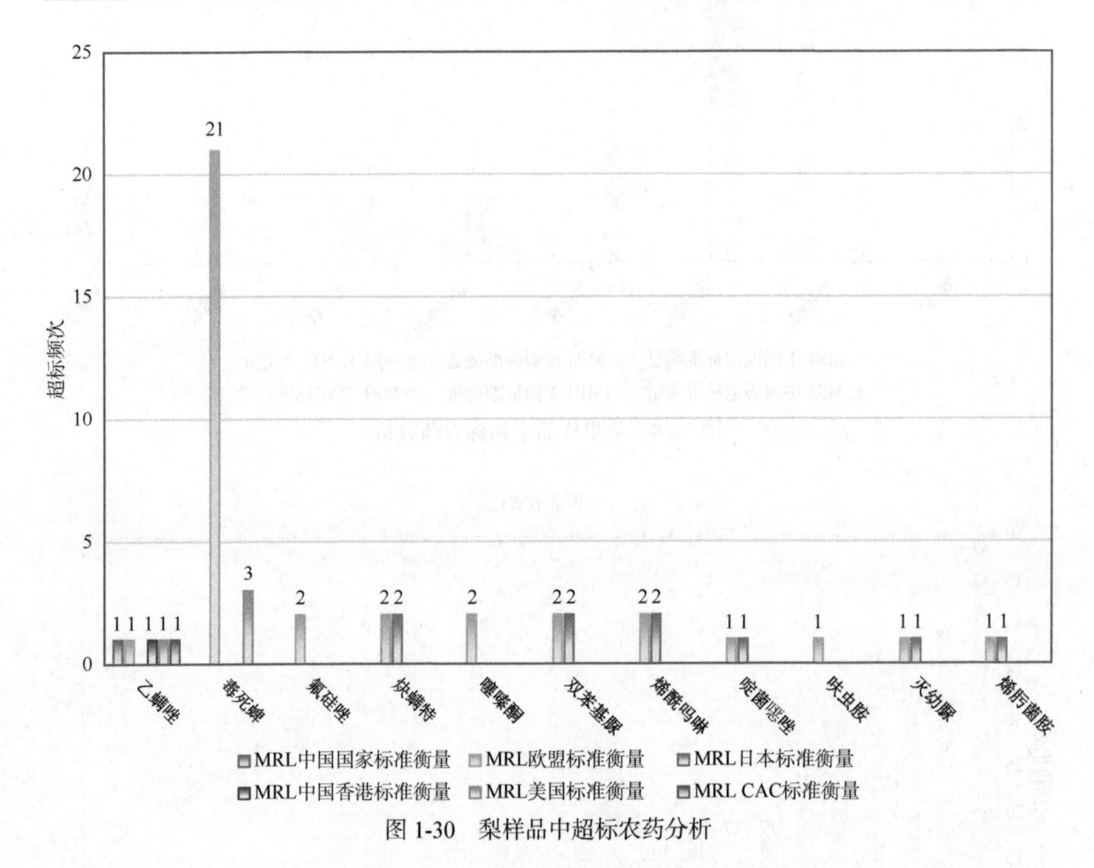

图 1-30　梨样品中超标农药分析

1.5　蔬菜中农药残留分布

1.5.1　检出农药品种和频次排前 10 的蔬菜

本次残留侦测的蔬菜共 17 种，包括辣椒、结球甘蓝、芹菜、小白菜、小油菜、番茄、娃娃菜、大白菜、茄子、西葫芦、黄瓜、花椰菜、马铃薯、豇豆、菠菜、紫甘蓝和菜豆。

根据检出农药品种及频次进行排名，将各项排名前 10 位的蔬菜样品检出情况列表说明，详见表 1-24。

表 1-24　检出农药品种和频次排名前 10 的蔬菜

检出农药品种排名前 10（品种）	①番茄（61），②芹菜（61），③黄瓜（59），④豇豆（58），⑤菜豆（57），⑥小油菜（55），⑦茄子（50），⑧辣椒（49），⑨菠菜（38），⑩小白菜（37）
检出农药频次排名前 10（频次）	①番茄（798），②黄瓜（753），③小油菜（638），④芹菜（505），⑤茄子（479），⑥豇豆（475），⑦小白菜（435），⑧菜豆（388），⑨菠菜（380），⑩辣椒（358）
检出禁用、高毒及剧毒农药品种排名前 10（品种）	①大白菜（4），②豇豆（4），③菠菜（3），④菜豆（3），⑤番茄（3），⑥花椰菜（3），⑦黄瓜（3），⑧结球甘蓝（3），⑨茄子（3），⑩芹菜（3）
检出禁用、高毒及剧毒农药频次排名前 10（频次）	①芹菜（33），②大白菜（19），③结球甘蓝（17），④菠菜（13），⑤茄子（12），⑥黄瓜（11），⑦豇豆（7），⑧辣椒（7），⑨小油菜（7），⑩菜豆（5）

1.5.2　超标农药品种和频次排前 10 的蔬菜

鉴于 MRL 欧盟标准和日本标准制定比较全面且覆盖率较高，我们参照 MRL 中国国家标准、欧盟标准和日本标准衡量蔬菜样品中农残检出情况，将超标农药品种及频次排名前 10 的蔬菜列表说明，详见表 1-25。

表 1-25　超标农药品种和频次排名前 10 的蔬菜

超标农药品种排名前 10（农药品种数）	MRL 中国国家标准	①芹菜（4），②豇豆（3），③茄子（3），④菜豆（2），⑤黄瓜（2），⑥马铃薯（2），⑦菠菜（1），⑧辣椒（1），⑨小白菜（1），⑩紫甘蓝（1）
	MRL 欧盟标准	①芹菜（30），②豇豆（27），③小油菜（25），④菜豆（19），⑤茄子（19），⑥黄瓜（16），⑦小白菜（14），⑧菠菜（12），⑨大白菜（12），⑩辣椒（11）
	MRL 日本标准	①豇豆（46），②菜豆（40），③芹菜（19），④小油菜（17），⑤黄瓜（12），⑥菠菜（11），⑦小白菜（11），⑧大白菜（9），⑨辣椒（7），⑩番茄（5）
超标农药频次排名前 10（农药频次数）	MRL 中国国家标准	①芹菜（6），②豇豆（4），③辣椒（4），④菜豆（3），⑤黄瓜（3），⑥茄子（3），⑦马铃薯（2），⑧菠菜（1），⑨小白菜（1），⑩紫甘蓝（1）
	MRL 欧盟标准	①小油菜（153），②芹菜（96），③小白菜（88），④茄子（72），⑤豇豆（67），⑥黄瓜（63），⑦菜豆（57），⑧大白菜（46），⑨菠菜（38），⑩结球甘蓝（35）
	MRL 日本标准	①豇豆（185），②菜豆（141），③小油菜（85），④小白菜（68），⑤大白菜（45），⑥芹菜（45），⑦菠菜（43），⑧茄子（34），⑨黄瓜（25），⑩辣椒（16）

通过对各品种蔬菜样本总数及检出率进行综合分析发现，芹菜、小油菜和黄瓜的残留污染最为严重，在此，我们参照 MRL 中国国家标准、欧盟标准和日本标准对这 3 种蔬菜的农残检出情况进行进一步分析。

1.5.3 农药残留检出率较高的蔬菜样品分析

1.5.3.1 芹菜

这次共检测 100 例芹菜样品，全部检出了农药残留，检出率为 100.0%，检出农药共计 61 种。其中苯醚甲环唑、啶虫脒、烯酰吗啉、吡虫啉和灭蝇胺检出频次较高，分别检出了 58、49、36、27 和 26 次。芹菜中农药检出品种和频次见图 1-31，检出农残超标情况见表 1-26 和图 1-32。

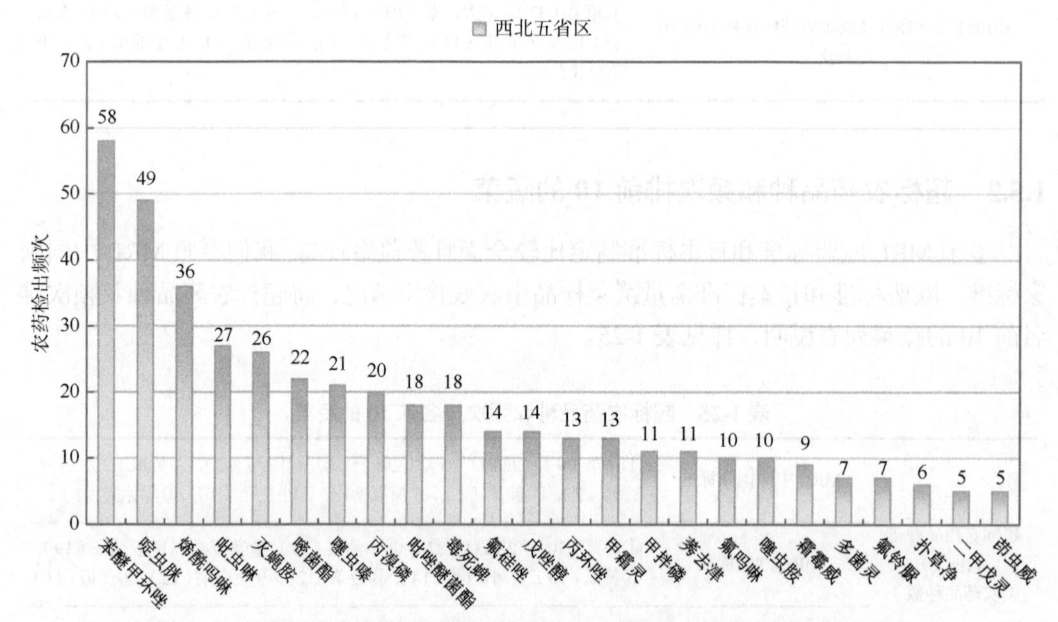

图 1-31 芹菜样品检出农药品种和频次分析（仅列出 5 频次及以上的数据）

表 1-26 芹菜中农药残留超标情况明细表

样品总数	检出农药样品数	样品检出率（%）	检出农药品种总数
100	100	100	61
	超标农药品种	超标农药频次	按照 MRL 中国国家标准、欧盟标准和日本标准衡量超标农药名称及频次
中国国家标准	4	6	毒死蜱（2），甲拌磷（2），噻虫胺（1），辛硫磷（1）
欧盟标准	30	96	啶虫脒（21），氟硅唑（12），丙环唑（10），氟铃脲（7），甲氧虫酰肼（4），虱螨脲（4），霜霉威（4），毒死蜱（3），嘧霉胺（3），丙溴磷（2），己唑醇（2），甲拌磷（2），甲霜灵（2），腈菌唑（2），醚菌酯（2），辛硫磷（2），敌百虫（1），氟吡菌酰胺（1），氟吗啉（1），咪鲜胺（1），灭幼脲（1），扑草净（1），噻虫胺（1），三唑醇（1），双苯基脲（1），霜脲氰（1），戊唑醇（1），烯唑醇（1），异丙威（1），仲丁威（1）
日本标准	19	45	氟硅唑（12），氟铃脲（7），虱螨脲（4），嘧霉胺（3），丙溴磷（2），毒死蜱（2），己唑醇（2），腈菌唑（2），氟吡菌酰胺（1），氟环唑（1），氟吗啉（1），灭幼脲（1），扑草净（1），双苯基脲（1），戊唑醇（1），烯唑醇（1），辛硫磷（1），异丙威（1），仲丁威（1）

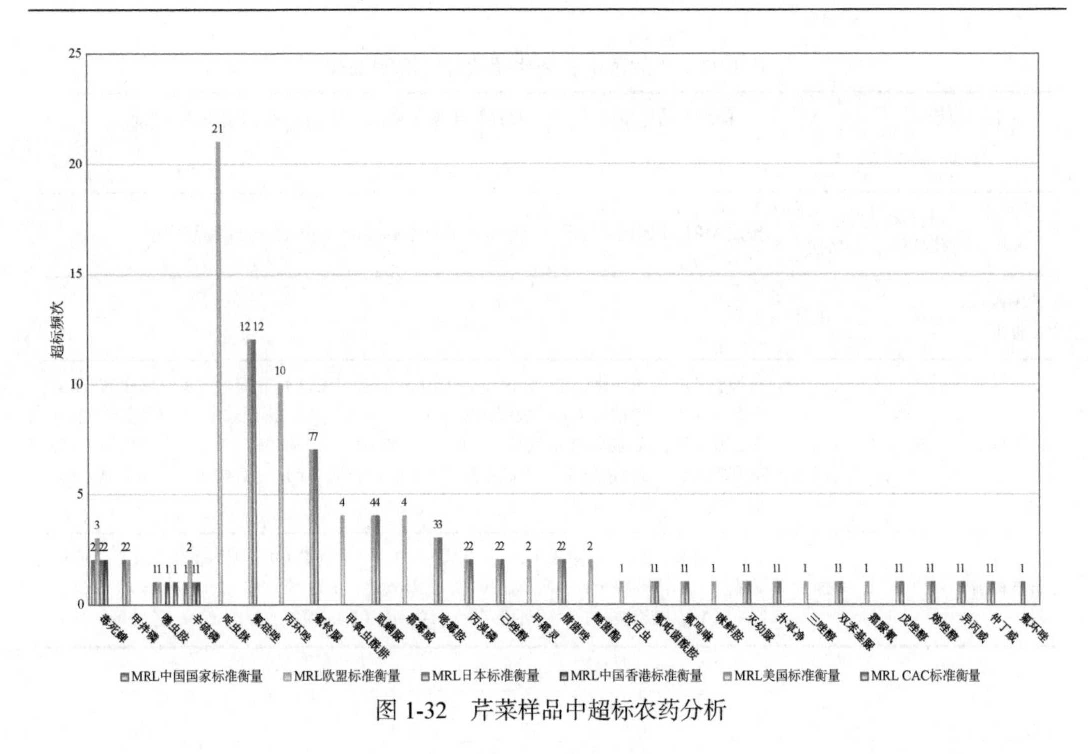

图 1-32　芹菜样品中超标农药分析

1.5.3.2　小油菜

这次共检测 107 例小油菜样品，106 例样品中检出了农药残留，检出率为 99.1%，检出农药共计 55 种。其中烯酰吗啉、啶虫脒、灭蝇胺、苯醚甲环唑和霜霉威检出频次较高，分别检出了 87、64、53、48 和 41 次。小油菜中农药检出品种和频次见图 1-33，检出农残超标情况见表 1-27 和图 1-34。

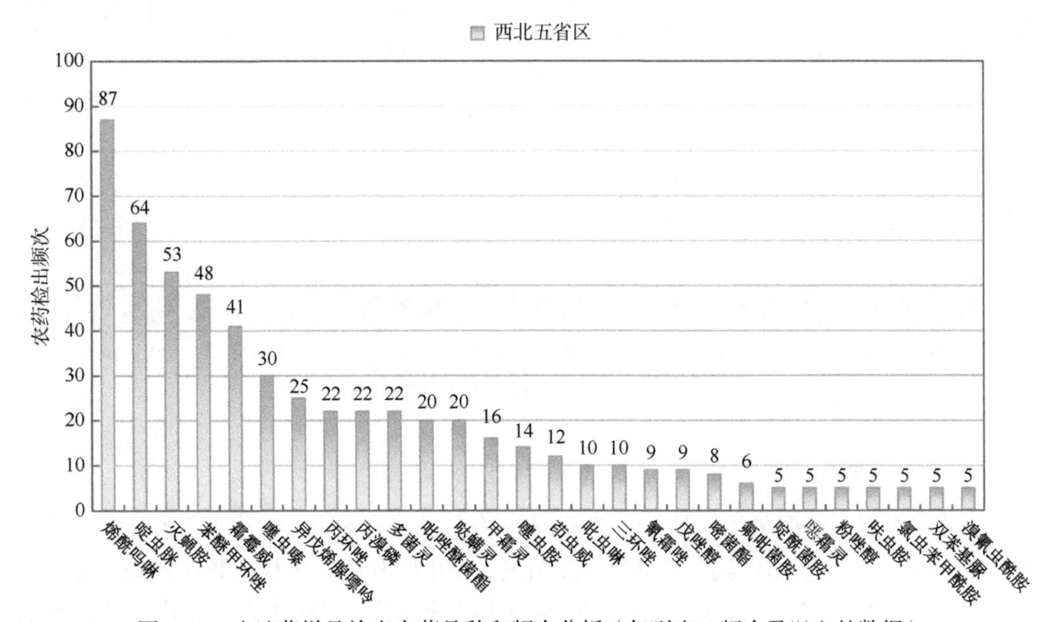

图 1-33　小油菜样品检出农药品种和频次分析（仅列出 5 频次及以上的数据）

表 1-27 小油菜中农药残留超标情况明细表

样品总数			检出农药样品数	样品检出率（%）	检出农药品种总数
107			106	99.1	55
	超标农药品种	超标农药频次	按照 MRL 中国国家标准、欧盟标准和日本标准衡量超标农药名称及频次		
中国国家标准	0	0			
欧盟标准	25	153	灭蝇胺（41），啶虫脒（38），丙溴磷（19），哒螨灵（11），丙环唑（8），呋虫胺（5），多菌灵（3），噁霜灵（3），放线菌酮（3），氰霜唑（3），毒死蜱（2），甲霜灵（2），噻虫嗪（2），虱螨脲（2），敌草腈（1），二甲嘧酚（1），粉唑醇（1），氟苯虫酰胺（1），氟硅唑（1），氟吗啉（1），甲氧虫酰肼（1），嘧霉胺（1），三环唑（1），烯草酮（1），溴氰虫酰胺（1）		
日本标准	17	85	苯醚甲环唑（25），丙溴磷（19），哒螨灵（11），茚虫威（9），吡唑醚菌酯（7），放线菌酮（3），丙环唑（1），敌草腈（1），二甲嘧酚（1），粉唑醇（1），氟硅唑（1），氟吗啉（1），嘧霉胺（1），三环唑（1），烯草酮（1），溴氰虫酰胺（1），乙嘧酚（1）		

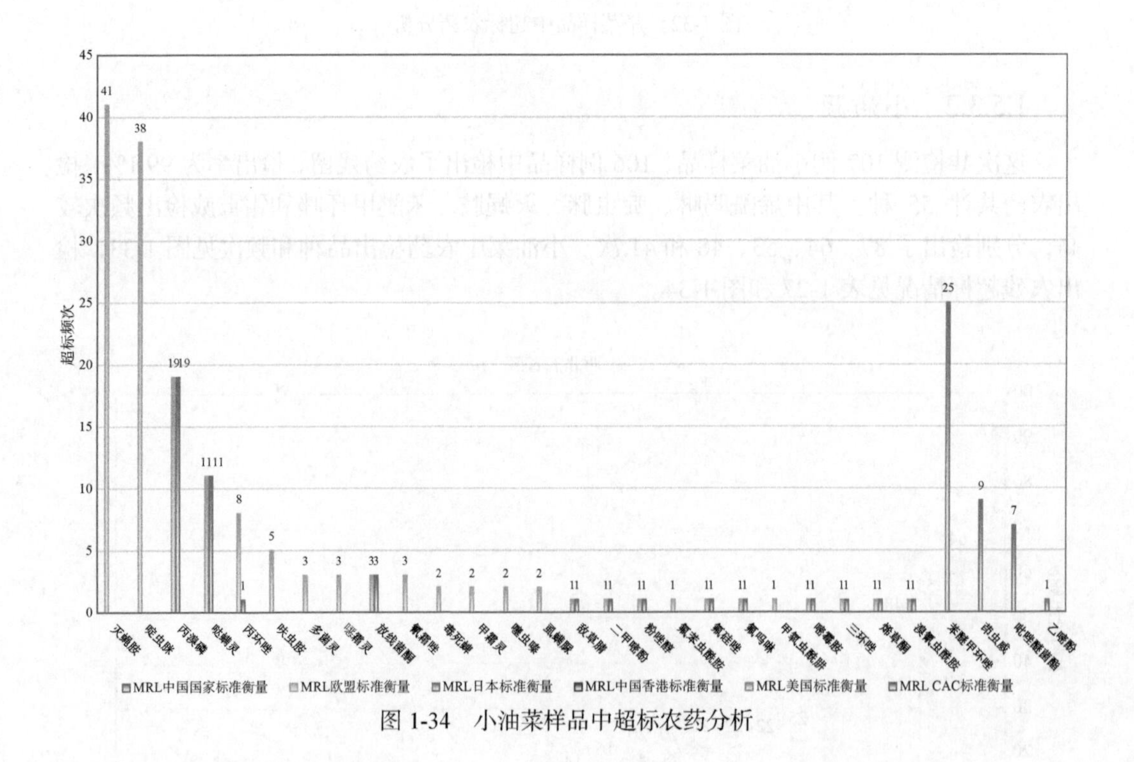

图 1-34 小油菜样品中超标农药分析

1.5.3.3 黄瓜

这次共检测 100 例黄瓜样品，99 例样品中检出了农药残留，检出率为 99.0%，检出农药共计 59 种。其中霜霉威、噻虫嗪、多菌灵、啶虫脒和甲霜灵检出频次较高，分别检出了 57、56、43、42 和 41 次。黄瓜中农药检出品种和频次见图 1-35，检出农残超标情况见表 1-28 和图 1-36。

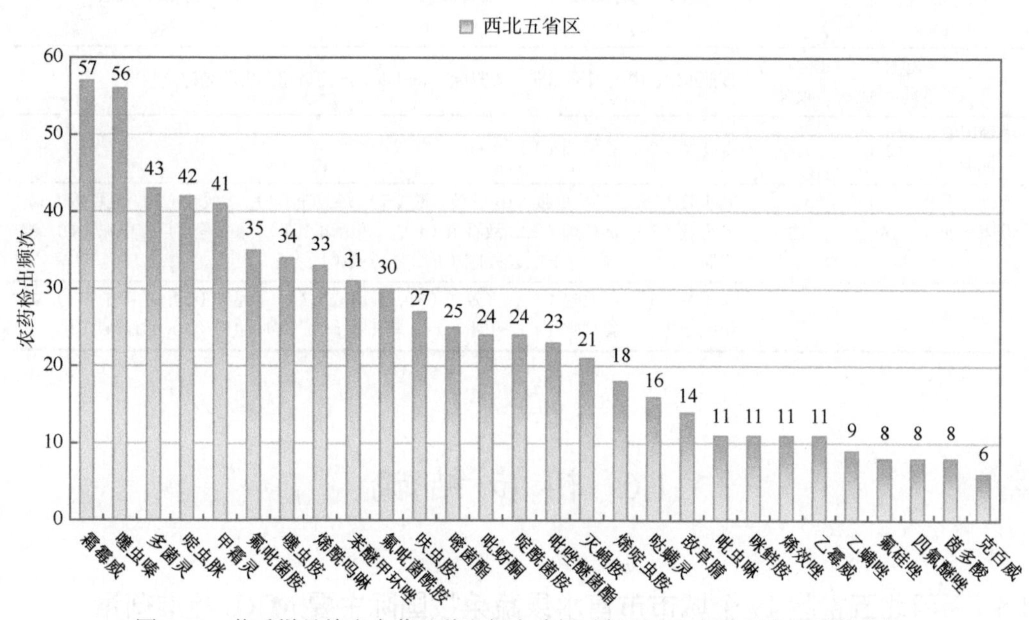

图 1-35　黄瓜样品检出农药品种和频次分析（仅列出 6 频次及以上的数据）

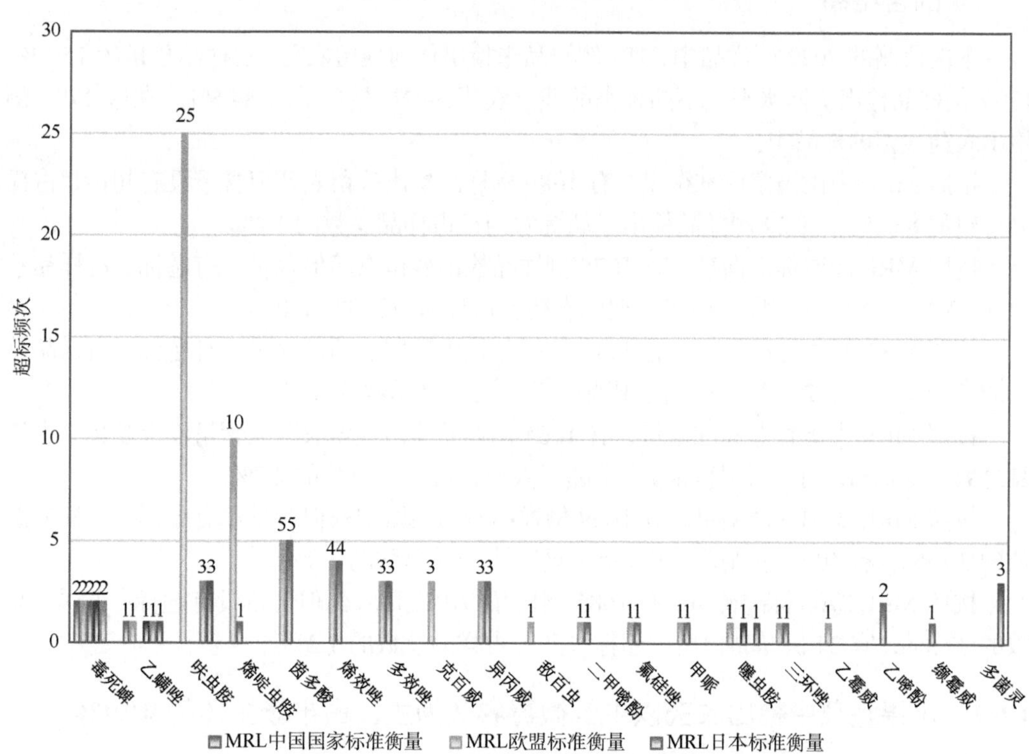

图 1-36　黄瓜样品中超标农药分析

表 1-28 黄瓜中农药残留超标情况明细表

样品总数			检出农药样品数	样品检出率（%）	检出农药品种总数
100			99	99	59
	超标农药品种	超标农药频次	按照 MRL 中国国家标准、欧盟标准和日本标准衡量超标农药名称及频次		
中国国家标准	2	3	毒死蜱（2），乙螨唑（1）		
欧盟标准	16	63	呋虫胺（25），烯啶虫胺（10），茵多酸（5），烯效唑（4），多效唑（3），克百威（3），异丙威（3），毒死蜱（2），敌百虫（1），二甲嘧酚（1），氟硅唑（1），甲哌（1），噻虫胺（1），三环唑（1），乙螨唑（1），乙霉威（1）		
日本标准	12	25	茵多酸（5），烯效唑（4），多效唑（3），异丙威（3），毒死蜱（2），乙嘧酚（2），二甲嘧酚（1），氟硅唑（1），甲哌（1），三环唑（1），烯啶虫胺（1），缬霉威（1）		

1.6 初步结论

1.6.1 西北五省区 19 个城市市售水果蔬菜按国际主要 MRL 标准衡量的合格率

本次侦测的 2022 例样品中，313 例样品未检出任何残留农药，占样品总量的 15.5%，1709 例样品检出不同水平、不同种类的残留农药，占样品总量的 84.5%。在这 1709 例检出农药残留的样品中：

按照 MRL 中国国家标准衡量，有 1680 例样品检出残留农药但含量没有超标，占样品总数的 83.1%，有 29 例样品检出了超标农药，占样品总数的 1.4%。

按照 MRL 欧盟标准衡量，有 1075 例样品检出残留农药但含量没有超标，占样品总数的 53.2%，有 634 例样品检出了超标农药，占样品总数的 31.4%。

按照 MRL 日本标准衡量，有 1217 例样品检出残留农药但含量没有超标，占样品总数的 60.2%，有 492 例样品检出了超标农药，占样品总数的 24.3%。

按照 MRL 中国香港标准衡量，有 1664 例样品检出残留农药但含量没有超标，占样品总数的 82.3%，有 45 例样品检出了超标农药，占样品总数的 2.2%。

按照 MRL 美国标准衡量，有 1669 例样品检出残留农药但含量没有超标，占样品总数的 82.5%，有 40 例样品检出了超标农药，占样品总数的 2.0%。

按照 MRL CAC 标准衡量，有 1685 例样品检出残留农药但含量没有超标，占样品总数的 83.3%，有 24 例样品检出了超标农药，占样品总数的 1.2%。

1.6.2 水果蔬菜中检出农药以中低微毒农药为主，占市场主体的 91.9%

这次侦测的 2022 例样品包括蔬菜 17 种 1722 例，水果 3 种 300 例，共检出了 135 种农药，检出农药的毒性以中低微毒为主，详见表 1-29。

表 1-29　市场主体农药毒性分布

毒性	检出品种	占比（%）	检出频次	占比（%）
剧毒农药	3	2.2	19	0.2
高毒农药	8	5.9	83	1.1
中毒农药	49	36.3	3397	44.2
低毒农药	45	33.3	2605	33.9
微毒农药	30	22.2	1575	20.5
中低微毒农药，品种占比 91.9%，频次占比 98.7%				

1.6.3　检出剧毒、高毒和禁用农药现象应该警醒

在此次侦测的 2022 例样品中有 16 种蔬菜和 3 种水果的 241 例样品检出了 13 种 254 频次的剧毒、高毒或禁用农药，占样品总量的 11.9%。其中剧毒农药甲拌磷、放线菌酮和溴鼠灵以及高毒农药克百威、氧乐果和醚菌酯检出频次较高。

按 MRL 中国国家标准衡量，剧毒农药甲拌磷，检出 11 次，超标 2 次；高毒农药克百威，检出 47 次，超标 3 次；氧乐果，检出 17 次，超标 2 次。按超标程度比较，豇豆中克百威超标 6.8 倍，芹菜中甲拌磷超标 6.3 倍，紫甘蓝中甲胺磷超标 3.4 倍，豇豆中氧乐果超标 1.2 倍，茄子中克百威超标 80%。

剧毒、高毒或禁用农药的检出情况及按照 MRL 中国国家标准衡量的超标情况见表 1-30。

表 1-30　剧毒、高毒或禁用农药的检出及超标明细

序号	农药名称	样品名称	检出频次	超标频次	最大超标倍数	超标率
1.1	放线菌酮*	小油菜	3	0	0	0.0%
1.2	放线菌酮*	大白菜	2	0	0	0.0%
1.3	放线菌酮*	结球甘蓝	1	0	0	0.0%
1.4	放线菌酮*	苹果	1	0	0	0.0%
2.1	溴鼠灵*▲	花椰菜	1	0	0	0.0%
3.1	甲拌磷*▲	芹菜	11	2	6.27	18.2%
4.1	克百威◊▲	结球甘蓝	15	0	0	0.0%
4.2	克百威◊▲	大白菜	10	0	0	0.0%
4.3	克百威◊▲	茄子	8	1	0.78	12.5%
4.4	克百威◊▲	黄瓜	6	0	0	0.0%
4.5	克百威◊▲	菠菜	2	1	0.275	50.0%
4.6	克百威◊▲	娃娃菜	2	0	0	0.0%
4.7	克百威◊▲	豇豆	1	1	6.78	100.0%

续表

序号	农药名称	样品名称	检出频次	超标频次	最大超标倍数	超标率
4.8	克百威◊▲	番茄	1	0	0	0.0%
4.9	克百威◊▲	苹果	1	0	0	0.0%
4.10	克百威◊▲	菜豆	1	0	0	0.0%
5.1	呋线威◊	番茄	1	0	0	0.0%
6.1	杀线威◊	苹果	1	0	0	0.0%
7.1	氧乐果◊▲	葡萄	9	0	0	0.0%
7.2	氧乐果◊▲	茄子	3	1	0.72	33.3%
7.3	氧乐果◊▲	豇豆	2	1	1.25	50.0%
7.4	氧乐果◊▲	菜豆	2	0	0	0.0%
7.5	氧乐果◊▲	菠菜	1	0	0	0.0%
8.1	灭多威◊	豇豆	1	0	0	0.0%
9.1	甲胺磷◊▲	紫甘蓝	1	1	3.406	100.0%
10.1	脱叶磷◊	花椰菜	1	0	0	0.0%
11.1	醚菌酯◊	辣椒	5	0	0	0.0%
11.2	醚菌酯◊	芹菜	4	0	0	0.0%
11.3	醚菌酯◊	黄瓜	3	0	0	0.0%
11.4	醚菌酯◊	番茄	1	0	0	0.0%
11.5	醚菌酯◊	葡萄	1	0	0	0.0%
12.1	毒死蜱▲	苹果	55	0	0	0.0%
12.2	毒死蜱▲	梨	35	0	0	0.0%
12.3	毒死蜱▲	芹菜	18	2	3.14	11.1%
12.4	毒死蜱▲	葡萄	7	0	0	0.0%
12.5	毒死蜱▲	大白菜	6	0	0	0.0%
12.6	毒死蜱▲	小油菜	3	0	0	0.0%
12.7	毒死蜱▲	豇豆	3	0	0	0.0%
12.8	毒死蜱▲	黄瓜	2	2	1.598	100.0%
12.9	毒死蜱▲	菜豆	2	0	0	0.0%
12.10	毒死蜱▲	辣椒	2	0	0	0.0%
12.11	毒死蜱▲	马铃薯	2	0	0	0.0%
12.12	毒死蜱▲	小白菜	1	0	0	0.0%
12.13	毒死蜱▲	结球甘蓝	1	0	0	0.0%
12.14	毒死蜱▲	花椰菜	1	0	0	0.0%
12.15	毒死蜱▲	茄子	1	0	0	0.0%
13.1	氟苯虫酰胺▲	菠菜	10	0	0	0.0%

续表

序号	农药名称	样品名称	检出频次	超标频次	最大超标倍数	超标率
13.2	氟苯虫酰胺▲	大白菜	1	0	0	0.0%
13.3	氟苯虫酰胺▲	小油菜	1	0	0	0.0%
13.4	氟苯虫酰胺▲	马铃薯	1	0	0	0.0%
合计			254	12		4.7%

注：超标倍数参照 MRL 中国国家标准衡量

* 表示剧毒农药；◊表示高毒农药；▲表示禁用农药

这些超标的高剧毒或禁用农药都是中国政府早有规定禁止在水果蔬菜中使用的，为什么还屡次被检出，应该引起警惕。

1.6.4　残留限量标准与先进国家或地区差距较大

7679 频次的检出结果与我国公布的《食品中农药最大残留限量》(GB 2763—2019) 对比，有 4873 频次能找到对应的 MRL 中国国家标准，占 63.5%；还有 2806 频次的侦测数据无相关 MRL 标准供参考，占 36.5%。

与国际上现行 MRL 标准对比发现：

有 7679 频次能找到对应的 MRL 欧盟标准，占 100.0%；

有 7679 频次能找到对应的 MRL 日本标准，占 100.0%；

有 4732 频次能找到对应的 MRL 中国香港标准，占 61.6%；

有 5040 频次能找到对应的 MRL 美国标准，占 65.6%；

有 4192 频次能找到对应的 MRL CAC 标准，占 54.6%。

由上可见，MRL 中国国家标准与先进国家或地区标准还有很大差距，我们无标准，境外有标准，这就会导致我们在国际贸易中，处于受制于人的被动地位。

1.6.5　水果蔬菜单种样品检出 40～61 种农药残留，拷问农药使用的科学性

通过此次监测发现，葡萄、梨和苹果是检出农药品种最多的 3 种水果，番茄、芹菜和黄瓜是检出农药品种最多的 3 种蔬菜，从中检出农药品种及频次详见表 1-31。

表 1-31　单种样品检出农药品种及频次

样品名称	样品总数	检出率	检出农药品种数	检出农药（频次）
番茄	132	94.7%	61	啶虫脒（65），苯醚甲环唑（59），吡唑醚菌酯（57），烯酰吗啉（50），霜霉威（43），多菌灵（37），肟菌酯（36），吡丙醚（33），戊唑醇（33），噻虫胺（30），嘧菌酯（29），噻虫嗪（29），氟吡菌酰胺（26），吡虫啉（22），氟吡菌胺（19），烯啶虫胺（19），氟硅唑（16），氟吗啉（12），粉唑醇（11），腈菌唑（11），哒螨灵（10），啶酰菌胺（10），氯虫苯甲酰胺（10），灭蝇胺（10），丙环唑（9），呋虫胺（8），咪鲜胺（7），氰霜唑（7），噻嗪酮（7），三唑酮（7），氟唑菌酰胺（6），嘧霉胺（6），三唑醇（6），丙溴磷（5），螺虫乙酯（5），吡唑萘菌胺（4），甲霜灵（4），噁霜灵（3），己唑醇（3），异菌脲（3），茚虫威（3），苯噻菌胺（2），吡噻菌胺（2），甲哌（2），螺螨酯（2），炔螨特（2），双炔酰菌胺（2），烯肟菌胺（2），乙嘧酚磺酸酯（2），苯菌酮（1），虫酰肼（1），

续表

样品名称	样品总数	检出率	检出农药品种数	检出农药（频次）
番茄	132	94.7%	61	呋线威（1），氟菌唑（1），克百威（1），联苯肼酯（1），马拉硫磷（1），醚菌酯（1），嘧菌环胺（1），双苯基脲（1），四氟醚唑（1），乙螨唑（1）
芹菜	100	100.0%	61	苯醚甲环唑（58），啶虫脒（49），烯酰吗啉（36），吡虫啉（27），灭蝇胺（26），嘧菌酯（22），噻虫嗪（21），丙溴磷（20），吡唑醚菌酯（18），毒死蜱（18），氟硅唑（14），戊唑醇（14），丙环唑（13），甲霜灵（13），甲拌磷（11），莠去津（11），氟吗啉（10），噻虫胺（10），霜霉威（9），多菌灵（7），氟铃脲（7），扑草净（6），二甲戊灵（5），茚虫威（5），甲氧虫酰肼（4），腈菌唑（4），咪鲜胺（4），醚菌酯（4），虱螨脲（4），呋虫胺（3），氟吡菌胺（3），己唑醇（3），氯虫苯甲酰胺（3），嘧霉胺（3），双苯基脲（3），肟菌酯（3），烯唑醇（3），辛硫磷（3），啶酰菌胺（2），氟环唑（2），甲哌（2），噻嗪酮（2），溴氰虫酰胺（2），吡蚜酮（1），敌百虫（1），多效唑（1），粉唑醇（1），氟吡草腙（1），氟吡菌酰胺（1），氟唑菌酰胺（1），环嗪酮（1），苦参碱（1），嘧菌腙（1），灭幼脲（1），扑灭津（1），三唑醇（1），霜脲氰（1），烯啶虫胺（1），异丙威（1），异戊烯腺嘌呤（1），仲丁威（1）
黄瓜	100	99.0%	59	霜霉威（57），噻虫嗪（56），多菌灵（43），啶虫脒（42），甲霜灵（41），氟吡菌胺（35），噻虫胺（34），烯酰吗啉（33），苯醚甲环唑（31），氟吡菌酰胺（30），呋虫胺（27），嘧菌酯（25），吡蚜酮（24），啶酰菌胺（24），吡唑醚菌酯（23），灭蝇胺（21），烯啶虫胺（18），哒螨灵（16），敌草腈（14），吡虫啉（11），咪鲜胺（11），烯效唑（11），乙霉威（11），乙螨唑（9），氟硅唑（8），四氟醚唑（8），茵多酸（8），克百威（6），多效唑（5），氰霜唑（5），肟菌酯（5），戊唑醇（5），螺螨酯（4），戊菌唑（4），腈菌唑（3），醚菌酯（3），嘧霉胺（3），缬霉威（3），异丙威（3），茚虫威（3），丙环唑（2），敌百虫（2），毒死蜱（2），噁霜灵（2），二甲嘧酚（2），氟唑菌酰胺（2），氯虫苯甲酰胺（2），噻嗪酮（2），三环唑（2），乙嘧酚（2），乙嘧酚磺酸酯（2），丁氟螨酯（1），啶菌噁唑（1），甲哌（1），联苯肼酯（1），螺虫乙酯（1），噻唑磷（1），四螨嗪（1），唑虫酰胺（1）
葡萄	100	99.0%	55	烯酰吗啉（63），苯醚甲环唑（56），吡唑醚菌酯（56），啶虫脒（45），多菌灵（44），异戊烯腺嘌呤（39），噻虫胺（38），嘧霉胺（36），嘧菌酯（32），噻虫嗪（32），霜霉威（30），甲霜灵（27），戊唑醇（24），吡虫啉（22），氰霜唑（19），咪鲜胺（18），氟硅唑（17），异菌脲（13），氟吡菌胺（11），己唑醇（10），啶酰菌胺（9），螺虫乙酯（9），氧乐果（9），啶菌噁唑（8），呋虫胺（8），氟吡菌酰胺（8），丙环唑（7），毒死蜱（7），三唑酮（6），肟菌酯（6），氟唑菌酰胺（5），腈苯唑（5），二甲嘧酚（4），腈菌唑（4），嘧菌环胺（4），戊菌唑（4），乙嘧酚（4），抑霉唑（4），苯噻菌胺（3），敌草腈（3），氟环唑（3），噻呋酰胺（3），四氟醚唑（3），苯菌酮（2），三唑醇（2），胺鲜酯（1），粉唑醇（1），氟吗啉（1），甲哌（1），氯虫苯甲酰胺（1），醚菌酯（1），双苯基脲（1），双炔酰菌胺（1），烯肟菌胺（1），唑虫酰胺（1）
梨	100	87.0%	41	啶虫脒（47），噻虫胺（38），吡虫啉（36），毒死蜱（35），多菌灵（24），苯醚甲环唑（21），吡唑醚菌酯（17），螺虫乙酯（17），乙螨唑（14），噻虫嗪（13），嘧菌酯（12），螺螨酯（11），戊唑醇（10），炔螨特（8），吡丙醚（6），哒螨灵（6），苦参碱（5），烯酰吗啉（5），霜霉威（4），氟吡菌胺（3），氟硅唑（3），氟唑菌酰胺（3），腈菌唑（3），噻嗪酮（3），虱螨脲（3），双苯基脲（3），多效唑（2），氯虫苯甲酰胺（2），烯肟菌胺（2），茚虫威（2），丙溴磷（1），啶菌噁唑（1），呋虫胺（1），氟吡菌酰胺（1），己唑醇（1），联苯肼酯（1），马拉硫磷（1），嘧霉胺（1），灭幼脲（1），烯唑醇（1），莠去津（1）
苹果	100	94.0%	40	多菌灵（74），毒死蜱（55），啶虫脒（43），炔螨特（28），戊唑醇（25），吡唑醚菌酯（24），吡虫啉（21），苯醚甲环唑（17），螺螨酯（11），灭幼脲（11），唑螨酯（11），腈菌唑（10），粉唑醇（9），噻虫嗪（6），丙环唑（5），三唑醇（5），氟硅唑（3），烯酰吗啉（3），乙螨唑（3），异菌脲（3），噻虫胺（2），杀铃脲（2），霜霉威（2），

续表

样品名称	样品总数	检出率	检出农药品种数	检出农药（频次）
苹果	100	94.0%	40	肟菌酯（2），哒螨灵（1），啶酰菌胺（1），多效唑（1），噁霜灵（1），二嗪磷（1），放线菌酮（1），呋虫胺（1），氟吡菌胺（1），氟环唑（1），己唑醇（1），克百威（1），咪鲜胺（1），嘧菌酯（1），杀线威（1），烯效唑（1），异戊烯腺嘌呤（1）

上述 6 种水果蔬菜，检出农药 40～61 种，是多种农药综合防治，还是未严格实施农业良好管理规范（GAP），抑或根本就是乱施药，值得我们思考。

1.7　小　　结

1.7.1　初步摸清了西北五省区 19 个城市市售水果蔬菜农药残留“家底”

本项目采用 LC-Q-TOF/MS 技术，对西北五省区 19 个城市（5 个省会城市、14 个果蔬主产区城市），301 个采样点，20 种蔬菜水果，共计 2022 例样品进行了非靶向目标物农药残留筛查，得到检测数据 1702524 个，初步查清了以下 8 个方面的本底水平：①19 个城市果蔬农药残留“家底”；②20 种果蔬农药残留“家底”；③检出 135 种农药化学污染物的种类分布、残留水平分布和毒性分布；④按地域统计检出农药品种及频次并排序；⑤按样品种类统计检出农药品种及频次并排序；⑥检出的高毒、剧毒和禁用农药分布；⑦与先进国家和地区比对发现差距；⑧发现风险评估新资源。

1.7.2　初步找到了我国水果蔬菜安全监管要思考的问题

新技术大数据示范结果显示，蔬菜水果农药残留不容忽视，预防为主、监管前移是十分必要的，也是当务之急。这次西北五省区市售水果蔬菜农药残留本底水平侦测报告，引出了以下几个亟待解决和落实的问题，望监督管理部门重点考虑：①农药科学管理与使用；②农业良好规范的执行；③危害分析及关键控制点（HACCP）体系的落实；④食品安全隐患所在；⑤预警召回提供依据；⑥如何科学运用发现的数据。

1.7.3　新技术大数据示范结果构建了农药残留数据库雏形，初显了八方面功能

（1）执法根基：

① 发出预警；

② 问题溯源；

③ 问题追责；

④ 问题产品召回。

（2）科研依据：

⑤ 研究暴露评估；

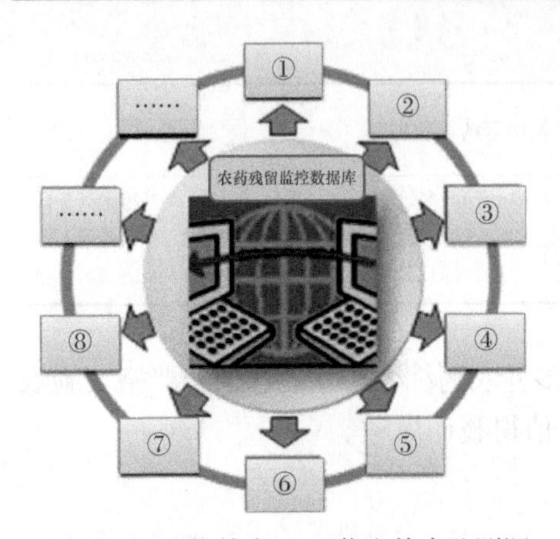

检测技术-网络技术-地理信息技术监测调查平台为各食品安全监管与研究部门提供农药残留数据支持和咨询服务

⑥ 制定 MRL 标准；

⑦ 对修改制定法规提供科学数据；

⑧ 开展深层次研究与国际交流。

新技术大数据充分显示了：有测量，才能管理；有管理，才能改进；有改进，才能提高食品安全水平，确保民众舌尖上的安全。本次示范证明，这项技术应用前景广阔。

第2章　LC-Q-TOF/MS侦测西北五省区市售水果蔬菜农药残留膳食暴露风险与预警风险评估

2.1　农药残留侦测数据分析与统计

庞国芳院士科研团队建立的农药残留高通量侦测技术以高分辨精确质量数（0.0001 *m/z* 为基准）为识别标准，采用LC-Q-TOF/MS技术对842种农药化学污染物进行侦测。

科研团队于2020年8月至10月在西北五省区19个城市的301个采样点，随机采集了2022例水果蔬菜样品，采样点分布在农贸市场、电商平台、个体商户和超市，各月内水果蔬菜样品采集数量如表2-1所示。

表2-1　西北五省区各月内采集水果蔬菜样品数列表

时间	样品数（例）
2020年8月	774
2020年9月	1022
2020年10月	226

利用LC-Q-TOF/MS技术对2022样品中的农药进行侦测，共侦测出残留农药7679频次。侦测出农药残留水平如表2-2和图2-1所示。检出频次最高的前10种农药如表2-3所示。从侦测结果中可以看出，在水果蔬菜中农药残留普遍存在，且有些水果蔬菜存在高浓度的农药残留，这些可能存在膳食暴露风险，对人体健康产生危害，因此，为了定量地评价水果蔬菜中农药残留的风险程度，有必要对其进行风险评价。

表2-2　侦测出农药的不同残留水平及其所占比例列表

残留水平(μg/kg)	检出频次	占比（%）
1~5（含）	3516	45.8
5~10（含）	1146	14.9
10~100（含）	2391	31.1
100~1000（含）	573	7.5
>1000	53	0.7

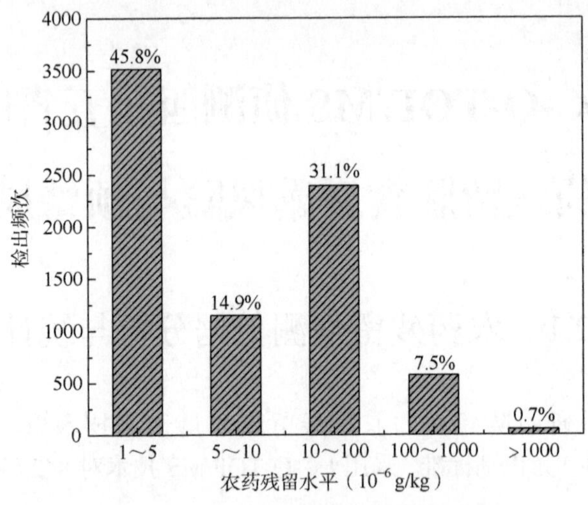

图 2-1　残留农药侦测出浓度频数分布图

表 2-3　检出频次最高的前 10 种农药列表

序号	农药	检出频次
1	啶虫脒	639
2	烯酰吗啉	634
3	多菌灵	419
4	苯醚甲环唑	407
5	吡唑醚菌酯	397
6	噻虫嗪	358
7	吡虫啉	352
8	霜霉威	351
9	噻虫胺	288
10	灭蝇胺	221

LC-Q-TOF/MS 技术对西北五省区 2022 例样品中的农药侦测中，共侦测出农药 135 种，这些农药的每日允许最大摄入量值（ADI）见表 2-4。为评价西北五省区农药残留的风险，本研究采用两种模型分别评价膳食暴露风险和预警风险，具体的风险评价模型见附录 A。

表 2-4　西北五省区水果蔬菜中侦测出农药的 ADI 值

序号	农药	ADI	序号	农药	ADI	序号	农药	ADI
1	唑嘧菌胺	10	4	烯啶虫胺	0.53	7	氟唑磺隆	0.36
2	氯虫苯甲酰胺	2	5	霜霉威	0.4	8	苯菌酮	0.3
3	灭幼脲	1.25	6	醚菌酯	0.4	9	马拉硫磷	0.3

续表

序号	农药	ADI	序号	农药	ADI	序号	农药	ADI
10	烯酰吗啉	0.2	44	啶酰菌胺	0.04	78	霜脲氰	0.013
11	氰霜唑	0.2	45	苯氧威	0.04	79	苯醚甲环唑	0.01
12	嘧菌酯	0.2	46	除虫菊素	0.04	80	哒螨灵	0.01
13	呋虫胺	0.2	47	三环唑	0.04	81	螺螨酯	0.01
14	嘧霉胺	0.2	48	扑草净	0.04	82	粉唑醇	0.01
15	双炔酰菌胺	0.2	49	乙嘧酚	0.035	83	咪鲜胺	0.01
16	甲哌	0.195	50	吡唑醚菌酯	0.03	84	茚虫威	0.01
17	氟吗啉	0.16	51	多菌灵	0.03	85	炔螨特	0.01
18	萘乙酸	0.15	52	三唑酮	0.03	86	氟吡菌胺	0.01
19	噻虫胺	0.1	53	三唑醇	0.03	87	毒死蜱	0.01
20	吡丙醚	0.1	54	戊唑醇	0.03	88	噁霜灵	0.01
21	吡噻菌胺	0.1	55	丙溴磷	0.03	89	联苯肼酯	0.01
22	苦参碱	0.1	56	腈菌唑	0.03	90	敌草腈	0.01
23	甲氧虫酰肼	0.1	57	吡蚜酮	0.03	91	扑灭津	0.01
24	丁氟螨酯	0.1	58	溴氰虫酰胺	0.03	92	丙硫菌唑	0.01
25	二甲戊灵	0.1	59	嘧菌环胺	0.03	93	噻虫啉	0.01
26	多效唑	0.1	60	茵多酸	0.03	94	烯草酮	0.01
27	甲霜灵	0.08	61	三氟甲吡醚	0.03	95	唑螨酯	0.01
28	噻虫嗪	0.08	62	抑霉唑	0.03	96	噻嗪酮	0.009
29	氟吡菌酰胺	0.08	63	腈苯唑	0.03	97	杀线威	0.009
30	氟唑菌酰胺	0.08	64	戊菌唑	0.03	98	氟硅唑	0.007
31	啶虫脒	0.07	65	胺鲜酯	0.023	99	环虫腈	0.007
32	丙环唑	0.07	66	虫酰肼	0.02	100	唑虫酰胺	0.006
33	烯肟菌胺	0.069	67	莠去津	0.02	101	烯唑醇	0.005
34	灭蝇胺	0.06	68	氟苯虫酰胺	0.02	102	己唑醇	0.005
35	吡虫啉	0.06	69	氟环唑	0.02	103	麦穗宁	0.005
36	吡唑萘菌胺	0.06	70	烯效唑	0.02	104	氟啶脲	0.005
37	异菌脲	0.06	71	氟铃脲	0.02	105	二嗪磷	0.005
38	仲丁威	0.06	72	灭多威	0.02	106	吡氟禾草灵	0.004
39	乙螨唑	0.05	73	虱螨脲	0.02	107	四氟醚唑	0.004
40	乙嘧酚磺酸酯	0.05	74	四螨嗪	0.02	108	噻唑磷	0.004
41	螺虫乙酯	0.05	75	噻霉酮	0.017	109	辛硫磷	0.004
42	环嗪酮	0.05	76	噻呋酰胺	0.022	110	乙霉威	0.004
43	肟菌酯	0.04	77	杀铃脲	0.022	111	甲胺磷	0.004

续表

序号	农药	ADI	序号	农药	ADI	序号	农药	ADI
112	丁醚脲	0.003	120	喹硫磷	0.0005	128	氟唑菌苯胺	—
113	异丙威	0.002	121	氧乐果	0.0003	129	啶菌噁唑	—
114	敌百虫	0.002	122	放线菌酮	—	130	丙氧喹啉	—
115	克百威	0.001	123	双苯基脲	—	131	氟吡草腙	—
116	脱叶磷	0.001	124	异戊烯腺嘌呤	—	132	新燕灵	—
117	甲拌磷	0.0007	125	苯噻菌胺	—	133	呋线威	—
118	氟吡甲禾灵	0.0007	126	嘧菌腙	—	134	缬霉威	—
119	溴鼠灵	0.0005	127	二甲嘧酚	—	135	放线菌酮	—

注："—"表示国家标准中无 ADI 值规定；ADI 值单位为 mg/kg bw

2.2 农药残留膳食暴露风险评估

2.2.1 每例水果蔬菜样品中农药残留安全指数分析

基于农药残留侦测数据，发现在 2022 例样品中侦测出农药 7679 频次，计算样品中每种残留农药的安全指数 IFS_c，并分析农药对样品安全的影响程度，农药残留对水果蔬菜样品安全的影响程度频次分布情况如图 2-2 所示。

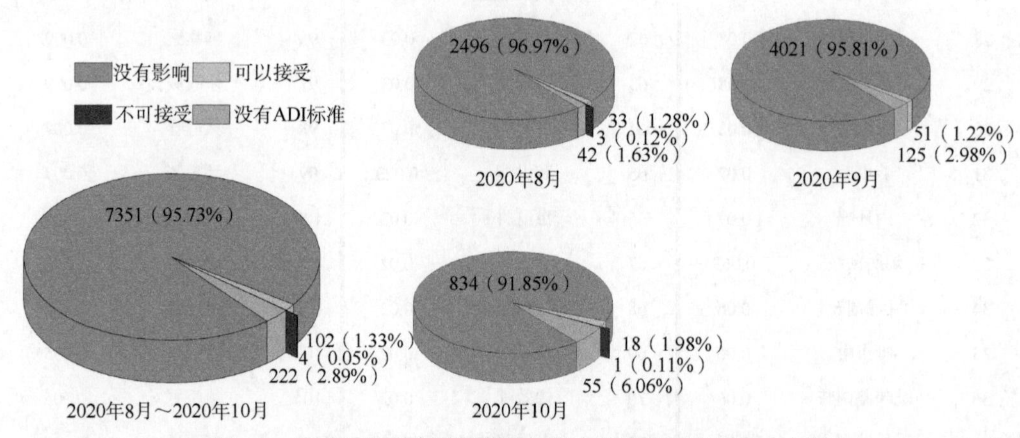

图 2-2 农药残留对水果蔬菜样品安全的影响程度频次分布图

由图 2-2 可以看出，农药残留对样品安全的影响不可接受的频次为 4，占 0.05%；农药残留对样品安全的影响可以接受的频次为 102，占 1.33%；农药残留对样品安全没有影响的频次为 7351，占 95.73%。分析发现，农药残留对水果蔬菜样品安全的影响程度及频次顺序为 2020 年 10 月（905）<2020 年 8 月（2574）<2020 年 9 月（4197），并且 2020 年 8 月和 2020 年 10 月的农药残留对样品安全的影响均存在不可接受的情况，频次分别为 3 和 1，分别占 0.12%和 0.11%。表 2-5 为对水果蔬菜样品中安全影响不可接受的农药

残留列表。

表 2-5　水果蔬菜样品中安全影响不可接受的农药残留列表

序号	样品编号	采样点	基质	农药	含量（mg/kg）	IFS_c
1	20201009-620100-LZFDC-DJ-57A	**蔬菜便民直销店（兰棉店）	菜豆	异丙威	0.621	1.9665
2	20200827-620700-LZFDC-CE-40A	**商贸蔬菜批发市场	芹菜	辛硫磷	0.9897	1.5670
3	20200821-640100-LZFDC-PB-02A	**果蔬店（兴庆区西桥巷）	小白菜	茚虫威	2.0619	1.3059
4	20200819-610300-LZFDC-EP-49A	**蔬菜直销点（西大街店）	茄子	炔螨特	2.0126	1.2746

部分样品侦测出禁用农药 8 种 230 频次，为了明确残留的禁用农药对样品安全的影响，分析侦测出禁用农药残留的样品安全指数，禁用农药残留对水果蔬菜样品安全的影响程度频次分布情况如图 2-3 所示，农药残留对样品安全的影响可以接受的频次为 22，占 9.57%；农药残留对样品安全没有影响的频次为 208，占 90.43%。由图中可以看出 3 个月份的水果蔬菜样品中均侦测出禁用农药残留，分析发现，在该 3 个月份内禁用农药对样品安全的影响均在可以接受和没有影响的范围内。

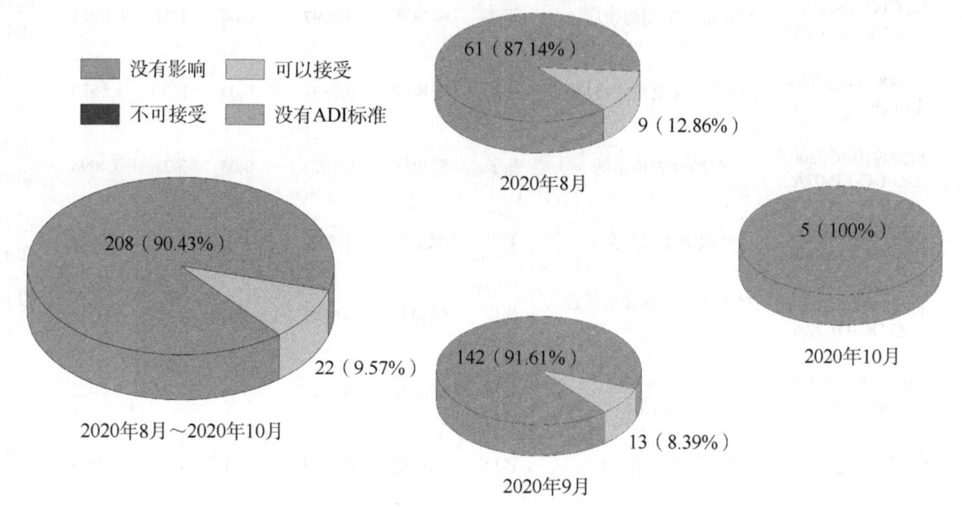

图 2-3　禁用农药对水果蔬菜样品安全影响程度的频次分布图

此外，本次侦测发现部分样品中非禁用农药残留量超过了 MRL 中国国家标准和欧盟标准，为了明确超标的非禁用农药对样品安全的影响，分析了非禁用农药残留超标的样品安全指数。

水果蔬菜残留量超过 MRL 中国国家标准的非禁用农药对水果蔬菜样品安全的影响程度频次分布情况如图 2-4 所示。可以看出侦测出超过 MRL 中国国家标准的非禁用农药共 17 频次，其中农药残留对样品安全的影响不可接受的频次为 2，占 11.76%；农药残留对样品安全没有影响的频次为 15，占 88.24%。表 2-6 为水果蔬菜样品中侦测出的非禁用农药残留安全指数表。

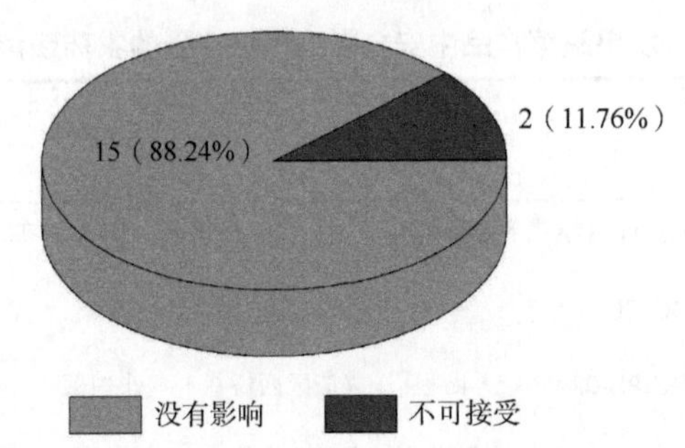

图 2-4 残留超标的非禁用农药对水果蔬菜样品安全的影响程度频次分布图（MRL 中国国家标准）

表 2-6 水果蔬菜样品中侦测出的非禁用农药残留安全指数表（MRL 中国国家标准）

序号	样品编号	采样点	基质	农药	含量（mg/kg）	中国国家标准	超标倍数	IFS_c	影响程度
1	20200821-640100-LZFDC-PB-02A	**果蔬店（兴庆区西桥巷）	小白菜	茚虫威	2.0619	2	1.03	1.3059	不可接受
2	20200925-650100-LZFDC-PE-02A	**网（甘福园旗舰店）	梨	乙螨唑	0.2007	0.07	2.87	0.0254	没有影响
3	20200820-640100-LZFDC-CE-01A	**超市（宝湖海悦店）	芹菜	噻虫胺	0.0697	0.04	1.74	0.0044	没有影响
4	20200827-620700-LZFDC-CE-40A	**商贸蔬菜批发市场	芹菜	辛硫磷	0.9897	0.05	19.79	1.5670	不可接受
5	20200910-630200-LZFDC-EP-02A	**综合农贸市场	茄子	噻虫胺	0.1522	0.05	3.03	0.0096	没有影响
6	20200919-620100-LZFDC-DJ-93A	**粮油（永登县）	菜豆	吡虫啉	0.113	0.1	1.13	0.0119	没有影响
7	20200821-640500-LZFDC-DJ-22A	**果蔬店（沙坡头区迎宾大道）	菜豆	噻虫胺	0.0241	0.01	2.41	0.0015	没有影响
8	20201009-620100-LZFDC-DJ-82A	**蔬菜配送中心（七里河区）	菜豆	噻虫胺	0.0222	0.01	2.22	0.0022	没有影响
9	20200919-620100-LZFDC-JD-41A	**蔬菜店（永登县）	豇豆	啶虫脒	0.7023	0.4	1.76	0.0635	没有影响
10	20200919-620100-LZFDC-JD-87A	**百姓蔬菜店（城关区）	豇豆	啶虫脒	0.6585	0.4	1.65	0.0596	没有影响
11	20200822-620600-LZFDC-LJ-30A	**蔬菜合作社	辣椒	噻虫胺	0.121	0.05	2.42	0.0077	没有影响
12	20200823-620600-LZFDC-LJ-35A	**蔬菜产销农民专业合作社	辣椒	噻虫胺	0.1042	0.05	2.08	0.0066	没有影响
13	20200823-620600-LZFDC-LJ-36A	**公园菜市场	辣椒	噻虫胺	0.09	0.05	1.80	0.0057	没有影响
14	20200817-620400-LZFDC-LJ-37A	**华联超市（白银店）	辣椒	噻虫胺	0.0708	0.05	1.42	0.0045	没有影响

续表

序号	样品编号	采样点	基质	农药	含量（mg/kg）	中国国家标准	超标倍数	IFS_c	影响程度
15	20200819-610300-LZFDC-PO-21A	**蔬菜配送（渭滨区新建路）	马铃薯	吡唑醚菌酯	0.0203	0.02	1.02	0.0043	没有影响
16	20200819-630100-LZFDC-PO-23A	**生活超市（农建巷便利店）	马铃薯	甲霜灵	0.0858	0.05	1.72	0.0068	没有影响
17	20200902-610100-LZFDC-CU-09A	**综合超市（长安区神舟一路）	黄瓜	乙螨唑	0.0267	0.02	1.34	0.0034	没有影响

残留量超过 MRL 欧盟标准的非禁用农药对水果蔬菜样品安全的影响程度频次分布情况如图 2-5 所示。可以看出超过 MRL 欧盟标准的非禁用农药共 835 频次，其中农药没有 ADI 的频次为 26，占 3.11%；农药残留对样品安全的影响不可接受的频次为 3，占 0.36%；农药残留对样品安全的影响可以接受的频次为 43，占 5.15%；农药残留对样品安全没有影响的频次为 763，占 91.38%。表 2-7 为水果蔬菜样品中安全指数排名前 10 的残留超标非禁用农药列表。

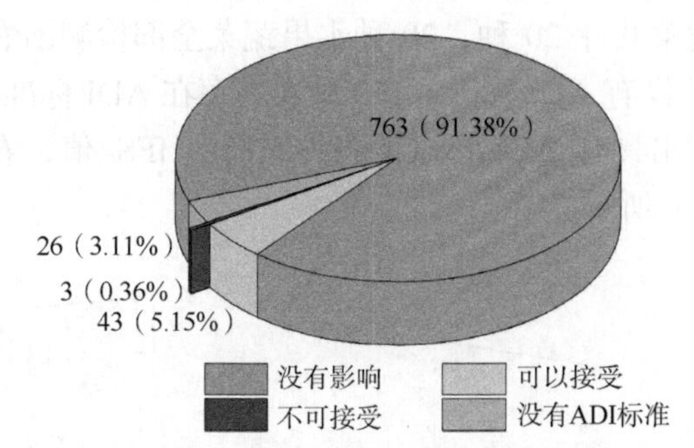

图 2-5 残留超标的非禁用农药对水果蔬菜样品安全的影响程度频次分布图（MRL 欧盟标准）

表 2-7 水果蔬菜样品中安全指数排名前 10 的残留超标非禁用农药列表（MRL 欧盟标准）

序号	样品编号	采样点	基质	农药	含量（mg/kg）	欧盟标准	超标倍数	IFS_c	影响程度
1	20201009-620100-LZFDC-DJ-57A	**蔬菜便民直销店（兰棉店）	菜豆	异丙威	0.621	0.01	62.10	1.9665	不可接受
2	20200827-620700-LZFDC-CE-40A	**商贸蔬菜批发市场	芹菜	辛硫磷	0.9897	0.01	98.97	1.5670	不可接受
3	20200819-610300-LZFDC-EP-49A	**蔬菜直销点（西大街店）	茄子	炔螨特	2.0126	0.01	201.26	1.2746	不可接受
4	20200820-640300-LZFDC-EP-25A	**西路蔬菜市场	茄子	炔螨特	1.2922	0.01	129.22	0.8184	可以接受
5	20201009-620100-LZFDC-CL-95A	**高档蔬菜专营店（七里河区）	小油菜	哒螨灵	1.1518	0.01	115.18	0.7295	可以接受

续表

序号	样品编号	采样点	基质	农药	含量（mg/kg）	欧盟标准	超标倍数	IFS_c	影响程度
6	20200910-630200-LZFDC-CU-10A	**生活超市（乐都区文化街）	黄瓜	异丙威	0.2055	0.01	20.55	0.6508	可以接受
7	20201009-620100-LZFDC-DJ-82A	**蔬菜配送中心（七里河区）	菜豆	异丙威	0.176	0.01	17.60	0.5573	可以接受
8	20201009-620100-LZFDC-PB-05A	**市场	小白菜	多菌灵	2.0927	0.10	20.93	0.4418	可以接受
9	20200911-630200-LZFDC-EP-12A	**心乐超市（乐都商场店）	茄子	螺螨酯	0.6716	0.02	33.58	0.4253	可以接受
10	20200915-621100-LZFDC-BO-83A	**鲜菜批发部（陇西县）	菠菜	多菌灵	1.9816	0.10	19.82	0.4183	可以接受

2.2.2 单种水果蔬菜中农药残留安全指数分析

本次检测的水果蔬菜共计 20 种，20 种水果蔬菜全部检测出农药残留，检出频次为 844 次，其中 13 种农药没有 ADI 标准，122 种农药存在 ADI 标准。对 20 种水果蔬菜按不同种类分别计算侦测出具有 ADI 标准的各种农药的 IFS_c 值，农药残留对水果蔬菜的安全指数分布图如图 2-6 所示。

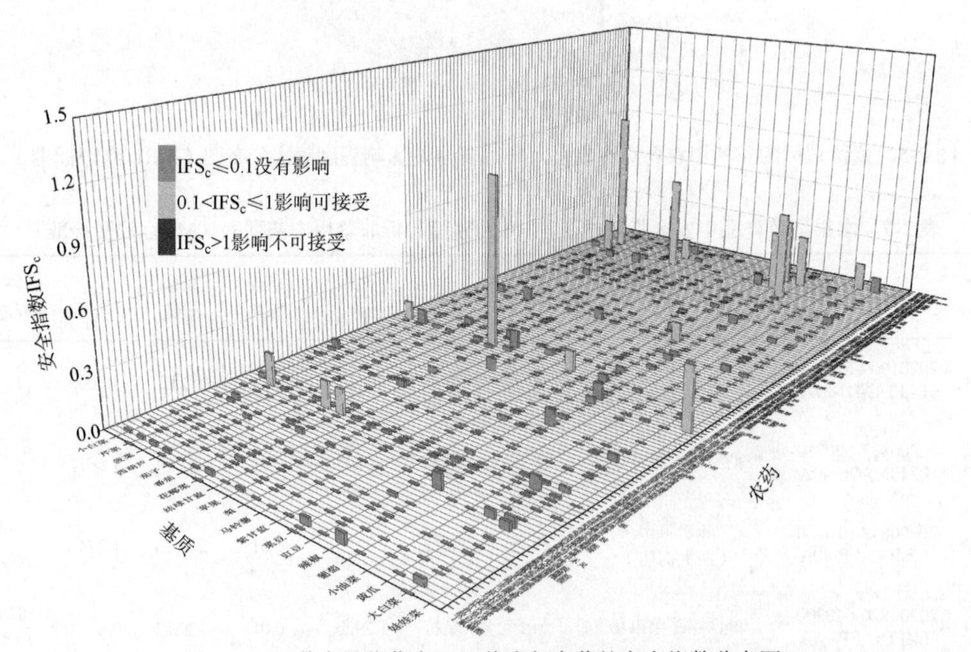

图 2-6　20 种水果蔬菜中 122 种残留农药的安全指数分布图

本次侦测中，20 种水果蔬菜和 135 种残留农药（包括没有 ADI 标准）共涉及 844 个分析样本，农药对单种水果蔬菜安全的影响程度分布情况如图 2-7 所示。可以看出，92.3%

的样本中农药对水果蔬菜安全没有影响，2.13%的样本中农药对水果蔬菜安全的影响可以接受，5.57%的样本中农药没有 ADI 标准。

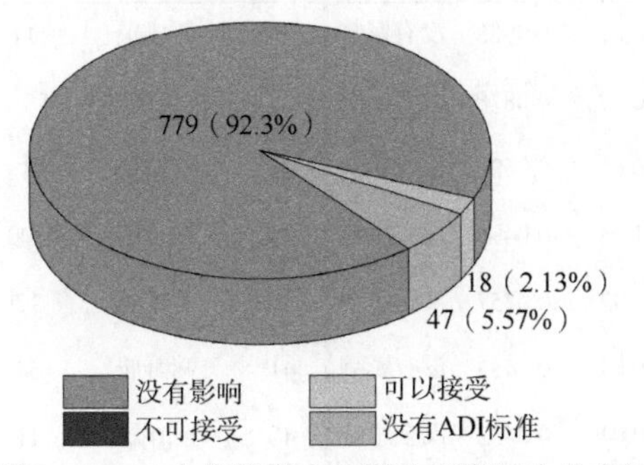

图 2-7　844 个分析样本的影响程度频次分布图

2.2.3　所有水果蔬菜中农药残留安全指数分析

计算所有水果蔬菜中 122 种农药的 $\overline{IFS_c}$ 值，结果如图 2-8 及表 2-8 所示。

分析发现，所有农药的 $\overline{IFS_c}$ 均小于 1，说明 122 种农药对水果蔬菜安全的影响均在没有影响和可以接受的范围内，其中 3.28%的农药对水果蔬菜安全的影响可以接受，96.72%的农药对水果蔬菜安全没有影响。

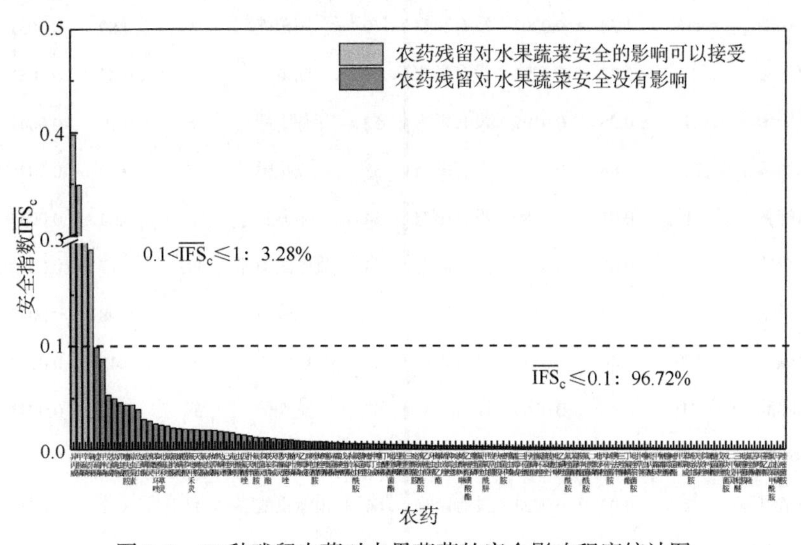

图 2-8　57 种残留农药对水果蔬菜的安全影响程度统计图

表 2-8　水果蔬菜中 122 种农药残留的安全指数表

序号	农药	检出频次	检出率(%)	$\overline{IFS_c}$	影响程度	序号	农药	检出频次	检出率(%)	$\overline{IFS_c}$	影响程度
1	异丙威	12	0.16	0.3979	可以接受	3	辛硫磷	7	0.09	0.2472	可以接受
2	甲胺磷	1	0.01	0.3488	可以接受	4	氧乐果	17	0.22	0.1935	可以接受

续表

序号	农药	检出频次	检出率(%)	$\overline{IFS_c}$	影响程度	序号	农药	检出频次	检出率(%)	$\overline{IFS_c}$	影响程度
5	喹硫磷	1	0.01	0.0988	没有影响	36	噁霜灵	44	0.57	0.0095	没有影响
6	甲拌磷	11	0.22	0.0878	没有影响	37	丙硫菌唑	1	0.01	0.0092	没有影响
7	克百威	47	0.61	0.0528	没有影响	38	脱叶磷	1	0.01	0.0089	没有影响
8	炔螨特	87	1.13	0.0496	没有影响	39	丙溴磷	100	1.30	0.0080	没有影响
9	茚虫威	71	0.92	0.0457	没有影响	40	乙霉威	12	0.16	0.0077	没有影响
10	噻呋酰胺	3	0.04	0.0433	没有影响	41	咪鲜胺	54	0.70	0.0075	没有影响
11	除虫菊素	3	0.04	0.0432	没有影响	42	唑虫酰胺	11	0.22	0.0073	没有影响
12	敌百虫	4	0.05	0.0391	没有影响	43	烯唑醇	11	0.22	0.0072	没有影响
13	虱螨脲	9	0.12	0.0295	没有影响	44	噻嗪酮	19	0.25	0.0070	没有影响
14	溴鼠灵	1	0.01	0.0279	没有影响	45	异菌脲	23	0.30	0.0061	没有影响
15	苯醚甲环唑	407	5.30	0.0251	没有影响	46	霜脲氰	1	0.01	0.0060	没有影响
16	吡氟禾草灵	1	0.01	0.0239	没有影响	47	戊唑醇	208	2.71	0.0055	没有影响
17	氟硅唑	83	1.08	0.0229	没有影响	48	杀铃脲	2	0.03	0.0053	没有影响
18	氟铃脲	10	0.13	0.0210	没有影响	49	氟苯虫酰胺	13	0.17	0.0053	没有影响
19	螺螨酯	118	1.54	0.0207	没有影响	50	腈菌唑	68	0.89	0.0051	没有影响
20	茵多酸	17	0.22	0.0201	没有影响	51	嘧霉胺	65	0.85	0.0051	没有影响
21	氟吡甲禾灵	4	0.05	0.0197	没有影响	52	仲丁威	8	0.10	0.0047	没有影响
22	灭蝇胺	221	2.88	0.0196	没有影响	53	噻虫啉	7	0.09	0.0046	没有影响
23	氟啶脲	1	0.01	0.0189	没有影响	54	丁醚脲	3	0.04	0.0044	没有影响
24	杀线威	1	0.01	0.0187	没有影响	55	吡唑醚菌酯	397	5.17	0.0043	没有影响
25	烯草酮	2	0.03	0.0185	没有影响	56	四螨嗪	6	0.08	0.0043	没有影响
26	哒螨灵	189	2.46	0.0175	没有影响	57	粉唑醇	33	0.43	0.0042	没有影响
27	己唑醇	31	0.40	0.0169	没有影响	58	三唑醇	30	0.39	0.0041	没有影响
28	毒死蜱	139	1.81	0.0163	没有影响	59	啶酰菌胺	70	0.91	0.0037	没有影响
29	虫酰肼	2	0.03	0.0227	没有影响	60	溴氰虫酰胺	11	0.22	0.0035	没有影响
30	四氟醚唑	18	0.23	0.0220	没有影响	61	乙嘧酚	11	0.22	0.0034	没有影响
31	扑灭津	27	0.35	0.0131	没有影响	62	环虫腈	7	0.09	0.0031	没有影响
32	氟吡菌胺	98	1.28	0.0117	没有影响	63	螺虫乙酯	63	0.82	0.0031	没有影响
33	多菌灵	419	5.46	0.0113	没有影响	64	烯效唑	22	0.18	0.0031	没有影响
34	联苯肼酯	4	0.05	0.0112	没有影响	65	抑霉唑	4	0.05	0.0031	没有影响
35	灭多威	1	0.01	0.0104	没有影响	66	啶虫脒	639	8.32	0.0030	没有影响

续表

序号	农药	检出频次	检出率(%)	$\overline{IFS}_c$	影响程度	序号	农药	检出频次	检出率(%)	$\overline{IFS}_c$	影响程度
67	烯酰吗啉	634	8.26	0.0029	没有影响	95	丁氟螨酯	7	0.09	0.0010	没有影响
68	乙嘧酚磺酸酯	5	0.07	0.0028	没有影响	96	吡唑萘菌胺	6	0.08	0.0010	没有影响
69	噻唑磷	2	0.03	0.0026	没有影响	97	扑草净	7	0.09	0.0010	没有影响
70	氟菌唑	1	0.01	0.0026	没有影响	98	噻虫胺	288	3.75	0.0010	没有影响
71	甲氧虫酰肼	8	0.10	0.0025	没有影响	99	吡丙醚	68	0.89	0.0010	没有影响
72	敌草腈	20	0.26	0.0025	没有影响	100	甲霜灵	209	2.72	0.0009	没有影响
73	呋虫胺	79	1.03	0.0024	没有影响	101	氰霜唑	53	0.69	0.0009	没有影响
74	嘧菌环胺	5	0.07	0.0022	没有影响	102	噻霉酮	17	0.22	0.0008	没有影响
75	噻虫嗪	358	4.66	0.0022	没有影响	103	嘧菌酯	184	2.40	0.0006	没有影响
76	霜霉威	351	4.57	0.0021	没有影响	104	甲哌	18	0.23	0.0005	没有影响
77	三环唑	12	0.16	0.0021	没有影响	105	苯氧威	1	0.01	0.0005	没有影响
78	肟菌酯	67	0.87	0.0020	没有影响	106	烯啶虫胺	84	1.09	0.0005	没有影响
79	唑螨酯	11	0.22	0.0020	没有影响	107	灭幼脲	20	0.26	0.0004	没有影响
80	氟环唑	9	0.12	0.0019	没有影响	108	多效唑	13	0.17	0.0004	没有影响
81	腈苯唑	5	0.07	0.0018	没有影响	109	氟吗啉	32	0.42	0.0004	没有影响
82	麦穗宁	1	0.01	0.0018	没有影响	110	醚菌酯	22	0.18	0.0004	没有影响
83	吡虫啉	352	4.58	0.0017	没有影响	111	戊菌唑	8	0.10	0.0003	没有影响
84	乙螨唑	74	0.96	0.0015	没有影响	112	双炔酰菌胺	5	0.07	0.0003	没有影响
85	氟唑菌酰胺	18	0.23	0.0015	没有影响	113	二甲戊灵	5	0.07	0.0003	没有影响
86	苯菌酮	3	0.04	0.0013	没有影响	114	三氟甲吡醚	1	0.01	0.0003	没有影响
87	胺鲜酯	20	0.26	0.0013	没有影响	115	吡噻菌胺	2	0.03	0.0002	没有影响
88	氟吡菌酰胺	84	1.09	0.0013	没有影响	116	氟唑磺隆	9	0.12	0.0002	没有影响
89	二嗪磷	1	0.01	0.0013	没有影响	117	苦参碱	12	0.16	0.0002	没有影响
90	吡蚜酮	52	0.68	0.0012	没有影响	118	环嗪酮	3	0.04	0.0002	没有影响
91	丙环唑	76	0.99	0.0012	没有影响	119	萘乙酸	1	0.01	0.0001	没有影响
92	烯肟菌胺	5	0.07	0.0012	没有影响	120	氯虫苯甲酰胺	72	0.94	0.0000	没有影响
93	莠去津	40	0.52	0.0012	没有影响	121	马拉硫磷	2	0.03	0.0000	没有影响
94	三唑酮	16	0.21	0.0011	没有影响	122	唑嘧菌胺	4	0.05	0.0000	没有影响

对每个月内所有水果蔬菜中残留农药的$\overline{IFS}_c$进行分析，结果如图 2-9 所示。分析发现，3 个月份所有农药对水果蔬菜安全的影响均处于没有影响和可以接受的范围内。每

月内不同农药对水果蔬菜安全影响程度的统计如图 2-10 所示。

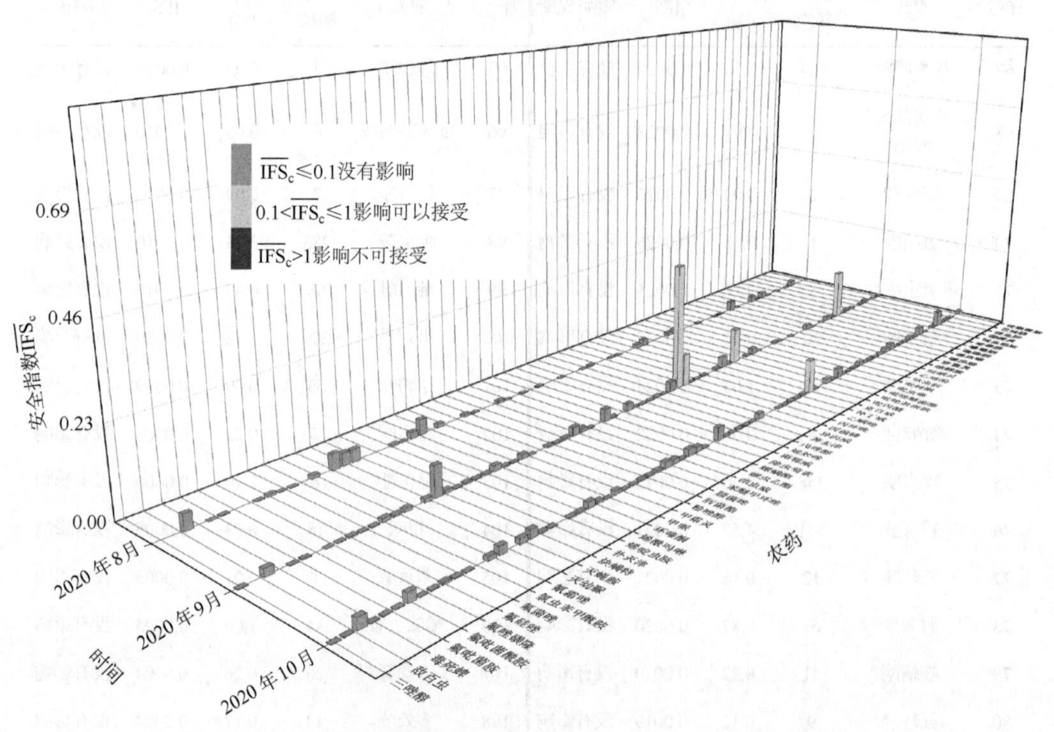

图 2-9 各月份内水果蔬菜中每种残留农药的安全指数分布图

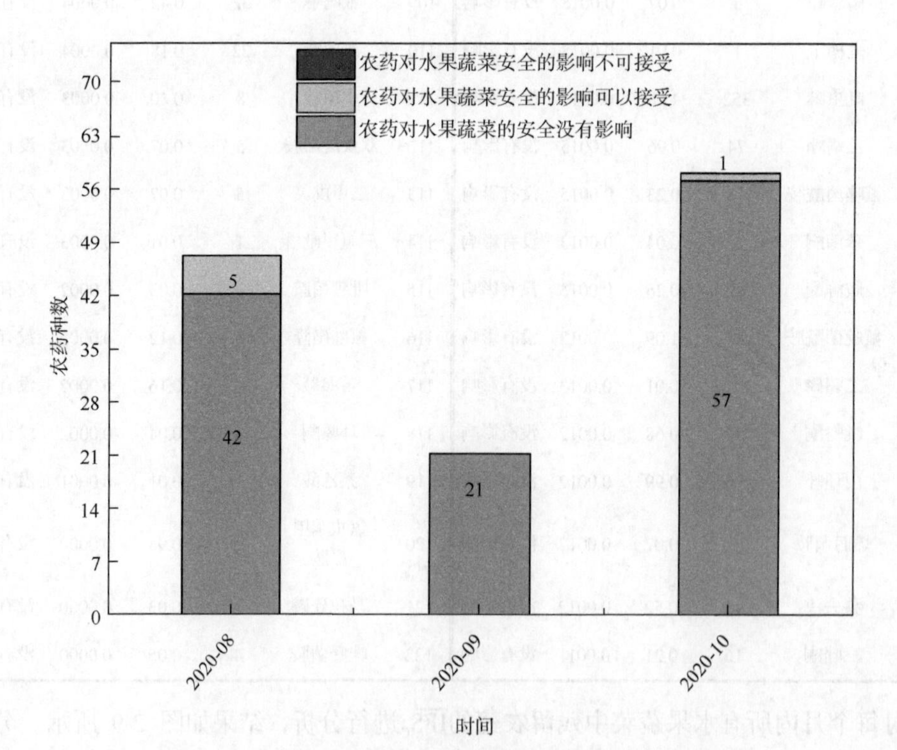

图 2-10 各月份内农药对水果蔬菜安全影响程度的统计图

2.3　农药残留预警风险评估

基于西北五省区水果蔬菜样品中农药残留 LC-Q-TOF/MS 侦测数据，分析禁用农药的检出率，同时参照中华人民共和国国家标准 GB 2763—2019 和欧盟农药最大残留限量（MRL）标准分析非禁用农药残留的超标率，并计算农药残留风险系数。分析单种水果蔬菜中农药残留以及所有水果蔬菜中农药残留的风险程度。

2.3.1　单种水果蔬菜中农药残留风险系数分析

2.3.1.1　单种水果蔬菜中禁用农药残留风险系数分析

侦测出的 135 种残留农药中有 8 种为禁用农药，且它们分布在 19 种水果蔬菜中，计算 19 种水果蔬菜中禁用农药的超标率，根据超标率计算风险系数 R，进而分析水果蔬菜中禁用农药的风险程度，结果如图 2-11 与表 2-9 所示。分析发现 6 种禁用农药在 16 种水果蔬菜中的残留处于高度风险。

表 2-9　19 种水果蔬菜中 8 种禁用农药的风险系数列表

序号	基质	农药	检出频次	检出率(%)	风险系数 R	风险程度
1	苹果	毒死蜱	55	55.00	56.10	高度风险
2	梨	毒死蜱	35	35.00	36.10	高度风险
3	芹菜	毒死蜱	18	18.00	19.10	高度风险
4	结球甘蓝	克百威	15	15.31	16.41	高度风险
5	芹菜	甲拌磷	11	11.00	12.10	高度风险
6	大白菜	克百威	10	10.00	11.10	高度风险
7	葡萄	氧乐果	9	9.00	10.10	高度风险
8	菠菜	氟苯虫酰胺	10	8.26	9.36	高度风险
9	紫甘蓝	甲胺磷	1	7.69	8.79	高度风险
10	葡萄	毒死蜱	7	7.00	8.10	高度风险
11	茄子	克百威	8	6.96	8.06	高度风险
12	大白菜	毒死蜱	6	6.00	7.10	高度风险
13	黄瓜	克百威	6	6.00	7.10	高度风险
14	豇豆	毒死蜱	3	2.97	4.07	高度风险
15	小油菜	毒死蜱	3	2.80	3.90	高度风险
16	茄子	氧乐果	3	2.61	3.71	高度风险
17	菜豆	毒死蜱	2	2.00	3.10	高度风险

续表

序号	基质	农药	检出频次	检出率(%)	风险系数 *R*	风险程度
18	菜豆	氧乐果	2	2.00	3.10	高度风险
19	辣椒	毒死蜱	2	2.00	3.10	高度风险
20	马铃薯	毒死蜱	2	2.00	3.10	高度风险
21	黄瓜	毒死蜱	2	2.00	3.10	高度风险
22	娃娃菜	克百威	2	1.98	3.08	高度风险
23	豇豆	氧乐果	2	1.98	3.08	高度风险
24	菠菜	克百威	2	1.65	2.75	高度风险
25	结球甘蓝	毒死蜱	1	1.02	2.12	中度风险
26	小白菜	毒死蜱	1	1.01	2.11	中度风险
27	大白菜	氟苯虫酰胺	1	1.00	2.10	中度风险
28	苹果	克百威	1	1.00	2.10	中度风险
29	菜豆	克百威	1	1.00	2.10	中度风险
30	马铃薯	氟苯虫酰胺	1	1.00	2.10	中度风险
31	豇豆	克百威	1	0.99	2.09	中度风险
32	豇豆	灭多威	1	0.99	2.09	中度风险
33	小油菜	氟苯虫酰胺	1	0.93	2.03	中度风险
34	茄子	毒死蜱	1	0.87	1.97	中度风险
35	菠菜	氧乐果	1	0.83	1.93	中度风险
36	花椰菜	毒死蜱	1	0.79	1.89	中度风险
37	花椰菜	溴鼠灵	1	0.79	1.89	中度风险
38	番茄	克百威	1	0.76	1.86	中度风险

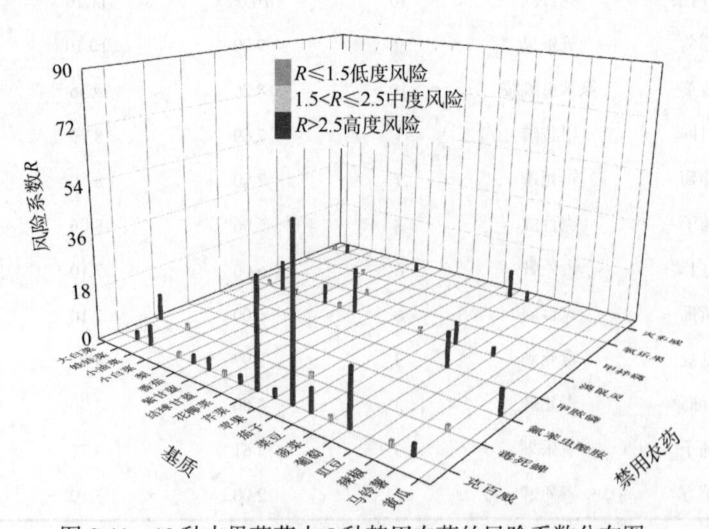

图 2-11　19 种水果蔬菜中 8 种禁用农药的风险系数分布图

2.3.1.2　基于MRL中国国家标准的单种水果蔬菜中非禁用农药残留风险系数分析

参照中华人民共和国国家标准GB 2763—2019中农药残留限量计算每种水果蔬菜中每种非禁用农药的超标率，进而计算其风险系数，根据风险系数大小判断残留农药的预警风险程度，水果蔬菜中非禁用农药残留风险程度分布情况如图2-12所示。

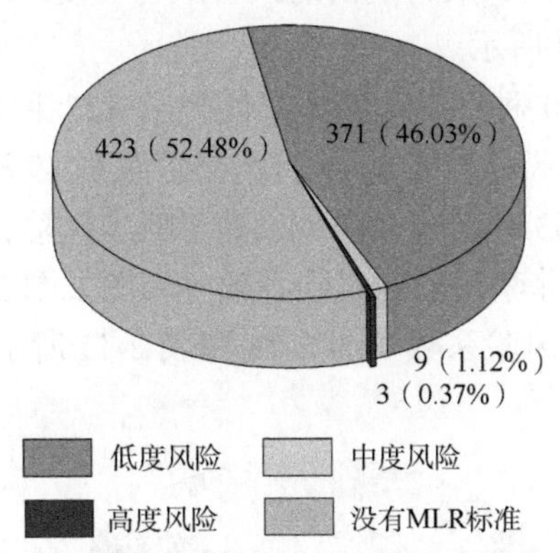

图2-12　水果蔬菜中非禁用农药风险程度的频次分布图（MRL中国国家标准）

本次分析中，发现在20种水果蔬菜侦测出127种残留非禁用农药，涉及样本806个，在806个样本中，0.37%处于高度风险，1.12%处于中度风险，46.03%处于低度风险，此外发现有423个样本没有MRL中国国家标准值，无法判断其风险程度，有MRL中国国家标准值的383个样本涉及20种水果蔬菜中的83种非禁用农药，其风险系数*R*值如图2-13所示。表2-10为非禁用农药残留处于高度风险的水果蔬菜列表。

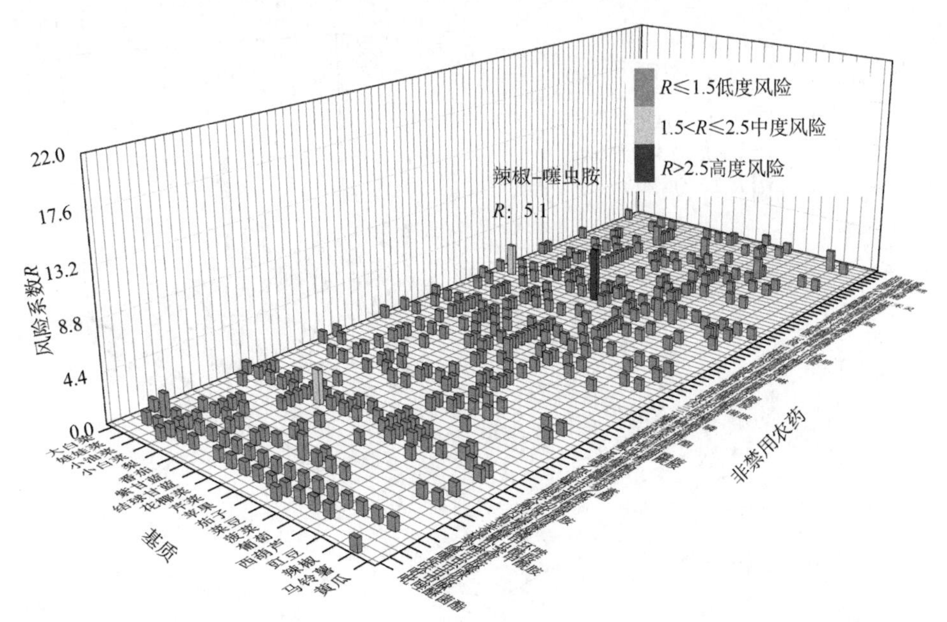

图2-13　20种水果蔬菜中83种非禁用农药的风险系数分布图（MRL中国国家标准）

表 2-10　单种水果蔬菜中处于高度风险的非禁用农药风险系数表（MRL 中国国家标准）

序号	基质	农药	超标频次	超标率 P(%)	风险系数 R
1	辣椒	噻虫胺	4	4	5.1

2.3.1.3　基于 MRL 欧盟标准的单种水果蔬菜中非禁用农药残留风险系数分析

参照 MRL 欧盟标准计算每种水果蔬菜中每种非禁用农药的超标率，进而计算其风险系数，根据风险系数大小判断农药残留的预警风险程度，水果蔬菜中非禁用农药残留风险程度分布情况如图 2-14 所示。

本次分析中，发现在 20 种水果蔬菜中共侦测出 127 种非禁用农药，涉及样本 806 个，其中，15.51%处于高度风险，涉及 19 种水果蔬菜和 49 种农药；12.66%处于中度风险，涉及 19 种水果蔬菜和 53 种农药；71.84%处于低度风险，涉及 20 种水果蔬菜和 122 种农药。单种水果蔬菜中的非禁用农药风险系数分布图如图 2-15 所示。单种水果蔬菜中处于高度风险的非禁用农药风险系数如图 2-16 和表 2-11 所示。

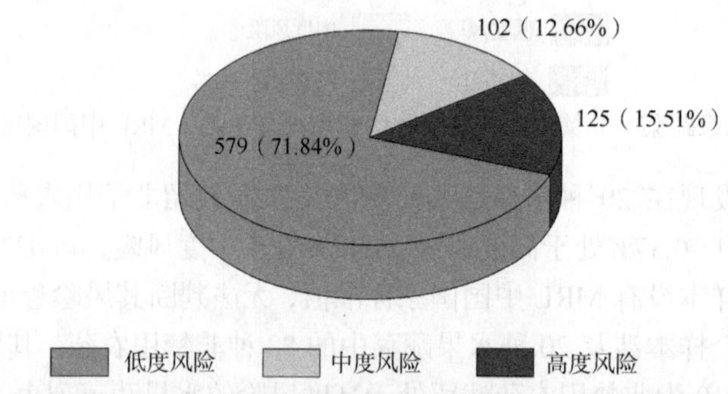

图 2-14　水果蔬菜中非禁用农药的风险程度的频次分布图（MRL 欧盟标准）

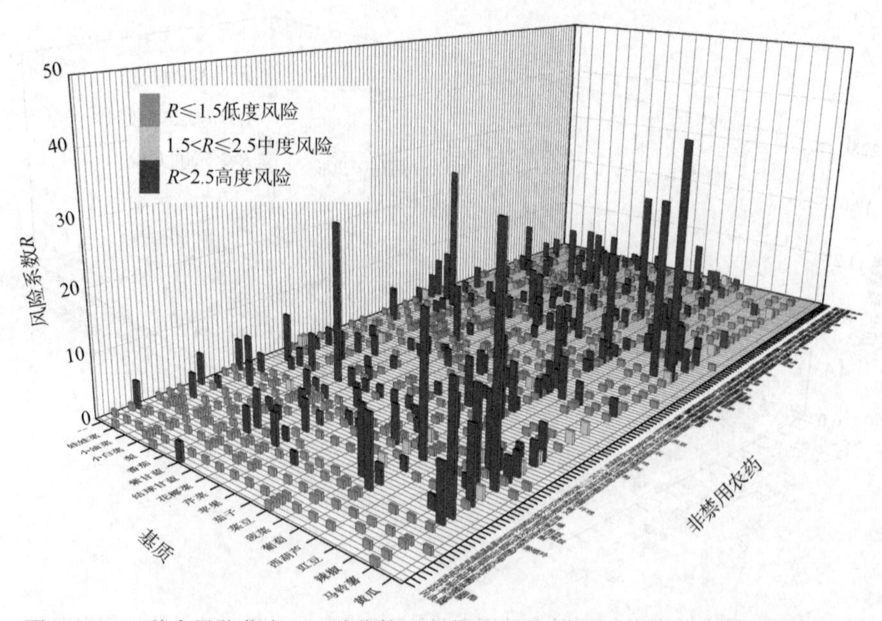

图 2-15　20 种水果蔬菜中 127 种非禁用农药的风险系数分布图（MRL 欧盟标准）

表 2-11 单种水果蔬菜中处于高度风险的非禁用农药的风险系数表（MRL 欧盟标准）

序号	基质	农药	超标频次	超标率 *P*(%)	风险系数 *R*
1	小油菜	灭蝇胺	41	38.32	39.42
2	小油菜	啶虫脒	38	35.51	36.61
3	小白菜	灭蝇胺	28	28.28	29.38
4	大白菜	扑灭津	25	25.00	26.10
5	黄瓜	呋虫胺	25	25.00	26.10
6	葡萄	霜霉威	22	22.00	23.10
7	芹菜	啶虫脒	21	21.00	22.10
8	小油菜	丙溴磷	19	17.76	18.86
9	茄子	炔螨特	18	15.65	16.75
10	小白菜	哒螨灵	13	13.13	22.23
11	小白菜	啶虫脒	13	13.13	22.23
12	芹菜	氟硅唑	12	12.00	13.10
13	小白菜	多菌灵	11	11.11	12.21
14	茄子	螺螨酯	12	10.43	11.53
15	小油菜	哒螨灵	11	10.28	11.38
16	结球甘蓝	烯啶虫胺	10	10.20	11.30
17	芹菜	丙环唑	10	10.00	11.10
18	黄瓜	烯啶虫胺	10	10.00	11.10
19	豇豆	烯酰吗啉	10	9.90	11.00
20	茄子	丙溴磷	11	9.57	10.67
21	豇豆	螺螨酯	9	8.91	10.01
22	结球甘蓝	噻虫嗪	8	8.16	9.26
23	苹果	炔螨特	8	8.00	9.10
24	菜豆	炔螨特	8	8.00	9.10
25	菜豆	烯酰吗啉	8	8.00	9.10
26	葡萄	异菌脲	8	8.00	9.10
27	小油菜	丙环唑	8	7.48	8.58
28	芹菜	氟铃脲	7	7.00	8.10
29	菜豆	呋虫胺	7	7.00	8.10
30	葡萄	氟硅唑	7	7.00	8.10
31	小白菜	氰霜唑	6	6.06	7.16
32	娃娃菜	甲霜灵	6	5.94	7.04
33	菠菜	噻虫胺	7	5.79	6.89
34	番茄	呋虫胺	7	5.30	6.40
35	小白菜	噻虫嗪	5	5.05	6.15
36	菜豆	螺螨酯	5	5.00	6.10

续表

序号	基质	农药	超标频次	超标率 P(%)	风险系数 R
37	葡萄	啶菌噁唑	5	5.00	6.10
38	黄瓜	茵多酸	5	5.00	6.10
39	豇豆	三唑醇	5	4.95	6.05
40	豇豆	丙溴磷	5	4.95	6.05
41	小油菜	呋虫胺	5	4.67	5.77
42	茄子	呋虫胺	5	4.35	5.45
43	菠菜	哒螨灵	5	4.13	5.23
44	菠菜	噁霜灵	5	4.13	5.23
45	菠菜	多菌灵	5	4.13	5.23
46	小白菜	炔螨特	4	4.04	5.22
47	芹菜	甲氧虫酰肼	4	4.00	5.10
48	芹菜	虱螨脲	4	4.00	5.10
49	芹菜	霜霉威	4	4.00	5.10
50	苹果	灭幼脲	4	4.00	5.10
51	辣椒	丙环唑	4	4.00	5.10
52	辣椒	哒螨灵	4	4.00	5.10
53	辣椒	噻虫胺	4	4.00	5.10
54	黄瓜	烯效唑	4	4.00	5.10
55	豇豆	乙螨唑	4	3.96	5.06
56	番茄	氟硅唑	5	3.79	4.89
57	茄子	异菌脲	4	3.48	4.58
58	菠菜	吡虫啉	4	3.31	4.41
59	菠菜	氰霜唑	4	3.31	4.41
60	大白菜	啶虫脒	3	3.00	4.10
61	芹菜	嘧霉胺	3	3.00	4.10
62	菜豆	三唑醇	3	3.00	4.10
63	菜豆	丙溴磷	3	3.00	4.10
64	菜豆	乙螨唑	3	3.00	4.10
65	菜豆	仲丁威	3	3.00	4.10
66	菜豆	异丙威	3	3.00	4.10
67	葡萄	噻呋酰胺	3	3.00	4.10
68	辣椒	炔螨特	3	3.00	4.10
69	马铃薯	甲哌	3	3.00	4.10
70	黄瓜	多效唑	3	3.00	4.10
71	黄瓜	异丙威	3	3.00	4.10
72	豇豆	丙环唑	3	2.97	4.07
73	豇豆	炔螨特	3	2.97	4.07

续表

序号	基质	农药	超标频次	超标率 P(%)	风险系数 R
74	小油菜	噁霜灵	3	2.80	3.90
75	小油菜	多菌灵	3	2.80	3.90
76	小油菜	放线菌酮	3	2.80	3.90
77	小油菜	氰霜唑	3	2.80	3.90
78	西葫芦	甲霜灵	3	2.75	3.85
79	茄子	茵多酸	3	2.61	3.71
80	花椰菜	氟唑磺隆	3	2.38	3.48
81	花椰菜	茵多酸	3	2.38	3.48
82	番茄	噻嗪酮	3	2.27	3.37
83	番茄	氟吗啉	3	2.27	3.37
84	番茄	烯啶虫胺	3	2.27	3.37
85	结球甘蓝	茵多酸	2	2.04	3.22
86	小白菜	噁霜灵	2	2.02	3.12
87	大白菜	呋虫胺	2	2.00	3.10
88	大白菜	戊唑醇	2	2.00	3.10
89	梨	双苯基脲	2	2.00	3.10
90	梨	噻嗪酮	2	2.00	3.10
91	梨	氟硅唑	2	2.00	3.10
92	梨	炔螨特	2	2.00	3.10
93	梨	烯酰吗啉	2	2.00	3.10
94	芹菜	丙溴磷	2	2.00	3.10
95	芹菜	己唑醇	2	2.00	3.10
96	芹菜	甲霜灵	2	2.00	3.10
97	芹菜	腈菌唑	2	2.00	3.10
98	芹菜	辛硫磷	2	2.00	3.10
99	芹菜	醚菌酯	2	2.00	3.10
100	苹果	异菌脲	2	2.00	3.10
101	菜豆	噁霜灵	2	2.00	3.10
102	菜豆	氟铃脲	2	2.00	3.10
103	菜豆	烯啶虫胺	2	2.00	3.10
104	葡萄	三唑酮	2	2.00	3.10
105	葡萄	己唑醇	2	2.00	3.10
106	辣椒	二甲嘧酚	2	2.00	3.10
107	辣椒	仲丁威	2	2.00	3.10
108	辣椒	己唑醇	2	2.00	3.10
109	马铃薯	甲霜灵	2	2.00	3.10
110	娃娃菜	噻虫嗪	2	1.98	3.08

续表

序号	基质	农药	超标频次	超标率 P(%)	风险系数 R
111	豇豆	呋虫胺	2	1.98	3.08
112	豇豆	啶虫脒	2	1.98	3.08
113	豇豆	异丙威	2	1.98	3.08
114	豇豆	烯啶虫胺	2	1.98	3.08
115	豇豆	甲霜灵	2	1.98	3.08
116	豇豆	胺鲜酯	2	1.98	3.08
117	小油菜	噻虫嗪	2	1.87	2.97
118	小油菜	甲霜灵	2	1.87	2.97
119	小油菜	虱螨脲	2	1.87	2.97
120	茄子	烯啶虫胺	2	1.74	2.84
121	菠菜	灭幼脲	2	1.65	2.75
122	花椰菜	噻虫嗪	2	1.59	2.69
123	番茄	三唑酮	2	1.52	2.62
124	番茄	异菌脲	2	1.52	2.62
125	番茄	炔螨特	2	1.52	2.62

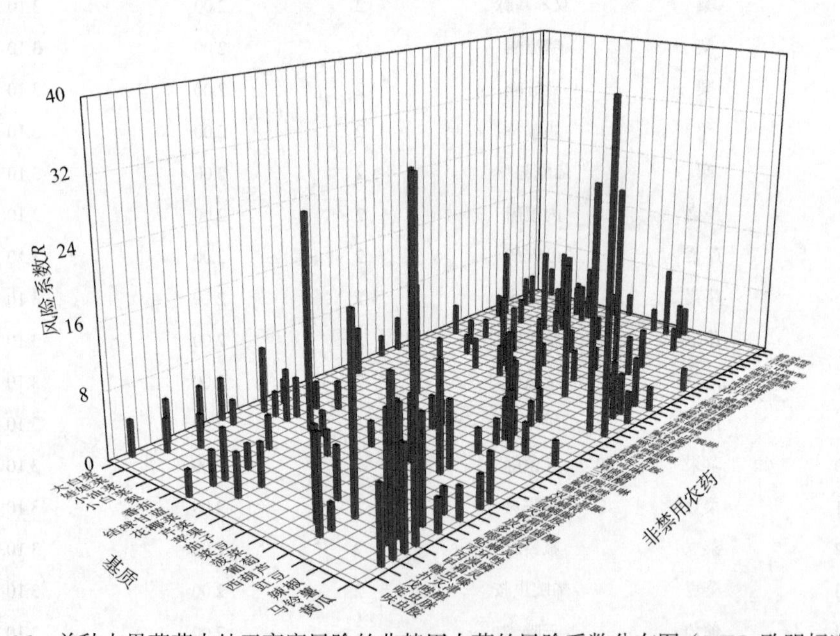

图 2-16　单种水果蔬菜中处于高度风险的非禁用农药的风险系数分布图（MRL 欧盟标准）

2.3.2　所有水果蔬菜中农药残留风险系数分析

2.3.2.1　所有水果蔬菜中禁用农药残留风险系数分析

在侦测出的 135 种农药中有 8 种为禁用农药，计算所有水果蔬菜中禁用农药的风险系数，结果如表2-12所示。禁用农药毒死蜱和克百威处于高度风险。

表2-12 水果蔬菜中8种禁用农药的风险系数表

序号	农药	检出频次	检出率 P(%)	风险系数 R	风险程度
1	毒死蜱	139	6.87	7.97	高度风险
2	克百威	47	2.32	3.42	高度风险
3	氧乐果	17	0.84	1.94	中度风险
4	氟苯虫酰胺	13	0.64	1.74	中度风险
5	甲拌磷	11	0.54	1.64	中度风险
6	溴鼠灵	1	0.05	1.15	低度风险
7	灭多威	1	0.05	1.15	低度风险
8	甲胺磷	1	0.05	1.15	低度风险

对每个月内的禁用农药的风险系数进行分析，结果如图2-17和表2-13所示。

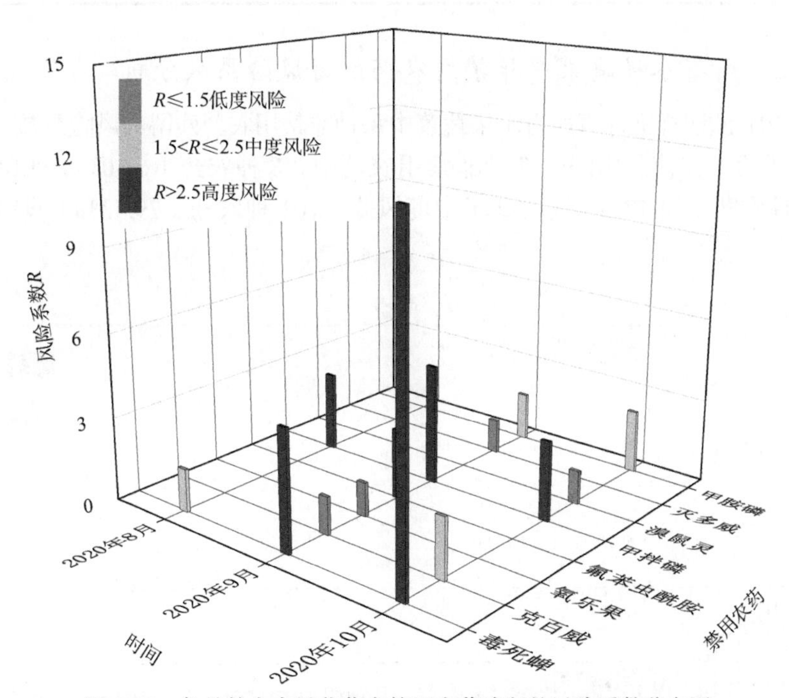

图2-17 各月份内水果蔬菜中禁用农药残留的风险系数分布图

表2-13 各月份内水果蔬菜中禁用农药的风险系数表

序号	年月	农药	检出频次	检出率 P(%)	风险系数 R	风险程度
1	2020年8月	克百威	25	3.23	4.33	高度风险
2	2020年8月	甲拌磷	25	3.23	4.33	高度风险

续表

序号	年月	农药	检出频次	检出率 P(%)	风险系数 R	风险程度
3	2020 年 8 月	溴鼠灵	11	0.22	2.52	高度风险
4	2020 年 8 月	氟苯虫酰胺	5	0.65	1.75	中度风险
5	2020 年 8 月	毒死蜱	2	0.26	1.36	低度风险
6	2020 年 8 月	氧乐果	1	0.13	1.23	低度风险
7	2020 年 8 月	甲胺磷	1	0.13	1.23	低度风险
8	2020 年 9 月	毒死蜱	113	11.05	12.16	高度风险
9	2020 年 9 月	克百威	18	1.76	2.86	高度风险
10	2020 年 9 月	氧乐果	12	1.17	2.27	中度风险
11	2020 年 9 月	氟苯虫酰胺	11	1.08	2.18	中度风险
12	2020 年 9 月	灭多威	1	0.1	1.2	低度风险
13	2020 年 10 月	克百威	4	1.77	2.87	高度风险
14	2020 年 10 月	毒死蜱	1	0.44	1.54	中度风险

2.3.2.2 所有水果蔬菜中非禁用农药残留风险系数分析

参照 MRL 欧盟标准计算所有水果蔬菜中每种非禁用农药残留的风险系数，如图 2-18 与表 2-14 所示。在侦测出的 127 种非禁用农药中，8 种农药（6.30%）残留处于高度风险，18 种农药（14.17%）残留处于中度风险，101 种农药（79.53%）残留处于低度风险。

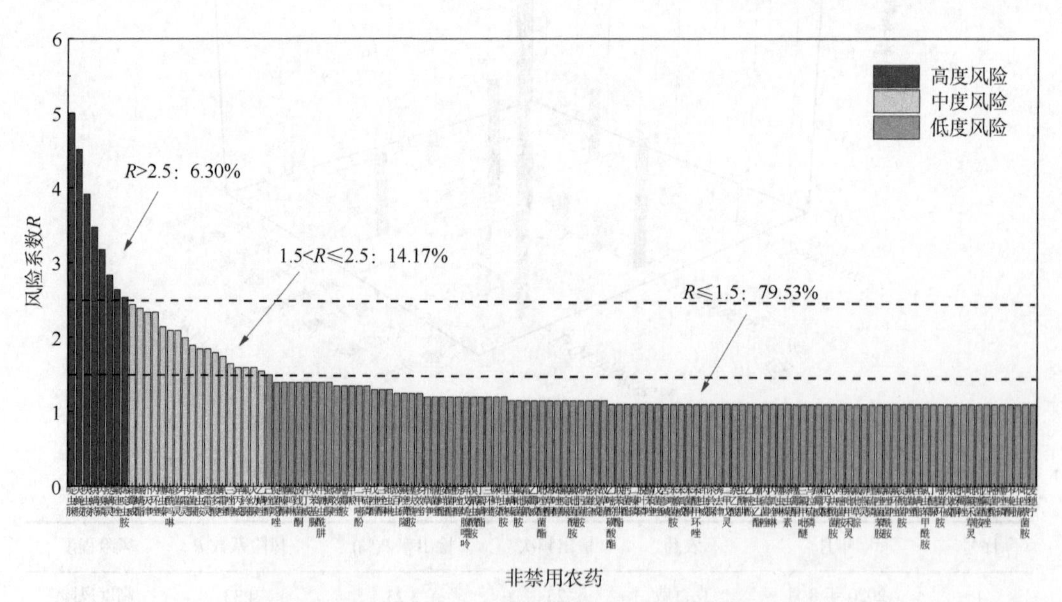

图 2-18 水果蔬菜中 127 种非禁用农药的风险程度统计图

表 2-14　水果蔬菜中 127 种非禁用农药的风险系数表

序号	农药	超标频次	超标率 P(%)	风险系数 R	风险程度
1	啶虫脒	79	3.91	5.01	高度风险
2	灭蝇胺	69	3.41	4.51	高度风险
3	呋虫胺	57	2.82	3.92	高度风险
4	炔螨特	48	2.37	3.47	高度风险
5	丙溴磷	42	2.08	3.18	高度风险
6	哒螨灵	35	1.73	2.83	高度风险
7	氟硅唑	31	1.53	2.63	高度风险
8	烯啶虫胺	29	1.43	2.53	高度风险
9	霜霉威	27	1.34	2.44	中度风险
10	螺螨酯	26	1.29	2.39	中度风险
11	扑灭津	25	1.24	2.34	中度风险
12	丙环唑	25	1.24	2.34	中度风险
13	噻虫嗪	21	1.04	2.22	中度风险
14	烯酰吗啉	20	0.99	2.09	中度风险
15	多菌灵	20	0.99	2.09	中度风险
16	甲霜灵	18	0.89	1.99	中度风险
17	异菌脲	16	0.79	1.89	中度风险
18	噻虫胺	15	0.74	1.84	中度风险
19	噁霜灵	15	0.74	1.84	中度风险
20	茵多酸	22	0.69	1.79	中度风险
21	氰霜唑	13	0.64	1.74	中度风险
22	三唑醇	11	0.54	1.64	中度风险
23	异丙威	10	0.49	1.59	中度风险
24	氟铃脲	10	0.49	1.59	中度风险
25	灭幼脲	10	0.49	1.59	中度风险
26	乙螨唑	9	0.45	1.55	中度风险
27	己唑醇	8	0.40	1.50	低度风险
28	啶菌噁唑	6	0.30	1.40	低度风险
29	噻嗪酮	6	0.30	1.40	低度风险
30	氟吗啉	6	0.30	1.40	低度风险
31	放线菌酮	6	0.30	1.40	低度风险
32	仲丁威	6	0.30	1.40	低度风险
33	双苯基脲	6	0.30	1.40	低度风险

续表

序号	农药	超标频次	超标率 P(%)	风险系数 R	风险程度
34	甲氧虫酰肼	6	0.30	1.40	低度风险
35	虱螨脲	6	0.30	1.40	低度风险
36	烯效唑	5	0.25	1.35	低度风险
37	嘧霉胺	5	0.25	1.35	低度风险
38	甲哌	5	0.25	1.35	低度风险
39	二甲嘧酚	5	0.25	1.35	低度风险
40	辛硫磷	5	0.25	1.35	低度风险
41	戊唑醇	4	0.20	1.30	低度风险
42	三唑酮	4	0.20	1.30	低度风险
43	吡虫啉	4	0.20	1.30	低度风险
44	敌百虫	3	0.15	1.25	低度风险
45	氟唑磺隆	3	0.15	1.25	低度风险
46	噻呋酰胺	3	0.15	1.25	低度风险
47	多效唑	3	0.15	1.25	低度风险
48	扑草净	2	0.10	1.20	低度风险
49	腈菌唑	2	0.10	1.20	低度风险
50	胺鲜酯	2	0.10	1.20	低度风险
51	醚菌酯	2	0.10	1.20	低度风险
52	粉唑醇	2	0.10	1.20	低度风险
53	异戊烯腺嘌呤	2	0.10	1.20	低度风险
54	溴氰虫酰胺	2	0.10	1.20	低度风险
55	丁氟螨酯	2	0.10	1.20	低度风险
56	三环唑	2	0.10	1.20	低度风险
57	咪鲜胺	2	0.10	1.20	低度风险
58	唑虫酰胺	2	0.10	1.20	低度风险
59	四螨嗪	1	0.05	1.15	低度风险
60	氟吡菌胺	1	0.05	1.15	低度风险
61	霜脲氰	1	0.05	1.15	低度风险
62	乙霉威	1	0.05	1.15	低度风险
63	吡唑醚菌酯	1	0.05	1.15	低度风险
64	烯草酮	1	0.05	1.15	低度风险
65	烯唑醇	1	0.05	1.15	低度风险
66	氟啶脲	1	0.05	1.15	低度风险

续表

序号	农药	超标频次	超标率 P(%)	风险系数 R	风险程度
67	氟吡菌酰胺	1	0.05	1.15	低度风险
68	烯肟菌胺	1	0.05	1.15	低度风险
69	嘧菌腙	1	0.05	1.15	低度风险
70	杀线威	1	0.05	1.15	低度风险
71	敌草腈	1	0.05	1.15	低度风险
72	乙嘧酚磺酸酯	0	0.00	1.10	低度风险
73	联苯肼酯	0	0.00	1.10	低度风险
74	肟菌酯	0	0.00	1.10	低度风险
75	二嗪磷	0	0.00	1.10	低度风险
76	脱叶磷	0	0.00	1.10	低度风险
77	腈苯唑	0	0.00	1.10	低度风险
78	戊菌唑	0	0.00	1.10	低度风险
79	苦参碱	0	0.00	1.10	低度风险
80	苯噻菌胺	0	0.00	1.10	低度风险
81	苯氧威	0	0.00	1.10	低度风险
82	苯菌酮	0	0.00	1.10	低度风险
83	苯醚甲环唑	0	0.00	1.10	低度风险
84	茚虫威	0	0.00	1.10	低度风险
85	杀铃脲	0	0.00	1.10	低度风险
86	莠去津	0	0.00	1.10	低度风险
87	二甲戊灵	0	0.00	1.10	低度风险
88	萘乙酸	0	0.00	1.10	低度风险
89	虫酰肼	0	0.00	1.10	低度风险
90	乙嘧酚	0	0.00	1.10	低度风险
91	螺虫乙酯	0	0.00	1.10	低度风险
92	丙硫菌唑	0	0.00	1.10	低度风险
93	丙氧喹啉	0	0.00	1.10	低度风险
94	噻虫啉	0	0.00	1.10	低度风险
95	除虫菊素	0	0.00	1.10	低度风险
96	噻霉酮	0	0.00	1.10	低度风险
97	三氟甲吡醚	0	0.00	1.10	低度风险
98	马拉硫磷	0	0.00	1.10	低度风险
99	缬霉威	0	0.00	1.10	低度风险

续表

序号	农药	超标频次	超标率 P(%)	风险系数 R	风险程度
100	吡丙醚	0	0.00	1.10	低度风险
101	双炔酰菌胺	0	0.00	1.10	低度风险
102	唑嘧菌胺	0	0.00	1.10	低度风险
103	氟吡甲禾灵	0	0.00	1.10	低度风险
104	氟吡草腙	0	0.00	1.10	低度风险
105	新燕灵	0	0.00	1.10	低度风险
106	喹硫磷	0	0.00	1.10	低度风险
107	氟唑菌苯胺	0	0.00	1.10	低度风险
108	氟唑菌酰胺	0	0.00	1.10	低度风险
109	氟环唑	0	0.00	1.10	低度风险
110	啶酰菌胺	0	0.00	1.10	低度风险
111	氟菌唑	0	0.00	1.10	低度风险
112	唑螨酯	0	0.00	1.10	低度风险
113	氯虫苯甲酰胺	0	0.00	1.10	低度风险
114	丁醚脲	0	0.00	1.10	低度风险
115	嘧菌环胺	0	0.00	1.10	低度风险
116	呋线威	0	0.00	1.10	低度风险
117	吡蚜酮	0	0.00	1.10	低度风险
118	抑霉唑	0	0.00	1.10	低度风险
119	吡氟禾草灵	0	0.00	1.10	低度风险
120	吡噻菌胺	0	0.00	1.10	低度风险
121	四氟醚唑	0	0.00	1.10	低度风险
122	嘧菌酯	0	0.00	1.10	低度风险
123	噻唑磷	0	0.00	1.10	低度风险
124	环嗪酮	0	0.00	1.10	低度风险
125	环虫腈	0	0.00	1.10	低度风险
126	吡唑萘菌胺	0	0.00	1.10	低度风险
127	麦穗宁	0	0.00	1.10	低度风险

对每个月份内的非禁用农药的风险系数分析，每月内非禁用农药风险程度分布图如图 2-19 所示。这 3 个月份内处于高度风险的农药数排序为 2020 年 10 月（10）>2020 年 9 月（9）>2020 年 8 月（8）。

3 个月份内水果蔬菜中非禁用农药处于中度风险和高度风险的风险系数如图 2-20 和表 2-15 所示。

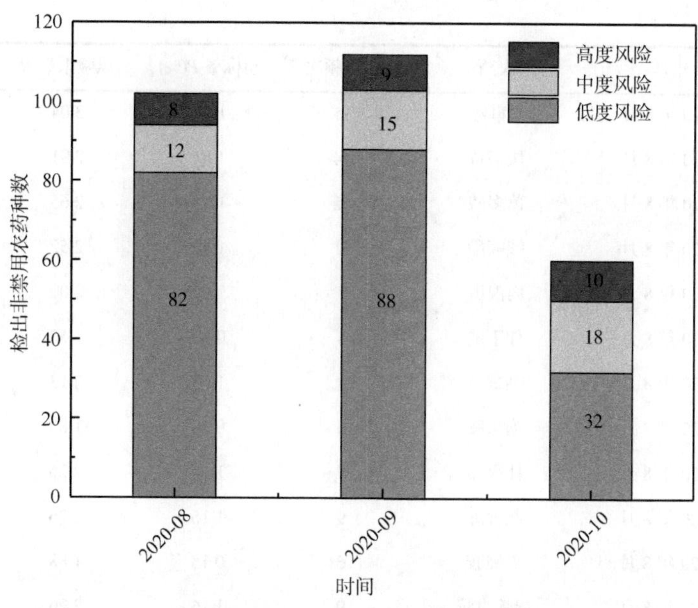

图 2-19　各月份水果蔬菜中非禁用农药残留的风险程度分布图

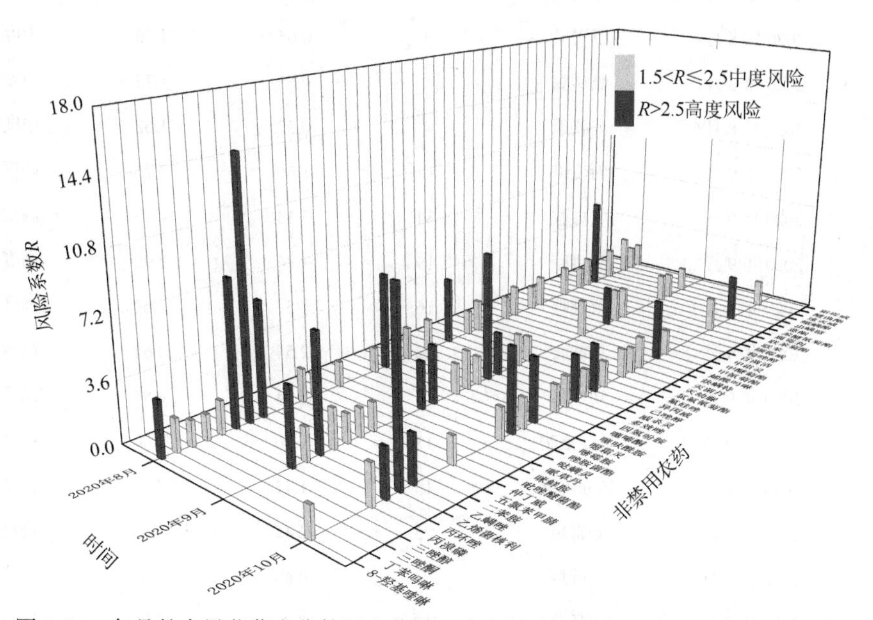

图 2-20　各月份水果蔬菜中非禁用农药处于中度风险和高度风险的风险系数分布图

表 2-15　各月份水果蔬菜中非禁用农药处于中度风险和高度风险的风险系数表

序号	年月	农药	超标频次	超标率 P(%)	风险系数 R	风险程度
1	2020 年 8 月	丙环唑	13	1.68	2.78	高度风险
2	2020 年 8 月	呋虫胺	15	1.94	3.04	高度风险
3	2020 年 8 月	啶虫脒	33	4.26	5.36	高度风险
4	2020 年 8 月	噻虫嗪	16	2.07	3.17	高度风险

续表

序号	年月	农药	超标频次	超标率 P(%)	风险系数 R	风险程度
5	2020 年 8 月	氟硅唑	15	1.94	3.04	高度风险
6	2020 年 8 月	炔螨特	14	1.81	2.91	高度风险
7	2020 年 8 月	茵多酸	12	1.55	2.65	高度风险
8	2020 年 8 月	螺螨酯	11	1.42	2.52	高度风险
9	2020 年 8 月	丙溴磷	7	0.90	2.00	中度风险
10	2020 年 8 月	仲丁威	4	0.52	1.62	中度风险
11	2020 年 8 月	哒螨灵	8	1.03	2.13	中度风险
12	2020 年 8 月	噻虫胺	6	0.78	1.88	中度风险
13	2020 年 8 月	扑灭津	9	1.16	2.26	中度风险
14	2020 年 8 月	氟铃脲	9	1.16	2.26	中度风险
15	2020 年 8 月	灭蝇胺	6	0.78	1.88	中度风险
16	2020 年 8 月	烯啶虫胺	9	1.16	2.26	中度风险
17	2020 年 8 月	烯效唑	4	0.52	1.62	中度风险
18	2020 年 8 月	甲霜灵	5	0.65	1.75	中度风险
19	2020 年 8 月	虱螨脲	5	0.65	1.75	中度风险
20	2020 年 8 月	辛硫磷	4	0.52	1.62	中度风险
21	2020 年 9 月	丙溴磷	17	1.66	2.76	高度风险
22	2020 年 9 月	呋虫胺	34	3.33	4.43	高度风险
23	2020 年 9 月	啶虫脒	19	1.86	2.96	高度风险
24	2020 年 9 月	氟硅唑	16	1.57	2.67	高度风险
25	2020 年 9 月	灭蝇胺	26	2.54	3.64	高度风险
26	2020 年 9 月	炔螨特	28	2.74	3.84	高度风险
27	2020 年 9 月	烯啶虫胺	18	1.76	2.86	高度风险
28	2020 年 9 月	烯酰吗啉	15	1.47	2.57	高度风险
29	2020 年 9 月	霜霉威	25	2.45	3.55	高度风险
30	2020 年 9 月	三唑醇	5	0.49	1.59	中度风险
31	2020 年 9 月	丙环唑	10	0.98	2.08	中度风险
32	2020 年 9 月	乙螨唑	5	0.49	1.59	中度风险
33	2020 年 9 月	哒螨灵	13	1.27	2.37	中度风险
34	2020 年 9 月	啶菌噁唑	6	0.59	1.69	中度风险
35	2020 年 9 月	噁霜灵	11	1.08	2.18	中度风险
36	2020 年 9 月	噻虫胺	8	0.78	1.88	中度风险
37	2020 年 9 月	多菌灵	9	0.88	1.98	中度风险
38	2020 年 9 月	己唑醇	5	0.49	1.59	中度风险

续表

序号	年月	农药	超标频次	超标率 P(%)	风险系数 R	风险程度
39	2020年9月	异丙威	5	0.49	1.59	中度风险
40	2020年9月	异菌脲	13	1.27	2.37	中度风险
41	2020年9月	氰霜唑	6	0.59	1.69	中度风险
42	2020年9月	灭幼脲	9	0.88	1.98	中度风险
43	2020年9月	甲霜灵	10	0.98	2.08	中度风险
44	2020年9月	螺螨酯	13	1.27	2.37	中度风险
45	2020年10月	三唑醇	4	1.77	2.87	高度风险
46	2020年10月	丙溴磷	18	7.96	9.06	高度风险
47	2020年10月	呋虫胺	8	3.54	4.64	高度风险
48	2020年10月	哒螨灵	14	6.19	7.29	高度风险
49	2020年10月	啶虫脒	27	11.95	13.05	高度风险
50	2020年10月	多菌灵	11	4.87	5.97	高度风险
51	2020年10月	扑灭津	13	5.75	6.85	高度风险
52	2020年10月	氰霜唑	5	2.21	3.31	高度风险
53	2020年10月	灭蝇胺	37	16.37	17.47	高度风险
54	2020年10月	炔螨特	6	2.65	3.75	高度风险
55	2020年10月	丙环唑	2	0.88	1.98	中度风险
56	2020年10月	乙螨唑	2	0.88	1.98	中度风险
57	2020年10月	仲丁威	1	0.44	1.54	中度风险
58	2020年10月	嘧霉胺	1	0.44	1.54	中度风险
59	2020年10月	噁霜灵	3	1.33	2.43	中度风险
60	2020年10月	噻嗪酮	1	0.44	1.54	中度风险
61	2020年10月	噻虫嗪	2	0.88	1.98	中度风险
62	2020年10月	噻虫胺	1	0.44	1.54	中度风险
63	2020年10月	异丙威	3	1.33	2.43	中度风险
64	2020年10月	异戊烯腺嘌呤	1	0.44	1.54	中度风险
65	2020年10月	放线菌酮	1	0.44	1.54	中度风险
66	2020年10月	敌百虫	1	0.44	1.54	中度风险
67	2020年10月	烯啶虫胺	2	0.88	1.98	中度风险
68	2020年10月	烯酰吗啉	2	0.88	1.98	中度风险
69	2020年10月	甲哌	1	0.44	1.54	中度风险
70	2020年10月	甲霜灵	3	1.33	2.43	中度风险
71	2020年10月	粉唑醇	2	0.88	1.98	中度风险
72	2020年10月	螺螨酯	2	0.88	1.98	中度风险

2.4 农药残留风险评估结论与建议

农药残留是影响水果蔬菜安全和质量的主要因素，也是我国食品安全领域备受关注的敏感话题和亟待解决的重大问题之一。各种水果蔬菜均存在不同程度的农药残留现象，本研究主要针对西北五省区各类水果蔬菜存在的农药残留问题，基于 2020 年 8 月至 2020 年 10 月期间对西北五省区 2022 例水果蔬菜样品中农药残留侦测得出的 7679 个侦测结果，分别采用食品安全指数模型和风险系数模型，开展水果蔬菜中农药残留的膳食暴露风险和预警风险评估。水果蔬菜样品取自超市和农贸市场，符合大众的膳食来源，风险评价时更具有代表性和可信度。

本研究力求通用简单地反映食品安全中的主要问题，且为管理部门和大众容易接受，为政府及相关管理机构建立科学的食品安全信息发布和预警体系提供科学的规律与方法，加强对农药残留的预警和食品安全重大事件的预防，控制食品风险。

2.4.1 西北五省区水果蔬菜中农药残留膳食暴露风险评价结论

1）水果蔬菜样品中农药残留安全状态评价结论

采用食品安全指数模型，对 2020 年 8 月至 2020 年 10 月期间西北五省区水果蔬菜食品农药残留膳食暴露风险进行评价，根据 IFS_c 的计算结果发现，水果蔬菜中农药的 $\overline{IFS}$ 为 0.0189，说明西北五省区水果蔬菜总体处于很好的安全状态，但部分禁用农药、高残留农药在蔬菜、水果中仍有侦测出，导致膳食暴露风险的存在，成为不安全因素。

2）单种水果蔬菜中农药膳食暴露风险不可接受情况评价结论

单种水果蔬菜中农药残留安全指数分析结果显示，农药对单种水果蔬菜安全影响不可接受（$IFS_c>1$）的样本数为 0，说明总体安全性良好，各种蔬菜水果对消费者身体健康没有造成明显膳食暴露风险。

2.4.2 西北五省区水果蔬菜中农药残留预警风险评价结论

1）单种水果蔬菜中禁用农药残留的预警风险评价结论

本次侦测过程中，在 19 种水果蔬菜中侦测 8 种禁用农药，禁用农药为：克百威、毒死蜱、氟苯虫酰胺、甲胺磷、溴鼠灵、甲拌磷、氧乐果和灭多威，水果蔬菜为：大白菜、娃娃菜、小油菜、小白菜、梨、番茄、紫甘蓝、结球甘蓝、花椰菜、芹菜、苹果、茄子、菜豆、菠菜、葡萄、豇豆、辣椒、马铃薯和黄瓜，水果蔬菜中禁用农药的风险系数分析结果显示，6 种禁用农药在 16 种水果蔬菜中的残留处于高度风险，说明在单种水果蔬菜中禁用农药的残留会导致较高的预警风险。

2）单种水果蔬菜中非禁用农药残留的预警风险评价结论

以 MRL 中国国家标准为标准，计算水果蔬菜中非禁用农药风险系数情况下，806 个样本中，3 个处于高度风险（0.37%），9 个处于中度风险（1.12%），371 个处于低度风险（46.03%），423 个样本没有 MRL 中国国家标准（52.48%）。以 MRL 欧盟标准为标准，计算水果蔬菜中非禁用农药风险系数情况下，发现有 125 个处于高度风险（15.51%），102 个处于中度风险（12.66%），579 个处于低度风险（71.84%）。基于两种 MRL 标准，评价的结果差异显著，可以看出 MRL 欧盟标准比中国国家标准更加严格和完善，过于宽松的 MRL 中国国家标准值能否有效保障人体的健康有待研究。

2.4.3 加强西北五省区水果蔬菜食品安全建议

我国食品安全风险评价体系仍不够健全，相关制度不够完善，多年来，由于农药用药次数多、用药量大或用药间隔时间短，产品残留量大，农药残留所造成的食品安全问题日益严峻，给人体健康带来了直接或间接的危害。据估计，美国与农药有关的癌症患者数约占全国癌症患者总数的 50%，中国更高。同样，农药对其他生物也会形成直接杀伤和慢性危害，植物中的农药可经过食物链逐级传递并不断蓄积，对人和动物构成潜在威胁，并影响生态系统。

基于本次农药残留侦测数据的风险评价结果，提出以下几点建议：

1）加快食品安全标准制定步伐

我国食品标准中对农药每日允许最大摄入量 ADI 的数据严重缺乏，在本次西北五省区水果蔬菜农药残留评价所涉及的 135 种农药中，仅有 89.63%的农药具有 ADI 值，而 10.37%的农药中国尚未规定相应的 ADI 值，亟待完善。

我国食品中农药最大残留限量值的规定严重缺乏，对评估涉及的不同水果蔬菜中不同农药 249 个 MRL 限值进行统计来看，我国仅制定出 84 个标准，标准完整率仅为 33.7%，欧盟的完整率达到 100%（表 2-16）。因此，中国更应加快 MRL 的制定步伐。

表 2-16　我国国家食品标准农药的 ADI、MRL 值与欧盟标准的数量差异

分类		中国 ADI	MRL 中国国家标准	MRL 欧盟标准
标准限值（个）	有	121	383	835
	无	22	423	26
总数（个）		135	806	249
无标准限值比例（%）		10.4	52.5	3.1

此外，MRL 中国国家标准限值普遍高于欧盟标准限值，这些标准中共有 54 个高于欧盟。过高的 MRL 值难以保障人体健康，建议继续加强对限值基准和标准的科学研究，将农产品中的危险性减少到尽可能低的水平。

2）加强农药的源头控制和分类监管

在西北五省区某些水果蔬菜中仍有禁用农药残留，利用 LC-Q-TOF/MS 技术侦测出 2 种禁用农药，检出频次为 9 次，残留禁用农药均存在较大的膳食暴露风险和预警风险。

早已列入黑名单的禁用农药在我国并未真正退出，有些药物由于价格便宜、工艺简单，此类高毒农药一直生产和使用。建议在我国采取严格有效的控制措施，从源头控制禁用农药。

对于非禁用农药，在我国作为"田间地头"最典型单位的县级蔬果产地中，农药残留的侦测几乎缺失。建议根据农药的毒性，对高毒、剧毒、中毒农药实现分类管理，减少使用高毒和剧毒高残留农药，进行分类监管。

3）加强残留农药的生物修复及降解新技术

市售果蔬中残留农药的品种多、频次高、禁用农药多次检出这一现状，说明了我国的田间土壤和水体因农药长期、频繁、不合理的使用而遭到严重污染。为此，建议中国相关部门出台相关政策，鼓励高校及科研院所积极开展分子生物学、酶学等研究，加强土壤、水体中残留农药的生物修复及降解新技术研究，切实加大农药监管力度，以控制农药的面源污染问题。

综上所述，在本工作基础上，根据蔬菜残留危害，可进一步针对其成因提出和采取严格管理、大力推广无公害蔬菜种植与生产、健全食品安全控制技术体系、加强蔬菜食品质量侦测体系建设和积极推行蔬菜食品质量追溯制度等相应对策。建立和完善食品安全综合评价指数与风险监测预警系统，对食品安全进行实时、全面的监控与分析，为我国的食品安全科学监管与决策提供新的技术支持，可实现各类检验数据的信息化系统管理，降低食品安全事故的发生。

第 3 章 GC-Q-TOF/MS 侦测西北五省区市售水果蔬菜农药残留报告

从西北五省区 19 个城市，随机采集了 2022 例水果蔬菜样品，使用气相色谱-飞行时间质谱（GC-Q-TOF/MS），进行了 686 种农药化学污染物的全面侦测。

3.1 样品概况

为了真实反映百姓餐桌上水果蔬菜中农药残留污染状况，本次所有检测样品均由检验人员于 2020 年 8 月至 10 月期间，从西北五省区 19 个城市的 301 个采样点，包括 70 个农贸市场、16 个电商平台、187 个个体商户和 28 个超市，以随机购买方式采集，总计 304 批 2022 例样品，从中检出农药 156 种，5323 频次。样品信息及西北五省区分布情况详见表 3-1。

表 3-1 采样信息简表

采样地区	西北五省区 19 个城市
采样点（超市、农贸市场、个体农户、电商等）	301
蔬菜样品种数	17
水果样品种数	3
样品总数	2022

3.1.1 样品种类和数量

本次侦测所采集的 2022 例样品涵盖蔬菜和水果 2 个大类，其中蔬菜 17 种 1722 例，水果 3 种 300 例。样品种类及数量明细详见表 3-2。

表 3-2 样品分类及数量

样品分类	样品名称（数量）	数量小计
1. 蔬菜		1722
1）芸薹属类蔬菜	结球甘蓝（98），花椰菜（126），紫甘蓝（13）	237
2）茄果类蔬菜	辣椒（100），番茄（132），茄子（115）	347
3）瓜类蔬菜	黄瓜（100），西葫芦（109）	209

续表

样品分类	样品名称（数量）	数量小计
4）叶菜类蔬菜	芹菜（100），小白菜（99），小油菜（107），大白菜（100），娃娃菜（101），菠菜（121）	628
5）根茎类和薯芋类蔬菜	马铃薯（100）	100
6）豆类蔬菜	豇豆（101），菜豆（100）	201
2. 水果		300
1）仁果类水果	苹果（100），梨（100）	200
2）浆果和其他小型水果	葡萄（100）	100
合计	1.蔬菜 17 种 2.水果 3 种	2022

3.1.2　采样点数量与分布

本次侦测的 301 个采样点分布于西北 5 个省级行政区的 19 个城市，包括 5 个省会城市，14 个果蔬主产区城市。各地采样点数量分布情况见表 3-3。

表 3-3　西北五省区采样点数量

城市编号	省级	地级	采样点个数
农贸市场（70）			
1	甘肃省	武威市	9
2	甘肃省	天水市	1
3	甘肃省	兰州市	15
4	陕西省	西安市	1
5	宁夏回族自治区	中卫市	1
6	陕西省	宝鸡市	2
7	宁夏回族自治区	吴忠市	4
8	甘肃省	庆阳市	1
9	陕西省	咸阳市	1
10	宁夏回族自治区	银川市	3
11	青海省	海东市	2
12	甘肃省	白银市	6
13	甘肃省	张掖市	10
14	青海省	西宁市	9
15	甘肃省	定西市	5
总计			70

续表

城市编号	省级	地级	采样点个数
电商平台（16）			
1	新疆维吾尔自治区	乌鲁木齐市	16
	总计		16
个体商户（187）			
1	甘肃省	天水市	2
2	甘肃省	兰州市	73
3	陕西省	宝鸡市	7
4	陕西省	西安市	19
5	宁夏回族自治区	中卫市	7
6	陕西省	咸阳市	19
7	宁夏回族自治区	吴忠市	6
8	宁夏回族自治区	银川市	3
9	甘肃省	白银市	19
10	青海省	海东市	8
11	甘肃省	定西市	23
12	青海省	西宁市	1
	总计		187
超市（28）			
1	甘肃省	甘南藏族自治州	1
2	甘肃省	武威市	1
3	甘肃省	陇南市	2
4	甘肃省	兰州市	2
5	宁夏回族自治区	中卫市	2
6	陕西省	宝鸡市	1
7	甘肃省	庆阳市	1
8	宁夏回族自治区	银川市	5
9	甘肃省	白银市	4
10	甘肃省	平凉市	1
11	青海省	海东市	2
12	甘肃省	定西市	4
13	青海省	西宁市	2
	总计		28

3.2 样品中农药残留检出情况

3.2.1 农药残留监测总体概况

这次使用的检测方法是庞国芳院士团队最新研发的不需使用标准品对照，而以高分辨精确质量数（0.0001 *m/z*）为基准的 GC-Q-TOF/MS 检测技术，对于 2022 例样品，每例样品均侦测了 686 种农药化学污染物的残留现状。通过本次侦测，在 2022 例样品中共计检出农药化学污染物 156 种，检出 5323 频次。

3.2.1.1 19 个城市样品检出情况

统计分析发现，19 个采样城市中被测样品的农药检出率范围为 47.1%～100.0%。其中，有 10 个采样城市样品的检出率较高，超过了 80.0%，分别是：白银市、定西市、平凉市、庆阳市、武威市、西宁市、宝鸡市、西安市、咸阳市和乌鲁木齐市。平凉市和乌鲁木齐市的检出率最高，为 100.0%。陇南市的检出率最低，为 47.1%。详细结果见图 3-1。

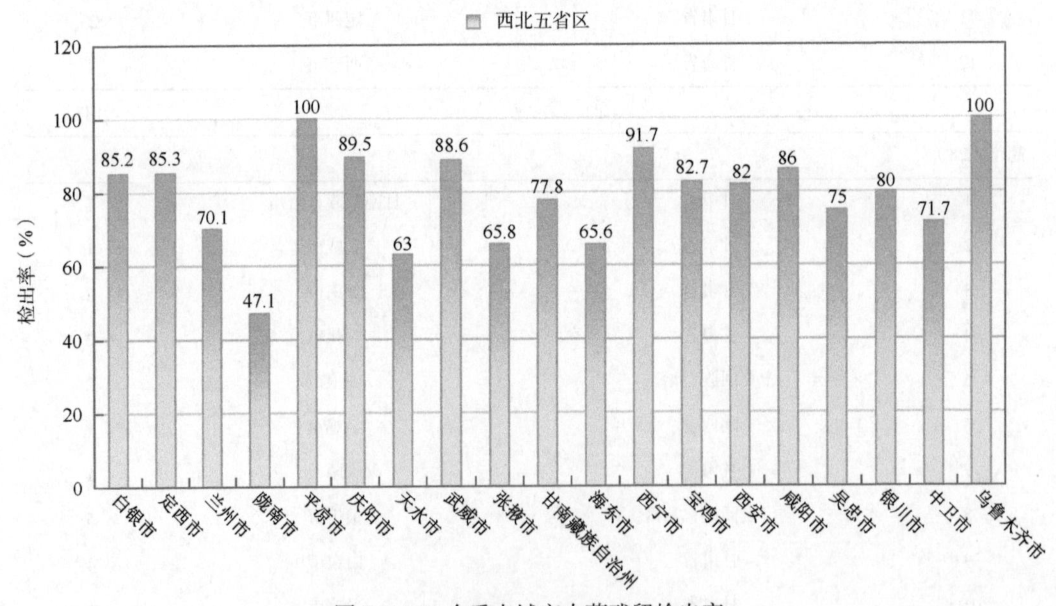

图 3-1 19 个重点城市农药残留检出率

3.2.1.2 检出农药品种总数与频次

统计分析发现，对于 2022 例样品中 686 种农药化学污染物的侦测，共检出农药 5323 频次，涉及农药 156 种，结果如图 3-2 所示。其中烯酰吗啉检出频次最高，共检出 565 次，检出频次排名前 10 的农药如下：①烯酰吗啉（565），②灭菌丹（351），③二苯胺（292），④虫螨腈（267），⑤氯氟氰菊酯（246），⑥苯醚甲环唑（222），⑦毒死蜱（221），

⑧戊唑醇（202），⑨甲霜灵（155），⑩腐霉利（150）。

由图 3-3 可见，芹菜、辣椒、番茄、黄瓜、小油菜、菜豆、豇豆、菠菜、葡萄、梨、苹果和小白菜这 12 种果蔬样品中检出的农药品种数较高，均超过 30 种，其中，芹菜检出农药品种最多，为 66 种。

由图 3-4 可见，番茄、黄瓜、芹菜、小油菜、葡萄、西葫芦、菠菜、辣椒、豇豆、菜豆、小白菜、苹果、梨、茄子和花椰菜这 15 种果蔬样品中的农药检出频次较高，均超过 100 次，其中，番茄检出农药频次最高，为 662 次。

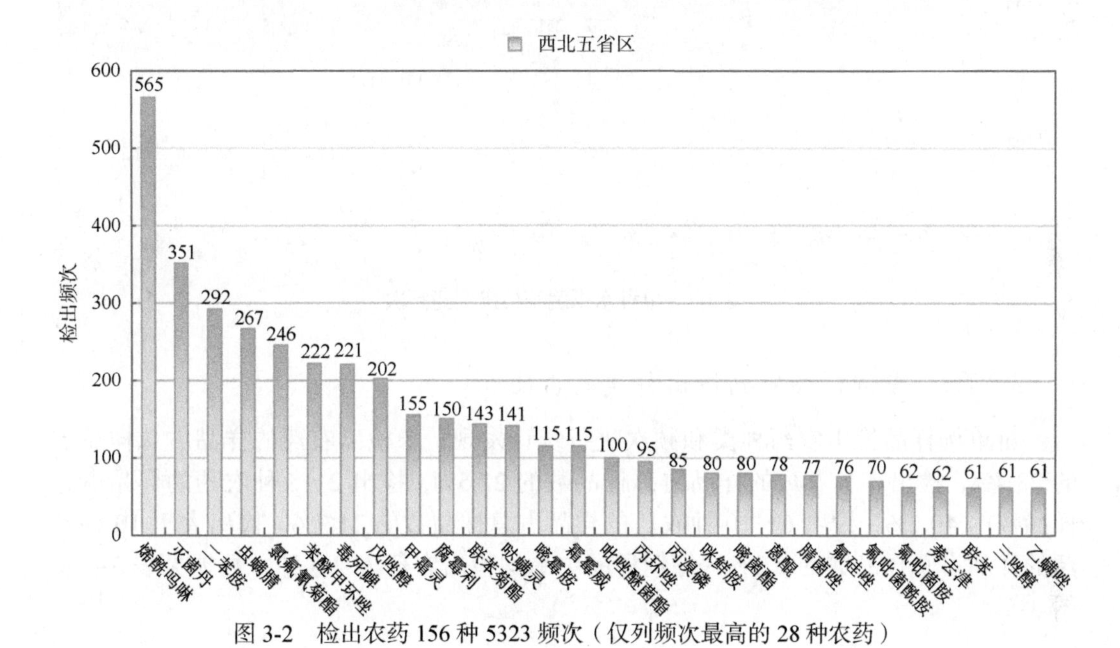

图 3-2　检出农药 156 种 5323 频次（仅列频次最高的 28 种农药）

图 3-3　单种水果蔬菜检出农药的种类数

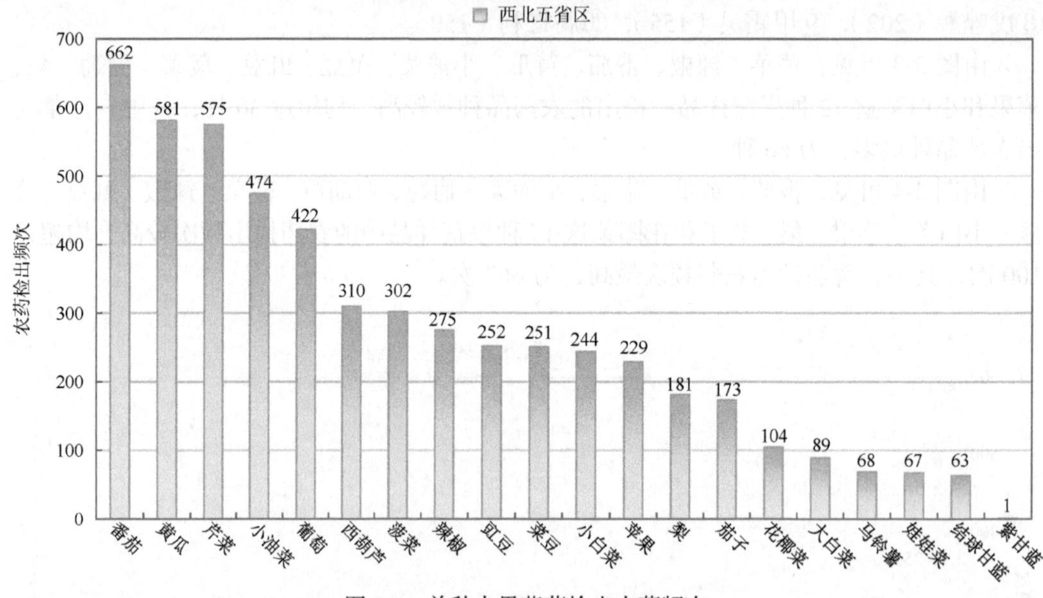

图 3-4 单种水果蔬菜检出农药频次

3.2.1.3 单例样品农药检出种类与占比

对单例样品检出农药种类和频次进行统计发现，未检出农药的样品占总样品数的 23.4%，检出 1 种农药的样品占总样品数的 22.5%，检出 2～5 种农药的样品占总样品数的 40.2%，检出 6～10 种农药的样品占总样品数的 11.7%，检出大于 10 种农药的样品占总样品数的 2.2%。每例样品中平均检出农药为 2.6 种，数据见表 3-4 及图 3-5。

表 3-4 单例样品检出农药品种占比

检出农药品种数	样品数量/占比（%）
未检出	473/23.4
1 种	454/22.5
2~5 种	813/40.2
6~10 种	237/11.7
大于 10 种	45/2.2
单例样品平均检出农药品种	2.6 种

3.2.1.4 检出农药类别与占比

所有检出农药按功能分类，包括杀菌剂、杀虫剂、除草剂、杀螨剂、植物生长调节剂、驱避剂、增效剂和其他共 8 类。其中杀菌剂与杀虫剂为主要检出的农药类别，分别占总数的 40.4%和 30.1%，见表 3-5 及图 3-6。

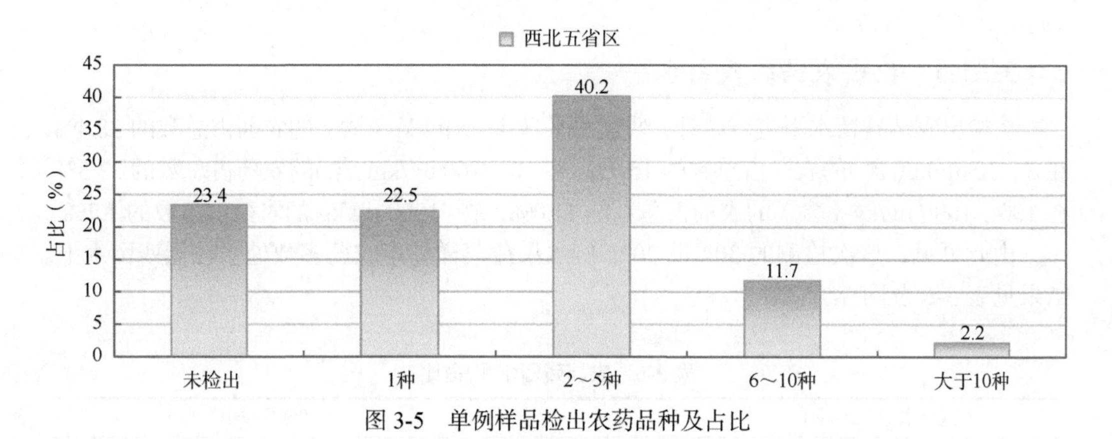

图 3-5　单例样品检出农药品种及占比

表 3-5　检出农药所属类别及占比

农药类别	数量/占比（%）
杀菌剂	63/40.4
杀虫剂	47/30.1
除草剂	30/19.2
杀螨剂	7/4.5
植物生长调节剂	4/2.6
驱避剂	1/0.6
增效剂	1/0.6
其他	3/1.9

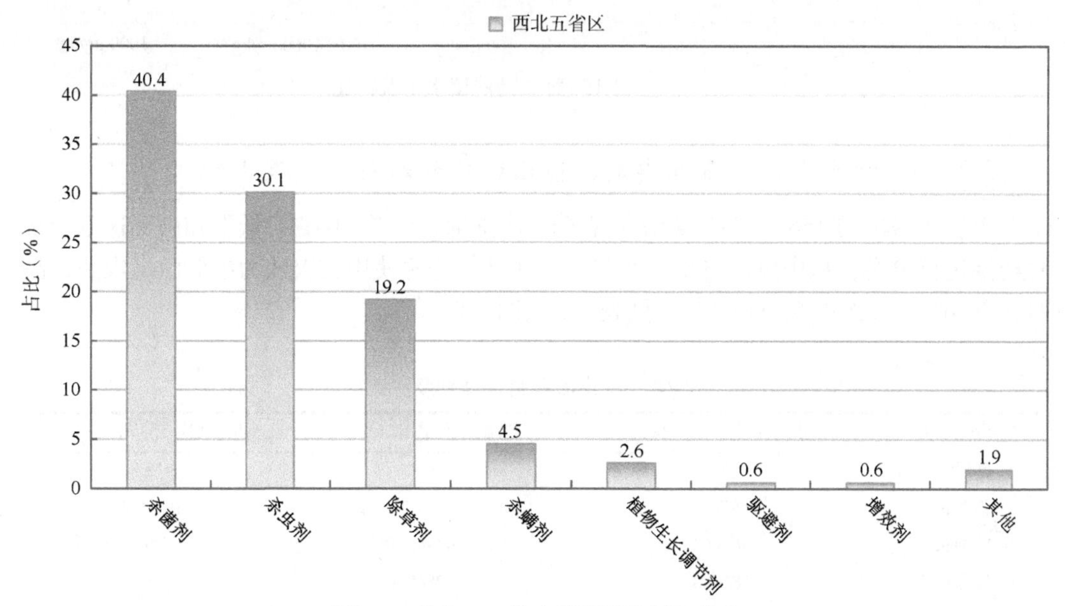

图 3-6　检出 156 种农药所属类别和占比

3.2.1.5 检出农药的残留水平

按检出农药残留水平进行统计，残留水平在 1～5 μg/kg（含）的农药占总数的 38.4%，在 5～10 μg/kg（含）的农药占总数的 15.7%，在 10～100 μg/kg（含）的农药占总数的 33.3%，在 100～1000 μg/kg（含）的农药占总数的 11.0%，在>1000 μg/kg 的农药占总数的 1.7%。

由此可见，这次检测的 304 批 2022 例水果蔬菜样品中农药多数处于较低残留水平。结果见表 3-6 及图 3-7。

表 3-6 农药残留水平/占比

残留水平（μg/kg）	检出频次/占比（%）
1~5（含）	2043/38.4
5~10（含）	838/15.7
10~100（含）	1770/33.3
100~1000（含）	583/11.0
>1000	89/1.7

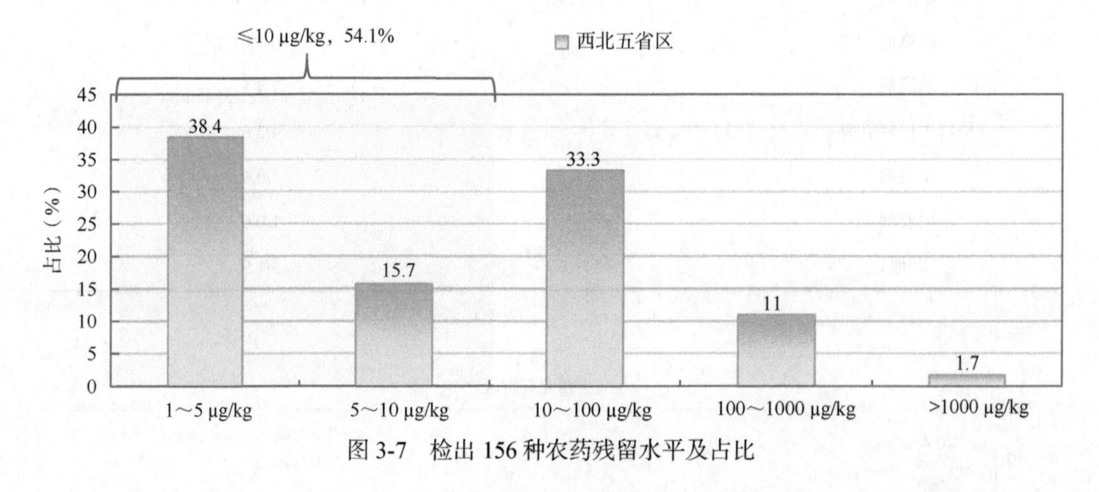

图 3-7 检出 156 种农药残留水平及占比

3.2.1.6 检出农药的毒性类别、检出频次和超标频次及占比

对这次检出的 156 种 5323 频次的农药，按剧毒、高毒、中毒、低毒和微毒这五个毒性类别进行分类，从中可以看出，西北五省区目前普遍使用的农药为中低微毒农药，品种占 93.6%，频次占 98.5%。结果见表 3-7 及图 3-8。

表 3-7 检出农药毒性类别及占比

毒性分类	农药品种/占比（%）	检出频次/占比（%）	超标频次/超标率（%）
剧毒农药	5/3.2	16/0.3	3/18.8
高毒农药	5/3.2	65/1.2	16/24.6
中毒农药	58/37.2	2444/45.9	12/0.5
低毒农药	48/30.8	1628/30.6	2/0.1
微毒农药	40/25.6	1170/22.0	1/0.1

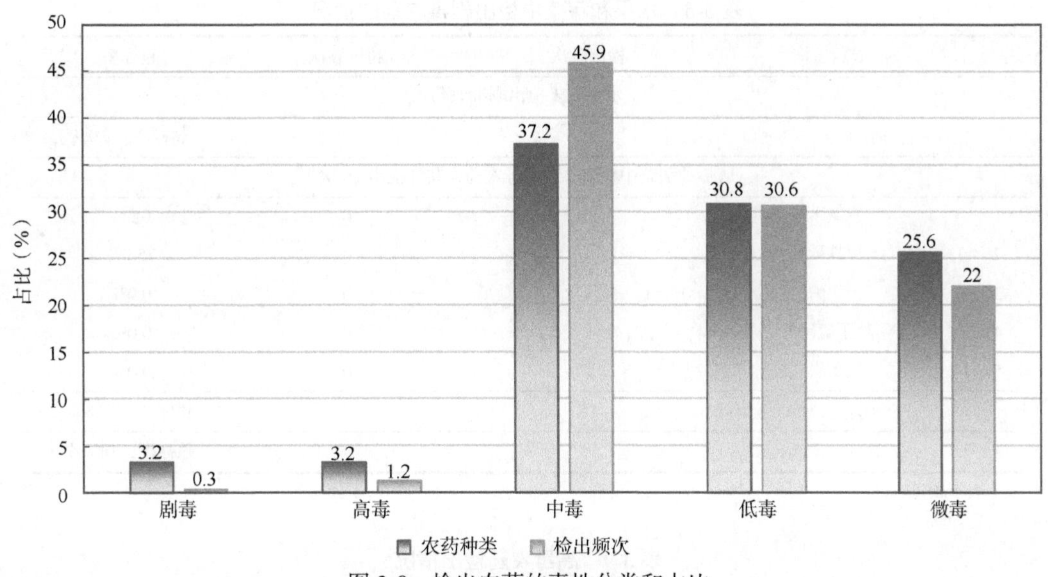

图 3-8 检出农药的毒性分类和占比

3.2.1.7 检出剧毒/高毒类农药的品种和频次

值得特别关注的是，在此次侦测的 2022 例样品中有 11 种蔬菜 3 种水果的 77 例样品检出了 10 种 81 频次的剧毒和高毒农药，占样品总量的 3.8%，详见图 3-9、表 3-8 及表 3-9。

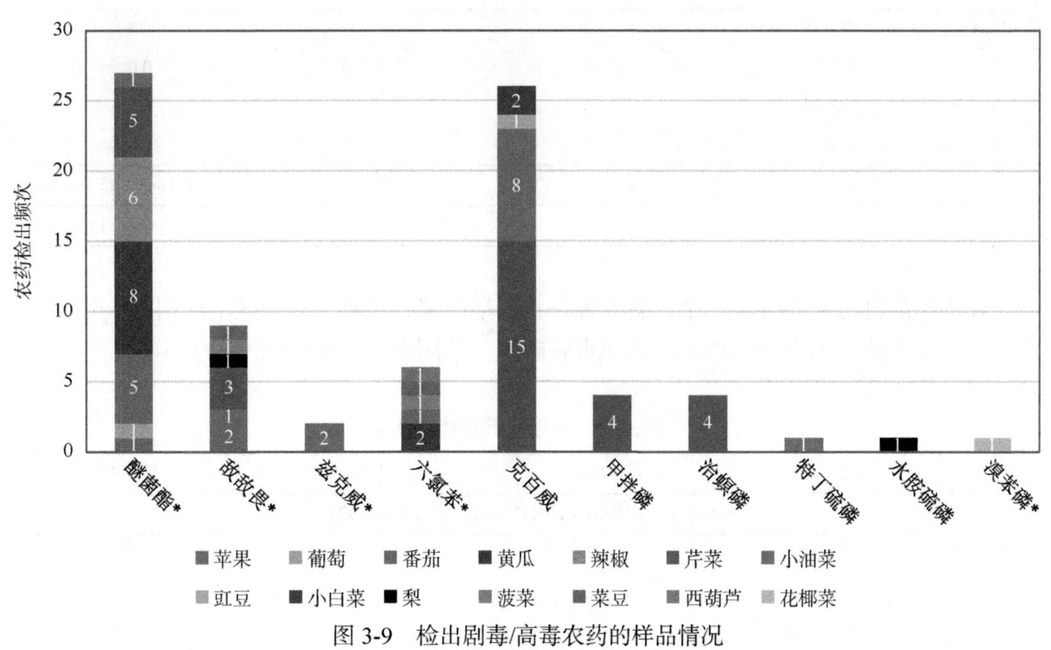

图 3-9 检出剧毒/高毒农药的样品情况

*表示允许在水果和蔬菜上使用的农药

表 3-8 水果和蔬菜中检出剧毒农药的情况

序号	农药名称	检出频次	超标频次	超标率
水果中未检出剧毒农药				
	小计	0	0	超标率：0.0%
从 7 种蔬菜中检出 5 种剧毒农药，共计检出 16 次				
1	六氯苯*	6	0	0.0%
2	甲拌磷*	4	3	75.0%
3	治螟磷*	4	0	0.0%
4	特丁硫磷*	1	0	0.0%
5	溴苯磷*	1	0	0.0%
	小计	16	3	超标率：18.8%
	合计	16	3	超标率：18.8%

* 表示剧毒农药

表 3-9 高毒农药检出情况

序号	农药名称	检出频次	超标频次	超标率
从 3 种水果中检出 3 种高毒农药，共计检出 6 次				
1	敌敌畏	3	1	33.3%
2	醚菌酯	2	0	0.0%
3	水胺硫磷	1	0	0.0%
	小计	6	1	超标率：16.7%
从 9 种蔬菜中检出 4 种高毒农药，共计检出 59 次				
1	克百威	26	15	57.7%
2	醚菌酯	25	0	0.0%
3	敌敌畏	6	0	0.0%
4	兹克威	2	0	0.0%
	小计	59	15	超标率：25.4%
	合计	65	16	超标率：24.6%

在检出的剧毒和高毒农药中，有 5 种是我国早已禁止在水果和蔬菜上使用的，分别是：克百威、甲拌磷、治螟磷、特丁硫磷和水胺硫磷。禁用农药的检出情况见表 3-10。

表 3-10 禁用农药检出情况

序号	农药名称	检出频次	超标频次	超标率
从 3 种水果中检出 4 种禁用农药，共计检出 132 次				
1	毒死蜱	128	0	0.0%
2	硫丹	2	0	0.0%
3	八氯二丙醚	1	0	0.0%
4	水胺硫磷	1	0	0.0%
	小计	132	0	超标率：0.0%

续表

序号	农药名称	检出频次	超标频次	超标率
从 15 种蔬菜中检出 10 种禁用农药，共计检出 136 次				
1	毒死蜱	93	8	8.6%
2	克百威	26	15	57.7%
3	甲拌磷*	4	3	75.0%
4	治螟磷*	4	0	0.0%
5	滴滴涕	3	0	0.0%
6	氯磺隆	2	0	0.0%
7	八氯二丙醚	1	0	0.0%
8	林丹	1	0	0.0%
9	硫丹	1	0	0.0%
10	特丁硫磷*	1	0	0.0%
	小计	136	26	超标率：19.1%
	合计	268	26	超标率：9.7%

注：超标结果参考 MRL 中国国家标准计算

* 表示剧毒农药

此次抽检的果蔬样品中，有 7 种蔬菜检出了剧毒农药，分别是：小油菜中检出六氯苯 1 次，检出特丁硫磷 1 次；花椰菜中检出溴苯磷 1 次；芹菜中检出治螟磷 4 次，检出甲拌磷 4 次；菜豆中检出六氯苯 1 次；菠菜中检出六氯苯 1 次；西葫芦中检出六氯苯 1 次；黄瓜中检出六氯苯 2 次。

样品中检出剧毒和高毒农药残留水平超过 MRL 中国国家标准的频次为 19 次，其中：苹果检出敌敌畏超标 1 次；小油菜检出克百威超标 3 次；芹菜检出克百威超标 11 次，检出甲拌磷超标 3 次；豇豆检出克百威超标 1 次。本次检出结果表明，高毒、剧毒农药的使用现象依旧存在。详见表 3-11。

表 3-11　各样本中检出剧毒/高毒农药情况

样品名称	农药名称	检出频次	超标频次	检出浓度（μg/kg）
水果 3 种				
梨	敌敌畏	1	0	68.6
梨	水胺硫磷▲	1	0	2.9
苹果	敌敌畏	2	1	1.9，399.1[a]
苹果	醚菌酯	1	0	5.4
葡萄	醚菌酯	1	0	40.6
小计		6	1	超标率：16.7%
蔬菜 11 种				
小油菜	克百威▲	8	3	15.6，11.1，19.9，15.7，20.7[a]，22.2[a]，34.4[a]，14.7

续表

样品名称	农药名称	检出频次	超标频次	检出浓度（μg/kg）
小油菜	醚菌酯	1	0	17.6
小油菜	六氯苯*	1	0	1.5
小油菜	特丁硫磷*▲	1	0	2.4
小白菜	克百威▲	2	0	13.9，9.9
番茄	醚菌酯	5	0	2.2，1.6，7.6，5.7，2.6
番茄	兹克威	2	0	1.1，1.4
番茄	敌敌畏	1	0	1.6
花椰菜	溴苯磷*	1	0	1.9
芹菜	克百威▲	15	11	109.9[a]，15.8，37.5[a]，43.4[a]，38.3[a]，31.2[a]，35.6[a]，84.7[a]，628.8[a]，1751.2[a]，1420.7[a]，16.0，17.6，1945.4[a]，9.0
芹菜	醚菌酯	5	0	3.0，40.4，53.5，1.8，1.5
芹菜	敌敌畏	3	0	32.3，9.7，70.3
芹菜	甲拌磷*▲	4	3	112.4[a]，2.6，22.6[a]，53.2[a]
芹菜	治螟磷*▲	4	0	2.1，4.0，5.6，4.5
菜豆	敌敌畏	1	0	3.8
菜豆	六氯苯*	1	0	2.4
菠菜	敌敌畏	1	0	4.0
菠菜	六氯苯*	1	0	2.2
西葫芦	六氯苯*	1	0	1.5
豇豆	克百威▲	1	1	122.4[a]
辣椒	醚菌酯	6	0	41.9，85.6，21.2，1.6，6.5，3913.6
黄瓜	醚菌酯	8	0	6.9，4.5，4.1，7.3，1.6，5.1，5.6，14.6
黄瓜	六氯苯*	2	0	1.8，1.9
小计		75	18	超标率：24.0%
合计		81	19	超标率：23.5%

* 表示剧毒农药；▲ 表示禁用农药；a 表示超标

3.2.2 西北五省区检出农药残留情况汇总

对侦测取得西北 5 个省级行政区的 19 个主要城市市售水果蔬菜的农药残留检出情况，项目组分别从检出的农药品种和检出残留农药的样品这两个方面进行归纳汇总，取各项排名前 10 的数据汇总得到表 3-12 至表 3-14，以展示西北五省区农药残留检测的总体概况。

3.2.2.1 检出频次排名前10的农药

表3-12 西北五省区各地检出频次排名前10的农药情况汇总

序号	地区	行政区域代码	统计结果
1	西北五省区汇总		①烯酰吗啉（565），②灭菌丹（351），③二苯胺（292），④虫螨腈（267），⑤氯氟氰菊酯（246），⑥苯醚甲环唑（222），⑦毒死蜱（221），⑧戊唑醇（202），⑨甲霜灵（155），⑩腐霉利（150）
2	天水市	620500	①烯酰吗啉（9），②氯氟氰菊酯（6），③戊唑醇（6），④苯醚甲环唑（5），⑤灭菌丹（4），⑥吡唑醚菌酯（3），⑦丙环唑（3），⑧毒死蜱（3），⑨腐霉利（3），⑩嘧菌酯（3）
3	武威市	620600	①二苯胺（34），②氯氟氰菊酯（18），③烯酰吗啉（11），④哒螨灵（10），⑤醚菌酯（9），⑥戊唑醇（9），⑦乙螨唑（9），⑧丙溴磷（8），⑨虫螨腈（7），⑩氟硅唑（6）
4	甘南藏族自治州	623000	①二苯胺（5），②灭菌丹（4），③克百威（2），④氯氟氰菊酯（2），⑤戊唑醇（2），⑥苯醚甲环唑（1），⑦吡唑醚菌酯（1），⑧丙环唑（1），⑨丙溴磷（1），⑩虫螨腈（1）
5	兰州市	620100	①烯酰吗啉（239），②灭菌丹（143），③虫螨腈（118），④氯氟氰菊酯（70），⑤哒螨灵（66），⑥甲霜灵（62），⑦霜霉威（52），⑧丙溴磷（45），⑨苯醚甲环唑（44），⑩吡唑醚菌酯（25）
6	陇南市	621200	①烯酰吗啉（3），②8-羟基喹啉（2），③腈菌唑（2），④醚菌酯（2），⑤灭菌丹（2），⑥苯醚甲环唑（1），⑦吡唑醚菌酯（1），⑧吡唑萘菌胺（1），⑨虫螨腈（1），⑩粉唑醇（1）
7	宝鸡市	610300	①二苯胺（48），②灭菌丹（22），③戊唑醇（22），④丙环唑（16），⑤氯氟氰菊酯（16），⑥苯醚甲环唑（13），⑦烯酰吗啉（13），⑧蒽醌（12），⑨毒死蜱（11），⑩联苯菊酯（11）
8	西安市	610100	①烯酰吗啉（37），②联苯菊酯（26），③霜霉威（25），④虫螨腈（23），⑤毒死蜱（22），⑥甲霜灵（21），⑦莠去津（18），⑧苯醚甲环唑（17），⑨灭菌丹（15），⑩嘧霉胺（13）
9	中卫市	640500	①二苯胺（49），②联苯菊酯（18），③灭菌丹（16），④腐霉利（13），⑤虫螨腈（12），⑥烯酰吗啉（11），⑦蒽醌（10），⑧联苯（10），⑨苯醚甲环唑（8），⑩丙环唑（8）
10	庆阳市	621000	①烯酰吗啉（8），②虫螨腈（5），③吡唑醚菌酯（3），④毒死蜱（3），⑤二苯胺（3），⑥腐霉利（3），⑦咪鲜胺（3），⑧苯醚甲环唑（2），⑨丙环唑（2），⑩丙溴磷（2）
11	咸阳市	610400	①苯醚甲环唑（28），②虫螨腈（28），③毒死蜱（25），④联苯菊酯（22），⑤氟吡菌胺（20），⑥嘧霉胺（20），⑦烯酰吗啉（20），⑧嘧菌酯（19），⑨霜霉威（18），⑩甲霜灵（17）
12	吴忠市	640300	①烯酰吗啉（23），②二苯胺（21），③戊唑醇（18），④氟硅唑（17），⑤氯氟氰菊酯（13），⑥苯醚甲环唑（11），⑦咪鲜胺（11），⑧灭菌丹（10），⑨哒螨灵（8），⑩虫螨腈（7）
13	银川市	640100	①二苯胺（46），②烯酰吗啉（25），③灭菌丹（21），④丙环唑（13），⑤戊唑醇（12），⑥蒽醌（11），⑦毒死蜱（10），⑧氯氟氰菊酯（10），⑨苯醚甲环唑（9），⑩氟吡菌酰胺（9）
14	乌鲁木齐市	650100	①毒死蜱（11），②戊唑醇（7），③氯氟氰菊酯（5），④乙螨唑（5），⑤己唑醇（3），⑥甲醚菊酯（3），⑦三唑酮（3），⑧1，4-二甲基萘（2），⑨联苯菊酯（2），⑩硫丹（2）

续表

序号	地区	行政区域代码	统计结果
15	白银市	620400	①烯酰吗啉（43），②毒死蜱（36），③苯醚甲环唑（24），④氯氟氰菊酯（24），⑤腐霉利（20），⑥灭菌丹（20），⑦戊唑醇（19），⑧虫螨腈（18），⑨咪鲜胺（13），⑩二苯胺（12）
16	海东市	630200	①烯酰吗啉（53），②灭菌丹（25），③苯醚甲环唑（23），④氯氟氰菊酯（22），⑤嘧霉胺（22），⑥毒死蜱（17），⑦吡唑醚菌酯（14），⑧戊唑醇（14），⑨腐霉利（13），⑩甲霜灵（13）
17	平凉市	620800	①烯酰吗啉（5），②虫螨腈（4），③苯醚甲环唑（2），④腐霉利（2），⑤甲霜灵（2），⑥联苯菊酯（2），⑦毒死蜱（1），⑧噁霜灵（1），⑨二甲戊灵（1），⑩甲拌磷（1）
18	定西市	621100	①毒死蜱（29），②戊唑醇（28），③烯酰吗啉（25），④腐霉利（20），⑤氯氟氰菊酯（18），⑥嘧霉胺（15），⑦苯醚甲环唑（14），⑧氟硅唑（10），⑨甲醚菊酯（10），⑩氟吡菌酰胺（8）
19	张掖市	620700	①烯酰吗啉（19），②丙溴磷（15），③毒死蜱（11），④灭菌丹（11），⑤苯醚甲环唑（7），⑥联苯菊酯（7），⑦特草灵（7），⑧莠去津（7），⑨甲霜灵（6），⑩氯氟氰菊酯（6）
20	西宁市	630100	①二苯胺（63），②灭菌丹（36），③腐霉利（29），④烯酰吗啉（18），⑤毒死蜱（14），⑥蒽醌（13），⑦戊唑醇（11），⑧苯醚甲环唑（10），⑨虫螨腈（8），⑩联苯（8）

3.2.2.2　检出农药品种排名前 10 的水果蔬菜

表 3-13　西北五省区各地检出农药品种排名前 10 的果蔬情况汇总

序号	地区	行政区域代码	分类	统计结果
1	西北五省区汇总		水果	①葡萄（39），②梨（34），③苹果（34）
			蔬菜	①芹菜（66），②辣椒（62），③番茄（61），④黄瓜（54），⑤小油菜（49），⑥菜豆（46），⑦豇豆（41），⑧菠菜（40），⑨小白菜（31），⑩茄子（29）
2	天水市	620500	水果	—
			蔬菜	①芹菜（13），②小白菜（12），③小油菜（7），④西葫芦（6），⑤番茄（4），⑥辣椒（4），⑦花椰菜（2），⑧茄子（2），⑨菜豆（1），⑩马铃薯（1）
3	武威市	620600	水果	—
			蔬菜	①辣椒（20），②菜豆（17），③黄瓜（15），④番茄（10），⑤芹菜（8），⑥花椰菜（6），⑦马铃薯（3），⑧娃娃菜（3）
4	甘南藏族自治州	623000	水果	—
			蔬菜	①芹菜（13），②小白菜（7），③辣椒（3），④西葫芦（3），⑤番茄（2），⑥结球甘蓝（1），⑦马铃薯（1），⑧菜豆（0），⑨茄子（0）
5	兰州市	620100	水果	①葡萄（9），②苹果（4）
			蔬菜	①番茄（46），②小油菜（42），③豇豆（29），④菜豆（24），⑤茄子（20），⑥菠菜（17），⑦小白菜（15），⑧芹菜（9），⑨西葫芦（9），⑩娃娃菜（6）

续表

序号	地区	行政区域代码	分类	统计结果
6	陇南市	621200	水果	—
			蔬菜	①西葫芦（5），②芹菜（4），③番茄（3），④辣椒（2），⑤茄子（2），⑥马铃薯（1），⑦菜豆（0），⑧大白菜（0），⑨花椰菜（0），⑩结球甘蓝（0）
7	宝鸡市	610300	水果	—
			蔬菜	①芹菜（29），②番茄（26），③豇豆（14），④西葫芦（13），⑤大白菜（11），⑥辣椒（7），⑦茄子（7），⑧马铃薯（6），⑨花椰菜（4），⑩菜豆（3）
8	西安市	610100	水果	①葡萄（17），②梨（5），③苹果（2）
			蔬菜	①黄瓜（26），②菠菜（11）
9	中卫市	640500	水果	—
			蔬菜	①芹菜（28），②番茄（17），③菜豆（15），④小油菜（15），⑤西葫芦（12），⑥辣椒（10），⑦小白菜（9），⑧花椰菜（5），⑨马铃薯（3），⑩娃娃菜（2）
10	庆阳市	621000	水果	—
			蔬菜	①小油菜（10），②芹菜（9），③西葫芦（6），④菜豆（4），⑤豇豆（4），⑥结球甘蓝（4），⑦辣椒（4），⑧茄子（4），⑨番茄（3），⑩花椰菜（2）
11	咸阳市	610400	水果	①葡萄（12），②苹果（8），③梨（3）
			蔬菜	①菠菜（16），②黄瓜（16）
12	吴忠市	640300	水果	—
			蔬菜	①番茄（13），②豇豆（9），③芹菜（9），④小油菜（7），⑤辣椒（5），⑥西葫芦（5），⑦花椰菜（4），⑧结球甘蓝（4），⑨茄子（4），⑩马铃薯（2）
13	银川市	640100	水果	—
			蔬菜	①番茄（22），②芹菜（17），③菜豆（16），④西葫芦（14），⑤小油菜（13），⑥小白菜（12），⑦豇豆（11），⑧辣椒（11），⑨马铃薯（6），⑩花椰菜（4）
14	乌鲁木齐市	650100	水果	①葡萄（16），②梨（12），③苹果（10）
			蔬菜	—
15	白银市	620400	水果	①葡萄（27），②梨（19），③苹果（19）
			蔬菜	①番茄（25），②芹菜（23），③黄瓜（22），④辣椒（17），⑤菠菜（13），⑥小油菜（13），⑦豇豆（8），⑧菜豆（7），⑨茄子（6），⑩西葫芦（6）
16	海东市	630200	水果	①葡萄（14），②苹果（10），③梨（5）
			蔬菜	①番茄（30），②黄瓜（27），③豇豆（15），④茄子（14），⑤芹菜（13），⑥菠菜（11），⑦辣椒（9），⑧西葫芦（7），⑨大白菜（2），⑩花椰菜（2）
17	平凉市	620800	水果	—
			蔬菜	①芹菜（7），②黄瓜（6），③辣椒（6），④菜豆（4），⑤花椰菜（2），⑥茄子（2），⑦番茄（1），⑧结球甘蓝（1），⑨马铃薯（1）
18	定西市	621100	水果	①葡萄（23），②苹果（21），③梨（17）
			蔬菜	①黄瓜（30），②菠菜（18），③芹菜（8），④辣椒（7），⑤茄子（3），⑥番茄（2），⑦小白菜（2），⑧花椰菜（0），⑨结球甘蓝（0），⑩马铃薯（0）

续表

序号	地区	行政区域代码	分类	统计结果
19	张掖市	620700	水果	—
			蔬菜	①辣椒（35），②芹菜（13），③番茄（12），④菜豆（9），⑤黄瓜（6），⑥花椰菜（3），⑦娃娃菜（2），⑧马铃薯（1）
20	西宁市	630100	水果	—
			蔬菜	①芹菜（35），②辣椒（18），③番茄（16），④豇豆（13），⑤茄子（13），⑥西葫芦（12），⑦马铃薯（8），⑧花椰菜（5），⑨结球甘蓝（5），⑩大白菜（3）

3.2.2.3　检出农药频次排名前 10 的水果蔬菜

表 3-14　西北五省区各地检出农药频次排名前 10 的果蔬情况汇总

序号	地区	行政区域代码	分类	统计结果
1	西北五省区汇总		水果	①葡萄（422），②苹果（229），③梨（181）
			蔬菜	①番茄（662），②黄瓜（581），③芹菜（575），④小油菜（474），⑤西葫芦（310），⑥菠菜（302），⑦辣椒（275），⑧豇豆（252），⑨菜豆（251），⑩小白菜（244）
2	天水市	620500	水果	—
			蔬菜	①芹菜（23），②小白菜（12），③西葫芦（9），④番茄（8），⑤小油菜（7），⑥辣椒（5），⑦花椰菜（2），⑧茄子（2），⑨菜豆（1），⑩马铃薯（1）
3	武威市	620600	水果	—
			蔬菜	①辣椒（59），②黄瓜（41），③菜豆（35），④芹菜（28），⑤番茄（18），⑥花椰菜（15），⑦娃娃菜（9），⑧马铃薯（8）
4	甘南藏族自治州	623000	水果	—
			蔬菜	①芹菜（13），②小白菜（7），③辣椒（3），④西葫芦（3），⑤番茄（2），⑥结球甘蓝（1），⑦马铃薯（1），⑧菜豆（0），⑨茄子（0）
5	兰州市	620100	水果	①葡萄（10），②苹果（5）
			蔬菜	①小油菜（342），②番茄（245），③小白菜（192），④菜豆（146），⑤豇豆（96），⑥茄子（68），⑦娃娃菜（51），⑧菠菜（45），⑨大白菜（43），⑩西葫芦（27）
6	陇南市	621200	水果	—
			蔬菜	①芹菜（8），②西葫芦（5），③番茄（3），④辣椒（2），⑤茄子（2），⑥马铃薯（1），⑦菜豆（0），⑧大白菜（0），⑨花椰菜（0），⑩结球甘蓝（0）
7	宝鸡市	610300	水果	—
			蔬菜	①芹菜（74），②番茄（62），③西葫芦（51），④豇豆（39），⑤大白菜（28），⑥花椰菜（14），⑦辣椒（12），⑧茄子（12），⑨马铃薯（7），⑩结球甘蓝（5）

续表

序号	地区	行政区域代码	分类	统计结果
8	西安市	610100	水果	①葡萄（77），②梨（23），③苹果（8）
			蔬菜	①黄瓜（182），②菠菜（72）
9	中卫市	640500	水果	—
			蔬菜	①芹菜（79），②西葫芦（57），③番茄（44），④小油菜（30），⑤菜豆（17），⑥花椰菜（15），⑦辣椒（15），⑧小白菜（12），⑨马铃薯（6），⑩娃娃菜（3）
10	庆阳市	621000	水果	—
			蔬菜	①小油菜（13），②芹菜（9），③西葫芦（8），④菜豆（4），⑤豇豆（4），⑥结球甘蓝（4），⑦辣椒（4），⑧茄子（4），⑨番茄（3），⑩花椰菜（3）
11	咸阳市	610400	水果	①葡萄（122），②苹果（37），③梨（11）
			蔬菜	①黄瓜（153），②菠菜（87）
12	吴忠市	640300	水果	—
			蔬菜	①番茄（43），②芹菜（41），③小油菜（38），④茄子（18），⑤花椰菜（17），⑥西葫芦（15），⑦结球甘蓝（13），⑧豇豆（11），⑨辣椒（9），⑩马铃薯（3）
13	银川市	640100	水果	—
			蔬菜	①西葫芦（55），②番茄（49），③芹菜（43），④小油菜（27），⑤菜豆（19），⑥豇豆（19），⑦小白菜（18），⑧辣椒（14），⑨结球甘蓝（11），⑩马铃薯（10）
14	乌鲁木齐市	650100	水果	①梨（25），②葡萄（24），③苹果（19）
			蔬菜	—
15	白银市	620400	水果	①苹果（68），②葡萄（66），③梨（65）
			蔬菜	①芹菜（49），②黄瓜（44），③番茄（38），④菠菜（33），⑤辣椒（30），⑥西葫芦（17），⑦小油菜（17），⑧豇豆（11），⑨茄子（9），⑩菜豆（8）
16	海东市	630200	水果	①葡萄（56），②苹果（19），③梨（6）
			蔬菜	①番茄（85），②黄瓜（60），③芹菜（49），④豇豆（37），⑤菠菜（26），⑥茄子（23），⑦辣椒（22），⑧西葫芦（10），⑨花椰菜（4），⑩马铃薯（4）
17	平凉市	620800	水果	—
			蔬菜	①芹菜（7），②黄瓜（6），③辣椒（6），④菜豆（4），⑤花椰菜（2），⑥茄子（2），⑦番茄（1），⑧结球甘蓝（1），⑨马铃薯（1）
18	定西市	621100	水果	①苹果（73），②葡萄（67），③梨（51）
			蔬菜	①黄瓜（74），②菠菜（39），③芹菜（8），④辣椒（7），⑤茄子（3），⑥番茄（2），⑦小白菜（2），⑧花椰菜（0），⑨结球甘蓝（0），⑩马铃薯（0）
19	张掖市	620700	水果	—
			蔬菜	①辣椒（57），②芹菜（51），③番茄（21），④黄瓜（21），⑤菜豆（13），⑥娃娃菜（4），⑦花椰菜（3），⑧马铃薯（1）
20	西宁市	630100	水果	—
			蔬菜	①芹菜（84），②西葫芦（53），③番茄（38），④豇豆（35），⑤辣椒（30），⑥茄子（25），⑦马铃薯（20），⑧花椰菜（16），⑨大白菜（14），⑩结球甘蓝（14）

3.3 农药残留检出水平与最大残留限量标准对比分析

我国于 2019 年 8 月 15 日正式颁布并于 2020 年 2 月 15 日正式实施食品农药残留限量国家标准《食品中农药最大残留限量》(GB 2763—2019)，该标准包括 467 个农药条目，涉及最大残留限量（MRL）标准 7108 项。将 5323 频次检出结果的浓度水平与 7108 项 MRL 中国国家标准进行比对，其中有 2604 频次的结果找到了对应的 MRL 标准，占 48.9%，还有 2719 频次的结果则无相关 MRL 标准供参考，占 51.1%。

将此次侦测结果与国际上现行 MRL 标准对比发现，在 5323 频次的检出结果中有 5323 频次的结果找到了对应的 MRL 欧盟标准，占 100.0%，其中，4998 频次的结果有明确对应的 MRL 标准，占 93.9%，其余 325 频次按照欧盟一律标准判定，占 6.1%；有 5323 频次的结果找到了对应的 MRL 日本标准，占 100.0%，其中，3709 频次的结果有明确对应的 MRL 标准，占 69.7%，其余 1614 频次按照日本一律标准判定，占 30.3%；有 2515 频次的结果找到了对应的 MRL 中国香港标准，占 47.2%；有 2539 频次的结果找到了对应的 MRL 美国标准，占 47.7%；有 1953 频次的结果找到了对应的 MRL CAC 标准，占 36.7%。见图 3-10 和图 3-11。

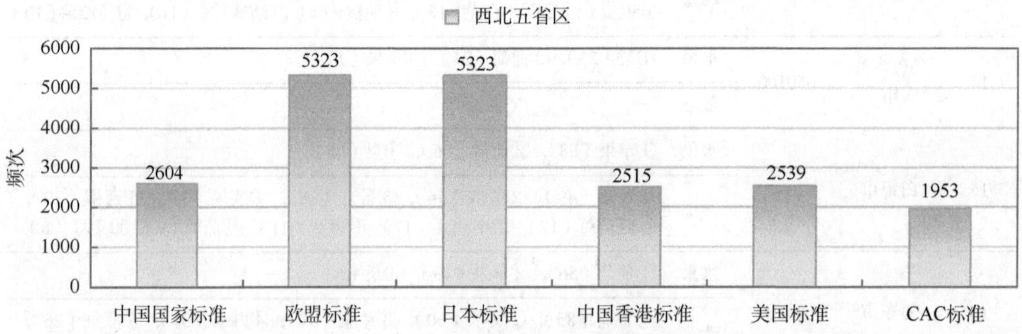

图 3-10 5323 频次检出农药可用 MRL 中国国家标准、欧盟标准、日本标准、中国香港标准、美国标准、CAC 标准判定衡量的数量

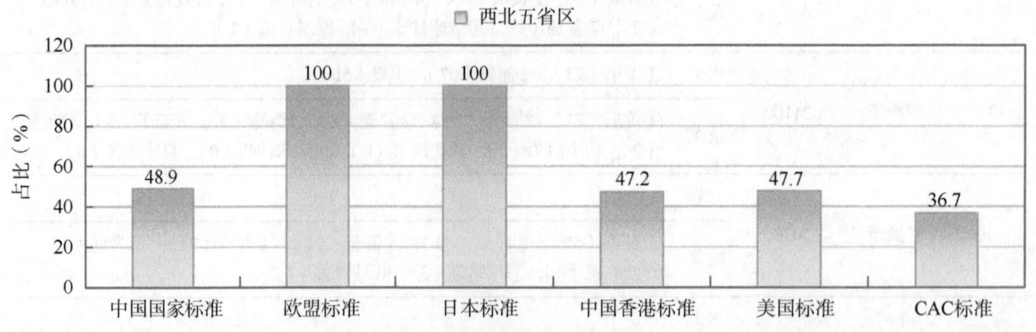

图 3-11 5323 频次检出农药可用 MRL 中国国家标准、欧盟标准、日本标准、中国香港标准、美国标准、CAC 标准衡量的占比

3.3.1　检出残留水平超标的样品分析

本次侦测的 2022 例样品中，473 例样品未检出任何残留农药，占样品总量的 23.4%，1549 例样品检出不同水平、不同种类的残留农药，占样品总量的 76.6%。在此，我们将本次侦测的农残检出情况与 MRL 中国国家标准、欧盟标准、日本标准、中国香港标准、美国标准和 CAC 标准这 6 大国际主流 MRL 标准进行对比分析，样品农残检出与超标情况见图 3-12、表 3-15，样品中检出农残超过各 MRL 标准的分布情况见表 3-16。

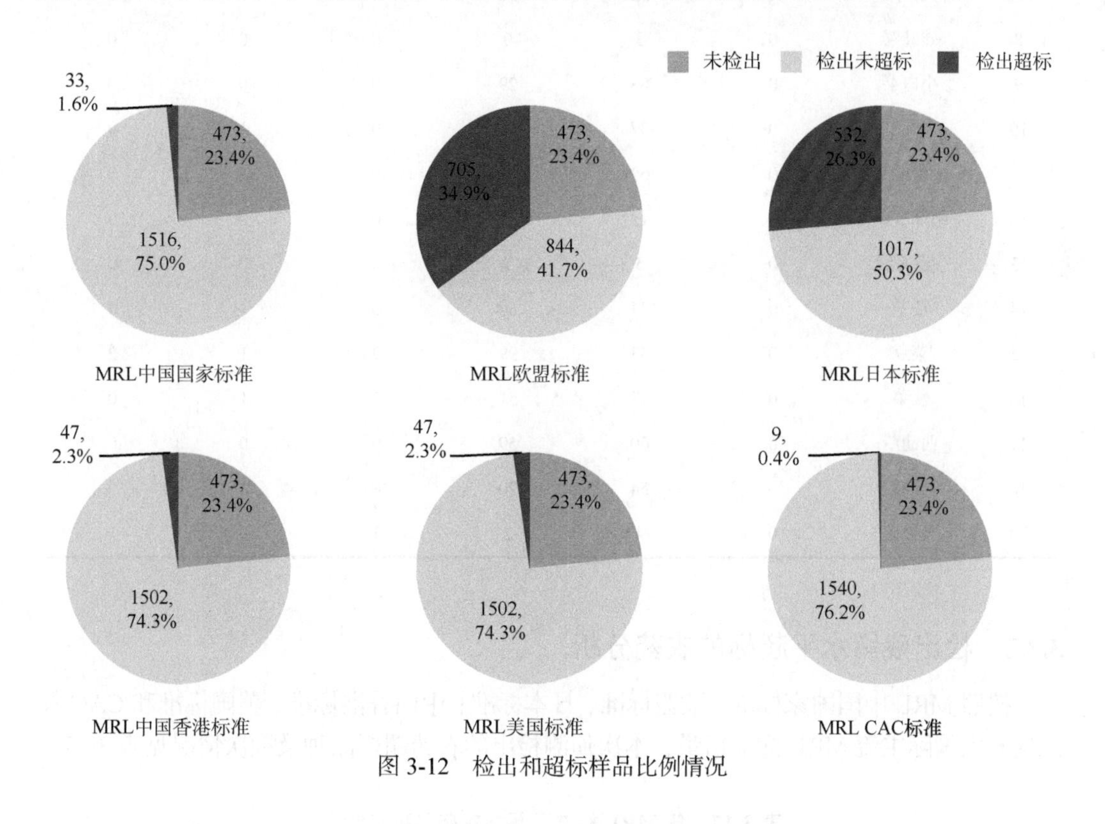

图 3-12　检出和超标样品比例情况

表 3-15　各 MRL 标准下样本农残检出与超标数量及占比

	中国国家标准	欧盟标准	日本标准	中国香港标准	美国标准	CAC 标准
	数量/占比（%）	数量/占比（%）	数量/占比（%）	数量/占比（%）	数量/占比（%）	数量/占比（%）
未检出	473/23.4	473/23.4	473/23.4	473/23.4	473/23.4	473/23.4
检出未超标	1516/75.0	844/41.7	1017/50.3	1502/74.3	1502/74.3	1540/76.2
检出超标	33/1.6	705/34.9	532/26.3	47/2.3	47/2.3	9/0.4

表 3-16　样品中检出农残超过各 MRL 标准的频次分布情况

序号	样品名称	中国国家标准	欧盟标准	日本标准	中国香港标准	美国标准	CAC 标准
1	小油菜	4	149	107	21	1	0
2	芹菜	19	148	88	5	0	0

续表

序号	样品名称	中国国家标准	欧盟标准	日本标准	中国香港标准	美国标准	CAC 标准
3	苹果	1	71	27	1	26	0
4	葡萄	4	44	30	2	4	4
5	豇豆	3	66	119	9	10	2
6	黄瓜	3	90	30	3	3	1
7	大白菜	0	32	36	0	0	0
8	娃娃菜	0	3	0	0	0	0
9	小白菜	0	63	29	0	0	0
10	梨	0	37	15	0	1	0
11	番茄	0	69	25	0	1	0
12	结球甘蓝	0	12	0	0	0	0
13	花椰菜	0	5	2	0	0	0
14	茄子	0	47	30	0	1	0
15	菜豆	0	53	99	2	1	2
16	菠菜	0	27	51	5	1	0
17	西葫芦	0	60	59	0	0	0
18	辣椒	0	54	20	0	0	0
19	马铃薯	0	4	2	1	0	1

3.3.2 检出残留水平超标的农药分析

按照MRL中国国家标准、欧盟标准、日本标准、中国香港标准、美国标准和CAC标准这6大国际主流MRL标准衡量，本次侦测检出的农药超标品种及频次情况见表3-17。

表 3-17 各 MRL 标准下超标农药品种及频次

	中国国家标准	欧盟标准	日本标准	中国香港标准	美国标准	CAC 标准
超标农药品种	10	81	85	9	9	7
超标农药频次	34	1034	769	49	49	10

3.3.2.1 按 MRL 中国国家标准衡量

按MRL中国国家标准衡量，共有10种农药超标，检出34频次，分别为剧毒农药甲拌磷，高毒农药敌敌畏和克百威，中毒农药毒死蜱、苯醚甲环唑、三唑醇和氯氟氰菊酯，低毒农药敌草腈和氟吡菌酰胺，微毒农药乙螨唑。检测结果见图3-13。

按超标程度比较，芹菜中克百威超标96.3倍，芹菜中毒死蜱超标27.2倍，小油菜中毒死蜱超标17.3倍，芹菜中甲拌磷超标10.2倍，豇豆中克百威超标5.1倍。

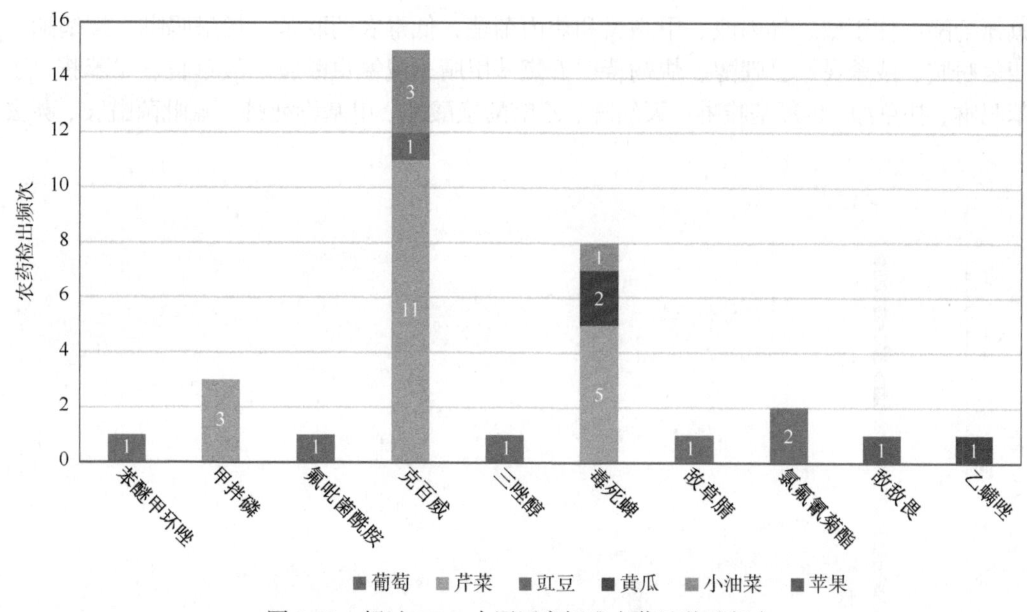

图 3-13 超过 MRL 中国国家标准农药品种及频次

3.3.2.2 按 MRL 欧盟标准衡量

按 MRL 欧盟标准衡量，共有 81 种农药超标，检出 1034 频次，分别为剧毒农药甲拌磷，高毒农药醚菌酯、敌敌畏和克百威，中毒农药联苯菊酯、哌草丹、苯醚氰菊酯、毒死蜱、氟硅唑、稻瘟灵、噁霜灵、吡唑醚菌酯、唑虫酰胺、三氯甲基吡啶、仲丁灵、粉唑醇、多效唑、咪鲜胺、丙溴磷、哒螨灵、速灭威、苯醚甲环唑、戊唑醇、腈菌唑、丙环唑、三唑酮、双苯酰草胺、2，4-滴异辛酯、烯唑醇、甲氰菊酯、林丹、三唑醇、灭除威、虫螨腈、氯氟氰菊酯、甲霜灵、异丙威、仲丁威和炔丙菊酯，低毒农药联苯、烯酰吗啉、螺螨酯、四氢吩胺、威杀灵、己唑醇、异菌脲、炔螨特、五氯苯甲腈、8-羟基喹啉、溴氰虫酰胺、敌草腈、二苯胺、丁苯吗啉、扑草净、灭幼脲、噻嗪酮、甲基毒死蜱、氟吡菌酰胺、氟唑菌酰胺、甲醚菊酯、1，4-二甲基萘、嘧霉胺、特草灵、唑胺菌酯和间羟基联苯，微毒农药蒽醌、百菌清、乙霉威、吡丙醚、氟吡菌胺、灭菌丹、腐霉利、胺菊酯、缬霉威、烯虫炔酯、霜霉威、噻呋酰胺、醚菊酯、乙烯菌核利、乙螨唑和溴丁酰草胺。检测结果见图 3-14。

按超标程度比较，小油菜中 8-羟基喹啉超标 1277.7 倍，芹菜中克百威超标 971.7 倍，茄子中炔螨特超标 341.5 倍，小油菜中联苯菊酯超标 237.5 倍，小白菜中联苯菊酯超标 220.5 倍。

3.3.2.3 按 MRL 日本标准衡量

按 MRL 日本标准衡量，共有 85 种农药超标，检出 769 频次，分别为高毒农药醚菌酯、敌敌畏和克百威，中毒农药联苯菊酯、茚虫威、哌草丹、苯醚氰菊酯、毒死蜱、氟硅唑、稻瘟灵、三氯甲基吡啶、二甲戊灵、吡唑醚菌酯、唑虫酰胺、粉唑醇、多效唑、咪鲜胺、丙溴磷、哒螨灵、速灭威、仲丁灵、苯醚甲环唑、戊唑醇、腈菌唑、丙环唑、双苯酰草胺、2，4-滴异辛酯、甲氰菊酯、林丹、三唑醇、烯唑醇、灭除威、虫螨腈、氯氟氰菊酯、仲丁威、异丙威、甲霜灵和炔丙菊酯，低毒农药联苯、烯酰吗啉、螺螨酯、四氢吩胺、威杀灵、己唑醇、炔螨特、五氯苯甲腈、溴氰虫酰胺、敌草腈、二苯胺、丁苯吗啉、扑草净、8-羟基喹啉、灭幼脲、乙嘧酚磺酸酯、甲基毒死蜱、氟吡菌酰胺、莠去

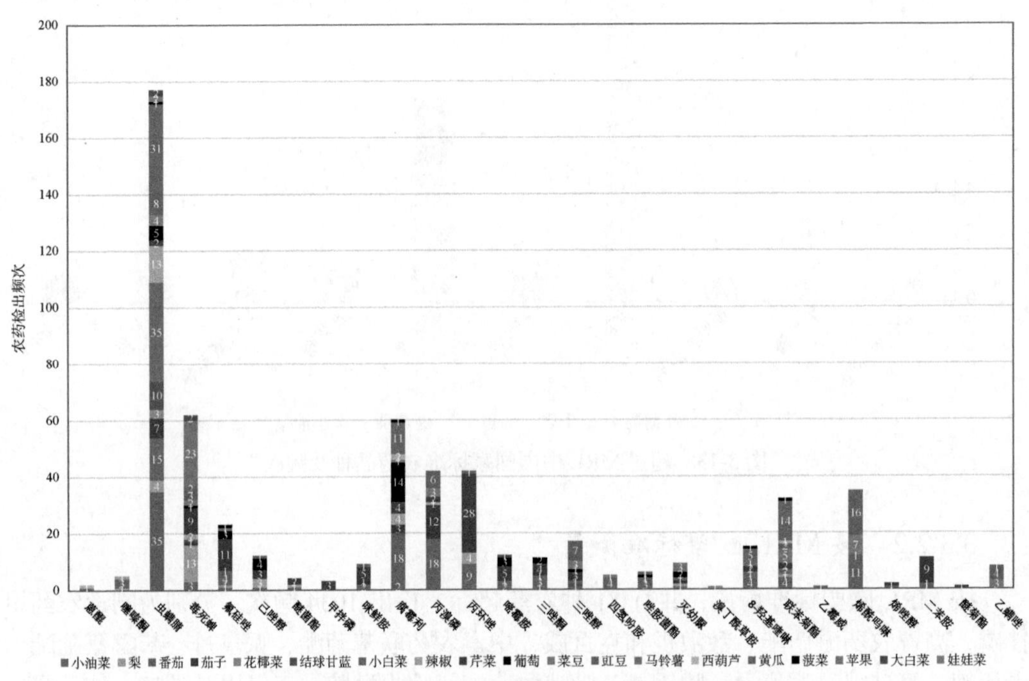

图 3-14-1 超过 MRL 欧盟标准农药品种及频次

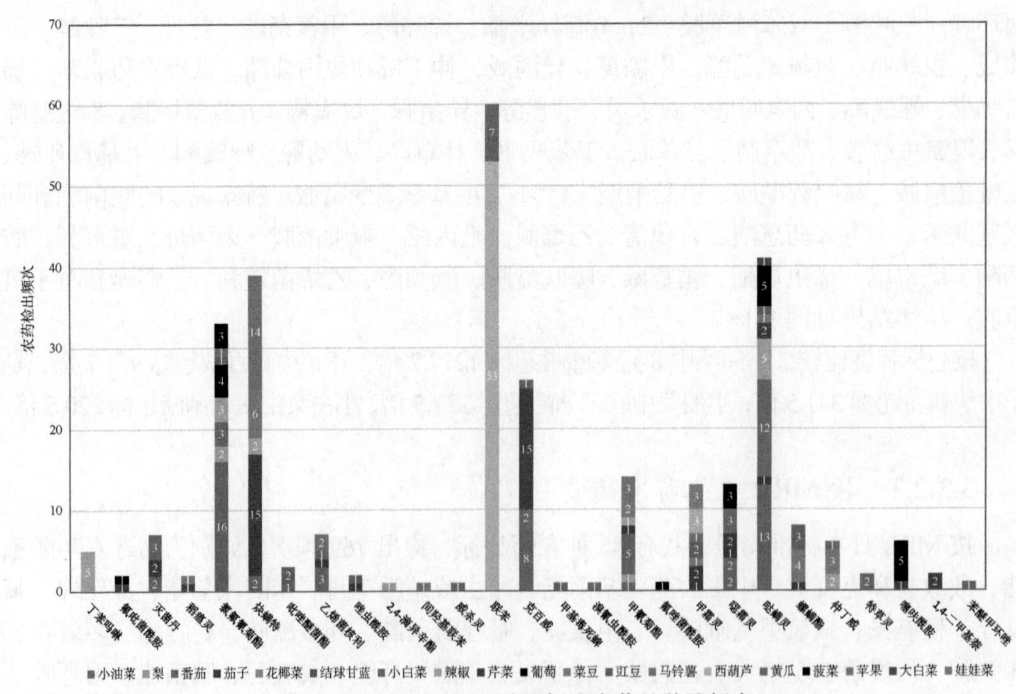

图 3-14-2 超过 MRL 欧盟标准农药品种及频次

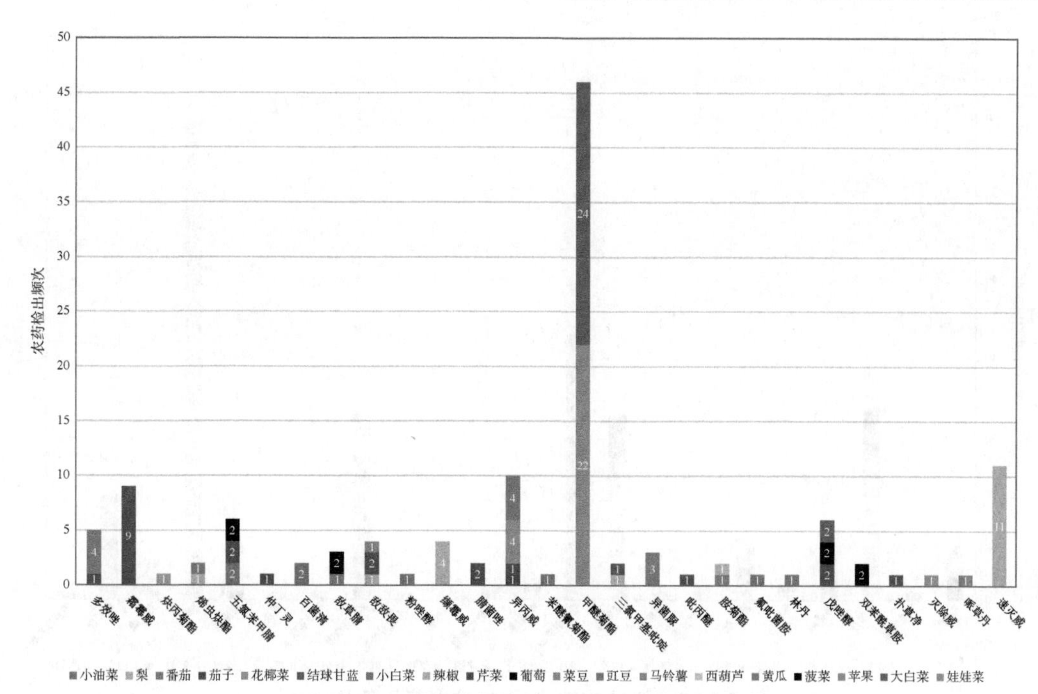

图 3-14-3 超过 MRL 欧盟标准农药品种及频次

津、氟唑菌酰胺、甲醚菊酯、嘧霉胺、特草灵、唑胺菌酯、1，4-二甲基萘和间羟基联苯，微毒农药吡丙醚、蒽醌、氟吡菌胺、灭菌丹、腐霉利、胺菊酯、嘧菌酯、缬霉威、烯虫炔酯、霜霉威、噻呋酰胺、醚菊酯、咯菌腈、乙烯菌核利、啶酰菌胺、溴丁酰草胺、氟环唑、乙氧呋草黄、乙螨唑、烯虫酯和肟菌酯。检测结果见图 3-15。

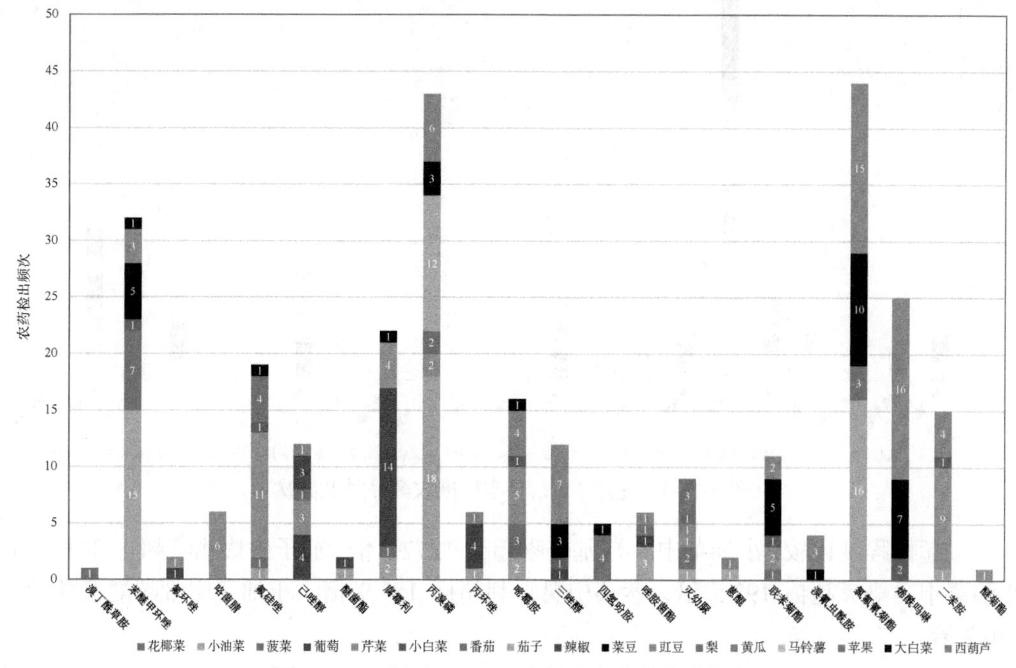

图 3-15-1 超过 MRL 日本标准农药品种及频次

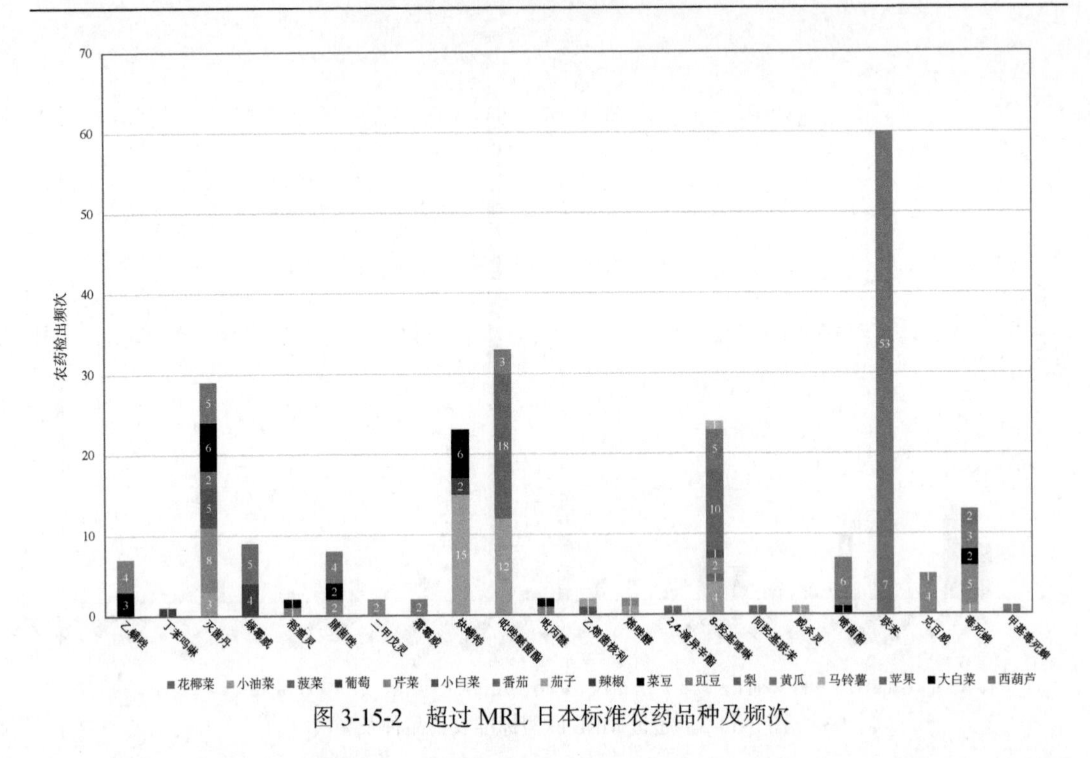

图 3-15-2　超过 MRL 日本标准农药品种及频次

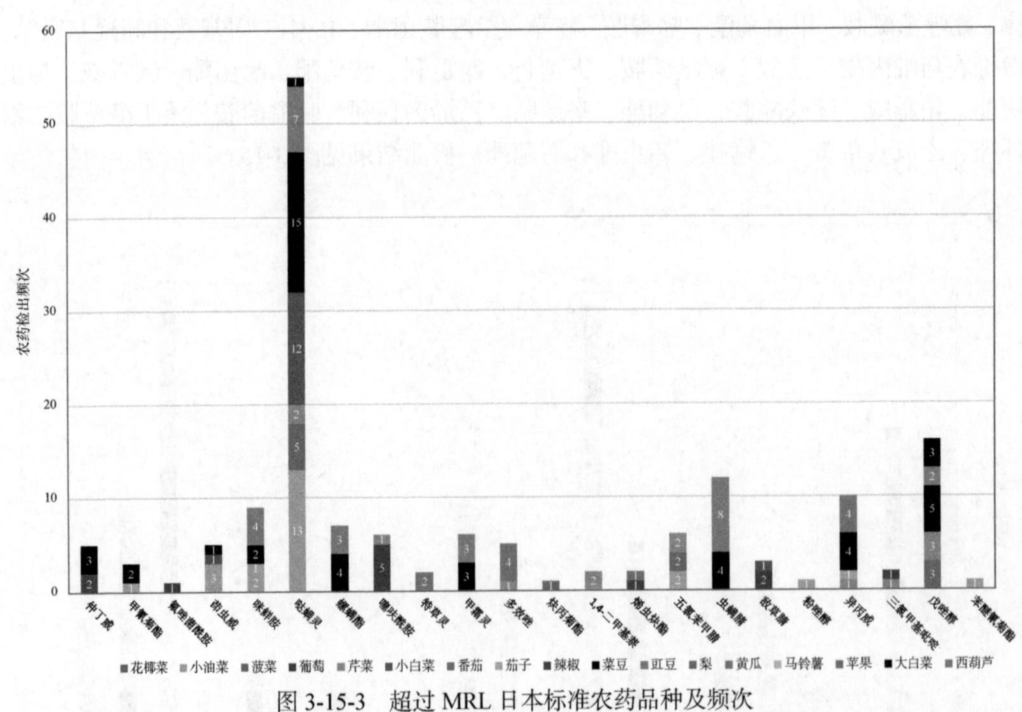

图 3-15-3　超过 MRL 日本标准农药品种及频次

按超标程度比较，小油菜中 8-羟基喹啉超标 1277.7 倍，茄子中炔螨特超标 341.5 倍，小油菜中哒螨灵超标 192.5 倍，菠菜中腐霉利超标 183.9 倍，小油菜中吡唑醚菌酯超标 176.7 倍。

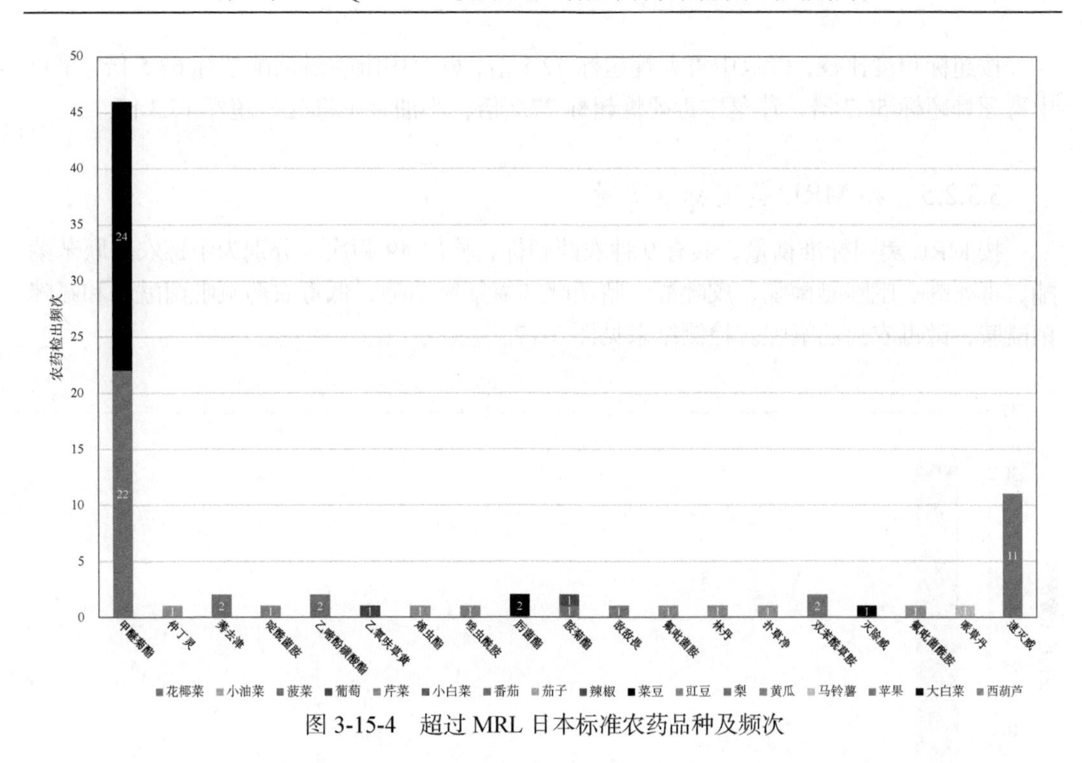

图 3-15-4　超过 MRL 日本标准农药品种及频次

3.3.2.4　按 MRL 中国香港标准衡量

按 MRL 中国香港标准衡量，共有 9 种农药超标，检出 49 频次，分别为高毒农药敌敌畏和克百威，中毒农药联苯菊酯、毒死蜱、吡唑醚菌酯、苯醚甲环唑和氯氟氰菊酯，低毒农药氟吡菌酰胺，微毒农药乙螨唑。检测结果见图 3-16。

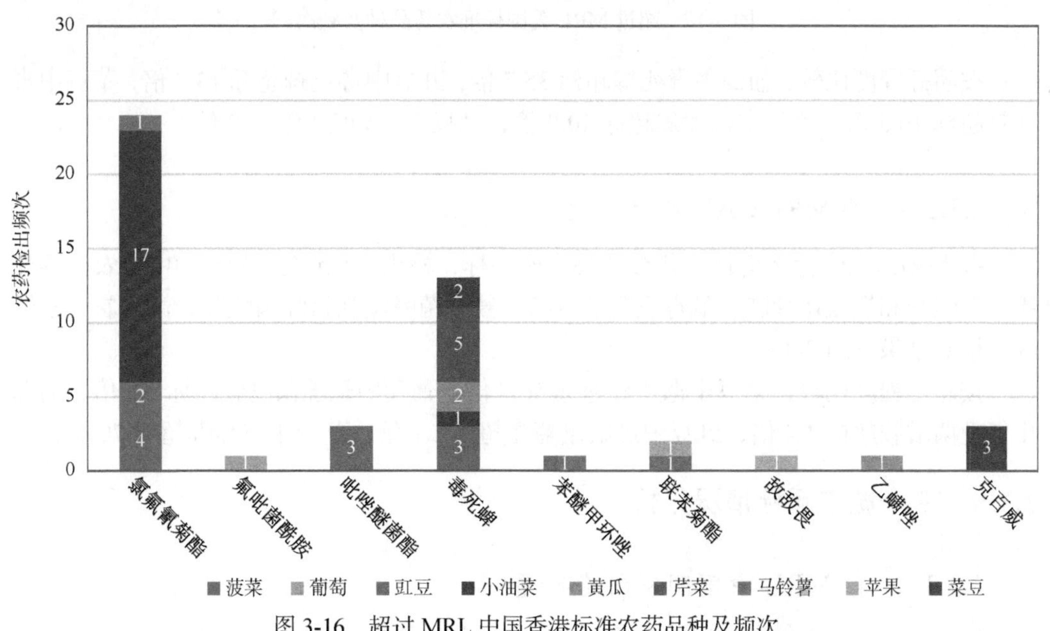

图 3-16　超过 MRL 中国香港标准农药品种及频次

按超标程度比较，豇豆中毒死蜱超标 72.5 倍，豇豆中吡唑醚菌酯超标 63.5 倍，菜豆中毒死蜱超标 56.7 倍，芹菜中毒死蜱超标 27.2 倍，小油菜中毒死蜱超标 17.3 倍。

3.3.2.5　按 MRL 美国标准衡量

按 MRL 美国标准衡量，共有 9 种农药超标，检出 49 频次，分别为中毒农药联苯菊酯、毒死蜱、吡唑醚菌酯、戊唑醇、腈菌唑和氯氟氰菊酯，低毒农药氟吡菌酰胺和氟唑菌酰胺，微毒农药乙螨唑。检测结果见图 3-17。

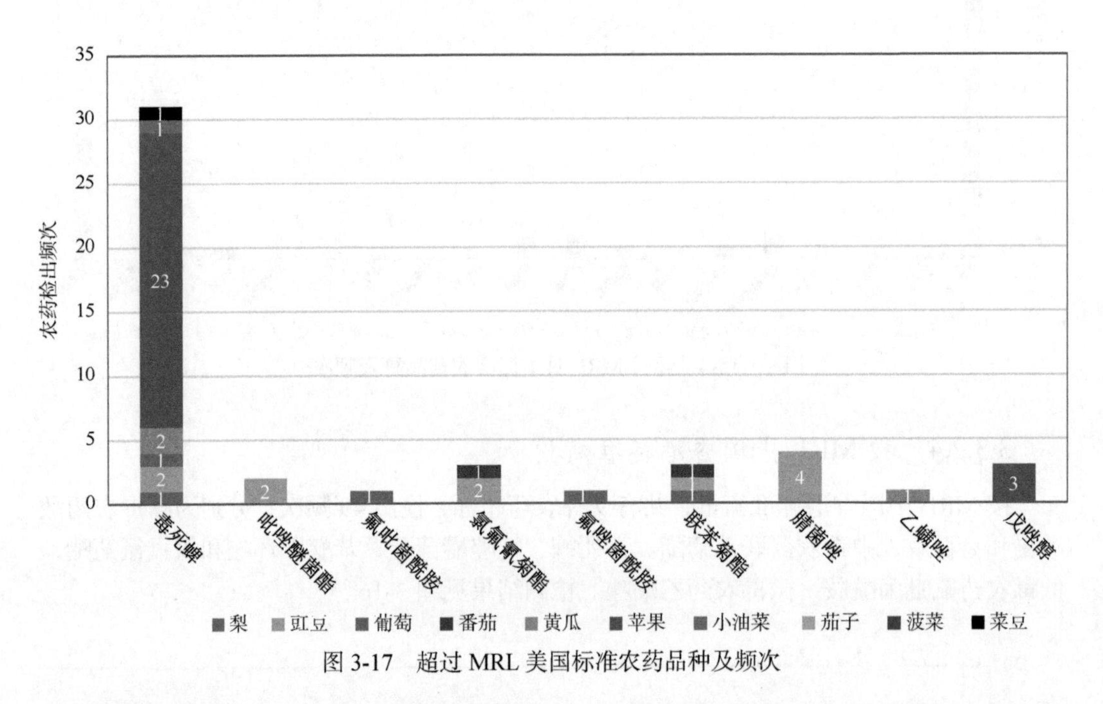

图 3-17　超过 MRL 美国标准农药品种及频次

按超标程度比较，葡萄中毒死蜱超标 35.7 倍，豇豆中毒死蜱超标 13.7 倍，菜豆中毒死蜱超标 10.5 倍，苹果中毒死蜱超标 10.0 倍，豇豆中腈菌唑超标 9.9 倍。

3.3.2.6　按 MRL CAC 标准衡量

按 MRL CAC 标准衡量，共有 7 种农药超标，检出 10 频次，分别为中毒农药毒死蜱、三唑醇和氯氟氰菊酯，低毒农药敌草腈、氟吡菌酰胺和氟唑菌酰胺，微毒农药乙螨唑。检测结果见图 3-18。

按超标程度比较，菜豆中毒死蜱超标 56.7 倍，葡萄中氟唑菌酰胺超标 1.5 倍，葡萄中氟吡菌酰胺超标 1.4 倍，豇豆中氯氟氰菊酯超标 1.1 倍，葡萄中三唑醇超标 70%。

3.3.3　19 个城市超标情况分析

3.3.3.1　按 MRL 中国国家标准衡量

按 MRL 中国国家标准衡量，有 14 个城市的样品存在不同程度的超标农药检出，其中平凉市和甘南藏族自治州的超标率最高，为11.1%，如图3-19所示。

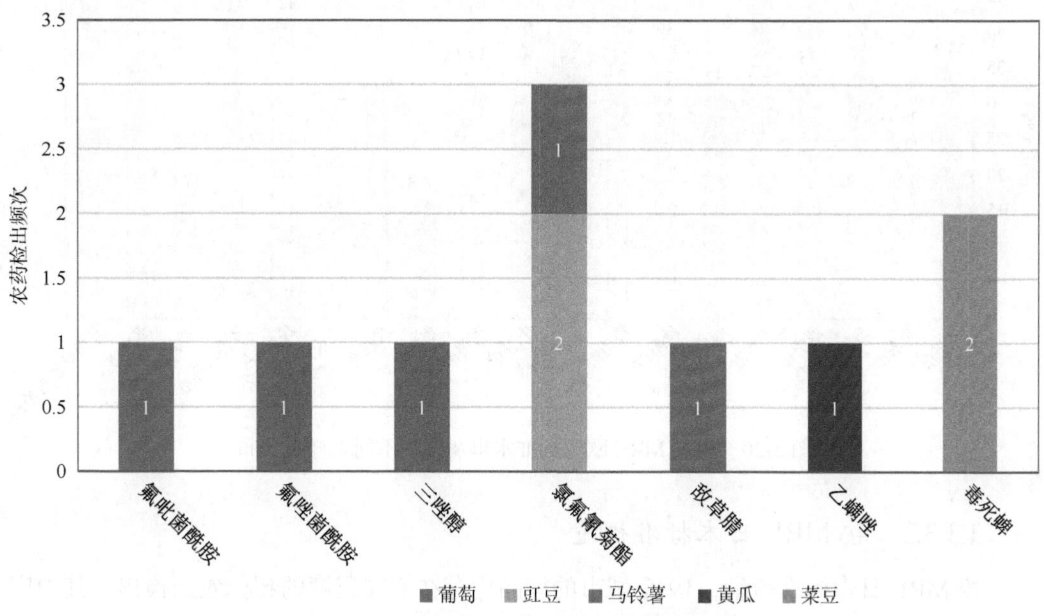

图3-18 超过MRL CAC标准农药品种及频次

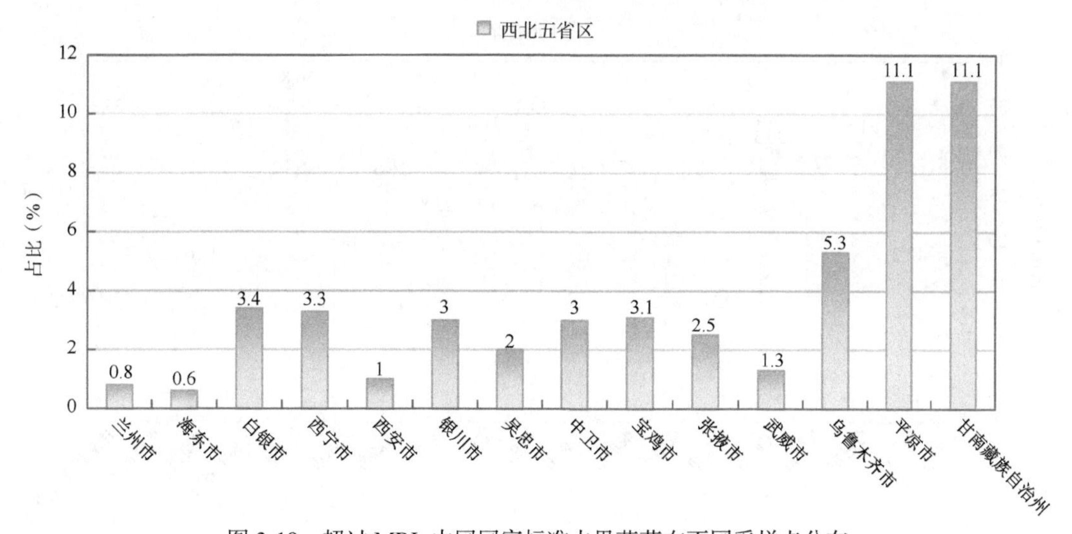

图3-19 超过MRL中国国家标准水果蔬菜在不同采样点分布

3.3.3.2 按MRL欧盟标准衡量

按MRL欧盟标准衡量，19个城市的样品均存在不同程度的超标农药检出，其中乌鲁木齐市的超标率最高，为47.4%，如图3-20所示。

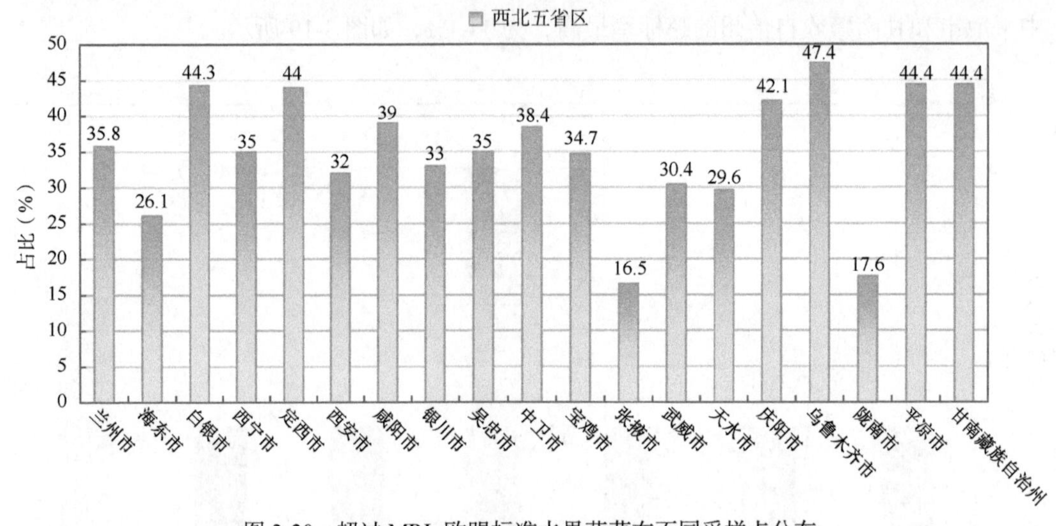

图 3-20　超过 MRL 欧盟标准水果蔬菜在不同采样点分布

3.3.3.3　按 MRL 日本标准衡量

按 MRL 日本标准衡量，19 个城市的样品均存在不同程度的超标农药检出，其中庆阳市的超标率最高，为 36.8%，如图 3-21 所示。

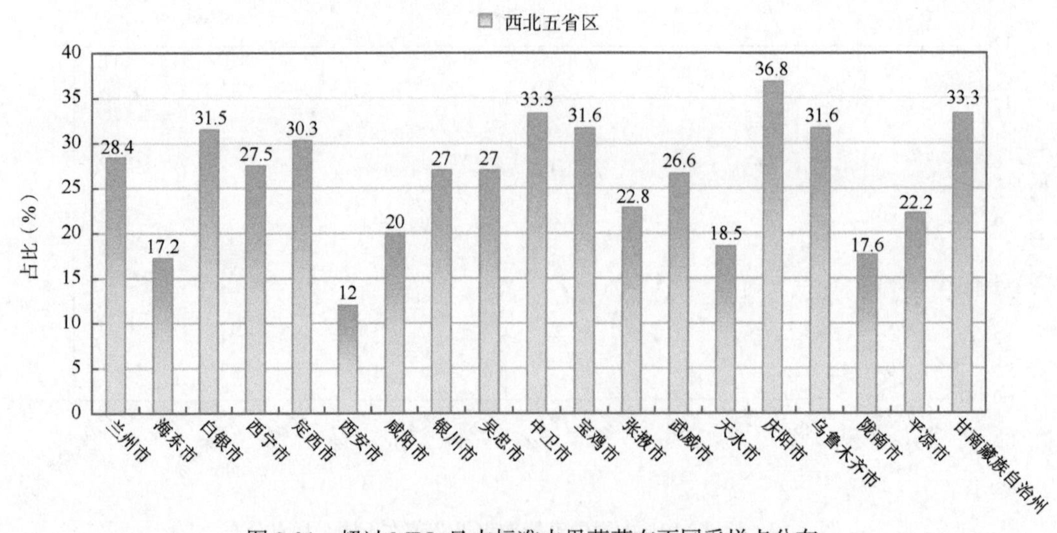

图 3-21　超过 MRL 日本标准水果蔬菜在不同采样点分布

3.3.3.4　按 MRL 中国香港标准衡量

按 MRL 中国香港标准衡量，有 9 个城市的样品存在不同程度的超标农药检出，其中白银市的超标率最高，为 5.4%，如图 3-22 所示。

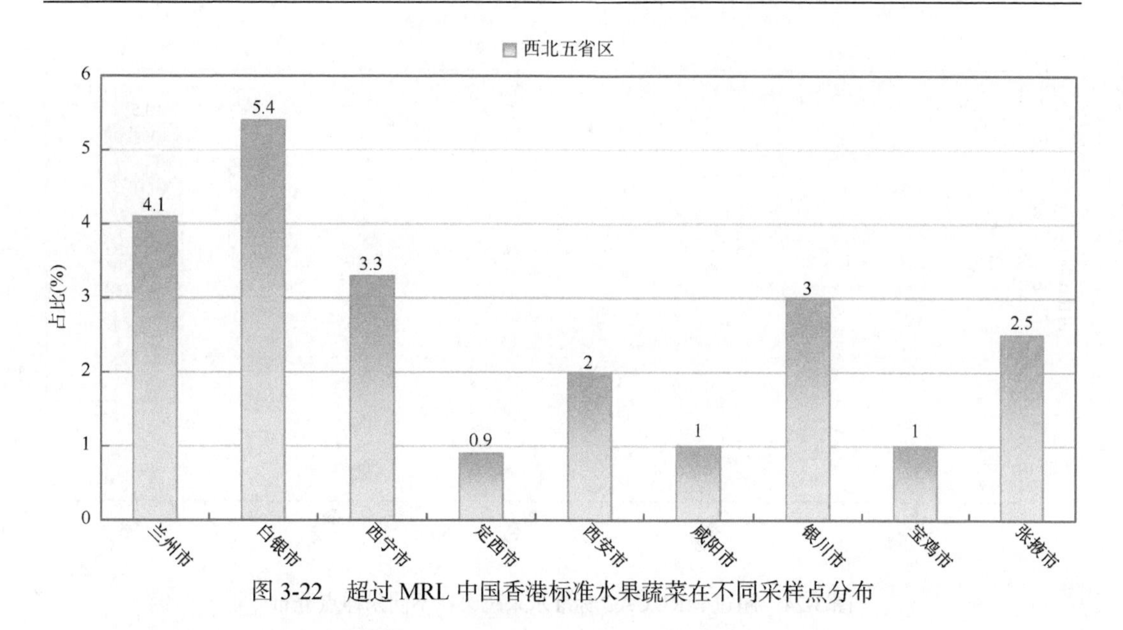

图 3-22　超过 MRL 中国香港标准水果蔬菜在不同采样点分布

3.3.3.5　按 MRL 美国标准衡量

按 MRL 美国标准衡量，有 10 个城市的样品存在不同程度的超标农药检出，其中乌鲁木齐市的超标率最高，为 21.1%，如图 3-23 所示。

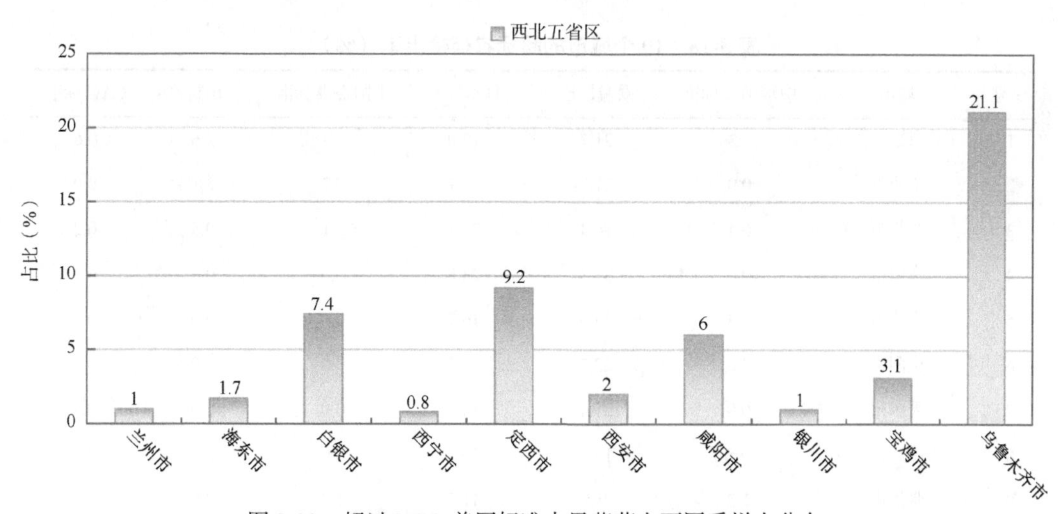

图 3-23　超过 MRL 美国标准水果蔬菜在不同采样点分布

3.3.3.6　按 MRL CAC 标准衡量

按 MRL CAC 标准衡量，有 5 个城市的样品存在不同程度的超标农药检出，其中乌鲁木齐市的超标率最高，为 10.5%，如图 3-24 所示。

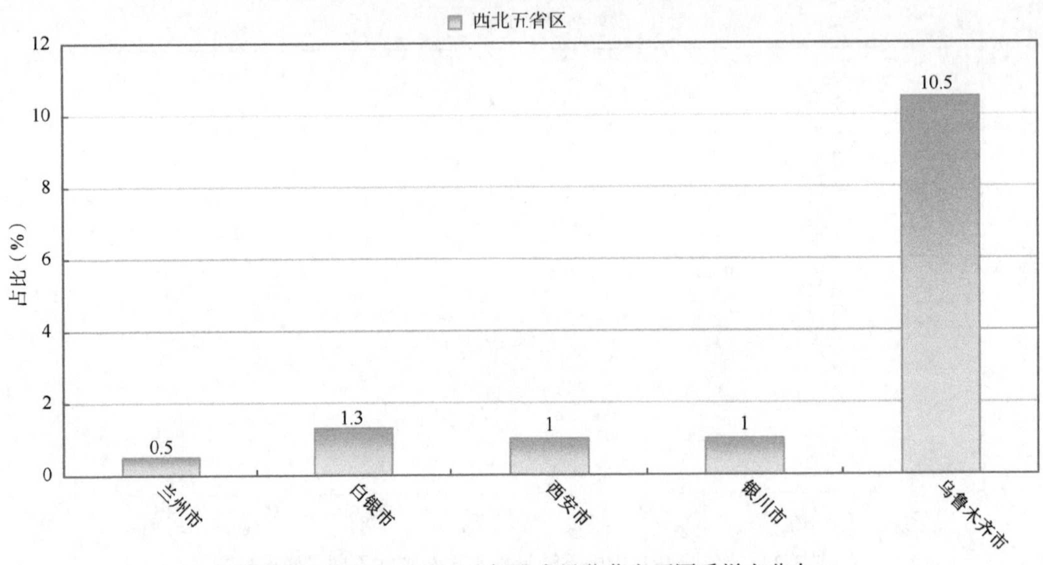

图 3-24　超过 MRL CAC 标准水果蔬菜在不同采样点分布

3.3.3.7　西北五省区 19 个城市超标农药检出率

将 19 个城市的侦测结果分别按 MRL 中国国家标准、欧盟标准、日本标准、中国香港标准、美国标准和 CAC 标准进行分析，见表 3-18。

表 3-18　19 个城市的超标农药检出率（%）

序号	城市	中国国家标准	欧盟标准	日本标准	中国香港标准	美国标准	CAC 标准
1	白银市	1.3	21.7	12.0	1.7	2.6	0.6
2	定西市	0.0	21.2	10.7	0.3	3.1	0.0
3	兰州市	0.4	24.4	21.4	2.1	0.5	0.2
4	陇南市	0.0	33.3	23.8	0.0	0.0	0.0
5	平凉市	3.3	23.3	16.7	0.0	0.0	0.0
6	庆阳市	0.0	23.7	20.3	0.0	0.0	0.0
7	天水市	0.0	21.4	14.3	0.0	0.0	0.0
8	武威市	0.5	18.3	16.4	0.0	0.0	0.0
9	张掖市	1.2	9.4	11.7	1.2	0.0	0.0
10	甘南藏族自治州	3.3	26.7	16.7	0.0	0.0	0.0
11	海东市	0.2	15.3	10.6	0.0	0.7	0.0
12	西宁市	1.2	21.1	15.7	1.2	0.3	0.0
13	宝鸡市	1.0	16.6	14.3	0.3	1.3	0.0
14	西安市	0.3	15.5	4.1	0.6	0.6	0.3
15	咸阳市	0.0	10.0	7.3	0.2	1.5	0.0
16	吴忠市	1.0	18.8	14.9	0.0	0.0	0.0

续表

序号	城市	中国国家标准	欧盟标准	日本标准	中国香港标准	美国标准	CAC 标准
17	银川市	1.1	14.7	12.2	1.1	0.4	0.4
18	中卫市	1.1	23.6	18.6	0.0	0.0	0.0
19	乌鲁木齐市	1.5	25.0	13.2	0.0	5.9	2.9

3.4　水果中农药残留分布

3.4.1　检出农药品种和频次排前 3 的水果

本次残留侦测的水果共 3 种，包括葡萄、苹果和梨。

根据检出农药品种及频次进行排名，将各项排名前 3 位的水果样品检出情况列表说明，详见表 3-19。

表 3-19　检出农药品种和频次排名前 3 的水果

检出农药品种排名前 3（品种）	①葡萄（39），②梨（34），③苹果（34）
检出农药频次排名前 3（频次）	①葡萄（422），②苹果（229），③梨（181）
检出禁用、高毒及剧毒农药品种排名前 3（品种）	①梨（5），②苹果（3），③葡萄（2）
检出禁用、高毒及剧毒农药频次排名前 3（频次）	①苹果（69），②梨（53），③葡萄（15）

3.4.2　超标农药品种和频次排前 3 的水果

鉴于 MRL 欧盟标准和日本标准制定比较全面且覆盖率较高，我们参照 MRL 中国国家标准、欧盟标准和日本标准衡量水果样品中农残检出情况，将超标农药品种及频次排名前 3 的水果列表说明，详见表 3-20。

表 3-20　超标农药品种和频次排名前 3 的水果

超标农药品种排名前 3（农药品种数）	MRL 中国国家标准	①葡萄（4），②苹果（1）
	MRL 欧盟标准	①葡萄（13），②梨（11），③苹果（9）
	MRL 日本标准	①葡萄（9），②梨（4），③苹果（4）
超标农药频次排名前 3（农药频次数）	MRL 中国国家标准	①葡萄（4），②苹果（1）
	MRL 欧盟标准	①苹果（71），②葡萄（44），③梨（37）
	MRL 日本标准	①葡萄（30），②苹果（27），③梨（15）

通过对各品种水果样本总数及检出率进行综合分析发现，葡萄、苹果和梨的残留污染最为严重，在此，我们参照 MRL 中国国家标准、欧盟标准和日本标准对这 3 种水果的农残检出情况进行进一步分析。

3.4.3 农药残留检出率较高的水果样品分析

3.4.3.1 葡萄

这次共检测 100 例葡萄样品，91 例样品中检出了农药残留，检出率为 91.0%，检出农药共计 39 种。其中烯酰吗啉、嘧霉胺、苯醚甲环唑、戊唑醇和腐霉利检出频次较高，分别检出了 64、56、36、28 和 24 次。葡萄中农药检出品种和频次见图 3-25，检出农残超标情况见表 3-21 和图 3-26。

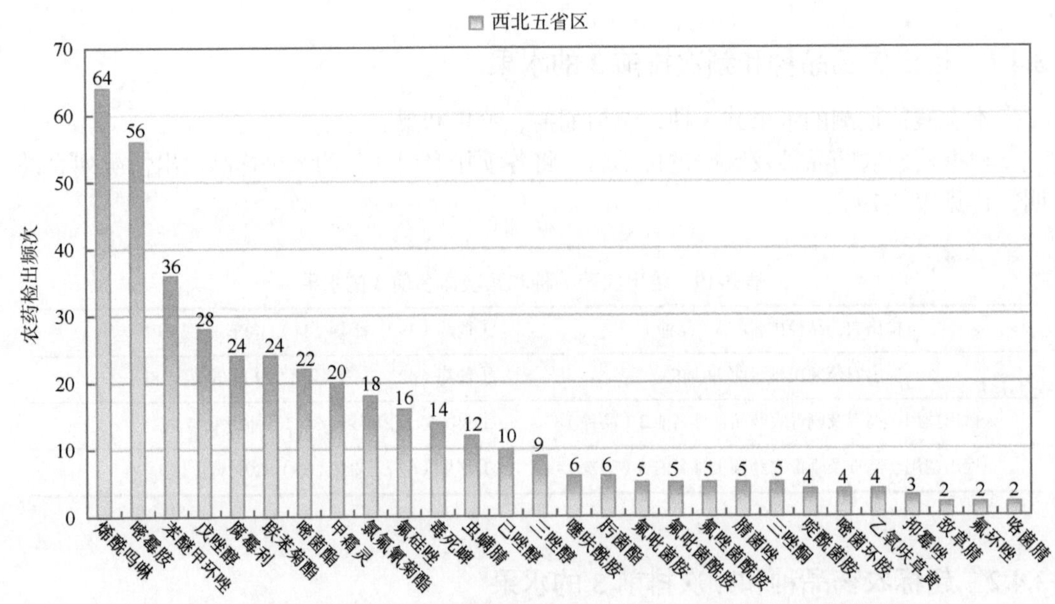

图 3-25 葡萄样品检出农药品种和频次分析（仅列出 2 频次及以上的数据）

表 3-21 葡萄中农药残留超标情况明细表

样品总数			检出农药样品数	样品检出率（%）	检出农药品种总数
100			91	91	39
	超标农药品种	超标农药频次	按照 MRL 中国国家标准、欧盟标准和日本标准衡量超标农药名称及频次		
中国国家标准	4	4	苯醚甲环唑（1），敌草腈（1），氟吡菌酰胺（1），三唑醇（1）		
欧盟标准	13	44	腐霉利（14），虫螨腈（5），噻呋酰胺（5），己唑醇（4），氯氟氰菊酯（4），氟硅唑（3），敌草腈（2），三唑酮（2），毒死蜱（1），氟吡菌酰胺（1），氟唑菌酰胺（1），三唑醇（1），唑胺菌酯（1）		
日本标准	9	30	腐霉利（14），噻呋酰胺（5），己唑醇（4），敌草腈（2），氟环唑（1），氟唑菌酰胺（1），三唑醇（1），乙氧呋草黄（1），唑胺菌酯（1）		

3.4.3.2 苹果

这次共检测 100 例苹果样品，79 例样品中检出了农药残留，检出率为 79.0%，检出农药共计 34 种。其中毒死蜱、戊唑醇、甲醚菊酯、1，4-二甲基萘和炔螨特检出频次较高，分别检出了66、29、25、19和16次。苹果中农药检出品种和频次见图3-27，检出农残超标情况见表3-22和图3-28。

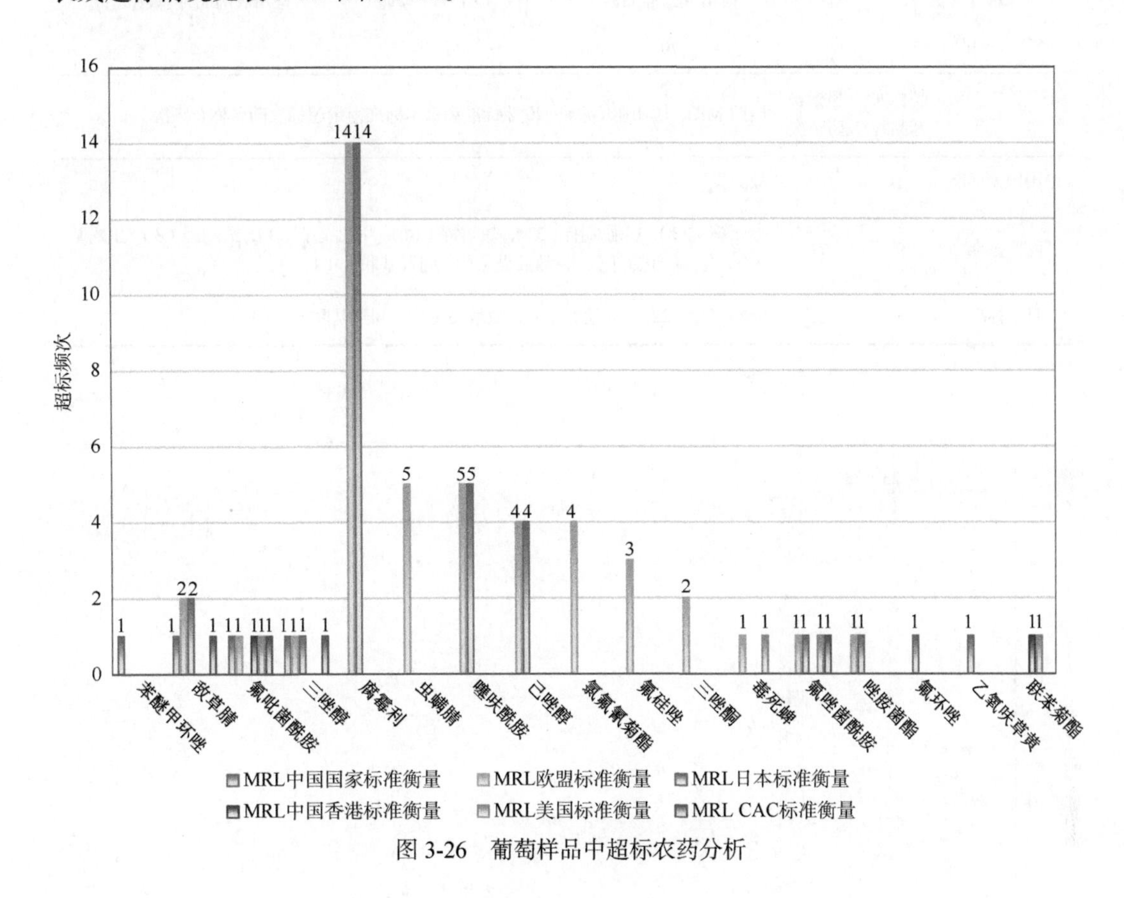

图3-26 葡萄样品中超标农药分析

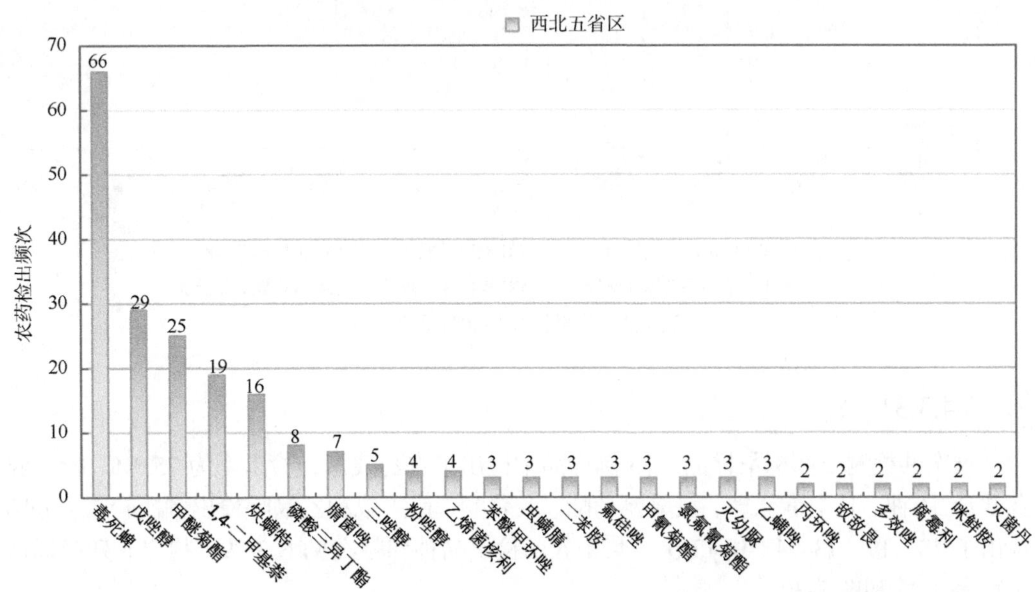

图3-27 苹果样品检出农药品种和频次分析（仅列出2频次及以上的数据）

表 3-22 苹果中农药残留超标情况明细表

样品总数			检出农药样品数	样品检出率（%）	检出农药品种总数
100			79	79	34
	超标农药品种	超标农药频次	按照 MRL 中国国家标准、欧盟标准和日本标准衡量超标农药名称及频次		
中国国家标准	1	1	敌敌畏（1）		
欧盟标准	9	71	毒死蜱（23），甲醚菊酯（22），炔螨特（14），甲氰菊酯（3），灭幼脲（3），虫螨腈（2），乙烯菌核利（2），敌敌畏（1），间羟基联苯（1）		
日本标准	4	27	甲醚菊酯（22），灭幼脲（3），敌敌畏（1），间羟基联苯（1）		

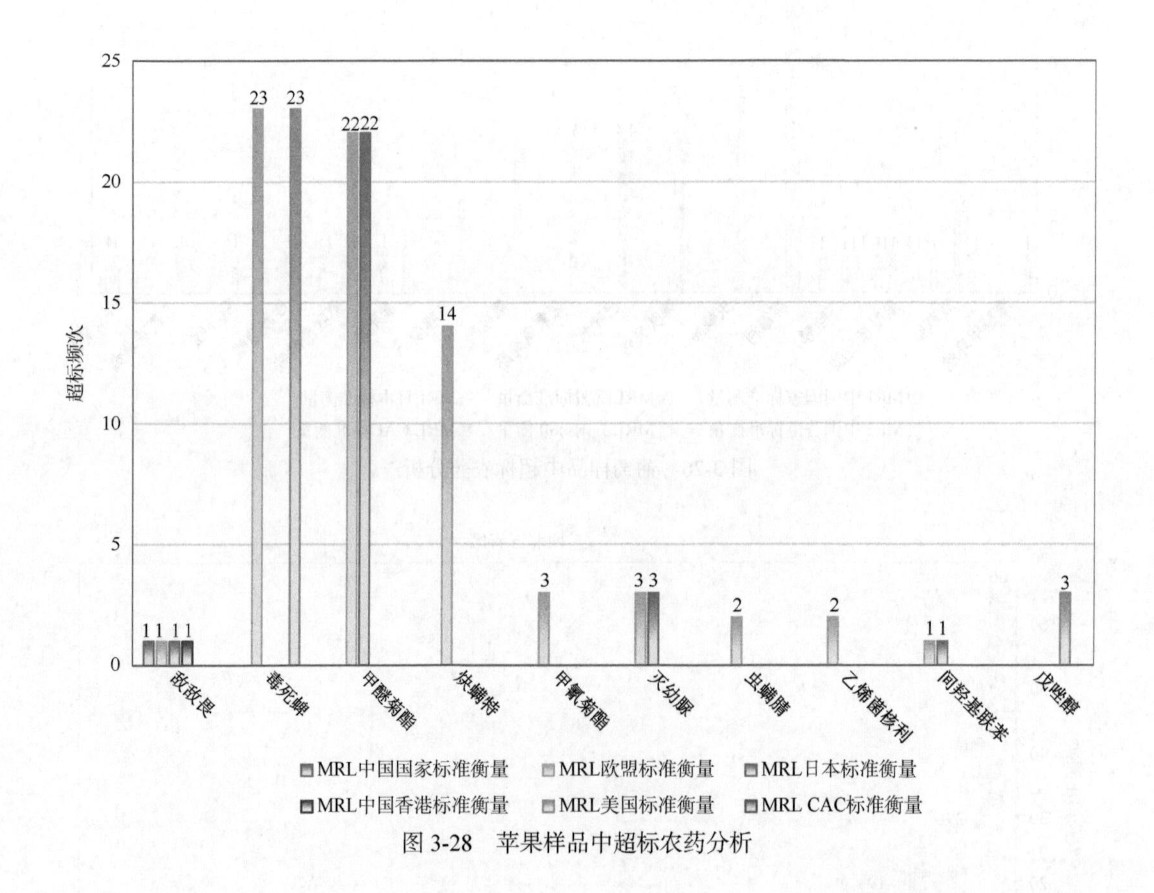

图 3-28　苹果样品中超标农药分析

3.4.3.3　梨

这次共检测 100 例梨样品，75 例样品中检出了农药残留，检出率为 75.0%，检出农药共计 34 种。其中毒死蜱、氯氟氰菊酯、茉莉酮、速灭威和乙螨唑检出频次较高，分别检出了 48、19、13、13 和 13 次。梨中农药检出品种和频次见图 3-29，检出农残超标情况见表 3-23 和图 3-30。

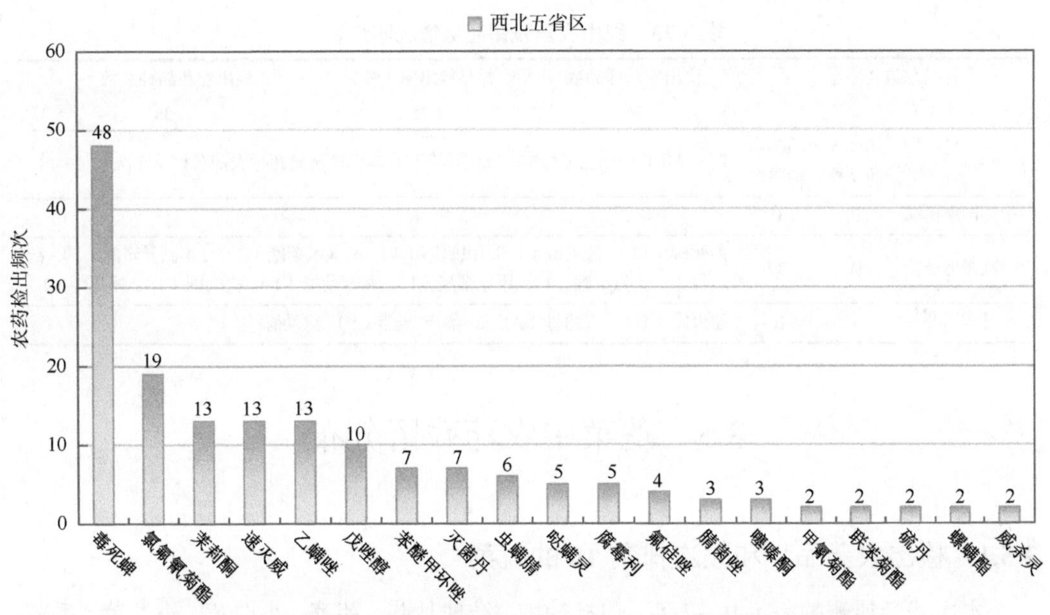

图 3-29　梨样品检出农药品种和频次分析（仅列出 2 频次及以上的数据）

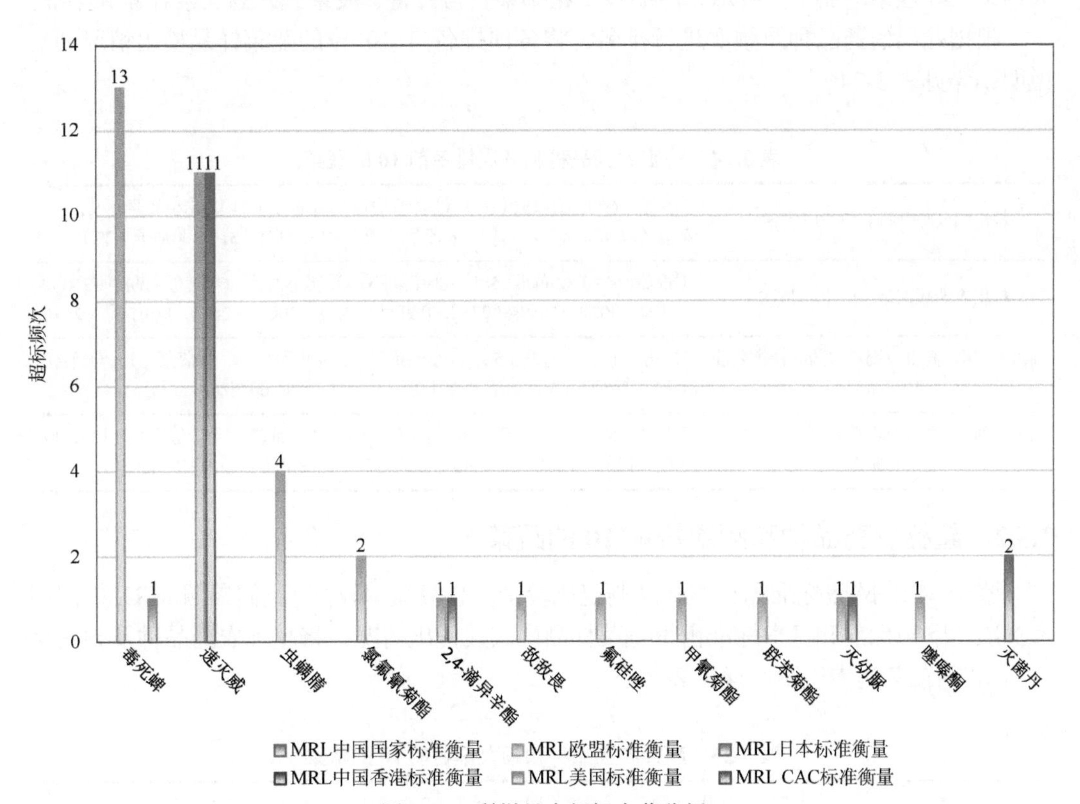

图 3-30　梨样品中超标农药分析

表 3-23　梨中农药残留超标情况明细表

样品总数	检出农药样品数	样品检出率（%）	检出农药品种总数
100	75	75	34
	超标农药品种	超标农药频次	按照 MRL 中国国家标准、欧盟标准和日本标准衡量超标农药名称及频次
中国国家标准	0	0	
欧盟标准	11	37	毒死蜱（13），速灭威（11），虫螨腈（4），氯氟氰菊酯（2），2,4-滴异辛酯（1），敌敌畏（1），氟硅唑（1），甲氰菊酯（1），联苯菊酯（1），灭幼脲（1），噻嗪酮（1）
日本标准	4	15	速灭威（11），灭菌丹（2），2,4-滴异辛酯（1），灭幼脲（1）

3.5　蔬菜中农药残留分布

3.5.1　检出农药品种和频次排前 10 的蔬菜

本次残留侦测的蔬菜共 17 种，包括辣椒、结球甘蓝、芹菜、小白菜、小油菜、番茄、大白菜、娃娃菜、茄子、黄瓜、西葫芦、花椰菜、马铃薯、菠菜、豇豆、紫甘蓝和菜豆。

根据检出农药品种及频次进行排名，将各项排名前 10 位的蔬菜样品检出情况列表说明，详见表 3-24。

表 3-24　检出农药品种和频次排名前 10 的蔬菜

检出农药品种排名前 10（品种）	①芹菜（66），②辣椒（62），③番茄（61），④黄瓜（54），⑤小油菜（49），⑥菜豆（46），⑦豇豆（41），⑧菠菜（40），⑨小白菜（31），⑩茄子（29）
检出农药频次排名前 10（频次）	①番茄（662），②黄瓜（581），③芹菜（575），④小油菜（474），⑤西葫芦（310），⑥菠菜（302），⑦辣椒（275），⑧豇豆（252），⑨菜豆（251），⑩小白菜（244）
检出禁用、高毒及剧毒农药品种排名前 10（品种）	①芹菜（8），②番茄（5），③小油菜（5），④豇豆（4），⑤菠菜（3），⑥菜豆（3），⑦黄瓜（3），⑧花椰菜（2），⑨辣椒（2），⑩西葫芦（2）
检出禁用、高毒及剧毒农药频次排名前 10（频次）	①芹菜（68），②小油菜（18），③黄瓜（16），④番茄（14），⑤豇豆（12），⑥辣椒（12），⑦菜豆（7），⑧花椰菜（7），⑨菠菜（4），⑩大白菜（4）

3.5.2　超标农药品种和频次排前 10 的蔬菜

鉴于 MRL 欧盟标准和日本标准制定比较全面且覆盖率较高，我们参照 MRL 中国国家标准、欧盟标准和日本标准衡量蔬菜样品中农残检出情况，将超标农药品种及频次排名前 10 的蔬菜列表说明，详见表 3-25。

表 3-25　超标农药品种和频次排名前 10 的蔬菜

超标农药品种排名前 10（农药品种数）	MRL 中国国家标准	①芹菜（3），②黄瓜（2），③豇豆（2），④小油菜（2）
	MRL 欧盟标准	①芹菜（39），②小油菜（30），③豇豆（23），④菜豆（19），⑤辣椒（18），⑥番茄（16），⑦黄瓜（15），⑧小白菜（15），⑨茄子（14），⑩菠菜（13）

续表

超标农药品种排名前 10（农药品种数）	MRL 日本标准	①芹菜（32），②豇豆（31），③菜豆（29），④小油菜（25），⑤菠菜（14），⑥小白菜（13），⑦辣椒（10），⑧番茄（8），⑨黄瓜（8），⑩大白菜（6）
超标农药频次排名前 10（农药频次数）	MRL 中国国家标准	①芹菜（19），②小油菜（4），③黄瓜（3），④豇豆（3）
	MRL 欧盟标准	①小油菜（149），②芹菜（148），③黄瓜（90），④番茄（69），⑤豇豆（66），⑥小白菜（63），⑦西葫芦（60），⑧辣椒（54），⑨菜豆（53），⑩茄子（47）
	MRL 日本标准	①豇豆（119），②小油菜（107），③菜豆（99），④芹菜（88），⑤西葫芦（59），⑥菠菜（51），⑦大白菜（36），⑧黄瓜（30），⑨茄子（30），⑩小白菜（29）

通过对各品种蔬菜样本总数及检出率进行综合分析发现，小油菜、芹菜和黄瓜的残留污染最为严重，在此，我们参照 MRL 中国国家标准、欧盟标准和日本标准对这 3 种蔬菜的农残检出情况进行进一步分析。

3.5.3　农药残留检出率较高的蔬菜样品分析

3.5.3.1　小油菜

这次共检测 107 例小油菜样品，106 例样品中检出了农药残留，检出率为 99.1%，检出农药共计 49 种。其中烯酰吗啉、灭菌丹、虫螨腈、丙环唑和氯氟氰菊酯检出频次较高，分别检出了 102、50、43、26 和 23 次。小油菜中农药检出品种和频次见图 3-31，检出农残超标情况见表 3-26 和图 3-32。

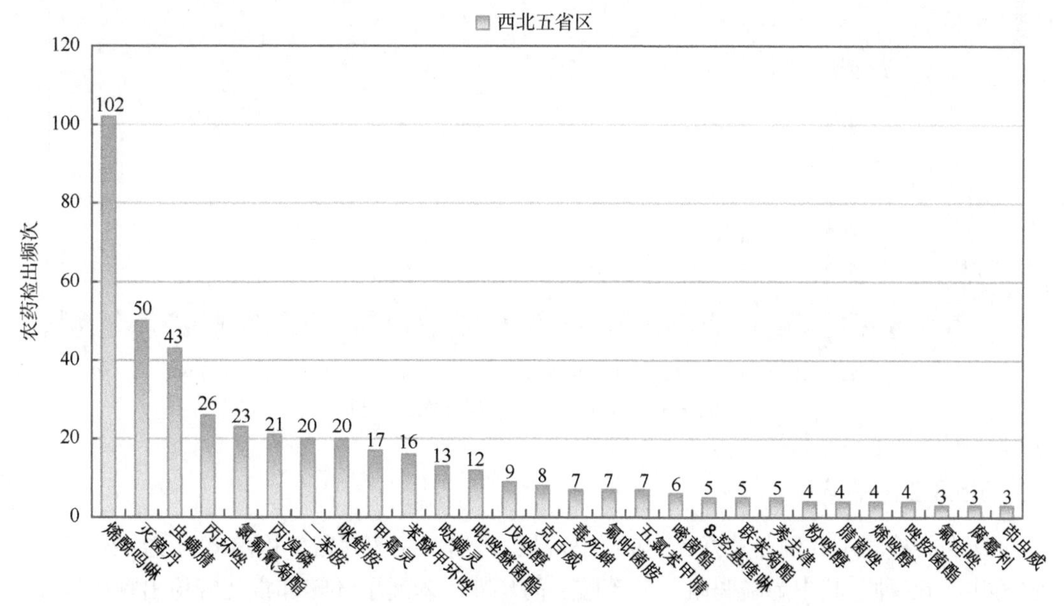

图 3-31　小油菜样品检出农药品种和频次分析（仅列出 3 频次及以上的数据）

表 3-26　小油菜中农药残留超标情况明细表

样品总数	检出农药样品数	样品检出率（%）	检出农药品种总数
107	106	99.1	49

	超标农药品种	超标农药频次	按照 MRL 中国国家标准、欧盟标准和日本标准衡量超标农药名称及频次
中国国家标准	2	4	克百威（3），毒死蜱（1）
欧盟标准	30	149	虫螨腈（35），丙溴磷（18），氯氟氰菊酯（16），哒螨灵（13），烯酰吗啉（11），丙环唑（9），克百威（8），8-羟基喹啉（4），联苯菊酯（4），毒死蜱（3），唑胺菌酯（3），百菌清（2），噁霜灵（2），腐霉利（2），咪鲜胺（2），嘧霉胺（2），五氯苯甲腈（2），苯醚氰菊酯（1），吡唑醚菌酯（1），蒽醌（1），二苯胺（1），粉唑醇（1），氟硅唑（1），甲氰菊酯（1），醚菌酯（1），灭幼脲（1），三唑醇（1），三唑酮（1），威杀灵（1），烯唑醇（1）
日本标准	25	107	丙溴磷（18），氯氟氰菊酯（16），苯醚甲环唑（15），哒螨灵（13），吡唑醚菌酯（12），8-羟基喹啉（4），灭菌丹（3），茚虫威（3），唑胺菌酯（3），腐霉利（2），咪鲜胺（2），嘧霉胺（2），五氯苯甲腈（2），苯醚氰菊酯（1），丙环唑（1），毒死蜱（1），蒽醌（1），二苯胺（1），粉唑醇（1），氟硅唑（1），甲氰菊酯（1），醚菌酯（1），灭幼脲（1），威杀灵（1），烯唑醇（1）

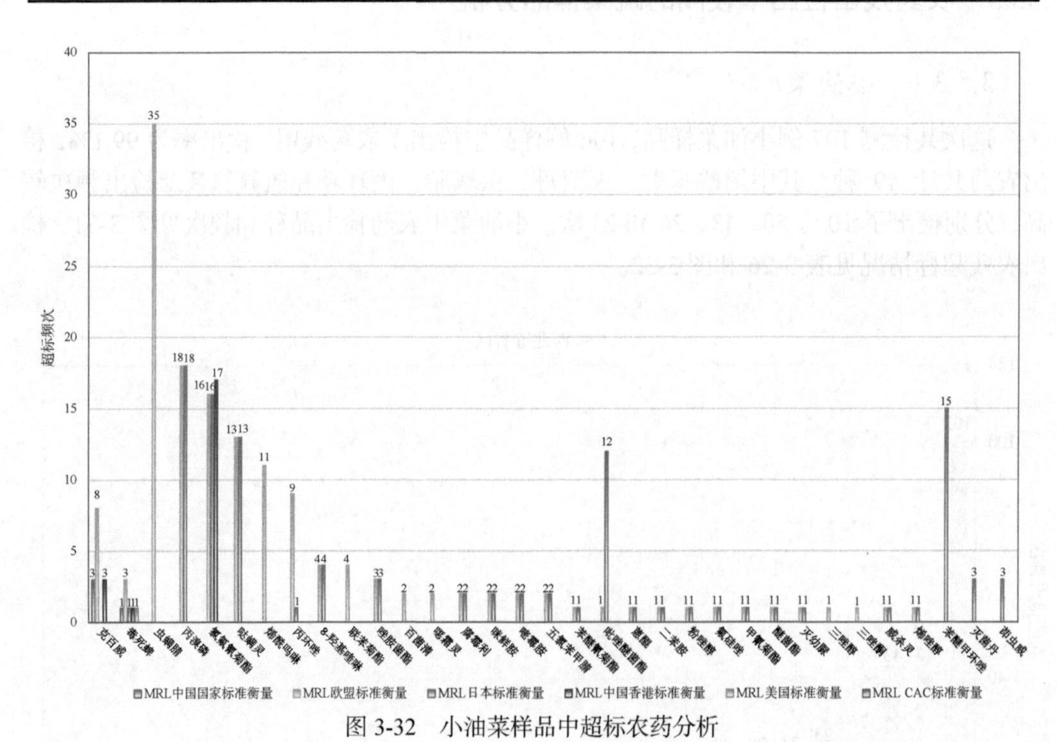

图 3-32　小油菜样品中超标农药分析

3.5.3.2　芹菜

这次共检测 100 例芹菜样品，99 例样品中检出了农药残留，检出率为 99.0%，检出农药共计 66 种。其中烯酰吗啉、二苯胺、丙环唑、苯醚甲环唑和毒死蜱检出频次较高，分别检出了 53、45、39、38 和 35 次。芹菜中农药检出品种和频次见图 3-33，检出农残超标情况见表 3-27 和图 3-34。

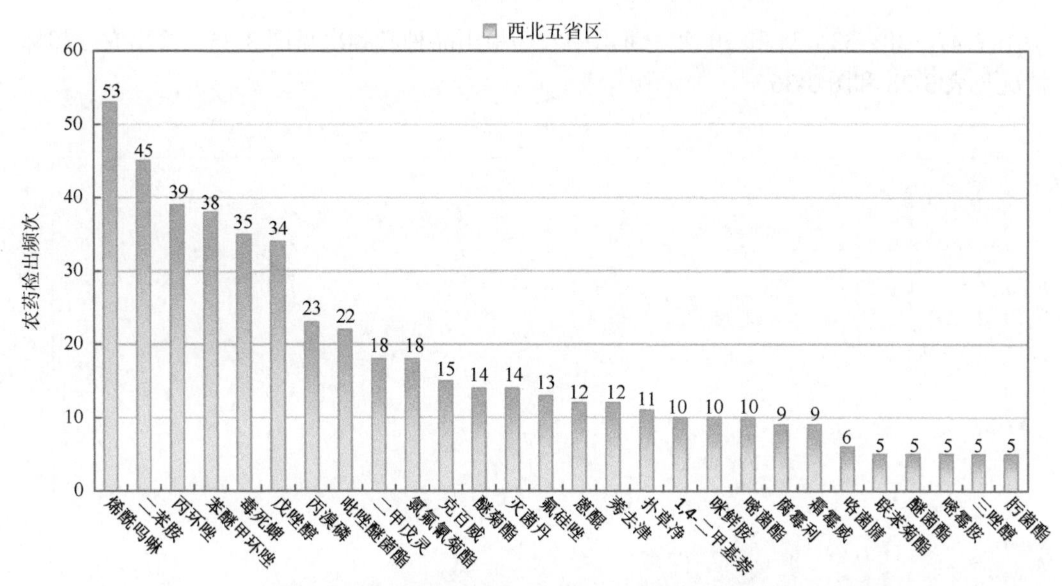

图 3-33　芹菜样品检出农药品种和频次分析（仅列出 5 频次及以上的数据）

表 3-27　芹菜中农药残留超标情况明细表

样品总数 100			检出农药样品数 99　样品检出率（%）99　检出农药品种总数 66
	超标农药品种	超标农药频次	按照 MRL 中国国家标准、欧盟标准和日本标准衡量超标农药名称及频次
中国国家标准	3	19	克百威（11），毒死蜱（5），甲拌磷（3）
欧盟标准	39	148	丙环唑（28），克百威（15），氟硅唑（11），毒死蜱（9），二苯胺（9），霜霉威（9），咪鲜胺（5），嘧霉胺（5），腐霉利（4），三唑酮（4），己唑醇（3），甲拌磷（3），三唑醇（3），1,4-二甲基萘（2），8-羟基喹啉（2），丙溴磷（2），虫螨腈（2），哒螨灵（2），敌敌畏（2），噁霜灵（2），甲霜灵（2），腈菌唑（2），联苯菊酯（2），醚菌酯（2），灭菌丹（2），五氯苯甲腈（2），戊唑醇（2），吡丙醚（1），稻瘟灵（1），多效唑（1），氟吡菌酰胺（1），醚菊酯（1），灭幼脲（1），扑草净（1），噻呋酰胺（1），三氯甲基吡啶（1），烯唑醇（1），异丙威（1），仲丁灵（1）
日本标准	32	88	氟硅唑（11），二苯胺（9），灭菌丹（8），咯菌腈（6），毒死蜱（5），嘧霉胺（5），腐霉利（4），克百威（4），己唑醇（3），戊唑醇（3），1,4-二甲基萘（2），8-羟基喹啉（2），丙溴磷（2），哒螨灵（2），二甲戊灵（2），腈菌唑（2），联苯菊酯（2），五氯苯甲腈（2），吡丙醚（1），稻瘟灵（1），多效唑（1），氟吡菌酰胺（1），氟环唑（1），醚菊酯（1），灭幼脲（1），扑草净（1），噻呋酰胺（1），三氯甲基吡啶（1），烯虫酯（1），烯唑醇（1），异丙威（1），仲丁灵（1）

3.5.3.3　黄瓜

这次共检测 100 例黄瓜样品，97 例样品中检出了农药残留，检出率为 97.0%，检出农药共计 54 种。其中虫螨腈、联苯菊酯、霜霉威、甲霜灵和腐霉利检出频次较高，分别检出了 47、38、33、31 和 30 次。黄瓜中农药检出品种和频次见图 3-35，检出农残超标情况见表 3-28 和图 3-36。

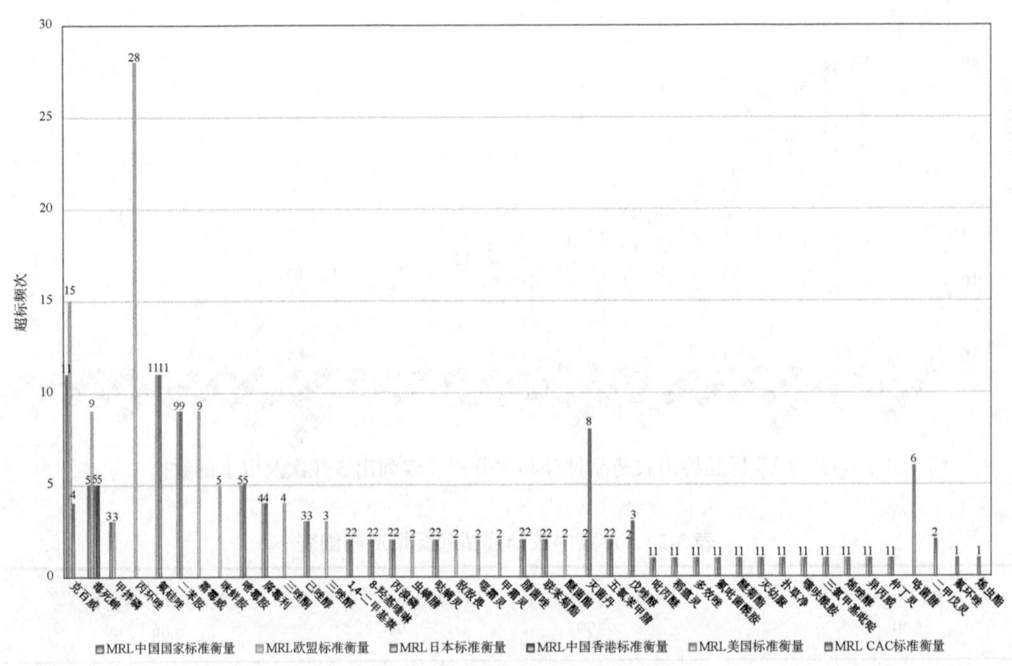

图 3-34 芹菜样品中超标农药分析

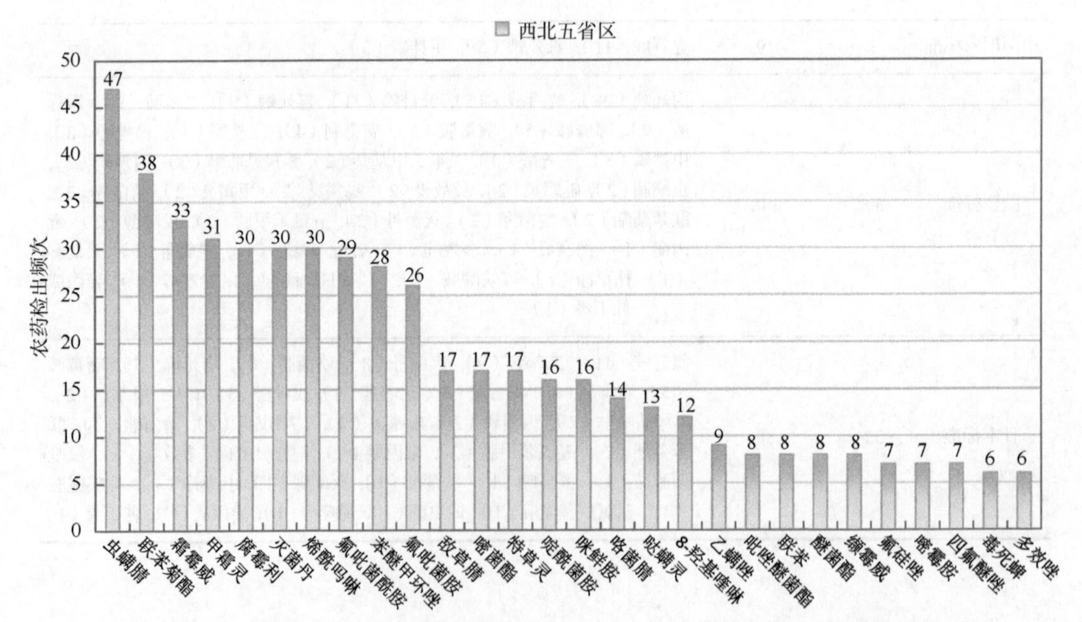

图 3-35 黄瓜样品检出农药品种和频次分析（仅列出 6 频次及以上的数据）

表 3-28　黄瓜中农药残留超标情况明细表

样品总数			检出农药样品数	样品检出率（%）	检出农药品种总数
100			97	97	54
	超标农药品种	超标农药频次	按照 MRL 中国国家标准、欧盟标准和日本标准衡量超标农药名称及频次		
中国国家标准	2	3	毒死蜱（2），乙螨唑（1）		
欧盟标准	15	90	虫螨腈（31），联苯菊酯（14），腐霉利（11），联苯（7），8-羟基喹啉（5），多效唑（4），异丙威（4），噁霜灵（3），灭菌丹（3），毒死蜱（2），特草灵（2），烯虫炔酯（1），乙螨唑（1），乙霉威（1），仲丁威（1）		
日本标准	8	30	联苯（7），8-羟基喹啉（5），缬霉威（5），多效唑（4），异丙威（4），毒死蜱（2），特草灵（2），烯虫炔酯（1）		

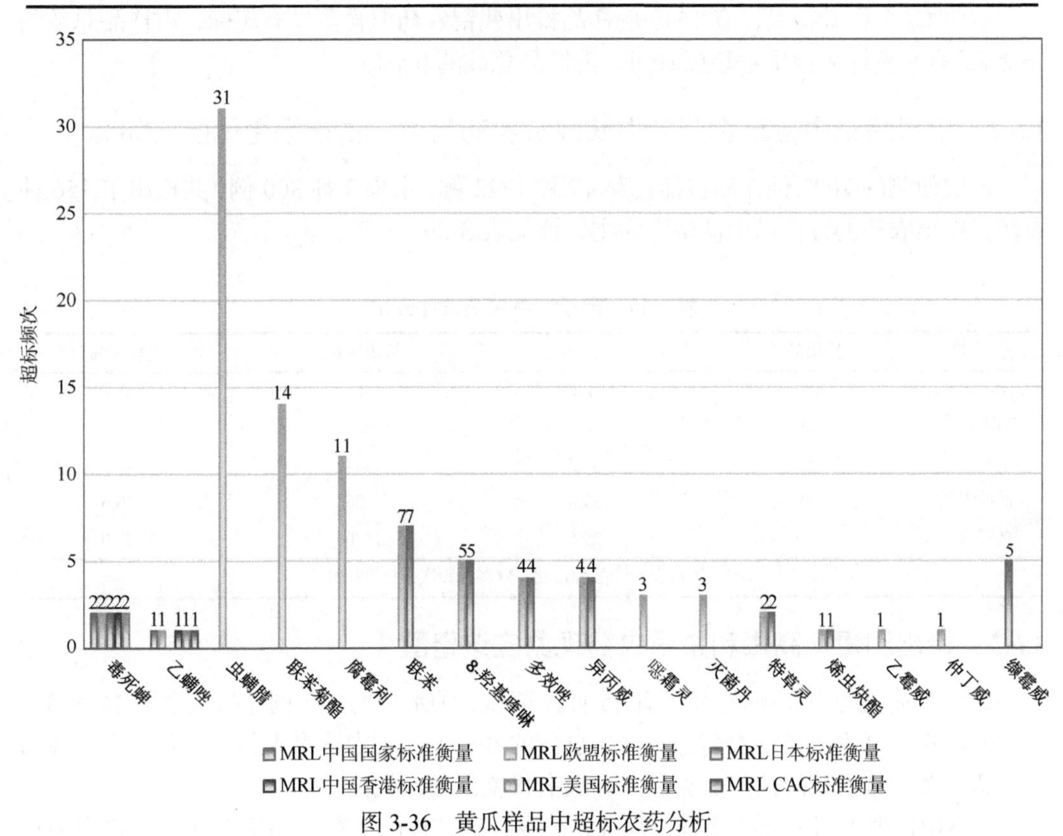

图 3-36　黄瓜样品中超标农药分析

3.6　初步结论

3.6.1　西北五省区 19 个城市市售水果蔬菜按国际主要 MRL 标准衡量的合格率

本次侦测的 2022 例样品中，473 例样品未检出任何残留农药，占样品总量的 23.4%，1549 例样品检出不同水平、不同种类的残留农药，占样品总量的 76.6%。在这 1549 例检出农药残留的样品中：

按照 MRL 中国国家标准衡量，有 1516 例样品检出残留农药但含量没有超标，占样品总数的 75.0%，有 33 例样品检出了超标农药，占样品总数的 1.6%。

按照 MRL 欧盟标准衡量，有 844 例样品检出残留农药但含量没有超标，占样品总数的 41.7%，有 705 例样品检出了超标农药，占样品总数的 34.9%。

按照 MRL 日本标准衡量，有 1017 例样品检出残留农药但含量没有超标，占样品总数的 50.3%，有 532 例样品检出了超标农药，占样品总数的 26.3%。

按照 MRL 中国香港标准衡量，有 1502 例样品检出残留农药但含量没有超标，占样品总数的 74.3%，有 47 例样品检出了超标农药，占样品总数的 2.3%。

按照 MRL 美国标准衡量，有 1502 例样品检出残留农药但含量没有超标，占样品总数的 74.3%，有 47 例样品检出了超标农药，占样品总数的 2.3%。

按照 CAC 标准衡量，有 1540 例样品检出残留农药但含量没有超标，占样品总数的 76.2%，有 9 例样品检出了超标农药，占样品总数的 0.4%。

3.6.2 水果蔬菜中检出农药以中低微毒农药为主，占市场主体的 93.6%

这次侦测的 2022 例样品包括蔬菜 17 种 1722 例，水果 3 种 300 例，共检出了 156 种农药，检出农药的毒性以中低微毒为主，详见表 3-29。

表 3-29 市场主体农药毒性分布

毒性	检出品种	占比（%）	检出频次	占比（%）
剧毒农药	5	3.2	16	0.3
高毒农药	5	3.2	65	1.2
中毒农药	58	37.2	2444	45.9
低毒农药	48	30.8	1628	30.6
微毒农药	40	25.6	1170	22.0
中低微毒农药，品种占比 93.6%，频次占比 98.5%				

3.6.3 检出剧毒、高毒和禁用农药现象应该警醒

在此次侦测的 2022 例样品中有 15 种蔬菜和 3 种水果的 285 例样品检出了 16 种 313 频次的剧毒、高毒或禁用农药，占样品总量的 14.1%。其中剧毒农药六氯苯、甲拌磷和治螟磷以及高毒农药醚菌酯、克百威和敌敌畏检出频次较高。

按 MRL 中国国家标准衡量，剧毒农药甲拌磷，检出 4 次，超标 3 次；高毒农药克百威，检出 26 次，超标 15 次；敌敌畏，检出 9 次，超标 1 次；按超标程度比较，芹菜中克百威超标 96.3 倍，芹菜中甲拌磷超标 10.2 倍，豇豆中克百威超标 5.1 倍，苹果中敌敌畏超标 3.0 倍，小油菜中克百威超标 70%。

剧毒、高毒或禁用农药的检出情况及按照 MRL 中国国家标准衡量的超标情况见表 3-30。

表 3-30 剧毒、高毒或禁用农药的检出及超标明细

序号	农药名称	样品名称	检出频次	超标频次	最大超标倍数	超标率
1.1	六氯苯*	黄瓜	2	0	0	0.0%
1.2	六氯苯*	小油菜	1	0	0	0.0%

续表

序号	农药名称	样品名称	检出频次	超标频次	最大超标倍数	超标率
1.3	六氯苯*	菜豆	1	0	0	0.0%
1.4	六氯苯*	菠菜	1	0	0	0.0%
1.5	六氯苯*	西葫芦	1	0	0	0.0%
2.1	治螟磷*▲	芹菜	4	0	0	0.0%
3.1	溴苯磷*	花椰菜	1	0	0	0.0%
4.1	特丁硫磷*▲	小油菜	1	0	0	0.0%
5.1	甲拌磷*▲	芹菜	4	3	10.24	75.0%
6.1	克百威◊▲	芹菜	15	11	96.27	73.3%
6.2	克百威◊▲	小油菜	8	3	0.72	37.5%
6.3	克百威◊▲	小白菜	2	0	0	0.0%
6.4	克百威◊▲	豇豆	1	1	5.12	100.0%
7.1	兹克威◊	番茄	2	0	0	0.0%
8.1	敌敌畏◊	芹菜	3	0	0	0.0%
8.2	敌敌畏◊	苹果	2	1	2.991	50.0%
8.3	敌敌畏◊	梨	1	0	0	0.0%
8.4	敌敌畏◊	番茄	1	0	0	0.0%
8.5	敌敌畏◊	菜豆	1	0	0	0.0%
8.6	敌敌畏◊	菠菜	1	0	0	0.0%
9.1	水胺硫磷◊▲	梨	1	0	0	0.0%
10.1	醚菌酯◊	黄瓜	8	0	0	0.0%
10.2	醚菌酯◊	辣椒	6	0	0	0.0%
10.3	醚菌酯◊	番茄	5	0	0	0.0%
10.4	醚菌酯◊	芹菜	5	0	0	0.0%
10.5	醚菌酯◊	小油菜	1	0	0	0.0%
10.6	醚菌酯◊	苹果	1	0	0	0.0%
10.7	醚菌酯◊	葡萄	1	0	0	0.0%
11.1	林丹▲	豇豆	1	0	0	0.0%
12.1	毒死蜱▲	苹果	66	0	0	0.0%
12.2	毒死蜱▲	梨	48	0	0	0.0%
12.3	毒死蜱▲	芹菜	35	5	27.164	14.3%
12.4	毒死蜱▲	葡萄	14	0	0	0.0%
12.5	毒死蜱▲	豇豆	8	0	0	0.0%
12.6	毒死蜱▲	小油菜	7	1	17.276	14.3%
12.7	毒死蜱▲	黄瓜	6	2	3.838	33.3%

续表

序号	农药名称	样品名称	检出频次	超标频次	最大超标倍数	超标率
12.8	毒死蜱▲	花椰菜	6	0	0	0.0%
12.9	毒死蜱▲	辣椒	6	0	0	0.0%
12.10	毒死蜱▲	番茄	5	0	0	0.0%
12.11	毒死蜱▲	菜豆	5	0	0	0.0%
12.12	毒死蜱▲	大白菜	4	0	0	0.0%
12.13	毒死蜱▲	马铃薯	4	0	0	0.0%
12.14	毒死蜱▲	茄子	3	0	0	0.0%
12.15	毒死蜱▲	菠菜	2	0	0	0.0%
12.16	毒死蜱▲	小白菜	1	0	0	0.0%
12.17	毒死蜱▲	结球甘蓝	1	0	0	0.0%
13.1	滴滴涕▲	西葫芦	2	0	0	0.0%
13.2	滴滴涕▲	芹菜	1	0	0	0.0%
14.1	硫丹▲	梨	2	0	0	0.0%
14.2	硫丹▲	芹菜	1	0	0	0.0%
15.1	八氯二丙醚▲	梨	1	0	0	0.0%
15.2	八氯二丙醚▲	番茄	1	0	0	0.0%
16.1	氯磺隆▲	豇豆	2	0	0	0.0%
合计			313	27		8.6%

注：超标倍数参照 MRL 中国国家标准衡量

* 表示剧毒农药；◊表示高毒农药；▲表示禁用农药

这些超标的剧毒和高毒农药都是中国政府早有规定禁止在水果蔬菜中使用的，为什么还屡次被检出，应该引起警惕。

3.6.4 残留限量标准与先进国家或地区差距较大

5323 频次的检出结果与我国公布的《食品中农药最大残留限量》（GB 2763—2019）对比，有 2604 频次能找到对应的 MRL 中国国家标准，占 48.9%；还有 2719 频次的侦测数据无相关 MRL 标准供参考，占 51.1%。

与国际上现行 MRL 对比发现：

有 5323 频次能找到对应的 MRL 欧盟标准，占 100.0%；

有 5323 频次能找到对应的 MRL 日本标准，占 100.0%；

有 2515 频次能找到对应的 MRL 中国香港标准，占 47.2%；

有 2539 频次能找到对应的 MRL 美国标准，占 47.7%；

有 1953 频次能找到对应的 MRL CAC 标准，占 36.7%。

由上可见，MRL 中国国家标准与先进国家或地区标准还有很大差距，我们无标准，境外有标准，这就会导致我们在国际贸易中，处于受制于人的被动地位。

3.6.5 水果蔬菜单种样品检出 34～66 种农药残留，拷问农药使用的科学性

通过此次监测发现，葡萄、梨和苹果是检出农药品种最多的 3 种水果，芹菜、辣椒和番茄是检出农药品种最多的 3 种蔬菜，从中检出农药品种及频次详见表 3-31。

表 3-31 单种样品检出农药品种及频次

样品名称	样品总数	检出率	检出农药品种数	检出农药（频次）
芹菜	100	99.0%	66	烯酰吗啉（53），二苯胺（45），丙环唑（39），苯醚甲环唑（38），毒死蜱（35），戊唑醇（34），丙溴磷（23），吡唑醚菌酯（22），二甲戊灵（18），氯氟氰菊酯（18），克百威（15），醚菊酯（14），灭菌丹（14），氟硅唑（13），蒽醌（12），莠去津（12），扑草净（11），1，4-二甲基萘（10），咪鲜胺（10），嘧菌酯（10），腐霉利（9），霜霉威（9），咯菌腈（6），联苯菊酯（5），醚菌酯（5），嘧霉胺（5），三唑醇（5），肟菌酯（5），多效唑（4），甲拌磷（4），三唑酮（4），烯唑醇（4），治螟磷（4），哒螨灵（3），稻瘟灵（3），敌敌畏（3），氟环唑（3），己唑醇（3），甲霜灵（3），腈菌唑（3），三氯甲基吡啶（3），五氯苯甲腈（3），仲丁灵（3），唑胺菌酯（3），8-羟基喹啉（2），虫螨腈（2），敌草腈（2），噁霜灵（2），噻呋酰胺（2），吡丙醚（1），滴滴涕（1），氟吡菌胺（1），氟吡菌酰胺（1），氟乐灵（1），氟唑菌酰胺（1），喹禾灵（1），硫丹（1），马拉硫磷（1），嘧菌环胺（1），灭幼脲（1），扑灭津（1），五氯苯（1），戊菌唑（1），烯虫酯（1），乙烯菌核利（1），异丙威（1）
辣椒	100	83.0%	62	灭菌丹（28），虫螨腈（19），氯氟氰菊酯（15），戊唑醇（14），烯酰吗啉（14），双苯酰草胺（11），苯醚甲环唑（10），缬霉威（10），吡唑醚菌酯（9），哒螨灵（8），联苯菊酯（8），嘧霉胺（7），丁苯吗啉（6），毒死蜱（6），腈菌唑（6），醚菌酯（6），丙环唑（5），腐霉利（5），甲霜灵（5），乙螨唑（5），茚虫威（5），氟吡菌酰胺（4），三唑醇（4），丙溴磷（3），啶酰菌胺（3），二苯胺（3），己唑醇（3），嘧菌胺（3），噻嗪酮（3），四氟醚唑（3），肟菌酯（3），氟硅唑（2），硅氟唑（2），抗蚜威（2），咪鲜胺（2），炔螨特（2），五氯硝基苯（2），新燕灵（2），异丙甲草胺（2），异丙威（2），仲丁威（2），胺菊酯（1），苯硫威（1），苯霜灵（1），吡螨胺（1），蒽醌（1），二甲戊灵（1），粉唑醇（1），氟环唑（1），甲氯酰草胺（1），甲氰菊酯（1），甲氧丙净（1），另丁津（1），坪草丹（1），噻唑烟酸（1），三氯甲基吡啶（1），五氯苯甲腈（1），烯虫炔酯（1），烯唑醇（1），异噁草酮（1），莠灭净（1），莠去津（1）
番茄	132	97.0%	61	灭菌丹（53），烯酰吗啉（52），氯氟氰菊酯（50），苯醚甲环唑（49），二苯胺（46），戊唑醇（29），腐霉利（21），虫螨腈（20），吡丙醚（19），氟吡菌酰胺（19），联苯菊酯（19），三唑醇（17），8-羟基喹啉（16），乙烯菌核利（16），吡唑醚菌酯（15），哒螨灵（15），腈菌唑（15），氟硅唑（14），肟菌酯（14），咪鲜胺（13），粉唑醇（10），氟吡菌胺（10），嘧菌酯（9），嘧霉胺（9），敌草腈（7），噻嗪酮（7），三唑酮（7），甲氰菊酯（6），吡唑萘菌胺（5），丙溴磷（5），啶酰菌胺（5），毒死蜱（5），氟唑菌酰胺（5），醚菌酯（5），霜霉威（5），丙环唑（4），四氟醚唑（4），四氢吩胺（4），噁霜灵（3），乙嘧酚磺酸酯（3），异菌脲（3），吡噻菌胺（2），稻瘟灵（2），蒽醌（2），己唑醇（2），甲霜灵（2），咯菌腈（2），嘧菌环胺（2），炔螨特（2），兹克威（2），胺菊酯（1），八氯二丙醚（1），敌敌畏（1），氟菌唑（1），氯菊酯（1），马拉硫磷（1），溴氰虫酰胺（1），乙螨唑（1），异噁草酮（1），唑胺菌酯（1），唑虫酰胺（1）
葡萄	100	91.0%	39	烯酰吗啉（64），嘧霉胺（56），苯醚甲环唑（36），戊唑醇（28），腐霉利（24），联苯菊酯（24），嘧菌酯（22），甲霜灵（20），氯氟氰菊酯（18），氟硅唑（16），毒死蜱（14），虫螨腈（12），已唑醇（10），三唑醇（9），噻呋酰胺（6），肟菌酯（6），氟吡菌胺（5），氟吡菌酰胺（5），氟唑菌酰胺（5），腈菌唑（5），三唑酮（5），啶酰菌胺（4），嘧菌环胺（4），乙氧呋草黄（4），抑霉唑（3），敌草腈（2），氟环唑（2），咯菌腈（2），8-羟基喹啉（1），吡噻菌胺（1），吡唑萘菌胺（1），粉唑醇（1），

续表

样品名称	样品总数	检出率	检出农药品种数	检出农药（频次）
葡萄	100	91.0%	39	醚菌酯（1），四氟醚唑（1），戊菌唑（1），缬霉威（1），新燕灵（1），仲丁灵（1），唑胺菌酯（1）
梨	100	75.0%	34	毒死蜱（48），氯氟氰菊酯（19），茉莉酮（13），速灭威（13），乙螨唑（13），戊唑醇（10），苯醚甲环唑（7），灭菌丹（7），虫螨腈（6），哒螨灵（5），腐霉利（5），氟硅唑（4），腈菌唑（3），噻嗪酮（3），甲氰菊酯（2），联苯菊酯（2），硫丹（2），螺螨酯（2），威杀灵（2），2，4-滴异辛酯（1），八氯二丙醚（1），丙环唑（1），敌敌畏（1），多效唑（1），甲霜灵（1），苦参碱（1），螺虫乙酯（1），咪鲜胺（1），嘧霉胺（1），灭幼脲（1），水胺硫磷（1），四氟醚唑（1），烯唑醇（1），溴氰虫酰胺（1）
苹果	100	79.0%	34	毒死蜱（66），戊唑醇（29），甲醚菊酯（25），1，4-二甲基萘（19），炔螨特（16），磷酸三异丁酯（8），腈菌唑（7），三唑醇（5），粉唑醇（4），乙烯菌核利（4），苯醚甲环唑（3），虫螨腈（3），二苯胺（3），氟硅唑（3），甲氰菊酯（3），氯氟氰菊酯（3），灭幼脲（3），乙螨唑（3），丙环唑（2），敌敌畏（2），多效唑（2），腐霉利（2），咪鲜胺（2），灭菌丹（2），吡唑醚菌酯（1），二嗪磷（1），甲基嘧啶磷（1），间羟基联苯（1），联苯菊酯（1），螺螨酯（1），醚菌酯（1），嘧霉胺（1），肟菌酯（1），烯酰吗啉（1）

上述 6 种水果蔬菜，检出农药 34~66 种，是多种农药综合防治，还是未严格实施农业良好管理规范（GAP），抑或根本就是乱施药，值得我们思考。

3.7 小　结

3.7.1 初步摸清了西北五省区 19 个城市市售水果蔬菜农药残留"家底"

本项目采用 GC-Q-TOF/MS 技术，对西北五省区 19 个城市（5 个省会城市、14 个果蔬主产区城市），301 个采样点，20 种蔬菜水果，共计 2022 例样品进行了非靶向目标物农药残留筛查，得到检测数据 1387092 个，初步查清了以下 8 个方面的本底水平：①19 个城市果蔬农药残留"家底"；②20 种果蔬农药残留"家底"；③检出 156 种农药化学污染物的种类分布、残留水平分布和毒性分布；④按地域统计检出农药品种及频次并排序；⑤按样品种类统计检出农药品种及频次并排序；⑥检出的高毒、剧毒和禁用农药分布；⑦与先进国家和地区比对发现差距；⑧发现风险评估新资源。

3.7.2 初步找到了我国水果蔬菜安全监管要思考的问题

新技术大数据示范结果显示，蔬菜水果农药残留不容忽视，预防为主、监管前移是十分必要的，也是当务之急。这次中国农产品（水果蔬菜）农药残留本底水平侦测报告，引出了以下几个亟待解决和落实的问题，望监督管理部门重点考虑：①农药科学管理与使用；②农业良好规范的执行；③危害分析及关键控制点（HACCP）体系的落实；④食品安全隐患所在；⑤预警召回提供依据；⑥如何科学运用发现的数据。

3.7.3　新技术大数据示范结果构建了农药残留数据库雏形，初显了八方面功能

（1）执法根基：

① 发出预警；

② 问题溯源；

③ 问题追责；

④ 问题产品召回。

（2）科研依据：

⑤ 研究暴露评估；

⑥ 制定 MRL 标准；

⑦ 对修改制定法规提供科学数据；

⑧ 开展深层次研究与国际交流。

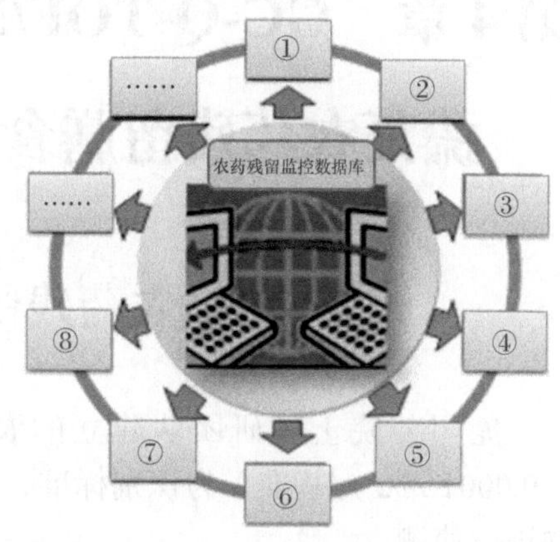

检测技术-网络技术-地理信息技术监测调查平台为各食品安全监管与研究部门提供农药残留数据支持和咨询服务

新技术大数据充分显示了：有测量，才能管理；有管理，才能改进；有改进，才能提高食品安全水平，确保民众舌尖上的安全。本次示范证明，这项技术将应用前景广阔。

第 4 章　GC-Q-TOF/MS 侦测西北五省区市售水果蔬菜农药残留膳食暴露风险与预警风险评估

4.1　农药残留侦测数据分析与统计

庞国芳院士科研团队建立的农药残留高通量侦测技术以高分辨精确质量数（0.0001 *m/z* 为基准）为识别标准，采用 GC-Q-TOF/MS 技术对 686 种农药化学污染物进行侦测。

科研团队于 2020 年 8 月至 2020 年 10 月在西北五省所属 19 个城市的 301 个采样点，随机采集了 2022 例水果蔬菜样品，采样点分布在农贸市场、电商平台、个体商户和超市，各月内水果蔬菜样品采集数量如表 4-1 所示。

表 4-1　西北五省各月内采集水果蔬菜样品数列表

时间	样品数（例）
2020 年 8 月	774
2020 年 9 月	1022
2020 年 10 月	226

利用 GC-Q-TOF/MS 技术对 2022 例样品中的农药进行侦测，共侦测出残留农药 5323 频次。侦测出农药残留水平如表 4-2 和图 4-1 所示。检出频次最高的前 10 种农药如表 4-3 所示。从侦测结果中可以看出，在水果蔬菜中农药残留普遍存在，且有些水果蔬菜存在高浓度的农药残留，这些可能存在膳食暴露风险，对人体健康产生危害，因此，为了定量地评价水果蔬菜中农药残留的风险程度，有必要对其进行风险评价。

表 4-2　侦测出农药的不同残留水平及其所占比例列表

残留水平（μg/kg）	检出频次	占比（%）
1～5（含）	2043	38.4
5～10（含）	838	15.7
10～100（含）	1770	33.3
100～1000（含）	583	11.0
＞1000	89	1.7

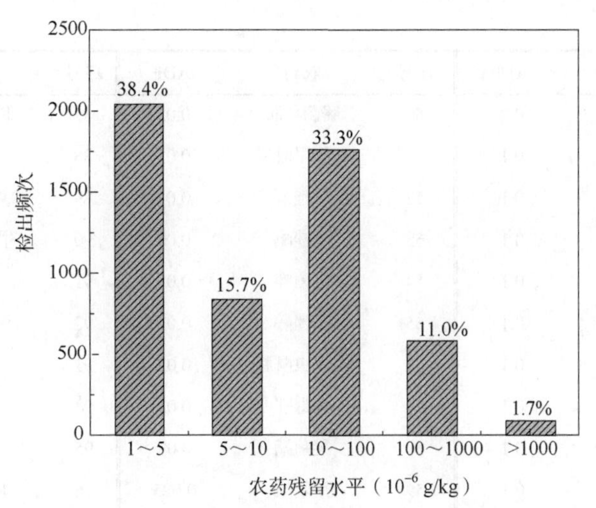

图 4-1　残留农药侦测出浓度频数分布图

表 4-3　检出频次最高的前 10 种农药列表

序号	农药	检出频次
1	烯酰吗啉	565
2	灭菌丹	351
3	二苯胺	292
4	虫螨腈	267
5	氯氟氰菊酯	246
6	苯醚甲环唑	222
7	毒死蜱	221
8	戊唑醇	202
9	甲霜灵	155
10	腐霉利	150

本研究使用 GC-Q-TOF/MS 技术对西北五省区 2022 例样品中的农药侦测中，共侦测出农药 156 种，这些农药的每日允许最大摄入量值（ADI）见表 4-4。为评价西北五省区农药残留的风险，本研究采用两种模型分别评价膳食暴露风险和预警风险，具体的风险评价模型见附录 A。

表 4-4　西北五省水果蔬菜中侦测出农药的 ADI 值

序号	农药	ADI	序号	农药	ADI	序号	农药	ADI
1	灭幼脲	1.25	5	咯菌腈	0.4	9	吡氟酰草胺	0.2
2	氯氟吡氧乙酸	1	6	醚菌酯	0.4	10	嘧菌酯	0.2
3	乙氧呋草黄	1	7	霜霉威	0.4	11	嘧霉胺	0.2
4	苯酰菌胺	0.5	8	马拉硫磷	0.3	12	烯酰吗啉	0.2

续表

序号	农药	ADI	序号	农药	ADI	序号	农药	ADI
13	仲丁灵	0.2	50	嘧菌环胺	0.03	87	联苯三唑醇	0.01
14	吡丙醚	0.1	51	三氟甲吡醚	0.03	88	氯硝胺	0.01
15	吡噻菌胺	0.1	52	三唑醇	0.03	89	2,4-滴异辛酯	0.01
16	稻瘟灵	0.1	53	三唑酮	0.03	90	甲基毒死蜱	0.01
17	多效唑	0.1	54	戊菌唑	0.03	91	扑灭津	0.01
18	二甲戊灵	0.1	55	戊唑醇	0.03	92	噻嗪酮	0.009
19	腐霉利	0.1	56	溴氰虫酰胺	0.03	93	苯硫威	0.0075
20	灭菌丹	0.1	57	抑霉唑	0.03	94	氟硅唑	0.007
21	异丙甲草胺	0.1	58	醚菊酯	0.03	95	硫丹	0.006
22	苦参碱	0.1	59	氟乐灵	0.025	96	唑虫酰胺	0.006
23	啶氧菌酯	0.09	60	野麦畏	0.025	97	己唑醇	0.005
24	烯虫酯	0.09	61	百菌清	0.02	98	烯唑醇	0.005
25	二苯胺	0.08	62	氟环唑	0.02	99	林丹	0.005
26	氟吡菌酰胺	0.08	63	抗蚜威	0.02	100	二嗪磷	0.005
27	氟唑菌酰胺	0.08	64	氯氟氰菊酯	0.02	101	敌敌畏	0.004
28	甲霜灵	0.08	65	莠去津	0.02	102	四氟醚唑	0.004
29	莠灭净	0.072	66	烯效唑	0.02	103	乙霉威	0.004
30	苯霜灵	0.07	67	噻呋酰胺	0.024	104	丁苯吗啉	0.003
31	丙环唑	0.07	68	苯醚甲环唑	0.01	105	水胺硫磷	0.003
32	吡唑萘菌胺	0.06	69	丙硫菌唑	0.01	106	异丙威	0.002
33	异菌脲	0.06	70	哒螨灵	0.01	107	克百威	0.001
34	仲丁威	0.06	71	敌草腈	0.01	108	哌草丹	0.001
35	螺虫乙酯	0.05	72	毒死蜱	0.01	109	治螟磷	0.001
36	氯菊酯	0.05	73	噁霜灵	0.01	110	唑胺菌酯	0.001
37	乙螨唑	0.05	74	蒽醌	0.01	111	喹禾灵	0.0009
38	乙嘧酚磺酸酯	0.05	75	粉唑醇	0.01	112	甲拌磷	0.0007
39	苯氧威	0.04	76	氟吡菌胺	0.01	113	氟吡禾灵	0.0007
40	啶酰菌胺	0.04	77	氟酰脲	0.01	114	氟吡甲禾灵	0.0007
41	氟菌唑	0.04	78	联苯	0.01	115	特丁硫磷	0.0006
42	扑草净	0.04	79	联苯菊酯	0.01	116	1,4-二甲基萘	—
43	肟菌酯	0.04	80	螺螨酯	0.01	117	8-羟基喹啉	—
44	吡唑醚菌酯	0.03	81	咪鲜胺	0.01	118	胺菊酯	—
45	丙溴磷	0.03	82	炔螨特	0.01	119	苯醚氰菊酯	—
46	虫螨腈	0.03	83	五氯硝基苯	0.01	120	吡螨胺	—
47	甲基嘧啶磷	0.03	84	乙烯菌核利	0.01	121	吡喃酮	—
48	甲氰菊酯	0.03	85	苗虫威	0.01	122	丙硫磷	—
49	腈菌唑	0.03	86	滴滴涕	0.01	123	硅氟唑	—

续表

序号	农药	ADI	序号	农药	ADI	序号	农药	ADI
124	甲氯酰草胺	—	135	茉莉酮	—	146	五氯苯	—
125	甲醚菊酯	—	136	坪草丹	—	147	五氯苯甲腈	—
126	甲氧丙净	—	137	炔丙菊酯	—	148	烯虫炔酯	—
127	间羟基联苯	—	138	噻唑烟酸	—	149	缬霉威	—
128	腈吡螨酯	—	139	三氯甲基吡啶	—	150	新燕灵	—
129	磷酸三异丁酯	—	140	双苯酰草胺	—	151	溴苯磷	—
130	另丁津	—	141	四氢吩胺	—	152	兹克威	—
131	六氯苯	—	142	速灭威	—	153	氟硅菊酯	—
132	氯磺隆	—	143	特草灵	—	154	溴丁酰草胺	—
133	嘧菌胺	—	144	特丁通	—	155	八氯二丙醚	—
134	灭除威	—	145	威杀灵	—	156	异噁草酮	—

注："—"表示国家标准中无 ADI 值规定；ADI 值单位为 mg/kg bw

4.2　农药残留膳食暴露风险评估

4.2.1　每例水果蔬菜样品中农药残留安全指数分析

基于农药残留侦测数据，发现在 2022 例样品中侦测出农药 5323 频次，计算样品中每种残留农药的安全指数 IFS_c，并分析农药对样品安全的影响程度，农药残留对水果蔬菜样品安全的影响程度频次分布情况如图 4-2 所示。

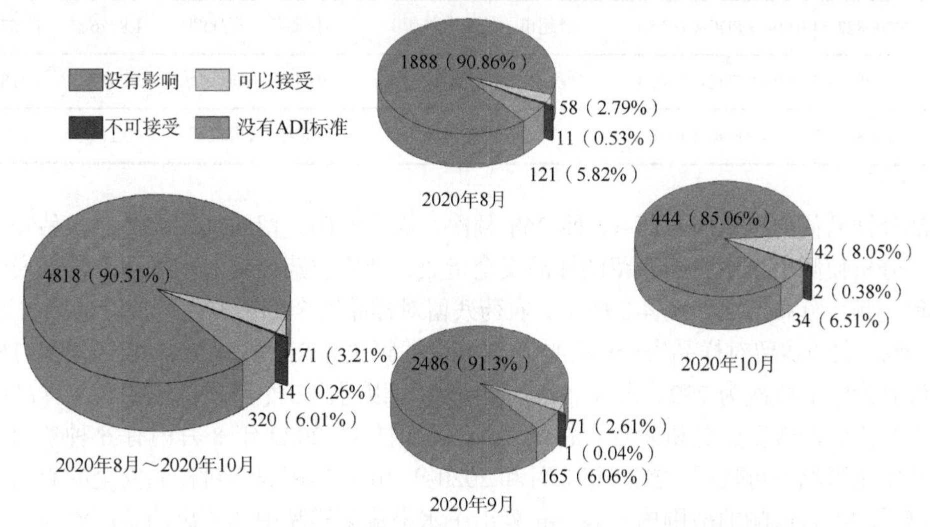

图 4-2　农药残留对水果蔬菜样品安全的影响程度频次分布图

由图 4-2 可以看出，农药残留对样品安全的影响不可接受的频次为 14，占 0.26%；

农药残留对样品安全的影响可以接受的频次为 171，占 3.21%；农药残留对样品安全没有影响的频次为 4818，占 90.51%。分析发现，农药残留对水果蔬菜样品安全的影响程度及频次顺序为 2020 年 10 月（522）<2020 年 8 月（2078）<2020 年 9 月（2723），三个月份的农药残留对样品安全均存在不可接受的影响。表 4-5 为对水果蔬菜样品中安全影响不可接受的农药残留列表。

表 4-5 水果蔬菜样品中安全影响不可接受的农药残留列表

序号	样品编号	采样点	基质	农药	含量（mg/kg）	IFS_c
1	20200819-640500-LZFDC-CE-21A	**超市（世和新天地店）	芹菜	克百威	1.9454	12.3209
2	20200821-640500-LZFDC-CE-11A	**便民果蔬店（沙坡头区宣和镇）	芹菜	克百威	1.7512	11.0909
3	20200820-640500-LZFDC-CE-12A	菜店（**区中央东大道）	芹菜	克百威	1.4207	8.9978
4	20200822-640100-LZFDC-CE-26A	**果蔬店（兴庆区富宁街）	芹菜	克百威	0.6288	3.98
5	20200819-610300-LZFDC-EP-49A	**蔬菜直销点（西大街店）	茄子	炔螨特	3.4253	2.1694
6	20201009-620100-LZFDC-DJ-57A	**蔬菜便民直销店（兰棉店）	菜豆	异丙威	0.5837	1.8484
7	20200919-620100-LZFDC-CL-89A	**蔬菜店（榆中县）	小油菜	咪鲜胺	2.4	1.5352
8	20200817-621000-LZFDC-CL-49A	**蔬菜水产干调批发市场	小油菜	联苯菊酯	2.3852	1.5106
9	20200819-610300-LZFDC-JD-21A	**蔬菜配送（渭滨区新建路）	豇豆	唑胺菌酯	0.2235	1.4155
10	20200819-640500-LZFDC-PB-21A	**万家超市（世和新天地店）	小白菜	联苯菊酯	2.2151	1.4029
11	20201009-620100-LZFDC-CL-95A	**蔬菜专营店（七里河区）	小油菜	哒螨灵	1.9354	1.2258
12	20200822-640100-LZFDC-CL-15A	**超市（长城东路店）	小油菜	毒死蜱	1.8276	1.1575
13	20200817-621000-LZFDC-CL-49A	**蔬菜水产干调批发市场	小油菜	氟吡菌胺	1.7817	1.1284
14	20200817-620800-LZFDC-CE-47A	**超市（新民店）	芹菜	甲拌磷	0.11	1.017

部分样品侦测出禁用农药 11 种 268 频次，为了明确残留的禁用农药对样品安全的影响，分析侦测出禁用农药残留的样品安全指数，禁用农药残留对水果蔬菜样品安全的影响程度频次分布情况如图 4-3 所示，农药残留对样品安全的影响不可接受的频次为 6，占 2.24%；农药残留对样品安全的影响可以接受的频次为 26，占 9.7%；农药残留对样品安全没有影响的频次为 232，占 86.57%。由图中可以看出 3 个月份的水果蔬菜样品中均侦测出禁用农药残留，分析发现，在该 3 个月份内只有 2020 年 8 月内有 6 种禁用农药对样品安全影响不可接受，2020 年 8 月和 2020 年 10 月禁用农药对样品安全的影响均在可以接受和没有影响的范围内。表 4-6 列出了水果蔬菜样品中侦测出的禁用农药残留不可接受的安全指数表。

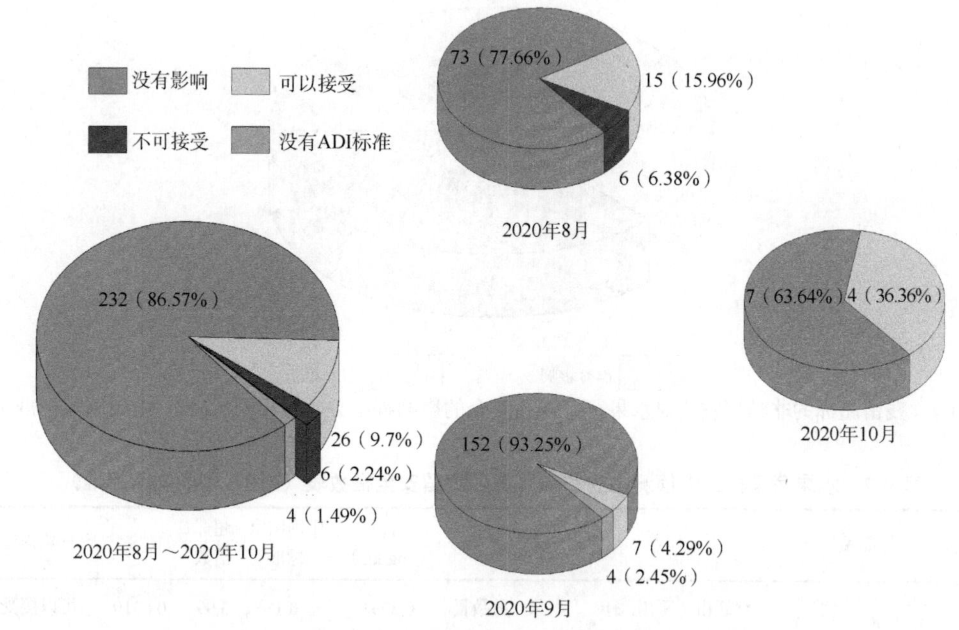

图 4-3　禁用农药对水果蔬菜样品安全影响程度的频次分布图

表 4-6　水果蔬菜样品中侦测出的禁用农药残留不可接受的安全指数表

序号	样品编号	采样点	基质	农药	含量（mg/kg）	IFS_c
1	20200819-640500-LZFDC-CE-21A	**超市（世和新天地店）	芹菜	克百威	1.9454	12.3209
2	20200821-640500-LZFDC-CE-11A	**果蔬店（沙坡头区宣和镇）	芹菜	克百威	1.7512	11.0909
3	20200820-640500-LZFDC-CE-12A	*店（沙坡头区中央东大道）	芹菜	克百威	1.4207	8.9978
4	20200822-640100-LZFDC-CE-26A	**果蔬店（兴庆区富宁街）	芹菜	克百威	0.6288	3.98
5	20200822-640100-LZFDC-CL-15A	**超市（长城东路店）	小油菜	毒死蜱	1.8276	1.1575
6	20200817-620800-LZFDC-CE-47A	**超市（新民店）	芹菜	甲拌磷	0.11	1.017

此外，本次侦测发现部分样品中非禁用农药残留量超过了 MRL 中国国家标准和欧盟标准，为了明确超标的非禁用农药对样品安全的影响，分析了非禁用农药残留超标的样品安全指数。

水果蔬菜残留量超过 MRL 中国国家标准的非禁用农药对水果蔬菜样品安全的影响程度频次分布情况如图 4-4 所示。可以看出侦测出超过 MRL 中国国家标准的非禁用农药共 8 频次，其中农药残留对样品安全的影响可以接受的频次为 5，占 62.5%；农药残留对样品安全没有影响的频次为 3，占 37.5%。表 4-7 为水果蔬菜样品中侦测出的非禁用农药残留安全指数表。

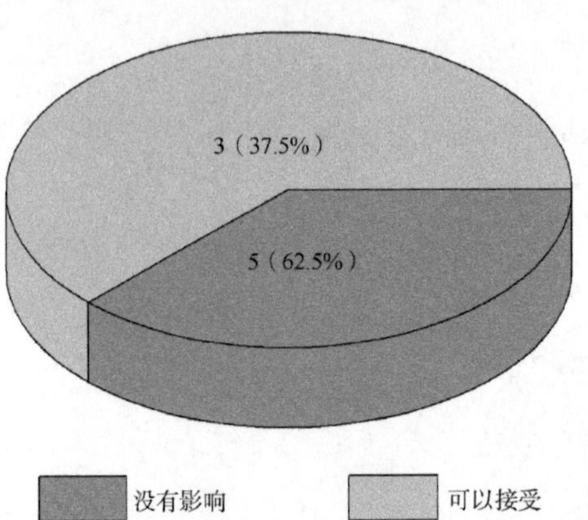

图 4-4 残留超标的非禁用农药对水果蔬菜样品安全的影响程度频次分布图（MRL 中国国家标准）

表 4-7 水果蔬菜样品中侦测出的非禁用农药残留安全指数表（MRL 中国国家标准）

序号	样品编号	采样点	基质	农药	含量（mg/kg）	中国国家标准	超标倍数	IFS_c	影响程度
1	20200921-620400-LZFDC-AP-20A	**超市（平川区）	苹果	敌敌畏	0.3991	0.1	3.99	0.6319	可以接受
2	20200910-630200-LZFDC-GP-10A	**生活超市（乐都区文化街）	葡萄	苯醚甲环唑	0.6292	0.5	1.26	0.3985	可以接受
3	20200921-620400-LZFDC-GP-35A	**市场	葡萄	氟吡菌酰胺	4.7854	2	2.39	0.3788	可以接受
4	20200819-620400-LZFDC-JD-36A	**综合超市（白银店）	豇豆	氯氟氰菊酯	0.4227	0.2	2.11	0.1339	可以接受
5	202009-650100-LZFDC-GP-17A	淘宝网（**精品鲜果店）	葡萄	三唑醇	0.5165	0.3	1.72	0.109	可以接受
6	20201009-620100-LZFDC-JD-91A	**农特汇生鲜直营店（七里河区吴家园路）	豇豆	氯氟氰菊酯	0.2194	0.2	1.1	0.0695	没有影响
7	20200921-620400-LZFDC-GP-35A	**市场	葡萄	敌草腈	0.0536	0.05	1.07	0.0339	没有影响
8	20200902-610100-LZFDC-CU-09A	**蔬菜水果综合超市（长安区神舟一路）	黄瓜	乙螨唑	0.0221	0.02	1.11	0.0028	没有影响

残留量超过 MRL 欧盟标准的非禁用农药对水果蔬菜样品安全的影响程度频次分布情况如图 4-5 所示。可以看出超过 MRL 欧盟标准的非禁用农药共 942 频次，其中农药没

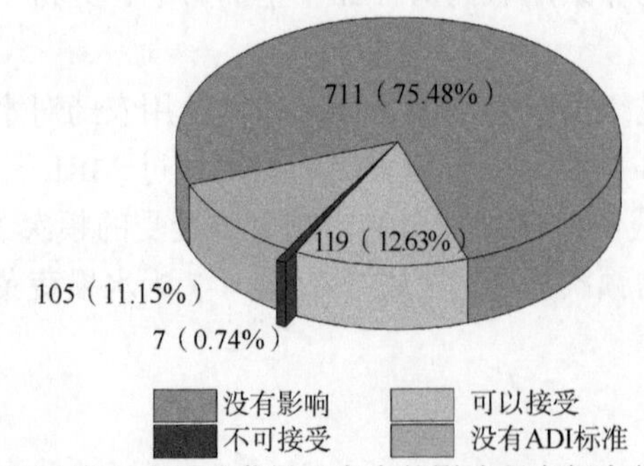

图 4-5 残留超标的非禁用农药对水果蔬菜样品安全的影响程度频次分布图（MRL 欧盟标准）

有 ADI 的频次为 105，占 11.15%；农药残留对样品安全的影响可以接受的频次为 119，占 12.63%；农药残留对样品安全没有影响的频次为 711，占 75.48%。表 4-8 为水果蔬菜样品中安全指数排名前 10 的残留超标非禁用农药列表。

表 4-8　水果蔬菜样品中安全指数排名前 10 的残留超标非禁用农药列表（MRL 欧盟标准）

序号	样品编号	采样点	基质	农药	含量（mg/kg）	欧盟标准	超标倍数	IFS_c	影响程度
1	20200819-610300-LZFDC-EP-49A	**蔬菜直销点（西大街店）	茄子	炔螨特	3.4253	0.01	342.53	2.17	不可接受
2	20201009-620100-LZFDC-DJ-57A	**蔬菜便民直销店（兰棉店）	菜豆	异丙威	0.5837	0.01	58.37	1.85	不可接受
3	20200919-620100-LZFDC-CL-89A	**蔬菜店（榆中县）	小油菜	咪鲜胺	2.4	0.05	48.48	1.54	不可接受
4	20200817-621000-LZFDC-CL-49A	**蔬菜水产干调批发市场	小油菜	联苯菊酯	2.3852	0.01	238.52	1.51	不可接受
5	20200819-610300-LZFDC-JD-21A	**蔬菜配送（渭滨区新建路）	豇豆	唑胺菌酯	0.2235	0.01	22.35	1.42	不可接受
6	20200819-640500-LZFDC-PB-21A	**万家超市（世和新天地店）	小白菜	联苯菊酯	2.2151	0.01	221.51	1.40	不可接受
7	20201009-620100-LZFDC-CL-95A	**高档蔬菜专营店（七里河区）	小油菜	哒螨灵	1.9354	0.01	193.54	1.23	不可接受
8	20200919-620100-LZFDC-JD-16A	**蔬菜水果店（皋兰县石洞镇）	豇豆	苯醚甲环唑	1.4581	1	1.4581	0.92	可以接受
9	20200919-620100-LZFDC-CL-41A	**蔬菜店（永登县）	小油菜	哒螨灵	1.2152	0.01	121.52	0.77	可以接受
10	20200820-640300-LZFDC-CE-18A	**西路鲜果蔬菜店（利通区明珠西路）	芹菜	氟硅唑	0.7943	0.01	79.43	0.72	可以接受

4.2.2　单种水果蔬菜中农药残留安全指数分析

本次检测的水果共计 20 种，20 种水果蔬菜全部检测出农药残留，检出频次为 688 次，其中 41 种农药没有 ADI 标准，115 种农药存在 ADI 标准。对 20 种水果蔬菜按不同种类分别计算侦测出的具有 ADI 标准的各种农药的 IFS_c 值，农药残留对水果蔬菜的安全指数分布图如图 4-6 所示。

分析发现芹菜中的克百威残留与豇豆中的唑胺菌酯残留对食品安全影响不可接受，如表 4-9 所示。

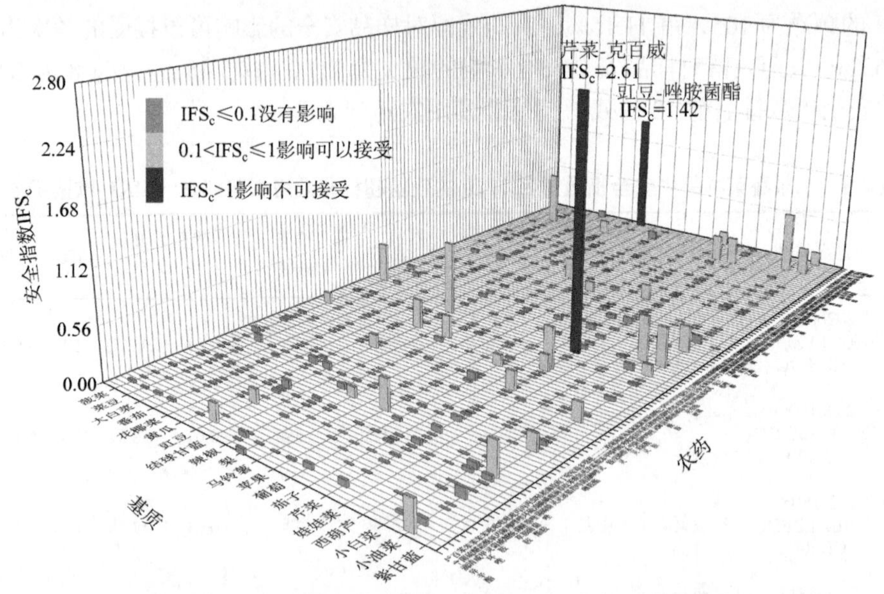

图 4-6　20 种水果蔬菜中 115 种残留农药的安全指数分布图

表 4-9　单种水果蔬菜中安全影响不可接受的残留农药安全指数表

序号	基质	农药	检出频次	检出率（%）	IFS＞1 的频次	IFS＞1 的比例（%）	IFS_c
1	芹菜	克百威	15	2.61	4	0.70	2.6115
2	豇豆	唑胺菌酯	1	0.40	1	0.40	1.4115

本次侦测中，20 种水果蔬菜和 156 种残留农药（包括没有 ADI 标准）共涉及 688 个分析样本，农药对单种水果蔬菜安全的影响程度分布情况如图 4-7 所示。可以看出，82.56%的样本中农药对水果蔬菜安全没有影响，4.8%的样本中农药对水果蔬菜安全的影响可以接受，0.29%的样本中农药对水果蔬菜安全的影响不可接受。

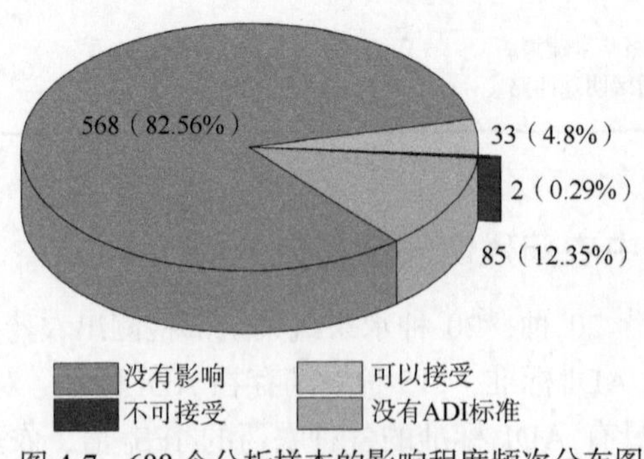

图 4-7　688 个分析样本的影响程度频次分布图

4.2.3　所有水果蔬菜中农药残留安全指数分析

计算所有水果蔬菜中 115 种农药的 $\overline{IFS_c}$ 值，结果如图 4-8 及表 4-10 所示。

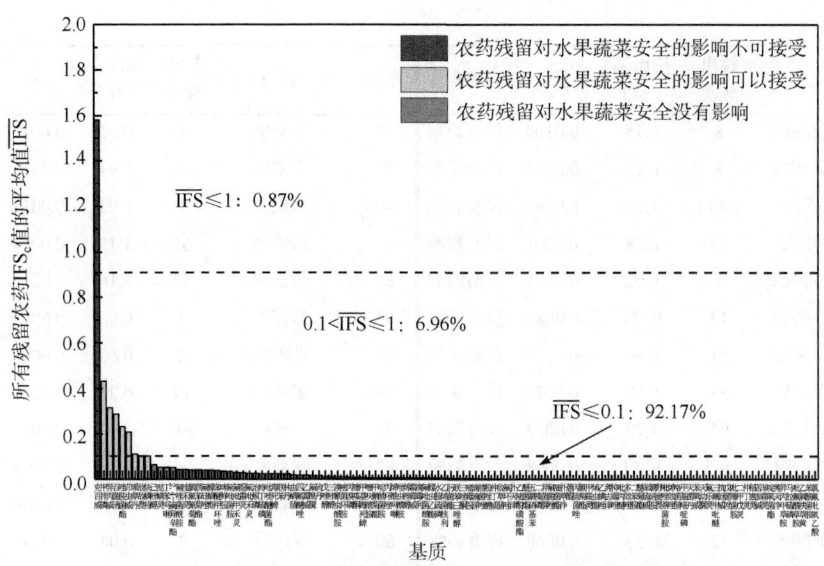

图 4-8　57 种残留农药对水果蔬菜的安全影响程度统计图

分析发现，只有克百威的 $\overline{IFS}_c$ 大于 1，说明克百威对水果蔬菜安全的影响不可接受。其他农药的 $\overline{IFS}_c$ 均小于 1，说明 124 种农药对水果蔬菜安全的影响均在没有影响和可以接受的范围内，其中 6.96%的农药对水果蔬菜安全的影响可以接受，92.17%的农药对水果蔬菜安全没有影响。

表 4-10　水果蔬菜中 115 种农药残留的安全指数表

序号	农药	检出频次	检出率（%）	$\overline{IFS}_c$	影响程度	序号	农药	检出频次	检出率（%）	$\overline{IFS}_c$	影响程度
1	克百威	26	0.49	1.5798	不可接受	20	苯醚甲环唑	222	4.17	0.0383	没有影响
2	甲拌磷	4	0.08	0.4316	可以接受	21	咪鲜胺	80	1.50	0.0350	没有影响
3	异丙威	12	0.23	0.3155	可以接受	22	氟吡菌胺	62	1.16	0.0329	没有影响
4	百菌清	2	0.04	0.2864	可以接受	23	氟吡甲禾灵	3	0.06	0.0302	没有影响
5	唑胺菌酯	10	0.19	0.2311	可以接受	24	噁霜灵	14	0.26	0.0282	没有影响
6	茚虫威	10	0.19	0.2081	可以接受	25	氟吡禾灵	4	0.08	0.0258	没有影响
7	哌草丹	2	0.04	0.1105	可以接受	26	治螟磷	4	0.08	0.0257	没有影响
8	敌敌畏	9	0.17	0.1040	可以接受	27	特丁硫磷	1	0.02	0.0253	没有影响
9	炔螨特	43	0.81	0.1011	可以接受	28	吡唑醚菌酯	100	1.88	0.0251	没有影响
10	己唑醇	28	0.53	0.0628	没有影响	29	毒死蜱	221	4.15	0.0251	没有影响
11	哒螨灵	141	2.65	0.0525	没有影响	30	联苯	61	1.15	0.00	没有影响
12	丁苯吗啉	6	0.11	0.0519	没有影响	31	林丹	1	0.02	0.0238	没有影响
13	2,4-滴异辛酯	1	0.02	0.0508	没有影响	32	虫螨腈	267	5.02	0.0193	没有影响
14	氟唑菌酰胺	14	0.26	0.0431	没有影响	33	四氟醚唑	17	0.32	0.0172	没有影响
15	喹禾灵	1	0.02	0.0429	没有影响	34	乙霉威	3	0.06	0.0172	没有影响
16	氯氟氰菊酯	6	4.62	0.0413	没有影响	35	氟酰脲	1	0.02	0.0156	没有影响
17	联苯菊酯	143	2.69	0.0401	没有影响	36	硫丹	3	0.06	0.0243	没有影响
18	氟硅唑	76	1.43	0.0393	没有影响	37	戊唑醇	202	3.79	0.0115	没有影响
19	螺螨酯	11	0.21	0.0390	没有影响	38	三唑醇	61	1.15	0.0113	没有影响

续表

序号	农药	检出频次	检出率（%）	$\overline{IFS_c}$	影响程度	序号	农药	检出频次	检出率（%）	$\overline{IFS_c}$	影响程度
39	溴氰虫酰胺	8	0.15	0.0104	没有影响	78	氯菊酯	1	0.02	0.0017	没有影响
40	嘧菌环胺	8	0.15	0.0098	没有影响	79	甲霜灵	155	2.91	0.0016	没有影响
41	丙溴磷	85	1.60	0.0095	没有影响	80	烯虫酯	1	0.02	0.0014	没有影响
42	噻嗪酮	15	0.28	0.0091	没有影响	81	乙螨唑	61	1.15	0.0014	没有影响
43	甲基毒死蜱	1	0.02	0.0091	没有影响	82	莠去津	62	1.16	0.0013	没有影响
44	噻呋酰胺	13	0. 24	0.0085	没有影响	83	抑霉唑	3	0.06	0.0013	没有影响
45	甲氰菊酯	21	0.39	0.0079	没有影响	84	吡丙醚	32	0.60	0.0011	没有影响
46	啶酰菌胺	33	0.62	0.0079	没有影响	85	多效唑	14	0.26	0.0010	没有影响
47	丙环唑	95	1.78	0.0077	没有影响	86	二苯胺	292	5.49	0.0010	没有影响
48	烯酰吗啉	565	10.61	0.0068	没有影响	87	醚菊酯	24	0.26	0.0009	没有影响
49	唑虫酰胺	9	0.17	0.0068	没有影响	88	苯硫威	1	0.02	0.0009	没有影响
50	烯唑醇	12	0.23	0.0068	没有影响	89	氯硝胺	3	0.06	0.0008	没有影响
51	霜霉威	115	2.16	0.0068	没有影响	90	野麦畏	1	0.02	0.0008	没有影响
52	腐霉利	150	2.82	0.0067	没有影响	91	吡唑萘菌胺	9	0.17	0.0008	没有影响
53	氟吡菌酰胺	70	1.32	0.0066	没有影响	92	烯效唑	1	0.02	0.0008	没有影响
54	螺虫乙酯	1	0.02	0.0064	没有影响	93	咯菌腈	24	0.45	0.0007	没有影响
55	水胺硫磷	1	0.02	0.0061	没有影响	94	甲基嘧啶磷	1	0.02	0.0007	没有影响
56	乙烯菌核利	29	0.54	0.0059	没有影响	95	灭菌丹	351	6.59	0.0006	没有影响
57	肟菌酯	34	0.64	0.0054	没有影响	96	苯氧威	1	0.02	0.0005	没有影响
58	联苯三唑醇	2	0.04	0.0052	没有影响	97	灭幼脲	12	0.23	0.0005	没有影响
59	三唑酮	18	0.34	0.0046	没有影响	98	氟乐灵	6	0.11	0.0005	没有影响
60	嘧霉胺	115	2.16	0.0044	没有影响	99	三氟甲吡醚	1	0.02	0.0005	没有影响
61	滴滴涕	3	0.06	0.0041	没有影响	100	抗蚜威	2	0.04	0.0004	没有影响
62	腈菌唑	77	1.45	0.0039	没有影响	101	戊菌唑	6	0.11	0.0004	没有影响
63	粉唑醇	22	0.41	0.0038	没有影响	102	吡噻菌胺	3	0.06	0.0004	没有影响
64	仲丁威	7	0.13	0.0034	没有影响	103	二甲戊灵	21	0.39	0.0004	没有影响
65	敌草腈	39	0.73	0.0032	没有影响	104	仲丁灵	4	0.08	0.0003	没有影响
66	氟环唑	6	0.11	0.0029	没有影响	105	稻瘟灵	10	0.19	0.0003	没有影响
67	扑灭津	1	0.02	0.0029	没有影响	106	苦参碱	1	0.02	0.0002	没有影响
68	乙嘧酚磺酸酯	5	0.09	0.0027	没有影响	107	苯霜灵	1	0.02	0.0002	没有影响
69	醚菌酯	27	0.51	0.0025	没有影响	108	啶氧菌酯	2	0.04	0.0002	没有影响
70	五氯硝基苯	9	0.17	0.00	没有影响	109	莠灭净	1	0.02	0.0001	没有影响
71	二嗪磷	1	0.02	0.00	没有影响	110	异丙甲草胺	2	0.04	0.0001	没有影响
72	异菌脲	3	0.06	0.00	没有影响	111	马拉硫磷	2	0.04	0.0001	没有影响
73	氟菌唑	1	0.02	0.0023	没有影响	112	吡氟酰草胺	1	0.02	0.0001	没有影响
74	嘧菌酯	80	1.50	0.0022	没有影响	113	乙氧呋草黄	8	0.15	0.0000	没有影响
75	扑草净	11	0.21	0.0020	没有影响	114	苯酰菌胺	9	0.17	0.0000	没有影响
76	蒽醌	78	1.47	0.0018	没有影响	115	氯氟吡氧乙酸	1	0.02	0.0000	没有影响
77	丙硫菌唑	1	0.02	0.0017	没有影响						

对每个月内所有水果蔬菜中残留农药的 $\overline{\mathrm{IFS}}_{\mathrm{c}}$ 进行分析，结果如图 4-9 所示。分析发现，3 个月份只有 8 月份芹菜中的克百威对水果蔬菜的安全影响不可接受，其他农药对水果蔬菜安全的影响均处于没有影响和可以接受的范围内。每月内不同农药对水果蔬菜安全影响程度的统计如图 4-10 所示。

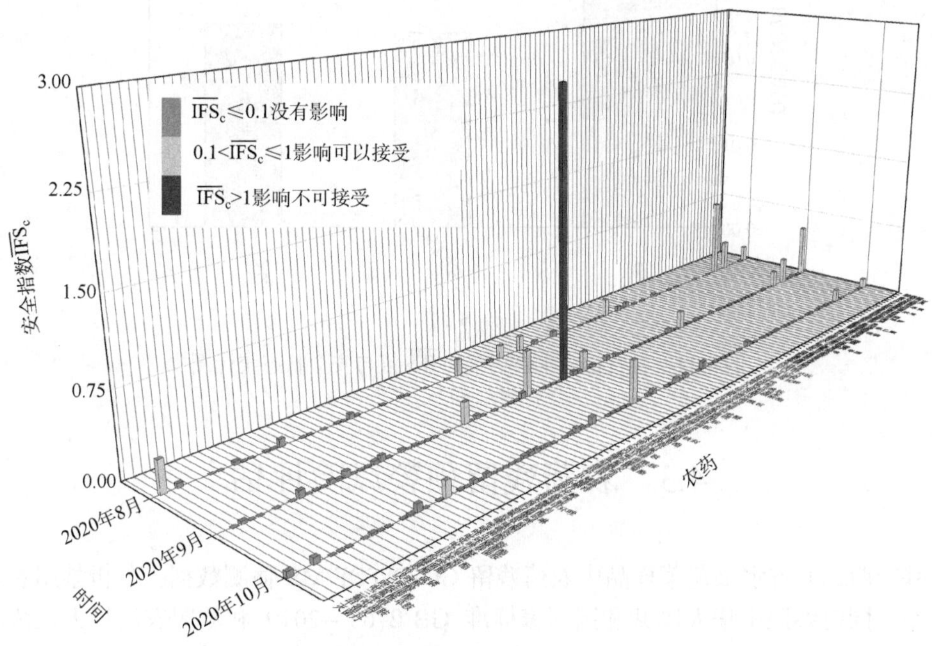

图 4-9 各月份内水果蔬菜中每种残留农药的安全指数分布图

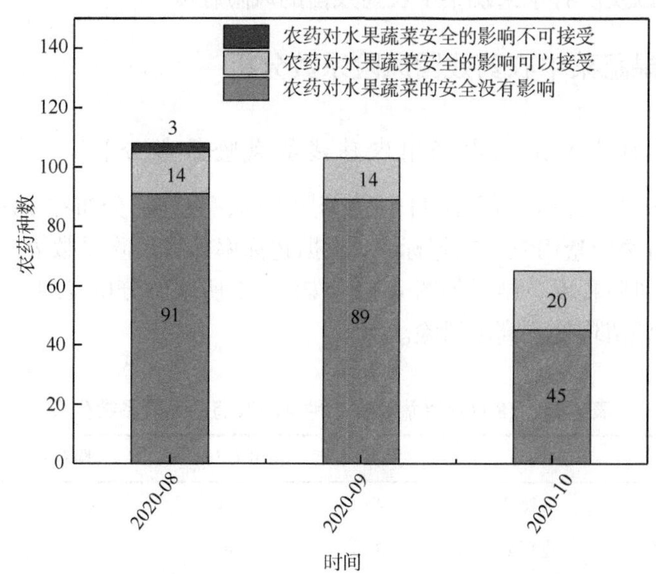

图 4-10 各月份内农药对水果蔬菜安全影响程度的统计图

计算每个月内水果蔬菜的 $\overline{\mathrm{IFS}}$，以分析每月内水果蔬菜的安全状态，结果如图 4-11 所示，可以看出 3 个月的水果蔬菜安全状态均处于很好的范围内。

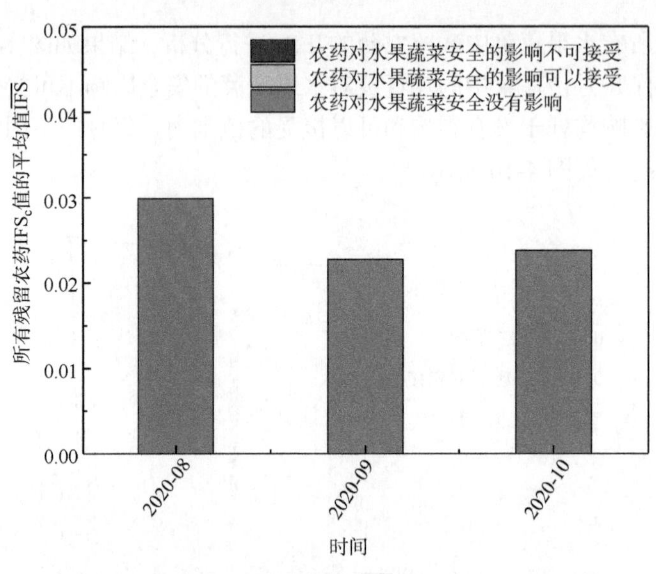

图 4-11 各月份内水果蔬菜的 $\overline{IFS}$ 值与安全状态统计图

4.3 农药残留预警风险评估

基于西北五省水果蔬菜样品中农药残留 GC-Q-TOF/MS 侦测数据，分析禁用农药的检出率，同时参照中华人民共和国国家标准 GB 2763—2019 和欧盟农药最大残留限量（MRL）标准分析非禁用农药残留的超标率，并计算农药残留风险系数。分析单种水果蔬菜中农药残留以及所有水果蔬菜中农药残留的风险程度。

4.3.1 单种水果蔬菜中农药残留风险系数分析

4.3.1.1 单种水果蔬菜中禁用农药残留风险系数分析

侦测出的 156 种残留农药中有 11 种为禁用农药，且它们分布在 18 种水果蔬菜中，计算 18 种水果蔬菜中禁用农药的超标率，根据超标率计算风险系数 R，进而分析水果蔬菜中禁用农药的风险程度，结果如图 4-12 与表 4-11 所示。分析发现 3 种禁用农药在所有水果蔬菜中的残留均处于高度风险。

表 4-11 18 种水果蔬菜中 3 种禁用农药的风险系数列表

序号	基质	农药	检出频次	检出率（%）	风险系数 R	风险程度
1	大白菜	毒死蜱	4	4.00	5.10	高度风险
2	小油菜	克百威	8	7.48	8.58	高度风险
3	小白菜	克百威	2	2.02	3.12	高度风险
4	花椰菜	毒死蜱	6	4.76	5.86	高度风险

续表

序号	基质	农药	检出频次	检出率（%）	风险系数 R	风险程度
5	芹菜	克百威	15	15.00	16.10	高度风险
6	苹果	毒死蜱	66	66.00	67.10	高度风险
7	茄子	毒死蜱	3	2.61	3.71	高度风险
8	菜豆	毒死蜱	5	5.00	6.10	高度风险
9	菠菜	毒死蜱	2	1.65	2.75	高度风险
10	葡萄	毒死蜱	24	24.00	15.10	高度风险
11	西葫芦	滴滴涕	2	1.83	2.93	高度风险
12	辣椒	毒死蜱	6	6.00	7.10	高度风险
13	马铃薯	毒死蜱	4	4.00	5.10	高度风险
14	黄瓜	毒死蜱	6	6.00	7.10	高度风险
15	大白菜	毒死蜱	4	4.00	5.10	高度风险
16	小油菜	克百威	8	7.48	8.58	高度风险
17	小白菜	克百威	2	2.02	3.12	高度风险
18	花椰菜	毒死蜱	6	4.76	5.86	高度风险

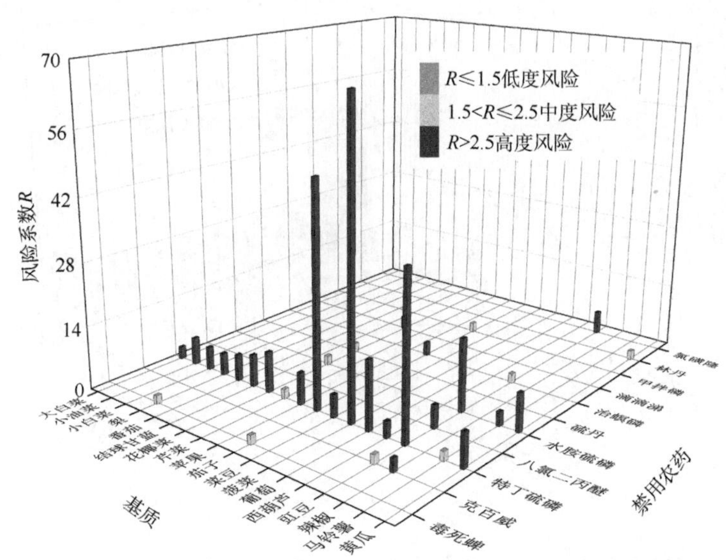

图 4-12　18种水果蔬菜中11种禁用农药的风险系数分布图

4.3.1.2　基于MRL中国国家标准的单种水果蔬菜中非禁用农药残留风险系数分析

参照中华人民共和国国家标准GB 2763—2019中农药残留限量计算每种水果蔬菜中每种非禁用农药的超标率，进而计算其风险系数，根据风险系数大小判断残留农药的预警风险程度，水果蔬菜中非禁用农药残留风险程度分布情况如图 4-13 所示。

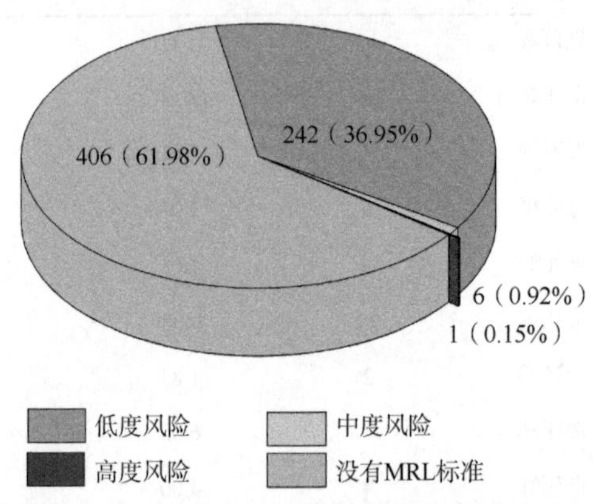

图 4-13　水果蔬菜中非禁用农药风险程度的频次分布图（MRL 中国国家标准）

本次分析中，发现在 20 种水果蔬菜侦测出 145 种残留非禁用农药，涉及样本 655 个，在 655 个样本中，0.15%处于高度风险，0.92%处于中度风险，36.95%处于低度风险，此外发现有 406 个样本没有 MRL 中国国家标准标准值，无法判断其风险程度，有 MRL 中国国家标准值的 249 个样本涉及 19 种水果蔬菜中的 70 种非禁用农药，其风险系数 R 值如图 4-14 所示。

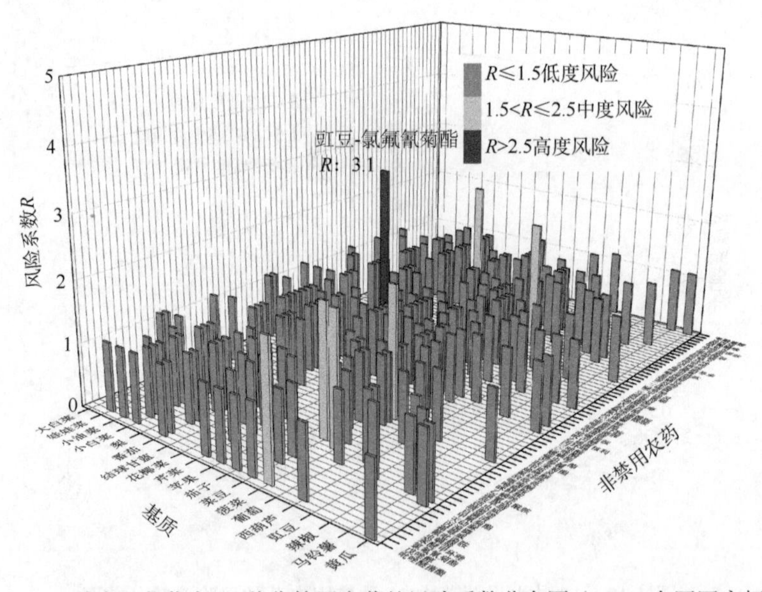

图 4-14　19 种水果蔬菜中 70 种非禁用农药的风险系数分布图（MRL 中国国家标准）

4.3.1.3　基于 MRL 欧盟标准的单种水果蔬菜中非禁用农药残留风险系数分析

参照 MRL 欧盟标准计算每种水果蔬菜中每种非禁用农药的超标率，进而计算其风险系数，根据风险系数大小判断农药残留的预警风险程度，水果蔬菜中非禁用农药残留风险程度分布情况如图 4-15 所示。

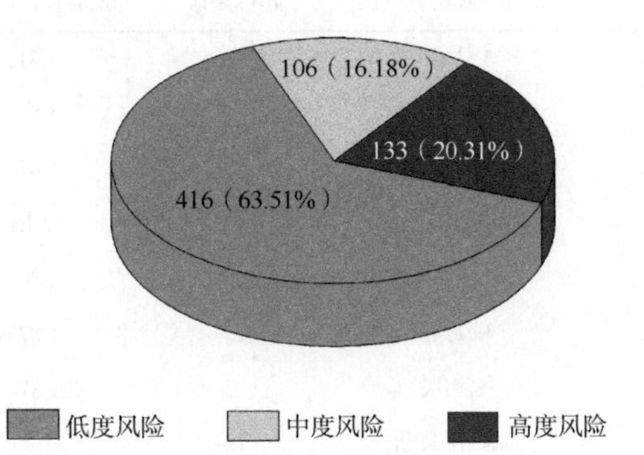

图 4-15　水果蔬菜中非禁用农药的风险程度的频次分布图（MRL 欧盟标准）

本次分析中，发现在 20 种水果蔬菜中共侦测出 245 种非禁用农药，涉及样本 655 个，其中，20.31%处于高度风险，涉及 18 种水果蔬菜和 50 种农药；16.18%处于中度风险，涉及 18 种水果蔬菜和 61 种农药；63.51%处于低度风险，涉及 20 种水果蔬菜和 120 种农药。单种水果蔬菜中的非禁用农药风险系数分布图如图 4-16 所示。单种水果蔬菜中处于高度风险的非禁用农药风险系数如图 4-17 和表 4-12 所示。

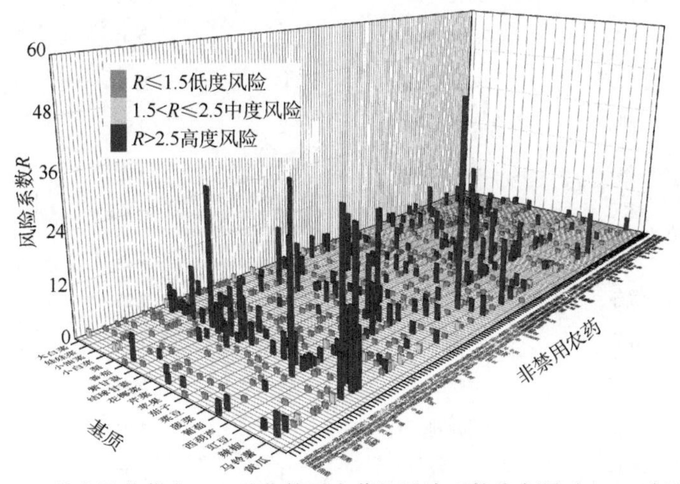

图 4-16　20 种水果蔬菜中 245 种非禁用农药的风险系数分布图（MRL 欧盟标准）

表 4-12　单种水果蔬菜中处于高度风险的非禁用农药的风险系数表（MRL 欧盟标准）

序号	基质	农药	超标频次	超标率 P（%）	风险系数 R
1	大白菜	戊唑醇	2	2.00	3.10
2	大白菜	甲醚菊酯	24	24.00	25.10
3	大白菜	虫螨腈	2	2.00	3.10
4	娃娃菜	甲霜灵	3	2.97	4.07
5	小油菜	8-羟基喹啉	4	3.74	4.84
6	小油菜	丙溴磷	18	16.82	17.92

续表

序号	基质	农药	超标频次	超标率 *P*（%）	风险系数 *R*
7	小油菜	丙环唑	9	8.41	9.51
8	小油菜	五氯苯甲腈	2	1.87	2.97
9	小油菜	咪鲜胺	2	1.87	2.97
10	小油菜	哒螨灵	13	12.15	13.25
11	小油菜	唑胺菌酯	3	2.80	3.90
12	小油菜	嘧霉胺	2	1.87	2.97
13	小油菜	噁霜灵	2	1.87	2.97
14	小油菜	氯氟氰菊酯	16	24.95	16.05
15	小油菜	烯酰吗啉	11	10.28	11.38
16	小油菜	百菌清	2	1.87	2.97
17	小油菜	联苯菊酯	4	3.74	4.84
18	小油菜	腐霉利	2	1.87	2.97
19	小油菜	虫螨腈	35	32.71	33.81
20	小白菜	哒螨灵	12	12.12	13.22
21	小白菜	灭菌丹	2	2.02	3.12
22	小白菜	联苯菊酯	2	2.02	3.12
23	小白菜	虫螨腈	35	35.35	36.45
24	梨	氯氟氰菊酯	2	2.00	3.10
25	梨	虫螨腈	4	4.00	5.10
26	梨	速灭威	11	11.00	12.10
27	番茄	三唑酮	3	2.27	3.37
28	番茄	乙烯菌核利	3	2.27	3.37
29	番茄	噁霜灵	2	1.52	2.62
30	番茄	噻嗪酮	3	2.27	3.37
31	番茄	四氢吩胺	4	3.03	4.13
32	番茄	异菌脲	3	2.27	3.37
33	番茄	氟硅唑	4	3.03	4.13
34	番茄	氯氟氰菊酯	3	2.27	3.37
35	番茄	炔螨特	2	1.52	2.62
36	番茄	甲氰菊酯	5	3.79	4.89
37	番茄	腐霉利	18	13.64	24.74
38	番茄	虫螨腈	15	11.36	12.46
39	结球甘蓝	虫螨腈	10	10.20	11.30
40	花椰菜	虫螨腈	3	2.38	3.48
41	芹菜	1,4-二甲基萘	2	2.00	3.10

续表

序号	基质	农药	超标频次	超标率 *P*（%）	风险系数 *R*
42	芹菜	8-羟基喹啉	2	2.00	3.10
43	芹菜	三唑酮	4	4.00	5.10
44	芹菜	三唑醇	3	3.00	4.10
45	芹菜	丙溴磷	2	2.00	3.10
46	芹菜	丙环唑	28	28.00	29.10
47	芹菜	二苯胺	9	9.00	10.10
48	芹菜	五氯苯甲腈	2	2.00	3.10
49	芹菜	咪鲜胺	5	5.00	6.10
50	芹菜	哒螨灵	2	2.00	3.10
51	芹菜	嘧霉胺	5	5.00	6.10
52	芹菜	噁霜灵	2	2.00	3.10
53	芹菜	己唑醇	3	3.00	4.10
54	芹菜	戊唑醇	2	2.00	3.10
55	芹菜	敌敌畏	2	2.00	3.10
56	芹菜	氟硅唑	11	11.00	12.10
57	芹菜	灭菌丹	2	2.00	3.10
58	芹菜	甲霜灵	2	2.00	3.10
59	芹菜	联苯菊酯	2	2.00	3.10
60	芹菜	腈菌唑	2	2.00	3.10
61	芹菜	腐霉利	4	4.00	5.10
62	芹菜	虫螨腈	2	2.00	3.10
63	芹菜	醚菌酯	2	2.00	3.10
64	芹菜	霜霉威	9	9.00	10.10
65	苹果	乙烯菌核利	2	2.00	3.10
66	苹果	灭幼脲	3	3.00	4.10
67	苹果	炔螨特	24	24.00	15.10
68	苹果	甲氰菊酯	3	3.00	4.10
69	苹果	甲醚菊酯	22	22.00	23.10
70	苹果	虫螨腈	2	2.00	3.10
71	茄子	丙溴磷	12	10.43	11.53
72	茄子	炔螨特	15	13.04	24.24
73	茄子	腐霉利	3	2.61	3.71
74	茄子	虫螨腈	7	6.09	7.19
75	菜豆	三唑醇	3	3.00	4.10
76	菜豆	丙溴磷	3	3.00	4.10

续表

序号	基质	农药	超标频次	超标率 P（%）	风险系数 R
77	菜豆	乙螨唑	3	3.00	4.10
78	菜豆	仲丁威	3	3.00	4.10
79	菜豆	异丙威	4	4.00	5.10
80	菜豆	炔螨特	6	6.00	7.10
81	菜豆	烯酰吗啉	7	7.00	8.10
82	菜豆	甲氰菊酯	2	2.00	3.10
83	菜豆	联苯菊酯	5	5.00	6.10
84	菜豆	虫螨腈	4	4.00	5.10
85	菜豆	螺螨酯	4	4.00	5.10
86	菠菜	五氯苯甲腈	2	1.65	2.75
87	菠菜	双苯酰草胺	2	1.65	2.75
88	菠菜	哒螨灵	5	4.13	5.23
89	菠菜	嘧霉胺	3	2.48	3.58
90	菠菜	噁霜灵	3	2.48	3.58
91	菠菜	戊唑醇	2	1.65	2.75
92	菠菜	氯氟氰菊酯	3	2.48	3.58
93	菠菜	灭幼脲	2	1.65	2.75
94	葡萄	三唑酮	2	2.00	3.10
95	葡萄	噻呋酰胺	5	5.00	6.10
96	葡萄	己唑醇	4	4.00	5.10
97	葡萄	敌草腈	2	2.00	3.10
98	葡萄	氟硅唑	3	3.00	4.10
99	葡萄	氯氟氰菊酯	4	4.00	5.10
100	葡萄	腐霉利	24	24.00	15.10
101	葡萄	虫螨腈	5	5.00	6.10
102	西葫芦	甲霜灵	3	2.75	3.85
103	西葫芦	联苯	53	48.62	49.72
104	西葫芦	腐霉利	2	1.83	2.93
105	豇豆	三唑醇	7	6.93	8.03
106	豇豆	丙溴磷	6	5.94	7.04
107	豇豆	乙螨唑	4	3.96	5.06
108	豇豆	吡唑醚菌酯	2	1.98	3.08
109	豇豆	烯酰吗啉	16	15.84	16.94
110	豇豆	甲霜灵	2	1.98	3.08
111	豇豆	联苯菊酯	2	1.98	3.08

续表

序号	基质	农药	超标频次	超标率 P（%）	风险系数 R
112	豇豆	虫螨腈	8	7.92	9.02
113	豇豆	螺螨酯	3	2.97	4.07
114	辣椒	丁苯吗啉	5	5.00	6.10
115	辣椒	丙环唑	4	4.00	5.10
116	辣椒	仲丁威	2	2.00	3.10
117	辣椒	哒螨灵	5	5.00	6.10
118	辣椒	己唑醇	3	3.00	4.10
119	辣椒	氯氟氰菊酯	3	3.00	4.10
120	辣椒	炔螨特	2	2.00	3.10
121	辣椒	缬霉威	4	4.00	5.10
122	辣椒	腐霉利	4	4.00	5.10
123	辣椒	虫螨腈	13	13.00	24.10
124	黄瓜	8-羟基喹啉	5	5.00	6.10
125	黄瓜	噁霜灵	3	3.00	4.10
126	黄瓜	多效唑	4	4.00	5.10
127	黄瓜	异丙威	4	4.00	5.10
128	黄瓜	灭菌丹	3	3.00	4.10
129	黄瓜	特草灵	2	2.00	3.10
130	黄瓜	联苯	7	7.00	8.10
131	黄瓜	联苯菊酯	24	24.00	15.10
132	黄瓜	腐霉利	11	11.00	12.10
133	黄瓜	虫螨腈	31	31.00	32.10

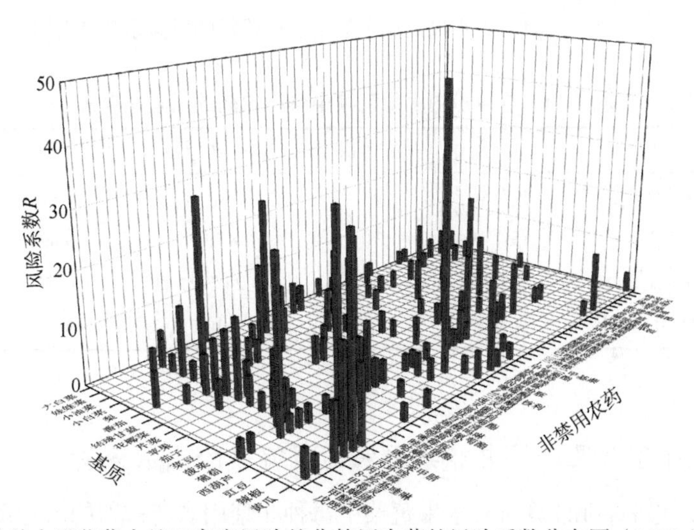

图 4-17　单种水果蔬菜中处于高度风险的非禁用农药的风险系数分布图（MRL 欧盟标准）

4.3.2　所有水果蔬菜中农药残留风险系数分析

4.3.2.1　所有水果蔬菜中禁用农药残留风险系数分析

在侦测出的 156 种农药中有 11 种为禁用农药，计算所有水果蔬菜中禁用农药的风险系数，结果如表 4-13 所示。禁用农药毒死蜱处于高度风险。

表 4-13　水果蔬菜中 2 种禁用农药的风险系数表

序号	农药	检出频次	检出率 *P*（%）	风险系数 *R*	风险程度
1	毒死蜱	221	10.93	12.03	高度风险

对每个月内的禁用农药的风险系数进行分析，结果如图 4-18 和表 4-14 所示。

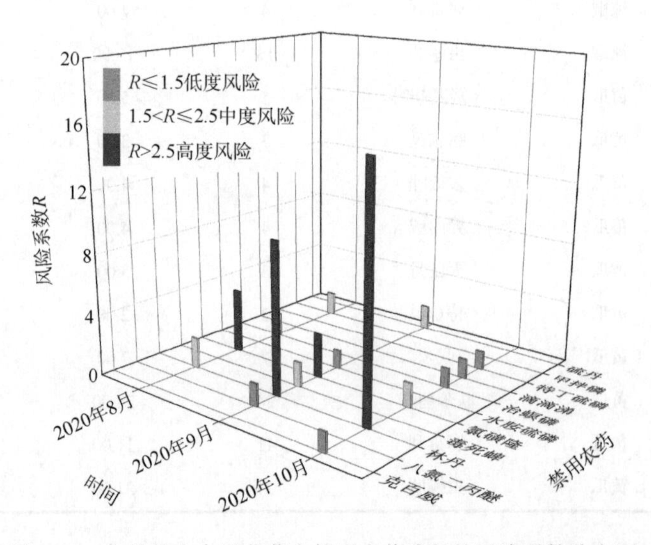

图 4-18　各月份内水果蔬菜中禁用农药残留的风险系数分布图

表 4-14　各月份内水果蔬菜中禁用农药的风险系数表

序号	年月	农药	检出频次	检出率 *P*（%）	风险系数 *R*	风险程度
1	2020 年 8 月	克百威	24	1.81	2.91	高度风险
2	2020 年 8 月	毒死蜱	68	8.79	9.89	高度风险
3	2020 年 9 月	毒死蜱	151	24.77	15.87	高度风险
4	2020 年 10 月	克百威	7	3.10	4.20	高度风险

4.3.2.2　所有水果蔬菜中非禁用农药残留风险系数分析

参照 MRL 欧盟标准计算所有水果蔬菜中每种非禁用农药残留的风险系数，如图 4-19 与表 4-15 所示。在侦测出的 145 种非禁用农药中，11 种农药（7.59%）残留处于高度风险，15 种农药（10.34%）残留处于中度风险，119 种农药（82.07%）残留处于低度风险。

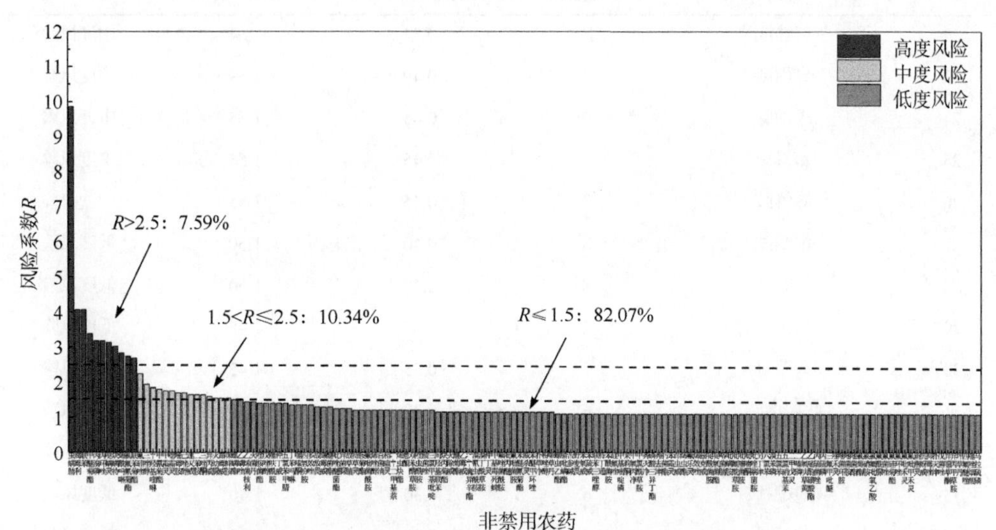

图 4-19　水果蔬菜中 145 种非禁用农药的风险程度统计图

表 4-15　水果蔬菜中 145 种非禁用农药的风险系数表

序号	农药	超标频次	超标率 P（%）	风险系数 R	风险程度
1	虫螨腈	177	8.75	9.85	高度风险
2	腐霉利	60	2.97	4.07	高度风险
3	联苯	60	2.97	4.07	高度风险
4	甲醚菊酯	46	2.27	3.37	高度风险
5	丙溴磷	42	2.08	3.18	高度风险
6	丙环唑	42	2.08	3.18	高度风险
7	哒螨灵	41	2.03	3.13	高度风险
8	炔螨特	39	1.93	3.03	高度风险
9	烯酰吗啉	35	1.73	2.83	高度风险
10	氯氟氰菊酯	33	1.63	2.73	高度风险
11	联苯菊酯	32	1.58	2.68	高度风险
12	氟硅唑	23	1.24	2.00	中度风险
13	三唑醇	17	0.84	1.94	中度风险
14	8-羟基喹啉	15	0.74	1.84	中度风险
15	甲氰菊酯	24	0.69	1.79	中度风险
16	甲霜灵	13	0.64	1.74	中度风险
17	噁霜灵	13	0.64	1.74	中度风险
18	嘧霉胺	12	0.59	1.69	中度风险
19	己唑醇	12	0.59	1.69	中度风险
20	速灭威	11	0.54	1.64	中度风险
21	二苯胺	11	0.54	1.64	中度风险

续表

序号	农药	超标频次	超标率 P（%）	风险系数 R	风险程度
22	三唑酮	11	0.54	1.64	中度风险
23	异丙威	10	0.49	1.59	中度风险
24	灭幼脲	9	0.45	1.55	中度风险
25	霜霉威	9	0.45	1.55	中度风险
26	咪鲜胺	9	0.45	1.55	中度风险
27	螺螨酯	8	0.40	1.50	低度风险
28	乙螨唑	8	0.40	1.50	低度风险
29	乙烯菌核利	7	0.35	1.45	低度风险
30	灭菌丹	7	0.35	1.45	低度风险
31	唑胺菌酯	6	0.30	1.40	低度风险
32	戊唑醇	6	0.30	1.40	低度风险
33	噻呋酰胺	6	0.30	1.40	低度风险
34	仲丁威	6	0.30	1.40	低度风险
35	五氯苯甲腈	6	0.30	1.40	低度风险
36	丁苯吗啉	5	0.25	1.35	低度风险
37	噻嗪酮	5	0.25	1.35	低度风险
38	四氢吩胺	5	0.25	1.35	低度风险
39	多效唑	5	0.25	1.35	低度风险
40	敌敌畏	4	0.20	1.30	低度风险
41	缬霉威	4	0.20	1.30	低度风险
42	醚菌酯	4	0.20	1.30	低度风险
43	吡唑醚菌酯	3	0.15	1.25	低度风险
44	异菌脲	3	0.15	1.25	低度风险
45	敌草腈	3	0.15	1.25	低度风险
46	特草灵	2	0.10	1.20	低度风险
47	胺菊酯	2	0.10	1.20	低度风险
48	氟吡菌酰胺	2	0.10	1.20	低度风险
49	烯唑醇	2	0.10	1.20	低度风险
50	百菌清	2	0.10	1.20	低度风险
51	稻瘟灵	2	0.10	1.20	低度风险
52	1,4-二甲基萘	2	0.10	1.20	低度风险
53	烯虫炔酯	2	0.10	1.20	低度风险
54	蒽醌	2	0.10	1.20	低度风险
55	双苯酰草胺	2	0.10	1.20	低度风险
56	唑虫酰胺	2	0.10	1.20	低度风险
57	腈菌唑	2	0.10	1.20	低度风险
58	三氯甲基吡啶	2	0.10	1.20	低度风险

续表

序号	农药	超标频次	超标率 P（%）	风险系数 R	风险程度
59	间羟基联苯	1	0.05	1.15	低度风险
60	炔丙菊酯	1	0.05	1.15	低度风险
61	灭除威	1	0.05	1.15	低度风险
62	醚菊酯	1	0.05	1.15	低度风险
63	乙霉威	1	0.05	1.15	低度风险
64	2,4-滴异辛酯	1	0.05	1.15	低度风险
65	溴氰虫酰胺	1	0.05	1.15	低度风险
66	溴丁酰草胺	1	0.05	1.15	低度风险
67	仲丁灵	1	0.05	1.15	低度风险
68	甲基毒死蜱	1	0.05	1.15	低度风险
69	氟唑菌酰胺	1	0.05	1.15	低度风险
70	吡丙醚	1	0.05	1.15	低度风险
71	氟吡菌胺	1	0.05	1.15	低度风险
72	苯醚氰菊酯	1	0.05	1.15	低度风险
73	威杀灵	1	0.05	1.15	低度风险
74	苯醚甲环唑	1	0.05	1.15	低度风险
75	扑草净	1	0.05	1.15	低度风险
76	粉唑醇	1	0.05	1.15	低度风险
77	哌草丹	1	0.05	1.15	低度风险
78	螺虫乙酯	0	0.00	1.10	低度风险
79	腈吡螨酯	0	0.00	1.10	低度风险
80	苦参碱	0	0.00	1.10	低度风险
81	野麦畏	0	0.00	1.10	低度风险
82	苯氧威	0	0.00	1.10	低度风险
83	苯硫威	0	0.00	1.10	低度风险
84	联苯三唑醇	0	0.00	1.10	低度风险
85	特丁通	0	0.00	1.10	低度风险
86	苯酰菌胺	0	0.00	1.10	低度风险
87	硅氟唑	0	0.00	1.10	低度风险
88	甲基嘧啶磷	0	0.00	1.10	低度风险
89	茉莉酮	0	0.00	1.10	低度风险
90	甲氧丙净	0	0.00	1.10	低度风险
91	甲氯酰草胺	0	0.00	1.10	低度风险
92	莠灭净	0	0.00	1.10	低度风险
93	磷酸三异丁酯	0	0.00	1.10	低度风险
94	莠去津	0	0.00	1.10	低度风险
95	肟菌酯	0	0.00	1.10	低度风险
96	苯霜灵	0	0.00	1.10	低度风险

续表

序号	农药	超标频次	超标率 P（%）	风险系数 R	风险程度
97	苗虫威	0	0.00	1.10	低度风险
98	烯虫酯	0	0.00	1.10	低度风险
99	氟乐灵	0	0.00	1.10	低度风险
100	烯效唑	0	0.00	1.10	低度风险
101	兹克威	0	0.00	1.10	低度风险
102	啶酰菌胺	0	0.00	1.10	低度风险
103	啶氧菌酯	0	0.00	1.10	低度风险
104	咯菌腈	0	0.00	1.10	低度风险
105	吡螨胺	0	0.00	1.10	低度风险
106	吡氟酰草胺	0	0.00	1.10	低度风险
107	吡噻菌胺	0	0.00	1.10	低度风险
108	吡喃酮	0	0.00	1.10	低度风险
109	吡唑萘菌胺	0	0.00	1.10	低度风险
110	另丁津	0	0.00	1.10	低度风险
111	六氯苯	0	0.00	1.10	低度风险
112	溴苯磷	0	0.00	1.10	低度风险
113	五氯苯	0	0.00	1.10	低度风险
114	五氯硝基苯	0	0.00	1.10	低度风险
115	二甲戊灵	0	0.00	1.10	低度风险
116	二嗪磷	0	0.00	1.10	低度风险
117	乙氧呋草黄	0	0.00	1.10	低度风险
118	乙嘧酚磺酸酯	0	0.00	1.10	低度风险
119	丙硫菌唑	0	0.00	1.10	低度风险
120	丙硫磷	0	0.00	1.10	低度风险
121	三氟甲吡醚	0	0.00	1.10	低度风险
122	喹禾灵	0	0.00	1.10	低度风险
123	嘧菌环胺	0	0.00	1.10	低度风险
124	嘧菌胺	0	0.00	1.10	低度风险
125	嘧菌酯	0	0.00	1.10	低度风险
126	氯菊酯	0	0.00	1.10	低度风险
127	氯硝胺	0	0.00	1.10	低度风险
128	氯氟吡氧乙酸	0	0.00	1.10	低度风险
129	氟酰脲	0	0.00	1.10	低度风险
130	氟菌唑	0	0.00	1.10	低度风险
131	氟硅菊酯	0	0.00	1.10	低度风险
132	氟环唑	0	0.00	1.10	低度风险
133	氟吡禾灵	0	0.00	1.10	低度风险

续表

序号	农药	超标频次	超标率 P（%）	风险系数 R	风险程度
134	氟吡甲禾灵	0	0.00	1.10	低度风险
135	新燕灵	0	0.00	1.10	低度风险
136	抗蚜威	0	0.00	1.10	低度风险
137	抑霉唑	0	0.00	1.10	低度风险
138	扑灭津	0	0.00	1.10	低度风险
139	戊菌唑	0	0.00	1.10	低度风险
140	异噁草酮	0	0.00	1.10	低度风险
141	异丙甲草胺	0	0.00	1.10	低度风险
142	坪草丹	0	0.00	1.10	低度风险
143	四氟醚唑	0	0.00	1.10	低度风险
144	噻唑烟酸	0	0.00	1.10	低度风险
145	马拉硫磷	0	0.00	1.10	低度风险

对每个月份内的非禁用农药的风险系数分析，每月内非禁用农药风险程度分布图如图 4-20 所示。这 2 个月份内处于高度风险的农药数排序为 2020 年 9 月（9）＞2020 年 8 月（8）＞2020 年 10 月（7）。

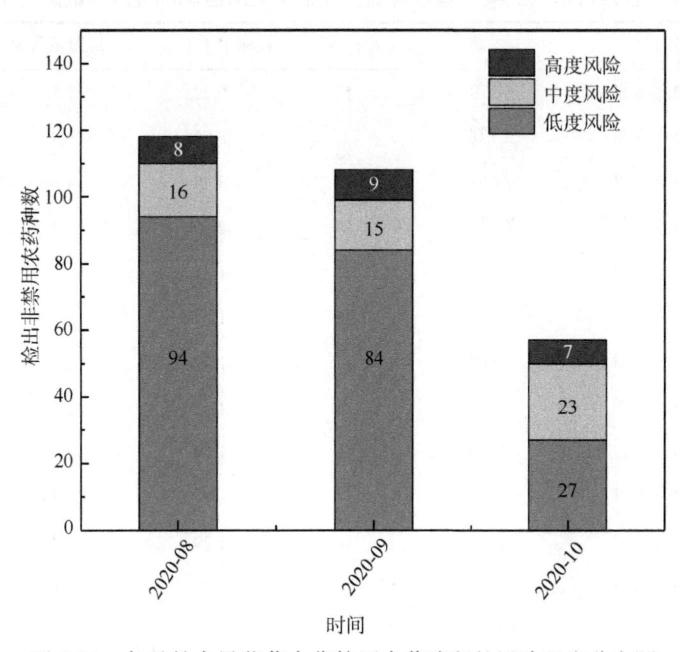

图 4-20　各月份水果蔬菜中非禁用农药残留的风险程度分布图

3 个月份内水果蔬菜中非禁用农药处于中度风险和高度风险的风险系数如图 4-21 和表 4-16 所示。

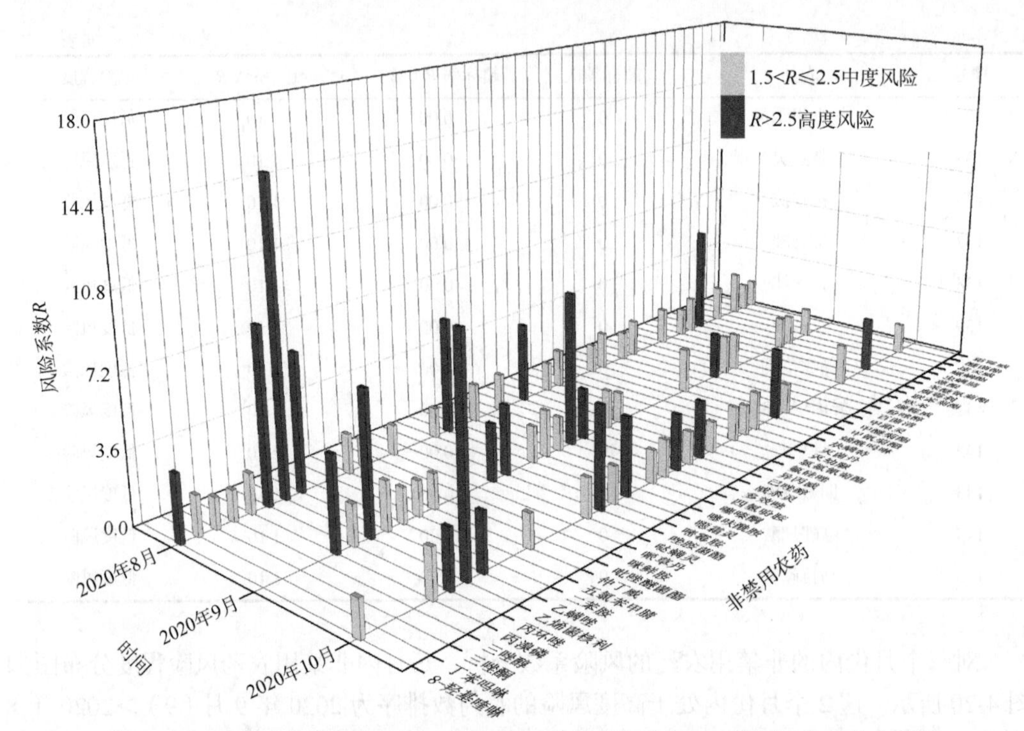

图 4-21　各月份水果蔬菜中非禁用农药处于中度风险和高度风险的风险系数分布图

表 4-16　各月份水果蔬菜中非禁用农药处于中度风险和高度风险的风险系数表

序号	年月	农药	超标频次	超标率 P（%）	风险系数 R	风险程度
1	2020 年 8 月	联苯	52	6.72	7.82	高度风险
2	2020 年 8 月	虫螨腈	45	5.81	6.91	高度风险
3	2020 年 8 月	丙环唑	27	3.49	4.59	高度风险
4	2020 年 8 月	腐霉利	19	2.45	3.55	高度风险
5	2020 年 8 月	氟硅唑	24	1.81	2.91	高度风险
6	2020 年 8 月	联苯菊酯	12	1.55	2.65	高度风险
7	2020 年 8 月	三唑醇	11	1.42	2.52	高度风险
8	2020 年 8 月	二苯胺	11	1.42	2.52	高度风险
9	2020 年 8 月	哒螨灵	10	1.29	2.39	中度风险
10	2020 年 8 月	炔螨特	10	1.29	2.39	中度风险
11	2020 年 8 月	甲氰菊酯	10	1.29	2.39	中度风险
12	2020 年 8 月	三唑酮	8	1.03	2.13	中度风险
13	2020 年 8 月	丙溴磷	7	0.90	2.00	中度风险
14	2020 年 8 月	氯氟氰菊酯	7	0.90	2.00	中度风险
15	2020 年 8 月	霜霉威	7	0.90	2.00	中度风险
16	2020 年 8 月	甲醚菊酯	6	0.78	1.88	中度风险

续表

序号	年月	农药	超标频次	超标率 *P*（%）	风险系数 *R*	风险程度
17	2020年8月	丁苯吗啉	5	0.65	1.75	中度风险
18	2020年8月	噁霜灵	5	0.65	1.75	中度风险
19	2020年8月	多效唑	5	0.65	1.75	中度风险
20	2020年8月	烯酰吗啉	5	0.65	1.75	中度风险
21	2020年8月	甲霜灵	5	0.65	1.75	中度风险
22	2020年8月	乙烯菌核利	4	0.52	1.62	中度风险
23	2020年8月	咪鲜胺	4	0.52	1.62	中度风险
24	2020年8月	缬霉威	4	0.52	1.62	中度风险
25	2020年9月	虫螨腈	100	9.78	10.88	高度风险
26	2020年9月	腐霉利	41	4.01	5.11	高度风险
27	2020年9月	甲醚菊酯	29	2.84	3.94	高度风险
28	2020年9月	炔螨特	27	2.64	3.74	高度风险
29	2020年9月	氯氟氰菊酯	19	1.86	2.96	高度风险
30	2020年9月	烯酰吗啉	19	1.86	2.96	高度风险
31	2020年9月	丙溴磷	18	1.76	2.86	高度风险
32	2020年9月	哒螨灵	18	1.76	2.86	高度风险
33	2020年9月	联苯菊酯	18	1.76	2.86	高度风险
34	2020年9月	丙环唑	13	1.27	2.37	中度风险
35	2020年9月	速灭威	11	1.08	2.18	中度风险
36	2020年9月	氟硅唑	9	0.88	1.98	中度风险
37	2020年9月	灭幼脲	9	0.88	1.98	中度风险
38	2020年9月	己唑醇	8	0.78	1.88	中度风险
39	2020年9月	联苯	8	0.78	1.88	中度风险
40	2020年9月	8-羟基喹啉	7	0.68	1.78	中度风险
41	2020年9月	嘧霉胺	7	0.68	1.78	中度风险
42	2020年9月	噁霜灵	6	0.59	1.69	中度风险
43	2020年9月	异丙威	6	0.59	1.69	中度风险
44	2020年9月	甲霜灵	6	0.59	1.69	中度风险
45	2020年9月	螺螨酯	6	0.59	1.69	中度风险
46	2020年9月	咪鲜胺	5	0.49	1.59	中度风险
47	2020年9月	噻呋酰胺	5	0.49	1.59	中度风险
48	2020年9月	灭菌丹	5	0.49	1.59	中度风险
49	2020年10月	虫螨腈	32	24.16	15.26	高度风险
50	2020年10月	丙溴磷	17	7.52	8.62	高度风险
51	2020年10月	哒螨灵	13	5.75	6.85	高度风险

续表

序号	年月	农药	超标频次	超标率 P（%）	风险系数 R	风险程度
52	2020 年 10 月	烯酰吗啉	11	4.87	5.97	高度风险
53	2020 年 10 月	甲醚菊酯	11	4.87	5.97	高度风险
54	2020 年 10 月	氯氟氰菊酯	7	3.10	4.20	高度风险
55	2020 年 10 月	8-羟基喹啉	5	2.21	3.31	高度风险
56	2020 年 10 月	异丙威	3	1.33	2.43	中度风险
57	2020 年 10 月	三唑醇	2	0.88	1.98	中度风险
58	2020 年 10 月	丙环唑	2	0.88	1.98	中度风险
59	2020 年 10 月	乙螨唑	2	0.88	1.98	中度风险
60	2020 年 10 月	五氯苯甲腈	2	0.88	1.98	中度风险
61	2020 年 10 月	嘧霉胺	2	0.88	1.98	中度风险
62	2020 年 10 月	噁霜灵	2	0.88	1.98	中度风险
63	2020 年 10 月	四氢吩胺	2	0.88	1.98	中度风险
64	2020 年 10 月	炔螨特	2	0.88	1.98	中度风险
65	2020 年 10 月	甲霜灵	2	0.88	1.98	中度风险
66	2020 年 10 月	百菌清	2	0.88	1.98	中度风险
67	2020 年 10 月	联苯菊酯	2	0.88	1.98	中度风险
68	2020 年 10 月	仲丁威	1	0.44	1.54	中度风险
69	2020 年 10 月	吡唑醚菌酯	1	0.44	1.54	中度风险
70	2020 年 10 月	哌草丹	1	0.44	1.54	中度风险
71	2020 年 10 月	唑胺菌酯	1	0.44	1.54	中度风险
72	2020 年 10 月	噻嗪酮	1	0.44	1.54	中度风险
73	2020 年 10 月	威杀灵	1	0.44	1.54	中度风险
74	2020 年 10 月	己唑醇	1	0.44	1.54	中度风险
75	2020 年 10 月	粉唑醇	1	0.44	1.54	中度风险
76	2020 年 10 月	苯醚氰菊酯	1	0.44	1.54	中度风险
77	2020 年 10 月	蒽醌	1	0.44	1.54	中度风险
78	2020 年 10 月	醚菌酯	1	0.44	1.54	中度风险

4.4　农药残留风险评估结论与建议

农药残留是影响水果蔬菜安全和质量的主要因素，也是我国食品安全领域备受关注的敏感话题和亟待解决的重大问题之一。各种水果蔬菜均存在不同程度的农药残留现象，本研究主要针对西北五省各类水果蔬菜存在的农药残留问题，基于 2020 年 8 月至 2020

年10月期间对西北五省2022例水果蔬菜样品中农药残留侦测得出的5323个侦测结果，分别采用食品安全指数模型和风险系数模型，开展水果蔬菜中农药残留的膳食暴露风险和预警风险评估。水果蔬菜样品取自超市和农贸市场，符合大众的膳食来源，风险评价时更具有代表性和可信度。

本研究力求通用简单地反映食品安全中的主要问题，且为管理部门和大众容易接受，为政府及相关管理机构建立科学的食品安全信息发布和预警体系提供科学的规律与方法，加强对农药残留的预警和食品安全重大事件的预防，控制食品风险。

4.4.1 西北五省水果蔬菜中农药残留膳食暴露风险评价结论

1）水果蔬菜样品中农药残留安全状态评价结论

采用食品安全指数模型，对2020年8月至2020年10月期间西北五省水果蔬菜食品农药残留膳食暴露风险进行评价，根据IFS_c的计算结果发现，水果蔬菜中农药的$\overline{IFS}$为0.0392，说明西北五省水果蔬菜总体处于很好的安全状态，但部分禁用农药、高残留农药在蔬菜、水果中仍有侦测出，导致膳食暴露风险的存在，成为不安全因素。

2）单种水果蔬菜中农药膳食暴露风险不可接受情况评价结论

单种水果蔬菜中农药残留安全指数分析结果显示，农药对单种水果蔬菜安全影响不可接受（$IFS_c>1$）的样本数共2个，占总样本数的0.29%，样本为芹菜中的克百威和豇豆中的唑胺菌酯，说明芹菜中的克百威和豇豆中的唑胺菌酯会对消费者身体健康造成较大的膳食暴露风险。克百威和唑胺菌酯属于禁用的剧毒农药，且芹菜和豇豆均为较常见的水果蔬菜，百姓日常食用量较大，长期食用大量残留克百威的芹菜和唑胺菌酯的豇豆会对人体造成不可接受的影响，本次侦测发现克百威和唑胺菌酯在芹菜和豇豆样品中多次并大量侦测出，是未严格实施农业良好管理规范（GAP），抑或是农药滥用，这应该引起相关管理部门的警惕，应加强对芹菜中克百威和豇豆中的唑胺菌酯的严格管控。

3）禁用农药膳食暴露风险评价

本次侦测发现部分水果蔬菜样品中有禁用农药侦测出，侦测出禁用农药11种，检出频次为268，水果蔬菜样品中的禁用农药IFS_c计算结果表明，禁用农药残留膳食暴露风险不可接受的频次为6，占2.24%；可以接受的频次为26，占9.7%；没有影响的频次为232，占86.57%。对于水果蔬菜样品中所有农药而言，膳食暴露风险不可接受的频次为14，仅占总体频次的0.26%。可以看出，禁用农药的膳食暴露风险不可接受的比例远高于总体水平，这在一定程度上说明禁用农药更容易导致严重的膳食暴露风险。此外，膳食暴露风险不可接受的残留禁用农药为克百威，因此，应该加强对禁用农药克百威的管控力度。为何在国家明令禁止禁用农药喷洒的情况下，还能在多种水果蔬菜中多次侦测出禁用农药残留并造成不可接受的膳食暴露风险，这应该引起相关部门的高度警惕，应该在禁止禁用农药喷洒的同时，严格管控禁用农药的生产和售卖，从根本上杜绝安全隐患。

4.4.2 西北五省水果蔬菜中农药残留预警风险评价结论

1）单种水果蔬菜中禁用农药残留的预警风险评价结论

本次侦测过程中，在 18 种水果蔬菜中侦测超出 11 种禁用农药，禁用农药为：毒死蜱、克百威、特丁硫磷、八氯二丙醚、水胺硫磷、硫丹、治螟磷、滴滴涕、甲拌磷、林丹、氯磺隆，水果蔬菜为：大白菜、小油菜、小白菜、梨、番茄、结球甘蓝、花椰菜、芹菜、苹果、茄子、菜豆、菠菜、葡萄、西葫芦、豇豆、辣椒、马铃薯和黄瓜，水果蔬菜中禁用农药的风险系数分析结果显示，11 种禁用农药在 17 种水果蔬菜中的残留处于高度风险，说明在单种水果蔬菜中禁用农药的残留会导致较高的预警风险。

2）单种水果蔬菜中非禁用农药残留的预警风险评价结论

以 MRL 中国国家标准为标准，计算水果蔬菜中非禁用农药风险系数情况下，655 个样本中，1 个处于高度风险（0.15%），6 个处于中度风险（0.92%），2 个处于低度风险（36.95%），406 个样本没有 MRL 中国国家标准（61.98%）。以 MRL 欧盟标准为标准，计算水果蔬菜中非禁用农药风险系数情况下，发现有 133 个处于高度风险（20.31%），106 个处于中度风险（16.18%），416 个处于低度风险（63.51%）。基于两种 MRL 标准，评价的结果差异显著，可以看出 MRL 欧盟标准比中国国家标准更加严格和完善，过于宽松的 MRL 中国国家标准值能否有效保障人体的健康有待研究。

4.4.3 加强西北五省水果蔬菜食品安全建议

我国食品安全风险评价体系仍不够健全，相关制度不够完善，多年来，由于农药用药次数多、用药量大或用药间隔时间短，产品残留量大，农药残留所造成的食品安全问题日益严峻，给人体健康带来了直接或间接的危害。据估计，美国与农药有关的癌症患者数约占全国癌症患者总数的 50%，中国更高。同样，农药对其他生物也会形成直接杀伤和慢性危害，植物中的农药可经过食物链逐级传递并不断蓄积，对人和动物构成潜在威胁，并影响生态系统。

基于本次农药残留侦测数据的风险评价结果，提出以下几点建议：

1）加快食品安全标准制定步伐

我国食品标准中对农药每日允许最大摄入量 ADI 的数据严重缺乏，在本次西北五省水果蔬菜农药残留评价所涉及的 156 种农药中，仅有 73.72%的农药具有 ADI 值，而 26.28%的农药中国尚未规定相应的 ADI 值，亟待完善。

我国食品中农药最大残留限量值的规定严重缺乏，对评估涉及的不同水果蔬菜中不同农药 9 个 MRL 限值进行统计来看，我国仅制定出 84 个标准，标准完整率仅为 33.7%，欧盟的完整率达到 100%（表 4-17）。因此，中国更应加快 MRL 的制定步伐。

表 4-17 我国国家食品标准农药的 ADI、MRL 值与欧盟标准的数量差异

分类		中国 ADI	MRL 中国国家标准	MRL 欧盟标准
标准限值（个）	有	57	84	9
	无	7	165	0
总数（个）		64	9	9
无标准限值比例（%）		10.9	66.3	0

此外，MRL中国国家标准限值普遍高于欧盟标准限值，这些标准中共有54个高于欧盟。过高的MRL值难以保障人体健康，建议继续加强对限值基准和标准的科学研究，将农产品中的危险性减少到尽可能低的水平。

2）加强农药的源头控制和分类监管

在西北五省某些水果蔬菜中仍有禁用农药残留，利用GC-Q-TOF/MS技术侦测出11种禁用农药，检出频次为268次，残留禁用农药均存在较大的膳食暴露风险和预警风险。早已列入黑名单的禁用农药在我国并未真正退出，有些药物由于价格便宜、工艺简单，此类高毒农药一直生产和使用。建议在我国采取严格有效的控制措施，从源头控制禁用农药。

对于非禁用农药，在我国作为“田间地头”最典型单位的县级蔬果产地中，农药残留的侦测几乎缺失。建议根据农药的毒性，对高毒、剧毒、中毒农药实现分类管理，减少使用高毒和剧毒高残留农药，进行分类监管。

3）加强残留农药的生物修复及降解新技术

市售果蔬中残留农药的品种多、频次高、禁用农药多次检出这一现状，说明了我国的田间土壤和水体因农药长期、频繁、不合理的使用而遭到严重污染。为此，建议中国相关部门出台相关政策，鼓励高校及科研院所积极开展分子生物学、酶学等研究，加强土壤、水体中残留农药的生物修复及降解新技术研究，切实加大农药监管力度，以控制农药的面源污染问题。

综上所述，在本工作基础上，根据蔬菜残留危害，可进一步针对其成因提出和采取严格管理、大力推广无公害蔬菜种植与生产、健全食品安全控制技术体系、加强蔬菜食品质量侦测体系建设和积极推行蔬菜食品质量追溯制度等相应对策。建立和完善食品安全综合评价指数与风险监测预警系统，对食品安全进行实时、全面的监控与分析，为我国的食品安全科学监管与决策提供新的技术支持，可实现各类检验数据的信息化系统管理，降低食品安全事故的发生。

第 5 章　LC-Q-TOF/MS 侦测甘肃省市售水果蔬菜农药残留报告

从甘肃省 10 个市，随机采集了 1106 例水果蔬菜样品，使用液相色谱-四极杆飞行时间质谱（LC-Q-TOF/MS）对 842 种农药化学污染物进行示范侦测（7 种负离子模式 ESI⁻未涉及）。

5.1　样品种类、数量与来源

5.1.1　样品采集与检测

为了真实反映百姓餐桌上水果蔬菜中农药残留污染状况，本次所有检测样品均由检验人员于 2020 年 8 月至 10 月期间，从甘肃省 180 个采样点，包括 47 个农贸市场、117 个个体商户、16 个超市，以随机购买方式采集，总计 183 批 1106 例样品，从中检出农药 121 种，3929 频次。采样及监测概况见表 5-1，样品及采样点明细见表 5-2 及表 5-3。

表 5-1　农药残留监测总体概况

采样地区	甘肃省 24 个区县
采样点（超市+农贸市场+个体商户）	180
样本总数	1106
检出农药品种/频次	121/3929
各采样点样本农药残留检出率范围	0.0%～100.0%

表 5-2　样品分类及数量

样品分类	样品名称（数量）	数量小计
1. 蔬菜		981
1）芸薹属类蔬菜	结球甘蓝（45），花椰菜（62），紫甘蓝（3）	110
2）茄果类蔬菜	辣椒（37），番茄（68），茄子（51）	156
3）瓜类蔬菜	西葫芦（45），黄瓜（48）	93
4）叶菜类蔬菜	芹菜（37），小白菜（91），小油菜（86），娃娃菜（99），大白菜（67），菠菜（69）	449
5）根茎类和薯芋类蔬菜	马铃薯（36）	36
6）豆类蔬菜	豇豆（56），菜豆（81）	137

续表

样品分类	样品名称（数量）	数量小计
2. 水果		125
1）仁果类水果	苹果（43），梨（40）	83
2）浆果和其他小型水果	葡萄（42）	42
合计	1. 蔬菜 17 种 2. 水果 3 种	1106

表 5-3　甘肃省采样点信息

采样点序号	行政区域	采样点
个体商户（117）		
1	兰州市 七里河区	***中心（七里河区）
2	兰州市 七里河区	***副食店（七里河区建西东路）
3	兰州市 七里河区	***便利店（七里河区）
4	兰州市 七里河区	***配送中心（七里河区敦煌路）
5	兰州市 七里河区	***配送（七里河区）
6	兰州市 七里河区	***批发零售行（七里河区）
7	兰州市 七里河区	***超市（七里河区）
8	兰州市 七里河区	***蔬菜（七里河区）
9	兰州市 七里河区	***商店（七里河区彭家坪东路）
10	兰州市 七里河区	***便利店（七里河区彭家坪路）
11	兰州市 七里河区	***专营店（七里河区）
12	兰州市 七里河区	***蔬菜店（七里河区）
13	兰州市 七里河区	***直销店（七里河区）
14	兰州市 七里河区	***直营店（七里河区吴家园路）
15	兰州市 七里河区	***直销店（七里河区）
16	兰州市 七里河区	***专卖店（七里河区）
17	兰州市 七里河区	***菜行（七里河区）
18	兰州市 七里河区	***配送中心（七里河区）
19	兰州市 七里河区	***配送中心（七里河区西站西路）
20	兰州市 七里河区	***专卖店（七里河区）
21	兰州市 七里河区	***直销店（七里河区）
22	兰州市 七里河区	***菜行（七里河区）
23	兰州市 城关区	***蔬菜店（城关区）
24	兰州市 城关区	***蔬菜店（城关区）

续表

采样点序号	行政区域	采样点
25	兰州市 城关区	***水果店（城关区）
26	兰州市 城关区	***商店（城关区）
27	兰州市 城关区	***蔬菜店（城关区雁滩路）
28	兰州市 城关区	***瓜果蔬菜（城关区雁宁路）
29	兰州市 城关区	***蔬果摊（城关区）
30	兰州市 城关区	***蔬菜（城关区）
31	兰州市 城关区	***蔬菜店（城关区华亭街）
32	兰州市 城关区	***果蔬店（城关区）
33	兰州市 城关区	***便利店（城关区）
34	兰州市 城关区	***蔬菜店（城关区）
35	兰州市 城关区	***配送店（城关区）
36	兰州市 城关区	***蔬果店（城关区）
37	兰州市 城关区	***蔬菜店（城关区九州中路）
38	兰州市 城关区	***蔬菜摊（城关区）
39	兰州市 城关区	***蔬菜摊（城关区）
40	兰州市 城关区	***直销店（城关区）
41	兰州市 安宁区	***果蔬店（安宁区十里店南街）
42	兰州市 安宁区	***直销店（安宁区桃林路）
43	兰州市 安宁区	***果蔬店（安宁区）
44	兰州市 安宁区	***蔬菜店（安宁区北环路）
45	兰州市 安宁区	***批发配送（安宁区）
46	兰州市 安宁区	***蔬菜店（安宁区）
47	兰州市 安宁区	***蔬菜店（安宁区）
48	兰州市 安宁区	***直销店（安宁区）
49	兰州市 安宁区	***直销店（安宁区）
50	兰州市 安宁区	***经营部（安宁区）
51	兰州市 榆中县	***配送中心（榆中县）
52	兰州市 榆中县	***零售店（榆中县）
53	兰州市 榆中县	***批发中心（榆中县）
54	兰州市 榆中县	***蔬菜摊（榆中县）
55	兰州市 榆中县	***配送中心（榆中县）
56	兰州市 榆中县	***蔬菜店（榆中县）
57	兰州市 永登县	***综合店（永登县）
58	兰州市 永登县	***蔬菜店（永登县）

续表

采样点序号	行政区域	采样点
59	兰州市 永登县	***超市（永登县）
60	兰州市 永登县	***商店（永登县）
61	兰州市 永登县	***蔬菜店（永登县）
62	兰州市 永登县	***粮油（永登县）
63	兰州市 永登县	***蔬菜店（永登县）
64	兰州市 永登县	***服务部（永登县）
65	兰州市 皋兰县	***果蔬店（皋兰县石洞镇）
66	兰州市 皋兰县	***便利店（皋兰县石洞镇）
67	兰州市 皋兰县	***果蔬店（皋兰县石洞镇）
68	兰州市 皋兰县	***蔬菜部（皋兰县石洞镇）
69	兰州市 红古区	***超市（红古区炭素路）
70	兰州市 红古区	***批发部（红古区）
71	兰州市 红古区	***直销店（红古区平安路）
72	兰州市 西固区	***果蔬店（西固区）
73	兰州市 西固区	***直销店（西固区福利东路）
74	天水市 麦积区	***蔬菜店（麦积区）
75	天水市 麦积区	***超市（麦积区天河南路）
76	定西市 临洮县	***超市（临洮县洮阳镇新街东路）
77	定西市 临洮县	***蔬菜店（临洮县）
78	定西市 临洮县	***水果店（临洮县）
79	定西市 临洮县	***百货铺（临洮县）
80	定西市 安定区	***超市（安定区安定路）
81	定西市 安定区	***水果店（安定区友谊南路）
82	定西市 安定区	***水果店（安定区）
83	定西市 安定区	***蔬菜店（安定区）
84	定西市 安定区	***批发部（安定区）
85	定西市 安定区	***商行（安定区）
86	定西市 安定区	***蔬菜店（安定区）
87	定西市 安定区	***副食店（安定区）
88	定西市 安定区	***批发部（安定区）
89	定西市 安定区	***超市（安定区）
90	定西市 安定区	***超市（安定区）
91	定西市 安定区	***批发部（安定区）
92	定西市 安定区	***批发部（安定区）

续表

采样点序号	行政区域	采样点
93	定西市 陇西县	***果蔬店（陇西县）
94	定西市 陇西县	***超市（陇西县巩昌镇崇文路）
95	定西市 陇西县	***瓜果蔬菜店（陇西县）
96	定西市 陇西县	***超市（陇西县）
97	定西市 陇西县	***批发部（陇西县）
98	定西市 陇西县	***菜店（陇西县）
99	白银市 平川区	***超市（平川区）
100	白银市 平川区	***蔬菜批发（平川区宝积路街道）
101	白银市 平川区	***蔬菜店（平川区长征街道）
102	白银市 平川区	***超市（平川区大桥路）
103	白银市 平川区	***蔬菜店（平川区兴平南路）
104	白银市 平川区	***超市（平川区兴平南路）
105	白银市 平川区	***超市（平川区兴平街道）
106	白银市 白银区	***生鲜（白银区苹果街）
107	白银市 白银区	***商店（白银区诚信大道）
108	白银市 白银区	***百货店（白银区）
109	白银市 白银区	***水果店（白银区五一街）
110	白银市 白银区	***蔬菜店（白银区五一街）
111	白银市 白银区	***蔬菜（白银区文化路）
112	白银市 白银区	***水果店（白银区兰州路）
113	白银市 白银区	***水果店（白银区人民路）
114	白银市 白银区	***蔬菜店（白银区五一街）
115	白银市 白银区	***蔬菜店（白银区五一街）
116	白银市 白银区	***经营部（白银区）
117	白银市 白银区	***蔬菜（白银区文化路）
农贸市场（47）		
1	兰州市 七里河区	***市场
2	兰州市 七里河区	***市场
3	兰州市 七里河区	***市场
4	兰州市 七里河区	***市场
5	兰州市 城关区	***市场
6	兰州市 城关区	***市场
7	兰州市 城关区	***市场
8	兰州市 安宁区	***市场

续表

采样点序号	行政区域	采样点
9	兰州市 安宁区	***市场
10	兰州市 皋兰县	***市场
11	兰州市 红古区	***市场
12	兰州市 红古区	***市场
13	兰州市 西固区	***直销店（兰棉店）
14	兰州市 西固区	***直销店（永利源店）
15	兰州市 西固区	***市场
16	天水市 麦积区	***市场
17	定西市 安定区	***公司
18	定西市 安定区	***市场
19	定西市 安定区	***市场
20	定西市 安定区	***市场
21	定西市 安定区	***市场
22	庆阳市 西峰区	***市场
23	张掖市 临泽县	***合作社
24	张掖市 山丹县	***市场
25	张掖市 民乐县	***市场
26	张掖市 甘州区	***市场
27	张掖市 甘州区	***合作社
28	张掖市 甘州区	***合作社
29	张掖市 甘州区	***合作社
30	张掖市 甘州区	***市场
31	张掖市 甘州区	***蔬菜摊
32	张掖市 高台县	***市场
33	武威市 凉州区	***育苗中心
34	武威市 凉州区	***合作社
35	武威市 凉州区	***合作社
36	武威市 凉州区	***合作社
37	武威市 凉州区	***市场
38	武威市 凉州区	***合作社
39	武威市 凉州区	***合作社
40	武威市 凉州区	***市场
41	武威市 凉州区	***合作社
42	白银市 平川区	***市场

续表

采样点序号	行政区域	采样点
43	白银市 白银区	***市场
44	白银市 白银区	***市场
45	白银市 白银区	***市场
46	白银市 白银区	***市场
47	白银市 白银区	***市场
超市（16）		
1	兰州市 城关区	***超市（恒大绿洲店）
2	兰州市 皋兰县	***超市（皋兰店）
3	定西市 临洮县	***超市（瑞新店）
4	定西市 安定区	***超市（海旺店）
5	定西市 安定区	***超市（南山新街店）
6	定西市 陇西县	***超市（李家龙宫店）
7	平凉市 崆峒区	***超市（新民店）
8	庆阳市 西峰区	***超市（广场路店）
9	武威市 凉州区	***超市（北关店）
10	甘南藏族自治州 合作市	***超市（合作店）
11	白银市 白银区	***超市（白银店）
12	白银市 白银区	***超市（公园路店）
13	白银市 白银区	***超市（白银店）
14	白银市 白银区	***超市（一分店）
15	陇南市 武都区	***超市
16	陇南市 武都区	***超市（东苑路店）

5.1.2 检测结果

这次使用的检测方法是庞国芳院士团队最新研发的不需使用标准品对照，而以高分辨精确质量数（0.0001 *m/z*）为基准的 LC-Q-TOF/MS 检测技术，对于 1106 例样品，每个样品均侦测了 842 种农药化学污染物的残留现状。通过本次侦测，在 1106 例样品中共计检出农药化学污染物 121 种，检出 3929 频次。

5.1.2.1 各采样点样品检出情况

统计分析发现 180 个采样点中，被测样品的农药检出率范围为 0.0%～100.0%。其中，有 99 个采样点样品的检出率最高，达到了 100.0%，分别是：***中心（七里河区）、***副食店（七里河区建西东路）、***便利店（七里河区）、***配送中心（七里河区敦煌路）、***批发零售行（七里河区）、***超市（七里河区）、***蔬菜（七里河区）、***市场、***商店（七里河区彭家坪东路）、***便利店（七里河区彭家坪路）、***蔬菜店（七里河区）、

市场、直销店（七里河区）、***直营店（七里河区吴家园路）、***直销店（七里河区）、***专卖店（七里河区）、***市场、***菜行（七里河区）、***直销店（七里河区）、***菜行（七里河区）、***市场、***超市（恒大绿洲店）、***水果店（城关区）、***商店（城关区）、***蔬菜店（城关区雁滩路）、***瓜果蔬菜（城关区雁宁路）、***市场、***蔬菜店（城关区华亭街）、***果蔬店（城关区）、***便利店（城关区）、***蔬菜店（城关区）、***配送店（城关区）、***蔬果店（城关区）、***蔬菜店（城关区九州中路）、***蔬菜摊（城关区）、***直销店（城关区）、***果蔬店（安宁区十里店南街）、***市场、***直销店（安宁区桃林路）、***市场、***蔬菜店（安宁区北环路）、***批发配送（安宁区）、***蔬菜店（安宁区）、***蔬菜店（安宁区）、***直销店（安宁区）、***直销店（安宁区）、***经营部（安宁区）、***蔬菜店（榆中县）、***综合店（永登县）、***果蔬店（西固区）、***直销店（兰棉店）、***直销店（永利源店）、***直销店（西固区福利东路）、***蔬菜店（临洮县）、***水果店（临洮县）、***百货铺（临洮县）、***超市（安定区安定路）、***水果店（安定区友谊南路）、***超市（海旺店）、***水果店（安定区）、***蔬菜店（安定区）、***公司、***市场、***市场、***商行（安定区）、***蔬菜店（安定区）、***副食店（安定区）、***批发部（安定区）、***超市（安定区）、***批发部（安定区）、***市场、***批发部（安定区）、***批发部（安定区）、***果蔬店（陇西县）、***超市（陇西县巩昌镇崇文路）、***瓜果蔬菜店（陇西县）、***超市（陇西县）、***批发部（陇西县）、***菜店（陇西县）、***超市（新民店）、***市场、***蔬菜摊、***蔬菜批发（平川区宝积路街道）、***蔬菜店（平川区长征街道）、***超市（平川区大桥路）、***蔬菜店（平川区兴平南路）、***超市（平川区兴平南路）、***生鲜（白银区苹果街）、***超市（公园路店）、***市场、***商店（白银区诚信大道）、***水果店（白银区五一街）、***蔬菜店（白银区五一街）、***市场、***水果店（白银区兰州路）、***蔬菜店（白银区五一街）、***蔬菜店（白银区五一街）、***市场和***蔬菜（白银区文化路）。***蔬菜（白银区文化路）的检出率最低，为 0.0%，见图 5-1。

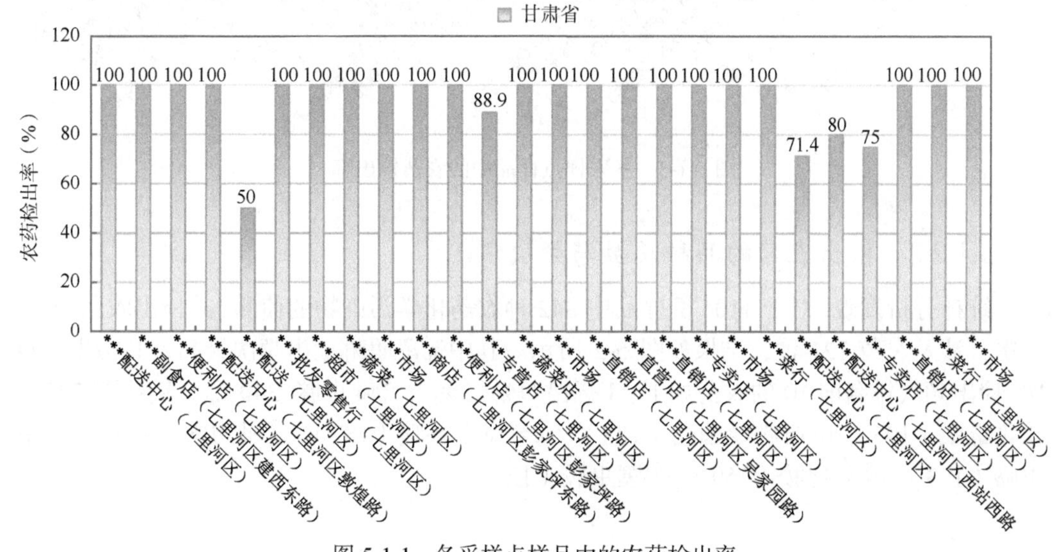

图 5-1-1　各采样点样品中的农药检出率

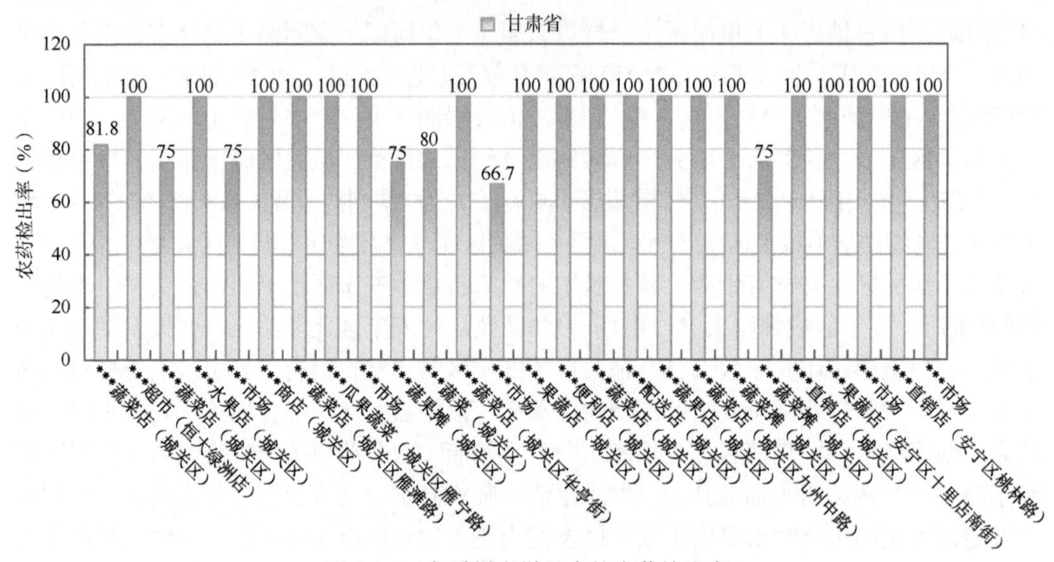

图 5-1-2　各采样点样品中的农药检出率

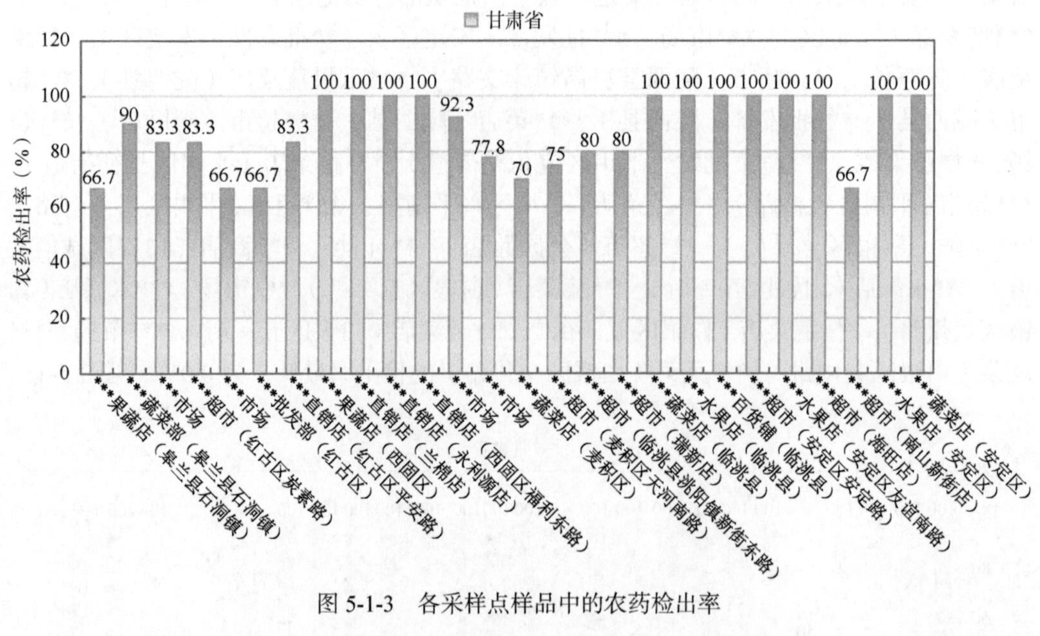

图 5-1-3　各采样点样品中的农药检出率

5.1.2.2　检出农药的品种总数与频次

统计分析发现，对于 1106 例样品中 842 种农药化学污染物的侦测，共检出农药 3929 频次，涉及农药 121 种，结果如图 5-2 所示。其中烯酰吗啉检出频次最高，共检出 399 次。检出频次排名前 10 的农药如下：①烯酰吗啉（399），②啶虫脒（340），③多菌灵（223），④霜霉威（195），⑤吡唑醚菌酯（188），⑥苯醚甲环唑（182），⑦吡虫啉（173），⑧噻虫嗪（173），⑨灭蝇胺（159），⑩噻虫胺（121）。

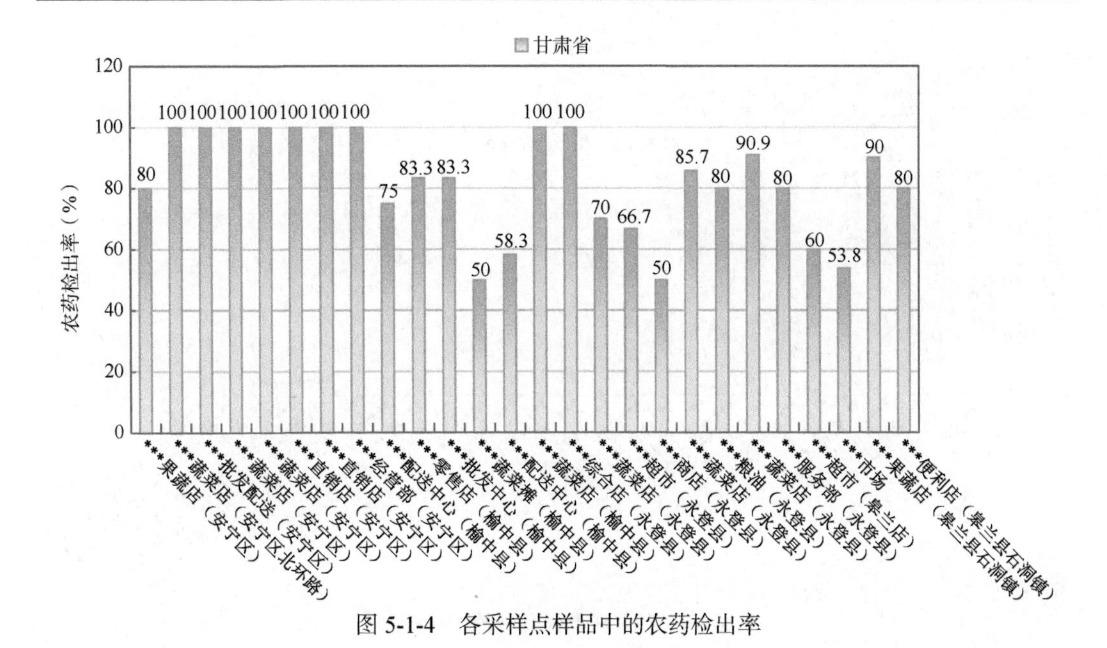

图5-1-4　各采样点样品中的农药检出率

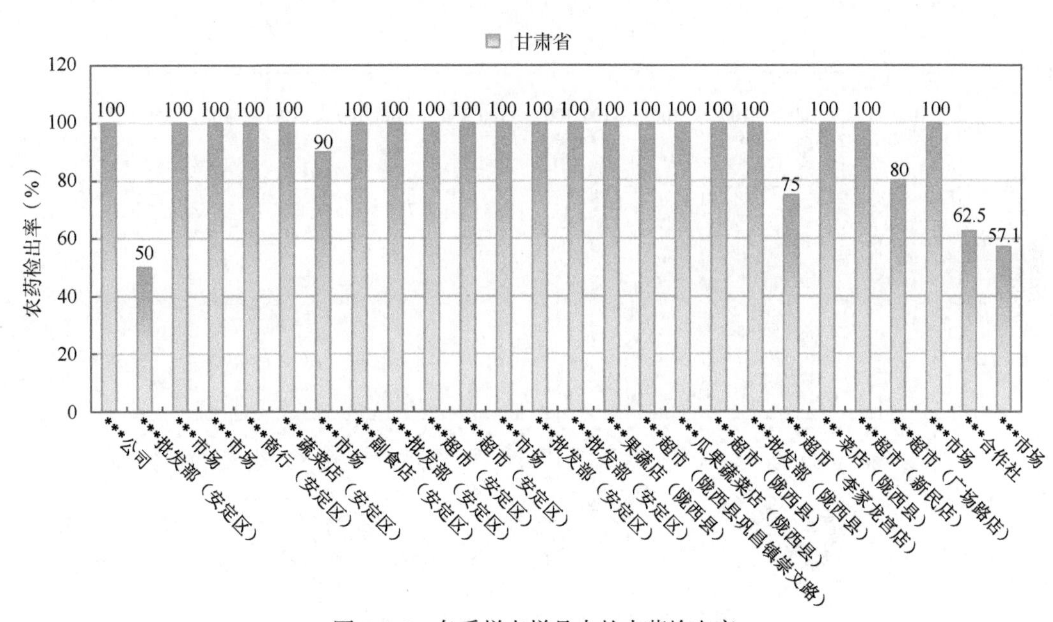

图5-1-5　各采样点样品中的农药检出率

由图5-3可见，菜豆、番茄、豇豆、芹菜、小油菜、黄瓜、辣椒、茄子、葡萄、小白菜、菠菜和梨这12种果蔬样品中检出的农药品种数较高，均超过30种，其中，菜豆检出农药品种最多，为54种。由图5-4可见，小油菜、小白菜、番茄、黄瓜、菜豆、豇豆、芹菜、茄子、菠菜、辣椒、葡萄、大白菜、娃娃菜、梨和苹果这15种果蔬样品中的农药检出频次较高，均超过100次，其中，小油菜检出农药频次最高，为498次。

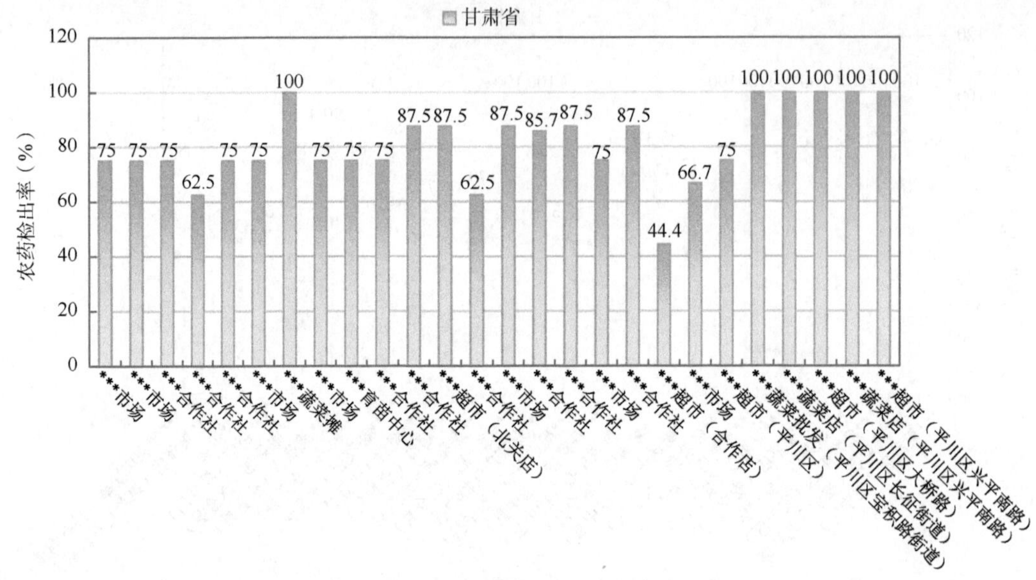

图 5-1-6　各采样点样品中的农药检出率

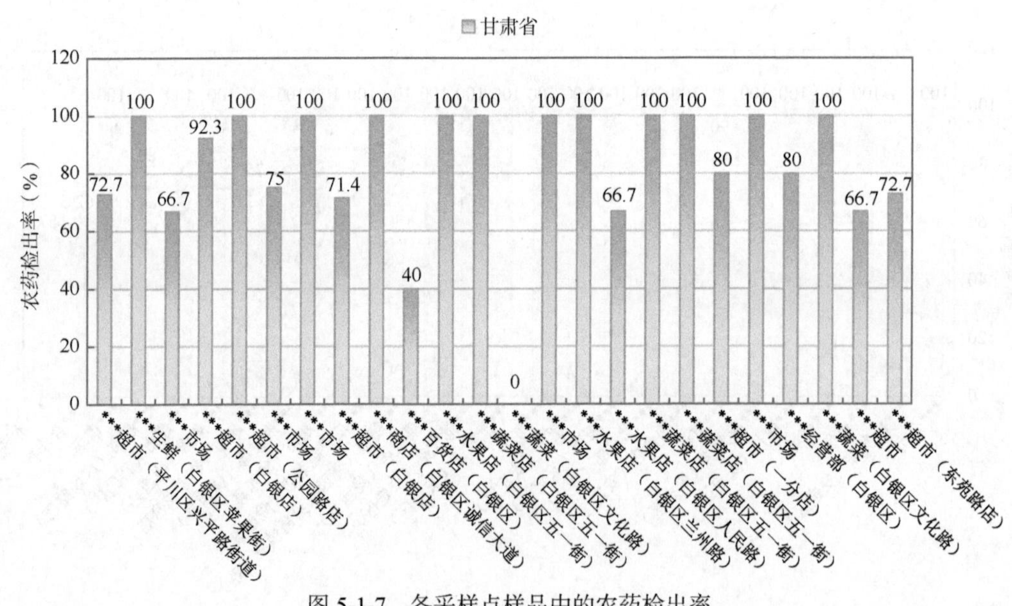

图 5-1-7　各采样点样品中的农药检出率

5.1.2.3　单例样品农药检出种类与占比

对单例样品检出农药种类和频次进行统计发现，未检出农药的样品占总样品数的 16.1%，检出 1 种农药的样品占总样品数的 16.5%，检出 2～5 种农药的样品占总样品数的 44.8%，检出 6～10 种农药的样品占总样品数的 18.4%，检出大于 10 种农药的样品占总样品数的 4.1%。每例样品中平均检出农药为 3.6 种，数据见表 5-4 及图 5-5。

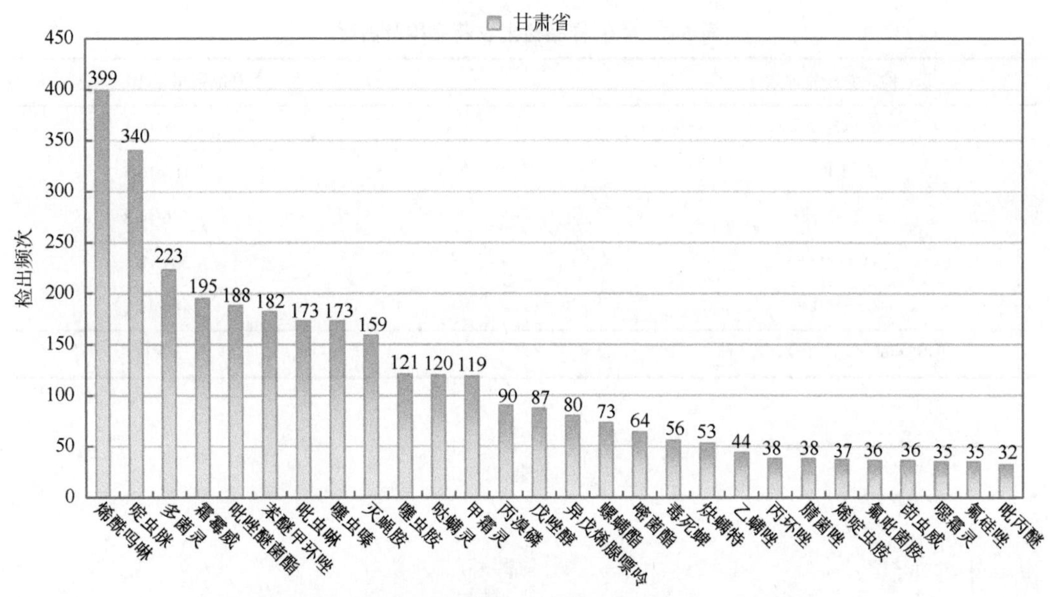

图 5-2　检出农药品种及频次（仅列出 32 频次及以上的数据）

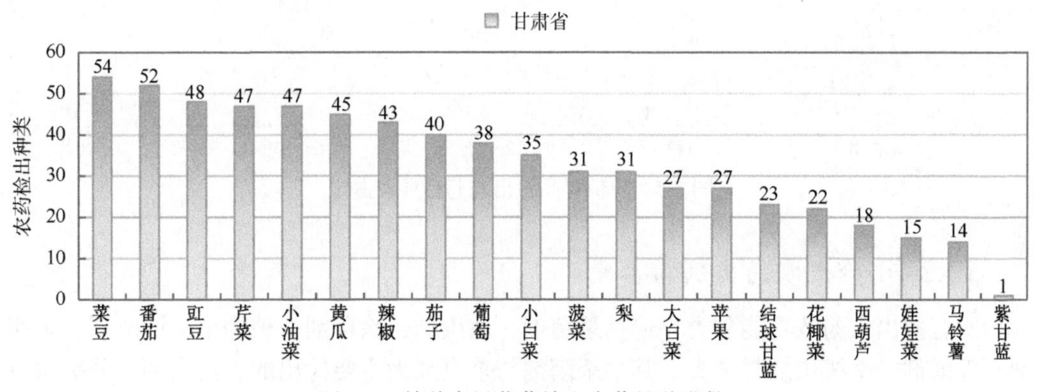

图 5-3　单种水果蔬菜检出农药的种类数

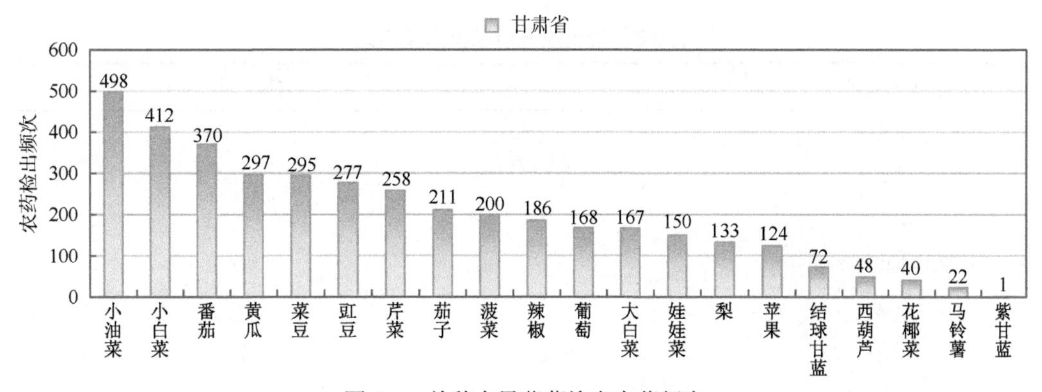

图 5-4　单种水果蔬菜检出农药频次

表 5-4　单例样品检出农药品种及占比

检出农药品种数	样品数量/占比（%）
未检出	178/16.1
1 种	183/16.5
2～5 种	496/44.8
6～10 种	204/18.4
大于 10 种	45/4.1
单例样品平均检出农药品种	3.6 种

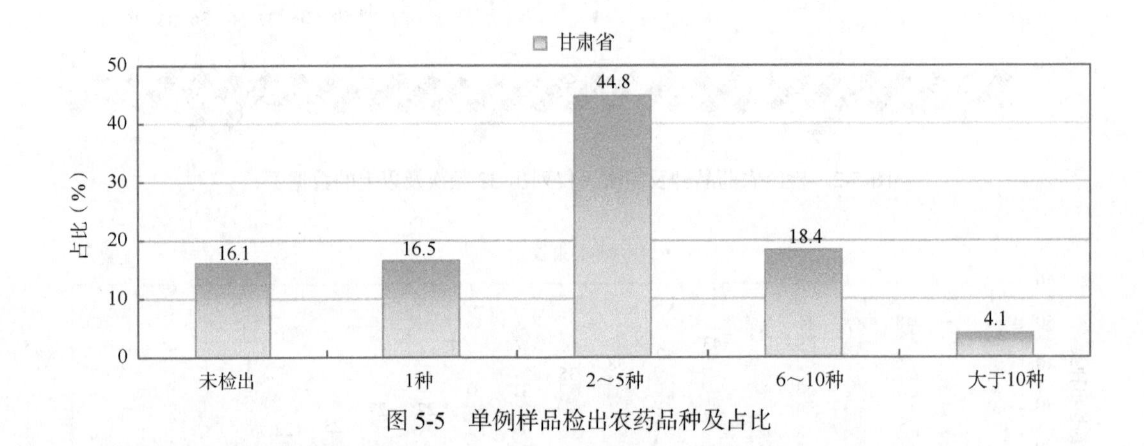

图 5-5　单例样品检出农药品种及占比

5.1.2.4　检出农药类别与占比

所有检出农药按功能分类，包括杀菌剂、杀虫剂、除草剂、植物生长调节剂、杀螨剂、灭鼠剂、杀线虫剂共 7 类。其中杀菌剂与杀虫剂为主要检出的农药类别，分别占总数的 44.6%和 32.2%，见表 5-5 及图 5-6。

表 5-5　检出农药所属类别及占比

农药类别	数量/占比（%）
杀菌剂	54/44.6
杀虫剂	39/32.2
除草剂	11/9.1
植物生长调节剂	8/6.6
杀螨剂	7/5.8
灭鼠剂	1/0.8
杀线虫剂	1/0.8

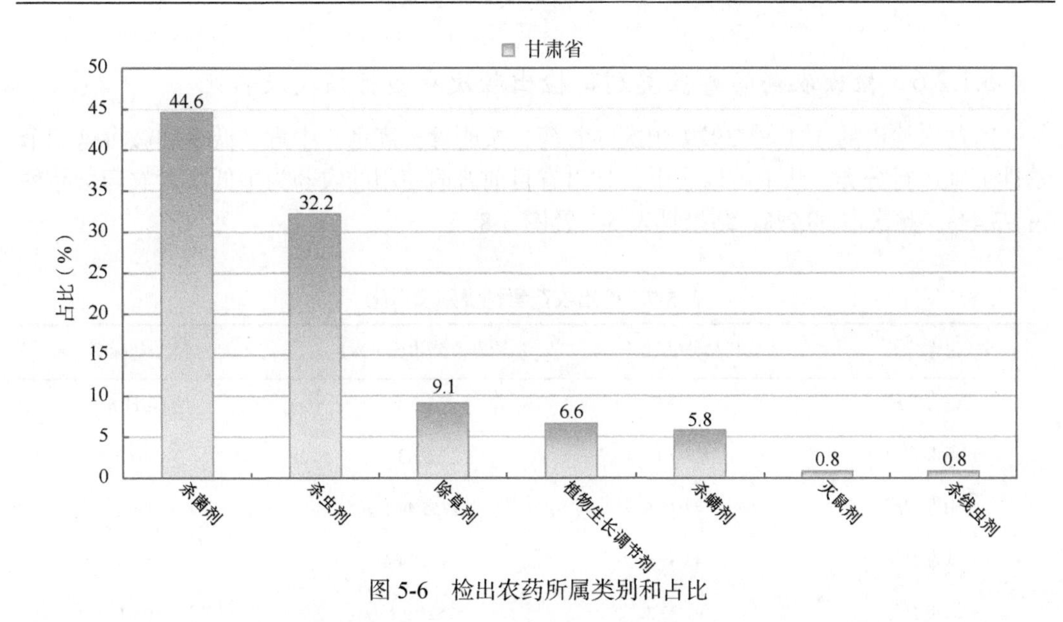

图 5-6　检出农药所属类别和占比

5.1.2.5　检出农药的残留水平

按检出农药残留水平进行统计，残留水平在 1～5 μg/kg（含）的农药占总数的 45.0%，在 5～10 μg/kg（含）的农药占总数的 14.2%，在 10～100 μg/kg（含）的农药占总数的 31.0%，在 100～1000 μg/kg（含）的农药占总数的 8.7%，>1000 μg/kg 的农药占总数的 1.2%。

由此可见，这次检测的 183 批 1106 例水果蔬菜样品中农药多数处于较低残留水平。结果见表 5-6 及图 5-7。

表 5-6　农药残留水平及占比

残留水平（μg/kg）	检出频次/占比（%）
1～5（含）	1767/45.0
5～10（含）	557/14.2
10～100（含）	1219/31.0
100～1000（含）	340/8.7
>1000	46/1.2

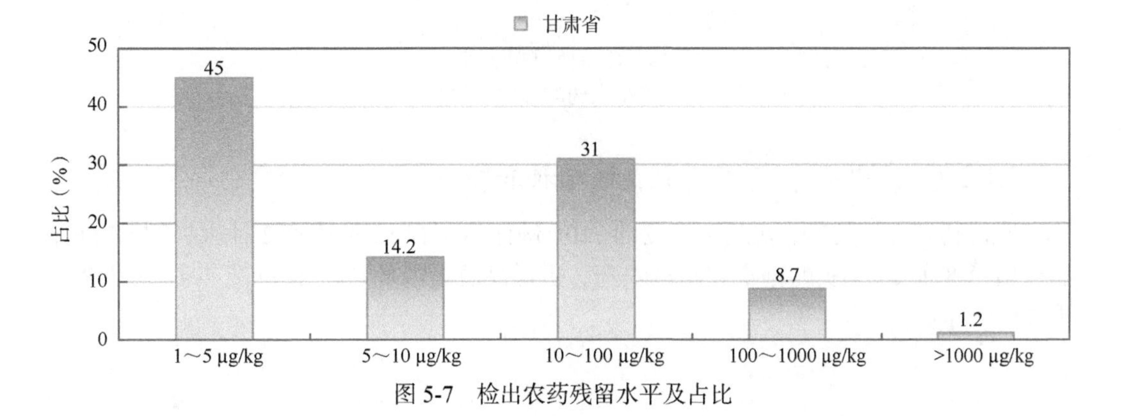

图 5-7　检出农药残留水平及占比

5.1.2.6 检出农药的毒性类别、检出频次和超标频次及占比

对这次检出的 121 种 3929 频次的农药，按剧毒、高毒、中毒、低毒和微毒这五个毒性类别进行分类，从中可以看出，甘肃省目前普遍使用的农药为中低微毒农药，品种占 93.4%，频次占 98.2%。结果见表 5-7 及图 5-8。

表 5-7 检出农药毒性类别及占比

毒性分类	农药品种/占比（%）	检出频次/占比（%）	超标频次/超标率（%）
剧毒农药	3/2.5	17/0.4	2/11.8
高毒农药	5/4.1	52/1.3	4/7.7
中毒农药	43/35.5	1755/44.7	8/0.5
低毒农药	43/35.5	1353/34.4	5/0.4
微毒农药	27/22.3	752/19.1	0/0.0

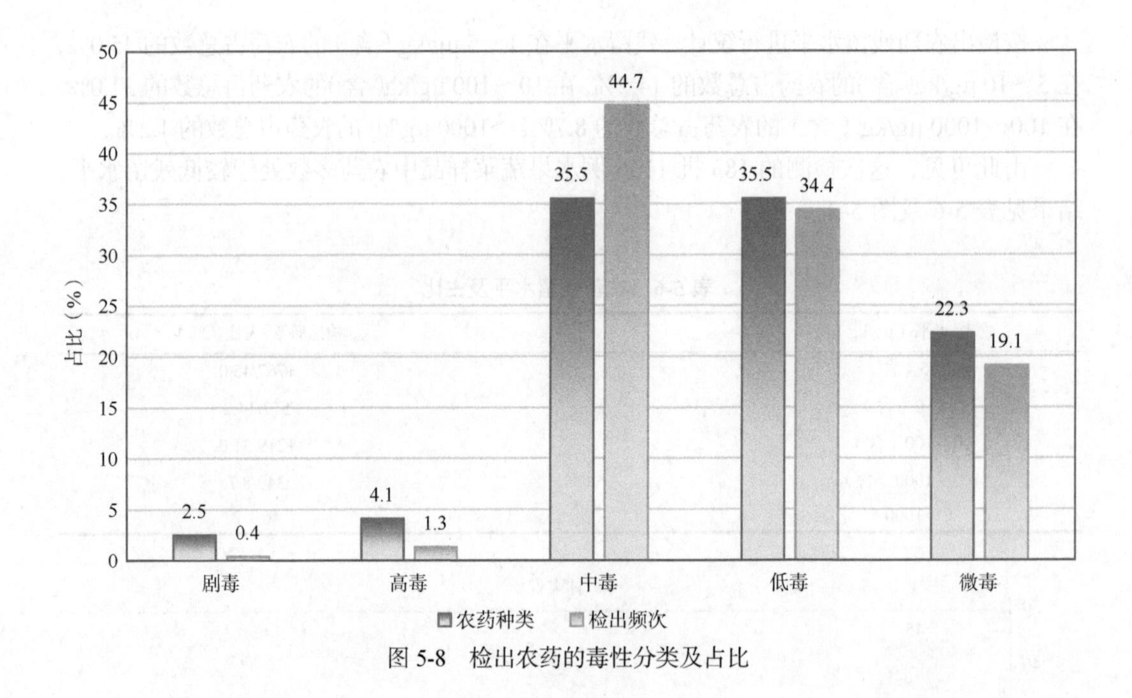

图 5-8 检出农药的毒性分类及占比

5.1.2.7 检出剧毒/高毒类农药的品种和频次

值得特别关注的是，在此次侦测的 1106 例样品中有 13 种蔬菜 2 种水果的 67 例样品检出了 8 种 69 频次的剧毒和高毒农药，占样品总量的 6.1%，详见图 5-9、表 5-8 及表 5-9。

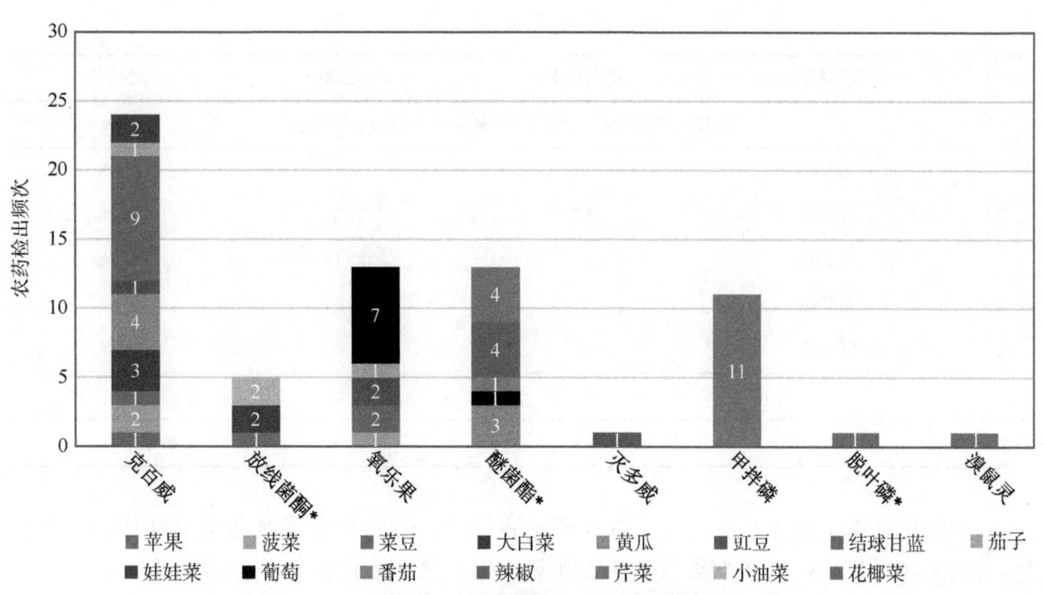

图 5-9　检出剧毒/高毒农药的样品情况

*表示允许在水果和蔬菜上使用的农药

表 5-8　剧毒农药检出情况

序号	农药名称	检出频次	超标频次	超标率
从 1 种水果中检出 1 种剧毒农药，共计检出 1 次				
1	放线菌酮*	1	0	0.0%
	小计	1	0	超标率：0.0%
从 4 种蔬菜中检出 3 种剧毒农药，共计检出 16 次				
1	甲拌磷*	11	2	18.2%
2	放线菌酮*	4	0	0.0%
3	溴鼠灵*	1	0	0.0%
	小计	16	2	超标率：12.5%
	合计	17	2	超标率：11.8%

* 表示剧毒农药

表 5-9　高毒农药检出情况

序号	农药名称	检出频次	超标频次	超标率
从 2 种水果中检出 3 种高毒农药，共计检出 9 次				
1	氧乐果	7	0	0.0%
2	克百威	1	0	0.0%
3	醚菌酯	1	0	0.0%
	小计	9	0	超标率：0.0%

续表

序号	农药名称	检出频次	超标频次	超标率
从 12 种蔬菜中检出 5 种高毒农药，共计检出 43 次				
1	克百威	23	3	13.0%
2	醚菌酯	12	0	0.0%
3	氧乐果	6	1	16.7%
4	灭多威	1	0	0.0%
5	脱叶磷	1	0	0.0%
	小计	43	4	超标率：9.3%
	合计	52	4	超标率：7.7%

在检出的剧毒和高毒农药中，有 5 种是我国早已禁止在水果和蔬菜上使用的，分别是：溴鼠灵、克百威、甲拌磷、灭多威和氧乐果。禁用农药的检出情况见表 5-10。

表 5-10 禁用农药检出情况

序号	农药名称	检出频次	超标频次	超标率
从 3 种水果中检出 3 种禁用农药，共计检出 35 次				
1	毒死蜱	27	0	0.0%
2	氧乐果	7	0	0.0%
3	克百威	1	0	0.0%
	小计	35	0	超标率：0.0%
从 13 种蔬菜中检出 7 种禁用农药，共计检出 72 次				
1	毒死蜱	29	4	13.8%
2	克百威	23	3	13.0%
3	甲拌磷*	11	2	18.2%
4	氧乐果	6	1	16.7%
5	氟苯虫酰胺	1	0	0.0%
6	灭多威	1	0	0.0%
7	溴鼠灵*	1	0	0.0%
	小计	72	10	超标率：13.9%
	合计	107	10	超标率：9.3%

注：超标结果参考 MRL 中国国家标准计算

* 表示剧毒农药

此次抽检的果蔬样品中，有 1 种水果 4 种蔬菜检出了剧毒农药，分别是：苹果中检出放线菌酮 1 次；大白菜中检出放线菌酮 2 次；小油菜中检出放线菌酮 2 次；花椰菜中检出溴鼠灵 1 次；芹菜中检出甲拌磷 11 次。

样品中检出剧毒和高毒农药残留水平超过 MRL 中国国家标准的频次为 6 次，其中：芹菜检出甲拌磷超标 2 次；茄子检出克百威超标 1 次；菠菜检出克百威超标 1 次；豇豆检出氧乐果超标 1 次，检出克百威超标 1 次。本次检出结果表明，高毒、剧毒农药的使用现象依旧存在。详见表 5-11。

表 5-11 各样本中检出剧毒/高毒农药情况

样品名称	农药名称	检出频次	超标频次	检出浓度（μg/kg）
水果 2 种				
苹果	克百威▲	1	0	18.4
苹果	放线菌酮*	1	0	17.3
葡萄	氧乐果▲	7	0	7.1，1.3，2.8，1.1，1.7，2.9，1.4
葡萄	醚菌酯	1	0	4.5
小计		10	0	超标率：0.0%
蔬菜 13 种				
大白菜	克百威▲	3	0	1.5，3.8，1.6
大白菜	放线菌酮*	2	0	8.1，17.6
娃娃菜	克百威▲	2	0	3.5，2.4
小油菜	放线菌酮*	2	0	26.8，60.1
番茄	醚菌酯	1	0	1.7
结球甘蓝	克百威▲	9	0	1.2，3.7，3.7，2.1，1.4，6.4，1.2，1.3，2.5
花椰菜	脱叶磷	1	0	1.4
花椰菜	溴鼠灵*▲	1	0	2.2
芹菜	醚菌酯	4	0	1.5，16.6，22.4，5.1
芹菜	甲拌磷*▲	11	2	72.7[a]，2.4，1.5，12.8[a]，1.4，3.6，3.6，1.7，2.0，3.0，2.1
茄子	克百威▲	1	1	35.6[a]
茄子	氧乐果▲	1	0	1.1
菜豆	氧乐果▲	2	0	8.2，10.9
菜豆	克百威▲	1	0	13.2
菠菜	克百威▲	2	1	25.5[a]，8.8
菠菜	氧乐果▲	1	0	1.8
豇豆	氧乐果▲	2	1	9.6，45.0[a]
豇豆	克百威▲	1	1	155.6[a]
豇豆	灭多威▲	1	0	32.9
辣椒	醚菌酯	4	0	10.3，43.6，105.0，6.3
黄瓜	克百威▲	4	0	1.3，2.1，1.9，15.7
黄瓜	醚菌酯	3	0	5.7，8.3，17.9
小计		59	6	超标率：10.2%
合计		69	6	超标率：8.7%

* 表示剧毒农药；▲ 表示禁用农药；a 表示超标

5.2 农药残留检出水平与最大残留限量标准对比分析

我国于 2019 年 8 月 15 日正式颁布并于 2020 年 2 月 15 日正式实施食品农药残留限量国家标准《食品中农药最大残留限量》(GB 2763—2019)，该标准包括 467 个农药条目，涉及最大残留限量（MRL）标准 7108 项。将 3929 频次检出结果的浓度水平与 7108 项 MRL 中国国家标准进行比对，其中有 2097 频次的结果找到了对应的 MRL 标准，占 53.4%，还有 1832 频次的侦测数据则无相关 MRL 标准供参考，占 46.6%。

将此次侦测结果与国际上现行 MRL 标准对比发现，在 3929 频次的检出结果中有 3929 频次的结果找到了对应的 MRL 欧盟标准，占 100.0%，其中，3602 频次的结果有明确对应的 MRL 标准，占 91.7%，其余 327 频次按照欧盟一律标准判定，占 8.3%；有 3929 频次的结果找到了对应的 MRL 日本标准，占 100.0%，其中，2677 频次的结果有明确对应的 MRL 标准，占 68.1%，其余 1252 频次按照日本一律标准判定，占 31.9%；有 2220 频次的结果找到了对应的 MRL 中国香港标准，占 56.5%；有 2409 频次的结果找到了对应的 MRL 美国标准，占 61.3%；有 1643 频次的结果找到了对应的 MRL CAC 标准，占 41.8%（图 5-10 和图 5-11）。

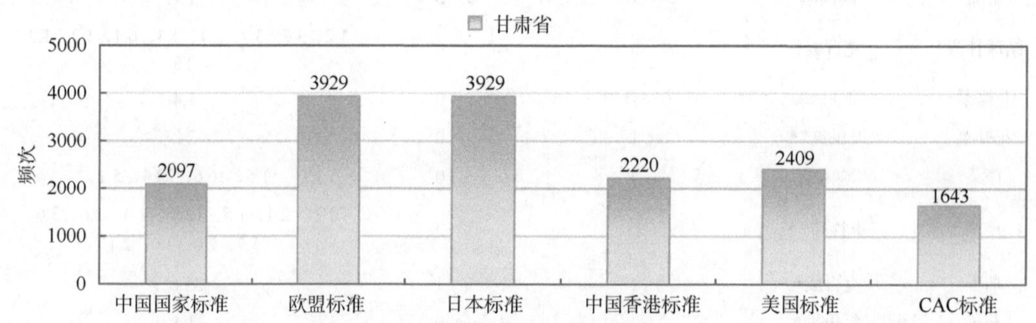

图 5-10　3929 频次检出农药可用 MRL 中国国家标准、欧盟标准、日本标准、中国香港标准、美国标准、CAC 标准判定衡量的数量

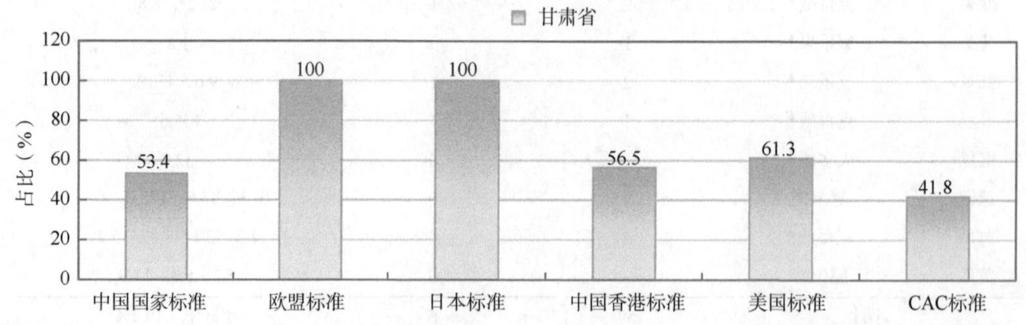

图 5-11　3929 频次检出农药可用 MRL 中国国家标准、欧盟标准、日本标准、中国香港标准、美国标准、CAC 标准衡量的占比

5.2.1　超标农药样品分析

本次侦测的 1106 例样品中，178 例样品未检出任何残留农药，占样品总量的 16.1%，928 例样品检出不同水平、不同种类的残留农药，占样品总量的 83.9%。在此，我们将本次侦测的农残检出情况与 MRL 中国国家标准、欧盟标准、日本标准、中国香港标准、美国标准和 CAC 标准这 6 大国际主流 MRL 标准进行对比分析，样品农残检出与超标情况见图 5-12、表 5-12 和图 5-13。

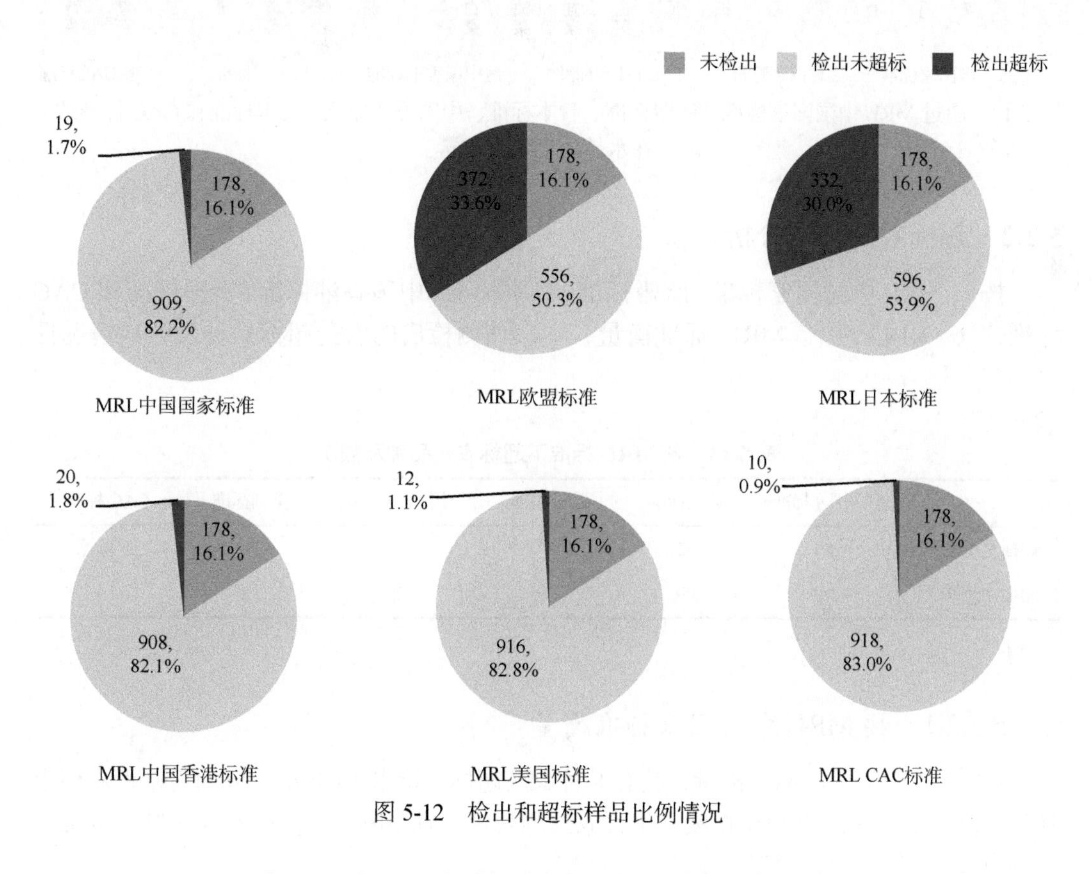

图 5-12　检出和超标样品比例情况

表 5-12　各 MRL 标准下样本农残检出与超标数量及占比

	中国国家标准	欧盟标准	日本标准	中国香港标准	美国标准	CAC 标准
	数量/占比（%）	数量/占比（%）	数量/占比（%）	数量/占比（%）	数量/占比（%）	数量/占比（%）
未检出	178/16.1	178/16.1	178/16.1	178/16.1	178/16.1	178/16.1
检出未超标	909/82.2	556/50.3	596/53.9	908/82.1	916/82.8	918/83.0
检出超标	19/1.7	372/33.6	332/30.0	20/1.8	12/1.1	10/0.9

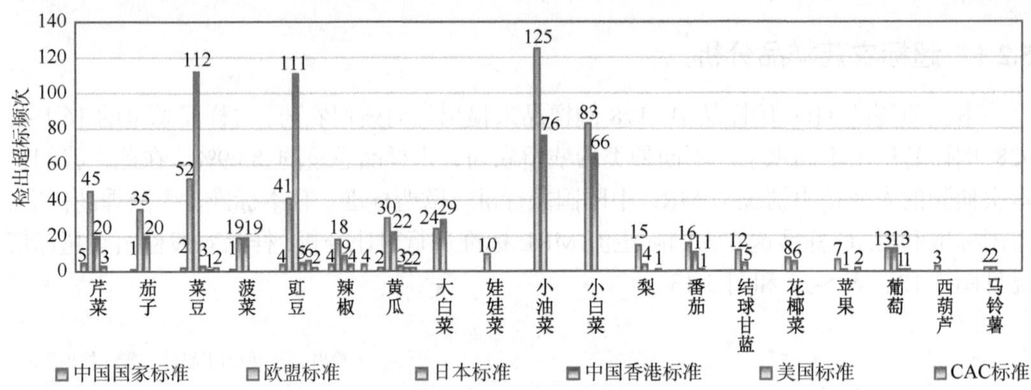

图 5-13 超过 MRL 中国国家标准、欧盟标准、日本标准、中国香港标准、美国标准和 CAC 标准结果在水果蔬菜中的分布

5.2.2 超标农药种类分析

按照 MRL 中国国家标准、欧盟标准、日本标准、中国香港标准、美国标准和 CAC 标准这 6 大国际主流 MRL 标准衡量，本次侦测检出的农药超标品种及频次情况见表 5-13。

表 5-13 各 MRL 标准下超标农药品种及频次

	中国国家标准	欧盟标准	日本标准	中国香港标准	美国标准	CAC 标准
超标农药品种	8	62	74	6	5	4
超标农药频次	19	558	526	20	13	10

5.2.2.1 按 MRL 中国国家标准衡量

按 MRL 中国国家标准衡量，共有 8 种农药超标，检出 19 频次，分别为剧毒农药甲拌磷，高毒农药氧乐果和克百威，中毒农药毒死蜱、吡虫啉、辛硫磷和啶虫脒，低毒农药噻虫胺。

按超标程度比较，芹菜中辛硫磷超标 18.8 倍，豇豆中克百威超标 6.8 倍，芹菜中甲拌磷超标 6.3 倍，芹菜中毒死蜱超标 3.1 倍，黄瓜中毒死蜱超标 1.6 倍。检测结果见图 5-14。

5.2.2.2 按 MRL 欧盟标准衡量

按 MRL 欧盟标准衡量，共有 62 种农药超标，检出 558 频次，分别为剧毒农药放线菌酮和甲拌磷，高毒农药醚菌酯、氧乐果和克百威，中毒农药毒死蜱、氟硅唑、噁霜灵、双苯基脲、粉唑醇、吡虫啉、多效唑、辛硫磷、咪鲜胺、丙溴磷、哒螨灵、甲哌、戊唑醇、三环唑、茵多酸、啶虫脒、腈菌唑、丙环唑、烯效唑、三唑醇、甲霜灵、敌百虫、异丙威和仲丁威，低毒农药烯酰吗啉、噻虫嗪、二甲嘧酚、呋虫胺、螺螨酯、氟吗啉、四螨嗪、己唑醇、异菌脲、炔螨特、灭蝇胺、敌草腈、扑草净、啶菌噁唑、灭幼脲、噻嗪酮、氟吡菌酰胺、烯啶虫胺、噻虫胺、丁氟螨酯、虱螨脲、嘧霉胺和异戊烯腺嘌呤，微毒农药乙霉威、氟唑磺隆、扑灭津、氰霜唑、甲氧虫酰肼、多菌灵、霜霉威、氟铃脲、氟啶脲和乙螨唑。

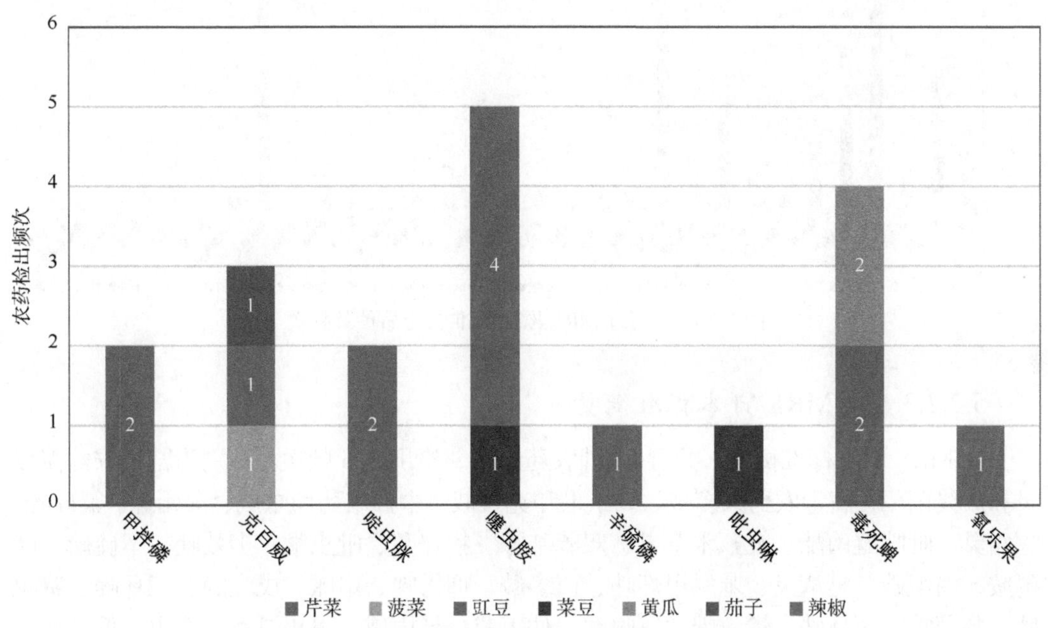

图 5-14　超过 MRL 中国国家标准农药品种及频次

按超标程度比较，黄瓜中烯啶虫胺超标 224.9 倍，小油菜中哒螨灵超标 114.2 倍，菠菜中灭幼脲超标 99.2 倍，芹菜中辛硫磷超标 98.0 倍，芹菜中啶虫脒超标 79.2 倍。检测结果见图 5-15。

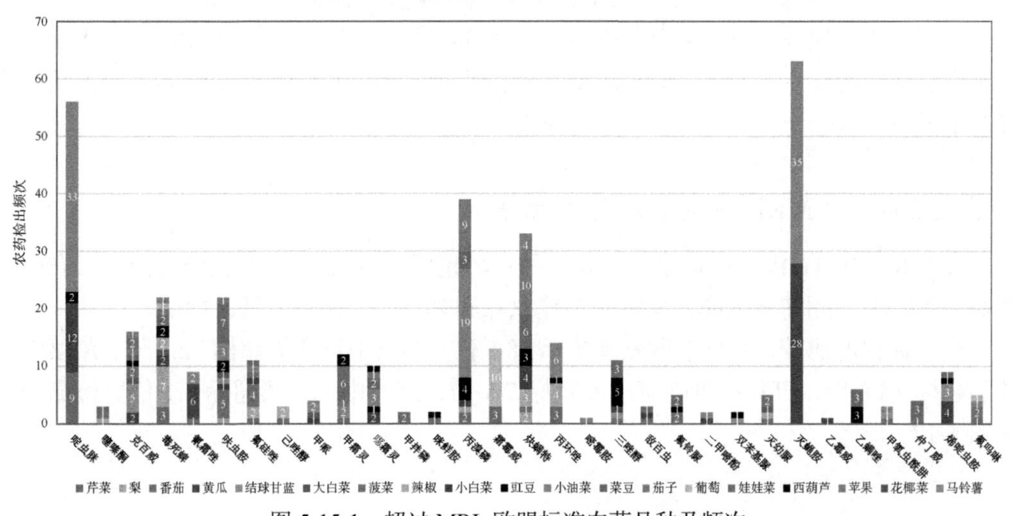

图 5-15-1　超过 MRL 欧盟标准农药品种及频次

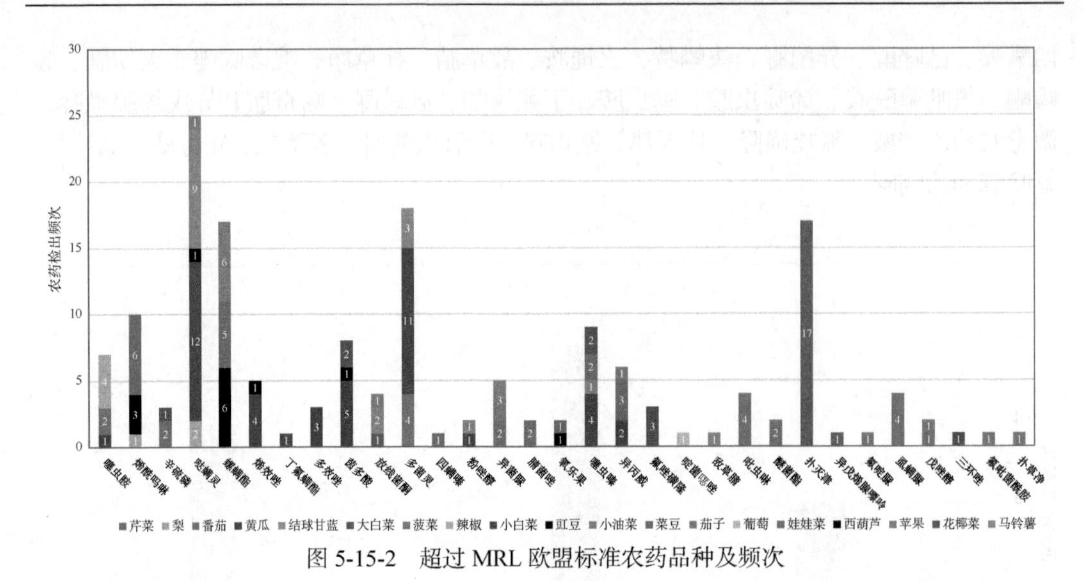

图 5-15-2　超过 MRL 欧盟标准农药品种及频次

5.2.2.3　按 MRL 日本标准衡量

按 MRL 日本标准衡量，共有 74 种农药超标，检出 526 频次，分别为剧毒农药溴鼠灵和放线菌酮，高毒农药灭多威、氧乐果和克百威，中毒农药茚虫威、毒死蜱、氟硅唑、噁霜灵、吡唑醚菌酯、吡氟禾草灵、双苯基脲、粉唑醇、吡虫啉、多效唑、辛硫磷、咪鲜胺、丙溴磷、哒螨灵、苯醚甲环唑、茵多酸、抑霉唑、甲哌、戊唑醇、三环唑、啶虫脒、腈菌唑、丙环唑、烯效唑、三唑醇、仲丁威、异丙威、甲霜灵和敌百虫，低毒农药烯酰吗啉、噻虫嗪、二甲嘧酚、呋虫胺、螺螨酯、氟吗啉、四螨嗪、己唑醇、炔螨特、灭蝇胺、敌草腈、扑草净、吡蚜酮、螺虫乙酯、啶菌噁唑、灭幼脲、乙嘧酚磺酸酯、噻嗪酮、氟吡菌酰胺、烯啶虫胺、噻虫胺、丁氟螨酯、虱螨脲、嘧霉胺和异戊烯腺嘌呤，微毒农药氟唑磺隆、扑灭津、吡丙醚、嘧菌酯、多菌灵、乙嘧酚、氯虫苯甲酰胺、氟啶脲、霜霉威、氟铃脲、啶酰菌胺、丙硫菌唑、氟环唑、乙螨唑和肟菌酯。

按超标程度比较，小白菜中灭蝇胺超标 339.4 倍，小油菜中茚虫威超标 141.8 倍，小油菜中哒螨灵超标 114.2 倍，菠菜中灭幼脲超标 99.2 倍，豇豆中嘧霉胺超标 77.8 倍。检测结果见图 5-16。

5.2.2.4　按 MRL 中国香港标准衡量

按 MRL 中国香港标准衡量，共有 6 种农药超标，检出 20 频次，分别为中毒农药毒死蜱、吡唑醚菌酯和辛硫磷，低毒农药噻虫嗪和噻虫胺，微毒农药吡丙醚。

按超标程度比较，豇豆中毒死蜱超标 58.5 倍，菜豆中毒死蜱超标 52.1 倍，芹菜中辛硫磷超标 18.8 倍，豇豆中吡唑醚菌酯超标 7.5 倍，豇豆中噻虫嗪超标 5.1 倍。检测结果见图 5-17。

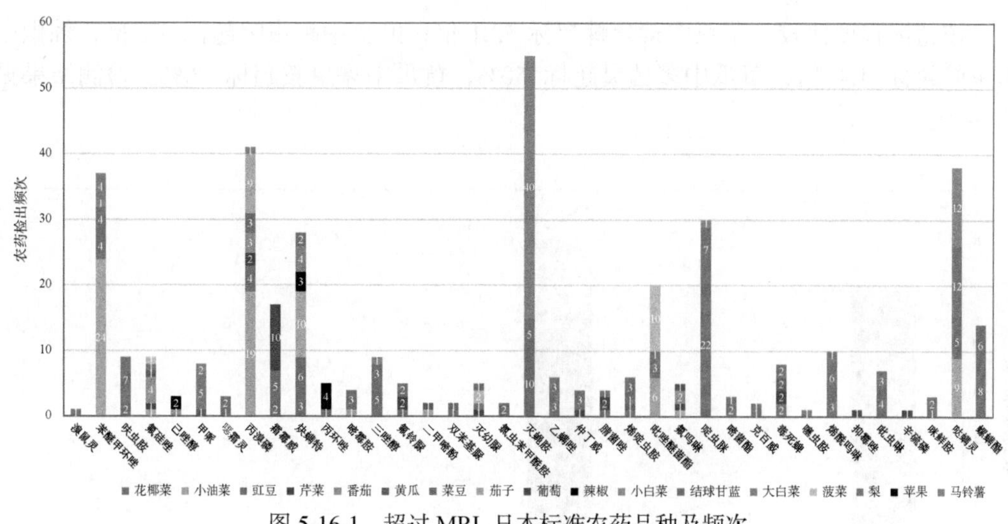

图 5-16-1 超过 MRL 日本标准农药品种及频次

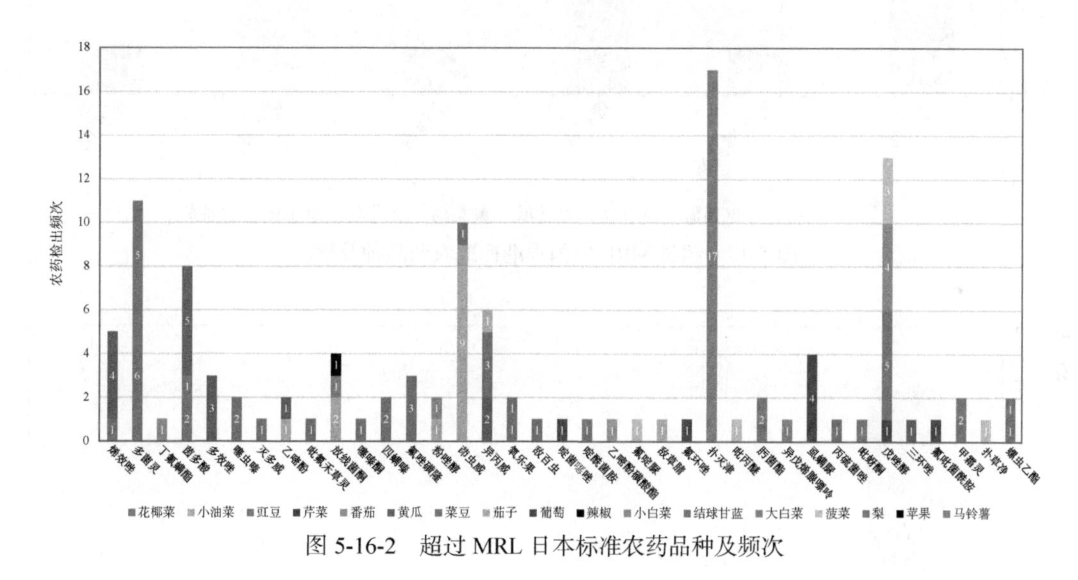

图 5-16-2 超过 MRL 日本标准农药品种及频次

5.2.2.5 按 MRL 美国标准衡量

按 MRL 美国标准衡量，共有 5 种农药超标，检出 13 频次，分别为中毒农药毒死蜱、戊唑醇、啶虫脒和腈菌唑，低毒农药噻虫嗪。

按超标程度比较，豇豆中腈菌唑超标 21.1 倍，豇豆中毒死蜱超标 10.9 倍，菜豆中毒死蜱超标 9.6 倍，黄瓜中毒死蜱超标 4.2 倍，梨中毒死蜱超标 3.7 倍。检测结果见图 5-18。

5.2.2.6 按 MRL CAC 标准衡量

按 MRL CAC 标准衡量，共有 4 种农药超标，检出 10 频次，分别为中毒农药毒死蜱，低毒农药噻虫嗪和噻虫胺，微毒农药多菌灵。

按超标程度比较，菜豆中毒死蜱超标 52.1 倍，豇豆中噻虫嗪超标 5.1 倍，辣椒中噻虫胺超标 1.4 倍，黄瓜中多菌灵超标 50%，黄瓜中噻虫胺超标 40%。检测结果见图 5-19。

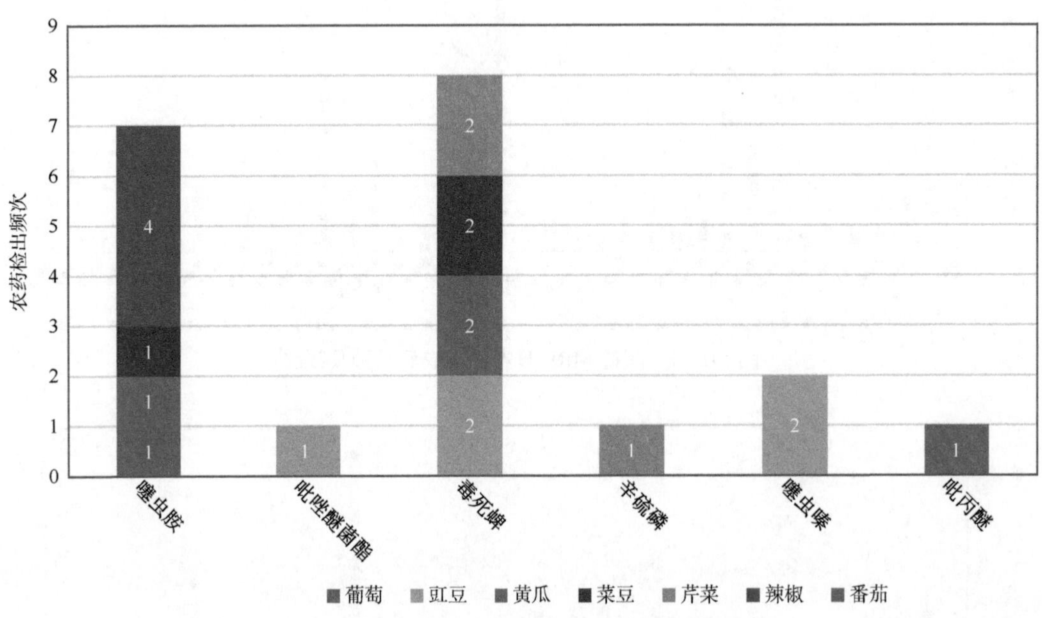

图 5-17　超过 MRL 中国香港标准农药品种及频次

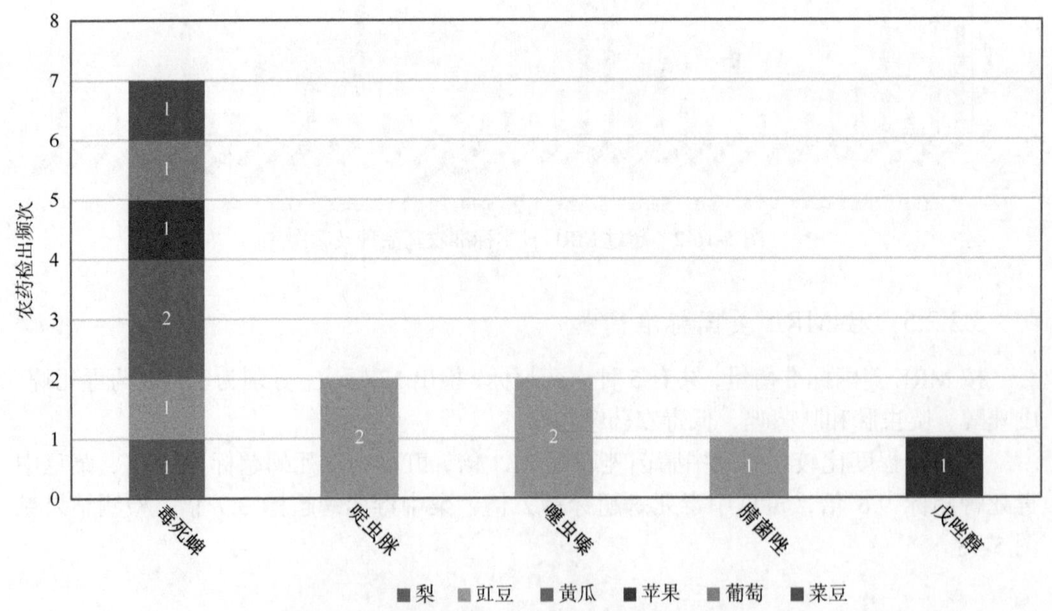

图 5-18　超过 MRL 美国标准农药品种及频次

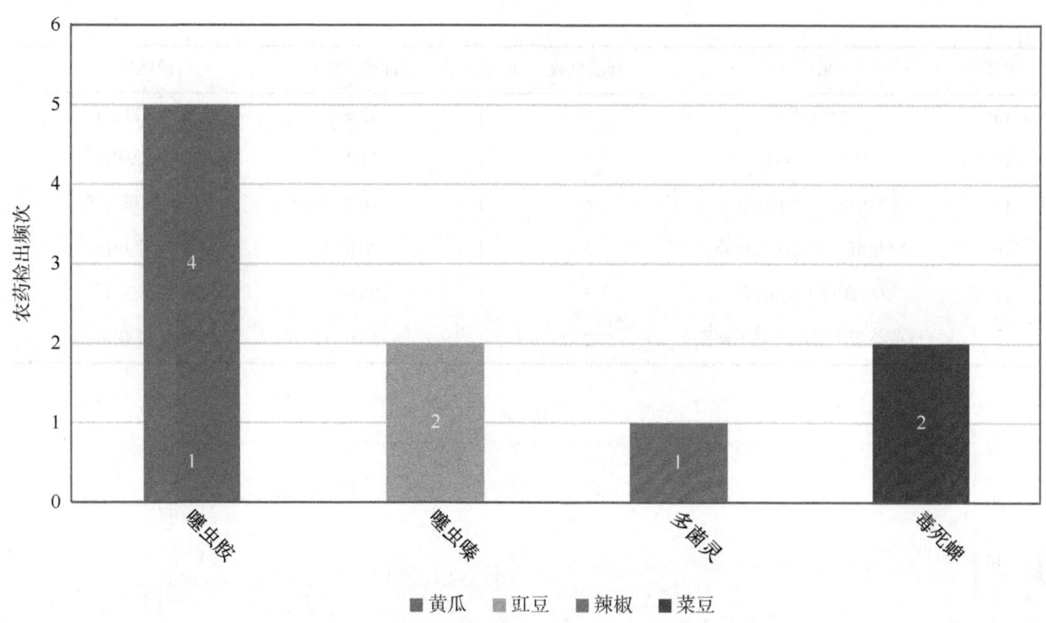

图 5-19 超过 MRL CAC 农药品种及频次

5.2.3 180 个采样点超标情况分析

5.2.3.1 按 MRL 中国国家标准衡量

按 MRL 中国国家标准衡量，有 18 个采样点的样品存在不同程度的超标农药检出，其中***蔬菜店（平川区兴平南路）的超标率最高，为 50.0%，如表 5-14 和图 5-20 所示。

表 5-14 超过 MRL 中国国家标准水果蔬菜在不同采样点分布

序号	采样点	样品总数	超标数量	超标率（%）	行政区域
1	***超市（白银店）	13	1	7.7	白银市 白银区
2	***批发中心（榆中县）	12	1	8.3	兰州市 榆中县
3	***蔬菜店（城关区）	11	1	9.1	兰州市 城关区
4	***蔬菜店（永登县）	11	1	9.1	兰州市 永登县
5	***蔬菜店（永登县）	10	1	10.0	兰州市 永登县
6	***粮油（永登县）	10	1	10.0	兰州市 永登县
7	***超市（新民店）	9	2	22.2	平凉市 崆峒区
8	***合作社	8	1	12.5	武威市 凉州区
9	***合作社	8	1	12.5	武威市 凉州区
10	***市场	8	1	12.5	武威市 凉州区
11	***市场	8	1	12.5	张掖市 高台县
12	***市场	8	1	12.5	张掖市 民乐县

续表

序号	采样点	样品总数	超标数量	超标率（%）	行政区域
13	***合作社	8	1	12.5	张掖市 甘州区
14	***合作社	7	1	14.3	武威市 凉州区
15	***中心（七里河区）	6	1	16.7	兰州市 七里河区
16	***超市（平川区大桥路）	5	1	20.0	白银市 平川区
17	***商行（安定区）	5	1	20.0	定西市 安定区
18	***蔬菜店（平川区兴平南路）	2	1	50.0	白银市 平川区

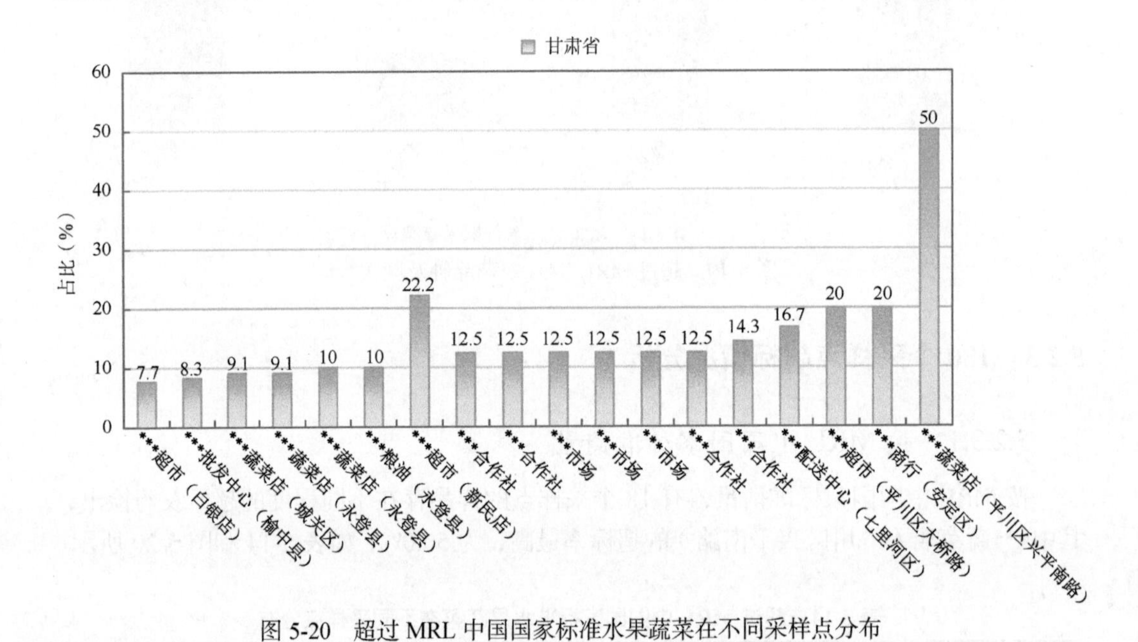

图 5-20　超过 MRL 中国国家标准水果蔬菜在不同采样点分布

5.2.3.2　按 MRL 欧盟标准衡量

按 MRL 欧盟标准衡量，有 148 个采样点的样品存在不同程度的超标农药检出，其中***直销店（安宁区）、***市场、***直销店（城关区）、***超市（平川区兴平南路）、***批发部（陇西县）、***蔬菜店（安宁区）、***超市（安定区）和***蔬菜（白银区文化路）的超标率最高，为 100.0%，如表 5-15 和图 5-21 所示。

表 5-15　超过 MRL 欧盟标准水果蔬菜在不同采样点分布

序号	采样点	样品总数	超标数量	超标率（%）	行政区域
1	***市场	16	10	62.5	兰州市 七里河区
2	***超市（白银店）	13	3	23.1	白银市 白银区
3	***市场	13	5	38.5	白银市 白银区
4	***市场	13	4	30.8	兰州市 西固区

续表

序号	采样点	样品总数	超标数量	超标率（%）	行政区域
5	***市场	13	4	30.8	兰州市 皋兰县
6	***批发部（红古区）	12	3	25.0	兰州市 红古区
7	***直销店（红古区平安路）	12	2	16.7	兰州市 红古区
8	***超市（红古区炭素路）	12	1	8.3	兰州市 红古区
9	***蔬菜店（城关区）	12	3	25.0	兰州市 城关区
10	***市场	12	3	25.0	兰州市 红古区
11	***蔬菜摊（城关区）	12	6	50.0	兰州市 城关区
12	***果蔬店（皋兰县石洞镇）	12	1	8.3	兰州市 皋兰县
13	***市场	12	3	25.0	兰州市 城关区
14	***蔬菜摊（城关区）	12	4	33.3	兰州市 城关区
15	***配送中心（榆中县）	12	2	16.7	兰州市 榆中县
16	***市场	12	3	25.0	白银市 白银区
17	***配送中心（榆中县）	12	6	50.0	兰州市 榆中县
18	***批发中心（榆中县）	12	5	41.7	兰州市 榆中县
19	***蔬菜店（榆中县）	12	4	33.3	兰州市 榆中县
20	***蔬果摊（城关区）	12	3	25.0	兰州市 城关区
21	***市场	12	5	41.7	兰州市 城关区
22	***零售店（榆中县）	12	5	41.7	兰州市 榆中县
23	***蔬菜店（城关区）	12	7	58.3	兰州市 城关区
24	***超市（平川区兴平路街道）	11	5	45.5	白银市 平川区
25	***蔬菜店（城关区）	11	2	18.2	兰州市 城关区
26	***蔬菜店（永登县）	11	2	18.2	兰州市 永登县
27	***超市（东苑路店）	11	3	27.3	陇南市 武都区
28	***果蔬店（皋兰县石洞镇）	10	5	50.0	兰州市 皋兰县
29	***蔬菜部（皋兰县石洞镇）	10	3	30.0	兰州市 皋兰县
30	***蔬菜店（永登县）	10	5	50.0	兰州市 永登县
31	***服务部（永登县）	10	4	40.0	兰州市 永登县
32	***蔬菜摊（榆中县）	10	3	30.0	兰州市 榆中县
33	***市场	10	3	30.0	定西市 安定区
34	***超市（广场路店）	10	2	20.0	庆阳市 西峰区
35	***蔬菜店（麦积区）	10	3	30.0	天水市 麦积区
36	***经营部（白银区）	10	5	50.0	白银市 白银区
37	***百货店（白银区）	10	3	30.0	白银市 白银区
38	***粮油（永登县）	10	4	40.0	兰州市 永登县

续表

序号	采样点	样品总数	超标数量	超标率（%）	行政区域
39	***超市（一分店）	10	3	30.0	白银市 白银区
40	***综合店（永登县）	9	2	22.2	兰州市 永登县
41	***市场	9	2	22.2	天水市 麦积区
42	***超市（南山新街店）	9	4	44.4	定西市 安定区
43	***专营店（七里河区）	9	4	44.4	兰州市 七里河区
44	***超市（新民店）	9	4	44.4	平凉市 崆峒区
45	***市场	9	5	55.6	庆阳市 西峰区
46	***超市（合作店）	9	1	11.1	甘南藏族自治州 合作市
47	***超市（麦积区天河南路）	8	3	37.5	天水市 麦积区
48	***蔬菜摊	8	2	25.0	张掖市 甘州区
49	***合作社	8	3	37.5	武威市 凉州区
50	***合作社	8	3	37.5	武威市 凉州区
51	***合作社	8	3	37.5	武威市 凉州区
52	***超市（北关店）	8	2	25.0	武威市 凉州区
53	***市场	8	3	37.5	武威市 凉州区
54	***合作社	8	2	25.0	武威市 凉州区
55	***育苗中心	8	2	25.0	武威市 凉州区
56	***市场	8	3	37.5	武威市 凉州区
57	***合作社	8	2	25.0	张掖市 临泽县
58	***市场	8	4	50.0	张掖市 高台县
59	***市场	8	2	25.0	张掖市 民乐县
60	***合作社	8	2	25.0	张掖市 甘州区
61	***市场	8	2	25.0	张掖市 甘州区
62	***合作社	8	1	12.5	张掖市 甘州区
63	***合作社	8	1	12.5	武威市 凉州区
64	***蔬菜店（永登县）	7	1	14.3	兰州市 永登县
65	***配送中心（七里河区）	7	2	28.6	兰州市 七里河区
66	***市场	7	2	28.6	张掖市 山丹县
67	***合作社	7	2	28.6	武威市 凉州区
68	***市场	7	3	42.9	兰州市 安宁区
69	***直销店（兰棉店）	6	4	66.7	兰州市 西固区
70	***市场	6	1	16.7	白银市 平川区
71	***直营店（七里河区吴家园路）	6	2	33.3	兰州市 七里河区
72	***中心（七里河区）	6	4	66.7	兰州市 七里河区

续表

序号	采样点	样品总数	超标数量	超标率（%）	行政区域
73	***超市（皋兰店）	5	1	20.0	兰州市 皋兰县
74	***果蔬店（安宁区）	5	2	40.0	兰州市 安宁区
75	***蔬菜店（七里河区）	5	1	20.0	兰州市 七里河区
76	***果蔬店（西固区）	5	3	60.0	兰州市 西固区
77	***配送中心（七里河区西站西路）	5	1	20.0	兰州市 七里河区
78	***菜行（七里河区）	5	2	40.0	兰州市 七里河区
79	***商店（城关区）	5	3	60.0	兰州市 城关区
80	***超市（平川区大桥路）	5	2	40.0	白银市 平川区
81	***商行（安定区）	5	1	20.0	定西市 安定区
82	***超市（临洮县洮阳镇新街东路）	5	1	20.0	定西市 临洮县
83	***超市（陇西县巩昌镇崇文路）	5	2	40.0	定西市 陇西县
84	***超市（安定区安定路）	5	2	40.0	定西市 安定区
85	***超市（瑞新店）	5	2	40.0	定西市 临洮县
86	***市场	5	2	40.0	兰州市 安宁区
87	***超市（李家龙宫店）	4	1	25.0	定西市 陇西县
88	***直销店（安宁区）	4	4	100.0	兰州市 安宁区
89	***菜行（七里河区）	4	2	50.0	兰州市 七里河区
90	***蔬菜店（城关区九州中路）	4	3	75.0	兰州市 城关区
91	***蔬菜店（安宁区）	4	3	75.0	兰州市 安宁区
92	***市场	4	2	50.0	兰州市 七里河区
93	***蔬菜店（安宁区北环路）	4	3	75.0	兰州市 安宁区
94	***蔬菜店（城关区华亭街）	4	3	75.0	兰州市 城关区
95	***便利店（城关区）	4	3	75.0	兰州市 城关区
96	***批发配送（安宁区）	4	3	75.0	兰州市 安宁区
97	***直销店（西固区福利东路）	4	3	75.0	兰州市 西固区
98	***经营部（安宁区）	4	2	50.0	兰州市 安宁区
99	***便利店（七里河区）	4	3	75.0	兰州市 七里河区
100	***超市（七里河区）	4	2	50.0	兰州市 七里河区
101	***直销店（七里河区）	4	3	75.0	兰州市 七里河区
102	***市场	4	1	25.0	兰州市 城关区
103	***配送店（城关区）	4	2	50.0	兰州市 城关区
104	***直销店（七里河区）	4	2	50.0	兰州市 七里河区
105	***直销店（永利源店）	4	3	75.0	兰州市 西固区
106	***市场	4	1	25.0	兰州市 七里河区

续表

序号	采样点	样品总数	超标数量	超标率（%）	行政区域
107	***直销店（安宁区桃林路）	4	2	50.0	兰州市 安宁区
108	***水果店（城关区）	4	3	75.0	兰州市 城关区
109	***便利店（七里河区彭家坪路）	4	3	75.0	兰州市 七里河区
110	***瓜果蔬菜（城关区雁宁路）	4	2	50.0	兰州市 城关区
111	***蔬菜店（城关区雁滩路）	4	3	75.0	兰州市 城关区
112	***市场	4	4	100.0	兰州市 七里河区
113	***专卖店（七里河区）	4	2	50.0	兰州市 七里河区
114	***蔬果店（城关区）	4	2	50.0	兰州市 城关区
115	***市场	4	1	25.0	定西市 安定区
116	***直销店（安宁区）	4	3	75.0	兰州市 安宁区
117	***直销店（七里河区）	3	2	66.7	兰州市 七里河区
118	***超市（恒大绿洲店）	3	2	66.7	兰州市 城关区
119	***果蔬店（安宁区十里店南街）	3	1	33.3	兰州市 安宁区
120	***商店（七里河区彭家坪东路）	3	2	66.7	兰州市 七里河区
121	***直销店（城关区）	3	3	100.0	兰州市 城关区
122	***副食店（七里河区建西东路）	3	2	66.7	兰州市 七里河区
123	***批发部（安定区）	3	2	66.7	定西市 安定区
124	***市场	3	1	33.3	定西市 安定区
125	***水果店（安定区）	3	1	33.3	定西市 安定区
126	***超市（公园路店）	3	1	33.3	白银市 白银区
127	***水果店（白银区五一街）	3	1	33.3	白银市 白银区
128	***生鲜（白银区苹果街）	3	1	33.3	白银市 白银区
129	***水果店（安定区友谊南路）	3	1	33.3	定西市 安定区
130	***水果店（临洮县）	3	1	33.3	定西市 临洮县
131	***百货铺（临洮县）	3	1	33.3	定西市 临洮县
132	***果蔬店（陇西县）	3	1	33.3	定西市 陇西县
133	***超市（平川区兴平南路）	3	3	100.0	白银市 平川区
134	***果蔬店（城关区）	3	1	33.3	兰州市 城关区
135	***专卖店（七里河区）	2	1	50.0	兰州市 七里河区
136	***配送（七里河区）	2	1	50.0	兰州市 七里河区
137	***蔬菜（七里河区）	2	1	50.0	兰州市 七里河区
138	***市场	2	1	50.0	白银市 白银区
139	***蔬菜店（白银区五一街）	2	1	50.0	白银市 白银区
140	***蔬菜店（平川区兴平南路）	2	1	50.0	白银市 平川区

续表

序号	采样点	样品总数	超标数量	超标率（%）	行政区域
141	***超市（安定区）	2	1	50.0	定西市 安定区
142	***市场	2	1	50.0	定西市 安定区
143	***蔬菜店（临洮县）	2	1	50.0	定西市 临洮县
144	***瓜果蔬菜店（陇西县）	2	1	50.0	定西市 陇西县
145	***批发部（陇西县）	2	2	100.0	定西市 陇西县
146	***蔬菜店（安宁区）	2	2	100.0	兰州市 安宁区
147	***超市（安定区）	1	1	100.0	定西市 安定区
148	***蔬菜（白银区文化路）	1	1	100.0	白银市 白银区

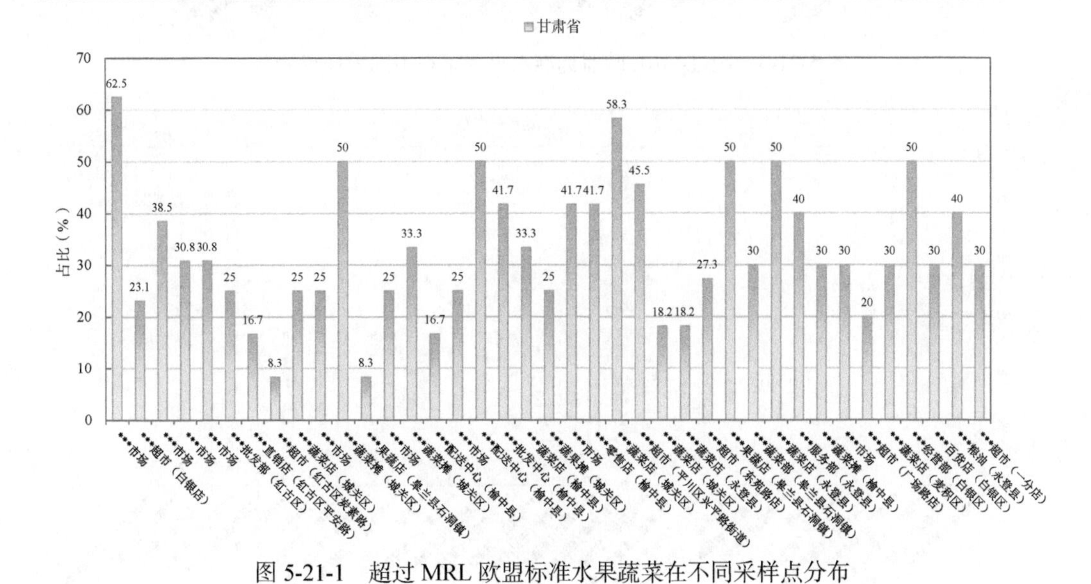

图 5-21-1 超过 MRL 欧盟标准水果蔬菜在不同采样点分布

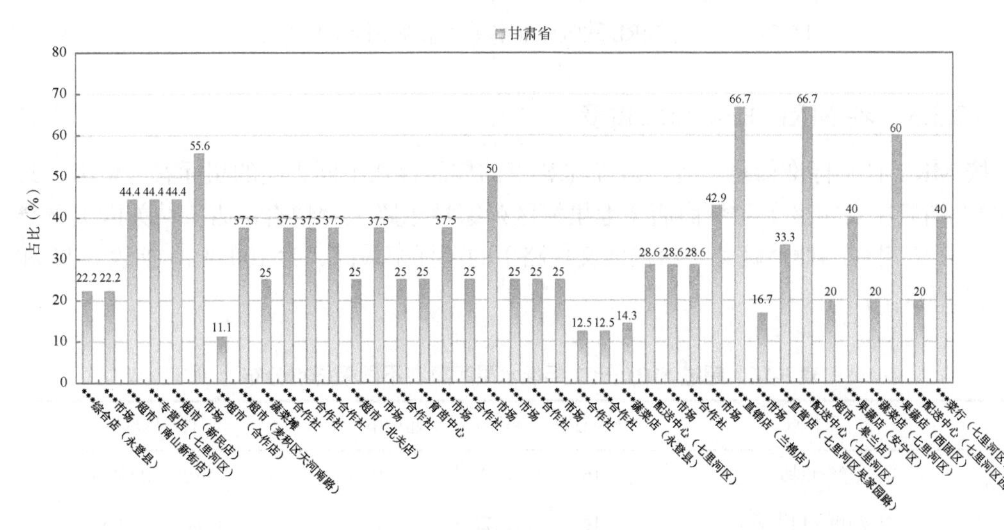

图 5-21-2 超过 MRL 欧盟标准水果蔬菜在不同采样点分布

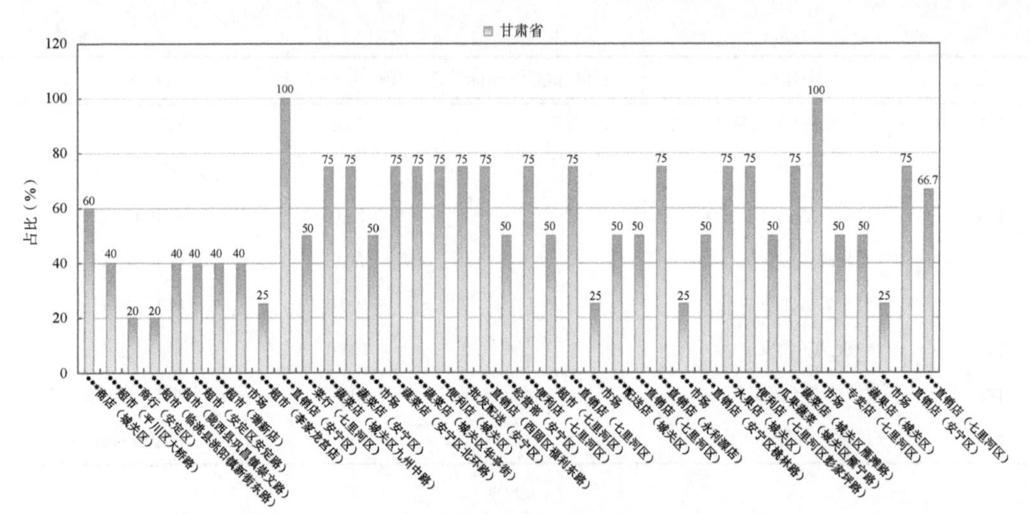

图 5-21-3　超过 MRL 欧盟标准水果蔬菜在不同采样点分布

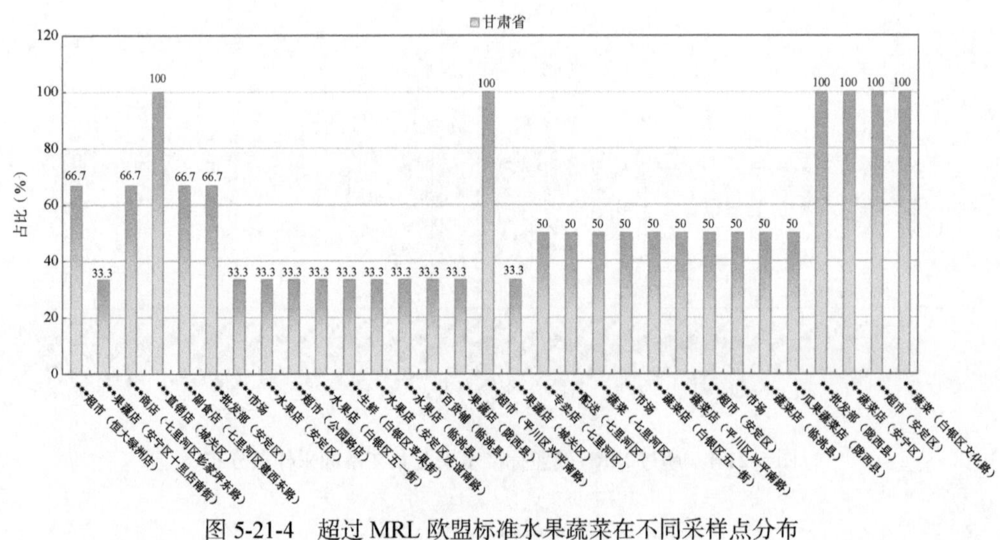

图 5-21-4　超过 MRL 欧盟标准水果蔬菜在不同采样点分布

5.2.3.3　按 MRL 日本标准衡量

按 MRL 日本标准衡量，有 140 个采样点的样品存在不同程度的超标农药检出，其中***直销店（安宁区）、***商店（七里河区彭家坪东路）、***直销店（城关区）、***蔬菜店（安宁区）和***蔬菜（白银区文化路）的超标率最高，为 100.0%，如表 5-16 和图 5-22 所示。

表 5-16　超过 MRL 日本标准水果蔬菜在不同采样点分布

序号	采样点	样品总数	超标数量	超标率（%）	行政区域
1	***市场	16	8	50.0	兰州市 七里河区
2	***超市（白银店）	14	2	14.3	白银市 白银区

续表

序号	采样点	样品总数	超标数量	超标率（%）	行政区域
3	***超市（白银店）	13	3	23.1	白银市 白银区
4	***市场	13	3	23.1	白银市 白银区
5	***市场	13	3	23.1	兰州市 西固区
6	***市场	13	3	23.1	兰州市 皋兰县
7	***批发部（红古区）	12	2	16.7	兰州市 红古区
8	***直销店（红古区平安路）	12	4	33.3	兰州市 红古区
9	***超市（红古区炭素路）	12	1	8.3	兰州市 红古区
10	***蔬菜店（城关区）	12	5	41.7	兰州市 城关区
11	***市场	12	2	16.7	兰州市 红古区
12	***市场	12	2	16.7	兰州市 红古区
13	***蔬菜摊（城关区）	12	4	33.3	兰州市 城关区
14	***果蔬店（皋兰县石洞镇）	12	4	33.3	兰州市 皋兰县
15	***市场	12	6	50.0	兰州市 城关区
16	***蔬菜摊（城关区）	12	4	33.3	兰州市 城关区
17	***配送中心（榆中县）	12	3	25.0	兰州市 榆中县
18	***市场	12	1	8.3	白银市 白银区
19	***配送中心（榆中县）	12	5	41.7	兰州市 榆中县
20	***批发中心（榆中县）	12	3	25.0	兰州市 榆中县
21	***蔬菜店（榆中县）	12	3	25.0	兰州市 榆中县
22	***蔬果摊（城关区）	12	3	25.0	兰州市 城关区
23	***市场	12	6	50.0	兰州市 城关区
24	***零售店（榆中县）	12	5	41.7	兰州市 榆中县
25	***蔬菜店（城关区）	12	6	50.0	兰州市 城关区
26	***超市（平川区兴平路街道）	11	4	36.4	白银市 平川区
27	***蔬菜店（城关区）	11	2	18.2	兰州市 城关区
28	***蔬菜店（永登县）	11	3	27.3	兰州市 永登县
29	***超市（东苑路店）	11	3	27.3	陇南市 武都区
30	***果蔬店（皋兰县石洞镇）	10	3	30.0	兰州市 皋兰县
31	***蔬菜部（皋兰县石洞镇）	10	2	20.0	兰州市 皋兰县
32	***蔬菜店（永登县）	10	5	50.0	兰州市 永登县
33	***服务部（永登县）	10	4	40.0	兰州市 永登县
34	***蔬菜摊（榆中县）	10	3	30.0	兰州市 榆中县

续表

序号	采样点	样品总数	超标数量	超标率（%）	行政区域
35	***市场	10	1	10.0	定西市 安定区
36	***超市（广场路店）	10	1	10.0	庆阳市 西峰区
37	***蔬菜店（麦积区）	10	2	20.0	天水市 麦积区
38	***经营部（白银区）	10	2	20.0	白银市 白银区
39	***百货店（白银区）	10	1	10.0	白银市 白银区
40	***粮油（永登县）	10	4	40.0	兰州市 永登县
41	***超市（一分店）	10	4	40.0	白银市 白银区
42	***综合店（永登县）	9	3	33.3	兰州市 永登县
43	***市场	9	3	33.3	天水市 麦积区
44	***超市（南山新街店）	9	3	33.3	定西市 安定区
45	***专营店（七里河区）	9	4	44.4	兰州市 七里河区
46	***超市（新民店）	9	4	44.4	平凉市 崆峒区
47	***市场	9	3	33.3	庆阳市 西峰区
48	***超市（合作店）	9	1	11.1	甘南藏族自治州 合作市
49	***超市（麦积区天河南路）	8	2	25.0	天水市 麦积区
50	***蔬菜摊	8	2	25.0	张掖市 甘州区
51	***合作社	8	3	37.5	武威市 凉州区
52	***合作社	8	4	50.0	武威市 凉州区
53	***超市（北关店）	8	2	25.0	武威市 凉州区
54	***市场	8	2	25.0	武威市 凉州区
55	***合作社	8	2	25.0	武威市 凉州区
56	***育苗中心	8	2	25.0	武威市 凉州区
57	***市场	8	2	25.0	武威市 凉州区
58	***合作社	8	2	25.0	张掖市 临泽县
59	***市场	8	3	37.5	张掖市 高台县
60	***市场	8	2	25.0	张掖市 民乐县
61	***合作社	8	2	25.0	张掖市 甘州区
62	***市场	8	1	12.5	张掖市 甘州区
63	***市场	8	1	12.5	张掖市 甘州区
64	***合作社	8	2	25.0	张掖市 甘州区
65	***合作社	8	1	12.5	武威市 凉州区
66	***蔬菜店（永登县）	7	1	14.3	兰州市 永登县

续表

序号	采样点	样品总数	超标数量	超标率（%）	行政区域
67	***配送中心（七里河区）	7	1	14.3	兰州市 七里河区
68	***市场	7	3	42.9	张掖市 山丹县
69	***合作社	7	2	28.6	武威市 凉州区
70	***市场	7	3	42.9	兰州市 安宁区
71	***直销店（兰棉店）	6	5	83.3	兰州市 西固区
72	***直营店（七里河区吴家园路）	6	1	16.7	兰州市 七里河区
73	***中心（七里河区）	6	4	66.7	兰州市 七里河区
74	***超市（皋兰店）	5	1	20.0	兰州市 皋兰县
75	***果蔬店（安宁区）	5	2	40.0	兰州市 安宁区
76	***蔬菜店（七里河区）	5	1	20.0	兰州市 七里河区
77	***果蔬店（西固区）	5	2	40.0	兰州市 西固区
78	***配送中心（七里河区西站西路）	5	2	40.0	兰州市 七里河区
79	***菜行（七里河区）	5	1	20.0	兰州市 七里河区
80	***商店（城关区）	5	2	40.0	兰州市 城关区
81	***超市（平川区大桥路）	5	2	40.0	白银市 平川区
82	***超市（临洮县洮阳镇新街东路）	5	1	20.0	定西市 临洮县
83	***超市（安定区安定路）	5	3	60.0	定西市 安定区
84	***市场	5	3	60.0	兰州市 安宁区
85	***超市（李家龙宫店）	4	1	25.0	定西市 陇西县
86	***直销店（安宁区）	4	4	100.0	兰州市 安宁区
87	***菜行（七里河区）	4	2	50.0	兰州市 七里河区
88	***蔬菜店（城关区九州中路）	4	2	50.0	兰州市 城关区
89	***蔬菜店（安宁区）	4	3	75.0	兰州市 安宁区
90	***市场	4	2	50.0	兰州市 七里河区
91	***蔬菜店（安宁区北环路）	4	3	75.0	兰州市 安宁区
92	***蔬菜店（城关区华亭街）	4	3	75.0	兰州市 城关区
93	***便利店（城关区）	4	2	50.0	兰州市 城关区
94	***批发配送（安宁区）	4	3	75.0	兰州市 安宁区
95	***直销店（西固区福利东路）	4	1	25.0	兰州市 西固区
96	***经营部（安宁区）	4	3	75.0	兰州市 安宁区
97	***便利店（七里河区）	4	2	50.0	兰州市 七里河区
98	***超市（七里河区）	4	2	50.0	兰州市 七里河区
99	***直销店（七里河区）	4	3	75.0	兰州市 七里河区
100	***市场	4	1	25.0	兰州市 城关区

续表

序号	采样点	样品总数	超标数量	超标率（%）	行政区域
101	***配送店（城关区）	4	2	50.0	兰州市 城关区
102	***直销店（七里河区）	4	2	50.0	兰州市 七里河区
103	***直销店（永利源店）	4	2	50.0	兰州市 西固区
104	***市场	4	1	25.0	兰州市 七里河区
105	***直销店（安宁区桃林路）	4	2	50.0	兰州市 安宁区
106	***水果店（城关区）	4	3	75.0	兰州市 城关区
107	***便利店（七里河区彭家坪路）	4	2	50.0	兰州市 七里河区
108	***瓜果蔬菜（城关区雁宁路）	4	2	50.0	兰州市 城关区
109	***蔬菜店（城关区雁滩路）	4	3	75.0	兰州市 城关区
110	***市场	4	3	75.0	兰州市 七里河区
111	***专卖店（七里河区）	4	2	50.0	兰州市 七里河区
112	***蔬果店（城关区）	4	2	50.0	兰州市 城关区
113	***市场	4	1	25.0	定西市 安定区
114	***直销店（安宁区）	4	3	75.0	兰州市 安宁区
115	***直销店（七里河区）	3	2	66.7	兰州市 七里河区
116	***超市（恒大绿洲店）	3	2	66.7	兰州市 城关区
117	***果蔬店（安宁区十里店南街）	3	1	33.3	兰州市 安宁区
118	***商店（七里河区彭家坪东路）	3	3	100.0	兰州市 七里河区
119	***直销店（城关区）	3	3	100.0	兰州市 城关区
120	***副食店（七里河区建西东路）	3	2	66.7	兰州市 七里河区
121	***批发部（安定区）	3	1	33.3	定西市 安定区
122	***市场	3	1	33.3	定西市 安定区
123	***水果店（安定区）	3	1	33.3	定西市 安定区
124	***水果店（白银区五一街）	3	1	33.3	白银市 白银区
125	***生鲜（白银区苹果街）	3	1	33.3	白银市 白银区
126	***水果店（安定区友谊南路）	3	1	33.3	定西市 安定区
127	***水果店（临洮县）	3	1	33.3	定西市 临洮县
128	***果蔬店（陇西县）	3	1	33.3	定西市 陇西县
129	***超市（平川区兴平南路）	3	1	33.3	白银市 平川区
130	***果蔬店（城关区）	3	1	33.3	兰州市 城关区
131	***专卖店（七里河区）	2	1	50.0	兰州市 七里河区
132	***配送（七里河区）	2	1	50.0	兰州市 七里河区
133	***批发零售行（七里河区）	2	1	50.0	兰州市 七里河区
134	***蔬菜店（白银区五一街）	2	1	50.0	白银市 白银区

续表

序号	采样点	样品总数	超标数量	超标率（%）	行政区域
135	***蔬菜店（平川区兴平南路）	2	1	50.0	白银市 平川区
136	***市场	2	1	50.0	定西市 安定区
137	***蔬菜店（临洮县）	2	1	50.0	定西市 临洮县
138	***瓜果蔬菜店（陇西县）	2	1	50.0	定西市 陇西县
139	***蔬菜店（安宁区）	2	2	100.0	兰州市 安宁区
140	***蔬菜（白银区文化路）	1	1	100.0	白银市 白银区

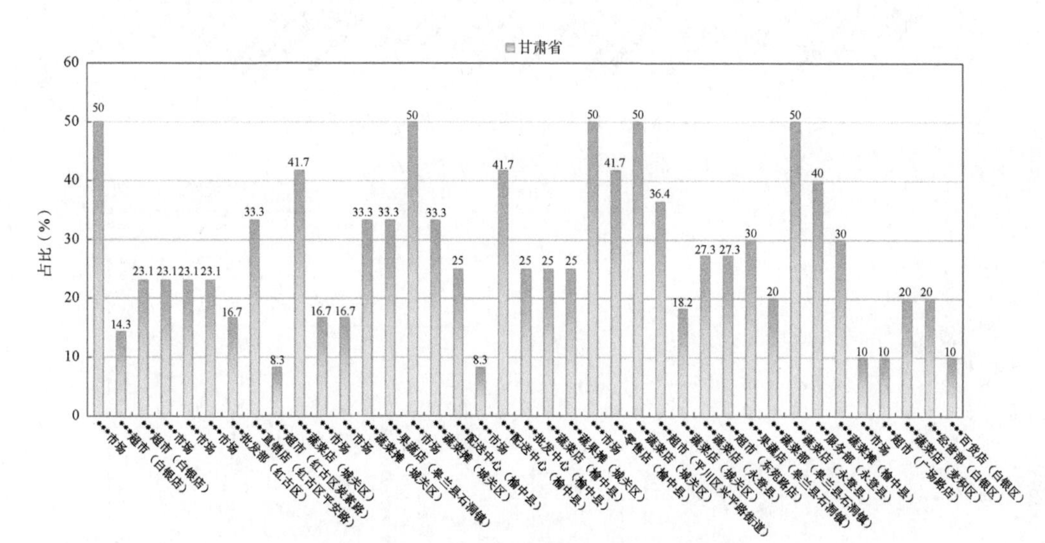

图 5-22-1　超过 MRL 日本标准水果蔬菜在不同采样点分布

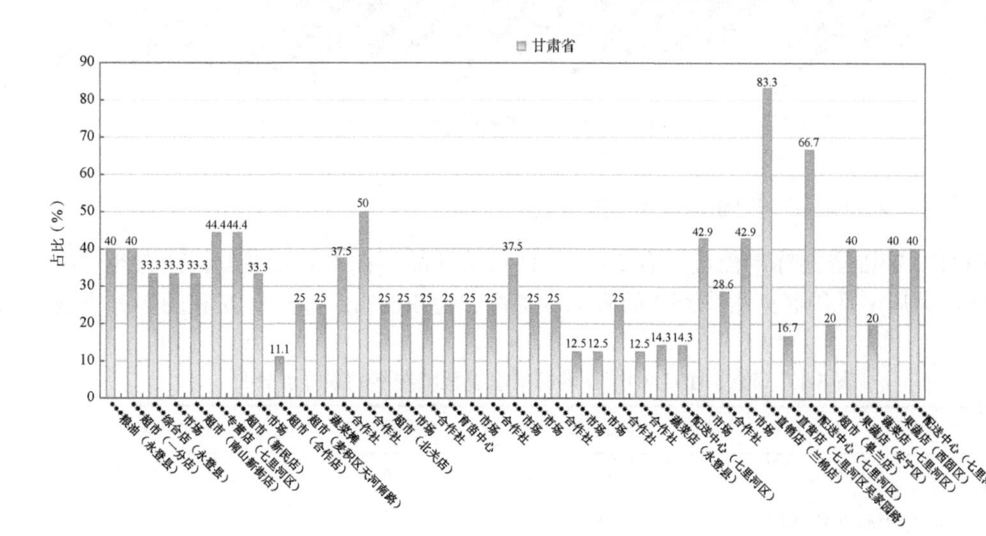

图 5-22-2　超过 MRL 日本标准水果蔬菜在不同采样点分布

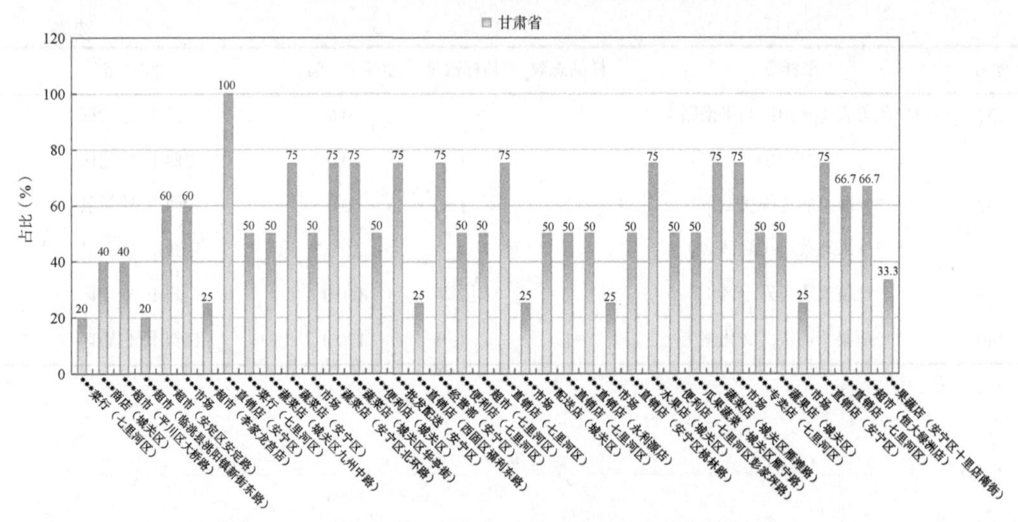

图 5-22-3　超过 MRL 日本标准水果蔬菜在不同采样点分布

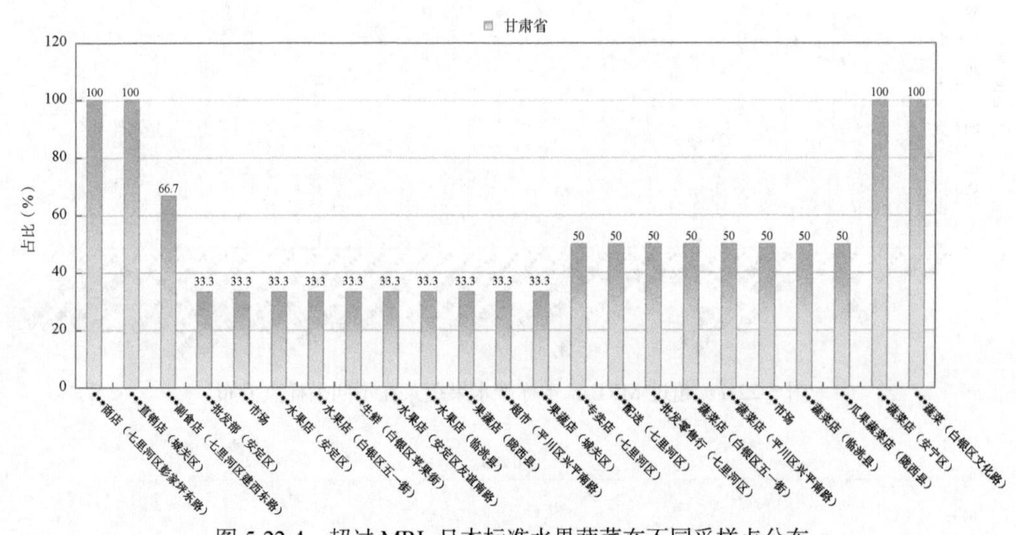

图 5-22-4　超过 MRL 日本标准水果蔬菜在不同采样点分布

5.2.3.4　按 MRL 中国香港标准衡量

按 MRL 中国香港标准衡量，有 20 个采样点的样品存在不同程度的超标农药检出，其中***蔬菜店（平川区兴平南路）的超标率最高，为 50.0%，如表 5-17 和图 5-23 所示。

表 5-17　超过 MRL 中国香港标准水果蔬菜在不同采样点分布

序号	采样点	样品总数	超标数量	超标率（%）	行政区域
1	***市场	16	1	6.2	兰州市 七里河区
2	***超市（白银店）	14	1	7.1	白银市 白银区
3	***超市（白银店）	13	1	7.7	白银市 白银区
4	***直销店（红古区平安路）	12	1	8.3	兰州市 红古区

续表

序号	采样点	样品总数	超标数量	超标率（%）	行政区域
5	***蔬菜店（城关区）	12	1	8.3	兰州市 城关区
6	***市场	12	1	8.3	兰州市 红古区
7	***市场	12	1	8.3	白银市 白银区
8	***批发中心（榆中县）	12	1	8.3	兰州市 榆中县
9	***蔬菜店（永登县）	11	1	9.1	兰州市 永登县
10	***合作社	8	1	12.5	武威市 凉州区
11	***市场	8	1	12.5	武威市 凉州区
12	***市场	8	1	12.5	张掖市 高台县
13	***市场	8	1	12.5	张掖市 民乐县
14	***合作社	8	1	12.5	张掖市 甘州区
15	***合作社	7	1	14.3	武威市 凉州区
16	***中心（七里河区）	6	1	16.7	兰州市 七里河区
17	***超市（平川区大桥路）	5	1	20.0	白银市 平川区
18	***超市（安定区安定路）	5	1	20.0	定西市 安定区
19	***超市（李家龙宫店）	4	1	25.0	定西市 陇西县
20	***蔬菜店（平川区兴平南路）	2	1	50.0	白银市 平川区

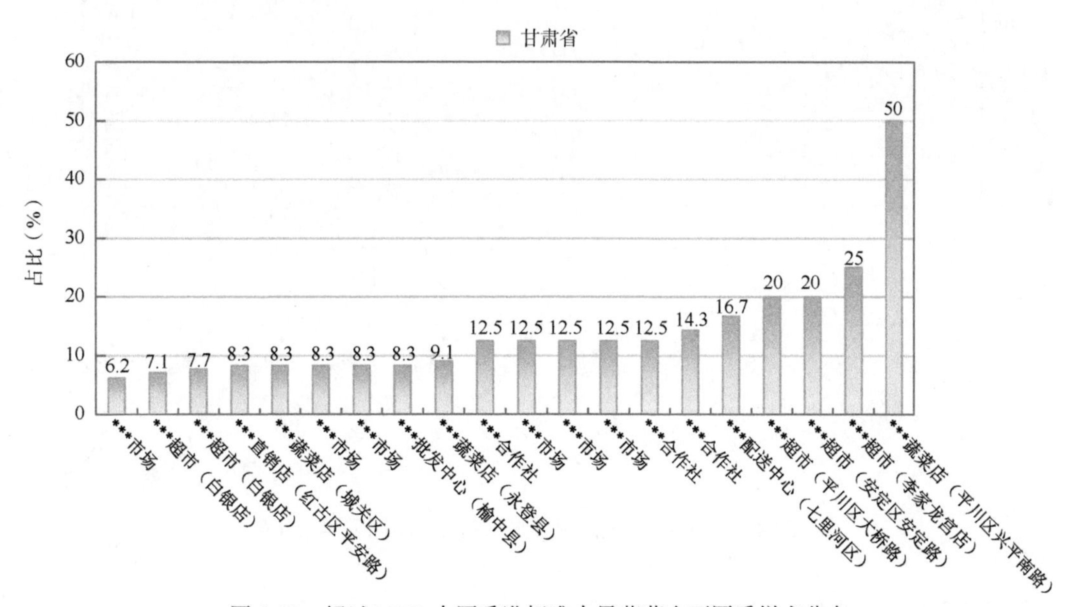

图5-23 超过MRL中国香港标准水果蔬菜在不同采样点分布

5.2.3.5 按MRL美国标准衡量

按MRL美国标准衡量，有11个采样点的样品存在不同程度的超标农药检出，其中

***超市（安定区）的超标率最高，为 100.0%，如表 5-18 和图 5-24 所示。

表 5-18　超过 MRL 美国标准水果蔬菜在不同采样点分布

序号	采样点	样品总数	超标数量	超标率（%）	行政区域
1	***超市（白银店）	14	1	7.1	白银市 白银区
2	***市场	13	2	15.4	白银市 白银区
3	***市场	12	1	8.3	兰州市 红古区
4	***批发中心（榆中县）	12	1	8.3	兰州市 榆中县
5	***蔬菜店（城关区）	11	1	9.1	兰州市 城关区
6	***蔬菜店（永登县）	11	1	9.1	兰州市 永登县
7	***蔬菜店（永登县）	10	1	10.0	兰州市 永登县
8	***超市（平川区大桥路）	5	1	20.0	白银市 平川区
9	***水果店（白银区五一街）	3	1	33.3	白银市 白银区
10	***蔬菜店（平川区兴平南路）	2	1	50.0	白银市 平川区
11	***超市（安定区）	1	1	100.0	定西市 安定区

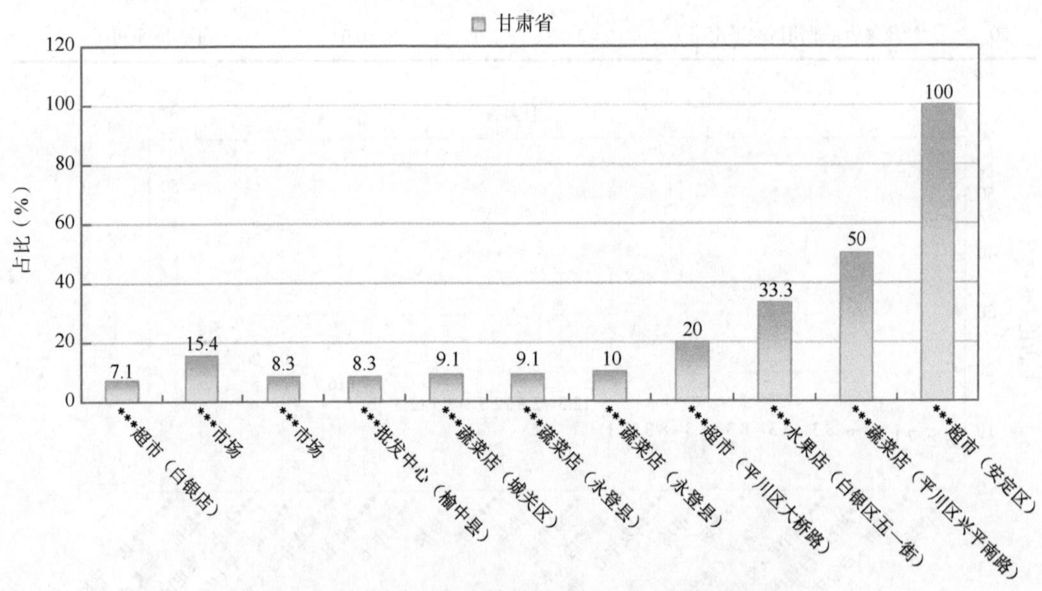

图 5-24　超过 MRL 美国标准水果蔬菜在不同采样点分布

5.2.3.6　按 MRL CAC 标准衡量

按 MRL CAC 标准衡量，有 10 个采样点的样品存在不同程度的超标农药检出，其中***批发部（陇西县）的超标率最高，为 50.0%，如表 5-19 和图 5-25 所示。

表 5-19　超过 MRL CAC 标准水果蔬菜在不同采样点分布

序号	采样点	样品总数	超标数量	超标率（%）	行政区域
1	***超市（白银店）	14	1	7.1	白银市 白银区
2	***超市（白银店）	13	1	7.7	白银市 白银区
3	***直销店（红古区平安路）	12	1	8.3	兰州市 红古区
4	***市场	12	1	8.3	兰州市 红古区
5	***蔬菜店（永登县）	11	1	9.1	兰州市 永登县
6	***合作社	8	1	12.5	武威市 凉州区
7	***市场	8	1	12.5	武威市 凉州区
8	***合作社	7	1	14.3	武威市 凉州区
9	***超市（安定区安定路）	5	1	20.0	定西市 安定区
10	***批发部（陇西县）	2	1	50.0	定西市 陇西县

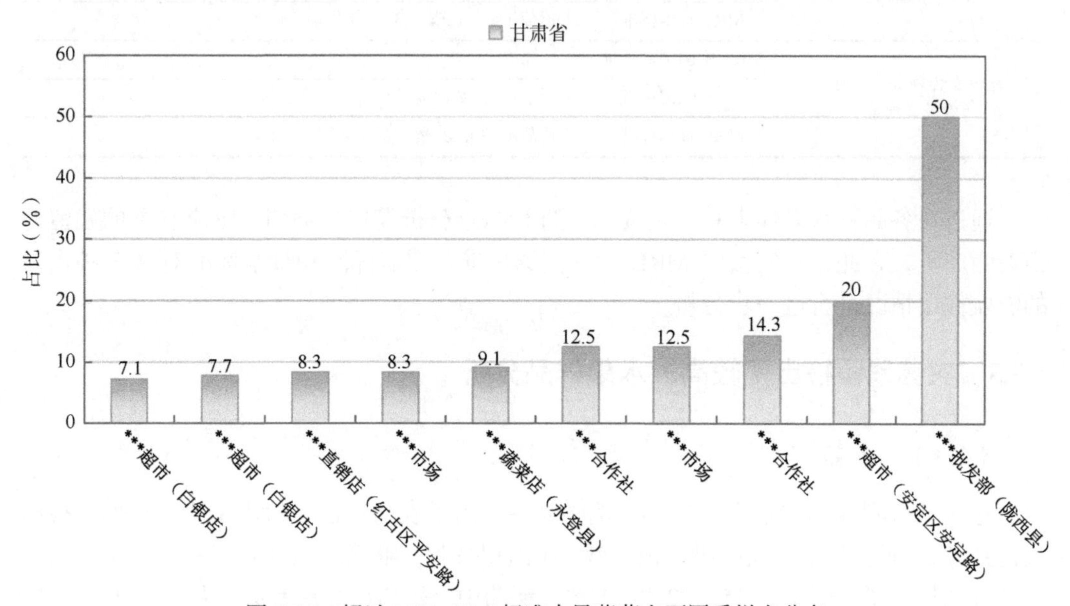

图 5-25　超过 MRL CAC 标准水果蔬菜在不同采样点分布

5.3　水果中农药残留分布

5.3.1　检出农药品种和频次排前 3 的水果

本次残留侦测的水果共 3 种，包括葡萄、苹果和梨。

根据检出农药品种及频次进行排名，将各项排名前 3 位的水果样品检出情况列表说明，详见表 5-20。

表 5-20　检出农药品种和频次排名前 3 的水果

检出农药品种排名前 3（品种）	①葡萄（38），②梨（31），③苹果（27）
检出农药频次排名前 3（频次）	①葡萄（168），②梨（133），③苹果（124）
检出禁用、高毒及剧毒农药品种排名前 3（品种）	①　苹果（3），②葡萄（3），③梨（1）
检出禁用、高毒及剧毒农药频次排名前 3（频次）	①苹果（17），②葡萄（12），③梨（8）

5.3.2　超标农药品种和频次排前 3 的水果

鉴于 MRL 欧盟标准和日本标准制定比较全面且覆盖率较高，我们参照 MRL 中国国家标准、欧盟标准和日本标准衡量水果样品中农残检出情况，将超标农药品种及频次排名前 3 的水果列表说明，详见表 5-21。

表 5-21　超标农药品种和频次排名前 3 的水果

超标农药品种排名前 3（农药品种数）	MRL 中国国家标准	—
	MRL 欧盟标准	①梨（7），②苹果（4），③葡萄（4）
	MRL 日本标准	①葡萄（4），②梨（3），③苹果（1）
超标农药频次排名前 3（农药频次数）	MRL 中国国家标准	—
	MRL 欧盟标准	①梨（15），②葡萄（13），③苹果（7）
	MRL 日本标准	①葡萄（13），②梨（4），③苹果（1）

通过对各品种水果样本总数及检出率进行综合分析发现，葡萄、苹果和梨的残留污染最为严重，在此，我们参照 MRL 中国国家标准、欧盟标准和日本标准对这 3 种水果的农残检出情况进行进一步分析。

5.3.3　农药残留检出率较高的水果样品分析

5.3.3.1　葡萄

这次共检测 42 例葡萄样品，41 例样品中检出了农药残留，检出率为 97.6%，检出农药共计 38 种。其中烯酰吗啉、霜霉威、苯醚甲环唑、吡唑醚菌酯和多菌灵检出频次较高，分别检出了 22、16、15、12 和 11 次。葡萄中农药检出品种和频次见图 5-26，超标农药见图 5-27 和表 5-22。

表 5-22　葡萄中农药残留超标情况明细表

样品总数			检出农药样品数	样品检出率（%）	检出农药品种总数
42			41	97.6	38
	超标农药品种	超标农药频次	按照 MRL 中国国家标准、欧盟标准和日本标准衡量超标农药名称及频次		
中国国家标准	0	0			
欧盟标准	4	13	霜霉威（10），啶菌噁唑（1），毒死蜱（1），氟吗啉（1）		
日本标准	4	13	霜霉威（10），啶菌噁唑（1），氟吗啉（1），抑霉唑（1）		

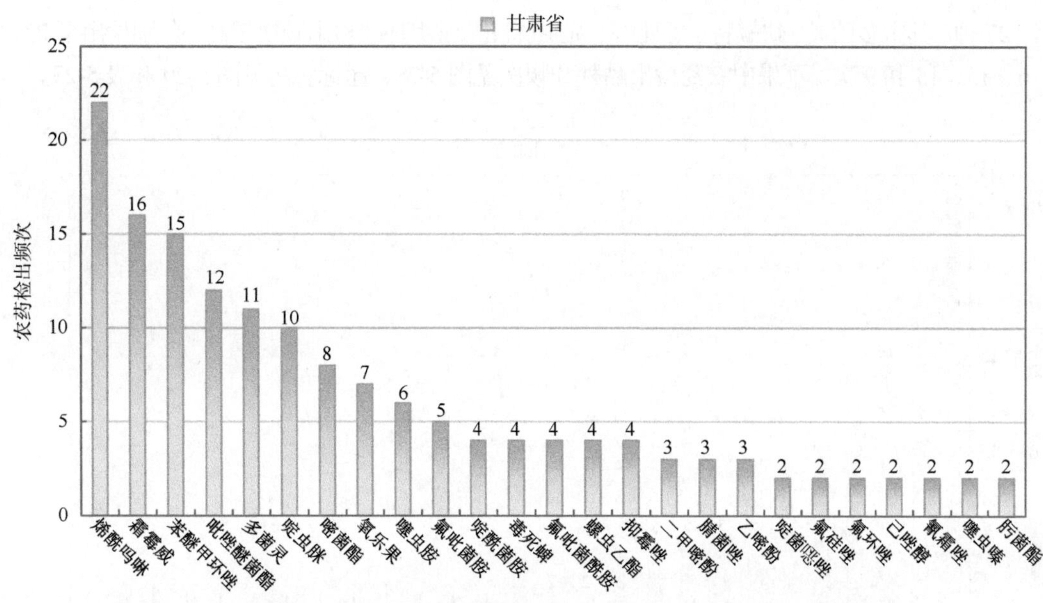

图 5-26　葡萄样品检出农药品种和频次分析（仅列出 2 频次及以上的数据）

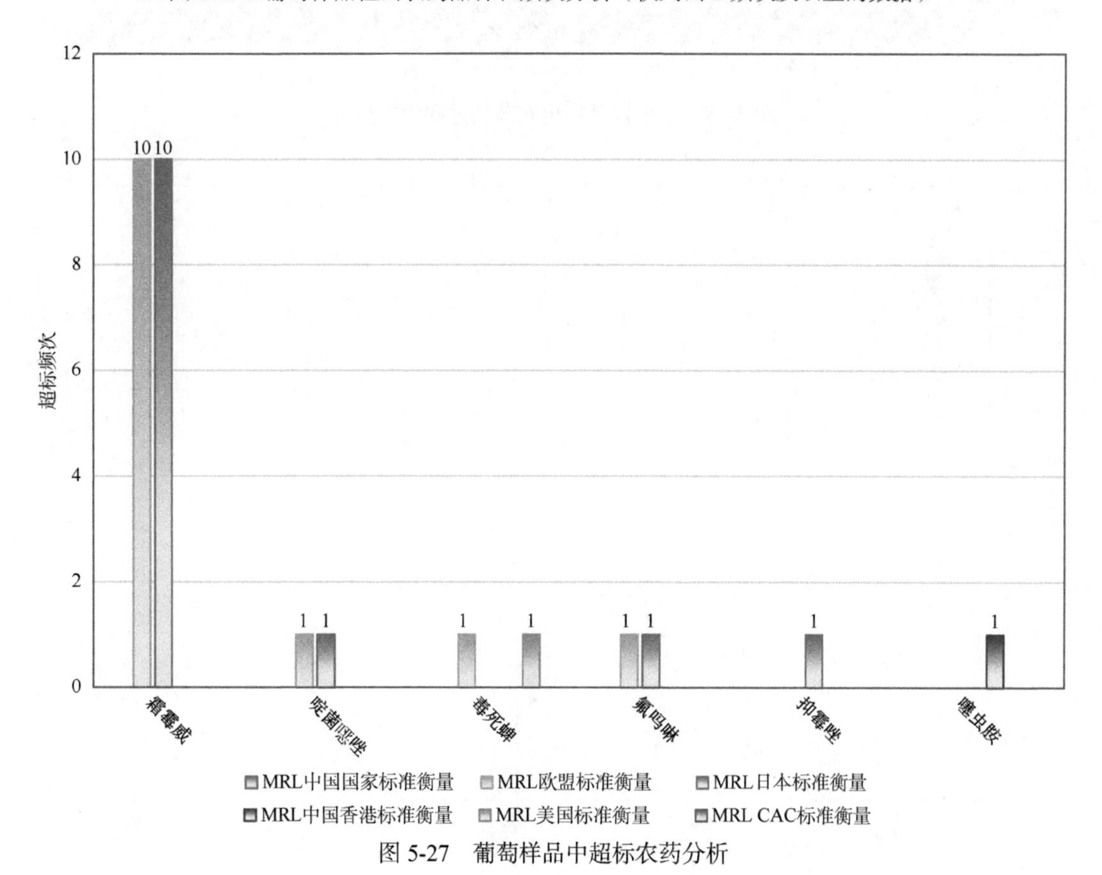

图 5-27　葡萄样品中超标农药分析

5.3.3.2　苹果

这次共检测 43 例苹果样品，37 例样品中检出了农药残留，检出率为 86.0%，检出农药共计 27 种。其中多菌灵、炔螨特、毒死蜱、啶虫脒和苯醚甲环唑检出频次较高，分别检出了 23、16、15、13 和 9 次。苹果中农药检出品种和频次见图 5-28，超标农药见图 5-29 和表 5-23。

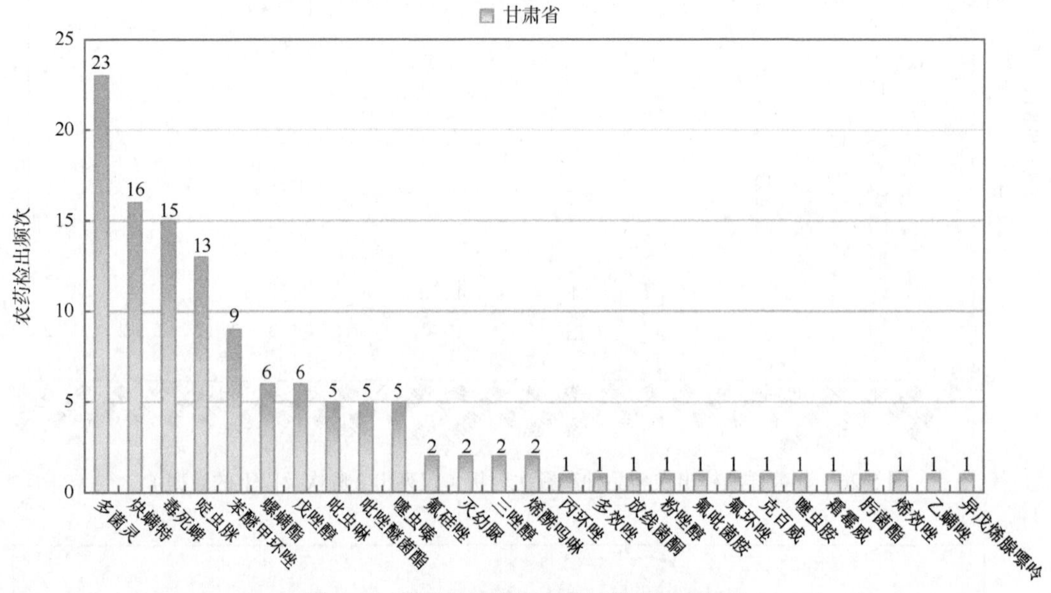

图 5-28　苹果样品检出农药品种和频次分析

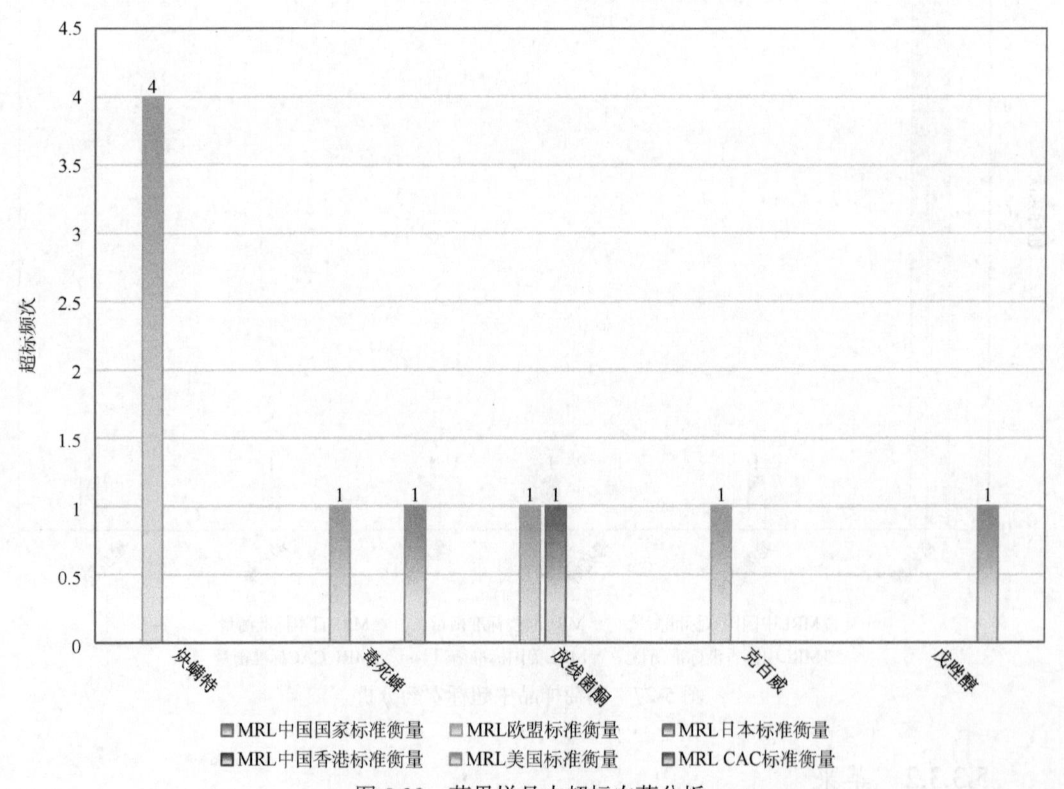

图 5-29　苹果样品中超标农药分析

表 5-23　苹果中农药残留超标情况明细表

样品总数			检出农药样品数	样品检出率（%）	检出农药品种总数
43			37	86	27
	超标农药品种	超标农药频次	按照 MRL 中国国家标准、欧盟标准和日本标准衡量超标农药名称及频次		
中国国家标准	0	0	—		
欧盟标准	4	7	炔螨特（4），毒死蜱（1），放线菌酮（1），克百威（1）		
日本标准	1	1	放线菌酮（1）		

5.3.3.3　梨

这次共检测 40 例梨样品，34 例样品中检出了农药残留，检出率为 85.0%，检出农药共计 31 种。其中啶虫脒、多菌灵、吡虫啉、苯醚甲环唑和噻虫胺检出频次较高，分别检出了 23、13、11、10 和 9 次。梨中农药检出品种和频次见图 5-30，超标农药见图 5-31 和表 5-24。

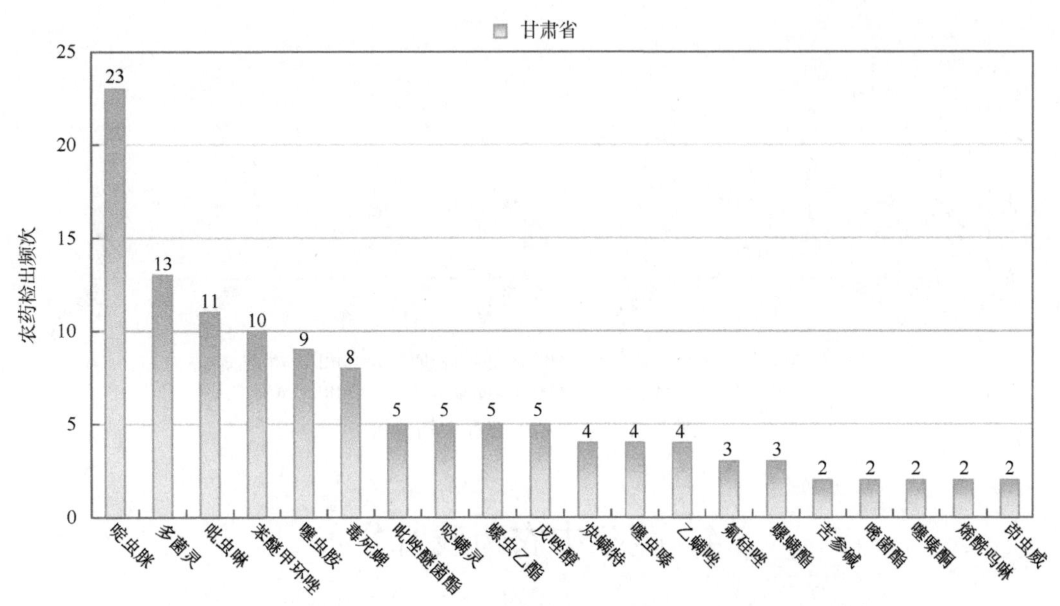

图 5-30　梨样品检出农药品种和频次分析（仅列出 2 频次及以上的数据）

表 5-24　梨中农药残留超标情况明细表

样品总数			检出农药样品数	样品检出率（%）	检出农药品种总数
40			34	85	31
	超标农药品种	超标农药频次	按照 MRL 中国国家标准、欧盟标准和日本标准衡量超标农药名称及频次		
中国国家标准	0	0			

续表

样品总数			检出农药样品数	样品检出率（%）	检出农药品种总数
40			34	85	31
	超标农药品种	超标农药频次	按照 MRL 中国国家标准、欧盟标准和日本标准衡量超标农药名称及频次		
欧盟标准	7	15	毒死蜱（7），氟硅唑（2），炔螨特（2），呋虫胺（1），灭幼脲（1），噻嗪酮（1），烯酰吗啉（1）		
日本标准	3	4	炔螨特（2），灭幼脲（1），烯酰吗啉（1）		

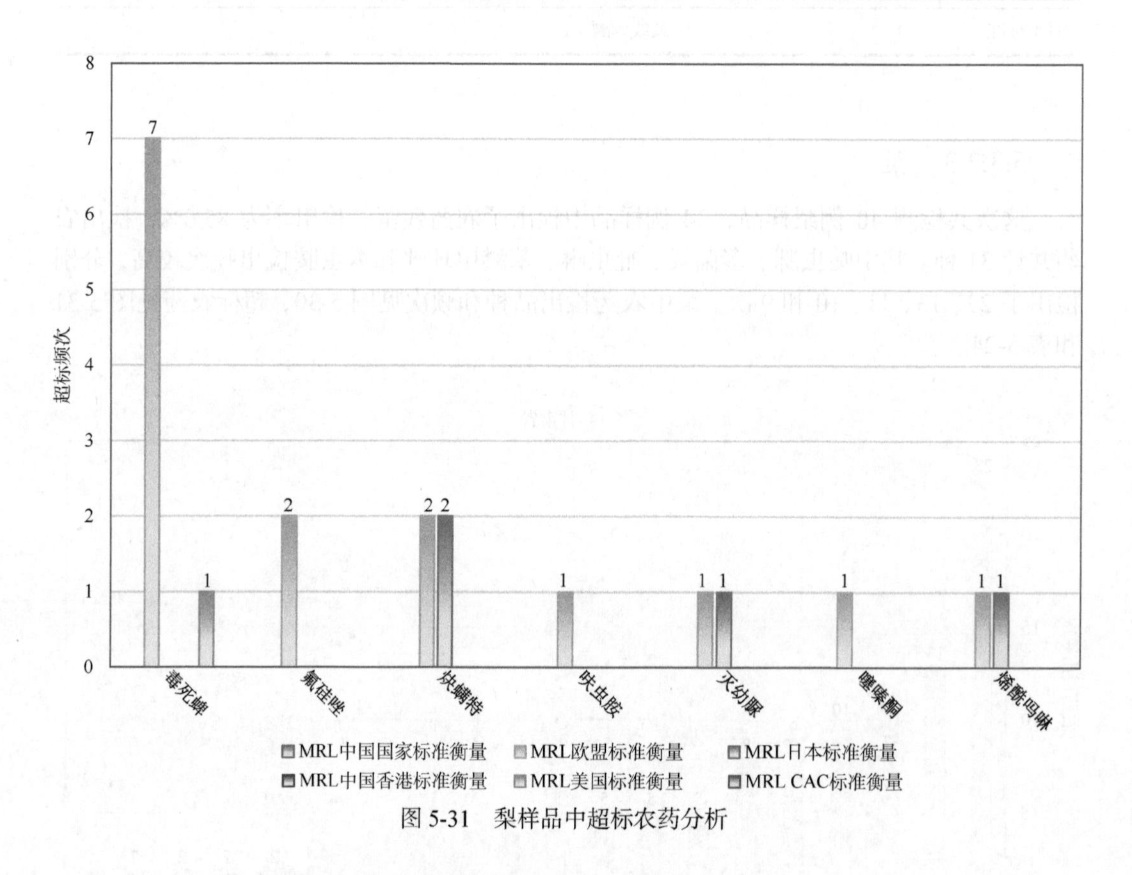

图 5-31 梨样品中超标农药分析

5.4 蔬菜中农药残留分布

5.4.1 检出农药品种和频次排前 10 的蔬菜

本次残留侦测的蔬菜共 17 种，包括辣椒、结球甘蓝、芹菜、小白菜、小油菜、番茄、娃娃菜、大白菜、茄子、西葫芦、黄瓜、花椰菜、马铃薯、豇豆、菠菜、紫甘蓝和菜豆。

根据检出农药品种及频次进行排名，将各项排名前 10 位的蔬菜样品检出情况列表说明，详见表 5-25。

表 5-25　检出农药品种和频次排名前 10 的蔬菜

检出农药品种排名前 10（品种）	①菜豆（54），②番茄（52），③豇豆（48），④芹菜（47），⑤小油菜（47），⑥黄瓜（45），⑦辣椒（43），⑧茄子（40），⑨小白菜（35），⑩菠菜（31）
检出农药频次排名前 10（频次）	①小油菜（498），②小白菜（412），③番茄（370），④黄瓜（297），⑤菜豆（295），⑥豇豆（277），⑦芹菜（258），⑧茄子（211），⑨菠菜（200），⑩辣椒（186）
检出禁用、高毒及剧毒农药品种排名前 10（品种）	①大白菜（4），②豇豆（4），③菜豆（3），④黄瓜（3），⑤茄子（3），⑥芹菜（3），⑦菠菜（2），⑧花椰菜（2），⑨辣椒（2），⑩番茄（1）
检出禁用、高毒及剧毒农药频次排名前 10（频次）	①芹菜（29），②大白菜（10），③黄瓜（9），④结球甘蓝（9），⑤豇豆（6），⑥辣椒（6），⑦菜豆（5），⑧菠菜（3），⑨茄子（3），⑩花椰菜（2）

5.4.2　超标农药品种和频次排前 10 的蔬菜

鉴于 MRL 欧盟标准和日本标准制定比较全面且覆盖率较高，我们参照 MRL 中国国家标准、欧盟标准和日本标准衡量蔬菜样品中农残检出情况，将超标农药品种及频次排名前 10 的蔬菜列表说明，详见表 5-26。

表 5-26　超标农药品种和频次排名前 10 的蔬菜

超标农药品种排名前 10（农药品种数）	MRL 中国国家标准	①豇豆（3），②芹菜（3），③菜豆（2），④菠菜（1），⑤黄瓜（1），⑥辣椒（1），⑦茄子（1）
	MRL 欧盟标准	①芹菜（22），②豇豆（20），③菜豆（19），④小油菜（19），⑤黄瓜（15），⑥小白菜（12），⑦茄子（11），⑧菠菜（10），⑨大白菜（8），⑩番茄（7）
	MRL 日本标准	①菜豆（36），②豇豆（36），③芹菜（13），④小油菜（13），⑤黄瓜（11），⑥小白菜（10），⑦菠菜（7），⑧大白菜（6），⑨番茄（5），⑩花椰菜（3）
超标农药频次排名前 10（农药频次数）	MRL 中国国家标准	①芹菜（5），②豇豆（4），③辣椒（4），④菜豆（2），⑤黄瓜（2），⑥菠菜（1），⑦茄子（1）
	MRL 欧盟标准	①小油菜（125），②小白菜（83），③菜豆（52），④芹菜（45），⑤豇豆（41），⑥茄子（35），⑦黄瓜（30），⑧大白菜（24），⑨菠菜（19），⑩辣椒（18）
	MRL 日本标准	①菜豆（112），②豇豆（111），③小油菜（76），④小白菜（66），⑤大白菜（29），⑥黄瓜（22），⑦茄子（20），⑧芹菜（20），⑨菠菜（19），⑩番茄（11）

通过对各品种蔬菜样本总数及检出率进行综合分析发现，芹菜、小白菜和小油菜的残留污染最为严重，在此，我们参照 MRL 中国国家标准、欧盟标准和日本标准对这 3 种蔬菜的农残检出情况进行进一步分析。

5.4.3　农药残留检出率较高的蔬菜样品分析

5.4.3.1　芹菜

这次共检测 37 例芹菜样品，全部检出了农药残留，检出率为 100.0%，检出农药共计

47 种。其中丙溴磷、吡虫啉、啶虫脒、苯醚甲环唑和灭蝇胺检出频次较高，分别检出了 19、18、18、17 和 17 次。芹菜中农药检出品种和频次见图 5-32，超标农药见图 5-33 和表 5-27。

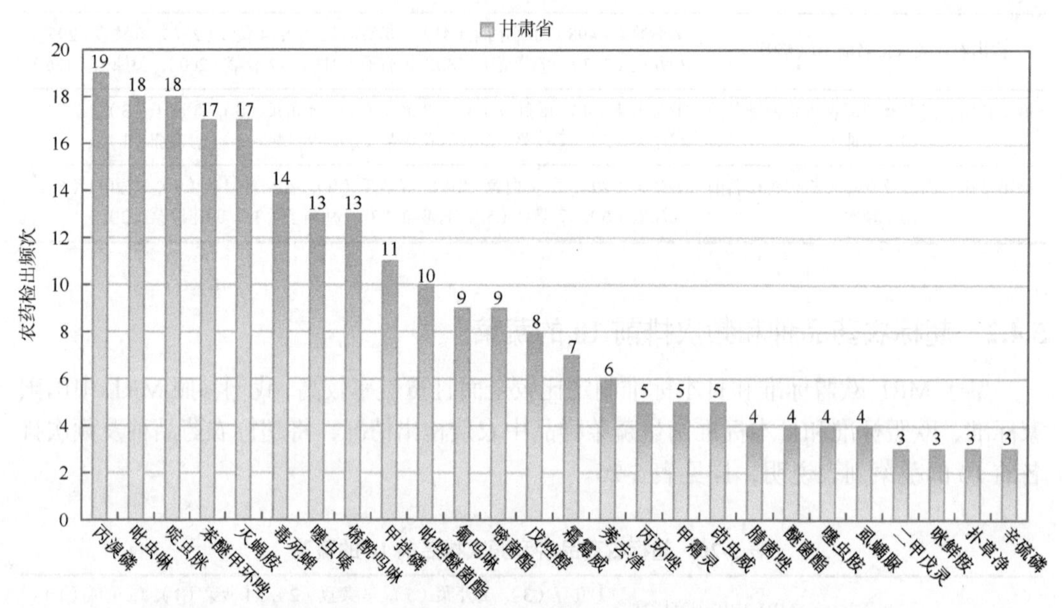

图 5-32　芹菜样品检出农药品种和频次分析（仅列出 3 频次及以上的数据）

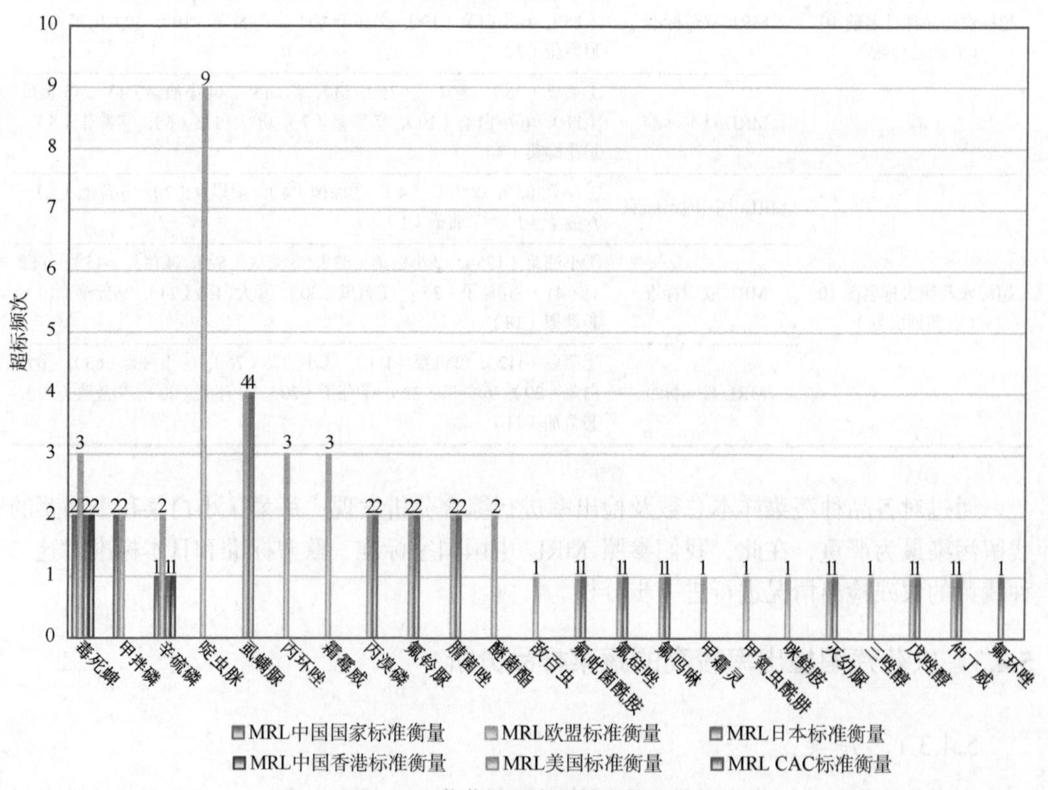

图 5-33　芹菜样品中超标农药分析

表 5-27 芹菜中农药残留超标情况明细表

样品总数			检出农药样品数	样品检出率（%）	检出农药品种总数
37			37	100	47
	超标农药品种	超标农药频次	按照 MRL 中国国家标准、欧盟标准和日本标准衡量超标农药名称及频次		
中国国家标准	3	5	毒死蜱（2），甲拌磷（2），辛硫磷（1）		
欧盟标准	22	45	啶虫脒（9），虱螨脲（4），丙环唑（3），毒死蜱（3），霜霉威（3），丙溴磷（2），氟铃脲（2），甲拌磷（2），腈菌唑（2），醚菌酯（2），辛硫磷（2），敌百虫（1），氟吡菌酰胺（1），氟硅唑（1），氟吗啉（1），甲霜灵（1），甲氧虫酰肼（1），咪鲜胺（1），灭幼脲（1），三唑醇（1），戊唑醇（1），仲丁威（1）		
日本标准	13	20	虱螨脲（4），丙溴磷（2），毒死蜱（2），氟铃脲（2），腈菌唑（2），氟吡菌酰胺（1），氟硅唑（1），氟环唑（1），氟吗啉（1），灭幼脲（1），戊唑醇（1），辛硫磷（1），仲丁威（1）		

5.4.3.2 小白菜

这次共检测 91 例小白菜样品，90 例样品中检出了农药残留，检出率为 98.9%，检出农药共计 35 种。其中烯酰吗啉、灭蝇胺、霜霉威、吡唑醚菌酯和多菌灵检出频次较高，分别检出了 87、56、42、38 和 37 次。小白菜中农药检出品种和频次见图 5-34，超标农药见图 5-35 和表 5-28。

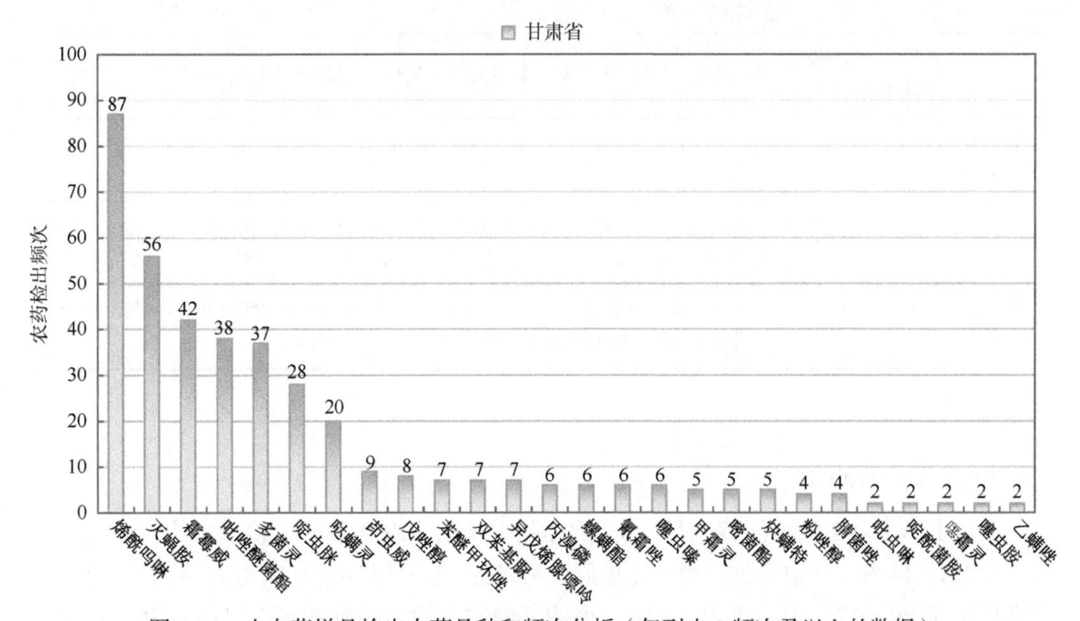

图 5-34 小白菜样品检出农药品种和频次分析（仅列出 2 频次及以上的数据）

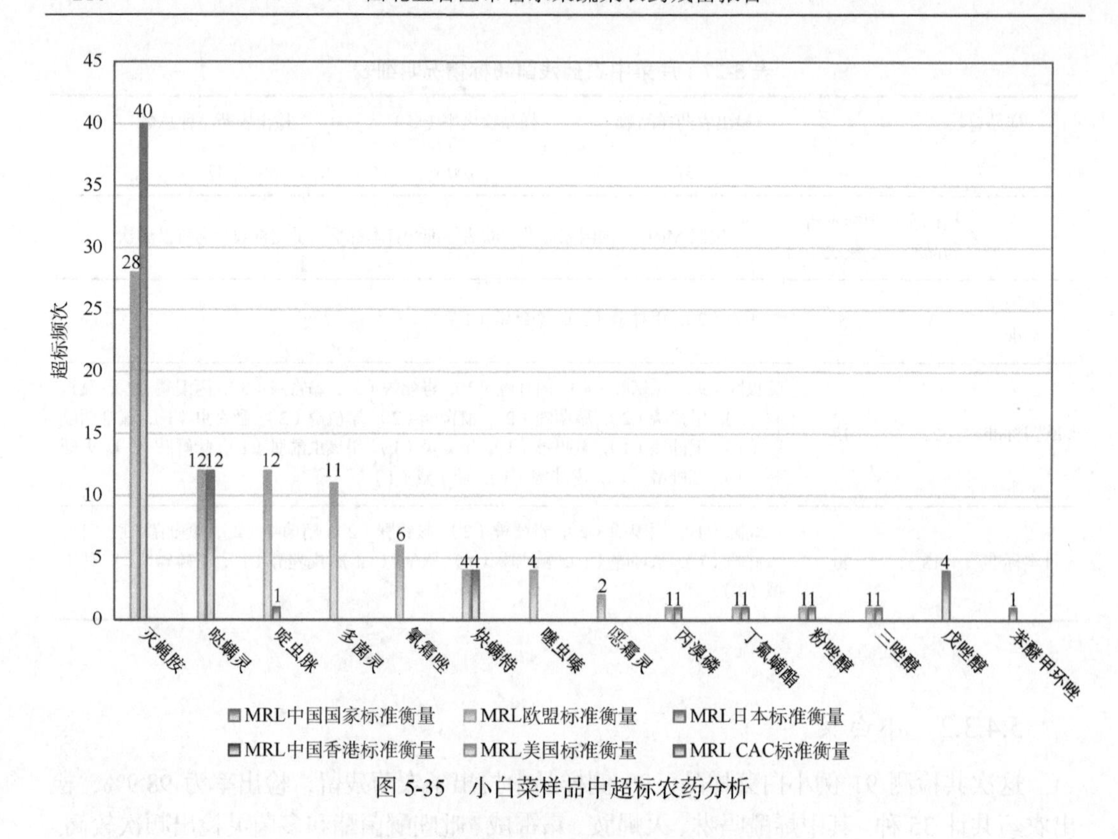

图 5-35 小白菜样品中超标农药分析

表 5-28 小白菜中农药残留超标情况明细表

样品总数			检出农药样品数	样品检出率（%）	检出农药品种总数
91			90	98.9	35
	超标农药品种	超标农药频次	按照 MRL 中国国家标准、欧盟标准和日本标准衡量超标农药名称及频次		
中国国家标准	0	0	—		
欧盟标准	12	83	灭蝇胺（28），哒螨灵（12），啶虫脒（12），多菌灵（11），氰霜唑（6），炔螨特（4），噻虫嗪（4），噁霜灵（2），丙溴磷（1），丁氟螨酯（1），粉唑醇（1），三唑醇（1）		
日本标准	10	66	灭蝇胺（40），哒螨灵（12），炔螨特（4），戊唑醇（4），苯醚甲环唑（1），丙溴磷（1），丁氟螨酯（1），啶虫脒（1），粉唑醇（1），三唑醇（1）		

5.4.3.3 小油菜

这次共检测 86 例小油菜样品，85 例样品中检出了农药残留，检出率为 98.8%，检出农药共计 47 种。其中烯酰吗啉、啶虫脒、灭蝇胺、苯醚甲环唑和霜霉威检出频次较高，分别检出了 79、47、39、32 和 28 次。小油菜中农药检出品种和频次见图 5-36，超标农药见图 5-37 和表 5-29。

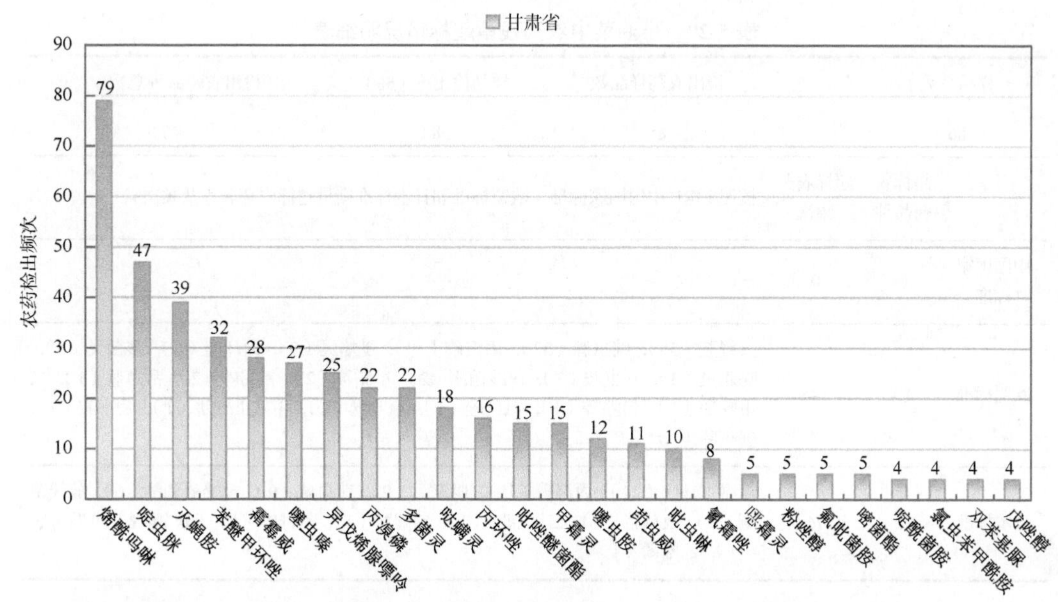

图 5-36　小油菜样品检出农药品种和频次分析（仅列出4频次及以上的数据）

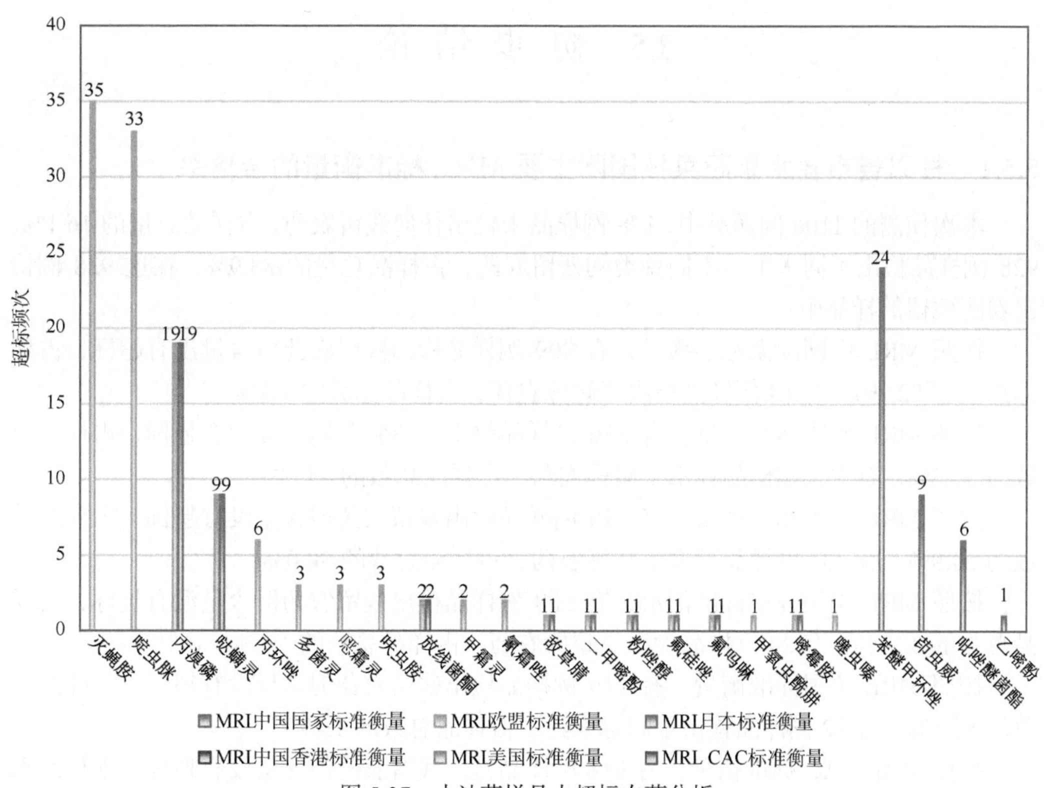

图 5-37　小油菜样品中超标农药分析

表 5-29　小油菜中农药残留超标情况明细表

样品总数			检出农药样品数	样品检出率（%）	检出农药品种总数
86			85	98.8	47
	超标农药品种	超标农药频次	按照 MRL 中国国家标准、欧盟标准和日本标准衡量超标农药名称及频次		
中国国家标准	0	0	—		
欧盟标准	19	125	灭蝇胺（35），啶虫脒（33），丙溴磷（19），哒螨灵（9），丙环唑（6），多菌灵（3），噁霜灵（3），呋虫胺（3），放线菌酮（2），甲霜灵（2），氰霜唑（2），敌草腈（1），二甲嘧酚（1），粉唑醇（1），氟硅唑（1），氟吗啉（1），甲氧虫酰肼（1），嘧霉胺（1），噻虫嗪（1）		
日本标准	13	76	苯醚甲环唑（24），丙溴磷（19），哒螨灵（9），茚虫威（9），吡唑醚菌酯（6），放线菌酮（2），敌草腈（1），二甲嘧酚（1），粉唑醇（1），氟硅唑（1），氟吗啉（1），嘧霉胺（1），乙嘧酚（1）		

5.5　初 步 结 论

5.5.1　甘肃省市售水果蔬菜按国际主要 MRL 标准衡量的合格率

本次侦测的 1106 例样品中，178 例样品未检出任何残留农药，占样品总量的 16.1%，928 例样品检出不同水平、不同种类的残留农药，占样品总量的 83.9%。在这 928 例检出农药残留的样品中：

按照 MRL 中国国家标准衡量，有 909 例样品检出残留农药但含量没有超标，占样品总数的 82.2%，有 19 例样品检出了超标农药，占样品总数的 1.7%。

按照 MRL 欧盟标准衡量，有 556 例样品检出残留农药但含量没有超标，占样品总数的 50.3%，有 372 例样品检出了超标农药，占样品总数的 33.6%。

按照 MRL 日本标准衡量，有 596 例样品检出残留农药但含量没有超标，占样品总数的 53.9%，有 332 例样品检出了超标农药，占样品总数的 30.0%。

按照 MRL 中国香港标准衡量，有 908 例样品检出残留农药但含量没有超标，占样品总数的 82.1%，有 20 例样品检出了超标农药，占样品总数的 1.8%。

按照 MRL 美国标准衡量，有 916 例样品检出残留农药但含量没有超标，占样品总数的 82.8%，有 12 例样品检出了超标农药，占样品总数的 1.1%。

按照 MRL CAC 标准衡量，有 918 例样品检出残留农药但含量没有超标，占样品总数的 83.0%，有 10 例样品检出了超标农药，占样品总数的 0.9%。

5.5.2 甘肃省市售水果蔬菜中检出农药以中低微毒农药为主，占市场主体的93.4%

这次侦测的1106例样品包括蔬菜17种981例，水果3种125例，共检出了121种农药，检出农药的毒性以中低微毒为主，详见表5-30。

表5-30　市场主体农药毒性分布

毒性	检出品种	占比（%）	检出频次	占比（%）
剧毒农药	3	2.5	17	0.4
高毒农药	5	4.1	52	1.3
中毒农药	43	35.5	1755	44.7
低毒农药	43	35.5	1353	34.4
微毒农药	27	22.3	752	19.1
中低微毒农药，品种占比93.4%，频次占比98.2%				

5.5.3 检出剧毒、高毒和禁用农药现象应该警醒

在此次侦测的1106例样品中的116例样品检出了10种126频次的剧毒和高毒或禁用农药，占样品总量的10.5%。其中剧毒农药甲拌磷、放线菌酮和溴鼠灵以及高毒农药克百威、醚菌酯和氧乐果检出频次较高。

按MRL中国国家标准衡量，剧毒农药甲拌磷，检出11次，超标2次；高毒农药克百威，检出24次，超标3次；氧乐果，检出13次，超标1次；按超标程度比较，豇豆中克百威超标6.8倍，芹菜中甲拌磷超标6.3倍，豇豆中氧乐果超标1.2倍，茄子中克百威超标0.8倍，菠菜中克百威超标30%。

剧毒、高毒或禁用农药的检出情况及按照MRL中国国家标准衡量的超标情况见表5-31。

表5-31　剧毒、高毒或禁用农药的检出及超标明细

序号	农药名称	样品名称	检出频次	超标频次	最大超标倍数	超标率
1.1	放线菌酮*	大白菜	2	0	0	0.0%
1.2	放线菌酮*	小油菜	2	0	0	0.0%
1.3	放线菌酮*	苹果	1	0	0	0.0%
2.1	溴鼠灵*▲	花椰菜	1	0	0	0.0%
3.1	甲拌磷*▲	芹菜	11	2	6.27	18.2%
4.1	克百威◇▲	结球甘蓝	9	0	0	0.0%
4.2	克百威◇▲	黄瓜	4	0	0	0.0%
4.3	克百威◇▲	大白菜	3	0	0	0.0%

续表

序号	农药名称	样品名称	检出频次	超标频次	最大超标倍数	超标率
4.4	克百威◊▲	菠菜	2	1	0.275	50.0%
4.5	克百威◊▲	娃娃菜	2	0	0	0.0%
4.6	克百威◊▲	豇豆	1	1	6.78	100.0%
4.7	克百威◊▲	茄子	1	1	0.78	100.0%
4.8	克百威◊▲	苹果	1	0	0	0.0%
4.9	克百威◊▲	菜豆	1	0	0	0.0%
5.1	氧乐果◊▲	葡萄	7	0	0	0.0%
5.2	氧乐果◊▲	豇豆	2	1	1.25	50.0%
5.3	氧乐果◊▲	菜豆	2	0	0	0.0%
5.4	氧乐果◊▲	茄子	1	0	0	0.0%
5.5	氧乐果◊▲	菠菜	1	0	0	0.0%
6.1	灭多威◊▲	豇豆	1	0	0	0.0%
7.1	脱叶磷◊	花椰菜	1	0	0	0.0%
8.1	醚菌酯◊	芹菜	4	0	0	0.0%
8.2	醚菌酯◊	辣椒	4	0	0	0.0%
8.3	醚菌酯◊	黄瓜	3	0	0	0.0%
8.4	醚菌酯◊	番茄	1	0	0	0.0%
8.5	醚菌酯◊	葡萄	1	0	0	0.0%
9.1	毒死蜱▲	苹果	15	0	0	0.0%
9.2	毒死蜱▲	芹菜	14	2	3.14	14.3%
9.3	毒死蜱▲	梨	8	0	0	0.0%
9.4	毒死蜱▲	大白菜	4	0	0	0.0%
9.5	毒死蜱▲	葡萄	4	0	0	0.0%
9.6	毒死蜱▲	黄瓜	2	2	1.598	100.0%
9.7	毒死蜱▲	菜豆	2	0	0	0.0%
9.8	毒死蜱▲	豇豆	2	0	0	0.0%
9.9	毒死蜱▲	辣椒	2	0	0	0.0%
9.10	毒死蜱▲	小白菜	1	0	0	0.0%
9.11	毒死蜱▲	茄子	1	0	0	0.0%
9.12	毒死蜱▲	马铃薯	1	0	0	0.0%
10.1	氟苯虫酰胺▲	大白菜	1	0	0	0.0%
合计			126	10		7.9%

注：超标倍数参照 MRL 中国国家标准衡量

* 表示剧毒农药；◊ 表示高毒农药；▲ 表示禁用农药

这些超标的高剧毒或禁用农药都是中国政府早有规定禁止在水果蔬菜中使用的，为什么还屡次被检出，应该引起警惕。

5.5.4 残留限量标准与先进国家或地区差距较大

3929 频次的检出结果与我国公布的《食品中农药最大残留限量》(GB 2763—2019)对比，有 2097 频次能找到对应的 MRL 中国国家标准，占 53.4%；还有 1832 频次的侦测数据无相关 MRL 标准供参考，占 46.6%。

与国际上现行 MRL 标准对比发现：

有 3929 频次能找到对应的 MRL 欧盟标准，占 100.0%；

有 3929 频次能找到对应的 MRL 日本标准，占 100.0%；

有 2220 频次能找到对应的 MRL 中国香港标准，占 56.5%；

有 2409 频次能找到对应的 MRL 美国标准，占 61.3%；

有 1643 频次能找到对应的 MRL CAC 标准，占 41.8%。

由上可见，MRL 中国国家标准与先进国家或地区标准还有很大差距，我们无标准，境外有标准，这就会导致我们在国际贸易中，处于受制于人的被动地位。

5.5.5 水果蔬菜单种样品检出 27～54 种农药残留，拷问农药使用的科学性

通过此次监测发现，葡萄、梨和苹果是检出农药品种最多的 3 种水果，菜豆、番茄和豇豆是检出农药品种最多的 3 种蔬菜，从中检出农药品种及频次详见表 5-32。

表 5-32 单种样品检出农药品种及频次

样品名称	样品总数	检出率	检出农药品种数	检出农药（频次）
菜豆	81	90.1%	54	烯酰吗啉（30），啶虫脒（21），哒螨灵（19），吡虫啉（15），多菌灵（15），霜霉威（15），螺螨酯（13），苯醚甲环唑（10），吡唑醚菌酯（10），戊唑醇（9），乙螨唑（9），丙溴磷（8），噻虫胺（8），呋虫胺（7），炔螨特（7），吡蚜酮（6），灭蝇胺（6），氟硅唑（5），甲霜灵（5），螺虫乙酯（5），三唑醇（5），胺鲜酯（4），咪鲜胺（4），噻虫嗪（4），四螨嗪（4），仲丁威（4），丙环唑（3），腈菌唑（3），嘧菌酯（3），异丙威（3），吡丙醚（2），毒死蜱（2），噁霜灵（2），氟铃脲（2），己唑醇（2），苦参碱（2），氯虫苯甲酰胺（2），嘧菌腙（2），肟菌酯（2），烯啶虫胺（2），氧乐果（2），敌百虫（1），啶酰菌胺（1），氟吡菌胺（1），氟吡菌酰胺（1），氟唑菌酰胺（1），克百威（1），噻嗪酮（1），噻唑磷（1），三唑酮（1），烯效唑（1），烯唑醇（1），茚虫威（1），莠去津（1）
番茄	68	95.6%	52	啶虫脒（43），苯醚甲环唑（26），吡唑醚菌酯（25），霜霉威（23），烯酰吗啉（23），多菌灵（19），吡丙醚（18），戊唑醇（17），噻虫胺（15），噻虫嗪（14），氟吡菌胺（10），吡虫啉（9），嘧菌酯（9），肟菌酯（9），烯啶虫胺（9），氟硅唑（7），哒螨灵（6），丙环唑（5），丙溴磷（5），呋虫胺（5），氟吡菌酰胺（5），氟吗啉（5），腈菌唑（5），氰霜唑（5），螺虫乙酯（4），三唑醇（4），三唑酮（4），噁霜灵（3），咪鲜胺（3），灭蝇胺（3），噻嗪酮（3），异菌脲（3），苯噻菌胺（2），吡唑萘菌胺（2），粉唑醇（2），甲霜灵（2），氯虫苯甲酰胺（2），嘧霉胺（2），苯菌酮（1），吡噻菌胺（1），虫酰肼（1），氟菌唑（1），氟唑菌酰胺（1），己唑醇（1），甲哌（1），螺螨酯（1），马拉硫磷（1），醚菌酯（1），嘧菌环胺（1），炔螨特（1），双炔酰菌胺（1），乙嘧酚磺酸酯（1）

续表

样品名称	样品总数	检出率	检出农药品种数	检出农药（频次）
豇豆	56	96.4%	48	啶虫脒（38），烯酰吗啉（30），多菌灵（23），螺螨酯（14），灭蝇胺（14），哒螨灵（12），苯醚甲环唑（10），双苯基脲（9），乙螨唑（9），吡唑醚菌酯（8），丙溴磷（7），霜霉威（7），吡虫啉（6），氯虫苯甲酰胺（6），嘧霉胺（6），噻虫嗪（6），三唑醇（6），戊唑醇（6），甲霜灵（4），腈菌唑（4），嘧菌酯（4），炔螨特（4），烯啶虫胺（4），茚虫威（4），咪鲜胺（3），唑虫酰胺（3），吡丙醚（2），啶酰菌胺（2），毒死蜱（2），多效唑（2），呋虫胺（2），氟硅唑（2），灭幼脲（2），氧乐果（2），吡氟禾草灵（1），丙环唑（1），噁霜灵（1），氟吡菌酰胺（1），氟铃脲（1），己唑醇（1），克百威（1），螺虫乙酯（1），灭多威（1），噻虫胺（1），烯效唑（1），烯唑醇（1），茵多酸（1），莠去津（1）
葡萄	42	97.6%	38	烯酰吗啉（22），霜霉威（16），苯醚甲环唑（15），吡唑醚菌酯（12），多菌灵（11），啶虫脒（10），嘧菌酯（8），氧乐果（7），噻虫胺（6），氟吡菌胺（5），啶酰菌胺（4），毒死蜱（4），氟吡菌酰胺（4），螺虫乙酯（4），抑霉唑（4），二甲嘧酚（3），腈菌唑（3），乙嘧酚（3），啶菌噁唑（2），氟硅唑（2），氟环唑（2），己唑醇（2），氰霜唑（2），噻虫嗪（2），肟菌酯（2），胺鲜酯（1），丙环唑（1），敌草腈（1），粉唑醇（1），氟吗啉（1），氟唑菌酰胺（1），氯虫苯甲酰胺（1），醚菌酯（1），双苯基脲（1），双炔酰菌胺（1），四氟醚唑（1），烯肟菌胺（1），异戊烯腺嘌呤（1）
梨	40	85.0%	31	啶虫脒（23），多菌灵（13），吡虫啉（11），苯醚甲环唑（10），噻虫胺（9），毒死蜱（8），吡唑醚菌酯（5），哒螨灵（5），螺虫乙酯（5），戊唑醇（5），炔螨特（4），噻虫嗪（4），乙螨唑（4），氟硅唑（3），螺螨酯（3），苦参碱（2），嘧菌酯（2），噻嗪酮（2），烯酰吗啉（2），茚虫威（2），多效唑（1），呋虫胺（1），氟吡菌胺（1），氟吡菌酰胺（1），氟唑菌酰胺（1），氯虫苯甲酰胺（1），灭幼脲（1），双苯基脲（1），霜霉威（1），烯肟菌胺（1），烯唑醇（1）
苹果	43	86.0%	27	多菌灵（23），炔螨特（16），毒死蜱（15），啶虫脒（13），苯醚甲环唑（9），螺螨酯（6），戊唑醇（6），吡虫啉（5），吡唑醚菌酯（5），噻虫嗪（5），氟硅唑（2），灭幼脲（2），三唑醇（2），烯酰吗啉（2），丙环唑（1），多效唑（1），放线菌酮（1），粉唑醇（1），氟吡菌胺（1），氟环唑（1），克百威（1），噻虫胺（1），霜霉威（1），肟菌酯（1），烯效唑（1），乙螨唑（1），异戊烯腺嘌呤（1）

上述 6 种水果蔬菜，检出农药 27～54 种，是多种农药综合防治，还是未严格实施农业良好管理规范（GAP），抑或根本就是乱施药，值得我们思考。

第6章　LC-Q-TOF/MS 侦测甘肃省市售水果蔬菜农药残留膳食暴露风险与预警风险评估

6.1　农药残留侦测数据分析与统计

庞国芳院士科研团队建立的农药残留高通量侦测技术以高分辨精确质量数（0.0001 *m/z* 为基准）为识别标准，采用 LC-Q-TOF/MS 技术对 842 种农药化学污染物进行侦测。

科研团队于 2020 年 8 月至 2020 年 10 月在甘肃省 10 个区县的 180 个采样点，随机采集了 1106 例水果蔬菜样品，采样点分布在超市、农贸市场和个体商户，各月内水果蔬菜样品采集数量如表 6-1 所示。

表 6-1　甘肃省各月内采集水果蔬菜样品数列表

时间	样品数（例）
2020 年 8 月	257
2020 年 9 月	623
2020 年 10 月	226

利用 LC-Q-TOF/MS 技术对 1106 例样品中的农药进行侦测，共侦测出残留农药 3929 频次。侦测出农药残留水平如表 6-2 和图 6-1 所示。检出频次最高的前 10 种农药如表 6-3 所示。从侦测结果中可以看出，在水果蔬菜中农药残留普遍存在，且有些水果蔬菜存在高浓度的农药残留，这些可能存在膳食暴露风险，对人体健康产生危害，因此，为了定量地评价水果蔬菜中农药残留的风险程度，有必要对其进行风险评价。

表 6-2　侦测出农药的不同残留水平及其所占比例列表

残留水平（μg/kg）	检出频次	占比（%）
1～5（含）	1767	45.0
5～10（含）	557	14.2
10～100（含）	1219	31.0
100～1000（含）	340	8.7
>1000	46	1.2

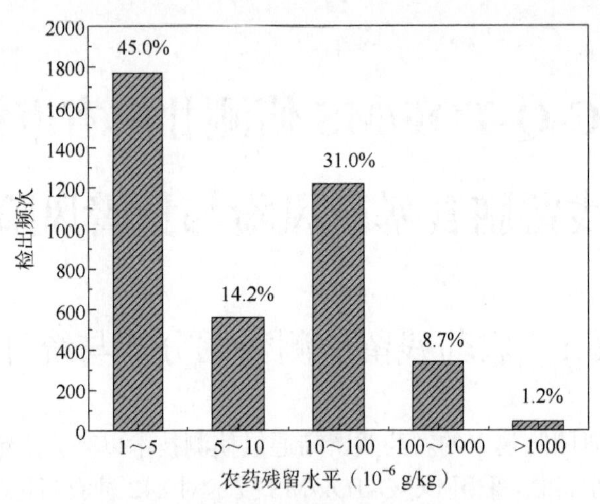

图 6-1　残留农药侦测出浓度频数分布图

表 6-3　检出频次最高的前 10 种农药列表

序号	农药	检出频次
1	烯酰吗啉	399
2	啶虫脒	340
3	多菌灵	233
4	霜霉威	195
5	吡唑醚菌酯	188
6	苯醚甲环唑	182
7	吡虫啉	173
8	噻虫嗪	173
9	灭蝇胺	159
10	噻虫胺	121

本研究使用 LC-Q-TOF/MS 技术对甘肃省 1106 例样品中的农药侦测中，共侦测出农药 121 种，这些农药的每日允许最大摄入量值（ADI）见表 6-4。为评价甘肃省农药残留的风险，本研究采用两种模型分别评价膳食暴露风险和预警风险，具体的风险评价模型见附录 A。

表 6-4　甘肃省水果蔬菜中侦测出农药的 ADI 值

序号	农药	ADI	序号	农药	ADI	序号	农药	ADI
1	唑嘧菌胺	2	6	醚菌酯	0.2	11	氰霜唑	0.1
2	氯虫苯甲酰胺	0.4	7	氟唑磺隆	0.2	12	嘧菌酯	0.1
3	灭幼脲	0.4	8	苯菌酮	0.16	13	呋虫胺	0.1
4	烯啶虫胺	0.2	9	马拉硫磷	0.133	14	嘧霉胺	0.08
5	霜霉威	0.2	10	烯酰吗啉	0.1	15	双炔酰菌胺	0.08

续表

序号	农药	ADI	序号	农药	ADI	序号	农药	ADI
16	甲哌	0.08	52	多菌灵	0.03	87	扑灭津	0.01
17	氟吗啉	0.08	53	三唑酮	0.03	88	丙硫菌唑	0.01
18	萘乙酸	0.07	54	三唑醇	0.03	89	噻嗪酮	0.009
19	噻虫胺	0.07	55	戊唑醇	0.03	90	氟硅唑	0.007
20	吡丙醚	0.06	56	丙溴磷	0.03	91	环虫腈	0.007
21	吡噻菌胺	0.06	57	腈菌唑	0.03	92	唑虫酰胺	0.006
22	苦参碱	0.05	58	吡蚜酮	0.03	93	烯唑醇	0.005
23	甲氧虫酰肼	0.1	59	溴氰虫酰胺	0.03	94	己唑醇	0.005
24	丁氟螨酯	0.1	60	嘧菌环胺	0.03	95	麦穗宁	0.005
25	二甲戊灵	0.1	61	茵多酸	0.03	96	氟啶脲	0.005
26	多效唑	0.1	62	三氟甲吡醚	0.03	97	吡氟禾草灵	0.004
27	甲霜灵	0.08	63	抑霉唑	0.03	98	四氟醚唑	0.004
28	噻虫嗪	0.08	64	胺鲜酯	0.023	99	噻唑磷	0.004
29	氟吡菌酰胺	0.08	65	虫酰肼	0.02	100	辛硫磷	0.004
30	氟唑菌酰胺	0.08	66	莠去津	0.02	101	乙霉威	0.004
31	啶虫脒	0.07	67	氟苯虫酰胺	0.02	102	丁醚脲	0.003
32	丙环唑	0.07	68	氟环唑	0.02	103	异丙威	0.002
33	烯肟菌胺	0.069	69	烯效唑	0.02	104	敌百虫	0.002
34	灭蝇胺	0.06	70	氟铃脲	0.02	105	克百威	0.001
35	吡虫啉	0.06	71	灭多威	0.02	106	脱叶磷	0.001
36	吡唑萘菌胺	0.06	72	虱螨脲	0.02	107	甲拌磷	0.0007
37	异菌脲	0.06	73	四螨嗪	0.02	108	溴鼠灵	0.0005
38	仲丁威	0.06	74	噻霉酮	0.017	109	喹硫磷	0.0005
39	乙螨唑	0.05	75	苯醚甲环唑	0.01	110	氧乐果	0.0003
40	乙嘧酚磺酸酯	0.05	76	哒螨灵	0.01	111	放线菌酮	—
41	螺虫乙酯	0.05	77	螺螨酯	0.01	112	双苯基脲	—
42	环嗪酮	0.05	78	粉唑醇	0.01	113	异戊烯腺嘌呤	—
43	肟菌酯	0.04	79	咪鲜胺	0.01	114	苯噻菌胺	—
44	啶酰菌胺	0.04	80	茚虫威	0.01	115	嘧菌腙	—
45	苯氧威	0.04	81	炔螨特	0.01	116	二甲嘧酚	—
46	氟菌唑	0.04	82	氟吡菌胺	0.01	117	氟唑菌苯胺	—
47	除虫菊素	0.04	83	毒死蜱	0.01	118	啶菌噁唑	—
48	三环唑	0.04	84	噁霜灵	0.01	119	丙氧喹啉	—
49	扑草净	0.04	85	联苯肼酯	0.01	120	氟吡草腙	—
50	乙嘧酚	0.035	86	敌草腈	0.01	121	新燕灵	—
51	吡唑醚菌酯	0.03						

注："—"表示国家标准中无 ADI 值规定；ADI 值单位为 mg/kg bw

6.2 农药残留膳食暴露风险评估

6.2.1 每例水果蔬菜样品中农药残留安全指数分析

基于农药残留侦测数据，发现在 1106 例样品中侦测出农药 3929 频次，计算样品中每种残留农药的安全指数 IFS_c，并分析农药对样品安全的影响程度，农药残留对水果蔬菜样品安全的影响程度频次分布情况如图 6-2 所示。

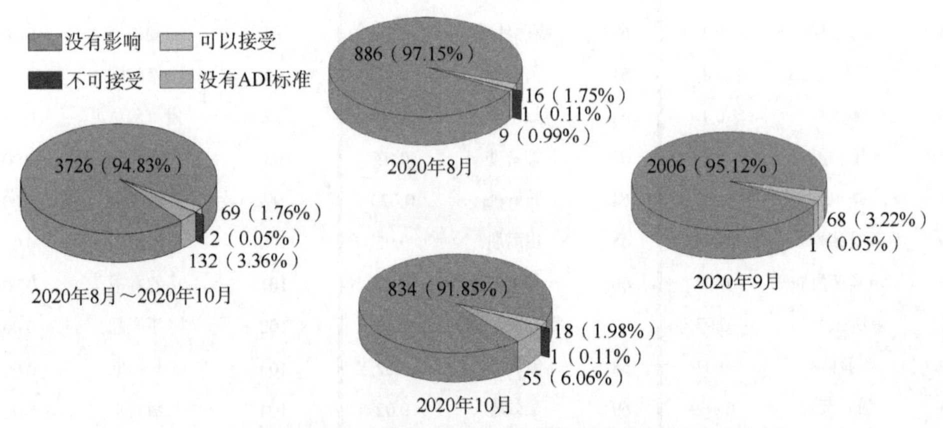

图 6-2 农药残留对水果蔬菜样品安全的影响程度频次分布图

由图 6-2 可以看出，农药残留对样品安全的影响不可接受的频次为 2，占 0.05%；农药残留对样品安全的影响可以接受的频次为 69，占 1.76%；农药残留对样品安全没有影响的频次为 3726，占 94.83%。分析发现，农药残留对水果蔬菜样品安全的影响程度频次 2020 年 10 月（908）<2020 年 8 月（912）<2020 年 9 月（2109），2020 年 8 月的农药残留对样品安全存在不可接受的影响，频次为 1，占 0.11%；2020 年 10 月的农药残留对样品安全存在不可接受的影响，频次为 1，占 0.11%。表 6-5 为对水果蔬菜样品中安全影响不可接受的农药残留列表。

表 6-5 水果蔬菜样品中安全影响不可接受的农药残留列表

序号	样品编号	采样点	基质	农药	含量（mg/kg）	IFS_c
1	20201009-620100-LZFDC-DJ-57A	***便民直销店（兰棉店）	菜豆	异丙威	0.6210	1.9665
2	20200827-620700-LZFDC-CE-40A	***蔬菜批发市场	芹菜	辛硫磷	0.9897	1.5670

部分样品侦测出禁用农药 7 种 107 频次，为了明确残留的禁用农药对样品安全的影响，分析侦测出禁用农药残留的样品安全指数，禁用农药残留对水果蔬菜样品安全的影响程度频次分布情况如图 6-3 所示，农药残留对样品安全的影响不可接受的频次为 0；农药残留对样品安全的影响可以接受的频次为 17，占 15.89%；农药残留对样品安全没

有影响的频次为 90，占 84.11%。由图中可以看出 3 个月份的水果蔬菜样品中均侦测出禁用农药残留，2020 年 8 月和 9 月禁用农药对样品安全的影响在可以接受和没有影响的范围内，10 月禁用农药对样品安全的影响均为没有影响。

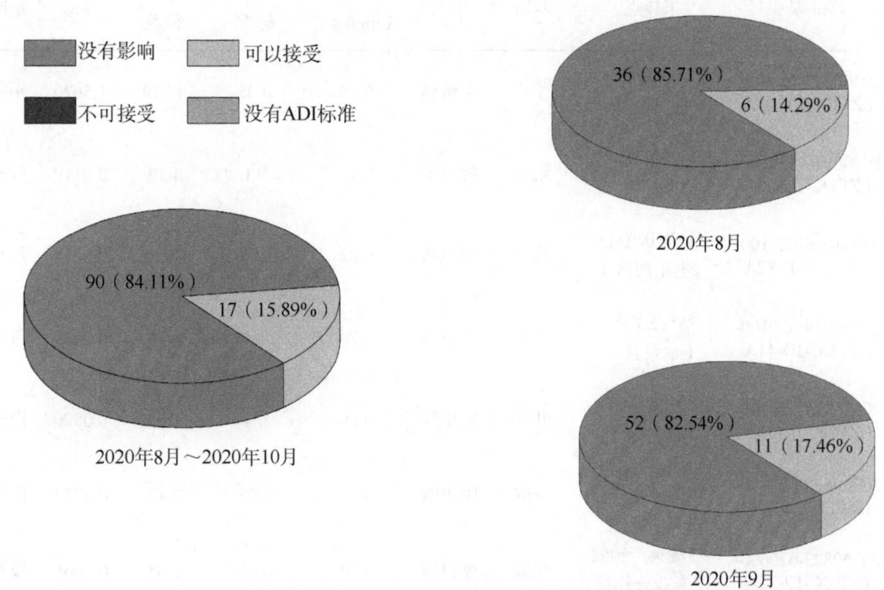

图 6-3 禁用农药对水果蔬菜样品安全影响程度的频次分布图

此外，本次侦测发现部分样品中非禁用农药残留量超过了 MRL 中国国家标准和欧盟标准，为了明确超标的非禁用农药对样品安全的影响，分析了非禁用农药残留超标的样品安全指数。

水果蔬菜残留量超过 MRL 中国国家标准的非禁用农药对水果蔬菜样品安全的影响程度频次分布情况如图 6-4 所示。可以看出侦测出超过 MRL 中国国家标准的非禁用农药共 9 频次，其中农药残留对样品安全的影响不可接受的频次为 1，占 11.11%；农药残留对样品安全没有影响的频次为 8，占 88.89%。表 6-6 为水果蔬菜样品中侦测出的非禁

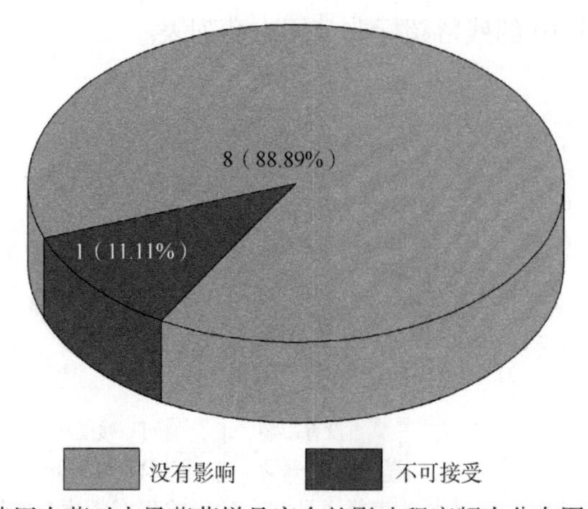

图 6-4 残留超标的非禁用农药对水果蔬菜样品安全的影响程度频次分布图（MRL 中国国家标准）

用农药残留安全指数表。

表 6-6 水果蔬菜样品中侦测出的非禁用农药残留安全指数表（MRL 中国国家标准）

序号	样品编号	采样点	基质	农药	含量（mg/kg）	中国国家标准	超标倍数	IFS_c	影响程度
1	20200827-620700-LZFDC-CE-40A	***蔬菜批发市场	芹菜	辛硫磷	0.99	0.05	19.79	1.5670	不可接受
2	20200919-620100-LZFDC-DJ-93A	**粮油（永登县）	菜豆	吡虫啉	0.11	0.1	1.13	0.0119	没有影响
3	20201009-620100-LZFDC-DJ-82A	***配送中心（七里河区）	菜豆	噻虫胺	0.02	0.01	2.14	0.0014	没有影响
4	20200919-620100-LZFDC-JD-41A	***蔬菜店（永登县）	豇豆	啶虫脒	0.70	0.4	1.76	0.0635	没有影响
5	20200919-620100-LZFDC-JD-87A	***蔬菜店（城关区）	豇豆	啶虫脒	0.66	0.4	1.65	0.0596	没有影响
6	20200822-620600-LZFDC-LJ-30A	***蔬菜合作社	辣椒	噻虫胺	0.12	0.05	2.42	0.0077	没有影响
7	20200823-620600-LZFDC-LJ-35A	***蔬菜产销农民专业合作社	辣椒	噻虫胺	0.10	0.05	2.08	0.0066	没有影响
8	20200823-620600-LZFDC-LJ-36A	***菜市场	辣椒	噻虫胺	0.09	0.05	1.80	0.0057	没有影响
9	20200817-620400-LZFDC-LJ-37A	***超市（白银店）	辣椒	噻虫胺	0.07	0.05	1.42	0.0045	没有影响

残留量超过 MRL 欧盟标准的非禁用农药对水果蔬菜样品安全的影响程度频次分布情况如图 6-5 所示。可以看出超过 MRL 欧盟标准的非禁用农药共 516 频次，其中农药没有 ADI 的频次为 10，占 1.94%；农药残留对样品安全的影响可以接受的频次为 31，占 6.01%；农药残留对样品安全没有影响的频次为 473，占 91.67%。表 6-7 为水果蔬菜样品中安全指数排名前 10 的残留超标非禁用农药列表。

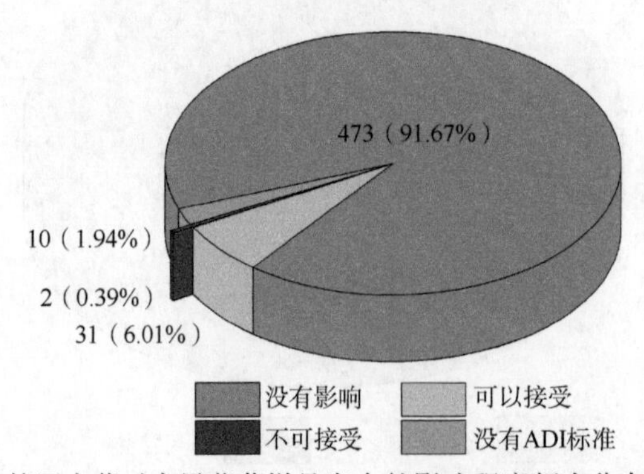

图 6-5 残留超标的非禁用农药对水果蔬菜样品安全的影响程度频次分布图（MRL 欧盟标准）

表 6-7 水果蔬菜样品中安全指数排名前 10 的残留超标非禁用农药列表（MRL 欧盟标准）

序号	样品编号	采样点	基质	农药	含量（mg/kg）	欧盟标准	超标倍数	IFS_c	影响程度
1	20200827-620700-LZFDC-CE-40A	***蔬菜批发市场	芹菜	辛硫磷	0.99	0.01	98.97	1.5670	不可接受
2	20201009-620100-LZFDC-DJ-57A	***便民直销店（兰棉店）	菜豆	异丙威	0.62	0.01	62.10	1.9665	不可接受
3	20201009-620100-LZFDC-CL-95A	***高档蔬菜专营店（七里河区）	小油菜	哒螨灵	1.15	0.01	115.18	0.7295	可以接受
4	20201009-620100-LZFDC-CL-31A	***农副产品直销店（西固区福利东路）	小油菜	多菌灵	0.84	0.1	8.41	0.1776	可以接受
5	20201011-620100-LZFDC-PB-64A	***蔬菜店（城关区）	小白菜	哒螨灵	0.28	0.01	27.58	0.1747	可以接受
6	20200919-620100-LZFDC-PB-06A	***蔬菜摊（城关区）	小白菜	哒螨灵	0.23	0.01	22.63	0.1433	可以接受
7	20201009-620100-LZFDC-PB-05A	***市场	小白菜	多菌灵	2.09	0.1	20.93	0.4418	可以接受
8	20201009-620100-LZFDC-PB-83A	***综合市场	小白菜	多菌灵	1.80	0.1	17.99	0.3798	可以接受
9	20201009-620100-LZFDC-PB-46A	***店（安宁区）	小白菜	多菌灵	1.62	0.1	16.23	0.3426	可以接受
10	20201009-620100-LZFDC-PB-24A	***批发配送（安宁区）	小白菜	多菌灵	1.60	0.1	16.01	0.3380	可以接受

6.2.2 单种水果蔬菜中农药残留安全指数分析

本次 20 种水果蔬菜侦测出 121 种农药，所有水果蔬菜均侦测出农药，检出频次为 3929 次，其中 11 种农药没有 ADI 标准，110 种农药存在 ADI 标准。对 20 种水果蔬菜按不同种类分别计算侦测出的具有 ADI 标准的各种农药的 IFS_c 值，农药残留对水果蔬菜的安全指数分布图如图 6-6 所示。

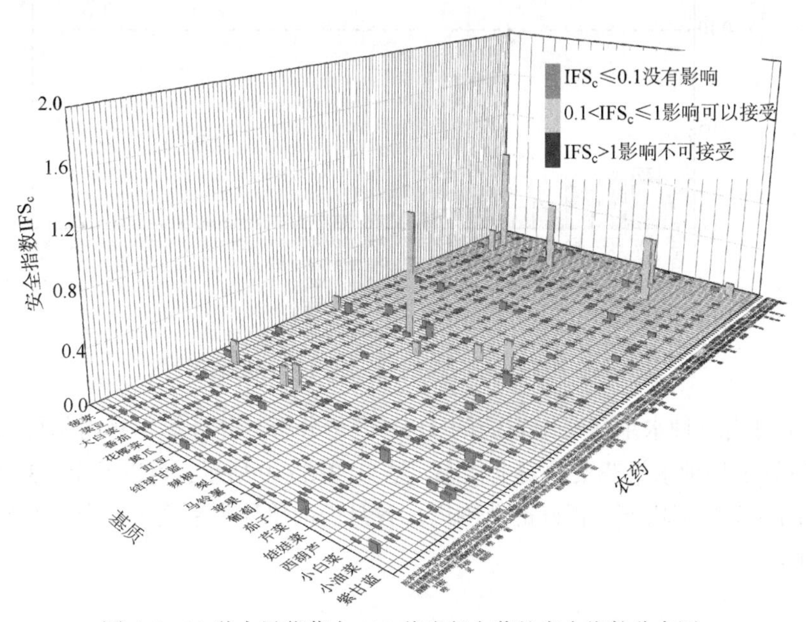

图 6-6 20 种水果蔬菜中 121 种残留农药的安全指数分布图

本次侦测中，20 种水果蔬菜和 121 种残留农药（包括没有 ADI 标准）共涉及 658 个分析样本，农药对单种水果蔬菜安全的影响程度分布情况如图 6-7 所示。可以看出，93.16%的样本中农药对水果蔬菜安全没有影响，2.28%的样本中农药对水果蔬菜安全的影响可以接受。

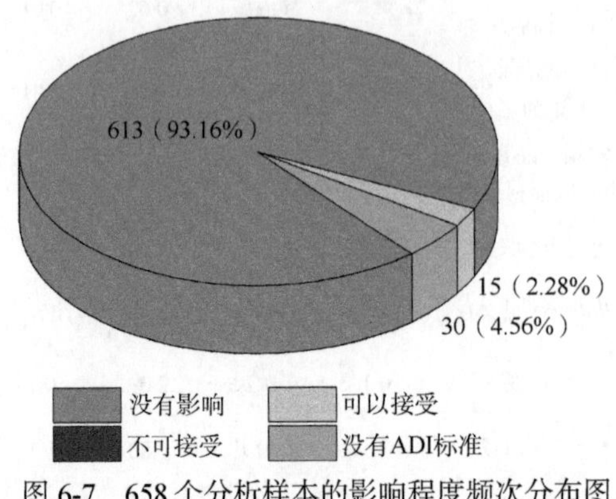

图 6-7　658 个分析样本的影响程度频次分布图

此外，分别计算 20 种水果蔬菜中所有侦测出农药 IFS_c 的平均值 $\overline{IFS}$，分析每种水果蔬菜的安全状态，结果如图 6-8 所示，分析发现 20 种（100%）水果蔬菜的安全状态很好。

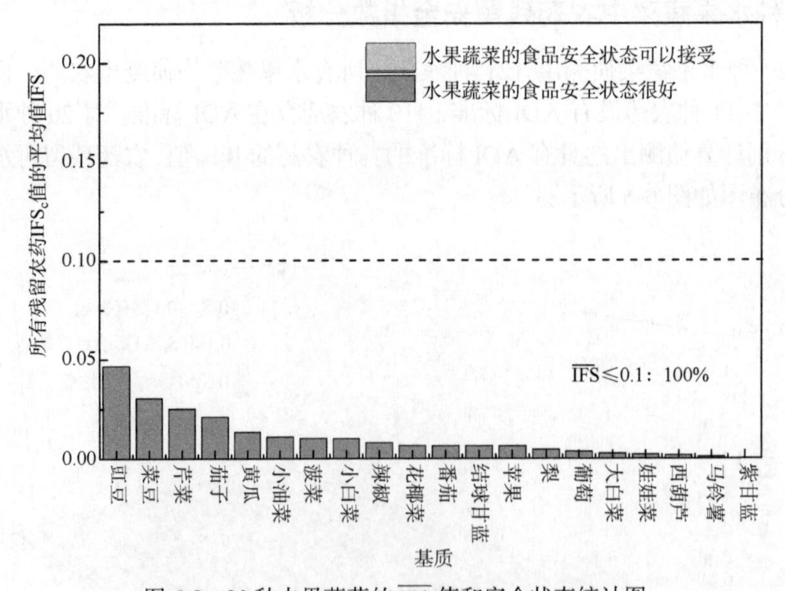

图 6-8　20 种水果蔬菜的 $\overline{IFS}$ 值和安全状态统计图

对每个月内每种水果蔬菜中农药的 IFS_c 进行分析，并计算每月内每种水果蔬菜的 $\overline{IFS}$ 值，以评价每种水果蔬菜的安全状态，结果如图 6-9 所示，可以看出，3 个月份所有水果蔬菜的安全状态均处于很好的范围内，各月份内单种水果蔬菜安全状态统计情况如图 6-10 所示。

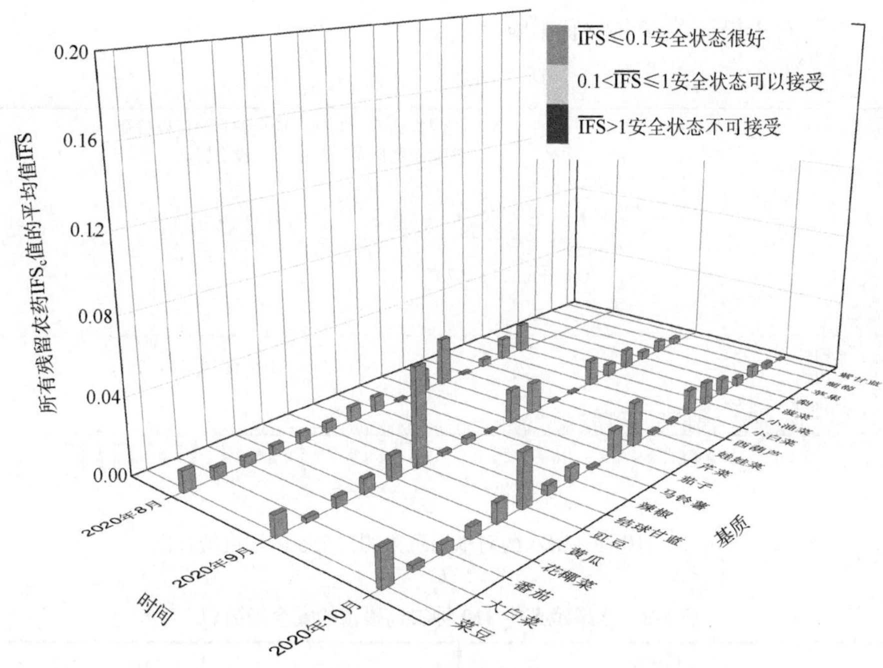

图 6-9　各月份内每种水果蔬菜的 $\overline{IFS}$ 值与安全状态分布图

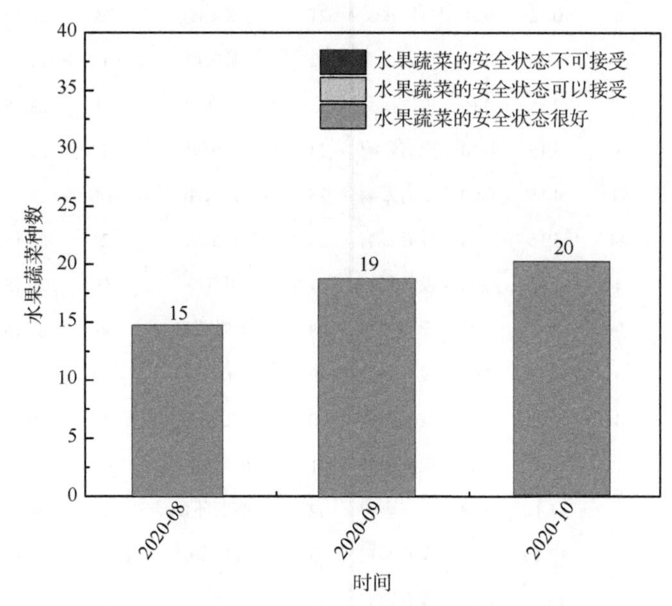

图 6-10　各月份内单种水果蔬菜安全状态统计图

6.2.3 所有水果蔬菜中农药残留安全指数分析

计算所有水果蔬菜中 110 种农药的 $\overline{IFS}_c$ 值，结果如图 6-11 及表 6-8 所示。

分析发现，所有农药的 $\overline{IFS}_c$ 均小于 1，说明 110 种农药对水果蔬菜安全的影响均在没有影响和可以接受的范围内，其中 2.73%的农药对水果蔬菜安全的影响可以接受，

97.27%的农药对水果蔬菜安全没有影响。

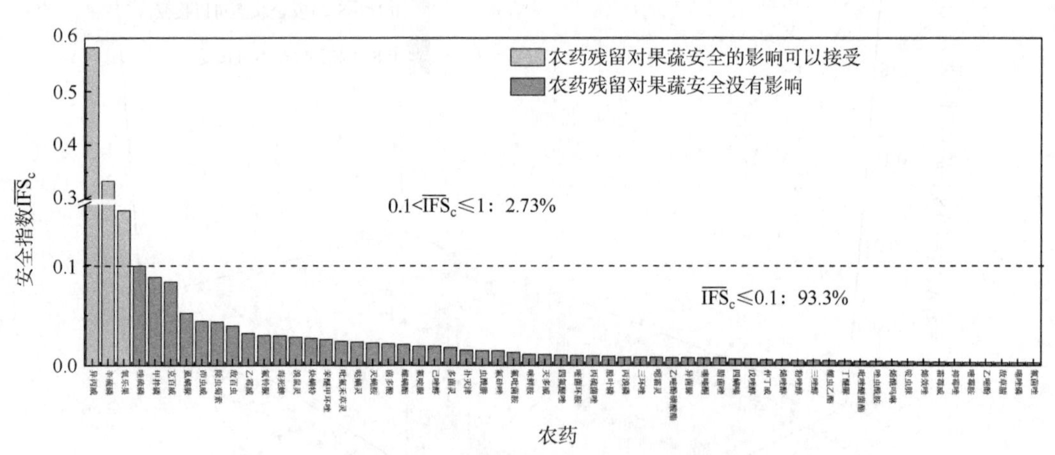

图 6-11　110 种残留农药对水果蔬菜的安全影响程度统计图

表 6-8　水果蔬菜中 110 种农药残留的安全指数表

序号	农药	检出频次	检出率（%）	$\overline{IFS}_c$	影响程度	序号	农药	检出频次	检出率（%）	$\overline{IFS}_c$	影响程度
1	异丙威	6	0.15	0.58	可以接受	21	螺螨酯	73	20.15	0.02	没有影响
2	辛硫磷	5	1.15	0.33	可以接受	22	氟啶脲	1	21.15	0.02	没有影响
3	氧乐果	13	2.15	0.15	可以接受	23	己唑醇	14	22.15	0.02	没有影响
4	喹硫磷	1	3.15	0.10	没有影响	24	多菌灵	223	23.15	0.02	没有影响
5	甲拌磷	11	4.15	0.09	没有影响	25	扑灭津	18	24.15	0.02	没有影响
6	克百威	24	5.15	0.08	没有影响	26	虫酰肼	2	25.15	0.01	没有影响
7	虱螨脲	4	6.15	0.05	没有影响	27	氟硅唑	35	26.15	0.01	没有影响
8	茚虫威	36	7.15	0.04	没有影响	28	氟吡菌胺	36	27.15	0.01	没有影响
9	除虫菊素	3	8.15	0.04	没有影响	29	咪鲜胺	18	28.15	0.01	没有影响
10	敌百虫	4	9.15	0.04	没有影响	30	灭多威	1	29.15	0.01	没有影响
11	乙霉威	1	10.15	0.03	没有影响	31	四氟醚唑	14	30.15	0.01	没有影响
12	氟铃脲	5	11.15	0.03	没有影响	32	嘧菌环胺	1	31.15	0.01	没有影响
13	毒死蜱	56	12.15	0.03	没有影响	33	丙硫菌唑	1	32.15	0.01	没有影响
14	溴鼠灵	1	13.15	0.03	没有影响	34	脱叶磷	1	33.15	0.01	没有影响
15	炔螨特	53	14.15	0.03	没有影响	35	丙溴磷	90	34.15	0.01	没有影响
16	苯醚甲环唑	182	15.15	0.03	没有影响	36	三环唑	2	35.15	0.01	没有影响
17	吡氟禾草灵	1	16.15	0.02	没有影响	37	噁霜灵	35	36.15	0.01	没有影响
18	哒螨灵	120	17.15	0.02	没有影响	38	乙嘧酚磺酸酯	1	37.15	0.01	没有影响
19	灭蝇胺	159	18.15	0.02	没有影响	39	异菌脲	6	38.15	0.01	没有影响
20	茵多酸	11	19.15	0.02	没有影响	40	噻嗪酮	12	39.15	0.01	没有影响

续表

序号	农药	检出频次	检出率（%）	$\overline{IFS_c}$	影响程度	序号	农药	检出频次	检出率（%）	$\overline{IFS_c}$	影响程度
41	腈菌唑	38	40.15	0.01	没有影响	74	乙螨唑	44	73.15	0.00	没有影响
42	四螨嗪	4	41.15	0.01	没有影响	75	丙环唑	38	74.15	0.00	没有影响
43	戊唑醇	87	42.15	0.01	没有影响	76	呋虫胺	26	75.15	0.00	没有影响
44	仲丁威	5	43.15	0.01	没有影响	77	吡唑萘菌胺	3	76.15	0.00	没有影响
45	烯唑醇	7	44.15	0.01	没有影响	78	噻虫胺	121	77.15	0.00	没有影响
46	粉唑醇	15	45.15	0.01	没有影响	79	甲霜灵	119	78.15	0.00	没有影响
47	三唑醇	22	46.15	0.00	没有影响	80	烯啶虫胺	37	79.15	0.00	没有影响
48	螺虫乙酯	25	47.15	0.00	没有影响	81	扑草净	4	80.15	0.00	没有影响
49	丁醚脲	3	48.15	0.00	没有影响	82	三唑酮	6	81.15	0.00	没有影响
50	吡唑醚菌酯	188	49.15	0.00	没有影响	83	胺鲜酯	6	82.15	0.00	没有影响
51	唑虫酰胺	4	50.15	0.00	没有影响	84	氟吡菌酰胺	27	83.15	0.00	没有影响
52	烯酰吗啉	399	51.15	0.00	没有影响	85	莠去津	14	84.15	0.00	没有影响
53	啶虫脒	340	52.15	0.00	没有影响	86	丁氟螨酯	5	85.15	0.00	没有影响
54	烯效唑	12	53.15	0.00	没有影响	87	灭幼脲	10	86.15	0.00	没有影响
55	霜霉威	195	54.15	0.00	没有影响	88	嘧菌酯	64	87.15	0.00	没有影响
56	抑霉唑	4	55.15	0.00	没有影响	89	噻霉酮	6	88.15	0.00	没有影响
57	嘧霉胺	15	56.15	0.00	没有影响	90	联苯肼酯	1	89.15	0.00	没有影响
58	乙嘧酚	5	57.15	0.00	没有影响	91	氟吗啉	17	90.15	0.00	没有影响
59	敌草腈	6	58.15	0.00	没有影响	92	甲哌	14	91.15	0.00	没有影响
60	噻唑磷	2	59.15	0.00	没有影响	93	双炔酰菌胺	3	92.15	0.00	没有影响
61	氟菌唑	1	60.15	0.00	没有影响	94	苯氧威	1	93.15	0.00	没有影响
62	肟菌酯	24	61.15	0.00	没有影响	95	氟苯虫酰胺	1	94.15	0.00	没有影响
63	甲氧虫酰肼	5	62.15	0.00	没有影响	96	多效唑	10	95.15	0.00	没有影响
64	啶酰菌胺	25	63.15	0.00	没有影响	97	溴氰虫酰胺	1	96.15	0.00	没有影响
65	吡虫啉	173	64.15	0.00	没有影响	98	氟唑菌酰胺	5	97.15	0.00	没有影响
66	苯菌酮	1	65.15	0.00	没有影响	99	烯肟菌胺	2	98.15	0.00	没有影响
67	环虫腈	3	66.15	0.00	没有影响	100	吡噻菌胺	1	99.15	0.00	没有影响
68	麦穗宁	1	67.15	0.00	没有影响	101	醚菌酯	13	100.15	0.00	没有影响
69	噻虫嗪	173	68.15	0.00	没有影响	102	三氟甲吡醚	1	101.15	0.00	没有影响
70	氟环唑	8	69.15	0.00	没有影响	103	氟唑磺隆	6	102.15	0.00	没有影响
71	吡蚜酮	26	70.15	0.00	没有影响	104	二甲戊灵	3	103.15	0.00	没有影响
72	吡丙醚	32	71.15	0.00	没有影响	105	环嗪酮	2	104.15	0.00	没有影响
73	氰霜唑	24	72.15	0.00	没有影响	106	苦参碱	7	105.15	0.00	没有影响

续表

序号	农药	检出频次	检出率（%）	$\overline{IFS}_c$	影响程度	序号	农药	检出频次	检出率（%）	$\overline{IFS}_c$	影响程度
107	萘乙酸	1	106.15	0.00	没有影响	109	马拉硫磷	1	108.15	0.00	没有影响
108	氯虫苯甲酰胺	23	107.15	0.00	没有影响	110	唑嘧菌胺	2	109.15	0.00	没有影响

对每个月内所有水果蔬菜中残留农药的$\overline{IFS}_c$进行分析，结果如图 6-12 所示。分析发现，3 个月份所有农药对水果蔬菜安全的影响均处于没有影响和可以接受的范围内。每月内不同农药对水果蔬菜安全影响程度的统计如图 6-13 所示。

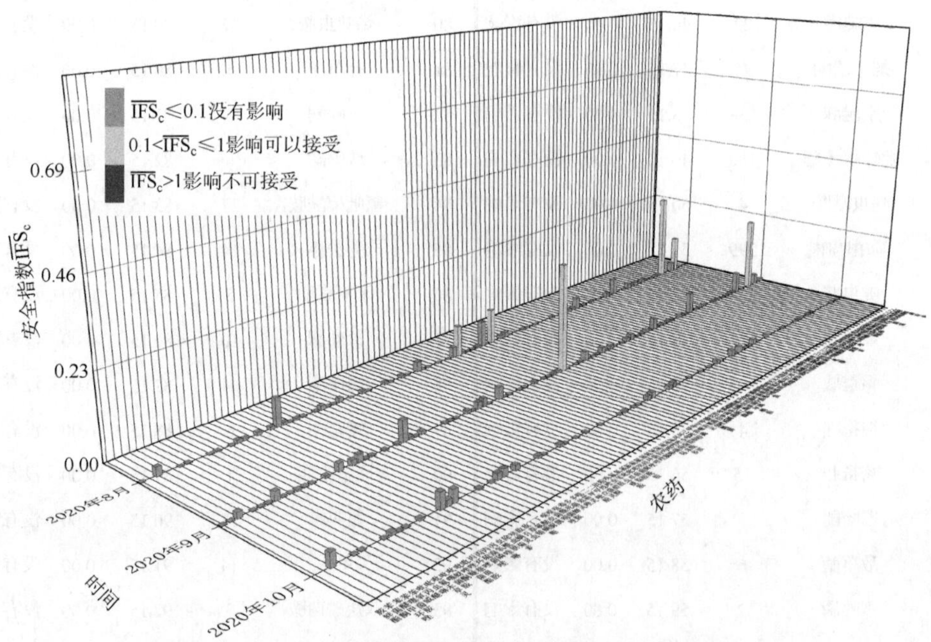

图 6-12　各月份内水果蔬菜中每种残留农药的安全指数分布图

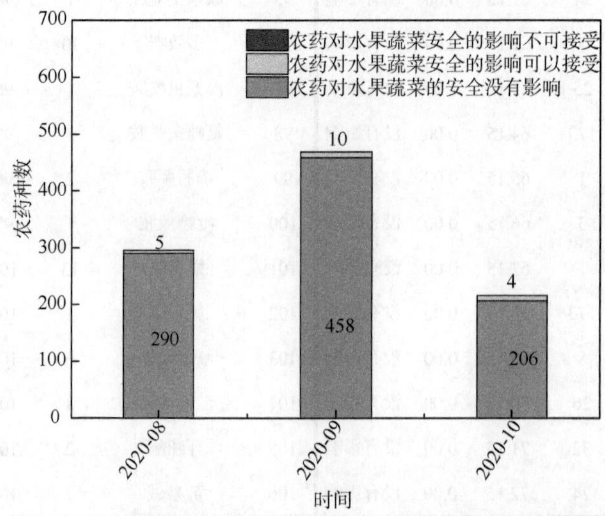

图 6-13　各月份内农药对水果蔬菜安全影响程度的统计图

6.3　农药残留预警风险评估

基于甘肃省水果蔬菜样品中农药残留 LC-Q-TOF/MS 侦测数据，分析禁用农药的检出率，同时参照中华人民共和国国家标准 GB 2763—2019 和欧盟农药最大残留限量（MRL）标准分析非禁用农药残留的超标率，并计算农药残留风险系数。分析单种水果蔬菜中农药残留以及所有水果蔬菜中农药残留的风险程度。

6.3.1　单种水果蔬菜中农药残留风险系数分析

6.3.1.1　单种水果蔬菜中禁用农药残留风险系数分析

侦测出的 121 种残留农药中有 7 种为禁用农药，且它们分布在 16 种水果蔬菜中，计算 7 种水果蔬菜中禁用农药的超标率，根据超标率计算风险系数 R，进而分析水果蔬菜中禁用农药的风险程度，结果如图 6-14 与表 6-9 所示。分析发现 2 种禁用农药在 2 种水果蔬菜中的残留处均于高度风险，7 种禁用农药在 16 种水果蔬菜中的残留均处于高度风险。

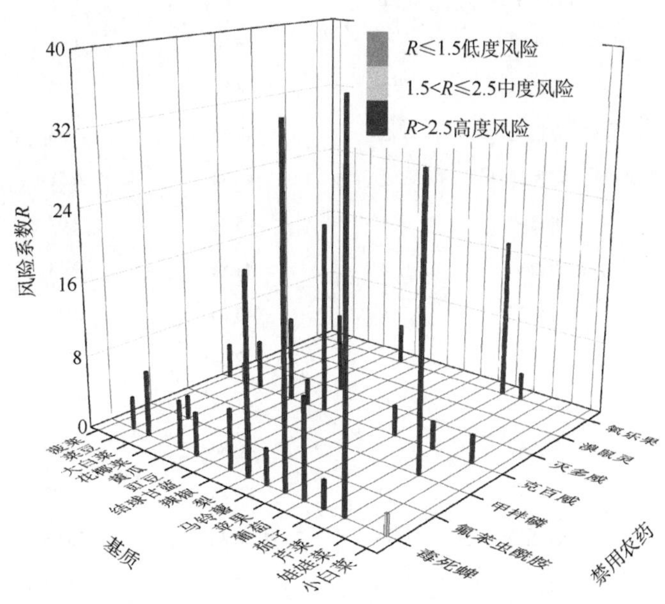

图 6-14　16 种水果蔬菜中 7 种禁用农药的风险系数分布图

表 6-9　16 种水果蔬菜中 7 种禁用农药的风险系数列表

序号	基质	农药	检出频次	检出率（%）	风险系数 R	风险程度
1	小白菜	毒死蜱	1	66.84	2.20	中度风险
2	菜豆	克百威	1	65.84	2.33	中度风险

续表

序号	基质	农药	检出频次	检出率（%）	风险系数 R	风险程度
3	菠菜	氧乐果	1	64.84	2.55	高度风险
4	大白菜	氟苯虫酰胺	1	63.84	2.59	高度风险
5	花椰菜	溴鼠灵	1	62.84	2.71	高度风险
6	豇豆	灭多威	1	61.84	2.89	高度风险
7	豇豆	克百威	1	60.84	2.89	高度风险
8	茄子	氧乐果	1	59.84	3.06	高度风险
9	茄子	毒死蜱	1	58.84	3.06	高度风险
10	茄子	克百威	1	57.84	3.06	高度风险
11	娃娃菜	克百威	2	56.84	3.12	高度风险
12	苹果	克百威	1	55.84	3.43	高度风险
13	菜豆	氧乐果	2	54.84	3.57	高度风险
14	菜豆	毒死蜱	2	53.84	3.57	高度风险
15	马铃薯	毒死蜱	1	52.84	3.88	高度风险
16	菠菜	克百威	2	51.84	4.00	高度风险
17	豇豆	氧乐果	2	50.84	4.67	高度风险
18	豇豆	毒死蜱	2	49.84	4.67	高度风险
19	黄瓜	毒死蜱	2	48.84	5.27	高度风险
20	大白菜	克百威	3	47.84	5.58	高度风险
21	辣椒	毒死蜱	2	46.84	6.51	高度风险
22	大白菜	毒死蜱	4	45.84	7.07	高度风险
23	黄瓜	克百威	4	44.84	9.43	高度风险
24	葡萄	毒死蜱	4	43.84	10.62	高度风险
25	葡萄	氧乐果	7	42.84	17.77	高度风险
26	结球甘蓝	克百威	9	41.84	21.10	高度风险
27	梨	毒死蜱	8	40.84	21.10	高度风险
28	芹菜	甲拌磷	11	39.84	30.83	高度风险
29	苹果	毒死蜱	15	38.84	35.98	高度风险
30	芹菜	毒死蜱	14	37.84	38.94	高度风险

6.3.1.2 基于 MRL 中国国家标准的单种水果蔬菜中非禁用农药残留风险系数分析

参照中华人民共和国国家标准 GB 2763—2019 中农药残留限量计算每种水果蔬菜中

每种非禁用农药的超标率，进而计算其风险系数，根据风险系数大小判断残留农药的预警风险程度，水果蔬菜中非禁用农药残留风险程度分布情况如图 6-15 所示。

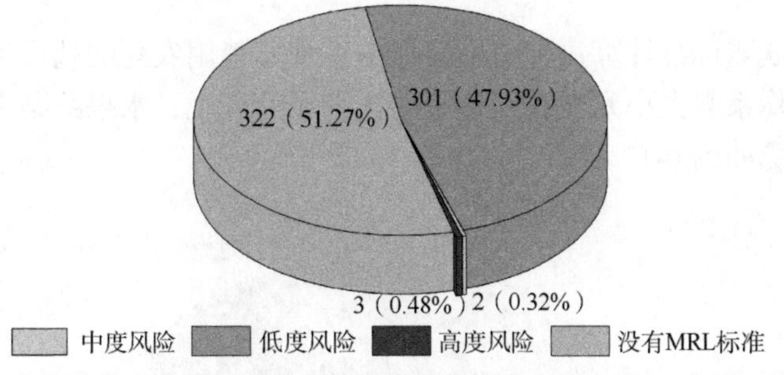

图 6-15　水果蔬菜中非禁用农药风险程度的频次分布图（MRL 中国国家标准）

本次分析中，发现在 20 种水果蔬菜侦测出 110 种残留非禁用农药，涉及样本 628 个，在 628 个样本中，0.48%处于高度风险，0.32%处于中度风险，47.93%处于低度风险，此外发现有 322 个样本没有 MRL 中国国家标准值，无法判断其风险程度，有 MRL 中国国家标准值的 306 个样本涉及 20 种水果蔬菜中的 71 种非禁用农药，其风险系数 R 值如图 6-16 所示。表 6-10 为非禁用农药残留处于高度风险的水果蔬菜列表。

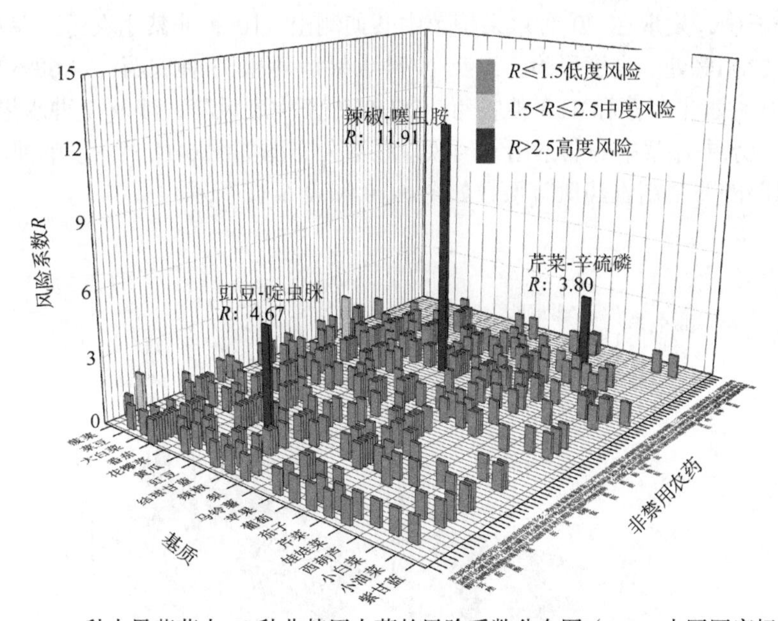

图 6-16　20 种水果蔬菜中 71 种非禁用农药的风险系数分布图（MRL 中国国家标准）

表 6-10　单种水果蔬菜中处于高度风险的非禁用农药风险系数表（MRL 中国国家标准）

序号	基质	农药	超标频次	超标率 P（%）	风险系数 R
1	芹菜	辛硫磷	1	2.70	3.80
2	豇豆	啶虫脒	2	3.70	4.67
3	辣椒	噻虫胺	4	4.70	11.91

6.3.1.3　基于 MRL 欧盟标准的单种水果蔬菜中非禁用农药残留风险系数分析

参照 MRL 欧盟标准计算每种水果蔬菜中每种非禁用农药的超标率，进而计算其风险系数，根据风险系数大小判断农药残留的预警风险程度，水果蔬菜中非禁用农药残留风险程度分布情况如图 6-17 所示。

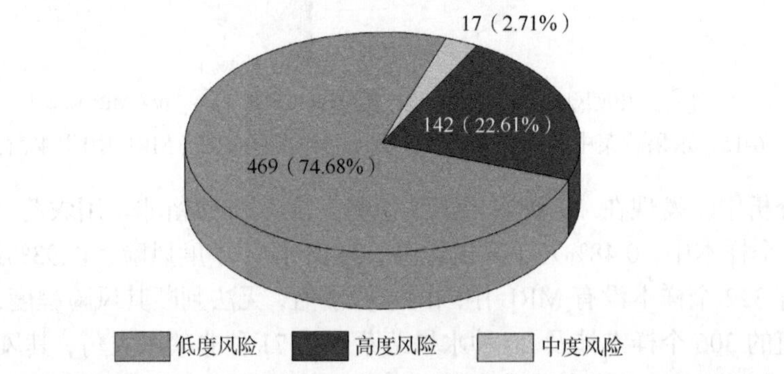

图 6-17　水果蔬菜中非禁用农药的风险程度的频次分布图（MRL 欧盟标准）

本次分析中，发现在 20 种水果蔬菜中共侦测出 110 种非禁用农药，涉及样本 628 个，其中，22.61%处于高度风险，涉及 19 种水果蔬菜和 53 种农药；74.68%处于低度风险，涉及 20 种水果蔬菜和 100 种农药，2.71%处于中度风险，涉及 3 种水果蔬菜和 15 种农药。单种水果蔬菜中的非禁用农药风险系数分布图如图 6-18 所示。单种水果蔬菜中处于高度风险的非禁用农药风险系数如图 6-19 和表 6-11 所示。

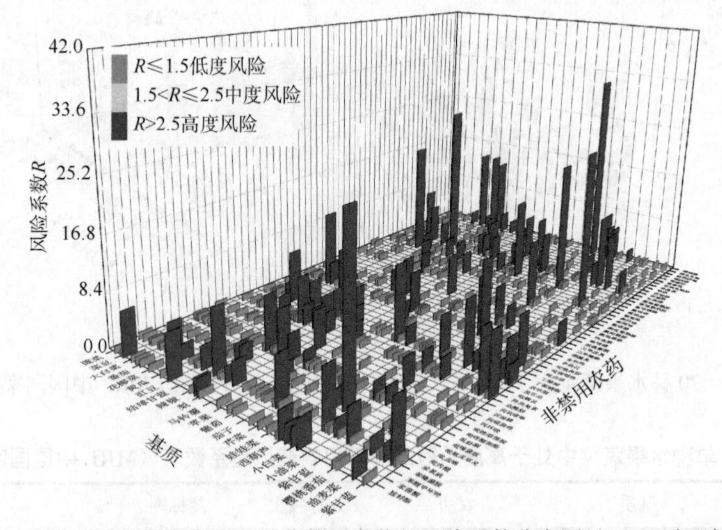

图 6-18　20 种水果蔬菜中 110 种非禁用农药的风险系数分布图（MRL 欧盟标准）

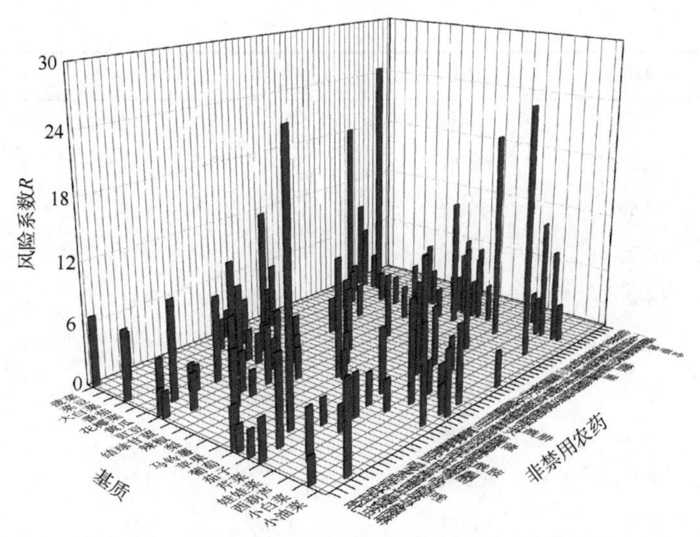

图 6-19 单种水果蔬菜中处于高度风险的非禁用农药的风险系数分布图（MRL 欧盟标准）

表 6-11 单种水果蔬菜中处于高度风险的非禁用农药的风险系数表（MRL 欧盟标准）

序号	基质	农药	超标频次	超标率 P（%）	风险系数 R
1	小油菜	灭蝇胺	35	40.70	41.80
2	小油菜	啶虫脒	33	38.37	39.47
3	小白菜	灭蝇胺	28	30.77	31.87
4	大白菜	扑灭津	17	25.37	26.47
5	芹菜	啶虫脒	9	24.32	25.42
6	葡萄	霜霉威	10	23.81	24.91
7	小油菜	丙溴磷	19	22.09	23.19
8	茄子	炔螨特	10	19.61	20.71
9	茄子	丙溴磷	9	17.65	18.75
10	小白菜	哒螨灵	12	13.19	14.29
11	小白菜	啶虫脒	12	13.19	14.29
12	小白菜	多菌灵	11	12.09	13.19
13	茄子	螺螨酯	6	11.76	12.86
14	芹菜	虱螨脲	4	10.81	11.91
15	辣椒	丙环唑	4	10.81	11.91
16	辣椒	噻虫胺	4	10.81	11.91
17	豇豆	螺螨酯	6	10.71	11.81
18	小油菜	哒螨灵	9	10.47	11.57
19	黄瓜	茵多酸	5	10.42	11.52
20	苹果	炔螨特	4	9.30	10.40
21	豇豆	三唑醇	5	8.93	10.03

续表

序号	基质	农药	超标频次	超标率 *P*（%）	风险系数 *R*
22	菜豆	呋虫胺	7	8.64	9.74
23	黄瓜	烯啶虫胺	4	8.33	9.43
24	黄瓜	烯效唑	4	8.33	9.43
25	芹菜	丙环唑	3	8.11	9.21
26	芹菜	霜霉威	3	8.11	9.21
27	辣椒	炔螨特	3	8.11	9.21
28	菜豆	炔螨特	6	7.41	8.51
29	菜豆	烯酰吗啉	6	7.41	8.51
30	番茄	呋虫胺	5	7.35	8.45
31	豇豆	丙溴磷	4	7.14	8.24
32	小油菜	丙环唑	6	6.98	8.08
33	结球甘蓝	烯啶虫胺	3	6.67	7.77
34	小白菜	氰霜唑	6	6.59	7.69
35	黄瓜	多效唑	3	6.25	7.35
36	菜豆	螺螨酯	5	6.17	7.27
37	娃娃菜	甲霜灵	6	6.06	7.16
38	番茄	氟硅唑	4	5.88	6.98
39	茄子	异菌脲	3	5.88	6.98
40	菠菜	吡虫啉	4	5.80	6.90
41	菠菜	多菌灵	4	5.80	6.90
42	马铃薯	甲哌	2	5.56	6.66
43	芹菜	丙溴磷	2	5.41	6.51
44	芹菜	氟铃脲	2	5.41	6.51
45	芹菜	腈菌唑	2	5.41	6.51
46	芹菜	辛硫磷	2	5.41	6.51
47	芹菜	醚菌酯	2	5.41	6.51
48	辣椒	哒螨灵	2	5.41	6.51
49	辣椒	己唑醇	2	5.41	6.51
50	豇豆	乙螨唑	3	5.36	6.46
51	豇豆	炔螨特	3	5.36	6.46
52	豇豆	烯酰吗啉	3	5.36	6.46
53	梨	氟硅唑	2	5.00	6.10
54	梨	炔螨特	2	5.00	6.10
55	花椰菜	氟唑磺隆	3	4.84	5.94

续表

序号	基质	农药	超标频次	超标率 P（%）	风险系数 R
56	西葫芦	甲霜灵	2	4.44	5.54
57	小白菜	噻虫嗪	4	4.40	5.50
58	小白菜	炔螨特	4	4.40	5.50
59	黄瓜	异丙威	2	4.17	5.27
60	菜豆	三唑醇	3	3.70	4.80
61	菜豆	丙溴磷	3	3.70	4.80
62	菜豆	乙螨唑	3	3.70	4.80
63	菜豆	仲丁威	3	3.70	4.80
64	菜豆	异丙威	3	3.70	4.80
65	豇豆	呋虫胺	2	3.57	4.67
66	豇豆	啶虫脒	2	3.57	4.67
67	小油菜	呋虫胺	3	3.49	4.59
68	小油菜	噁霜灵	3	3.49	4.59
69	小油菜	多菌灵	3	3.49	4.59
70	花椰菜	噻虫嗪	2	3.23	4.33
71	花椰菜	茵多酸	2	3.23	4.33
72	番茄	异菌脲	2	2.94	4.04
73	番茄	氟吗啉	2	2.94	4.04
74	菠菜	噻虫胺	2	2.90	4.00
75	菠菜	灭幼脲	2	2.90	4.00
76	芹菜	三唑醇	1	2.70	3.80
77	芹菜	仲丁威	1	2.70	3.80
78	芹菜	咪鲜胺	1	2.70	3.80
79	芹菜	戊唑醇	1	2.70	3.80
80	芹菜	敌百虫	1	2.70	3.80
81	芹菜	氟吗啉	1	2.70	3.80
82	芹菜	氟吡菌酰胺	1	2.70	3.80
83	芹菜	氟硅唑	1	2.70	3.80
84	芹菜	灭幼脲	1	2.70	3.80
85	芹菜	甲氧虫酰肼	1	2.70	3.80
86	芹菜	甲霜灵	1	2.70	3.80
87	辣椒	丙溴磷	1	2.70	3.80
88	梨	呋虫胺	1	2.50	3.60
89	梨	噻嗪酮	1	2.50	3.60

续表

序号	基质	农药	超标频次	超标率 P（%）	风险系数 R
90	梨	灭幼脲	1	2.50	3.60
91	梨	烯酰吗啉	1	2.50	3.60
92	菜豆	噁霜灵	2	2.47	3.57
93	菜豆	氟铃脲	2	2.47	3.57
94	葡萄	啶菌噁唑	1	2.38	3.48
95	葡萄	氟吗啉	1	2.38	3.48
96	小油菜	放线菌酮	2	2.33	3.43
97	小油菜	氰霜唑	2	2.33	3.43
98	小油菜	甲霜灵	2	2.33	3.43
99	苹果	放线菌酮	1	2.33	3.43
100	结球甘蓝	三唑醇	1	2.22	3.32
101	结球甘蓝	双苯基脲	1	2.22	3.32
102	结球甘蓝	呋虫胺	1	2.22	3.32
103	结球甘蓝	甲氧虫酰肼	1	2.22	3.32
104	西葫芦	噁霜灵	1	2.22	3.32
105	小白菜	噁霜灵	2	2.20	3.30
106	黄瓜	三环唑	1	2.08	3.18
107	黄瓜	乙霉威	1	2.08	3.18
108	黄瓜	二甲嘧酚	1	2.08	3.18
109	黄瓜	呋虫胺	1	2.08	3.18
110	黄瓜	噻虫胺	1	2.08	3.18
111	黄瓜	敌百虫	1	2.08	3.18
112	黄瓜	氟硅唑	1	2.08	3.18
113	黄瓜	甲哌	1	2.08	3.18
114	娃娃菜	噻虫嗪	2	2.02	3.12
115	茄子	呋虫胺	1	1.96	3.06
116	茄子	哒螨灵	1	1.96	3.06
117	茄子	噁霜灵	1	1.96	3.06
118	茄子	异丙威	1	1.96	3.06
119	茄子	甲霜灵	1	1.96	3.06
120	豇豆	丙环唑	1	1.79	2.89
121	豇豆	双苯基脲	1	1.79	2.89
122	豇豆	咪鲜胺	1	1.79	2.89
123	豇豆	哒螨灵	1	1.79	2.89

续表

序号	基质	农药	超标频次	超标率 P（%）	风险系数 R
124	豇豆	噁霜灵	1	1.79	2.89
125	豇豆	氟铃脲	1	1.79	2.89
126	豇豆	烯啶虫胺	1	1.79	2.89
127	豇豆	烯效唑	1	1.79	2.89
128	豇豆	茵多酸	1	1.79	2.89
129	花椰菜	辛硫磷	1	1.61	2.71
130	大白菜	呋虫胺	1	1.49	2.59
131	大白菜	异戊烯腺嘌呤	1	1.49	2.59
132	大白菜	放线菌酮	1	1.49	2.59
133	大白菜	灭幼脲	1	1.49	2.59
134	大白菜	甲哌	1	1.49	2.59
135	番茄	噻嗪酮	1	1.47	2.57
136	番茄	己唑醇	1	1.47	2.57
137	番茄	炔螨特	1	1.47	2.57
138	菠菜	戊唑醇	1	1.45	2.55
139	菠菜	扑草净	1	1.45	2.55
140	菠菜	氟啶脲	1	1.45	2.55
141	菠菜	氟硅唑	1	1.45	2.55
142	菠菜	氰霜唑	1	1.45	2.55
143	小油菜	灭蝇胺	35	40.70	41.80

6.3.2　所有水果蔬菜中农药残留风险系数分析

6.3.2.1　所有水果蔬菜中禁用农药残留风险系数分析

在侦测出的 110 种农药中有 7 种为禁用农药，计算所有水果蔬菜中禁用农药的风险系数，结果如表 6-12 所示。禁用农药毒死蜱和克百威处于高度风险。

表 6-12　水果蔬菜中 7 种禁用农药的风险系数表

序号	农药	检出频次	检出率 P（%）	风险系数 R	风险程度
1	毒死蜱	56	5.06	6.16	高度风险
2	克百威	24	2.17	3.27	高度风险
3	氧乐果	13	1.18	2.28	中度风险
4	甲拌磷	11	0.99	2.09	中度风险
5	氟苯虫酰胺	1	0.09	1.19	低度风险

续表

序号	农药	检出频次	检出率 P（%）	风险系数 R	风险程度
6	溴鼠灵	1	0.09	1.19	低度风险
7	灭多威	1	0.09	1.19	低度风险

对每个月内的禁用农药的风险系数进行分析，结果如图 6-20 和表 6-13 所示。

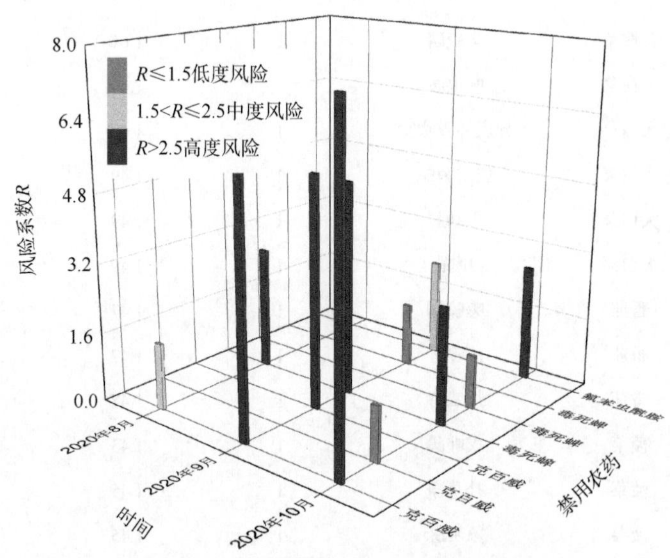

图 6-20　各月份内水果蔬菜中禁用农药残留的风险系数分布图

表 6-13　各月份内水果蔬菜中禁用农药的风险系数表

序号	年月	农药	检出频次	检出率 P（%）	风险系数 R	风险程度
1	2020 年 8 月	毒死蜱	41	6.58	7.68	高度风险
2	2020 年 8 月	毒死蜱	14	5.45	6.55	高度风险
3	2020 年 8 月	甲拌磷	11	4.28	5.38	高度风险
4	2020 年 8 月	克百威	10	3.89	4.99	高度风险
5	2020 年 8 月	克百威	4	1.77	2.87	高度风险
6	2020 年 9 月	克百威	10	1.61	2.71	高度风险
7	2020 年 9 月	氧乐果	10	1.61	2.71	高度风险
8	2020 年 9 月	氧乐果	3	1.17	2.27	中度风险
9	2020 年 9 月	毒死蜱	1	0.44	1.54	中度风险
10	2020 年 9 月	溴鼠灵	1	0.39	1.49	低度风险
11	2020 年 10 月	氟苯虫酰胺	1	0.16	1.26	低度风险
12	2020 年 10 月	灭多威	1	0.16	1.26	低度风险

6.3.2.2 所有水果蔬菜中非禁用农药残留风险系数分析

参照MRL欧盟标准计算所有水果蔬菜中每种非禁用农药残留的风险系数,如图 6-21 与表 6-14 所示。在侦测出的 114 种非禁用农药中，9 种农药（7.89%）残留处于高度风险，19 种农药（16.67%）残留处于中度风险，86 种农药（75.44%）残留处于低度风险。

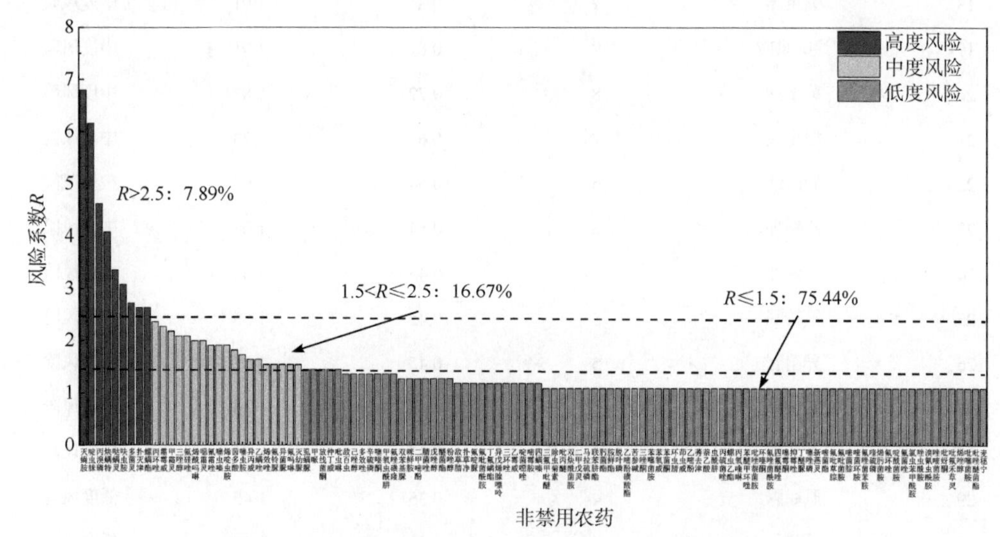

图 6-21 水果蔬菜中 114 种非禁用农药的风险程度统计图

表 6-14 水果蔬菜中 114 种非禁用农药的风险系数表

序号	农药	超标频次	超标率 P（%）	风险系数 R	风险程度
1	灭蝇胺	63	5.70	6.80	高度风险
2	啶虫脒	56	5.06	6.16	高度风险
3	丙溴磷	39	3.53	4.63	高度风险
4	炔螨特	33	2.98	4.08	高度风险
5	哒螨灵	25	2.26	3.36	高度风险
6	呋虫胺	22	1.99	3.09	高度风险
7	多菌灵	18	1.63	2.73	高度风险
8	扑灭津	17	1.54	2.64	高度风险
9	螺螨酯	17	1.54	2.64	高度风险
10	丙环唑	14	1.27	2.37	中度风险
11	霜霉威	13	1.18	2.28	中度风险
12	甲霜灵	12	1.08	2.18	中度风险
13	三唑醇	11	0.99	2.09	中度风险
14	氟硅唑	11	0.99	2.09	中度风险

续表

序号	农药	超标频次	超标率 P（%）	风险系数 R	风险程度
15	烯酰吗啉	10	0.90	2.00	中度风险
16	噁霜灵	10	0.90	2.00	中度风险
17	氰霜唑	9	0.81	1.91	中度风险
18	噻虫嗪	9	0.81	1.91	中度风险
19	烯啶虫胺	9	0.81	1.91	中度风险
20	茵多酸	8	0.72	1.82	中度风险
21	噻虫胺	7	0.63	1.73	中度风险
22	异丙威	6	0.54	1.64	中度风险
23	乙螨唑	6	0.54	1.64	中度风险
24	烯效唑	5	0.45	1.55	中度风险
25	氟铃脲	5	0.45	1.55	中度风险
26	异菌脲	5	0.45	1.55	中度风险
27	氟吗啉	5	0.45	1.55	中度风险
28	灭幼脲	5	0.45	1.55	中度风险
29	虱螨脲	4	0.36	1.46	低度风险
30	甲哌	4	0.36	1.46	低度风险
31	放线菌酮	4	0.36	1.46	低度风险
32	仲丁威	4	0.36	1.46	低度风险
33	吡虫啉	4	0.36	1.46	低度风险
34	敌百虫	3	0.27	1.37	低度风险
35	己唑醇	3	0.27	1.37	低度风险
36	多效唑	3	0.27	1.37	低度风险
37	辛硫磷	3	0.27	1.37	低度风险
38	噻嗪酮	3	0.27	1.37	低度风险
39	甲氧虫酰肼	3	0.27	1.37	低度风险
40	氟唑磺隆	3	0.27	1.37	低度风险
41	双苯基脲	2	0.18	1.28	低度风险
42	咪鲜胺	2	0.18	1.28	低度风险
43	二甲嘧酚	2	0.18	1.28	低度风险
44	腈菌唑	2	0.18	1.28	低度风险
45	戊唑醇	2	0.18	1.28	低度风险
46	醚菌酯	2	0.18	1.28	低度风险
47	粉唑醇	2	0.18	1.28	低度风险
48	敌草腈	1	0.09	1.19	低度风险

续表

序号	农药	超标频次	超标率 *P*（%）	风险系数 *R*	风险程度
49	扑草净	1	0.09	1.19	低度风险
50	氟啶脲	1	0.09	1.19	低度风险
51	氟吡菌酰胺	1	0.09	1.19	低度风险
52	丁氟螨酯	1	0.09	1.19	低度风险
53	异戊烯腺嘌呤	1	0.09	1.19	低度风险
54	三环唑	1	0.09	1.19	低度风险
55	乙霉威	1	0.09	1.19	低度风险
56	啶菌噁唑	1	0.09	1.19	低度风险
57	嘧霉胺	1	0.09	1.19	低度风险
58	四螨嗪	1	0.09	1.19	低度风险
59	三氟甲吡醚	0	0.00	1.10	低度风险
60	除虫菊素	0	0.00	1.10	低度风险
61	吡丙醚	0	0.00	1.10	低度风险
62	双炔酰菌胺	0	0.00	1.10	低度风险
63	二甲戊灵	0	0.00	1.10	低度风险
64	马拉硫磷	0	0.00	1.10	低度风险
65	联苯肼酯	0	0.00	1.10	低度风险
66	肟菌酯	0	0.00	1.10	低度风险
67	胺鲜酯	0	0.00	1.10	低度风险
68	脱叶磷	0	0.00	1.10	低度风险
69	乙嘧酚磺酸酯	0	0.00	1.10	低度风险
70	苦参碱	0	0.00	1.10	低度风险
71	三唑酮	0	0.00	1.10	低度风险
72	苯噻菌胺	0	0.00	1.10	低度风险
73	苯氧威	0	0.00	1.10	低度风险
74	苯菌酮	0	0.00	1.10	低度风险
75	环虫腈	0	0.00	1.10	低度风险
76	茚虫威	0	0.00	1.10	低度风险
77	乙嘧酚	0	0.00	1.10	低度风险
78	莠去津	0	0.00	1.10	低度风险
79	萘乙酸	0	0.00	1.10	低度风险
80	虫酰肼	0	0.00	1.10	低度风险
81	丙硫菌唑	0	0.00	1.10	低度风险
82	螺虫乙酯	0	0.00	1.10	低度风险

续表

序号	农药	超标频次	超标率 P（%）	风险系数 R	风险程度
83	丙氧喹啉	0	0.00	1.10	低度风险
84	苯醚甲环唑	0	0.00	1.10	低度风险
85	吡唑萘菌胺	0	0.00	1.10	低度风险
86	环嗪酮	0	0.00	1.10	低度风险
87	氟唑菌酰胺	0	0.00	1.10	低度风险
88	四氟醚唑	0	0.00	1.10	低度风险
89	噻霉酮	0	0.00	1.10	低度风险
90	抑霉唑	0	0.00	1.10	低度风险
91	丁醚脲	0	0.00	1.10	低度风险
92	噻唑磷	0	0.00	1.10	低度风险
93	新燕灵	0	0.00	1.10	低度风险
94	嘧菌酯	0	0.00	1.10	低度风险
95	氟吡草腙	0	0.00	1.10	低度风险
96	氟吡菌胺	0	0.00	1.10	低度风险
97	嘧菌腙	0	0.00	1.10	低度风险
98	嘧菌环胺	0	0.00	1.10	低度风险
99	氟唑菌苯胺	0	0.00	1.10	低度风险
100	喹硫磷	0	0.00	1.10	低度风险
101	烯肟菌胺	0	0.00	1.10	低度风险
102	氟环唑	0	0.00	1.10	低度风险
103	啶酰菌胺	0	0.00	1.10	低度风险
104	氟菌唑	0	0.00	1.10	低度风险
105	氯虫苯甲酰胺	0	0.00	1.10	低度风险
106	唑虫酰胺	0	0.00	1.10	低度风险
107	溴氰虫酰胺	0	0.00	1.10	低度风险
108	唑嘧菌胺	0	0.00	1.10	低度风险
109	吡蚜酮	0	0.00	1.10	低度风险
110	吡氟禾草灵	0	0.00	1.10	低度风险
111	烯唑醇	0	0.00	1.10	低度风险
112	吡噻菌胺	0	0.00	1.10	低度风险
113	吡唑醚菌酯	0	0.00	1.10	低度风险
114	麦穗宁	0	0.00	1.10	低度风险

对每个月份内的非禁用农药的风险系数分析，每月内非禁用农药风险程度分布图如图 6-22 所示。这 3 个月份内处于高度风险的农药数排序为 2020 年 8 月（11）>2020 年 10 月（10）>2020 年 9 月（8）。

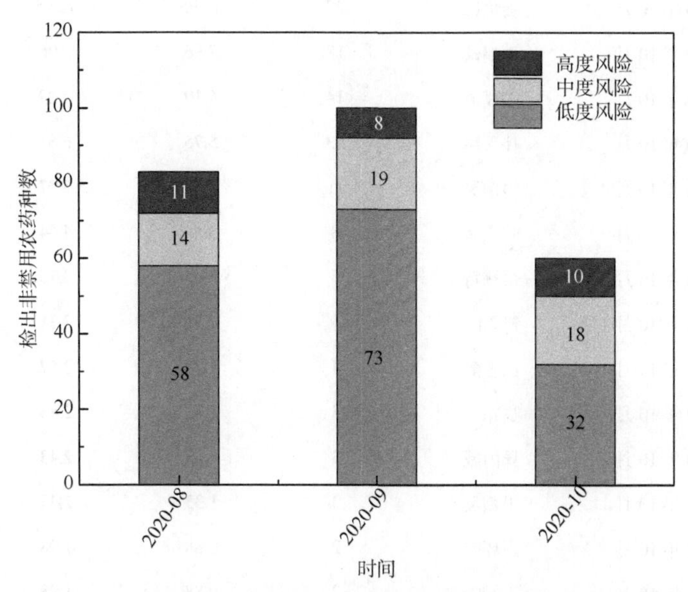

图 6-22　各月份水果蔬菜中非禁用农药残留的风险程度分布图

3 个月份内水果蔬菜中非禁用农药处于中度风险和高度风险的风险系数如图 6-23 和表 6-15 所示。

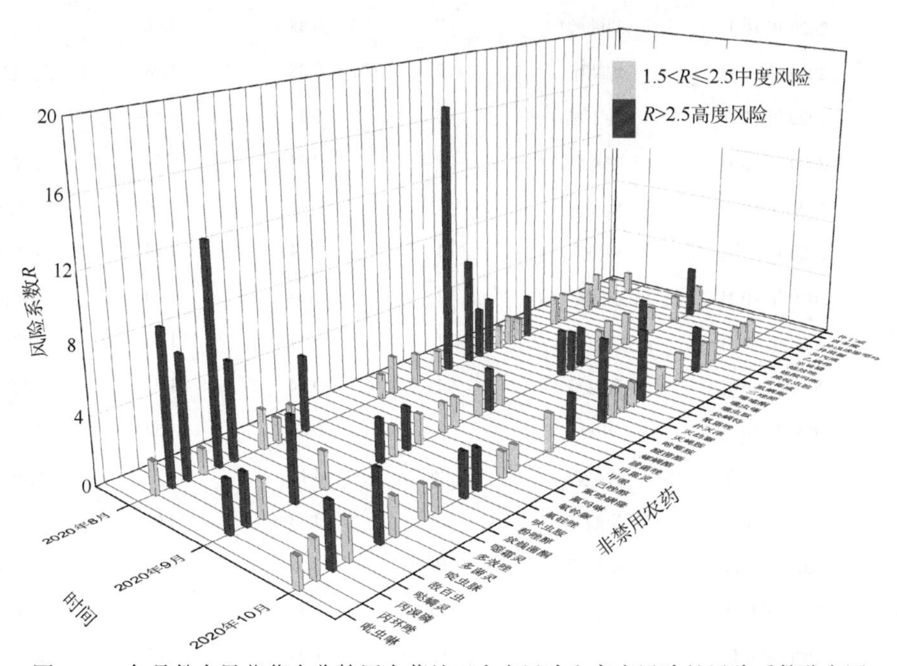

图 6-23　各月份水果蔬菜中非禁用农药处于中度风险和高度风险的风险系数分布图

表 6-15　各月份水果蔬菜中非禁用农药处于中度风险和高度风险的风险系数表

序号	年月	农药	超标频次	超标率 P（%）	风险系数 R	风险程度
1	2020 年 10 月	灭蝇胺	37	16.37	17.47	高度风险
2	2020 年 10 月	啶虫脒	27	11.95	13.05	高度风险
3	2020 年 10 月	丙溴磷	18	7.96	9.06	高度风险
4	2020 年 10 月	哒螨灵	14	6.19	7.29	高度风险
5	2020 年 10 月	扑灭津	13	5.75	6.85	高度风险
6	2020 年 10 月	多菌灵	11	4.87	5.97	高度风险
7	2020 年 10 月	呋虫胺	8	3.54	4.64	高度风险
8	2020 年 10 月	炔螨特	6	2.65	3.75	高度风险
9	2020 年 10 月	氰霜唑	5	2.21	3.31	高度风险
10	2020 年 10 月	三唑醇	4	1.77	2.87	高度风险
11	2020 年 10 月	噁霜灵	3	1.33	2.43	中度风险
12	2020 年 10 月	异丙威	3	1.33	2.43	中度风险
13	2020 年 10 月	甲霜灵	3	1.33	2.43	中度风险
14	2020 年 10 月	丙环唑	2	0.88	1.98	中度风险
15	2020 年 10 月	乙螨唑	2	0.88	1.98	中度风险
16	2020 年 10 月	噻虫嗪	2	0.88	1.98	中度风险
17	2020 年 10 月	烯啶虫胺	2	0.88	1.98	中度风险
18	2020 年 10 月	烯酰吗啉	2	0.88	1.98	中度风险
19	2020 年 10 月	粉唑醇	2	0.88	1.98	中度风险
20	2020 年 10 月	螺螨酯	2	0.88	1.98	中度风险
21	2020 年 10 月	仲丁威	1	0.44	1.54	中度风险
22	2020 年 10 月	嘧霉胺	1	0.44	1.54	中度风险
23	2020 年 10 月	噻嗪酮	1	0.44	1.54	中度风险
24	2020 年 10 月	噻虫胺	1	0.44	1.54	中度风险
25	2020 年 10 月	异戊烯腺嘌呤	1	0.44	1.54	中度风险
26	2020 年 10 月	放线菌酮	1	0.44	1.54	中度风险
27	2020 年 10 月	敌百虫	1	0.44	1.54	中度风险
28	2020 年 10 月	甲哌	1	0.44	1.54	中度风险
29	2020 年 9 月	灭蝇胺	26	4.17	5.27	高度风险
30	2020 年 9 月	炔螨特	22	3.53	4.63	高度风险
31	2020 年 9 月	啶虫脒	19	3.05	4.15	高度风险
32	2020 年 9 月	丙溴磷	16	2.57	3.67	高度风险
33	2020 年 9 月	霜霉威	12	1.93	3.03	高度风险
34	2020 年 9 月	螺螨酯	11	1.77	2.87	高度风险

续表

序号	年月	农药	超标频次	超标率 P（%）	风险系数 R	风险程度
35	2020 年 9 月	呋虫胺	10	1.61	2.71	高度风险
36	2020 年 9 月	氟硅唑	9	1.44	2.54	高度风险
37	2020 年 9 月	哒螨灵	8	1.28	2.38	中度风险
38	2020 年 9 月	烯酰吗啉	8	1.28	2.38	中度风险
39	2020 年 9 月	甲霜灵	8	1.28	2.38	中度风险
40	2020 年 9 月	丙环唑	7	1.12	2.22	中度风险
41	2020 年 9 月	多菌灵	7	1.12	2.22	中度风险
42	2020 年 9 月	噁霜灵	6	0.96	2.06	中度风险
43	2020 年 9 月	三唑醇	5	0.8	1.9	中度风险
44	2020 年 9 月	灭幼脲	5	0.8	1.9	中度风险
45	2020 年 9 月	吡虫啉	4	0.64	1.74	中度风险
46	2020 年 9 月	烯啶虫胺	4	0.64	1.74	中度风险
47	2020 年 9 月	乙螨唑	3	0.48	1.58	中度风险
48	2020 年 9 月	噻虫嗪	3	0.48	1.58	中度风险
49	2020 年 9 月	异丙威	3	0.48	1.58	中度风险
50	2020 年 9 月	异菌脲	3	0.48	1.58	中度风险
51	2020 年 9 月	扑灭津	3	0.48	1.58	中度风险
52	2020 年 9 月	放线菌酮	3	0.48	1.58	中度风险
53	2020 年 9 月	氟吗啉	3	0.48	1.58	中度风险
54	2020 年 9 月	氟唑磺隆	3	0.48	1.58	中度风险
55	2020 年 9 月	氰霜唑	3	0.48	1.58	中度风险
56	2020 年 8 月	啶虫脒	10	3.89	4.99	高度风险
57	2020 年 8 月	茵多酸	6	2.33	3.43	高度风险
58	2020 年 8 月	丙溴磷	5	1.95	3.05	高度风险
59	2020 年 8 月	丙环唑	5	1.95	3.05	高度风险
60	2020 年 8 月	炔螨特	5	1.95	3.05	高度风险
61	2020 年 8 月	呋虫胺	4	1.56	2.66	高度风险
62	2020 年 8 月	噻虫嗪	4	1.56	2.66	高度风险
63	2020 年 8 月	噻虫胺	4	1.56	2.66	高度风险
64	2020 年 8 月	氟铃脲	4	1.56	2.66	高度风险
65	2020 年 8 月	烯效唑	4	1.56	2.66	高度风险
66	2020 年 8 月	螺螨酯	4	1.56	2.66	高度风险
67	2020 年 8 月	哒螨灵	3	1.17	2.27	中度风险
68	2020 年 8 月	多效唑	3	1.17	2.27	中度风险

续表

序号	年月	农药	超标频次	超标率 P（%）	风险系数 R	风险程度
69	2020 年 8 月	烯啶虫胺	3	1.17	2.27	中度风险
70	2020 年 8 月	虱螨脲	3	1.17	2.27	中度风险
71	2020 年 8 月	三唑醇	2	0.78	1.88	中度风险
72	2020 年 8 月	仲丁威	2	0.78	1.88	中度风险
73	2020 年 8 月	己唑醇	2	0.78	1.88	中度风险
74	2020 年 8 月	异菌脲	2	0.78	1.88	中度风险
75	2020 年 8 月	氟吗啉	2	0.78	1.88	中度风险
76	2020 年 8 月	氟硅唑	2	0.78	1.88	中度风险
77	2020 年 8 月	甲哌	2	0.78	1.88	中度风险
78	2020 年 8 月	腈菌唑	2	0.78	1.88	中度风险
79	2020 年 8 月	辛硫磷	2	0.78	1.88	中度风险
80	2020 年 8 月	醚菌酯	2	0.78	1.88	中度风险

6.4 农药残留风险评估结论与建议

农药残留是影响水果蔬菜安全和质量的主要因素，也是我国食品安全领域备受关注的敏感话题和亟待解决的重大问题之一。各种水果蔬菜均存在不同程度的农药残留现象，本研究主要针对甘肃省各类水果蔬菜存在的农药残留问题，基于 2020 年 8 月至 2020 年 10 月期间对甘肃省 1106 例水果蔬菜样品中农药残留侦测得出的 3929 个侦测结果，分别采用食品安全指数模型和风险系数模型，开展水果蔬菜中农药残留的膳食暴露风险和预警风险评估。水果蔬菜样品取自超市和农贸市场，符合大众的膳食来源，风险评价时更具有代表性和可信度。

本研究力求通用简单地反映食品安全中的主要问题，且为管理部门和大众容易接受，为政府及相关管理机构建立科学的食品安全信息发布和预警体系提供科学的规律与方法，加强对农药残留的预警和食品安全重大事件的预防，控制食品风险。

6.4.1 甘肃省水果蔬菜中农药残留膳食暴露风险评价结论

1）水果蔬菜样品中农药残留安全状态评价结论

采用食品安全指数模型，对 2020 年 8 月至 2020 年 10 月期间甘肃省水果蔬菜食品农药残留膳食暴露风险进行评价，根据 IFS_c 的计算结果发现，水果蔬菜中农药的 $\overline{IFS}$ 为 0.0195，说明甘肃省水果蔬菜总体处于很好的安全状态，但部分禁用农药、高残留农药在蔬菜、水果中仍有侦测出，导致膳食暴露风险的存在，成为不安全因素。

2）单种水果蔬菜中农药膳食暴露风险不可接受情况评价结论

单种水果蔬菜中农药残留安全指数分析结果显示，农药对单种水果蔬菜安全影响不可接受（IFS_c>1）的样本数共 2 个，占总样本数的 0.05%，样本为菜豆中的异丙威，芹菜中的辛硫磷，说明菜豆中的异丙威和芹菜中的辛硫磷会对消费者身体健康造成较大的膳食暴露风险。菜豆和芹菜均为较常见的水果蔬菜，百姓日常食用量较大，长期食用大量残留异丙威的菜豆和辛硫磷的芹菜会对人体造成不可接受的影响，本次侦测发现异丙威和辛硫磷在菜豆和芹菜样品中多次并大量侦测出，是未严格实施农业良好管理规范（GAP），抑或是农药滥用，这应该引起相关管理部门的警惕，应加强对菜豆中的异丙威和芹菜中的辛硫磷的严格管控。

6.4.2　甘肃省水果蔬菜中农药残留预警风险评价结论

1）单种水果蔬菜中禁用农药残留的预警风险评价结论

本次侦测过程中，在 16 种水果蔬菜中侦测超出 7 种禁用农药，禁用农药为：克百威、毒死蜱、氟苯虫酰胺、溴鼠灵、甲拌磷、氧乐果、灭多威，水果蔬菜为：大白菜、娃娃菜、小白菜、梨、结球甘蓝、花椰菜、芹菜、苹果、茄子、菜豆、菠菜、葡萄、豇豆、辣椒、马铃薯、黄瓜，水果蔬菜中禁用农药的风险系数分析结果显示，7 种禁用农药在 16 种水果蔬菜中的残留均处于高度风险和中度风险，说明在单种水果蔬菜中禁用农药的残留会导致较高的预警风险。

2）单种水果蔬菜中非禁用农药残留的预警风险评价结论

以 MRL 中国国家标准为标准，计算水果蔬菜中非禁用农药风险系数情况下，628 个样本中，3 个处于高度风险（0.48%），2 个处于中度风险（0.32%），301 个处于低度风险（47.93%），322 个样本没有 MRL 中国国家标准（51.27%）。以 MRL 欧盟标准为标准，计算水果蔬菜中非禁用农药风险系数情况下，发现有 142 个处于高度风险（22.61%），17 个处于中度风险（2.71%），469 个处于低度风险（74.68%）。基于两种 MRL 标准，评价的结果差异显著，可以看出 MRL 欧盟标准比中国国家标准更加严格和完善，过于宽松的 MRL 中国国家标准值能否有效保障人体的健康有待研究。

6.4.3　加强甘肃省水果蔬菜食品安全建议

我国食品安全风险评价体系仍不够健全，相关制度不够完善，多年来，由于农药用药次数多、用药量大或用药间隔时间短，产品残留量大，农药残留所造成的食品安全问题日益严峻，给人体健康带来了直接或间接的危害。据估计，美国与农药有关的癌症患者数约占全国癌症患者总数的 50%，中国更高。同样，农药对其他生物也会形成直接杀伤和慢性危害，植物中的农药可经过食物链逐级传递并不断蓄积，对人和动物构成潜在威胁，并影响生态系统。

基于本次农药残留侦测数据的风险评价结果，提出以下几点建议：

1）加快食品安全标准制定步伐

我国食品标准中对农药每日允许最大摄入量 ADI 的数据严重缺乏，在本次甘肃省水果蔬菜农药残留评价所涉及的 120 种农药中，仅有 92.5%的农药具有 ADI 值，而 7.5%的农药中国尚未规定相应的 ADI 值，亟待完善。

我国食品中农药最大残留限量值的规定严重缺乏，对评估涉及的不同水果蔬菜中不同农药 249 个 MRL 限值进行统计来看，我国仅制定出 84 个标准，标准完整率仅为 33.7%，欧盟的完整率达到 100%（表 6-16）。因此，中国更应加快 MRL 的制定步伐。

表 6-16　我国国家食品标准农药的 ADI、MRL 值与欧盟标准的数量差异

分类		中国 ADI	MRL 中国国家标准	MRL 欧盟标准
标准限值（个）	有	57	84	249
	无	7	165	0
总数（个）		64	249	249
无标准限值比例（%）		10.9	66.3	0

此外，MRL 中国国家标准限值普遍高于欧盟标准限值，这些标准中共有 54 个高于欧盟。过高的 MRL 值难以保障人体健康，建议继续加强对限值基准和标准的科学研究，将农产品中的危险性减少到尽可能低的水平。

2）加强农药的源头控制和分类监管

在甘肃省某些水果蔬菜中仍有禁用农药残留，利用 LC-Q-TOF/MS 技术侦测出 7 种禁用农药，检出频次为 107 次，残留禁用农药均存在较大的膳食暴露风险和预警风险。早已列入黑名单的禁用农药在我国并未真正退出，有些药物由于价格便宜、工艺简单，此类高毒农药一直生产和使用。建议在我国采取严格有效的控制措施，从源头控制禁用农药。

对于非禁用农药，在我国作为“田间地头”最典型单位的县级蔬果产地中，农药残留的侦测几乎缺失。建议根据农药的毒性，对高毒、剧毒、中毒农药实现分类管理，减少使用高毒和剧毒高残留农药，进行分类监管。

3）加强残留农药的生物修复及降解新技术

市售果蔬中残留农药的品种多、频次高、禁用农药多次检出这一现状，说明了我国的田间土壤和水体因农药长期、频繁、不合理的使用而遭到严重污染。为此，建议中国相关部门出台相关政策，鼓励高校及科研院所积极开展分子生物学、酶学等研究，加强土壤、水体中残留农药的生物修复及降解新技术研究，切实加大农药监管力度，以控制农药的面源污染问题。

综上所述，在本工作基础上，根据蔬菜残留危害，可进一步针对其成因提出和采取严格管理、大力推广无公害蔬菜种植与生产、健全食品安全控制技术体系、加强蔬菜食品质量侦测体系建设和积极推行蔬菜食品质量追溯制度等相应对策。建立和完善食品安全综合评价指数与风险监测预警系统，对食品安全进行实时、全面的监控与分析，为我国的食品安全科学监管与决策提供新的技术支持，可实现各类检验数据的信息化系统管理，降低食品安全事故的发生。

第 7 章　GC-Q-TOF/MS 侦测甘肃省市售水果蔬菜农药残留报告

从甘肃省 10 个市，随机采集了 1106 例水果蔬菜样品，使用气相色谱-四极杆飞行时间质谱（GC-Q-TOF/MS）对 686 种农药化学污染物进行示范侦测。

7.1　样品种类、数量与来源

7.1.1　样品采集与检测

为了真实反映百姓餐桌上水果蔬菜中农药残留污染状况，本次所有检测样品均由检验人员于 2020 年 8 月至 10 月期间，从甘肃省 180 个采样点，包括 47 个农贸市场、117 个个体商户、16 个超市，以随机购买方式采集，总计 183 批 1106 例样品，从中检出农药 134 种，2674 频次。采样及监测概况见表 7-1，样品及采样点明细见表 7-2 及表 7-3。

表 7-1　农药残留监测总体概况

采样地区	甘肃省 24 个区县
采样点（超市+农贸市场+个体商户）	180
样本总数	1106
检出农药品种/频次	134/2674
各采样点样本农药残留检出率范围	0.0%～100.0%

表 7-2　样品分类及数量

样品分类	样品名称（数量）	数量小计
1. 蔬菜		981
1）芸薹属类蔬菜	结球甘蓝（45），花椰菜（62），紫甘蓝（3）	110
2）茄果类蔬菜	辣椒（37），番茄（68），茄子（51）	156
3）瓜类蔬菜	黄瓜（48），西葫芦（45）	93
4）叶菜类蔬菜	芹菜（37），小白菜（91），小油菜（86），大白菜（67），娃娃菜（99），菠菜（69）	449
5）根茎类和薯芋类蔬菜	马铃薯（36）	36
6）豆类蔬菜	豇豆（56），菜豆（81）	137

续表

样品分类	样品名称（数量）	数量小计
2. 水果		125
1）仁果类水果	苹果（43），梨（40）	83
2）浆果和其他小型水果	葡萄（42）	42
合计	1.蔬菜 17 种 2.水果 3 种	1106

表 7-3　甘肃省采样点信息

采样点序号	行政区域	采样点
个体商户（117）		
1	兰州市 七里河区	***配送中心（七里河区）
2	兰州市 七里河区	***副食店（七里河区建西东路）
3	兰州市 七里河区	***便利店（七里河区）
4	兰州市 七里河区	***配送中心（七里河区敦煌路）
5	兰州市 七里河区	***配送（七里河区）
6	兰州市 七里河区	***批发零售行（七里河区）
7	兰州市 七里河区	***超市（七里河区）
8	兰州市 七里河区	***蔬菜（七里河区）
9	兰州市 七里河区	***商店（七里河区彭家坪东路）
10	兰州市 七里河区	***便利店（七里河区彭家坪路）
11	兰州市 七里河区	***专营店（七里河区）
12	兰州市 七里河区	***蔬菜店（七里河区）
13	兰州市 七里河区	***直销店（七里河区）
14	兰州市 七里河区	***直营店（七里河区吴家园路）
15	兰州市 七里河区	***直销店（七里河区）
16	兰州市 七里河区	***专卖店（七里河区）
17	兰州市 七里河区	***菜行（七里河区）
18	兰州市 七里河区	***配送中心（七里河区）
19	兰州市 七里河区	***配送中心（七里河区西站西路）
20	兰州市 七里河区	***专卖店（七里河区）
21	兰州市 七里河区	***直销店（七里河区）
22	兰州市 七里河区	***菜行（七里河区）
23	兰州市 城关区	***蔬菜店（城关区）

续表

采样点序号	行政区域	采样点
24	兰州市 城关区	***蔬菜店（城关区）
25	兰州市 城关区	***水果店（城关区）
26	兰州市 城关区	***商店（城关区）
27	兰州市 城关区	***蔬菜店（城关区雁滩路）
28	兰州市 城关区	***瓜果蔬菜（城关区雁宁路）
29	兰州市 城关区	***蔬果摊（城关区）
30	兰州市 城关区	***蔬菜（城关区）
31	兰州市 城关区	***蔬菜店（城关区华亭街）
32	兰州市 城关区	***果蔬店（城关区）
33	兰州市 城关区	***便利店（城关区）
34	兰州市 城关区	***蔬菜店（城关区）
35	兰州市 城关区	***配送店（城关区）
36	兰州市 城关区	***蔬果店（城关区）
37	兰州市 城关区	***蔬菜店（城关区九州中路）
38	兰州市 城关区	***蔬菜摊（城关区）
39	兰州市 城关区	***蔬菜摊（城关区）
40	兰州市 城关区	***直销店（城关区）
41	兰州市 安宁区	***果蔬店（安宁区十里店南街）
42	兰州市 安宁区	***直销店（安宁区桃林路）
43	兰州市 安宁区	***果蔬店（安宁区）
44	兰州市 安宁区	***蔬菜店（安宁区北环路）
45	兰州市 安宁区	***批发配送（安宁区）
46	兰州市 安宁区	***蔬菜店（安宁区）
47	兰州市 安宁区	***蔬菜店（安宁区）
48	兰州市 安宁区	***直销店（安宁区）
49	兰州市 安宁区	***直销店（安宁区）
50	兰州市 安宁区	***经营部（安宁区）
51	兰州市 榆中县	***配送中心（榆中县）
52	兰州市 榆中县	***零售店（榆中县）
53	兰州市 榆中县	***批发中心（榆中县）
54	兰州市 榆中县	***蔬菜摊（榆中县）
55	兰州市 榆中县	***配送中心（榆中县）
56	兰州市 榆中县	***蔬菜店（榆中县）
57	兰州市 永登县	***综合店（永登县）

续表

采样点序号	行政区域	采样点
58	兰州市 永登县	***蔬菜店（永登县）
59	兰州市 永登县	***超市（永登县）
60	兰州市 永登县	***商店（永登县）
61	兰州市 永登县	***蔬菜店（永登县）
62	兰州市 永登县	***粮油（永登县）
63	兰州市 永登县	***蔬菜店（永登县）
64	兰州市 永登县	***服务部（永登县）
65	兰州市 皋兰县	***果蔬店（皋兰县石洞镇）
66	兰州市 皋兰县	***便利店（皋兰县石洞镇）
67	兰州市 皋兰县	***果蔬店（皋兰县石洞镇）
68	兰州市 皋兰县	***蔬菜部（皋兰县石洞镇）
69	兰州市 红古区	***超市（红古区炭素路）
70	兰州市 红古区	***批发部（红古区）
71	兰州市 红古区	***直销店（红古区平安路）
72	兰州市 西固区	***果蔬店（西固区）
73	兰州市 西固区	***直销店（西固区福利东路）
74	天水市 麦积区	***蔬菜店（麦积区）
75	天水市 麦积区	***超市（麦积区天河南路）
76	定西市 临洮县	***超市（临洮县洮阳镇新街东路）
77	定西市 临洮县	***蔬菜店（临洮县）
78	定西市 临洮县	***水果店（临洮县）
79	定西市 临洮县	***百货铺（临洮县）
80	定西市 安定区	***超市（安定区安定路）
81	定西市 安定区	***水果店（安定区友谊南路）
82	定西市 安定区	***水果店（安定区）
83	定西市 安定区	***蔬菜店（安定区）
84	定西市 安定区	***批发部（安定区）
85	定西市 安定区	***商行（安定区）
86	定西市 安定区	***蔬菜店（安定区）
87	定西市 安定区	***副食店（安定区）
88	定西市 安定区	***批发部（安定区）
89	定西市 安定区	***超市（安定区）
90	定西市 安定区	***超市（安定区）

续表

采样点序号	行政区域	采样点
91	定西市 安定区	***批发部（安定区）
92	定西市 安定区	***批发部（安定区）
93	定西市 陇西县	***果蔬店（陇西县）
94	定西市 陇西县	***超市（陇西县巩昌镇崇文路）
95	定西市 陇西县	***瓜果蔬菜店（陇西县）
96	定西市 陇西县	***超市（陇西县）
97	定西市 陇西县	***批发部（陇西县）
98	定西市 陇西县	***菜店（陇西县）
99	白银市 平川区	***超市（平川区）
100	白银市 平川区	***蔬菜批发（平川区宝积路街道）
101	白银市 平川区	***蔬菜店（平川区长征街道）
102	白银市 平川区	***超市（平川区大桥路）
103	白银市 平川区	***蔬菜店（平川区兴平南路）
104	白银市 平川区	***超市（平川区兴平南路）
105	白银市 平川区	***超市（平川区兴平路街道）
106	白银市 白银区	***生鲜（白银区苹果街）
107	白银市 白银区	***商店（白银区诚信大道）
108	白银市 白银区	***百货店（白银区）
109	白银市 白银区	***水果店（白银区五一街）
110	白银市 白银区	***蔬菜店（白银区五一街）
111	白银市 白银区	***蔬菜（白银区文化路）
112	白银市 白银区	***水果店（白银区兰州路）
113	白银市 白银区	***水果店（白银区人民路）
114	白银市 白银区	***蔬菜店（白银区五一街）
115	白银市 白银区	***蔬菜店（白银区五一街）
116	白银市 白银区	***经营部（白银区）
117	白银市 白银区	***蔬菜（白银区文化路）
农贸市场（47）		
1	兰州市 七里河区	***市场
2	兰州市 七里河区	***市场
3	兰州市 七里河区	***市场
4	兰州市 七里河区	***市场
5	兰州市 城关区	***市场

续表

采样点序号	行政区域	采样点
6	兰州市 城关区	***市场
7	兰州市 城关区	***市场
8	兰州市 安宁区	***市场
9	兰州市 安宁区	***市场
10	兰州市 皋兰县	***市场
11	兰州市 红古区	***市场
12	兰州市 红古区	***市场
13	兰州市 西固区	***直销店（兰棉店）
14	兰州市 西固区	***直销店（永利源店）
15	兰州市 西固区	***市场
16	天水市 麦积区	***市场
17	定西市 安定区	***公司
18	定西市 安定区	***市场
19	定西市 安定区	***市场
20	定西市 安定区	***市场
21	定西市 安定区	***市场
22	庆阳市 西峰区	***市场
23	张掖市 临泽县	***合作社
24	张掖市 山丹县	***市场
25	张掖市 民乐县	***市场
26	张掖市 甘州区	***市场
27	张掖市 甘州区	***合作社
28	张掖市 甘州区	***合作社
29	张掖市 甘州区	***合作社
30	张掖市 甘州区	***市场
31	张掖市 甘州区	***蔬菜摊
32	张掖市 高台县	***市场
33	武威市 凉州区	***育苗中心
34	武威市 凉州区	***合作社
35	武威市 凉州区	***合作社
36	武威市 凉州区	***合作社
37	武威市 凉州区	***市场

续表

采样点序号	行政区域	采样点
38	武威市 凉州区	***合作社
39	武威市 凉州区	***合作社
40	武威市 凉州区	***市场
41	武威市 凉州区	***合作社
42	白银市 平川区	***市场
43	白银市 白银区	***市场
44	白银市 白银区	***市场
45	白银市 白银区	***市场
46	白银市 白银区	***市场
47	白银市 白银区	***市场
超市（16）		
1	兰州市 城关区	***超市（恒大绿洲店）
2	兰州市 皋兰县	***超市（皋兰店）
3	定西市 临洮县	***超市（瑞新店）
4	定西市 安定区	***超市（海旺店）
5	定西市 安定区	***超市（南山新街店）
6	定西市 陇西县	***超市（李家龙宫店）
7	平凉市 崆峒区	***超市（新民店）
8	庆阳市 西峰区	***超市（广场路店）
9	武威市 凉州区	***超市（北关店）
10	甘南藏族自治州 合作市	***超市（合作店）
11	白银市 白银区	***超市（白银店）
12	白银市 白银区	***超市（公园路店）
13	白银市 白银区	***超市（白银店）
14	白银市 白银区	***超市（一分店）
15	陇南市 武都区	***超市
16	陇南市 武都区	***超市（东苑路店）

7.1.2　检测结果

这次使用的检测方法是庞国芳院士团队最新研发的不需使用标准品对照，而以高分辨精确质量数（0.0001 *m/z*）为基准的 GC-Q-TOF/MS 检测技术，对于 1106 例样品，每个样品均侦测了 686 种农药化学污染物的残留现状。通过本次侦测，在 1106 例样品中共计检出农药化学污染物 134 种，检出 2674 频次。

7.1.2.1　各采样点样品检出情况

统计分析发现 180 个采样点中，被测样品的农药检出率范围为 0.0%～100.0%。其中，有 67 个采样点样品的检出率最高，达到了 100.0%，分别是：***配送中心（七里河区）、***副食店（七里河区建西东路）、***配送中心（七里河区敦煌路）、***蔬菜（七里河区）、***市场、***便利店（七里河区彭家坪路）、***直销店（七里河区）、***市场、***直销店（七里河区）、***超市（恒大绿洲店）、***商店（城关区）、***瓜果蔬菜（城关区雁宁路）、***蔬菜（城关区）、***果蔬店（城关区）、***便利店（城关区）、***蔬菜店（城关区九州中路）、***直销店（城关区）、***直销店（安宁区桃林路）、***果蔬店（安宁区）、***批发配送（安宁区）、***果蔬店（西固区）、***超市（临洮县洮阳镇新街东路）、***蔬菜店（临洮县）、***水果店（临洮县）、***百货铺（临洮县）、***超市（安定区安定路）、***水果店（安定区友谊南路）、***水果店（安定区）、***蔬菜店（安定区）、***批发部（安定区）、***市场、***市场、***蔬菜店（安定区）、***副食店（安定区）、***超市（安定区）、***超市（安定区）、***超市（安定区）、***批发部（安定区）、***果蔬店（陇西县）、***超市（陇西县巩昌镇崇文路）、***瓜果蔬菜店（陇西县）、***批发部（陇西县）、***菜店（陇西县）、***超市（新民店）、***市场、***育苗中心、***合作社、***合作社、***合作社、***合作社、***蔬菜批发（平川区宝积路街道）、***蔬菜店（平川区长征街道）、***超市（平川区大桥路）、***蔬菜店（平川区兴平南路）、***超市（平川区兴平南路）、***生鲜（白银区苹果街）、***市场、***超市（白银店）、***商店（白银区诚信大道）、***水果店（白银区五一街）、***蔬菜店（白银区五一街）、***蔬菜（白银区文化路）、***市场、***蔬菜店（白银区五一街）、***蔬菜店（白银区五一街）、***市场和***蔬菜（白银区文化路）。***公司的检出率最低，未检出，见图 7-1。

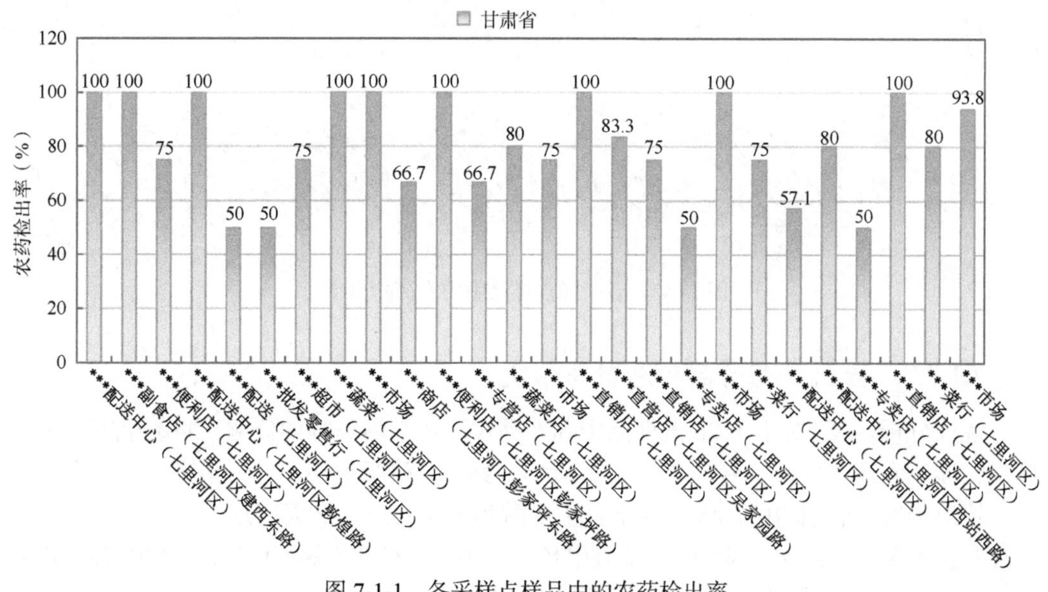

图 7-1-1　各采样点样品中的农药检出率

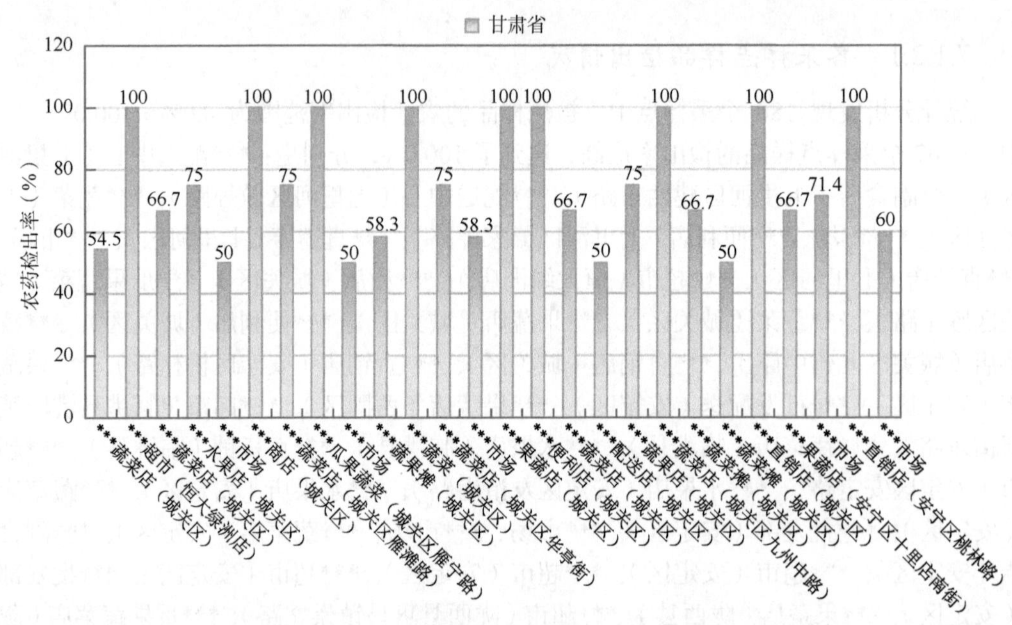

图 7-1-2 各采样点样品中的农药检出率

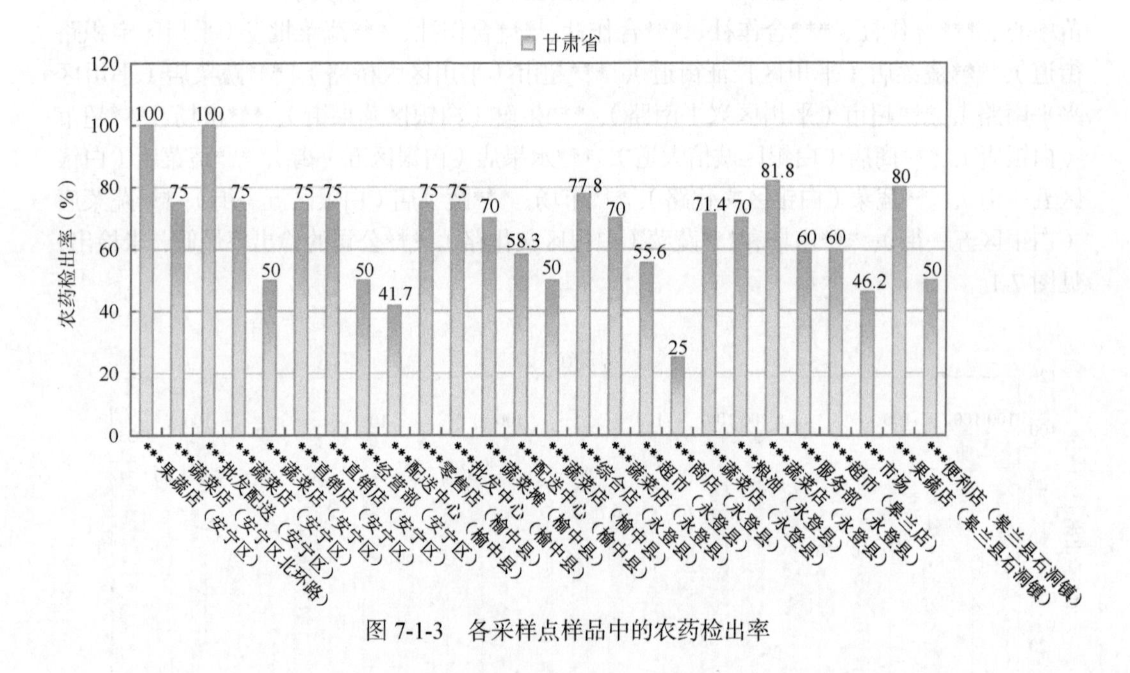

图 7-1-3 各采样点样品中的农药检出率

7.1.2.2 检出农药的品种总数与频次

统计分析发现，对于 1106 例样品中 686 种农药化学污染物的侦测，共检出农药 2674 频次，涉及农药 134 种，结果如图 7-2 所示。其中烯酰吗啉检出频次最高，共检出 363 次。检出频次排名前 10 的农药如下：①烯酰吗啉（363），②灭菌丹（191），③虫螨腈（163），④氯氟氰菊酯（145），⑤苯醚甲环唑（102），⑥毒死蜱（102），⑦戊唑醇（93），⑧哒螨灵（89），⑨甲霜灵（89），⑩丙溴磷（77）。

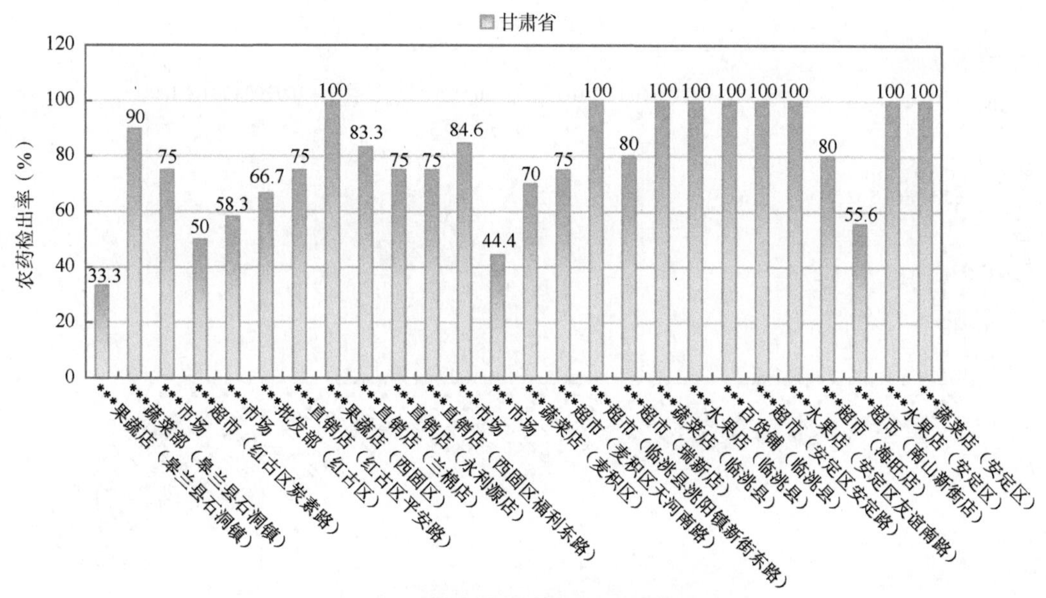

图 7-1-4　各采样点样品中的农药检出率

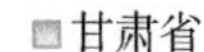

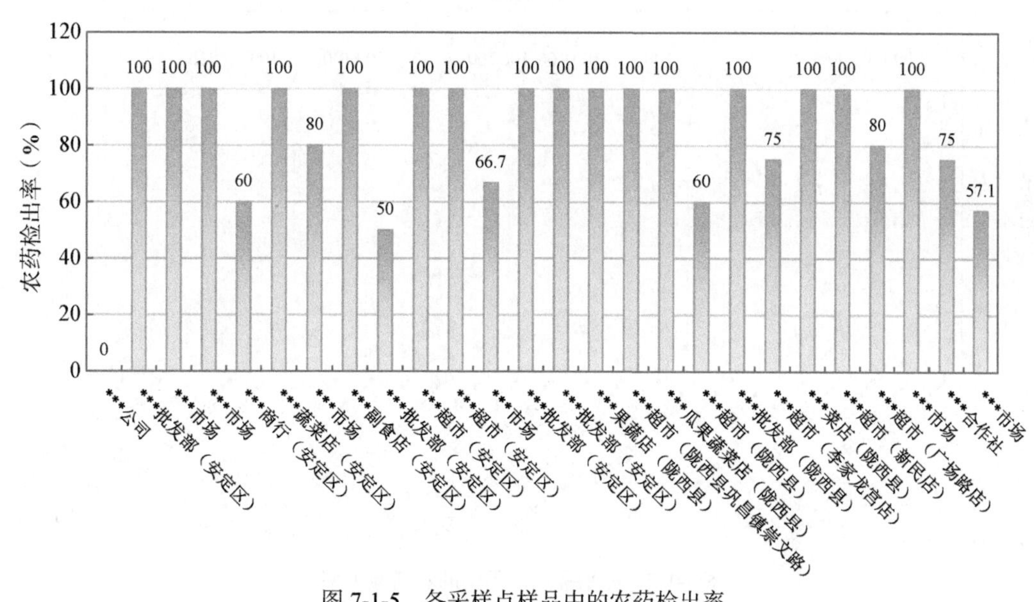

图 7-1-5　各采样点样品中的农药检出率

由图 7-3 可见，辣椒、番茄、小油菜、芹菜、黄瓜、菜豆、葡萄和豇豆这 8 种果蔬样品中检出的农药品种数较高，均超过 30 种，其中，辣椒检出农药品种最多，为 55 种。由图 7-4 可见，小油菜、番茄、小白菜、菜豆、芹菜、黄瓜、辣椒、苹果、葡萄、菠菜、梨和豇豆这 12 种果蔬样品中的农药检出频次较高，均超过 100 次，其中，小油菜检出农药频次最高，为 379 次。

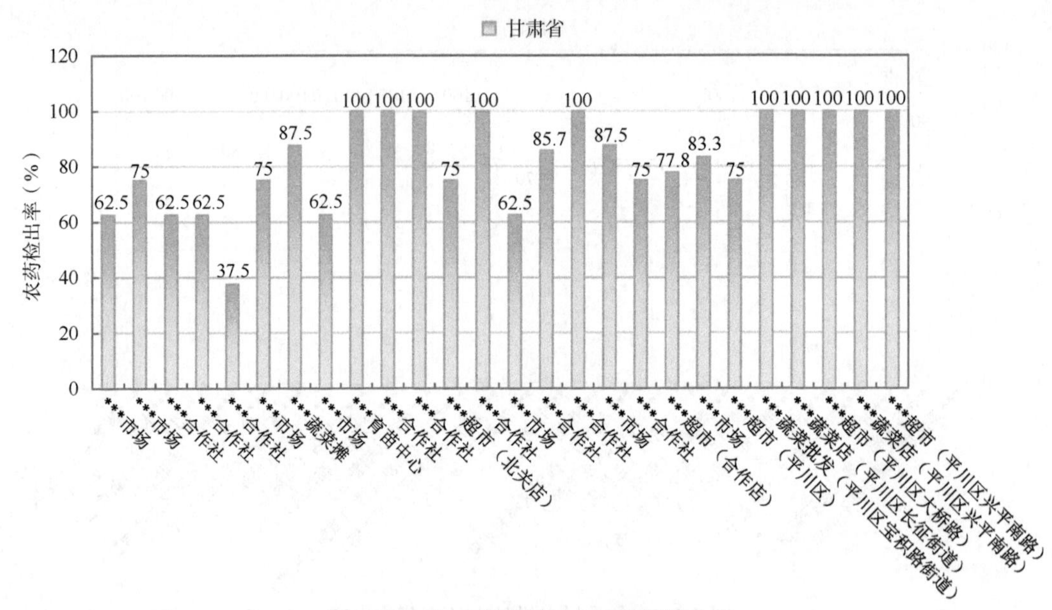

图 7-1-6　各采样点样品中的农药检出率

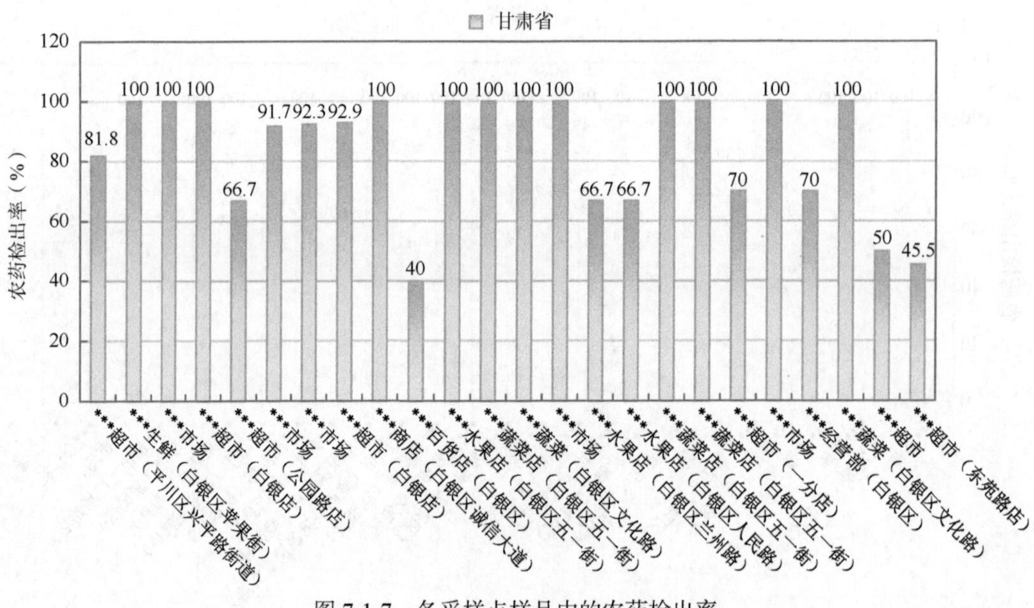

图 7-1-7　各采样点样品中的农药检出率

7.1.2.3　单例样品农药检出种类与占比

对单例样品检出农药种类和频次进行统计发现，未检出农药的样品占总样品数的 25.2%，检出 1 种农药的样品占总样品数的 22.4%，检出 2～5 种农药的样品占总样品数的 40.9%，检出 6～10 种农药的样品占总样品数的 9.9%，检出大于 10 种农药的样品占总样品数的 1.6%。每例样品中平均检出农药为 2.4 种，数据见表 7-4 及图 7-5。

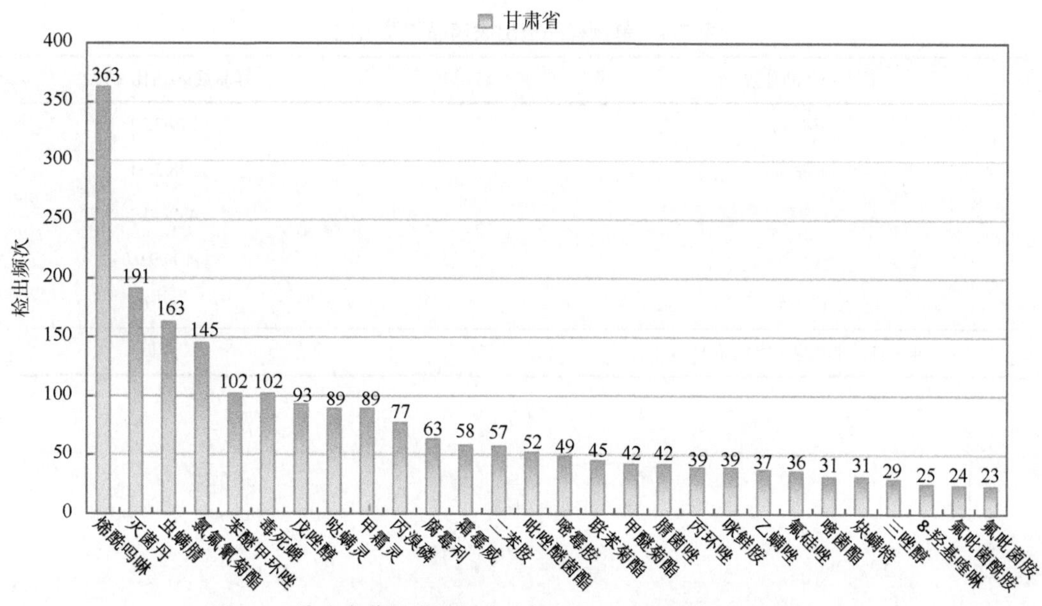

图 7-2　检出农药品种及频次（仅列出 23 频次及以上的数据）

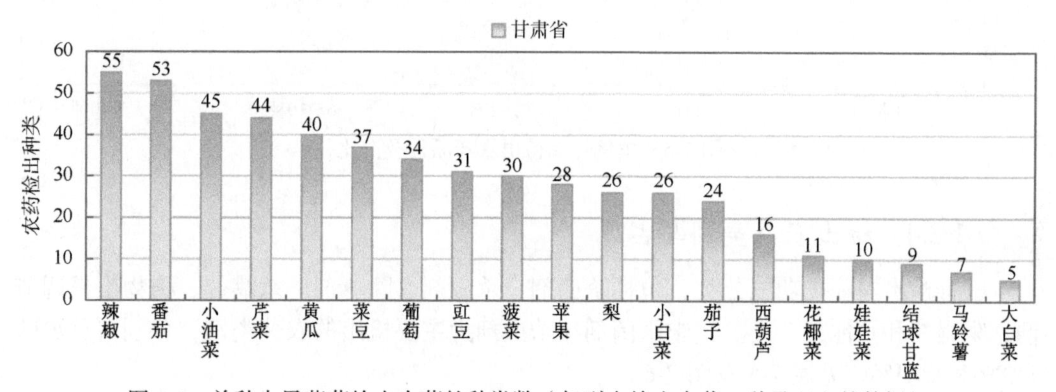

图 7-3　单种水果蔬菜检出农药的种类数（仅列出检出农药 5 种及以上的数据）

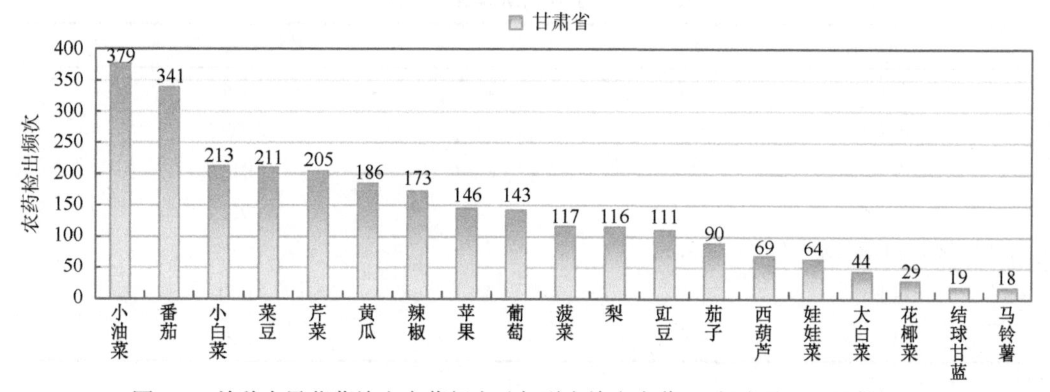

图 7-4　单种水果蔬菜检出农药频次（仅列出检出农药 18 频次及以上的数据）

表 7-4 单例样品检出农药品种及占比

检出农药品种数	样品数量/占比（%）
未检出	279/25.2
1 种	248/22.4
2～5 种	452/40.9
6～10 种	109/9.9
大于 10 种	18/1.6
单例样品平均检出农药品种	2.4 种

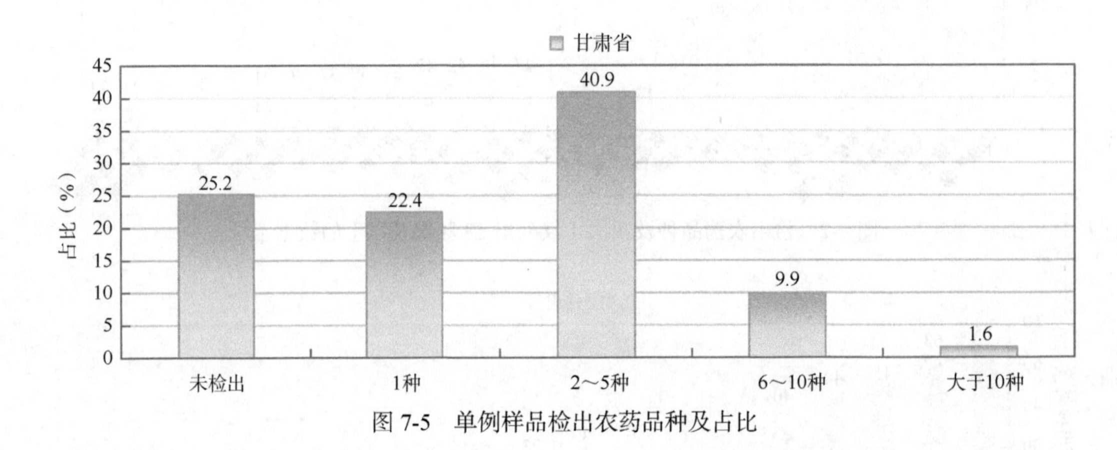

图 7-5 单例样品检出农药品种及占比

7.1.2.4 检出农药类别与占比

所有检出农药按功能分类，包括杀菌剂、杀虫剂、除草剂、杀螨剂、植物生长调节剂、驱避剂和其他共 7 类。其中杀菌剂与杀虫剂为主要检出的农药类别，分别占总数的 44.8%和 29.1%，见表 7-5 及图 7-6。

表 7-5 检出农药所属类别及占比

农药类别	数量/占比（%）
杀菌剂	60/44.8
杀虫剂	39/29.1
除草剂	21/15.7
杀螨剂	7/5.2
植物生长调节剂	3/2.2
驱避剂	1/0.7
其他	3/2.2

7.1.2.5 检出农药的残留水平

按检出农药残留水平进行统计，残留水平在 1～5 μg/kg（含）的农药占总数的 36.0%，在 5～10 μg/kg(含)的农药占总数的 15.5%，在 10～100 μg/kg(含)的农药占总数的 34.1%，在 100～1000 μg/kg（含）的农药占总数的 12.2%，>1000 μg/kg 的农药占总数的 2.2%。

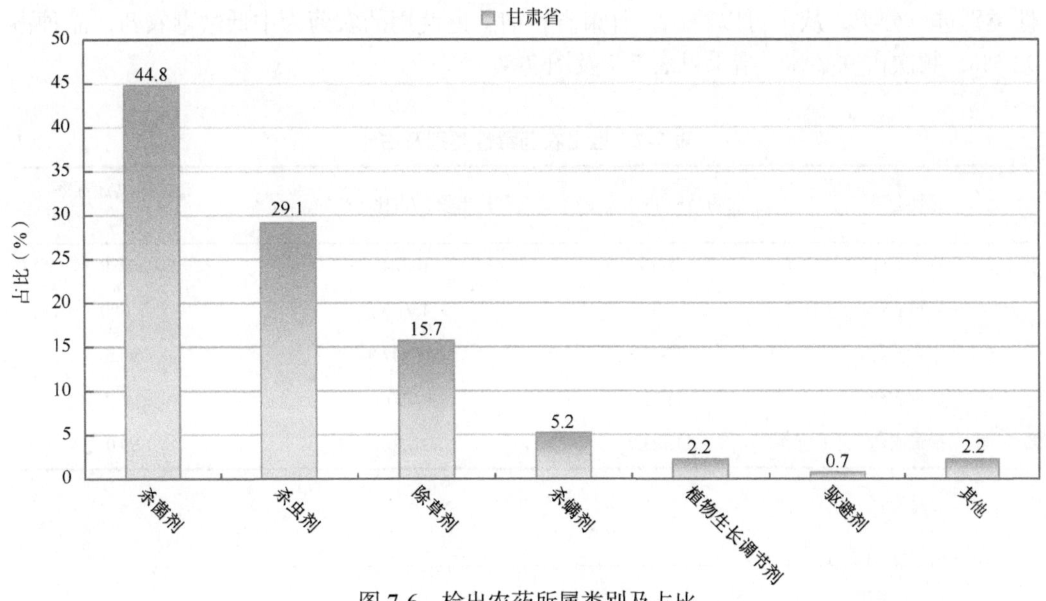

图 7-6　检出农药所属类别及占比

由此可见，这次检测的 183 批 1106 例水果蔬菜样品中农药多数处于较低残留水平。结果见表 7-6 及图 7-7。

表 7-6　农药残留水平及占比

残留水平（μg/kg）	检出频次/占比（%）
1-5（含）	962/36.0
5～10（含）	414/15.5
10～100（含）	913/34.1
100～1000（含）	326/12.2
>1000	59/2.2

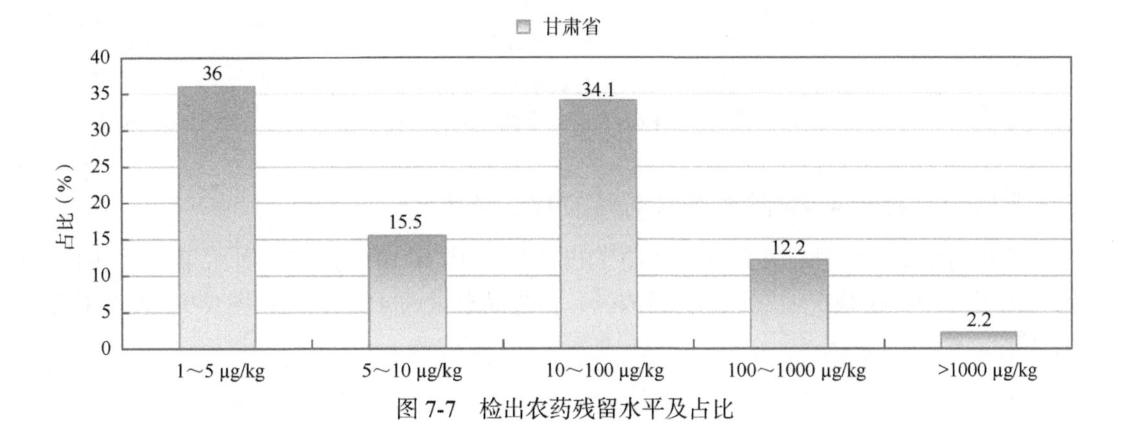

图 7-7　检出农药残留水平及占比

7.1.2.6　检出农药的毒性类别、检出频次和超标频次及占比

对这次检出的 134 种 2674 频次的农药，按剧毒、高毒、中毒、低毒和微毒这五个毒性类别进行分类，从中可以看出，甘肃省目前普遍使用的农药为中低微毒农药，品种占 92.5%，频次占 98.0%。结果见表 7-7 及图 7-8。

表 7-7　检出农药毒性类别及占比

毒性分类	农药品种/占比（%）	检出频次/占比（%）	超标频次/超标率（%）
剧毒农药	5/3.7	10/0.4	2/20.0
高毒农药	5/3.7	43/1.6	6/14.0
中毒农药	48/35.8	1280/47.9	6/0.5
低毒农药	44/32.8	804/30.1	2/0.2
微毒农药	32/23.9	537/20.1	0/0.0

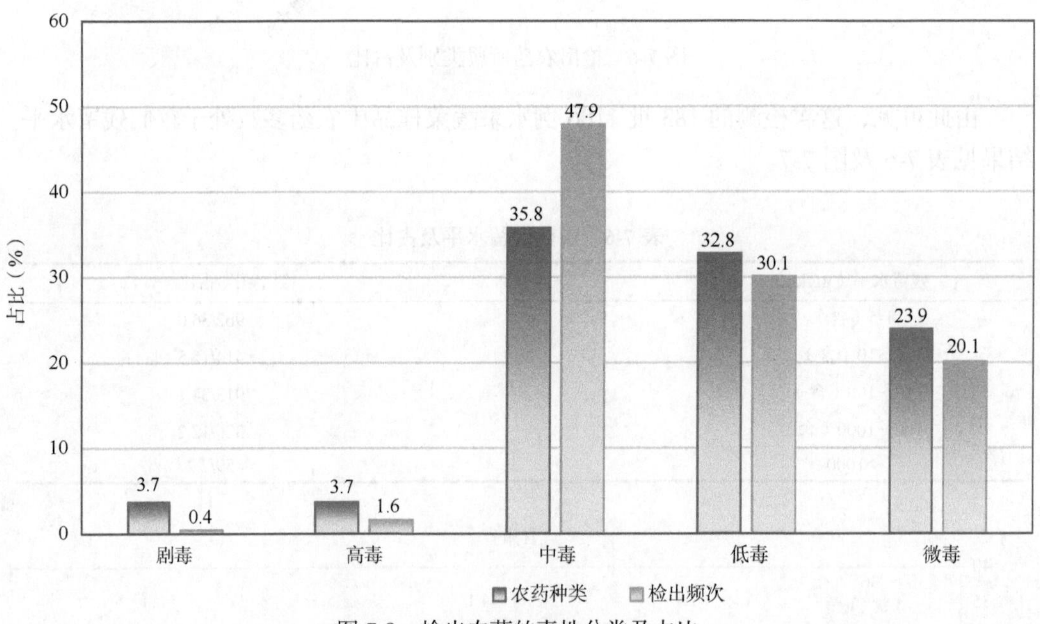

图 7-8　检出农药的毒性分类及占比

7.1.2.7　检出剧毒/高毒类农药的品种和频次

值得特别关注的是，在此次侦测的 1106 例样品中有 10 种蔬菜 3 种水果的 53 例样品检出了 10 种 53 频次的剧毒和高毒农药，占样品总量的 4.8%，详见图 7-9、表 7-8 及表 7-9。

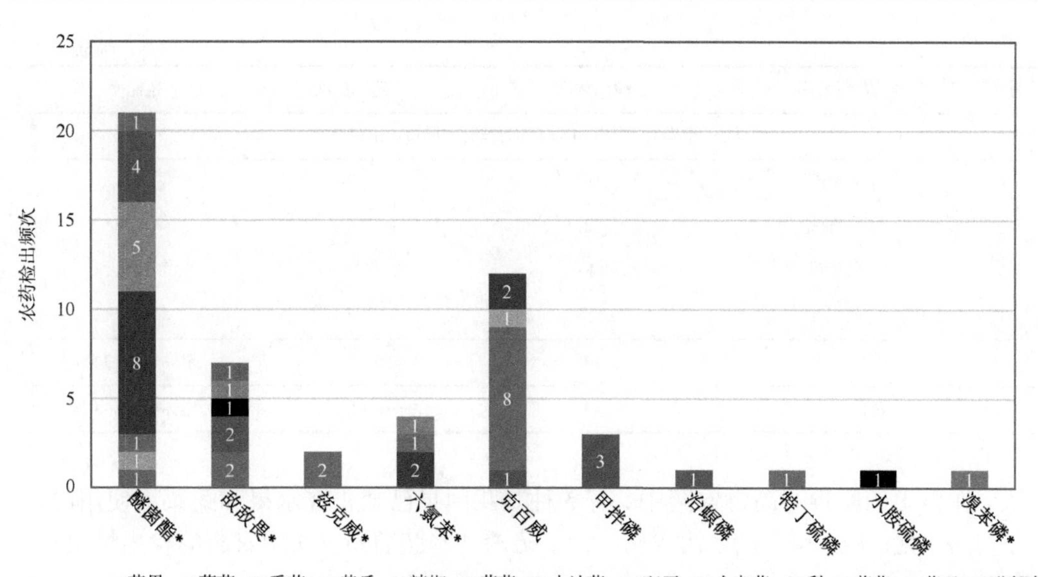

图 7-9 检出剧毒/高毒农药的样品情况

*表示允许在水果和蔬菜上使用的农药

表 7-8 剧毒农药检出情况

序号	农药名称	检出频次	超标频次	超标率
		水果中未检出剧毒农药		
	小计	0	0	超标率：0.0%
		从 5 种蔬菜中检出 5 种剧毒农药，共计检出 10 次		
1	六氯苯*	4	0	0.0%
2	甲拌磷*	3	2	66.7%
3	特丁硫磷*	1	0	0.0%
4	溴苯磷*	1	0	0.0%
5	治螟磷*	1	0	0.0%
	小计	10	2	超标率：20.0%
	合计	10	2	超标率：20.0%

*表示剧毒农药

表 7-9 高毒农药检出情况

序号	农药名称	检出频次	超标频次	超标率
		从 3 种水果中检出 3 种高毒农药，共计检出 6 次		
1	敌敌畏	3	1	33.3%
2	醚菌酯	2	0	0.0%
3	水胺硫磷	1	0	0.0%
	小计	6	1	超标率：16.7%

续表

序号	农药名称	检出频次	超标频次	超标率
从 9 种蔬菜中检出 4 种高毒农药，共计检出 37 次				
1	醚菌酯	19	0	0.0%
2	克百威	12	5	41.7%
3	敌敌畏	4	0	0.0%
4	兹克威	2	0	0.0%
	小计	37	5	超标率：13.5%
	合计	43	6	超标率：14.0%

在检出的剧毒和高毒农药中，有 5 种是我国早已禁止在水果和蔬菜上使用的，分别是：克百威、甲拌磷、治螟磷、特丁硫磷和水胺硫磷。禁用农药的检出情况见表 7-10。

表 7-10　禁用农药检出情况

序号	农药名称	检出频次	超标频次	超标率
从 3 种水果中检出 2 种禁用农药，共计检出 57 次				
1	毒死蜱	56	0	0.0%
2	水胺硫磷	1	0	0.0%
	小计	57	0	超标率：0.0%
从 13 种蔬菜中检出 7 种禁用农药，共计检出 66 次				
1	毒死蜱	46	4	8.7%
2	克百威	12	5	41.7%
3	甲拌磷*	3	2	66.7%
4	氯磺隆	2	0	0.0%
5	硫丹	1	0	0.0%
6	特丁硫磷*	1	0	0.0%
7	治螟磷*	1	0	0.0%
	小计	66	11	超标率：16.7%
	合计	123	11	超标率：8.9%

注：超标结果参考 MRL 中国国家标准计算

*表示剧毒农药

此次抽检的果蔬样品中，有 5 种蔬菜检出了剧毒农药，分别是：小油菜中检出六氯苯 1 次，检出特丁硫磷 1 次；花椰菜中检出溴苯磷 1 次；芹菜中检出治螟磷 1 次，检出甲拌磷 3 次；菠菜中检出六氯苯 1 次；黄瓜中检出六氯苯 2 次。

样品中检出剧毒和高毒农药残留水平超过 MRL 中国国家标准的频次为 8 次，其中：

苹果检出敌敌畏超标 1 次；小油菜检出克百威超标 3 次；芹菜检出克百威超标 1 次，检出甲拌磷超标 2 次；豇豆检出克百威超标 1 次。本次检出结果表明，高毒、剧毒农药的使用现象依旧存在。详见表 7-11。

表 7-11　各样本中检出剧毒/高毒农药情况

样品名称	农药名称	检出频次	超标频次	检出浓度（μg/kg）
水果 3 种				
梨	敌敌畏	1	0	68.6
梨	水胺硫磷▲	1	0	2.9
苹果	敌敌畏	2	1	1.9，399.1[a]
苹果	醚菌酯	1	0	5.4
葡萄	醚菌酯	1	0	40.6
小计		6	1	超标率：16.7%
蔬菜 10 种				
小油菜	克百威▲	8	3	15.6，11.1，19.9，15.7，20.7[a]，22.2[a]，34.4[a]，14.7
小油菜	醚菌酯	1	0	17.6
小油菜	六氯苯*	1	0	1.5
小油菜	特丁硫磷*▲	1	0	2.4
小白菜	克百威▲	2	0	13.9，9.9
番茄	兹克威	2	0	1.1，1.4
番茄	醚菌酯	1	0	2.2
花椰菜	溴苯磷*	1	0	1.9
芹菜	醚菌酯	4	0	3.0，40.4，53.5，1.8
芹菜	敌敌畏	2	0	32.3，9.7
芹菜	克百威▲	1	1	109.9[a]
芹菜	甲拌磷*▲	3	2	112.4[a]，2.6，22.6[a]
芹菜	治螟磷*▲	1	0	2.1
菜豆	敌敌畏	1	0	3.8
菠菜	敌敌畏	1	0	4.0
菠菜	六氯苯*	1	0	2.2
豇豆	克百威▲	1	1	122.4[a]
辣椒	醚菌酯	5	0	41.9，85.6，21.2，1.6，6.5
黄瓜	醚菌酯	8	0	6.9，4.5，4.1，7.3，1.6，5.1，5.6，14.6
黄瓜	六氯苯*	2	0	1.8，1.9
小计		47	7	超标率：14.9%
合计		53	8	超标率：15.1%

*表示剧毒农药；▲表示禁用农药；a 表示超标

7.2 农药残留检出水平与最大残留限量标准对比分析

我国于 2019 年 8 月 15 日正式颁布并于 2020 年 2 月 15 日正式实施食品农药残留限量国家标准《食品中农药最大残留限量》(GB 2763—2019)，该标准包括 467 个农药条目，涉及最大残留限量（MRL）标准 7108 项。将 2674 频次检出结果的浓度水平与 7108 项 MRL 中国国家标准进行比对，其中有 1244 频次的结果找到了对应的 MRL 标准，占 46.5%，还有 1430 频次的侦测数据则无相关 MRL 标准供参考，占 53.5%。

将此次侦测结果与国际上现行 MRL 标准对比发现，在 2674 频次的检出结果中有 2674 频次的结果找到了对应的 MRL 欧盟标准，占 100.0%，其中，2461 频次的结果有明确对应的 MRL 标准，占 92.0%，其余 213 频次按照欧盟一律标准判定，占 8.0%；有 2674 频次的结果找到了对应的 MRL 日本标准，占 100.0%，其中，1760 频次的结果有明确对应的 MRL 标准，占 65.8%，其余 914 频次按照日本一律标准判定，占 34.2%；有 1300 频次的结果找到了对应的 MRL 中国香港标准，占 48.6%；有 1267 频次的结果找到了对应的 MRL 美国标准，占 47.4%；有 861 频次的结果找到了对应的 MRL CAC 标准，占 32.2%（图 7-10 和图 7-11）。

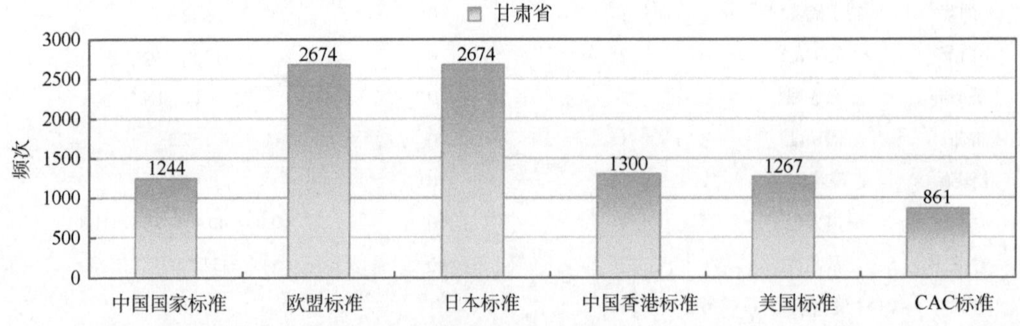

图 7-10 2674 频次检出农药可用 MRL 中国国家标准、欧盟标准、日本标准、中国香港标准、美国标准及 CAC 标准判定衡量的数量

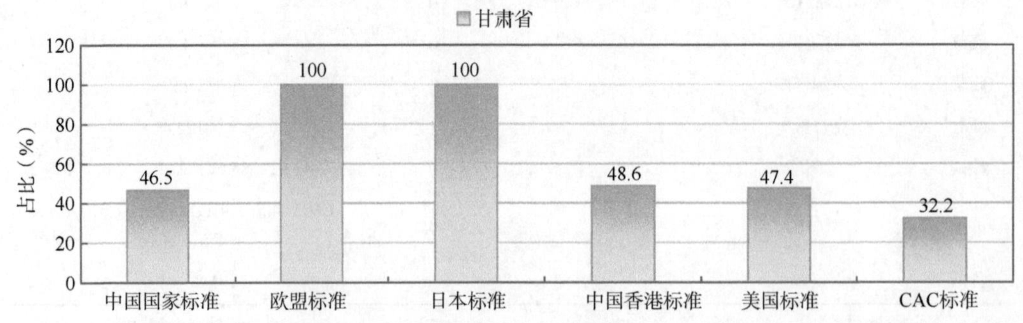

图 7-11 2674 频次检出农药可用 MRL 中国国家标准、欧盟标准、日本标准、中国香港标准、美国标准及 CAC 标准判定衡量的占比

7.2.1　超标农药样品分析

本次侦测的 1106 例样品中，279 例样品未检出任何残留农药，占样品总量的 25.2%，827 例样品检出不同水平、不同种类的残留农药，占样品总量的 74.8%。在此，我们将本次侦测的农残检出情况与 MRL 中国国家标准、欧盟标准、日本标准、中国香港标准、美国标准和 CAC 标准这 6 大国际主流 MRL 标准进行对比分析，样品农残检出与超标情况见表 7-12、图 7-12 和图 7-13。

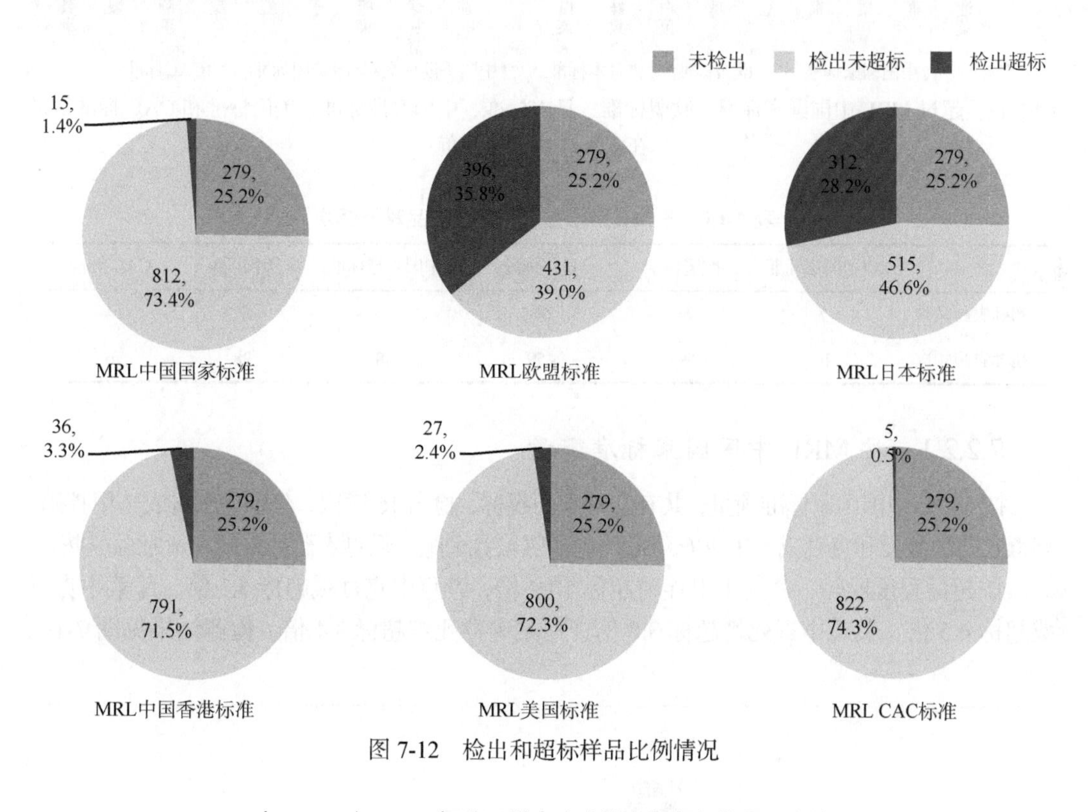

图 7-12　检出和超标样品比例情况

表 7-12　各 MRL 标准下样本农残检出与超标数量及占比

	中国国家标准	欧盟标准	日本标准	中国香港标准	美国标准	CAC 标准
	数量/占比（%）	数量/占比（%）	数量/占比（%）	数量/占比（%）	数量/占比（%）	数量/占比（%）
未检出	279/25.2	279/25.2	279/25.2	279/25.2	279/25.2	279/25.2
检出未超标	812/73.4	431/39.0	515/46.6	791/71.5	800/72.3	822/74.3
检出超标	15/1.4	396/35.8	312/28.2	36/3.3	27/2.4	5/0.5

7.2.2　超标农药种类分析

按照 MRL 中国国家标准、欧盟标准、日本标准、中国香港标准、美国标准和 CAC 标准这 6 大国际主流 MRL 标准衡量，本次侦测检出的农药超标品种及频次情况见表 7-13。

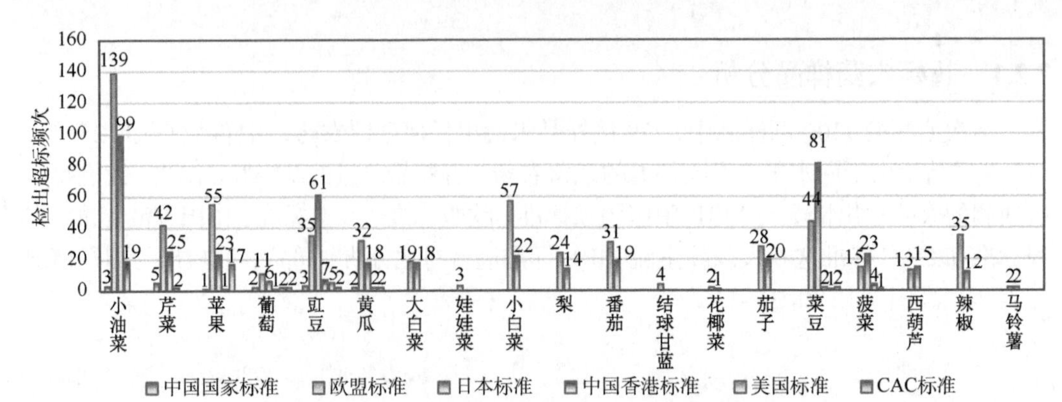

图 7-13 超过 MRL 中国国家标准、欧盟标准、日本标准、中国香港标准、美国标准和 CAC 标准结果在水果蔬菜中的分布

表 7-13 各 MRL 标准下超标农药品种及频次

	中国国家标准	欧盟标准	日本标准	中国香港标准	美国标准	CAC 标准
超标农药品种	7	66	67	8	7	4
超标农药频次	16	591	459	38	28	6

7.2.2.1 按 MRL 中国国家标准衡量

按 MRL 中国国家标准衡量，共有 7 种农药超标，检出 16 频次，分别为剧毒农药甲拌磷，高毒农药敌敌畏和克百威，中毒农药毒死蜱和氯氟氰菊酯，低毒农药敌草腈和氟吡菌酰胺。

按超标程度比较，芹菜中甲拌磷超标 10.2 倍，豇豆中克百威超标 5.1 倍，芹菜中克百威超标 4.5 倍，黄瓜中毒死蜱超标 3.8 倍，芹菜中毒死蜱超标 3.4 倍。检测结果见图 7-14。

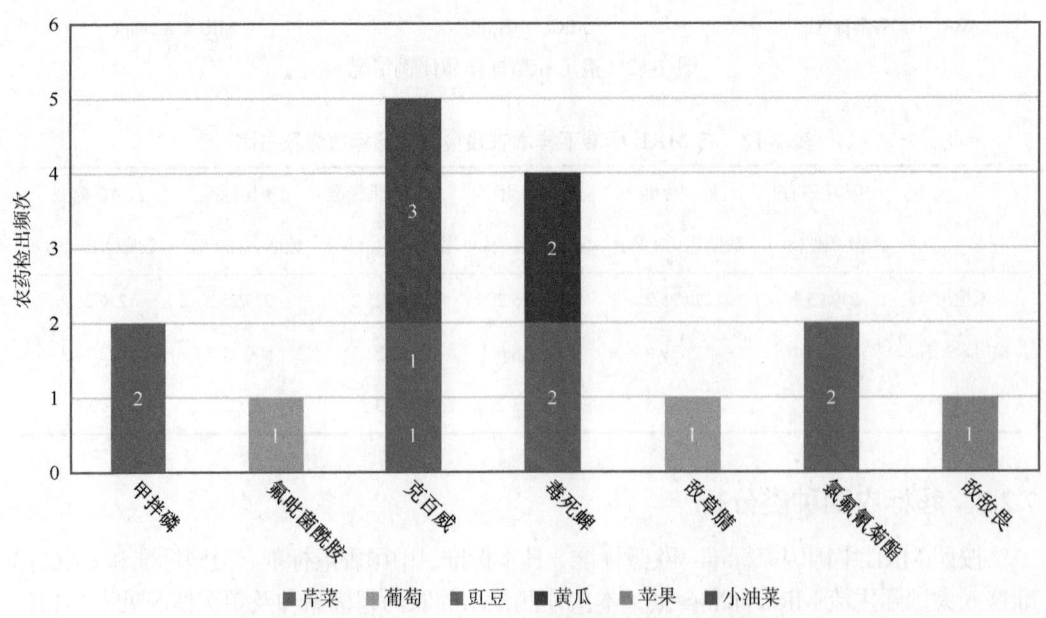

图 7-14 超过 MRL 中国国家农药品种及频次

7.2.2.2　按 MRL 欧盟标准衡量

按 MRL 欧盟标准衡量，共有 66 种农药超标，检出 591 频次，分别为剧毒农药甲拌磷，高毒农药醚菌酯、敌敌畏和克百威，中毒农药联苯菊酯、哌草丹、苯醚氰菊酯、毒死蜱、氟硅唑、噁霜灵、吡唑醚菌酯、三氯甲基吡啶、粉唑醇、多效唑、咪鲜胺、丙溴磷、哒螨灵、速灭威、苯醚甲环唑、戊唑醇、腈菌唑、丙环唑、三唑酮、双苯酰草胺、烯唑醇、甲氰菊酯、三唑醇、灭除威、虫螨腈、氯氟氰菊酯、甲霜灵、异丙威、仲丁威和炔丙菊酯，低毒农药联苯、烯酰吗啉、螺螨酯、四氢吩胺、威杀灵、己唑醇、异菌脲、炔螨特、五氯苯甲腈、8-羟基喹啉、敌草腈、丁苯吗啉、灭幼脲、噻嗪酮、氟吡菌酰胺、甲醚菊酯、嘧霉胺、特草灵、唑胺菌酯和间羟基联苯，微毒农药蒽醌、百菌清、乙霉威、灭菌丹、腐霉利、胺菊酯、缬霉威、烯虫炔酯、霜霉威、噻呋酰胺、乙烯菌核利和乙螨唑。

按超标程度比较，小油菜中 8-羟基喹啉超标 1277.7 倍，小油菜中联苯菊酯超标 237.5 倍，小油菜中哒螨灵超标 192.5 倍，菠菜中腐霉利超标 183.9 倍，小油菜中腐霉利超标 168.0 倍。检测结果见图 7-15。

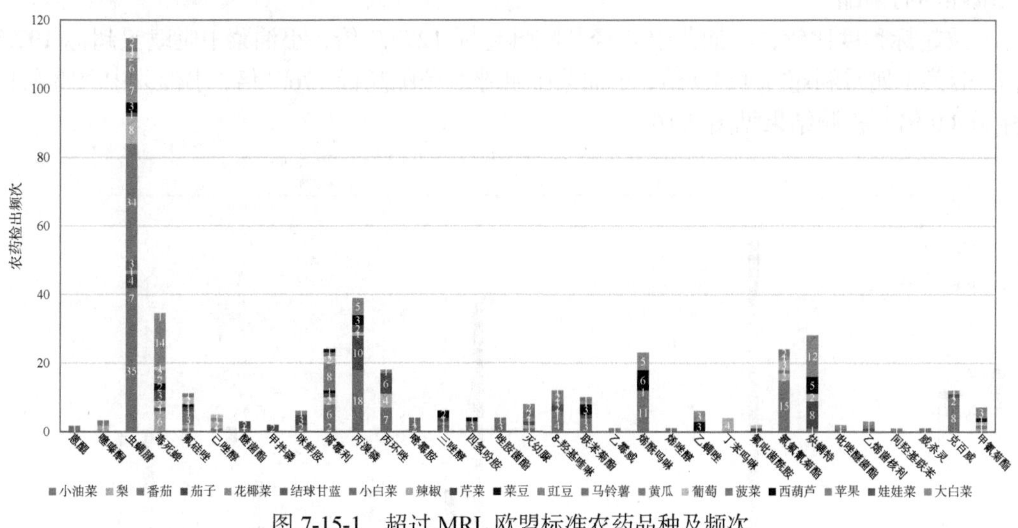

图 7-15-1　超过 MRL 欧盟标准农药品种及频次

7.2.2.3　按 MRL 日本标准衡量

按 MRL 日本标准衡量，共有 67 种农药超标，检出 459 频次，分别为高毒农药醚菌酯、敌敌畏和克百威，中毒农药联苯菊酯、茚虫威、哌草丹、苯醚氰菊酯、毒死蜱、氟硅唑、三氯甲基吡啶、吡唑醚菌酯、粉唑醇、多效唑、咪鲜胺、丙溴磷、哒螨灵、速灭威、苯醚甲环唑、戊唑醇、腈菌唑、丙环唑、双苯酰草胺、甲氰菊酯、三唑醇、烯唑醇、灭除威、虫螨腈、氯氟氰菊酯、仲丁威、异丙威、甲霜灵和炔丙菊酯，低毒农药联苯、烯酰吗啉、螺螨酯、四氢吩胺、威杀灵、己唑醇、炔螨特、五氯苯甲腈、溴氰虫酰胺、敌草腈、丁苯吗啉、8-羟基喹啉、灭幼脲、乙嘧酚磺酸酯、氟吡菌酰胺、甲醚菊酯、嘧霉胺、特草灵、唑胺菌酯和间羟基联苯，微毒农药蒽醌、灭菌丹、腐霉利、胺菊酯、嘧菌

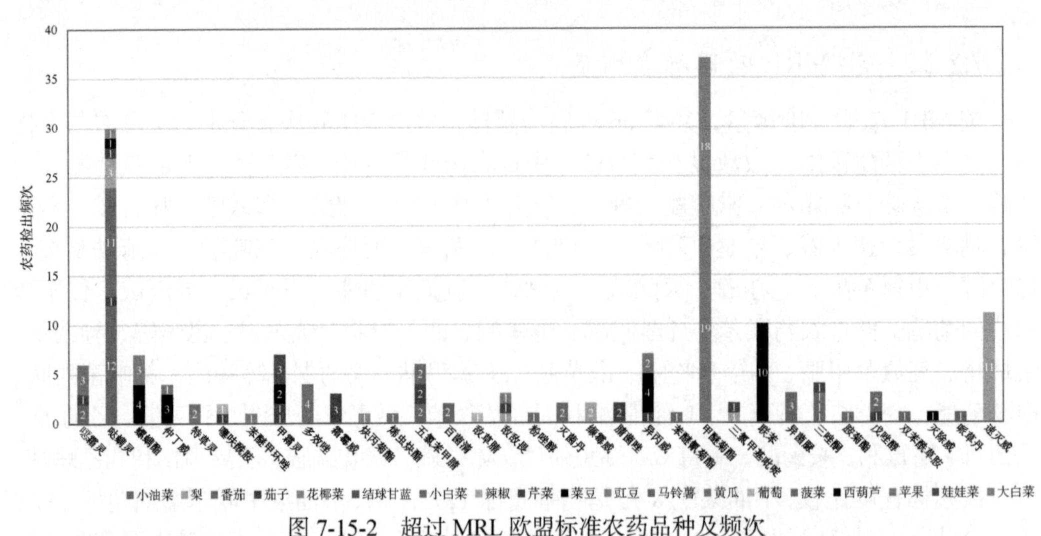

图 7-15-2　超过 MRL 欧盟标准农药品种及频次

酯、缬霉威、烯虫炔酯、霜霉威、噻呋酰胺、咯菌腈、乙烯菌核利、啶酰菌胺、氟环唑、乙螨唑和肟菌酯。

按超标程度比较，小油菜中 8-羟基喹啉超标 1277.7 倍，小油菜中哒螨灵超标 192.5 倍，菠菜中腐霉利超标 183.9 倍，小油菜中吡唑醚菌酯超标 176.7 倍，小油菜中腐霉利超标 168.0 倍。检测结果见图 7-16。

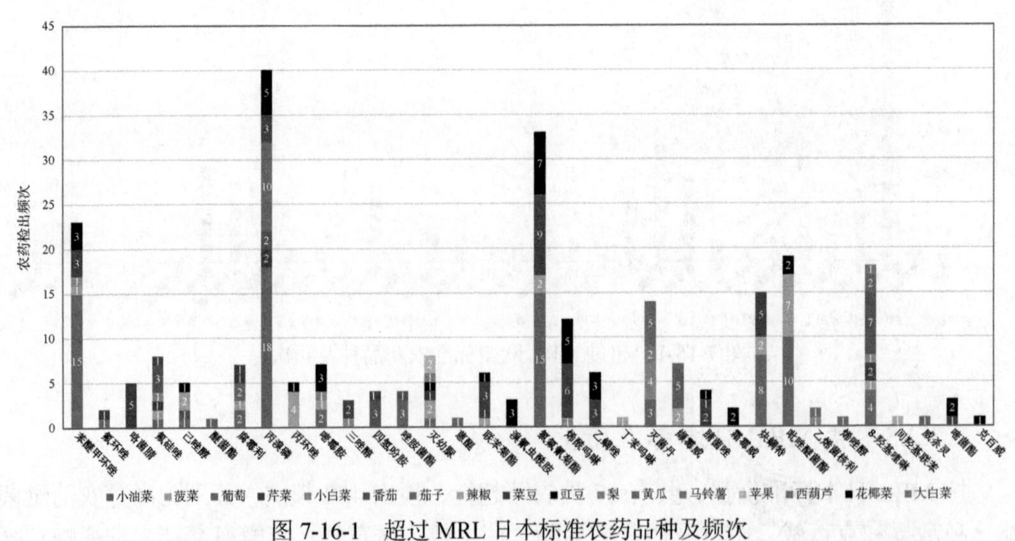

图 7-16-1　超过 MRL 日本标准农药品种及频次

7.2.2.4　按 MRL 中国香港标准衡量

按 MRL 中国香港标准衡量，共有 8 种农药超标，检出 38 频次，分别为高毒农药敌敌畏和克百威，中毒农药联苯菊酯、毒死蜱、吡唑醚菌酯、苯醚甲环唑和氯氟氰菊酯，低毒农药氟吡菌酰胺。

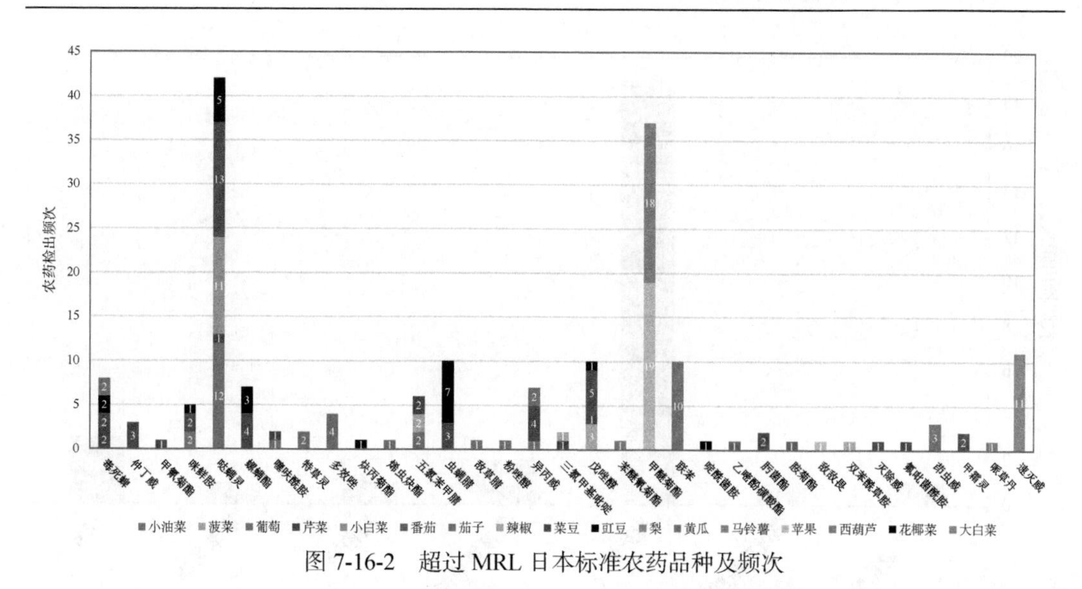

图 7-16-2　超过 MRL 日本标准农药品种及频次

按超标程度比较，豇豆中毒死蜱超标 72.5 倍，菜豆中毒死蜱超标 56.7 倍，豇豆中吡唑醚菌酯超标 32.2 倍，黄瓜中毒死蜱超标 8.7 倍，小油菜中氯氟氰菊酯超标 8.0 倍。检测结果见图 7-17。

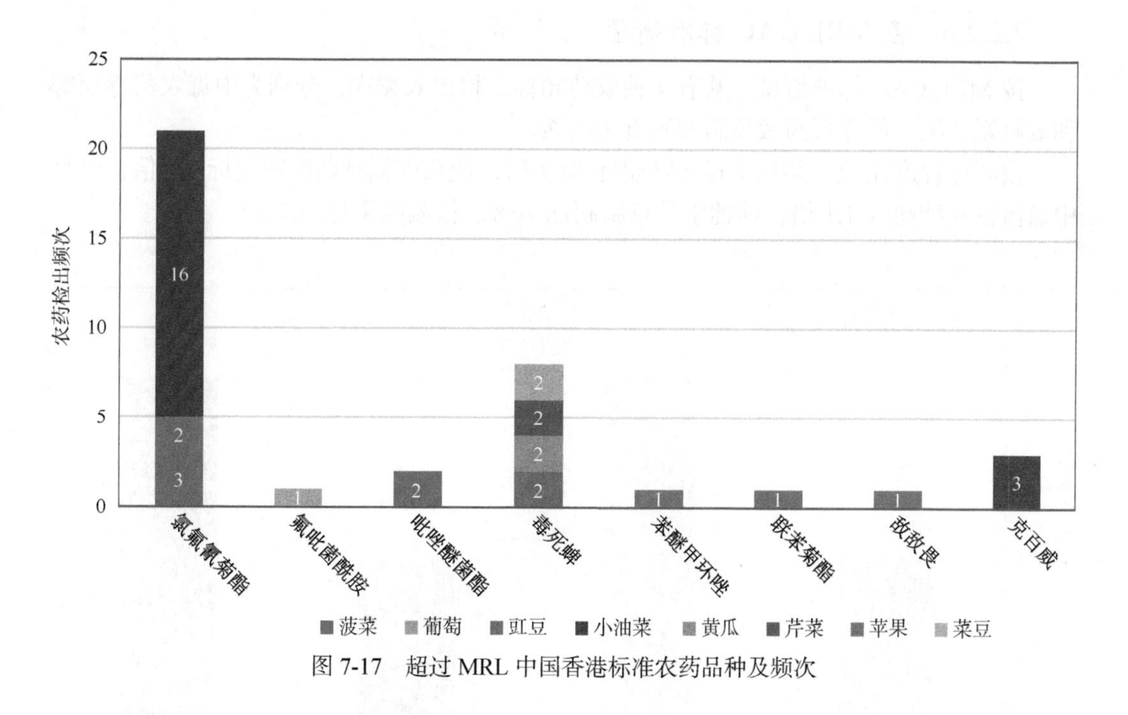

图 7-17　超过 MRL 中国香港标准农药品种及频次

7.2.2.5　按 MRL 美国标准衡量

按 MRL 美国标准衡量，共有 7 种农药超标，检出 28 频次，分别为中毒农药联苯菊酯、毒死蜱、吡唑醚菌酯、戊唑醇、腈菌唑和氯氟氰菊酯，低毒农药氟吡菌酰胺。

按超标程度比较，葡萄中毒死蜱超标 35.7 倍，豇豆中毒死蜱超标 13.7 倍，菜豆中毒死蜱超标 10.5 倍，苹果中毒死蜱超标 10.0 倍，豇豆中腈菌唑超标 9.9 倍。检测结果见图 7-18。

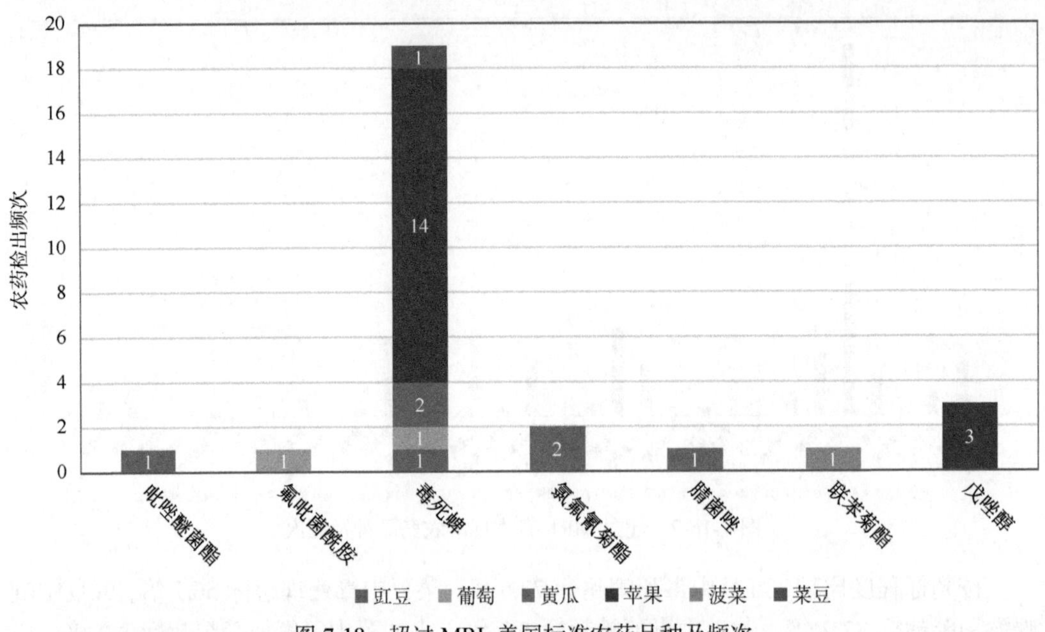

图 7-18　超过 MRL 美国标准农药品种及频次

7.2.2.6　按 MRL CAC 标准衡量

按 MRL CAC 标准衡量，共有 4 种农药超标，检出 6 频次，分别为中毒农药毒死蜱和氯氟氰菊酯，低毒农药敌草腈和氟吡菌酰胺。

按超标程度比较，菜豆中毒死蜱超标 56.7 倍，葡萄中氟吡菌酰胺超标 1.4 倍，豇豆中氯氟氰菊酯超标 1.1 倍，葡萄中敌草腈超标 10%。检测结果见图 7-19。

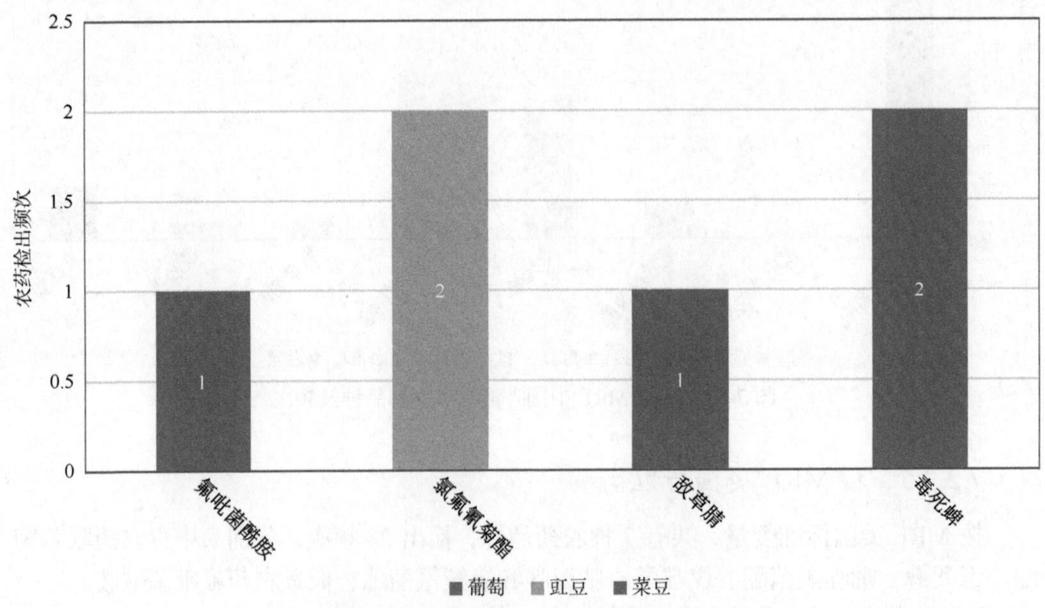

图 7-19　超过 MRL CAC 农药品种及频次

7.2.3　180 个采样点超标情况分析

7.2.3.1　按 MRL 中国国家标准衡量

按 MRL 中国国家标准衡量，有 15 个采样点的样品存在不同程度的超标农药检出，其中***蔬菜店（平川区兴平南路）的超标率最高，为 50.0%，如表 7-14 和图 7-20 所示。

表 7-14　超过 MRL 中国国家水果蔬菜在不同采样点分布

序号	采样点	样品总数	超标数量	超标率（%）	行政区域
1	***超市（白银店）	14	1	7.1	白银市 白银区
2	***市场	13	1	7.7	白银市 白银区
3	***批发中心（榆中县）	12	1	8.3	兰州市 榆中县
4	***超市（新民店）	9	1	11.1	平凉市 崆峒区
5	***超市（合作店）	9	1	11.1	甘南藏族自治州 合作市
6	***合作社	8	1	12.5	武威市 凉州区
7	***市场	8	1	12.5	张掖市 高台县
8	***合作社	8	1	12.5	张掖市 甘州区
9	***直营店（七里河区吴家园路）	6	1	16.7	兰州市 七里河区
10	***超市（平川区大桥路）	5	1	20.0	白银市 平川区
11	***蔬菜店（城关区华亭街）	4	1	25.0	兰州市 城关区
12	***蔬果店（城关区）	4	1	25.0	兰州市 城关区
13	***超市（平川区）	4	1	25.0	白银市 平川区
14	***直销店（城关区）	3	1	33.3	兰州市 城关区
15	***蔬菜店（平川区兴平南路）	2	1	50.0	白银市 平川区

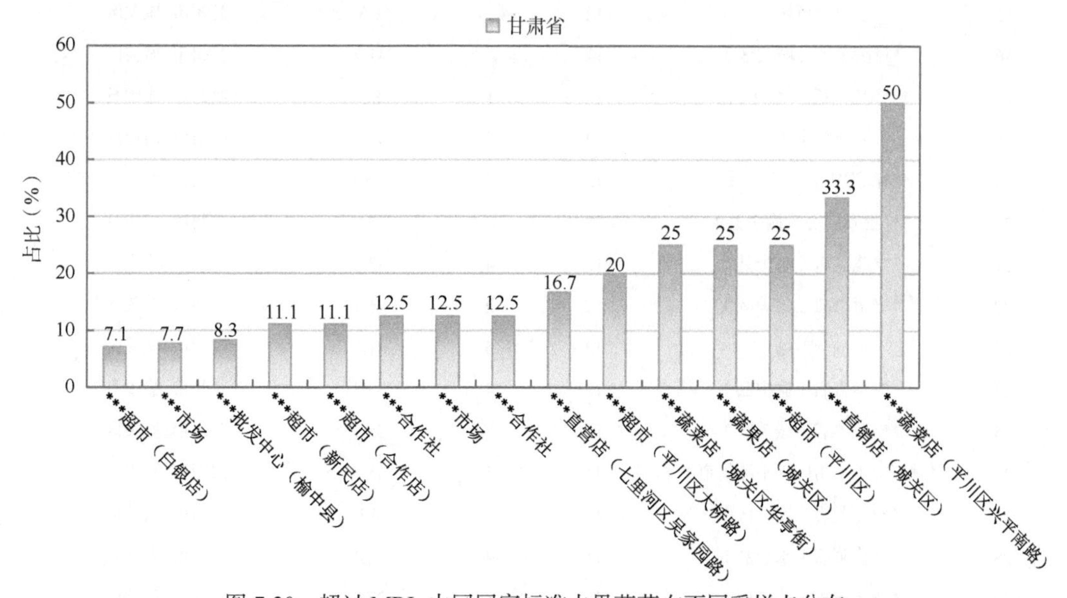

图 7-20　超过 MRL 中国国家标准水果蔬菜在不同采样点分布

7.2.3.2　按 MRL 欧盟标准衡量

按 MRL 欧盟标准衡量，有 161 个采样点的样品存在不同程度的超标农药检出，其中***直销店（七里河区）、***直销店（城关区）、***蔬菜店（平川区兴平南路）、***批发部（安定区）、***批发部（陇西县）和***蔬菜（白银区文化路）的超标率最高，为 100.0%，如表 7-15 和图 7-21 所示。

表 7-15　超过 MRL 欧盟标准水果蔬菜在不同采样点分布

序号	采样点	样品总数	超标数量	超标率（%）	行政区域
1	***市场	16	7	43.8	兰州市 七里河区
2	***超市（白银店）	14	7	50.0	白银市 白银区
3	***超市（白银店）	13	6	46.2	白银市 白银区
4	***市场	13	6	46.2	白银市 白银区
5	***市场	13	4	30.8	兰州市 西固区
6	***市场	13	2	15.4	兰州市 皋兰县
7	***批发部（红古区）	12	5	41.7	兰州市 红古区
8	***直销店（红古区平安路）	12	2	16.7	兰州市 红古区
9	***超市（红古区炭素路）	12	2	16.7	兰州市 红古区
10	***蔬菜店（城关区）	12	4	33.3	兰州市 城关区
11	***市场	12	1	8.3	兰州市 红古区
12	***市场	12	4	33.3	兰州市 红古区
13	***蔬菜摊（城关区）	12	5	41.7	兰州市 城关区
14	***果蔬店（皋兰县石洞镇）	12	1	8.3	兰州市 皋兰县
15	***市场	12	1	8.3	兰州市 城关区
16	***蔬菜摊（城关区）	12	5	41.7	兰州市 城关区
17	***配送中心（榆中县）	12	1	8.3	兰州市 榆中县
18	***市场	12	5	41.7	白银市 白银区
19	***配送中心（榆中县）	12	5	41.7	兰州市 榆中县
20	***批发中心（榆中县）	12	3	25.0	兰州市 榆中县
21	***蔬菜店（榆中县）	12	4	33.3	兰州市 榆中县
22	***蔬果摊（城关区）	12	2	16.7	兰州市 城关区
23	***市场	12	5	41.7	兰州市 城关区
24	***零售店（榆中县）	12	4	33.3	兰州市 榆中县
25	***蔬菜店（城关区）	12	7	58.3	兰州市 城关区
26	***超市（平川区兴平路街道）	11	5	45.5	白银市 平川区
27	***蔬菜店（城关区）	11	1	9.1	兰州市 城关区
28	***蔬菜店（永登县）	11	4	36.4	兰州市 永登县
29	***超市（东苑路店）	11	3	27.3	陇南市 武都区
30	***果蔬店（皋兰县石洞镇）	10	4	40.0	兰州市 皋兰县

续表

序号	采样点	样品总数	超标数量	超标率（%）	行政区域
31	***蔬菜部（皋兰县石洞镇）	10	5	50.0	兰州市 皋兰县
32	***蔬菜店（永登县）	10	4	40.0	兰州市 永登县
33	***服务部（永登县）	10	3	30.0	兰州市 永登县
34	***蔬菜摊（榆中县）	10	2	20.0	兰州市 榆中县
35	***市场	10	4	40.0	定西市 安定区
36	***便利店（皋兰县石洞镇）	10	2	20.0	兰州市 皋兰县
37	***超市（广场路店）	10	3	30.0	庆阳市 西峰区
38	***蔬菜店（麦积区）	10	3	30.0	天水市 麦积区
39	***经营部（白银区）	10	6	60.0	白银市 白银区
40	***百货店（白银区）	10	3	30.0	白银市 白银区
41	***粮油（永登县）	10	5	50.0	兰州市 永登县
42	***超市（一分店）	10	4	40.0	白银市 白银区
43	***超市（永登县）	9	1	11.1	兰州市 永登县
44	***综合店（永登县）	9	2	22.2	兰州市 永登县
45	***市场	9	2	22.2	天水市 麦积区
46	***超市（南山新街店）	9	3	33.3	定西市 安定区
47	***专营店（七里河区）	9	4	44.4	兰州市 七里河区
48	***超市（新民店）	9	4	44.4	平凉市 崆峒区
49	***市场	9	5	55.6	庆阳市 西峰区
50	***超市（合作店）	9	4	44.4	甘南藏族自治州 合作市
51	***超市（麦积区天河南路）	8	3	37.5	天水市 麦积区
52	***蔬菜摊	8	1	12.5	张掖市 甘州区
53	***合作社	8	4	50.0	武威市 凉州区
54	***合作社	8	2	25.0	武威市 凉州区
55	***合作社	8	2	25.0	武威市 凉州区
56	***超市（北关店）	8	2	25.0	武威市 凉州区
57	***市场	8	1	12.5	武威市 凉州区
58	***合作社	8	3	37.5	武威市 凉州区
59	***育苗中心	8	3	37.5	武威市 凉州区
60	***市场	8	3	37.5	武威市 凉州区
61	***合作社	8	2	25.0	张掖市 临泽县
62	***市场	8	2	25.0	张掖市 高台县
63	***市场	8	2	25.0	张掖市 民乐县
64	***合作社	8	1	12.5	张掖市 甘州区
65	***市场	8	1	12.5	张掖市 甘州区
66	***市场	8	1	12.5	张掖市 甘州区
67	***合作社	8	2	25.0	张掖市 甘州区

续表

序号	采样点	样品总数	超标数量	超标率（%）	行政区域
68	***合作社	8	3	37.5	武威市 凉州区
69	***蔬菜店（永登县）	7	1	14.3	兰州市 永登县
70	***配送中心（七里河区）	7	1	14.3	兰州市 七里河区
71	***市场	7	1	14.3	张掖市 山丹县
72	***合作社	7	1	14.3	武威市 凉州区
73	***市场	7	3	42.9	兰州市 安宁区
74	***直销店（兰棉店）	6	3	50.0	兰州市 西固区
75	***市场	6	1	16.7	白银市 平川区
76	***直营店（七里河区吴家园路）	6	1	16.7	兰州市 七里河区
77	***配送中心（七里河区）	6	3	50.0	兰州市 七里河区
78	***超市（皋兰店）	5	2	40.0	兰州市 皋兰县
79	***超市（陇西县）	5	2	40.0	定西市 陇西县
80	***果蔬店（安宁区）	5	2	40.0	兰州市 安宁区
81	***蔬菜店（七里河区）	5	1	20.0	兰州市 七里河区
82	***果蔬店（西固区）	5	2	40.0	兰州市 西固区
83	***配送中心（七里河区西站西路）	5	2	40.0	兰州市 七里河区
84	***菜行（七里河区）	5	3	60.0	兰州市 七里河区
85	***商店（城关区）	5	3	60.0	兰州市 城关区
86	***蔬菜（城关区）	5	2	40.0	兰州市 城关区
87	***超市（平川区大桥路）	5	2	40.0	白银市 平川区
88	***商行（安定区）	5	3	60.0	定西市 安定区
89	***超市（临洮县洮阳镇新街东路）	5	2	40.0	定西市 临洮县
90	***超市（陇西县巩昌镇崇文路）	5	1	20.0	定西市 陇西县
91	***超市（安定区安定路）	5	3	60.0	定西市 安定区
92	***超市（海旺店）	5	2	40.0	定西市 安定区
93	***超市（瑞新店）	5	4	80.0	定西市 临洮县
94	***市场	5	2	40.0	兰州市 安宁区
95	***超市（李家龙宫店）	4	1	25.0	定西市 陇西县
96	***直销店（安宁区）	4	2	50.0	兰州市 安宁区
97	***菜行（七里河区）	4	2	50.0	兰州市 七里河区
98	***蔬菜店（城关区九州中路）	4	2	50.0	兰州市 城关区
99	***蔬菜店（安宁区）	4	3	75.0	兰州市 安宁区
100	***市场	4	2	50.0	兰州市 七里河区
101	***蔬菜店（安宁区北环路）	4	3	75.0	兰州市 安宁区
102	***蔬菜店（城关区华亭街）	4	2	50.0	兰州市 城关区
103	***便利店（城关区）	4	2	50.0	兰州市 城关区
104	***批发配送（安宁区）	4	2	50.0	兰州市 安宁区

续表

序号	采样点	样品总数	超标数量	超标率（%）	行政区域
105	***直销店（西固区福利东路）	4	1	25.0	兰州市 西固区
106	***经营部（安宁区）	4	2	50.0	兰州市 安宁区
107	***便利店（七里河区）	4	3	75.0	兰州市 七里河区
108	***超市（七里河区）	4	3	75.0	兰州市 七里河区
109	***直销店（七里河区）	4	3	75.0	兰州市 七里河区
110	***市场	4	2	50.0	兰州市 城关区
111	***配送店（城关区）	4	2	50.0	兰州市 城关区
112	***直销店（七里河区）	4	2	50.0	兰州市 七里河区
113	***直销店（永利源店）	4	2	50.0	兰州市 西固区
114	***市场	4	2	50.0	兰州市 七里河区
115	***直销店（安宁区桃林路）	4	1	25.0	兰州市 安宁区
116	***水果店（城关区）	4	2	50.0	兰州市 城关区
117	***便利店（七里河区彭家坪路）	4	2	50.0	兰州市 七里河区
118	***瓜果蔬菜（城关区雁宁路）	4	2	50.0	兰州市 城关区
119	***蔬菜店（城关区雁滩路）	4	3	75.0	兰州市 城关区
120	***市场	4	3	75.0	兰州市 七里河区
121	***专卖店（七里河区）	4	2	50.0	兰州市 七里河区
122	***蔬果店（城关区）	4	2	50.0	兰州市 城关区
123	***超市（平川区）	4	2	50.0	白银市 平川区
124	***市场	4	1	25.0	定西市 安定区
125	***蔬菜店（安定区）	4	2	50.0	定西市 安定区
126	***直销店（安宁区）	4	2	50.0	兰州市 安宁区
127	***直销店（七里河区）	3	3	100.0	兰州市 七里河区
128	***超市（恒大绿洲店）	3	2	66.7	兰州市 城关区
129	***商店（七里河区彭家坪东路）	3	2	66.7	兰州市 七里河区
130	***直销店（城关区）	3	3	100.0	兰州市 城关区
131	***副食店（七里河区建西东路）	3	2	66.7	兰州市 七里河区
132	***批发部（安定区）	3	2	66.7	定西市 安定区
133	***市场	3	1	33.3	定西市 安定区
134	***水果店（安定区）	3	2	66.7	定西市 安定区
135	***水果店（白银区兰州路）	3	2	66.7	白银市 白银区
136	***商店（白银区诚信大道）	3	2	66.7	白银市 白银区
137	***超市（公园路店）	3	1	33.3	白银市 白银区
138	***水果店（白银区五一街）	3	2	66.7	白银市 白银区
139	***生鲜（白银区苹果街）	3	2	66.7	白银市 白银区
140	***水果店（白银区人民路）	3	1	33.3	白银市 白银区
141	***市场	3	1	33.3	白银市 白银区

续表

序号	采样点	样品总数	超标数量	超标率（%）	行政区域
142	***水果店（安定区友谊南路）	3	2	66.7	定西市 安定区
143	***水果店（临洮县）	3	1	33.3	定西市 临洮县
144	***百货铺（临洮县）	3	1	33.3	定西市 临洮县
145	***果蔬店（陇西县）	3	2	66.7	定西市 陇西县
146	***超市（平川区兴平南路）	3	2	66.7	白银市 平川区
147	***果蔬店（城关区）	3	1	33.3	兰州市 城关区
148	***专卖店（七里河区）	2	1	50.0	兰州市 七里河区
149	***菜店（陇西县）	2	1	50.0	定西市 陇西县
150	***配送（七里河区）	2	1	50.0	兰州市 七里河区
151	***蔬菜店（白银区五一街）	2	1	50.0	白银市 白银区
152	***蔬菜批发（平川区宝积路街道）	2	1	50.0	白银市 平川区
153	***蔬菜店（平川区长征街道）	2	1	50.0	白银市 平川区
154	***蔬菜店（平川区兴平南路）	2	2	100.0	白银市 平川区
155	***批发部（安定区）	2	2	100.0	定西市 安定区
156	***蔬菜店（安定区）	2	1	50.0	定西市 安定区
157	***批发部（安定区）	2	1	50.0	定西市 安定区
158	***市场	2	1	50.0	定西市 安定区
159	***瓜果蔬菜店（陇西县）	2	1	50.0	定西市 陇西县
160	***批发部（陇西县）	2	2	100.0	定西市 陇西县
161	***蔬菜（白银区文化路）	1	1	100.0	白银市 白银区

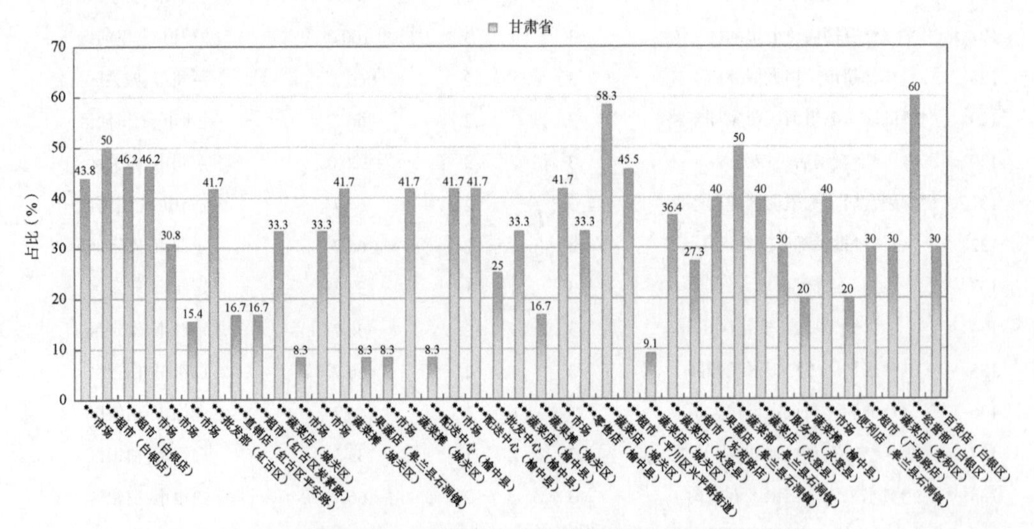

图 7-21-1 超过 MRL 欧盟标准水果蔬菜在不同采样点分布

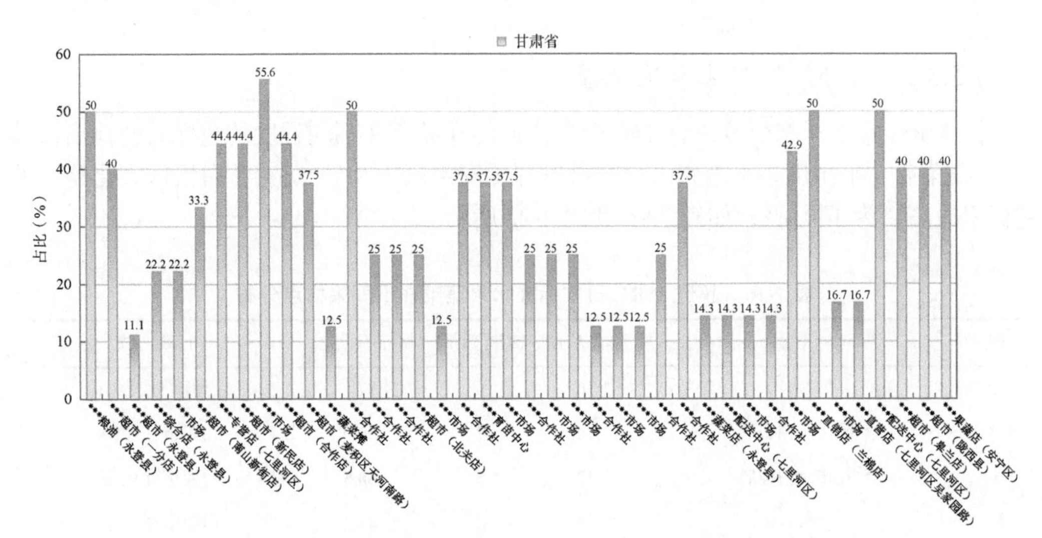

图 7-21-2　超过 MRL 欧盟标准水果蔬菜在不同采样点分布

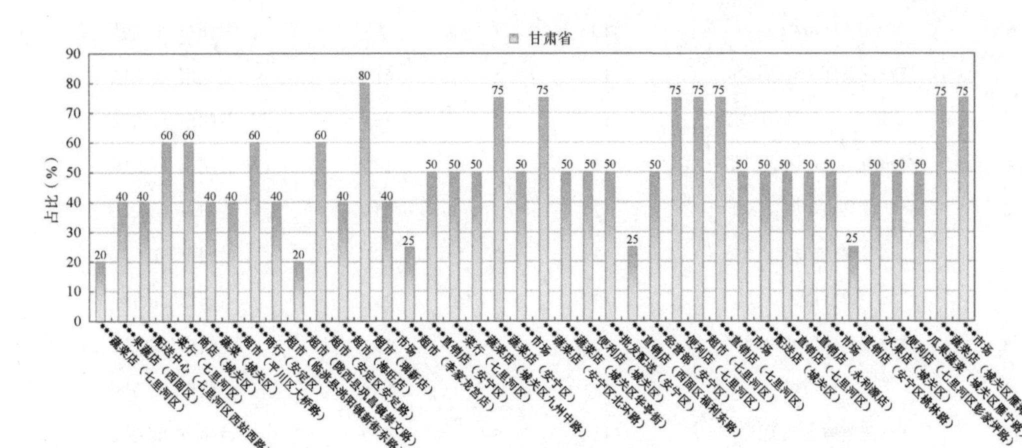

图 7-21-3　超过 MRL 欧盟标准水果蔬菜在不同采样点分布

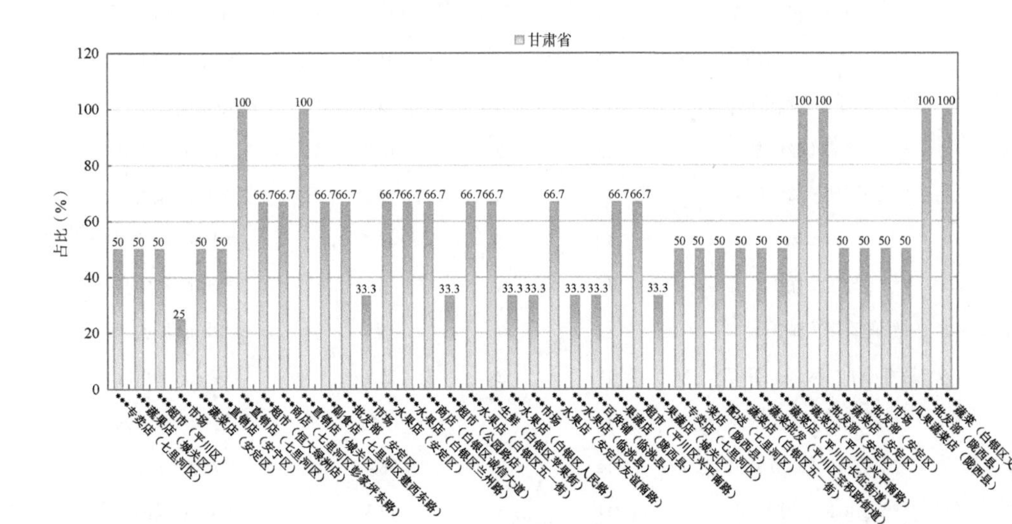

图 7-21-4　超过 MRL 欧盟标准水果蔬菜在不同采样点分布

7.2.3.3 按 MRL 日本标准衡量

按 MRL 日本标准衡量，有 150 个采样点的样品存在不同程度的超标农药检出，其中***蔬菜店（平川区兴平南路）、***批发部（安定区）和***蔬菜（白银区文化路）的超标率最高，为 100.0%，如表 7-16 和图 7-22 所示。

表 7-16 超过 MRL 日本标准水果蔬菜在不同采样点分布

序号	采样点	样品总数	超标数量	超标率（%）	行政区域
1	***市场	16	6	37.5	兰州市 七里河区
2	***超市（白银店）	14	7	50.0	白银市 白银区
3	***超市（白银店）	13	5	38.5	白银市 白银区
4	***市场	13	6	46.2	白银市 白银区
5	***市场	13	3	23.1	兰州市 西固区
6	***市场	13	1	7.7	兰州市 皋兰县
7	***批发部（红古区）	12	5	41.7	兰州市 红古区
8	***直销店（红古区平安路）	12	2	16.7	兰州市 红古区
9	***超市（红古区炭素路）	12	2	16.7	兰州市 红古区
10	***蔬菜店（城关区）	12	3	25.0	兰州市 城关区
11	***市场	12	2	16.7	兰州市 红古区
12	***市场	12	3	25.0	兰州市 红古区
13	***蔬菜摊（城关区）	12	3	25.0	兰州市 城关区
14	***市场	12	3	25.0	兰州市 城关区
15	***蔬菜摊（城关区）	12	5	41.7	兰州市 城关区
16	***配送中心（榆中县）	12	2	16.7	兰州市 榆中县
17	***市场	12	2	16.7	白银市 白银区
18	***配送中心（榆中县）	12	5	41.7	兰州市 榆中县
19	***批发中心（榆中县）	12	3	25.0	兰州市 榆中县
20	***蔬菜店（榆中县）	12	2	16.7	兰州市 榆中县
21	***蔬果摊（城关区）	12	3	25.0	兰州市 城关区
22	***市场	12	5	41.7	兰州市 城关区
23	***零售店（榆中县）	12	4	33.3	兰州市 榆中县
24	***蔬菜店（城关区）	12	7	58.3	兰州市 城关区
25	***超市（平川区兴平路街道）	11	3	27.3	白银市 平川区
26	***蔬菜店（城关区）	11	1	9.1	兰州市 城关区
27	***蔬菜店（永登县）	11	4	36.4	兰州市 永登县
28	***超市（东苑路店）	11	3	27.3	陇南市 武都区

续表

序号	采样点	样品总数	超标数量	超标率（%）	行政区域
29	***果蔬店（皋兰县石洞镇）	10	2	20.0	兰州市 皋兰县
30	***蔬菜部（皋兰县石洞镇）	10	5	50.0	兰州市 皋兰县
31	***蔬菜店（永登县）	10	4	40.0	兰州市 永登县
32	***服务部（永登县）	10	2	20.0	兰州市 永登县
33	***蔬菜摊（榆中县）	10	2	20.0	兰州市 榆中县
34	***市场	10	2	20.0	定西市 安定区
35	***超市（广场路店）	10	3	30.0	庆阳市 西峰区
36	***蔬菜店（麦积区）	10	2	20.0	天水市 麦积区
37	***经营部（白银区）	10	2	20.0	白银市 白银区
38	***百货店（白银区）	10	2	20.0	白银市 白银区
39	***粮油（永登县）	10	2	20.0	兰州市 永登县
40	***超市（一分店）	10	3	30.0	白银市 白银区
41	***超市（永登县）	9	1	11.1	兰州市 永登县
42	***综合店（永登县）	9	4	44.4	兰州市 永登县
43	***市场	9	1	11.1	天水市 麦积区
44	***超市（南山新街店）	9	2	22.2	定西市 安定区
45	***专营店（七里河区）	9	3	33.3	兰州市 七里河区
46	***超市（新民店）	9	2	22.2	平凉市 崆峒区
47	***市场	9	4	44.4	庆阳市 西峰区
48	***超市（合作店）	9	3	33.3	甘南藏族自治州 合作市
49	***超市（麦积区天河南路）	8	2	25.0	天水市 麦积区
50	***蔬菜摊	8	3	37.5	张掖市 甘州区
51	***合作社	8	4	50.0	武威市 凉州区
52	***合作社	8	3	37.5	武威市 凉州区
53	***合作社	8	2	25.0	武威市 凉州区
54	***超市（北关店）	8	2	25.0	武威市 凉州区
55	***市场	8	1	12.5	武威市 凉州区
56	***合作社	8	2	25.0	武威市 凉州区
57	***育苗中心	8	2	25.0	武威市 凉州区
58	***市场	8	2	25.0	武威市 凉州区
59	***合作社	8	1	12.5	张掖市 甘州区
60	***合作社	8	2	25.0	张掖市 临泽县
61	***市场	8	2	25.0	张掖市 高台县
62	***市场	8	2	25.0	张掖市 民乐县

续表

序号	采样点	样品总数	超标数量	超标率（%）	行政区域
63	***合作社	8	2	25.0	张掖市 甘州区
64	***市场	8	2	25.0	张掖市 甘州区
65	***市场	8	2	25.0	张掖市 甘州区
66	***合作社	8	1	12.5	张掖市 甘州区
67	***合作社	8	2	25.0	武威市 凉州区
68	***蔬菜店（永登县）	7	2	28.6	兰州市 永登县
69	***配送中心（七里河区）	7	1	14.3	兰州市 七里河区
70	***市场	7	1	14.3	张掖市 山丹县
71	***合作社	7	1	14.3	武威市 凉州区
72	***市场	7	2	28.6	兰州市 安宁区
73	***直销店（兰棉店）	6	3	50.0	兰州市 西固区
74	***市场	6	1	16.7	白银市 平川区
75	***直营店（七里河区吴家园路）	6	1	16.7	兰州市 七里河区
76	***配送中心（七里河区）	6	3	50.0	兰州市 七里河区
77	***超市（皋兰店）	5	2	40.0	兰州市 皋兰县
78	***超市（陇西县）	5	2	40.0	定西市 陇西县
79	***果蔬店（安宁区）	5	1	20.0	兰州市 安宁区
80	***蔬菜店（七里河区）	5	1	20.0	兰州市 七里河区
81	***果蔬店（西固区）	5	2	40.0	兰州市 西固区
82	***配送中心（七里河区西站西路）	5	1	20.0	兰州市 七里河区
83	***菜行（七里河区）	5	3	60.0	兰州市 七里河区
84	***商店（城关区）	5	4	80.0	兰州市 城关区
85	***蔬菜（城关区）	5	1	20.0	兰州市 城关区
86	***超市（平川区大桥路）	5	1	20.0	白银市 平川区
87	***商行（安定区）	5	2	40.0	定西市 安定区
88	***超市（临洮县洮阳镇新街东路）	5	3	60.0	定西市 临洮县
89	***超市（安定区安定路）	5	2	40.0	定西市 安定区
90	***超市（瑞新店）	5	3	60.0	定西市 临洮县
91	***市场	5	2	40.0	兰州市 安宁区
92	***超市（李家龙宫店）	4	1	25.0	定西市 陇西县
93	***直销店（安宁区）	4	2	50.0	兰州市 安宁区
94	***菜行（七里河区）	4	1	25.0	兰州市 七里河区
95	***蔬菜店（安宁区）	4	2	50.0	兰州市 安宁区
96	***市场	4	1	25.0	兰州市 七里河区

续表

序号	采样点	样品总数	超标数量	超标率（%）	行政区域
97	***蔬菜店（安宁区北环路）	4	2	50.0	兰州市 安宁区
98	***蔬菜店（城关区华亭街）	4	1	25.0	兰州市 城关区
99	***便利店（城关区）	4	1	25.0	兰州市 城关区
100	***批发配送（安宁区）	4	2	50.0	兰州市 安宁区
101	***直销店（西固区福利东路）	4	1	25.0	兰州市 西固区
102	***经营部（安宁区）	4	1	25.0	兰州市 安宁区
103	***便利店（七里河区）	4	1	25.0	兰州市 七里河区
104	***超市（七里河区）	4	2	50.0	兰州市 七里河区
105	***直销店（七里河区）	4	2	50.0	兰州市 七里河区
106	***市场	4	1	25.0	兰州市 城关区
107	***配送店（城关区）	4	1	25.0	兰州市 城关区
108	***直销店（七里河区）	4	1	25.0	兰州市 七里河区
109	***直销店（永利源店）	4	2	50.0	兰州市 西固区
110	***市场	4	1	25.0	兰州市 七里河区
111	***直销店（安宁区桃林路）	4	1	25.0	兰州市 安宁区
112	***水果店（城关区）	4	1	25.0	兰州市 城关区
113	***便利店（七里河区彭家坪路）	4	1	25.0	兰州市 七里河区
114	***瓜果蔬菜（城关区雁宁路）	4	1	25.0	兰州市 城关区
115	***蔬菜店（城关区雁滩路）	4	1	25.0	兰州市 城关区
116	***市场	4	2	50.0	兰州市 七里河区
117	***专卖店（七里河区）	4	2	50.0	兰州市 七里河区
118	***蔬果店（城关区）	4	1	25.0	兰州市 城关区
119	***超市（平川区）	4	1	25.0	白银市 平川区
120	***市场	4	1	25.0	定西市 安定区
121	***蔬菜店（安定区）	4	1	25.0	定西市 安定区
122	***直销店（安宁区）	4	1	25.0	兰州市 安宁区
123	***直销店（七里河区）	3	2	66.7	兰州市 七里河区
124	***超市（恒大绿洲店）	3	1	33.3	兰州市 城关区
125	***商店（七里河区彭家坪东路）	3	1	33.3	兰州市 七里河区
126	***直销店（城关区）	3	2	66.7	兰州市 城关区
127	***副食店（七里河区建西东路）	3	1	33.3	兰州市 七里河区
128	***批发部（安定区）	3	2	66.7	定西市 安定区
129	***市场	3	1	33.3	定西市 安定区
130	***水果店（安定区）	3	1	33.3	定西市 安定区

续表

序号	采样点	样品总数	超标数量	超标率（%）	行政区域
131	***水果店（白银区兰州路）	3	2	66.7	白银市 白银区
132	***商店（白银区诚信大道）	3	1	33.3	白银市 白银区
133	***水果店（白银区五一街）	3	2	66.7	白银市 白银区
134	***生鲜（白银区苹果街）	3	2	66.7	白银市 白银区
135	***水果店（白银区人民路）	3	1	33.3	白银市 白银区
136	***市场	3	1	33.3	白银市 白银区
137	***水果店（临洮县）	3	1	33.3	定西市 临洮县
138	***果蔬店（陇西县）	3	2	66.7	定西市 陇西县
139	***超市（平川区兴平南路）	3	1	33.3	白银市 平川区
140	***专卖店（七里河区）	2	1	50.0	兰州市 七里河区
141	***菜店（陇西县）	2	1	50.0	定西市 陇西县
142	***配送（七里河区）	2	1	50.0	兰州市 七里河区
143	***蔬菜批发（平川区宝积路街道）	2	1	50.0	白银市 平川区
144	***蔬菜店（平川区兴平南路）	2	2	100.0	白银市 平川区
145	***批发部（安定区）	2	2	100.0	定西市 安定区
146	***蔬菜店（安定区）	2	1	50.0	定西市 安定区
147	***市场	2	1	50.0	定西市 安定区
148	***瓜果蔬菜店（陇西县）	2	1	50.0	定西市 陇西县
149	***批发部（陇西县）	2	1	50.0	定西市 陇西县
150	***蔬菜（白银区文化路）	1	1	100.0	白银市 白银区

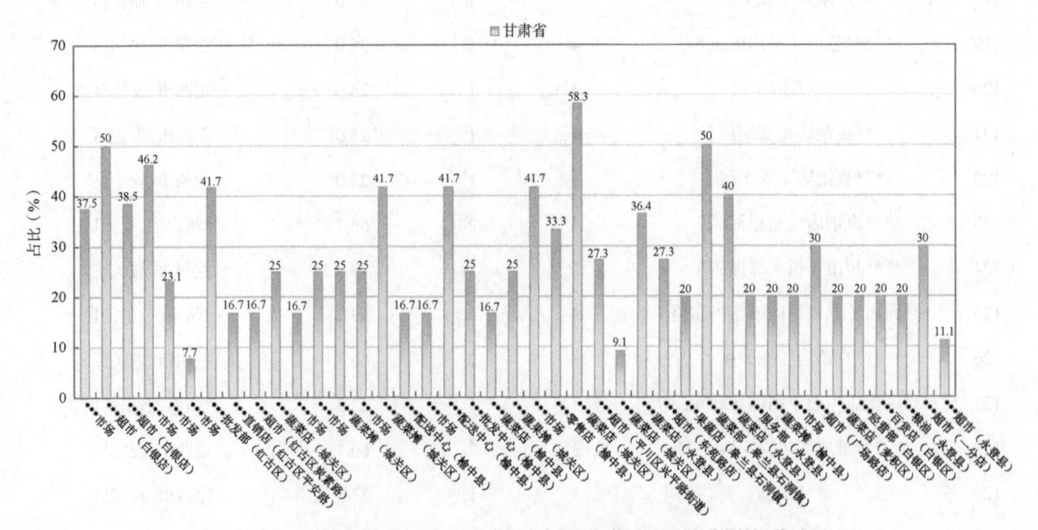

图 7-22-1　超过 MRL 日本标准水果蔬菜在不同采样点分布

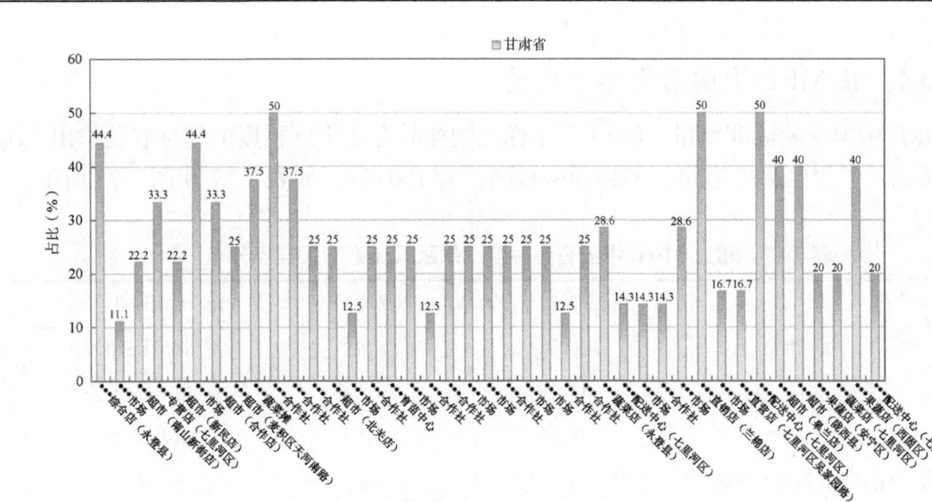

图 7-22-2　超过 MRL 日本标准水果蔬菜在不同采样点分布

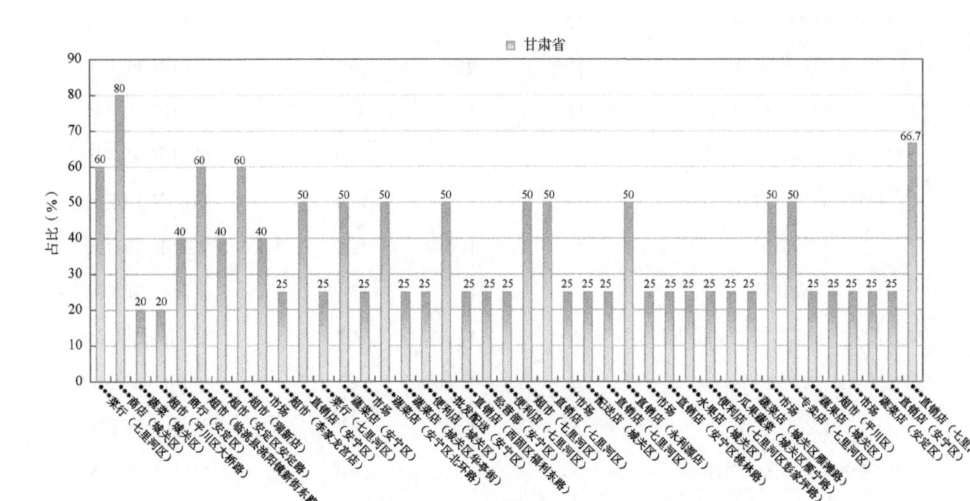

图 7-22-3　超过 MRL 日本标准水果蔬菜在不同采样点分布

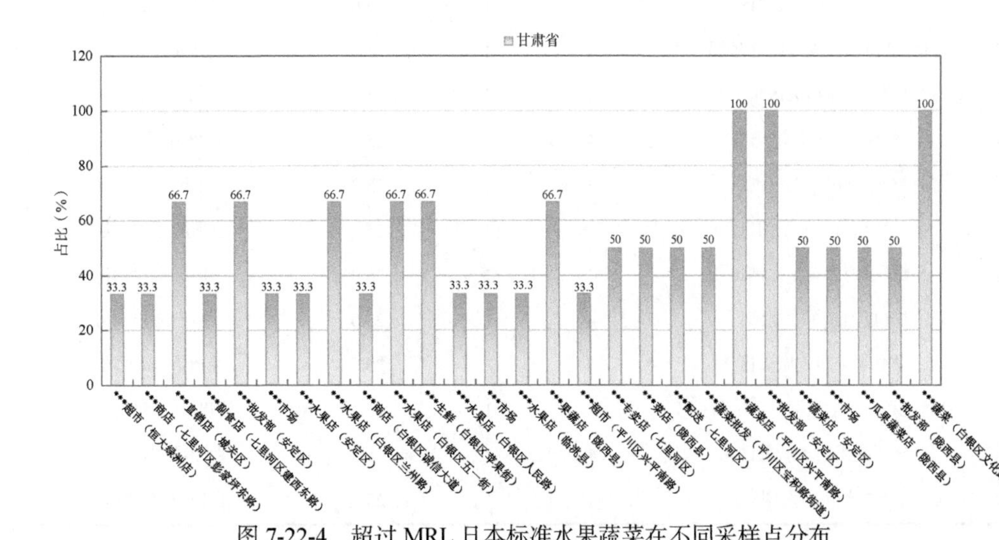

图 7-22-4　超过 MRL 日本标准水果蔬菜在不同采样点分布

7.2.3.4 按 MRL 中国香港标准衡量

按 MRL 中国香港标准衡量，有 34 个采样点的样品存在不同程度的超标农药检出，其中***蔬菜店（平川区兴平南路）的超标率最高，为 100.0%，如表 7-17 和图 7-23 所示。

表 7-17 超过 MRL 中国香港标准水果蔬菜在不同采样点分布

序号	采样点	样品总数	超标数量	超标率（%）	行政区域
1	***市场	16	1	6.2	兰州市 七里河区
2	***超市（白银店）	14	1	7.1	白银市 白银区
3	***市场	13	1	7.7	白银市 白银区
4	***直销店（红古区平安路）	12	1	8.3	兰州市 红古区
5	***蔬菜店（城关区）	12	1	8.3	兰州市 城关区
6	***批发中心（榆中县）	12	1	8.3	兰州市 榆中县
7	***蔬菜店（城关区）	12	2	16.7	兰州市 城关区
8	***蔬菜店（永登县）	11	1	9.1	兰州市 永登县
9	***果蔬店（皋兰县石洞镇）	10	1	10.0	兰州市 皋兰县
10	***百货店（白银区）	10	1	10.0	白银市 白银区
11	***市场	8	1	12.5	张掖市 高台县
12	***合作社	8	1	12.5	张掖市 甘州区
13	***直营店（七里河区吴家园路）	6	1	16.7	兰州市 七里河区
14	***配送中心（七里河区）	6	1	16.7	兰州市 七里河区
15	***果蔬店（安宁区）	5	1	20.0	兰州市 安宁区
16	***超市（平川区大桥路）	5	1	20.0	白银市 平川区
17	***超市（瑞新店）	5	1	20.0	定西市 临洮县
18	***蔬菜店（安宁区）	4	1	25.0	兰州市 安宁区
19	***蔬菜店（安宁区北环路）	4	1	25.0	兰州市 安宁区
20	***蔬菜店（城关区华亭街）	4	1	25.0	兰州市 城关区
21	***经营部（安宁区）	4	1	25.0	兰州市 安宁区
22	***便利店（七里河区）	4	1	25.0	兰州市 七里河区
23	***超市（七里河区）	4	1	25.0	兰州市 七里河区
24	***直销店（七里河区）	4	1	25.0	兰州市 七里河区
25	***直销店（七里河区）	4	1	25.0	兰州市 七里河区
26	***水果店（城关区）	4	1	25.0	兰州市 城关区
27	***便利店（七里河区彭家坪路）	4	1	25.0	兰州市 七里河区
28	***蔬果店（城关区）	4	1	25.0	兰州市 城关区
29	***超市（平川区）	4	1	25.0	白银市 平川区

续表

序号	采样点	样品总数	超标数量	超标率（%）	行政区域
30	***直销店（安宁区）	4	1	25.0	兰州市 安宁区
31	***直销店（七里河区）	3	1	33.3	兰州市 七里河区
32	***直销店（城关区）	3	1	33.3	兰州市 城关区
33	***蔬菜店（平川区长征街道）	2	1	50.0	白银市 平川区
34	***蔬菜店（平川区兴平南路）	2	2	100.0	白银市 平川区

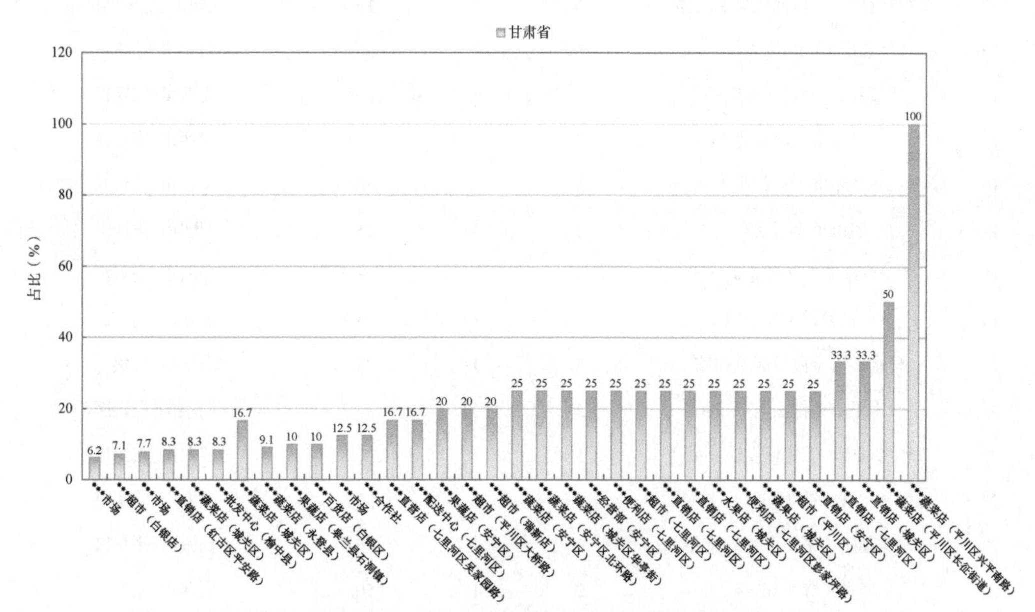

图 7-23 超过 MRL 中国香港标准水果蔬菜在不同采样点分布

7.2.3.5 按 MRL 美国标准衡量

按 MRL 美国标准衡量，有 25 个采样点的样品存在不同程度的超标农药检出，其中***蔬菜店（平川区兴平南路）和***批发部（安定区）的超标率最高，为 50.0%，如表 7-18 和图 7-24 所示。

表 7-18 超过 MRL 美国水果蔬菜在不同采样点分布

序号	采样点	样品总数	超标数量	超标率（%）	行政区域
1	***市场	16	1	6.2	兰州市 七里河区
2	***超市（白银店）	14	2	14.3	白银市 白银区
3	***市场	13	2	15.4	白银市 白银区
4	***市场	12	1	8.3	白银市 白银区
5	***批发中心（榆中县）	12	1	8.3	兰州市 榆中县

续表

序号	采样点	样品总数	超标数量	超标率（%）	行政区域
6	***蔬菜店（城关区）	12	1	8.3	兰州市 城关区
7	***超市（平川区兴平路街道）	11	1	9.1	白银市 平川区
8	***蔬菜店（城关区）	11	1	9.1	兰州市 城关区
9	***蔬菜店（永登县）	11	1	9.1	兰州市 永登县
10	***市场	10	1	10.0	定西市 安定区
11	***市场	6	1	16.7	白银市 平川区
12	***直营店（七里河区吴家园路）	6	1	16.7	兰州市 七里河区
13	***超市（平川区大桥路）	5	1	20.0	白银市 平川区
14	***超市（安定区安定路）	5	1	20.0	定西市 安定区
15	***超市（海旺店）	5	1	20.0	定西市 安定区
16	***超市（瑞新店）	5	1	20.0	定西市 临洮县
17	***超市（李家龙宫店）	4	1	25.0	定西市 陇西县
18	***蔬菜店（安定区）	4	1	25.0	定西市 安定区
19	***批发部（安定区）	3	1	33.3	定西市 安定区
20	***水果店（白银区兰州路）	3	1	33.3	白银市 白银区
21	***水果店（白银区五一街）	3	1	33.3	白银市 白银区
22	***水果店（安定区友谊南路）	3	1	33.3	定西市 安定区
23	***百货铺（临洮县）	3	1	33.3	定西市 临洮县
24	***蔬菜店（平川区兴平南路）	2	1	50.0	白银市 平川区
25	***批发部（安定区）	2	1	50.0	定西市 安定区

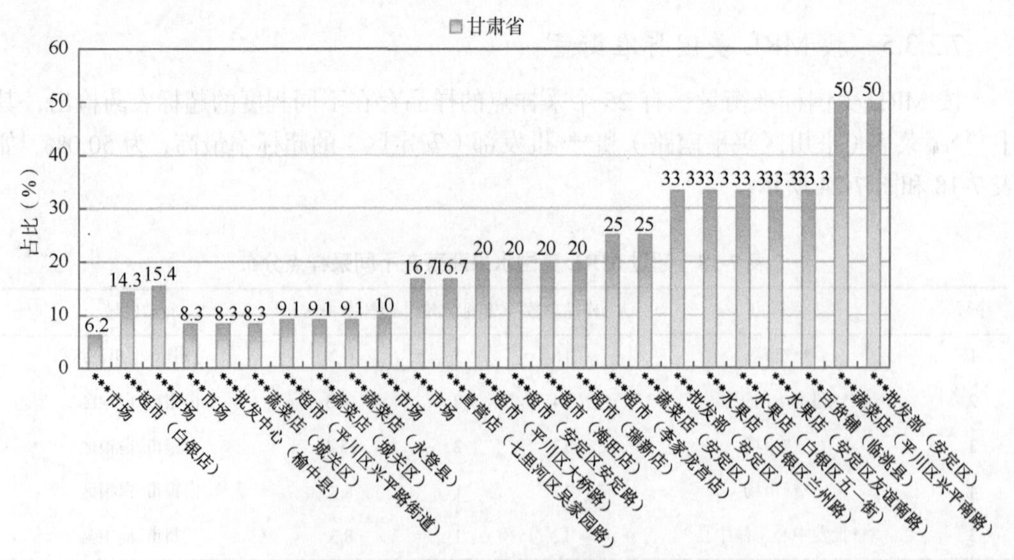

图 7-24　超过 MRL 美国标准水果蔬菜在不同采样点分布

7.2.3.6　按 MRL CAC 标准衡量

按 MRL CAC 标准衡量，有 5 个采样点的样品存在不同程度的超标农药检出，其中***直营店（七里河区吴家园路）的超标率最高，为 16.7%，如表 7-19 和图 7-25 所示。

表 7-19　超过 MRL CAC 标准水果蔬菜在不同采样点分布

序号	采样点	样品总数	超标数量	超标率（%）	行政区域
1	***超市（白银店）	14	1	7.1	白银市 白银区
2	***市场	13	1	7.7	白银市 白银区
3	***直销店（红古区平安路）	12	1	8.3	兰州市 红古区
4	***蔬菜店（永登县）	11	1	9.1	兰州市 永登县
5	***直营店（七里河区吴家园路）	6	1	16.7	兰州市 七里河区

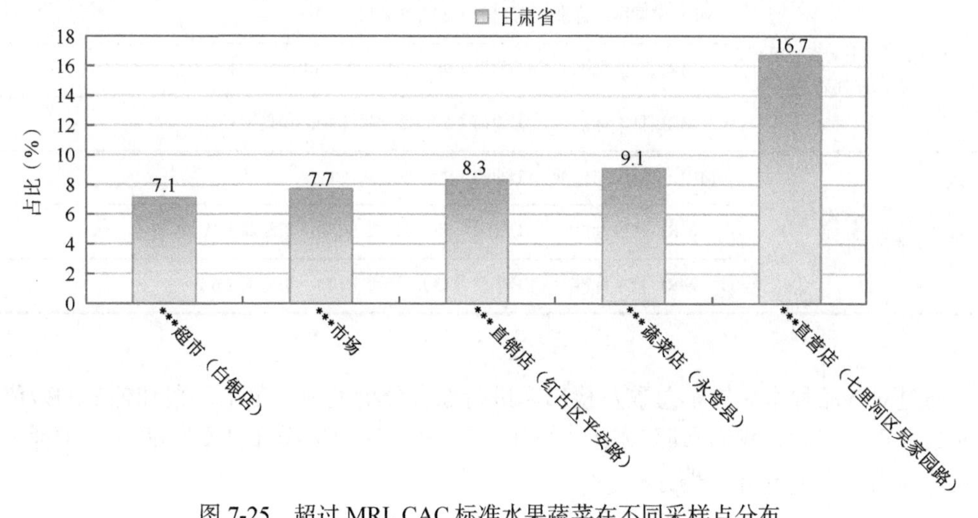

图 7-25　超过 MRL CAC 标准水果蔬菜在不同采样点分布

7.3　水果中农药残留分布

7.3.1　检出农药品种和频次排前 3 的水果

本次残留侦测的水果共 3 种，包括葡萄、苹果和梨。

根据检出农药品种及频次进行排名，将各项排名前 3 位的水果样品检出情况列表说明，详见表 7-20。

表 7-20　检出农药品种和频次排名前 3 的水果

检出农药品种排名前 3（品种）	①葡萄（34），②苹果（28），③梨（26）
检出农药频次排名前 3（频次）	①苹果（146），②葡萄（143），③梨（116）
检出禁用、高毒及剧毒农药品种排名前 3（品种）	①梨（3），②苹果（3），③葡萄（2）
检出禁用、高毒及剧毒农药频次排名前 3（频次）	①苹果（34），②梨（22），③葡萄（6）

7.3.2　超标农药品种和频次排前 3 的水果

鉴于 MRL 欧盟标准和日本标准制定比较全面且覆盖率较高，我们参照 MRL 中国国家标准、欧盟标准和日本标准衡量水果样品中农残检出情况，将超标农药品种及频次排名前 3 的水果列表说明，详见表 7-21。

表 7-21　超标农药品种和频次排名前 3 的水果

超标农药品种排名前 3（农药品种数）	MRL 中国国家标准	①葡萄（2），②苹果（1）
	MRL 欧盟标准	①苹果（9），②梨（8），③葡萄（8）
	MRL 日本标准	①葡萄（5），②苹果（4），③梨（3）
超标农药频次排名前 3（农药频次数）	MRL 中国国家标准	①葡萄（2），②苹果（1）
	MRL 欧盟标准	①苹果（55），②梨（24），③葡萄（11）
	MRL 日本标准	①苹果（23），②梨（14），③葡萄（6）

通过对各品种水果样本总数及检出率进行综合分析发现，苹果、梨和葡萄的残留污染最为严重，在此，我们参照 MRL 中国国家标准、欧盟标准和日本标准对这 3 种水果的农残检出情况进行进一步分析。

7.3.3　农药残留检出率较高的水果样品分析

7.3.3.1　苹果

这次共检测 43 例苹果样品，41 例样品中检出了农药残留，检出率为 95.3%，检出农药共计 28 种。其中毒死蜱、甲醚菊酯、1,4-二甲基萘、戊唑醇和炔螨特检出频次较高，分别检出了 31、21、17、16 和 14 次。苹果中农药检出品种和频次见图 7-26，超标农药见图 7-27 和表 7-22。

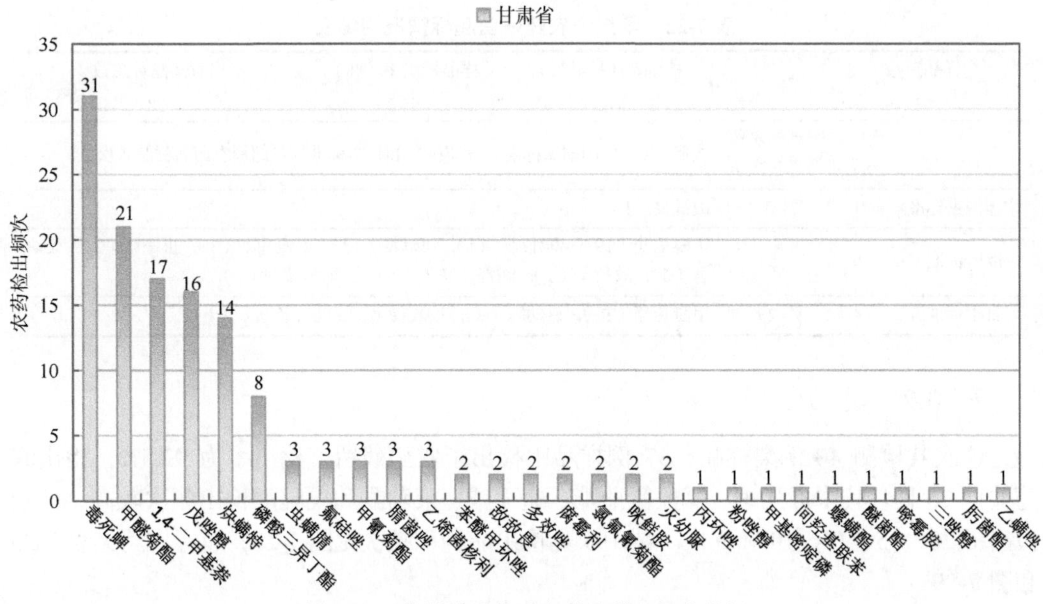

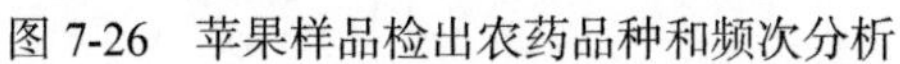
图 7-26　苹果样品检出农药品种和频次分析

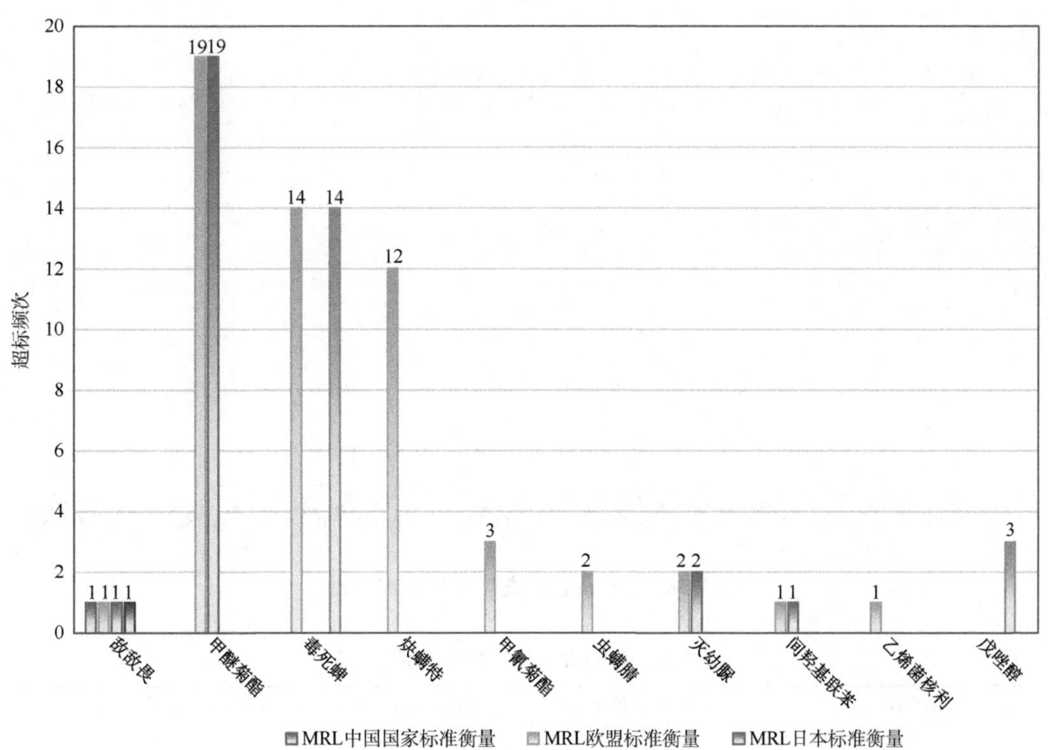

图 7-27　苹果样品中超标农药分析

表 7-22　苹果中农药残留超标情况明细表

样品总数			检出农药样品数	样品检出率（%）	检出农药品种总数
43			41	95.3	28
	超标农药品种	超标农药频次	按照 MRL 中国国家标准、欧盟标准和日本标准衡量超标农药名称及频次		
中国国家标准	1	1	敌敌畏（1）		
欧盟标准	9	55	甲醚菊酯（19），毒死蜱（14），炔螨特（12），甲氰菊酯（3），虫螨腈（2），灭幼脲（2），敌敌畏（1），间羟基联苯（1），乙烯菌核利（1）		
日本标准	4	23	甲醚菊酯（19），灭幼脲（2），敌敌畏（1），间羟基联苯（1）		

7.3.3.2　梨

这次共检测 40 例梨样品，37 例样品中检出了农药残留，检出率为 92.5%，检出农药共计 26 种。其中毒死蜱、氯氟氰菊酯、速灭威、茉莉酮和戊唑醇检出频次较高，分别检出了 20、15、13、10 和 9 次。梨中农药检出品种和频次见图 7-28，超标农药见表 7-23 和图 7-29。

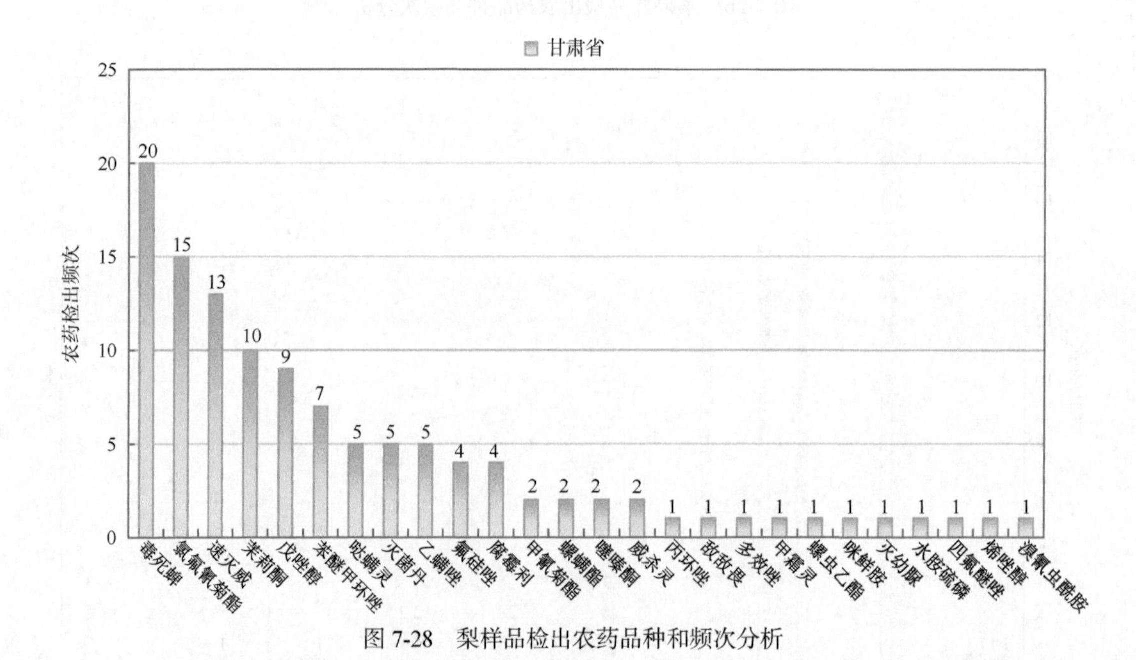

图 7-28　梨样品检出农药品种和频次分析

表 7-23　梨中农药残留超标情况明细表

样品总数			检出农药样品数	样品检出率（%）	检出农药品种总数
40			37	92.5	26
	超标农药品种	超标农药频次	按照 MRL 中国国家标准、欧盟标准和日本标准衡量超标农药名称及频次		
中国国家标准	0	0			
欧盟标准	8	24	速灭威（11），毒死蜱（6），氯氟氰菊酯（2），敌敌畏（1），氟硅唑（1），甲氰菊酯（1），灭幼脲（1），噻嗪酮（1）		
日本标准	3	14	速灭威（11），灭菌丹（2），灭幼脲（1）		

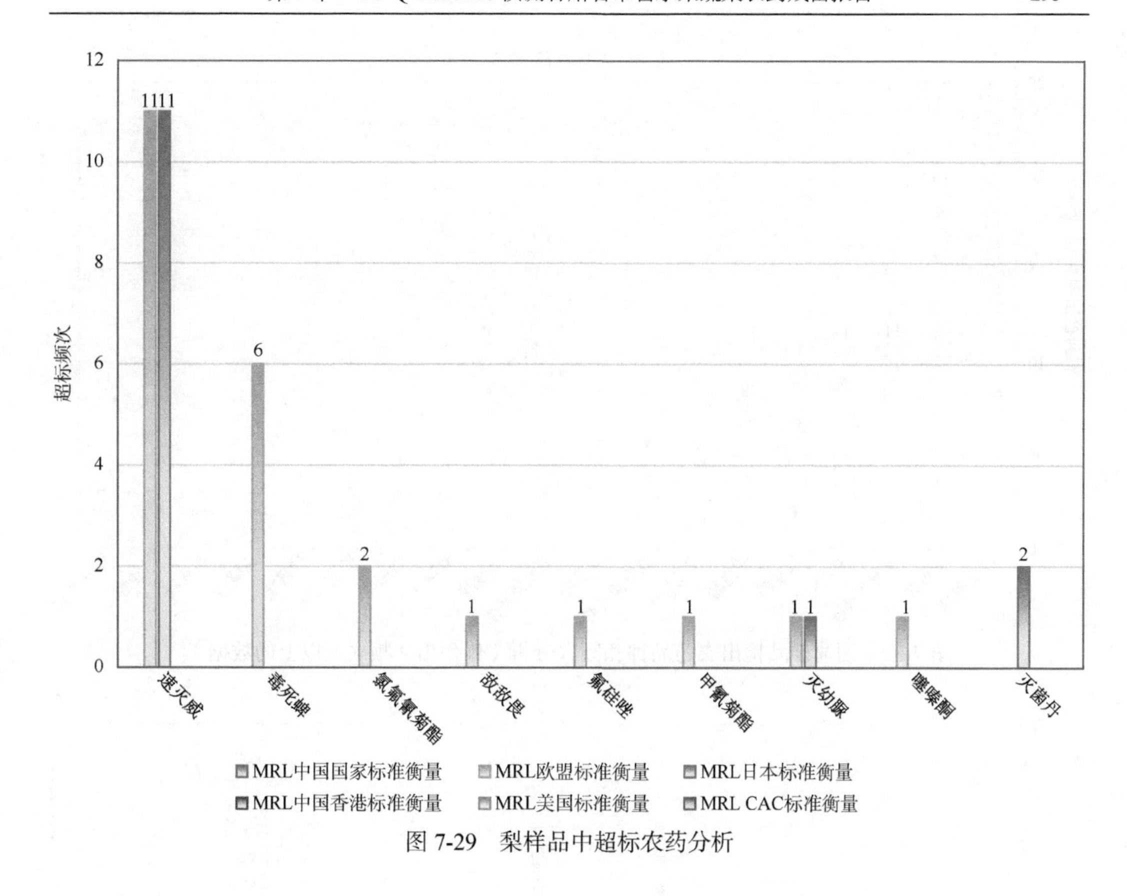

图 7-29　梨样品中超标农药分析

7.3.3.3　葡萄

这次共检测 42 例葡萄样品，36 例样品中检出了农药残留，检出率为 85.7%，检出农药共计 34 种。其中烯酰吗啉、嘧霉胺、苯醚甲环唑、腐霉利和戊唑醇检出频次较高，分别检出了 22、19、11、11 和 10 次。葡萄中农药检出品种和频次见图 7-30，超标农药见图 7-31 和表 7-24。

表 7-24　葡萄中农药残留超标情况明细表

样品总数			检出农药样品数	样品检出率（%）	检出农药品种总数
42			36	85.7	34
	超标农药品种	超标农药频次	按照 MRL 中国国家标准、欧盟标准和日本标准衡量超标农药名称及频次		
中国国家标准	2	2	敌草腈（1），氟吡菌酰胺（1）		
欧盟标准	8	11	虫螨腈（2），氟硅唑（2），腐霉利（2），敌草腈（1），毒死蜱（1），氟吡菌酰胺（1），己唑醇（1），噻呋酰胺（1）		
日本标准	5	6	腐霉利（2），敌草腈（1），氟环唑（1），己唑醇（1），噻呋酰胺（1）		

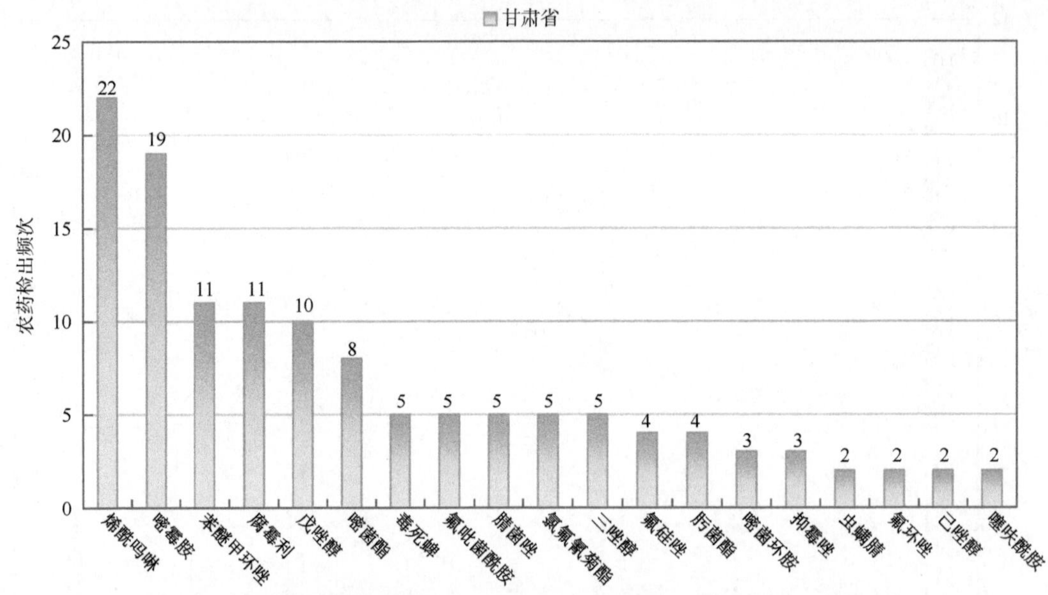

图 7-30　葡萄样品检出农药品种和频次分析（仅列出 2 频次及以上的数据）

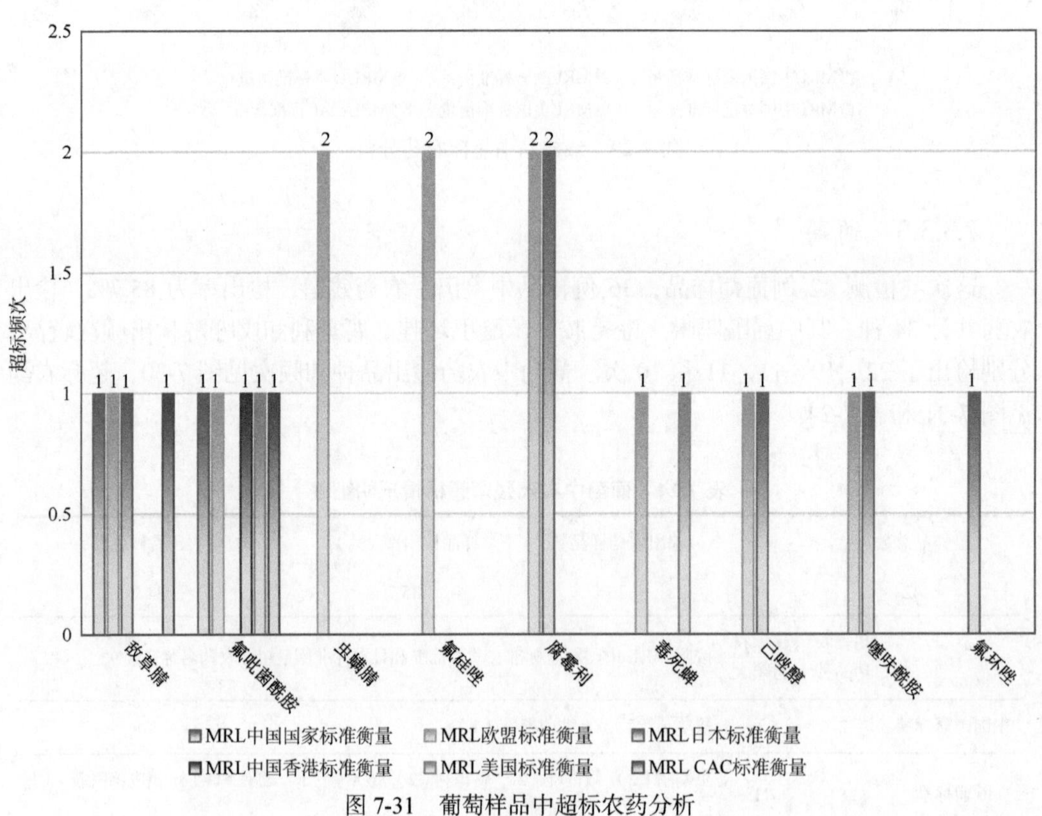

图 7-31　葡萄样品中超标农药分析

7.4 蔬菜中农药残留分布

7.4.1 检出农药品种和频次排前 10 的蔬菜

本次残留侦测的蔬菜共 17 种，包括辣椒、结球甘蓝、芹菜、小白菜、小油菜、番茄、大白菜、娃娃菜、茄子、黄瓜、西葫芦、花椰菜、马铃薯、菠菜、豇豆、紫甘蓝和菜豆。

根据检出农药品种及频次进行排名，将各项排名前 10 位的蔬菜样品检出情况列表说明，详见表 7-25。

表 7-25 检出农药品种和频次排名前 10 的蔬菜

检出农药品种排名前 10（品种）	①辣椒（55），②番茄（53），③小油菜（45），④芹菜（44），⑤黄瓜（40），⑥菜豆（37），⑦豇豆（31），⑧菠菜（30），⑨小白菜（26），⑩茄子（24）
检出农药频次排名前 10（频次）	①小油菜（379），②番茄（341），③小白菜（213），④菜豆（211），⑤芹菜（205），⑥黄瓜（186），⑦辣椒（173），⑧菠菜（117），⑨豇豆（111），⑩茄子（90）
检出禁用、高毒及剧毒农药品种排名前 10（品种）	①芹菜（7），②小油菜（4），③菠菜（3），④番茄（3），⑤黄瓜（3），⑥豇豆（3），⑦菜豆（2），⑧花椰菜（2），⑨辣椒（2），⑩小白菜（2）
检出禁用、高毒及剧毒农药频次排名前 10（频次）	①芹菜（31），②黄瓜（16），③小油菜（11），④辣椒（7），⑤豇豆（6），⑥菜豆（5），⑦番茄（5），⑧菠菜（4），⑨大白菜（3），⑩小白菜（3）

7.4.2 超标农药品种和频次排前 10 的蔬菜

鉴于 MRL 欧盟标准和日本标准制定比较全面且覆盖率较高，我们参照 MRL 中国国家标准、欧盟标准和日本标准衡量蔬菜样品中农残检出情况，将超标农药品种及频次排名前 10 的蔬菜列表说明，详见表 7-26。

表 7-26 超标农药品种和频次排名前 10 的蔬菜

超标农药品种排名前 10（农药品种数）	MRL 中国国家标准	①芹菜（3），②豇豆（2），③黄瓜（1），④小油菜（1）
	MRL 欧盟标准	①小油菜（27），②芹菜（25），③菜豆（17），④豇豆（16），⑤番茄（14），⑥辣椒（13），⑦小白菜（12），⑧菠菜（11），⑨黄瓜（11），⑩茄子（9）
	MRL 日本标准	①菜豆（25），②豇豆（23），③小油菜（21），④芹菜（16），⑤菠菜（12），⑥小白菜（9），⑦番茄（8），⑧黄瓜（7），⑨辣椒（6），⑩茄子（4）
超标农药频次排名前 10（农药频次数）	MRL 中国国家标准	①芹菜（5），②豇豆（3），③小油菜（3），④黄瓜（2）
	MRL 欧盟标准	①小油菜（139），②小白菜（57），③菜豆（44），④芹菜（42），⑤豇豆（35），⑥辣椒（35），⑦黄瓜（32），⑧番茄（31），⑨茄子（28），⑩大白菜（19）
	MRL 日本标准	①小油菜（99），②菜豆（81），③豇豆（61），④芹菜（25），⑤菠菜（23），⑥小白菜（22），⑦茄子（20），⑧番茄（19），⑨大白菜（18），⑩黄瓜（18）

通过对各品种蔬菜样本总数及检出率进行综合分析发现，芹菜、小油菜和番茄的残留污染最为严重，在此，我们参照 MRL 中国国家标准、欧盟标准和日本标准对这 3 种蔬菜的农残检出情况进行进一步分析。

7.4.3　农药残留检出率较高的蔬菜样品分析

7.4.3.1　芹菜

这次共检测 37 例芹菜样品，全部检出了农药残留，检出率为 100.0%，检出农药共计 44 种。其中烯酰吗啉、丙溴磷、毒死蜱、苯醚甲环唑和吡唑醚菌酯检出频次较高，分别检出了 32、21、19、12 和 8 次。芹菜中农药检出品种和频次见图 7-32，超标农药见图 7-33 和表 7-27。

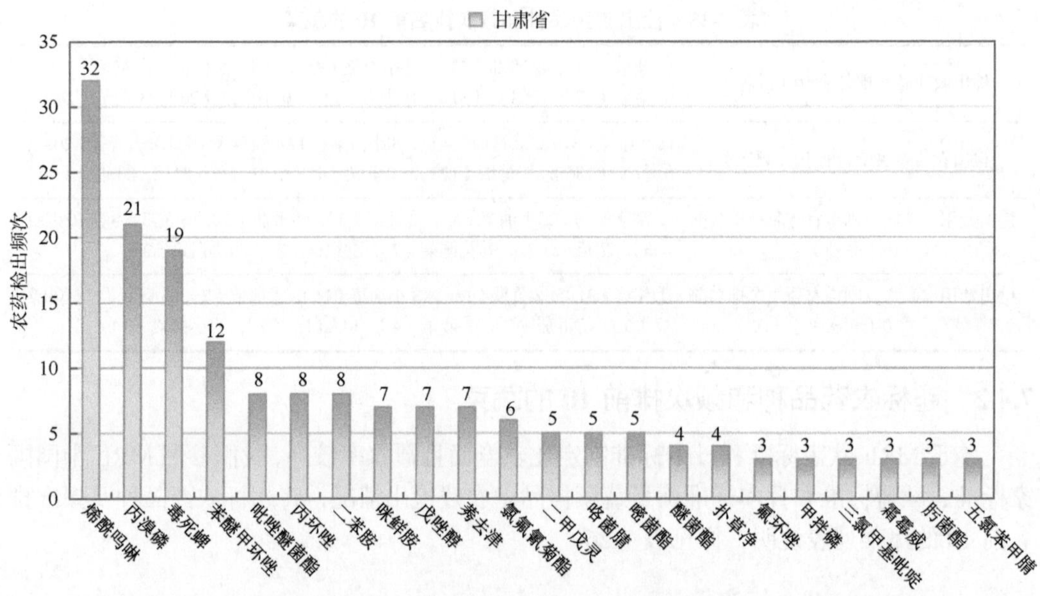

图 7-32　芹菜样品检出农药品种和频次分析（仅列出 3 频次及以上的数据）

表 7-27　芹菜中农药残留超标情况明细表

样品总数		检出农药样品数	样品检出率（%）	检出农药品种总数
37		37	100	44
	超标农药品种	超标农药频次	按照 MRL 中国国家标准、欧盟标准和日本标准衡量超标农药名称及频次	
中国国家标准	3	5	毒死蜱（2），甲拌磷（2），克百威（1）	
欧盟标准	25	42	丙环唑（6），毒死蜱（3），咪鲜胺（3），霜霉威（3），8-羟基喹啉（2），丙溴磷（2），甲拌磷（2），腈菌唑（2），醚菌酯（2），五氯苯甲腈（2），虫螨腈（1），哒螨灵（1），敌敌畏（1），氟吡菌酰胺（1），氟硅唑（1），腐霉利（1），甲霜灵（1），克百威（1），联苯菊酯（1），灭幼脲（1），噻呋酰胺（1），三氯甲基吡啶（1），三唑醇（1），三唑酮（1），戊唑醇（1）	
日本标准	16	25	咯菌腈（5），8-羟基喹啉（2），丙溴磷（2），毒死蜱（2），腈菌唑（2），五氯苯甲腈（2），哒螨灵（1），氟吡菌酰胺（1），氟硅唑（1），氟环唑（1），腐霉利（1），联苯菊酯（1），灭幼脲（1），噻呋酰胺（1），三氯甲基吡啶（1），戊唑醇（1）	

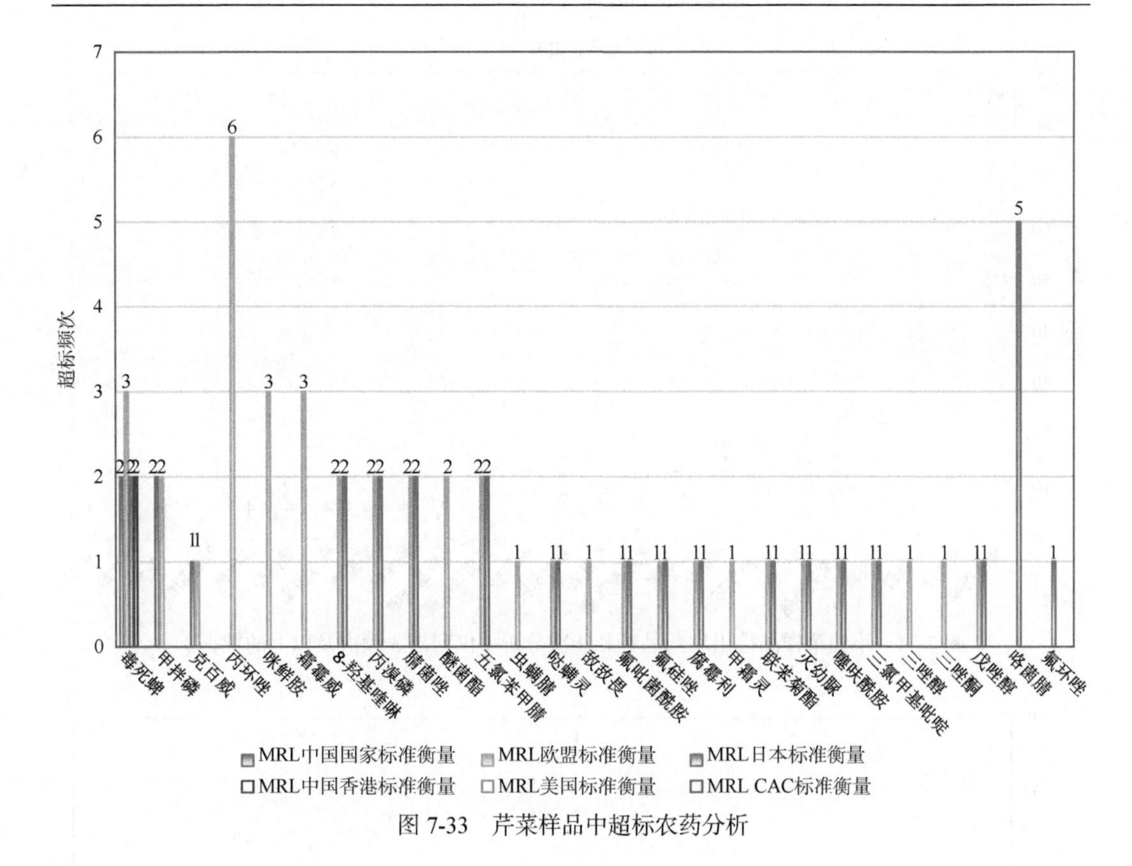

图 7-33　芹菜样品中超标农药分析

7.4.3.2　小油菜

这次共检测 86 例小油菜样品，85 例样品中检出了农药残留，检出率为 98.8%，检出农药共计 45 种。其中烯酰吗啉、灭菌丹、虫螨腈、丙溴磷和氯氟氰菊酯检出频次较高，分别检出了 83、50、42、21 和 21 次。小油菜中农药检出品种和频次见图 7-34，超标农药见图 7-35 和表 7-28。

表 7-28　小油菜中农药残留超标情况明细表

样品总数			检出农药样品数	样品检出率（%）	检出农药品种总数
86			85	98.8	45
	超标农药品种	超标农药频次	按照 MRL 中国国家标准、欧盟标准和日本标准衡量超标农药名称及频次		
中国国家标准	1	3	克百威（3）		
欧盟标准	27	139	虫螨腈（35），丙溴磷（18），氯氟氰菊酯（15），哒螨灵（12），烯酰吗啉（11），克百威（8），丙环唑（7），8-羟基喹啉（4），联苯菊酯（3），唑胺菌酯（3），百菌清（2），噁霜灵（2），腐霉利（2），咪鲜胺（2），嘧霉胺（2），五氯苯甲腈（2），苯醚氰菊酯（1），吡唑醚菌酯（1），蒽醌（1），粉唑醇（1），氟硅唑（1），醚菌酯（1），灭幼脲（1），三唑醇（1），三唑酮（1），威杀灵（1），烯唑醇（1）		
日本标准	21	99	丙溴磷（18），苯醚甲环唑（15），氯氟氰菊酯（15），哒螨灵（12），吡唑醚菌酯（10），8-羟基喹啉（4），灭菌丹（3），茚虫威（3），唑胺菌酯（3），腐霉利（2），咪鲜胺（2），嘧霉胺（2），五氯苯甲腈（2），苯醚氰菊酯（1），蒽醌（1），粉唑醇（1），氟硅唑（1），醚菌酯（1），灭幼脲（1），威杀灵（1），烯唑醇（1）		

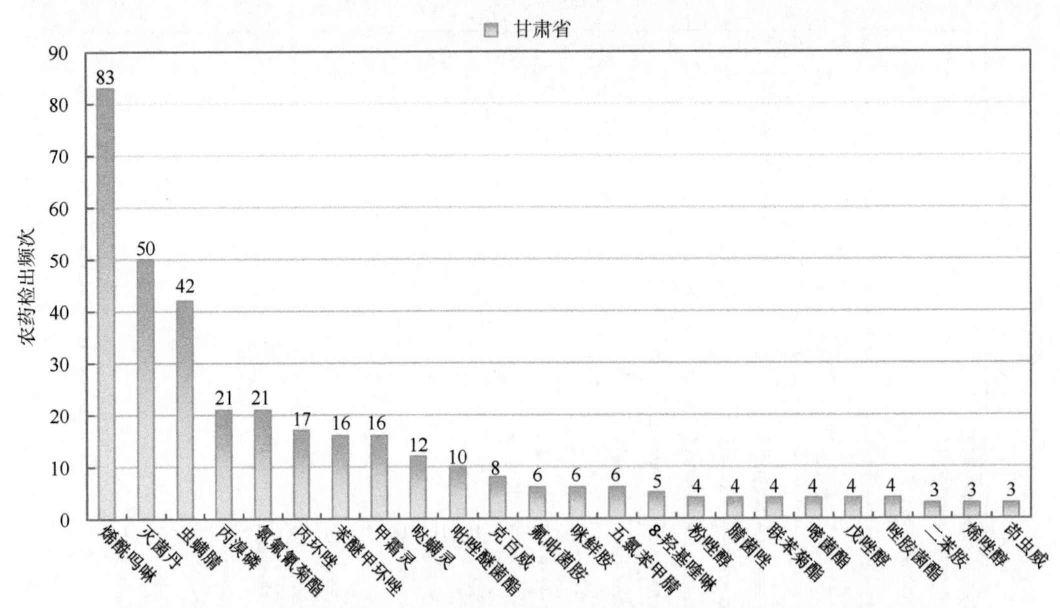

图 7-34 小油菜样品检出农药品种和频次分析（仅列出 3 频次及以上的数据）

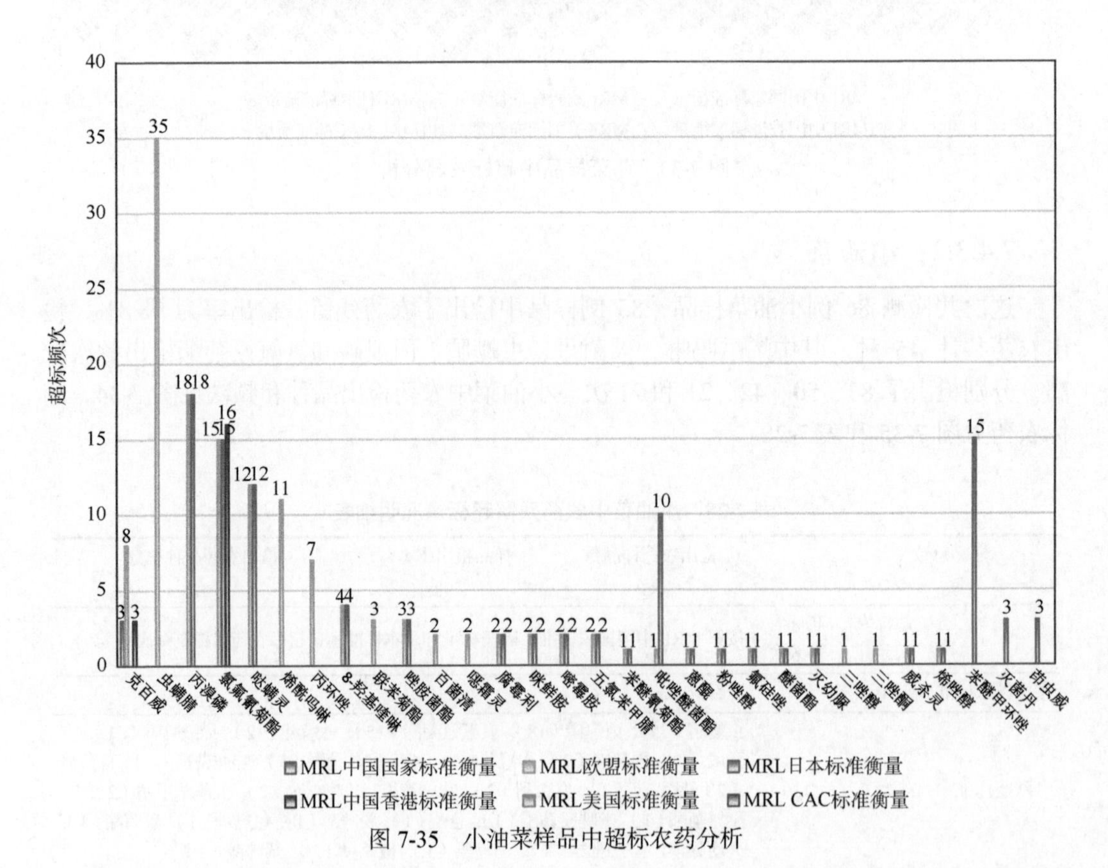

图 7-35 小油菜样品中超标农药分析

7.4.3.3 番茄

这次共检测 68 例番茄样品，65 例样品中检出了农药残留，检出率为 95.6%，检出农药共计 53 种。其中灭菌丹、氯氟氰菊酯、烯酰吗啉、苯醚甲环唑和戊唑醇检出频次较高，分别检出了 39、29、25、22 和 16 次。番茄中农药检出品种和频次见图 7-36，超标农药见图 7-37 和表 7-29。

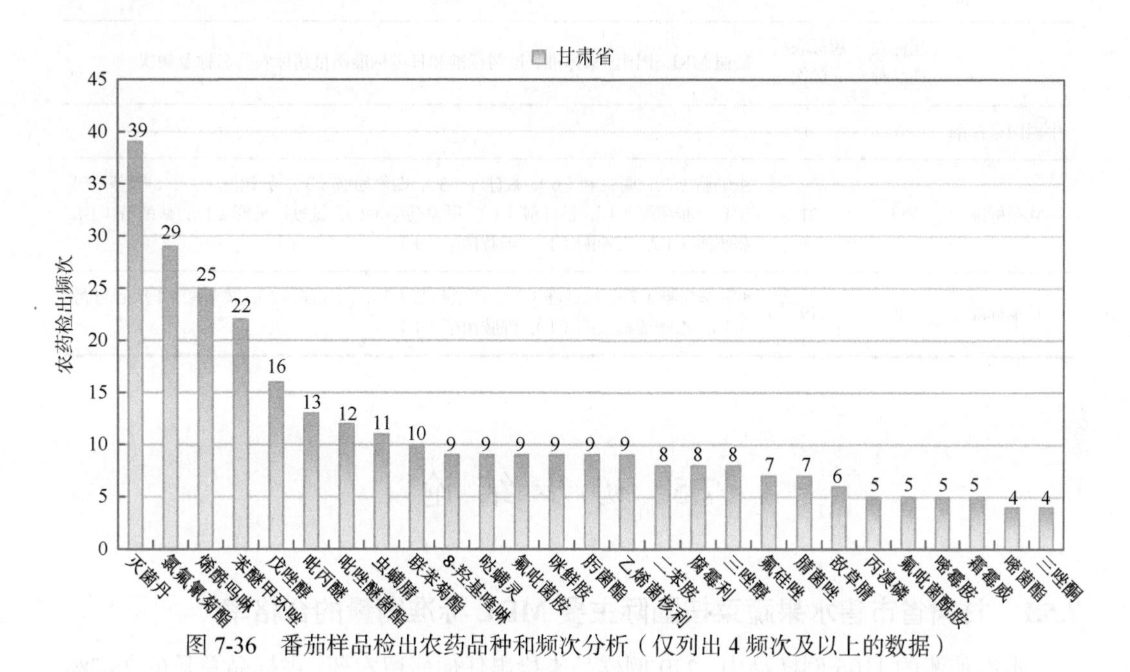

图 7-36　番茄样品检出农药品种和频次分析（仅列出 4 频次及以上的数据）

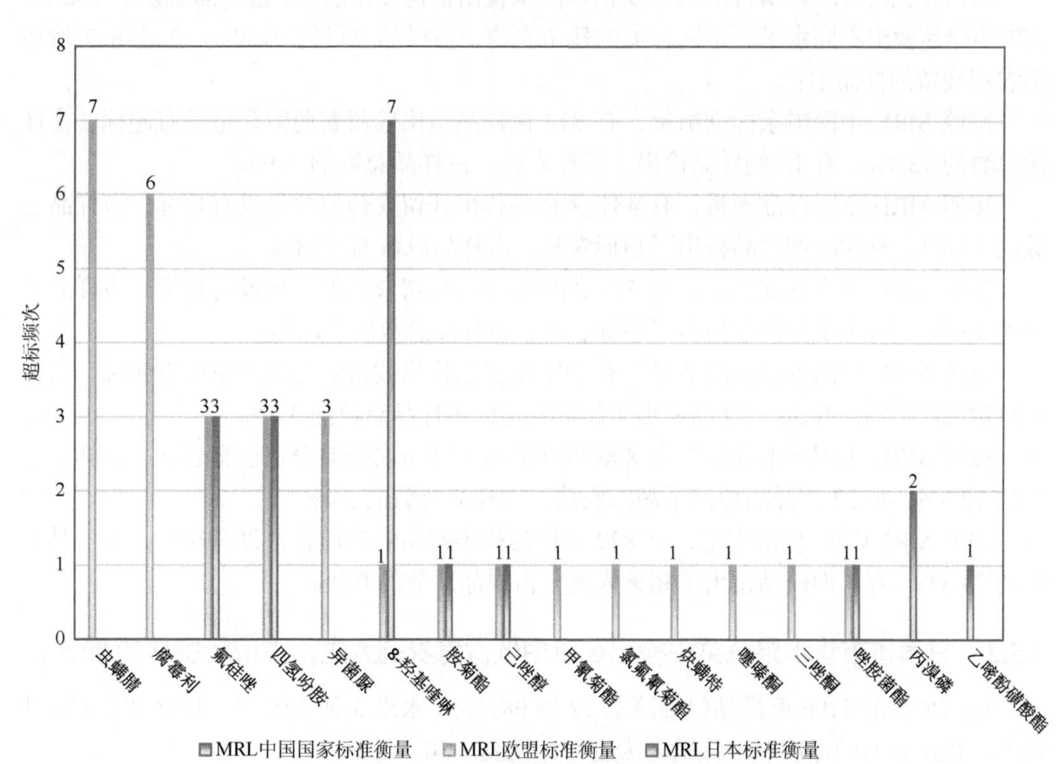

图 7-37　番茄样品中超标农药分析

表 7-29 番茄中农药残留超标情况明细表

样品总数			检出农药样品数	样品检出率（%）	检出农药品种总数
68			65	95.6	53
	超标农药品种	超标农药频次	按照 MRL 中国国家标准、欧盟标准和日本标准衡量超标农药名称及频次		
中国国家标准	0	0			
欧盟标准	14	31	虫螨腈（7），腐霉利（6），氟硅唑（3），四氢吩胺（3），异菌脲（3），8-羟基喹啉（1），胺菊酯（1），己唑醇（1），甲氰菊酯（1），氯氟氰菊酯（1），炔螨特（1），噻嗪酮（1），三唑酮（1），唑胺菌酯（1）		
日本标准	8	19	8-羟基喹啉（7），氟硅唑（3），四氢吩胺（3），丙溴磷（2），胺菊酯（1），己唑醇（1），乙嘧酚磺酸酯（1），唑胺菌酯（1）		

7.5 初步结论

7.5.1 甘肃省市售水果蔬菜按国际主要 MRL 标准衡量的合格率

本次侦测的 1106 例样品中，279 例样品未检出任何残留农药，占样品总量的 25.2%，827 例样品检出不同水平、不同种类的残留农药，占样品总量的 74.8%。在这 827 例检出农药残留的样品中：

按照 MRL 中国国家标准衡量，有 812 例样品检出残留农药但含量没有超标，占样品总数的 73.4%，有 15 例样品检出了超标农药，占样品总数的 1.4%。

按照 MRL 欧盟标准衡量，有 431 例样品检出残留农药但含量没有超标，占样品总数的 39.0%，有 396 例样品检出了超标农药，占样品总数的 35.8%。

按照 MRL 日本标准衡量，有 515 例样品检出残留农药但含量没有超标，占样品总数的 46.6%，有 312 例样品检出了超标农药，占样品总数的 28.2%。

按照 MRL 中国香港标准衡量，有 791 例样品检出残留农药但含量没有超标，占样品总数的 71.5%，有 36 例样品检出了超标农药，占样品总数的 3.3%。

按照 MRL 美国标准衡量，有 800 例样品检出残留农药但含量没有超标，占样品总数的 72.3%，有 27 例样品检出了超标农药，占样品总数的 2.4%。

按照 MRL CAC 标准衡量，有 822 例样品检出残留农药但含量没有超标，占样品总数的 74.3%，有 5 例样品检出了超标农药，占样品总数的 0.5%。

7.5.2 甘肃省市售水果蔬菜中检出药以中低微毒农药为主，占市场主体的 92.5%

这次侦测的 1106 例样品包括蔬菜 17 种 981 例，水果 3 种 125 例，共检出了 134 种农药，检出农药的毒性以中低微毒为主，详见表 7-30。

表 7-30　市场主体农药毒性分布

毒性	检出品种	占比（%）	检出频次	占比（%）
剧毒农药	5	3.7	10	0.4
高毒农药	5	3.7	43	1.6
中毒农药	48	35.8	1280	47.9
低毒农药	44	32.8	804	30.1
微毒农药	32	23.9	537	20.1
中低微毒农药，品种占比 92.5%，频次占比 98.0%				

7.5.3　检出剧毒、高毒和禁用农药现象应该警醒

在此次侦测的 1106 例样品中的 145 例样品检出了 13 种 158 频次的剧毒和高毒或禁用农药，占样品总量的 13.1%。其中剧毒农药六氯苯、甲拌磷和特丁硫磷以及高毒农药醚菌酯、克百威和敌敌畏检出频次较高。

按 MRL 中国国家标准衡量，剧毒农药甲拌磷，检出 3 次，超标 2 次；高毒农药克百威，检出 12 次，超标 5 次；敌敌畏，检出 7 次，超标 1 次；按超标程度比较，芹菜中甲拌磷超标 10.2 倍，豇豆中克百威超标 5.1 倍，芹菜中克百威超标 4.5 倍，苹果中敌敌畏超标 3.0 倍，小油菜中克百威超标 70%。

剧毒、高毒或禁用农药的检出情况及按照 MRL 中国国家标准衡量的超标情况见表 7-31。

表 7-31　剧毒、高毒或禁用农药的检出及超标明细

序号	农药名称	样品名称	检出频次	超标频次	最大超标倍数	超标率
1.1	六氯苯*	黄瓜	2	0	0	0.0%
1.2	六氯苯*	小油菜	1	0	0	0.0%
1.3	六氯苯*	菠菜	1	0	0	0.0%
2.1	治螟磷*▲	芹菜	1	0	0	0.0%
3.1	溴苯磷*	花椰菜	1	0	0	0.0%
4.1	特丁硫磷*▲	小油菜	1	0	0	0.0%
5.1	甲拌磷*▲	芹菜	3	2	10.24	66.7%
6.1	克百威◊▲	小油菜	8	3	0.72	37.5%
6.2	克百威◊▲	小白菜	2	0	0	0.0%
6.3	克百威◊▲	豇豆	1	1	5.12	100.0%
6.4	克百威◊▲	芹菜	1	1	4.495	100.0%
7.1	兹克威◊	番茄	2	0	0	0.0%
8.1	敌敌畏◊	苹果	2	1	2.991	50.0%
8.2	敌敌畏◊	芹菜	2	0	0	0.0%

续表

序号	农药名称	样品名称	检出频次	超标频次	最大超标倍数	超标率
8.3	敌敌畏◊	梨	1	0	0	0.0%
8.4	敌敌畏◊	菜豆	1	0	0	0.0%
8.5	敌敌畏◊	菠菜	1	0	0	0.0%
9.1	水胺硫磷◊▲	梨	1	0	0	0.0%
10.1	醚菌酯◊	黄瓜	8	0	0	0.0%
10.2	醚菌酯◊	辣椒	5	0	0	0.0%
10.3	醚菌酯◊	芹菜	4	0	0	0.0%
10.4	醚菌酯◊	小油菜	1	0	0	0.0%
10.5	醚菌酯◊	番茄	1	0	0	0.0%
10.6	醚菌酯◊	苹果	1	0	0	0.0%
10.7	醚菌酯◊	葡萄	1	0	0	0.0%
11.1	毒死蜱▲	苹果	31	0	0	0.0%
11.2	毒死蜱▲	梨	20	0	0	0.0%
11.3	毒死蜱▲	芹菜	19	2	3.356	10.5%
11.4	毒死蜱▲	黄瓜	6	2	3.838	33.3%
11.5	毒死蜱▲	葡萄	5	0	0	0.0%
11.6	毒死蜱▲	菜豆	4	0	0	0.0%
11.7	毒死蜱▲	大白菜	3	0	0	0.0%
11.8	毒死蜱▲	豇豆	3	0	0	0.0%
11.9	毒死蜱▲	番茄	2	0	0	0.0%
11.10	毒死蜱▲	菠菜	2	0	0	0.0%
11.11	毒死蜱▲	辣椒	2	0	0	0.0%
11.12	毒死蜱▲	马铃薯	2	0	0	0.0%
11.13	毒死蜱▲	小白菜	1	0	0	0.0%
11.14	毒死蜱▲	花椰菜	1	0	0	0.0%
11.15	毒死蜱▲	茄子	1	0	0	0.0%
12.1	硫丹▲	芹菜	1	0	0	0.0%
13.1	氯磺隆▲	豇豆	2	0	0	0.0%
合计			158	12		7.6%

注：超标倍数参照 MRL 中国国家标准衡量

*表示剧毒农药；◊表示高毒农药；▲表示禁用农药

这些超标的高剧毒或禁用农药都是中国政府早有规定禁止在水果蔬菜中使用的，为什么还屡次被检出，应该引起警惕。

7.5.4　残留限量标准与先进国家或地区差距较大

2674 频次的检出结果与我国公布的《食品中农药最大残留限量》(GB 2763—2019)对比，有 1244 频次能找到对应的 MRL 中国国家标准，占 46.5%；还有 1430 频次的侦测数据无相关 MRL 标准供参考，占 53.5%。

与国际上现行 MRL 标准对比发现：

有 2674 频次能找到对应的 MRL 欧盟标准，占 100.0%；

有 2674 频次能找到对应的 MRL 日本标准，占 100.0%；

有 1300 频次能找到对应的 MRL 中国香港标准，占 48.6%；

有 1267 频次能找到对应的 MRL 美国标准，占 47.4%；

有 861 频次能找到对应的 MRL CAC 标准，占 32.2%。

由上可见，MRL 中国国家标准与先进国家或地区标准还有很大差距，我们无标准，境外有标准，这就会导致我们在国际贸易中，处于受制于人的被动地位。

7.5.5　水果蔬菜单种样品检出 26～55 种农药残留，拷问农药使用的科学性

通过此次监测发现，葡萄、苹果和梨是检出农药品种最多的 3 种水果，辣椒、番茄和小油菜是检出农药品种最多的 3 种蔬菜，从中检出农药品种及频次详见表 7-32。

表 7-32　单种样品检出农药品种及频次

样品名称	样品总数	检出率	检出农药品种数	检出农药（频次）
辣椒	37	86.5%	55	灭菌丹（17），虫螨腈（13），氯氟氰菊酯（10），戊唑醇（9），吡唑醚菌酯（7），烯酰吗啉（7），哒螨灵（6），苯醚甲环唑（5），腈菌唑（5），醚菌酯（5），乙螨唑（5），丙环唑（4），丁苯吗啉（4），三唑醇（4），缬霉威（4），丙溴磷（3），啶酰菌胺（3），氟吡菌酰胺（3），甲霜灵（3），嘧菌胺（3），肟菌酯（3），毒死蜱（2），二苯胺（2），氟硅唑（2），腐霉利（2），硅氟唑（2），己唑醇（2），抗蚜威（2），联苯菊酯（2），咪鲜胺（2），嘧霉胺（2），炔螨特（2），噻嗪酮（2），四氟醚唑（2），五氯硝基苯（2），新燕灵（2），异丙甲草胺（2），苯硫威（1），苯霜灵（1），吡螨胺（1），粉唑醇（1），氟环唑（1），甲氯酰草胺（1），甲氰菊酯（1），甲氧丙净（1），另丁津（1），坪草丹（1），噻唑烟酸（1），三氯甲基吡啶（1），双苯酰草胺（1），五氯苯甲腈（1），烯唑醇（1），异丙威（1），莠灭净（1），莠去津（1）
番茄	68	95.6%	53	灭菌丹（39），氯氟氰菊酯（29），烯酰吗啉（25），苯醚甲环唑（22），戊唑醇（16），吡丙醚（13），吡唑醚菌酯（12），虫螨腈（11），联苯菊酯（10），8-羟基喹啉（9），哒螨灵（9），氟吡菌胺（9），咪鲜胺（9），肟菌酯（9），乙烯菌核利（9），二苯胺（8），腐霉利（8），三唑醇（8），氟硅唑（7），腈菌唑（7），敌草腈（6），丙溴磷（5），氟吡菌酰胺（5），嘧霉胺（5），霜霉威（5），嘧菌酯（4），三唑酮（4），丙环唑（3），四氢吩胺（3），异菌脲（3），吡唑萘菌胺（2），毒死蜱（2），粉唑醇（2），甲氰菊酯（2），噻嗪酮（2），兹克威（2），胺菊酯（1），吡噻菌胺（1），氟菌唑（1），氟唑菌酰胺（1），己唑醇（1），甲霜灵（1），咯菌腈（1），氯菊酯（1），马拉硫磷（1），醚菌酯（1），嘧菌环胺（1），炔螨特（1），四氟醚唑（1），溴氰虫酰胺（1），乙嘧酚磺酸酯（1），唑胺菌酯（1），唑虫酰胺（1）

续表

样品名称	样品总数	检出率	检出农药品种数	检出农药（频次）
小油菜	86	98.8%	45	烯酰吗啉（83），灭菌丹（50），虫螨腈（42），丙溴磷（21），氯氟氰菊酯（21），丙环唑（17），苯醚甲环唑（16），甲霜灵（16），哒螨灵（12），吡唑醚菌酯（10），克百威（8），氟吡菌胺（6），咪鲜胺（6），五氯苯甲腈（6），8-羟基喹啉（5），粉唑醇（4），腈菌唑（4），联苯菊酯（4），嘧菌酯（4），戊唑醇（4），唑胺菌酯（4），二苯胺（3），烯唑醇（3），茚虫威（3），百菌清（2），噁霜灵（2），腐霉利（2），嘧霉胺（2），三唑醇（2），霜霉威（2），苯醚氰菊酯（1），吡氟酰草胺（1），吡喃酮（1），多效唑（1），蒽醌（1），氟硅唑（1），己唑醇（1），六氯苯（1），醚菌酯（1），灭幼脲（1），三唑酮（1），特丁硫磷（1），威杀灵（1），乙螨唑（1），莠去津（1）
葡萄	42	85.7%	34	烯酰吗啉（22），嘧霉胺（19），苯醚甲环唑（11），腐霉利（11），戊唑醇（10），嘧菌酯（8），毒死蜱（5），氟吡菌酰胺（5），腈菌唑（5），氯氟氰菊酯（5），三唑醇（5），氟硅唑（4），肟菌酯（4），嘧菌环胺（3），抑霉唑（3），虫螨腈（2），氟环唑（2），己唑醇（2），噻呋酰胺（2），8-羟基喹啉（1），吡噻菌胺（1），敌草腈（1），啶酰菌胺（1），粉唑醇（1），氟唑菌酰胺（1），甲霜灵（1），联苯菊酯（1），咯菌腈（1），醚菌酯（1），三唑酮（1），四氟醚唑（1），戊菌唑（1），新燕灵（1），仲丁灵（1）
苹果	43	95.3%	28	毒死蜱（31），甲醚菊酯（21），1，4-二甲基萘（17），戊唑醇（16），炔螨特（14），磷酸三异丁酯（8），虫螨腈（3），氟硅唑（3），甲氰菊酯（3），腈菌唑（3），乙烯菌核利（3），苯醚甲环唑（2），敌敌畏（2），多效唑（2），腐霉利（2），氯氟氰菊酯（2），咪鲜胺（2），灭幼脲（2），丙环唑（1），粉唑醇（1），甲基嘧啶磷（1），间羟基联苯（1），螺螨酯（1），醚菌酯（1），嘧霉胺（1），三唑醇（1），肟菌酯（1），乙螨唑（1）
梨	40	92.5%	26	毒死蜱（20），氯氟氰菊酯（15），速灭威（13），茉莉酮（10），戊唑醇（9），苯醚甲环唑（7），哒螨灵（5），灭菌丹（5），乙螨唑（5），氟硅唑（4），腐霉利（4），甲氰菊酯（2），螺螨酯（2），噻嗪酮（2），威杀灵（2），丙环唑（1），敌敌畏（1），多效唑（1），甲霜灵（1），螺虫乙酯（1），咪鲜胺（1），灭幼脲（1），水胺硫磷（1），四氟醚唑（1），烯唑醇（1），溴氰虫酰胺（1）

上述 6 种水果蔬菜，检出农药 26～55 种，是多种农药综合防治，还是未严格实施农业良好管理规范（GAP），抑或根本就是乱施药，值得我们思考。

第 8 章　GC-Q-TOF/MS 侦测甘肃省市售水果蔬菜农药残留膳食暴露风险与预警风险评估

8.1　农药残留侦测数据分析与统计

庞国芳院士科研团队建立的农药残留高通量侦测技术以高分辨精确质量数（0.0001 *m/z* 为基准）为识别标准，采用 GC-Q-TOF/MS 技术对 686 种农药化学污染物进行侦测。

科研团队于 2020 年 8 月至 2020 年 10 月在甘肃省 10 个区县的 180 个采样点，随机采集了 1106 例水果蔬菜样品，采样点分布在超市、农贸市场和个体商户，各月内水果蔬菜样品采集数量如表 8-1 所示。

表 8-1　甘肃省各月内采集水果蔬菜样品数列表

时间	样品数（例）
2020 年 8 月	257
2020 年 9 月	632
2020 年 10 月	226

利用 GC-Q-TOF/MS 技术对 1106 例样品中的农药进行侦测，侦测出残留农药 2674 频次。侦测出农药残留水平如表 8-2 和图 8-1 所示。检出频次最高的前 10 种农药如表 8-3 所示。从侦测结果中可以看出，在水果蔬菜中农药残留普遍存在，且有些水果蔬菜存在高浓度的农药残留，这些可能存在膳食暴露风险，对人体健康产生危害，因此，为了定量地评价水果蔬菜中农药残留的风险程度，有必要对其进行风险评价。

表 8-2　侦测出农药的不同残留水平及其所占比例列表

残留水平（μg/kg）	检出频次	占比（%）
1～5（含）	962	36.0
5～10（含）	414	15.5
10～100（含）	913	34.1
100～1000（含）	326	12.2
>1000	59	2.2

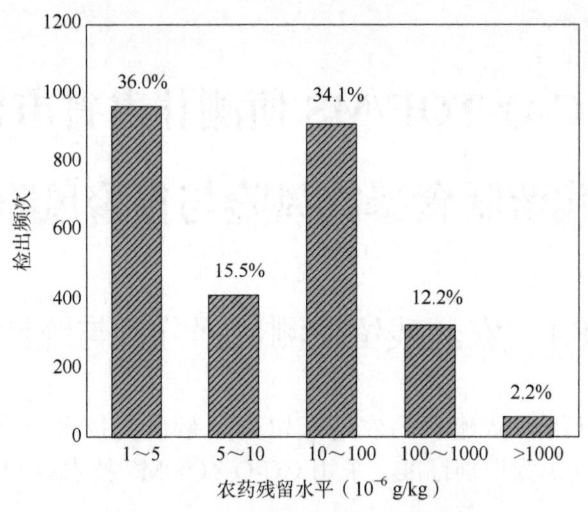

图 8-1　残留农药侦测出浓度频数分布图

表 8-3　检出频次最高的前 10 种农药列表

序号	农药	检出频次（次）
1	烯酰吗啉	363
2	灭菌丹	191
3	虫螨腈	163
4	氯氟氰菊酯	145
5	苯醚甲环唑	102
6	毒死蜱	102
7	戊唑醇	93
8	哒螨灵	89
9	甲霜灵	89
10	丙溴磷	77

本研究使用 GC-Q-TOF/MS 技术对甘肃省 1106 例样品中的农药侦测中，共侦测出农药 134 种，这些农药的每日允许最大摄入量值（ADI）见表 8-4。为评价甘肃省农药残留的风险，本研究采用两种模型分别评价膳食暴露风险和预警风险，具体的风险评价模型见附录 A。

表 8-4　甘肃省水果蔬菜中侦测出农药的 ADI 值

序号	农药	ADI	序号	农药	ADI	序号	农药	ADI
1	灭幼脲	1.25	5	醚菌酯	0.4	9	嘧菌酯	0.2
2	氯氟吡氧乙酸	1	6	霜霉威	0.4	10	嘧霉胺	0.2
3	乙氧呋草黄	1	7	马拉硫磷	0.3	11	烯酰吗啉	0.2
4	咯菌腈	0.4	8	吡氟酰草胺	0.2	12	仲丁灵	0.2

续表

序号	农药	ADI	序号	农药	ADI	序号	农药	ADI
13	吡丙醚	0.1	48	三氟甲吡醚	0.03	83	唑虫酰胺	0.006
14	吡噻菌胺	0.1	49	三唑醇	0.03	84	己唑醇	0.005
15	稻瘟灵	0.1	50	三唑酮	0.03	85	烯唑醇	0.005
16	多效唑	0.1	51	戊菌唑	0.03	86	敌敌畏	0.004
17	二甲戊灵	0.1	52	戊唑醇	0.03	87	四氟醚唑	0.004
18	腐霉利	0.1	53	溴氰虫酰胺	0.03	88	乙霉威	0.004
19	灭菌丹	0.1	54	抑霉唑	0.03	89	丁苯吗啉	0.003
20	异丙甲草胺	0.1	55	百菌清	0.02	90	水胺硫磷	0.003
21	啶氧菌酯	0.09	56	氟环唑	0.02	91	异丙威	0.002
22	二苯胺	0.08	57	抗蚜威	0.02	92	克百威	0.001
23	氟吡菌酰胺	0.08	58	氯氟氰菊酯	0.02	93	哌草丹	0.001
24	氟唑菌酰胺	0.08	59	莠去津	0.02	94	治螟磷	0.001
25	甲霜灵	0.08	60	噻呋酰胺	0.014	95	唑胺菌酯	0.001
26	莠灭净	0.072	61	苯醚甲环唑	0.01	96	甲拌磷	0.0007
27	苯霜灵	0.07	62	丙硫菌唑	0.01	97	特丁硫磷	0.0006
28	丙环唑	0.07	63	哒螨灵	0.01	98	1,4-二甲基萘	—
29	吡唑萘菌胺	0.06	64	敌草腈	0.01	99	8-羟基喹啉	—
30	异菌脲	0.06	65	毒死蜱	0.01	100	胺菊酯	—
31	仲丁威	0.06	66	噁霜灵	0.01	101	苯醚氰菊酯	—
32	螺虫乙酯	0.05	67	蒽醌	0.01	102	吡螨胺	—
33	氯菊酯	0.05	68	粉唑醇	0.01	103	吡喃酮	—
34	乙螨唑	0.05	69	氟吡菌胺	0.01	104	丙硫磷	—
35	乙嘧酚磺酸酯	0.05	70	氟酰脲	0.01	105	硅氟唑	—
36	苯氧威	0.04	71	联苯	0.01	106	甲氯酰草胺	—
37	啶酰菌胺	0.04	72	联苯菊酯	0.01	107	甲醚菊酯	—
38	氟菌唑	0.04	73	螺螨酯	0.01	108	甲氧丙净	—
39	扑草净	0.04	74	咪鲜胺	0.01	109	间羟基联苯	—
40	肟菌酯	0.04	75	炔螨特	0.01	110	腈吡螨酯	—
41	吡唑醚菌酯	0.03	76	五氯硝基苯	0.01	111	磷酸三异丁酯	—
42	丙溴磷	0.03	77	乙烯菌核利	0.01	112	另丁津	—
43	虫螨腈	0.03	78	茚虫威	0.01	113	六氯苯	—
44	甲基嘧啶磷	0.03	79	噻嗪酮	0.009	114	氯磺隆	—
45	甲氰菊酯	0.03	80	苯硫威	0.0075	115	嘧菌胺	—
46	腈菌唑	0.03	81	氟硅唑	0.007	116	灭除威	—
47	嘧菌环胺	0.03	82	硫丹	0.006	117	茉莉酮	—

续表

序号	农药	ADI	序号	农药	ADI	序号	农药	ADI
118	坪草丹	—	124	速灭威	—	130	烯虫炔酯	—
119	炔丙菊酯	—	125	特草灵	—	131	缬霉威	—
120	噻唑烟酸	—	126	特丁通	—	132	新燕灵	—
121	三氯甲基吡啶	—	127	威杀灵	—	133	溴苯磷	—
122	双苯酰草胺	—	128	五氯苯	—	134	兹克威	—
123	四氢吩胺	—	129	五氯苯甲腈	—			

注："—"表示国家标准中无 ADI 值规定；ADI 值单位为 mg/kg bw

8.2 农药残留膳食暴露风险评估

8.2.1 每例水果蔬菜样品中农药残留安全指数分析

基于农药残留侦测数据，发现在 1106 例样品中侦测出农药 2674 频次，计算样品中每种残留农药的安全指数 IFS_c，并分析农药对样品安全的影响程度，农药残留对水果蔬菜样品安全的影响程度频次分布情况如图 8-2 所示。

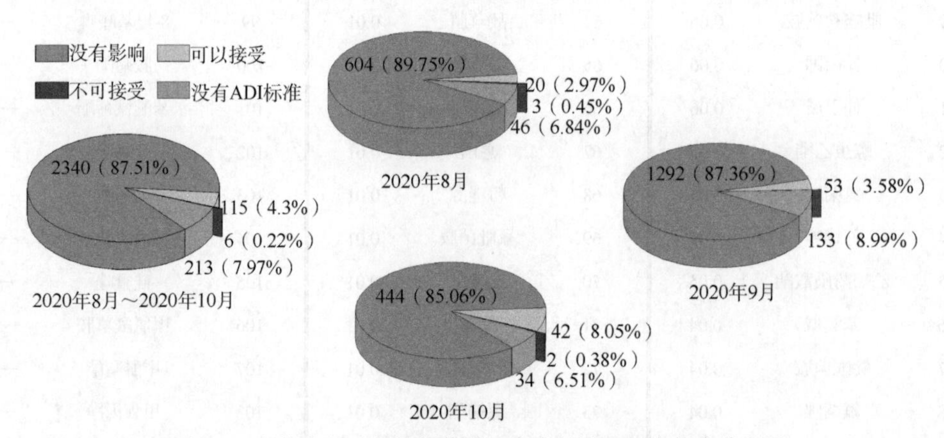

图 8-2 农药残留对水果蔬菜样品安全的影响程度频次分布图

由图 8-2 可以看出，农药残留对样品安全的影响不可接受的频次为 6，占 0.22%；农药残留对样品安全的影响可以接受的频次为 115，占 4.3%；农药残留对样品安全的没有影响的频次为 2340，占 87.51%。分析发现，农药残留对水果蔬菜样品安全的影响程度频次 2020 年 10 月（522）<2020 年 8 月（673）<2020 年 9 月（1479），2020 年 8 月的农药残留对样品安全存在不可接受的影响，频次为 3，占 0.45%；2020 年 9 月的农药残留对样品安全存在不可接受的影响，频次为 1，占 0.07%；2020 年 10 月的农药残留对样品安全存在不可接受的影响，频次为 2，占 0.38%。表 8-5 为对水果蔬菜样品中安全影响不可接受的农药残留列表。

表 8-5　水果蔬菜样品中安全影响不可接受的农药残留列表

序号	样品编号	采样点	基质	农药	含量（mg/kg）	IFS_c
1	20201009-620100-LZFDC-DJ-57A	**蔬菜便民直销店（兰棉店）	菜豆	异丙威	0.58	1.85
2	20200919-620100-LZFDC-CL-89A	**蔬菜店（榆中县）	小油菜	咪鲜胺	2.42	1.54
3	20200817-621000-LZFDC-CL-49A	**蔬菜水产干调批发市场	小油菜	联苯菊酯	2.39	1.51
4	20201009-620100-LZFDC-CL-95A	**高档蔬菜专营店（七里河区）	小油菜	哒螨灵	1.94	1.23
5	20200817-621000-LZFDC-CL-49A	**蔬菜水产干调批发市场	小油菜	氟吡菌胺	1.78	1.13
6	20200817-620800-LZFDC-CE-47A	**超市（新民店）	芹菜	甲拌磷	0.11	1.02

部分样品侦测出禁用农药 8 种 123 频次，为了明确残留的禁用农药对样品安全的影响，分析侦测出禁用农药残留的样品安全指数，禁用农药残留对水果蔬菜样品安全的影响程度频次分布情况如图 8-3 所示，农药残留对样品安全的影响不可接受的频次为 1，占 0.81%；农药残留对样品安全的影响可以接受的频次为 13，占 10.57%；农药残留对样品安全没有影响的频次为 107，占 86.99%。由图中可以看出有 3 个月份的水果蔬菜样品中均侦测出禁用农药残留，分析发现，在该 3 个月份内只有 2020 年 8 月内有 1 种禁用农药对样品安全影响不可接受，2020 年 9 月，10 月禁用农药对样品安全的影响在可以接受和没有影响的范围内。表 8-6 列出了水果蔬菜样品中侦测出的禁用农药残留不可接受的安全指数表。

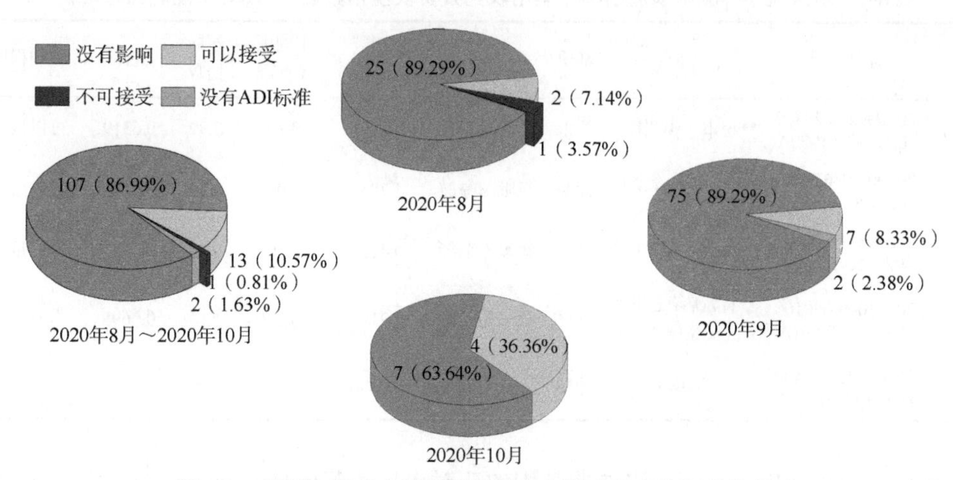

图 8-3　禁用农药对水果蔬菜样品安全影响程度的频次分布图

表 8-6　水果蔬菜样品中侦测出的禁用农药残留不可接受的安全指数表

序号	样品编号	采样点	基质	农药	含量（mg/kg）	IFS_c
1	20200817-620800-LZFDC-CE-47A	***超市（新民店）	芹菜	甲拌磷	0.1124	1.0170

此外，本次侦测发现部分样品中非禁用农药残留量超过了 MRL 中国国家标准和欧盟标准，为了明确超标的非禁用农药对样品安全的影响，分析了非禁用农药残留超标的样品安全指数。

水果蔬菜残留量超过 MRL 中国国家标准的非禁用农药对水果蔬菜样品安全的影响程度频次分布情况如图 8-4 所示。可以看出侦测出超过 MRL 中国国家标准的非禁用农药共 5 频次，其中农药残留对样品安全的影响可以接受的频次为 3 频次，占 60%；农药残留对样品安全没有影响的频次为 2，占 40%。表 8-7 为水果蔬菜样品中侦测出的非禁用农药残留安全指数表。

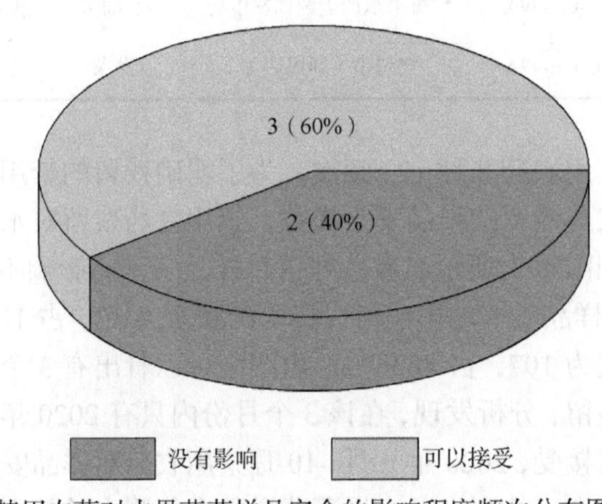

图 8-4 残留超标的非禁用农药对水果蔬菜样品安全的影响程度频次分布图（MRL 中国国家标准）

表 8-7 水果蔬菜样品中侦测出的非禁用农药残留安全指数表（MRL 中国国家标准）

序号	样品编号	采样点	基质	农药	含量（mg/kg）	中国国家标准	超标倍数	IFS_c	影响程度
1	20200921-620400-LZFDC-AP-20A	**超市（平川区）	苹果	敌敌畏	0.3991	0.10	3.99	0.6319	可以接受
2	20200921-620400-LZFDC-GP-35A	**市场	葡萄	氟吡菌酰胺	4.7854	2.00	2.39	0.3788	可以接受
3	20200819-620400-LZFDC-JD-36A	**超市（白银店）	豇豆	氯氟氰菊酯	0.4227	0.20	2.11	0.1339	可以接受
4	20201009-620100-LZFDC-JD-91A	**直营店（七里河区吴家园路）	豇豆	氯氟氰菊酯	0.2194	0.20	1.10	0.0695	没有影响
5	20200921-620400-LZFDC-GP-35A	**市场	葡萄	敌草腈	0.0536	0.05	1.07	0.0339	没有影响

残留量超过 MRL 欧盟标准的非禁用农药对水果蔬菜样品安全的影响程度频次分布情况如图 8-5 所示。可以看出超过 MRL 欧盟标准的非禁用农药共 543 频次，其中农药没有 ADI 的频次为 84，占 15.47%；农药残留对样品安全的影响不可接受的频次为 4，占 0.74%；农药残留对样品安全的影响可以接受的频次为 90，占 16.57%；农药残留对样品安全没有影响的频次为 365，占 67.22%。表 8-8 为水果蔬菜样品中安全指数排名前 10 的残留超标非禁用农药列表。

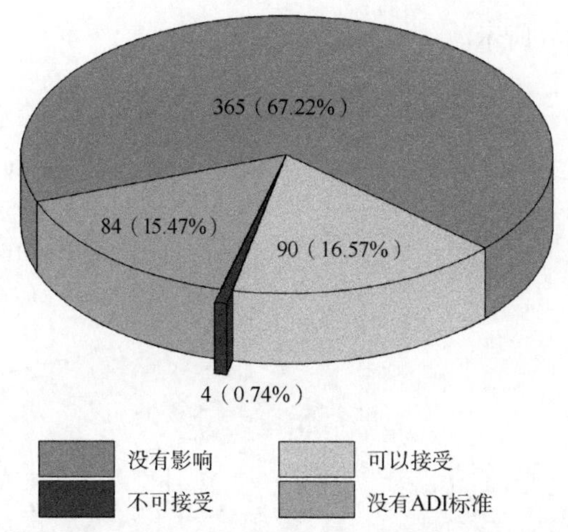

图 8-5 残留超标的非禁用农药对水果蔬菜样品安全的影响程度频次分布图（MRL欧盟标准）

表 8-8 水果蔬菜样品中安全指数排名前10的残留超标非禁用农药列表（MRL欧盟标准）

序号	样品编号	采样点	基质	农药	含量（mg/kg）	欧盟标准	超标倍数	IFS_c	影响程度
1	20201009-620100-LZFDC-DJ-57A	**蔬菜便民直销店（兰棉店）	菜豆	异丙威	0.58	0.01	58.37	1.8484	不可接受
2	20200919-620100-LZFDC-CL-89A	**蔬菜店（榆中县）	小油菜	咪鲜胺	2.42	0.05	48.48	1.5352	不可接受
3	20200817-621000-LZFDC-CL-49A	**蔬菜水产干调批发市场	小油菜	联苯菊酯	2.39	0.01	238.52	1.5106	不可接受
4	20201009-620100-LZFDC-CL-95A	**高档蔬菜专营店（七里河区）	小油菜	哒螨灵	1.94	0.01	193.54	1.2258	不可接受
5	20200919-620100-LZFDC-JD-16A	**鲜蔬菜水果店（皋兰县石洞镇）	豇豆	苯醚甲环唑	1.46	1.00	1.46	0.9235	可以接受
6	20200919-620100-LZFDC-CL-41A	**蔬菜店（永登县）	小油菜	哒螨灵	1.22	0.01	121.52	0.7696	可以接受
7	20200921-620400-LZFDC-AP-20A	**超市（平川区）	苹果	敌敌畏	0.40	0.01	39.91	0.6319	可以接受
8	20200919-620100-LZFDC-CL-90A	**蔬菜配送中心（榆中县）	小油菜	哒螨灵	0.94	0.01	94.15	0.5963	可以接受
9	20200919-620100-LZFDC-CL-81A	**蔬果摊（城关区）	小油菜	哒螨灵	0.90	0.01	90.12	0.5708	可以接受
10	20201009-620100-LZFDC-CL-33A	**蔬菜经营部（安宁区）	小油菜	氯氟氰菊酯	1.80	0.30	6.00	0.5703	可以接受

8.2.2 单种水果蔬菜中农药残留安全指数分析

本次19种水果蔬菜侦测出134种农药，所有水果蔬菜均侦测出农药，检出频次为531次，其中65种农药没有ADI标准，69种农药存在ADI标准。对19种水果蔬菜按不同种类分别计算侦测出的具有ADI标准的各种农药的IFS_c值，农药残留对水果蔬菜的安全指数分布图如图 8-6 所示。

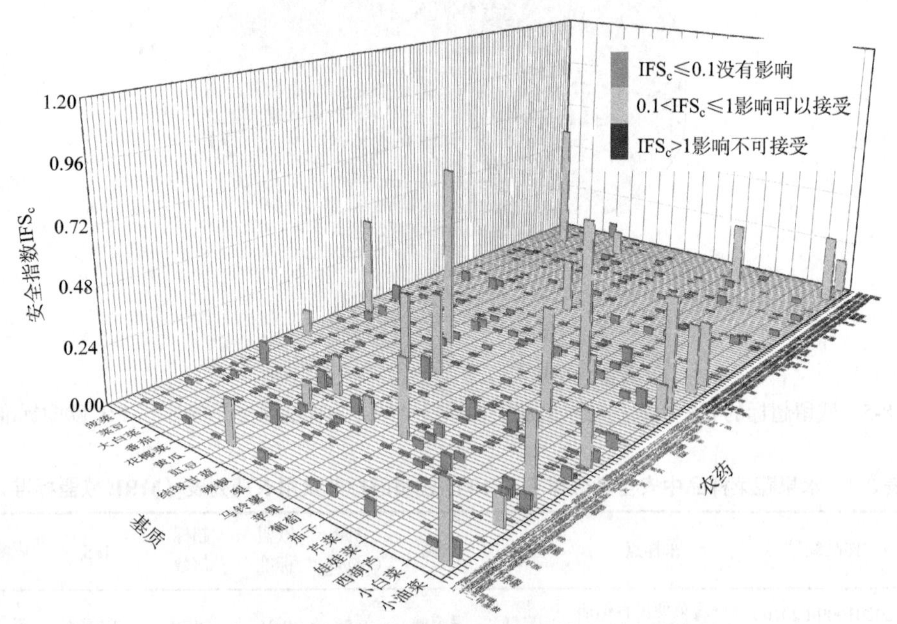

图 8-6　19 种水果蔬菜中 69 种残留农药的安全指数分布图

本次侦测中，19 种水果蔬菜和 134 种残留农药（包括没有 ADI 标准）共涉及 782 个分析样本，农药对单种水果蔬菜安全的影响程度分布情况如图 8-7 所示。可以看出，85.81%的样本中农药对水果蔬菜安全没有影响，2.43%的样本中农药对水果蔬菜安全的影响可以接受，0.13%的样本中农药对水果蔬菜安全的影响不可接受。

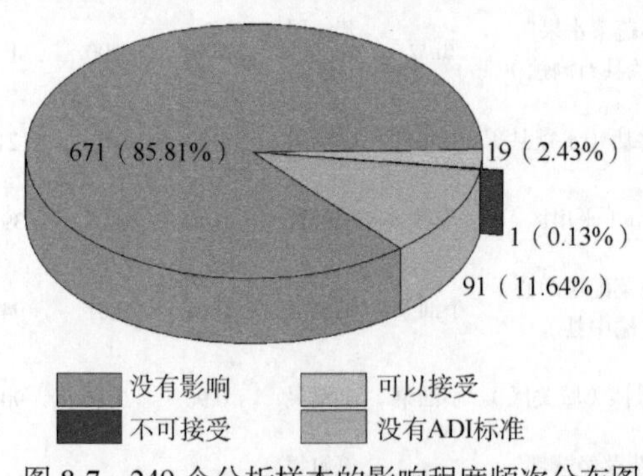

图 8-7　249 个分析样本的影响程度频次分布图

此外，分别计算 19 种水果蔬菜中所有侦测出农药 IFS_c 的平均值 $\overline{IFS}$，分析每种水果蔬菜的安全状态，结果如图 8-8 所示，分析发现，19 种水果蔬菜的安全状态都很好。

对每个月内每种水果蔬菜中农药的 IFS_c 进行分析，并计算每月内每种水果蔬菜的 $\overline{IFS}$ 值，以评价每种水果蔬菜的安全状态，结果如图 8-9 所示，可以看出，3 个月份所有水果蔬菜的安全状态均处于很好和可以接受的范围内，各月份内单种水果蔬菜安全状态统计情况如图 8-10 所示。

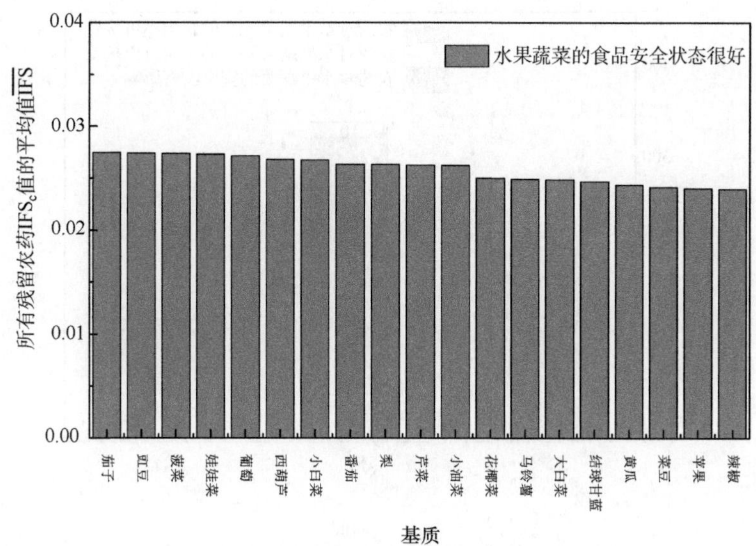

图 8-8 19 种水果蔬菜的$\overline{IFS}$值和安全状态统计图

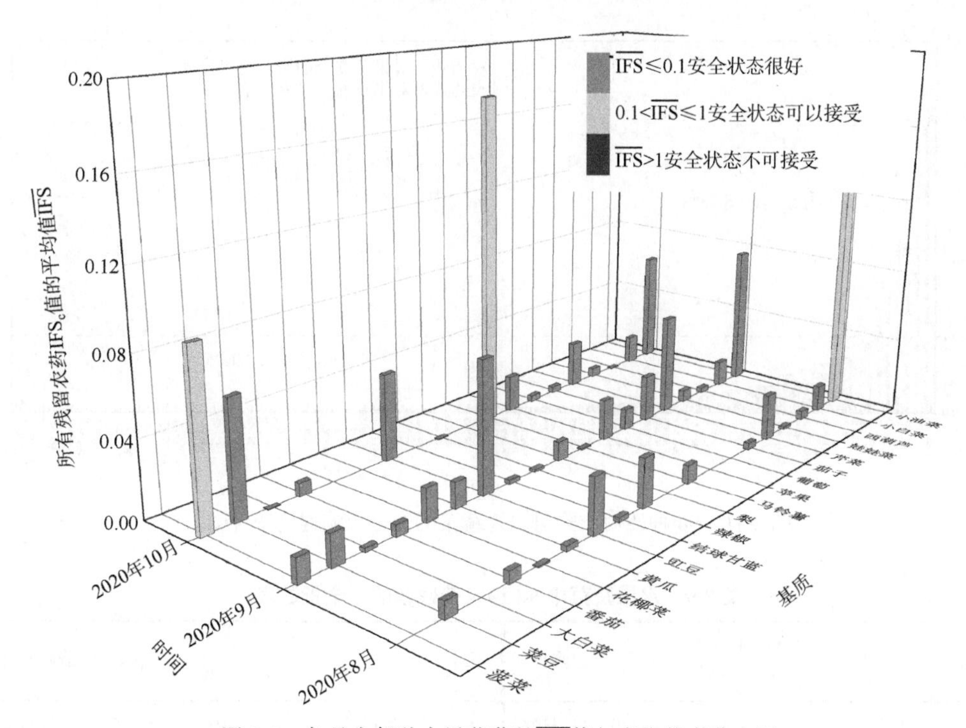

图 8-9 各月内每种水果蔬菜的$\overline{IFS}$值与安全状态分布图

8.2.3 所有水果蔬菜中农药残留安全指数分析

计算所有水果蔬菜中 98 种农药的$\overline{IFS}_c$值，结果如图 8-11 及表 8-9 所示。

分析发现，所有农药的$\overline{IFS}_c$均小于 1，说明 98 种农药对水果蔬菜安全的影响均在没有影响和可以接受的范围内，其中 8.25%的农药对水果蔬菜安全的影响可以接受，91.75%的农药对水果蔬菜安全没有影响。

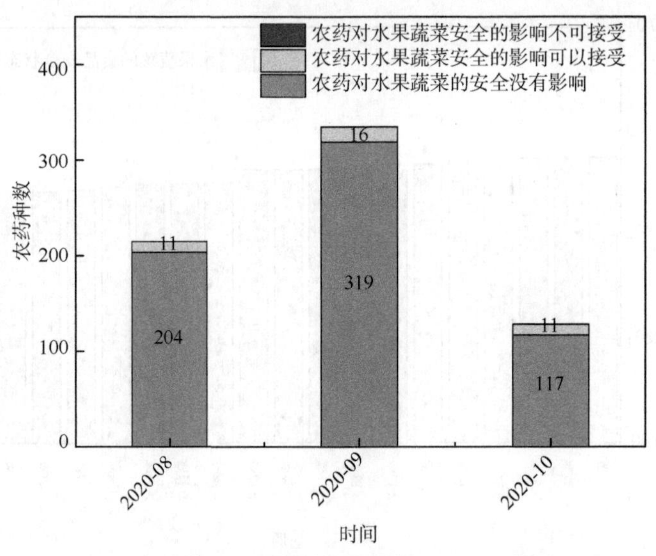

图 8-10　各月份内单种水果蔬菜安全状态统计图

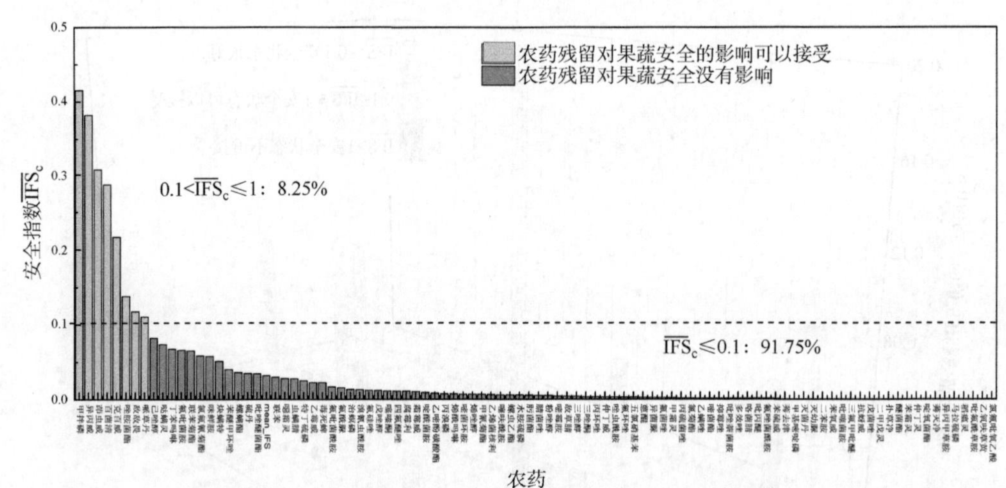

图 8-11　98 种残留农药对水果蔬菜的安全影响程度统计图

表 8-9　水果蔬菜中 98 种农药残留的安全指数表

序号	农药	检出频次	检出率（%）	$\overline{IFS}_c$	影响程度	序号	农药	检出频次	检出率（%）	$\overline{IFS}_c$	影响程度
1	甲拌磷	3	0.11	0.4150	可以接受	8	哌草丹	2	0.07	0.1105	可以接受
2	异丙威	8	0.30	0.3819	可以接受	9	己唑醇	13	0.49	0.0822	没有影响
3	茚虫威	3	0.11	0.3063	可以接受	10	哒螨灵	89	3.33	0.0734	没有影响
4	百菌清	2	0.07	0.2864	可以接受	11	丁苯吗啉	4	0.15	0.0673	没有影响
5	克百威	12	0.45	0.2166	可以接受	12	氟吡菌胺	23	0.86	0.0657	没有影响
6	唑胺菌酯	5	0.19	0.1381	可以接受	13	联苯菊酯	45	1.68	0.0650	没有影响
7	敌敌畏	7	0.26	0.1175	可以接受	14	氯氟氰菊酯	145	5.42	0.0581	没有影响

续表

序号	农药	检出频次	检出率（%）	$\overline{IFS_c}$	影响程度	序号	农药	检出频次	检出率（%）	$\overline{IFS_c}$	影响程度
15	咪鲜胺	39	1.46	0.0577	没有影响	46	螺虫乙酯	1	0.04	0.0064	没有影响
16	炔螨特	31	1.16	0.0513	没有影响	47	水胺硫磷	1	0.04	0.0061	没有影响
17	苯醚甲环唑	102	3.81	0.0403	没有影响	48	肟菌酯	22	0.82	0.0057	没有影响
18	螺螨酯	10	0.37	0.0363	没有影响	49	腈菌唑	42	1.57	0.0053	没有影响
19	硫丹	1	0.04	0.0349	没有影响	50	粉唑醇	11	0.41	0.0051	没有影响
20	吡唑醚菌酯	52	1.94	0.0347	没有影响	51	嘧霉胺	49	1.83	0.0043	没有影响
21	联苯	10	0.37	0.0299	没有影响	52	敌草腈	13	0.49	0.0042	没有影响
22	噁霜灵	6	0.22	0.0283	没有影响	53	三唑醇	29	1.08	0.0040	没有影响
23	虫螨腈	163	6.10	0.0280	没有影响	54	三唑酮	8	0.30	0.0036	没有影响
24	特丁硫磷	1	0.04	0.0253	没有影响	55	丙环唑	39	1.46	0.0034	没有影响
25	乙霉威	1	0.04	0.0230	没有影响	56	仲丁威	5	0.19	0.0033	没有影响
26	毒死蜱	102	3.81	0.0228	没有影响	57	唑虫酰胺	4	0.15	0.0031	没有影响
27	氟吡菌酰胺	24	0.90	0.0166	没有影响	58	氟环唑	6	0.22	0.0029	没有影响
28	氟酰脲	1	0.04	0.0156	没有影响	59	五氯硝基苯	7	0.26	0.0029	没有影响
29	治螟磷	1	0.04	0.0133	没有影响	60	蒽醌	5	0.19	0.0025	没有影响
30	溴氰虫酰胺	5	0.19	0.0129	没有影响	61	异菌脲	3	0.11	0.0024	没有影响
31	氟硅唑	36	1.35	0.0122	没有影响	62	氟菌唑	1	0.04	0.0023	没有影响
32	戊唑醇	93	3.48	0.0118	没有影响	63	甲霜灵	89	3.33	0.0021	没有影响
33	噻嗪酮	7	0.26	0.0114	没有影响	64	丙硫菌唑	1	0.04	0.0017	没有影响
34	四氟醚唑	13	0.49	0.0113	没有影响	65	氯菊酯	1	0.04	0.0017	没有影响
35	腐霉利	63	2.36	0.0111	没有影响	66	乙螨唑	37	1.38	0.0014	没有影响
36	霜霉威	58	2.17	0.0104	没有影响	67	嘧菌酯	31	1.16	0.0013	没有影响
37	啶酰菌胺	11	0.41	0.0091	没有影响	68	抑霉唑	3	0.11	0.0013	没有影响
38	乙嘧酚磺酸酯	1	0.04	0.0082	没有影响	69	吡唑萘菌胺	3	0.11	0.0012	没有影响
39	丙溴磷	77	2.88	0.0075	没有影响	70	多效唑	11	0.41	0.0012	没有影响
40	烯酰吗啉	363	13.58	0.0074	没有影响	71	咯菌腈	10	0.37	0.0011	没有影响
41	嘧菌环胺	5	0.19	0.0071	没有影响	72	吡丙醚	17	0.64	0.0011	没有影响
42	烯唑醇	7	0.26	0.0071	没有影响	73	氟唑菌酰胺	4	0.15	0.0011	没有影响
43	甲氰菊酯	13	0.49	0.0069	没有影响	74	苯硫威	1	0.04	0.0009	没有影响
44	乙烯菌核利	15	0.56	0.0066	没有影响	75	莠去津	18	0.67	0.0008	没有影响
45	噻呋酰胺	6	0.22	0.0064	没有影响	76	甲基嘧啶磷	1	0.04	0.0007	没有影响

续表

序号	农药	检出频次	检出率（%）	$\overline{IFS_c}$	影响程度	序号	农药	检出频次	检出率（%）	$\overline{IFS_c}$	影响程度
77	灭菌丹	191	7.14	0.0007	没有影响	88	苯霜灵	1	0.04	0.0002	没有影响
78	灭幼脲	9	0.34	0.0007	没有影响	89	仲丁灵	1	0.04	0.0002	没有影响
79	二苯胺	57	2.13	0.0005	没有影响	90	啶氧菌酯	2	0.07	0.0002	没有影响
80	苯氧威	1	0.04	0.0005	没有影响	91	莠灭净	1	0.04	0.0001	没有影响
81	吡噻菌胺	2	0.07	0.0005	没有影响	92	异丙甲草胺	2	0.07	0.0001	没有影响
82	三氟甲吡醚	1	0.04	0.0005	没有影响	93	马拉硫磷	2	0.07	0.0001	没有影响
83	抗蚜威	2	0.07	0.0004	没有影响	94	稻瘟灵	1	0.04	0.0001	没有影响
84	戊菌唑	1	0.04	0.0004	没有影响	95	吡氟酰草胺	1	0.04	0.0001	没有影响
85	二甲戊灵	5	0.19	0.0004	没有影响	96	乙氧呋草黄	4	0.15	0.0000	没有影响
86	扑草净	4	0.15	0.0004	没有影响	97	氯氟吡氧乙酸	1	0.04	0.0000	没有影响
87	醚菌酯	21	0.79	0.0003	没有影响	98	粉唑醇	11	0.41	0.0051	没有影响

对每个月内所有水果蔬菜中残留农药的 $\overline{IFS_c}$ 进行分析，结果如图 8-12 所示。分析发现，3 个月份所有农药对水果蔬菜安全的影响均处于没有影响和可以接受的范围内。每月内不同农药对水果蔬菜安全影响程度的统计如图 8-13 所示。

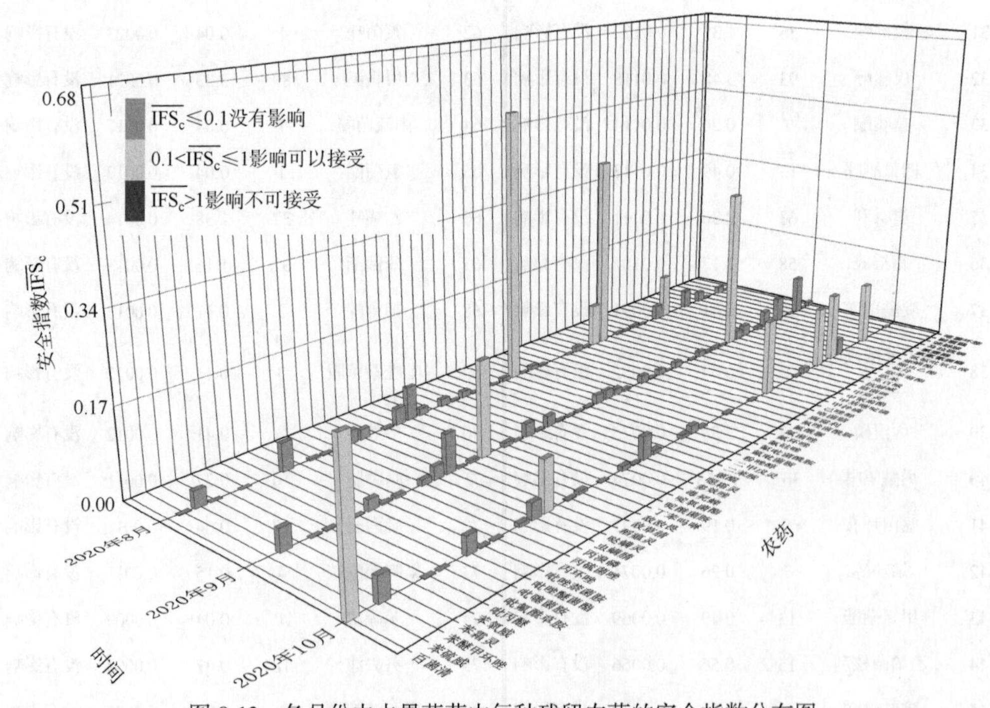

图 8-12　各月份内水果蔬菜中每种残留农药的安全指数分布图

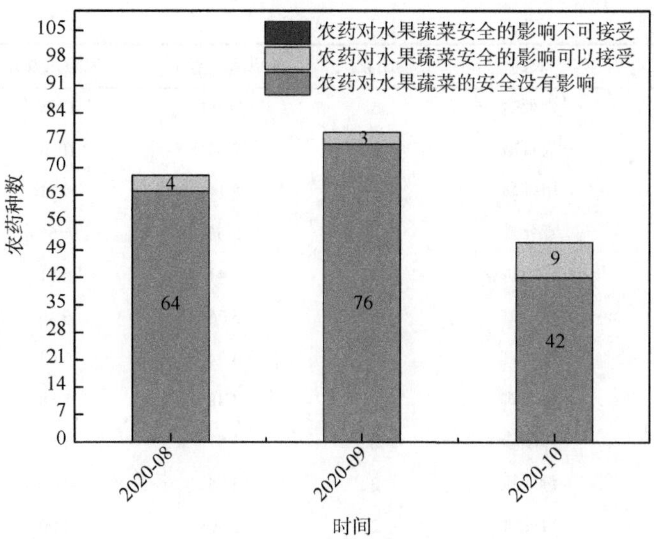

图 8-13　各月份内农药对水果蔬菜安全影响程度的统计图

8.3　农药残留预警风险评估

基于甘肃省水果蔬菜样品中农药残留 GC-Q-TOF/MS 侦测数据，分析禁用农药的检出率，同时参照中华人民共和国国家标准 GB 2763—2019 和欧盟农药最大残留限量（MRL）标准分析非禁用农药残留的超标率，并计算农药残留风险系数。分析单种水果蔬菜中农药残留以及所有水果蔬菜中农药残留的风险程度。

8.3.1　单种水果蔬菜中农药残留风险系数分析

8.3.1.1　单种水果蔬菜中禁用农药残留风险系数分析

侦测出的 134 种残留农药中有 8 种为禁用农药，且它们分布在 16 种水果蔬菜中，计算 16 种水果蔬菜中禁用农药的超标率，根据超标率计算风险系数 R，进而分析水果蔬菜中禁用农药的风险程度，结果如图 8-14 与表 8-10 所示。分析发现 7 种禁用农药在 14 种水果蔬菜中的残留处于高度风险；2 种禁用农药在 2 种水果蔬菜中的残留均处于中度风险。

表 8-10　16 种水果蔬菜中 8 种禁用农药的风险系数列表

序号	基质	农药	检出频次	检出率（%）	风险系数 R	风险程度
1	苹果	毒死蜱	31	72.09	73.19	高度风险
2	芹菜	毒死蜱	19	51.35	52.45	高度风险
3	梨	毒死蜱	20	50.00	51.10	高度风险
4	黄瓜	毒死蜱	6	12.50	13.60	高度风险

续表

序号	基质	农药	检出频次	检出率（%）	风险系数 R	风险程度
5	葡萄	毒死蜱	5	11.90	13.00	高度风险
6	小油菜	克百威	8	9.30	10.40	高度风险
7	芹菜	甲拌磷	3	8.11	9.21	高度风险
8	马铃薯	毒死蜱	2	5.56	6.66	高度风险
9	辣椒	毒死蜱	2	5.41	6.51	高度风险
10	豇豆	毒死蜱	3	5.36	6.46	高度风险
11	菜豆	毒死蜱	4	4.94	6.04	高度风险
12	大白菜	毒死蜱	3	4.48	5.58	高度风险
13	豇豆	氯磺隆	2	3.57	4.67	高度风险
14	番茄	毒死蜱	2	2.94	4.04	高度风险
15	菠菜	毒死蜱	2	2.90	4.00	高度风险
16	芹菜	克百威	1	2.70	3.80	高度风险
17	芹菜	治螟磷	1	2.70	3.80	高度风险
18	芹菜	硫丹	1	2.70	3.80	高度风险
19	梨	水胺硫磷	1	2.50	3.60	高度风险
20	小白菜	克百威	2	2.20	3.30	高度风险
21	茄子	毒死蜱	1	1.96	3.06	高度风险
22	豇豆	克百威	1	1.79	2.89	高度风险
23	花椰菜	毒死蜱	1	1.61	2.71	高度风险
24	小油菜	特丁硫磷	1	1.16	2.26	中度风险
25	小白菜	毒死蜱	1	1.10	2.20	中度风险

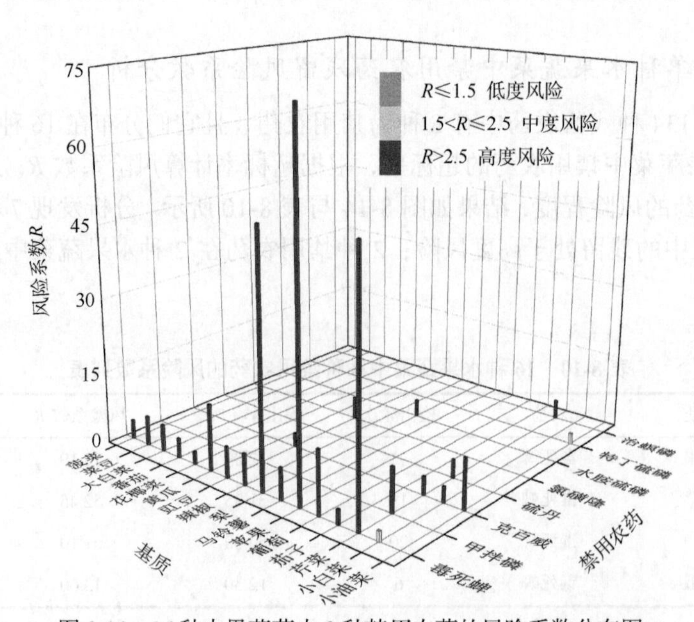

图 8-14 16 种水果蔬菜中 8 种禁用农药的风险系数分布图

8.3.1.2　基于 MRL 中国国家标准的单种水果蔬菜中非禁用农药残留风险系数分析

参照中华人民共和国国家标准 GB 2763—2019 中农药残留限量计算每种水果蔬菜中每种非禁用农药的超标率，进而计算其风险系数，根据风险系数大小判断残留农药的预警风险程度，水果蔬菜中非禁用农药残留风险程度分布情况如图 8-15 所示。

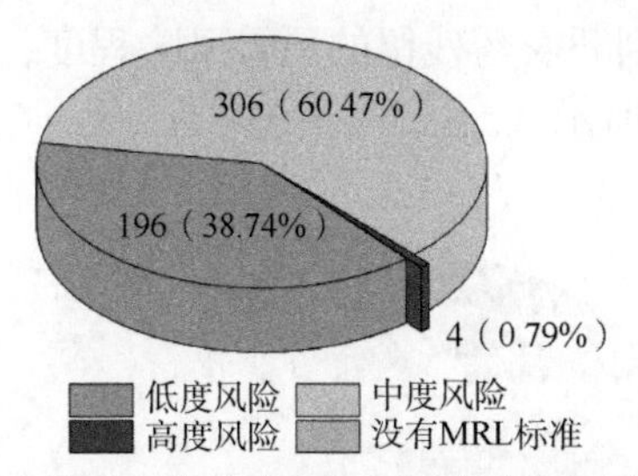

图 8-15　水果蔬菜中非禁用农药风险程度的频次分布图（MRL 中国国家标准）

本次分析中，发现在 19 种水果蔬菜侦测出 126 种残留非禁用农药，涉及样本 506 个，在 506 个样本中，0.79%处于高度风险，38.49%处于低度风险，此外发现有 306 个样本没有 MRL 中国国家标准标准值，无法判断其风险程度，有 MRL 中国国家标准值的 200 个样本涉及 18 种水果蔬菜中的 40 种非禁用农药，其风险系数 R 值如图 8-16 所示。表 8-11 为非禁用农药残留处于高度风险的水果蔬菜列表。

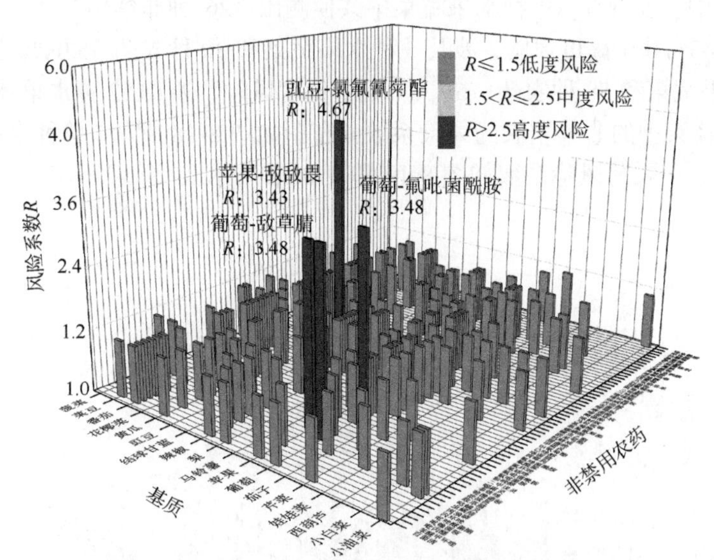

图 8-16　18 种水果蔬菜中 40 种非禁用农药的风险系数分布图（MRL 中国国家标准）

表 8-11　单种水果蔬菜中处于高度风险的非禁用农药风险系数表（MRL 中国国家标准）

序号	基质	农药	超标频次	超标率 P（%）	风险系数 R
1	苹果	敌敌畏	1	2.33	3.43
2	葡萄	敌草腈	1	2.38	3.48

续表

序号	基质	农药	超标频次	超标率 P（%）	风险系数 R
3	葡萄	氟吡菌酰胺	1	2.38	3.48
4	豇豆	氯氟氰菊酯	2	3.57	4.67

8.3.1.3　基于 MRL 欧盟标准的单种水果蔬菜中非禁用农药残留风险系数分析

参照 MRL 欧盟标准计算每种水果蔬菜中每种非禁用农药的超标率，进而计算其风险系数，根据风险系数大小判断农药残留的预警风险程度，水果蔬菜中非禁用农药残留风险程度分布情况如图 8-17 所示。

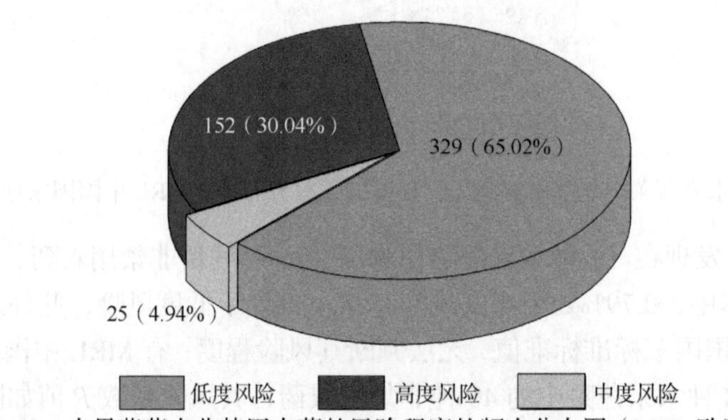

图 8-17　水果蔬菜中非禁用农药的风险程度的频次分布图（MRL 欧盟标准）

本次分析中，发现在 19 种水果蔬菜中共侦测出 126 种非禁用农药，涉及样本 506 个，其中，28.63%处于高度风险，涉及 5 种水果蔬菜和 30 种农药；5.04%处于中度风险，涉及 23 种水果蔬菜和 58 种农药；66.33%处于低度风险，涉及 12 种水果蔬菜和 77 种农药。单种水果蔬菜中的非禁用农药风险系数分布图如图 8-18 所示。单种水果蔬菜中处于高度风险的非禁用农药风险系数如图 8-19 和表 8-12 所示。

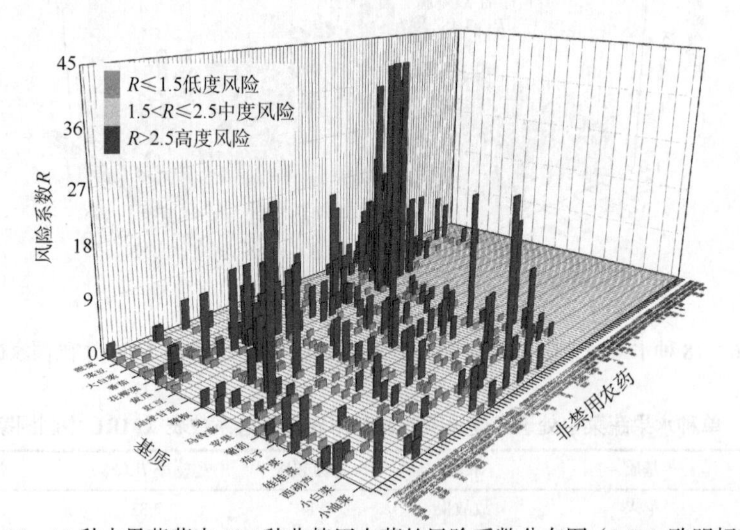

图 8-18　19 种水果蔬菜中 126 种非禁用农药的风险系数分布图（MRL 欧盟标准）

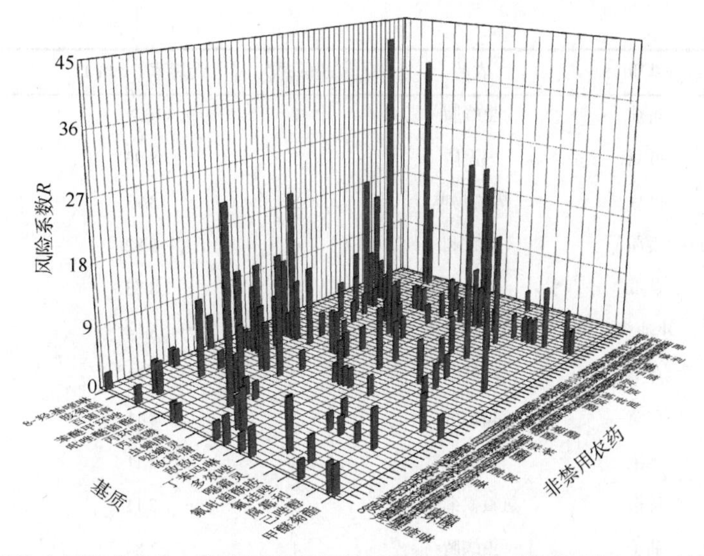

图 8-19　单种水果蔬菜中处于高度风险的非禁用农药的风险系数分布图（MRL 欧盟标准）

表 8-12　单种水果蔬菜中处于高度风险的非禁用农药的风险系数表（MRL 欧盟标准）

序号	基质	农药	超标频次	超标率 P（%）	风险系数 R
1	苹果	甲醚菊酯	19	44.19	45.29
2	小油菜	虫螨腈	35	40.70	41.80
3	小白菜	虫螨腈	34	37.36	38.46
4	苹果	炔螨特	12	27.91	29.01
5	梨	速灭威	11	27.50	28.60
6	大白菜	甲醚菊酯	18	26.87	27.97
7	西葫芦	联苯	10	22.22	23.32
8	辣椒	虫螨腈	8	21.62	22.72
9	小油菜	丙溴磷	18	20.93	22.03
10	茄子	丙溴磷	10	19.61	20.71
11	小油菜	氯氟氰菊酯	15	17.44	18.54
12	黄瓜	腐霉利	8	16.67	17.77
13	芹菜	丙环唑	6	16.22	17.32
14	茄子	炔螨特	8	15.69	16.79
15	小油菜	哒螨灵	12	13.95	15.05
16	小油菜	烯酰吗啉	11	12.79	13.89
17	豇豆	虫螨腈	7	12.50	13.60
18	黄瓜	虫螨腈	6	12.50	13.60
19	小白菜	哒螨灵	11	12.09	13.19
20	辣椒	丁苯吗啉	4	10.81	11.91
21	辣椒	丙环唑	4	10.81	11.91

续表

序号	基质	农药	超标频次	超标率 P（%）	风险系数 R
22	番茄	虫螨腈	7	10.29	11.39
23	豇豆	丙溴磷	5	8.93	10.03
24	豇豆	烯酰吗啉	5	8.93	10.03
25	番茄	腐霉利	6	8.82	9.92
26	黄瓜	多效唑	4	8.33	9.43
27	小油菜	丙环唑	7	8.14	9.24
28	芹菜	咪鲜胺	3	8.11	9.21
29	芹菜	霜霉威	3	8.11	9.21
30	辣椒	哒螨灵	3	8.11	9.21
31	辣椒	氯氟氰菊酯	3	8.11	9.21
32	茄子	虫螨腈	4	7.84	8.94
33	菜豆	烯酰吗啉	6	7.41	8.51
34	苹果	甲氰菊酯	3	6.98	8.08
35	结球甘蓝	虫螨腈	3	6.67	7.77
36	黄瓜	噁霜灵	3	6.25	7.35
37	菜豆	炔螨特	5	6.17	7.27
38	芹菜	8-羟基喹啉	2	5.41	6.51
39	芹菜	丙溴磷	2	5.41	6.51
40	芹菜	五氯苯甲腈	2	5.41	6.51
41	芹菜	腈菌唑	2	5.41	6.51
42	芹菜	醚菌酯	2	5.41	6.51
43	辣椒	己唑醇	2	5.41	6.51
44	辣椒	炔螨特	2	5.41	6.51
45	辣椒	缬霉威	2	5.41	6.51
46	辣椒	腐霉利	2	5.41	6.51
47	豇豆	乙螨唑	3	5.36	6.46
48	豇豆	螺螨酯	3	5.36	6.46
49	梨	氯氟氰菊酯	2	5.00	6.10
50	菜豆	异丙威	4	4.94	6.04
51	菜豆	螺螨酯	4	4.94	6.04
52	葡萄	氟硅唑	2	4.76	5.86
53	葡萄	腐霉利	2	4.76	5.86
54	葡萄	虫螨腈	2	4.76	5.86
55	小油菜	8-羟基喹啉	4	4.65	5.75
56	苹果	灭幼脲	2	4.65	5.75

续表

序号	基质	农药	超标频次	超标率 *P*（%）	风险系数 *R*
57	苹果	虫螨腈	2	4.65	5.75
58	西葫芦	甲霜灵	2	4.44	5.54
59	番茄	四氢吩胺	3	4.41	5.51
60	番茄	异菌脲	3	4.41	5.51
61	番茄	氟硅唑	3	4.41	5.51
62	黄瓜	8-羟基喹啉	2	4.17	5.27
63	黄瓜	异丙威	2	4.17	5.27
64	黄瓜	特草灵	2	4.17	5.27
65	菜豆	丙溴磷	3	3.70	4.80
66	菜豆	乙螨唑	3	3.70	4.80
67	菜豆	仲丁威	3	3.70	4.80
68	菜豆	联苯菊酯	3	3.70	4.80
69	菜豆	虫螨腈	3	3.70	4.80
70	小油菜	唑胺菌酯	3	3.49	4.59
71	小油菜	联苯菊酯	3	3.49	4.59
72	娃娃菜	甲霜灵	3	3.03	4.13
73	菠菜	五氯苯甲腈	2	2.90	4.00
74	菠菜	戊唑醇	2	2.90	4.00
75	菠菜	氯氟氰菊酯	2	2.90	4.00
76	菠菜	灭幼脲	2	2.90	4.00
77	马铃薯	8-羟基喹啉	1	2.78	3.88
78	马铃薯	哌草丹	1	2.78	3.88
79	芹菜	三唑酮	1	2.70	3.80
80	芹菜	三唑醇	1	2.70	3.80
81	芹菜	三氯甲基吡啶	1	2.70	3.80
82	芹菜	哒螨灵	1	2.70	3.80
83	芹菜	噻呋酰胺	1	2.70	3.80
84	芹菜	戊唑醇	1	2.70	3.80
85	芹菜	敌敌畏	1	2.70	3.80
86	芹菜	氟吡菌酰胺	1	2.70	3.80
87	芹菜	氟硅唑	1	2.70	3.80
88	芹菜	灭幼脲	1	2.70	3.80
89	芹菜	甲霜灵	1	2.70	3.80
90	芹菜	联苯菊酯	1	2.70	3.80
91	芹菜	腐霉利	1	2.70	3.80

续表

序号	基质	农药	超标频次	超标率 P（%）	风险系数 R
92	芹菜	虫螨腈	1	2.70	3.80
93	辣椒	三氯甲基吡啶	1	2.70	3.80
94	辣椒	丙溴磷	1	2.70	3.80
95	辣椒	甲氰菊酯	1	2.70	3.80
96	梨	噻嗪酮	1	2.50	3.60
97	梨	敌敌畏	1	2.50	3.60
98	梨	氟硅唑	1	2.50	3.60
99	梨	灭幼脲	1	2.50	3.60
100	梨	甲氰菊酯	1	2.50	3.60
101	菜豆	三唑醇	2	2.47	3.57
102	葡萄	噻呋酰胺	1	2.38	3.48
103	葡萄	己唑醇	1	2.38	3.48
104	葡萄	敌草腈	1	2.38	3.48
105	葡萄	氟吡菌酰胺	1	2.38	3.48
106	小油菜	五氯苯甲腈	2	2.33	3.43
107	小油菜	咪鲜胺	2	2.33	3.43
108	小油菜	嘧霉胺	2	2.33	3.43
109	小油菜	噁霜灵	2	2.33	3.43
110	小油菜	百菌清	2	2.33	3.43
111	小油菜	腐霉利	2	2.33	3.43
112	苹果	乙烯菌核利	1	2.33	3.43
113	苹果	敌敌畏	1	2.33	3.43
114	苹果	间羟基联苯	1	2.33	3.43
115	结球甘蓝	三唑醇	1	2.22	3.32
116	西葫芦	腐霉利	1	2.22	3.32
117	小白菜	灭菌丹	2	2.20	3.30
118	黄瓜	乙霉威	1	2.08	3.18
119	黄瓜	仲丁威	1	2.08	3.18
120	黄瓜	烯虫炔酯	1	2.08	3.18
121	茄子	乙烯菌核利	1	1.96	3.06
122	茄子	哒螨灵	1	1.96	3.06
123	茄子	噁霜灵	1	1.96	3.06
124	茄子	异丙威	1	1.96	3.06
125	茄子	甲霜灵	1	1.96	3.06
126	豇豆	丙环唑	1	1.79	2.89

续表

序号	基质	农药	超标频次	超标率 P（%）	风险系数 R
127	豇豆	吡唑醚菌酯	1	1.79	2.89
128	豇豆	咪鲜胺	1	1.79	2.89
129	豇豆	哒螨灵	1	1.79	2.89
130	豇豆	己唑醇	1	1.79	2.89
131	豇豆	氯氟氰菊酯	1	1.79	2.89
132	豇豆	灭幼脲	1	1.79	2.89
133	豇豆	联苯菊酯	1	1.79	2.89
134	豇豆	苯醚甲环唑	1	1.79	2.89
135	花椰菜	炔丙菊酯	1	1.61	2.71
136	花椰菜	虫螨腈	1	1.61	2.71
137	番茄	8-羟基喹啉	1	1.47	2.57
138	番茄	三唑酮	1	1.47	2.57
139	番茄	唑胺菌酯	1	1.47	2.57
140	番茄	噻嗪酮	1	1.47	2.57
141	番茄	己唑醇	1	1.47	2.57
142	番茄	氯氟氰菊酯	1	1.47	2.57
143	番茄	炔螨特	1	1.47	2.57
144	番茄	甲氰菊酯	1	1.47	2.57
145	番茄	胺菊酯	1	1.47	2.57
146	菠菜	8-羟基喹啉	1	1.45	2.55
147	菠菜	双苯酰草胺	1	1.45	2.55
148	菠菜	嘧霉胺	1	1.45	2.55
149	菠菜	氟硅唑	1	1.45	2.55
150	菠菜	联苯菊酯	1	1.45	2.55
151	菠菜	腐霉利	1	1.45	2.55
152	菠菜	虫螨腈	1	1.45	2.55

8.3.2　所有水果蔬菜中农药残留风险系数分析

8.3.2.1　所有水果蔬菜中禁用农药残留风险系数分析

在侦测出的 134 种农药中有 8 种为禁用农药，计算所有水果蔬菜中禁用农药的风险系数，结果如表 8-13 所示。禁用农药毒死蜱处于高度风险。

表 8-13　水果蔬菜中 8 种禁用农药的风险系数表

序号	农药	检出频次	检出率 P（%）	风险系数 R	风险程度
1	毒死蜱	102	9.22	10.32	高度风险
2	克百威	12	1.08	2.18	中度风险
3	甲拌磷	3	0.27	1.37	低度风险
4	氯磺隆	2	0.18	1.28	低度风险
5	水胺硫磷	1	0.09	1.19	低度风险
6	治螟磷	1	0.09	1.19	低度风险
7	特丁硫磷	1	0.09	1.19	低度风险
8	硫丹	1	0.09	1.19	低度风险

对每个月内的禁用农药的风险系数进行分析，结果如图 8-20 和表 8-14 所示。

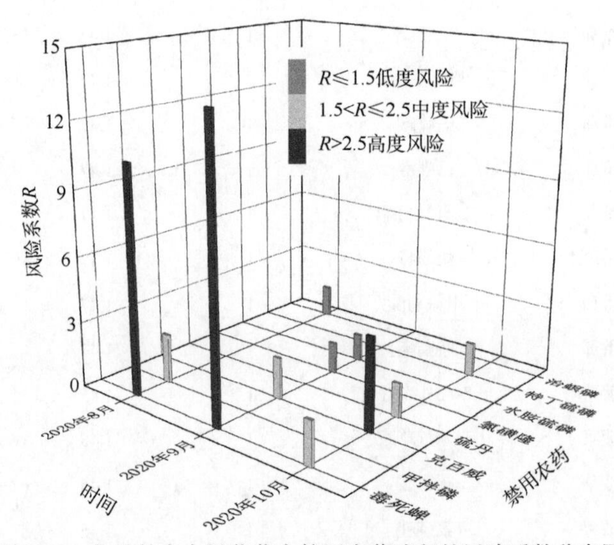

图 8-20　各月份内水果蔬菜中禁用农药残留的风险系数分布图

表 8-14　各月份内水果蔬菜中禁用农药的风险系数表

序号	年月	农药	检出频次	检出率 P（%）	风险系数 R	风险程度
1	2020 年 10 月	克百威	7	3.10	4.20	高度风险
2	2020 年 10 月	毒死蜱	2	0.88	1.98	中度风险
3	2020 年 10 月	特丁硫磷	1	0.44	1.54	中度风险
4	2020 年 10 月	硫丹	1	0.44	1.54	中度风险
5	2020 年 9 月	毒死蜱	76	12.20	13.30	高度风险
6	2020 年 9 月	克百威	5	0.80	1.90	中度风险
7	2020 年 9 月	氯磺隆	2	0.32	1.42	低度风险
8	2020 年 9 月	水胺硫磷	1	0.16	1.26	低度风险

续表

序号	年月	农药	检出频次	检出率 P（%）	风险系数 R	风险程度
9	2020 年 8 月	毒死蜱	24	9.34	10.44	高度风险
10	2020 年 8 月	甲拌磷	3	1.17	2.27	中度风险
11	2020 年 8 月	治螟磷	1	0.39	1.49	低度风险

8.3.2.2　所有水果蔬菜中非禁用农药残留风险系数分析

参照 MRL 欧盟标准计算所有水果蔬菜中每种非禁用农药残留的风险系数，如图 8-21 与表 8-15 所示。在侦测出的 126 种非禁用农药中，9 种农药（7.14%）残留处于高度风险，16 种农药（12.70%）残留处于中度风险，101 种农药（80.16%）残留处于低度风险。

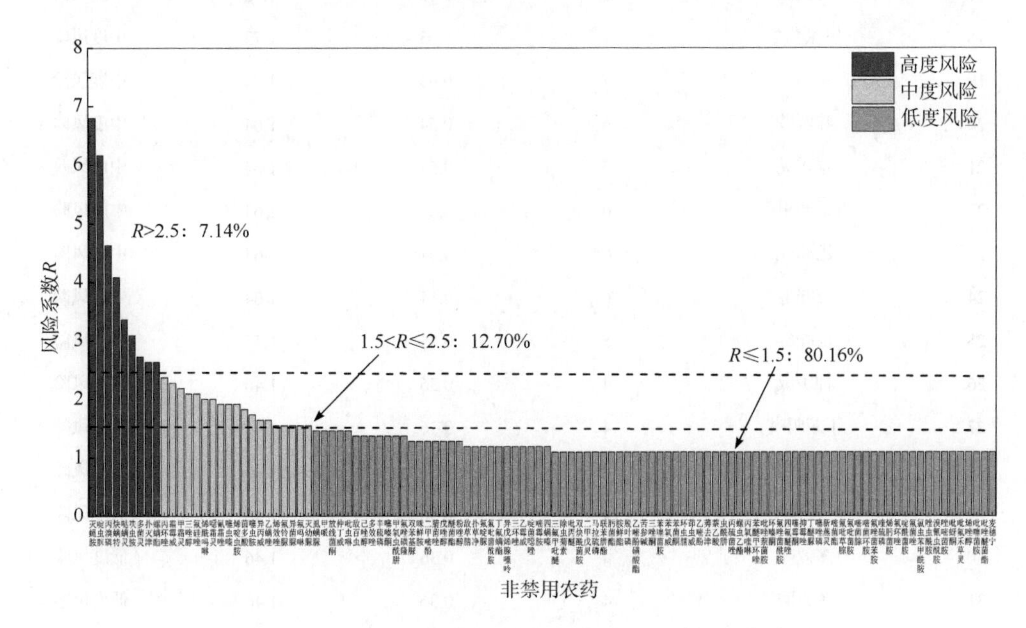

图 8-21　水果蔬菜中 126 种非禁用农药的风险程度统计图

表 8-15　水果蔬菜中 126 种非禁用农药的风险系数表

序号	农药	超标频次	超标率 P（%）	风险系数 R	风险程度
1	虫螨腈	114	10.31	11.41	高度风险
2	丙溴磷	39	3.53	4.63	高度风险
3	甲醚菊酯	37	3.35	4.45	高度风险
4	哒螨灵	30	2.71	3.81	高度风险
5	炔螨特	28	2.53	3.63	高度风险
6	氯氟氰菊酯	24	2.17	3.27	高度风险
7	腐霉利	24	2.17	3.27	高度风险
8	烯酰吗啉	23	2.08	3.18	高度风险

续表

序号	农药	超标频次	超标率 P（%）	风险系数 R	风险程度
9	丙环唑	18	1.63	2.73	高度风险
10	8-羟基喹啉	12	1.08	2.18	中度风险
11	氟硅唑	11	0.99	2.09	中度风险
12	速灭威	11	0.99	2.09	中度风险
13	联苯菊酯	10	0.90	2.00	中度风险
14	联苯	10	0.90	2.00	中度风险
15	灭幼脲	8	0.72	1.82	中度风险
16	螺螨酯	7	0.63	1.73	中度风险
17	异丙威	7	0.63	1.73	中度风险
18	甲氰菊酯	7	0.63	1.73	中度风险
19	甲霜灵	7	0.63	1.73	中度风险
20	咪鲜胺	6	0.54	1.64	中度风险
21	噁霜灵	6	0.54	1.64	中度风险
22	五氯苯甲腈	6	0.54	1.64	中度风险
23	乙螨唑	6	0.54	1.64	中度风险
24	三唑醇	6	0.54	1.64	中度风险
25	己唑醇	5	0.45	1.55	中度风险
26	仲丁威	4	0.36	1.46	低度风险
27	丁苯吗啉	4	0.36	1.46	低度风险
28	三唑酮	4	0.36	1.46	低度风险
29	唑胺菌酯	4	0.36	1.46	低度风险
30	多效唑	4	0.36	1.46	低度风险
31	嘧霉胺	4	0.36	1.46	低度风险
32	四氢吩胺	4	0.36	1.46	低度风险
33	敌敌畏	3	0.27	1.37	低度风险
34	霜霉威	3	0.27	1.37	低度风险
35	醚菌酯	3	0.27	1.37	低度风险
36	乙烯菌核利	3	0.27	1.37	低度风险
37	异菌脲	3	0.27	1.37	低度风险
38	戊唑醇	3	0.27	1.37	低度风险
39	氟吡菌酰胺	2	0.18	1.28	低度风险
40	噻嗪酮	2	0.18	1.28	低度风险
41	百菌清	2	0.18	1.28	低度风险
42	特草灵	2	0.18	1.28	低度风险
43	噻呋酰胺	2	0.18	1.28	低度风险

续表

序号	农药	超标频次	超标率 P（%）	风险系数 R	风险程度
44	灭菌丹	2	0.18	1.28	低度风险
45	腈菌唑	2	0.18	1.28	低度风险
46	三氯甲基吡啶	2	0.18	1.28	低度风险
47	吡唑醚菌酯	2	0.18	1.28	低度风险
48	缬霉威	2	0.18	1.28	低度风险
49	粉唑醇	1	0.09	1.19	低度风险
50	烯虫炔酯	1	0.09	1.19	低度风险
51	间羟基联苯	1	0.09	1.19	低度风险
52	乙霉威	1	0.09	1.19	低度风险
53	蒽醌	1	0.09	1.19	低度风险
54	炔丙菊酯	1	0.09	1.19	低度风险
55	烯唑醇	1	0.09	1.19	低度风险
56	双苯酰草胺	1	0.09	1.19	低度风险
57	苯醚氰菊酯	1	0.09	1.19	低度风险
58	苯醚甲环唑	1	0.09	1.19	低度风险
59	威杀灵	1	0.09	1.19	低度风险
60	哌草丹	1	0.09	1.19	低度风险
61	胺菊酯	1	0.09	1.19	低度风险
62	灭除威	1	0.09	1.19	低度风险
63	敌草腈	1	0.09	1.19	低度风险
64	特丁通	0	0.00	1.10	低度风险
65	甲氧丙净	0	0.00	1.10	低度风险
66	甲基嘧啶磷	0	0.00	1.10	低度风险
67	1,4-二甲基萘	0	0.00	1.10	低度风险
68	甲氯酰草胺	0	0.00	1.10	低度风险
69	硅氟唑	0	0.00	1.10	低度风险
70	磷酸三异丁酯	0	0.00	1.10	低度风险
71	稻瘟灵	0	0.00	1.10	低度风险
72	腈吡螨酯	0	0.00	1.10	低度风险
73	苯氧威	0	0.00	1.10	低度风险
74	苯硫威	0	0.00	1.10	低度风险
75	苯霜灵	0	0.00	1.10	低度风险
76	茉莉酮	0	0.00	1.10	低度风险
77	茚虫威	0	0.00	1.10	低度风险
78	莠去津	0	0.00	1.10	低度风险

续表

序号	农药	超标频次	超标率 *P*（%）	风险系数 *R*	风险程度
79	莠灭净	0	0.00	1.10	低度风险
80	螺虫乙酯	0	0.00	1.10	低度风险
81	肟菌酯	0	0.00	1.10	低度风险
82	抗蚜威	0	0.00	1.10	低度风险
83	溴苯磷	0	0.00	1.10	低度风险
84	溴氰虫酰胺	0	0.00	1.10	低度风险
85	吡螨胺	0	0.00	1.10	低度风险
86	吡氟酰草胺	0	0.00	1.10	低度风险
87	吡噻菌胺	0	0.00	1.10	低度风险
88	吡喃酮	0	0.00	1.10	低度风险
89	吡唑萘菌胺	0	0.00	1.10	低度风险
90	吡丙醚	0	0.00	1.10	低度风险
91	另丁津	0	0.00	1.10	低度风险
92	兹克威	0	0.00	1.10	低度风险
93	六氯苯	0	0.00	1.10	低度风险
94	仲丁灵	0	0.00	1.10	低度风险
95	五氯苯	0	0.00	1.10	低度风险
96	五氯硝基苯	0	0.00	1.10	低度风险
97	二苯胺	0	0.00	1.10	低度风险
98	二甲戊灵	0	0.00	1.10	低度风险
99	乙氧呋草黄	0	0.00	1.10	低度风险
100	乙嘧酚磺酸酯	0	0.00	1.10	低度风险
101	丙硫菌唑	0	0.00	1.10	低度风险
102	丙硫磷	0	0.00	1.10	低度风险
103	三氟甲吡醚	0	0.00	1.10	低度风险
104	咯菌腈	0	0.00	1.10	低度风险
105	唑虫酰胺	0	0.00	1.10	低度风险
106	啶氧菌酯	0	0.00	1.10	低度风险
107	抑霉唑	0	0.00	1.10	低度风险
108	氯菊酯	0	0.00	1.10	低度风险
109	氯氟吡氧乙酸	0	0.00	1.10	低度风险
110	氟酰脲	0	0.00	1.10	低度风险
111	氟菌唑	0	0.00	1.10	低度风险
112	氟环唑	0	0.00	1.10	低度风险
113	氟唑菌酰胺	0	0.00	1.10	低度风险

续表

序号	农药	超标频次	超标率 P（%）	风险系数 R	风险程度
114	氟吡菌胺	0	0.00	1.10	低度风险
115	新燕灵	0	0.00	1.10	低度风险
116	扑草净	0	0.00	1.10	低度风险
117	啶酰菌胺	0	0.00	1.10	低度风险
118	戊菌唑	0	0.00	1.10	低度风险
119	异丙甲草胺	0	0.00	1.10	低度风险
120	坪草丹	0	0.00	1.10	低度风险
121	四氟醚唑	0	0.00	1.10	低度风险
122	噻唑烟酸	0	0.00	1.10	低度风险
123	嘧菌酯	0	0.00	1.10	低度风险
124	嘧菌胺	0	0.00	1.10	低度风险
125	嘧菌环胺	0	0.00	1.10	低度风险
126	马拉硫磷	0	0.00	1.10	低度风险

对每个月份内的非禁用农药的风险系数分析，每月内非禁用农药风险程度分布图如图 8-22 所示。这 3 个月份内处于高度风险的农药数排序为 2020 年 8 月（10）=2020 年 9 月（10）>2020 年 10 月（7）。

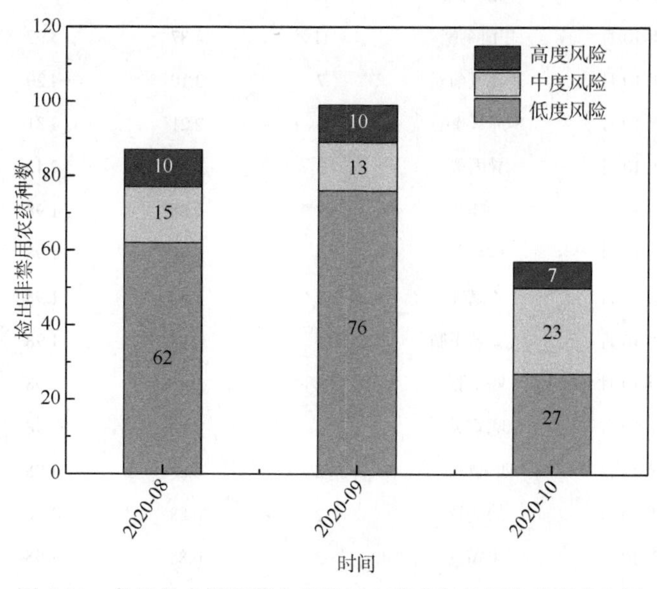

图 8-22　各月份水果蔬菜中非禁用农药残留的风险程度分布图

3 个月份内水果蔬菜中非禁用农药处于中度风险和高度风险的风险系数如图 8-23 和表 8-16 所示。

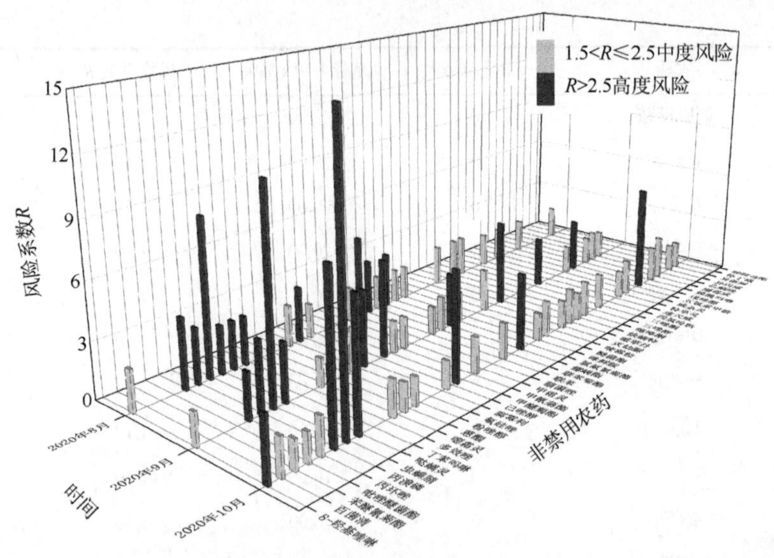

图 8-23　各月份水果蔬菜中非禁用农药处于中度风险和高度风险的风险系数分布图

表 8-16　各月份水果蔬菜中非禁用农药处于中度风险和高度风险的风险系数表

序号	年月	农药	超标频次	超标率 P（%）	风险系数 R	风险程度
1	2020 年 10 月	虫螨腈	32	14.16	15.26	高度风险
2	2020 年 10 月	丙溴磷	17	7.52	8.62	高度风险
3	2020 年 10 月	哒螨灵	13	5.75	6.85	高度风险
4	2020 年 10 月	烯酰吗啉	11	4.87	5.97	高度风险
5	2020 年 10 月	甲醚菊酯	11	4.87	5.97	高度风险
6	2020 年 10 月	氯氟氰菊酯	7	3.10	4.20	高度风险
7	2020 年 10 月	8-羟基喹啉	5	2.21	3.31	高度风险
8	2020 年 10 月	异丙威	3	1.33	2.43	中度风险
9	2020 年 10 月	三唑醇	2	0.88	1.98	中度风险
10	2020 年 10 月	丙环唑	2	0.88	1.98	中度风险
11	2020 年 10 月	乙螨唑	2	0.88	1.98	中度风险
12	2020 年 10 月	五氯苯甲腈	2	0.88	1.98	中度风险
13	2020 年 10 月	嘧霉胺	2	0.88	1.98	中度风险
14	2020 年 10 月	噁霜灵	2	0.88	1.98	中度风险
15	2020 年 10 月	四氢吩胺	2	0.88	1.98	中度风险
16	2020 年 10 月	炔螨特	2	0.88	1.98	中度风险
17	2020 年 10 月	甲霜灵	2	0.88	1.98	中度风险
18	2020 年 10 月	百菌清	2	0.88	1.98	中度风险
19	2020 年 10 月	联苯菊酯	2	0.88	1.98	中度风险
20	2020 年 10 月	仲丁威	1	0.44	1.54	中度风险
21	2020 年 10 月	吡唑醚菌酯	1	0.44	1.54	中度风险

续表

序号	年月	农药	超标频次	超标率 P（%）	风险系数 R	风险程度
22	2020 年 10 月	哌草丹	1	0.44	1.54	中度风险
23	2020 年 10 月	唑胺菌酯	1	0.44	1.54	中度风险
24	2020 年 10 月	噻嗪酮	1	0.44	1.54	中度风险
25	2020 年 10 月	威杀灵	1	0.44	1.54	中度风险
26	2020 年 10 月	己唑醇	1	0.44	1.54	中度风险
27	2020 年 10 月	粉唑醇	1	0.44	1.54	中度风险
28	2020 年 10 月	苯醚氰菊酯	1	0.44	1.54	中度风险
29	2020 年 9 月	虫螨腈	63	10.11	11.21	高度风险
30	2020 年 9 月	甲醚菊酯	26	4.17	5.27	高度风险
31	2020 年 9 月	炔螨特	23	3.69	4.79	高度风险
32	2020 年 9 月	腐霉利	19	3.05	4.15	高度风险
33	2020 年 9 月	丙溴磷	17	2.73	3.83	高度风险
34	2020 年 9 月	哒螨灵	13	2.09	3.19	高度风险
35	2020 年 9 月	氯氟氰菊酯	12	1.93	3.03	高度风险
36	2020 年 9 月	烯酰吗啉	12	1.93	3.03	高度风险
37	2020 年 9 月	速灭威	11	1.77	2.87	高度风险
38	2020 年 9 月	丙环唑	9	1.44	2.54	高度风险
39	2020 年 9 月	氟硅唑	8	1.28	2.38	中度风险
40	2020 年 9 月	灭幼脲	8	1.28	2.38	中度风险
41	2020 年 9 月	螺螨酯	5	0.80	1.90	中度风险
42	2020 年 9 月	8-羟基喹啉	4	0.64	1.74	中度风险
43	2020 年 9 月	咪鲜胺	4	0.64	1.74	中度风险
44	2020 年 9 月	异丙威	4	0.64	1.74	中度风险
45	2020 年 9 月	甲氰菊酯	4	0.64	1.74	中度风险
46	2020 年 9 月	甲霜灵	4	0.64	1.74	中度风险
47	2020 年 9 月	乙螨唑	3	0.48	1.58	中度风险
48	2020 年 9 月	噁霜灵	3	0.48	1.58	中度风险
49	2020 年 9 月	异菌脲	3	0.48	1.58	中度风险
50	2020 年 9 月	戊唑醇	3	0.48	1.58	中度风险
51	2020 年 9 月	联苯菊酯		0.48	1.58	中度风险
52	2020 年 8 月	虫螨腈	19	7.39	8.49	高度风险
53	2020 年 8 月	联苯	9	3.50	4.60	高度风险
54	2020 年 8 月	丙环唑	7	2.72	3.82	高度风险
55	2020 年 8 月	丙溴磷	5	1.95	3.05	高度风险
56	2020 年 8 月	氯氟氰菊酯	5	1.95	3.05	高度风险

续表

序号	年月	农药	超标频次	超标率 P（%）	风险系数 R	风险程度
57	2020年8月	联苯菊酯	5	1.95	3.05	高度风险
58	2020年8月	腐霉利	5	1.95	3.05	高度风险
59	2020年8月	丁苯吗啉	4	1.56	2.66	高度风险
60	2020年8月	哒螨灵	4	1.56	2.66	高度风险
61	2020年8月	多效唑	4	1.56	2.66	高度风险
62	2020年8月	8-羟基喹啉	3	1.17	2.27	中度风险
63	2020年8月	三唑酮	3	1.17	2.27	中度风险
64	2020年8月	三唑醇	3	1.17	2.27	中度风险
65	2020年8月	氟硅唑	3	1.17	2.27	中度风险
66	2020年8月	炔螨特	3	1.17	2.27	中度风险
67	2020年8月	甲氰菊酯	3	1.17	2.27	中度风险
68	2020年8月	五氯苯甲腈	2	0.78	1.88	中度风险
69	2020年8月	咪鲜胺	2	0.78	1.88	中度风险
70	2020年8月	唑胺菌酯	2	0.78	1.88	中度风险
71	2020年8月	己唑醇	2	0.78	1.88	中度风险
72	2020年8月	特草灵	2	0.78	1.88	中度风险
73	2020年8月	缬霉威	2	0.78	1.88	中度风险
74	2020年8月	腈菌唑	2	0.78	1.88	中度风险
75	2020年8月	螺螨酯	2	0.78	1.88	中度风险
76	2020年8月	醚菌酯	2	0.78	1.88	中度风险

8.4　农药残留风险评估结论与建议

农药残留是影响水果蔬菜安全和质量的主要因素，也是我国食品安全领域备受关注的敏感话题和亟待解决的重大问题之一。各种水果蔬菜均存在不同程度的农药残留现象，本研究主要针对甘肃省各类水果蔬菜存在的农药残留问题，基于2020年8月至2020年10月期间对甘肃省1106例水果蔬菜样品中农药残留侦测得出的2674个侦测结果，分别采用食品安全指数模型和风险系数模型，开展水果蔬菜中农药残留的膳食暴露风险和预警风险评估。水果蔬菜样品取自超市和农贸市场，符合大众的膳食来源，风险评价时更具有代表性和可信度。

本研究力求通用简单地反映食品安全中的主要问题，且为管理部门和大众容易接受，为政府及相关管理机构建立科学的食品安全信息发布和预警体系提供科学的规律与方法，加强对农药残留的预警和食品安全重大事件的预防，控制食品风险。

8.4.1　甘肃省水果蔬菜中农药残留膳食暴露风险评价结论

1）水果蔬菜样品中农药残留安全状态评价结论

采用食品安全指数模型，对 2020 年 8 月至 2020 年 10 月期间甘肃省水果蔬菜食品农药残留膳食暴露风险进行评价，根据 IFS_c 的计算结果发现，水果蔬菜中农药的$\overline{IFS}$为 0.0362，说明甘肃省水果蔬菜总体处于很好的安全状态，但部分禁用农药、高残留农药在蔬菜、水果中仍有侦测出，导致膳食暴露风险的存在，成为不安全因素。

2）单种水果蔬菜中农药膳食暴露风险不可接受情况评价结论

单种水果蔬菜中农药残留安全指数分析结果显示，农药对单种水果蔬菜安全影响不可接受（$IFS_c>1$）的样本数共 6 个，占总样本数的 0.22%，样本分别为小油菜中的咪鲜胺、哒螨灵、氟吡菌胺、联苯菊酯，菜豆中的异丙威，芹菜中的甲拌磷，说明小油菜中的咪鲜胺、哒螨灵、氟吡菌胺、联苯菊酯，菜豆中的异丙威，芹菜中的甲拌磷会对消费者身体健康造成较大的膳食暴露风险。小油菜、芹菜、菜豆均为较常见的水果蔬菜，百姓日常食用量较大，长期食用大量残留农药的蔬菜会对人体造成不可接受的影响，本次侦测发现农药在蔬菜样品中多次并大量侦测出，是未严格实施农业良好管理规范（GAP），抑或是农药滥用，这应该引起相关管理部门的警惕，应加强对蔬菜中农药的严格管控。

3）禁用农药膳食暴露风险评价

本次侦测发现部分水果蔬菜样品中有禁用农药侦测出，侦测出禁用农药 8 种，检出频次为 25，水果蔬菜样品中的禁用农药 IFS_c 计算结果表明，禁用农药残留膳食暴露风险不可接受的频次为 1，占 0.81%；可以接受的频次为 13，占 10.57%；没有影响的频次为 107，占 86.99%。对于水果蔬菜样品中所有农药而言，膳食暴露风险不可接受的频次为 6，仅占总体频次的 0.22%。可以看出，禁用农药的膳食暴露风险不可接受的比例远高于总体水平，这在一定程度上说明禁用农药更容易导致严重的膳食暴露风险。此外，膳食暴露风险不可接受的残留禁用农药为甲拌磷，因此，应该加强对禁用农药甲拌磷的管控力度。为何在国家明令禁止禁用农药喷洒的情况下，还能在多种水果蔬菜中多次侦测出禁用农药残留并造成不可接受的膳食暴露风险，这应该引起相关部门的高度警惕，应该在禁止禁用农药喷洒的同时，严格管控禁用农药的生产和售卖，从根本上杜绝安全隐患。

8.4.2　甘肃省水果蔬菜中农药残留预警风险评价结论

1）单种水果蔬菜中禁用农药残留的预警风险评价结论

本次侦测过程中，在 16 种水果蔬菜中侦测超出 8 种禁用农药，禁用农药为：毒死蜱、克百威、特丁硫磷、水胺硫磷、治螟磷、甲拌磷、硫丹、氯磺隆，水果蔬菜为：大白菜、小油菜、小白菜、梨、番茄、花椰菜、芹菜、苹果、茄子、菜豆、菠菜、葡萄、豇豆、辣椒、马铃薯、黄瓜，水果蔬菜中禁用农药的风险系数分析结果显示，7 种禁用农药在 16 种水果蔬菜中的残留均处于高度风险，说明在单种水果蔬菜中禁用农药的残留会导致较高的预警风险。

2）单种水果蔬菜中非禁用农药残留的预警风险评价结论

以 MRL 中国国家标准为标准，计算水果蔬菜中非禁用农药风险系数情况下，506 个样本中，4 个处于高度风险（0.79%），194 个处于低度风险（38.49%），306 个样本没有 MRL 中国国家标准（60.71%）。以 MRL 欧盟标准为标准，计算水果蔬菜中非禁用农药风险系数情况下，发现有 142 个处于高度风险（28.63%），329 个处于低度风险（66.33%）。基于两种 MRL 标准，评价的结果差异显著，可以看出 MRL 欧盟标准比中国国家标准更加严格和完善，过于宽松的 MRL 中国国家标准值能否有效保障人体的健康有待研究。

8.4.3 加强甘肃省水果蔬菜食品安全建议

我国食品安全风险评价体系仍不够健全，相关制度不够完善，多年来，由于农药用药次数多、用药量大或用药间隔时间短，产品残留量大，农药残留所造成的食品安全问题日益严峻，给人体健康带来了直接或间接的危害。据估计，美国与农药有关的癌症患者数约占全国癌症患者总数的 50%，中国更高。同样，农药对其他生物也会形成直接杀伤和慢性危害，植物中的农药可经过食物链逐级传递并不断蓄积，对人和动物构成潜在威胁，并影响生态系统。

基于本次农药残留侦测数据的风险评价结果，提出以下几点建议：

1）加快食品安全标准制定步伐

我国食品标准中对农药每日允许最大摄入量 ADI 的数据严重缺乏，在本次甘肃省水果蔬菜农药残留评价所涉及的 134 种农药中，仅有 73.13%的农药具有 ADI 值，而 26.87%的农药中国尚未规定相应的 ADI 值，亟待完善。

我国食品中农药最大残留限量值的规定严重缺乏，对评估涉及的不同水果蔬菜中不同农药 249 个 MRL 限值进行统计来看，我国仅制定出 84 个标准，标准完整率仅为 33.7%，欧盟的完整率达到 100%（表 8-17）。因此，中国更应加快 MRL 的制定步伐。

表 8-17 我国国家食品标准农药的 ADI、MRL 值与欧盟标准的数量差异

分类		中国 ADI	MRL 中国国家标准	MRL 欧盟标准
标准限值（个）	有	57	84	249
	无	7	165	0
总数（个）		64	249	249
无标准限值比例（%）		10.9	66.3	0

此外，MRL 中国国家标准限值普遍高于欧盟标准限值，这些标准中共有 54 个高于欧盟。过高的 MRL 值难以保障人体健康，建议继续加强对限值基准和标准的科学研究，将农产品中的危险性减少到尽可能低的水平。

2）加强农药的源头控制和分类监管

在甘肃省某些水果蔬菜中仍有禁用农药残留，利用 GC-Q-TOF/MS 技术侦测出 8 种禁用农药，检出频次为 123 次，残留禁用农药均存在较大的膳食暴露风险和预警风险。

早已列入黑名单的禁用农药在我国并未真正退出，有些药物由于价格便宜、工艺简单，此类高毒农药一直生产和使用。建议在我国采取严格有效的控制措施，从源头控制禁用农药。

对于非禁用农药，在我国作为“田间地头”最典型单位的县级蔬果产地中，农药残留的侦测几乎缺失。建议根据农药的毒性，对高毒、剧毒、中毒农药实现分类管理，减少使用高毒和剧毒高残留农药，进行分类监管。

3）加强残留农药的生物修复及降解新技术

市售果蔬中残留农药的品种多、频次高、禁用农药多次检出这一现状，说明了我国的田间土壤和水体因农药长期、频繁、不合理的使用而遭到严重污染。为此，建议中国相关部门出台相关政策，鼓励高校及科研院所积极开展分子生物学、酶学等研究，加强土壤、水体中残留农药的生物修复及降解新技术研究，切实加大农药监管力度，以控制农药的面源污染问题。

综上所述，在本工作基础上，根据蔬菜残留危害，可进一步针对其成因提出和采取严格管理、大力推广无公害蔬菜种植与生产、健全食品安全控制技术体系、加强蔬菜食品质量侦测体系建设和积极推行蔬菜食品质量追溯制度等相应对策。建立和完善食品安全综合评价指数与风险监测预警系统，对食品安全进行实时、全面的监控与分析，为我国的食品安全科学监管与决策提供新的技术支持，可实现各类检验数据的信息化系统管理，降低食品安全事故的发生。

第 9 章　LC-Q-TOF/MS 侦测陕西省市售水果蔬菜农药残留报告

从陕西省 3 个市，随机采集了 298 例水果蔬菜样品，使用液相色谱-四极杆飞行时间质谱（LC-Q-TOF/MS）对 842 种农药化学污染物进行示范侦测（7 种负离子模式 ESI^-未涉及）。

9.1　样品种类、数量与来源

9.1.1　样品采集与检测

为了真实反映百姓餐桌上水果蔬菜中农药残留污染状况，本次所有检测样品均由检验人员于 2020 年 8 月至 9 月期间，从陕西省 50 个采样点，包括 4 个农贸市场、45 个个体商户、1 个超市，以随机购买方式采集，总计 50 批 298 例样品，从中检出农药 85 种，1688 频次。采样及监测概况见表 9-1，样品及采样点明细见表 9-2 及表 9-3。

表 9-1　农药残留监测总体概况

采样地区	陕西省 8 个区县
采样点（超市+农贸市场+个体商户）	50
样本总数	298
检出农药品种/频次	85/1688
各采样点样本农药残留检出率范围	70.0%～100.0%

表 9-2　样品分类及数量

样品分类	样品名称（数量）	数量小计
1. 蔬菜		178
1）芸薹属类蔬菜	结球甘蓝 （9），花椰菜（10），紫甘蓝（1）	20
2）茄果类蔬菜	辣椒（9），茄子（10），番茄（10）	29
3）瓜类蔬菜	西葫芦（10），黄瓜（40）	50
4）根茎类和薯芋类蔬菜	马铃薯（10）	10
5）叶菜类蔬菜	芹菜（10），大白菜（9），菠菜（40）	59
6）豆类蔬菜	豇豆（9），菜豆（1）	10

续表

样品分类	样品名称（数量）	数量小计
2. 水果		120
1）仁果类水果	苹果（40），梨（40）	80
2）浆果和其他小型水果	葡萄（40）	40
合计	1.蔬菜 14 种 2.水果 3 种	298

表 9-3　陕西省采样点信息

采样点序号	行政区域	采样点
个体商户（45）		
1	咸阳市 渭城区	***果蔬（渭城区渭民生路）
2	咸阳市 渭城区	***批零店（渭城区朝阳一路）
3	咸阳市 渭城区	***果蔬店（渭城区东风路）
4	咸阳市 渭城区	***果蔬城（渭城区渭乐育南路）
5	咸阳市 渭城区	***果蔬（渭城区中山街）
6	咸阳市 渭城区	***果蔬（渭城区新兴北路）
7	咸阳市 渭城区	***果蔬（渭城区民生路）
8	咸阳市 渭城区	***果蔬（渭城区文汇西路）
9	咸阳市 渭城区	***果蔬城（渭城区新兴南路）
10	咸阳市 秦都区	***超市（秦都区宝泉路）
11	咸阳市 秦都区	***果蔬（秦都区联盟二路）
12	咸阳市 秦都区	***便民供应（秦都区劳动路）
13	咸阳市 秦都区	***果蔬（秦都区利民巷）
14	咸阳市 秦都区	***果蔬（秦都区安谷路）
15	咸阳市 秦都区	***超市（秦都区丰巴大道）
16	咸阳市 秦都区	***便民店（秦都区渭阳西路）
17	咸阳市 秦都区	***蔬果（秦都区龙台观路）
18	咸阳市 秦都区	***果蔬（秦都区思源南路）
19	咸阳市 秦都区	***果蔬（秦都区世纪西路）
20	宝鸡市 扶风县	***超市（扶风县南二路）
21	宝鸡市 扶风县	***超市（扶风县南大街）
22	宝鸡市 扶风县	***超市（扶风县西一路）
23	宝鸡市 渭滨区	***果蔬店（渭滨区火炬路）
24	宝鸡市 渭滨区	***蔬菜配送（渭滨区新建路）

续表

采样点序号	行政区域	采样点
25	宝鸡市 金台区	***超市（金台区轩苑路）
26	宝鸡市 金台区	***超市（金台区红卫路）
27	西安市 长安区	***超市（长安区航天西路）
28	西安市 长安区	***果蔬店（长安区航天大道）
29	西安市 长安区	***供应点（长安区航拓路）
30	西安市 长安区	***果蔬（长安区飞天路）
31	西安市 长安区	***便利店（长安区南长安街）
32	西安市 长安区	***驿站（长安区凤西韦巷）
33	西安市 长安区	***超市（长安区文化街）
34	西安市 长安区	***超市（长安区神舟一路）
35	西安市 长安区	***果蔬店（长安区航天北路）
36	西安市 长安区	***便民店（长安区凤栖东路）
37	西安市 雁塔区	***果蔬（雁塔区红小巷）
38	西安市 雁塔区	***果蔬店（雁塔区青龙路）
39	西安市 雁塔区	***果蔬店（雁塔区青松路）
40	西安市 雁塔区	***蔬菜（雁塔区高新六路）
41	西安市 雁塔区	***果蔬店（雁塔区太白南路）
42	西安市 雁塔区	***蔬店（雁塔区光华路）
43	西安市 雁塔区	***便利店（雁塔区朱雀大街）
44	西安市 雁塔区	***蔬菜（雁塔区红星街）
45	西安市 雁塔区	***果蔬店（雁塔区永松路）
农贸市场（4）		
1	咸阳市 秦都区	***果蔬城
2	宝鸡市 渭滨区	***生鲜中心（广元路店）
3	宝鸡市 陈仓区	***直销点（西大街店）
4	西安市 雁塔区	***市场
超市（1）		
1	宝鸡市 渭滨区	***超市（太白路店）

9.1.2 检测结果

这次使用的检测方法是庞国芳院士团队最新研发的不需使用标准品对照，而以高分辨精确质量数（0.0001 *m/z*）为基准的LC-Q-TOF/MS检测技术，对于298例样品，每个样品均侦测了842种农药化学污染物的残留现状。通过本次侦测，在298例样品中共计检出农药化学污染物 85 种，检出 1688 频次。

9.1.2.1　各采样点样品检出情况

统计分析发现 50 个采样点中，被测样品的农药检出率范围为 70.0%～100.0%。其中，有 39 个采样点样品的检出率最高，达到了 100.0%，分别是：***果蔬（渭城区渭民生路）、***果蔬店（渭城区东风路）、***果蔬城（渭城区渭乐育南路）、***果蔬（渭城区中山街）、***果蔬（渭城区新兴北路）、***果蔬（渭城区民生路）、***果蔬（渭城区文汇西路）、***果蔬城（渭城区新兴南路）、***果蔬城、***超市（秦都区宝泉路）、***果蔬（秦都区联盟二路）、***便民供应（秦都区劳动路）、***果蔬（秦都区利民巷）、***果蔬（秦都区安谷路）、***超市（秦都区丰巴大道）、***便民店（秦都区渭阳西路）、***果蔬（秦都区思源南路）、***果蔬（秦都区世纪西路）、***蔬菜配送（渭滨区新建路）、***超市（长安区航天西路）、***果蔬店（长安区航天大道）、***供应点（长安区航拓路）、***果蔬（长安区飞天路）、***便利店（长安区南长安街）、***驿站（长安区凤西韦巷）、***超市（长安区文化街）、***超市（长安区神舟一路）、***果蔬店（长安区航天北路）、***便民店（长安区凤栖东路）、***果蔬（雁塔区红小巷）、***果蔬店（雁塔区青龙路）、***果蔬店（雁塔区青松路）、***蔬菜（雁塔区高新六路）、***果蔬店（雁塔区太白南路）、***蔬店（雁塔区光华路）、***便利店（雁塔区朱雀大街）、***蔬菜（雁塔区红星街）、***市场和***果蔬店（雁塔区永松路）。有 4 个采样点样品的检出率最低，达到了 70.0%，分别是：***超市（扶风县南二路）、***超市（金台区轩苑路）、***超市（金台区红卫路）和***直销点（西大街店），见图 9-1。

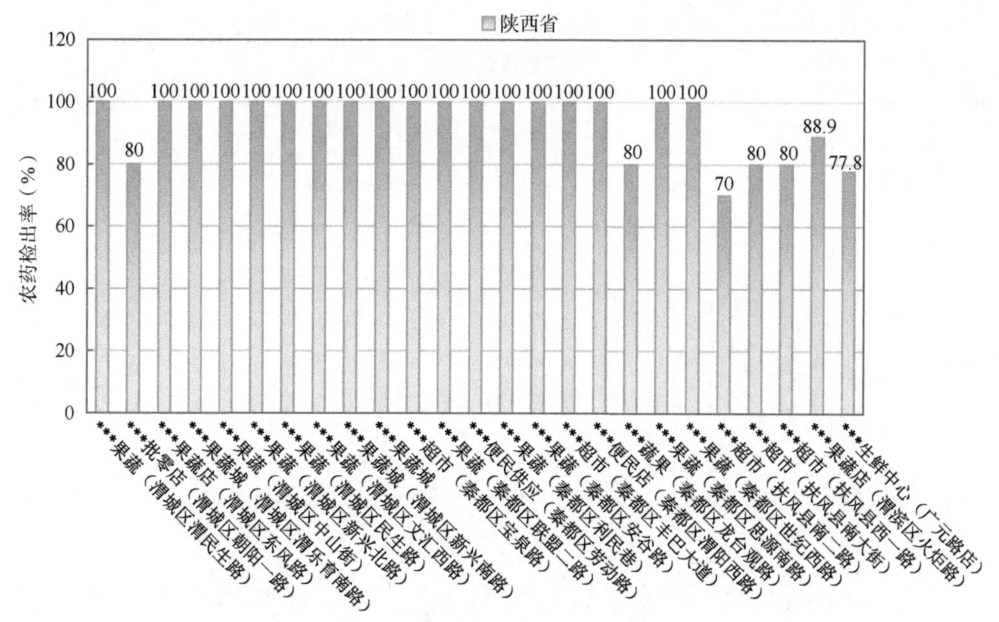

图 9-1-1　各采样点样品中的农药检出率

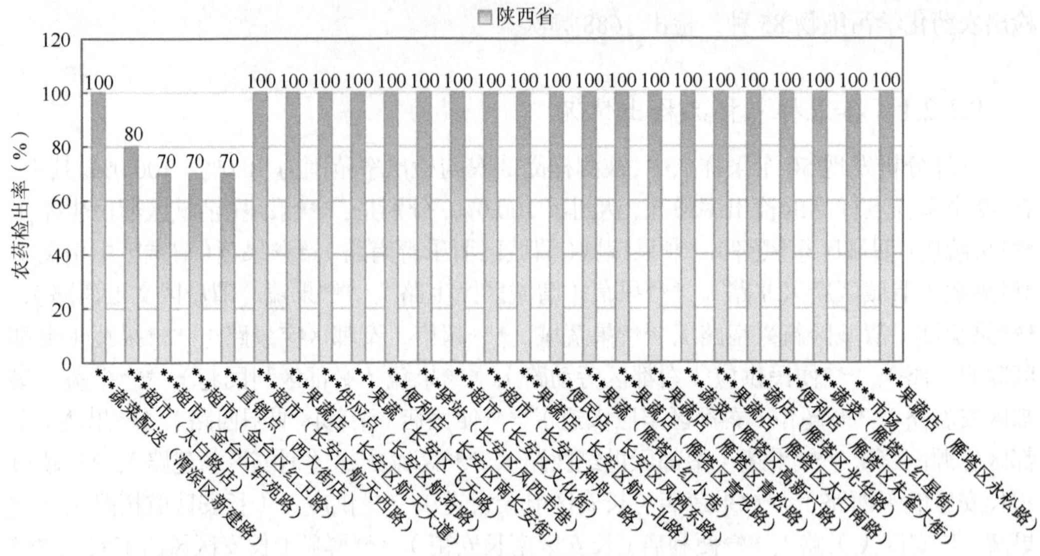

图 9-1-2　各采样点样品中的农药检出率

9.1.2.2　检出农药的品种总数与频次

统计分析发现，对于 298 例样品中 842 种农药化学污染物的侦测，共检出农药 1688 频次，涉及农药 85 种，结果如图 9-2 所示。其中啶虫脒检出频次最高，共检出 122 次。检出频次排名前 10 的农药如下：①啶虫脒（122），②多菌灵（112），③吡唑醚菌酯（101），④苯醚甲环唑（90），⑤噻虫胺（90），⑥霜霉威（81），⑦噻虫嗪（74），⑧烯酰吗啉（73），⑨吡虫啉（67），⑩戊唑醇（64）。

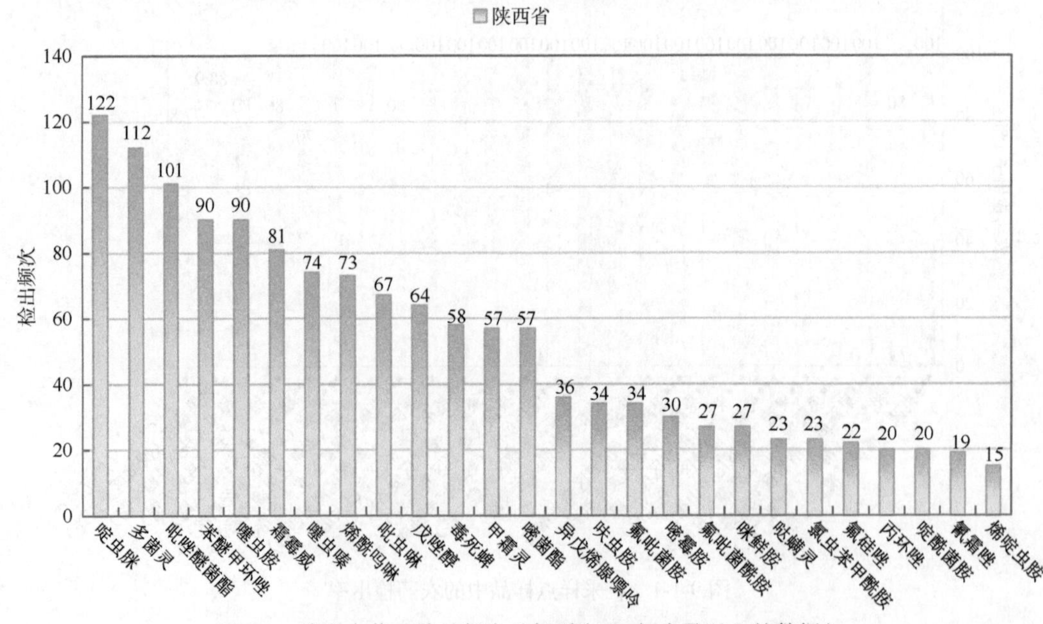

图 9-2　检出农药品种及频次（仅列出 15 频次及以上的数据）

由图9-3可见，黄瓜、葡萄、番茄、苹果和茄子这5种果蔬样品中检出的农药品种数较高，均超过25种，其中，黄瓜检出农药品种最多，为36种。由图9-4可见，葡萄、黄瓜、苹果、菠菜和梨这5种果蔬样品中的农药检出频次较高，均超过100次，其中，葡萄检出农药频次最高，为468次。

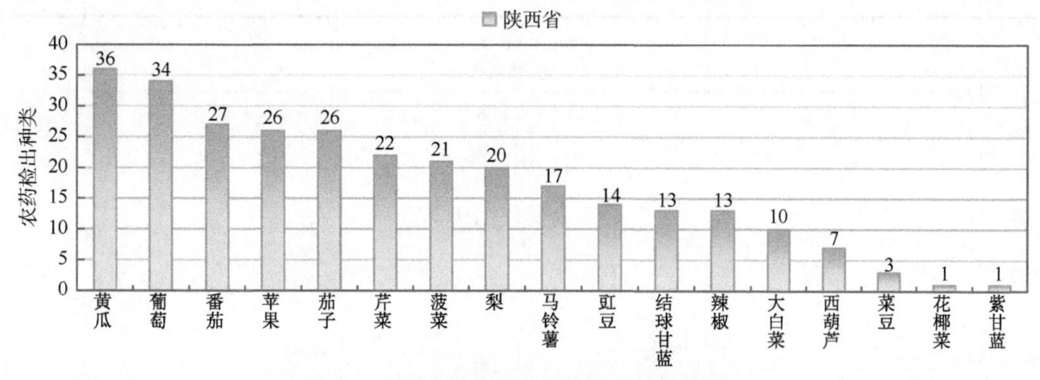

图9-3　单种水果蔬菜检出农药的种类数

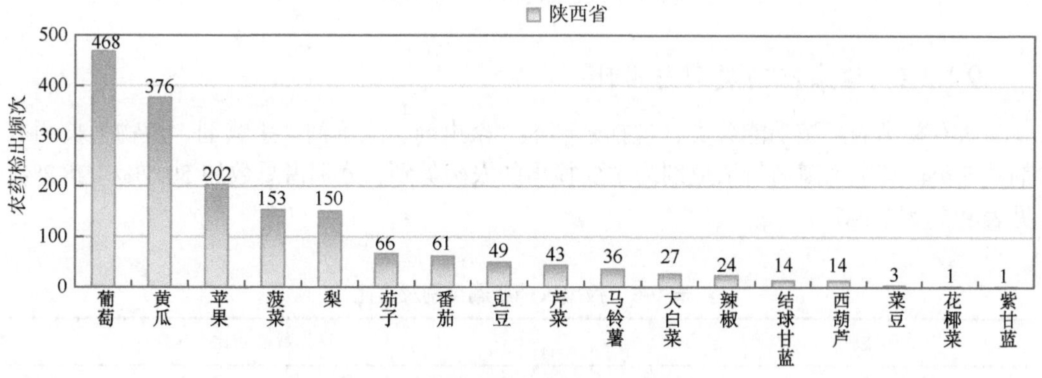

图9-4　单种水果蔬菜检出农药频次

9.1.2.3　单例样品农药检出种类与占比

对单例样品检出农药种类和频次进行统计发现，未检出农药的样品占总样品数的7.7%，检出1种农药的样品占总样品数的8.7%，检出2～5种农药的样品占总样品数的43.6%，检出6～10种农药的样品占总样品数的24.2%，检出大于10种农药的样品占总样品数的15.8%。每例样品中平均检出农药为5.7种，数据见表9-4及图9-5。

表9-4　单例样品检出农药品种及占比

检出农药品种数	样品数量/占比（%）
未检出	23/7.7
1种	26/8.7
2～5种	130/43.6

续表

检出农药品种数	样品数量/占比（%）
6～10 种	72/24.2
大于 10 种	47/15.8
单例样品平均检出农药品种	5.7 种

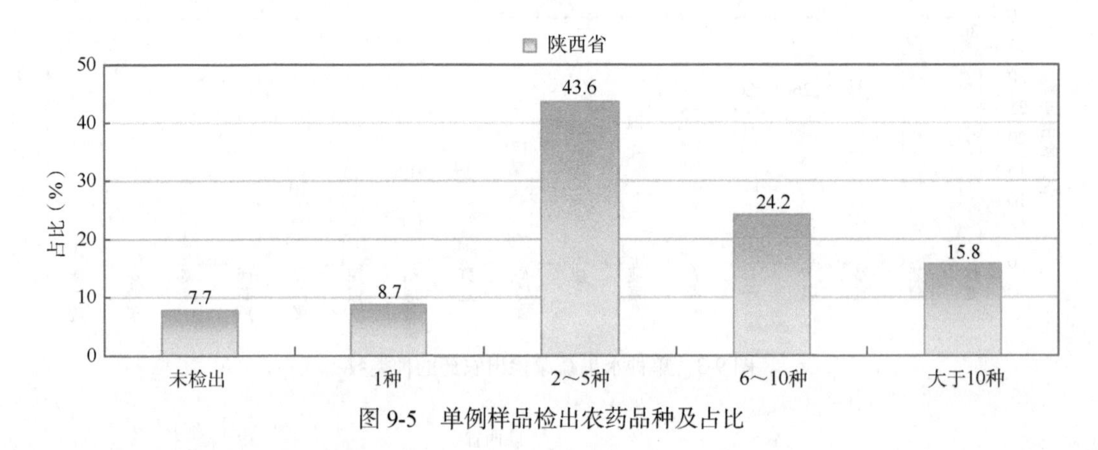

图 9-5 单例样品检出农药品种及占比

9.1.2.4 检出农药类别与占比

所有检出农药按功能分类，包括杀菌剂、杀虫剂、除草剂、杀螨剂、植物生长调节剂共 5 类。其中杀菌剂与杀虫剂为主要检出的农药类别，分别占总数的 50.6%和 28.2%，见表 9-5 及图 9-6。

表 9-5 检出农药所属类别及占比

农药类别	数量/占比（%）
杀菌剂	43/50.6
杀虫剂	24/28.2
除草剂	7/8.2
杀螨剂	6/7.1
植物生长调节剂	5/5.9

9.1.2.5 检出农药的残留水平

按检出农药残留水平进行统计，残留水平在 1～5 μg/kg（含）的农药占总数的 44.8%，在 5～10 μg/kg（含）的农药占总数的 15.0%，在 10～100 μg/kg（含）的农药占总数的 33.5%，在 100～1000 μg/kg（含）的农药占总数的 6.7%，>1000 μg/kg 的农药占总数的 0.1%。

由此可见，这次检测的 50 批 298 例水果蔬菜样品中农药多数处于较低残留水平。结果见表 9-6 及图 9-7。

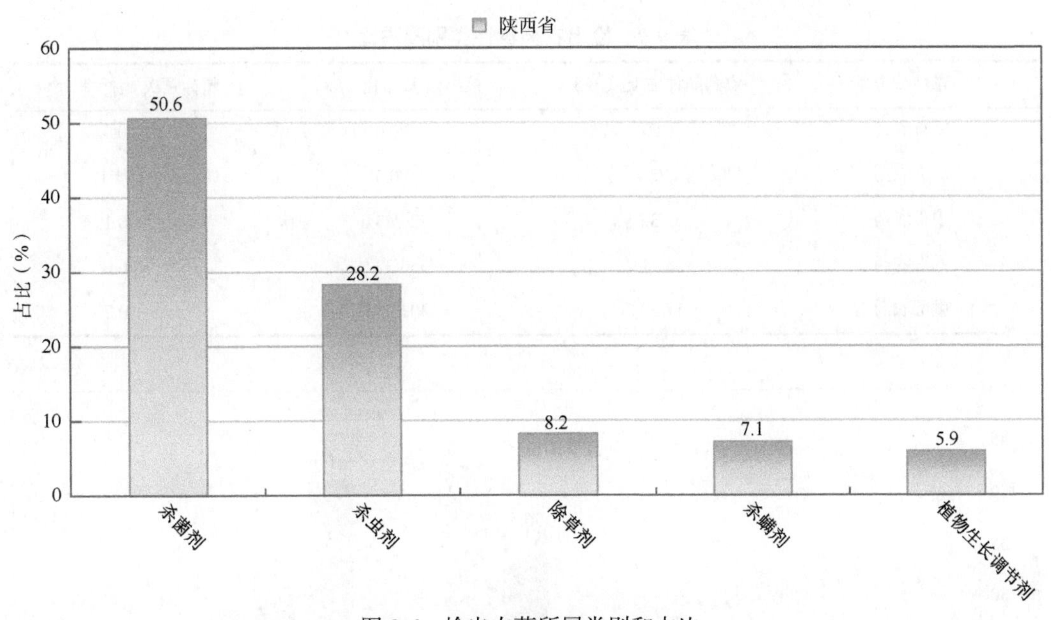

图 9-6　检出农药所属类别和占比

表 9-6　农药残留水平及占比

残留水平（μg/kg）	检出频次/占比（%）
1～5（含）	756/44.8
5～10（含）	253/15.0
10～100（含）	565/33.5
100～1000（含）	113/6.7
>1000	1/0.1

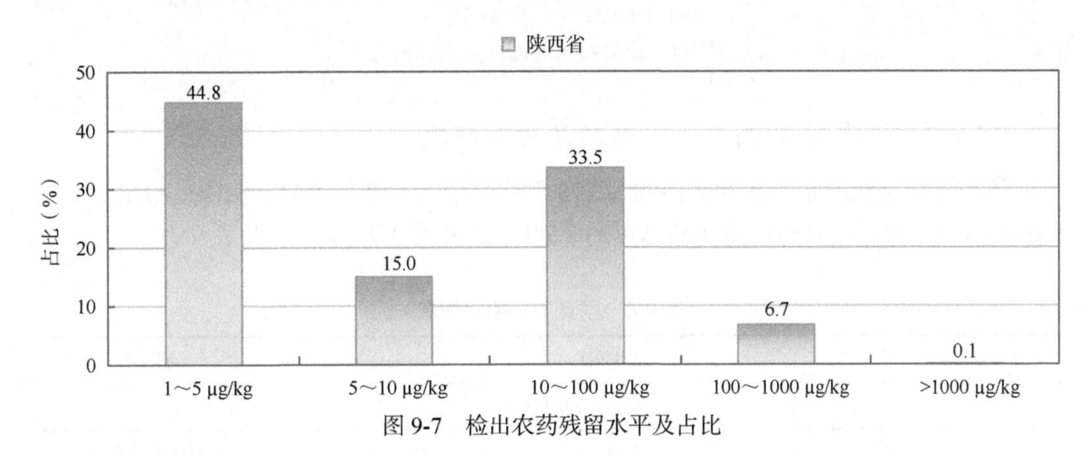

图 9-7　检出农药残留水平及占比

9.1.2.6　检出农药的毒性类别、检出频次和超标频次及占比

对这次检出的 85 种 1688 频次的农药，按剧毒、高毒、中毒、低毒和微毒这五个毒性类别进行分类，从中可以看出，陕西省目前普遍使用的农药为中低微毒农药，品种占 97.6%，频次占 99.5%。结果见表 9-7 及图 9-8。

表 9-7 检出农药毒性类别及占比

毒性分类	农药品种/占比（%）	检出频次/占比（%）	超标频次/超标率（%）
剧毒农药	0/0	0/0.0	0/0.0
高毒农药	2/2.4	9/0.5	1/11.1
中毒农药	31/36.5	726/43.0	1/0.1
低毒农药	35/41.2	550/32.6	0/0.0
微毒农药	17/20.0	403/23.9	1/0.2

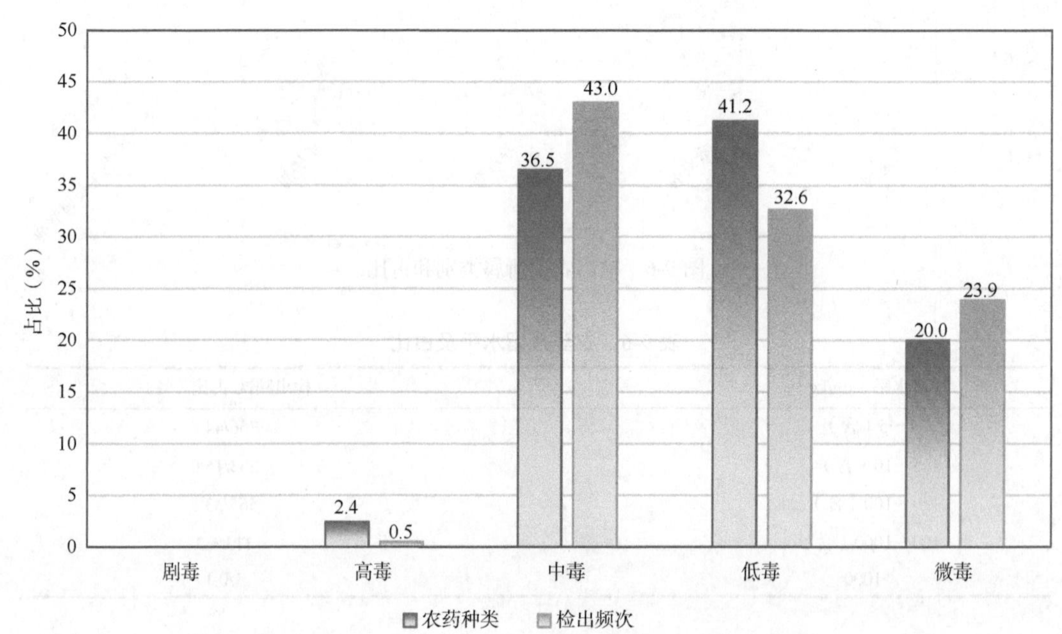

图 9-8 检出农药的毒性分类和占比

9.1.2.7 检出剧毒/高毒类农药的品种和频次

值得特别关注的是，在此次侦测的 298 例样品中有 3 种蔬菜的 8 例样品检出了 2 种 9 频次的剧毒和高毒农药，占样品总量的 2.7%，详见图 9-9、表 9-8 及表 9-9。

表 9-8 剧毒农药检出情况

序号	农药名称	检出频次	超标频次	超标率
		水果中未检出剧毒农药		
	小计	0	0	超标率：0.0%
		蔬菜中未检出剧毒农药		
	小计	0	0	超标率：0.0%
	合计	0	0	超标率：0.0%

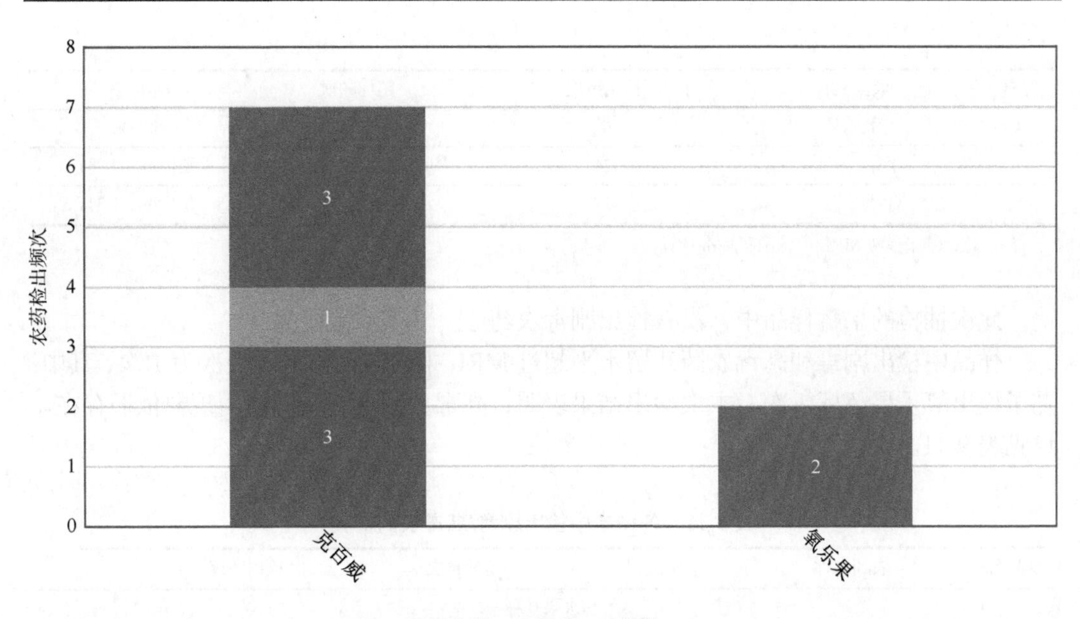

图 9-9　检出剧毒/高毒农药的样品情况

*表示允许在水果和蔬菜上使用的农药

表 9-9　高毒农药检出情况

序号	农药名称	检出频次	超标频次	超标率
		水果中未检出高毒农药		
	小计	0	0	超标率：0.0%
		从 3 种蔬菜中检出 2 种高毒农药，共计检出 9 次		
1	克百威	7	0	0.0%
2	氧乐果	2	1	50.0%
	小计	9	1	超标率：11.1%
	合计	9	1	超标率：11.1%

在检出的剧毒和高毒农药中，有 2 种是我国早已禁止在水果和蔬菜上使用的，分别是：克百威和氧乐果。禁用农药的检出情况见表 9-10。

表 9-10　禁用农药检出情况

序号	农药名称	检出频次	超标频次	超标率
		从 3 种水果中检出 1 种禁用农药，共计检出 53 次		
1	毒死蜱	53	0	0.0%
	小计	53	0	超标率：0.0%
		从 6 种蔬菜中检出 4 种禁用农药，共计检出 24 次		
1	氟苯虫酰胺	10	0	0.0%
2	克百威	7	0	0.0%
3	毒死蜱	5	0	0.0%

续表

序号	农药名称	检出频次	超标频次	超标率
4	氧乐果	2	1	50.0%
	小计	24	1	超标率：4.2%
	合计	77	1	超标率：1.3%

注：超标结果参考 MRL 中国国家标准计算

此次抽检的果蔬样品中，没有检出剧毒农药。

样品中检出剧毒和高毒农药残留水平超过 MRL 中国国家标准的频次为 1 次，其中：茄子检出氧乐果超标 1 次。本次检出结果表明，高毒、剧毒农药的使用现象依旧存在。详见表 9-11。

表 9-11 各样本中检出剧毒/高毒农药情况

样品名称	农药名称	检出频次	超标频次	检出浓度（μg/kg）
		水果 0 种		
	小计	0	0	超标率：0.0%
		蔬菜 3 种		
大白菜	克百威▲	3	0	8.7，1.1，1.4
番茄	克百威▲	1	0	2.3
茄子	克百威▲	3	0	1.2，3.8，1.7
茄子	氧乐果▲	2	1	16.2，34.4[a]
	小计	9	1	超标率：11.1%
	合计	9	1	超标率：11.1%

▲ 表示禁用农药；a 表示超标

9.2 农药残留检出水平与最大残留限量标准对比分析

我国于 2019 年 8 月 15 日正式颁布并于 2020 年 2 月 15 日正式实施食品农药残留限量国家标准《食品中农药最大残留限量》(GB 2763—2019)，该标准包括 467 个农药条目，涉及最大残留限量（MRL）标准 7108 项。将 1688 频次检出结果的浓度水平与 7108 项 MRL 中国国家标准进行比对，其中有 1392 频次的结果找到了对应的 MRL 标准，占 82.5%，还有 296 频次的侦测数据则无相关 MRL 标准供参考，占 17.5%。

将此次侦测结果与国际上现行 MRL 标准对比发现，在 1688 频次的检出结果中有 1688 频次的结果找到了对应的 MRL 欧盟标准，占 100.0%，其中，1562 频次的结果有明确对应的 MRL 标准，占 92.5%，其余 126 频次按照欧盟一律标准判定，占 7.5%；有 1688 频次的结果找到了对应的 MRL 日本标准，占 100.0%，其中，1466 频次的结果有明确对应的 MRL 标准，占 86.8%，其余 222 频次按照日本一律标准判定，占 13.2%；有 1217 频次的结果找到了对应的 MRL 中国香港标准，占 72.1%；有 1216 频次的结果找到了对应的 MRL 美国标准，占 72.0%；有 1279 频次的结果找到了对应的 MRL CAC 标准，占 75.8%（图 9-10 和图 9-11）。

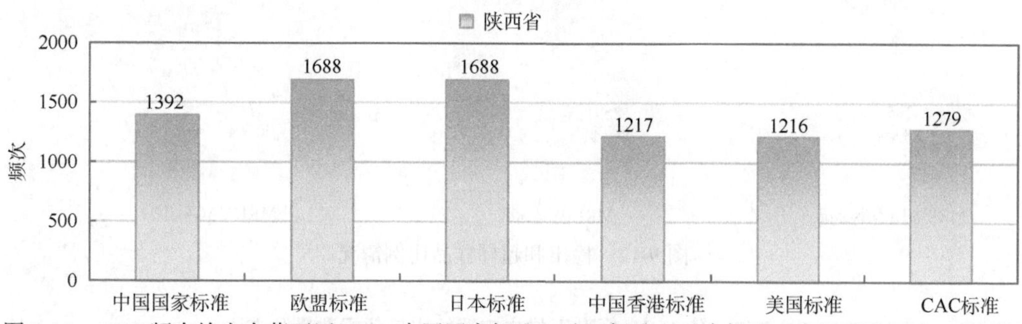

图 9-10　1688 频次检出农药可用 MRL 中国国家标准、欧盟标准、日本标准、中国香港标准、美国标准和 CAC 标准判定衡量的数量

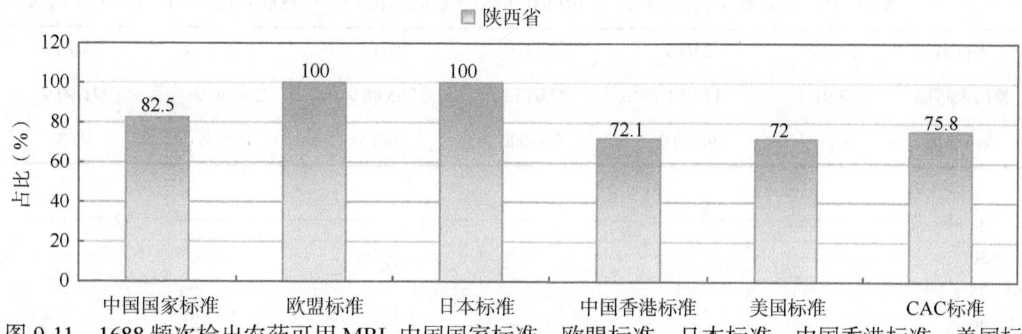

图 9-11　1688 频次检出农药可用 MRL 中国国家标准、欧盟标准、日本标准、中国香港标准、美国标准和 CAC 标准衡量的占比

9.2.1　超标农药样品分析

本次侦测的 298 例样品中，23 例样品未检出任何残留农药，占样品总量的 7.7%，275 例样品检出不同水平、不同种类的残留农药，占样品总量的 92.3%。在此，我们将本次侦测的农残检出情况与 MRL 中国国家标准、欧盟标准、日本标准、中国香港标准、美国标准和 CAC 标准这 6 大国际主流 MRL 标准进行对比分析，样品农残检出与超标情况见图 9-12、表 9-12 和图 9-13。

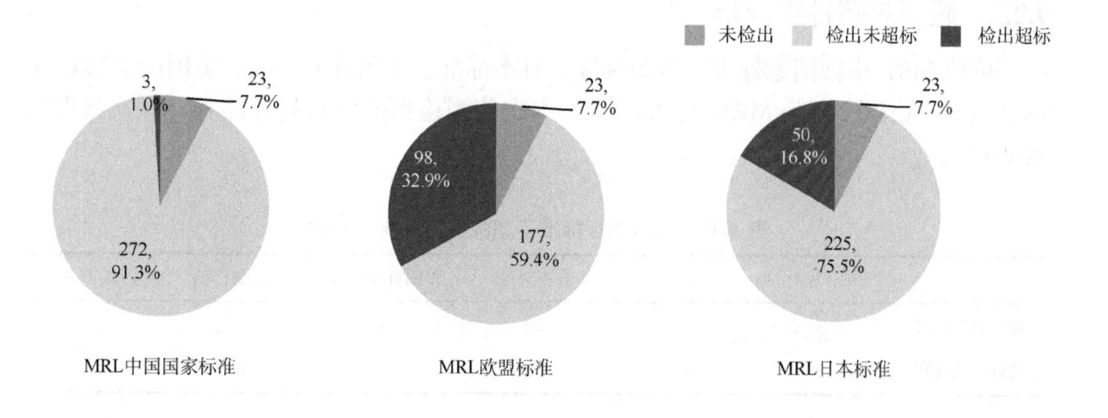

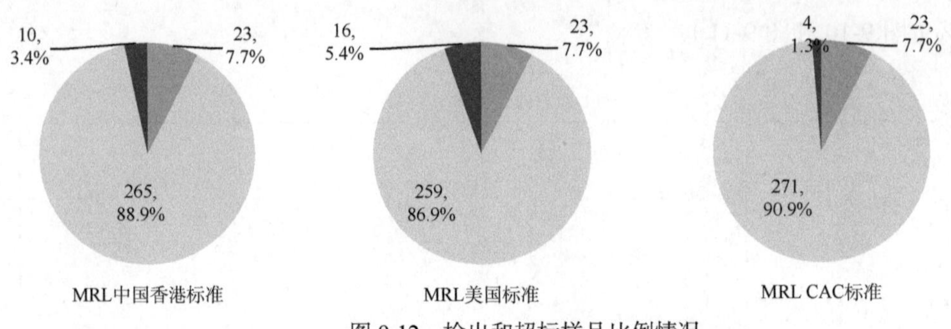

图 9-12 检出和超标样品比例情况

表 9-12 各 MRL 标准下样本农残检出与超标数量及占比

	中国国家标准	欧盟标准	日本标准	中国香港标准	美国标准	CAC 标准
	数量/占比（%）	数量/占比（%）	数量/占比（%）	数量/占比（%）	数量/占比（%）	数量/占比（%）
未检出	23/7.7	23/7.7	23/7.7	23/7.7	23/7.7	23/7.7
检出未超标	272/91.3	177/59.4	225/75.5	265/88.9	259/86.9	271/90.9
检出超标	3/1.0	98/32.9	50/16.8	10/3.4	16/5.4	4/1.3

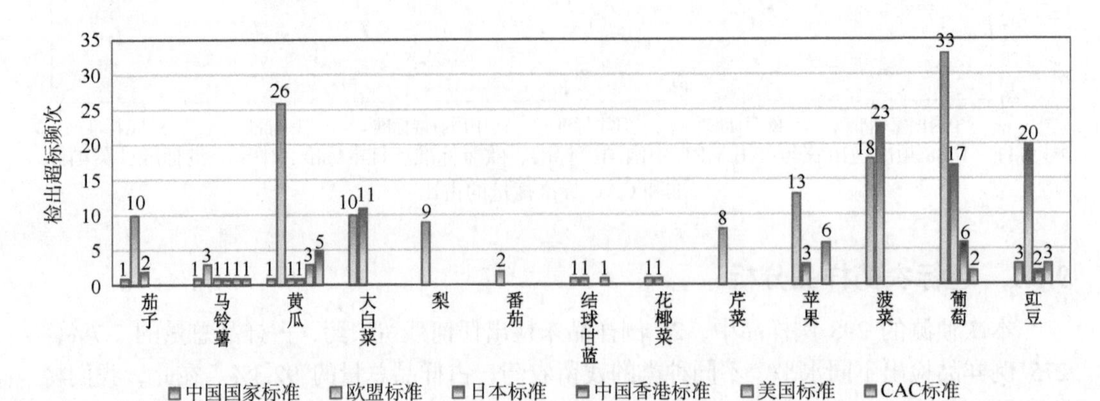

图 9-13 超过 MRL 中国国家标准、欧盟标准、日本标准、中国香港标准、美国标准和 CAC 标准结果在水果蔬菜中的分布

9.2.2 超标农药种类分析

按照 MRL 中国国家标准、欧盟标准、日本标准、中国香港标准、美国标准和 CAC 标准这 6 大国际主流 MRL 标准衡量，本次侦测检出的农药超标品种及频次情况见表 9-13。

表 9-13 各 MRL 标准下超标农药品种及频次

	中国国家标准	欧盟标准	日本标准	中国香港标准	美国标准	CAC 标准
超标农药品种	3	28	20	3	7	4
超标农药频次	3	137	80	10	16	6

9.2.2.1　按 MRL 中国国家标准衡量

按 MRL 中国国家标准衡量，共有 3 种农药超标，检出 3 频次，分别为高毒农药氧乐果，中毒农药吡唑醚菌酯，微毒农药乙螨唑。

按超标程度比较，茄子中氧乐果超标 70%，黄瓜中乙螨唑超标 30%，马铃薯中吡唑醚菌酯超标 2%。检测结果见图 9-14。

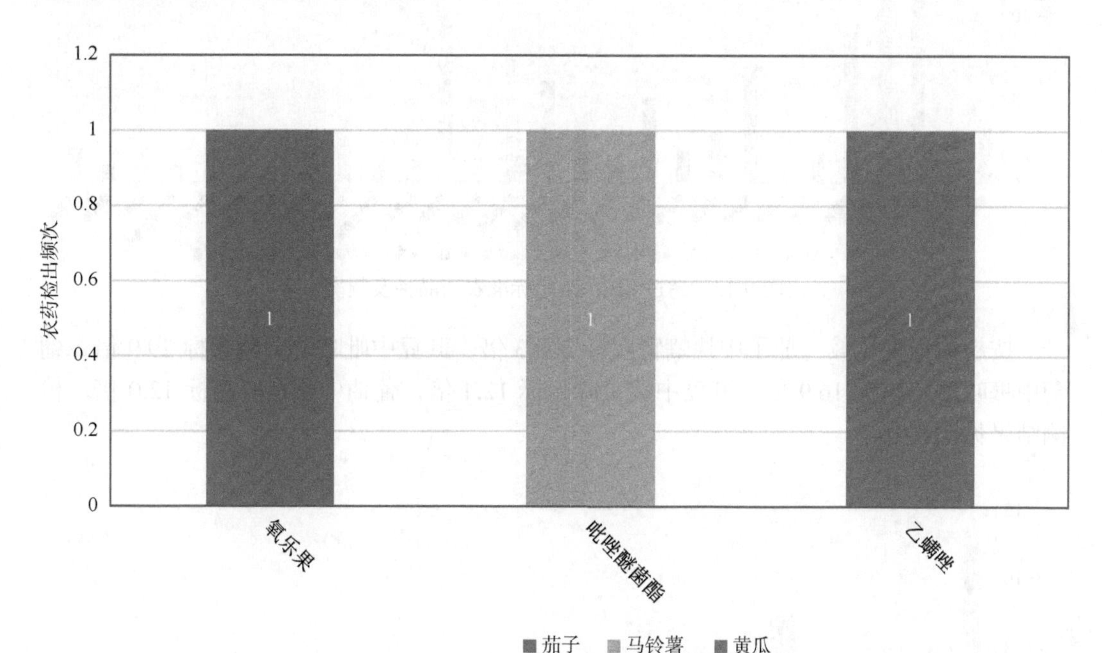

图 9-14　超过 MRL 中国国家标准农药品种及频次

9.2.2.2　按 MRL 欧盟标准衡量

按 MRL 欧盟标准衡量，共有 28 种农药超标，检出 137 频次，分别为高毒农药氧乐果和克百威，中毒农药毒死蜱、氟硅唑、噁霜灵、吡唑醚菌酯、辛硫磷、哒螨灵、戊唑醇、茵多酸、啶虫脒、丙环唑和三唑酮，低毒农药呋虫胺、螺螨酯、己唑醇、异菌脲、炔螨特、啶菌噁唑、灭幼脲、烯啶虫胺、噻虫胺和异戊烯腺嘌呤，微毒农药扑灭津、氰霜唑、霜霉威、噻呋酰胺和乙螨唑。

按超标程度比较，茄子中炔螨特超标 200.3 倍，黄瓜中呋虫胺超标 72.6 倍，葡萄中噻呋酰胺超标 16.9 倍，葡萄中霜霉威超标 12.0 倍，菠菜中噁霜灵超标 9.4 倍。检测结果见图 9-15。

9.2.2.3　按 MRL 日本标准衡量

按 MRL 日本标准衡量，共有 20 种农药超标，检出 80 频次，分别为中毒农药茚虫威、吡唑醚菌酯、哒螨灵、苯醚甲环唑、茵多酸、戊唑醇、啶虫脒、腈菌唑和丙环唑，低毒农药己唑醇、炔螨特、啶菌噁唑、灭幼脲、氟苯虫酰胺和异戊烯腺嘌呤，微毒农药扑灭津、缬霉威、氯虫苯甲酰胺、霜霉威和噻呋酰胺。

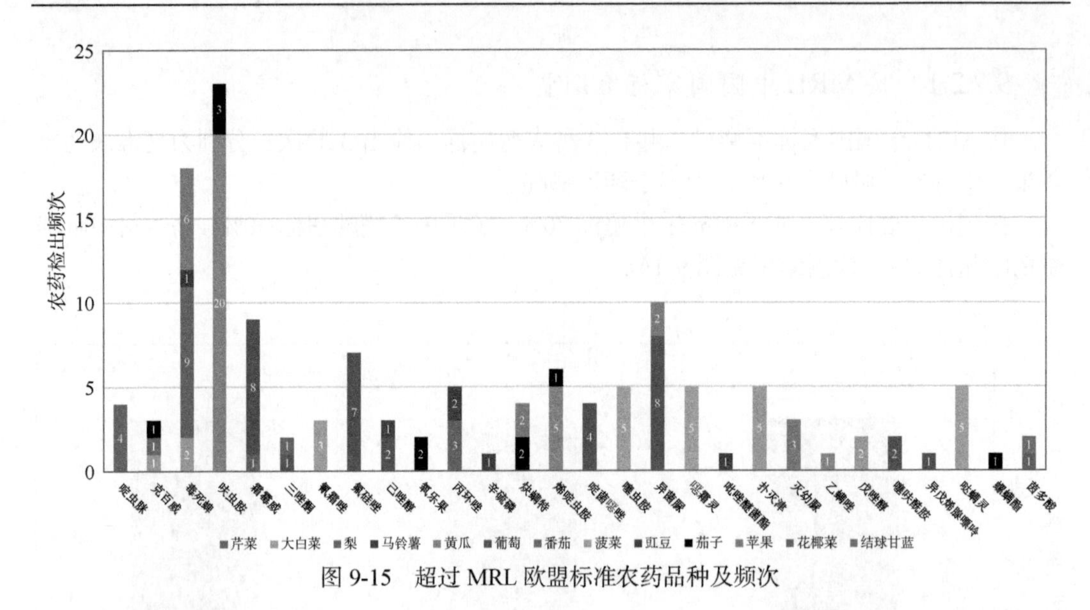

图 9-15　超过 MRL 欧盟标准农药品种及频次

按超标程度比较，茄子中炔螨特超标 200.3 倍，豇豆中吡唑醚菌酯超标 29.9 倍，葡萄中噻呋酰胺超标 16.9 倍，豇豆中啶虫脒超标 12.4 倍，葡萄中霜霉威超标 12.0 倍。检测结果见图 9-16。

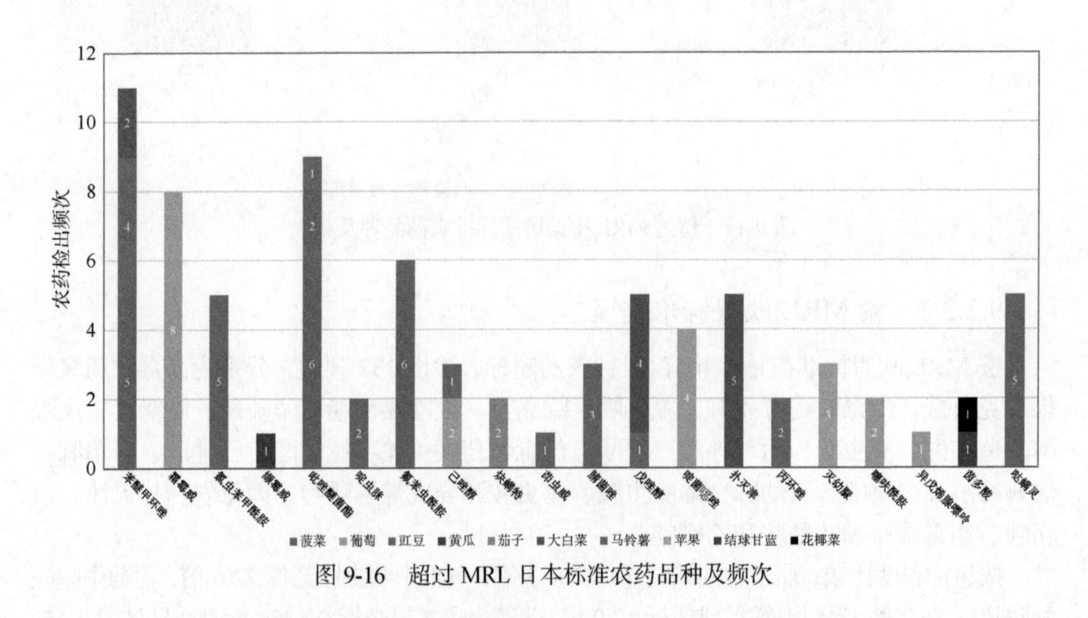

图 9-16　超过 MRL 日本标准农药品种及频次

9.2.2.4　按 MRL 中国香港标准衡量

按 MRL 中国香港标准衡量，共有 3 种农药超标，检出 10 频次，分别为中毒农药吡唑醚菌酯，低毒农药噻虫胺，微毒农药乙螨唑。

按超标程度比较，豇豆中吡唑醚菌酯超标 14.5 倍，黄瓜中乙螨唑超标 0.3 倍，葡萄中噻虫胺超标 0.3 倍，马铃薯中吡唑醚菌酯超标 2%。检测结果见图 9-17。

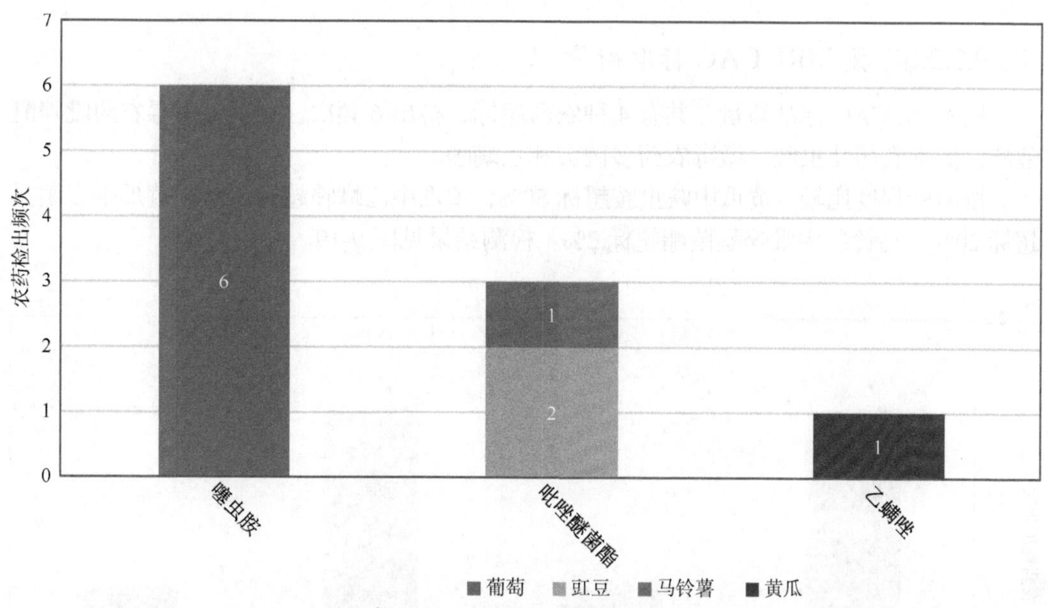

图 9-17 超过 MRL 中国香港标准农药品种及频次

9.2.2.5 按 MRL 美国标准衡量

按 MRL 美国标准衡量，共有 7 种农药超标，检出 16 频次，分别为中毒农药毒死蜱、茵多酸和腈菌唑，低毒农药噻虫嗪和呋虫胺，微毒农药啶酰菌胺和乙螨唑。

按超标程度比较，马铃薯中啶酰菌胺超标 2.2 倍，豇豆中腈菌唑超标 1.6 倍，苹果中毒死蜱超标 1.4 倍，黄瓜中呋虫胺超标 50%，黄瓜中乙螨唑超标 30%。检测结果见图 9-18。

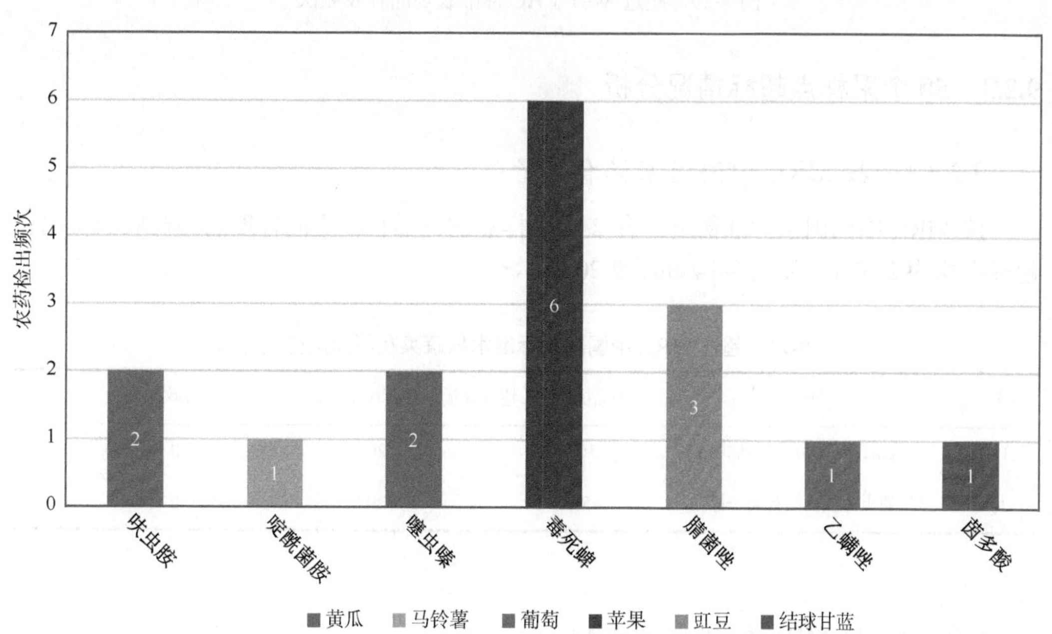

图 9-18 超过 MRL 美国标准农药品种及频次

9.2.2.6　按 MRL CAC 标准衡量

按 MRL CAC 标准衡量，共有 4 种农药超标，检出 6 频次，分别为中毒农药吡唑醚菌酯，低毒农药呋虫胺，微毒农药多菌灵和乙螨唑。

按超标程度比较，黄瓜中呋虫胺超标 50%，黄瓜中乙螨唑超标 30%，黄瓜中多菌灵超标 20%，马铃薯中吡唑醚菌酯超标 2%。检测结果见图 9-19。

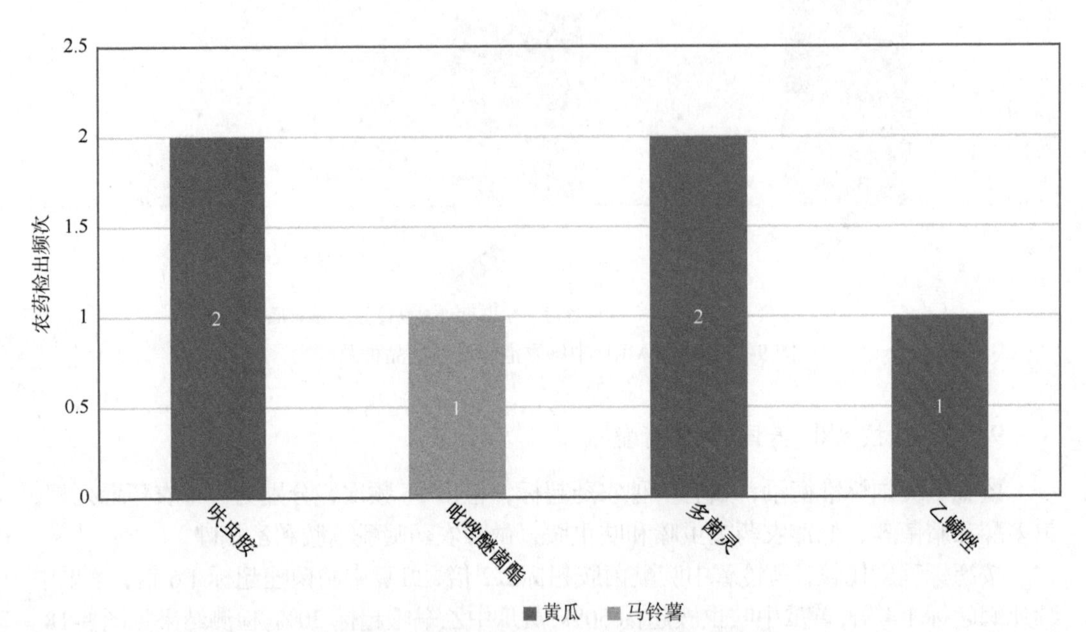

图 9-19　超过 MRL CAC 标准农药品种及频次

9.2.3　50 个采样点超标情况分析

9.2.3.1　按 MRL 中国国家标准衡量

按 MRL 中国国家标准衡量，有 2 个采样点的样品存在不同程度的超标农药检出，超标率均为 20.0%，如表 9-14 和图 9-20 所示。

表 9-14　超过 MRL 中国国家标准水果蔬菜在不同采样点分布

序号	采样点	样品总数	超标数量	超标率（%）	行政区域
1	***蔬菜配送（渭滨区新建路）	10	2	20.0	宝鸡市 渭滨区
2	***超市（长安区神舟一路）	5	1	20.0	西安市 长安区

9.2.3.2　按 MRL 欧盟标准衡量

按 MRL 欧盟标准衡量，有 45 个采样点的样品存在不同程度的超标农药检出，其中

便民供应（秦都区劳动路）、果蔬（秦都区思源南路）和***超市（长安区航天西路）的超标率最高，为 80.0%，如表 9-15 和图 9-21 所示。

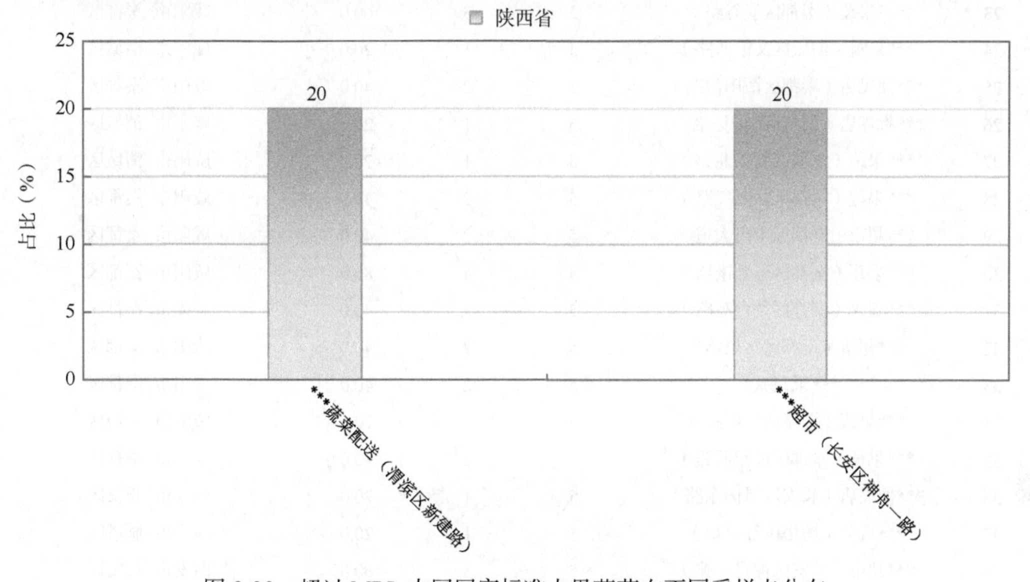

图 9-20 超过 MRL 中国国家标准水果蔬菜在不同采样点分布

表 9-15 超过 MRL 欧盟标准水果蔬菜在不同采样点分布

序号	采样点	样品总数	超标数量	超标率（%）	行政区域
1	***直销点（西大街店）	10	3	30.0	宝鸡市 陈仓区
2	***超市（扶风县南大街）	10	1	10.0	宝鸡市 扶风县
3	***超市（扶风县南二路）	10	2	20.0	宝鸡市 扶风县
4	***超市（金台区轩苑路）	10	2	20.0	宝鸡市 金台区
5	***超市（金台区红卫路）	10	2	20.0	宝鸡市 金台区
6	***蔬菜配送（渭滨区新建路）	10	5	50.0	宝鸡市 渭滨区
7	***超市（太白路店）	10	3	30.0	宝鸡市 渭滨区
8	***生鲜中心（广元路店）	9	2	22.2	宝鸡市 渭滨区
9	***果蔬店（渭滨区火炬路）	9	4	44.4	宝鸡市 渭滨区
10	***驿站（长安区凤西韦巷）	5	2	40.0	西安市 长安区
11	***果蔬店（长安区航天大道）	5	3	60.0	西安市 长安区
12	***果蔬店（长安区航天北路）	5	3	60.0	西安市 长安区
13	***果蔬店（雁塔区永松路）	5	2	40.0	西安市 雁塔区
14	***果蔬店（雁塔区太白南路）	5	3	60.0	西安市 雁塔区
15	***蔬店（雁塔区光华路）	5	2	40.0	西安市 雁塔区
16	***果蔬店（雁塔区青松路）	5	1	20.0	西安市 雁塔区
17	***果蔬店（雁塔区青龙路）	5	2	40.0	西安市 雁塔区
18	***果蔬（渭城区渭民生路）	5	1	20.0	咸阳市 渭城区
19	***果蔬（渭城区中山街）	5	1	20.0	咸阳市 渭城区
20	***果蔬城（渭城区渭乐育南路）	5	1	20.0	咸阳市 渭城区
21	***便民供应（秦都区劳动路）	5	4	80.0	咸阳市 秦都区
22	***果蔬（秦都区利民巷）	5	2	40.0	咸阳市 秦都区

续表

序号	采样点	样品总数	超标数量	超标率（%）	行政区域
23	***果蔬（秦都区安谷路）	5	3	60.0	咸阳市 秦都区
24	***果蔬（渭城区文汇西路）	5	1	20.0	咸阳市 渭城区
25	***便民店（秦都区渭阳西路）	5	2	40.0	咸阳市 秦都区
26	***批零店（渭城区朝阳一路）	5	1	20.0	咸阳市 渭城区
27	***果蔬（渭城区新兴北路）	5	1	20.0	咸阳市 渭城区
28	***果蔬（秦都区联盟二路）	5	2	40.0	咸阳市 秦都区
29	***超市（秦都区丰巴大道）	5	2	40.0	咸阳市 秦都区
30	***果蔬（秦都区思源南路）	5	4	80.0	咸阳市 秦都区
31	***蔬果（秦都区龙台观路）	5	2	40.0	咸阳市 秦都区
32	***超市（秦都区宝泉路）	5	2	40.0	咸阳市 秦都区
33	***果蔬城	5	2	40.0	咸阳市 秦都区
34	***果蔬（渭城区民生路）	5	1	20.0	咸阳市 渭城区
35	***果蔬（秦都区世纪西路）	5	2	40.0	咸阳市 秦都区
36	***便民店（长安区凤栖东路）	5	1	20.0	西安市 长安区
37	***蔬菜（雁塔区红星街）	5	1	20.0	西安市 雁塔区
38	***超市（长安区神舟一路）	5	3	60.0	西安市 长安区
39	***超市（长安区文化街）	5	3	60.0	西安市 长安区
40	***便利店（长安区南长安街）	5	1	20.0	西安市 长安区
41	***供应点（长安区航拓路）	5	2	40.0	西安市 长安区
42	***便利店（雁塔区朱雀大街）	5	3	60.0	西安市 雁塔区
43	***果蔬（雁塔区红小巷）	5	2	40.0	西安市 雁塔区
44	***超市（长安区航天西路）	5	4	80.0	西安市 长安区
45	***蔬菜（雁塔区高新六路）	5	2	40.0	西安市 雁塔区

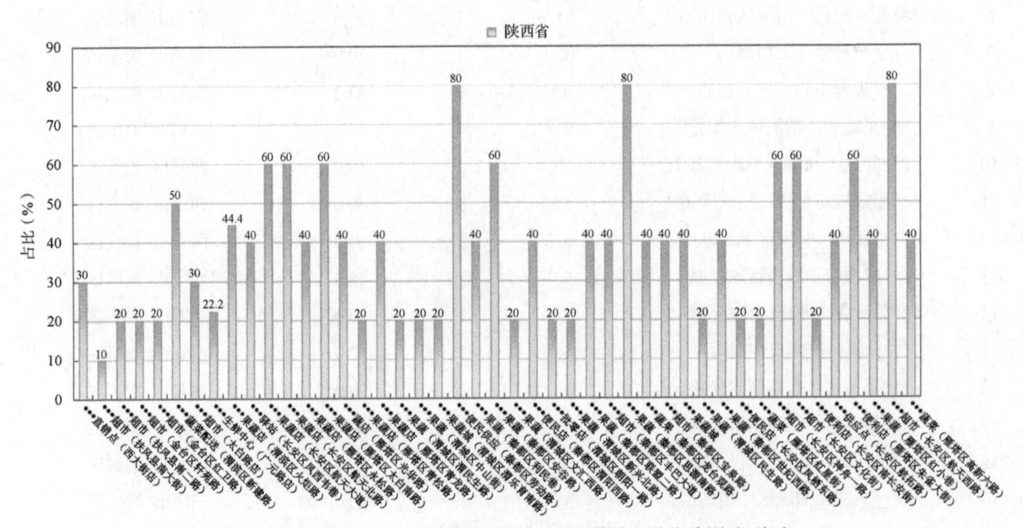

图 9-21　超过 MRL 欧盟标准水果蔬菜在不同采样点分布

9.2.3.3 按 MRL 日本标准衡量

按 MRL 日本标准衡量，有 32 个采样点的样品存在不同程度的超标农药检出，其中***蔬菜（雁塔区高新六路）的超标率最高，为 60.0%，如表 9-16 和图 9-22 所示。

表 9-16 超过 MRL 日本标准水果蔬菜在不同采样点分布

序号	采样点	样品总数	超标数量	超标率（%）	行政区域
1	***直销点（西大街店）	10	3	30.0	宝鸡市 陈仓区
2	***超市（扶风县西一路）	10	2	20.0	宝鸡市 扶风县
3	***超市（扶风县南二路）	10	2	20.0	宝鸡市 扶风县
4	***超市（金台区轩苑路）	10	2	20.0	宝鸡市 金台区
5	***超市（金台区红卫路）	10	2	20.0	宝鸡市 金台区
6	***蔬菜配送（渭滨区新建路）	10	5	50.0	宝鸡市 渭滨区
7	***超市（太白路店）	10	2	20.0	宝鸡市 渭滨区
8	***果蔬店（渭滨区火炬路）	9	3	33.3	宝鸡市 渭滨区
9	***果蔬店（长安区航天大道）	5	1	20.0	西安市 长安区
10	***果蔬店（长安区航天北路）	5	1	20.0	西安市 长安区
11	***果蔬店（雁塔区永松路）	5	1	20.0	西安市 雁塔区
12	***果蔬店（雁塔区太白南路）	5	1	20.0	西安市 雁塔区
13	***蔬店（雁塔区光华路）	5	1	20.0	西安市 雁塔区
14	***市场	5	1	20.0	西安市 雁塔区
15	***果蔬店（雁塔区青松路）	5	1	20.0	西安市 雁塔区
16	***果蔬店（雁塔区青龙路）	5	2	40.0	西安市 雁塔区
17	***果蔬（渭城区中山街）	5	1	20.0	咸阳市 渭城区
18	***果蔬城（渭城区渭乐育南路）	5	1	20.0	咸阳市 渭城区
19	***便民供应（秦都区劳动路）	5	1	20.0	咸阳市 秦都区
20	***果蔬（秦都区安谷路）	5	1	20.0	咸阳市 秦都区
21	***果蔬（秦都区联盟二路）	5	1	20.0	咸阳市 秦都区
22	***果蔬（秦都区思源南路）	5	1	20.0	咸阳市 秦都区
23	***超市（秦都区宝泉路）	5	1	20.0	咸阳市 秦都区
24	***蔬菜（雁塔区红星街）	5	1	20.0	西安市 雁塔区
25	***超市（长安区文化街）	5	1	20.0	西安市 长安区
26	***便利店（长安区南长安街）	5	1	20.0	西安市 长安区
27	***供应点（长安区航拓路）	5	1	20.0	西安市 长安区
28	***果蔬（长安区飞天路）	5	1	20.0	西安市 长安区
29	***便利店（雁塔区朱雀大街）	5	2	40.0	西安市 雁塔区
30	***果蔬（雁塔区红小巷）	5	2	40.0	西安市 雁塔区

续表

序号	采样点	样品总数	超标数量	超标率（%）	行政区域
31	***超市（长安区航天西路）	5	1	20.0	西安市 长安区
32	***蔬菜（雁塔区高新六路）	5	3	60.0	西安市 雁塔区

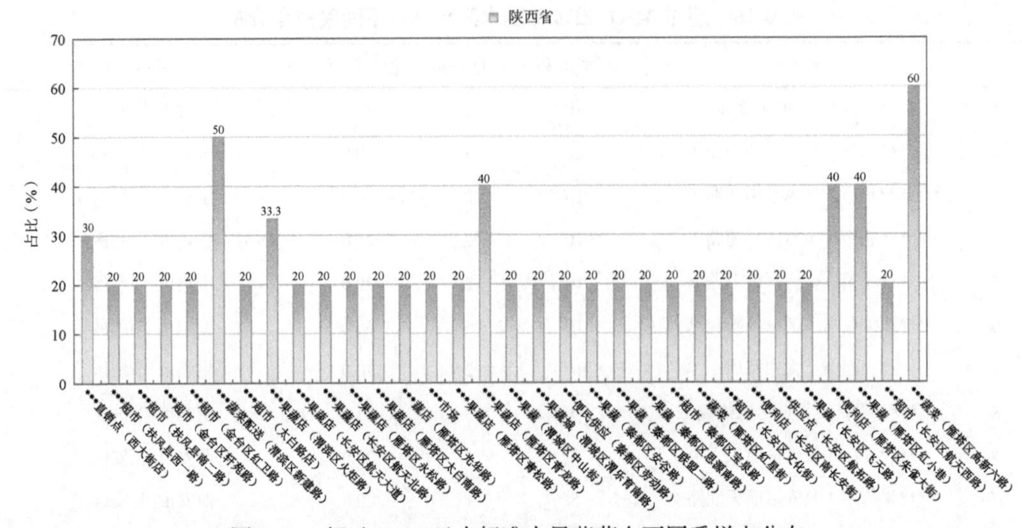

图 9-22　超过 MRL 日本标准水果蔬菜在不同采样点分布

9.2.3.4　按 MRL 中国香港标准衡量

按 MRL 中国香港标准衡量，有 9 个采样点的样品存在不同程度的超标农药检出，其中***蔬菜配送（渭滨区新建路）、***便民供应（秦都区劳动路）、***果蔬（秦都区利民巷）、***批零店（渭城区朝阳一路）、***超市（秦都区丰巴大道）、***果蔬（秦都区思源南路）、***果蔬城和***超市（长安区神舟一路）的超标率最高，为 20.0%，如表 9-17 和图 9-23 所示。

表 9-17　超过 MRL 中国香港标准水果蔬菜在不同采样点分布

序号	采样点	样品总数	超标数量	超标率（%）	行政区域
1	***直销点（西大街店）	10	1	10.0	宝鸡市 陈仓区
2	***蔬菜配送（渭滨区新建路）	10	2	20.0	宝鸡市 渭滨区
3	***便民供应（秦都区劳动路）	5	1	20.0	咸阳市 秦都区
4	***果蔬（秦都区利民巷）	5	1	20.0	咸阳市 秦都区
5	***批零店（渭城区朝阳一路）	5	1	20.0	咸阳市 渭城区
6	***超市（秦都区丰巴大道）	5	1	20.0	咸阳市 秦都区
7	***果蔬（秦都区思源南路）	5	1	20.0	咸阳市 秦都区
8	***果蔬城	5	1	20.0	咸阳市 秦都区
9	***超市（长安区神舟一路）	5	1	20.0	西安市 长安区

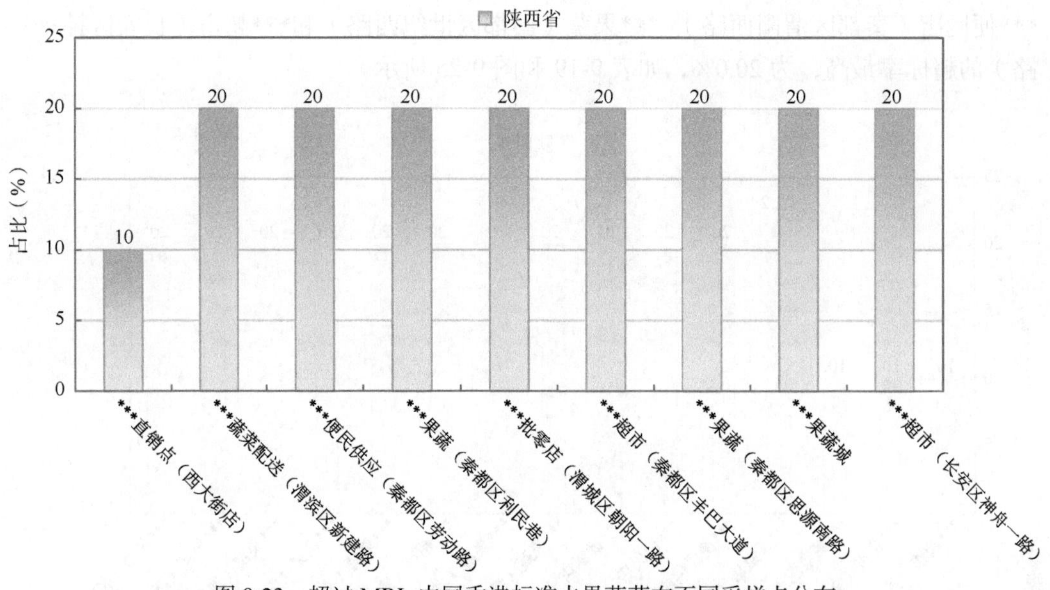

图 9-23　超过 MRL 中国香港标准水果蔬菜在不同采样点分布

9.2.3.5　按 MRL 美国标准衡量

按 MRL 美国标准衡量，有 15 个采样点的样品存在不同程度的超标农药检出，其中***果蔬店（渭滨区火炬路）的超标率最高，为 22.2%，如表 9-18 和图 9-24 所示。

表 9-18　超过 MRL 美国标准水果蔬菜在不同采样点分布

序号	采样点	样品总数	超标数量	超标率（%）	行政区域
1	***超市（扶风县南二路）	10	1	10.0	宝鸡市 扶风县
2	***超市（金台区轩苑路）	10	1	10.0	宝鸡市 金台区
3	***蔬菜配送（渭滨区新建路）	10	1	10.0	宝鸡市 渭滨区
4	***果蔬店（渭滨区火炬路）	9	2	22.2	宝鸡市 渭滨区
5	***便民供应（秦都区劳动路）	5	1	20.0	咸阳市 秦都区
6	***便民店（秦都区渭阳西路）	5	1	20.0	咸阳市 秦都区
7	***批零店（渭城区朝阳一路）	5	1	20.0	咸阳市 渭城区
8	***果蔬（渭城区新兴北路）	5	1	20.0	咸阳市 渭城区
9	***果蔬（秦都区联盟二路）	5	1	20.0	咸阳市 秦都区
10	***超市（秦都区丰巴大道）	5	1	20.0	咸阳市 秦都区
11	***果蔬（秦都区思源南路）	5	1	20.0	咸阳市 秦都区
12	***蔬果（秦都区龙台观路）	5	1	20.0	咸阳市 秦都区
13	***果蔬（渭城区民生路）	5	1	20.0	咸阳市 渭城区
14	***果蔬（秦都区世纪西路）	5	1	20.0	咸阳市 秦都区
15	***超市（长安区神舟一路）	5	1	20.0	西安市 长安区

9.2.3.6　按 MRL CAC 标准衡量

按 MRL CAC 标准衡量，有 4 个采样点的样品存在不同程度的超标农药检出，其中

便民店（秦都区渭阳西路）、果蔬（秦都区世纪西路）和***超市（长安区神舟一路）的超标率最高，为 20.0%，如表 9-19 和图 9-25 所示。

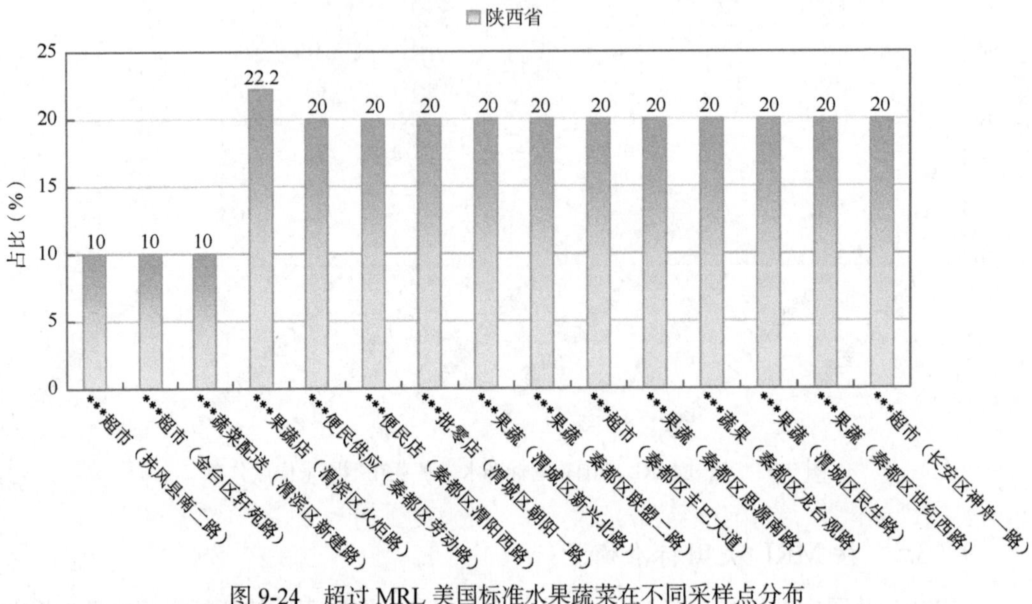

图 9-24　超过 MRL 美国标准水果蔬菜在不同采样点分布

表 9-19　超过 MRL CAC 标准水果蔬菜在不同采样点分布

序号	采样点	样品总数	超标数量	超标率（%）	行政区域
1	***蔬菜配送（渭滨区新建路）	10	1	10.0	宝鸡市 渭滨区
2	***便民店（秦都区渭阳西路）	5	1	20.0	咸阳市 秦都区
3	***果蔬（秦都区世纪西路）	5	1	20.0	咸阳市 秦都区
4	***超市（长安区神舟一路）	5	1	20.0	西安市 长安区

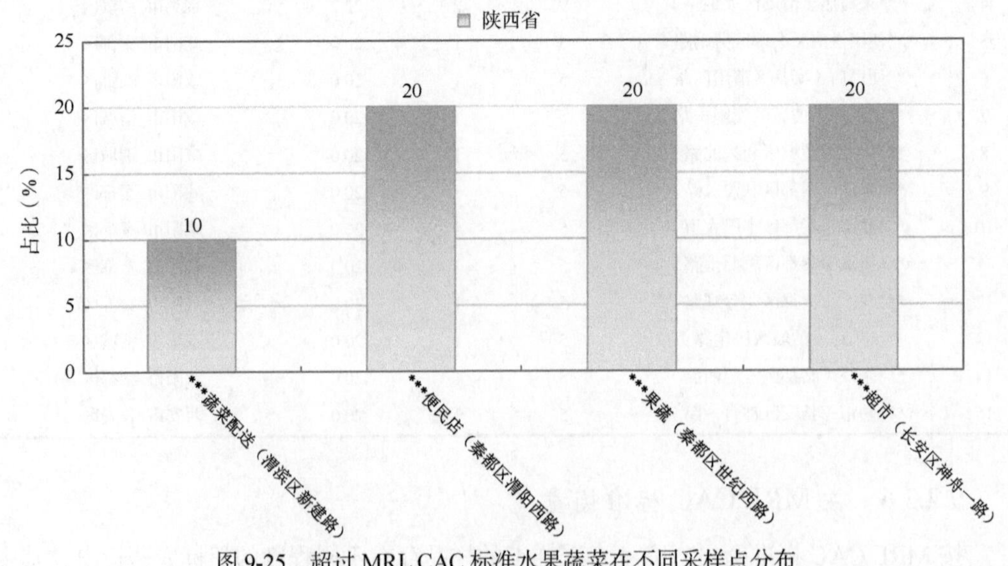

图 9-25　超过 MRL CAC 标准水果蔬菜在不同采样点分布

9.3　水果中农药残留分布

9.3.1　检出农药品种和频次排前 3 的水果

本次残留侦测的水果共 3 种，包括葡萄、苹果和梨。

根据检出农药品种及频次进行排名，将各项排名前 3 位的水果样品检出情况列表说明，详见表 9-20。

表 9-20　检出农药品种和频次排名前 3 的水果

检出农药品种排名前 3（品种）	①葡萄（34），②苹果（26），③梨（20）
检出农药频次排名前 3（频次）	①葡萄（468），②苹果（202），③梨（150）
检出禁用、高毒及剧毒农药品种排名前 3（品种）	①梨（1），②苹果（1），③葡萄（1）
检出禁用、高毒及剧毒农药频次排名前 3（频次）	①苹果（32），②梨（20），③葡萄（1）

9.3.2　超标农药品种和频次排前 3 的水果

鉴于 MRL 欧盟标准和日本标准制定比较全面且覆盖率较高，我们参照 MRL 中国国家标准、欧盟标准和日本标准衡量水果样品中农残检出情况，将超标农药品种及频次排名前 3 的水果列表说明，详见表 9-21。

表 9-21　超标农药品种和频次排名前 3 的水果

超标农药品种排名前 3（农药品种数）	MRL 中国国家标准	—
	MRL 欧盟标准	①葡萄（8），②苹果（4），③梨（1）
	MRL 日本标准	①葡萄（5），②苹果（1）
超标农药频次排名前 3（农药频次数）	MRL 中国国家标准	—
	MRL 欧盟标准	①葡萄（33），②苹果（13），③梨（9）
	MRL 日本标准	①葡萄（17），②苹果（3）

通过对各品种水果样本总数及检出率进行综合分析发现，葡萄、苹果和梨的残留污染最为严重，在此，我们参照 MRL 中国国家标准、欧盟标准和日本标准对这 3 种水果的农残检出情况进行进一步分析。

9.3.3　农药残留检出率较高的水果样品分析

9.3.3.1　葡萄

这次共检测 40 例葡萄样品，全部检出了农药残留，检出率为 100.0%，检出农药共计 34 种。其中异戊烯腺嘌呤、吡唑醚菌酯、噻虫胺、嘧霉胺和苯醚甲环唑检出频次较高，分别检出了 36、32、31、30 和 29 次。葡萄中农药检出品种和频次见图 9-26，超标农药见图 9-27 和表 9-22。

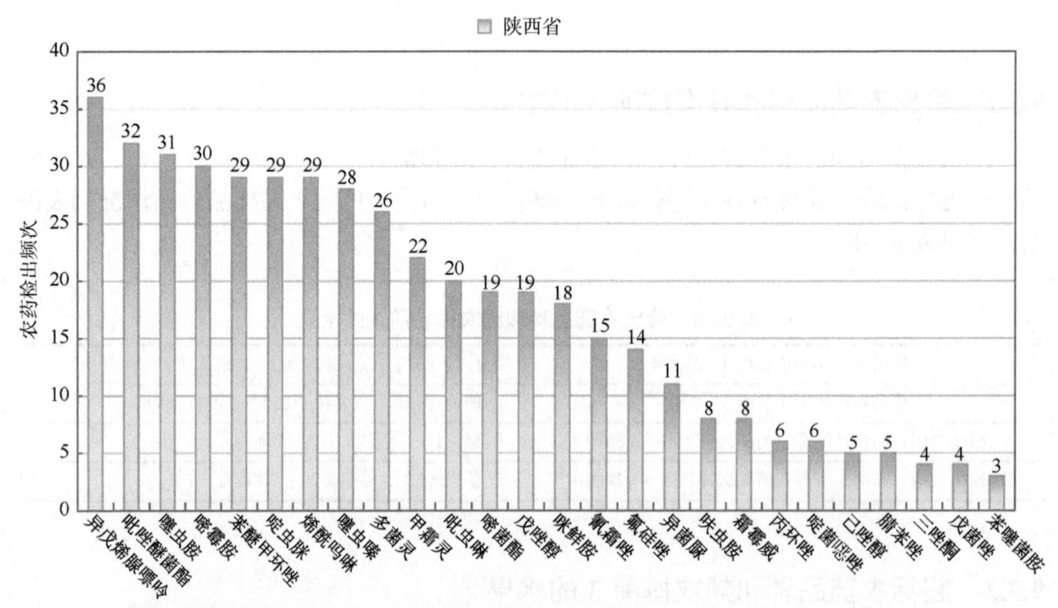

图 9-26　葡萄样品检出农药品种和频次分析（仅列出 3 频次及以上的数据）

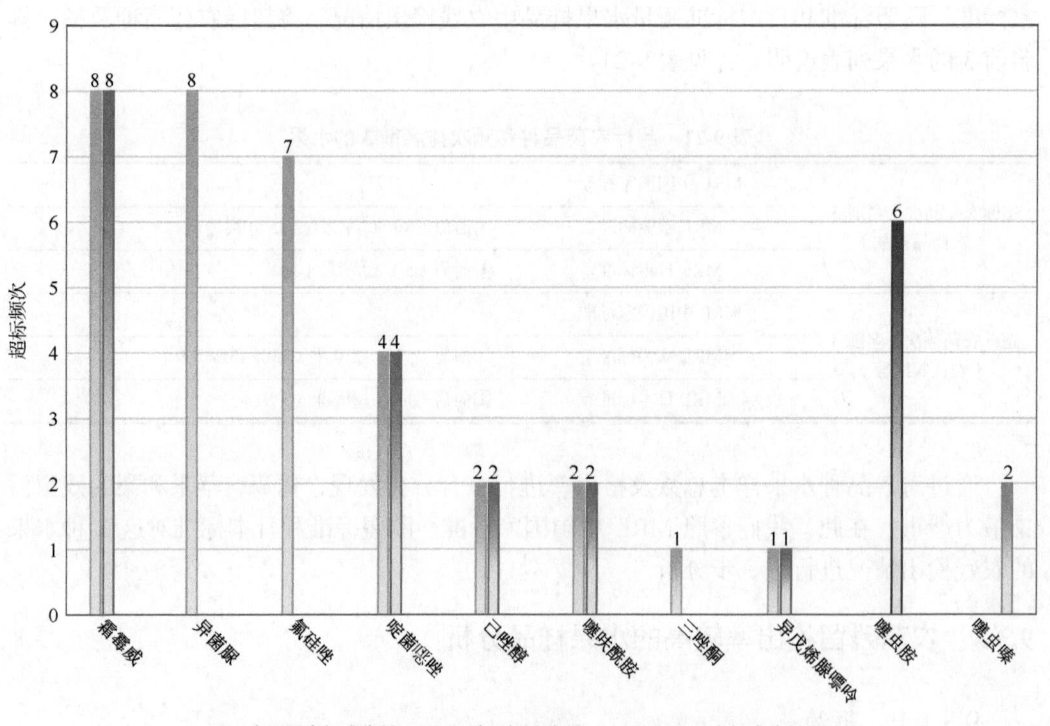

图 9-27　葡萄样品中超标农药分析

表 9-22　葡萄中农药残留超标情况明细表

样品总数			检出农药样品数	样品检出率（%）	检出农药品种总数
40			40	100	34
	超标农药品种	超标农药频次	按照 MRL 中国国家标准、欧盟标准和日本标准衡量超标农药名称及频次		
中国国家标准	0	0	—		
欧盟标准	8	33	霜霉威（8），异菌脲（8），氟硅唑（7），啶菌噁唑（4），己唑醇（2），噻呋酰胺（2），三唑酮（1），异戊烯腺嘌呤（1）		
日本标准	5	17	霜霉威（8），啶菌噁唑（4），己唑醇（2），噻呋酰胺（2），异戊烯腺嘌呤（1）		

9.3.3.2　苹果

这次共检测 40 例苹果样品，全部检出了农药残留，检出率为 100.0%，检出农药共计 26 种。其中多菌灵、毒死蜱、啶虫脒、戊唑醇和吡唑醚菌酯检出频次较高，分别检出了 37、32、24、18 和 15 次。苹果中农药检出品种和频次见图 9-28，超标农药见图 9-29 和表 9-23。

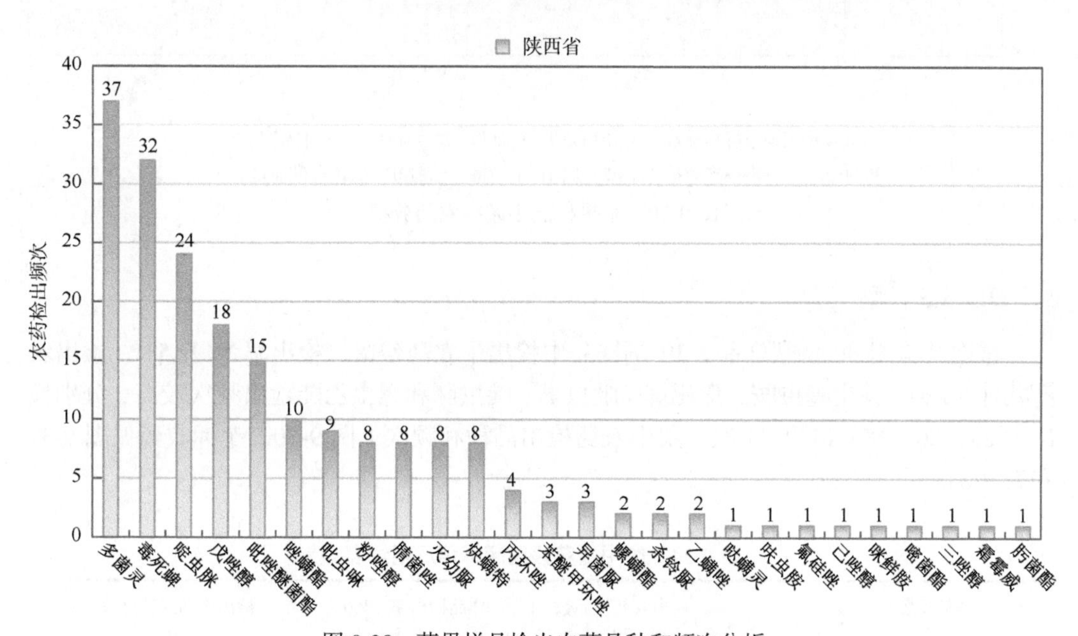

图 9-28　苹果样品检出农药品种和频次分析

表 9-23　苹果中农药残留超标情况明细表

样品总数			检出农药样品数	样品检出率（%）	检出农药品种总数
40			40	100	26
	超标农药品种	超标农药频次	按照 MRL 中国国家标准、欧盟标准和日本标准衡量超标农药名称及频次		
中国国家标准	0	0	—		
欧盟标准	4	13	毒死蜱（6），灭幼脲（3），炔螨特（2），异菌脲（2）		
日本标准	1	3	灭幼脲（3）		

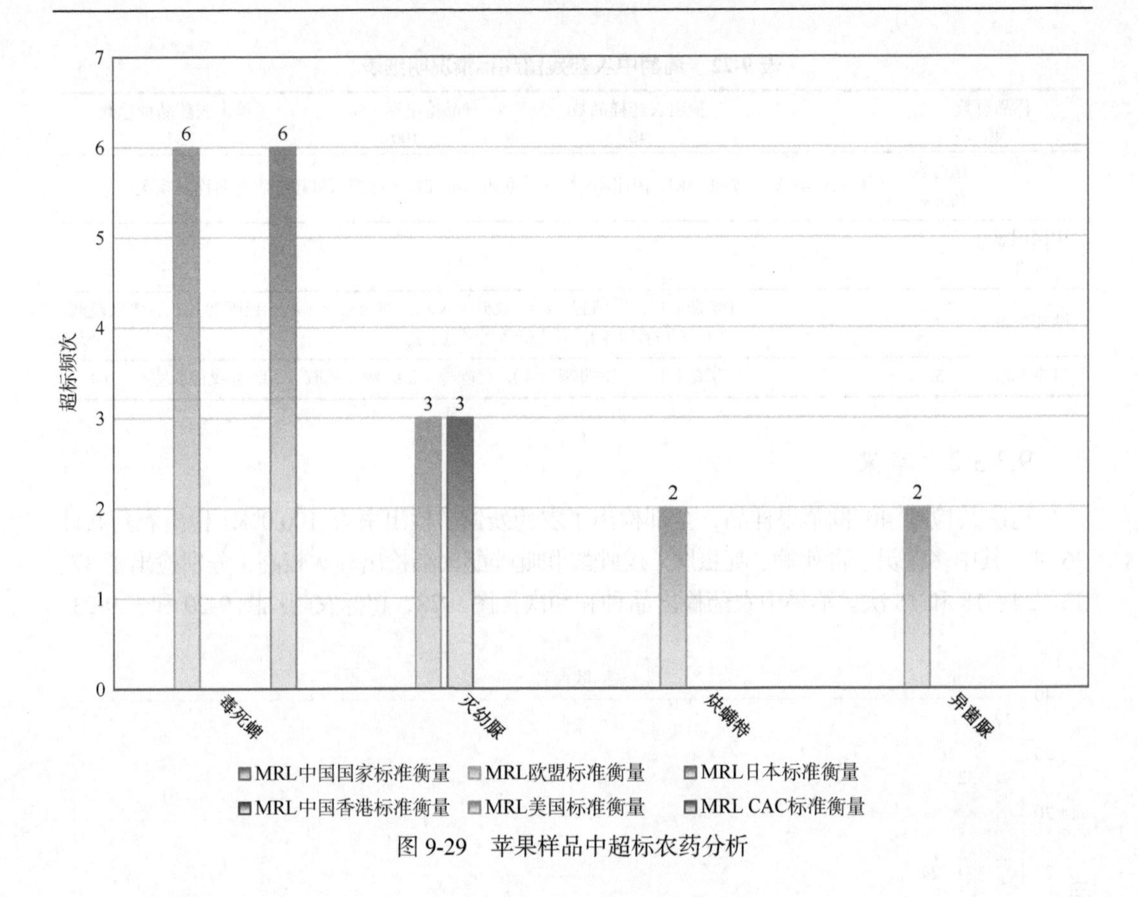

图 9-29　苹果样品中超标农药分析

9.3.3.3　梨

这次共检测 40 例梨样品，39 例样品中检出了农药残留，检出率为 97.5%，检出农药共计 20 种。其中噻虫胺、毒死蜱、吡虫啉、啶虫脒和螺虫乙酯检出频次较高，分别检出了 23、20、18、14 和 11 次。梨中农药检出品种和频次见图 9-30，超标农药见图 9-31 和表 9-24。

表 9-24　梨中农药残留超标情况明细表

样品总数			检出农药样品数	样品检出率（%）	检出农药品种总数
40			39	97.5	20
	超标农药品种	超标农药频次	按照 MRL 中国国家标准、欧盟标准和日本标准衡量超标农药名称及频次		
中国国家标准	0	0	—		
欧盟标准	1	9	毒死蜱（9）		
日本标准	0	0	—		

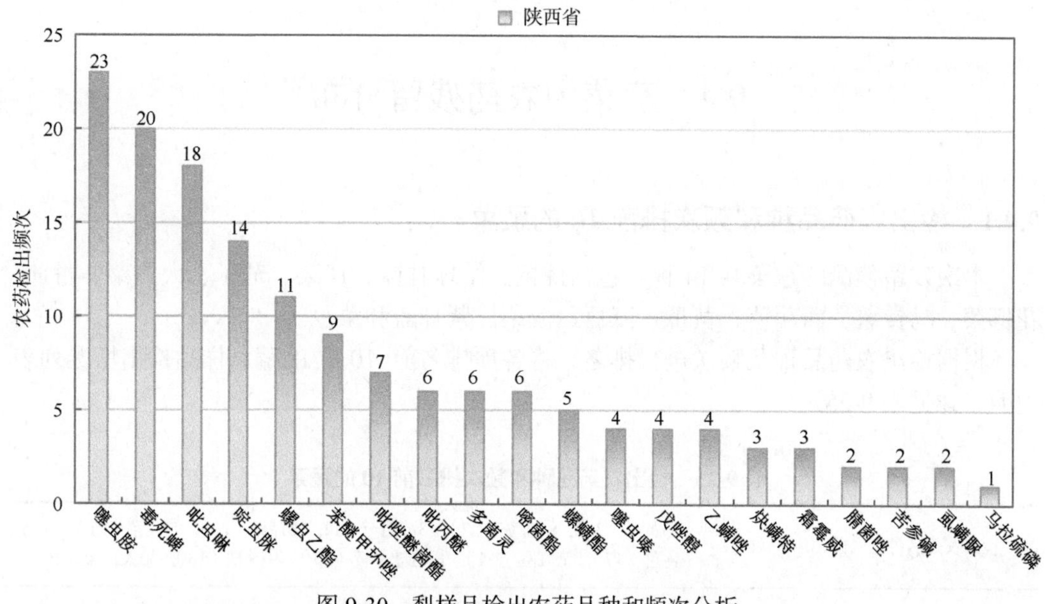

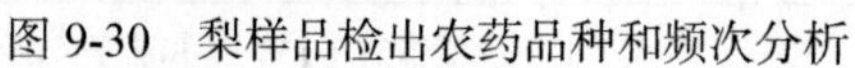

图 9-30　梨样品检出农药品种和频次分析

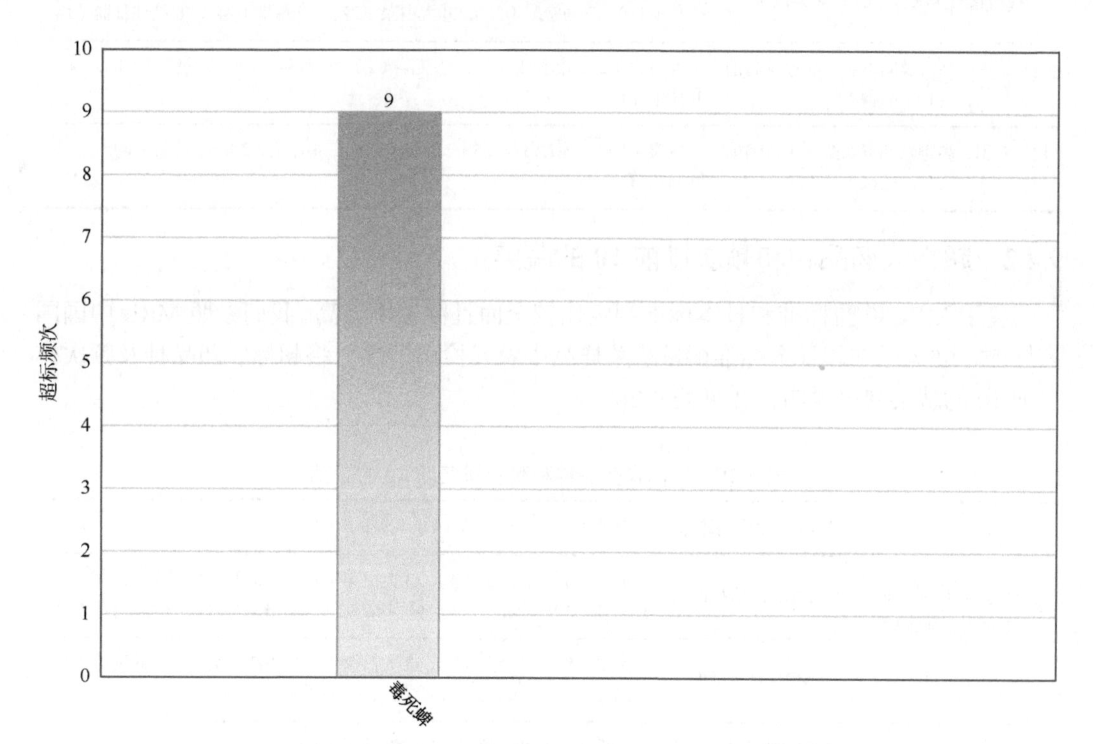

图 9-31　梨样品中超标农药分析

9.4 蔬菜中农药残留分布

9.4.1 检出农药品种和频次排前 10 的蔬菜

本次残留侦测的蔬菜共 14 种，包括辣椒、结球甘蓝、芹菜、茄子、大白菜、番茄、花椰菜、马铃薯、西葫芦、黄瓜、豇豆、菠菜、紫甘蓝和菜豆。

根据检出农药品种及频次进行排名，将各项排名前 10 位的蔬菜样品检出情况列表说明，详见表 9-25。

表 9-25 检出农药品种和频次排名前 10 的蔬菜

检出农药品种排名前 10（品种）	①黄瓜（36），②番茄（27），③茄子（26），④芹菜（22），⑤菠菜（21），⑥马铃薯（17），⑦豇豆（14），⑧结球甘蓝（13），⑨辣椒（13），⑩大白菜（10）
检出农药频次排名前 10（频次）	①黄瓜（376），②菠菜（153），③茄子（66），④番茄（61），⑤豇豆（49），⑥芹菜（43），⑦马铃薯（36），⑧大白菜（27），⑨辣椒（24），⑩结球甘蓝（14）
检出禁用、高毒及剧毒农药品种排名前 10（品种）	①大白菜（2），②茄子（2），③菠菜（1），④番茄（1），⑤马铃薯（1），⑥芹菜（1）
检出禁用、高毒及剧毒农药频次排名前 10（频次）	①菠菜（10），②大白菜（5），③茄子（5），④芹菜（2），⑤番茄（1），⑥马铃薯（1）

9.4.2 超标农药品种和频次排前 10 的蔬菜

鉴于 MRL 欧盟标准和日本标准制定比较全面且覆盖率较高，我们参照 MRL 中国国家标准、欧盟标准和日本标准衡量蔬菜样品中农残检出情况，将超标农药品种及频次排名前 10 的蔬菜列表说明，详见表 9-26。

表 9-26 超标农药品种和频次排名前 10 的蔬菜

超标农药品种排名前 10（农药品种数）	MRL 中国国家标准	①黄瓜（1），②马铃薯（1），③茄子（1）
	MRL 欧盟标准	①茄子（6），②菠菜（4），③大白菜（4），④黄瓜（3），⑤马铃薯（3），⑥芹菜（3），⑦番茄（2），⑧豇豆（2），⑨花椰菜（1），⑩结球甘蓝（1）
	MRL 日本标准	①豇豆（8），②菠菜（5），③大白菜（3），④花椰菜（1），⑤黄瓜（1），⑥结球甘蓝（1），⑦马铃薯（1），⑧茄子（1）
超标农药频次排名前 10（农药频次数）	MRL 中国国家标准	①黄瓜（1），②马铃薯（1），③茄子（1）
	MRL 欧盟标准	①黄瓜（26），②菠菜（18），③大白菜（10），④茄子（10），⑤芹菜（8），⑥豇豆（3），⑦马铃薯（3），⑧番茄（2），⑨花椰菜（1），⑩结球甘蓝（1）
	MRL 日本标准	①菠菜（23），②豇豆（20），③大白菜（11），④茄子（2），⑤花椰菜（1），⑥黄瓜（1），⑦结球甘蓝（1），⑧马铃薯（1）

通过对各品种蔬菜样本总数及检出率进行综合分析发现，黄瓜、番茄和茄子的残留污染最为严重，在此，我们参照 MRL 中国国家标准、欧盟标准和日本标准对这 3 种蔬菜的农残检出情况进行进一步分析。

9.4.3　农药残留检出率较高的蔬菜样品分析

9.4.3.1　黄瓜

这次共检测 40 例黄瓜样品，全部检出了农药残留，检出率为 100.0%，检出农药共计 36 种。其中霜霉威、多菌灵、氟吡菌胺、甲霜灵和啶虫脒检出频次较高，分别检出了 32、27、25、24 和 23 次。黄瓜中农药检出品种和频次见图 9-32，超标农药见图 9-33 和表 9-27。

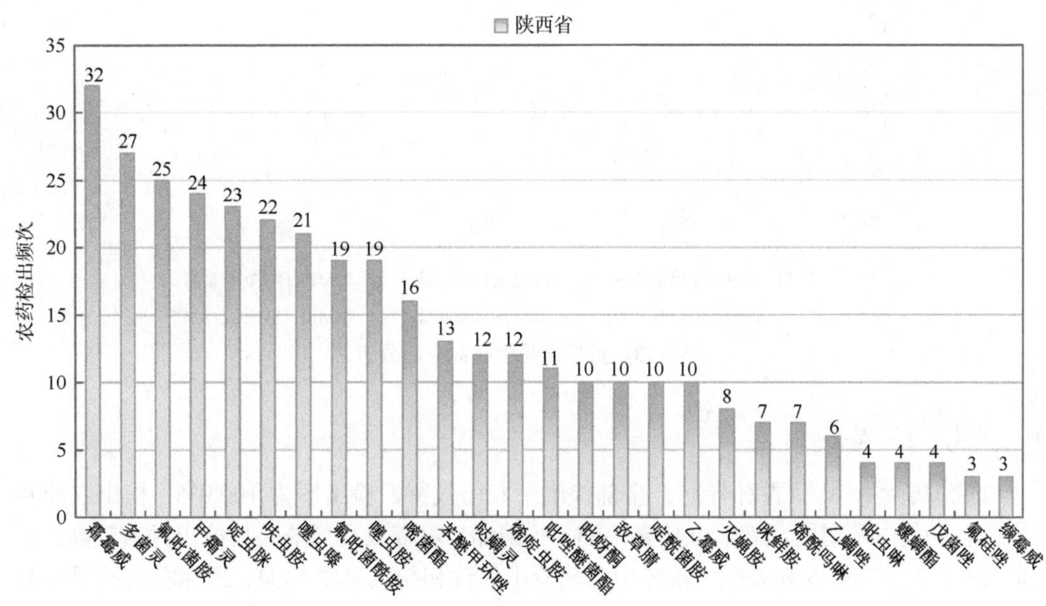

图 9-32　黄瓜样品检出农药品种和频次分析（仅列出 3 频次及以上的数据）

表 9-27　黄瓜中农药残留超标情况明细表

样品总数 40			检出农药样品数 40	样品检出率（%） 100	检出农药品种总数 36
	超标农药品种	超标农药频次	按照 MRL 中国国家标准、欧盟标准和日本标准衡量超标农药名称及频次		
中国国家标准	1	1	乙螨唑（1）		
欧盟标准	3	26	呋虫胺（20），烯啶虫胺（5），乙螨唑（1）		
日本标准	1	1	缬霉威（1）		

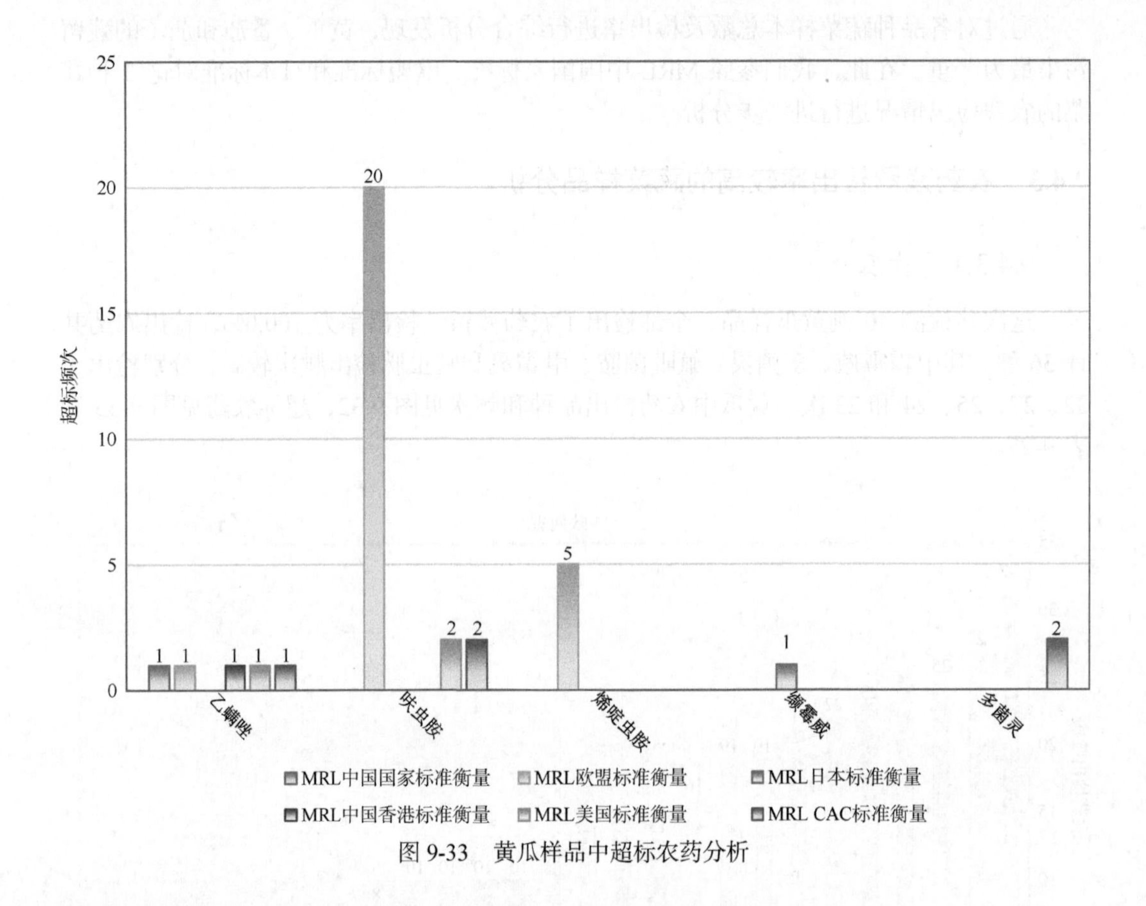

图 9-33　黄瓜样品中超标农药分析

9.4.3.2　番茄

这次共检测 10 例番茄样品，全部检出了农药残留，检出率为 100.0%，检出农药共计 27 种。其中苯醚甲环唑、吡唑醚菌酯、肟菌酯、霜霉威和烯酰吗啉检出频次较高，分别检出了 7、6、6、5 和 4 次。番茄中农药检出品种和频次见图 9-34，超标农药见图 9-35 和表 9-28。

表 9-28　番茄中农药残留超标情况明细表

样品总数		检出农药样品数	样品检出率（%）	检出农药品种总数
10		10	100	27

	超标农药品种	超标农药频次	按照 MRL 中国国家标准、欧盟标准和日本标准衡量超标农药名称及频次
中国国家标准	0	0	—
欧盟标准	2	2	克百威（1），三唑酮（1）
日本标准	0	0	—

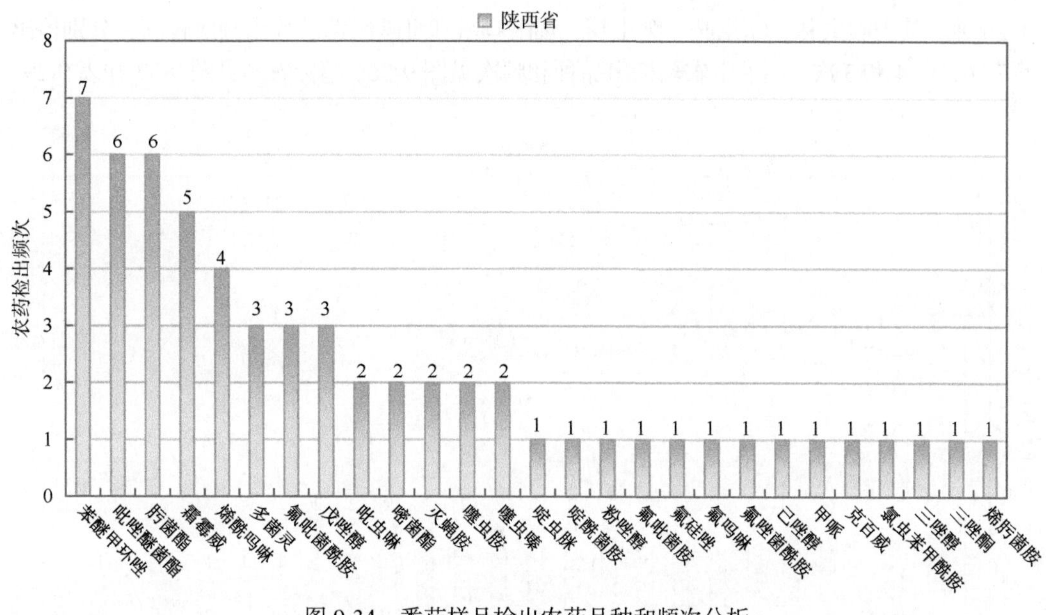

图 9-34　番茄样品检出农药品种和频次分析

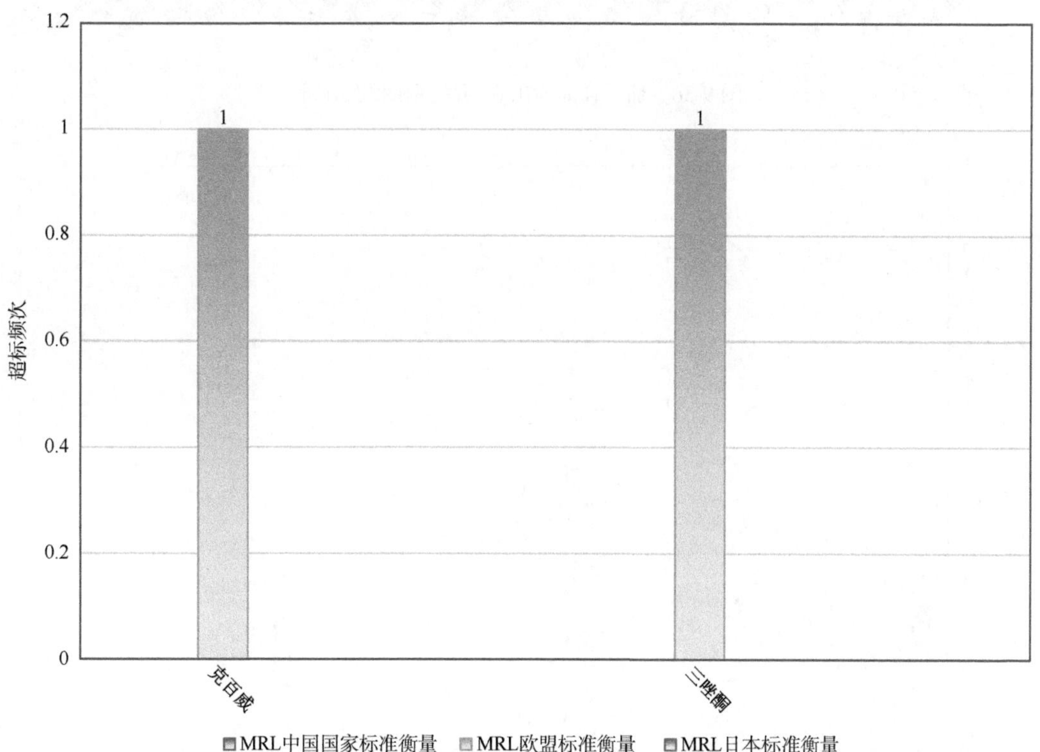

图 9-35　番茄样品中超标农药分析

9.4.3.3　茄子

这次共检测 10 例茄子样品，全部检出了农药残留，检出率为 100.0%，检出农药共计 26 种。其中啶虫脒、噻虫胺、噻虫嗪、烯酰吗啉和吡唑醚菌酯检出频次较高，分别检出了 7、6、5、4 和 3 次。茄子中农药检出品种和频次见图 9-36，超标农药见图 9-37 和表 9-29。

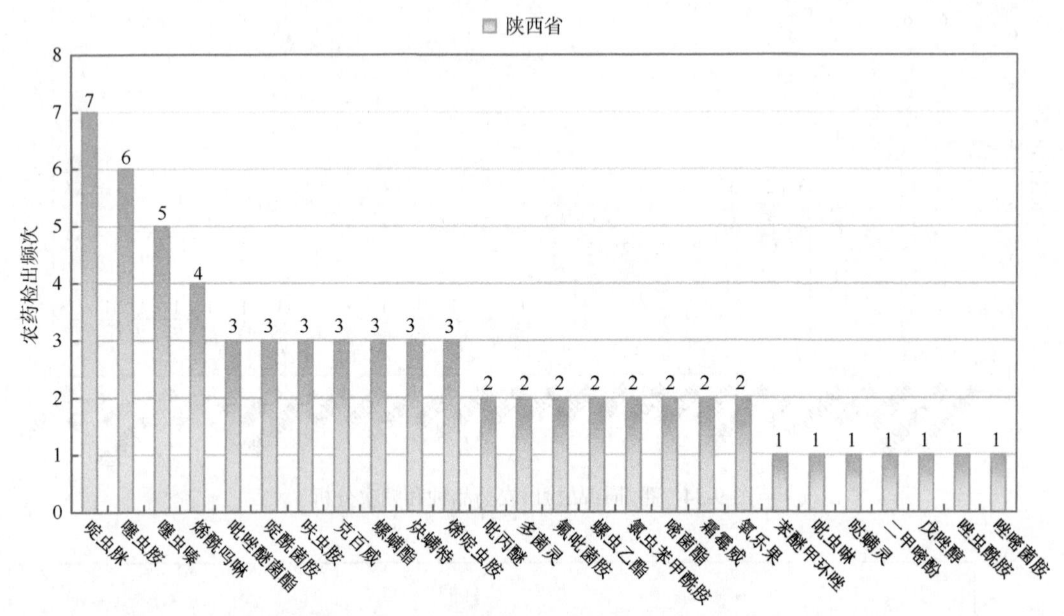

图 9-36　茄子样品检出农药品种和频次分析

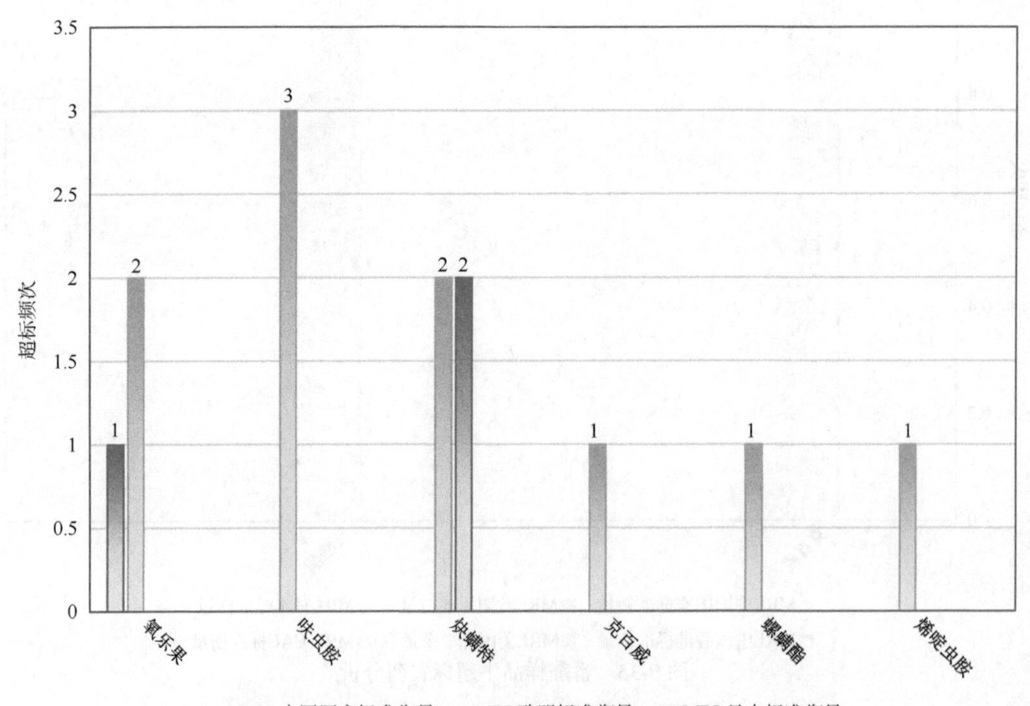

图 9-37　茄子样品中超标农药分析

表 9-29　茄子中农药残留超标情况明细表

样品总数			检出农药样品数	样品检出率（%）	检出农药品种总数
10			10	100	26
	超标农药品种	超标农药频次	按照 MRL 中国国家标准、欧盟标准和日本标准衡量超标农药名称及频次		
中国国家标准	1	1	氧乐果（1）		
欧盟标准	6	10	呋虫胺（3），炔螨特（2），氧乐果（2），克百威（1），螺螨酯（1），烯啶虫胺（1）		
日本标准	1	2	炔螨特（2）		

9.5　初 步 结 论

9.5.1　陕西省市售水果蔬菜按国际主要 MRL 标准衡量的合格率

本次侦测的 298 例样品中，23 例样品未检出任何残留农药，占样品总量的 7.7%，275 例样品检出不同水平、不同种类的残留农药，占样品总量的 92.3%。在这 275 例检出农药残留的样品中：

按照 MRL 中国国家标准衡量，有 272 例样品检出残留农药但含量没有超标，占样品总数的 91.3%，有 3 例样品检出了超标农药，占样品总数的 1.0%。

按照 MRL 欧盟标准衡量，有 177 例样品检出残留农药但含量没有超标，占样品总数的 59.4%，有 98 例样品检出了超标农药，占样品总数的 32.9%。

按照 MRL 日本标准衡量，有 225 例样品检出残留农药但含量没有超标，占样品总数的 75.5%，有 50 例样品检出了超标农药，占样品总数的 16.8%。

按照 MRL 中国香港标准衡量，有 265 例样品检出残留农药但含量没有超标，占样品总数的 88.9%，有 10 例样品检出了超标农药，占样品总数的 3.4%。

按照 MRL 美国标准衡量，有 259 例样品检出残留农药但含量没有超标，占样品总数的 86.9%，有 16 例样品检出了超标农药，占样品总数的 5.4%。

按照 MRL CAC 标准衡量，有 271 例样品检出残留农药但含量没有超标，占样品总数的 90.9%，有 4 例样品检出了超标农药，占样品总数的 1.3%。

9.5.2　陕西省市售水果蔬菜中检出农药以中低微毒农药为主，占市场主体的 97.6%

这次侦测的 298 例样品包括蔬菜 14 种 178 例，水果 3 种 120 例，共检出了 85 种农药，检出农药的毒性以中低微毒为主，详见表 9-30。

表 9-30　市场主体农药毒性分布

毒性	检出品种	占比（%）	检出频次	占比（%）
高毒农药	2	2.4	9	0.5
中毒农药	31	36.5	726	43.0
低毒农药	35	41.2	550	32.6
微毒农药	17	20.0	403	23.9
中低微毒农药，品种占比 97.6%，频次占比 99.5%				

9.5.3　检出剧毒、高毒和禁用农药现象应该警醒

在此次侦测的 298 例样品中的 76 例样品检出了 4 种 77 频次的剧毒和高毒或禁用农药，占样品总量的 25.5%。其中高毒农药克百威和氧乐果检出频次较高。

按 MRL 中国国家标准衡量，高毒农药氧乐果，检出 2 次，超标 1 次；按超标程度比较，茄子中氧乐果超标 70%。

剧毒、高毒或禁用农药的检出情况及按照 MRL 中国国家标准衡量的超标情况见表 9-31。

表 9-31　剧毒、高毒或禁用农药的检出及超标明细

序号	农药名称	样品名称	检出频次	超标频次	最大超标倍数	超标率
1.1	克百威◊▲	大白菜	3	0	0	0.0%
1.2	克百威◊▲	茄子	3	0	0	0.0%
1.3	克百威◊▲	番茄	1	0	0	0.0%
2.1	氧乐果◊▲	茄子	2	1	0.72	50.0%
3.1	毒死蜱▲	苹果	32	0	0	0.0%
3.2	毒死蜱▲	梨	20	0	0	0.0%
3.3	毒死蜱▲	大白菜	2	0	0	0.0%
3.4	毒死蜱▲	芹菜	2	0	0	0.0%
3.5	毒死蜱▲	葡萄	1	0	0	0.0%
3.6	毒死蜱▲	马铃薯	1	0	0	0.0%
4.1	氟苯虫酰胺▲	菠菜	10	0	0	0.0%
合计			77	1		1.3%

注：超标倍数参照 MRL 中国国家标准衡量

◊ 表示高毒农药；▲ 表示禁用农药

这些超标的高剧毒或禁用农药都是中国政府早有规定禁止在水果蔬菜中使用的，为什么还屡次被检出，应该引起警惕。

9.5.4　残留限量标准与先进国家或地区差距较大

1688 频次的检出结果与我国公布的《食品中农药最大残留限量》(GB 2763—2019)对比，有 1392 频次能找到对应的 MRL 中国国家标准，占 82.5%；还有 296 频次的侦测数据无相关 MRL 标准供参考，占 17.5%。

与国际上现行 MRL 标准对比发现：

有 1688 频次能找到对应的 MRL 欧盟标准，占 100.0%；

有 1688 频次能找到对应的 MRL 日本标准，占 100.0%；

有 1217 频次能找到对应的 MRL 中国香港标准，占 72.1%；

有 1216 频次能找到对应的 MRL 美国标准，占 72.0%；

有 1279 频次能找到对应的 MRL CAC 标准，占 75.8%。

由上可见，MRL 中国国家标准与先进国家或地区标准还有很大差距，我们无标准，境外有标准，这就会导致我们在国际贸易中，处于受制于人的被动地位。

9.5.5　水果蔬菜单种样品检出 20～36 种农药残留，拷问农药使用的科学性

通过此次监测发现，葡萄、苹果和梨是检出农药品种最多的 3 种水果，黄瓜、番茄和茄子是检出农药品种最多的 3 种蔬菜，从中检出农药品种及频次详见表 9-32。

表 9-32　单种样品检出农药品种及频次

样品名称	样品总数	检出率	检出农药品种数	检出农药（频次）
黄瓜	40	100.0%	36	霜霉威（32），多菌灵（27），氟吡菌胺（25），甲霜灵（24），啶虫脒（23），呋虫胺（22），噻虫嗪（21），氟吡菌酰胺（19），噻虫胺（19），嘧菌酯（16），苯醚甲环唑（13），哒螨灵（12），烯啶虫胺（12），吡唑醚菌酯（11），吡蚜酮（10），敌草腈（10），啶酰菌胺（10），乙霉威（10），灭蝇胺（8），咪鲜胺（7），烯酰吗啉（7），乙螨唑（6），吡虫啉（4），螺螨酯（4），戊菌唑（4），氟硅唑（3），缬霉威（3），丙环唑（2），氯虫苯甲酰胺（2），肟菌酯（2），烯效唑（2），茚虫威（2），丁氟螨酯（1），噁霜灵（1），乙嘧酚磺酸酯（1），唑虫酰胺（1）
番茄	10	100.0%	27	苯醚甲环唑（7），吡唑醚菌酯（6），肟菌酯（6），霜霉威（5），烯酰吗啉（4），多菌灵（3），氟吡菌酰胺（3），戊唑醇（3），吡虫啉（2），嘧菌酯（2），灭蝇胺（2），噻虫胺（2），噻虫嗪（2），啶虫脒（1），啶酰菌胺（1），粉唑醇（1），氟吡菌胺（1），氟硅唑（1），氟吗啉（1），氟唑菌酰胺（1），己唑醇（1），甲哌（1），克百威（1），氯虫苯甲酰胺（1），三唑醇（1），三唑酮（1），烯肟菌胺（1）
茄子	10	100.0%	26	啶虫脒（7），噻虫胺（6），噻虫嗪（5），烯酰吗啉（4），吡唑醚菌酯（3），啶酰菌胺（3），呋虫胺（3），克百威（3），螺螨酯（3），炔螨特（3），烯啶虫胺（3），吡丙醚（2），多菌灵（2），氟吡菌胺（2），螺虫乙酯（2），氯虫苯甲酰胺（2），嘧菌酯（2），霜霉威（2），氧乐果（2），苯醚甲环唑（1），吡虫啉（1），哒螨灵（1），二甲嘧酚（1），戊唑醇（1），唑虫酰胺（1），唑嘧菌胺（1）
葡萄	40	100.0%	34	异戊烯腺嘌呤（36），吡唑醚菌酯（32），噻虫胺（31），嘧霉胺（30），苯醚甲环唑（29），啶虫脒（29），烯酰吗啉（29），噻虫嗪（28），多菌灵（26），甲霜灵（22），吡虫啉（20），嘧菌酯（19），戊唑醇（19），咪鲜胺（18），氰霜唑（15），氟硅唑（14），异菌脲（11），呋虫胺（8），霜霉威（8），丙环唑（6），啶菌噁唑（6），己唑醇（5），腈苯唑（5），三唑酮（4），戊菌唑（4），苯噻菌胺（3），氟吡菌胺（2），嘧菌环胺（2），噻呋酰胺（2），敌草腈（1），啶酰菌胺（1），毒死蜱（1），三唑醇（1），肟菌酯（1）

续表

样品名称	样品总数	检出率	检出农药品种数	检出农药（频次）
苹果	40	100.0%	26	多菌灵（37），毒死蜱（32），啶虫脒（24），戊唑醇（18），吡唑醚菌酯（15），唑螨酯（10），吡虫啉（9），粉唑醇（8），腈菌唑（8），灭幼脲（8），炔螨特（8），丙环唑（4），苯醚甲环唑（3），异菌脲（3），螺螨酯（2），杀铃脲（2），乙螨唑（2），哒螨灵（1），呋虫胺（1），氟硅唑（1），己唑醇（1），咪鲜胺（1），嘧菌酯（1），三唑醇（1），霜霉威（1），肟菌酯（1）
梨	40	97.5%	20	噻虫胺（23），毒死蜱（20），吡虫啉（18），啶虫脒（14），螺虫乙酯（11），苯醚甲环唑（9），吡唑醚菌酯（7），吡丙醚（6），多菌灵（6），嘧菌酯（6），螺螨酯（5），噻虫嗪（4），戊唑醇（4），乙螨唑（4），炔螨特（3），霜霉威（3），腈菌唑（2），苦参碱（2），虱螨脲（2），马拉硫磷（1）

上述 6 种水果蔬菜，检出农药 20～36 种，是多种农药综合防治，还是未严格实施农业良好管理规范（GAP），抑或根本就是乱施药，值得我们思考。

第10章 LC-Q-TOF/MS侦测陕西省市售水果蔬菜农药残留膳食暴露风险与预警风险评估

10.1 农药残留侦测数据分析与统计

庞国芳院士科研团队建立的农药残留高通量侦测技术以高分辨精确质量数（0.0001 *m/z* 为基准）为识别标准，采用 LC-Q-TOF/MS 技术对 842 种农药化学污染物进行侦测。

科研团队于 2020 年 8 月至 2020 年 9 月在陕西省 3 个区县的 50 个采样点，随机采集了 298 例水果蔬菜样品，采样点分布在超市、农贸市场和个体商户，各月内水果蔬菜样品采集数量如表 10-1 所示。

表 10-1 陕西省各月内采集水果蔬菜样品数列表

时间	样品数（例）
2020 年 8 月	98
2020 年 9 月	200

利用 LC-Q-TOF/MS 技术对 298 例样品中的农药进行侦测，侦测出残留农药 1688 频次。侦测出农药残留水平如表 10-2 和图 10-1 所示。检出频次最高的前 10 种农药如表 10-3 所示。从侦测结果中可以看出，在水果蔬菜中农药残留普遍存在，且有些水果蔬菜存在高浓度的农药残留，这些可能存在膳食暴露风险，对人体健康产生危害。因此，为了定量地评价水果蔬菜中农药残留的风险程度，有必要对其进行风险评价。

表 10-2 侦测出农药的不同残留水平及其所占比例列表

残留水平（μg/kg）	检出频次	占比（%）
1～5（含）	756	44.8
5～10（含）	253	15.0
10～100（含）	565	33.5
100～1000（含）	113	6.7
>1000	1	0.1

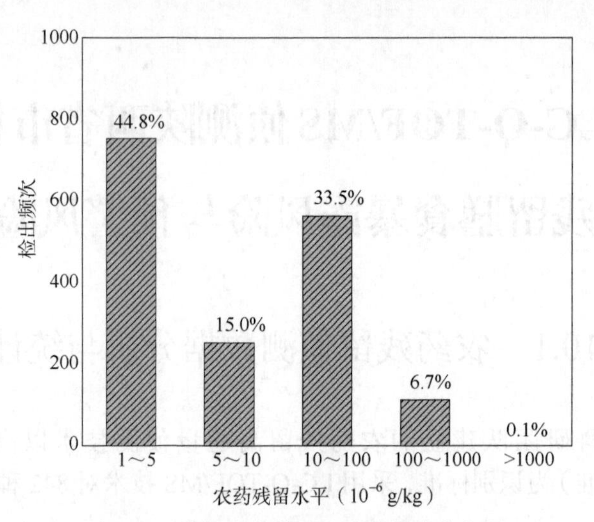

图 10-1　残留农药侦测出浓度频数分布图

表 10-3　检出频次最高的前 10 种农药列表

序号	农药	检出频次（次）
1	啶虫脒	122
2	多菌灵	112
3	吡唑醚菌酯	101
4	苯醚甲环唑	90
5	噻虫胺	90
6	霜霉威	81
7	噻虫嗪	74
8	烯酰吗啉	73
9	吡虫啉	67
10	戊唑醇	64

本研究使用 LC-Q-TOF/MS 技术对陕西省 298 例样品中的农药侦测中，共侦测出农药 85 种，这些农药的每月允许最大摄入量值（ADI）见表 10-4。为评价陕西省农药残留的风险，本研究采用两种模型分别评价膳食暴露风险和预警风险，具体的风险评价模型见附录 A。

表 10-4　陕西省水果蔬菜中侦测出农药的 ADI 值

序号	农药	ADI	序号	农药	ADI	序号	农药	ADI
1	唑嘧菌胺	10	5	霜霉威	0.4	9	嘧菌酯	0.2
2	氯虫苯甲酰胺	2	6	马拉硫磷	0.3	10	呋虫胺	0.2
3	灭幼脲	1.25	7	氰霜唑	0.2	11	嘧霉胺	0.2
4	烯啶虫胺	0.53	8	烯酰吗啉	0.2	12	双炔酰菌胺	0.2

续表

序号	农药	ADI	序号	农药	ADI	序号	农药	ADI
13	甲哌	0.195	38	吡唑醚菌酯	0.03	62	氟吡菌胺	0.01
14	氟吗啉	0.16	39	腈苯唑	0.03	63	茚虫威	0.01
15	吡丙醚	0.1	40	腈菌唑	0.03	64	敌草腈	0.01
16	噻虫胺	0.1	41	嘧菌环胺	0.03	65	扑灭津	0.01
17	丁氟螨酯	0.1	42	吡蚜酮	0.03	66	粉唑醇	0.01
18	苦参碱	0.1	43	戊菌唑	0.03	67	噁霜灵	0.01
19	二甲戊灵	0.1	44	三唑酮	0.03	68	氟硅唑	0.007
20	甲霜灵	0.08	45	三唑醇	0.03	69	环虫腈	0.007
21	噻虫嗪	0.08	46	茵多酸	0.03	70	唑虫酰胺	0.006
22	氟吡菌酰胺	0.08	47	胺鲜酯	0.023	71	己唑醇	0.005
24	氟唑菌酰胺	0.08	48	氟苯虫酰胺	0.02	72	烯唑醇	0.005
25	啶虫脒	0.07	49	莠去津	0.02	73	辛硫磷	0.004
26	丙环唑	0.07	50	烯效唑	0.02	74	乙霉威	0.004
27	烯肟菌胺	0.069	51	虱螨脲	0.02	75	异丙威	0.002
28	吡虫啉	0.06	52	噻霉酮	0.017	76	克百威	0.001
29	灭蝇胺	0.06	53	噻呋酰胺	0.014	77	氟吡甲禾灵	0.0007
30	乙螨唑	0.05	54	杀铃脲	0.014	78	氧乐果	0.0003
31	螺虫乙酯	0.05	55	毒死蜱	0.01	79	异戊烯腺嘌呤	—
32	乙嘧酚磺酸酯	0.05	56	哒螨灵	0.01	80	啶菌噁唑	—
33	肟菌酯	0.04	57	螺螨酯	0.01	81	缬霉威	—
34	啶酰菌胺	0.04	58	苯醚甲环唑	0.01	82	苯噻菌胺	—
35	扑草净	0.04	59	炔螨特	0.01	83	双苯基脲	—
36	多菌灵	0.03	60	唑螨酯	0.01	84	二甲嘧酚	—
37	戊唑醇	0.03	61	咪鲜胺	0.01	85	嘧菌腙	—

注："—"表示国家标准中无 ADI 值规定；ADI 值单位为 mg/kg bw

10.2 农药残留膳食暴露风险评估

10.2.1 每例水果蔬菜样品中农药残留安全指数分析

基于农药残留侦测数据，发现在 298 例样品中侦测出农药 1668 频次，计算样品中每种残留农药的安全指数 IFS_c，并分析农药对样品安全的影响程度，农药残留对水果蔬菜样品安全的影响程度频次分布情况如图 10-2 所示。

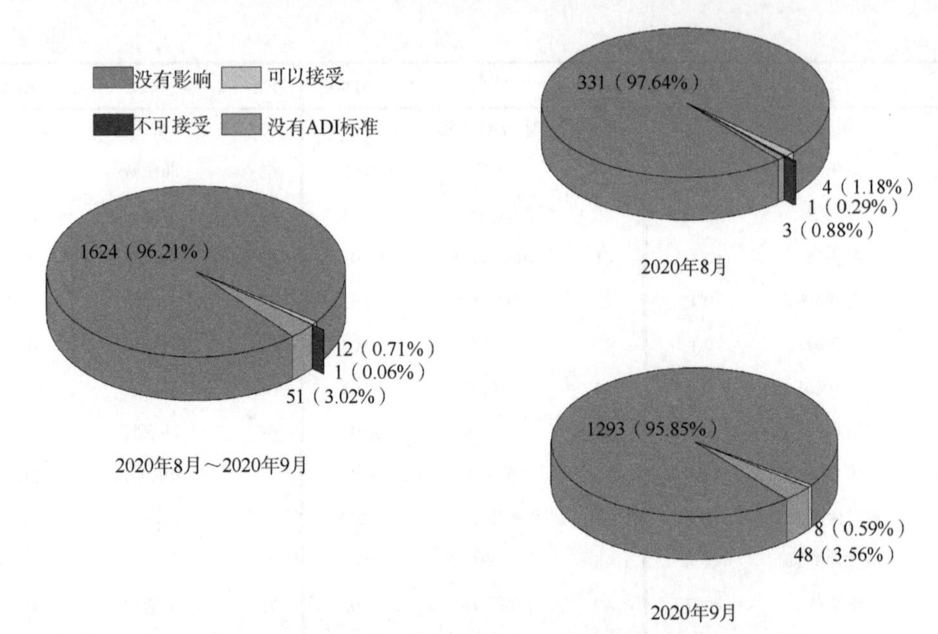

图 10-2　农药残留对水果蔬菜样品安全的影响程度频次分布图

由图 10-2 可以看出，农药残留对样品安全的影响不可接受的频次为 1，占 0.06%；农药残留对样品安全的影响可以接受的频次为 12，占 0.71%；农药残留对样品安全没有影响的频次为 1624，占 96.21%。分析发现，农药残留对水果蔬菜样品安全的影响程度频次 2020 年 8 月（339）<2020 年 9 月（1349），只有 2020 年 8 月的农药残留对样品安全存在不可接受的影响，频次为 1，占 0.29%。表 10-5 为对水果蔬菜样品中安全影响不可接受的农药残留列表。

表 10-5　水果蔬菜样品中安全影响不可接受的农药残留列表

序号	样品编号	采样点	基质	农药	含量（mg/kg）	IFS_c
1	20200819-610300-LZFDC-EP-49A	**蔬菜直销点（西大街店）	茄子	炔螨特	2.0126	1.2746

部分样品侦测出禁用农药 4 种 77 频次，为了明确残留的禁用农药对样品安全的影响，分析侦测出禁用农药残留的样品安全指数，禁用农药残留对水果蔬菜样品安全的影响程度频次分布情况如图 10-3 所示，农药残留对样品安全的影响可以接受的频次为 2，占 2.6%；农药残留对样品安全没有影响的频次为 75，占 97.4%。由图中可以看出 2 个月份的水果蔬菜样品中均侦测出禁用农药残留。2020 年 8、9 月禁用农药对样品安全的影响均在可以接受和没有影响的范围内。

此外，本次侦测发现部分样品中非禁用农药残留量超过了 MRL 中国国家标准和欧盟标准，为了明确超标的非禁用农药对样品安全的影响，分析了非禁用农药残留超标的样品安全指数。表 10-6 为水果蔬菜样品中侦测出的非禁用农药残留安全指数表。

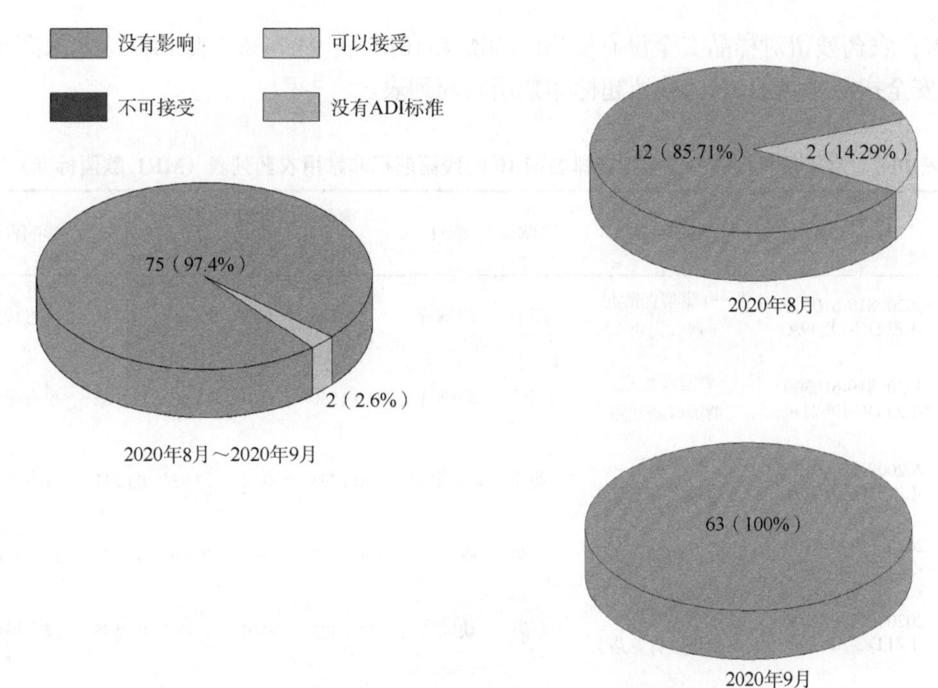

图 10-3　禁用农药对水果蔬菜样品安全影响程度的频次分布图

表 10-6　水果蔬菜样品中侦测出的非禁用农药残留安全指数表（MRL 中国国家标准）

序号	样品编号	采样点	基质	农药	含量（mg/kg）	中国国家标准	超标倍数	IFS_c	影响程度
1	20200819-610300-LZFDC-PO-21A	**蔬菜配送（渭滨区新建路）	马铃薯	吡唑醚菌酯	0.0203	0.02	1.02	0.0043	没有影响
2	20200902-610100-LZFDC-CU-09A	**综合超市（长安区神舟一路）	黄瓜	乙螨唑	0.0267	0.02	1.34	0.0034	没有影响

残留量超过 MRL 欧盟标准的非禁用农药对水果蔬菜样品安全的影响程度频次分布情况如图 10-4 所示。可以看出超过 MRL 欧盟标准的非禁用农药共 114 频次，其中农药没有 ADI 的频次为 5，占 4.39%；农药残留对样品安全的影响不可接受的频次为 1，占

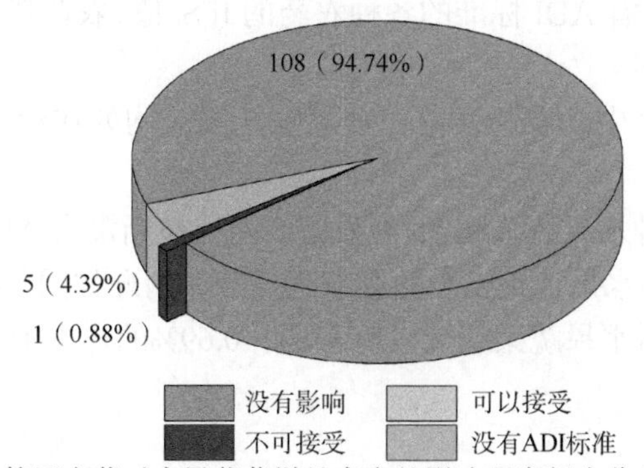

图 10-4　残留超标的非禁用农药对水果蔬菜样品安全的影响程度频次分布图（MRL 欧盟标准）

0.88%；农药残留对样品安全没有影响的频次为 108，占 94.74%。表 10-7 为水果蔬菜样品中安全指数排名前 10 的残留超标非禁用农药列表。

表 10-7　水果蔬菜样品中安全指数排名前 10 的残留超标非禁用农药列表（MRL 欧盟标准）

序号	样品编号	采样点	基质	农药	含量（mg/kg）	欧盟标准	超标倍数	IFS_c	影响程度
1	20200819-610300-LZFDC-EP-49A	***蔬菜直销点（西大街店）	茄子	炔螨特	2.0126	0.01	201.26	1.2746	不可接受
2	20200819-610300-LZFDC-EP-21A	**蔬菜配送（渭滨区新建路）	茄子	炔螨特	0.1550	0.01	15.50	0.0982	没有影响
3	20200902-610100-LZFDC-GP-20A	**果蔬店（雁塔区青龙路）	葡萄	噻呋酰胺	0.1793	0.01	17.93	0.0811	没有影响
4	20200903-610400-LZFDC-BO-27A	**果蔬（渭城区中山街）	菠菜	噁霜灵	0.1039	0.01	10.39	0.0658	没有影响
5	20200902-610100-LZFDC-AP-20A	**果蔬店（雁塔区青龙路）	苹果	炔螨特	0.0877	0.01	8.77	0.0555	没有影响
6	20200902-610100-LZFDC-GP-16A	**果蔬店（雁塔区太白南路）	葡萄	己唑醇	0.0353	0.01	3.53	0.0447	没有影响
7	20200819-610300-LZFDC-EP-23A	**生鲜中心（广元路店）	茄子	螺螨酯	0.0630	0.02	3.15	0.0399	没有影响
8	20200903-610400-LZFDC-BO-31A	**鲜（秦都区安谷路）	菠菜	噁霜灵	0.0530	0.01	5.30	0.0336	没有影响
9	20200903-610400-LZFDC-GP-30A	**调料（秦都区利民巷）	葡萄	氟硅唑	0.0350	0.01	3.50	0.0317	没有影响
10	20200902-610100-LZFDC-GP-03A	**果蔬（雁塔区红小巷）	葡萄	噻呋酰胺	0.0628	0.01	6.28	0.0284	没有影响

10.2.2　单种水果蔬菜中农药残留安全指数分析

本次 17 种水果蔬菜侦测出 85 种农药，所有水果蔬菜均侦测出农药，检出频次为 1688 次，其中 7 种农药没有 ADI 标准，78 种农药存在 ADI 标准。对 17 种水果蔬菜按不同种类分别计算侦测出的具有 ADI 标准的各种农药的 IFS_c 值，农药残留对水果蔬菜的安全指数分布图如图 10-5 所示。

分析发现水果蔬菜中的农药残留对食品安全影响均处在没有影响和可以接受的范围内。

本次侦测中，17 种水果蔬菜和 85 种残留农药（包括没有 ADI 标准）共涉及 291 个分析样本，农药对单种水果蔬菜安全的影响程度分布情况如图 10-6 所示。可以看出，96.91%的样本中农药对水果蔬菜安全没有影响，0.69%的样本中农药对水果蔬菜安全的影响可以接受。

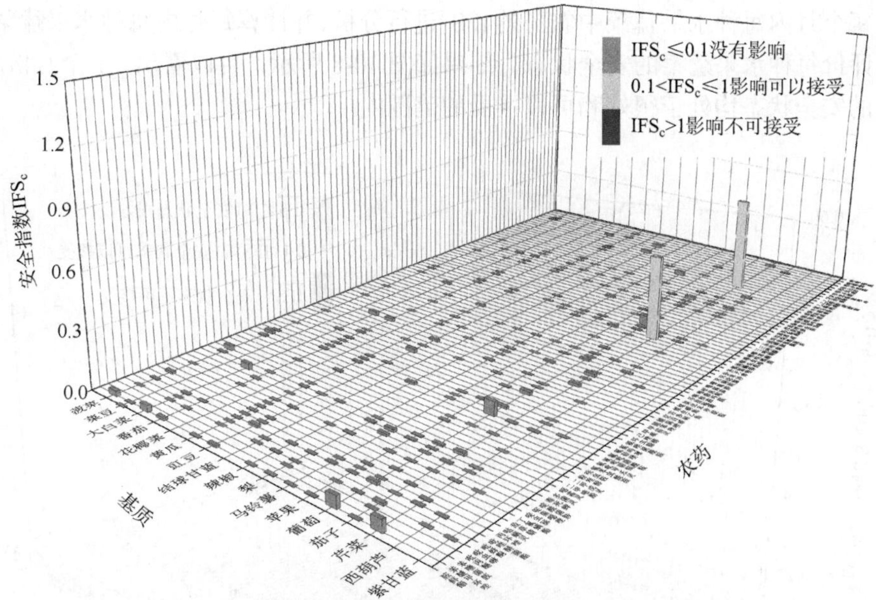

图 10-5　17 种水果蔬菜中 78 种残留农药的安全指数分布图

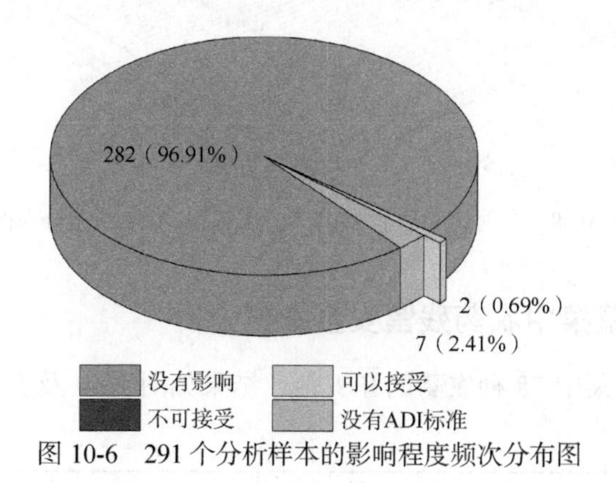

图 10-6　291 个分析样本的影响程度频次分布图

此外，分别计算 17 种水果蔬菜中所有侦测出农药 IFS_c 的平均值$\overline{IFS}$，分析每种水果蔬菜的安全状态，结果如图 10-7 所示，分析发现，所有水果蔬菜的安全状态很好。

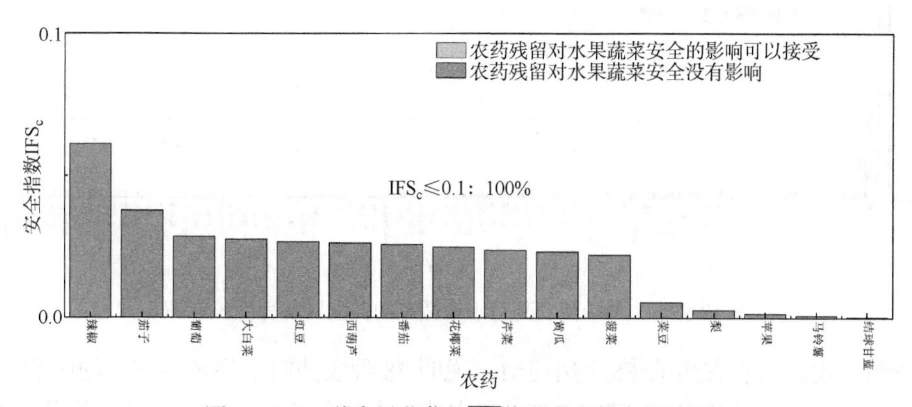

图 10-7　17 种水果蔬菜的$\overline{IFS}$值和安全状态统计图

对每个月内每种水果蔬菜中农药的 IFS_c 进行分析，并计算每月内每种水果蔬菜的 $\overline{IFS}$ 值，以评价每种水果蔬菜的安全状态，结果如图 10-8 所示，可以看出，2 个月份所有水果蔬菜的安全状态均处于很好和可以接受的范围内。

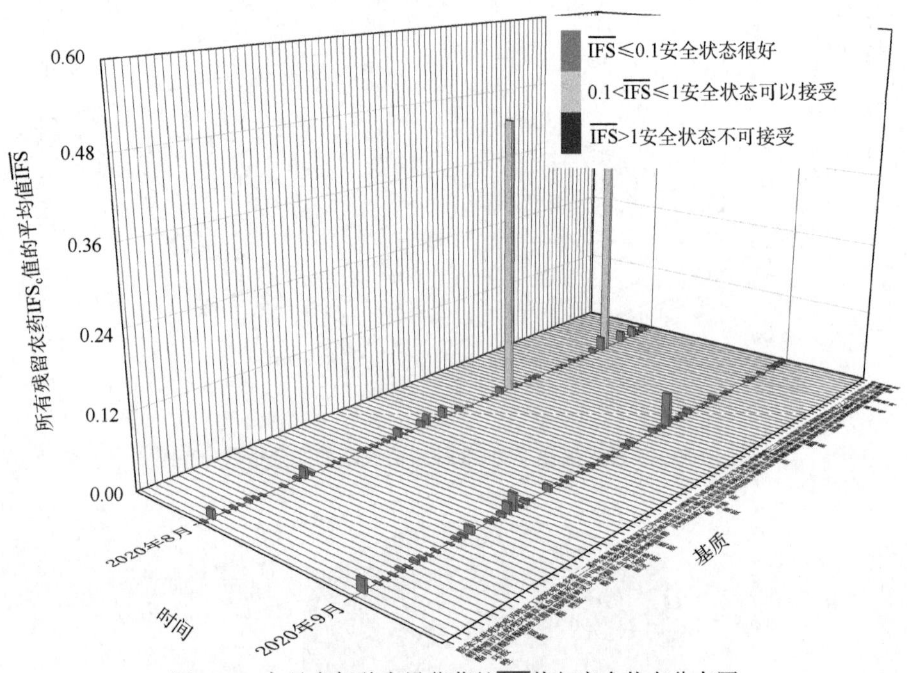

图 10-8　各月内每种水果蔬菜的 $\overline{IFS}$ 值与安全状态分布图

10.2.3　所有水果蔬菜中农药残留安全指数分析

计算所有水果蔬菜中 78 种农药的 $\overline{IFS}_c$ 值，结果如图 10-9 及表 10-8 所示。

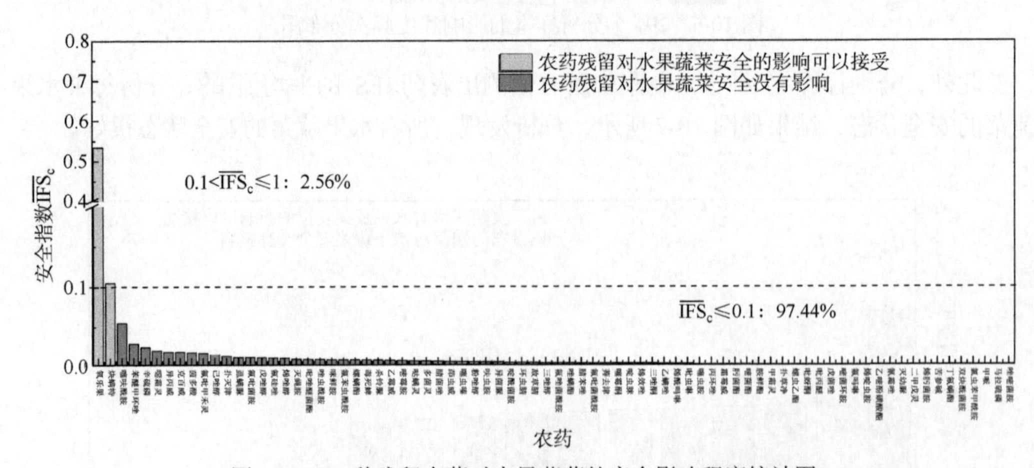

图 10-9　78 种残留农药对水果蔬菜的安全影响程度统计图

分析发现，所有农药的 $\overline{IFS}_c$ 均小于 1，说明 78 种农药对水果蔬菜安全的影响均在没有影响和可以接受的范围内，其中 2.56%的农药对水果蔬菜安全的影响可以接受，97.44%

的农药对水果蔬菜安全没有影响。

表 10-8 水果蔬菜中 78 种农药残留的安全指数表

序号	农药	检出频次	检出率(%)	$\overline{IFS_c}$	影响程度	序号	农药	检出频次	检出率(%)	$\overline{IFS_c}$	影响程度
1	氧乐果	2	0.12	0.5341	可以接受	38	敌草腈	11	0.65	0.0023	没有影响
2	炔螨特	14	0.83	0.1050	可以接受	39	三唑醇	3	0.18	0.0021	没有影响
3	噻呋酰胺	2	0.12	0.0548	没有影响	40	氟唑菌酰胺	1	0.06	0.0021	没有影响
4	苯醚甲环唑	90	5.33	0.0286	没有影响	41	唑螨酯	10	0.59	0.0021	没有影响
5	辛硫磷	1	0.06	0.0241	没有影响	42	腈苯唑	5	0.30	0.0018	没有影响
6	噁霜灵	7	0.41	0.0199	没有影响	43	氟吡菌酰胺	27	1.60	0.0018	没有影响
7	异丙威	1	0.06	0.0184	没有影响	44	莠去津	13	0.77	0.0018	没有影响
8	克百威	7	0.41	0.0183	没有影响	45	噻霉酮	1	0.06	0.0018	没有影响
9	茵多酸	2	0.12	0.0176	没有影响	46	啶虫脒	122	7.23	0.0016	没有影响
10	氟吡甲禾灵	2	0.12	0.0167	没有影响	47	烯效唑	2	0.12	0.0016	没有影响
11	己唑醇	8	0.47	0.0147	没有影响	48	三唑酮	5	0.30	0.0014	没有影响
12	扑灭津	5	0.30	0.0101	没有影响	49	乙螨唑	12	0.71	0.0013	没有影响
13	虱螨脲	2	0.12	0.0088	没有影响	50	烯酰吗啉	73	4.32	0.0012	没有影响
14	氟吡菌胺	34	2.01	0.0088	没有影响	51	吡虫啉	67	3.97	0.0012	没有影响
15	戊唑醇	64	3.79	0.0085	没有影响	52	噻虫胺	90	5.33	0.0011	没有影响
16	氟硅唑	22	1.30	0.0083	没有影响	53	丙环唑	20	1.18	0.0010	没有影响
17	烯唑醇	1	0.06	0.0079	没有影响	54	霜霉威	81	4.80	0.0009	没有影响
18	灭蝇胺	10	0.59	0.0064	没有影响	55	肟菌酯	11	0.65	0.0008	没有影响
19	吡唑醚菌酯	101	5.98	0.0062	没有影响	56	嘧菌酯	57	3.38	0.0007	没有影响
20	唑虫酰胺	2	0.12	0.0062	没有影响	57	胺鲜酯	1	0.06	0.0006	没有影响
21	咪鲜胺	27	1.60	0.0061	没有影响	58	甲霜灵	57	3.38	0.0005	没有影响
22	氟苯虫酰胺	10	0.59	0.0059	没有影响	59	扑草净	1	0.06	0.0005	没有影响
23	螺螨酯	14	0.83	0.0058	没有影响	60	螺虫乙酯	14	0.83	0.0005	没有影响
24	毒死蜱	58	3.44	0.0055	没有影响	61	吡蚜酮	14	0.83	0.0004	没有影响
25	杀铃脲	2	0.12	0.0053	没有影响	62	吡丙醚	8	0.47	0.0004	没有影响
26	乙霉威	10	0.59	0.0052	没有影响	63	戊菌唑	8	0.47	0.0003	没有影响
27	嘧霉胺	30	1.78	0.0049	没有影响	64	嘧菌环胺	2	0.12	0.0002	没有影响
28	哒螨灵	23	1.36	0.0044	没有影响	65	氟吗啉	8	0.47	0.0002	没有影响
29	多菌灵	112	6.64	0.0043	没有影响	66	烯啶虫胺	15	0.89	0.0002	没有影响
30	腈菌唑	14	0.83	0.0039	没有影响	67	乙嘧酚磺酸酯	1	0.06	0.0002	没有影响
31	茚虫威	9	0.53	0.0038	没有影响	68	氰霜唑	19	1.13	0.0002	没有影响
32	噻虫嗪	74	4.38	0.0037	没有影响	69	灭幼脲	8	0.47	0.0002	没有影响
33	粉唑醇	9	0.53	0.0033	没有影响	70	二甲戊灵	1	0.06	0.0002	没有影响
34	呋虫胺	34	2.01	0.0031	没有影响	71	烯肟菌胺	1	0.06	0.0001	没有影响
35	异菌脲	14	0.83	0.0031	没有影响	72	苦参碱	2	0.12	0.0001	没有影响
36	啶酰菌胺	20	1.18	0.0026	没有影响	73	丁氟螨酯	1	0.06	0.0001	没有影响
37	环虫腈	1	0.06	0.0025	没有影响	74	双炔酰菌胺	1	0.06	0.0001	没有影响

续表

序号	农药	检出频次	检出率（%）	$\overline{IFS}_c$	影响程度	序号	农药	检出频次	检出率（%）	$\overline{IFS}_c$	影响程度
75	氯虫苯甲酰胺	23	1.36	0.0000	没有影响	77	马拉硫磷	1	0.06	0.0000	没有影响
76	甲哌	1	0.06	0.0000	没有影响	78	唑嘧菌胺	1	0.06	0.0000	没有影响

对每个月内所有水果蔬菜中残留农药的$\overline{IFS}_c$进行分析，结果如图 10-10 所示。分析发现，2 个月份所有农药对水果蔬菜安全的影响均处于没有影响和可以接受的范围内。每月内不同农药对水果蔬菜安全影响程度的统计如图 10-11 所示。

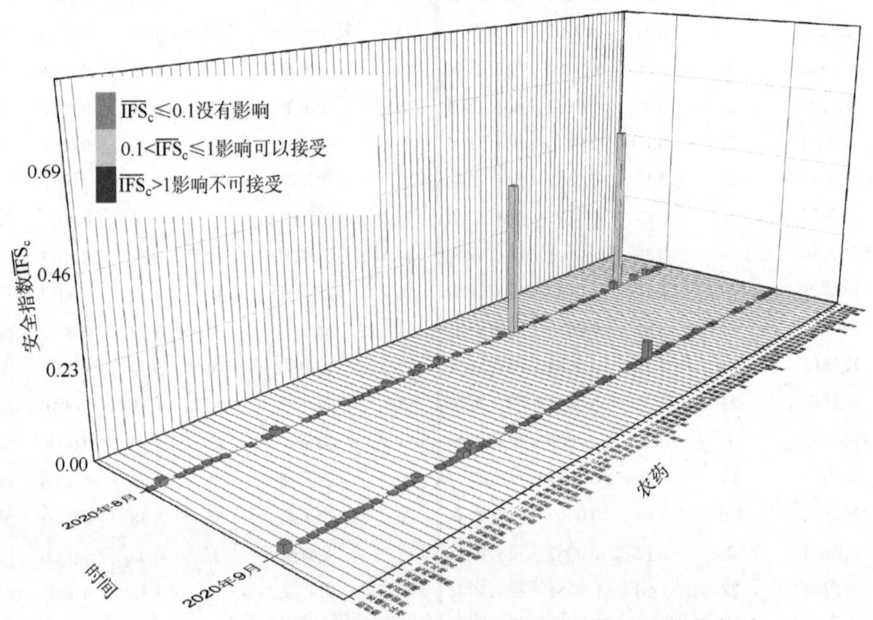

图 10-10 各月份内水果蔬菜中每种残留农药的安全指数分布图

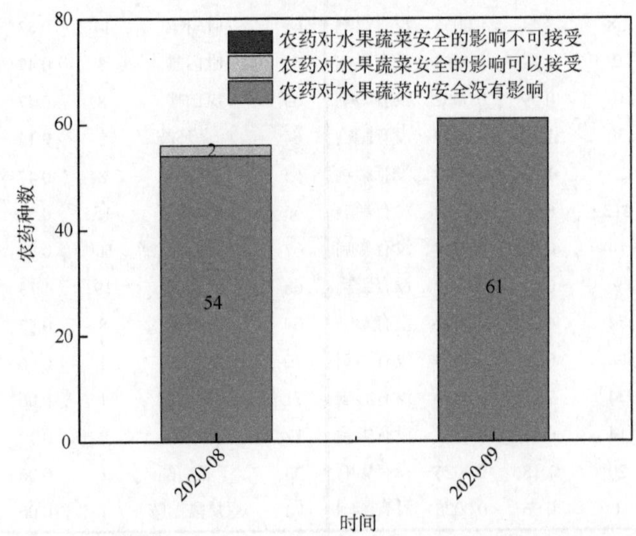

图 10-11 各月份内农药对水果蔬菜安全影响程度的统计图

10.3 农药残留预警风险评估

基于陕西省水果蔬菜样品中农药残留 LC-Q-TOF/MS 侦测数据，分析禁用农药的检出率，同时参照中华人民共和国国家标准 GB 2763—2019 和欧盟农药最大残留限量（MRL）标准分析非禁用农药残留的超标率，并计算农药残留风险系数。分析单种水果蔬菜中农药残留以及所有水果蔬菜中农药残留的风险程度。

10.3.1 单种水果蔬菜中农药残留风险系数分析

10.3.1.1 单种水果蔬菜中禁用农药残留风险系数分析

侦测出的 85 种残留农药中有 4 种为禁用农药，且它们分布在 9 种水果蔬菜中，计算 9 种水果蔬菜中禁用农药的超标率，根据超标率计算风险系数 R，进而分析水果蔬菜中禁用农药的风险程度，结果如图 10-12 与表 10-9 所示。分析发现 4 种禁用农药在 9 种水果蔬菜中的残留均处于高度风险。

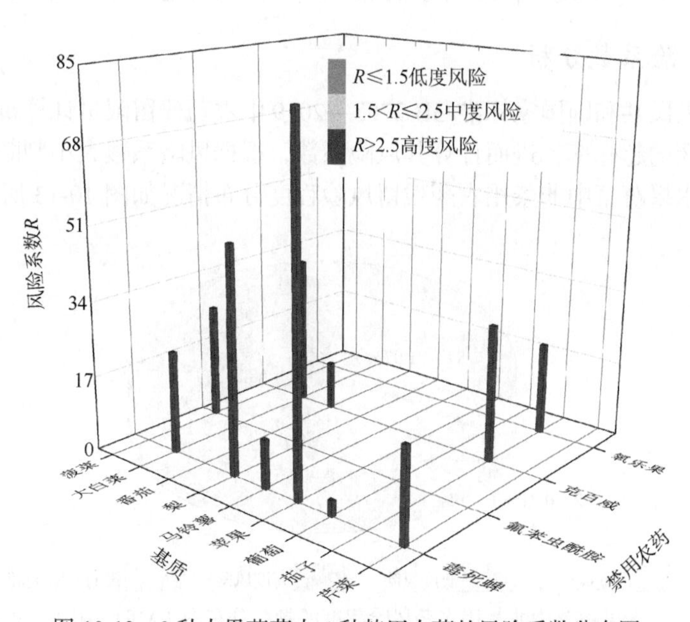

图 10-12 9 种水果蔬菜中 4 种禁用农药的风险系数分布图

表 10-9 9 种水果蔬菜中 4 种禁用农药的风险系数列表

序号	基质	农药	检出频次	检出率（%）	风险系数 R	风险程度
1	苹果	毒死蜱	32	80.00	81.10	高度风险
2	梨	毒死蜱	20	50.00	51.10	高度风险

续表

序号	基质	农药	检出频次	检出率（%）	风险系数 *R*	风险程度
3	大白菜	克百威	3	33.33	34.43	高度风险
4	茄子	克百威	3	30.00	31.10	高度风险
5	菠菜	氟苯虫酰胺	10	25.00	26.10	高度风险
6	大白菜	毒死蜱	2	22.22	23.32	高度风险
7	芹菜	毒死蜱	2	20.00	21.10	高度风险
8	茄子	氧乐果	2	20.00	21.10	高度风险
9	马铃薯	毒死蜱	1	10.00	11.10	高度风险
10	番茄	克百威	1	10.00	11.10	高度风险
11	葡萄	毒死蜱	1	2.50	3.60	高度风险

10.3.1.2 基于 MRL 中国国家标准的单种水果蔬菜中非禁用农药残留风险系数分析

参照中华人民共和国国家标准 GB 2763—2019 中农药残留限量计算每种水果蔬菜中每种非禁用农药的超标率，进而计算其风险系数，根据风险系数大小判断残留农药的预警风险程度，水果蔬菜中非禁用农药残留风险程度分布情况如图 10-13 所示。

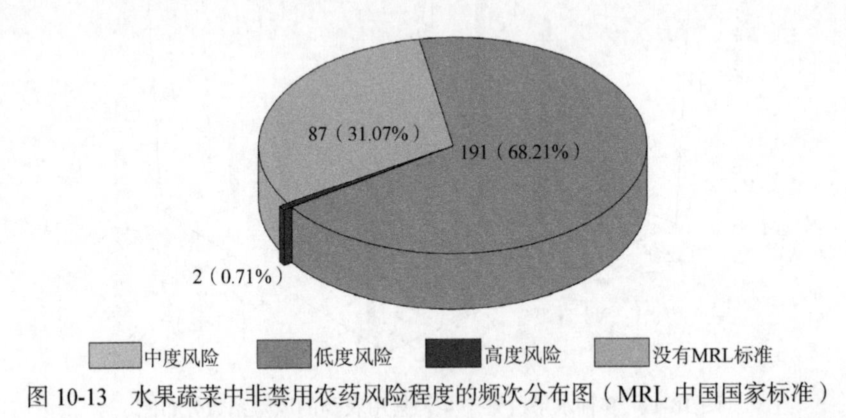

图 10-13 水果蔬菜中非禁用农药风险程度的频次分布图（MRL 中国国家标准）

本次分析中，发现在 17 种水果蔬菜侦测出 81 种残留非禁用农药，涉及样本 280 个，在 280 个样本中，0.71%处于高度风险，68.21%处于低度风险，此外发现有 87 个样本没有 MRL 中国国家标准值，无法判断其风险程度，有 MRL 中国国家标准值的 193 个样本涉及 15 种水果蔬菜中的 54 种非禁用农药，其风险系数 *R* 值如图 10-14 所示。表 10-10 为非禁用农药残留处于高度风险的水果蔬菜列表。

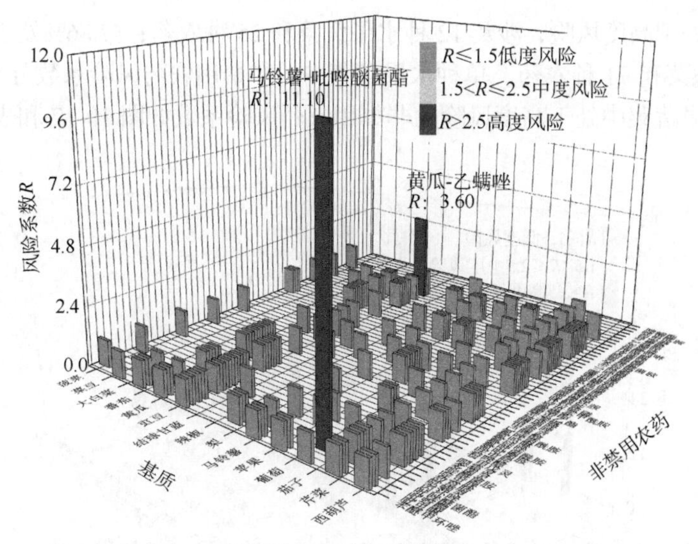

图 10-14 15 种水果蔬菜中 54 种非禁用农药的风险系数分布图（MRL 中国国家标准）

表 10-10 单种水果蔬菜中处于高度风险的非禁用农药风险系数表（MRL 中国国家标准）

序号	基质	农药	超标频次	超标率 *P*（%）	风险系数 *R*
1	马铃薯	吡唑醚菌酯	1	10.00	11.10
2	黄瓜	乙螨唑	1	2.50	3.60

10.3.1.3 基于 MRL 欧盟标准的单种水果蔬菜中非禁用农药残留风险系数分析

参照 MRL 欧盟标准计算每种水果蔬菜中每种非禁用农药的超标率，进而计算其风险系数，根据风险系数大小判断农药残留的预警风险程度，水果蔬菜中非禁用农药残留风险程度分布情况如图 10-15 所示。

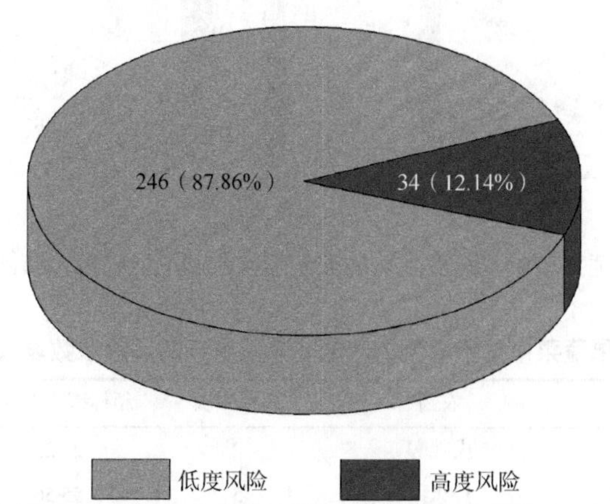

图 10-15 水果蔬菜中非禁用农药的风险程度的频次分布图（MRL 欧盟标准）

本次分析中，发现在 17 种水果蔬菜中共侦测出 81 种非禁用农药，涉及样本 280 个，其中，12.14%处于高度风险，涉及 12 种水果蔬菜和 25 种农药；87.86%处于低度风险，涉及 15 种水果蔬菜和 71 种农药。单种水果蔬菜中的非禁用农药风险系数分布图如图 10-16 所示。单种水果蔬菜中处于高度风险的非禁用农药风险系数如图 10-17 和表 10-11 所示。

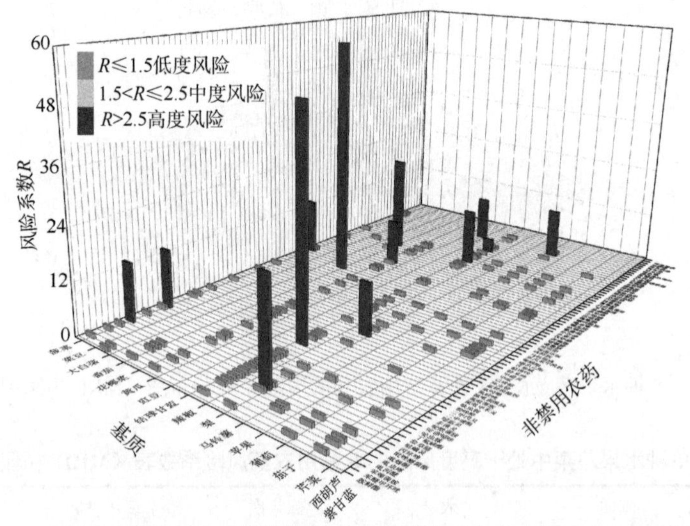

图 10-16　17 种水果蔬菜中 81 种非禁用农药的风险系数分布图（MRL 欧盟标准）

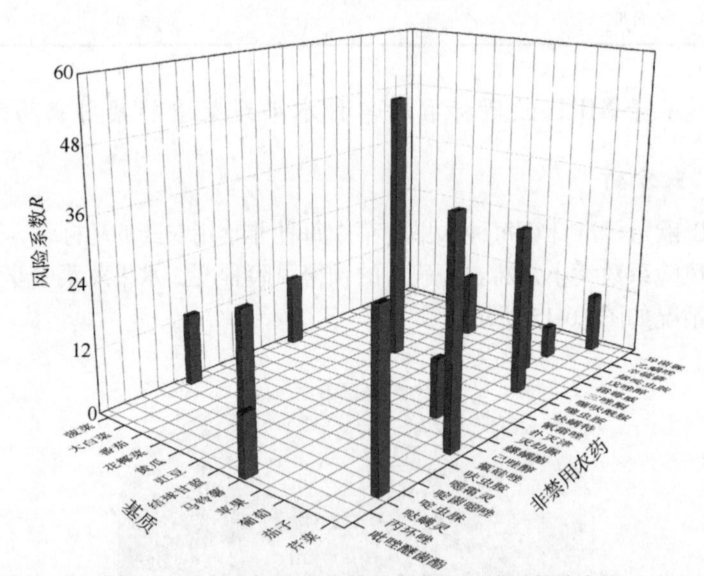

图 10-17　单种水果蔬菜中处于高度风险的非禁用农药的风险系数分布图（MRL 欧盟标准）

表 10-11　单种水果蔬菜中处于高度风险的非禁用农药的风险系数表（MRL 欧盟标准）

序号	基质	农药	超标频次	超标率 P（%）	风险系数 R
1	大白菜	戊唑醇	2	22.22	23.32
2	大白菜	扑灭津	5	55.56	56.66
3	番茄	三唑酮	1	10.00	11.10
4	结球甘蓝	茵多酸	1	11.11	12.21

续表

序号	基质	农药	超标频次	超标率 *P*（%）	风险系数 *R*
5	花椰菜	茵多酸	1	10.00	11.10
6	芹菜	丙环唑	3	30.00	31.10
7	芹菜	啶虫脒	4	40.00	41.10
8	芹菜	霜霉威	1	10.00	11.10
9	苹果	异菌脲	2	5.00	6.10
10	苹果	灭幼脲	3	7.50	8.60
11	苹果	炔螨特	2	5.00	6.10
12	茄子	呋虫胺	3	30.00	31.10
13	茄子	炔螨特	2	20.00	21.10
14	茄子	烯啶虫胺	1	10.00	11.10
15	茄子	螺螨酯	1	10.00	11.10
16	菠菜	哒螨灵	5	12.50	13.60
17	菠菜	噁霜灵	5	12.50	13.60
18	菠菜	噻虫胺	5	12.50	13.60
19	菠菜	氰霜唑	3	7.50	8.60
20	葡萄	三唑酮	1	2.50	3.60
21	葡萄	啶菌噁唑	4	10.00	11.10
22	葡萄	噻呋酰胺	2	5.00	6.10
23	葡萄	己唑醇	2	5.00	6.10
24	葡萄	异戊烯腺嘌呤	1	2.50	3.60
25	葡萄	异菌脲	8	20.00	21.10
26	葡萄	氟硅唑	7	17.50	18.60
27	葡萄	霜霉威	8	20.00	21.10
28	豇豆	丙环唑	2	22.22	23.32
29	豇豆	己唑醇	1	11.11	12.21
30	马铃薯	吡唑醚菌酯	1	10.00	11.10
31	马铃薯	辛硫磷	1	10.00	11.10
32	黄瓜	乙螨唑	1	2.50	3.60
33	黄瓜	呋虫胺	20	50.00	51.10
34	黄瓜	烯啶虫胺	5	12.50	13.60

10.3.2　所有水果蔬菜中农药残留风险系数分析

10.3.2.1　所有水果蔬菜中禁用农药残留风险系数分析

在侦测出的 85 种农药中有 4 种为禁用农药，计算所有水果蔬菜中禁用农药的风险系数，结果如表 10-12 所示。

表 10-12　水果蔬菜中 4 种禁用农药的风险系数表

序号	农药	检出频次	检出率 *P*（%）	风险系数 *R*	风险程度
1	毒死蜱	58	19.46	20.56	高度风险
2	氟苯虫酰胺	10	3.36	4.46	高度风险
3	克百威	7	2.35	3.45	高度风险
4	氧乐果	2	0.67	1.77	中度风险

对每个月内的禁用农药的风险系数进行分析，结果如图 10-18 和表 10-13 所示。

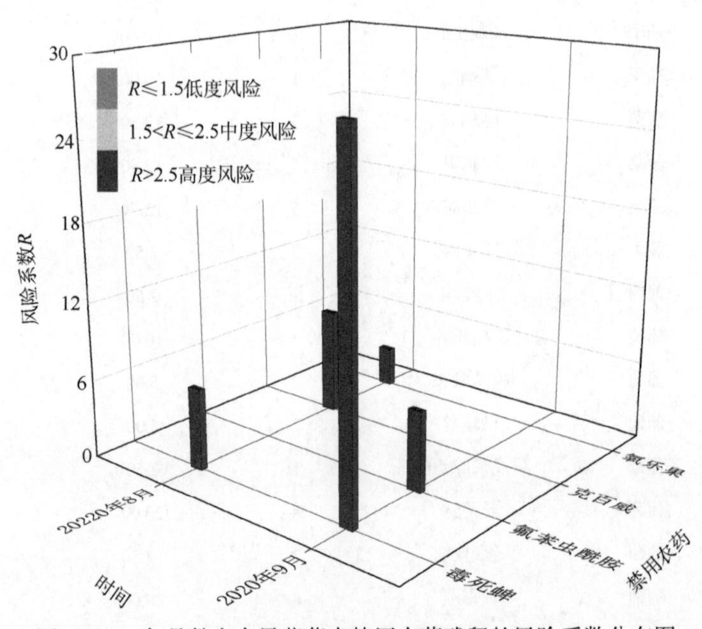

图 10-18　各月份内水果蔬菜中禁用农药残留的风险系数分布图

表 10-13　各月份内水果蔬菜中禁用农药的风险系数表

序号	年月	农药	检出频次	检出率 *P*（%）	风险系数 *R*	风险程度
1	2020 年 8 月	克百威	7	7.14	8.24	高度风险
2	2020 年 8 月	毒死蜱	5	5.10	6.20	高度风险
3	2020 年 8 月	氧乐果	2	2.04	3.14	高度风险
4	2020 年 9 月	毒死蜱	53	26.50	27.60	高度风险
5	2020 年 9 月	氟苯虫酰胺	10	5.00	6.10	高度风险

10.3.2.2　所有水果蔬菜中非禁用农药残留风险系数分析

参照 MRL 欧盟标准计算所有水果蔬菜中每种非禁用农药残留的风险系数，如图 10-19 与表 10-14 所示。在侦测出的 81 种非禁用农药中，10 种农药（12.36%）残留处于高度风险，10 种农药（12.36%）残留处于中度风险，61 种农药（75.28%）残留处于低度风险。

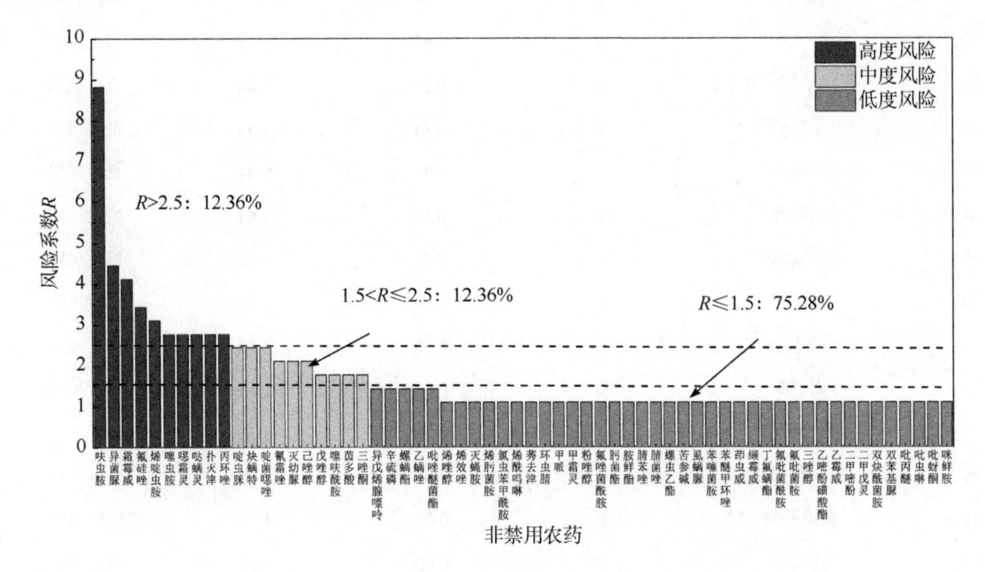

图 10-19　水果蔬菜中 81 种非禁用农药的风险程度统计图

表 10-14　水果蔬菜中 81 种非禁用农药的风险系数表

序号	农药	超标频次	超标率 P（%）	风险系数 R	风险程度
1	呋虫胺	23	7.72	8.82	高度风险
2	异菌脲	10	3.36	4.46	高度风险
3	霜霉威	9	3.02	4.12	高度风险
4	氟硅唑	7	2.35	3.45	高度风险
5	烯啶虫胺	6	2.01	3.11	高度风险
6	噻虫胺	5	1.68	2.78	高度风险
7	噁霜灵	5	1.68	2.78	高度风险
8	哒螨灵	5	1.68	2.78	高度风险
9	扑灭津	5	1.68	2.78	高度风险
10	丙环唑	5	1.68	2.78	高度风险
11	啶虫脒	4	1.34	2.44	中度风险
12	炔螨特	4	1.34	2.44	中度风险
13	啶菌噁唑	4	1.34	2.44	中度风险
14	氰霜唑	3	1.01	2.11	中度风险
15	灭幼脲	3	1.01	2.11	中度风险
16	己唑醇	3	1.01	2.11	中度风险
17	戊唑醇	2	0.67	1.77	中度风险
18	噻呋酰胺	2	0.67	1.77	中度风险

续表

序号	农药	超标频次	超标率 P（%）	风险系数 R	风险程度
19	茵多酸	2	0.67	1.77	中度风险
20	三唑酮	2	0.67	1.77	中度风险
21	异戊烯腺嘌呤	1	0.34	1.44	低度风险
22	辛硫磷	1	0.34	1.44	低度风险
23	螺螨酯	1	0.34	1.44	低度风险
24	乙螨唑	1	0.34	1.44	低度风险
25	吡唑醚菌酯	1	0.34	1.44	低度风险
26	烯唑醇	0	0.00	1.10	低度风险
27	烯效唑	0	0.00	1.10	低度风险
28	灭蝇胺	0	0.00	1.10	低度风险
29	烯肟菌胺	0	0.00	1.10	低度风险
30	氯虫苯甲酰胺	0	0.00	1.10	低度风险
31	烯酰吗啉	0	0.00	1.10	低度风险
32	莠去津	0	0.00	1.10	低度风险
33	环虫腈	0	0.00	1.10	低度风险
34	甲哌	0	0.00	1.10	低度风险
35	甲霜灵	0	0.00	1.10	低度风险
36	粉唑醇	0	0.00	1.10	低度风险
37	氟唑菌酰胺	0	0.00	1.10	低度风险
38	肟菌酯	0	0.00	1.10	低度风险
39	胺鲜酯	0	0.00	1.10	低度风险
40	腈苯唑	0	0.00	1.10	低度风险
41	腈菌唑	0	0.00	1.10	低度风险
42	螺虫乙酯	0	0.00	1.10	低度风险
43	苦参碱	0	0.00	1.10	低度风险
44	虱螨脲	0	0.00	1.10	低度风险
45	苯噻菌胺	0	0.00	1.10	低度风险
46	苯醚甲环唑	0	0.00	1.10	低度风险
47	茚虫威	0	0.00	1.10	低度风险
48	缬霉威	0	0.00	1.10	低度风险
49	丁氟螨酯	0	0.00	1.10	低度风险
50	氟吡菌酰胺	0	0.00	1.10	低度风险
51	氟吡菌胺	0	0.00	1.10	低度风险
52	三唑醇	0	0.00	1.10	低度风险
53	乙嘧酚磺酸酯	0	0.00	1.10	低度风险

续表

序号	农药	超标频次	超标率 P（%）	风险系数 R	风险程度
54	乙霉威	0	0.00	1.10	低度风险
55	二甲嘧酚	0	0.00	1.10	低度风险
56	二甲戊灵	0	0.00	1.10	低度风险
57	双炔酰菌胺	0	0.00	1.10	低度风险
58	双苯基脲	0	0.00	1.10	低度风险
59	吡丙醚	0	0.00	1.10	低度风险
60	吡虫啉	0	0.00	1.10	低度风险
61	吡蚜酮	0	0.00	1.10	低度风险
62	咪鲜胺	0	0.00	1.10	低度风险
63	唑嘧菌胺	0	0.00	1.10	低度风险
64	唑虫酰胺	0	0.00	1.10	低度风险
65	唑螨酯	0	0.00	1.10	低度风险
66	啶酰菌胺	0	0.00	1.10	低度风险
67	嘧菌环胺	0	0.00	1.10	低度风险
68	嘧菌腙	0	0.00	1.10	低度风险
69	嘧菌酯	0	0.00	1.10	低度风险
70	嘧霉胺	0	0.00	1.10	低度风险
71	噻虫嗪	0	0.00	1.10	低度风险
72	噻霉酮	0	0.00	1.10	低度风险
73	多菌灵	0	0.00	1.10	低度风险
74	异丙威	0	0.00	1.10	低度风险
75	戊菌唑	0	0.00	1.10	低度风险
76	扑草净	0	0.00	1.10	低度风险
77	敌草腈	0	0.00	1.10	低度风险
78	杀铃脲	0	0.00	1.10	低度风险
79	氟吗啉	0	0.00	1.10	低度风险
80	氟吡甲禾灵	0	0.00	1.10	低度风险
81	马拉硫磷	0	0.00	1.10	低度风险

对每个月份内的非禁用农药的风险系数分析，每月内非禁用农药风险程度分布图如图 10-20 所示。这 2 个月份内处于高度风险的农药数排序为 2020 年 9 月（11）>2020 年 8 月（7）。

2 个月份内水果蔬菜中非禁用农药处于中度风险和高度风险的风险系数如图 10-21 和表 10-15 所示。

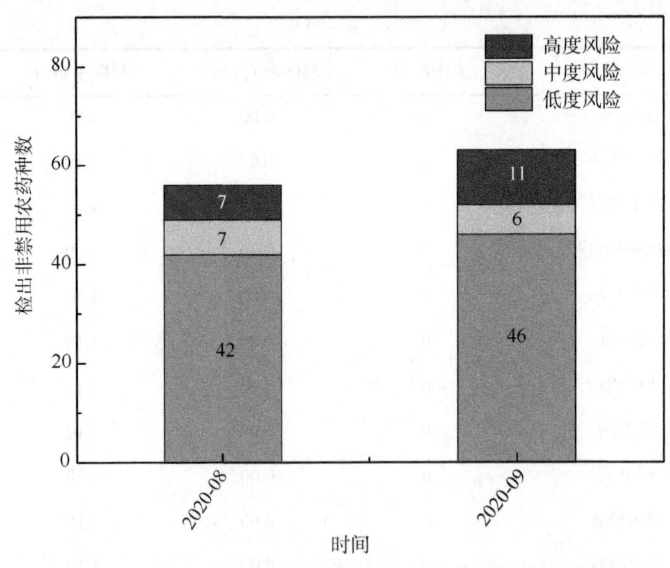

图 10-20 各月份水果蔬菜中非禁用农药残留的风险程度分布图

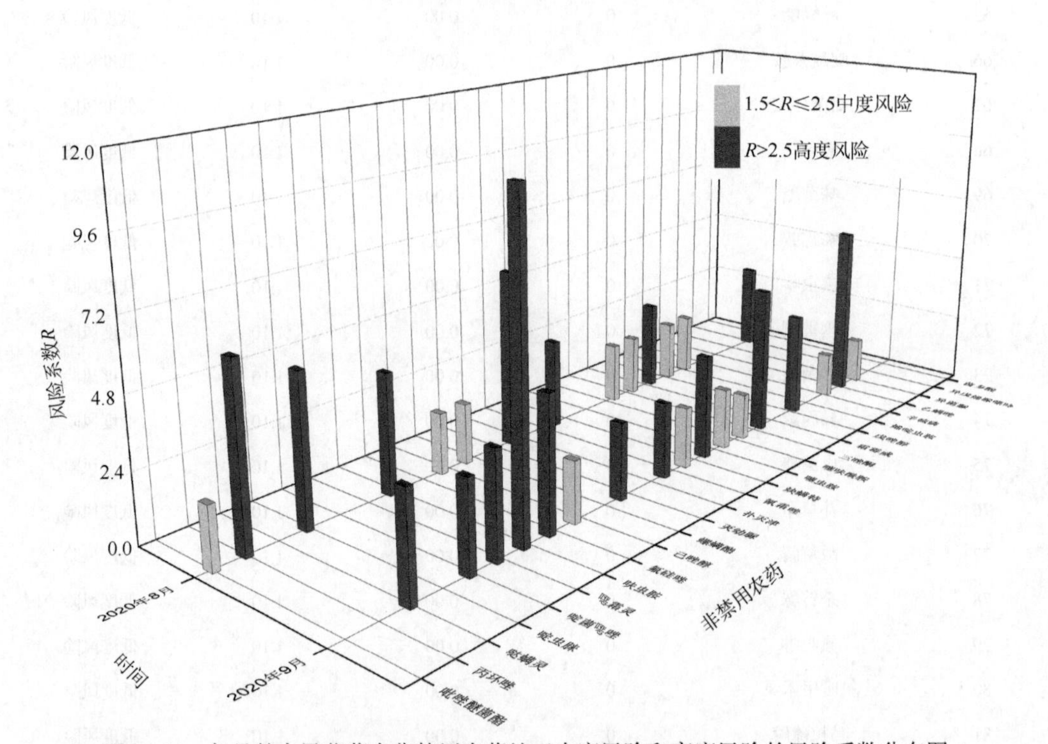

图 10-21 各月份水果蔬菜中非禁用农药处于中度风险和高度风险的风险系数分布图

表 10-15 各月份水果蔬菜中非禁用农药处于中度风险和高度风险的风险系数表

序号	年月	农药	超标频次	超标率 P（%）	风险系数 R	风险程度
1	2020 年 8 月	丙环唑	5	5.1	6.2	高度风险
2	2020 年 8 月	扑灭津	5	5.1	6.2	高度风险
3	2020 年 8 月	啶虫脒	4	4.08	5.18	高度风险

续表

序号	年月	农药	超标频次	超标率 P（%）	风险系数 R	风险程度
4	2020 年 8 月	呋虫胺	3	3.06	4.16	高度风险
5	2020 年 8 月	戊唑醇	2	2.04	3.14	高度风险
6	2020 年 8 月	炔螨特	2	2.04	3.14	高度风险
7	2020 年 8 月	茵多酸	2	2.04	3.14	高度风险
8	2020 年 8 月	三唑酮	1	1.02	2.12	中度风险
9	2020 年 8 月	吡唑醚菌酯	1	1.02	2.12	中度风险
10	2020 年 8 月	己唑醇	1	1.02	2.12	中度风险
11	2020 年 8 月	烯啶虫胺	1	1.02	2.12	中度风险
12	2020 年 8 月	螺螨酯	1	1.02	2.12	中度风险
13	2020 年 8 月	辛硫磷	1	1.02	2.12	中度风险
14	2020 年 8 月	霜霉威	1	1.02	2.12	中度风险
15	2020 年 9 月	呋虫胺	20	10	11.1	高度风险
16	2020 年 9 月	异菌脲	10	5	6.1	高度风险
17	2020 年 9 月	氟硅唑	7	3.5	4.6	高度风险
18	2020 年 9 月	哒螨灵	5	2.5	3.6	高度风险
19	2020 年 9 月	噁霜灵	5	2.5	3.6	高度风险
20	2020 年 9 月	噻虫胺	5	2.5	3.6	高度风险
21	2020 年 9 月	烯啶虫胺	5	2.5	3.6	高度风险
22	2020 年 9 月	啶菌噁唑	4	2	3.1	高度风险
23	2020 年 9 月	氰霜唑	3	1.5	2.6	高度风险
24	2020 年 9 月	灭幼脲	3	1.5	2.6	高度风险
25	2020 年 9 月	噻呋酰胺	2	1	2.1	中度风险
26	2020 年 9 月	己唑醇	2	1	2.1	中度风险
27	2020 年 9 月	炔螨特	2	1	2.1	中度风险
28	2020 年 9 月	三唑酮	1	0.5	1.6	中度风险
29	2020 年 9 月	乙螨唑	1	0.5	1.6	中度风险
30	2020 年 9 月	异戊烯腺嘌呤	1	0.5	1.6	中度风险

10.4　农药残留风险评估结论与建议

农药残留是影响水果蔬菜安全和质量的主要因素，也是我国食品安全领域备受关注的敏感话题和亟待解决的重大问题之一。各种水果蔬菜均存在不同程度的农药残留现象，本研究主要针对陕西省各类水果蔬菜存在的农药残留问题，基于 2020 年 8 月至 2020 年 9 月期间对陕西省 298 例水果蔬菜样品中农药残留侦测得出的 1688 个侦测结果，分别采用食品安全指数模型和风险系数模型，开展水果蔬菜中农药残留的膳食暴露风险和预警风险评估。水果蔬菜样品取自超市和农贸市场，符合大众的膳食来源，风险评价时更具有代表性和可信度。

本研究力求通用简单地反映食品安全中的主要问题，且为管理部门和大众容易接受，为政府及相关管理机构建立科学的食品安全信息发布和预警体系提供科学的规律与方法，加强对农药残留的预警和食品安全重大事件的预防，控制食品风险。

10.4.1　陕西省水果蔬菜中农药残留膳食暴露风险评价结论

1）水果蔬菜样品中农药残留安全状态评价结论

采用食品安全指数模型，对 2020 年 8 月至 2020 年 9 月期间陕西省水果蔬菜食品农药残留膳食暴露风险进行评价，根据 IFS_c 的计算结果发现，水果蔬菜中农药的$\overline{IFS}$为 0.0132，说明陕西省水果蔬菜总体处于很好的安全状态，但部分禁用农药、高残留农药在蔬菜、水果中仍有侦测出，导致膳食暴露风险的存在，成为不安全因素。

2）单种水果蔬菜中农药膳食暴露风险不可接受情况评价结论

单种水果蔬菜中农药残留安全指数分析结果显示，农药对单种水果蔬菜安全影响不可接受（$IFS_c>1$）的样本数共 1 个，占总样本数的 0.06%，样本为茄子中的炔螨特，说明茄子中的炔螨特会对消费者身体健康造成较大的膳食暴露风险。茄子为较常见的水果蔬菜，百姓日常食用量较大，长期食用大量残留炔螨特的茄子会对人体造成不可接受的影响，本次侦测发现炔螨特在茄子样品中多次并大量侦测出，是未严格实施农业良好管理规范（GAP），抑或是农药滥用，这应该引起相关管理部门的警惕，应加强对茄子中炔螨特的严格管控。

10.4.2　陕西省水果蔬菜中农药残留预警风险评价结论

1）单种水果蔬菜中禁用农药残留的预警风险评价结论

本次侦测过程中，在 9 种水果蔬菜中侦测超出 4 种禁用农药，禁用农药为：克百威、毒死蜱、氧乐果、氟苯虫酰胺，水果蔬菜为：大白菜、梨、番茄、芹菜、苹果、茄子、菠菜、葡萄、马铃薯，水果蔬菜中禁用农药的风险系数分析结果显示，4 种禁用农药在 9 种水果蔬菜中的残留均处于高度风险，说明在单种水果蔬菜中禁用农药的残留会导致较高的预警风险。

2）单种水果蔬菜中非禁用农药残留的预警风险评价结论

以 MRL 中国国家标准为标准，计算水果蔬菜中非禁用农药风险系数情况下，280 个样本中，2 个处于高度风险（0.71%），191 个处于低度风险（68.21%），87 个样本没有 MRL 中国国家标准（31.07%）。以 MRL 欧盟标准为标准，计算水果蔬菜中非禁用农药风险系数情况下，发现有 34 个处于高度风险（12.14%），246 个处于低度风险

（87.86%）。基于两种 MRL 标准，评价的结果差异显著，可以看出 MRL 欧盟标准比中国国家标准更加严格和完善，过于宽松的 MRL 中国国家标准值能否有效保障人体的健康有待研究。

10.4.3　加强陕西省水果蔬菜食品安全建议

我国食品安全风险评价体系仍不够健全，相关制度不够完善，多年来，由于农药用药次数多、用药量大或用药间隔时间短，产品残留量大，农药残留所造成的食品安全问题日益严峻，给人体健康带来了直接或间接的危害。据估计，美国与农药有关的癌症患者数约占全国癌症患者总数的 50%，中国更高。同样，农药对其他生物也会形成直接杀伤和慢性危害，植物中的农药可经过食物链逐级传递并不断蓄积，对人和动物构成潜在威胁，并影响生态系统。

基于本次农药残留侦测数据的风险评价结果，提出以下几点建议：

1）加快食品安全标准制定步伐

我国食品标准中对农药每日允许最大摄入量 ADI 的数据严重缺乏，在本次陕西省水果蔬菜农药残留评价所涉及的 85 种农药中，仅有 91.8%的农药具有 ADI 值，而 8.2%的农药中国尚未规定相应的 ADI 值，亟待完善。

我国食品中农药最大残留限量值的规定严重缺乏，对评估涉及的不同水果蔬菜中不同农药 249 个 MRL 限值进行统计来看，我国仅制定出 84 个标准，标准完整率仅为 33.7%，欧盟的完整率达到 100%（表 10-16）。因此，中国更应加快 MRL 标准的制定步伐。

表 10-16　我国国家食品标准农药的 ADI、MRL 值与欧盟标准的数量差异

分类		中国 ADI	MRL 中国国家标准	MRL 欧盟标准
标准限值（个）	有	57	84	249
	无	7	165	0
总数（个）		64	249	249
无标准限值比例（%）		10.9	66.3	0

此外，MRL 中国国家标准限值普遍高于欧盟标准限值，这些标准中共有 54 个高于欧盟。过高的 MRL 值难以保障人体健康，建议继续加强对限值基准和标准的科学研究，将农产品中的危险性减少到尽可能低的水平。

2）加强农药的源头控制和分类监管

在陕西省某些水果蔬菜中仍有禁用农药残留，利用 LC-Q-TOF/MS 技术侦测出 2 种禁用农药，检出频次为 9 次，残留禁用农药均存在较大的膳食暴露风险和预警风险。早已列入黑名单的禁用农药在我国并未真正退出，有些药物由于价格便宜、工艺简单，此类高毒农药一直生产和使用。建议在我国采取严格有效的控制措施，从源头控制禁用农药。

对于非禁用农药，在我国作为“田间地头”最典型单位的县级蔬果产地中，农药残留的侦测几乎缺失。建议根据农药的毒性，对高毒、剧毒、中毒农药实现分类管理，减少使用高毒和剧毒高残留农药，进行分类监管。

3）加强残留农药的生物修复及降解新技术

市售果蔬中残留农药的品种多、频次高、禁用农药多次检出这一现状，说明了我国的田间土壤和水体因农药长期、频繁、不合理的使用而遭到严重污染。为此，建议中国相关部门出台相关政策，鼓励高校及科研院所积极开展分子生物学、酶学等研究，加强土壤、水体中残留农药的生物修复及降解新技术研究，切实加大农药监管力度，以控制农药的面源污染问题。

综上所述，在本工作基础上，根据蔬菜残留危害，可进一步针对其成因提出和采取严格管理、大力推广无公害蔬菜种植与生产、健全食品安全控制技术体系、加强蔬菜食品质量侦测体系建设和积极推行蔬菜食品质量追溯制度等相应对策。建立和完善食品安全综合评价指数与风险监测预警系统，对食品安全进行实时、全面的监控与分析，为我国的食品安全科学监管与决策提供新的技术支持，可实现各类检验数据的信息化系统管理，降低食品安全事故的发生。

第 11 章　GC-Q-TOF/MS 侦测陕西省市售水果蔬菜农药残留报告

从陕西省 3 个市，随机采集了 298 例水果蔬菜样品，使用气相色谱-四极杆飞行时间质谱（GC-Q-TOF/MS）对 686 种农药化学污染物进行示范侦测。

11.1　样品种类、数量与来源

11.1.1　样品采集与检测

为了真实反映百姓餐桌上水果蔬菜中农药残留污染状况，本次所有检测样品均由检验人员于 2020 年 8 月至 9 月期间，从陕西省 50 个采样点，包括 4 个农贸市场、45 个个体商户、1 个超市，以随机购买方式采集，总计 50 批 298 例样品，从中检出农药 72 种，1079 频次。采样及监测概况见表 11-1，样品及采样点明细见表 11-2 及表 11-3。

表 11-1　农药残留监测总体概况

采样地区	陕西省 8 个区县
采样点（超市+农贸市场+个体商户）	50
样本总数	298
检出农药品种/频次	72/1079
各采样点样本农药残留检出率范围	60.0%～100.0%

表 11-2　样品分类及数量

样品分类	样品名称（数量）	数量小计
1. 蔬菜		178
1）芸薹属类蔬菜	结球甘蓝（9），花椰菜（10），紫甘蓝（1）	20
2）茄果类蔬菜	辣椒（9），茄子（10），番茄（10）	29
3）瓜类蔬菜	西葫芦（10），黄瓜（40）	50
4）叶菜类蔬菜	芹菜（10），大白菜（9），菠菜（40）	59
5）根茎类和薯芋类蔬菜	马铃薯（10）	10
6）豆类蔬菜	豇豆（9），菜豆（1）	10

续表

样品分类	样品名称（数量）	数量小计
2. 水果		120
1）仁果类水果	苹果（40），梨（40）	80
2）浆果和其他小型水果	葡萄（40）	40
合计	1.蔬菜 14 种 2.水果 3 种	298

表 11-3　陕西省采样点信息

采样点序号	行政区域	采样点
个体商户（45）		
1	咸阳市 渭城区	***果蔬（渭城区渭民生路）
2	咸阳市 渭城区	***批零店（渭城区朝阳一路）
3	咸阳市 渭城区	***果蔬店（渭城区东风路）
4	咸阳市 渭城区	***果蔬城（渭城区渭乐育南路）
5	咸阳市 渭城区	***果蔬（渭城区中山街）
6	咸阳市 渭城区	***果蔬（渭城区新兴北路）
7	咸阳市 渭城区	***果蔬（渭城区民生路）
8	咸阳市 渭城区	***果蔬（渭城区文汇西路）
9	咸阳市 渭城区	***果蔬城（渭城区新兴南路）
10	咸阳市 秦都区	***超市（秦都区宝泉路）
11	咸阳市 秦都区	***果蔬（秦都区联盟二路）
12	咸阳市 秦都区	***便民供应（秦都区劳动路）
13	咸阳市 秦都区	***果蔬（秦都区利民巷）
14	咸阳市 秦都区	***果蔬（秦都区安谷路）
15	咸阳市 秦都区	***超市（秦都区丰巴大道）
16	咸阳市 秦都区	***便民店（秦都区渭阳西路）
17	咸阳市 秦都区	***蔬果（秦都区龙台观路）
18	咸阳市 秦都区	***果蔬（秦都区思源南路）
19	咸阳市 秦都区	***果蔬（秦都区世纪西路）
20	宝鸡市 扶风县	***超市（扶风县南二路）
21	宝鸡市 扶风县	***超市（扶风县南大街）
22	宝鸡市 扶风县	***超市（扶风县西一路）
23	宝鸡市 渭滨区	***果蔬店（渭滨区火炬路）
24	宝鸡市 渭滨区	***蔬菜配送（渭滨区新建路）
25	宝鸡市 金台区	***超市（金台区轩苑路）
26	宝鸡市 金台区	***超市（金台区红卫路）
27	西安市 长安区	***超市（长安区航天西路）
28	西安市 长安区	***果蔬店（长安区航天大道）
29	西安市 长安区	***供应点（长安区航拓路）

续表

采样点序号	行政区域	采样点
30	西安市 长安区	***果蔬（长安区飞天路）
31	西安市 长安区	***便利店（长安区南长安街）
32	西安市 长安区	***驿站（长安区凤西韦巷）
33	西安市 长安区	***超市（长安区文化街）
34	西安市 长安区	***超市（长安区神舟一路）
35	西安市 长安区	***果蔬店（长安区航天北路）
36	西安市 长安区	***便民店（长安区凤栖东路）
37	西安市 雁塔区	***果蔬（雁塔区红小巷）
38	西安市 雁塔区	***果蔬店（雁塔区青龙路）
39	西安市 雁塔区	***果蔬店（雁塔区青松路）
40	西安市 雁塔区	***蔬菜（雁塔区高新六路）
41	西安市 雁塔区	***果蔬店（雁塔区太白南路）
42	西安市 雁塔区	***蔬店（雁塔区光华路）
43	西安市 雁塔区	***便利店（雁塔区朱雀大街）
44	西安市 雁塔区	***蔬菜（雁塔区红星街）
45	西安市 雁塔区	***果蔬店（雁塔区永松路）
农贸市场（4）		
1	咸阳市 秦都区	***果蔬城
2	宝鸡市 渭滨区	***生鲜中心（广元路店）
3	宝鸡市 陈仓区	***直销点（西大街店）
4	西安市 雁塔区	***市场
超市（1）		
1	宝鸡市 渭滨区	***超市（太白路店）

11.1.2 检测结果

这次使用的检测方法是庞国芳院士团队最新研发的不需使用标准品对照，而以高分辨精确质量数（0.0001 *m/z*）为基准的 GC-Q-TOF/MS 检测技术，对于 298 例样品，每个样品均侦测了 686 种农药化学污染物的残留现状。通过本次侦测，在 298 例样品中共计检出农药化学污染物 72 种，检出 1079 频次。

11.1.2.1 各采样点样品检出情况

统计分析发现 50 个采样点中，被测样品的农药检出率范围为 60.0%～100.0%。其中，有 14 个采样点样品的检出率最高，达到了 100.0%，分别是：***果蔬（渭城区新兴北路）、***果蔬（秦都区联盟二路）、***果蔬（秦都区安谷路）、***超市（秦都区丰巴大道）、***便民店（秦都区渭阳西路）、***蔬果（秦都区龙台观路）、***果蔬（秦都区思源南路）、***果蔬（秦都区世纪西路）、***蔬菜配送（渭滨区新建路）、***果蔬（长安区飞天路）、***超市（长安区文化街）、***果蔬（雁塔区红小巷）、***蔬菜（雁塔区高新六路）和***

果蔬店（雁塔区太白南路）。有 5 个采样点样品的检出率最低，达到了 60.0%，分别是：***果蔬城（渭城区新兴南路）、***果蔬城、***便利店（长安区南长安街）、***驿站（长安区凤西韦巷）和***果蔬店（雁塔区青松路），见图 11-1。

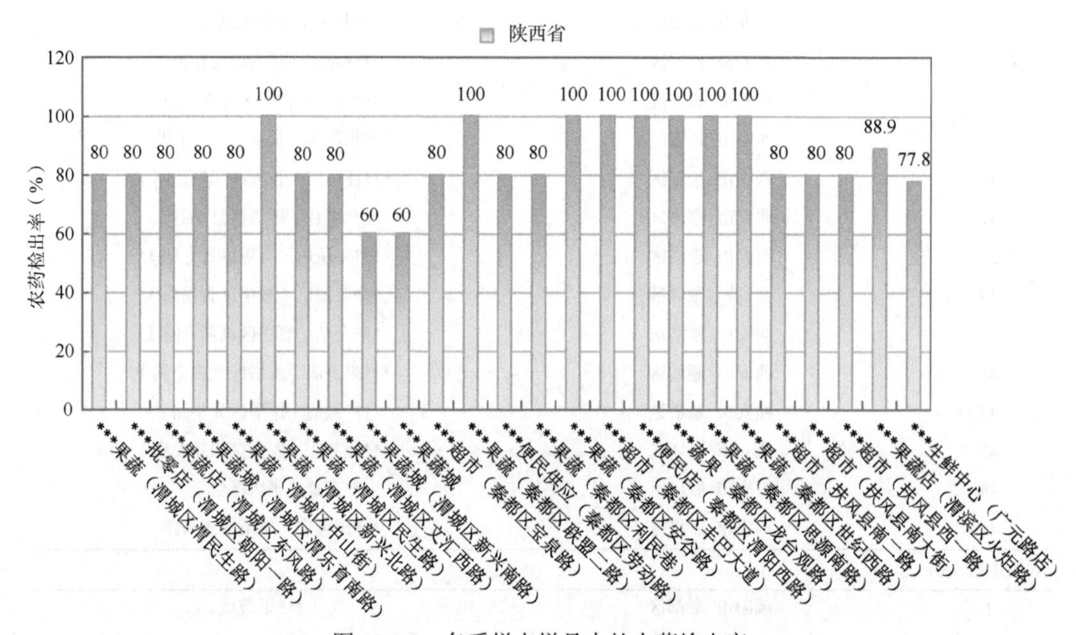

图 11-1-1　各采样点样品中的农药检出率

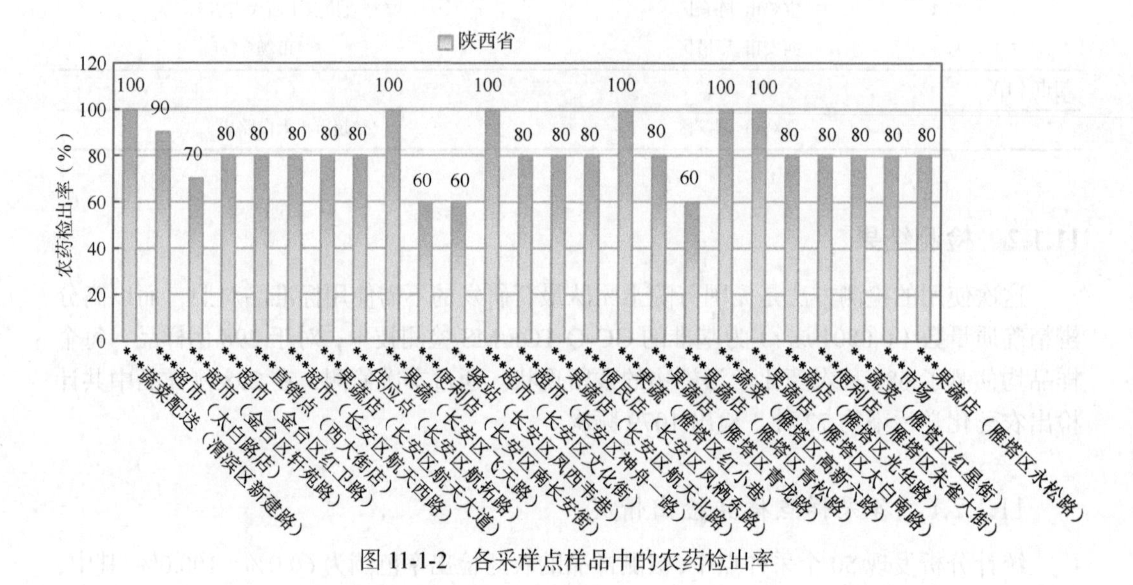

图 11-1-2　各采样点样品中的农药检出率

11.1.2.2　检出农药的品种总数与频次

统计分析发现，对于 298 例样品中 686 种农药化学污染物的侦测，共检出农药 1079 频次，涉及农药 72 种，结果如图 11-2 所示。其中烯酰吗啉检出频次最高，共检出 70 次。检出频次排名前 10 的农药如下：①烯酰吗啉（70），②虫螨腈（59），③联苯菊酯（59），

④苯醚甲环唑（58），⑤毒死蜱（58），⑥二苯胺（54），⑦灭菌丹（50），⑧霜霉威（44），⑨甲霜灵（42），⑩戊唑醇（42）。

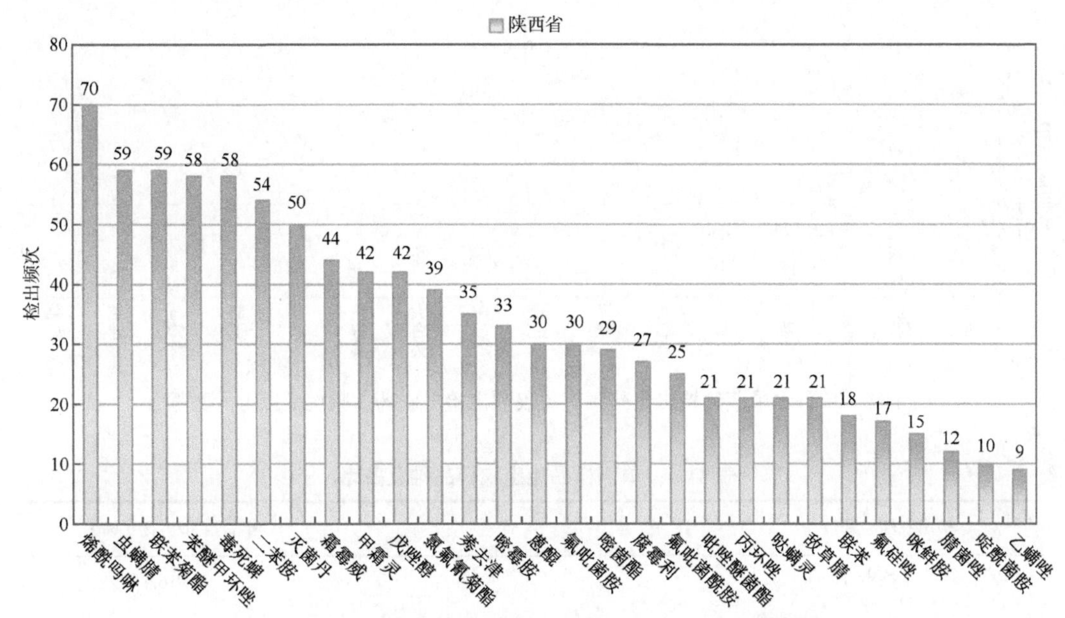

图 11-2　检出农药品种及频次（仅列出 9 频次及以上的数据）

由图 11-3 可见，黄瓜、芹菜和番茄这 3 种果蔬样品中检出的农药品种数较高，均超过 25 种，其中，黄瓜检出农药品种最多，为 31 种。由图 11-4 可见，黄瓜、葡萄和菠菜这 3 种果蔬样品中的农药检出频次较高，均超过 100 次，其中，黄瓜检出农药频次最高，为 335 次。

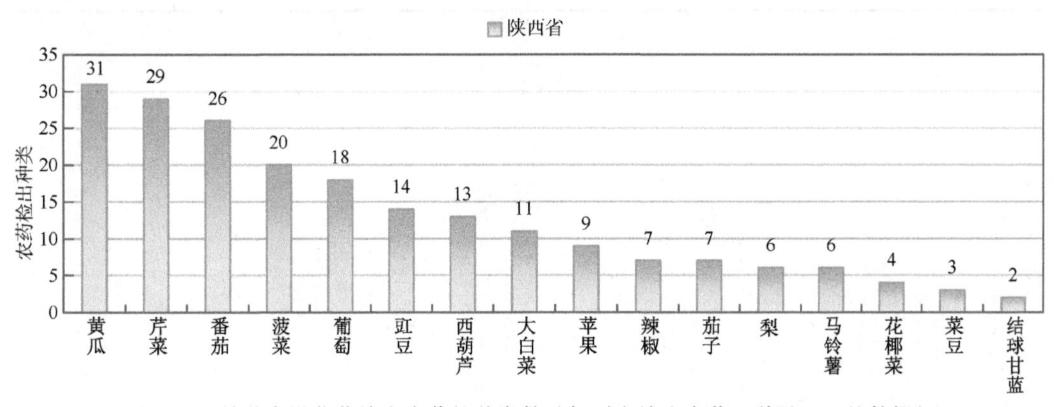

图 11-3　单种水果蔬菜检出农药的种类数（仅列出检出农药 2 种及以上的数据）

11.1.2.3　单例样品农药检出种类与占比

对单例样品检出农药种类和频次进行统计发现，未检出农药的样品占总样品数的 16.4%，检出 1 种农药的样品占总样品数的 22.1%，检出 2～5 种农药的样品占总样品数的 35.2%，检出 6～10 种农药的样品占总样品数的 20.8%，检出大于 10 种农药的样品占总样品数的 5.4%。每例样品中平均检出农药为 3.6 种，数据见表 11-4 及图 11-5。

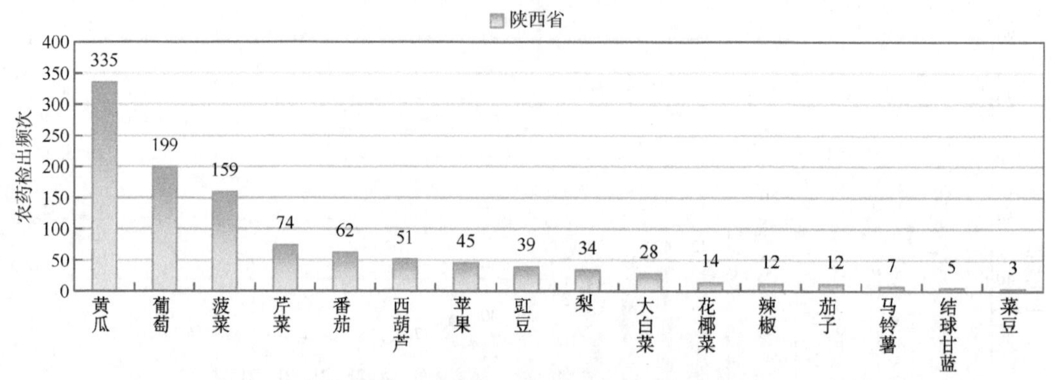

图 11-4　单种水果蔬菜检出农药频次（仅列出检出农药 3 频次及以上的数据）

表 11-4　单例样品检出农药品种及占比

检出农药品种数	样品数量/占比（%）
未检出	49/16.4
1 种	66/22.1
2～5 种	105/35.2
6～10 种	62/20.8
大于 10 种	16/5.4
单例样品平均检出农药品种	3.6 种

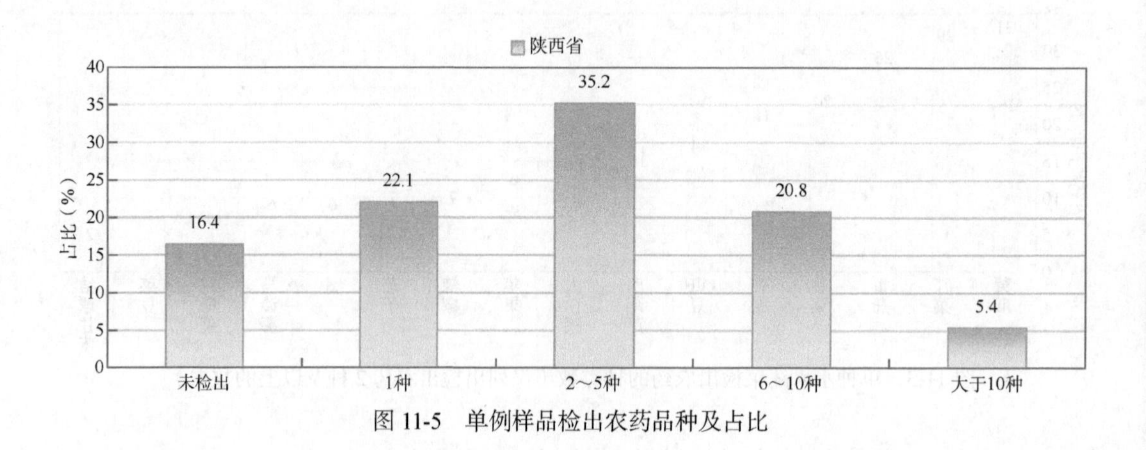

图 11-5　单例样品检出农药品种及占比

11.1.2.4　检出农药类别与占比

所有检出农药按功能分类，包括杀菌剂、杀虫剂、除草剂、杀螨剂、植物生长调节剂、驱避剂和其他共 7 类。其中杀菌剂与杀虫剂为主要检出的农药类别，分别占总数的 52.8%和 20.8%，见表 11-5 及图 11-6。

表 11-5　检出农药所属类别及占比

农药类别	数量/占比（%）
杀菌剂	38/52.8
杀虫剂	15/20.8
除草剂	11/15.3
杀螨剂	3/4.2
植物生长调节剂	3/4.2
驱避剂	1/1.4
其他	1/1.4

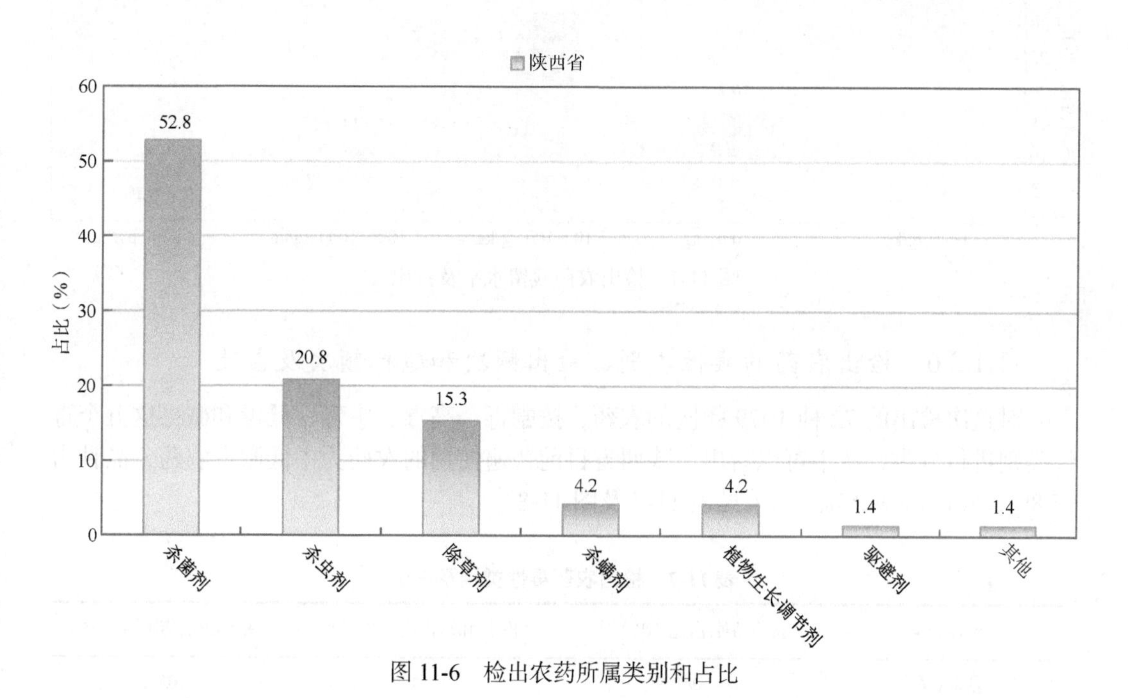

图 11-6　检出农药所属类别和占比

11.1.2.5　检出农药的残留水平

按检出农药残留水平进行统计，残留水平在 1～5 μg/kg（含）的农药占总数的 40.1%，在 5～10 μg/kg（含）的农药占总数的 16.7%，在 10～100 μg/kg（含）的农药占总数的 31.6%，在 100～1000 μg/kg（含）的农药占总数的 11.2%，>1000 μg/kg 的农药占总数的 0.4%。

由此可见，这次检测的 50 批 298 例水果蔬菜样品中农药多数处于较低残留水平。

结果见表 11-6 及图 11-7。

表 11-6 农药残留水平及占比

残留水平（μg/kg）	检出频次/占比（%）
1～5（含）	433/40.1
5～10（含）	180/16.7
10～100（含）	341/31.6
100～1000（含）	121/11.2
>1000	4/0.4

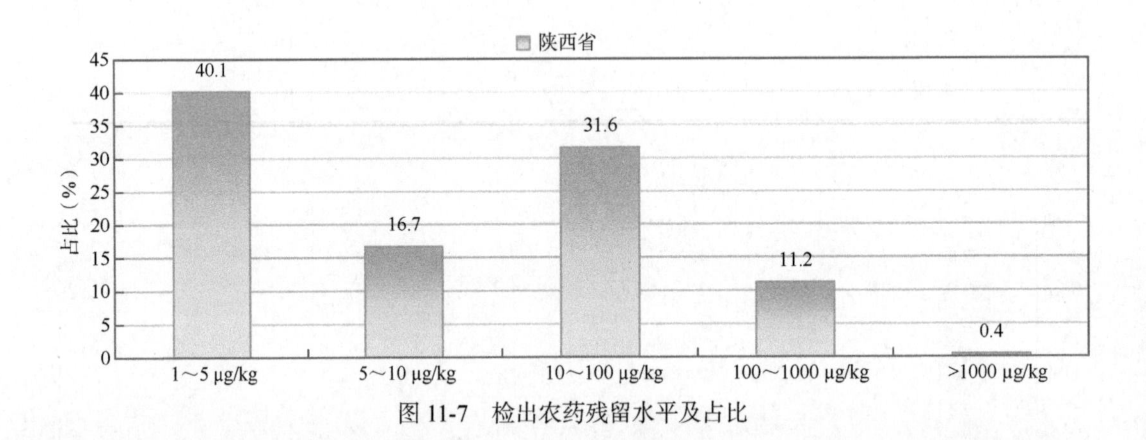

图 11-7 检出农药残留水平及占比

11.1.2.6 检出农药的毒性类别、检出频次和超标频次及占比

对这次检出的 72 种 1079 频次的农药，按剧毒、高毒、中毒、低毒和微毒这五个毒性类别进行分类，从中可以看出，陕西省目前普遍使用的农药为中低微毒农药，品种占 95.8%，频次占 99.5%。结果见表 11-7 及图 11-8。

表 11-7 检出农药毒性类别及占比

毒性分类	农药品种/占比（%）	检出频次/占比（%）	超标频次/超标率（%）
剧毒农药	0/0	0/0.0	0/0.0
高毒农药	3/4.2	5/0.5	3/60.0
中毒农药	28/38.9	507/47.0	0/0.0
低毒农药	21/29.2	298/27.6	0/0.0
微毒农药	20/27.8	269/24.9	1/0.4

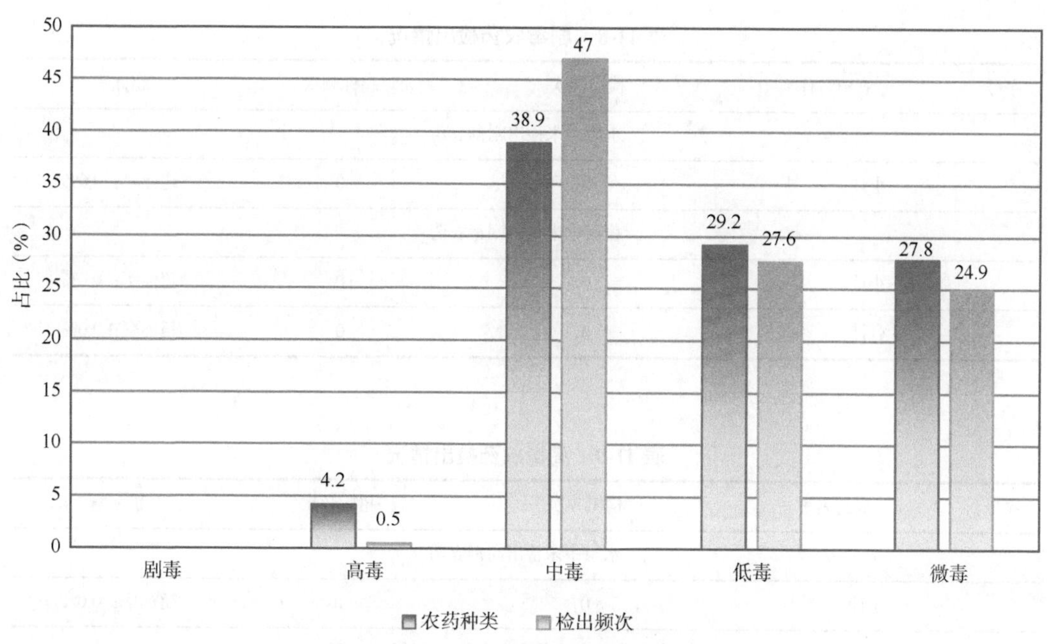

图 11-8　检出农药的毒性分类及占比

11.1.2.7　检出剧毒/高毒类农药的品种和频次

值得特别关注的是，在此次侦测的 298 例样品中有 2 种蔬菜的 5 例样品检出了 3 种 5 频次的剧毒和高毒农药，占样品总量的 1.7%，详见图 11-9、表 11-8 及表 11-9。

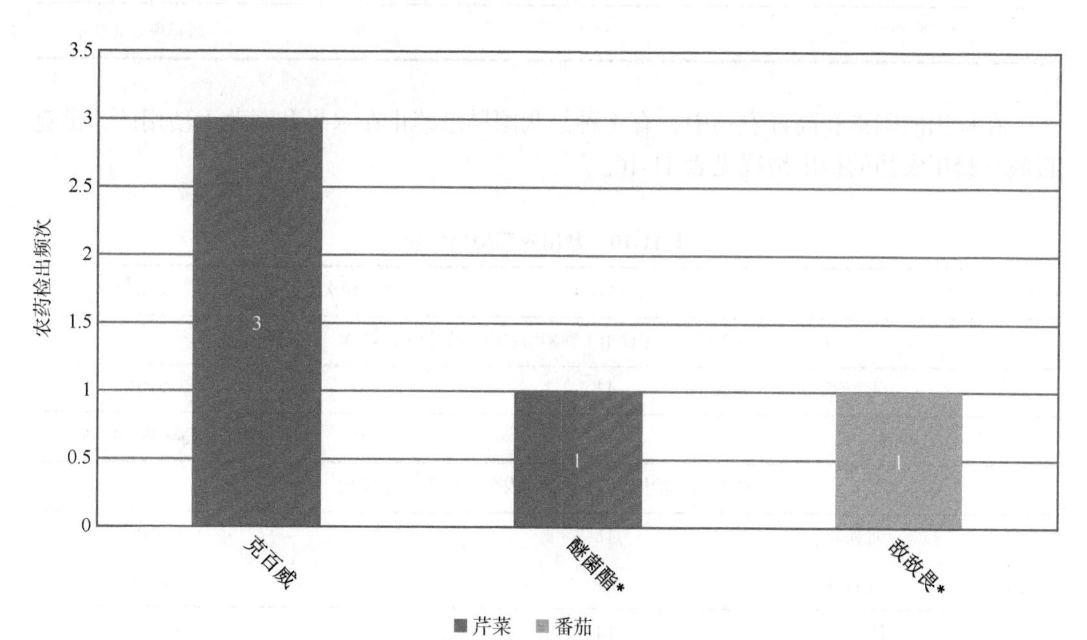

图 11-9　检出剧毒/高毒农药的样品情况

*表示允许在水果和蔬菜上使用的农药

表 11-8　剧毒农药检出情况

序号	农药名称	检出频次	超标频次	超标率
水果中未检出剧毒农药				
	小计	0	0	超标率：0.0%
蔬菜中未检出剧毒农药				
	小计	0	0	超标率：0.0%
	合计	0	0	超标率：0.0%

表 11-9　高毒农药检出情况

序号	农药名称	检出频次	超标频次	超标率
水果中未检出高毒农药				
	小计	0	0	超标率：0.0%
从 2 种蔬菜中检出 3 种高毒农药，共计检出 5 次				
1	克百威	3	3	100.0%
2	敌敌畏	1	0	0.0%
3	醚菌酯	1	0	0.0%
	小计	5	3	超标率：60.0%
	合计	5	3	超标率：60.0%

在检出的剧毒和高毒农药中，有 1 种是我国早已禁止在水果和蔬菜上使用的，是克百威。禁用农药的检出情况见表 11-10。

表 11-10　禁用农药检出情况

序号	农药名称	检出频次	超标频次	超标率
从 3 种水果中检出 1 种禁用农药，共计检出 47 次				
1	毒死蜱	47	0	0.0%
	小计	47	0	超标率：0.0%
从 6 种蔬菜中检出 2 种禁用农药，共计检出 14 次				
1	毒死蜱	11	0	0.0%
2	克百威	3	3	100.0%
	小计	14	3	超标率：21.4%
	合计	61	3	超标率：4.9%

注：超标结果参考 MRL 中国国家标准计算

此次抽检的果蔬样品中，没有检出剧毒农药。

样品中检出剧毒和高毒农药残留水平超过 MRL 中国国家标准的频次为 3 次，其中：芹菜检出克百威超标 3 次。本次检出结果表明，高毒、剧毒农药的使用现象依旧存在。详见表 11-11。

表 11-11　各样本中检出剧毒/高毒农药情况

样品名称	农药名称	检出频次	超标频次	检出浓度（μg/kg）
		水果 0 种		
小计		0	0	超标率：0.0%
		蔬菜 2 种		
番茄	敌敌畏	1	0	1.6
芹菜	克百威▲	3	3	37.5[a]，43.4[a]，38.3[a]
芹菜	醚菌酯	1	0	1.5
小计		5	3	超标率：60.0%
合计		5	3	超标率：60.0%

▲ 表示禁用农药；a 表示超标

11.2　农药残留检出水平与最大残留限量标准对比分析

我国于 2019 年 8 月 15 日正式颁布并于 2020 年 2 月 15 日正式实施食品农药残留限量国家标准《食品中农药最大残留限量》（GB 2763—2019），该标准包括 467 个农药条目，涉及最大残留限量（MRL）标准 7108 项。将 1079 频次检出结果的浓度水平与 7108 项 MRL 中国国家标准进行比对，其中有 711 频次的结果找到了对应的 MRL 标准，占 65.9%，还有 368 频次的侦测数据则无相关 MRL 标准供参考，占 34.1%。

将此次侦测结果与国际上现行 MRL 标准对比发现，在 1079 频次的检出结果中有 1079 频次的结果找到了对应的 MRL 欧盟标准，占 100.0%，其中，1046 频次的结果有明确对应的 MRL 标准，占 96.9%，其余 33 频次按照欧盟一律标准判定，占 3.1%；有 1079 频次的结果找到了对应的 MRL 日本标准，占 100.0%，其中，841 频次的结果有明确对应的 MRL 标准，占 77.9%，其余 238 频次按照日本一律标准判定，占 22.1%；有 616 频次的结果找到了对应的 MRL 中国香港标准，占 57.1%；有 616 频次的结果找到了对应的 MRL 美国标准，占 57.1%；有 579 频次的结果找到了对应的 MRL CAC 标准，占 53.7%（图 11-10 和图 11-11）。

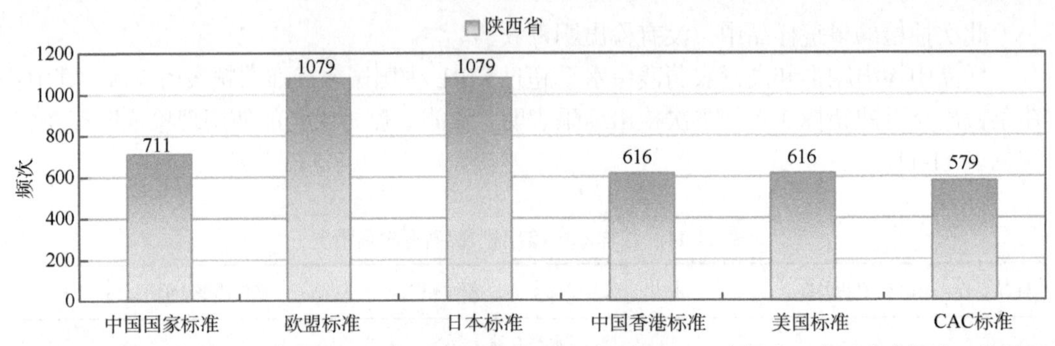

图 11-10　1079 频次检出农药可用 MRL 中国国家标准、欧盟标准、日本标准、中国香港标准、美国标准和 CAC 标准判定衡量的数量

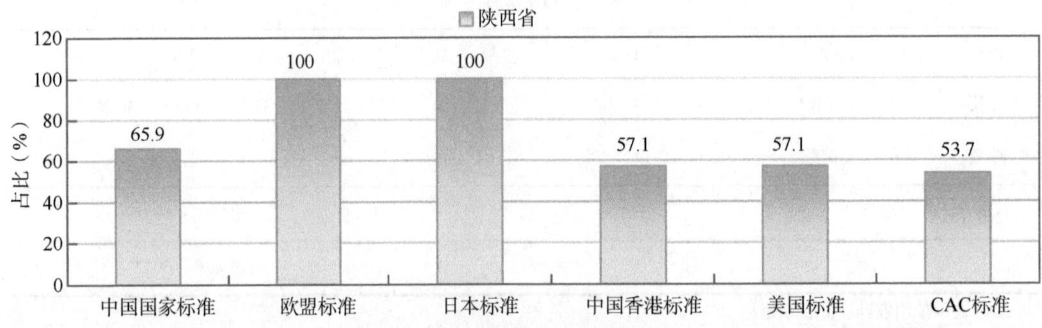

图 11-11　1079 频次检出农药可用 MRL 中国国家标准、欧盟标准、日本标准、中国香港标准、美国标准和 CAC 标准衡量的占比

11.2.1　超标农药样品分析

本次侦测的 298 例样品中，49 例样品未检出任何残留农药，占样品总量的 16.4%，249 例样品检出不同水平、不同种类的残留农药，占样品总量的 83.6%。在此，我们将本次侦测的农残检出情况与 MRL 中国国家标准、欧盟标准、日本标准、中国香港标准、美国标准和 CAC 标准这 6 大国际主流 MRL 标准进行对比分析，样品农残检出与超标情况见图 11-12、表 11-12 和图 11-13。

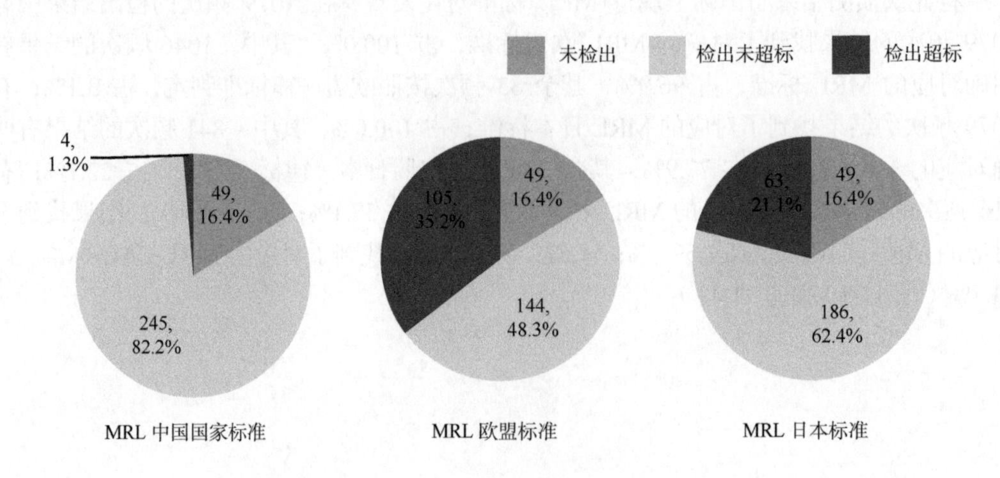

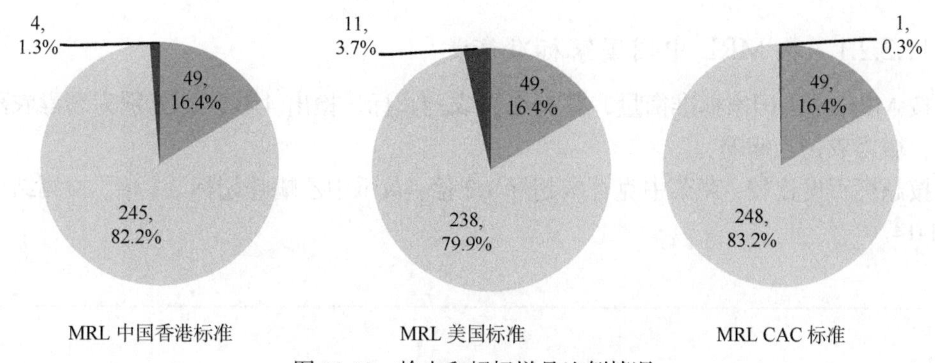

图 11-12　检出和超标样品比例情况

表 11-12　各 MRL 标准下样本农残检出与超标数量及占比

	中国国家标准 数量/占比（%）	欧盟标准 数量/占比（%）	日本标准 数量/占比（%）	中国香港标准 数量/占比（%）	美国标准 数量/占比（%）	CAC 标准 数量/占比（%）
未检出	49/16.4	49/16.4	49/16.4	49/16.4	49/16.4	49/16.4
检出未超标	245/82.2	144/48.3	186/62.4	245/82.2	238/79.9	248/83.2
检出超标	4/1.3	105/35.2	63/21.1	4/1.3	11/3.7	1/0.3

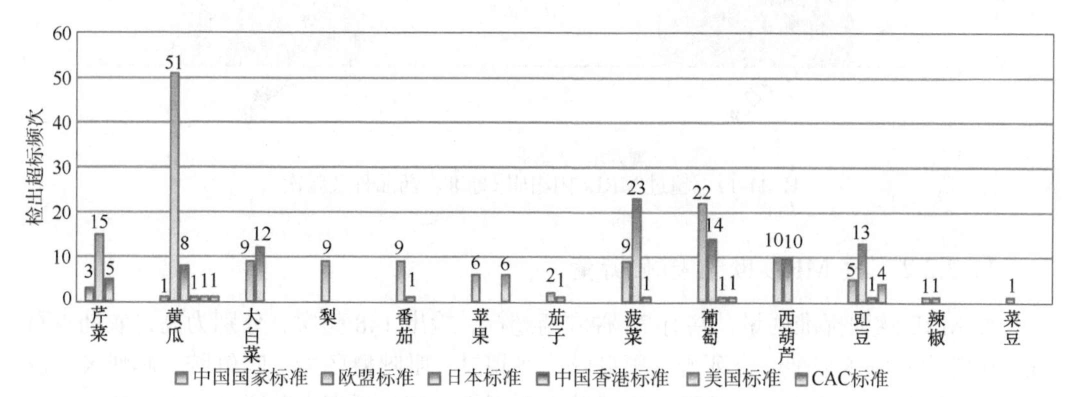

图 11-13　超过 MRL 中国国家标准、欧盟标准、日本标准、中国香港标准、美国标准和 CAC 标准结果在水果蔬菜中的分布

11.2.2　超标农药种类分析

按照 MRL 中国国家标准、欧盟标准、日本标准、中国香港标准、美国标准和 CAC 标准衡量，本次侦测检出的农药超标品种及频次情况见表 11-13。

表 11-13　各 MRL 标准下超标农药品种及频次

	中国国家标准	欧盟标准	日本标准	中国香港标准	美国标准	CAC 标准
超标农药品种	2	31	25	4	5	1
超标农药频次	4	148	89	4	12	1

11.2.2.1　按 MRL 中国国家标准衡量

按 MRL 中国国家标准衡量，共有 2 种农药超标，检出 4 频次，分别为高毒农药克百威，微毒农药乙螨唑。

按超标程度比较，芹菜中克百威超标 1.2 倍，黄瓜中乙螨唑超标 0.1 倍。检测结果见图 11-14。

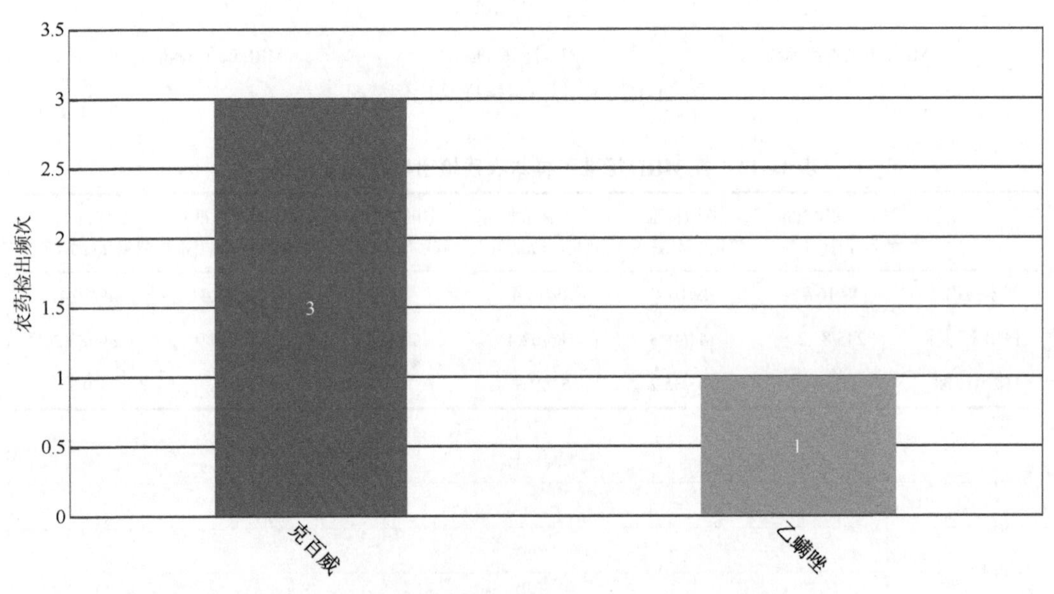

图 11-14　超过 MRL 中国国家标准农药品种及频次

11.2.2.2　按 MRL 欧盟标准衡量

按 MRL 欧盟标准衡量，共有 31 种农药超标，检出 148 频次，分别为高毒农药克百威，中毒农药联苯菊酯、毒死蜱、氟硅唑、噁霜灵、吡唑醚菌酯、咪鲜胺、哒螨灵、戊唑醇、丙环唑、三唑酮、三唑醇、虫螨腈和氯氟氰菊酯，低毒农药联苯、四氢吩胺、己唑醇、炔螨特、8-羟基喹啉、二苯胺、扑草净、甲醚菊酯、1，4-二甲基萘和唑胺菌酯，微毒农药灭菌丹、腐霉利、缬霉威、霜霉威、噻呋酰胺、乙烯菌核利和乙螨唑。

按超标程度比较，茄子中炔螨特超标 341.5 倍，芹菜中丙环唑超标 187.3 倍，葡萄中腐霉利超标 47.5 倍，豇豆中唑胺菌酯超标 21.4 倍，芹菜中克百威超标 20.7 倍。检测结果见图 11-15。

11.2.2.3　按 MRL 日本标准衡量

按 MRL 日本标准衡量，共有 25 种农药超标，检出 89 频次，分别为中毒农药联苯菊酯、吡唑醚菌酯、哒螨灵、苯醚甲环唑、戊唑醇、腈菌唑、三唑醇、虫螨腈和氯氟氰菊酯，低毒农药联苯、四氢吩胺、己唑醇、炔螨特、二苯胺、扑草净、8-羟基喹啉、莠去津、甲醚菊酯、唑胺菌酯和 1，4-二甲基萘，微毒农药灭菌丹、腐霉利、缬霉威、噻呋酰胺和乙氧呋草黄。

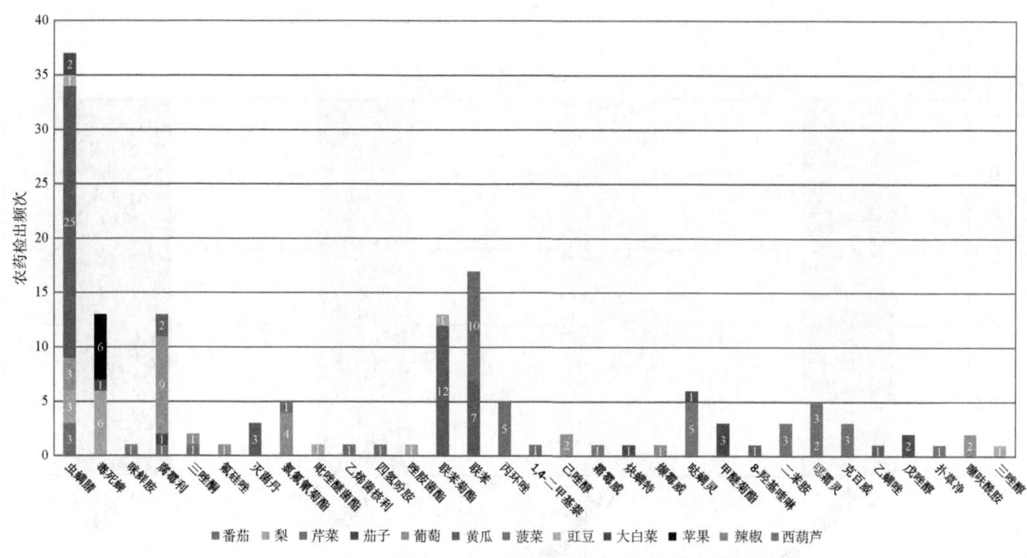

图 11-15　超过 MRL 欧盟标准农药品种及频次

按超标程度比较，茄子中炔螨特超标 341.5 倍，豇豆中吡唑醚菌酯超标 128.1 倍，葡萄中腐霉利超标 47.5 倍，豇豆中唑胺菌酯超标 21.4 倍，豇豆中氯氟氰菊酯超标 16.6 倍。检测结果见图 11-16。

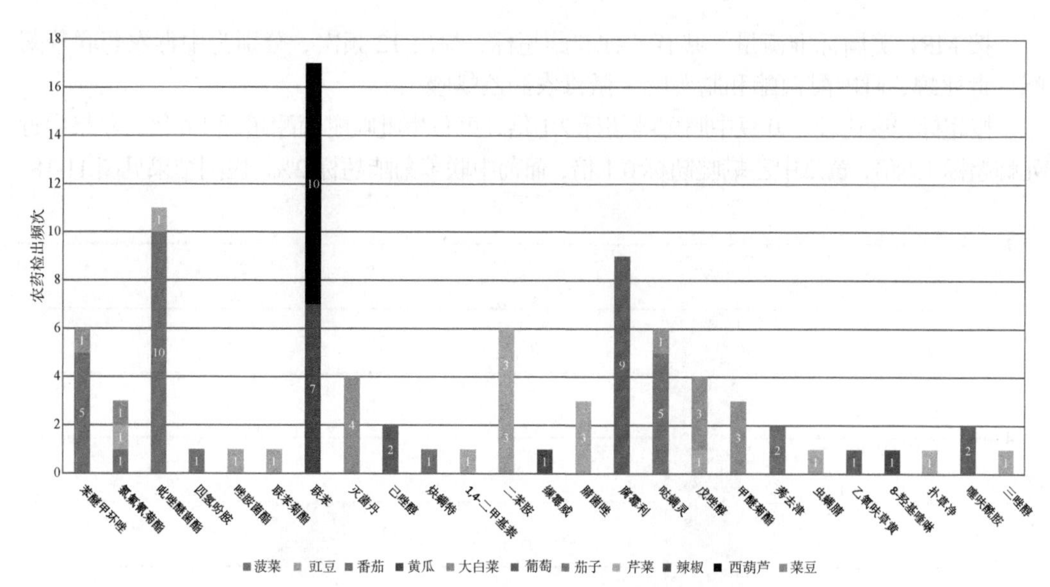

图 11-16　超过 MRL 日本标准农药品种及频次

11.2.2.4　按 MRL 中国香港标准衡量

按 MRL 中国香港标准衡量，共有 4 种农药超标，检出 4 频次，分别为中毒农药联苯菊酯、吡唑醚菌酯和氯氟氰菊酯，微毒农药乙螨唑。

按超标程度比较，豇豆中吡唑醚菌酯超标 63.5 倍，菠菜中氯氟氰菊酯超标 4.1 倍，黄瓜中乙螨唑超标 0.1 倍，葡萄中联苯菊酯超标 2%。检测结果见图 11-17。

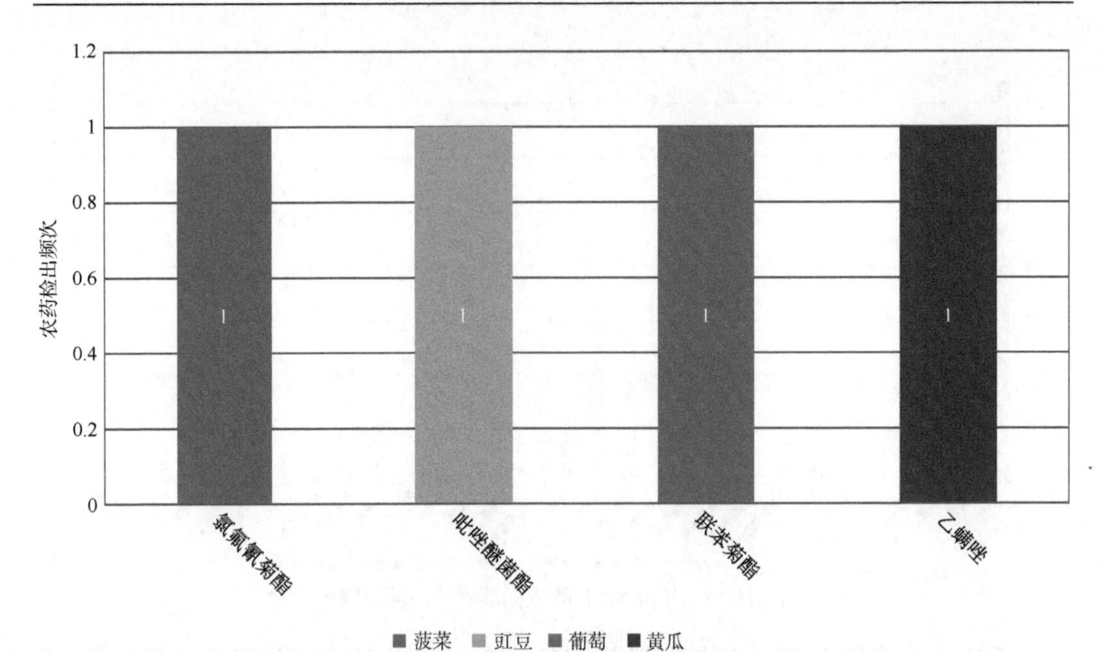

图 11-17 超过 MRL 中国香港标准农药品种及频次

11.2.2.5 按 MRL 美国标准衡量

按 MRL 美国标准衡量，共有 5 种农药超标，检出 12 频次，分别为中毒农药联苯菊酯、毒死蜱、吡唑醚菌酯和腈菌唑，微毒农药乙螨唑。

按超标程度比较，豇豆中腈菌唑超标 2.1 倍，豇豆中吡唑醚菌酯超标 1.6 倍，苹果中毒死蜱超标 1.1 倍，黄瓜中乙螨唑超标 0.1 倍，葡萄中联苯菊酯超标 2%。检测结果见图 11-18。

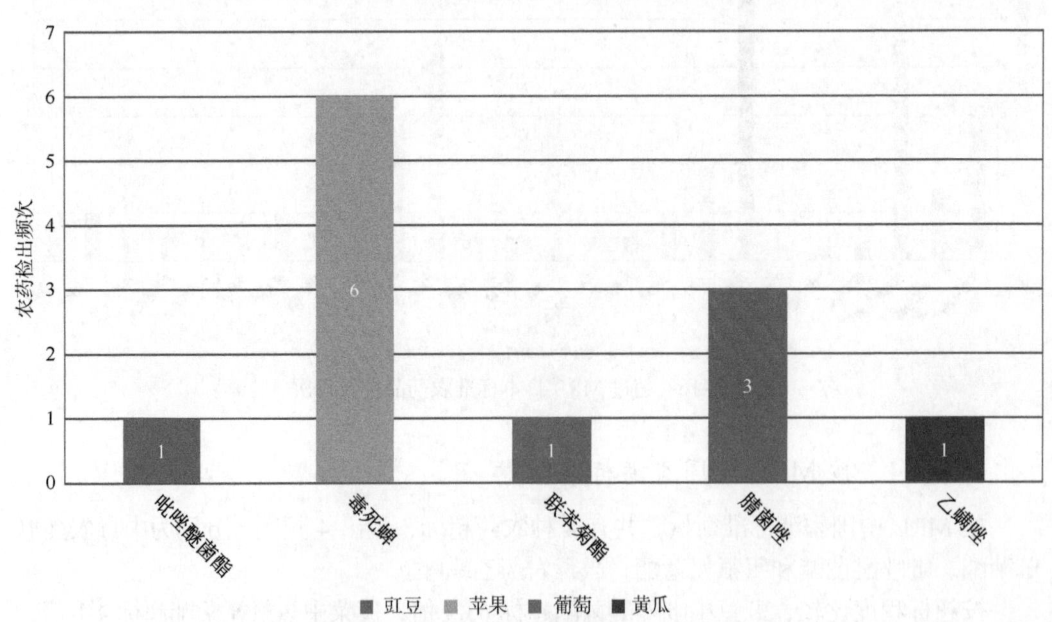

图 11-18 超过 MRL 美国标准农药品种及频次

11.2.2.6　按 MRL CAC 标准衡量

按 MRL CAC 标准衡量，有 1 种农药超标，检出 1 频次，为微毒农药乙螨唑。按超标程度比较，黄瓜中乙螨唑超标 10%。检测结果见图 11-19。

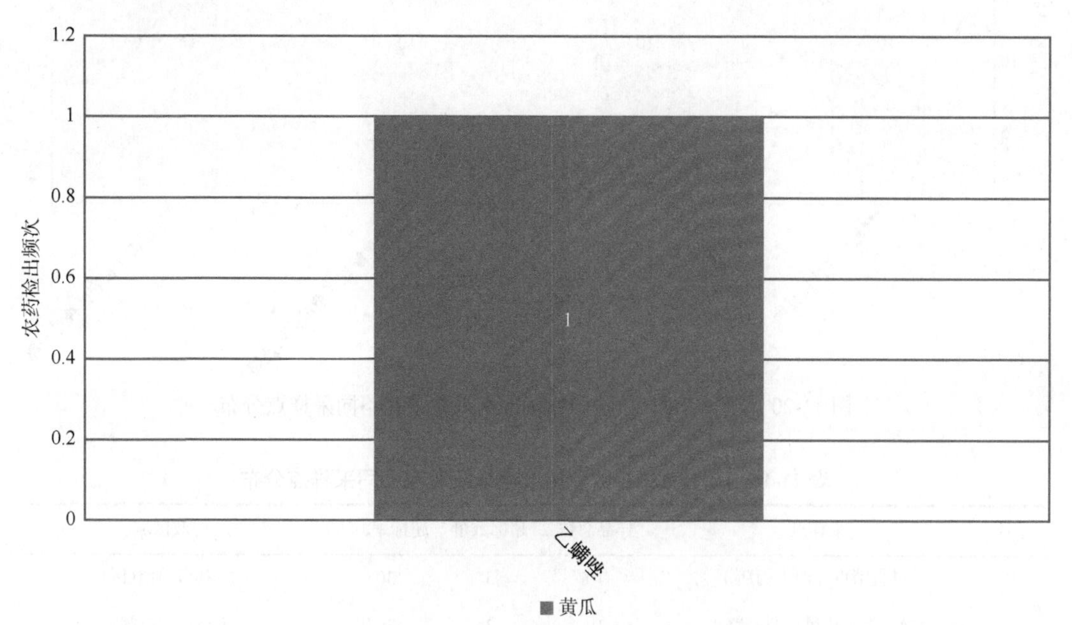

图 11-19　超过 MRL CAC 标准农药品种及频次

11.2.3　50 个采样点超标情况分析

11.2.3.1　按 MRL 中国国家标准衡量

按 MRL 中国国家标准衡量，有 4 个采样点的样品存在不同程度的超标农药检出，其中***超市（长安区神舟一路）的超标率最高，为 20.0%，如表 11-14 和图 11-20 所示。

表 11-14　超过 MRL 中国国家标准水果蔬菜在不同采样点分布

序号	采样点	样品总数	超标数量	超标率（%）	行政区域
1	***超市（扶风县西一路）	10	1	10.0	宝鸡市 扶风县
2	***超市（扶风县南二路）	10	1	10.0	宝鸡市 扶风县
3	***蔬菜配送（渭滨区新建路）	10	1	10.0	宝鸡市 渭滨区
4	***超市（长安区神舟一路）	5	1	20.0	西安市 长安区

11.2.3.2　按 MRL 欧盟标准衡量

按 MRL 欧盟标准衡量，有 49 个采样点的样品存在不同程度的超标农药检出，其中***蔬果（秦都区龙台观路）的超标率最高，为 80.0%，如表 11-15 和图 11-21 所示。

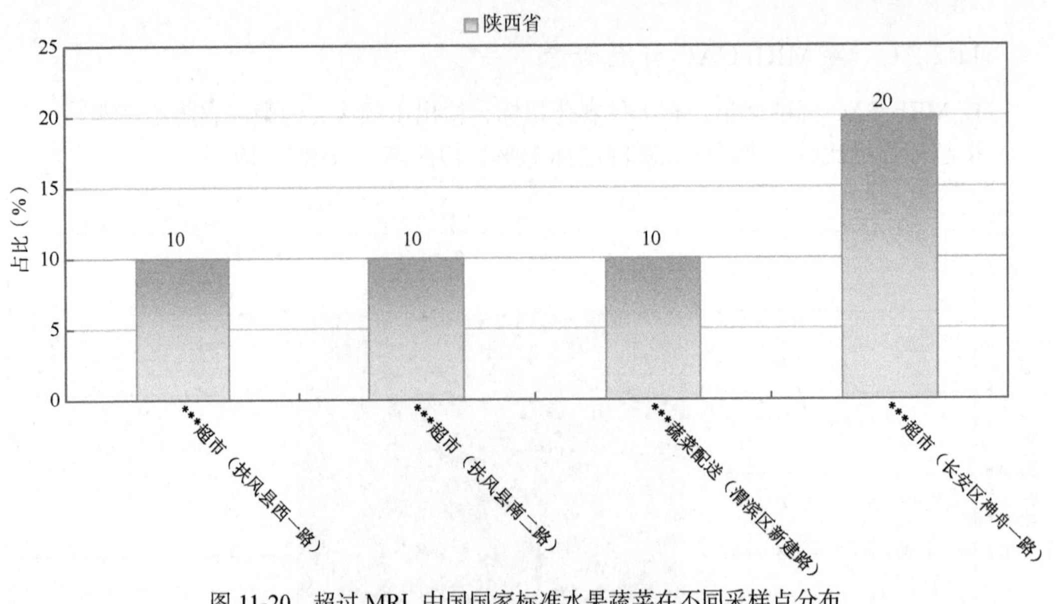

图 11-20　超过 MRL 中国国家标准水果蔬菜在不同采样点分布

表 11-15　超过 MRL 欧盟标准水果蔬菜在不同采样点分布

序号	采样点	样品总数	超标数量	超标率（%）	行政区域
1	***直销点（西大街店）	10	3	30.0	宝鸡市 陈仓区
2	***超市（扶风县西一路）	10	3	30.0	宝鸡市 扶风县
3	***超市（扶风县南大街）	10	2	20.0	宝鸡市 扶风县
4	***超市（扶风县南二路）	10	4	40.0	宝鸡市 扶风县
5	***超市（金台区轩苑路）	10	2	20.0	宝鸡市 金台区
6	***超市（金台区红卫路）	10	4	40.0	宝鸡市 金台区
7	***蔬菜配送（渭滨区新建路）	10	4	40.0	宝鸡市 渭滨区
8	***超市（太白路店）	10	4	40.0	宝鸡市 渭滨区
9	***生鲜中心（广元路店）	9	3	33.3	宝鸡市 渭滨区
10	***果蔬店（渭滨区火炬路）	9	5	55.6	宝鸡市 渭滨区
11	***驿站（长安区凤西韦巷）	5	2	40.0	西安市 长安区
12	***果蔬店（长安区航天大道）	5	1	20.0	西安市 长安区
13	***果蔬店（长安区航天北路）	5	1	20.0	西安市 长安区
14	***果蔬店（雁塔区永松路）	5	2	40.0	西安市 雁塔区
15	***果蔬店（雁塔区太白南路）	5	2	40.0	西安市 雁塔区
16	***蔬店（雁塔区光华路）	5	1	20.0	西安市 雁塔区
17	***市场	5	1	20.0	西安市 雁塔区
18	***果蔬店（雁塔区青松路）	5	1	20.0	西安市 雁塔区

续表

序号	采样点	样品总数	超标数量	超标率（%）	行政区域
19	***果蔬店（雁塔区青龙路）	5	3	60.0	西安市 雁塔区
20	***果蔬（渭城区渭民生路）	5	1	20.0	咸阳市 渭城区
21	***果蔬城（渭城区新兴南路）	5	1	20.0	咸阳市 渭城区
22	***果蔬（渭城区中山街）	5	2	40.0	咸阳市 渭城区
23	***果蔬城（渭城区渭乐育南路）	5	1	20.0	咸阳市 渭城区
24	***便民供应（秦都区劳动路）	5	3	60.0	咸阳市 秦都区
25	***果蔬（秦都区利民巷）	5	2	40.0	咸阳市 秦都区
26	***果蔬（秦都区安谷路）	5	3	60.0	咸阳市 秦都区
27	***果蔬（渭城区文汇西路）	5	1	20.0	咸阳市 渭城区
28	***便民店（秦都区渭阳西路）	5	2	40.0	咸阳市 秦都区
29	***果蔬（渭城区新兴北路）	5	2	40.0	咸阳市 渭城区
30	***果蔬（秦都区联盟二路）	5	3	60.0	咸阳市 秦都区
31	***超市（秦都区丰巴大道）	5	2	40.0	咸阳市 秦都区
32	***果蔬（秦都区思源南路）	5	3	60.0	咸阳市 秦都区
33	***蔬果（秦都区龙台观路）	5	4	80.0	咸阳市 秦都区
34	***超市（秦都区宝泉路）	5	3	60.0	咸阳市 秦都区
35	***果蔬城	5	1	20.0	咸阳市 秦都区
36	***果蔬（渭城区民生路）	5	2	40.0	咸阳市 渭城区
37	***果蔬（秦都区世纪西路）	5	2	40.0	咸阳市 秦都区
38	***果蔬店（渭城区东风路）	5	1	20.0	咸阳市 渭城区
39	***便民店（长安区凤栖东路）	5	2	40.0	西安市 长安区
40	***蔬菜（雁塔区红星街）	5	2	40.0	西安市 雁塔区
41	***超市（长安区神舟一路）	5	2	40.0	西安市 长安区
42	***超市（长安区文化街）	5	2	40.0	西安市 长安区
43	***便利店（长安区南长安街）	5	1	20.0	西安市 长安区
44	***供应点（长安区航拓路）	5	1	20.0	西安市 长安区
45	***果蔬（长安区飞天路）	5	1	20.0	西安市 长安区
46	***便利店（雁塔区朱雀大街）	5	1	20.0	西安市 雁塔区
47	***果蔬（雁塔区红小巷）	5	3	60.0	西安市 雁塔区
48	***超市（长安区航天西路）	5	2	40.0	西安市 长安区
49	***蔬菜（雁塔区高新六路）	5	1	20.0	西安市 雁塔区

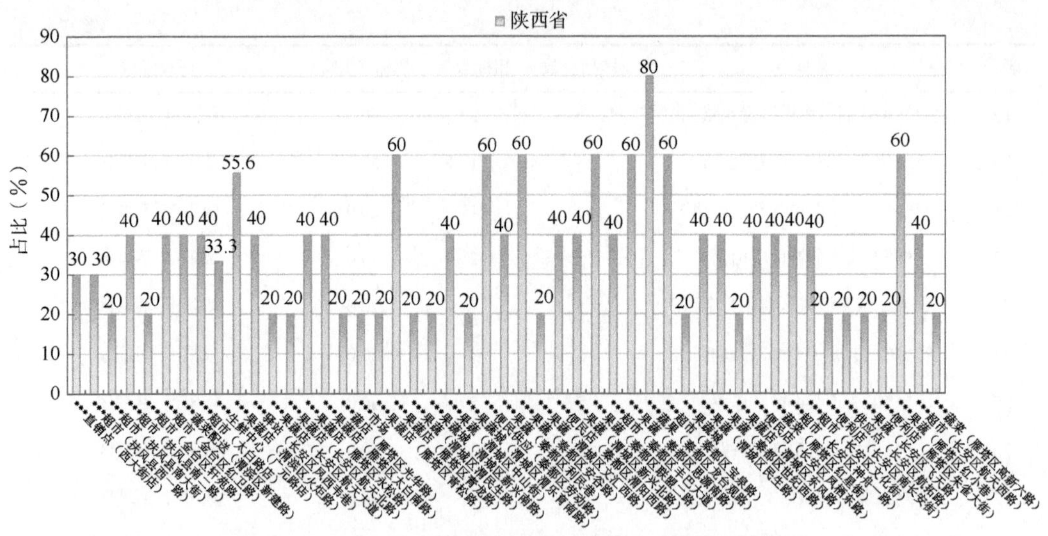

图 11-21　超过 MRL 欧盟标准水果蔬菜在不同采样点分布

11.2.3.3　按 MRL 日本标准衡量

按 MRL 日本标准衡量，有 34 个采样点的样品存在不同程度的超标农药检出，其中***超市（扶风县西一路）、***超市（扶风县南二路）、***超市（金台区红卫路）、***蔬菜配送（渭滨区新建路）、***果蔬店（雁塔区永松路）、***果蔬店（雁塔区太白南路）、***果蔬店（雁塔区青龙路）、***果蔬（渭城区中山街）、***果蔬（渭城区新兴北路）、***果蔬（秦都区联盟二路）、***超市（秦都区宝泉路）和***果蔬（雁塔区红小巷）的超标率最高，为 40.0%，如表 11-16 和图 11-22 所示。

表 11-16　超过 MRL 日本标准水果蔬菜在不同采样点分布

序号	采样点	样品总数	超标数量	超标率（%）	行政区域
1	***直销点（西大街店）	10	3	30.0	宝鸡市 陈仓区
2	***超市（扶风县西一路）	10	4	40.0	宝鸡市 扶风县
3	***超市（扶风县南大街）	10	2	20.0	宝鸡市 扶风县
4	***超市（扶风县南二路）	10	4	40.0	宝鸡市 扶风县
5	***超市（金台区轩苑路）	10	3	30.0	宝鸡市 金台区
6	***超市（金台区红卫路）	10	4	40.0	宝鸡市 金台区
7	***蔬菜配送（渭滨区新建路）	10	4	40.0	宝鸡市 渭滨区
8	***超市（太白路店）	10	2	20.0	宝鸡市 渭滨区
9	***生鲜中心（广元路店）	9	2	22.2	宝鸡市 渭滨区
10	***果蔬店（渭滨区火炬路）	9	3	33.3	宝鸡市 渭滨区
11	***果蔬店（雁塔区永松路）	5	2	40.0	西安市 雁塔区
12	***果蔬店（雁塔区太白南路）	5	2	40.0	西安市 雁塔区
13	***蔬店（雁塔区光华路）	5	1	20.0	西安市 雁塔区
14	***市场	5	1	20.0	西安市 雁塔区

续表

序号	采样点	样品总数	超标数量	超标率（%）	行政区域
15	***果蔬店（雁塔区青龙路）	5	2	40.0	西安市 雁塔区
16	***果蔬（渭城区中山街）	5	2	40.0	咸阳市 渭城区
17	***果蔬城（渭城区渭乐育南路）	5	1	20.0	咸阳市 渭城区
18	***便民供应（秦都区劳动路）	5	1	20.0	咸阳市 秦都区
19	***果蔬（秦都区利民巷）	5	1	20.0	咸阳市 秦都区
20	***果蔬（秦都区安谷路）	5	1	20.0	咸阳市 秦都区
21	***果蔬（渭城区文汇西路）	5	1	20.0	咸阳市 渭城区
22	***便民店（秦都区渭阳西路）	5	1	20.0	咸阳市 秦都区
23	***批零店（渭城区朝阳一路）	5	1	20.0	咸阳市 渭城区
24	***果蔬（渭城区新兴北路）	5	2	40.0	咸阳市 渭城区
25	***果蔬（秦都区联盟二路）	5	2	40.0	咸阳市 秦都区
26	***果蔬（秦都区思源南路）	5	1	20.0	咸阳市 秦都区
27	***蔬果（秦都区龙台观路）	5	1	20.0	咸阳市 秦都区
28	***超市（秦都区宝泉路）	5	2	40.0	咸阳市 秦都区
29	***果蔬（渭城区民生路）	5	1	20.0	咸阳市 渭城区
30	***果蔬（秦都区世纪西路）	5	1	20.0	咸阳市 秦都区
31	***果蔬店（渭城区东风路）	5	1	20.0	咸阳市 渭城区
32	***蔬菜（雁塔区红星街）	5	1	20.0	西安市 雁塔区
33	***果蔬（雁塔区红小巷）	5	2	40.0	西安市 雁塔区
34	***蔬菜（雁塔区高新六路）	5	1	20.0	西安市 雁塔区

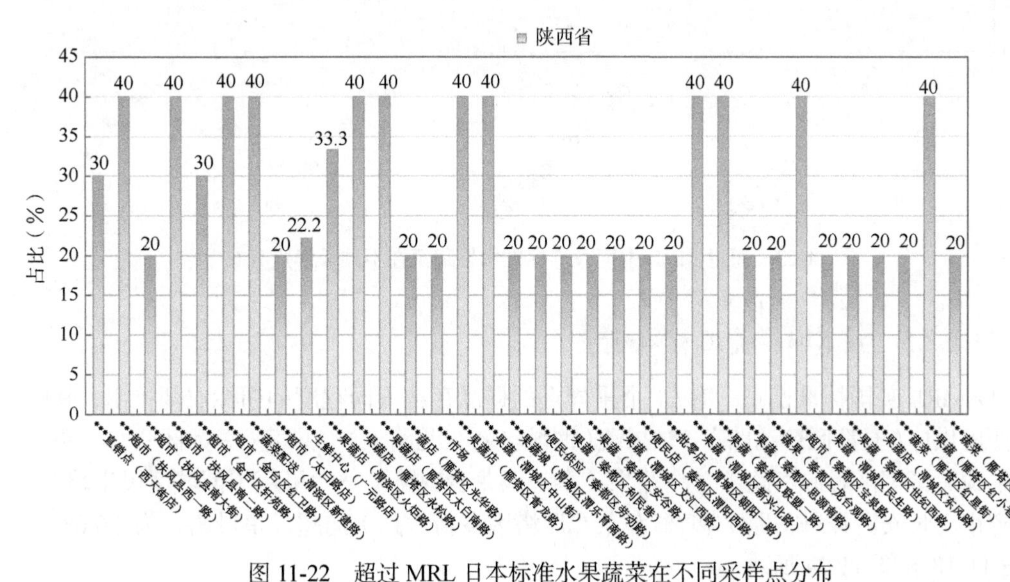

图 11-22　超过 MRL 日本标准水果蔬菜在不同采样点分布

11.2.3.4　按 MRL 中国香港标准衡量

按 MRL 中国香港标准衡量，有 4 个采样点的样品存在不同程度的超标农药检出，其中***果蔬（秦都区世纪西路）、***超市（长安区神舟一路）和***蔬菜（雁塔区高新六路）的超标率最高，为 20.0%，如表 11-17 和图 11-23 所示。

表 11-17　超过 MRL 中国香港标准水果蔬菜在不同采样点分布

序号	采样点	样品总数	超标数量	超标率（%）	行政区域
1	***蔬菜配送（渭滨区新建路）	10	1	10.0	宝鸡市 渭滨区
2	***果蔬（秦都区世纪西路）	5	1	20.0	咸阳市 秦都区
3	***超市（长安区神舟一路）	5	1	20.0	西安市 长安区
4	***蔬菜（雁塔区高新六路）	5	1	20.0	西安市 雁塔区

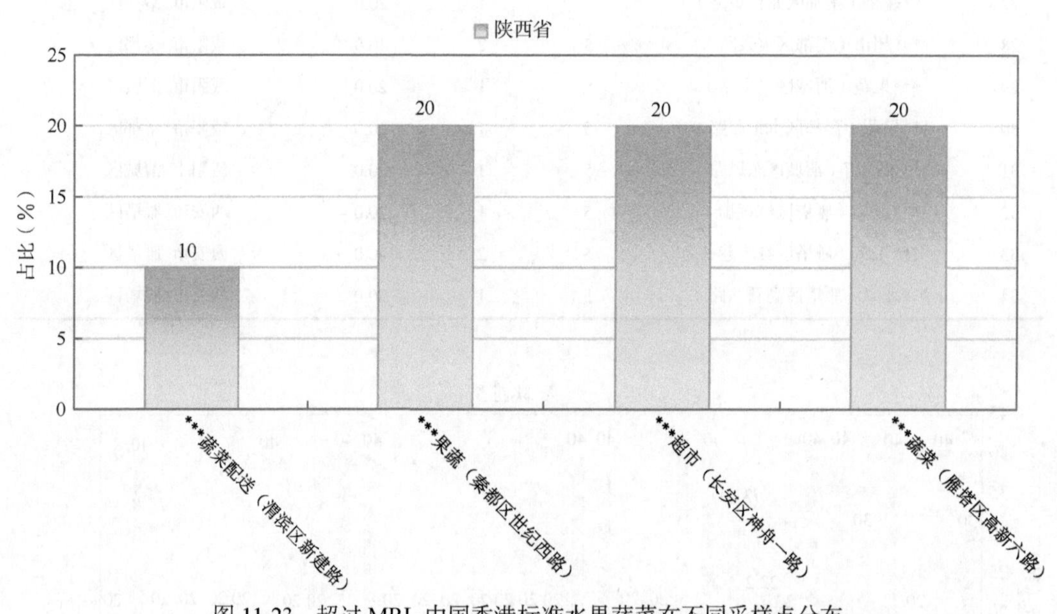

图 11-23　超过 MRL 中国香港标准水果蔬菜在不同采样点分布

11.2.3.5　按 MRL 美国标准衡量

按 MRL 美国标准衡量，有 11 个采样点的样品存在不同程度的超标农药检出，其中***便民供应（秦都区劳动路）、***果蔬（渭城区新兴北路）、***果蔬（秦都区联盟二路）、***果蔬（秦都区思源南路）、***蔬果（秦都区龙台观路）、***果蔬（渭城区民生路）、***超市（长安区神舟一路）和***蔬菜（雁塔区高新六路）的超标率最高，为 20.0%，如表 11-18 和图 11-24 所示。

表 11-18　超过 MRL 美国标准水果蔬菜在不同采样点分布

序号	采样点	样品总数	超标数量	超标率（%）	行政区域
1	***超市（金台区轩苑路）	10	1	10.0	宝鸡市 金台区
2	***蔬菜配送（渭滨区新建路）	10	1	10.0	宝鸡市 渭滨区
3	***果蔬店（渭滨区火炬路）	9	1	11.1	宝鸡市 渭滨区
4	***便民供应（秦都区劳动路）	5	1	20.0	咸阳市 秦都区
5	***果蔬（渭城区新兴北路）	5	1	20.0	咸阳市 渭城区
6	***果蔬（秦都区联盟二路）	5	1	20.0	咸阳市 秦都区
7	***果蔬（秦都区思源南路）	5	1	20.0	咸阳市 秦都区
8	***蔬果（秦都区龙台观路）	5	1	20.0	咸阳市 秦都区
9	***果蔬（渭城区民生路）	5	1	20.0	咸阳市 渭城区
10	***超市（长安区神舟一路）	5	1	20.0	西安市 长安区
11	***蔬菜（雁塔区高新六路）	5	1	20.0	西安市 雁塔区

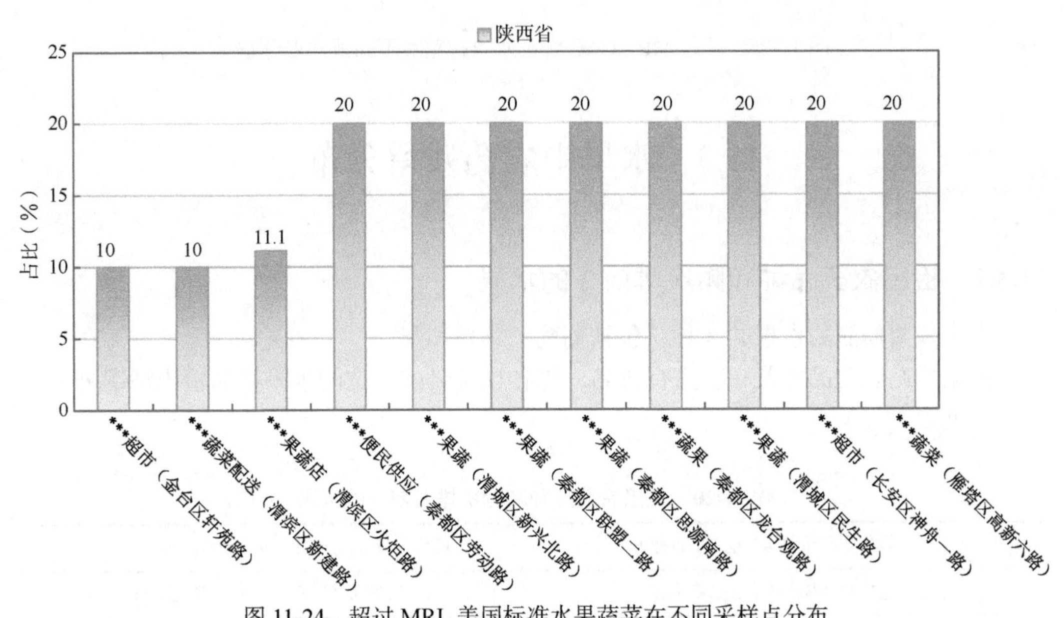

图 11-24　超过 MRL 美国标准水果蔬菜在不同采样点分布

11.2.3.6　按 MRL CAC 标准衡量

按 MRL CAC 标准衡量，有 1 个采样点的样品存在不同程度的超标农药检出，超标率为 20.0%，如表 11-19 和图 11-25 所示。

表 11-19　超过 MRL CAC 标准水果蔬菜在不同采样点分布

序号	采样点	样品总数	超标数量	超标率（%）	行政区域
1	***超市（长安区神舟一路）	5	1	20.0	西安市 长安区

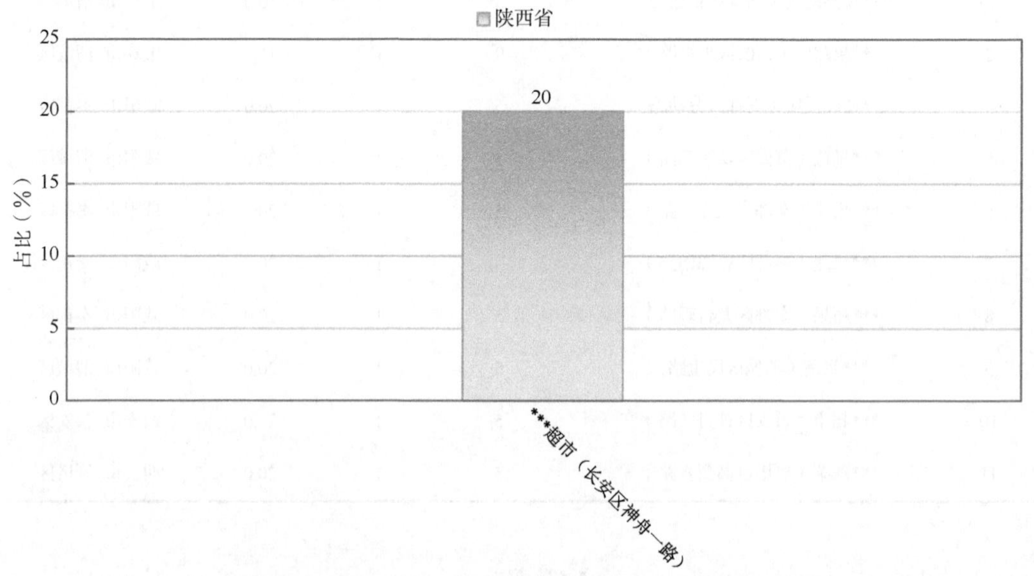

图 11-25　超过 MRL CAC 标准水果蔬菜在不同采样点分布

11.3　水果中农药残留分布

11.3.1　检出农药品种和频次排前 3 的水果

本次残留侦测的水果共 3 种，包括葡萄、苹果和梨。

根据检出农药品种及频次进行排名，将各项排名前 3 位的水果样品检出情况列表说明，详见表 11-20。

表 11-20　检出农药品种和频次排名前 3 的水果

检出农药品种排名前 3（品种）	①葡萄（18），②苹果（9），③梨（6）
检出农药频次排名前 3（频次）	①葡萄（199），②苹果（45），③梨（34）
检出禁用、高毒及剧毒农药品种排名前 3（品种）	①梨（1），②苹果（1），③葡萄（1）
检出禁用、高毒及剧毒农药频次排名前 3（频次）	①苹果（24），②梨（20），③葡萄（3）

11.3.2　超标农药品种和频次排前 3 的水果

鉴于 MRL 欧盟标准和日本标准制定比较全面且覆盖率较高，我们参照 MRL 中国国家标准、欧盟标准和日本标准衡量水果样品中农残检出情况，将超标农药品种及频次排名前 3 的水果列表说明，详见表 11-21。

表 11-21　超标农药品种和频次排名前 3 的水果

超标农药品种排名前 3（农药品种数）	MRL 中国国家标准	—
	MRL 欧盟标准	①葡萄（7），②梨（2），③苹果（1）
	MRL 日本标准	①葡萄（4）
超标农药频次排名前 3（农药频次数）	MRL 中国国家标准	—
	MRL 欧盟标准	①葡萄（22），②梨（9），③苹果（6）
	MRL 日本标准	①葡萄（14）

通过对各品种水果样本总数及检出率进行综合分析发现，葡萄、梨和苹果的残留污染最为严重，在此，我们参照 MRL 中国国家标准、欧盟标准和日本标准对这 3 种水果的农残检出情况进行进一步分析。

11.3.3　农药残留检出率较高的水果样品分析

11.3.3.1　葡萄

这次共检测 40 例葡萄样品，38 例样品中检出了农药残留，检出率为 95.0%，检出农药共计 18 种。其中嘧霉胺、烯酰吗啉、联苯菊酯、苯醚甲环唑和甲霜灵检出频次较高，分别检出了 29、29、22、18 和 14 次。葡萄中农药检出品种和频次见图 11-26，超标农药见图 11-27 和表 11-22。

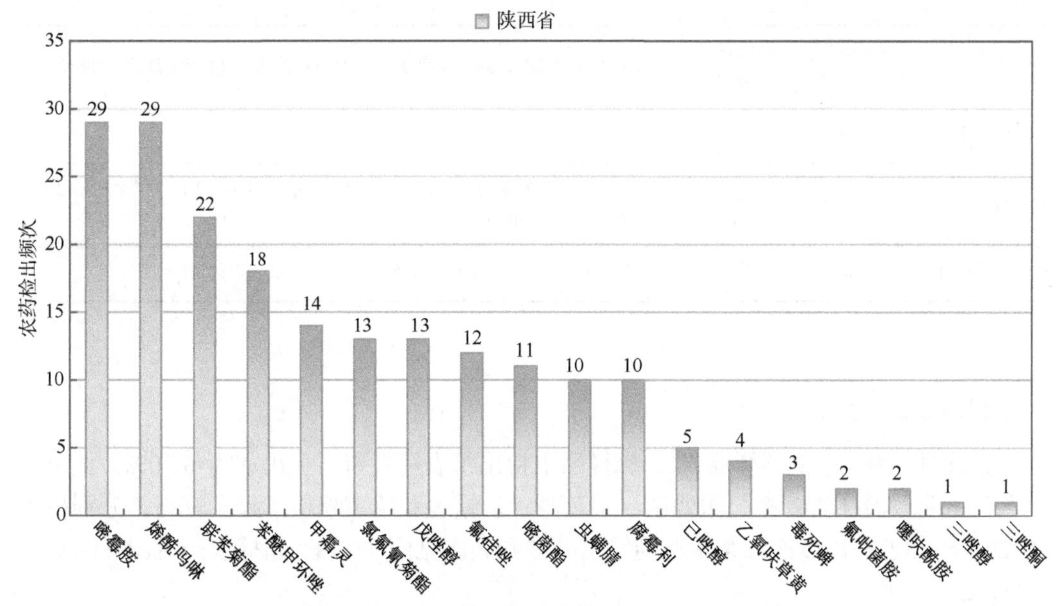

图 11-26　葡萄样品检出农药品种和频次分析

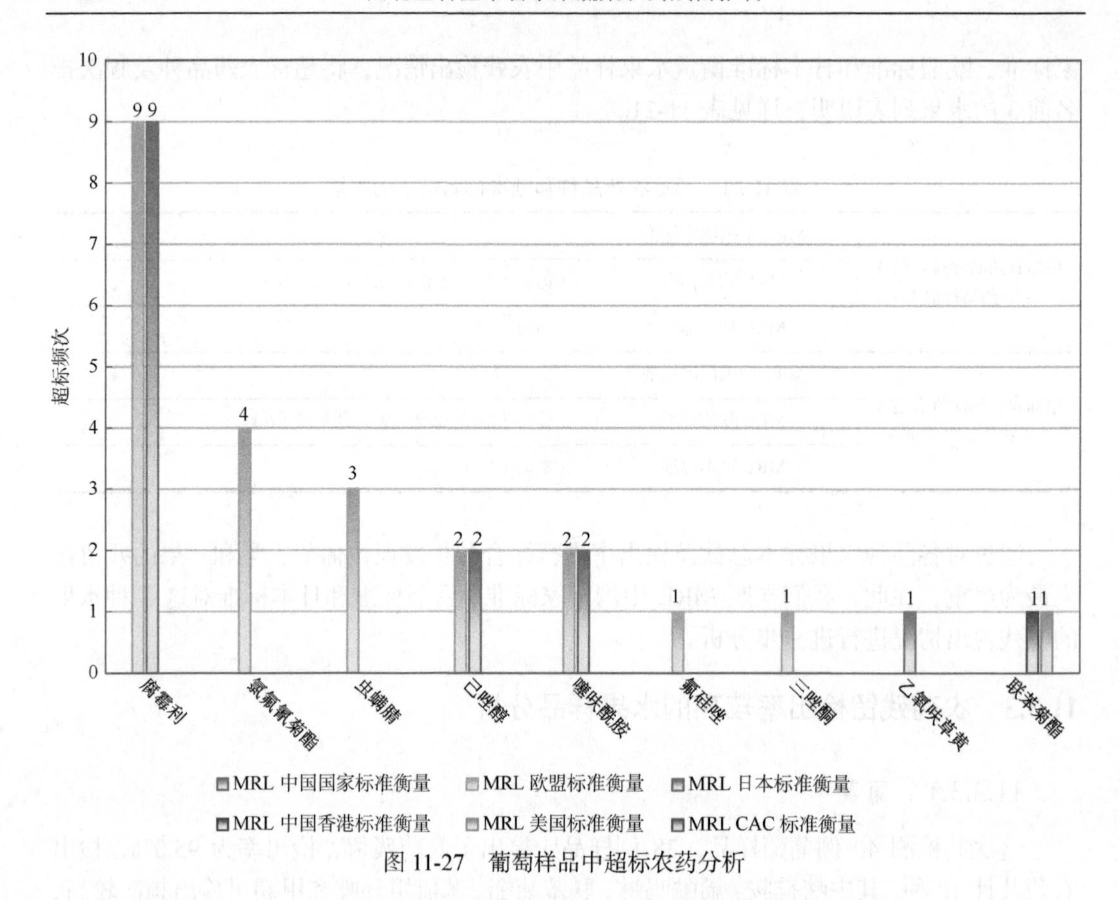

图 11-27　葡萄样品中超标农药分析

表 11-22　葡萄中农药残留超标情况明细表

样品总数			检出农药样品数	样品检出率（%）	检出农药品种总数
40			38	95	18
	超标农药品种	超标农药频次	按照 MRL 中国国家标准、欧盟标准和日本标准衡量超标农药名称及频次		
中国国家标准	0	0	—		
欧盟标准	7	22	腐霉利（9），氯氟氰菊酯（4），虫螨腈（3），己唑醇（2），噻呋酰胺（2），氟硅唑（1），三唑酮（1）		
日本标准	4	14	腐霉利（9），己唑醇（2），噻呋酰胺（2），乙氧呋草黄（1）		

11.3.3.2　梨

这次共检测 40 例梨样品，26 例样品中检出了农药残留，检出率为 65.0%，检出农药共计 6 种。其中毒死蜱、虫螨腈、茉莉酮、乙螨唑和腈菌唑检出频次较高，分别检出了 20、5、3、3 和 2 次。梨中农药检出品种和频次见图 11-28，超标农药见图 11-29 和表 11-23。

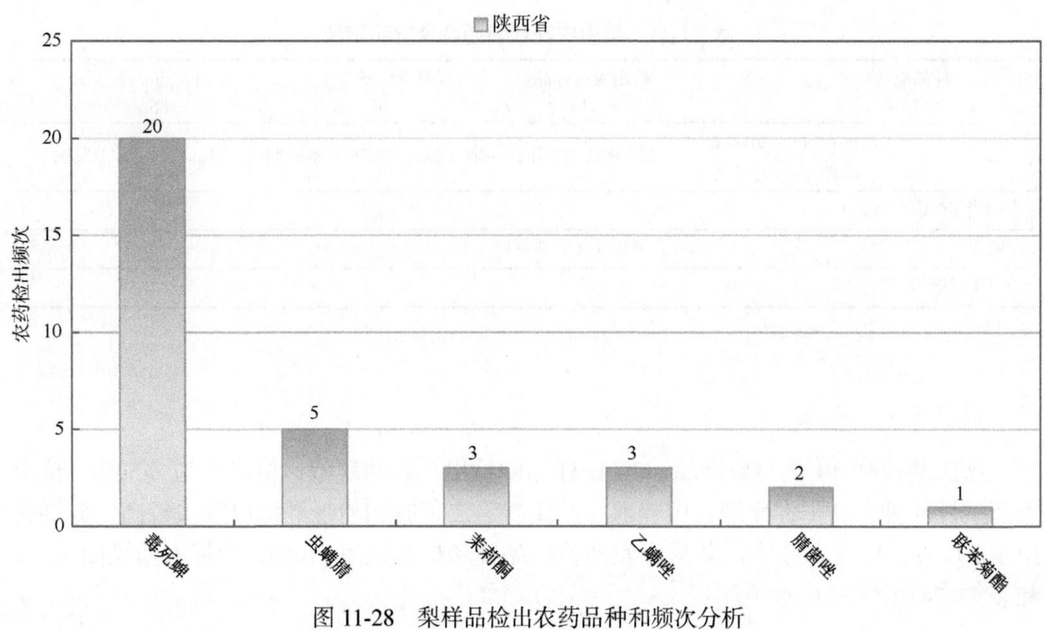

图 11-28 梨样品检出农药品种和频次分析

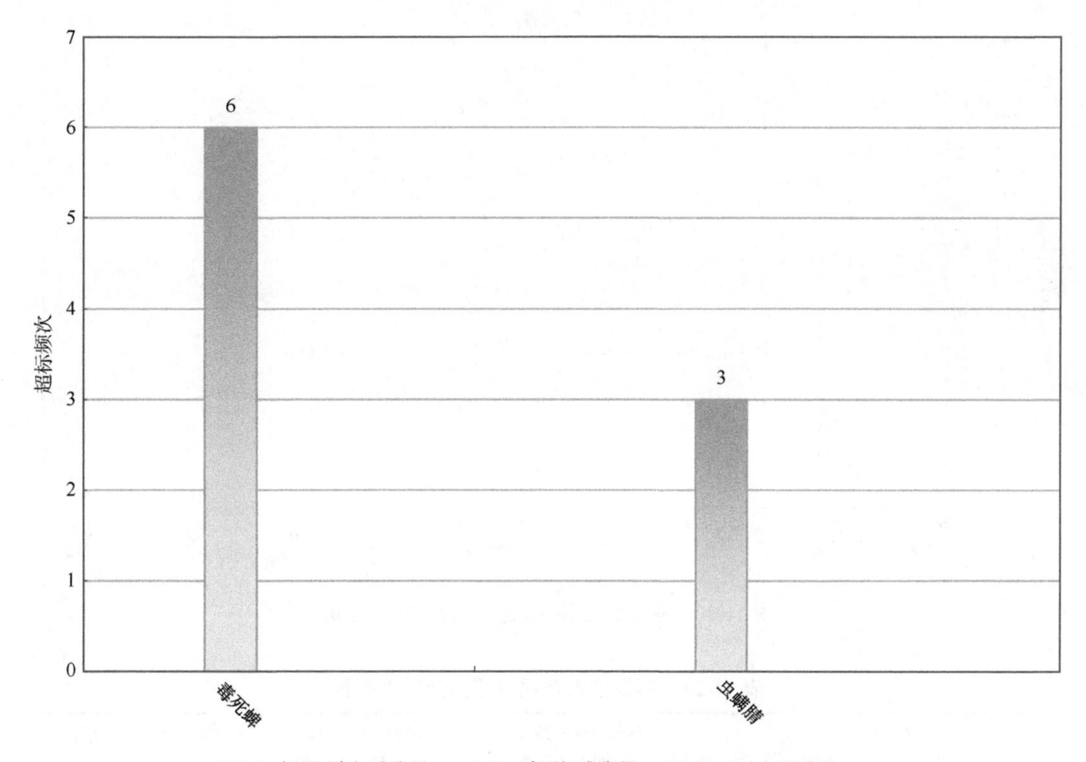

图 11-29 梨样品中超标农药分析

表 11-23　梨中农药残留超标情况明细表

样品总数			检出农药样品数	样品检出率（%）	检出农药品种总数
40			26	65	6
	超标农药品种	超标农药频次	按照 MRL 中国国家标准、欧盟标准和日本标准衡量超标农药名称及频次		
中国国家标准	0	0	—		
欧盟标准	2	9	毒死蜱（6），虫螨腈（3）		
日本标准	0	0	—		

11.3.3.3　苹果

这次共检测 40 例苹果样品，24 例样品中检出了农药残留，检出率为 60.0%，检出农药共计 9 种。其中毒死蜱、戊唑醇、腈菌唑、二苯胺和粉唑醇检出频次较高，分别检出了 24、7、4、3 和 3 次。苹果中农药检出品种和频次见图 11-30，超标农药见图 11-31 和表 11-24。

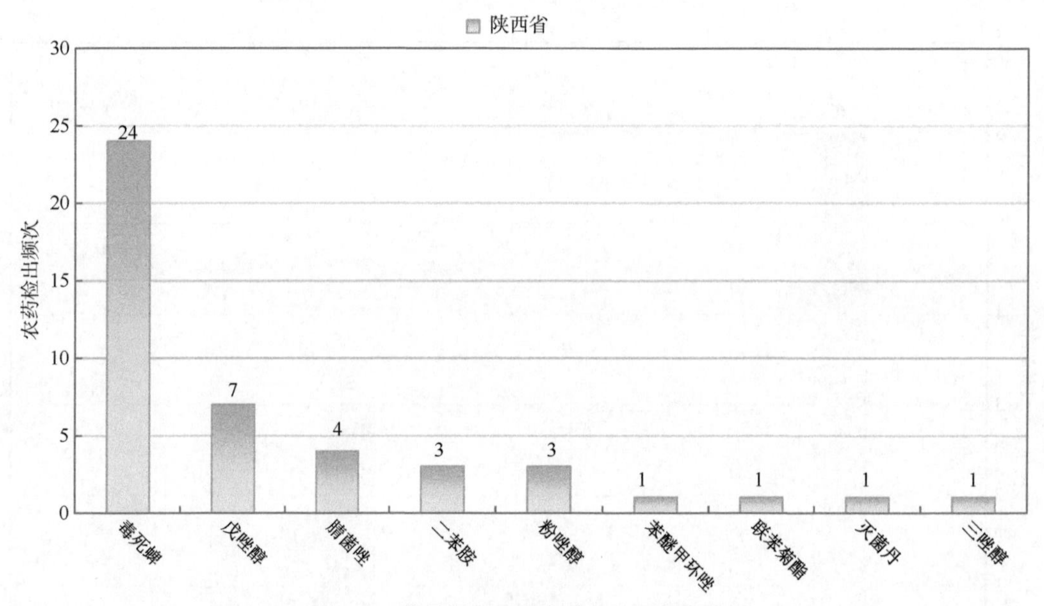

图 11-30　苹果样品检出农药品种和频次分析

表 11-24　苹果中农药残留超标情况明细表

样品总数			检出农药样品数	样品检出率（%）	检出农药品种总数
40			24	60	9
	超标农药品种	超标农药频次	按照 MRL 中国国家标准、欧盟标准和日本标准衡量超标农药名称及频次		
中国国家标准	0	0	—		
欧盟标准	1	6	毒死蜱（6）		
日本标准	0	0	—		

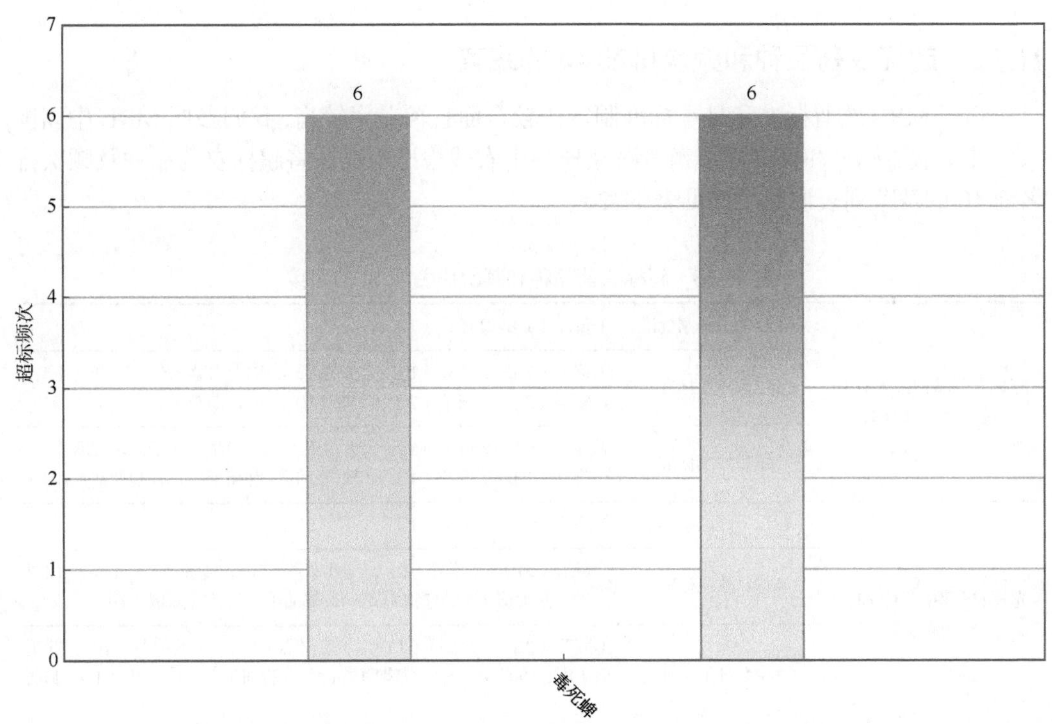

图 11-31　苹果样品中超标农药分析

11.4　蔬菜中农药残留分布

11.4.1　检出农药品种和频次排前 10 的蔬菜

本次残留侦测的蔬菜共 14 种，包括辣椒、结球甘蓝、芹菜、大白菜、茄子、番茄、花椰菜、西葫芦、马铃薯、黄瓜、豇豆、菠菜、紫甘蓝和菜豆。

根据检出农药品种及频次进行排名，将各项排名前 10 位的蔬菜样品检出情况列表说明，详见表 11-25。

表 11-25　检出农药品种和频次排名前 10 的蔬菜

检出农药品种排名前 10（品种）	①黄瓜（31），②芹菜（29），③番茄（26），④菠菜（20），⑤豇豆（14），⑥西葫芦（13），⑦大白菜（11），⑧辣椒（7），⑨茄子（7），⑩马铃薯（6）
检出农药频次排名前 10（频次）	①黄瓜（335），②菠菜（159），③芹菜（74），④番茄（62），⑤西葫芦（51），⑥豇豆（39），⑦大白菜（28），⑧花椰菜（14），⑨辣椒（12），⑩茄子（12）
检出禁用、高毒及剧毒农药品种排名前 10（品种）	①芹菜（3），②番茄（2），③大白菜（1），④花椰菜（1），⑤豇豆（1），⑥马铃薯（1）
检出禁用、高毒及剧毒农药频次排名前 10（频次）	①芹菜（7），②番茄（3），③花椰菜（2），④豇豆（2），⑤大白菜（1），⑥马铃薯（1）

11.4.2　超标农药品种和频次排前 10 的蔬菜

鉴于 MRL 欧盟标准和日本标准制定比较全面且覆盖率较高，我们参照 MRL 中国国家标准、欧盟标准和日本标准衡量蔬菜样品中农残检出情况，将超标农药品种及频次排名前 10 的蔬菜列表说明，详见表 11-26。

表 11-26　超标农药品种和频次排名前 10 的蔬菜

超标农药品种排名前 10（农药品种数）	MRL 中国国家标准	①黄瓜（1），②芹菜（1）
	MRL 欧盟标准	①黄瓜（7），②芹菜（7），③番茄（6），④大白菜（5），⑤豇豆（5），⑥菠菜（3），⑦茄子（2），⑧辣椒（1），⑨西葫芦（1）
	MRL 日本标准	①豇豆（9），②菠菜（5），③大白菜（5），④芹菜（3），⑤黄瓜（2），⑥菜豆（1），⑦番茄（1），⑧辣椒（1），⑨茄子（1），⑩西葫芦（1）
超标农药频次排名前 10（农药频次数）	MRL 中国国家标准	①芹菜（3），②黄瓜（1）
	MRL 欧盟标准	①黄瓜（51），②芹菜（15），③西葫芦（10），④菠菜（9），⑤大白菜（9），⑥番茄（9），⑦豇豆（5），⑧茄子（2），⑨辣椒（1）
	MRL 日本标准	①菠菜（23），②豇豆（13），③大白菜（12），④西葫芦（10），⑤黄瓜（8），⑥芹菜（5），⑦菜豆（1），⑧番茄（1），⑨辣椒（1），⑩茄子（1）

通过对各品种蔬菜样本总数及检出率进行综合分析发现，黄瓜、芹菜和番茄的残留污染最为严重，在此，我们参照 MRL 中国国家标准、欧盟标准和日本标准对这 3 种蔬菜的农残检出情况进行进一步分析。

11.4.3　农药残留检出率较高的蔬菜样品分析

11.4.3.1　黄瓜

这次共检测 40 例黄瓜样品，全部检出了农药残留，检出率为 100.0%，检出农药共计 31 种。其中虫螨腈、霜霉威、灭菌丹、氟吡菌胺和联苯菊酯检出频次较高，分别检出了 36、28、27、26 和 24 次。黄瓜中农药检出品种和频次见图 11-32，超标农药见图 11-33 和表 11-27。

表 11-27　黄瓜中农药残留超标情况明细表

样品总数			检出农药样品数	样品检出率（%）	检出农药品种总数
40			40	100	31
	超标农药品种	超标农药频次	按照 MRL 中国国家标准、欧盟标准和日本标准衡量超标农药名称及频次		
中国国家标准	1	1	乙螨唑（1）		
欧盟标准	7	51	虫螨腈（25），联苯菊酯（12），联苯（7），灭菌丹（3），腐霉利（2），8-羟基喹啉（1），乙螨唑（1）		
日本标准	2	8	联苯（7），8-羟基喹啉（1）		

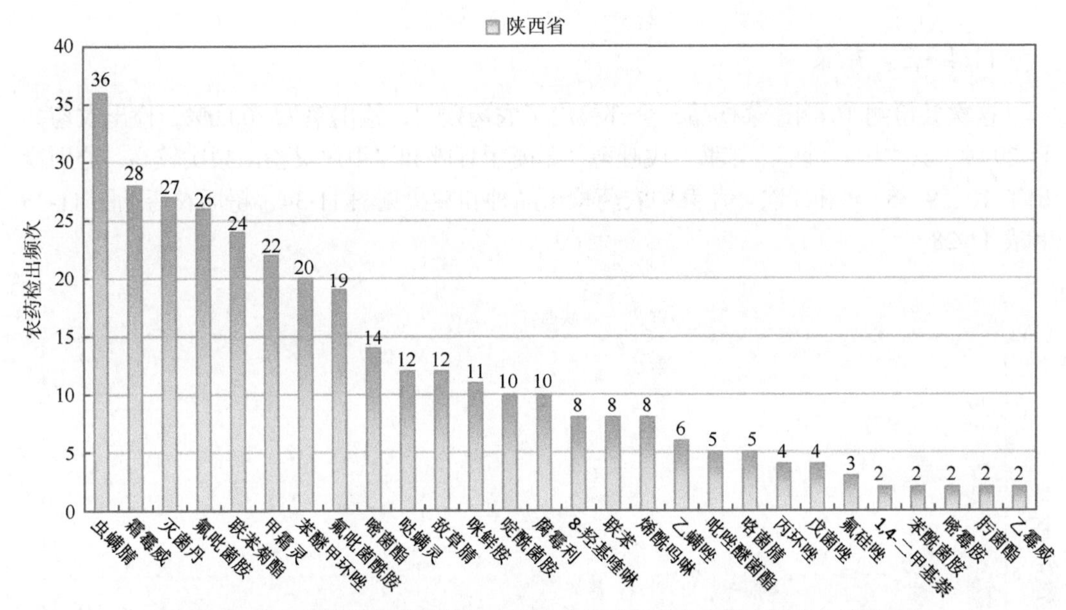

图 11-32　黄瓜样品检出农药品种和频次分析（仅列出 2 频次及以上的数据）

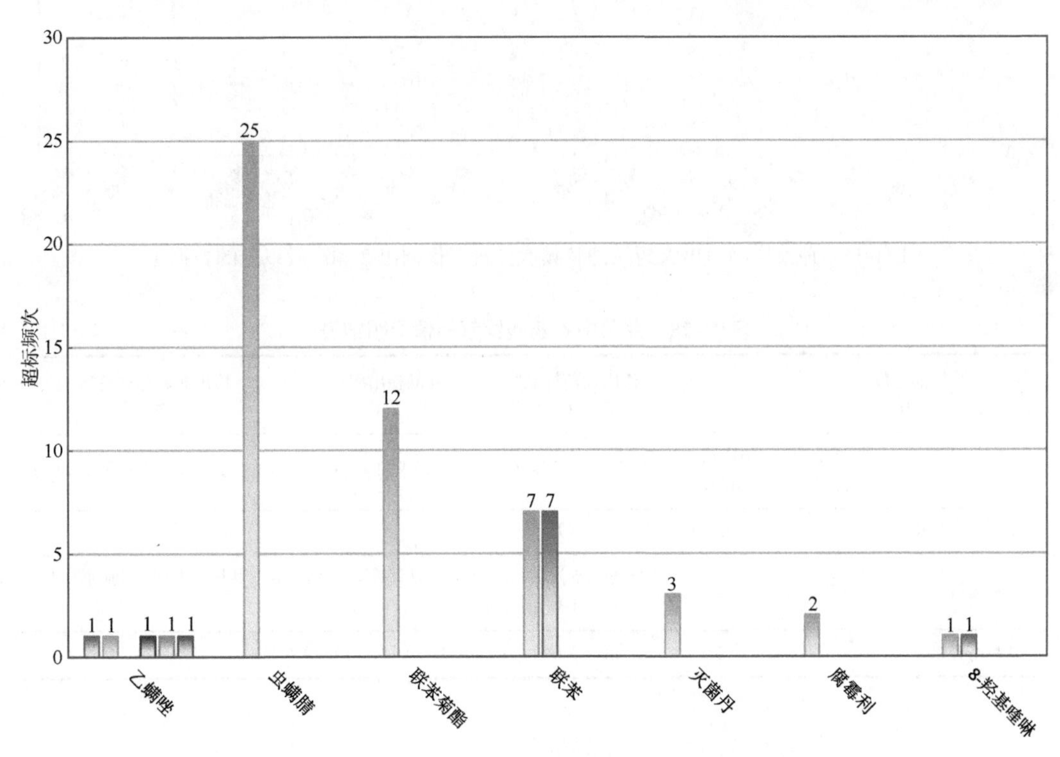

图 11-33　黄瓜样品中超标农药分析

11.4.3.2　芹菜

这次共检测 10 例芹菜样品，全部检出了农药残留，检出率为 100.0%，检出农药共计 29 种。其中丙环唑、二苯胺、戊唑醇、苯醚甲环唑和二甲戊灵检出频次较高，分别检出了 10、9、5、4 和 4 次。芹菜中农药检出品种和频次见图 11-34，超标农药见图 11-35 和表 11-28。

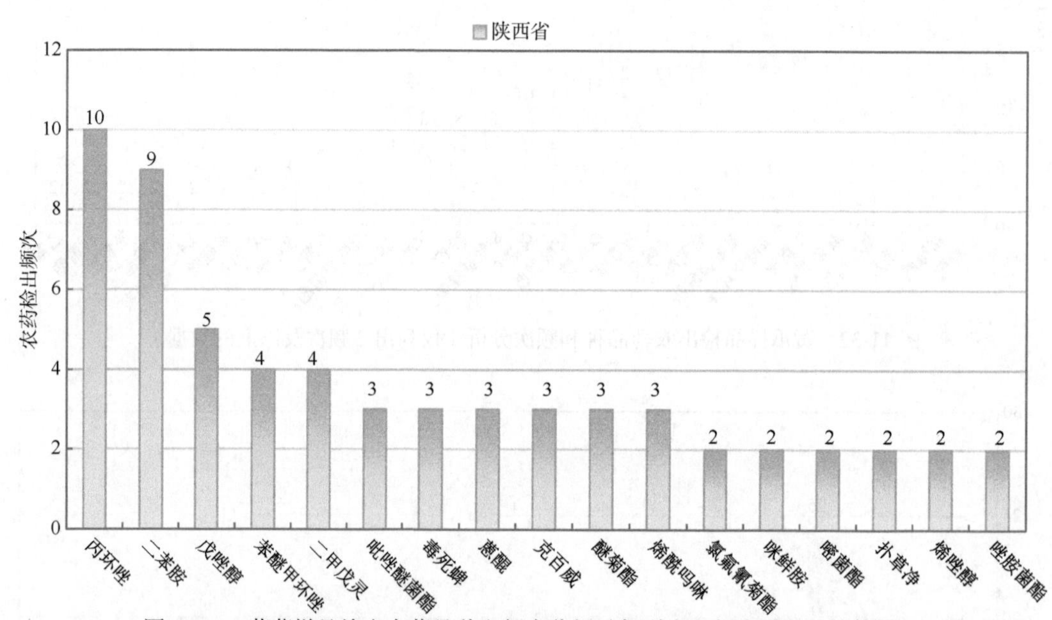

图 11-34　芹菜样品检出农药品种和频次分析（仅列出 2 频次及以上的数据）

表 11-28　芹菜中农药残留超标情况明细表

样品总数 10			检出农药样品数 10	样品检出率（%） 100	检出农药品种总数 29
	超标农药品种	超标农药频次	按照 MRL 中国国家标准、欧盟标准和日本标准衡量超标农药名称及频次		
中国国家标准	1	3	克百威（3）		
欧盟标准	7	15	丙环唑（5），二苯胺（3），克百威（3），1，4-二甲基萘（1），咪鲜胺（1），扑草净（1），霜霉威（1）		
日本标准	3	5	二苯胺（3），1，4-二甲基萘（1），扑草净（1）		

11.4.3.3　番茄

这次共检测 10 例番茄样品，全部检出了农药残留，检出率为 100.0%，检出农药共计 26 种。其中二苯胺、苯醚甲环唑、氯氟氰菊酯、烯酰吗啉和戊唑醇检出频次较高，分别检出了 8、7、6、5 和 4 次。番茄中农药检出品种和频次见图 11-36，超标农药见图 11-37

和表 11-29。

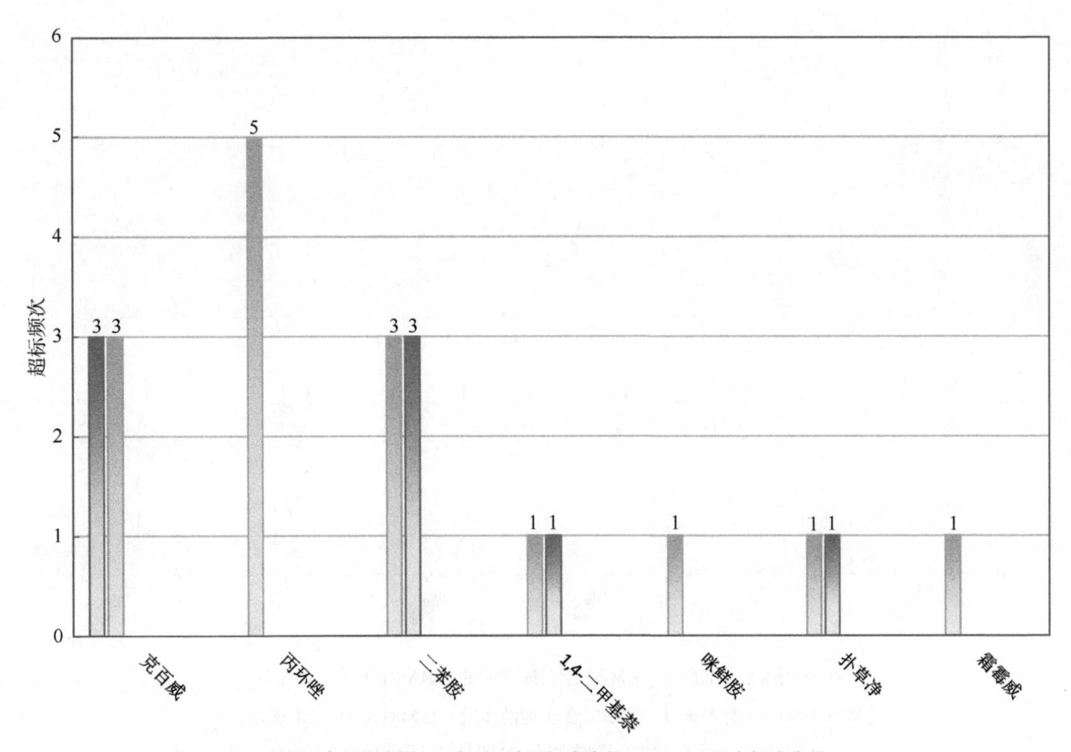

图 11-35　芹菜样品中超标农药分析

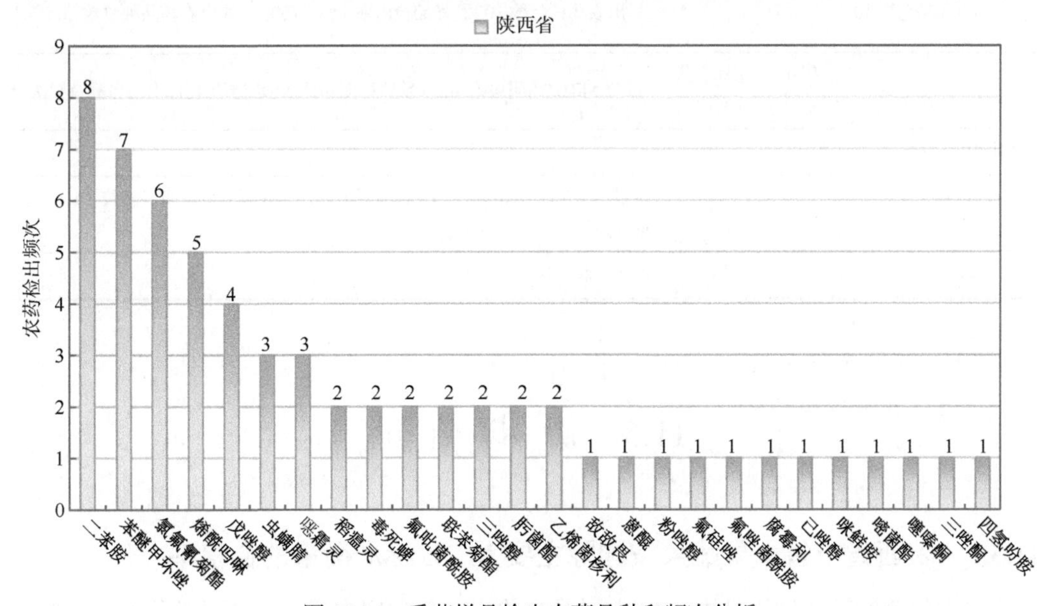

图 11-36　番茄样品检出农药品种和频次分析

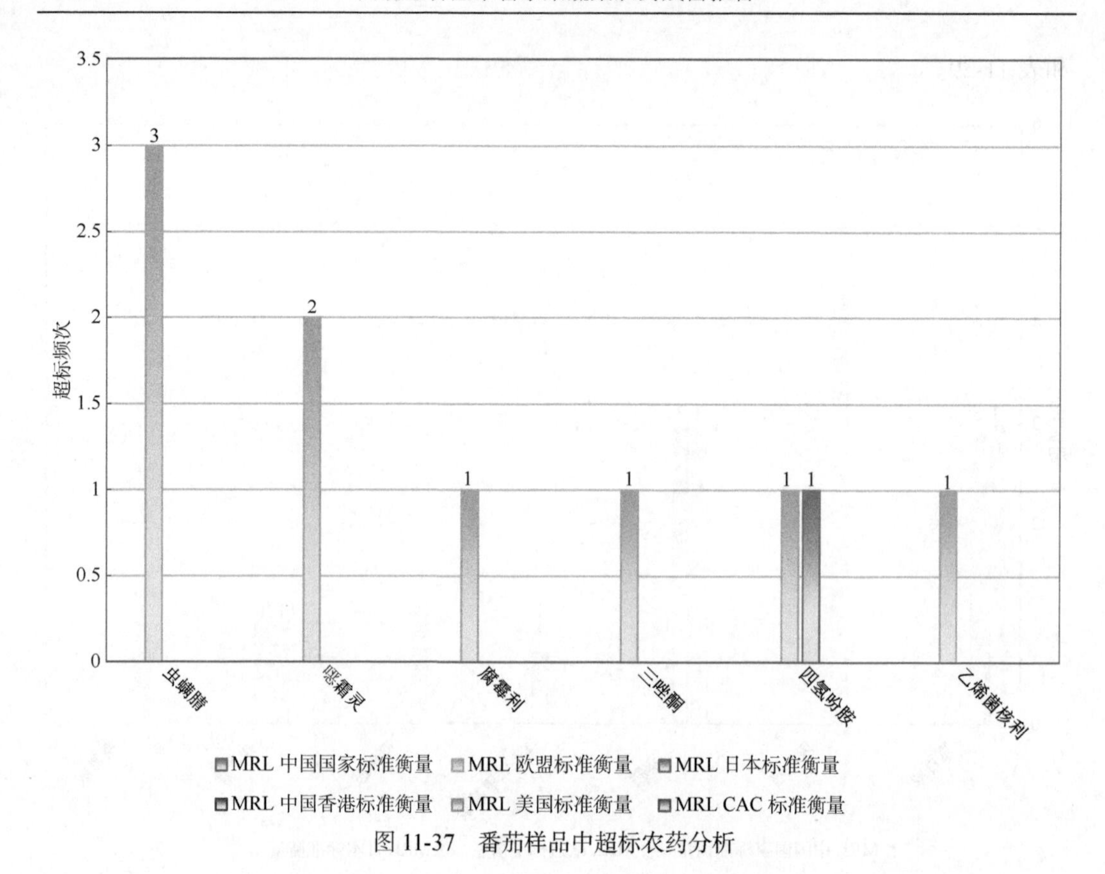

图 11-37　番茄样品中超标农药分析

表 11-29　番茄中农药残留超标情况明细表

样品总数 10			检出农药样品数 10　样品检出率（%）100　检出农药品种总数 26
	超标农药品种	超标农药频次	按照 MRL 中国国家标准、欧盟标准和日本标准衡量超标农药名称及频次
中国国家标准	0	0	—
欧盟标准	6	9	虫螨腈（3），噁霜灵（2），腐霉利（1），三唑酮（1），四氢吩胺（1），乙烯菌核利（1）
日本标准	1	1	四氢吩胺（1）

11.5　初 步 结 论

11.5.1　陕西省市售水果蔬菜按国际主要 MRL 标准衡量的合格率

本次侦测的 298 例样品中，49 例样品未检出任何残留农药，占样品总量的 16.4%，249 例样品检出不同水平、不同种类的残留农药，占样品总量的 83.6%。在这 249 例检出农药残留的样品中：

按照 MRL 中国国家标准衡量，有 245 例样品检出残留农药但含量没有超标，占样品总数的 82.2%，有 4 例样品检出了超标农药，占样品总数的 1.3%。

按照 MRL 欧盟标准衡量，有 144 例样品检出残留农药但含量没有超标，占样品总数的 48.3%，有 105 例样品检出了超标农药，占样品总数的 35.2%。

按照 MRL 日本标准衡量，有 186 例样品检出残留农药但含量没有超标，占样品总数的 62.4%，有 63 例样品检出了超标农药，占样品总数的 21.1%。

按照 MRL 中国香港标准衡量，有 245 例样品检出残留农药但含量没有超标，占样品总数的 82.2%，有 4 例样品检出了超标农药，占样品总数的 1.3%。

按照 MRL 美国标准衡量，有 238 例样品检出残留农药但含量没有超标，占样品总数的 79.9%，有 11 例样品检出了超标农药，占样品总数的 3.7%。

按照 MRL CAC 标准衡量，有 248 例样品检出残留农药但含量没有超标，占样品总数的 83.2%，有 1 例样品检出了超标农药，占样品总数的 0.3%。

11.5.2 陕西省市售水果蔬菜中检出农药以中低微毒农药为主，占市场主体的 95.8%

这次侦测的 298 例样品包括蔬菜 14 种 178 例，水果 3 种 120 例，共检出了 72 种农药，检出农药的毒性以中低微毒为主，详见表 11-30。

表 11-30 市场主体农药毒性分布

毒性	检出品种	占比（%）	检出频次	占比（%）
高毒农药	3	4.2	5	0.5
中毒农药	28	38.9	507	47.0
低毒农药	21	29.2	298	27.6
微毒农药	20	27.8	269	24.9
中低微毒农药，品种占比 95.8%，频次占比 99.5%				

11.5.3 检出剧毒、高毒和禁用农药现象应该警醒

在此次侦测的 298 例样品中的 62 例样品检出了 4 种 63 频次的剧毒和高毒或禁用农药，占样品总量的 20.8%。其中高毒农药克百威、敌敌畏和醚菌酯检出频次较高。

按 MRL 中国国家标准衡量，高毒农药克百威，检出 3 次，超标 3 次；按超标程度比较，芹菜中克百威超标 1.2 倍。

剧毒、高毒或禁用农药的检出情况及按照 MRL 中国国家标准衡量的超标情况见表 11-31。

表 11-31 剧毒、高毒或禁用农药的检出及超标明细

序号	农药名称	样品名称	检出频次	超标频次	最大超标倍数	超标率
1.1	克百威◊▲	芹菜	3	3	1.17	100.0%
2.1	敌敌畏◊	番茄	1	0	0	0.0%
3.1	醚菌酯◊	芹菜	1	0	0	0.0%
4.1	毒死蜱▲	苹果	24	0	0	0.0%
4.2	毒死蜱▲	梨	20	0	0	0.0%
4.3	毒死蜱▲	芹菜	3	0	0	0.0%
4.4	毒死蜱▲	葡萄	3	0	0	0.0%
4.5	毒死蜱▲	番茄	2	0	0	0.0%
4.6	毒死蜱▲	花椰菜	2	0	0	0.0%
4.7	毒死蜱▲	豇豆	2	0	0	0.0%
4.8	毒死蜱▲	大白菜	1	0	0	0.0%
4.9	毒死蜱▲	马铃薯	1	0	0	0.0%
合计			63	3		4.8%

注：超标倍数参照 MRL 中国国家标准衡量

◊ 表示高毒农药；▲ 表示禁用农药

这些超标的高剧毒或禁用农药都是中国政府早有规定禁止在水果蔬菜中使用的，为什么还屡次被检出，应该引起警惕。

11.5.4 残留限量标准与先进国家或地区差距较大

1079 频次的检出结果与我国公布的《食品中农药最大残留限量》(GB 2763—2019)对比，有 711 频次能找到对应的 MRL 中国国家标准，占 65.9%；还有 368 频次的侦测数据无相关 MRL 标准供参考，占 34.1%。

与国际上现行 MRL 标准对比发现：

有 1079 频次能找到对应的 MRL 欧盟标准，占 100.0%；

有 1079 频次能找到对应的 MRL 日本标准，占 100.0%；

有 616 频次能找到对应的 MRL 中国香港标准，占 57.1%；

有 616 频次能找到对应的 MRL 美国标准，占 57.1%；

有 579 频次能找到对应的 MRL CAC 标准，占 53.7%。

由上可见，MRL 中国国家标准与先进国家或地区标准还有很大差距，我们无标准，境外有标准，这就会导致我们在国际贸易中，处于受制于人的被动地位。

11.5.5 水果蔬菜单种样品检出 6～31 种农药残留，拷问农药使用的科学性

通过此次监测发现，葡萄、苹果和梨是检出农药品种最多的 3 种水果，黄瓜、芹菜和番茄是检出农药品种最多的 3 种蔬菜，从中检出农药品种及频次详见表 11-32。

表 11-32　单种样品检出农药品种及频次

样品名称	样品总数	检出率	检出农药品种数	检出农药（频次）
黄瓜	40	100.0%	31	虫螨腈（36），霜霉威（28），灭菌丹（27），氟吡菌胺（26），联苯菊酯（24），甲霜灵（22），苯醚甲环唑（20），氟吡菌酰胺（19），嘧菌酯（14），哒螨灵（12），敌草腈（12），咪鲜胺（11），啶酰菌胺（10），腐霉利（10），8-羟基喹啉（8），联苯（8），烯酰吗啉（8），乙螨唑（6），吡唑醚菌酯（5），咯菌腈（5），丙环唑（4），戊菌唑（4），氟硅唑（3），1, 4-二甲基萘（2），苯酰菌胺（2），嘧霉胺（2），肟菌酯（2），乙霉威（2），多效唑（1），缬霉威（1），唑虫酰胺（1）
芹菜	10	100.0%	29	丙环唑（10），二苯胺（9），戊唑醇（5），苯醚甲环唑（4），二甲戊灵（4），吡唑醚菌酯（3），毒死蜱（3），蒽醌（3），克百威（3），醚菊酯（3），烯酰吗啉（3），氯氟氰菊酯（2），咪鲜胺（2），嘧菌酯（2），扑草净（2），烯唑醇（2），唑胺菌酯（2），1, 4-二甲基萘（1），丙溴磷（1），氟吡菌胺（1），喹禾灵（1），联苯菊酯（1），醚菌酯（1），灭菌丹（1），扑灭津（1），霜霉威（1），肟菌酯（1），戊菌唑（1），莠去津（1）
番茄	10	100.0%	26	二苯胺（8），苯醚甲环唑（7），氯氟氰菊酯（6），烯酰吗啉（5），戊唑醇（4），虫螨腈（3），噁霜灵（3），稻瘟灵（2），毒死蜱（2），氟吡菌酰胺（2），联苯菊酯（2），三唑醇（2），肟菌酯（2），乙烯菌核利（2），敌敌畏（1），蒽醌（1），粉唑醇（1），氟硅唑（1），氟唑菌酰胺（1），腐霉利（1），已唑醇（1），咪鲜胺（1），嘧菌酯（1），噻嗪酮（1），三唑酮（1），四氢吩胺（1）
葡萄	40	95.0%	18	嘧霉胺（29），烯酰吗啉（29），联苯菊酯（22），苯醚甲环唑（18），甲霜灵（14），氯氟氰菊酯（13），戊唑醇（13），氟硅唑（12），嘧菌酯（11），虫螨腈（10），腐霉利（10），已唑醇（5），乙氧呋草黄（4），毒死蜱（3），氟吡菌胺（2），噻呋酰胺（2），三唑醇（1），三唑酮（1）
苹果	40	60.0%	9	毒死蜱（24），戊唑醇（7），腈菌唑（4），二苯胺（3），粉唑醇（3），苯醚甲环唑（1），联苯菊酯（1），灭菌丹（1），三唑醇（1）
梨	40	65.0%	6	毒死蜱（20），虫螨腈（5），茉莉酮（3），乙螨唑（3），腈菌唑（2），联苯菊酯（1）

上述 6 种水果蔬菜，检出农药 6～31 种，是多种农药综合防治，还是未严格实施农业良好管理规范（GAP），抑或根本就是乱施药，值得我们思考。

第 12 章　GC-Q-TOF/MS 侦测陕西省市售水果蔬菜农药残留膳食暴露风险与预警风险评估

12.1　农药残留侦测数据分析与统计

庞国芳院士科研团队建立的农药残留高通量侦测技术以高分辨精确质量数（0.0001 *m/z* 为基准）为识别标准，采用 GC-Q-TOF/MS 技术对 686 种农药化学污染物进行侦测。

科研团队于 2020 年 8 月至 2020 年 9 月在陕西省 3 个区县的 50 个采样点，随机采集了 298 例水果蔬菜样品，采样点分布在超市、农贸市场和个体商户，各月内水果蔬菜样品采集数量如表 12-1 所示。

表 12-1　陕西省各月内采集水果蔬菜样品数列表

时间	样品数（例）
2020 年 8 月	98
2020 年 9 月	200

本研究使用 GC-Q-TOF/MS 技术对陕西省 298 样品中的农药侦测中，共侦测出农药 72 种，这些农药的每日允许最大摄入量值（ADI）见表 12-4。为评价陕西省农药残留的风险，本研究采用两种模型分别评价膳食暴露风险和预警风险，具体的风险评价模型见附录 A。

利用 GC-Q-TOF/MS 技术对 298 例样品中的农药进行侦测，共侦测出残留农药 1079 频次。侦测出农药残留水平如表 12-2 和图 12-1 所示。检出频次最高的前 10 种农药如表 12-3 所示。从侦测结果中可以看出，在水果蔬菜中农药残留普遍存在，且有些水果蔬菜存在高浓度的农药残留，这些可能存在膳食暴露风险，对人体健康产生危害，因此，为了定量地评价水果蔬菜中农药残留的风险程度，有必要对其进行风险评价。

表 12-2　侦测出农药的不同残留水平及其所占比例列表

残留水平（μg/kg）	检出频次	占比（%）
1～5（含）	433	40.1
5～10（含）	180	16.7
10～100（含）	341	31.6
100～1000（含）	121	11.2
>1000	4	0.4

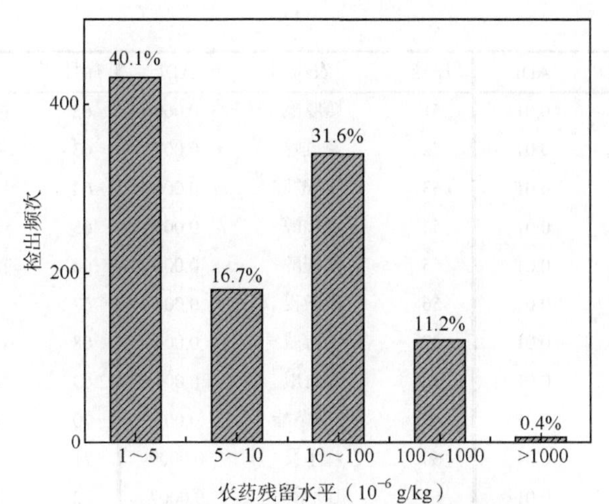

图 12-1 残留农药侦测出浓度频数分布图

表 12-3 检出频次最高的前 10 种农药列表

序号	农药	检出频次
1	烯酰吗啉	70
2	虫螨腈	59
3	联苯菊酯	59
4	苯醚甲环唑	58
5	毒死蜱	58
6	二苯胺	54
7	灭菌丹	50
8	霜霉威	44
9	甲霜灵	42
10	戊唑醇	42

表 12-4 陕西省水果蔬菜中侦测出农药的 ADI 值

序号	农药	ADI	序号	农药	ADI	序号	农药	ADI
1	灭幼脲	1.25	14	腐霉利	0.1	27	虫螨腈	0.03
2	乙氧呋草黄	1	15	灭菌丹	0.1	28	腈菌唑	0.03
3	苯酰菌胺	0.5	16	二苯胺	0.08	29	醚菊酯	0.03
4	咯菌腈	0.4	17	氟吡菌酰胺	0.08	30	三唑醇	0.03
5	醚菌酯	0.4	18	氟唑菌酰胺	0.08	31	三唑酮	0.03
6	霜霉威	0.4	19	甲霜灵	0.08	32	戊菌唑	0.03
7	嘧菌酯	0.2	20	丙环唑	0.07	33	戊唑醇	0.03
8	嘧霉胺	0.2	21	乙螨唑	0.05	34	氯氟氰菊酯	0.02
9	烯酰吗啉	0.2	22	啶酰菌胺	0.04	35	莠去津	0.02
10	吡丙醚	0.1	23	扑草净	0.04	36	噻呋酰胺	0.014
11	稻瘟灵	0.1	24	肟菌酯	0.04	37	苯醚甲环唑	0.01
12	多效唑	0.1	25	吡唑醚菌酯	0.03	38	哒螨灵	0.01
13	二甲戊灵	0.1	26	丙溴磷	0.03	39	敌草腈	0.01

续表

序号	农药	ADI	序号	农药	ADI	序号	农药	ADI
40	毒死蜱	0.01	51	噻嗪酮	0.009	62	氟吡甲禾灵	0.0007
41	噁霜灵	0.01	52	氟硅唑	0.007	63	1,4-二甲基萘	—
42	蒽醌	0.01	53	唑虫酰胺	0.006	64	8-羟基喹啉	—
43	粉唑醇	0.01	54	己唑醇	0.005	65	甲醚菊酯	—
44	氟吡菌胺	0.01	55	烯唑醇	0.005	66	磷酸三异丁酯	—
45	联苯	0.01	56	敌敌畏	0.004	67	灭除威	—
46	联苯菊酯	0.01	57	乙霉威	0.004	68	茉莉酮	—
47	咪鲜胺	0.01	58	克百威	0.001	69	双苯酰草胺	—
48	扑灭津	0.01	59	唑胺菌酯	0.001	70	四氢吩胺	—
49	炔螨特	0.01	60	喹禾灵	0.0009	71	缬霉威	—
50	乙烯菌核利	0.01	61	氟吡禾灵	0.0007	72	溴丁酰草胺	—

注："—"表示国家标准中无 ADI 值规定；ADI 值单位为 mg/kg bw

12.2 农药残留膳食暴露风险评估

12.2.1 每例水果蔬菜样品中农药残留安全指数分析

基于农药残留侦测数据，发现在 298 例样品中侦测出农药 1079 频次，计算样品中每种残留农药的安全指数 IFS_c，并分析农药对样品安全的影响程度，农药残留对水果蔬菜样品安全的影响程度频次分布情况如图 12-2 所示。

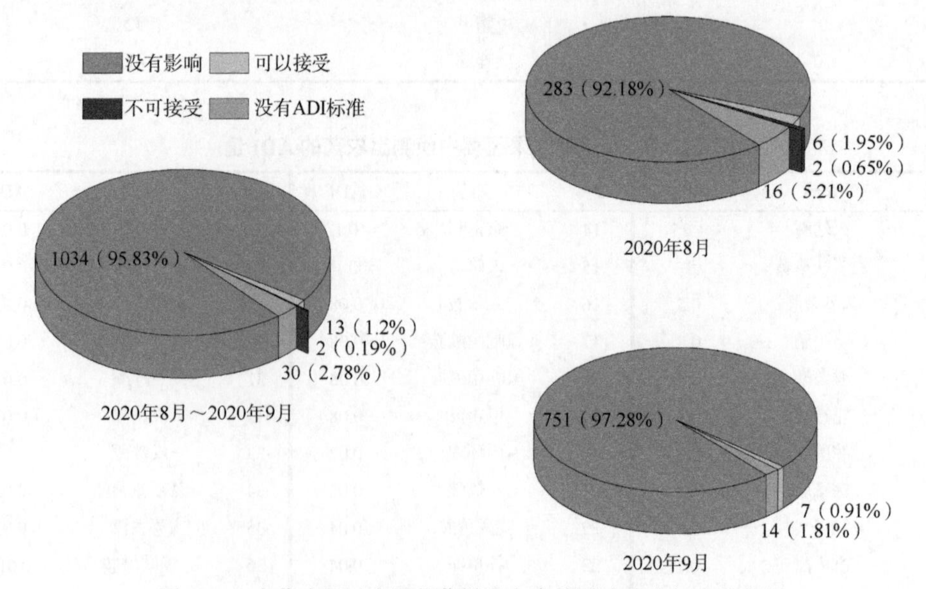

图 12-2 农药残留对水果蔬菜样品安全的影响程度频次分布图

由图 12-2 可以看出，农药残留对样品安全的影响不可接受的频次为 2，占 0.19%；农药残留对样品安全的影响可以接受的频次为 13，占 1.2%；农药残留对样品安全没有影响的频次为 1034，占 95.83%。分析发现，农药残留对水果蔬菜样品安全的影响程度频次 2020 年 8 月（307）<2020 年 9 月（772），只有 2020 年 8 月的农药残留对样品安全存在不可接受的影响，频次为 2，占 0.65%。表 12-5 为对水果蔬菜样品中安全影响不可接受的农药残留列表。

表 12-5 水果蔬菜样品中安全影响不可接受的农药残留列表

序号	样品编号	采样点	基质	农药	含量（mg/kg）	IFS_c
1	20200819-610300-LZFDC-EP-49A	**蔬菜直销点（西大街店）	茄子	炔螨特	3.4253	2.1694
2	20200819-610300-LZFDC-JD-21A	**蔬菜配送（渭滨区新建路）	豇豆	唑胺菌酯	0.2235	1.4155

部分样品侦测出禁用农药 2 种 61 频次，为了明确残留的禁用农药对样品安全的影响，分析侦测出禁用农药残留的样品安全指数，禁用农药残留对水果蔬菜样品安全的影响程度频次分布情况如图 12-3 所示，农药残留对样品安全的影响可以接受的频次为 3，占 4.92%；农药残留对样品安全没有影响的频次为 58，占 95.08%。由图中可以看出 2 个月份的水果蔬菜样品中均侦测出禁用农药残留，分析发现，两个月份内禁用农药对样品安全的影响在可以接受和没有影响的范围内。

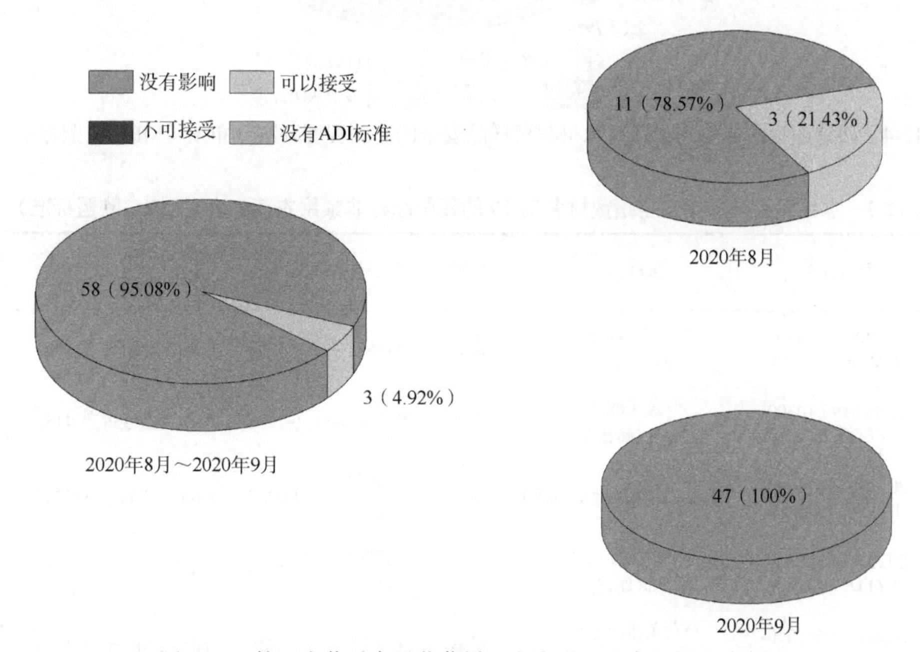

图 12-3 禁用农药对水果蔬菜样品安全影响程度的频次分布图

此外，本次侦测发现部分样品中非禁用农药残留量超过了 MRL 中国国家标准和欧盟标准，为了明确超标的非禁用农药对样品安全的影响，分析了非禁用农药残留超标的样品安全指数。表 12-6 为水果蔬菜样品中侦测出的非禁用农药残留安全指数表。

表 12-6 水果蔬菜样品中侦测出的非禁用农药残留安全指数表（MRL 中国国家标准）

序号	样品编号	采样点	基质	农药	含量（mg/kg）	中国国家标准	超标倍数	IFS_c	影响程度
1	20200902-610100-LZFDC-CU-09A	**超市（长安区神舟一路）	黄瓜	乙螨唑	0.0221	0.02	1.11	0.0028	没有影响

残留量超过 MRL 欧盟标准的非禁用农药对水果蔬菜样品安全的影响程度频次分布情况如图 12-4 所示。可以看出超过 MRL 欧盟标准的非禁用农药共 132 频次，其中农药没有 ADI 的频次为 7，占 5.3%；农药残留对样品安全的影响不可接受的频次为 2，占 1.52%；农药残留对样品安全的影响可以接受的频次为 5，占 3.79%；农药残留对样品安全没有影响的频次为 118，占 89.39%。表 12-7 为水果蔬菜样品中安全指数排名前 10 的残留超标非禁用农药列表。

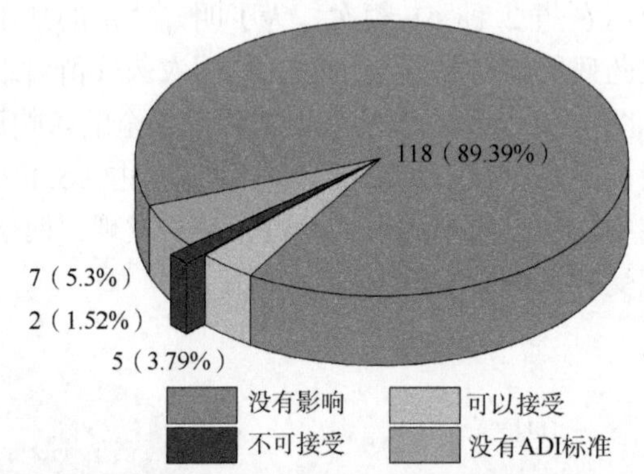

图 12-4 残留超标的非禁用农药对水果蔬菜样品安全的影响程度频次分布图（MRL 欧盟标准）

表 12-7 水果蔬菜样品中安全指数排名前 10 的残留超标非禁用农药列表（MRL 欧盟标准）

序号	样品编号	采样点	基质	农药	含量（mg/kg）	欧盟标准	超标倍数	IFS_c	影响程度
1	20200819-610300-LZFDC-EP-49A	**蔬菜直销点（西大街店）	茄子	炔螨特	3.4253	0.01	342.53	2.1694	不可接受
2	20200819-610300-LZFDC-JD-21A	**蔬菜配送（渭滨区新建路）	豇豆	唑胺菌酯	0.2235	0.01	22.35	1.4155	不可接受
3	20200903-610400-LZFDC-BO-43A	**果蔬（秦都区世纪西路）	菠菜	氯氟氰菊酯	1.0257	0.60	1.71	0.3248	可以接受
4	20200819-610300-LZFDC-JD-21A	**蔬菜配送（渭滨区新建路）	豇豆	吡唑醚菌酯	1.2910	0.60	2.15	0.2725	可以接受
5	20200819-610300-LZFDC-CE-48A	**蔬菜水果超市（扶风县西一路）	芹菜	丙环唑	1.8828	0.01	188.28	0.1703	可以接受
6	20200819-610300-LZFDC-CE-23A	**生鲜中心（广元路店）	芹菜	咪鲜胺	0.2104	0.05	4.21	0.1333	可以接受
7	20200903-610400-LZFDC-BO-27A	**果蔬（渭城区中山街）	菠菜	噁霜灵	0.1873	0.01	18.73	0.1186	可以接受

续表

序号	样品编号	采样点	基质	农药	含量（mg/kg）	欧盟标准	超标倍数	IFS_c	影响程度
8	20200902-610100-LZFDC-GP-16A	**果蔬店（雁塔区太白南路）	葡萄	己唑醇	0.0548	0.01	5.48	0.0694	没有影响
9	20200903-610400-LZFDC-GP-37A	**超市（秦都区丰巴大道）	葡萄	氯氟氰菊酯	0.1376	0.08	1.72	0.0436	没有影响
10	20200819-610300-LZFDC-XH-21A	**蔬菜配送（渭滨区新建路）	西葫芦	联苯	0.0608	0.01	6.08	0.0385	没有影响

12.2.2　单种水果蔬菜中农药残留安全指数分析

本次 17 种水果蔬菜侦测 72 种农药，16 种水果蔬菜侦测出农药，紫甘蓝中没有检测出农药，检出频次为 1079 次，其中 7 种农药没有 ADI 标准，65 种农药存在 ADI 标准。对 16 种水果蔬菜按不同种类分别计算侦测出的具有 ADI 标准的各种农药的 IFS_c 值，农药残留对水果蔬菜的安全指数分布图如图 12-5 所示。

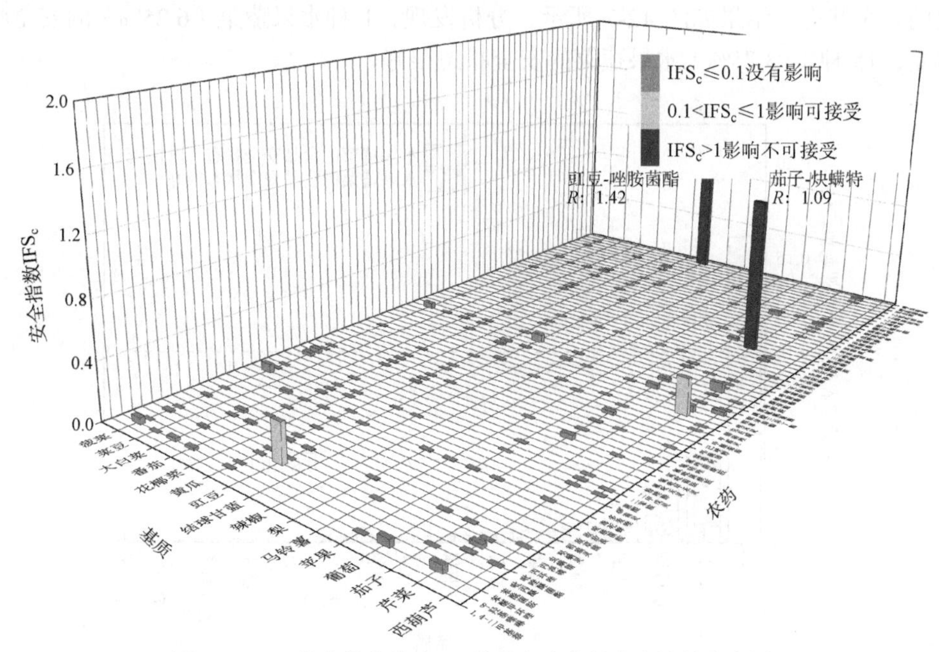

图 12-5　16 种水果蔬菜中 65 种残留农药的安全指数分布图

分析发现 2 种水果蔬菜中的农药残留对食品安全影响不可接受，如表 12-8 所示。

表 12-8　单种水果蔬菜中安全影响不可接受的残留农药安全指数表

序号	基质	农药	检出频次	检出率（%）	IFS>1 的频次	IFS>1 的比例（%）	IFS_c
1	豇豆	唑胺菌酯	1	2.56	1	0.03	1.42
2	茄子	炔螨特	2	16.67	1	0.08	1.09

本次侦测中，16 种水果蔬菜和 72 种残留农药（包括没有 ADI）共涉及 206 个分析样本，农药对单种水果蔬菜安全的影响程度分布情况如图 12-6 所示。可以看出，92.23%的样本中农药对水果蔬菜安全没有影响，0.97%的样本中农药对水果蔬菜安全的影响可以接受，0.97%的样本中农药对水果蔬菜安全的影响不可接受。

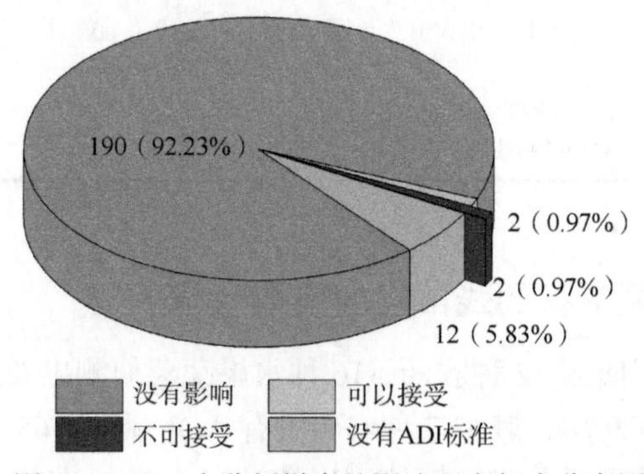

图 12-6　206 个分析样本的影响程度频次分布图

此外，分别计算 16 种水果蔬菜中所有侦测出农药 IFS_c 的平均值$\overline{IFS}$，分析每种水果蔬菜的安全状态，结果如图 12-7 所示，分析发现，1 种水果蔬菜（6.25%）的安全状态可接受，15 种（93.75%）水果蔬菜的安全状态很好。

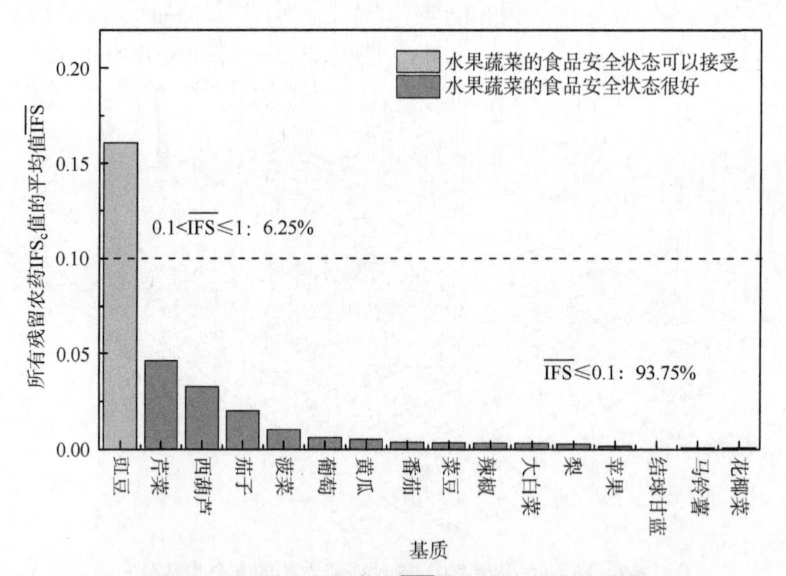

图 12-7　16 种水果蔬菜的$\overline{IFS}$值和安全状态统计图

对每个月内每种水果蔬菜中农药的 IFS_c 进行分析，并计算每月内每种水果蔬菜的$\overline{IFS}$值，以评价每种水果蔬菜的安全状态，结果如图 12-8 所示，可以看出，9 月份所有水果蔬菜的安全状态均处于很好的范围内，8 月份中农药炔螨特处于不可接受状态，各月份内单种水果蔬菜安全状态统计情况如图 12-9 所示。

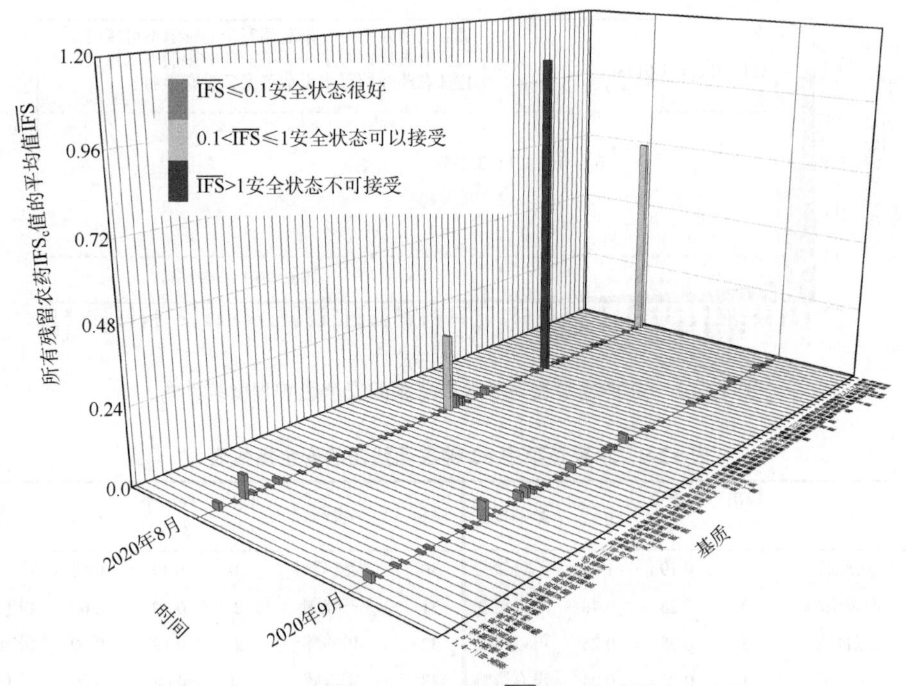

图 12-8　各月内每种水果蔬菜的 $\overline{\mathrm{IFS}}$ 值与安全状态分布图

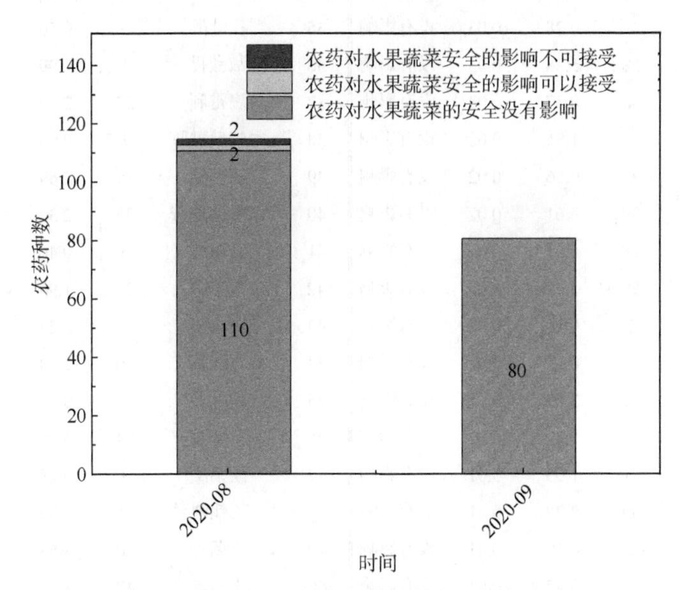

图 12-9　各月份内单种水果蔬菜安全状态统计图

12.2.3　所有水果蔬菜中农药残留安全指数分析

计算所有水果蔬菜中 62 种农药的 $\overline{\mathrm{IFS}}_\mathrm{c}$ 值，结果如图 12-10 及表 12-9 所示。

分析发现，炔螨特的 $\overline{\mathrm{IFS}}_\mathrm{c}$ 大于 1，其他农药的 $\overline{\mathrm{IFS}}_\mathrm{c}$ 均小于 1，其中 1.16%的农药对水果蔬菜安全的影响不可接受，其中 3.23%的农药对水果蔬菜安全的影响可以接受，95.16%的农药对水果蔬菜安全没有影响。

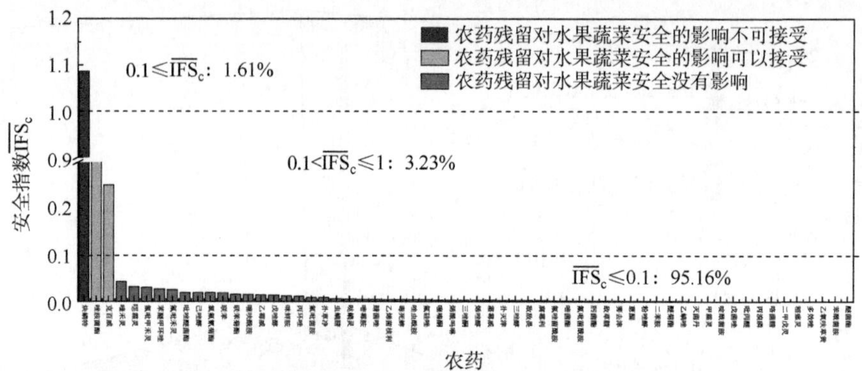

图 12-10 62 种残留农药对水果蔬菜的安全影响程度统计图

表 12-9 水果蔬菜中 62 种农药残留的安全指数表

序号	农药	检出频次	检出率（%）	$\overline{IFS}_c$	影响程度	序号	农药	检出频次	检出率（%）	$\overline{IFS}_c$	影响程度
1	炔螨特	2	0.19	1.09	不可接受	30	烯酰吗啉	70	6.49	0.00	没有影响
2	唑胺菌酯	3	0.28	0.48	可以接受	31	三唑酮	2	0.19	0.00	没有影响
3	克百威	3	0.28	0.25	可以接受	32	烯唑醇	2	0.19	0.00	没有影响
4	喹禾灵	1	0.09	0.04	没有影响	33	霜霉威	44	4.08	0.00	没有影响
5	噁霜灵	6	0.56	0.03	没有影响	34	扑灭津	1	0.09	0.00	没有影响
6	氟吡甲禾灵	3	0.28	0.03	没有影响	35	三唑醇	6	0.56	0.00	没有影响
7	苯醚甲环唑	58	5.38	0.03	没有影响	36	敌敌畏	1	0.09	0.00	没有影响
8	氟吡禾灵	4	0.37	0.03	没有影响	37	腐霉利	27	2.50	0.00	没有影响
9	吡唑醚菌酯	21	1.95	0.02	没有影响	38	氟唑菌酰胺	1	0.09	0.00	没有影响
10	己唑醇	6	0.56	0.02	没有影响	39	嘧菌酯	29	2.69	0.00	没有影响
11	氯氟氰菊酯	39	3.61	0.02	没有影响	40	氟吡菌酰胺	25	2.32	0.00	没有影响
12	联苯	18	1.67	0.02	没有影响	41	肟菌酯	5	0.46	0.00	没有影响
13	联苯菊酯	59	5.47	0.02	没有影响	42	敌草腈	21	1.95	0.00	没有影响
14	噻呋酰胺	2	0.19	0.02	没有影响	43	莠去津	35	3.24	0.00	没有影响
15	乙霉威	2	0.19	0.01	没有影响	44	蒽醌	30	2.78	0.00	没有影响
16	戊唑醇	42	3.89	0.01	没有影响	45	粉唑醇	4	0.37	0.00	没有影响
17	咪鲜胺	15	1.39	0.01	没有影响	46	二苯胺	54	5.00	0.00	没有影响
18	丙环唑	21	1.95	0.01	没有影响	47	醚菊酯	3	0.28	0.00	没有影响
19	氟吡菌胺	30	2.78	0.01	没有影响	48	乙螨唑	9	0.83	0.00	没有影响
20	扑草净	2	0.19	0.01	没有影响	49	灭菌丹	50	4.63	0.00	没有影响
21	虫螨腈	59	5.47	0.01	没有影响	50	甲霜灵	42	3.89	0.00	没有影响
22	哒螨灵	21	1.95	0.01	没有影响	51	啶酰菌胺	10	0.93	0.00	没有影响
23	嘧霉胺	33	3.06	0.00	没有影响	51	戊菌唑	5	0.46	0.00	没有影响
24	腈菌唑	12	1.11	0.00	没有影响	53	吡丙醚	2	0.19	0.00	没有影响
25	乙烯菌核利	7	0.65	0.00	没有影响	54	丙溴磷	1	0.09	0.00	没有影响
26	毒死蜱	58	5.38	0.00	没有影响	55	咯菌腈	5	0.46	0.00	没有影响
27	唑虫酰胺	1	0.09	0.00	没有影响	56	二甲戊灵	4	0.37	0.00	没有影响
28	氟硅唑	17	1.58	0.00	没有影响	57	稻瘟灵	2	0.19	0.00	没有影响
29	噻嗪酮	1	0.09	0.00	没有影响	58	多效唑	1	0.09	0.00	没有影响

续表

序号	农药	检出频次	检出率（%）	$\overline{IFS}_c$	影响程度	序号	农药	检出频次	检出率（%）	$\overline{IFS}_c$	影响程度
59	乙氧呋草黄	4	0.37	0.00	没有影响	61	醚菌酯	1	0.09	0.00	没有影响
60	苯酰菌胺	6	0.56	0.00	没有影响	62	灭幼脲	1	0.09	0.00	没有影响

对每个月内所有水果蔬菜中残留农药的 $\overline{IFS}_c$ 进行分析，结果如图 12-11 所示。分析发现，9 月份所有水果蔬菜的安全状态处于很好的范围内，8 月份中农药炔螨特处于不可接受状态。每月内不同农药对水果蔬菜安全影响程度的统计如图 12-12 所示。

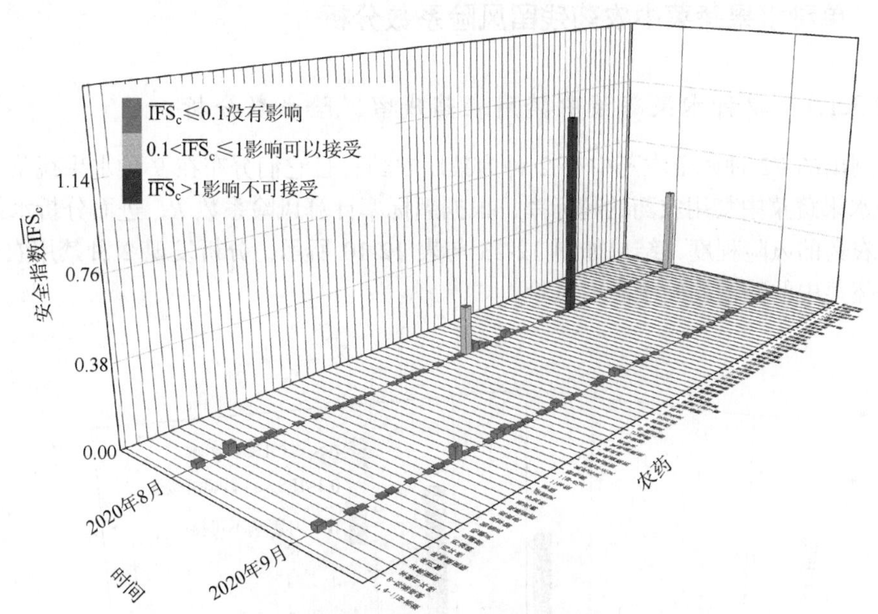

图 12-11　各月份内水果蔬菜中每种残留农药的安全指数分布图

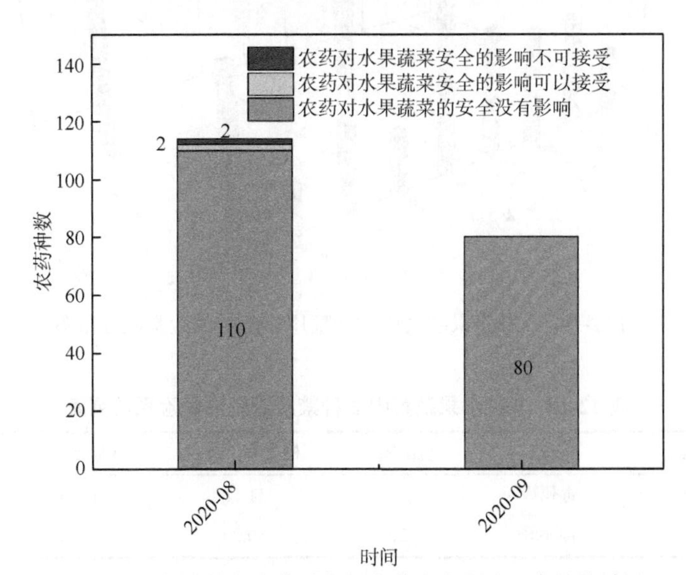

图 12-12　各月份内农药对水果蔬菜安全影响程度的统计图

12.3　农药残留预警风险评估

基于陕西省水果蔬菜样品中农药残留 GC-Q-TOF/MS 侦测数据，分析禁用农药的检出率，同时参照中华人民共和国国家标准 GB 2763—2019 和欧盟农药最大残留限量（MRL）标准分析非禁用农药残留的超标率，并计算农药残留风险系数。分析单种水果蔬菜中农药残留以及所有水果蔬菜中农药残留的风险程度。

12.3.1　单种水果蔬菜中农药残留风险系数分析

12.3.1.1　单种水果蔬菜中禁用农药残留风险系数分析

侦测出的 72 种残留农药中有 2 种为禁用农药，且它们分布在 9 种水果蔬菜中，计算 9 种水果蔬菜中禁用农药的超标率，根据超标率计算风险系数 R，进而分析水果蔬菜中禁用农药的风险程度，结果如图 12-13 与表 12-10 所示。分析发现 2 种禁用农药在 9 种水果蔬菜中的残留均处于高度风险。

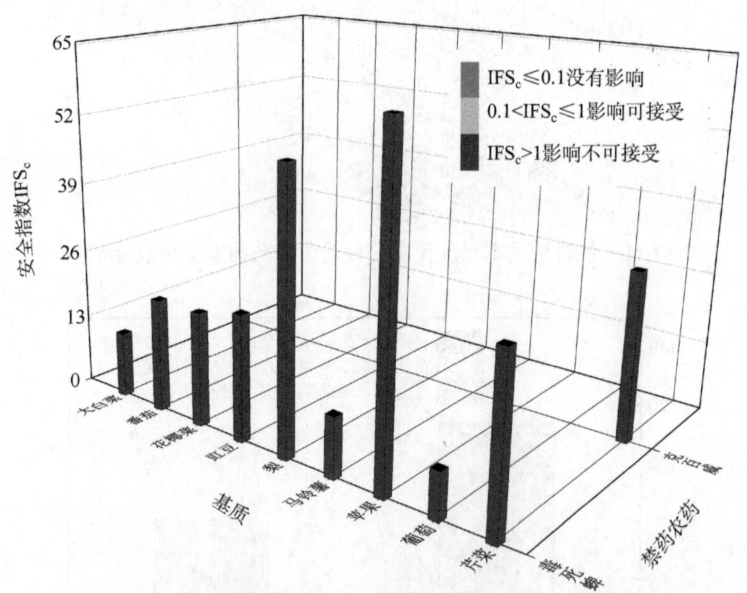

图 12-13　9 种水果蔬菜中 2 种禁用农药的风险系数分布图

表 12-10　9 种水果蔬菜中 2 种禁用农药的风险系数列表

序号	基质	农药	检出频次	检出率（%）	风险系数 R	风险程度
1	大白菜	毒死蜱	1	11.11	12.21	高度风险
2	梨	毒死蜱	20	50.00	51.10	高度风险

续表

序号	基质	农药	检出频次	检出率（%）	风险系数 *R*	风险程度
3	番茄	毒死蜱	2	20.00	21.10	高度风险
4	花椰菜	毒死蜱	2	20.00	21.10	高度风险
5	芹菜	克百威	3	30.00	31.10	高度风险
6	芹菜	毒死蜱	3	30.00	31.10	高度风险
7	苹果	毒死蜱	24	60.00	61.10	高度风险
8	葡萄	毒死蜱	3	7.50	8.60	高度风险
9	豇豆	毒死蜱	2	22.22	23.32	高度风险
10	马铃薯	毒死蜱	1	10.00	11.10	高度风险

12.3.1.2　基于 MRL 中国国家标准的单种水果蔬菜中非禁用农药残留风险系数分析

参照中华人民共和国国家标准 GB 2763—2019 中农药残留限量计算每种水果蔬菜中每种非禁用农药的超标率，进而计算其风险系数，根据风险系数大小判断残留农药的预警风险程度，水果蔬菜中非禁用农药残留风险程度分布情况如图 12-14 所示。

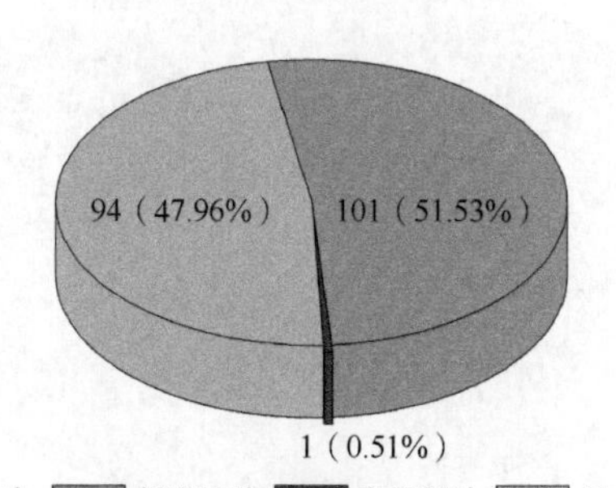

图 12-14　水果蔬菜中非禁用农药风险程度的频次分布图（MRL 中国国家标准）

本次分析中，发现在 16 种水果蔬菜侦测出 70 种残留非禁用农药，涉及样本 196 个，在 196 个样本中，0.51%处于高度风险，51.53%处于低度风险，此外发现有 94 个样本没有 MRL 中国国家标准标准值，无法判断其风险程度，有 MRL 中国国家标准值的 102 个样本涉及 14 种水果蔬菜中的 38 种非禁用农药，其风险系数 *R* 值如图 12-15 所示。表 12-11 为非禁用农药残留处于高度风险的水果蔬菜列表。

表 12-11　单种水果蔬菜中处于高度风险的非禁用农药风险系数表（MRL 中国国家标准）

序号	基质	农药	超标频次	超标率 *P*（%）	风险系数 *R*
1	黄瓜	乙螨唑	1	2.50	3.60

12.3.1.3　基于 MRL 欧盟标准的单种水果蔬菜中非禁用农药残留风险系数分析

参照 MRL 欧盟标准计算每种水果蔬菜中每种非禁用农药的超标率，进而计算其风险系数，根据风险系数大小判断农药残留的预警风险程度，水果蔬菜中非禁用农药残留风险程度分布情况如图 12-16 所示。

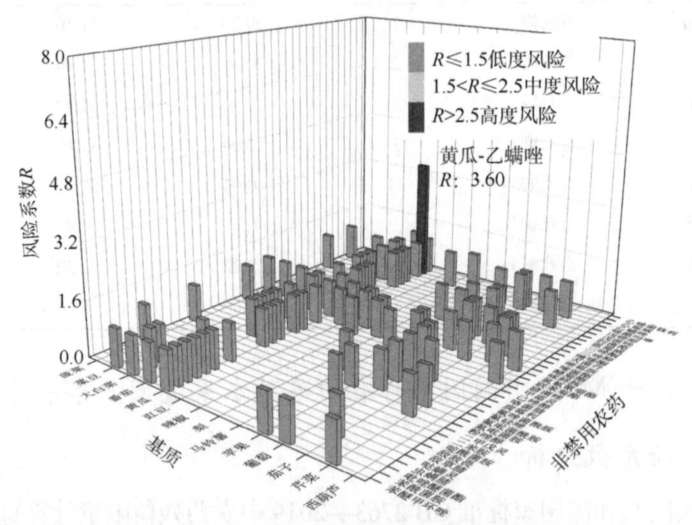

图 12-15　14 种水果蔬菜中 38 种非禁用农药的风险系数分布图（MRL 中国国家标准）

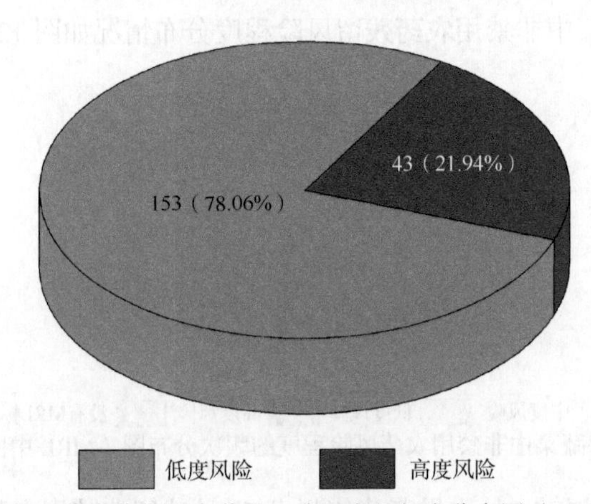

图 12-16　水果蔬菜中非禁用农药的风险程度的频次分布图（MRL 欧盟标准）

本次分析中，发现在 16 种水果蔬菜中共侦测出 70 种非禁用农药，涉及样本 196 个，其中，21.94%处于高度风险，涉及 11 种水果蔬菜和 29 种农药；78.06%处于低度风险，涉及 16 种水果蔬菜和 61 种农药。单种水果蔬菜中的非禁用农药风险系数分布图如图 12-17 所示。单种水果蔬菜中处于高度风险的非禁用农药风险系数如图 12-18 和表 12-12 所示。

表 12-12　单种水果蔬菜中处于高度风险的非禁用农药的风险系数表（MRL 欧盟标准）

序号	基质	农药	超标频次	超标率 P（%）	风险系数 R
1	西葫芦	联苯	10	100.00	101.10
2	黄瓜	虫螨腈	25	62.50	63.60
3	芹菜	丙环唑	5	50.00	51.10

续表

序号	基质	农药	超标频次	超标率 P（%）	风险系数 R
4	大白菜	甲醚菊酯	3	33.33	34.43
5	番茄	虫螨腈	3	30.00	31.10
6	芹菜	二苯胺	3	30.00	31.10
7	黄瓜	联苯菊酯	12	30.00	31.10
8	葡萄	腐霉利	9	22.50	23.60
9	大白菜	戊唑醇	2	22.22	23.32
10	大白菜	虫螨腈	2	22.22	23.32
11	番茄	噁霜灵	2	20.00	21.10
12	黄瓜	联苯	7	17.50	18.60
13	菠菜	哒螨灵	5	12.50	13.60
14	大白菜	哒螨灵	1	11.11	12.21
15	豇豆	三唑醇	1	11.11	12.21
16	豇豆	吡唑醚菌酯	1	11.11	12.21
17	豇豆	唑胺菌酯	1	11.11	12.21
18	豇豆	联苯菊酯	1	11.11	12.21
19	豇豆	虫螨腈	1	11.11	12.21
20	辣椒	缬霉威	1	11.11	12.21
21	番茄	三唑酮	1	10.00	11.10
22	番茄	乙烯菌核利	1	10.00	11.10
23	番茄	四氢吩胺	1	10.00	11.10
24	番茄	腐霉利	1	10.00	11.10
25	芹菜	1,4-二甲基萘	1	10.00	11.10
26	芹菜	咪鲜胺	1	10.00	11.10
27	芹菜	扑草净	1	10.00	11.10
28	芹菜	霜霉威	1	10.00	11.10
29	茄子	炔螨特	1	10.00	11.10
30	茄子	腐霉利	1	10.00	11.10
31	葡萄	氯氟氰菊酯	4	10.00	11.10
32	梨	虫螨腈	3	7.50	8.60
33	菠菜	噁霜灵	3	7.50	8.60
34	葡萄	虫螨腈	3	7.50	8.60
35	黄瓜	灭菌丹	3	7.50	8.60
36	葡萄	噻呋酰胺	2	5.00	6.10
37	葡萄	己唑醇	2	5.00	6.10
38	黄瓜	腐霉利	2	5.00	6.10

续表

序号	基质	农药	超标频次	超标率 P（%）	风险系数 R
39	菠菜	氯氟氰菊酯	1	2.50	3.60
40	葡萄	三唑酮	1	2.50	3.60
41	葡萄	氟硅唑	1	2.50	3.60
42	黄瓜	8-羟基喹啉	1	2.50	3.60
43	黄瓜	乙螨唑	1	2.50	3.60

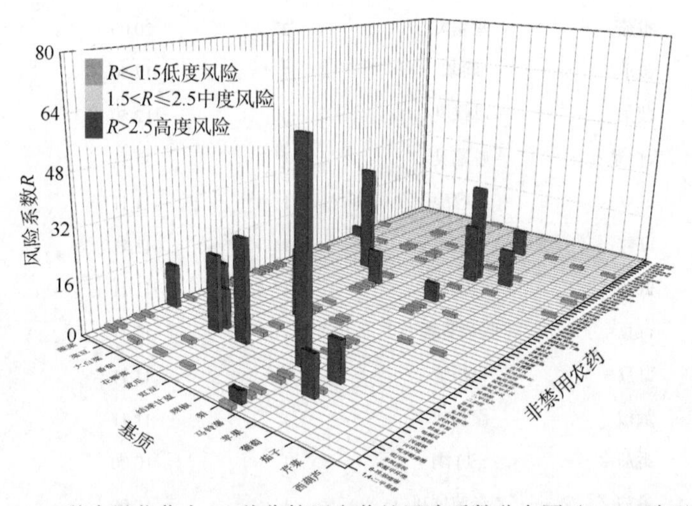

图 12-17　16 种水果蔬菜中 70 种非禁用农药的风险系数分布图（MRL 欧盟标准）

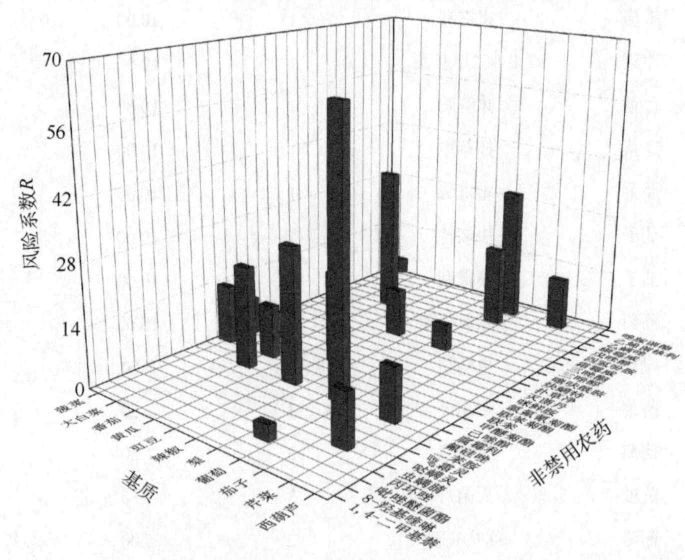

图 12-18　单种水果蔬菜中处于高度风险的非禁用农药的风险系数分布图（MRL 欧盟标准）

12.3.2　所有水果蔬菜中农药残留风险系数分析

12.3.2.1　所有水果蔬菜中禁用农药残留风险系数分析

在侦测出的 72 种农药中有 2 种为禁用农药，计算所有水果蔬菜中禁用农药的风险系数，结果如表 12-13 所示。禁用农药毒死蜱处于高度风险，克百威处于中度风险。

表 12-13　水果蔬菜中 2 种禁用农药的风险系数表

序号	农药	检出频次	检出率 P（%）	风险系数 R	风险程度
1	毒死蜱	58	19.46	20.56	高度风险
2	克百威	3	1.01	2.11	中度风险

对每个月内的禁用农药的风险系数进行分析，结果如图 12-19 和表 12-14 所示。

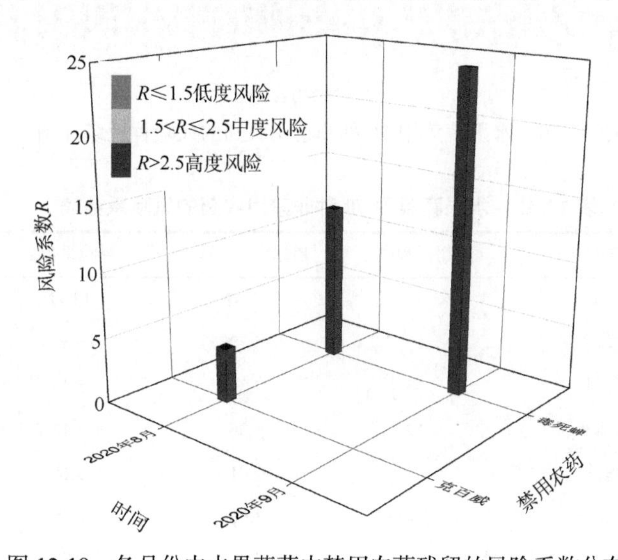

图 12-19　各月份内水果蔬菜中禁用农药残留的风险系数分布图

表 12-14　各月份内水果蔬菜中禁用农药的风险系数表

序号	年月	农药	检出频次	检出率 P（%）	风险系数 R	风险程度
1	2020 年 8 月	克百威	3	3.06	4.16	高度风险
2	2020 年 8 月	毒死蜱	11	11.22	12.32	高度风险
3	2020 年 9 月	毒死蜱	47	23.50	24.60	高度风险

12.3.2.2　所有水果蔬菜中非禁用农药残留风险系数分析

参照 MRL 欧盟标准计算所有水果蔬菜中每种非禁用农药残留的风险系数，如图 12-20 与表 12-15 所示。在侦测出的 70 种非禁用农药中，8 种农药（11.43%）残留处于高度风险，7 种农药（10.00%）残留处于中度风险，55 种农药（78.57%）残留处于低度风险。

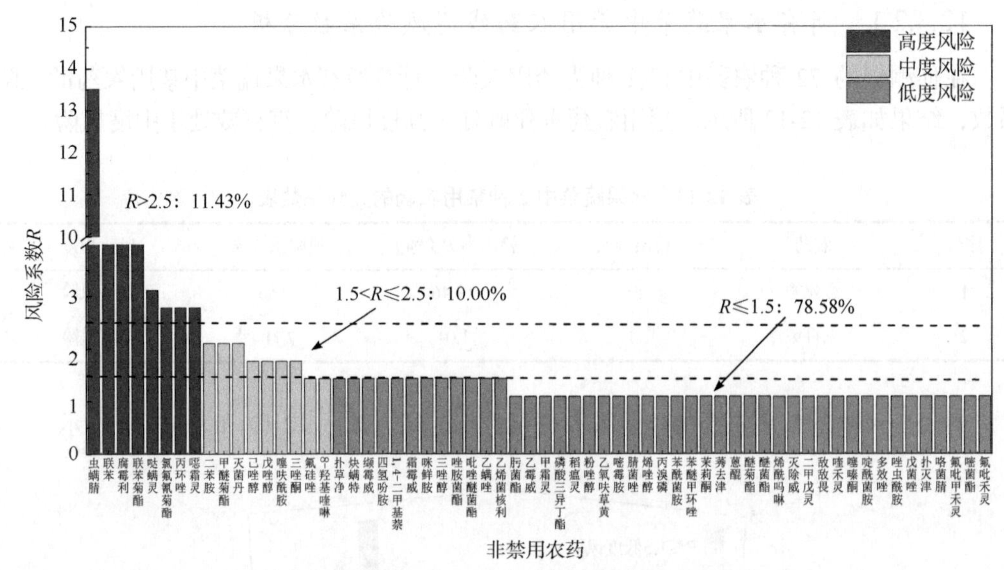

图 12-20　水果蔬菜中 70 种非禁用农药的风险程度统计图

表 12-15　水果蔬菜中 70 种非禁用农药的风险系数表

序号	农药	超标频次	超标率 P（%）	风险系数 R	风险程度
1	虫螨腈	37	12.42	13.52	高度风险
2	联苯	17	5.70	6.80	高度风险
3	腐霉利	13	4.36	5.46	高度风险
4	联苯菊酯	13	4.36	5.46	高度风险
5	哒螨灵	6	2.01	3.11	高度风险
6	氯氟氰菊酯	5	1.68	2.78	高度风险
7	丙环唑	5	1.68	2.78	高度风险
8	噁霜灵	5	1.68	2.78	高度风险
9	二苯胺	3	1.01	2.11	中度风险
10	甲醚菊酯	3	1.01	2.11	中度风险
11	灭菌丹	3	1.01	2.11	中度风险
12	己唑醇	2	0.67	1.77	中度风险
13	戊唑醇	2	0.67	1.77	中度风险
14	噻呋酰胺	2	0.67	1.77	中度风险
15	三唑酮	2	0.67	1.77	中度风险
16	氟硅唑	1	0.34	1.44	低度风险
17	8-羟基喹啉	1	0.34	1.44	低度风险
18	扑草净	1	0.34	1.44	低度风险

续表

序号	农药	超标频次	超标率 *P*（%）	风险系数 *R*	风险程度
19	炔螨特	1	0.34	1.44	低度风险
20	缬霉威	1	0.34	1.44	低度风险
21	四氢吩胺	1	0.34	1.44	低度风险
22	1,4-二甲基萘	1	0.34	1.44	低度风险
23	霜霉威	1	0.34	1.44	低度风险
24	咪鲜胺	1	0.34	1.44	低度风险
25	三唑醇	1	0.34	1.44	低度风险
26	唑胺菌酯	1	0.34	1.44	低度风险
27	吡唑醚菌酯	1	0.34	1.44	低度风险
28	乙螨唑	1	0.34	1.44	低度风险
29	乙烯菌核利	1	0.34	1.44	低度风险
30	肟菌酯	0	0.00	1.10	低度风险
31	乙霉威	0	0.00	1.10	低度风险
32	甲霜灵	0	0.00	1.10	低度风险
33	磷酸三异丁酯	0	0.00	1.10	低度风险
34	稻瘟灵	0	0.00	1.10	低度风险
35	粉唑醇	0	0.00	1.10	低度风险
36	乙氧呋草黄	0	0.00	1.10	低度风险
37	嘧霉胺	0	0.00	1.10	低度风险
38	腈菌唑	0	0.00	1.10	低度风险
39	烯唑醇	0	0.00	1.10	低度风险
40	丙溴磷	0	0.00	1.10	低度风险
41	苯酰菌胺	0	0.00	1.10	低度风险
42	苯醚甲环唑	0	0.00	1.10	低度风险
43	茉莉酮	0	0.00	1.10	低度风险
44	莠去津	0	0.00	1.10	低度风险
45	蒽醌	0	0.00	1.10	低度风险
46	醚菊酯	0	0.00	1.10	低度风险
47	醚菌酯	0	0.00	1.10	低度风险
48	烯酰吗啉	0	0.00	1.10	低度风险
49	灭除威	0	0.00	1.10	低度风险
50	二甲戊灵	0	0.00	1.10	低度风险
51	敌敌畏	0	0.00	1.10	低度风险
52	喹禾灵	0	0.00	1.10	低度风险
53	噻嗪酮	0	0.00	1.10	低度风险

续表

序号	农药	超标频次	超标率 *P*（%）	风险系数 *R*	风险程度
54	啶酰菌胺	0	0.00	1.10	低度风险
55	多效唑	0	0.00	1.10	低度风险
56	唑虫酰胺	0	0.00	1.10	低度风险
57	戊菌唑	0	0.00	1.10	低度风险
58	扑灭津	0	0.00	1.10	低度风险
59	咯菌腈	0	0.00	1.10	低度风险
60	氟吡甲禾灵	0	0.00	1.10	低度风险
61	嘧菌酯	0	0.00	1.10	低度风险
62	氟吡禾灵	0	0.00	1.10	低度风险
63	氟吡菌胺	0	0.00	1.10	低度风险
64	氟吡菌酰胺	0	0.00	1.10	低度风险
65	氟唑菌酰胺	0	0.00	1.10	低度风险
66	吡丙醚	0	0.00	1.10	低度风险
67	溴丁酰草胺	0	0.00	1.10	低度风险
68	灭幼脲	0	0.00	1.10	低度风险
69	双苯酰草胺	0	0.00	1.10	低度风险
70	敌草腈	0	0.00	1.10	低度风险

对每个月份内的非禁用农药的风险系数分析，每月内非禁用农药风险程度分布图如图 12-21 所示。这 2 个月份内处于高度风险的农药数一样多。

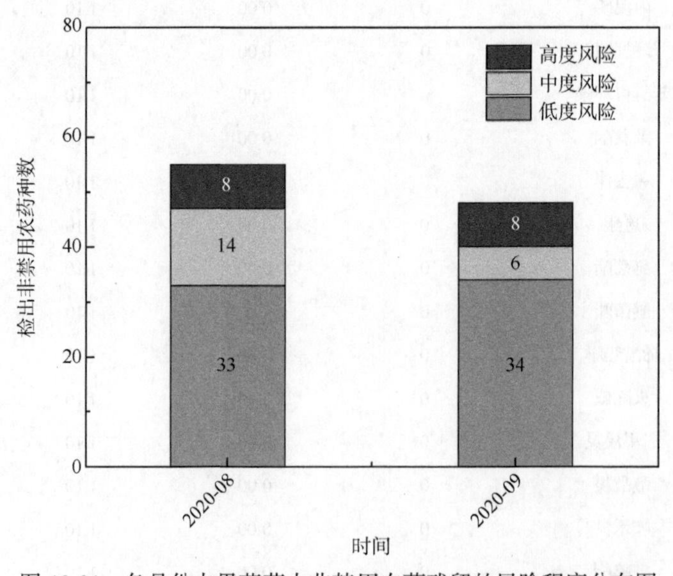

图 12-21　各月份水果蔬菜中非禁用农药残留的风险程度分布图

2 个月份内水果蔬菜中非禁用农药处于中度风险和高度风险的风险系数如图 12-22 和表 12-16 所示。

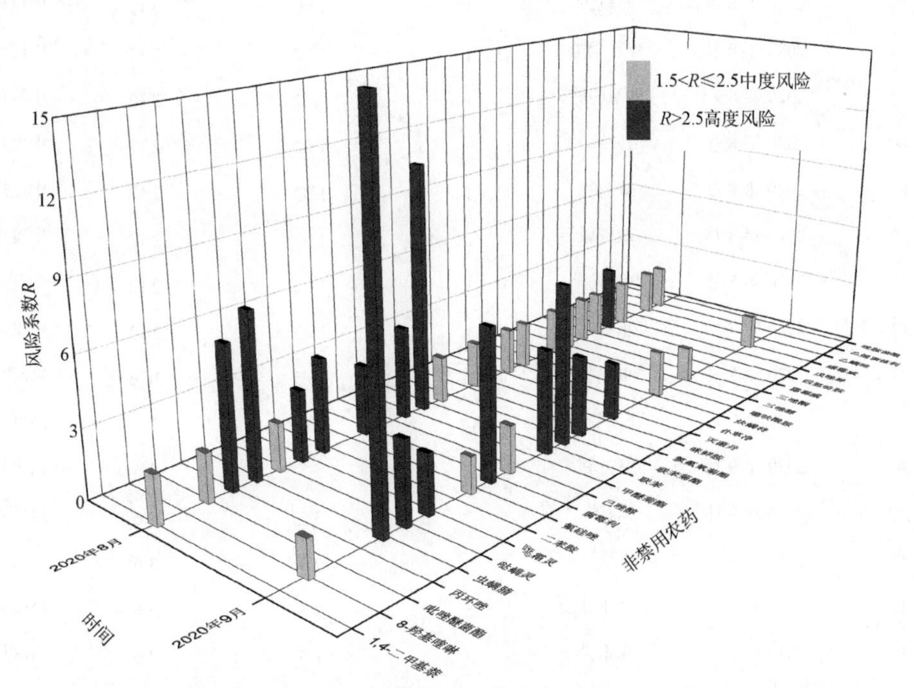

图 12-22　各月份水果蔬菜中非禁用农药处于中度风险和高度风险的风险系数分布图

表 12-16　各月份水果蔬菜中非禁用农药处于中度风险和高度风险的风险系数表

序号	年月	农药	超标频次	超标率 P（%）	风险系数 R	风险程度
1	2020 年 8 月	联苯	10	10.2	11.3	高度风险
2	2020 年 8 月	虫螨腈	6	6.12	7.22	高度风险
3	2020 年 8 月	丙环唑	5	5.1	6.2	高度风险
4	2020 年 8 月	二苯胺	3	3.06	4.16	高度风险
5	2020 年 8 月	甲醚菊酯	3	3.06	4.16	高度风险
6	2020 年 8 月	噁霜灵	2	2.04	3.14	高度风险
7	2020 年 8 月	戊唑醇	2	2.04	3.14	高度风险
8	2020 年 8 月	腐霉利	2	2.04	3.14	高度风险
9	2020 年 8 月	1,4-二甲基萘	1	1.02	2.12	中度风险
10	2020 年 8 月	三唑酮	1	1.02	2.12	中度风险
11	2020 年 8 月	三唑醇	1	1.02	2.12	中度风险
12	2020 年 8 月	乙烯菌核利	1	1.02	2.12	中度风险
13	2020 年 8 月	吡唑醚菌酯	1	1.02	2.12	中度风险
14	2020 年 8 月	咪鲜胺	1	1.02	2.12	中度风险

续表

序号	年月	农药	超标频次	超标率 P（%）	风险系数 R	风险程度
15	2020 年 8 月	哒螨灵	1	1.02	2.12	中度风险
16	2020 年 8 月	唑胺菌酯	1	1.02	2.12	中度风险
17	2020 年 8 月	四氢吩胺	1	1.02	2.12	中度风险
18	2020 年 8 月	扑草净	1	1.02	2.12	中度风险
19	2020 年 8 月	炔螨特	1	1.02	2.12	中度风险
20	2020 年 8 月	缬霉威	1	1.02	2.12	中度风险
21	2020 年 8 月	联苯菊酯	1	1.02	2.12	中度风险
22	2020 年 8 月	霜霉威	1	1.02	2.12	中度风险
23	2020 年 9 月	虫螨腈	31	15.5	16.6	高度风险
24	2020 年 9 月	联苯菊酯	12	6	7.1	高度风险
25	2020 年 9 月	腐霉利	11	5.5	6.6	高度风险
26	2020 年 9 月	联苯	7	3.5	4.6	高度风险
27	2020 年 9 月	哒螨灵	5	2.5	3.6	高度风险
28	2020 年 9 月	氯氟氰菊酯	5	2.5	3.6	高度风险
29	2020 年 9 月	噁霜灵	3	1.5	2.6	高度风险
30	2020 年 9 月	灭菌丹	3	1.5	2.6	高度风险
31	2020 年 9 月	噻呋酰胺	2	1	2.1	中度风险
32	2020 年 9 月	己唑醇	2	1	2.1	中度风险
33	2020 年 9 月	8-羟基喹啉	1	0.5	1.6	中度风险
34	2020 年 9 月	三唑酮	1	0.5	1.6	中度风险
35	2020 年 9 月	乙螨唑	1	0.5	1.6	中度风险
36	2020 年 9 月	氟硅唑	1	0.5	1.6	中度风险

12.4　农药残留风险评估结论与建议

农药残留是影响水果蔬菜安全和质量的主要因素，也是我国食品安全领域备受关注的敏感话题和亟待解决的重大问题之一。各种水果蔬菜均存在不同程度的农药残留现象，本研究主要针对陕西省各类水果蔬菜存在的农药残留问题，基于 2020 年 8 月至 2020 年 9 月期间对陕西省 298 例水果蔬菜样品中农药残留侦测得出的 1079 个侦测结果，分别采用食品安全指数模型和风险系数模型，开展水果蔬菜中农药残留的膳食暴露风险和预警风险评估。水果蔬菜样品取自超市和农贸市场，符合大众的膳食来源，风险评价时更具有代表性和可信度。

本研究力求通用简单地反映食品安全中的主要问题，且为管理部门和大众容易接受，为政府及相关管理机构建立科学的食品安全信息发布和预警体系提供科学的规律与方法，加强对农药残留的预警和食品安全重大事件的预防，控制食品风险。

12.4.1 陕西省水果蔬菜中农药残留膳食暴露风险评价结论

1）水果蔬菜样品中农药残留安全状态评价结论

采用食品安全指数模型，对 2020 年 9 月至 2020 年 9 月期间陕西省水果蔬菜食品农药残留膳食暴露风险进行评价，根据 IFS_c 的计算结果发现，水果蔬菜中农药的$\overline{IFS}$为 0.0362，说明陕西省水果蔬菜总体处于很好的安全状态，但部分禁用农药、高残留农药在蔬菜、水果中仍有侦测出，导致膳食暴露风险的存在，成为不安全因素。

2）单种水果蔬菜中农药膳食暴露风险不可接受情况评价结论

单种水果蔬菜中农药残留安全指数分析结果显示，农药对单种水果蔬菜安全影响不可接受（$IFS_c>1$）的样本数共 2 个，占总样本数的 0.19%，样本为豇豆中的唑胺菌酯，茄子中的炔螨特，说明豇豆中的唑胺菌酯，茄子中的炔螨特会对消费者身体健康造成较大的膳食暴露风险。豇豆和茄子均为较常见的水果蔬菜，百姓日常食用量较大，长期食用大量残留唑胺菌酯的豇豆、炔螨特的茄子会对人体造成不可接受的影响，本次侦测发现唑胺菌酯在豇豆、炔螨特在茄子样品中多次并大量侦测出，是未严格实施农业良好管理规范（GAP），抑或是农药滥用，这应该引起相关管理部门的警惕，应加强对蔬菜中农药的严格管控。

12.4.2 陕西省水果蔬菜中农药残留预警风险评价结论

1）单种水果蔬菜中禁用农药残留的预警风险评价结论

本次侦测过程中，在 9 种水果蔬菜中侦测超出 2 种禁用农药，禁用农药为：毒死蜱和克百威，水果蔬菜为：大白菜、梨、番茄、花椰菜、芹菜、苹果、葡萄、豇豆、马铃薯，水果蔬菜中禁用农药的风险系数分析结果显示，2 种禁用农药在 9 种水果蔬菜中的残留均处于高度风险，说明在单种水果蔬菜中禁用农药的残留会导致较高的预警风险。

2）单种水果蔬菜中非禁用农药残留的预警风险评价结论

以 MRL 中国国家标准为标准，计算水果蔬菜中非禁用农药风险系数情况下，196 个样本中，1 个处于高度风险（0.51%），101 个处于低度风险（51.53%），94 个样本没有 MRL 中国国家标准（47.96%）。以 MRL 欧盟标准为标准，计算水果蔬菜中非禁用农药风险系数情况下，发现有 43 个处于高度风险（21.94%），153 个处于低度风险（78.06%）。基于两种 MRL 标准，评价的结果差异显著，可以看出 MRL 欧盟标准比中国国家标准更加严格和完善，过于宽松的 MRL 中国国家标准值能否有效保障人体的健康有待研究。

12.4.3 加强陕西省水果蔬菜食品安全建议

我国食品安全风险评价体系仍不够健全，相关制度不够完善，多年来，由于农药用药次数多、用药量大或用药间隔时间短，产品残留量大，农药残留所造成的食品安全问题日益严峻，给人体健康带来了直接或间接的危害。据估计，美国与农药有关的癌症患者数约占全国癌症患者总数的50%，中国更高。同样，农药对其它生物也会形成直接杀伤和慢性危害，植物中的农药可经过食物链逐级传递并不断蓄积，对人和动物构成潜在威胁，并影响生态系统。

基于本次农药残留侦测数据的风险评价结果，提出以下几点建议：

1）加快食品安全标准制定步伐

我国食品标准中对农药每日允许最大摄入量ADI的数据严重缺乏，在本次陕西省水果蔬菜农药残留评价所涉及的72种农药中，仅有88.5%的农药具有ADI值，而12.5%的农药中国尚未规定相应的ADI值，亟待完善。

我国食品中农药最大残留限量值的规定严重缺乏，对评估涉及的不同水果蔬菜中不同农药249个MRL限值进行统计来看，我国仅制定出84个标准，标准完整率仅为33.7%，欧盟的完整率达到100%（表12-17）。因此，中国更应加快MRL标准的制定步伐。

表12-17 我国国家食品标准农药的ADI、MRL值与欧盟标准的数量差异

分类		中国ADI	MRL中国国家标准	MRL欧盟标准
标准限值（个）	有	57	84	249
	无	7	165	0
总数（个）		64	249	249
无标准限值比例（%）		10.9	66.3	0

此外，MRL中国国家标准限值普遍高于欧盟标准限值，这些标准中共有54个高于欧盟。过高的MRL值难以保障人体健康，建议继续加强对限值基准和标准的科学研究，将农产品中的危险性减少到尽可能低的水平。

2）加强农药的源头控制和分类监管

在陕西省某些水果蔬菜中仍有禁用农药残留，利用GC-Q-TOF/MS技术侦测出2种禁用农药，检出频次为61次，残留禁用农药均存在较大的膳食暴露风险和预警风险。早已列入黑名单的禁用农药在我国并未真正退出，有些药物由于价格便宜、工艺简单，此类高毒农药一直生产和使用。建议在我国采取严格有效的控制措施，从源头控制禁用农药。

对于非禁用农药，在我国作为“田间地头”最典型单位的县级蔬果产地中，农药残留的侦测几乎缺失。建议根据农药的毒性，对高毒、剧毒、中毒农药实现分类管理，减少使用高毒和剧毒高残留农药，进行分类监管。

3）加强残留农药的生物修复及降解新技术

市售果蔬中残留农药的品种多、频次高、禁用农药多次检出这一现状，说明了我国的田间土壤和水体因农药长期、频繁、不合理的使用而遭到严重污染。为此，建议中国相关部门出台相关政策，鼓励高校及科研院所积极开展分子生物学、酶学等研究，加强土壤、水体中残留农药的生物修复及降解新技术研究，切实加大农药监管力度，以控制农药的面源污染问题。

综上所述，在本工作基础上，根据蔬菜残留危害，可进一步针对其成因提出和采取严格管理、大力推广无公害蔬菜种植与生产、健全食品安全控制技术体系、加强蔬菜食品质量侦测体系建设和积极推行蔬菜食品质量追溯制度等相应对策。建立和完善食品安全综合评价指数与风险监测预警系统，对食品安全进行实时、全面的监控与分析，为我国的食品安全科学监管与决策提供新的技术支持，可实现各类检验数据的信息化系统管理，降低食品安全事故的发生。

第 13 章　LC-Q-TOF/MS 侦测青海省市售水果蔬菜农药残留报告

从青海省 2 个市，随机采集了 300 例水果蔬菜样品，使用液相色谱-四极杆飞行时间质谱（LC-Q-TOF/MS），进行了 842 种农药化学污染物的全面侦测（7 种负离子模式 ESI^- 未涉及）。

13.1　样品种类、数量与来源

13.1.1　样品采集与检测

为了真实反映百姓餐桌上水果蔬菜中农药残留污染状况，本次所有检测样品均由检验人员于 2020 年 8 月至 9 月期间，从青海省 24 个采样点，包括 11 个农贸市场、9 个个体商户、4 个超市，以随机购买方式采集，总计 24 批 300 例样品，从中检出农药 83 种，882 频次。采样及监测概况见表 13-1，样品及采样点明细见表 13-2 及表 13-3。

表 13-1　农药残留监测总体概况

采样地区	青海省 5 个区县
采样点（超市+农贸市场+个体商户）	24
样本总数	300
检出农药品种/频次	83/882
各采样点样本农药残留检出率范围	50.0%～100.0%

表 13-2　样品分类及数量

样品分类	样品名称（数量）	数量小计
1. 水果		36
1）仁果类水果	苹果（12），梨（12）	24
2）浆果和其他小型水果	葡萄（12）	12
2. 蔬菜		264
1）芸薹属类蔬菜	结球甘蓝（24），花椰菜（24）	48
2）茄果类蔬菜	辣椒（24），茄子（24），番茄（24）	72
3）瓜类蔬菜	西葫芦（24），黄瓜（12）	36

续表

样品分类	样品名称（数量）	数量小计
4）叶菜类蔬菜	芹菜（24），小白菜（1），大白菜（23），菠菜（12）	60
5）根茎类和薯芋类蔬菜	马铃薯（24）	24
6）豆类蔬菜	豇豆（22），菜豆（2）	24
合计	1.水果 3 种 2.蔬菜 14 种	300

表 13-3　青海省采样点信息

采样点序号	行政区域	采样点
个体商户（9）		
1	海东市 乐都区	***超市（乐都区火巷子街）
2	海东市 乐都区	***果蔬店（乐都区）
3	海东市 乐都区	***果蔬铺（乐都区滨河南路）
4	海东市 乐都区	***超市（乐都区文化街）
5	海东市 乐都区	***批发店（乐都区）
6	海东市 乐都区	***蔬菜店（乐都区古城大街）
7	海东市 乐都区	***水果店（乐都区碾伯镇）
8	海东市 乐都区	***直销店（乐都区西关街）
9	西宁市 城东区	***超市（城东区长江路）
农贸市场（11）		
1	海东市 乐都区	***市场
2	海东市 乐都区	***市场
3	西宁市 城东区	***市场
4	西宁市 城东区	***市场
5	西宁市 城中区	***市场
6	西宁市 城中区	***市场
7	西宁市 城北区	***市场
8	西宁市 城北区	***市场
9	西宁市 城西区	***市场
10	西宁市 城西区	***市场
11	西宁市 城西区	***市场
超市（4）		
1	海东市 乐都区	***超市（乐都店）
2	海东市 乐都区	***超市（乐都商场店）

续表

采样点序号	行政区域	采样点
3	西宁市 城东区	***超市（德令哈路店）
4	西宁市 城中区	***超市（农建巷便利店）

13.1.2 检测结果

这次使用的检测方法是庞国芳院士团队最新研发的不需使用标准品对照，而以高分辨精确质量数（0.0001 *m/z*）为基准的 LC-Q-TOF/MS 检测技术，对于 300 例样品，每个样品均侦测了 842 种农药化学污染物的残留现状。通过本次侦测，在 300 例样品中共计检出农药化学污染物 83 种，检出 882 频次。

13.1.2.1 各采样点样品检出情况

统计分析发现 24 个采样点中，被测样品的农药检出率范围为 50.0%～100.0%。***超市(乐都区文化街)的检出率最高，为 100.0%。***市场的检出率最低，为 50.0%，见图 13-1。

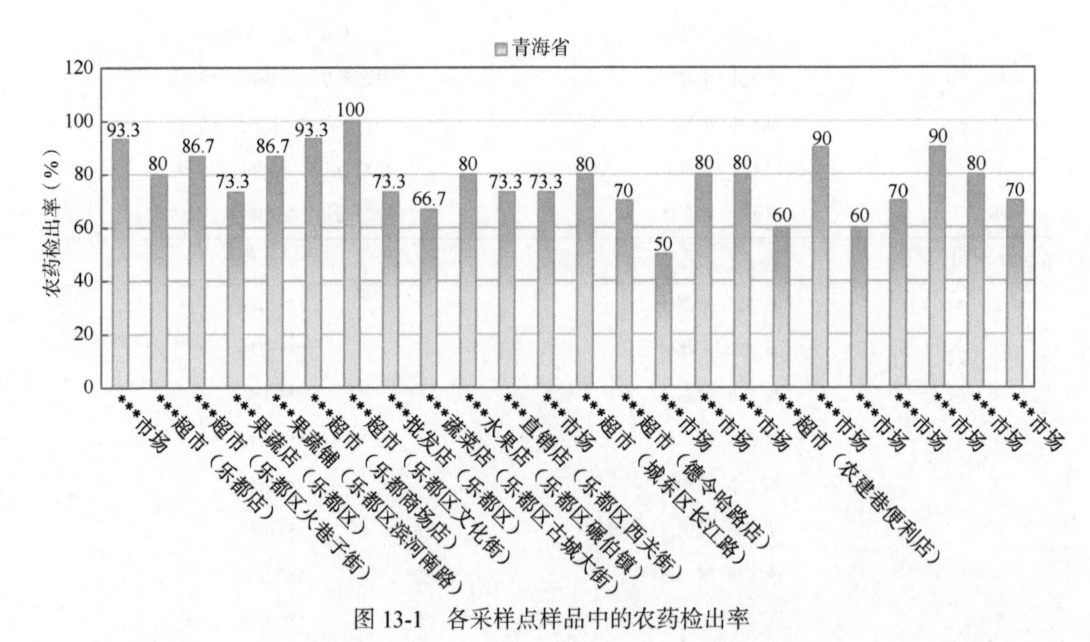

图 13-1　各采样点样品中的农药检出率

13.1.2.2 检出农药的品种总数与频次

统计分析发现，对于 300 例样品中 842 种农药化学污染物的侦测，共检出农药 882 频次，涉及农药 83 种，结果如图 13-2 所示。其中啶虫脒检出频次最高，共检出 69 次。检出频次排名前 10 的农药如下：①烯酰吗啉（399），②啶虫脒（340），③多菌灵（223），④霜霉威（195），⑤吡唑醚菌酯（188），⑥苯醚甲环唑（182），⑦吡虫啉（173），⑧噻虫嗪（173），⑨灭蝇胺（159），⑩噻虫胺（121）。

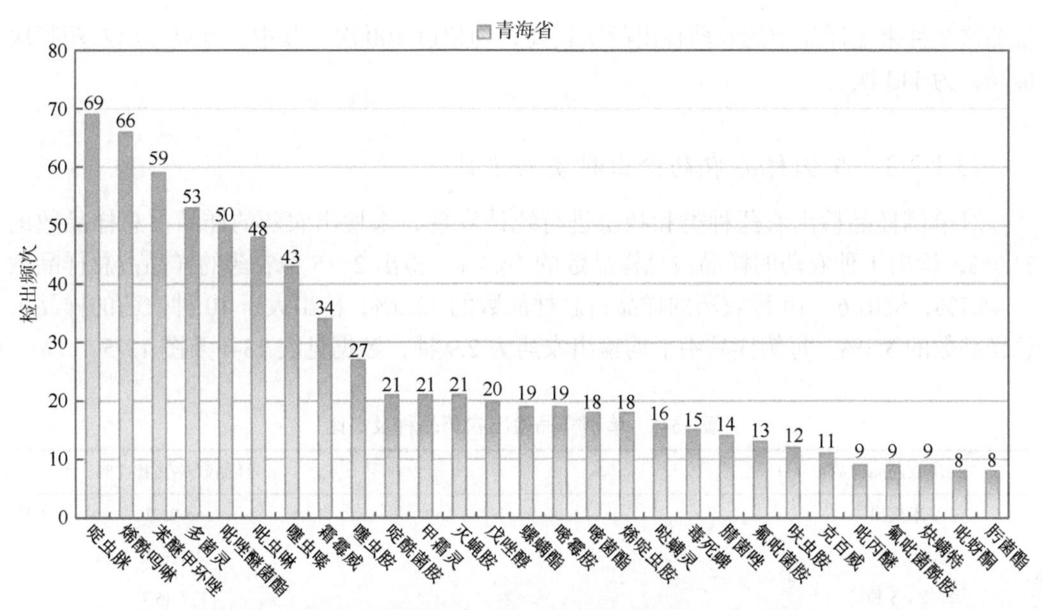

图 13-2　检出农药品种及频次（仅列出 8 频次及以上的数据）

由图 13-3 可见，黄瓜、豇豆、葡萄和番茄这 4 种果蔬样品中检出的农药品种数较高，均超过 30 种，其中，黄瓜检出农药品种最多，为 37 种。由图 13-4 可见，豇豆、葡萄和

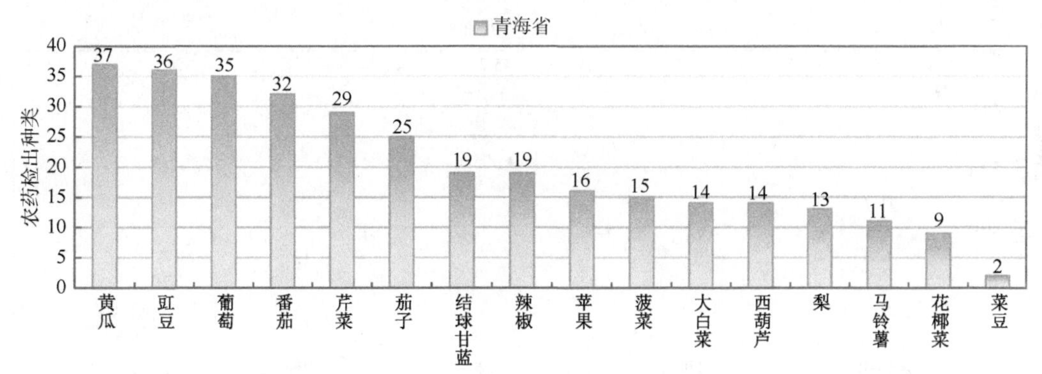

图 13-3　单种水果蔬菜检出农药的种类数（仅列出检出农药 2 种及以上的数据）

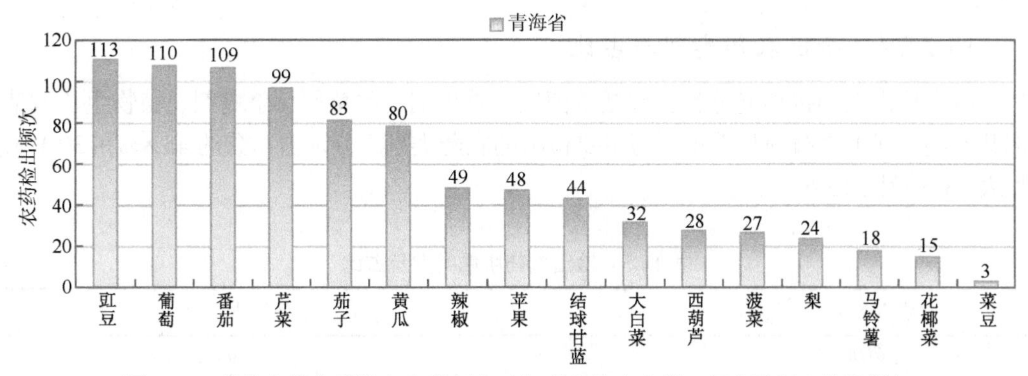

图 13-4　单种水果蔬菜检出农药频次（仅列出检出农药 3 频次及以上的数据）

番茄这 3 种果蔬样品中的农药检出频次较高，均超过 100 次，其中，豇豆检出农药频次最高，为 113 次。

13.1.2.3　单例样品农药检出种类与占比

对单例样品检出农药种类和频次进行统计发现，未检出农药的样品占总样品数的 21.7%，检出 1 种农药的样品占总样品数的 16.3%，检出 2～5 种农药的样品占总样品数的 45.7%，检出 6～10 种农药的样品占总样品数的 13.0%，检出大于 10 种农药的样品占总样品数的 3.3%。每例样品中平均检出农药为 2.9 种，数据见表 13-4 及图 13-5。

表 13-4　单例样品检出农药品种及占比

检出农药品种数	样品数量/占比（%）
未检出	65/21.7
1 种	49/16.3
2～5 种	137/45.7
6～10 种	39/13.0
大于 10 种	10/3.3
单例样品平均检出农药品种	2.9 种

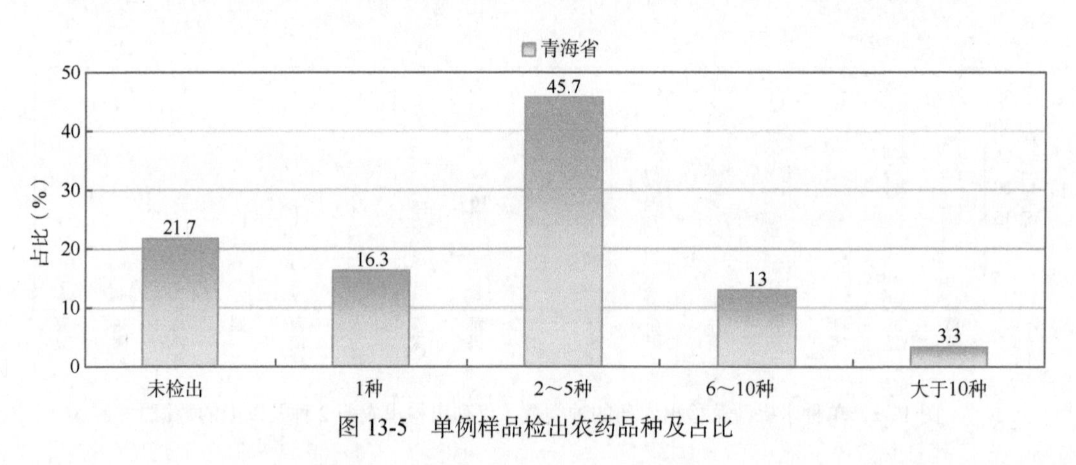

图 13-5　单例样品检出农药品种及占比

13.1.2.4　检出农药类别与占比

所有检出农药按功能分类，包括杀菌剂、杀虫剂、除草剂、杀螨剂、植物生长调节剂共 5 类。其中杀菌剂与杀虫剂为主要检出的农药类别，分别占总数的 45.8%和 30.1%，见表 13-5 及图 13-6。

表 13-5　检出农药所属类别及占比

农药类别	数量/占比（%）
杀菌剂	38/45.8
杀虫剂	25/30.1

续表

农药类别	数量/占比（%）
除草剂	8/9.6
杀螨剂	7/8.4
植物生长调节剂	5/6.0

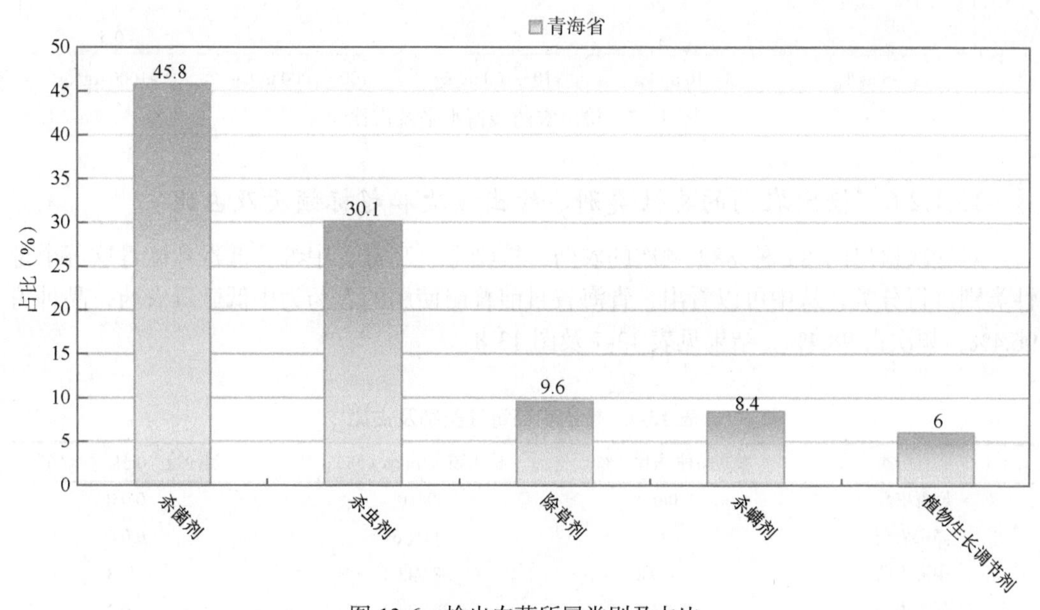

图 13-6　检出农药所属类别及占比

13.1.2.5　检出农药的残留水平

按检出农药残留水平进行统计，残留水平在 1～5 μg/kg（含）的农药占总数的 45.1%，在 5～10 μg/kg（含）的农药占总数的 15.6%，在 10～100 μg/kg（含）的农药占总数的 31.0%，在 100～1000 μg/kg（含）的农药占总数的 7.8%，>1000 μg/kg 的农药占总数的 0.5%。

由此可见，这次检测的 24 批 300 例水果蔬菜样品中农药多数处于较低残留水平。结果见表 13-6 及图 13-7。

表 13-6　农药残留水平及占比

残留水平（μg/kg）	检出频次/占比（%）
1～5（含）	398/45.1
5～10（含）	138/15.6
10～100（含）	273/31.0
100～1000（含）	69/7.8
>1000	4/0.5

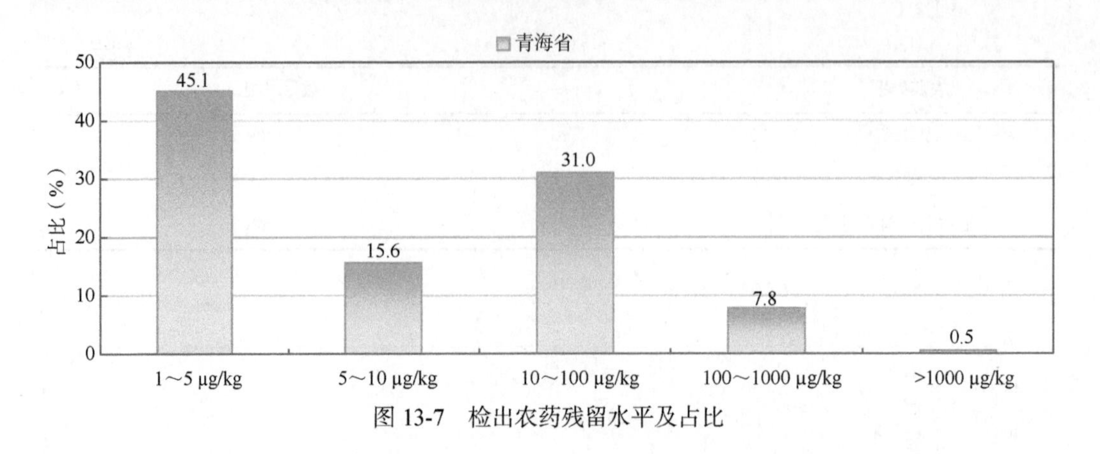

图 13-7　检出农药残留水平及占比

13.1.2.6　检出农药的毒性类别、检出频次和超标频次及占比

对这次检出的 83 种 882 频次的农药，按剧毒、高毒、中毒、低毒和微毒这五个毒性类别进行分类，从中可以看出，青海省目前普遍使用的农药为中低微毒农药，品种占 96.4%，频次占 98.4%。结果见表 13-7 及图 13-8。

表 13-7　检出农药毒性类别及占比

毒性分类	农药品种/占比（%）	检出频次/占比（%）	超标频次/超标率（%）
剧毒农药	0/0	0/0.0	0/0.0
高毒农药	3/3.6	14/1.6	0/0.0
中毒农药	33/39.8	383/43.4	1/0.3
低毒农药	29/34.9	294/33.3	1/0.3
微毒农药	18/21.7	191/21.7	0/0.0

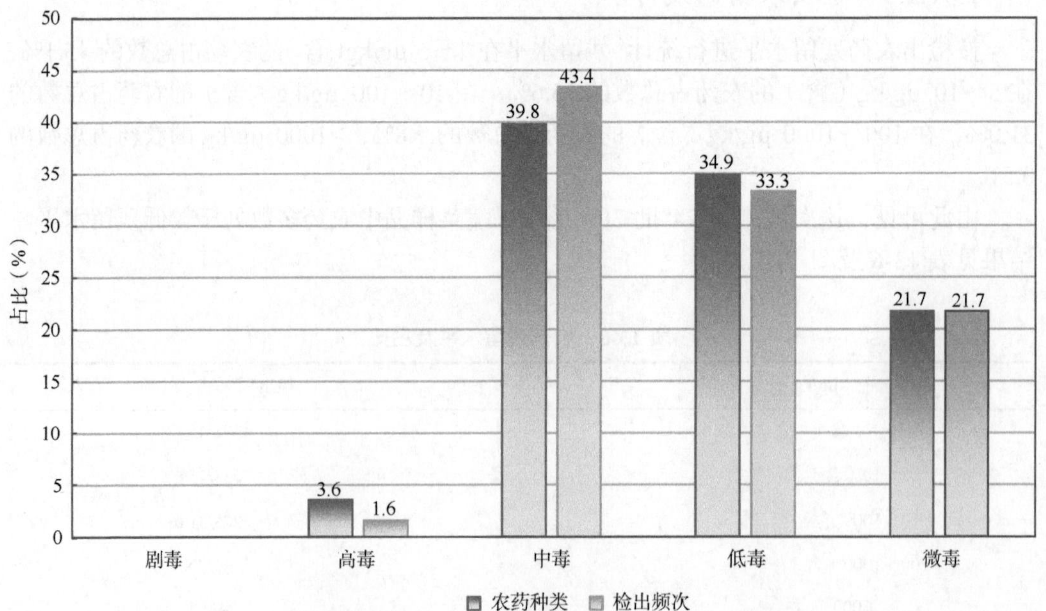

图 13-8　检出农药的毒性分类及占比

13.1.2.7　检出剧毒/高毒类农药的品种和频次

值得特别关注的是，在此次侦测的 300 例样品中有 4 种蔬菜 1 种水果的 14 例样品检出了 3 种 14 频次的剧毒和高毒农药，占样品总量的 4.7%，详见图 13-9、表 13-8 及表 13-9。

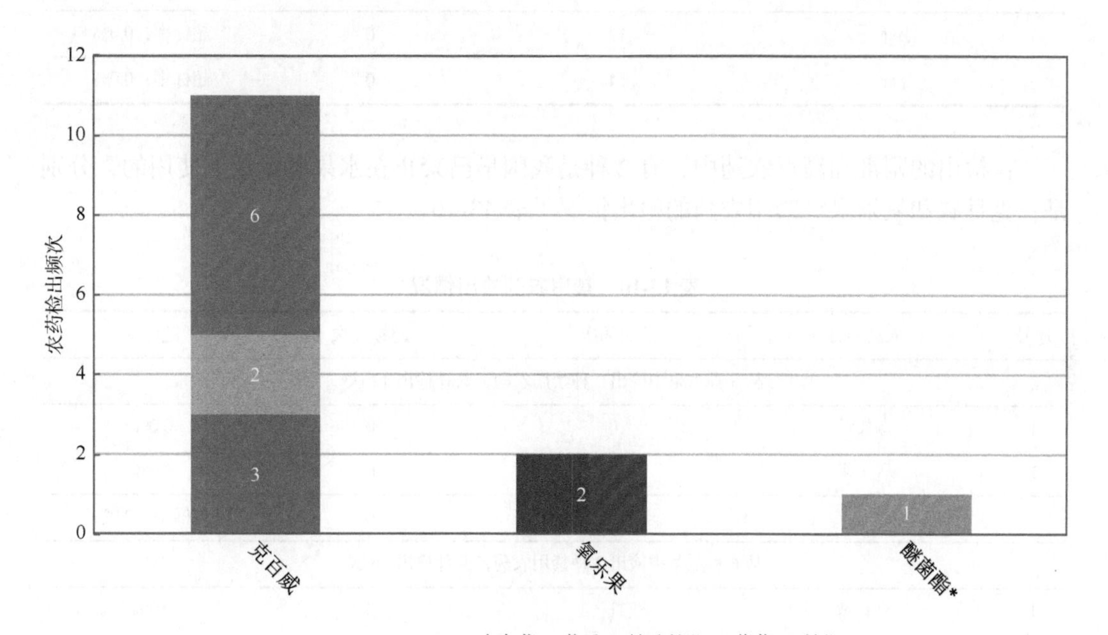

图 13-9　检出剧毒/高毒农药的样品情况

*表示允许在水果和蔬菜上使用的农药

表 13-8　剧毒农药检出情况

序号	农药名称	检出频次	超标频次	超标率
		水果中未检出剧毒农药		
	小计	0	0	超标率：0.0%
		蔬菜中未检出剧毒农药		
	小计	0	0	超标率：0.0%
	合计	0	0	超标率：0.0%

表 13-9　高毒农药检出情况

序号	农药名称	检出频次	超标频次	超标率
		从 1 种水果中检出 1 种高毒农药，共计检出 2 次		
1	氧乐果	2	0	0.0%
	小计	2	0	超标率：0.0%

续表

序号	农药名称	检出频次	超标频次	超标率
从 4 种蔬菜中检出 2 种高毒农药，共计检出 12 次				
1	克百威	11	0	0.0%
2	醚菌酯	1	0	0.0%
	小计	12	0	超标率：0.0%
	合计	14	0	超标率：0.0%

在检出的剧毒和高毒农药中，有 2 种是我国早已禁止在水果和蔬菜上使用的，分别是：克百威和氧乐果。禁用农药的检出情况见表 13-10。

表 13-10　禁用农药检出情况

序号	农药名称	检出频次	超标频次	超标率
从 3 种水果中检出 2 种禁用农药，共计检出 12 次				
1	毒死蜱	10	0	0.0%
2	氧乐果	2	0	0.0%
	小计	12	0	超标率：0.0%
从 6 种蔬菜中检出 2 种禁用农药，共计检出 16 次				
1	克百威	11	0	0.0%
2	毒死蜱	5	0	0.0%
	小计	16	0	超标率：0.0%
	合计	28	0	超标率：0.0%

注：超标结果参考 MRL 中国国家标准计算

此次抽检的果蔬样品中，没有检出剧毒农药。

样品中检出剧毒和高毒农药残留水平没有超过 MRL 中国国家标准，但本次检出结果仍表明，剧毒、高毒农药的使用现象依旧存在。详见表 13-11。

表 13-11　各样本中检出剧毒/高毒农药情况

样品名称	农药名称	检出频次	超标频次	检出浓度（μg/kg）
水果 1 种				
葡萄	氧乐果▲	2	0	4.0，6.3
小计		2	0	超标率：0.0%
蔬菜 4 种				
大白菜	克百威▲	3	0	1.2，3.3，4.0
结球甘蓝	克百威▲	6	0	4.8，6.6，4.8，1.3，13.1，1.0
辣椒	醚菌酯	1	0	61.6

续表

样品名称	农药名称	检出频次	超标频次	检出浓度（μg/kg）
黄瓜	克百威▲	2	0	2.3，1.5
	小计	12	0	超标率：0.0%
	合计	14	0	超标率：0.0%

▲ 表示禁用农药

13.2　农药残留检出水平与最大残留限量标准对比分析

我国于 2019 年 8 月 15 日正式颁布并于 2020 年 2 月 15 日正式实施食品农药残留限量国家标准《食品中农药最大残留限量》（GB 2763—2019），该标准包括 467 个农药条目，涉及最大残留限量（MRL）标准 7108 项。将 882 频次检出结果的浓度水平与 7108 项 MRL 中国国家标准进行比对，其中有 617 频次的结果找到了对应的 MRL 标准，占 70.0%，还有 265 频次的侦测数据则无相关 MRL 标准供参考，占 30.0%。

将此次侦测结果与国际上现行 MRL 标准对比发现，在 882 频次的检出结果中有 882 频次的结果找到了对应的 MRL 欧盟标准，占 100.0%，其中，809 频次的结果有明确对应的 MRL 标准，占 91.7%，其余 73 频次按照欧盟一律标准判定，占 8.3%；有 882 频次的结果找到了对应的 MRL 日本标准，占 100.0%，其中，694 频次的结果有明确对应的 MRL 标准，占 78.7%，其余 188 频次按照日本一律标准判定，占 21.3%；有 555 频次的结果找到了对应的 MRL 中国香港标准，占 62.9%；有 587 频次的结果找到了对应的 MRL 美国标准，占 66.6%；有 547 频次的结果找到了对应的 MRL CAC 标准，占 62.0%（图 13-10 和图 13-11）。

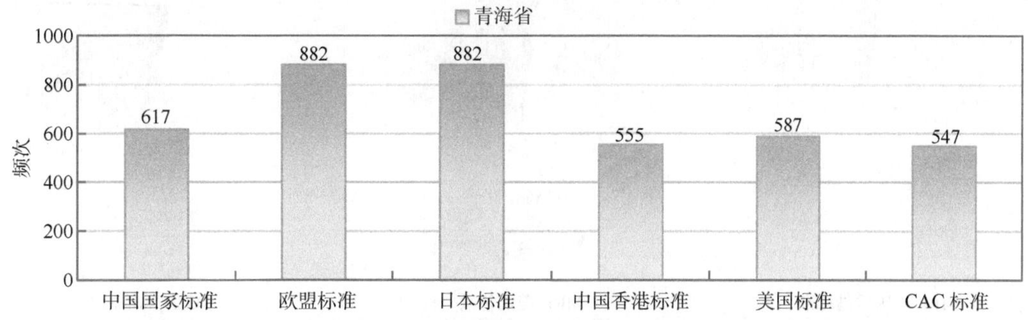

图 13-10　882 频次检出农药可用 MRL 中国国家标准、欧盟标准、日本标准、中国香港标准、美国标准和 CAC 标准判定衡量的数量

13.2.1　超标农药样品分析

本次侦测的 300 例样品中，65 例样品未检出任何残留农药，占样品总量的 21.7%，235 例样品检出不同水平、不同种类的残留农药，占样品总量的 78.3%。在此，我们将本次侦测的农残检出情况与 MRL 中国国家标准、欧盟标准、日本标准、中国香港标准、美国标准和 CAC 标准这 6 大国际主流 MRL 标准进行对比分析，样品农残检出与超标情

况见图 13-12、表 13-12 和图 13-13。

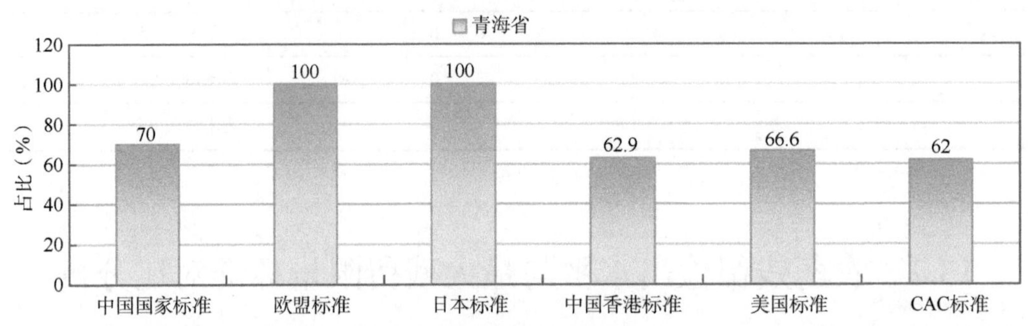

图 13-11　882 频次检出农药可用 MRL 中国国家标准、欧盟标准、日本标准、中国香港标准、美国标准和 CAC 标准衡量的占比

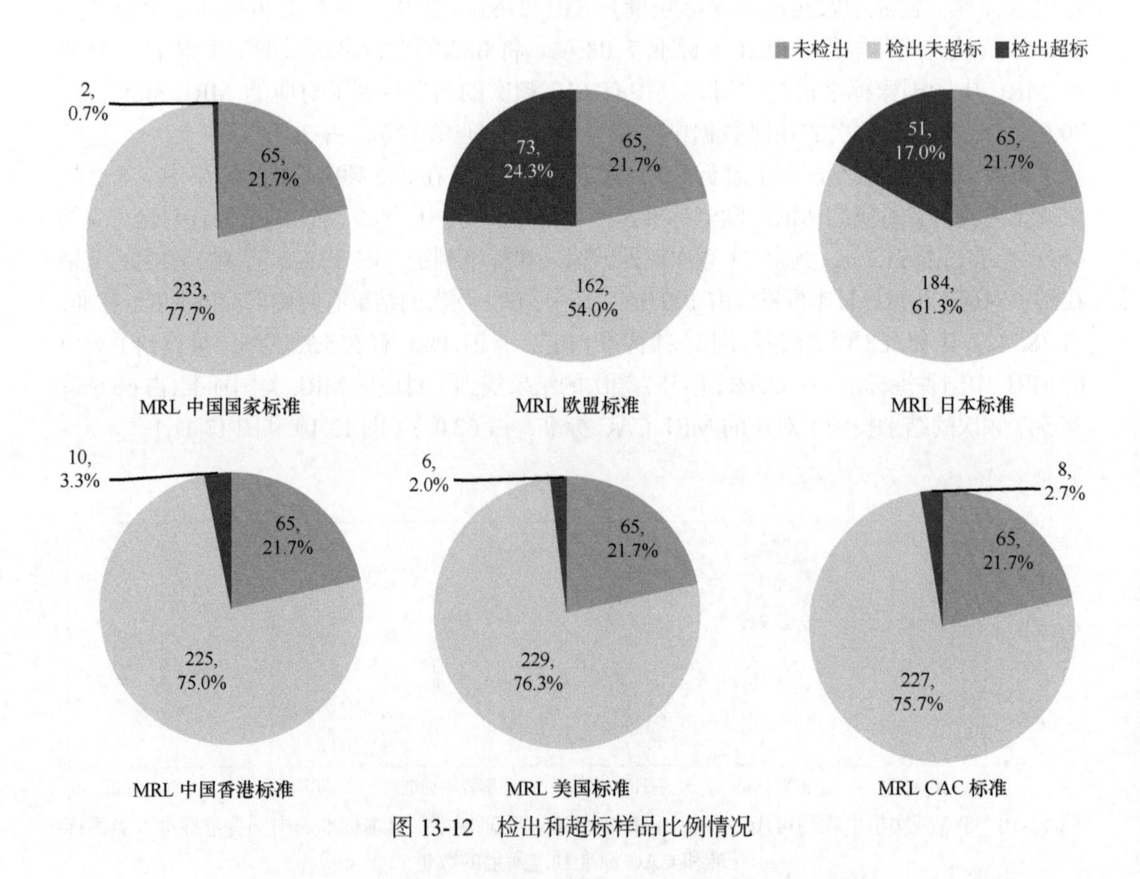

图 13-12　检出和超标样品比例情况

表 13-12　各 MRL 标准下样本农残检出与超标数量及占比

	中国国家标准	欧盟标准	日本标准	中国香港标准	美国标准	CAC 标准
	数量/占比（%）	数量/占比（%）	数量/占比（%）	数量/占比（%）	数量/占比（%）	数量/占比（%）
未检出	65/21.7	65/21.7	65/21.7	65/21.7	65/21.7	65/21.7
检出未超标	233/77.7	162/54.0	184/61.3	225/75.0	229/76.3	227/75.7
检出超标	2/0.7	73/24.3	51/17.0	10/3.3	6/2.0	8/2.7

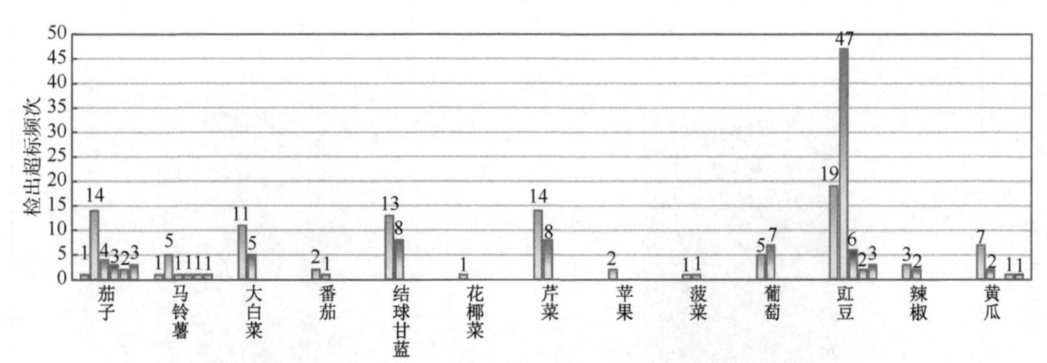

图 13-13　超过 MRL 中国国家标准、欧盟标准、日本标准、中国香港标准、美国标准和 CAC 标准结果在水果蔬菜中的分布

13.2.2　超标农药种类分析

按照 MRL 中国国家标准、欧盟标准、日本标准、中国香港标准、美国标准和 CAC 标准这 6 大国际主流 MRL 标准衡量，本次侦测检出的农药超标品种及频次情况见表 13-13。

表 13-13　各 MRL 标准下超标农药品种及频次

	中国国家标准	欧盟标准	日本标准	中国香港标准	美国标准	CAC 标准
超标农药品种	2	32	36	6	3	6
超标农药频次	2	97	86	10	6	8

13.2.2.1　按 MRL 中国国家标准衡量

按 MRL 中国国家标准衡量，共有 2 种农药超标，检出 2 频次，分别为中毒农药甲霜灵，低毒农药噻虫胺。

按超标程度比较，茄子中噻虫胺超标 2.0 倍，马铃薯中甲霜灵超标 70%。检测结果见图 13-14。

13.2.2.2　按 MRL 欧盟标准衡量

按 MRL 欧盟标准衡量，共有 32 种农药超标，检出 97 频次，分别为高毒农药克百威，中毒农药毒死蜱、氟硅唑、唑虫酰胺、辛硫磷、丙溴磷、哒螨灵、甲哌、茵多酸、啶虫脒、丙环唑、甲霜灵和异丙威，低毒农药烯酰吗啉、噻虫嗪、二甲嘧酚、呋虫胺、螺螨酯、己唑醇、炔螨特、扑草净、胺鲜酯、烯啶虫胺、噻虫胺和嘧霉胺，微毒农药扑灭津、氟吡菌胺、甲氧虫酰肼、多菌灵、霜霉威、噻呋酰胺和乙螨唑。

按超标程度比较，芹菜中嘧霉胺超标 181.8 倍，黄瓜中呋虫胺超标 77.5 倍，茄子中螺螨酯超标 32.6 倍，豇豆中丙溴磷超标 21.8 倍，辣椒中呋虫胺超标 19.6 倍。检测结果见图 13-15。

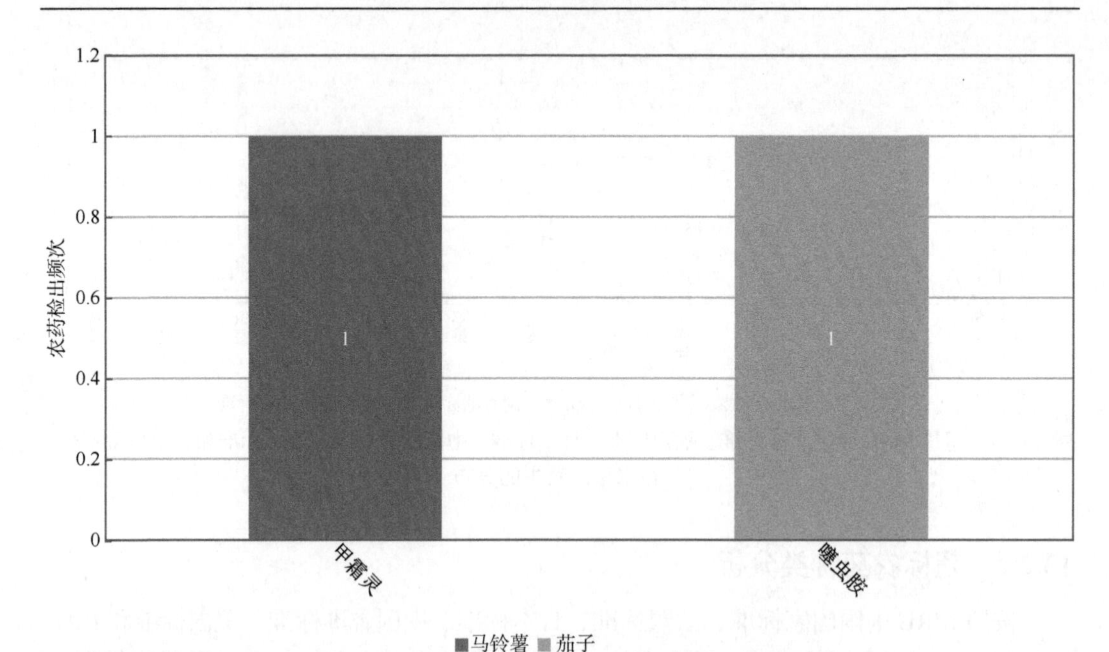

图 13-14　超过 MRL 中国国家标准农药品种及频次

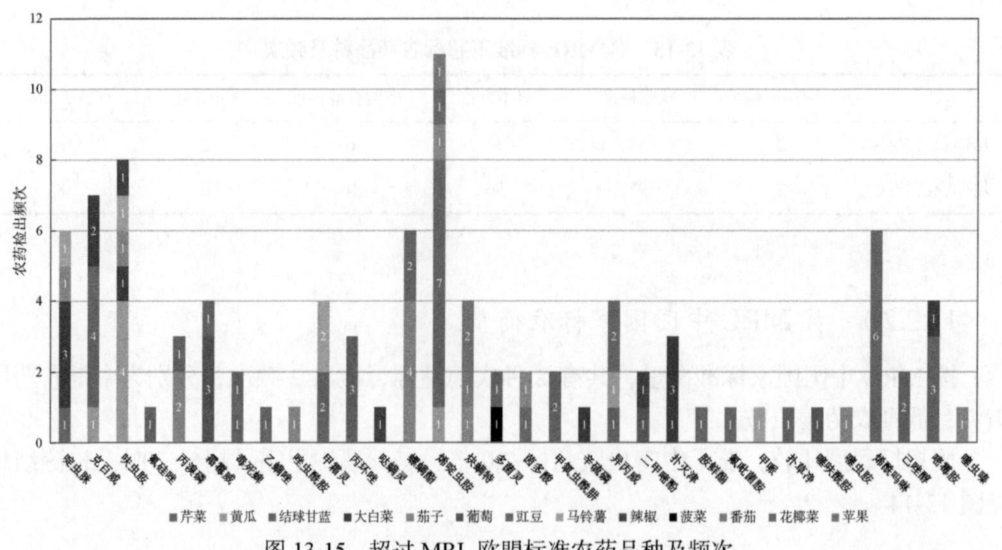

图 13-15　超过 MRL 欧盟标准农药品种及频次

13.2.2.3　按 MRL 日本标准衡量

按 MRL 日本标准衡量，共有 36 种农药超标，检出 86 频次，分别为中毒农药毒死蜱、氟硅唑、吡唑醚菌酯、吡虫啉、辛硫磷、咪鲜胺、丙溴磷、哒螨灵、苯醚甲环唑、茵多酸、甲哌、啶虫脒、异丙威和甲霜灵，低毒农药烯酰吗啉、噻虫嗪、二甲嘧酚、螺螨酯、己唑醇、炔螨特、扑草净、吡蚜酮、乙嘧酚磺酸酯、氟吡菌酰胺、胺鲜酯、烯啶虫胺和嘧霉胺，微毒农药扑灭津、氟吡菌胺、嘧菌酯、乙嘧酚、氯虫苯甲酰胺、霜霉威、噻呋酰胺、氟环唑和乙螨唑。

按超标程度比较，芹菜中嘧霉胺超标 181.8 倍，豇豆中霜霉威超标 65.6 倍，豇豆中啶虫脒超标 33.1 倍，豇豆中丙溴磷超标 21.8 倍，黄瓜中异丙威超标 19.6 倍。检测结果见图 13-16。

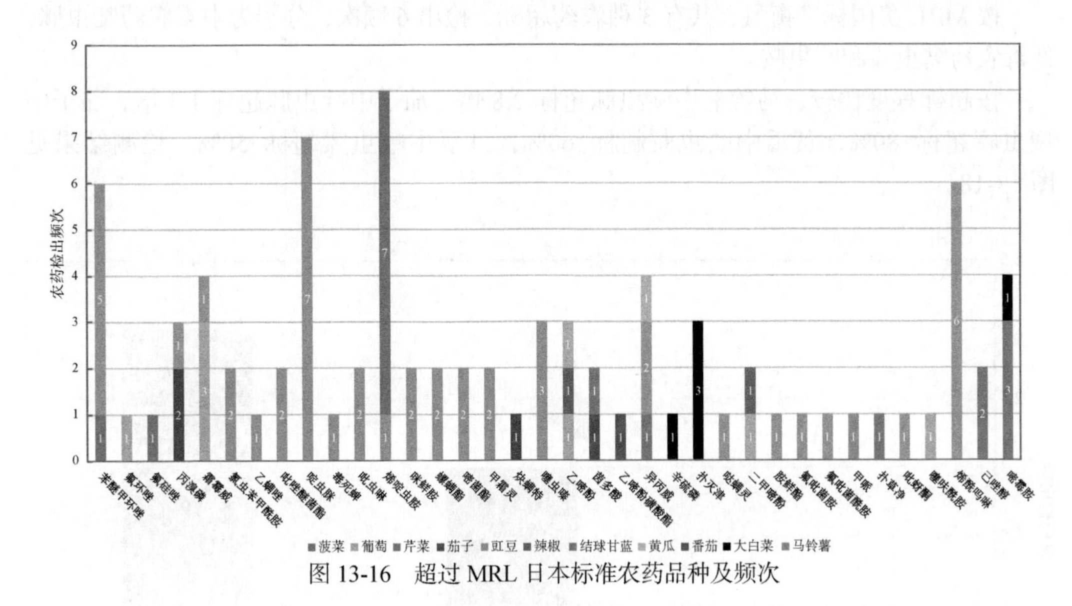

图 13-16　超过 MRL 日本标准农药品种及频次

13.2.2.4　按 MRL 中国香港标准衡量

按 MRL 中国香港标准衡量，共有 6 种农药超标，检出 10 频次，分别为中毒农药毒死蜱、吡唑醚菌酯、吡虫啉和啶虫脒，低毒农药噻虫嗪和噻虫胺。

按超标程度比较，马铃薯中啶虫脒超标 2.8 倍，豇豆中噻虫嗪超标 2.0 倍，茄子中噻虫胺超标 2.0 倍，豇豆中毒死蜱超标 1.5 倍，茄子中啶虫脒超标 1.3 倍。检测结果见图 13-17。

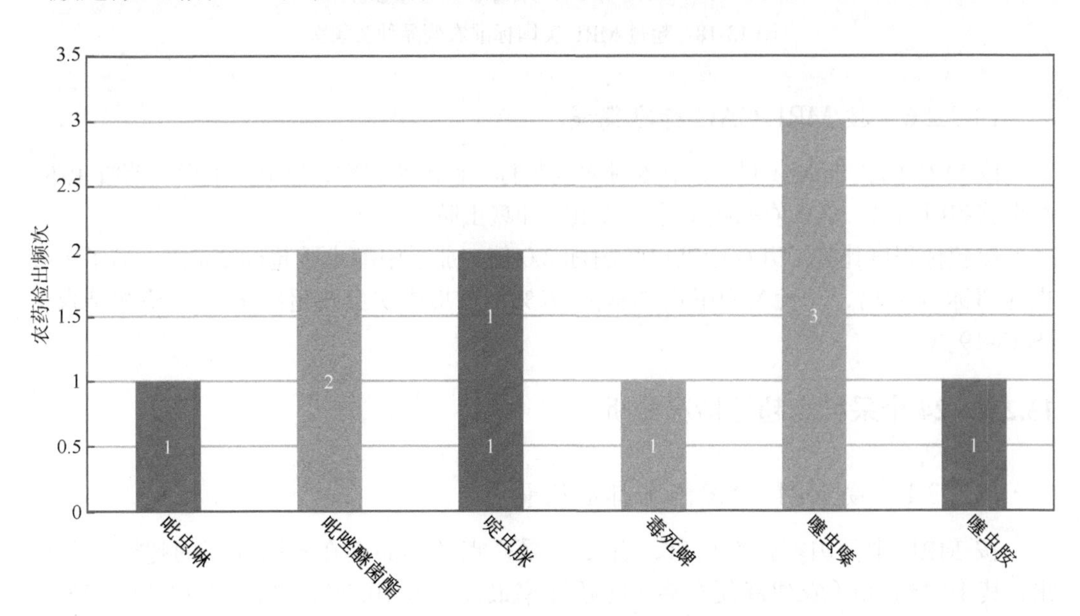

图 13-17　超过 MRL 中国香港标准农药品种及频次

13.2.2.5 按 MRL 美国标准衡量

按 MRL 美国标准衡量，共有 3 种农药超标，检出 6 频次，分别为中毒农药啶虫脒，低毒农药噻虫嗪和呋虫胺。

按超标程度比较，马铃薯中啶虫脒超标 2.8 倍，茄子中啶虫脒超标 1.3 倍，茄子中噻虫嗪超标 80%，黄瓜中呋虫胺超标 60%，豇豆中噻虫嗪超标 50%。检测结果见图 13-18。

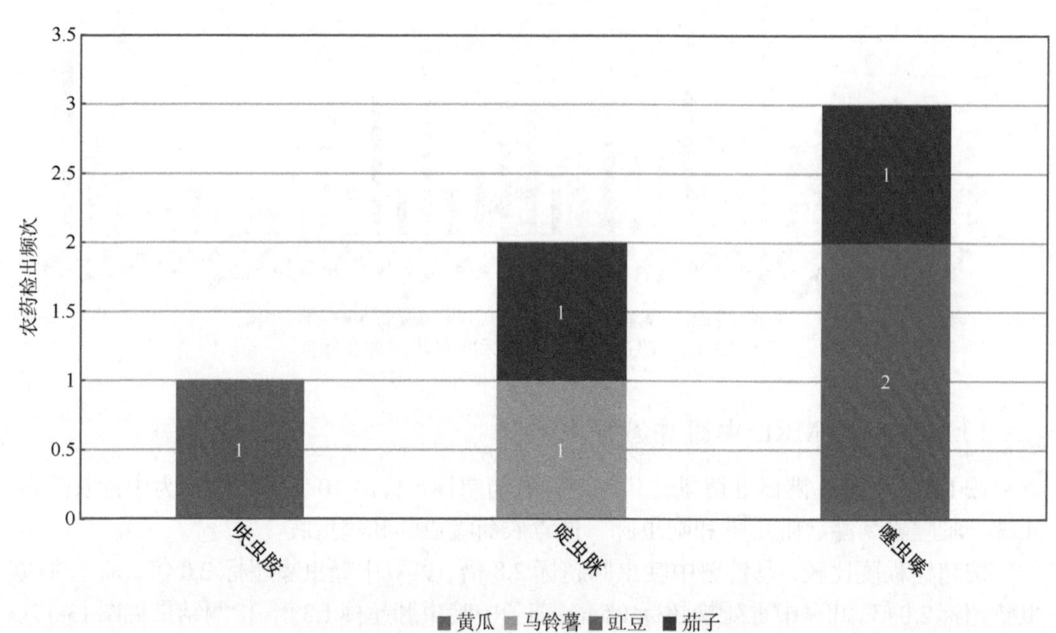

图 13-18 超过 MRL 美国标准农药品种及频次

13.2.2.6 按 MRL CAC 标准衡量

按 MRL CAC 标准衡量，共有 6 种农药超标，检出 8 频次，分别为中毒农药吡虫啉、啶虫脒和甲霜灵，低毒农药噻虫嗪、呋虫胺和噻虫胺。

按超标程度比较，豇豆中噻虫嗪超标 2.0 倍，茄子中噻虫胺超标 2.0 倍，茄子中啶虫脒超标 1.3 倍，马铃薯中甲霜灵超标 70%，黄瓜中呋虫胺超标 60%。检测结果见图 13-19。

13.2.3 24 个采样点超标情况分析

13.2.3.1 按 MRL 中国国家标准衡量

按 MRL 中国国家标准衡量，有 2 个采样点的样品存在不同程度的超标农药检出，其中***超市（农建巷便利店）的超标率最高，为 10.0%，如表 13-14 和图 13-20 所示。

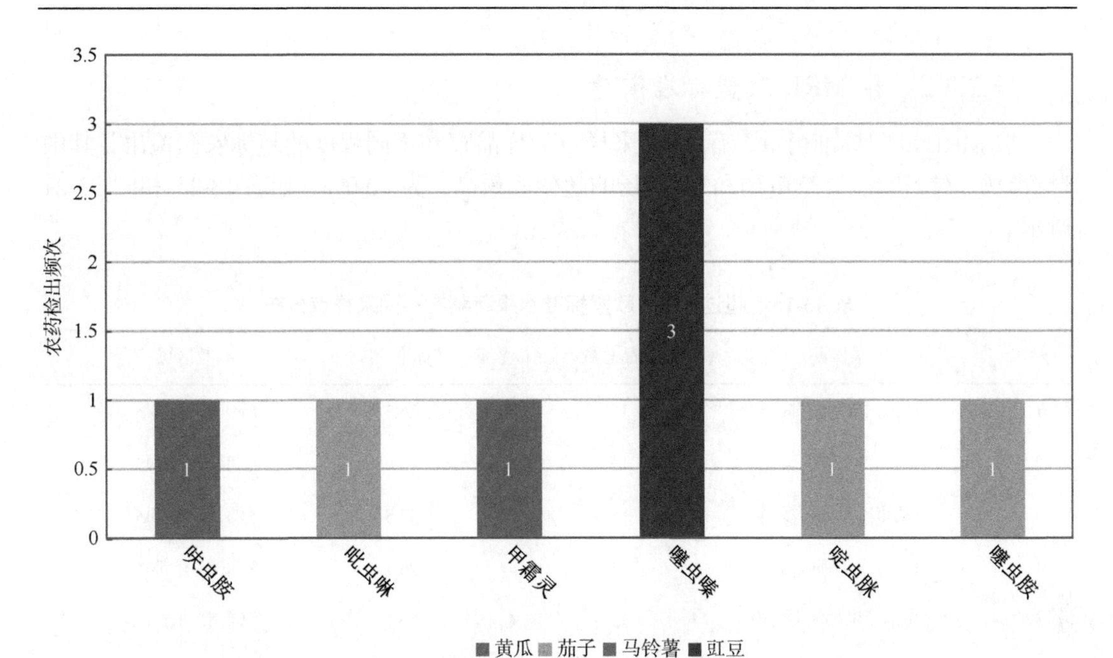

图 13-19　超过 MRL CAC 标准农药品种及频次

表 13-14　超过 MRL 中国国家标准水果蔬菜在不同采样点分布

序号	采样点	样品总数	超标数量	超标率（%）	行政区域
1	***市场	15	1	6.7	海东市 乐都区
2	***超市（农建巷便利店）	10	1	10.0	西宁市 城中区

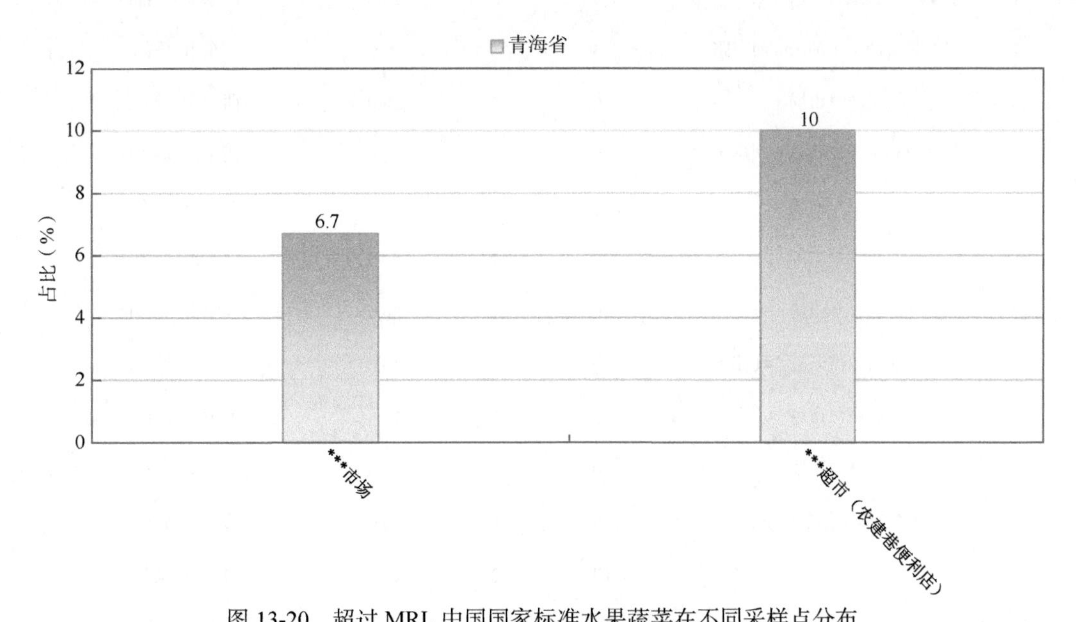

图 13-20　超过 MRL 中国国家标准水果蔬菜在不同采样点分布

13.2.3.2 按 MRL 欧盟标准衡量

按 MRL 欧盟标准衡量，有 23 个采样点的样品存在不同程度的超标农药检出，其中***市场、***市场、***市场和***市场的超标率最高，为 40.0%，如表 13-15 和图 13-21 所示。

表 13-15 超过 MRL 欧盟标准水果蔬菜在不同采样点分布

序号	采样点	样品总数	超标数量	超标率（%）	行政区域
1	***批发店（乐都区）	15	4	26.7	海东市 乐都区
2	***市场	15	6	40.0	海东市 乐都区
3	***超市（乐都商场店）	15	5	33.3	海东市 乐都区
4	***直销店（乐都区西关街）	15	4	26.7	海东市 乐都区
5	***超市（乐都区文化街）	15	4	26.7	海东市 乐都区
6	***超市（乐都店）	15	4	26.7	海东市 乐都区
7	***水果店（乐都区碾伯镇）	15	2	13.3	海东市 乐都区
8	***超市（乐都区火巷子街）	15	3	20.0	海东市 乐都区
9	***蔬菜店（乐都区古城大街）	15	4	26.7	海东市 乐都区
10	***市场	15	6	40.0	海东市 乐都区
11	***果蔬店（乐都区）	15	3	20.0	海东市 乐都区
12	***果蔬铺（乐都区滨河南路）	15	3	20.0	海东市 乐都区
13	***市场	10	2	20.0	西宁市 城北区
14	***超市（农建巷便利店）	10	3	30.0	西宁市 城中区
15	***市场	10	4	40.0	西宁市 城中区
16	***市场	10	2	20.0	西宁市 城中区
17	***市场	10	2	20.0	西宁市 城西区
18	***超市（城东区长江路）	10	1	10.0	西宁市 城东区
19	***市场	10	2	20.0	西宁市 城西区
20	***市场	10	2	20.0	西宁市 城东区
21	***超市（德令哈路店）	10	1	10.0	西宁市 城东区
22	***市场	10	2	20.0	西宁市 城北区
23	***市场	10	4	40.0	西宁市 城西区

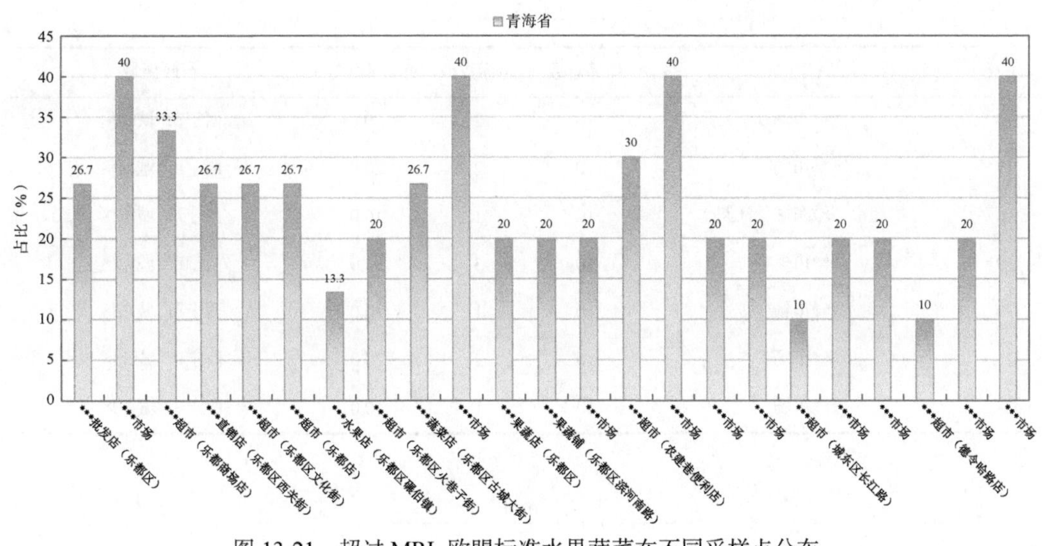

图 13-21　超过 MRL 欧盟标准水果蔬菜在不同采样点分布

13.2.3.3　按 MRL 日本标准衡量

按 MRL 日本标准衡量，有 22 个采样点的样品存在不同程度的超标农药检出，其中***超市（乐都商场店）的超标率最高，为 33.3%，如表 13-16 和图 13-22 所示。

表 13-16　超过 MRL 日本标准水果蔬菜在不同采样点分布

序号	采样点	样品总数	超标数量	超标率（%）	行政区域
1	***批发店（乐都区）	15	3	20.0	海东市 乐都区
2	***市场	15	3	20.0	海东市 乐都区
3	***超市（乐都商场店）	15	5	33.3	海东市 乐都区
4	***直销店（乐都区西关街）	15	2	13.3	海东市 乐都区
5	***超市（乐都区文化街）	15	3	20.0	海东市 乐都区
6	***超市（乐都店）	15	3	20.0	海东市 乐都区
7	***水果店（乐都区碾伯镇）	15	2	13.3	海东市 乐都区
8	***超市（乐都区火巷子街）	15	1	6.7	海东市 乐都区
9	***蔬菜店（乐都区古城大街）	15	4	26.7	海东市 乐都区
10	***市场	15	3	20.0	海东市 乐都区
11	***果蔬店（乐都区）	15	2	13.3	海东市 乐都区
12	***果蔬铺（乐都区滨河南路）	15	2	13.3	海东市 乐都区
13	***市场	10	2	20.0	西宁市 城北区
14	***超市（农建巷便利店）	10	2	20.0	西宁市 城中区
15	***市场	10	2	20.0	西宁市 城中区

续表

序号	采样点	样品总数	超标数量	超标率（%）	行政区域
16	***市场	10	2	20.0	西宁市 城中区
17	***市场	10	2	20.0	西宁市 城西区
18	***超市（城东区长江路）	10	1	10.0	西宁市 城东区
19	***市场	10	3	30.0	西宁市 城西区
20	***市场	10	1	10.0	西宁市 城东区
21	***市场	10	2	20.0	西宁市 城北区
22	***市场	10	1	10.0	西宁市 城西区

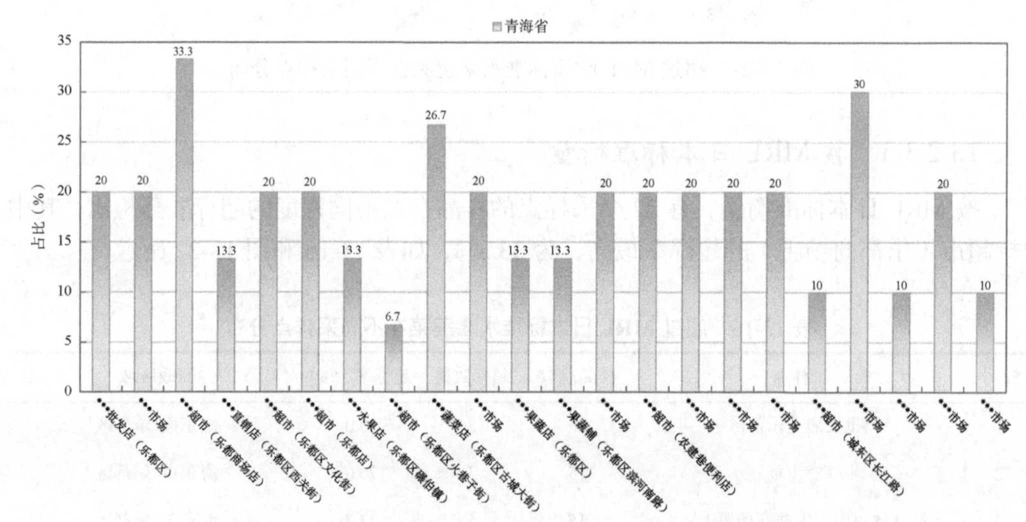

图 13-22　超过 MRL 日本标准水果蔬菜在不同采样点分布

13.2.3.4　按 MRL 中国香港标准衡量

按 MRL 中国香港标准衡量，有 9 个采样点的样品存在不同程度的超标农药检出，其中***市场的超标率最高，为 20.0%，如表 13-17 和图 13-23 所示。

表 13-17　超过 MRL 中国香港标准水果蔬菜在不同采样点分布

序号	采样点	样品总数	超标数量	超标率（%）	行政区域
1	***市场	15	1	6.7	海东市 乐都区
2	***超市（乐都区文化街）	15	1	6.7	海东市 乐都区
3	***超市（乐都区火巷子街）	15	1	6.7	海东市 乐都区
4	***市场	15	1	6.7	海东市 乐都区
5	***市场	10	1	10.0	西宁市 城中区

续表

序号	采样点	样品总数	超标数量	超标率（%）	行政区域
6	***市场	10	1	10.0	西宁市 城西区
7	***超市（城东区长江路）	10	1	10.0	西宁市 城东区
8	***市场	10	1	10.0	西宁市 城西区
9	***市场	10	2	20.0	西宁市 城西区

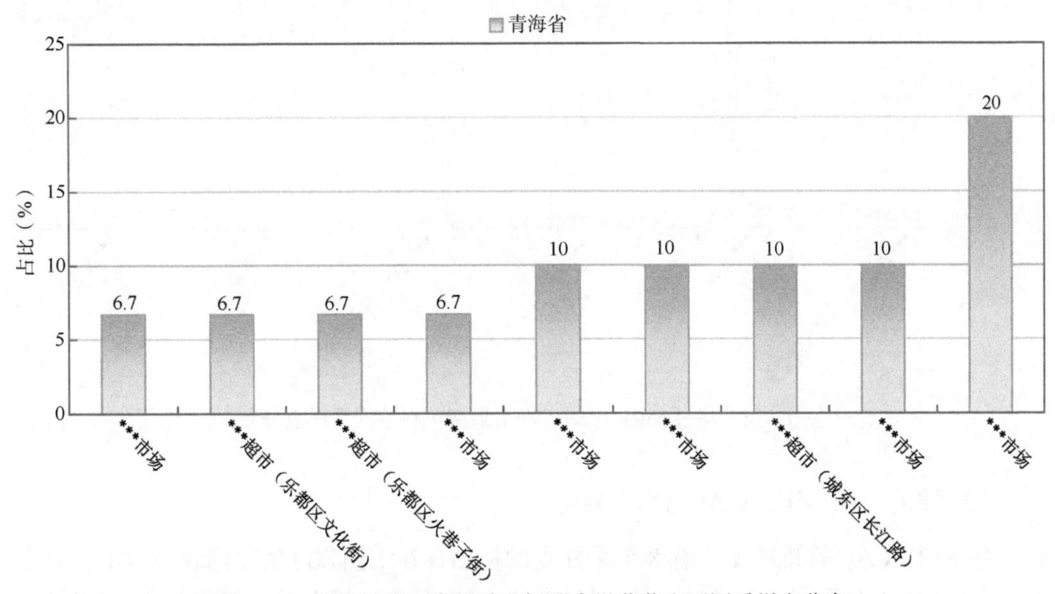

图 13-23 超过 MRL 中国香港标准水果蔬菜在不同采样点分布

13.2.3.5 按 MRL 美国标准衡量

按 MRL 美国标准衡量，有 6 个采样点的样品存在不同程度的超标农药检出，其中***市场、***超市（城东区长江路）、***市场和***市场的超标率最高，为 10.0%，如表 13-18 和图 13-24 所示。

表 13-18 超过 MRL 美国标准水果蔬菜在不同采样点分布

序号	采样点	样品总数	超标数量	超标率（%）	行政区域
1	***直销店（乐都区西关街）	15	1	6.7	海东市 乐都区
2	***市场	15	1	6.7	海东市 乐都区
3	***市场	10	1	10.0	西宁市 城中区
4	***超市（城东区长江路）	10	1	10.0	西宁市 城东区
5	***市场	10	1	10.0	西宁市 城西区

续表

序号	采样点	样品总数	超标数量	超标率（%）	行政区域
6	***市场	10	1	10.0	西宁市 城西区

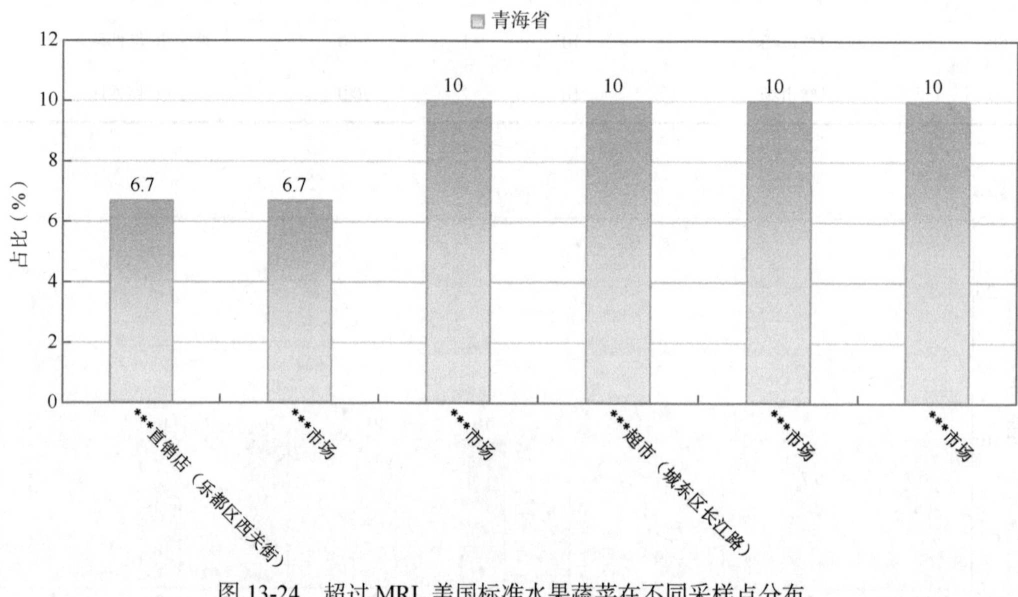

图 13-24　超过 MRL 美国标准水果蔬菜在不同采样点分布

13.2.3.6　按 MRL CAC 标准衡量

按 MRL CAC 标准衡量，有 8 个采样点的样品存在不同程度的超标农药检出，其中***超市（农建巷便利店）、***市场、***市场、***超市（城东区长江路）和***市场的超标率最高，为 10.0%，如表 13-19 和图 13-25 所示。

表 13-19　超过 MRL CAC 标准水果蔬菜在不同采样点分布

序号	采样点	样品总数	超标数量	超标率（%）	行政区域
1	***市场	15	1	6.7	海东市 乐都区
2	***直销店（乐都区西关街）	15	1	6.7	海东市 乐都区
3	***市场	15	1	6.7	海东市 乐都区
4	***超市（农建巷便利店）	10	1	10.0	西宁市 城中区
5	***市场	10	1	10.0	西宁市 城中区
6	***市场	10	1	10.0	西宁市 城西区
7	***超市（城东区长江路）	10	1	10.0	西宁市 城东区
8	***市场	10	1	10.0	西宁市 城西区

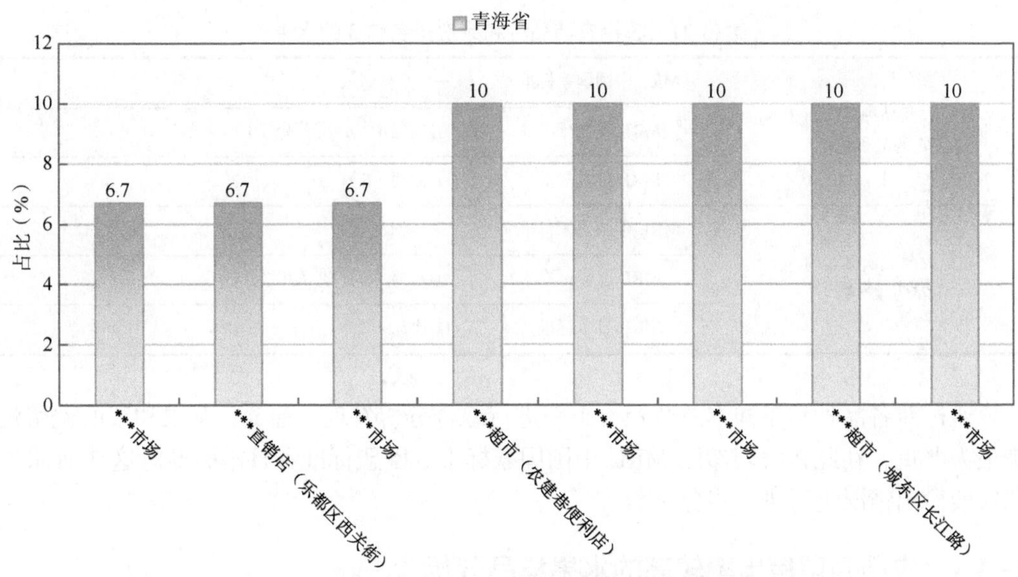

图 13-25　超过 MRL CAC 标准水果蔬菜在不同采样点分布

13.3　水果中农药残留分布

13.3.1　检出农药品种和频次排前 3 的水果

本次残留侦测的水果共 3 种，包括葡萄、苹果和梨。

根据检出农药品种及频次进行排名，将各项排名前 3 位的水果样品检出情况列表说明，详见表 13-20。

表 13-20　检出农药品种和频次排名前 3 的水果

检出农药品种排名前 3（品种）	①葡萄（35），②苹果（16），③梨（13）
检出农药频次排名前 3（频次）	①葡萄（110），②苹果（48），③梨（24）
检出禁用、高毒及剧毒农药品种排名前 3（品种）	①葡萄（2），②梨（1），③苹果（1）
检出禁用、高毒及剧毒农药频次排名前 3（频次）	①苹果（6），②葡萄（4），③梨（2）

13.3.2　超标农药品种和频次排前 3 的水果

鉴于 MRL 欧盟标准和日本标准制定比较全面且覆盖率较高，我们参照 MRL 中国国家标准、欧盟标准和日本标准衡量水果样品中农残检出情况，将超标农药品种及频次排名前 3 的水果列表说明，详见表 13-21。

表 13-21 超标农药品种和频次排名前 3 的水果

超标农药品种排名前 3（农药品种数）	MRL 中国国家标准	—
	MRL 欧盟标准	①葡萄（3），②苹果（1）
	MRL 日本标准	①葡萄（5）
超标农药频次排名前 3（农药频次数）	MRL 中国国家标准	—
	MRL 欧盟标准	①葡萄（5），②苹果（2）
	MRL 日本标准	①葡萄（7）

通过对各品种水果样本总数及检出率进行综合分析发现，葡萄、苹果和梨的残留污染最为严重，在此，我们参照 MRL 中国国家标准、欧盟标准和日本标准对这 3 种水果的农残检出情况进行进一步分析。

13.3.3 农药残留检出率较高的水果样品分析

13.3.3.1 葡萄

这次共检测 12 例葡萄样品，全部检出了农药残留，检出率为 100.0%，检出农药共计 35 种。其中苯醚甲环唑、烯酰吗啉、吡唑醚菌酯、嘧霉胺和甲霜灵检出频次较高，分别检出了 11、10、9、6 和 5 次。葡萄中农药检出品种和频次见图 13-26，超标农药见图 13-27 和表 13-22。

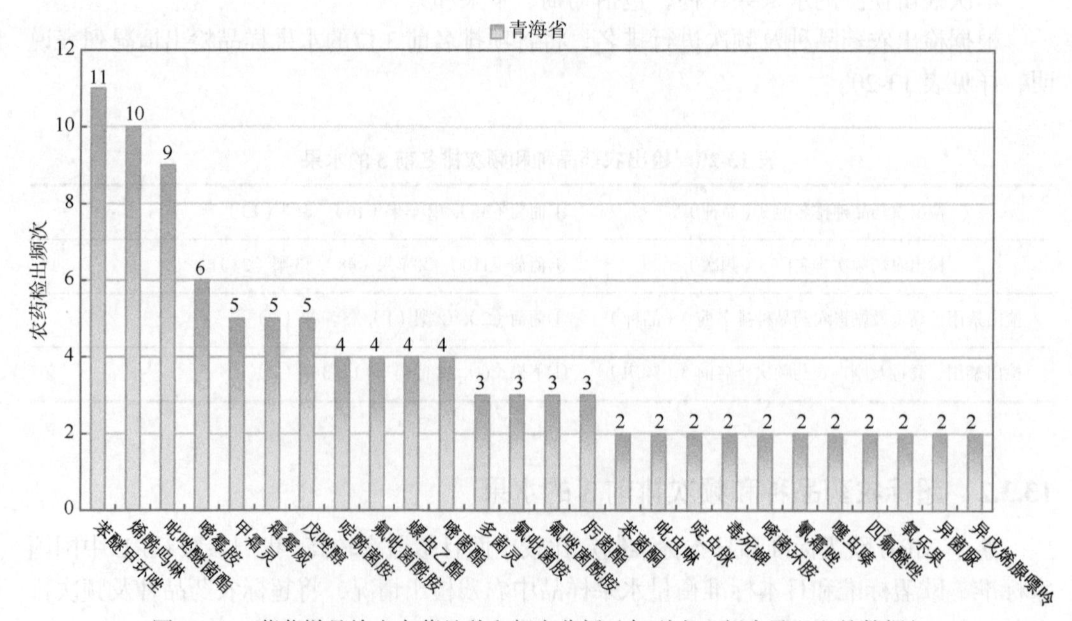

图 13-26 葡萄样品检出农药品种和频次分析（仅列出 2 频次及以上的数据）

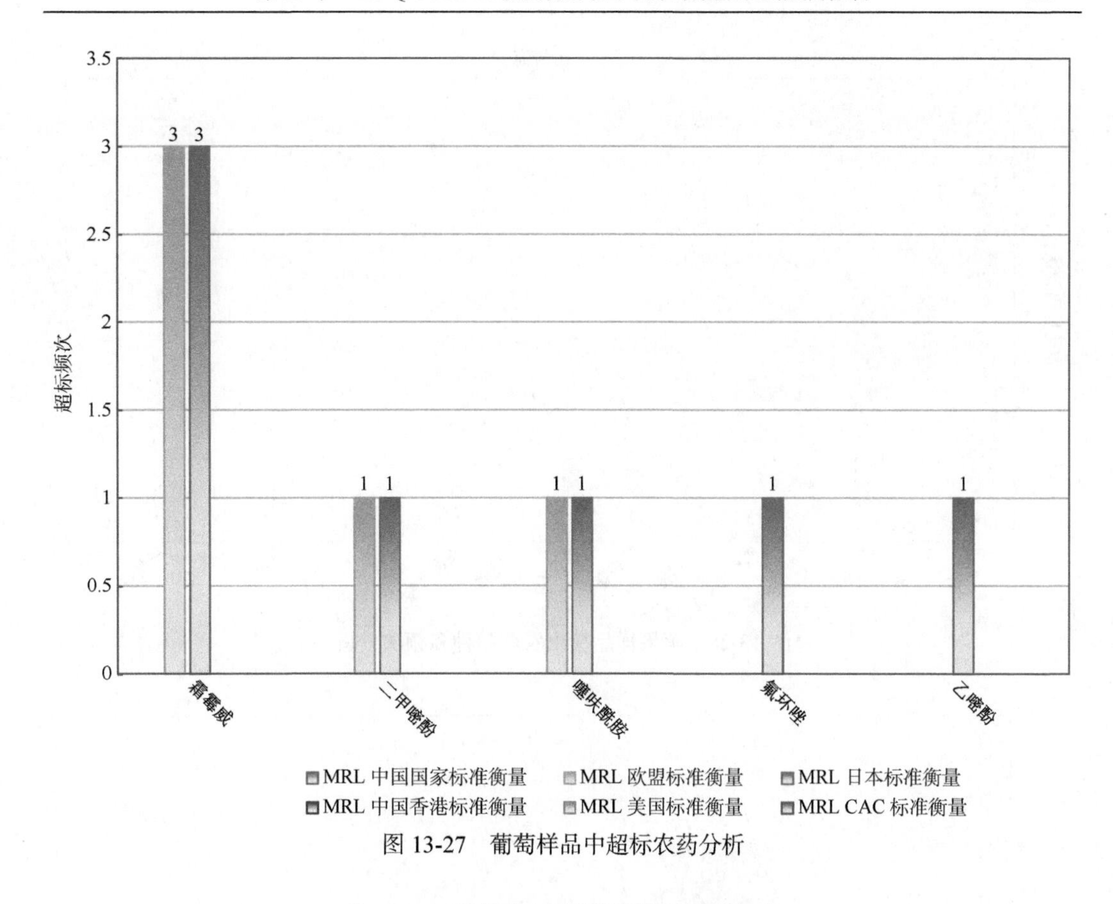

图 13-27　葡萄样品中超标农药分析

表 13-22　葡萄中农药残留超标情况明细表

样品总数 12			检出农药样品数 12	样品检出率（%） 100	检出农药品种总数 35
	超标农药品种	超标农药频次	按照 MRL 中国国家标准、欧盟标准和日本标准衡量超标农药名称及频次		
中国国家标准	0	0	—		
欧盟标准	3	5	霜霉威（3），二甲嘧酚（1），噻呋酰胺（1）		
日本标准	5	7	霜霉威（3），二甲嘧酚（1），氟环唑（1），噻呋酰胺（1），乙嘧酚（1）		

13.3.3.2　苹果

这次共检测 12 例苹果样品，全部检出了农药残留，检出率为 100.0%，检出农药共计 16 种。其中多菌灵、吡虫啉、毒死蜱、苯醚甲环唑和吡唑醚菌酯检出频次较高，分别检出了 10、6、6、4 和 4 次。苹果中农药检出品种和频次见图 13-28，超标农药见图 13-29 和表 13-23。

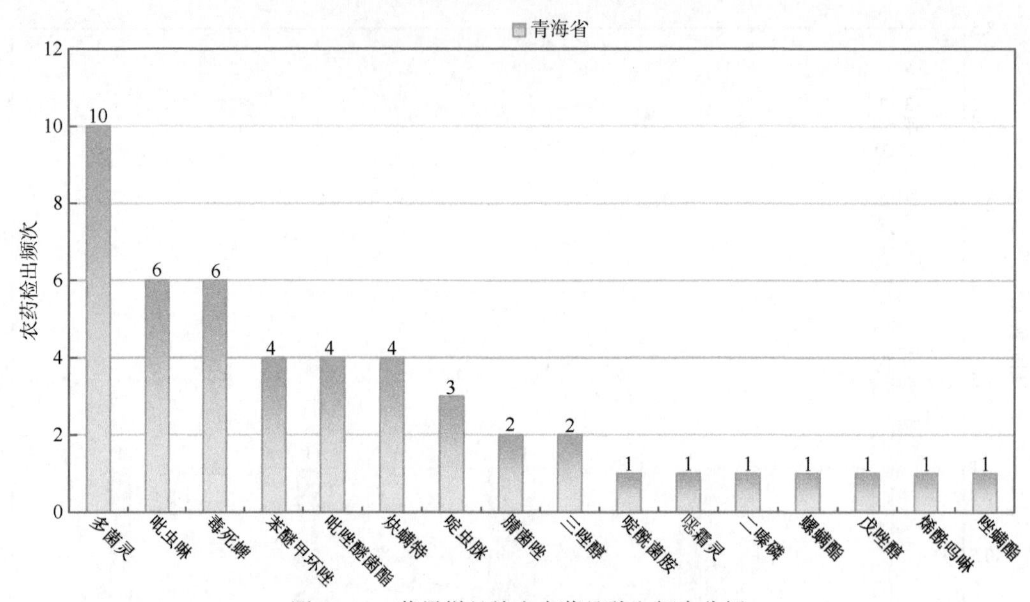

图 13-28　苹果样品检出农药品种和频次分析

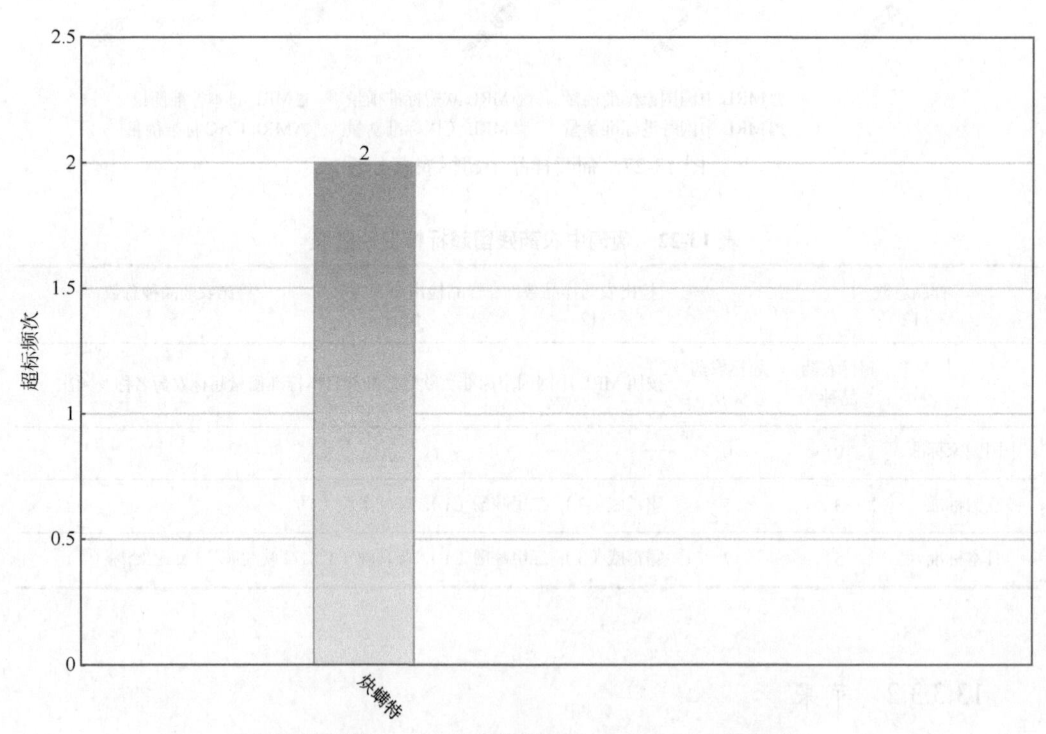

图 13-29　苹果样品中超标农药分析

表 13-23　苹果中农药残留超标情况明细表

样品总数			检出农药样品数	样品检出率（%）	检出农药品种总数
12			12	100	16
	超标农药品种	超标农药频次	按照 MRL 中国国家标准、欧盟标准和日本标准衡量超标农药名称及频次		
中国国家标准	0	0	—		
欧盟标准	1	2	炔螨特（2）		
日本标准	0	0	—		

13.3.3.3　梨

这次共检测 12 例梨样品，6 例样品中检出了农药残留，检出率为 50.0%，检出农药共计 13 种。其中吡虫啉、啶虫脒、噻虫胺、噻虫嗪和毒死蜱检出频次较高，分别检出了 3、3、3、3 和 2 次。梨中农药检出品种和频次见图 13-30，无超标农药检出。

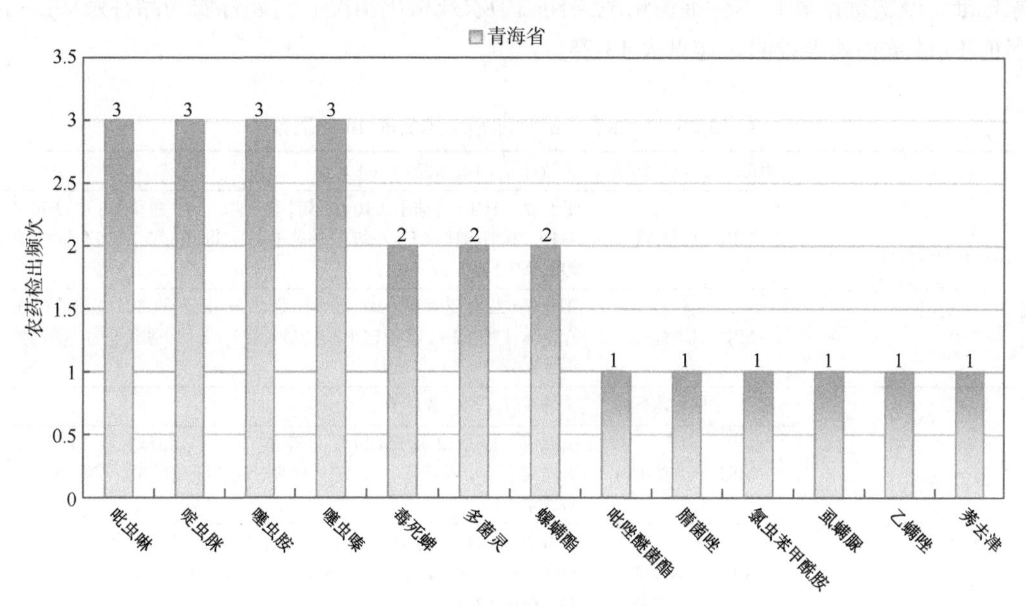

图 13-30　梨样品检出农药品种和频次分析

13.4　蔬菜中农药残留分布

13.4.1　检出农药品种和频次排前 10 的蔬菜

本次残留侦测的蔬菜共 14 种，包括辣椒、结球甘蓝、芹菜、小白菜、茄子、番茄、大白菜、西葫芦、马铃薯、花椰菜、黄瓜、菠菜、豇豆和菜豆。

根据检出农药品种及频次进行排名，将各项排名前 10 位的蔬菜样品检出情况列表说明，详见表 13-24。

表 13-24　检出农药品种和频次排名前 10 的蔬菜

检出农药品种排名前 10（品种）	①黄瓜（37），②豇豆（36），③番茄（32），④芹菜（29），⑤茄子（25），⑥结球甘蓝（19），⑦辣椒（19），⑧菠菜（15），⑨大白菜（14），⑩西葫芦（14）
检出农药频次排名前 10（频次）	①豇豆（113），②番茄（109），③芹菜（99），④茄子（83），⑤黄瓜（80），⑥辣椒（49），⑦结球甘蓝（44），⑧大白菜（32），⑨西葫芦（28），⑩菠菜（27）
检出禁用、高毒及剧毒农药品种排名前 10（品种）	①结球甘蓝（2），②大白菜（1），③花椰菜（1），④黄瓜（1），⑤豇豆（1），⑥辣椒（1），⑦芹菜（1）
检出禁用、高毒及剧毒农药频次排名前 10（频次）	①结球甘蓝（7），②大白菜（3），③黄瓜（2），④芹菜（2），⑤花椰菜（1），⑥豇豆（1），⑦辣椒（1）

13.4.2　超标农药品种和频次排前 10 的蔬菜

鉴于 MRL 欧盟标准和日本标准制定比较全面且覆盖率较高，我们参照 MRL 中国国家标准、欧盟标准和日本标准衡量蔬菜样品中农残检出情况，将超标农药品种及频次排名前 10 的蔬菜列表说明，详见表 13-25。

表 13-25　超标农药品种和频次排名前 10 的蔬菜

超标农药品种排名前 10（农药品种数）	MRL 中国国家标准	①马铃薯（1），②茄子（1）
	MRL 欧盟标准	①豇豆（11），②茄子（10），③芹菜（8），④大白菜（6），⑤黄瓜（4），⑥结球甘蓝（4），⑦马铃薯（4），⑧辣椒（3），⑨番茄（2），⑩菠菜（1）
	MRL 日本标准	①豇豆（22），②芹菜（5），③大白菜（3），④茄子（3），⑤黄瓜（2），⑥结球甘蓝（2），⑦辣椒（2），⑧菠菜（1），⑨番茄（1），⑩马铃薯（1）
超标农药频次排名前 10（农药频次数）	MRL 中国国家标准	①马铃薯（1），②茄子（1）
	MRL 欧盟标准	①豇豆（19），②茄子（14），③芹菜（14），④结球甘蓝（13），⑤大白菜（11），⑥黄瓜（7），⑦马铃薯（5），⑧辣椒（3），⑨番茄（2），⑩菠菜（1）
	MRL 日本标准	①豇豆（47），②结球甘蓝（8），③芹菜（8），④大白菜（5），⑤茄子（4），⑥黄瓜（2），⑦辣椒（2），⑧菠菜（1），⑨番茄（1），⑩马铃薯（1）

通过对各品种蔬菜样本总数及检出率进行综合分析发现，黄瓜、茄子和芹菜的残留污染最为严重，在此，我们参照 MRL 中国国家标准、欧盟标准和日本标准对这 3 种蔬菜的农残检出情况进行进一步分析。

13.4.3　农药残留检出率较高的蔬菜样品分析

13.4.3.1　黄瓜

这次共检测 12 例黄瓜样品，全部检出了农药残留，检出率为 100.0%，检出农药共计 37 种。其中霜霉威、灭蝇胺、啶酰菌胺、甲霜灵和苯醚甲环唑检出频次较高，分别检出了 7、6、5、5 和 4 次。黄瓜中农药检出品种和频次见图 13-31，超标农药见图 13-32 和表 13-26。

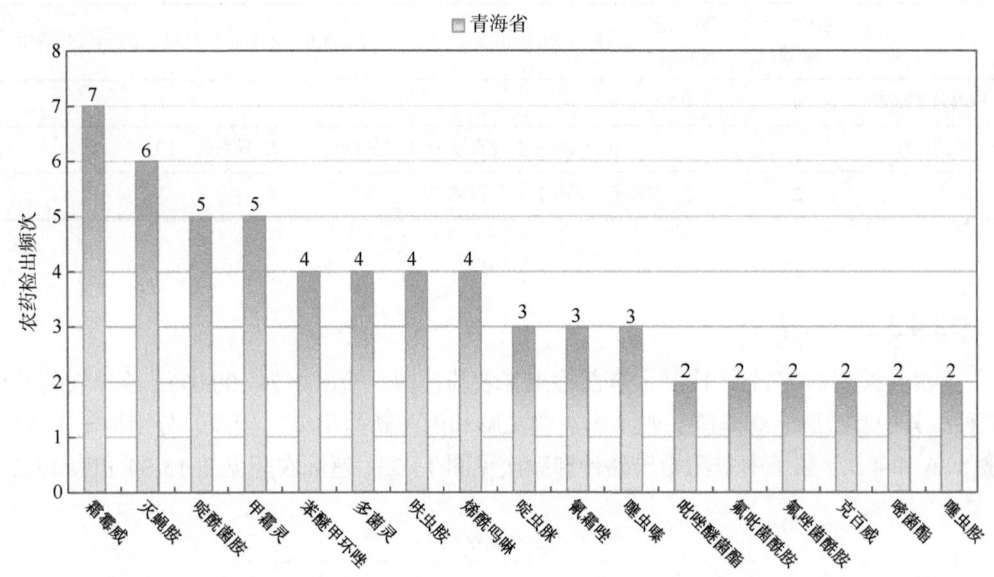

图 13-31 黄瓜样品检出农药品种和频次分析（仅列出 2 频次及以上的数据）

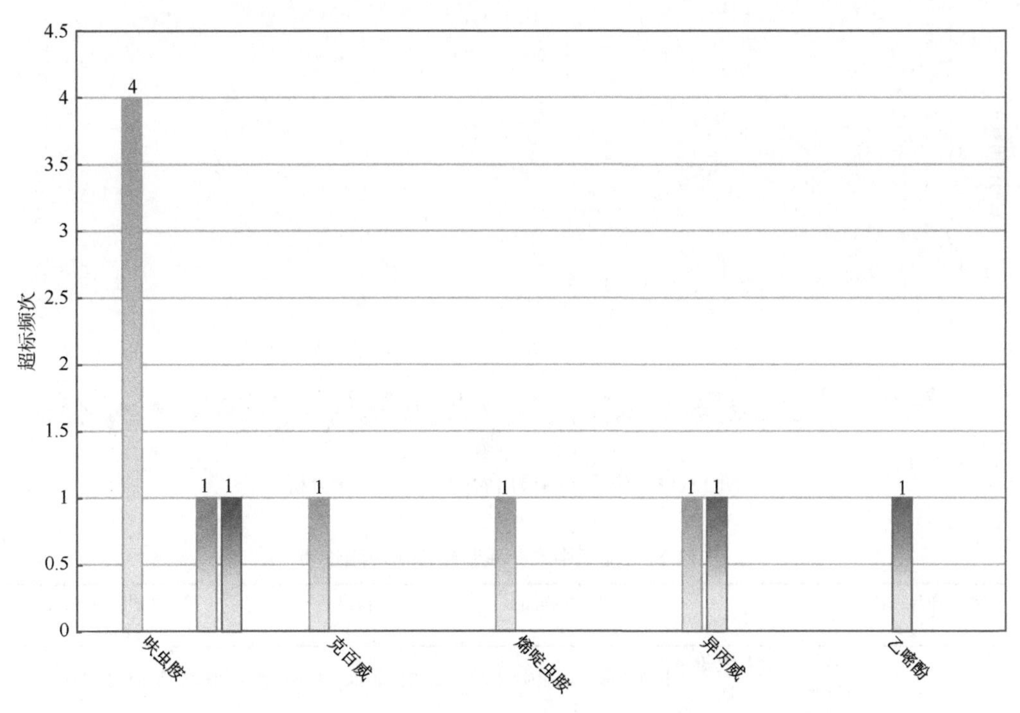

图 13-32 黄瓜样品中超标农药分析

表 13-26　黄瓜中农药残留超标情况明细表

样品总数 12			检出农药样品数 12	样品检出率（%） 100	检出农药品种总数 37
	超标农药品种	超标农药频次	按照 MRL 中国国家标准、欧盟标准和日本标准衡量超标农药名称及频次		
中国国家标准	0	0	—		
欧盟标准	4	7	呋虫胺（4），克百威（1），烯啶虫胺（1），异丙威（1）		
日本标准	2	2	乙嘧酚（1），异丙威（1）		

13.4.3.2　茄子

这次共检测 24 例茄子样品，全部检出了农药残留，检出率为 100.0%，检出农药共计 25 种。其中啶虫脒、螺螨酯、吡虫啉、噻虫嗪和丙溴磷检出频次较高，分别检出了 15、11、8、6 和 4 次。茄子中农药检出品种和频次见图 13-33，超标农药见图 13-34 和表 13-27。

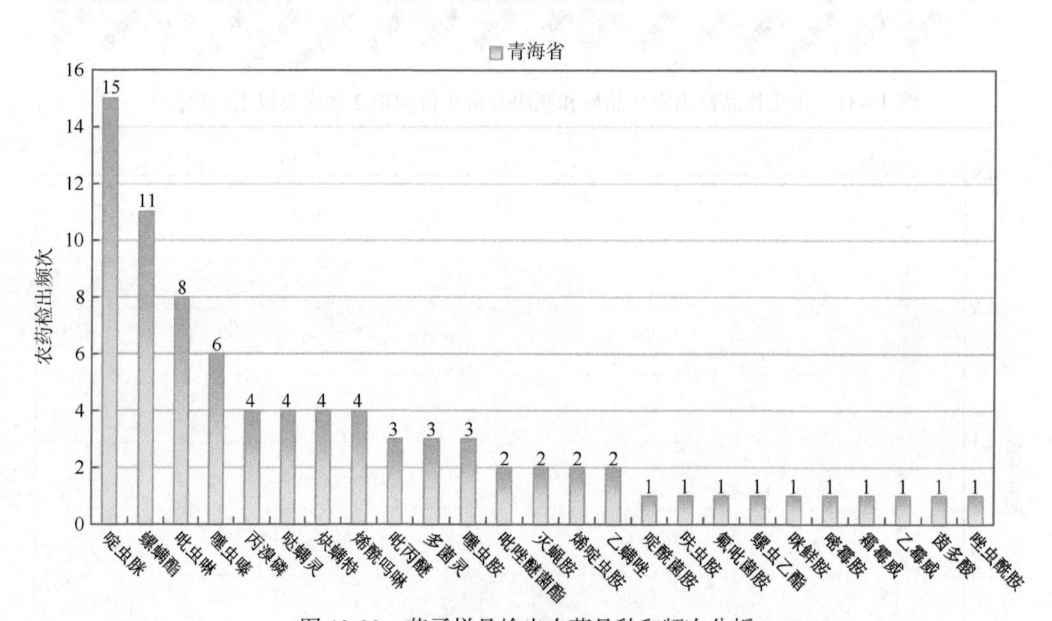

图 13-33　茄子样品检出农药品种和频次分析

表 13-27　茄子中农药残留超标情况明细表

样品总数 24			检出农药样品数 24	样品检出率（%） 100	检出农药品种总数 25
	超标农药品种	超标农药频次	按照 MRL 中国国家标准、欧盟标准和日本标准衡量超标农药名称及频次		
中国国家标准	1	1	噻虫胺（1）		
欧盟标准	10	14	螺螨酯（4），丙溴磷（2），啶虫脒（1），呋虫胺（1），炔螨特（1），噻虫胺（1），噻虫嗪（1），烯啶虫胺（1），茵多酸（1），唑虫酰胺（1）		
日本标准	3	4	丙溴磷（2），炔螨特（1），茵多酸（1）		

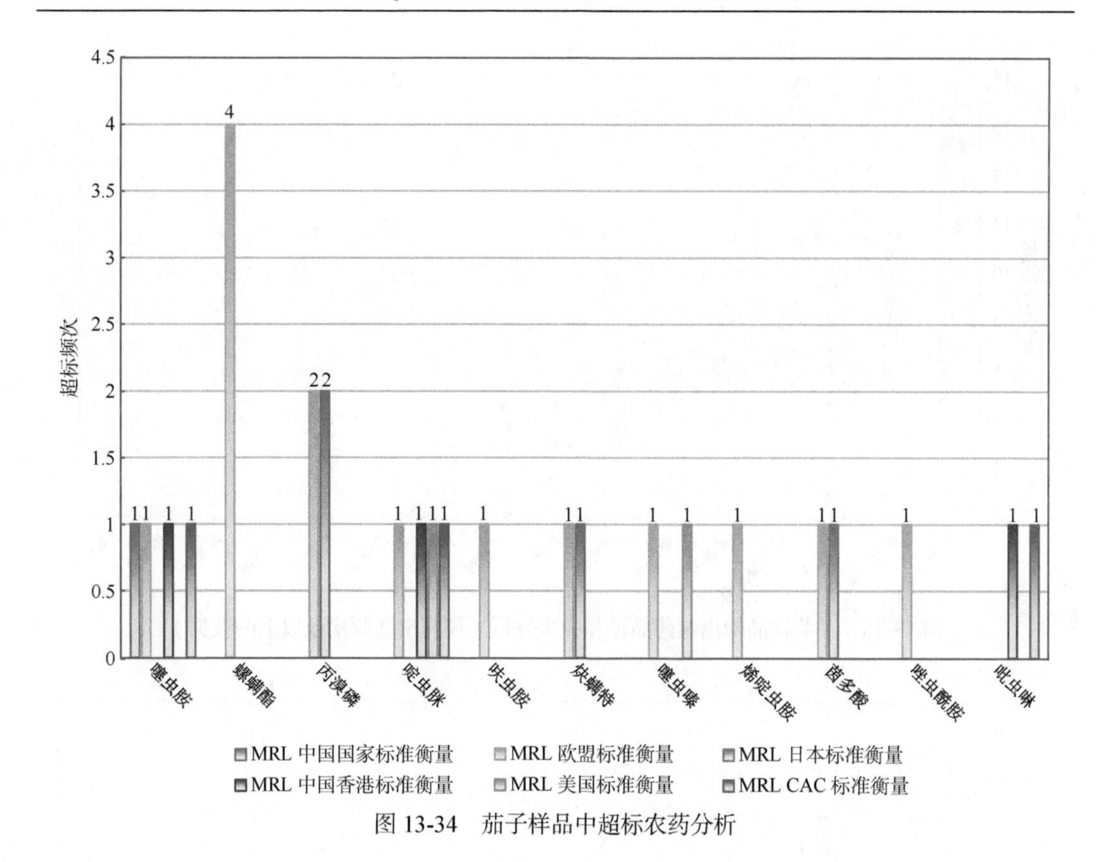

图 13-34 茄子样品中超标农药分析

13.4.3.3 芹菜

这次共检测24例芹菜样品，全部检出了农药残留，检出率为100.0%，检出农药共计29种。其中苯醚甲环唑、烯酰吗啉、灭蝇胺、吡唑醚菌酯和多菌灵检出频次较高，分别检出了17、11、9、7和6次。芹菜中农药检出品种和频次见图13-35，超标农药见图13-36和表13-28。

表 13-28 芹菜中农药残留超标情况明细表

样品总数 24		检出农药样品数 24	样品检出率（%） 100	检出农药品种总数 29
	超标农药品种	超标农药频次	按照 MRL 中国国家标准、欧盟标准和日本标准衡量超标农药名称及频次	
中国国家标准	0	0	—	
欧盟标准	8	14	丙环唑（3），嘧霉胺（3），己唑醇（2），甲氧虫酰肼（2），啶虫脒（1），氟硅唑（1），扑草净（1），异丙威（1）	
日本标准	5	8	嘧霉胺（3），己唑醇（2），氟硅唑（1），扑草净（1），异丙威（1）	

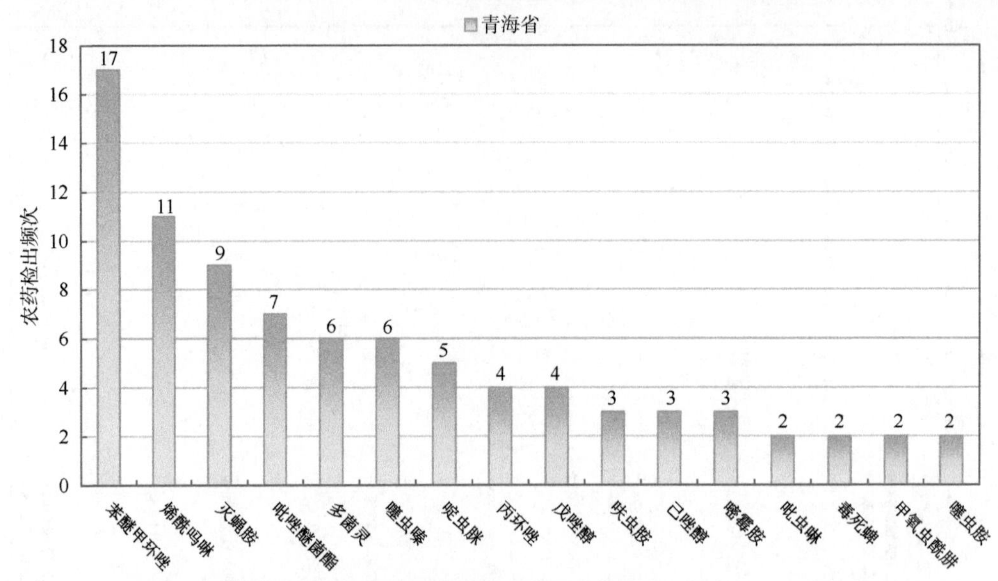

图 13-35　芹菜样品检出农药品种和频次分析（仅列出 2 频次及以上的数据）

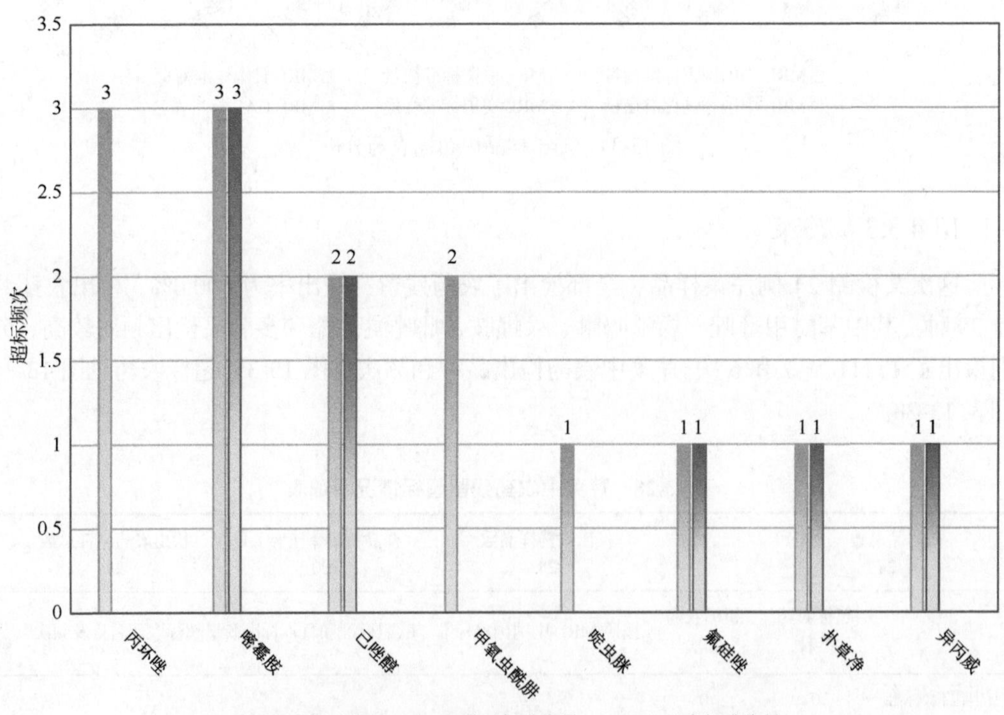

图 13-36　芹菜样品中超标农药分析

13.5 初步结论

13.5.1 青海省市售水果蔬菜按国际主要 MRL 标准衡量的合格率

本次侦测的 300 例样品中，65 例样品未检出任何残留农药，占样品总量的 21.7%，235 例样品检出不同水平、不同种类的残留农药，占样品总量的 78.3%。在这 235 例检出农药残留的样品中：

按照 MRL 中国国家标准衡量，有 233 例样品检出残留农药但含量没有超标，占样品总数的 77.7%，有 2 例样品检出了超标农药，占样品总数的 0.7%。

按照 MRL 欧盟标准衡量，有 162 例样品检出残留农药但含量没有超标，占样品总数的 54.0%，有 73 例样品检出了超标农药，占样品总数的 24.3%。

按照 MRL 日本标准衡量，有 184 例样品检出残留农药但含量没有超标，占样品总数的 61.3%，有 51 例样品检出了超标农药，占样品总数的 17.0%。

按照 MRL 中国香港标准衡量，有 225 例样品检出残留农药但含量没有超标，占样品总数的 75.0%，有 10 例样品检出了超标农药，占样品总数的 3.3%。

按照 MRL 美国标准衡量，有 229 例样品检出残留农药但含量没有超标，占样品总数的 76.3%，有 6 例样品检出了超标农药，占样品总数的 2.0%。

按照 MRL CAC 标准衡量，有 227 例样品检出残留农药但含量没有超标，占样品总数的 75.7%，有 8 例样品检出了超标农药，占样品总数的 2.7%。

13.5.2 青海省市售水果蔬菜中检出农药以中低微毒农药为主，占市场主体的 96.4%

这次侦测的 300 例样品包括蔬菜 14 种 36 例，水果 3 种 264 例，共检出了 83 种农药，检出农药的毒性以中低微毒为主，详见表 13-29。

表 13-29　市场主体农药毒性分布

毒性	检出品种	占比（%）	检出频次	占比（%）
高毒农药	3	3.6	14	1.6
中毒农药	33	39.8	383	43.4
低毒农药	29	34.9	294	33.3
微毒农药	18	21.7	191	21.7
中低微毒农药，品种占比 96.4%，频次占比 98.4%				

13.5.3　检出剧毒、高毒和禁用农药现象应该警醒

在此次侦测的 300 例样品中的 29 例样品检出了 4 种 29 频次的剧毒和高毒或禁用农药，占样品总量的 9.7%。其中高毒农药克百威、氧乐果和醚菌酯检出频次较高。

按 MRL 中国国家标准衡量，高毒农药按超标程度比较。

剧毒、高毒或禁用农药的检出情况及按照 MRL 中国国家标准衡量的超标情况见表 13-30。

表 13-30　剧毒、高毒或禁用农药的检出及超标明细

序号	农药名称	样品名称	检出频次	超标频次	最大超标倍数	超标率
1.1	克百威◊▲	结球甘蓝	6	0	0	0.0%
1.2	克百威◊▲	大白菜	3	0	0	0.0%
1.3	克百威◊▲	黄瓜	2	0	0	0.0%
2.1	氧乐果◊▲	葡萄	2	0	0	0.0%
3.1	醚菌酯◊	辣椒	1	0	0	0.0%
4.1	毒死蜱▲	苹果	6	0	0	0.0%
4.2	毒死蜱▲	梨	2	0	0	0.0%
4.3	毒死蜱▲	芹菜	2	0	0	0.0%
4.4	毒死蜱▲	葡萄	2	0	0	0.0%
4.5	毒死蜱▲	结球甘蓝	1	0	0	0.0%
4.6	毒死蜱▲	花椰菜	1	0	0	0.0%
4.7	毒死蜱▲	豇豆	1	0	0	0.0%
合计			29	0		0.0%

注：超标倍数参照 MRL 中国国家标准衡量

◊ 表示高毒农药；▲ 表示禁用农药

这些超标的高剧毒或禁用农药都是中国政府早有规定禁止在水果蔬菜中使用的，为什么还屡次被检出，应该引起警惕。

13.5.4　残留限量标准与先进国家或地区差距较大

882 频次的检出结果与我国公布的《食品中农药最大残留限量》(GB 2763—2019）对比，有 617 频次能找到对应的 MRL 中国国家标准，占 70.0%；还有 265 频次的侦测数据无相关 MRL 标准供参考，占 30.0%。

与国际上现行 MRL 标准对比发现：

有 882 频次能找到对应的 MRL 欧盟标准，占 100.0%；

有 882 频次能找到对应的 MRL 日本标准，占 100.0%；

有 555 频次能找到对应的 MRL 中国香港标准，占 62.9%；

有 587 频次能找到对应的 MRL 美国标准，占 66.6%；

有 547 频次能找到对应的 MRL CAC 标准，占 62.0%。

由上可见，MRL 中国国家标准与先进国家或地区标准还有很大差距，我们无标准，境外有标准，这就会导致我们在国际贸易中，处于受制于人的被动地位。

13.5.5　水果蔬菜单种样品检出 13～37 种农药残留，拷问农药使用的科学性

通过此次监测发现，葡萄、苹果和梨是检出农药品种最多的 3 种水果，黄瓜、豇豆和番茄是检出农药品种最多的 3 种蔬菜，从中检出农药品种及频次详见表 13-31。

表 13-31　单种样品检出农药品种及频次

样品名称	样品总数	检出率	检出农药品种数	检出农药（频次）
黄瓜	12	100.0%	37	霜霉威（7），灭蝇胺（6），啶酰菌胺（5），甲霜灵（5），苯醚甲环唑（4），多菌灵（4），呋虫胺（4），烯酰吗啉（4），啶虫脒（3），氰霜唑（3），噻虫嗪（3），吡唑醚菌酯（2），氟吡菌酰胺（2），氟唑菌酰胺（2），克百威（2），嘧菌酯（2），噻虫胺（2），吡虫啉（1），吡蚜酮（1），哒螨灵（1），敌草腈（1），噁霜灵（1），氟吡菌胺（1），联苯肼酯（1），螺虫乙酯（1），咪鲜胺（1），嘧霉胺（1），噻嗪酮（1），四螨嗪（1），肟菌酯（1），戊唑醇（1），烯啶虫胺（1），乙螨唑（1），乙嘧酚（1），乙嘧酚磺酸酯（1），异丙威（1），茚虫威（1）
豇豆	22	95.5%	36	烯酰吗啉（11），啶虫脒（9），苯醚甲环唑（7），吡唑醚菌酯（7），霜霉威（7），多菌灵（6），哒螨灵（5），嘧菌酯（5），噻虫嗪（4），吡虫啉（3），氟吡菌胺（3），甲霜灵（3），螺螨酯（3），氯虫苯甲酰胺（3），双苯基脲（3），戊唑醇（3），烯啶虫胺（3），胺鲜酯（2），丙环唑（2），丙溴磷（2），氟吡菌酰胺（2），咪鲜胺（2），乙螨唑（2），异丙威（2），莠去津（2），唑虫酰胺（2），吡丙醚（1），吡蚜酮（1），敌草腈（1），啶酰菌胺（1），毒死蜱（1），氟吡甲禾灵（1），氟吗啉（1），腈菌唑（1），嘧菌腙（1），灭蝇胺（1）
番茄	24	83.3%	32	苯醚甲环唑（11），吡唑醚菌酯（9），烯酰吗啉（9），啶虫脒（8），啶酰菌胺（6），多菌灵（6），腈菌唑（6），吡虫啉（5），吡丙醚（4），嘧菌酯（4），嘧霉胺（4），噻虫胺（4），噻虫嗪（4），肟菌酯（4），戊唑醇（3），哒螨灵（2），甲霜灵（2），氰霜唑（2），霜霉威（2），烯啶虫胺（2），吡噻菌胺（1），丙环唑（1），呋虫胺（1），氟吡菌胺（1），氟吡菌酰胺（1），氟吗啉（1），联苯肼酯（1），咪鲜胺（1），炔螨特（1），四氟醚唑（1），乙螨唑（1），乙嘧酚磺酸酯（1）
葡萄	12	100.0%	35	苯醚甲环唑（11），烯酰吗啉（10），吡唑醚菌酯（9），嘧霉胺（6），甲霜灵（5），霜霉威（5），戊唑醇（5），啶酰菌胺（4），氟吡菌酰胺（4），螺虫乙酯（4），嘧菌酯（4），多菌灵（3），氟吡菌胺（3），氟唑菌酰胺（3），肟菌酯（3），苯菌酮（2），吡虫啉（2），啶虫脒（2），毒死蜱（2），嘧菌环胺（2），氰霜唑（2），噻虫嗪（2），四氟醚唑（2），氧乐果（2），异菌脲（2），异戊烯腺嘌呤（2），二甲嘧酚（1），氟硅唑（1），氟环唑（1），腈菌唑（1），噻虫胺（1），噻呋酰胺（1），三唑醇（1），乙嘧酚（1），唑虫酰胺（1）
苹果	12	100.0%	16	多菌灵（10），吡虫啉（6），毒死蜱（6），苯醚甲环唑（4），吡唑醚菌酯（4），炔螨特（4），啶虫脒（3），腈菌唑（2），三唑醇（2），啶酰菌胺（1），噁霜灵（1），二嗪磷（1），螺螨酯（1），戊唑醇（1），烯酰吗啉（1），唑螨酯（1）
梨	12	50.0%	13	吡虫啉（3），啶虫脒（3），噻虫胺（3），噻虫嗪（3），毒死蜱（2），多菌灵（2），螺螨酯（2），吡唑醚菌酯（1），腈菌唑（1），氯虫苯甲酰胺（1），虱螨脲（1），乙螨唑（1），莠去津（1）

上述 6 种水果蔬菜，检出农药 13～37 种，是多种农药综合防治，还是未严格实施农业良好管理规范（GAP），抑或根本就是乱施药，值得我们思考。

第14章　LC-Q-TOF/MS侦测青海省市售水果蔬菜农药残留膳食暴露风险与预警风险评估

14.1　农药残留侦测数据分析与统计

庞国芳院士科研团队建立的农药残留高通量侦测技术以高分辨精确质量数（0.0001 *m/z* 为基准）为识别标准，采用 LC-Q-TOF/MS 对 842 种农药化学污染物进行侦测。

科研团队于 2020 年 8 月至 2020 年 9 月在青海省 5 个区县的 24 个采样点，随机采集了 300 例水果蔬菜样品，采样点分布在超市、个体商户和农贸市场，各月内水果蔬菜样品采集数量如表 14-1 所示。

表 14-1　青海省各月内采集水果蔬菜样品数列表

时间	样品数（例）
2020 年 8 月	120
2020 年 9 月	180

利用 LC-Q-TOF/MS 对 300 例样品中的农药进行侦测，共侦测出残留农药 882 频次。侦测出农药残留水平如表 14-2 和图 14-1 所示。检出频次最高的前 10 种农药如表 14-3 所示。从侦测结果中可以看出，在水果蔬菜中农药残留普遍存在，且有些水果蔬菜存在高浓度的农药残留，这些可能存在膳食暴露风险，对人体健康产生危害，因此，为了定量地评价水果蔬菜中农药残留的风险程度，有必要对其进行风险评价。

表 14-2　侦测出农药的不同残留水平及其所占比例列表

残留水平（μg/kg）	检出频次	占比（%）
1~5（含）	398	45.1
5~10（含）	138	15.6
10~100（含）	273	31.0
100~1000（含）	69	7.8
>1000	4	0.5

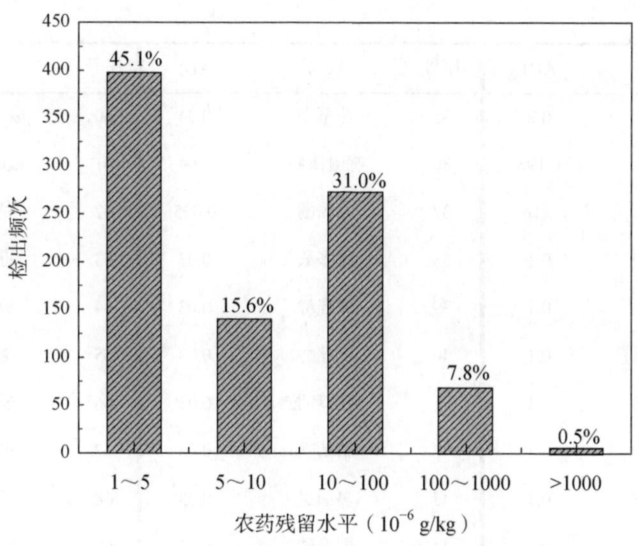

图 14-1 残留农药侦测出浓度频数分布图

表 14-3 检出频次最高的前 10 种农药列表

序号	农药	检出频次
1	啶虫脒	69
2	烯酰吗啉	66
3	苯醚甲环唑	59
4	多菌灵	53
5	吡唑醚菌酯	50
6	吡虫啉	48
7	噻虫嗪	43
8	霜霉威	34
9	噻虫胺	27
10	啶酰菌胺	21

本研究使用 LC-Q-TOF/MS 技术对青海省 300 例样品中的农药侦测中，共侦测出农药 83 种，这些农药的每日允许最大摄入量值（ADI）见表 14-4。为评价青海省农药残留的风险，本研究采用两种模型分别评价膳食暴露风险和预警风险，具体的风险评价模型见附录 A。

表 14-4 青海省水果蔬菜中侦测出农药的 ADI 值

序号	农药	ADI	序号	农药	ADI	序号	农药	ADI
1	氯虫苯甲酰胺	2	4	醚菌酯	0.4	7	氰霜唑	0.2
2	烯啶虫胺	0.53	5	苯菌酮	0.3	8	嘧霉胺	0.2
3	霜霉威	0.4	6	烯酰吗啉	0.2	9	嘧菌酯	0.2

续表

序号	农药	ADI	序号	农药	ADI	序号	农药	ADI
10	呋虫胺	0.2	35	扑草净	0.04	60	联苯肼酯	0.01
11	甲哌	0.195	36	啶酰菌胺	0.04	61	氟吡菌胺	0.01
12	氟吗啉	0.16	37	乙嘧酚	0.035	62	噁霜灵	0.01
13	噻虫胺	0.1	38	茵多酸	0.03	63	毒死蜱	0.01
14	苦参碱	0.1	39	戊唑醇	0.03	64	敌草腈	0.01
15	甲氧虫酰肼	0.1	40	三唑醇	0.03	65	哒螨灵	0.01
16	二甲戊灵	0.1	41	嘧菌环胺	0.03	66	苯醚甲环唑	0.01
17	多效唑	0.1	42	腈菌唑	0.03	67	噻嗪酮	0.009
18	吡噻菌胺	0.1	43	多菌灵	0.03	68	环虫腈	0.007
19	吡丙醚	0.1	44	丙溴磷	0.03	69	氟硅唑	0.007
20	噻虫嗪	0.08	45	吡唑醚菌酯	0.03	70	唑虫酰胺	0.006
21	甲霜灵	0.08	46	吡蚜酮	0.03	71	己唑醇	0.005
22	氟唑菌酰胺	0.08	47	胺鲜酯	0.023	72	二嗪磷	0.005
23	氟吡菌酰胺	0.08	48	莠去津	0.02	73	乙霉威	0.004
24	啶虫脒	0.07	49	四螨嗪	0.02	74	辛硫磷	0.004
25	丙环唑	0.07	50	虱螨脲	0.02	75	四氟醚唑	0.004
26	仲丁威	0.06	51	氟环唑	0.02	76	异丙威	0.002
27	异菌脲	0.06	52	噻霉酮	0.017	77	克百威	0.001
28	灭蝇胺	0.06	53	噻呋酰胺	0.014	78	氟吡甲禾灵	0.0007
29	吡虫啉	0.06	54	唑螨酯	0.01	79	氧乐果	0.0003
30	乙嘧酚磺酸酯	0.05	55	茚虫威	0.01	80	异戊烯腺嘌呤	—
31	乙螨唑	0.05	56	炔螨特	0.01	81	双苯基脲	—
32	螺虫乙酯	0.05	57	扑灭津	0.01	82	嘧菌腙	—
33	环嗪酮	0.05	58	咪鲜胺	0.01	83	二甲嘧酚	—
34	肟菌酯	0.04	59	螺螨酯	0.01			

注：“—”表示国家标准中无 ADI 值规定；ADI 值单位为 mg/kg bw

14.2 农药残留膳食暴露风险评估

14.2.1 每例水果蔬菜样品中农药残留安全指数分析

基于农药残留侦测数据，发现在 300 例样品中侦测出农药 882 频次，计算样品中每种残留农药的安全指数 IFS_c，并分析农药对样品安全的影响程度，农药残留对水果蔬菜样品安全的影响程度频次分布情况如图 14-2 所示。

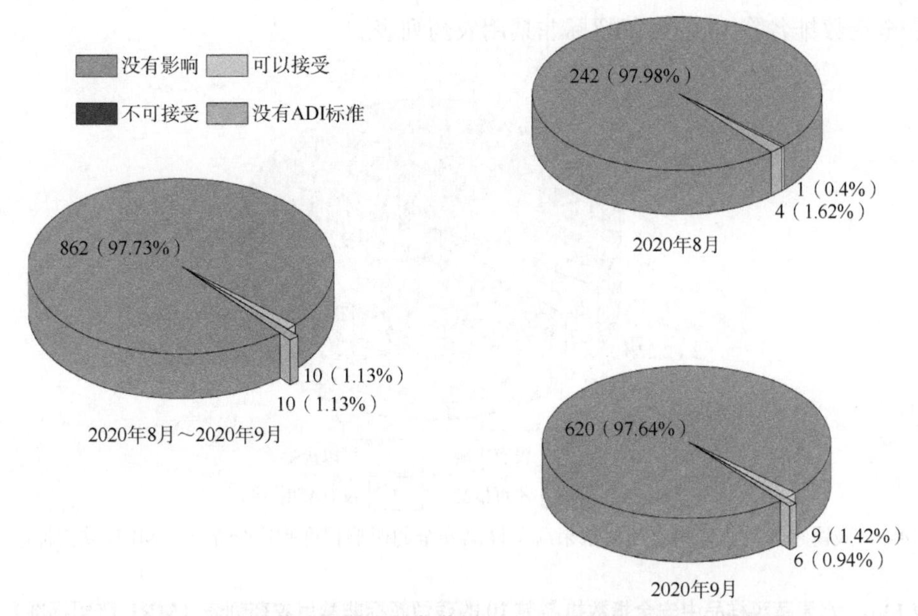

图 14-2 农药残留对水果蔬菜样品安全的影响程度频次分布图

由图 14-2 可以看出，农药残留对样品安全的影响可以接受的频次为 10，占 1.13%；农药残留对样品安全的没有影响的频次为 862，占 97.73%。分析发现，农药残留对水果蔬菜样品安全的影响程度频次 2020 年 8 月（247）<2020 年 9 月（635）。

部分样品侦测出禁用农药 3 种 28 频次，为了明确残留的禁用农药对样品安全的影响，分析侦测出禁用农药残留的样品安全指数，侦测结果显示禁用农药残留对样品安全没有影响的频次为 28，占 100%。

此外，本次侦测发现部分样品中非禁用农药残留量超过了 MRL 中国国家标准和欧盟标准，为了明确超标的非禁用农药对样品安全的影响，分析了非禁用农药残留超标的样品安全指数。侦测出超过 MRL 中国国家标准的非禁用农药共 2 频次，其中农药残留对样品安全没有影响的频次为 2，占 100%。表 14-5 为水果蔬菜样品中侦测出的非禁用农药残留安全指数表。

表 14-5 水果蔬菜样品中侦测出的非禁用农药残留安全指数表（MRL 中国国家标准）

序号	样品编号	采样点	基质	农药	含量（mg/kg）	中国国家标准	超标倍数	IFS_c	影响程度
1	20200819-630100-LZFDC-PO-23A	**生活超市（农建巷便利店）	马铃薯	甲霜灵	0.0858	0.05	1.72	0.0068	没有影响
2	20200914-630200-LZFDC-EP-02A	**综合农贸市场	茄子	噻虫胺	0.1514	0.05	3.03	0.0096	没有影响

残留量超过 MRL 欧盟标准的非禁用农药对水果蔬菜样品安全的影响程度频次分布情况如图 14-3 所示。可以看出超过 MRL 欧盟标准的非禁用农药共 88 频次，其中农药没有 ADI 的频次为 2，占 2.27%；农药残留对样品安全的影响可以接受的频次为 4，占 4.55%；农药残留对样品安全没有影响的频次为 82，占 93.18%。表 14-6 为水果蔬菜样品中安全指数排名前 10 的残留超标非禁用农药列表。

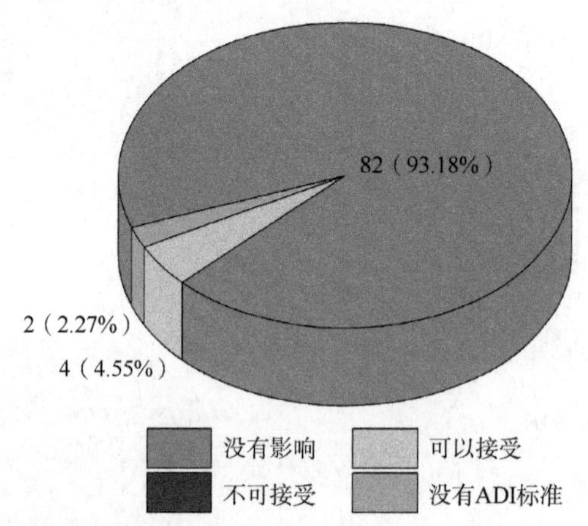

图 14-3 残留超标的非禁用农药对水果蔬菜样品安全的影响程度频次分布图（MRL 欧盟标准）

表 14-6 水果蔬菜样品中安全指数排名前 10 的残留超标非禁用农药列表（MRL 欧盟标准）

序号	样品编号	采样点	基质	农药	含量（mg/kg）	欧盟标准	超标倍数	IFS_c	影响程度
1	20200914-630200-LZFDC-CU-10A	***生活超市（乐都区文化街）	黄瓜	异丙威	0.2055	0.01	20.55	0.6508	可以接受
2	20200911-630200-LZFDC-EP-12A	**新心乐超市（乐都商场店）	茄子	螺螨酯	0.6716	0.02	33.58	0.4254	可以接受
3	20200819-630100-LZFDC-CE-16A	***便民菜市场	芹菜	异丙威	0.1004	0.01	10.04	0.3179	可以接受
4	20200818-630100-LZFDC-JD-20A	园树市场	豇豆	异丙威	0.0659	0.01	6.59	0.2087	可以接受
5	20200819-630100-LZFDC-EP-18A	**路市场	茄子	螺螨酯	0.1391	0.02	6.955	0.0881	没有影响
6	20200914-630200-LZFDC-TO-06A	瓜果蔬菜店（乐都区古城大街）	番茄	炔螨特	0.1316	0.01	13.16	0.0833	没有影响
7	20200914-630200-LZFDC-JD-10A	***生活超市（乐都区文化街）	豇豆	氟吡菌胺	0.1255	0.01	12.55	0.0795	没有影响
9	20200911-630200-LZFDC-EP-05A	***蔬菜综合批发市场	茄子	螺螨酯	0.1126	0.02	5.63	0.0713	没有影响
10	20200819-630100-LZFDC-CE-21A	**综合农贸市场	芹菜	氟硅唑	0.0749	0.01	7.49	0.0678	没有影响

14.2.2 单种水果蔬菜中农药残留安全指数分析

本次检测的水果蔬菜共计 16 种，16 种水果蔬菜全部侦测出农药残留，检出频次为 882 次，其中 4 种农药没有 ADI 标准，79 种农药存在 ADI 标准。对 16 种水果蔬菜按不同种类分别计算侦测出的具有 ADI 标准的各种农药的 IFS_c 值，农药残留对水果蔬菜的安全指数分布图如图 14-4 所示。

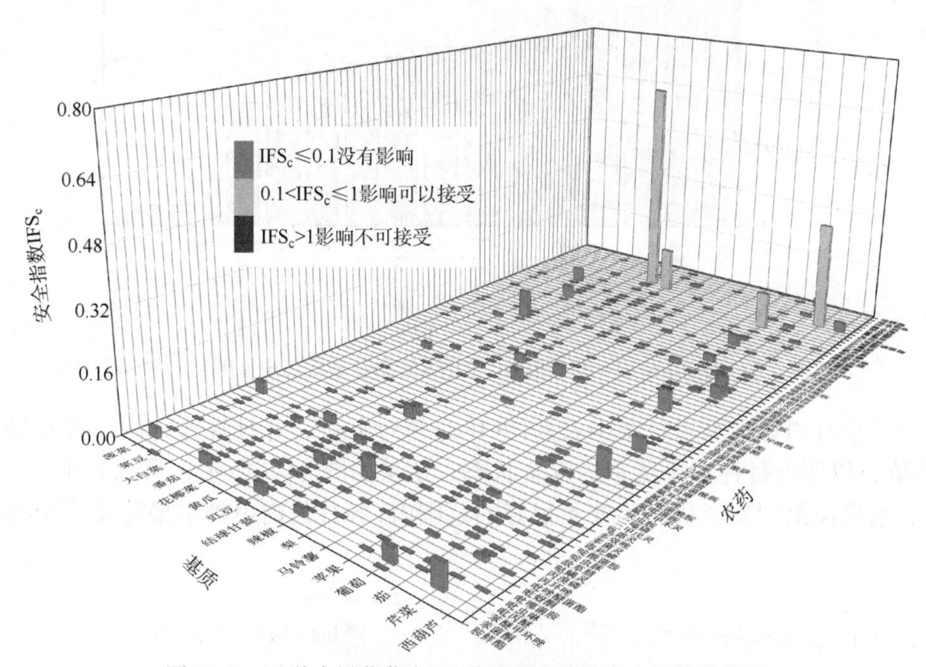

图 14-4 16 种水果蔬菜中 79 种残留农药的安全指数分布图

本次侦测中，16 种水果蔬菜和 83 种残留农药（包括没有 ADI 标准）共涉及 326 个分析样本，农药对单种水果蔬菜安全的影响程度分布情况如图 14-5 所示。可以看出，96.63%的样本中农药对水果蔬菜安全没有影响，1.23%的样本中农药对水果蔬菜安全的影响可以接受。

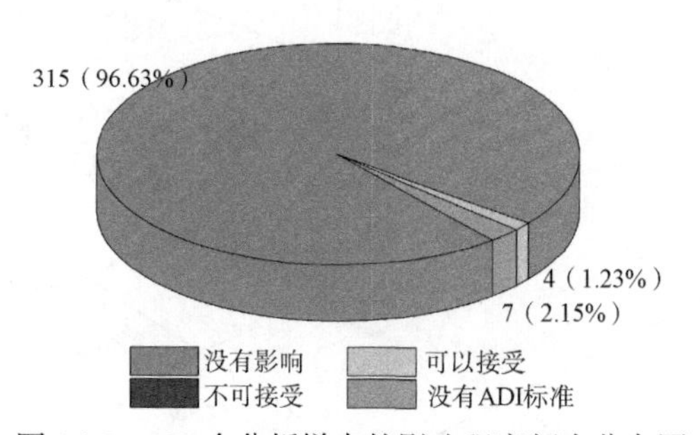

图 14-5 326 个分析样本的影响程度频次分布图

此外，分别计算 16 种水果蔬菜中所有侦测出农药 IFS_c 的平均值 $\overline{IFS}$，分析每种水果蔬菜的安全状态，结果如图 14-6 所示，分析发现，16 种（100%）水果蔬菜的安全状态很好。

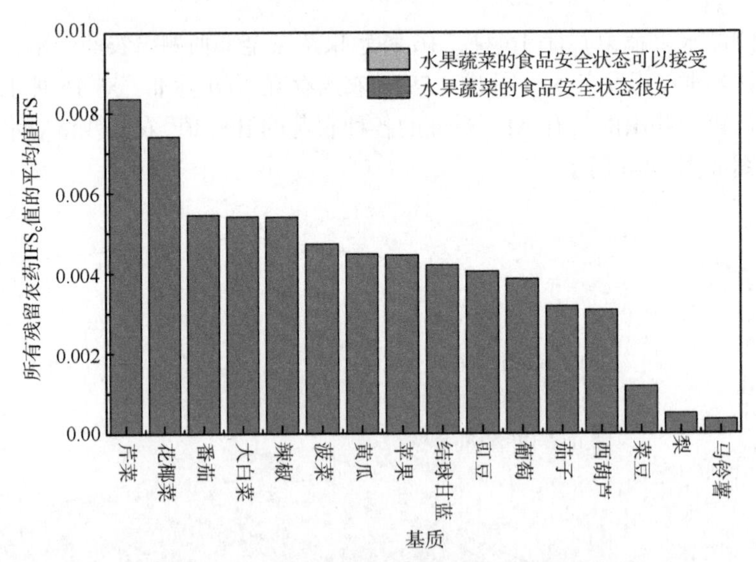

图 14-6　16 种水果蔬菜的$\overline{IFS}$值和安全状态统计图

对每个月内每种水果蔬菜中农药的 IFS_c 进行分析，并计算每月内每种水果蔬菜的$\overline{IFS}$值，以评价每种水果蔬菜的安全状态，结果如图 14-7 所示，可以看出，2 个月份所有水果蔬菜的安全状态均处于很好的范围内，各月份内单种水果蔬菜安全状态统

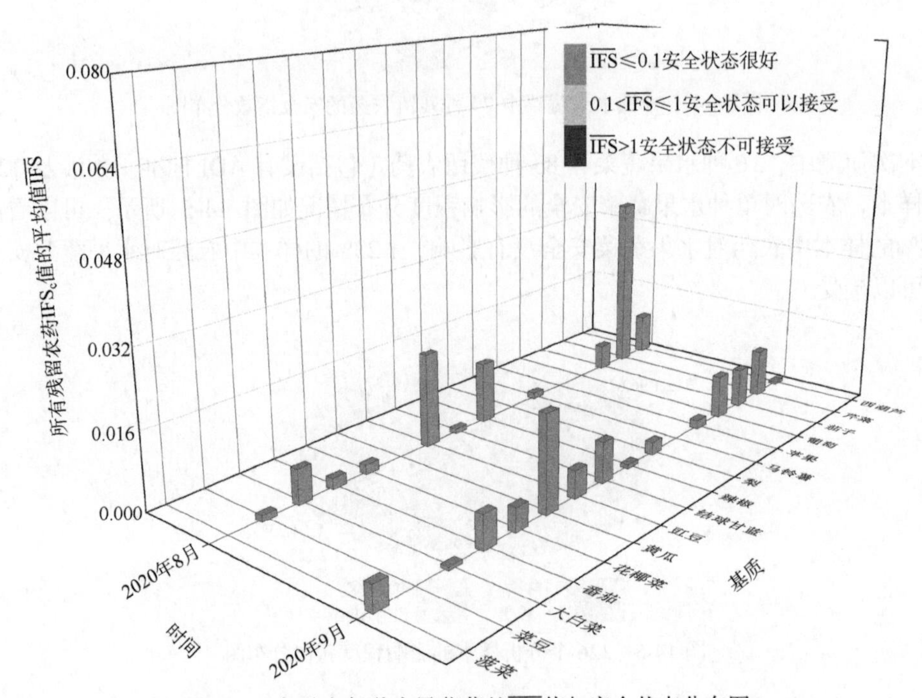

图 14-7　各月内每种水果蔬菜的$\overline{IFS}$值与安全状态分布图

计情况如图 14-8 所示。

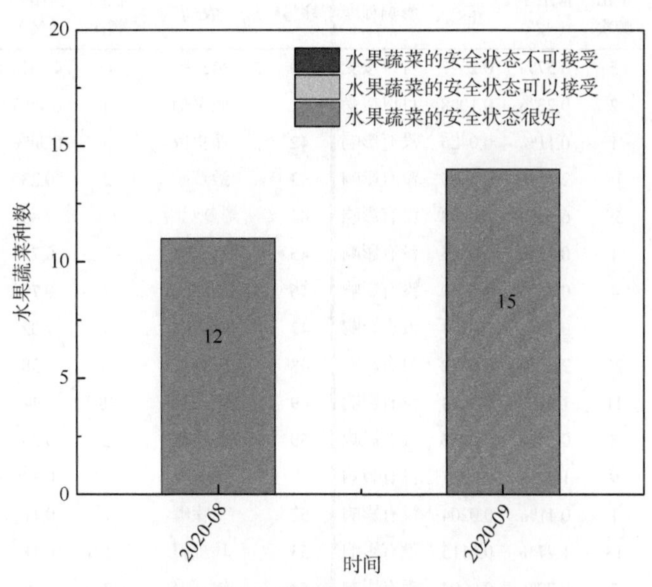

图 14-8　各月份内单种水果蔬菜安全状态统计图

14.2.3　所有水果蔬菜中农药残留安全指数分析

计算所有水果蔬菜中 83 种农药的 $\overline{IFS}_c$ 值，结果如图 14-9 及表 14-7 所示。

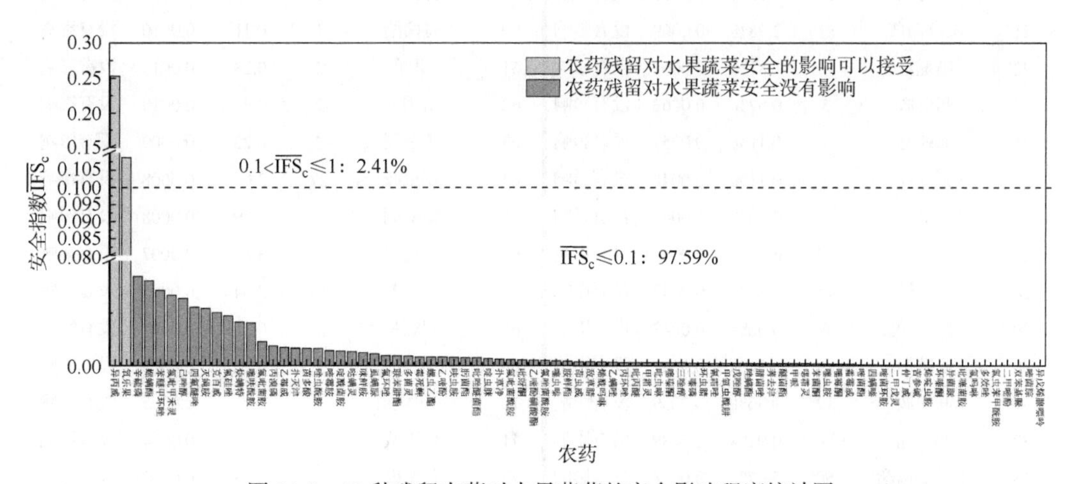

图 14-9　83 种残留农药对水果蔬菜的安全影响程度统计图

分析发现，83 种农药对水果蔬菜安全的影响均在没有影响和可以接受的范围内，其中 2.41%的农药对水果蔬菜安全的影响可以接受，97.59%的农药对水果蔬菜安全没有影响。

表 14-7 水果蔬菜中 83 种农药残留的安全指数表

序号	农药	检出频次	检出率（%）	$\overline{IFS_c}$	影响程度	序号	农药	检出频次	检出率（%）	$\overline{IFS_c}$	影响程度
1	异丙威	5	0.57%	0.2527	可以接受	40	噻虫嗪	43	4.88%	0.0022	没有影响
2	氧乐果	2	0.23%	0.1088	可以接受	41	胺鲜酯	4	0.45%	0.0021	没有影响
3	辛硫磷	1	0.11%	0.0426	没有影响	42	苗虫威	3	0.34%	0.0019	没有影响
4	螺螨酯	19	2.15%	0.0405	没有影响	43	敌草腈	2	0.23	0.0019	没有影响
5	苯醚甲环唑	59	6.69%	0.0358	没有影响	44	烯酰吗啉	66	7.48	0.0018	没有影响
6	氟吡甲禾灵	1	0.11%	0.0335	没有影响	45	乙螨唑	7	0.79	0.0017	没有影响
7	己唑醇	4	0.45%	0.0319	没有影响	46	丙环唑	7	0.79	0.0015	没有影响
8	四氟醚唑	4	0.45%	0.0277	没有影响	47	吡丙醚	9	1.02	0.0015	没有影响
9	灭蝇胺	21	2.38%	0.0272	没有影响	48	甲霜灵	21	2.38	0.0015	没有影响
10	克百威	11	1.25%	0.0253	没有影响	49	吡虫啉	48	5.44	0.0015	没有影响
11	氟硅唑	3	0.34%	0.0237	没有影响	50	噻嗪酮	2	0.23	0.0014	没有影响
12	炔螨特	9	1.02%	0.0207	没有影响	51	三唑醇	3	0.34	0.0014	没有影响
13	噻呋酰胺	1	0.11%	0.0204	没有影响	52	二嗪磷	1	0.11	0.0013	没有影响
14	氟吡菌胺	13	1.47%	0.0115	没有影响	53	环虫腈	1	0.11	0.0013	没有影响
15	丙溴磷	7	0.79%	0.0094	没有影响	54	氰霜唑	7	0.79	0.0012	没有影响
16	乙霉威	1	0.11%	0.0087	没有影响	55	甲氧虫酰肼	2	0.23	0.0011	没有影响
17	扑灭津	4	0.45%	0.0084	没有影响	56	戊唑醇	20	2.27	0.0010	没有影响
18	茵多酸	2	0.23%	0.0083	没有影响	57	唑螨酯	1	0.11	0.0010	没有影响
19	唑虫酰胺	4	0.45%	0.0082	没有影响	58	腈菌唑	14	1.59	0.0010	没有影响
20	嘧霉胺	19	2.15%	0.0071	没有影响	59	莠去津	3	0.34	0.0010	没有影响
21	啶酰菌胺	21	2.38%	0.0069	没有影响	60	醚菌酯	1	0.11	0.0010	没有影响
22	哒螨灵	16	1.81%	0.0067	没有影响	61	甲哌	2	0.23	0.0010	没有影响
23	咪鲜胺	5	0.57%	0.0062	没有影响	62	噁霜灵	2	0.23	0.0010	没有影响
24	虱螨脲	1	0.11%	0.0057	没有影响	63	苯菌酮	2	0.23	0.0009	没有影响
25	氟环唑	1	0.11%	0.0048	没有影响	64	噻虫胺	27	3.06	0.0008	没有影响
26	联苯肼酯	2	0.23%	0.0047	没有影响	65	噻霉酮	7	0.79	0.0008	没有影响
27	多菌灵	53	6.01%	0.0045	没有影响	66	霜霉威	34	3.85	0.0007	没有影响
28	毒死蜱	15	1.70%	0.0042	没有影响	67	嘧菌酯	18	2.04	0.0005	没有影响
29	螺虫乙酯	6	0.68%	0.0042	没有影响	68	四螨嗪	1	0.11	0.0005	没有影响
30	乙嘧酚	3	0.34%	0.0041	没有影响	69	嘧菌环胺	2	0.23	0.0005	没有影响
31	呋虫胺	12	1.36%	0.0039	没有影响	70	二甲戊灵	1	0.11	0.0005	没有影响
32	肟菌酯	8	0.91%	0.0039	没有影响	71	仲丁威	1	0.11	0.0004	没有影响
33	吡唑醚菌酯	50	5.67%	0.0038	没有影响	72	苦参碱	2	0.23	0.0003	没有影响
34	啶虫脒	69	7.82%	0.0033	没有影响	73	烯啶虫胺	18	2.04	0.0003	没有影响
35	扑草净	1	0.11%	0.0030	没有影响	74	环嗪酮	1	0.11	0.0002	没有影响
36	氟吡菌酰胺	9	1.02%	0.0029	没有影响	75	异菌脲	2	0.23	0.0002	没有影响
37	吡蚜酮	8	0.91%	0.0027	没有影响	76	吡噻菌胺	1	0.11	0.0001	没有影响
38	乙嘧酚磺酸酯	2	0.23%	0.0026	没有影响	77	氟吗啉	2	0.23	0.0001	没有影响
39	氟唑菌酰胺	5	0.57%	0.0026	没有影响	78	多效唑	2	0.23	0.0001	没有影响

续表

序号	农药	检出频次	检出率（%）	$\overline{IFS}_c$	影响程度	序号	农药	检出频次	检出率（%）	$\overline{IFS}_c$	影响程度
79	氯虫苯甲酰胺	5	0.57	0.0001	没有影响	82	嘧菌腙	—	—	—	—
80	二甲嘧酚	—	—	—	—	83	异戊烯腺嘌呤	—	—	—	—
81	双苯基脲	—	—	—	—						

对每个月内所有水果蔬菜中残留农药的 $\overline{IFS}_c$ 进行分析，结果如图 14-10 所示。分析发现，2 个月份所有农药对水果蔬菜安全的影响均处于没有影响和可以接受的范围内。每月内不同农药对水果蔬菜安全影响程度的统计如图 14-11 所示。

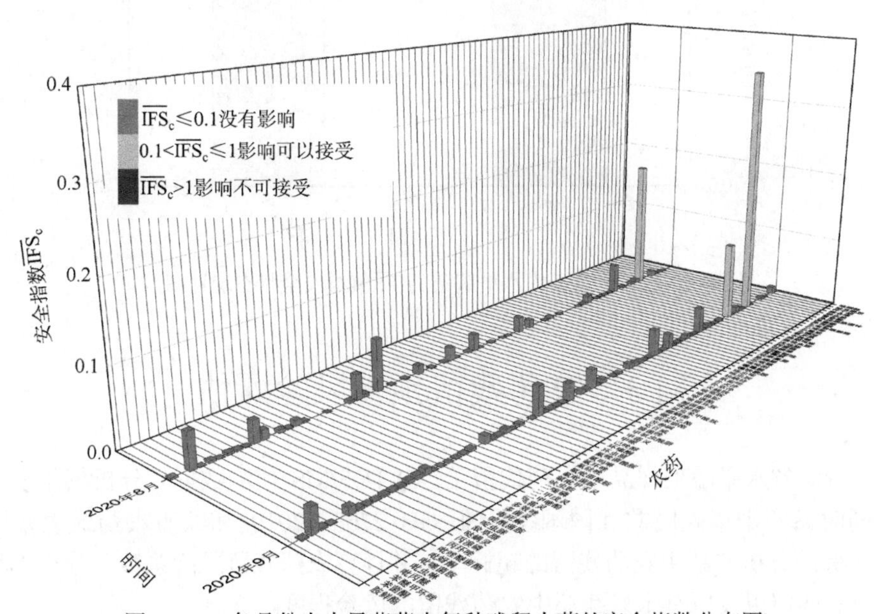

图 14-10　各月份内水果蔬菜中每种残留农药的安全指数分布图

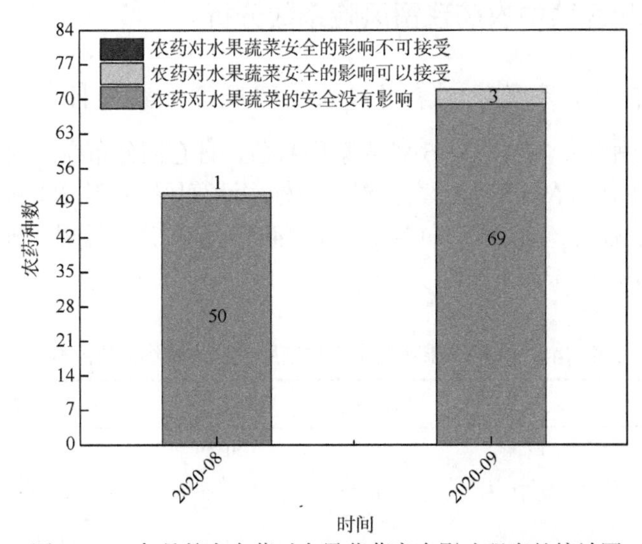

图 14-11　各月份内农药对水果蔬菜安全影响程度的统计图

计算每个月内水果蔬菜的$\overline{IFS}$，以分析每月内水果蔬菜的安全状态，结果如图 14-12 所示，可以看出 2 个月的水果蔬菜安全状态均处于很好的范围内。

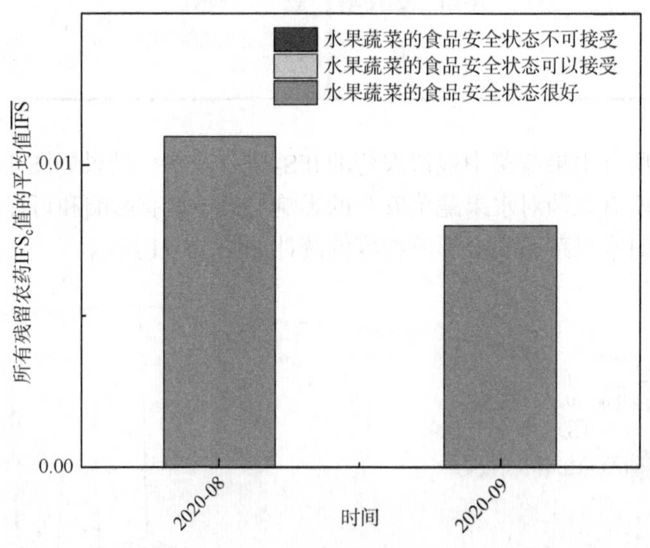

图 14-12　各月份内水果蔬菜的$\overline{IFS}$值与安全状态统计图

14.3　农药残留预警风险评估

基于青海省水果蔬菜样品中农药残留 LC-Q-TOF/MS 侦测数据，分析禁用农药的检出率，同时参照中华人民共和国国家标准 GB 2763—2019 和欧盟农药最大残留限量（MRL）标准分析非禁用农药残留的超标率，并计算农药残留风险系数。分析单种水果蔬菜中农药残留以及所有水果蔬菜中农药残留的风险程度。

14.3.1　单种水果蔬菜中农药残留风险系数分析

14.3.1.1　单种水果蔬菜中禁用农药残留风险系数分析

侦测出的 83 种残留农药中有 3 种为禁用农药，且它们分布在 9 种水果蔬菜中，计算 9 种水果蔬菜中禁用农药的超标率，根据超标率计算风险系数 R，进而分析水果蔬菜中禁用农药的风险程度，结果如图 14-13 与表 14-8 所示。分析发现 3 种禁用农药在 9 种水果蔬菜中的残留均处于高度风险。

表 14-8　9 种水果蔬菜中 3 种禁用农药的风险系数列表

序号	基质	农药	检出频次	检出率（%）	风险系数 R	风险程度
1	苹果	毒死蜱	6	50.00	51.1	高度风险
2	结球甘蓝	克百威	6	25.00	26.1	高度风险
3	梨	毒死蜱	2	16.67	17.77	高度风险

续表

序号	基质	农药	检出频次	检出率（%）	风险系数 R	风险程度
4	葡萄	毒死蜱	2	16.67	17.77	高度风险
5	葡萄	氧乐果	2	16.67	17.77	高度风险
6	黄瓜	克百威	2	16.67	17.77	高度风险
7	大白菜	克百威	3	13.04	14.14	高度风险
8	芹菜	毒死蜱	2	8.33	9.43	高度风险
9	豇豆	毒死蜱	1	4.55	5.65	高度风险
10	结球甘蓝	毒死蜱	1	4.17	5.27	高度风险
11	花椰菜	毒死蜱	1	4.17	5.27	高度风险

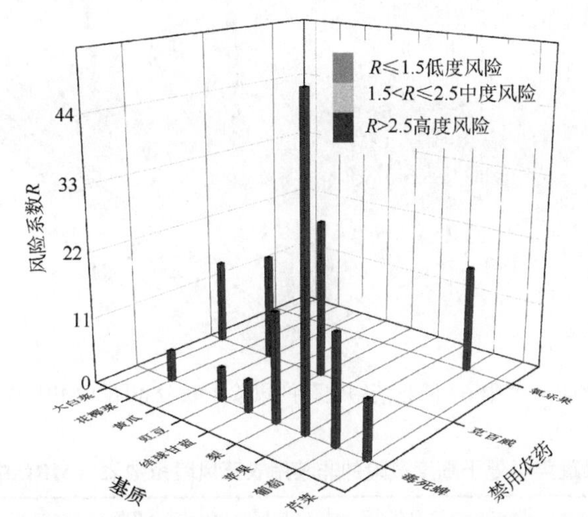

图 14-13　9 种水果蔬菜中 3 种禁用农药的风险系数分布图

14.3.1.2　基于 MRL 中国国家标准的单种水果蔬菜中非禁用农药残留风险系数分析

参照中华人民共和国国家标准 GB 2763—2019 中农药残留限量计算每种水果蔬菜中每种非禁用农药的超标率，进而计算其风险系数，根据风险系数大小判断残留农药的预警风险程度，水果蔬菜中非禁用农药残留风险程度分布情况如图 14-14 所示。

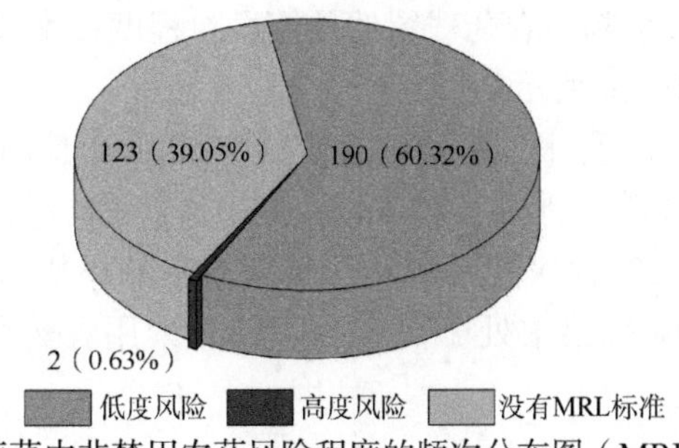

图 14-14　水果蔬菜中非禁用农药风险程度的频次分布图（MRL 中国国家标准）

本次分析中，发现在 16 种水果蔬菜侦测出 80 种残留非禁用农药，涉及样本 315 个，在 315 个样本中，0.63%处于高度风险，60.32%处于低度风险，此外发现有 123 个样本没有 MRL 中国国家标准值，无法判断其风险程度，有 MRL 中国国家标准值的 192 个样本涉及 16 种水果蔬菜中的 60 种非禁用农药，其风险系数 *R* 值如图 14-15 所示。表 14-9 为非禁用农药残留处于高度风险的水果蔬菜列表。

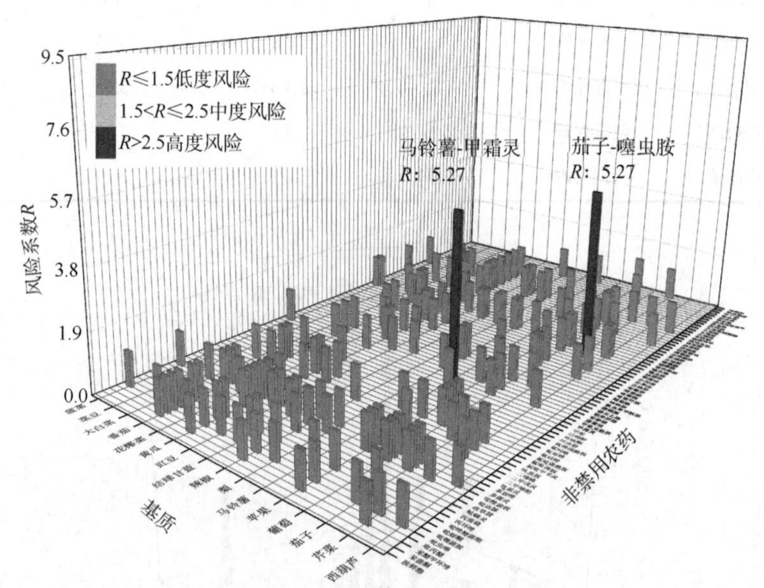

图 14-15　16 种水果蔬菜中 60 种非禁用农药的风险系数分布图（MRL 中国国家标准）

表 14-9　单种水果蔬菜中处于高度风险的非禁用农药风险系数表（MRL 中国国家标准）

序号	基质	农药	超标频次	超标率 *P*（%）	风险系数 *R*
1	茄子	噻虫胺	1	4.17	5.27
2	马铃薯	甲霜灵	1	4.17	5.27

14.3.1.3　基于 MRL 欧盟标准的单种水果蔬菜中非禁用农药残留风险系数分析

参照 MRL 欧盟标准计算每种水果蔬菜中每种非禁用农药的超标率，进而计算其风险系数，根据风险系数大小判断农药残留的预警风险程度，水果蔬菜中非禁用农药残留风险程度分布情况如图 14-16 所示。

本次分析中，发现在 16 种水果蔬菜中共侦测出 80 种非禁用农药，涉及样本 315 个，其中，16.83%处于高度风险，涉及 4 种水果蔬菜和 41 种农药；83.17%处于低度风险，涉及 16 种水果蔬菜和 80 种农药。单种水果蔬菜中的非禁用农药风险系数分布图如图 14-17 所示。单种水果蔬菜中处于高度风险的非禁用农药风险系数如图 14-18 和表 14-10 所示。

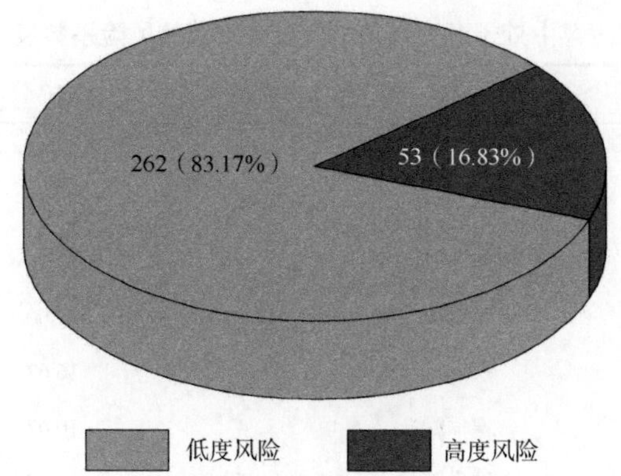

图 14-16　水果蔬菜中非禁用农药的风险程度的频次分布图（MRL 欧盟标准）

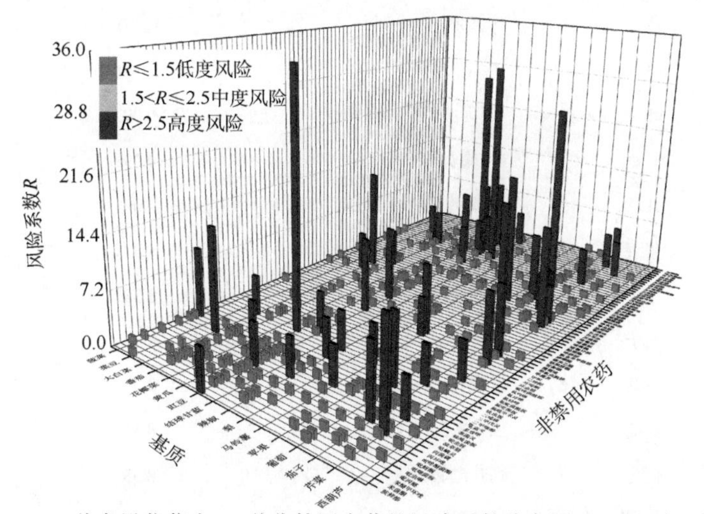

图 14-17　16 种水果蔬菜中 80 种非禁用农药的风险系数分布图（MRL 欧盟标准）

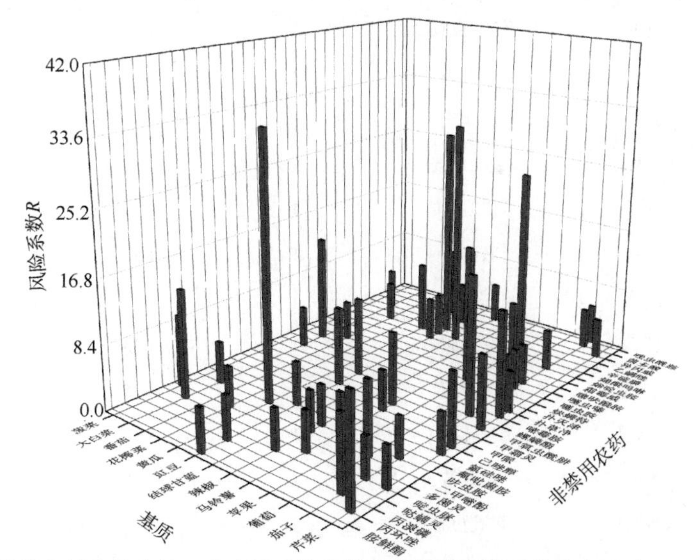

图 14-18　单种水果蔬菜中处于高度风险的非禁用农药的风险系数分布图（MRL 欧盟标准）

表 14-10　单种水果蔬菜中处于高度风险的非禁用农药的风险系数表（MRL 欧盟标准）

序号	基质	农药	超标频次	超标率 *P*（%）	风险系数 *R*
1	黄瓜	呋虫胺	4	33.33	34.43
2	结球甘蓝	烯啶虫胺	7	29.17	30.27
3	豇豆	烯酰吗啉	6	27.27	28.37
4	葡萄	霜霉威	3	25.00	26.10
5	苹果	炔螨特	2	16.67	17.77
6	茄子	螺螨酯	4	16.67	17.77
7	大白菜	啶虫脒	3	13.04	14.14
8	大白菜	扑灭津	3	13.04	14.14
9	芹菜	丙环唑	3	12.50	13.60
10	芹菜	嘧霉胺	3	12.50	13.60
11	豇豆	异丙威	2	9.09	10.19
12	豇豆	甲霜灵	2	9.09	10.19
13	豇豆	螺螨酯	2	9.09	10.19
14	芹菜	己唑醇	2	8.33	9.43
15	芹菜	甲氧虫酰肼	2	8.33	9.43
16	茄子	丙溴磷	2	8.33	9.43
17	菠菜	多菌灵	1	8.33	9.43
18	葡萄	二甲嘧酚	1	8.33	9.43
19	葡萄	噻呋酰胺	1	8.33	9.43
20	马铃薯	甲霜灵	2	8.33	9.43
21	黄瓜	异丙威	1	8.33	9.43
22	黄瓜	烯啶虫胺	1	8.33	9.43
23	豇豆	丙溴磷	1	4.55	5.65
24	豇豆	乙螨唑	1	4.55	5.65
25	豇豆	氟吡菌胺	1	4.55	5.65
26	豇豆	烯啶虫胺	1	4.55	5.65
27	豇豆	胺鲜酯	1	4.55	5.65
28	豇豆	霜霉威	1	4.55	5.65
29	大白菜	呋虫胺	1	4.35	5.45
30	大白菜	嘧霉胺	1	4.35	5.45
31	大白菜	辛硫磷	1	4.35	5.45
32	番茄	炔螨特	1	4.17	5.27
33	番茄	烯啶虫胺	1	4.17	5.27
34	结球甘蓝	茵多酸	1	4.17	5.27

续表

序号	基质	农药	超标频次	超标率 *P*（%）	风险系数 *R*
35	花椰菜	多菌灵	1	4.17	5.27
36	芹菜	啶虫脒	1	4.17	5.27
37	芹菜	异丙威	1	4.17	5.27
38	芹菜	扑草净	1	4.17	5.27
39	芹菜	氟硅唑	1	4.17	5.27
40	茄子	呋虫胺	1	4.17	5.27
41	茄子	唑虫酰胺	1	4.17	5.27
42	茄子	啶虫脒	1	4.17	5.27
43	茄子	噻虫嗪	1	4.17	5.27
44	茄子	噻虫胺	1	4.17	5.27
45	茄子	炔螨特	1	4.17	5.27
46	茄子	烯啶虫胺	1	4.17	5.27
47	茄子	茵多酸	1	4.17	5.27
48	辣椒	二甲嘧酚	1	4.17	5.27
49	辣椒	呋虫胺	1	4.17	5.27
50	辣椒	哒螨灵	1	4.17	5.27
51	马铃薯	呋虫胺	1	4.17	5.27
52	马铃薯	啶虫脒	1	4.17	5.27
53	马铃薯	甲哌	1	4.17	5.27

14.3.2 所有水果蔬菜中农药残留风险系数分析

14.3.2.1 所有水果蔬菜中禁用农药残留风险系数分析

在侦测出的 83 种农药中有 3 种为禁用农药，计算所有水果蔬菜中禁用农药的风险系数，结果如表 14-11 所示。禁用农药毒死蜱和克百威处于高度风险。

表 14-11 水果蔬菜中 3 种禁用农药的风险系数表

序号	农药	检出频次	检出率 *P*（%）	风险系数 *R*	风险程度
1	毒死蜱	15	5.00	6.10	高度风险
2	克百威	11	3.67	4.77	高度风险
3	氧乐果	2	0.67	1.77	中度风险

对每个月内的禁用农药的风险系数进行分析，结果如图 14-19 和表 14-12 所示。

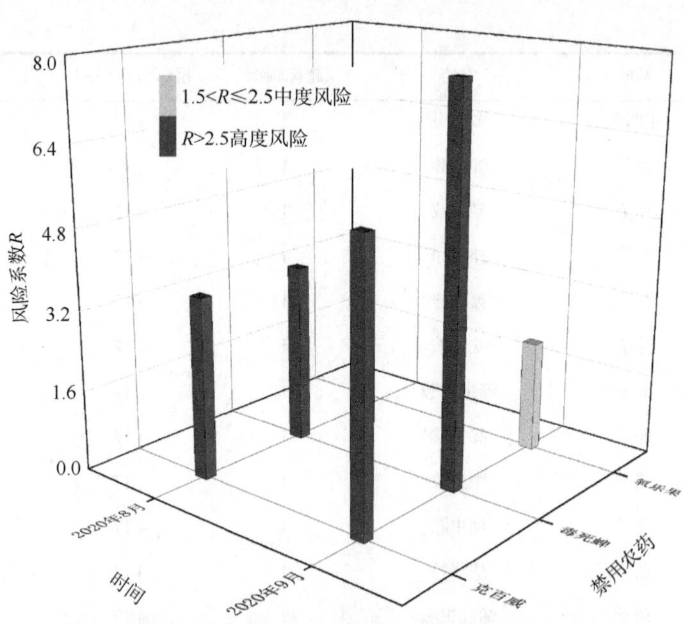

图 14-19　各月份内水果蔬菜中禁用农药残留的风险系数分布图

表 14-12　各月份内水果蔬菜中禁用农药的风险系数表

序号	年月	农药	检出频次	检出率 P（%）	风险系数 R	风险程度
1	2020 年 8 月	克百威	3	2.5	3.6	高度风险
2	2020 年 8 月	毒死蜱	3	2.5	3.6	高度风险
3	2020 年 9 月	毒死蜱	12	6.67	7.77	高度风险
4	2020 年 9 月	克百威	8	4.44	5.54	高度风险
5	2020 年 9 月	氧乐果	2	1.11	2.21	中度风险

14.3.2.2　所有水果蔬菜中非禁用农药残留风险系数分析

参照 MRL 欧盟标准计算所有水果蔬菜中每种非禁用农药残留的风险系数，如图 14-20 与表 14-13 所示。在侦测出的 80 种非禁用农药中，5 种农药（6.25%）残留处于高度风险，13 种农药（16.25%）残留处于 中度风险，62 种农药（77.5%）残留处于低度风险。

表 14-13　水果蔬菜中 80 种非禁用农药的风险系数表

序号	农药	超标频次	超标率 P（%）	风险系数 R	风险程度
1	烯啶虫胺	11	3.67	4.77	高度风险
2	呋虫胺	8	2.67	3.77	高度风险
3	烯酰吗啉	6	2.00	3.10	高度风险
4	螺螨酯	6	2.00	3.10	高度风险

续表

序号	农药	超标频次	超标率 P（%）	风险系数 R	风险程度
5	啶虫脒	6	2.00	3.10	高度风险
6	霜霉威	4	1.33	2.43	中度风险
7	异丙威	4	1.33	2.43	中度风险
8	炔螨特	4	1.33	2.43	中度风险
9	嘧霉胺	4	1.33	2.43	中度风险
10	甲霜灵	4	1.33	2.43	中度风险
11	扑灭津	3	1.00	2.10	中度风险
12	丙溴磷	3	1.00	2.10	中度风险
13	丙环唑	3	1.00	2.10	中度风险
14	己唑醇	2	0.67	1.77	中度风险
15	多菌灵	2	0.67	1.77	中度风险
16	二甲嘧酚	2	0.67	1.77	中度风险
17	茵多酸	2	0.67	1.77	中度风险
18	甲氧虫酰肼	2	0.67	1.77	中度风险
19	噻呋酰胺	1	0.33	1.43	低度风险
20	甲哌	1	0.33	1.43	低度风险
21	氟硅唑	1	0.33	1.43	低度风险
22	扑草净	1	0.33	1.43	低度风险
23	辛硫磷	1	0.33	1.43	低度风险
24	乙螨唑	1	0.33	1.43	低度风险
25	噻虫胺	1	0.33	1.43	低度风险
26	噻虫嗪	1	0.33	1.43	低度风险
27	氟吡菌胺	1	0.33	1.43	低度风险
28	唑虫酰胺	1	0.33	1.43	低度风险
29	哒螨灵	1	0.33	1.43	低度风险
30	胺鲜酯	1	0.33	1.43	低度风险
31	螺虫乙酯	0	0.00	1.10	低度风险
32	苦参碱	0	0.00	1.10	低度风险
33	氟唑菌酰胺	0	0.00	1.10	低度风险
34	氟环唑	0	0.00	1.10	低度风险
35	茚虫威	0	0.00	1.10	低度风险
36	苯醚甲环唑	0	0.00	1.10	低度风险
37	苯菌酮	0	0.00	1.10	低度风险
38	氯虫苯甲酰胺	0	0.00	1.10	低度风险
39	氰霜唑	0	0.00	1.10	低度风险
40	虱螨脲	0	0.00	1.10	低度风险
41	腈菌唑	0	0.00	1.10	低度风险

续表

序号	农药	超标频次	超标率 P（%）	风险系数 R	风险程度
42	环虫腈	0	0.00	1.10	低度风险
43	灭蝇胺	0	0.00	1.10	低度风险
44	醚菌酯	0	0.00	1.10	低度风险
45	肟菌酯	0	0.00	1.10	低度风险
46	联苯肼酯	0	0.00	1.10	低度风险
47	环嗪酮	0	0.00	1.10	低度风险
48	氟吡菌酰胺	0	0.00	1.10	低度风险
49	莠去津	0	0.00	1.10	低度风险
50	三唑醇	0	0.00	1.10	低度风险
51	氟吡甲禾灵	0	0.00	1.10	低度风险
52	氟吗啉	0	0.00	1.10	低度风险
53	乙嘧酚	0	0.00	1.10	低度风险
54	乙嘧酚磺酸酯	0	0.00	1.10	低度风险
55	乙霉威	0	0.00	1.10	低度风险
56	二嗪磷	0	0.00	1.10	低度风险
57	二甲戊灵	0	0.00	1.10	低度风险
58	仲丁威	0	0.00	1.10	低度风险
59	双苯基脲	0	0.00	1.10	低度风险
60	吡丙醚	0	0.00	1.10	低度风险
61	吡唑醚菌酯	0	0.00	1.10	低度风险
62	吡噻菌胺	0	0.00	1.10	低度风险
63	吡虫啉	0	0.00	1.10	低度风险
64	吡蚜酮	0	0.00	1.10	低度风险
65	咪鲜胺	0	0.00	1.10	低度风险
66	唑螨酯	0	0.00	1.10	低度风险
67	啶酰菌胺	0	0.00	1.10	低度风险
68	嘧菌环胺	0	0.00	1.10	低度风险
69	嘧菌腙	0	0.00	1.10	低度风险
70	嘧菌酯	0	0.00	1.10	低度风险
71	噁霜灵	0	0.00	1.10	低度风险
72	噻嗪酮	0	0.00	1.10	低度风险
73	噻霉酮	0	0.00	1.10	低度风险
74	四氟醚唑	0	0.00	1.10	低度风险
75	四螨嗪	0	0.00	1.10	低度风险
76	多效唑	0	0.00	1.10	低度风险
77	异菌脲	0	0.00	1.10	低度风险
78	戊唑醇	0	0.00	1.10	低度风险

续表

序号	农药	超标频次	超标率 P（%）	风险系数 R	风险程度
79	敌草腈	0	0.00	1.10	低度风险
80	异戊烯腺嘌呤	0	0.00	1.10	低度风险

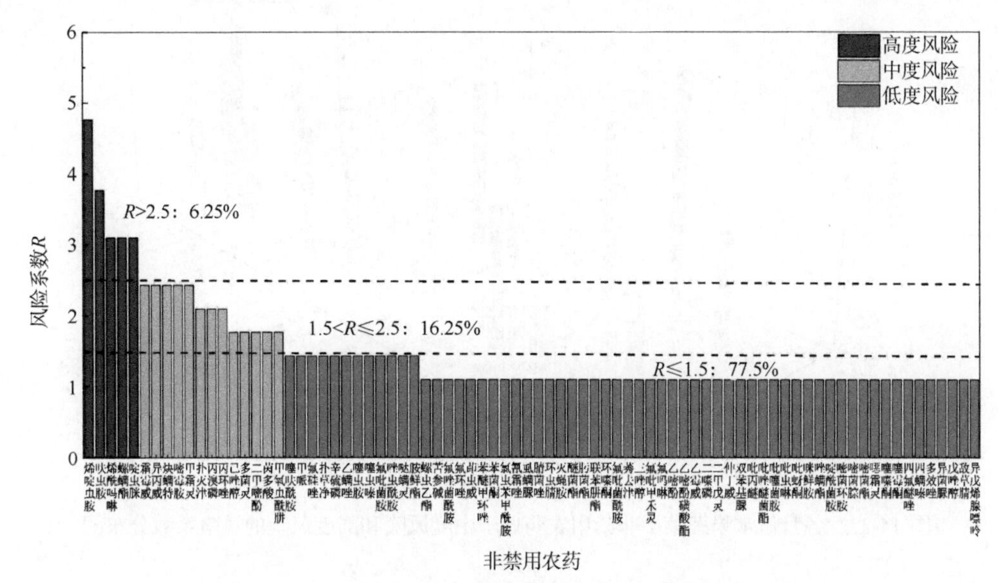

图 14-20　水果蔬菜中 80 种非禁用农药的风险程度统计图

对每个月份内的非禁用农药的风险系数分析，每月内非禁用农药风险程度分布图如图 14-21 所示。这 2 个月份内处于高度风险的农药数排序为 2020 年 8 月（9）>2020 年 9 月（7）。

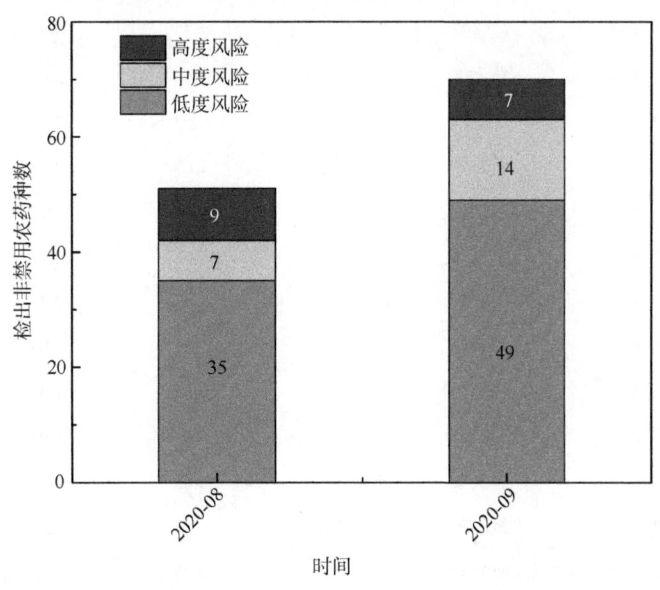

图 14-21　各月份水果蔬菜中非禁用农药残留的风险程度分布图

2 个月份内水果蔬菜中非禁用农药处于中度风险和高度风险的风险系数如图 14-22 和表 14-14 所示。

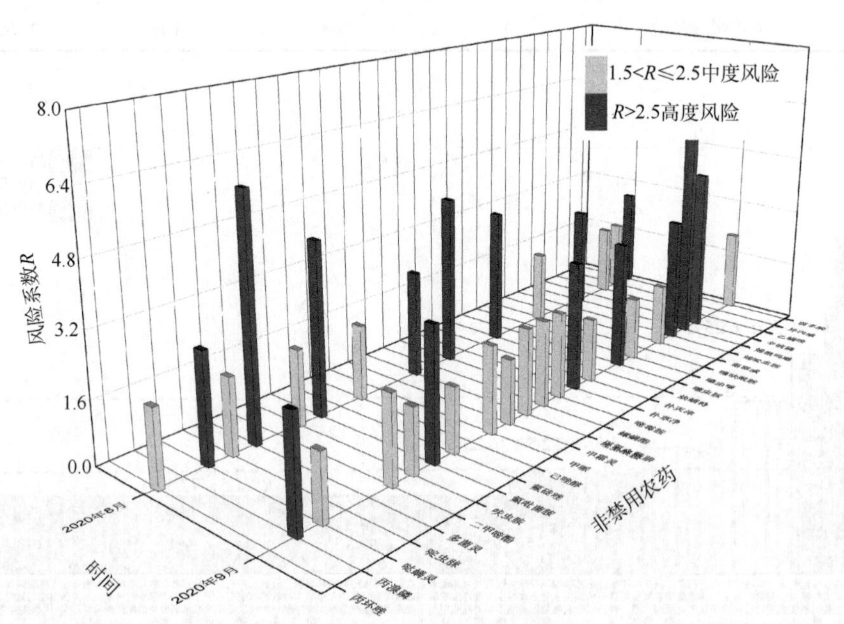

图 14-22　各月份水果蔬菜中非禁用农药处于中度风险和高度风险的风险系数分布图

表 14-14　各月份水果蔬菜中非禁用农药处于中度风险和高度风险的风险系数表

序号	年月	农药	超标频次	超标率 P（%）	风险系数 R	风险程度
1	2020 年 8 月	啶虫脒	6	5.00	6.10	高度风险
2	2020 年 8 月	呋虫胺	4	3.33	4.43	高度风险
3	2020 年 8 月	螺螨酯	4	3.33	4.43	高度风险
4	2020 年 8 月	扑灭津	3	2.50	3.60	高度风险
5	2020 年 8 月	丙溴磷	2	1.67	2.77	高度风险
6	2020 年 8 月	异丙威	2	1.67	2.77	高度风险
7	2020 年 8 月	烯啶虫胺	2	1.67	2.77	高度风险
8	2020 年 8 月	甲霜灵	2	1.67	2.77	高度风险
9	2020 年 8 月	茵多酸	2	1.67	2.77	高度风险
10	2020 年 8 月	乙螨唑	1	0.83	1.93	中度风险
11	2020 年 8 月	二甲嘧酚	1	0.83	1.93	中度风险
12	2020 年 8 月	哒螨灵	1	0.83	1.93	中度风险
13	2020 年 8 月	噻虫嗪	1	0.83	1.93	中度风险
14	2020 年 8 月	氟硅唑	1	0.83	1.93	中度风险
15	2020 年 8 月	胺鲜酯	1	0.83	1.93	中度风险
16	2020 年 8 月	辛硫磷	1	0.83	1.93	中度风险

续表

序号	年月	农药	超标频次	超标率 P（%）	风险系数 R	风险程度
17	2020 年 9 月	烯啶虫胺	9	5.00	6.10	高度风险
18	2020 年 9 月	烯酰吗啉	6	3.33	4.43	高度风险
19	2020 年 9 月	呋虫胺	4	2.22	3.32	高度风险
20	2020 年 9 月	嘧霉胺	4	2.22	3.32	高度风险
21	2020 年 9 月	炔螨特	4	2.22	3.32	高度风险
22	2020 年 9 月	霜霉威	4	2.22	3.32	高度风险
23	2020 年 9 月	丙环唑	3	1.67	2.77	高度风险
24	2020 年 9 月	丙溴磷	1	1.11	1.66	中度风险
25	2020 年 9 月	二甲嘧酚	1	1.11	1.66	中度风险
26	2020 年 9 月	唑虫酰胺	1	1.11	1.66	中度风险
27	2020 年 9 月	噻呋酰胺	1	1.11	1.66	中度风险
28	2020 年 9 月	噻虫胺	1	1.11	1.66	中度风险
29	2020 年 9 月	多菌灵	2	1.11	2.21	中度风险
30	2020 年 9 月	己唑醇	2	0.56	2.21	中度风险
31	2020 年 9 月	异丙威	2	0.56	2.21	中度风险
32	2020 年 9 月	扑草净	1	0.56	1.66	中度风险
33	2020 年 9 月	氟吡菌胺	1	0.56	1.66	中度风险
34	2020 年 9 月	甲哌	1	0.56	1.66	中度风险
35	2020 年 9 月	甲氧虫酰肼	2	0.56	2.21	中度风险
36	2020 年 9 月	甲霜灵	2	0.56	2.21	中度风险
37	2020 年 9 月	螺螨酯	2	0.56	2.21	中度风险

14.4　农药残留风险评估结论与建议

农药残留是影响水果蔬菜安全和质量的主要因素，也是我国食品安全领域备受关注的敏感话题和亟待解决的重大问题之一。各种水果蔬菜均存在不同程度的农药残留现象，本研究主要针对青海省各类水果蔬菜存在的农药残留问题，基于 2020 年 8 月至 2020 年 9 月期间对青海省 300 例水果蔬菜样品中农药残留侦测得出的 882 个侦测结果，分别采用食品安全指数模型和风险系数模型，开展水果蔬菜中农药残留的膳食暴露风险和预警风险评估。水果蔬菜样品取自超市和农贸市场，符合大众的膳食来源，风险评价时更具有代表性和可信度。

本研究力求通用简单地反映食品安全中的主要问题，且为管理部门和大众容易接受，为政府及相关管理机构建立科学的食品安全信息发布和预警体系提供科学的规律与方法，加强对农药残留的预警和食品安全重大事件的预防，控制食品风险。

14.4.1 青海省水果蔬菜中农药残留膳食暴露风险评价结论

水果蔬菜样品中农药残留安全状态评价结论

采用食品安全指数模型，对2020年8月至2020年9月期间青海省水果蔬菜食品农药残留膳食暴露风险进行评价，根据 IFS_c 的计算结果发现，水果蔬菜中农药的$\overline{IFS}$为0.0367，说明青海省水果蔬菜总体处于很好的安全状态，但部分禁用农药、高残留农药在蔬菜、水果中仍有侦测出，导致膳食暴露风险的存在，成为不安全因素。

14.4.2 青海省水果蔬菜中农药残留预警风险评价结论

1）单种水果蔬菜中禁用农药残留的预警风险评价结论

本次侦测过程中，在9种水果蔬菜中侦测超出3种禁用农药，禁用农药为：毒死蜱、氧乐果和克百威，水果蔬菜为：大白菜、梨、结球甘蓝、花椰菜、芹菜、苹果、葡萄、豇豆、黄瓜，水果蔬菜中禁用农药的风险系数分析结果显示，3种禁用农药在9种水果蔬菜中的残留2种处于高度风险，1种处于中度风险，说明在单种水果蔬菜中禁用农药的残留会导致较高的预警风险。

2）单种水果蔬菜中非禁用农药残留的预警风险评价结论

以 MRL 中国国家标准为标准，计算水果蔬菜中非禁用农药风险系数情况下，315个样本中，2个处于高度风险（0.63%），190个处于低度风险（60.32%），123个样本没有 MRL 中国国家标准（39.05%）。以 MRL 欧盟标准为标准，计算水果蔬菜中非禁用农药风险系数情况下，发现有 53 个处于高度风险（16.83%），262 个处于低度风险（83.17%）。基于两种 MRL 标准，评价的结果差异显著，可以看出 MRL 欧盟标准比中国国家标准更加严格和完善，过于宽松的 MRL 中国国家标准值能否有效保障人体的健康有待研究。

14.4.3 加强青海省水果蔬菜食品安全建议

我国食品安全风险评价体系仍不够健全，相关制度不够完善，多年来，由于农药用药次数多、用药量大或用药间隔时间短，产品残留量大，农药残留所造成的食品安全问题日益严峻，给人体健康带来了直接或间接的危害。据估计，美国与农药有关的癌症患者数约占全国癌症患者总数的50%，中国更高。同样，农药对其他生物也会形成直接杀伤和慢性危害，植物中的农药可经过食物链逐级传递并不断蓄积，对人和动物构成潜在威胁，并影响生态系统。

基于本次农药残留侦测数据的风险评价结果，提出以下几点建议：

1）加快食品安全标准制定步伐

我国食品标准中对农药每日允许最大摄入量ADI的数据严重缺乏，在本次青海省水果蔬菜农药残留评价所涉及的83种农药中，仅有95.18%的农药具有ADI值，而4.82%的农药中国尚未规定相应的ADI值，亟待完善。

我国食品中农药最大残留限量值的规定严重缺乏，对评估涉及的不同水果蔬菜中不同农药 249 个 MRL 限值进行统计来看，我国仅制定出 84 个标准，标准完整率仅为 33.7%，欧盟的完整率达到 100%（表 14-15）。因此，中国更应加快 MRL 的制定步伐。

表 14-15　我国国家食品标准农药的 ADI、MRL 值与欧盟标准的数量差异

分类		中国 ADI	MRL 中国国家标准	MRL 欧盟标准
标准限值（个）	有	57	84	249
	无	7	165	0
总数（个）		64	249	249
无标准限值比例（%）		10.9	66.3	0

此外，MRL 中国国家标准限值普遍高于欧盟标准限值，这些标准中共有 54 个高于欧盟。过高的 MRL 值难以保障人体健康，建议继续加强对限值基准和标准的科学研究，将农产品中的危险性减少到尽可能低的水平。

2）加强农药的源头控制和分类监管

在青海省某些水果蔬菜中仍有禁用农药残留，利用 LC-Q-TOF/MS 侦测出 3 种禁用农药，检出频次为 28 次，残留禁用农药均存在较大的膳食暴露风险和预警风险。早已列入黑名单的禁用农药在我国并未真正退出，有些药物由于价格便宜、工艺简单，此类高毒农药一直生产和使用。建议在我国采取严格有效的控制措施，从源头控制禁用农药。

对于非禁用农药，在我国作为“田间地头”最典型单位的县级蔬果产地中，农药残留的侦测几乎缺失。建议根据农药的毒性，对高毒、剧毒、中毒农药实现分类管理，减少使用高毒和剧毒高残留农药，进行分类监管。

3）加强残留农药的生物修复及降解新技术

市售果蔬中残留农药的品种多、频次高、禁用农药多次检出这一现状，说明了我国的田间土壤和水体因农药长期、频繁、不合理的使用而遭到严重污染。为此，建议中国相关部门出台相关政策，鼓励高校及科研院所积极开展分子生物学、酶学等研究，加强土壤、水体中残留农药的生物修复及降解新技术研究，切实加大农药监管力度，以控制农药的面源污染问题。

综上所述，在本工作基础上，根据蔬菜残留危害，可进一步针对其成因提出和采取严格管理、大力推广无公害蔬菜种植与生产、健全食品安全控制技术体系、加强蔬菜食品质量侦测体系建设和积极推行蔬菜食品质量追溯制度等相应对策。建立和完善食品安全综合评价指数与风险监测预警系统，对食品安全进行实时、全面的监控与分析，为我国的食品安全科学监管与决策提供新的技术支持，可实现各类检验数据的信息化系统管理，降低食品安全事故的发生。

第 15 章　GC-Q-TOF/MS 侦测青海省市售水果蔬菜农药残留报告

从青海省 2 个市，随机采集了 300 例水果蔬菜样品，使用气相色谱-四极杆飞行时间质谱（GC-Q-TOF/MS），进行了 686 种农药化学污染物的全面侦测。

15.1　样品种类、数量与来源

15.1.1　样品采集与检测

为了真实反映百姓餐桌上水果蔬菜中农药残留污染状况，本次所有检测样品均由检验人员于 2020 年 8 月至 9 月期间，从青海省 24 个采样点，包括 11 个农贸市场、9 个个体商户、4 个超市，以随机购买方式采集，总计 24 批 300 例样品，从中检出农药 79 种，735 频次。采样及监测概况见表 15-1，样品及采样点明细见表 15-2 及表 15-3。

表 15-1　农药残留监测总体概况

采样地区	青海省 5 个区县
采样点（超市+农贸市场+个体商户）	24
样本总数	300
检出农药品种/频次	79/735
各采样点样本农药残留检出率范围	46.7%～100.0%

表 15-2　样品分类及数量

样品分类	样品名称（数量）	数量小计
1. 蔬菜		264
1）芸薹属类蔬菜	结球甘蓝（24），花椰菜（24）	48
2）茄果类蔬菜	辣椒（24），番茄（24），茄子（24）	72
3）瓜类蔬菜	西葫芦（24），黄瓜（12）	36
4）叶菜类蔬菜	芹菜（24），小白菜（1），大白菜（23），菠菜（12）	60
5）根茎类和薯芋类蔬菜	马铃薯（24）	24
6）豆类蔬菜	豇豆（22），菜豆（2）	24

续表

样品分类	样品名称（数量）	数量小计
2. 水果		36
1）仁果类水果	苹果（12），梨（12）	24
2）浆果和其他小型水果	葡萄（12）	12
合计	1.蔬菜 14 种 2.水果 3 种	300

表 15-3　青海省采样点信息

采样点序号	行政区域	采样点
个体商户（9）		
1	海东市 乐都区	***超市（乐都区火巷子街）
2	海东市 乐都区	***果蔬店（乐都区）
3	海东市 乐都区	***果蔬铺（乐都区滨河南路）
4	海东市 乐都区	***超市（乐都区文化街）
5	海东市 乐都区	***批发店（乐都区）
6	海东市 乐都区	***蔬菜店（乐都区古城大街）
7	海东市 乐都区	***水果店（乐都区碾伯镇）
8	海东市 乐都区	***直销店（乐都区西关街）
9	西宁市 城东区	***超市（城东区长江路）
农贸市场（11）		
1	海东市 乐都区	***市场
2	海东市 乐都区	***市场
3	西宁市 城东区	***市场
4	西宁市 城东区	***市场
5	西宁市 城中区	***市场
6	西宁市 城中区	***市场
7	西宁市 城北区	***市场
8	西宁市 城北区	***市场
9	西宁市 城西区	***市场
10	西宁市 城西区	***市场
11	西宁市 城西区	***市场
超市（4）		
1	海东市 乐都区	***超市（乐都店）
2	海东市 乐都区	***超市（乐都商场店）

续表

采样点序号	行政区域	采样点
3	西宁市 城东区	***超市（德令哈路店）
4	西宁市 城中区	***超市（农建巷便利店）

15.1.2 检测结果

这次使用的检测方法是庞国芳院士团队最新研发的不需使用标准品对照，而以高分辨精确质量数（0.0001 *m/z*）为基准的GC-Q-TOF/MS检测技术，对于300例样品，每个样品均侦测了686种农药化学污染物的残留现状。通过本次侦测，在300例样品中共计检出农药化学污染物79种，检出735频次。

15.1.2.1 各采样点样品检出情况

统计分析发现24个采样点中，被测样品的农药检出率范围为46.7%～100.0%。其中，有5个采样点样品的检出率最高，达到了100.0%，分别是：***超市（城东区长江路）、***超市（德令哈路店）、***市场、***市场和***市场。***果蔬店（乐都区）的检出率最低，为46.7%，见图15-1。

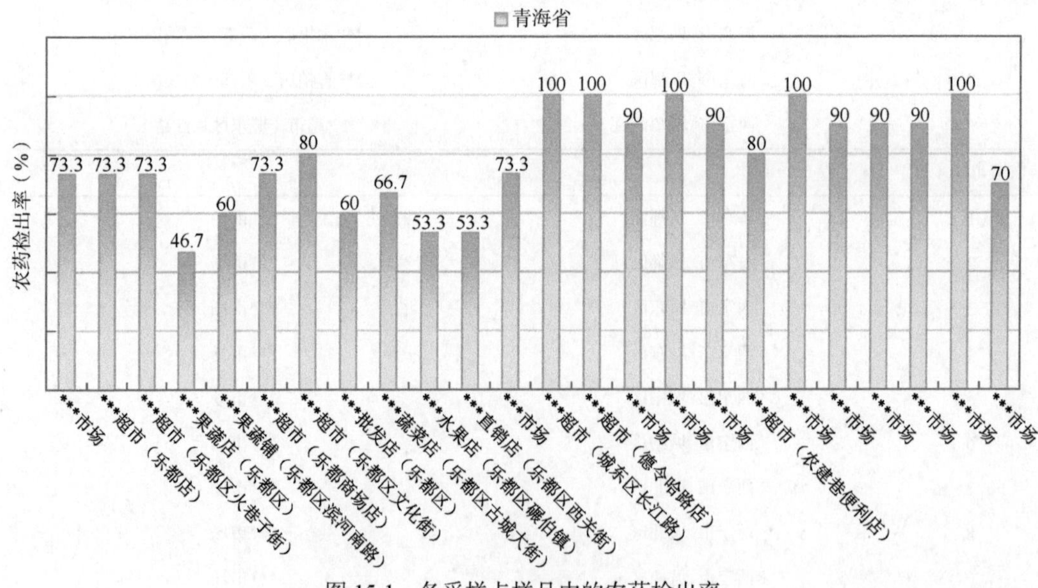

图15-1　各采样点样品中的农药检出率

15.1.2.2 检出农药的品种总数与频次

统计分析发现，对于300例样品中686种农药化学污染物的侦测，共检出农药735频次，涉及农药79种，结果如图15-2所示。其中烯酰吗啉检出频次最高，共检出71次。检出频次排名前10的农药如下：①烯酰吗啉（399），②啶虫脒（340），③多菌灵（223），

④霜霉威（195），⑤吡唑醚菌酯（188），⑥苯醚甲环唑（182），⑦吡虫啉（173），⑧噻虫嗪（173），⑨灭蝇胺（159），⑩噻虫胺（121）。

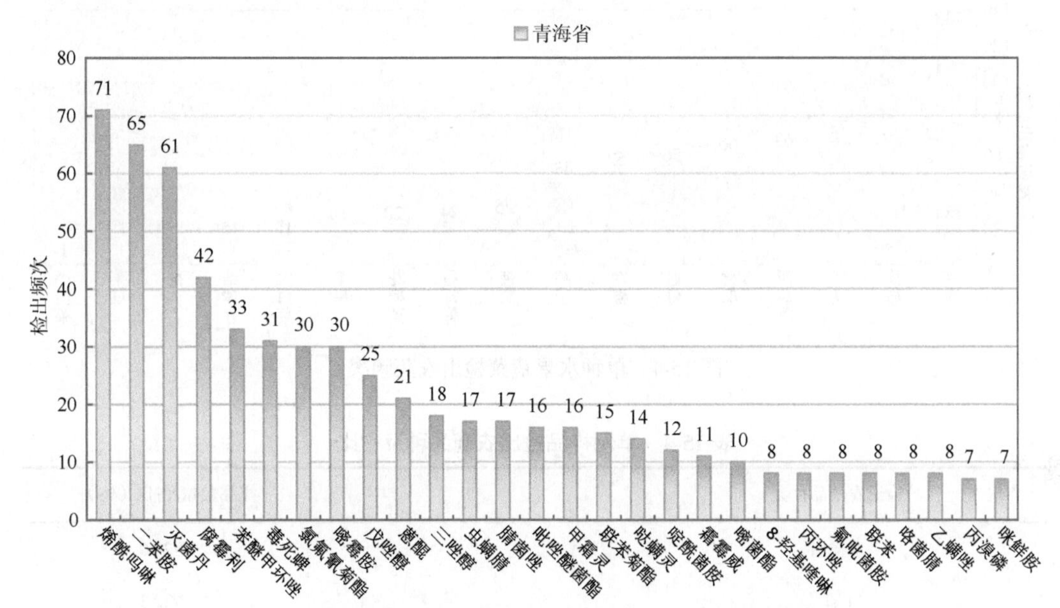

图 15-2　检出农药品种及频次（仅列出 7 频次及以上的数据）

由图 15-3 可见，芹菜、番茄和黄瓜这 3 种果蔬样品中检出的农药品种数较高，均超过 25 种，其中，芹菜检出农药品种最多，为 40 种。由图 15-4 可见，芹菜、番茄和豇豆这 3 种果蔬样品中的农药检出频次较高，均超过 70 次，其中，芹菜检出农药频次最高，为 133 次。

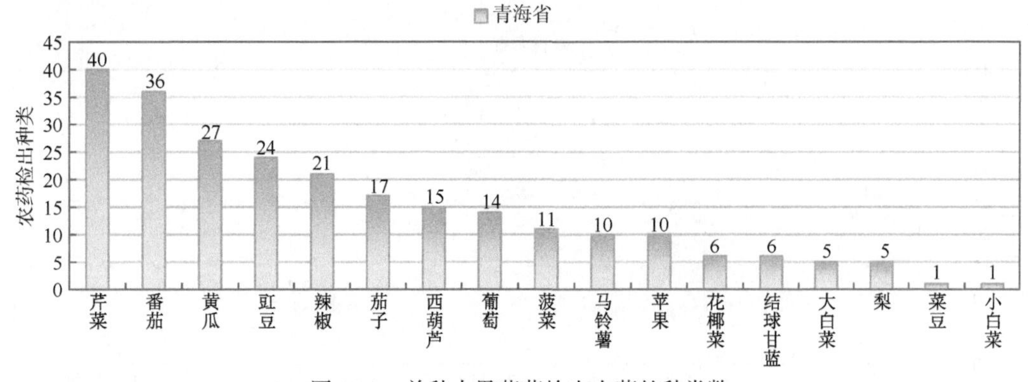

图 15-3　单种水果蔬菜检出农药的种类数

15.1.2.3　单例样品农药检出种类与占比

对单例样品检出农药种类和频次进行统计发现，未检出农药的样品占总样品数的 24.0%，检出 1 种农药的样品占总样品数的 22.3%，检出 2～5 种农药的样品占总样品数的 42.0%，检出 6～10 种农药的样品占总样品数的 9.7%，检出大于 10 种农药的样品占总样品数的 2.0%。每例样品中平均检出农药为 2.5 种，数据见表 15-4 及图 15-5。

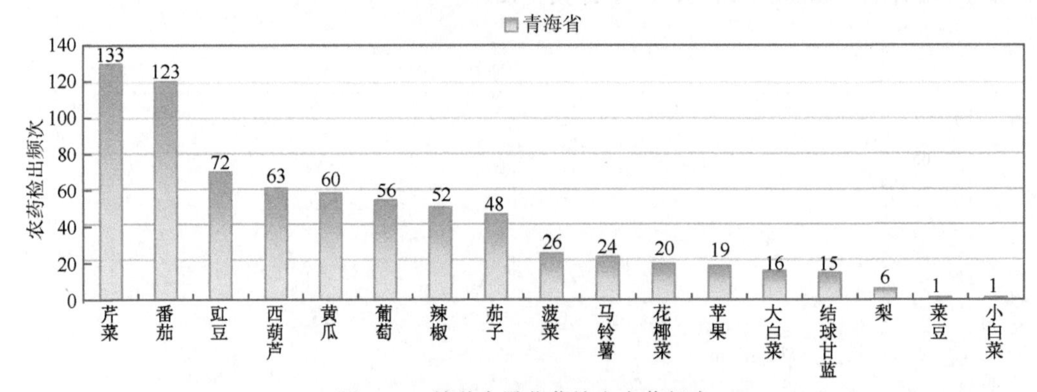

图 15-4　单种水果蔬菜检出农药频次

表 15-4　单例样品检出农药品种及占比

检出农药品种数	样品数量/占比（%）
未检出	72/24.0
1 种	67/22.3
2～5 种	126/42.0
6～10 种	29/9.7
大于 10 种	6/2.0
单例样品平均检出农药品种	2.5 种

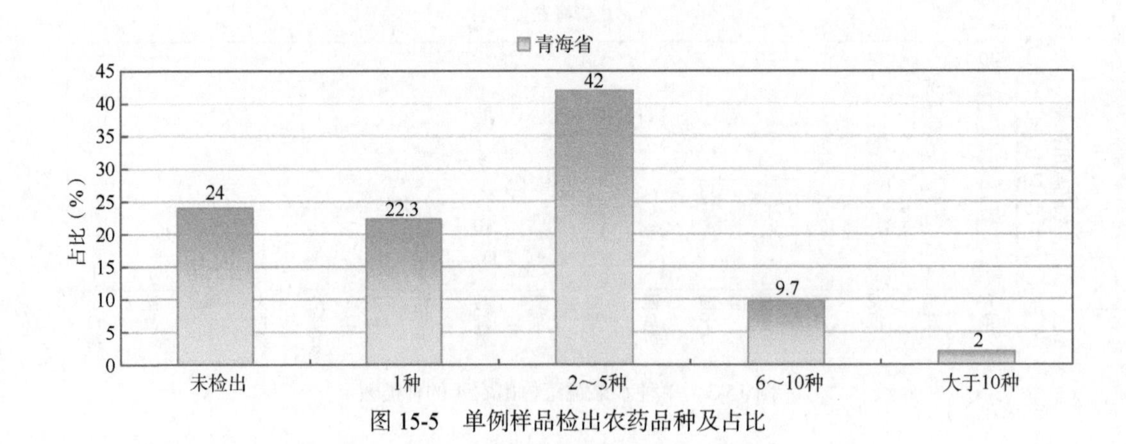

图 15-5　单例样品检出农药品种及占比

15.1.2.4　检出农药类别与占比

所有检出农药按功能分类，包括杀菌剂、杀虫剂、除草剂、杀螨剂、植物生长调节剂、驱避剂、增效剂共 7 类。其中杀菌剂与杀虫剂为主要检出的农药类别，分别占总数的 49.4%和 29.1%，见表 15-5 及图 15-6。

表 15-5　检出农药所属类别及占比

农药类别	数量/占比（%）
杀菌剂	39/49.4
杀虫剂	23/29.1
除草剂	9/11.4
杀螨剂	4/5.1
植物生长调节剂	2/2.5
驱避剂	1/1.3
增效剂	1/1.3

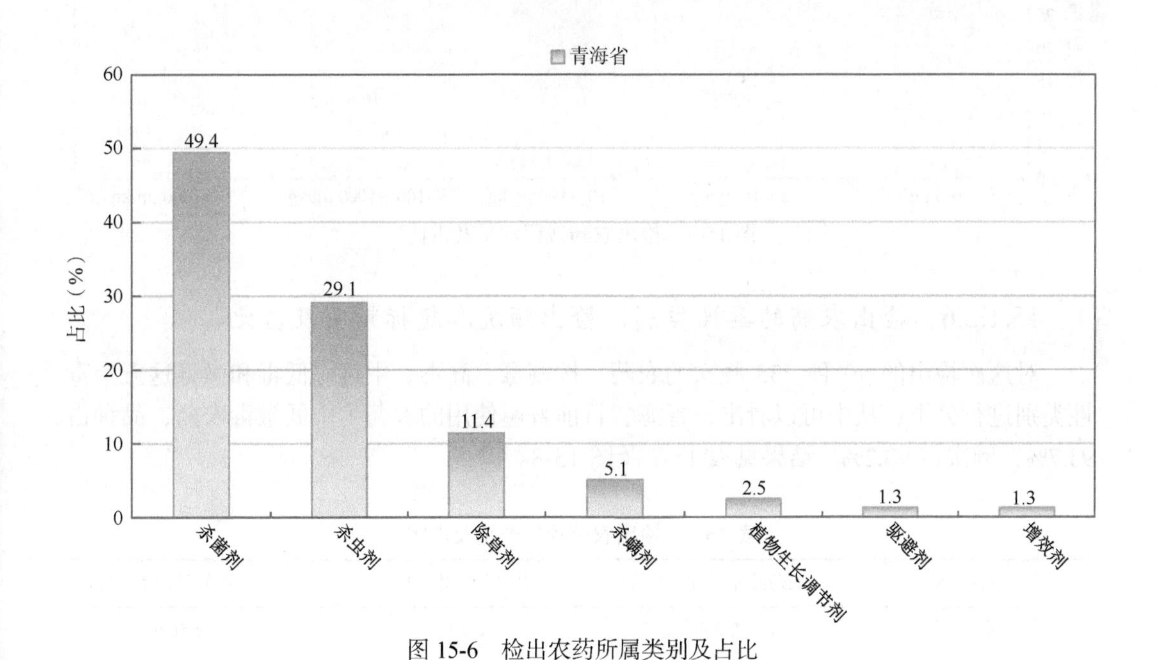

图 15-6　检出农药所属类别及占比

15.1.2.5　检出农药的残留水平

按检出农药残留水平进行统计，残留水平在 1～5 μg/kg（含）的农药占总数的 41.5%，在 5～10 μg/kg（含）的农药占总数的 13.3%，在 10～100 μg/kg（含）的农药占总数的 33.6%，在 100～1000 μg/kg（含）的农药占总数的 10.6%，>1000 μg/kg 的农药占总数的 1.0%。

由此可见，这次检测的 24 批 300 例水果蔬菜样品中农药多数处于较低残留水平。结果见表 15-6 及图 15-7。

表 15-6　农药残留水平及占比

残留水平（μg/kg）	检出频次/占比（%）
1～5（含）	305/41.5
5～10（含）	98/13.3
10～100（含）	247/33.6
100～1000（含）	78/10.6
>1000	7/1.0

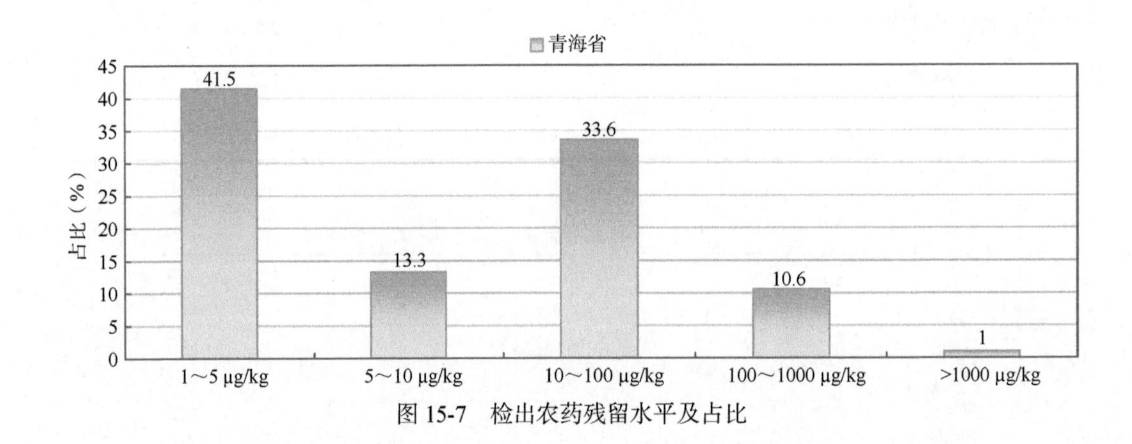

图 15-7　检出农药残留水平及占比

15.1.2.6　检出农药的毒性类别、检出频次和超标频次及占比

对这次检出的 79 种 735 频次的农药，按剧毒、高毒、中毒、低毒和微毒这五个毒性类别进行分类，从中可以看出，青海省目前普遍使用的农药为中低微毒农药，品种占 93.7%，频次占 99.2%。结果见表 15-7 及图 15-8。

表 15-7　检出农药毒性类别及占比

毒性分类	农药品种/占比（%）	检出频次/占比（%）	超标频次/超标率（%）
剧毒农药	2/2.5	2/0.3	1/50.0
高毒农药	3/3.8	4/0.5	0/0.0
中毒农药	29/36.7	291/39.6	4/1.4
低毒农药	27/34.2	226/30.7	0/0.0
微毒农药	18/22.8	212/28.8	0/0.0

15.1.2.7　检出剧毒/高毒类农药的品种和频次

值得特别关注的是，在此次侦测的 300 例样品中有 3 种蔬菜的 4 例样品检出了 5 种 6 频次的剧毒和高毒农药，占样品总量的 1.3%，详见图 15-9、表 15-8 及表 15-9。

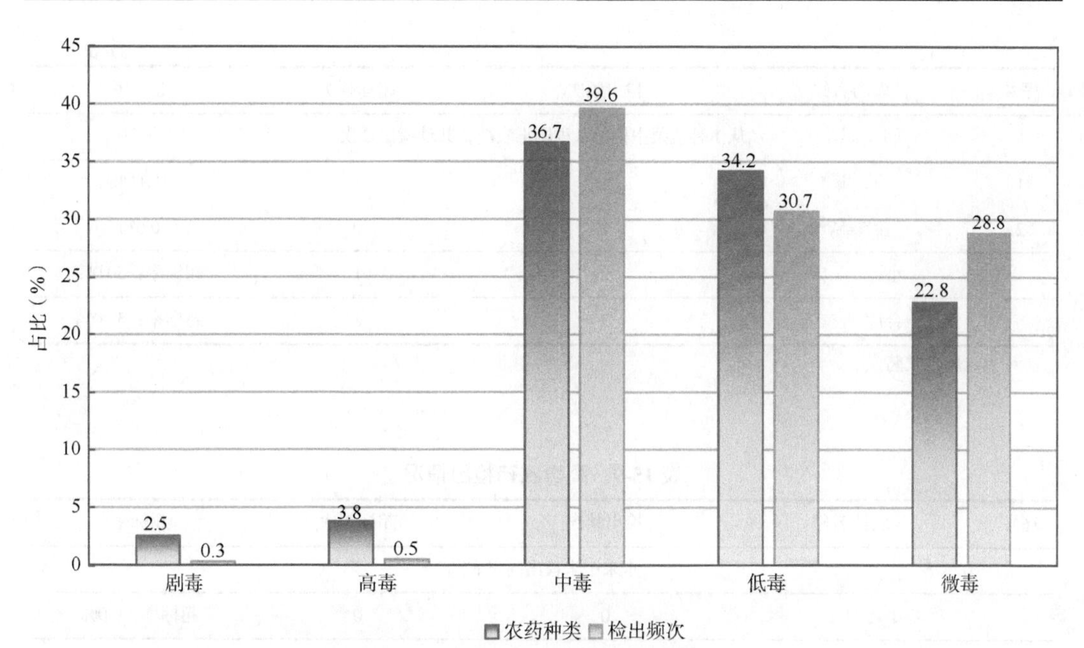

图 15-8　检出农药的毒性分类及占比

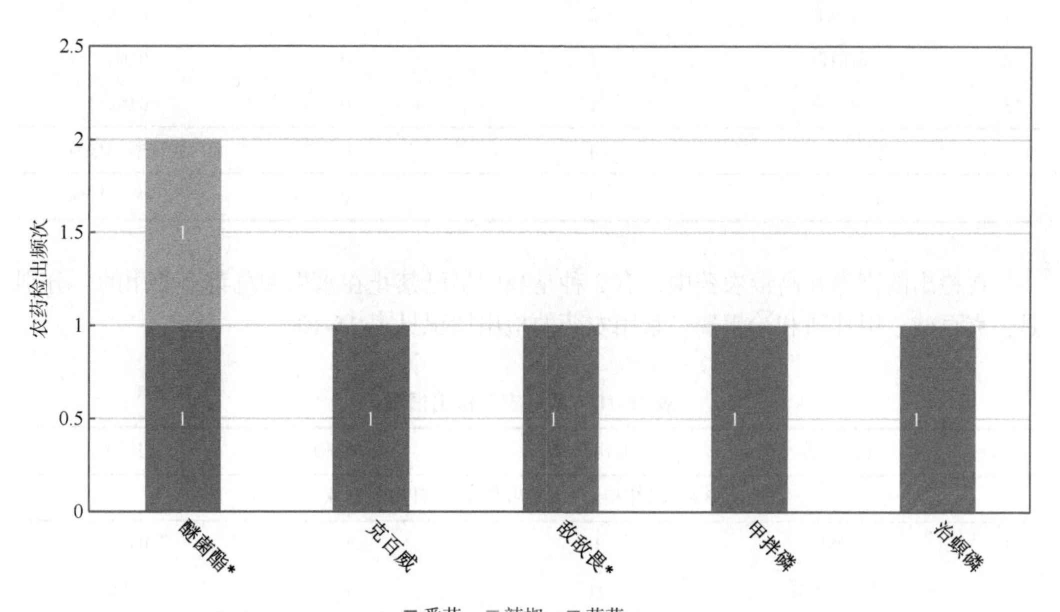

图 15-9　检出剧毒/高毒农药的样品情况

*表示允许在水果和蔬菜上使用的农药

表 15-8　剧毒农药检出情况

序号	农药名称	检出频次	超标频次	超标率
		水果中未检出剧毒农药		
	小计	0	0	超标率：0.0%

续表

序号	农药名称	检出频次	超标频次	超标率
从 1 种蔬菜中检出 2 种剧毒农药，共计检出 2 次				
1	甲拌磷*	1	1	100.0%
2	治螟磷*	1	0	0.0%
	小计	2	1	超标率：50.0%
	合计	2	1	超标率：50.0%

* 表示剧毒农药

表 15-9　高毒农药检出情况

序号	农药名称	检出频次	超标频次	超标率
水果中未检出高毒农药				
	小计	0	0	超标率：0.0%
从 3 种蔬菜中检出 3 种高毒农药，共计检出 4 次				
1	醚菌酯	2	0	0.0%
2	敌敌畏	1	0	0.0%
3	克百威	1	0	0.0%
	小计	4	0	超标率：0.0%
	合计	4	0	超标率：0.0%

在检出的剧毒和高毒农药中，有 3 种是我国早已禁止在水果和蔬菜上使用的，分别是：克百威、甲拌磷和治螟磷。禁用农药的检出情况见表 15-10。

表 15-10　禁用农药检出情况

序号	农药名称	检出频次	超标频次	超标率
从 3 种水果中检出 2 种禁用农药，共计检出 15 次				
1	毒死蜱	14	0	0.0%
2	八氯二丙醚	1	0	0.0%
	小计	15	0	超标率：0.0%
从 9 种蔬菜中检出 6 种禁用农药，共计检出 23 次				
1	毒死蜱	17	3	17.6%
2	滴滴涕	2	0	0.0%
3	八氯二丙醚	1	0	0.0%
4	甲拌磷*	1	1	100.0%
5	克百威	1	0	0.0%

续表

序号	农药名称	检出频次	超标频次	超标率
6	治螟磷*	1	0	0.0%
	小计	23	4	超标率：17.4%
	合计	38	4	超标率：10.5%

注：超标结果参考 MRL 中国国家标准计算

* 表示剧毒农药

此次抽检的果蔬样品中，有 1 种蔬菜检出了剧毒农药：芹菜中检出治螟磷 1 次，检出甲拌磷 1 次。

样品中检出剧毒和高毒农药残留水平超过 MRL 中国国家标准的频次为 1 次，其中：芹菜检出甲拌磷超标 1 次。本次检出结果表明，高毒、剧毒农药的使用现象依旧存在。详见表 15-11。

表 15-11　各样本中检出剧毒/高毒农药情况

样品名称	农药名称	检出频次	超标频次	检出浓度（μg/kg）
		水果 0 种		
	小计	0	0	超标率：0.0%
		蔬菜 3 种		
番茄	醚菌酯	1	0	1.6
芹菜	克百威▲	1	0	15.8
芹菜	敌敌畏	1	0	70.3
芹菜	甲拌磷*▲	1	1	53.2[a]
芹菜	治螟磷*▲	1	0	4.0
辣椒	醚菌酯	1	0	3913.6
	小计	6	1	超标率：16.7%
	合计	6	1	超标率：16.7%

* 表示剧毒农药；▲ 表示禁用农药；a 表示超标

15.2　农药残留检出水平与最大残留限量标准对比分析

我国于 2019 年 8 月 15 日正式颁布并于 2020 年 2 月 15 日正式实施食品农药残留限量国家标准《食品中农药最大残留限量》（GB 2763—2019），该标准包括 467 个农药条目，涉及最大残留限量（MRL）标准 7108 项。将 735 频次检出结果的浓度水平与 7108 项国 MRL 中国国家标准进行比对，其中有 363 频次的结果找到了对应的 MRL 标准，占

49.4%，还有 372 频次的侦测数据则无相关 MRL 标准供参考，占 50.6%。

将此次侦测结果与国际上现行 MRL 标准对比发现，在 735 频次的检出结果中有 735 频次的结果找到了对应的 MRL 欧盟标准，占 100.0%，其中，702 频次的结果有明确对应的 MRL 标准，占 95.5%，其余 33 频次按照欧盟一律标准判定，占 4.5%；有 735 频次的结果找到了对应的 MRL 日本标准，占 100.0%，其中，527 频次的结果有明确对应的 MRL 标准，占 71.7%，其余 208 频次按照日本一律标准判定，占 28.3%；有 332 频次的结果找到了对应的 MRL 中国香港标准，占 45.2%；有 331 频次的结果找到了对应的 MRL 美国标准，占 45.0%；有 290 频次的结果找到了对应的 MRL CAC 标准，占 39.5%（图 15-10 和图 15-11）。

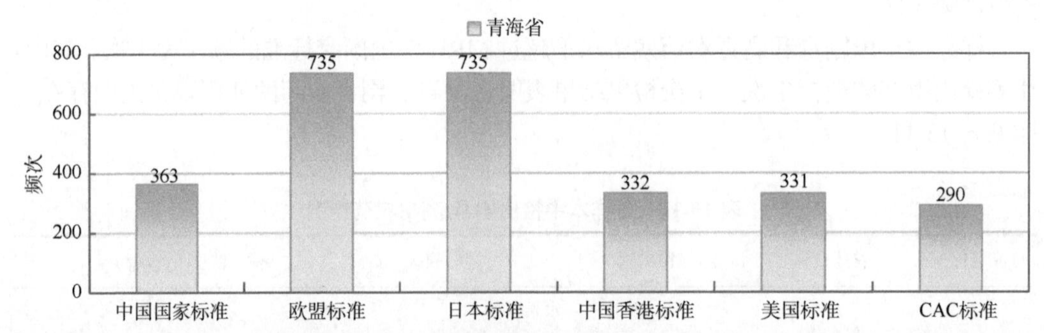

图 15-10　735 频次检出农药可用 MRL 中国国家标准、欧盟标准、日本标准、中国香港标准、美国标准和 CAC 标准判定衡量的数量

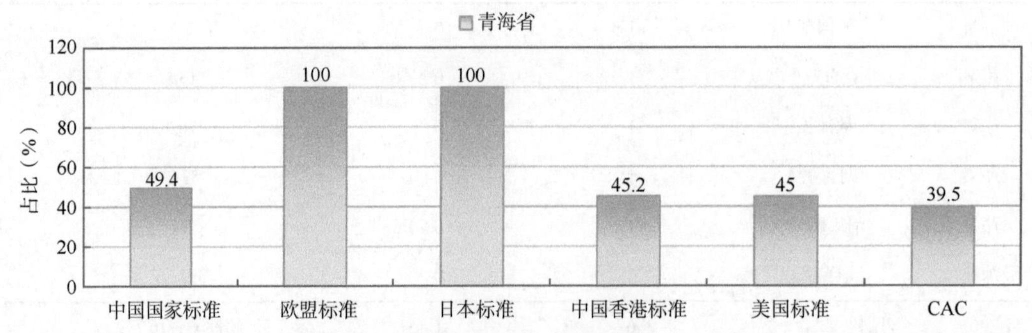

图 15-11　735 频次检出农药可用 MRL 中国国家标准、欧盟标准、日本标准、中国香港标准、美国标准和 CAC 标准衡量的占比

15.2.1　超标农药样品分析

本次侦测的 300 例样品中，72 例样品未检出任何残留农药，占样品总量的 24.0%，228 例样品检出不同水平、不同种类的残留农药，占样品总量的 76.0%。在此，我们将本次侦测的农残检出情况与 MRL 中国国家标准、欧盟标准、日本标准、中国香港标准、美国标准和 CAC 标准这 6 大国际主流 MRL 标准进行对比分析，样品农残检出与超标情况见图 15-12、表 15-12 和图 15-13。

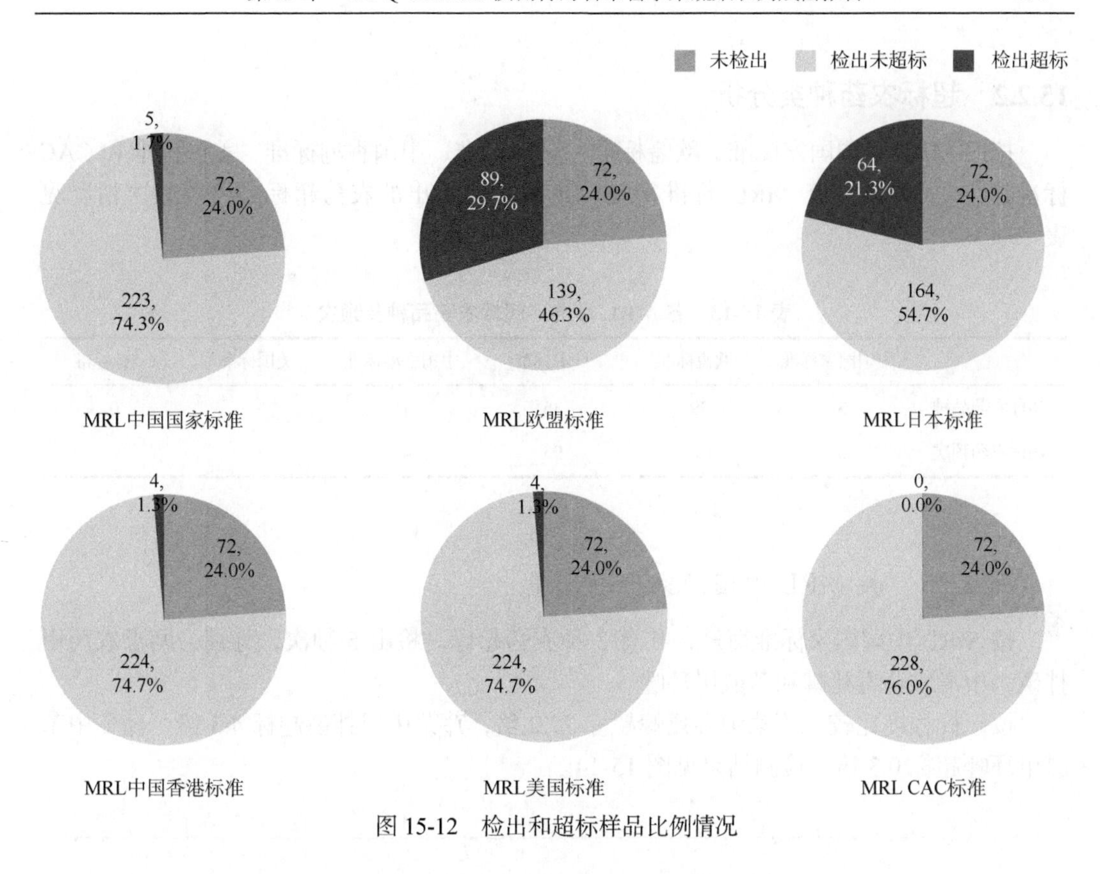

图 15-12　检出和超标样品比例情况

表 15-12　各 MRL 标准下样本农残检出与超标数量及占比

	中国国家标准 数量/占比（%）	欧盟标准 数量/占比（%）	日本标准 数量/占比（%）	中国香港标准 数量/占比（%）	美国标准 数量/占比（%）	CAC 标准 数量/占比（%）
未检出	72/24.0	72/24.0	72/24.0	72/24.0	72/24.0	72/24.0
检出未超标	223/74.3	139/46.3	164/54.7	224/74.7	224/74.7	228/76.0
检出超标	5/1.7	89/29.7	64/21.3	4/1.3	4/1.3	0/0.0

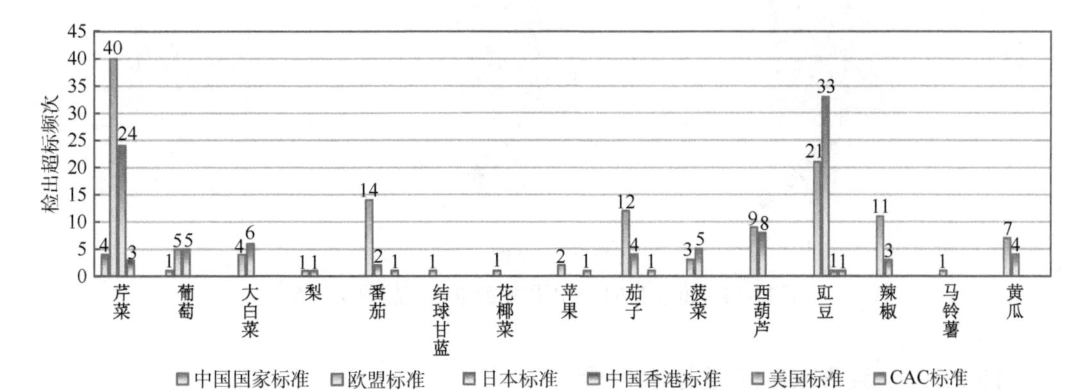

图 15-13　超过 MRL 中国国家标准、欧盟标准、日本标准、中国香港标准、美国标准和 CAC 标准结果在水果蔬菜中的分布

15.2.2 超标农药种类分析

按照 MRL 中国国家标准、欧盟标准、日本标准、中国香港标准、美国标准和 CAC 标准这 6 大国际主流 MRL 标准衡量，本次侦测检出的农药超标品种及频次情况见表 15-13。

表 15-13 各 MRL 标准下超标农药品种及频次

	中国国家标准	欧盟标准	日本标准	中国香港标准	美国标准	CAC 标准
超标农药品种	3	39	36	1	3	0
超标农药频次	5	132	95	4	4	0

15.2.2.1 按 MRL 中国国家标准衡量

按 MRL 中国国家标准衡量，共有 3 种农药超标，检出 5 频次，分别为剧毒农药甲拌磷，中毒农药毒死蜱和苯醚甲环唑。

按超标程度比较，芹菜中毒死蜱超标 27.2 倍，芹菜中甲拌磷超标 4.3 倍，葡萄中苯醚甲环唑超标 0.3 倍。检测结果见图 15-14。

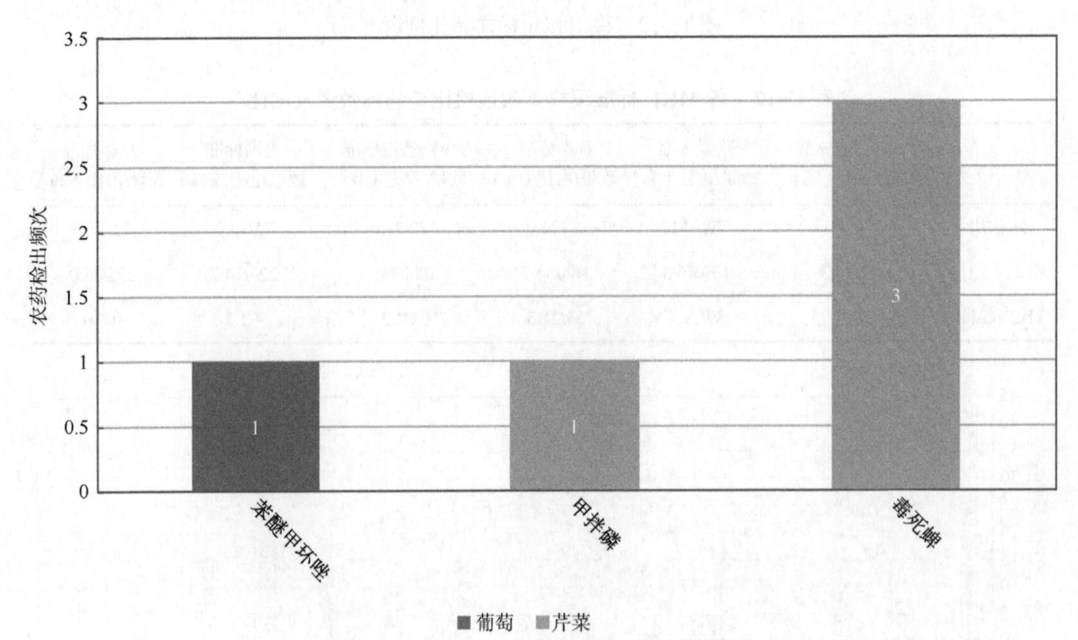

图 15-14 超过 MRL 中国国家标准农药品种及频次

15.2.2.2 按 MRL 欧盟标准衡量

按 MRL 欧盟标准衡量，共有 39 种农药超标，检出 132 频次，分别为剧毒农药甲拌磷，高毒农药醚菌酯、敌敌畏和克百威，中毒农药联苯菊酯、毒死蜱、氟硅唑、噁霜灵、唑虫酰胺、多效唑、咪鲜胺、丙溴磷、哒螨灵、戊唑醇、丙环唑、三唑酮、双苯酰草胺、2，4-滴异辛酯、甲氰菊酯、三唑醇、虫螨腈、氯氟氰菊酯、甲霜灵和异丙威，低毒农药联苯、烯酰吗啉、螺螨酯、己唑醇、炔螨特、8-羟基喹啉、甲基毒死蜱、甲醚菊酯和嘧霉胺，微毒农药氟吡菌胺、腐霉利、缬霉威、霜霉威、噻呋酰胺和乙螨唑。

按超标程度比较，芹菜中嘧霉胺超标 153.8 倍，芹菜中毒死蜱超标 139.8 倍，豇豆中烯酰吗啉超标 109.7 倍，豇豆中丙溴磷超标 100.7 倍，豇豆中三唑醇超标 60.6 倍。检测结果见图 15-15。

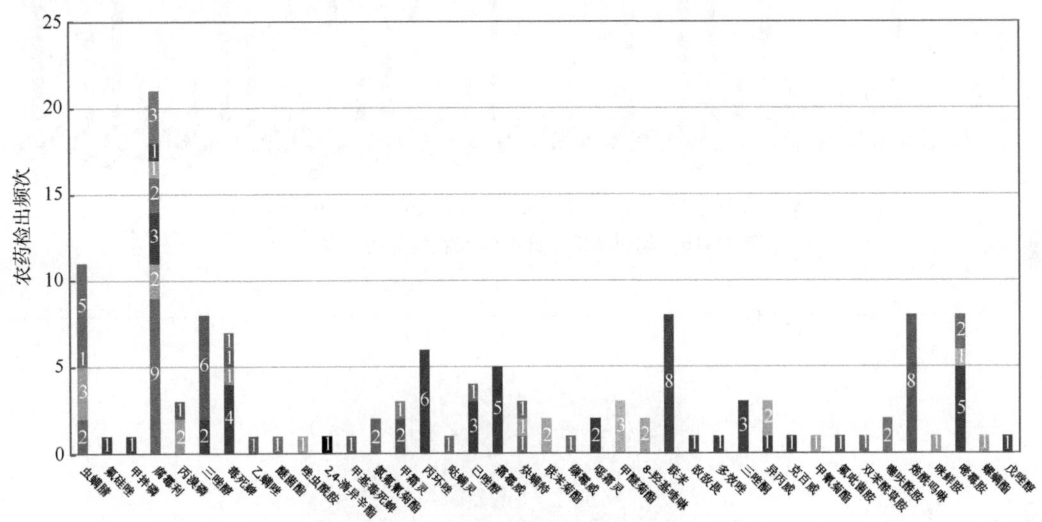

图 15-15　超过 MRL 欧盟标准农药品种及频次

15.2.2.3　按 MRL 日本标准衡量

按 MRL 日本标准衡量，共有 36 种农药超标，检出 95 频次，分别为高毒农药醚菌酯，中毒农药毒死蜱、氟硅唑、二甲戊灵、吡唑醚菌酯、多效唑、咪鲜胺、丙溴磷、哒螨灵、苯醚甲环唑、戊唑醇、双苯酰草胺、2，4-滴异辛酯、三唑醇、氯氟氰菊酯、异丙威和甲霜灵，低毒农药联苯、烯酰吗啉、己唑醇、炔螨特、二苯胺、8-羟基喹啉、乙嘧酚磺酸酯、甲基毒死蜱、甲醚菊酯和嘧霉胺，微毒农药氟吡菌胺、灭菌丹、腐霉利、嘧菌酯、缬霉威、噻呋酰胺、咯菌腈、乙螨唑和烯虫酯。

按超标程度比较，芹菜中嘧霉胺超标 153.8 倍，豇豆中烯酰吗啉超标 109.7 倍，豇豆中丙溴磷超标 100.7 倍，豇豆中嘧菌酯超标 70.5 倍，豇豆中三唑醇超标 60.6 倍。检测结果见图 15-16。

15.2.2.4　按 MRL 中国香港标准衡量

按 MRL 中国香港标准衡量，有 1 种农药超标，检出 4 频次，为中毒农药毒死蜱。

按超标程度比较，芹菜中毒死蜱超标 27.2 倍，豇豆中毒死蜱超标 7.1 倍。检测结果见图 15-17。

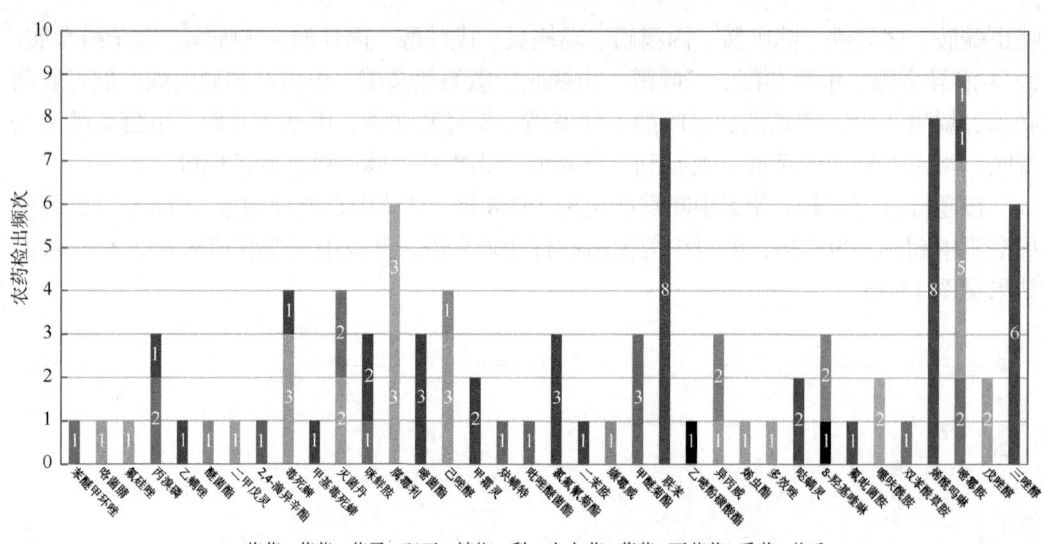

图 15-16　超过 MRL 日本标准农药品种及频次

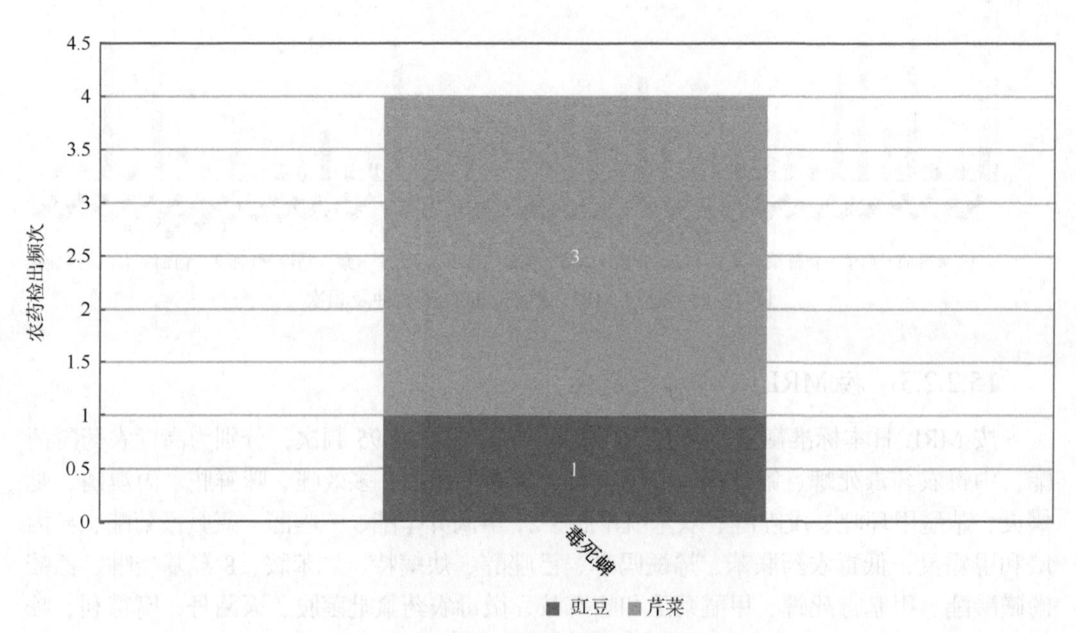

图 15-17　超过 MRL 中国香港标准农药品种及频次

15.2.2.5　按 MRL 美国标准衡量

按 MRL 美国标准衡量，共有 3 种农药超标，检出 4 频次，分别为中毒农药联苯菊酯、毒死蜱和氯氟氰菊酯。

按超标程度比较，豇豆中毒死蜱超标 60%，苹果中毒死蜱超标 50%，番茄中氯氟氰菊酯超标 20%，茄子中联苯菊酯超标 10%。检测结果见图 15-18。

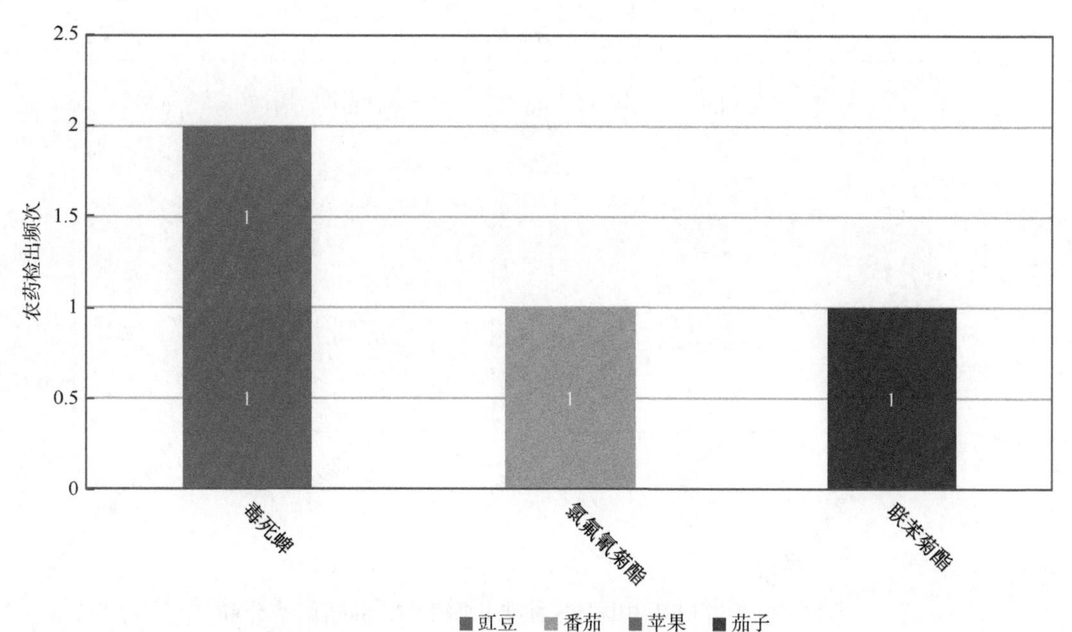

图 15-18　超过 MRL 美国标准农药品种及频次

15.2.2.6　按 MRL CAC 标准衡量

按 MRL CAC 标准衡量，无样品检出超标农药残留。

15.2.3　24 个采样点超标情况分析

15.2.3.1　按 MRL 中国国家标准衡量

按 MRL 中国国家标准衡量，有 5 个采样点的样品存在不同程度的超标农药检出，其中***市场、***市场、***市场和***超市（城东区长江路）的超标率最高，为 10.0%，如表 15-14 和图 15-19 所示。

表 15-14　超过 MRL 中国国家标准水果蔬菜在不同采样点分布

序号	采样点	样品总数	超标数量	超标率（%）	行政区域
1	***超市（乐都区文化街）	15	1	6.7	海东市 乐都区
2	***市场	10	1	10.0	西宁市 城北区
3	***市场	10	1	10.0	西宁市 城中区
4	***市场	10	1	10.0	西宁市 城中区
5	***超市（城东区长江路）	10	1	10.0	西宁市 城东区

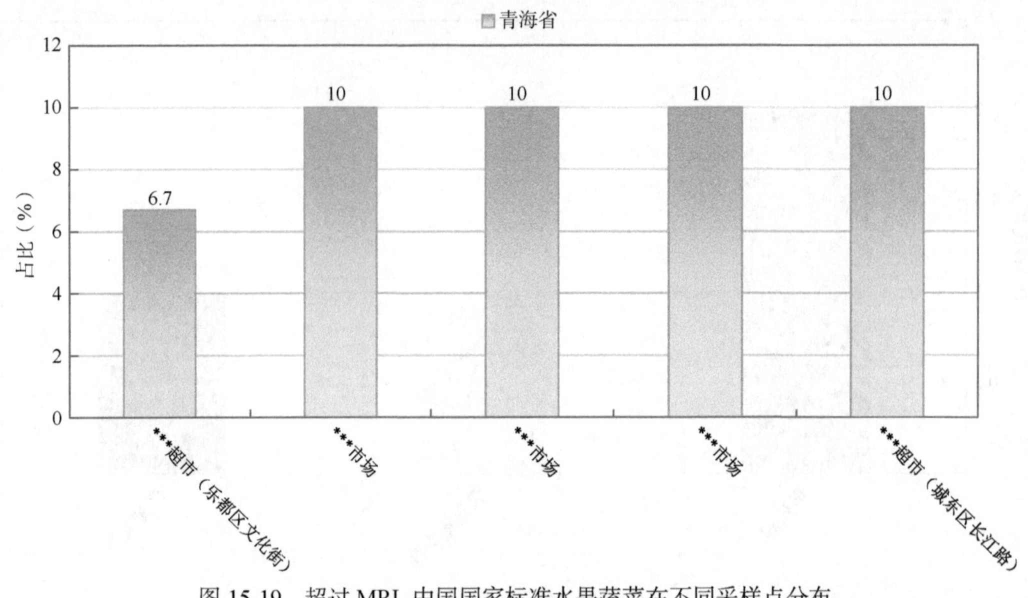

图 15-19　超过 MRL 中国国家标准水果蔬菜在不同采样点分布

15.2.3.2　按 MRL 欧盟标准衡量

按 MRL 欧盟标准衡量，所有采样点的样品存在不同程度的超标农药检出，其中***市场的超标率最高，为 50.0%，如表 15-15 和图 15-20 所示。

表 15-15　超过 MRL 欧盟标准水果蔬菜在不同采样点分布

序号	采样点	样品总数	超标数量	超标率（%）	行政区域
1	***批发店（乐都区）	15	3	20.0	海东市 乐都区
2	***市场	15	2	13.3	海东市 乐都区
3	***超市（乐都商场店）	15	6	40.0	海东市 乐都区
4	***直销店（乐都区西关街）	15	3	20.0	海东市 乐都区
5	***超市（乐都区文化街）	15	4	26.7	海东市 乐都区
6	***超市（乐都店）	15	3	20.0	海东市 乐都区
7	***水果店（乐都区碾伯镇）	15	4	26.7	海东市 乐都区
8	***超市（乐都区火巷子街）	15	6	40.0	海东市 乐都区
9	***蔬菜店（乐都区古城大街）	15	3	20.0	海东市 乐都区
10	***市场	15	6	40.0	海东市 乐都区
11	***果蔬店（乐都区）	15	3	20.0	海东市 乐都区
12	***果蔬铺（乐都区滨河南路）	15	4	26.7	海东市 乐都区
13	***市场	10	3	30.0	西宁市 城北区
14	***超市（农建巷便利店）	10	4	40.0	西宁市 城中区
15	***市场	10	4	40.0	西宁市 城中区

续表

序号	采样点	样品总数	超标数量	超标率（%）	行政区域
16	***市场	10	5	50.0	西宁市 城中区
17	***市场	10	3	30.0	西宁市 城西区
18	***超市（城东区长江路）	10	4	40.0	西宁市 城东区
19	***市场	10	3	30.0	西宁市 城西区
20	***市场	10	3	30.0	西宁市 城东区
21	***市场	10	4	40.0	西宁市 城东区
22	***超市（德令哈路店）	10	3	30.0	西宁市 城东区
23	***市场	10	2	20.0	西宁市 城北区
24	***市场	10	4	40.0	西宁市 城西区

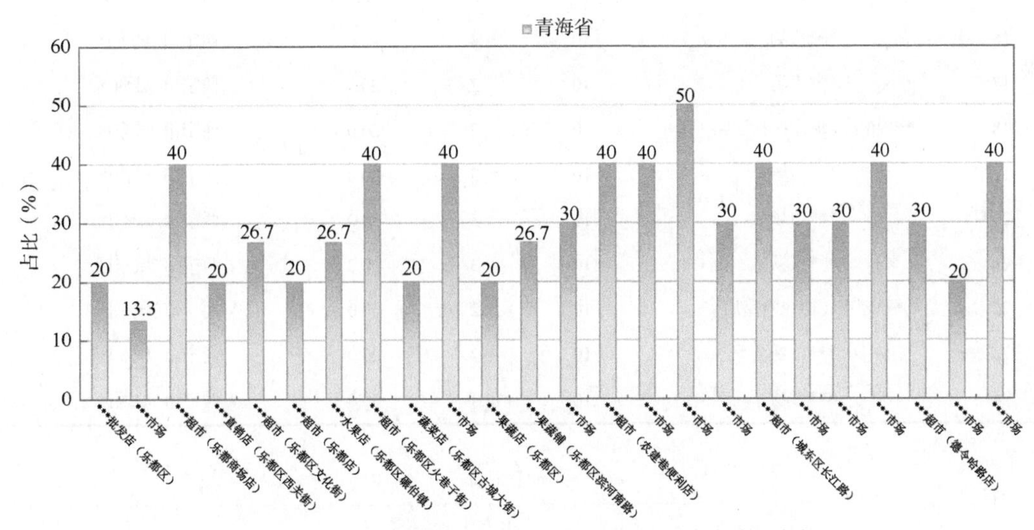

图 15-20 超过 MRL 欧盟标准水果蔬菜在不同采样点分布

15.2.3.3 按 MRL 日本标准衡量

按 MRL 日本标准衡量，所有采样点的样品存在不同程度的超标农药检出，其中***市场的超标率最高，为 40.0%，如表 15-16 和图 15-21 所示。

表 15-16 超过 MRL 日本标准水果蔬菜在不同采样点分布

序号	采样点	样品总数	超标数量	超标率（%）	行政区域
1	***批发店（乐都区）	15	2	13.3	海东市 乐都区
2	***市场	15	1	6.7	海东市 乐都区
3	***超市（乐都商场店）	15	4	26.7	海东市 乐都区
4	***直销店（乐都区西关街）	15	2	13.3	海东市 乐都区
5	***超市（乐都区文化街）	15	4	26.7	海东市 乐都区

续表

序号	采样点	样品总数	超标数量	超标率（%）	行政区域
6	***超市（乐都店）	15	2	13.3	海东市 乐都区
7	***水果店（乐都区碾伯镇）	15	3	20.0	海东市 乐都区
8	***超市（乐都区火巷子街）	15	2	13.3	海东市 乐都区
9	***蔬菜店（乐都区古城大街）	15	3	20.0	海东市 乐都区
10	***市场	15	4	26.7	海东市 乐都区
11	***果蔬店（乐都区）	15	2	13.3	海东市 乐都区
12	***果蔬铺（乐都区滨河南路）	15	2	13.3	海东市 乐都区
13	***市场	10	3	30.0	西宁市 城北区
14	***超市（农建巷便利店）	10	3	30.0	西宁市 城中区
15	***市场	10	3	30.0	西宁市 城中区
16	***市场	10	4	40.0	西宁市 城中区
17	***市场	10	2	20.0	西宁市 城西区
18	***超市（城东区长江路）	10	2	20.0	西宁市 城东区
19	***市场	10	3	30.0	西宁市 城西区
20	***市场	10	3	30.0	西宁市 城东区
21	***市场	10	3	30.0	西宁市 城东区
22	***超市（德令哈路店）	10	2	20.0	西宁市 城东区
23	***市场	10	2	20.0	西宁市 城北区
24	***市场	10	3	30.0	西宁市 城西区

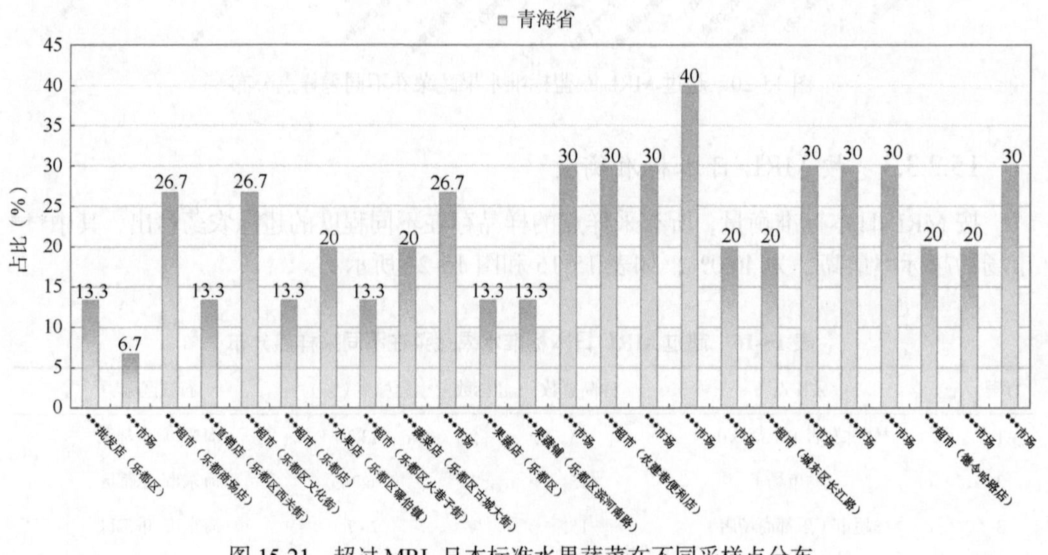

图 15-21 超过 MRL 日本标准水果蔬菜在不同采样点分布

15.2.3.4　按 MRL 中国香港标准衡量

按 MRL 中国香港标准衡量，有 4 个采样点的样品存在不同程度的超标农药检出，超标率均为 10.0%，如表 15-17 和图 15-22 所示。

表 15-17　超过 MRL 中国香港标准水果蔬菜在不同采样点分布

序号	采样点	样品总数	超标数量	超标率（%）	行政区域
1	***市场	10	1	10.0	西宁市 城北区
2	***市场	10	1	10.0	西宁市 城中区
3	***市场	10	1	10.0	西宁市 城中区
4	***市场	10	1	10.0	西宁市 城西区

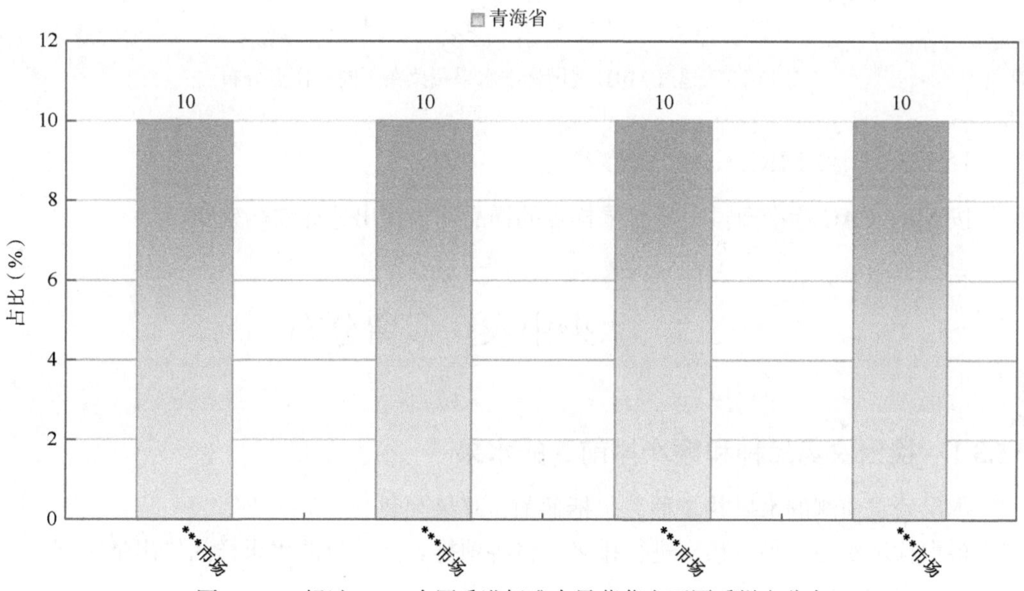

图 15-22　超过 MRL 中国香港标准水果蔬菜在不同采样点分布

15.2.3.5　按 MRL 美国标准衡量

按 MRL 美国标准衡量，有 4 个采样点的样品存在不同程度的超标农药检出，其中***市场的超标率最高，为 10.0%，如表 15-18 和图 15-23 所示。

表 15-18　超过 MRL 美国标准水果蔬菜在不同采样点分布

序号	采样点	样品总数	超标数量	超标率（%）	行政区域
1	***超市（乐都商场店）	15	1	6.7	海东市 乐都区
2	***蔬菜店（乐都区古城大街）	15	1	6.7	海东市 乐都区
3	***市场	15	1	6.7	海东市 乐都区
4	***市场	10	1	10.0	西宁市 城西区

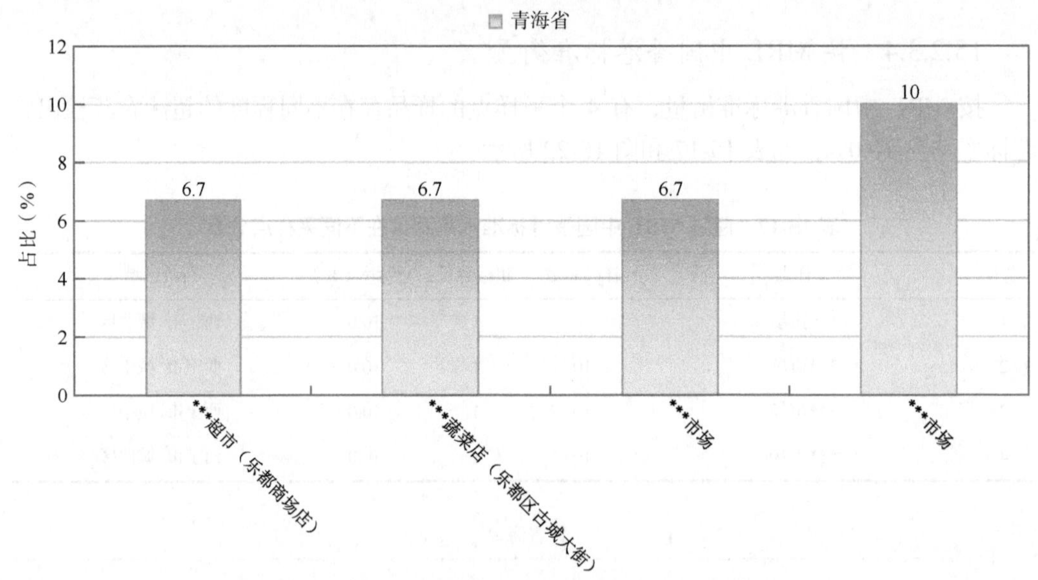

图 15-23　超过 MRL 美国标准水果蔬菜在不同采样点分布

15.2.3.6　按 MRL CAC 标准衡量

按 MRL CAC 标准衡量，所有采样点的样品均未检出超标农药残留。

15.3　水果中农药残留分布

15.3.1　检出农药品种和频次排前 3 的水果

本次残留侦测的水果共 3 种，包括葡萄、苹果和梨。

根据检出农药品种及频次进行排名，将各项排名前 3 位的水果样品检出情况列表说明，详见表 15-19。

表 15-19　检出农药品种和频次排名前 3 的水果

检出农药品种排名前 3（品种）	①葡萄（14），②苹果（10），③梨（5）
检出农药频次排名前 3（频次）	①葡萄（56），②苹果（19），③梨（6）
检出禁用、高毒及剧毒农药品种排名前 3（品种）	①梨（2），②苹果（1），③葡萄（1）
检出禁用、高毒及剧毒农药频次排名前 3（频次）	①苹果（6），②葡萄（6），③梨（3）

15.3.2　超标农药品种和频次排前 3 的水果

鉴于 MRL 欧盟标准和日本标准制定比较全面且覆盖率较高，我们参照 MRL 中国国家标准、欧盟标准和日本标准衡量水果样品中农残检出情况，将超标农药品种及频次排名前 3 的水果列表说明，详见表 15-20。

表 15-20　超标农药品种和频次排名前 3 的水果

超标农药品种排名前 3（农药品种数）	MRL 中国国家标准	①葡萄（1）
	MRL 欧盟标准	①苹果（2），②葡萄（2），③梨（1）
	MRL 日本标准	①葡萄（2），②梨（1）
超标农药频次排名前 3（农药频次数）	MRL 中国国家标准	①葡萄（1）
	MRL 欧盟标准	①葡萄（5），②苹果（2），③梨（1）
	MRL 日本标准	①葡萄（5），②梨（1）

通过对各品种水果样本总数及检出率进行综合分析发现，葡萄、苹果和梨的残留污染最为严重，在此，我们参照 MRL 中国国家标准、欧盟标准和日本标准对这 3 种水果的农残检出情况进行进一步分析。

15.3.3　农药残留检出率较高的水果样品分析

15.3.3.1　葡萄

这次共检测 12 例葡萄样品，11 例样品中检出了农药残留，检出率为 91.7%，检出农药共计 14 种。其中烯酰吗啉、嘧霉胺、苯醚甲环唑、毒死蜱和甲霜灵检出频次较高，分别检出了 11、7、6、6 和 5 次。葡萄中农药检出品种和频次见图 15-24，超标农药见图 15-25 和表 15-21。

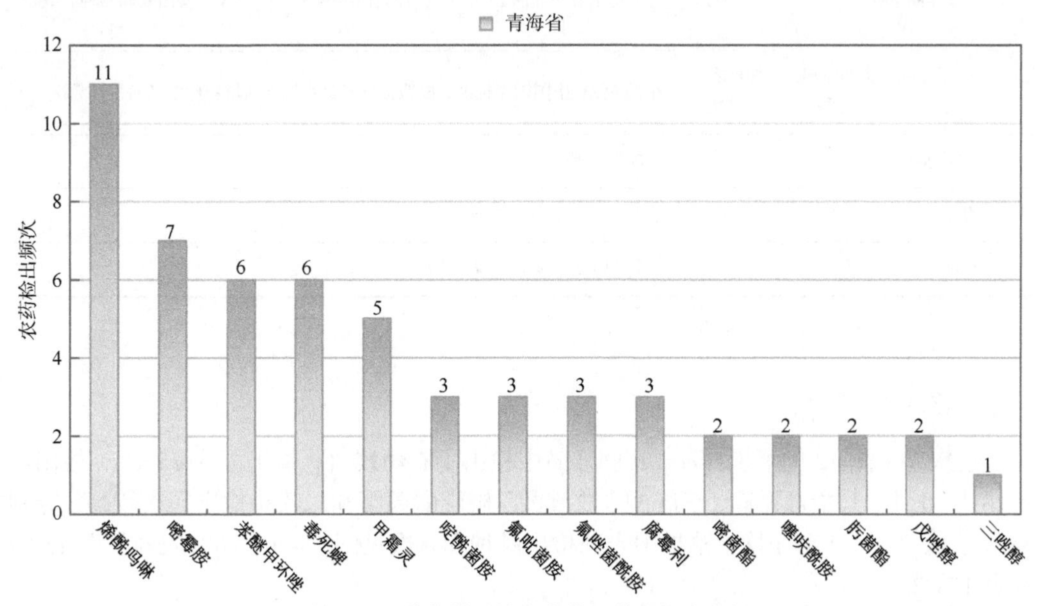

图 15-24　葡萄样品检出农药品种和频次分析

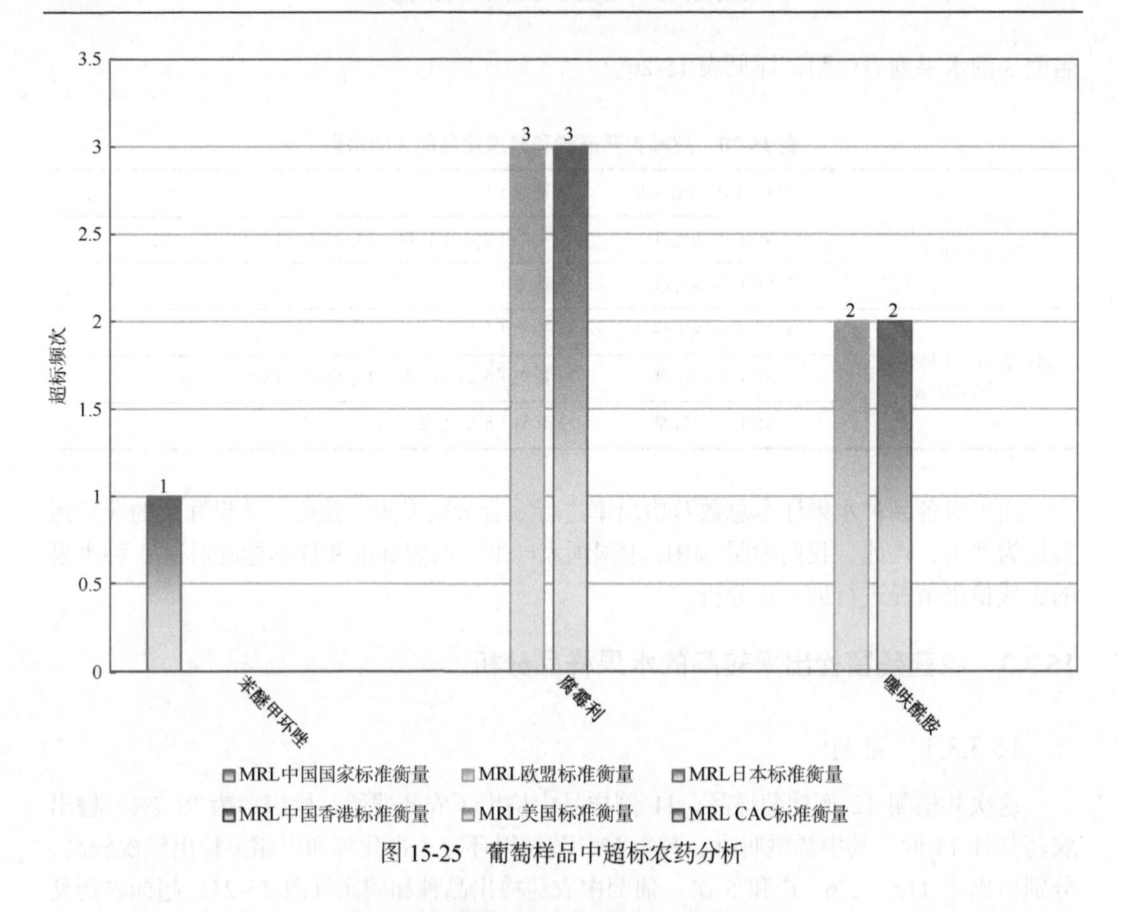

图 15-25　葡萄样品中超标农药分析

表 15-21　葡萄中农药残留超标情况明细表

样品总数			检出农药样品数	样品检出率（%）	检出农药品种总数
12			11	91.7	14
	超标农药品种	超标农药频次	按照 MRL 中国国家标准、欧盟标准和日本标准衡量超标农药名称及频次		
中国国家标准	1	1	苯醚甲环唑（1）		
欧盟标准	2	5	腐霉利（3），噻呋酰胺（2）		
日本标准	2	5	腐霉利（3），噻呋酰胺（2）		

15.3.3.2　苹果

这次共检测 12 例苹果样品，9 例样品中检出了农药残留，检出率为 75.0%，检出农药共计 10 种。其中毒死蜱、三唑醇、戊唑醇、吡唑醚菌酯和二嗪磷检出频次较高，分别检出了 6、3、3、1 和 1 次。苹果中农药检出品种和频次见图 15-26，超标农药见图 15-27 和表 15-22。

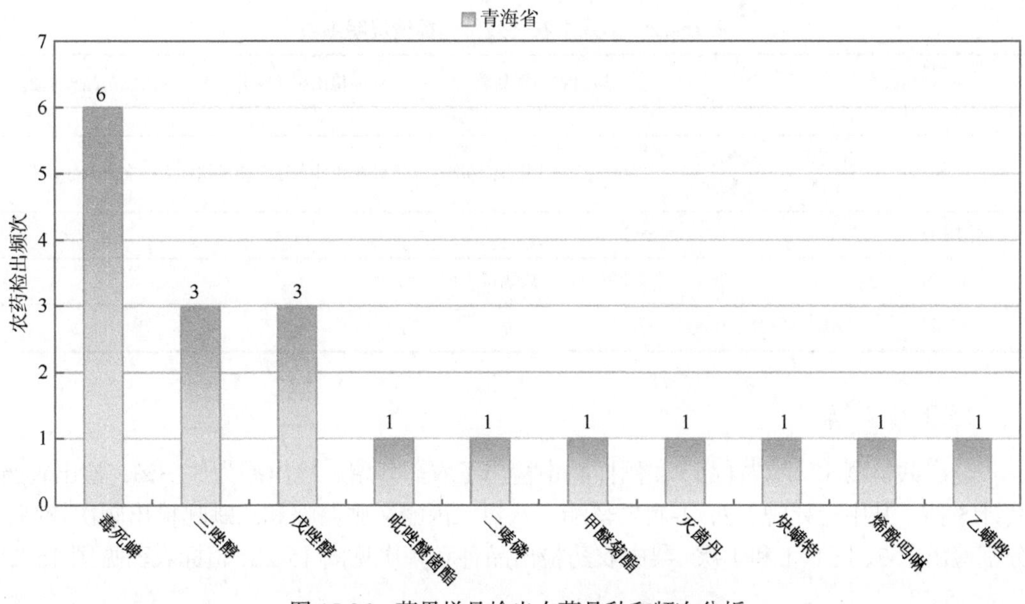

图 15-26　苹果样品检出农药品种和频次分析

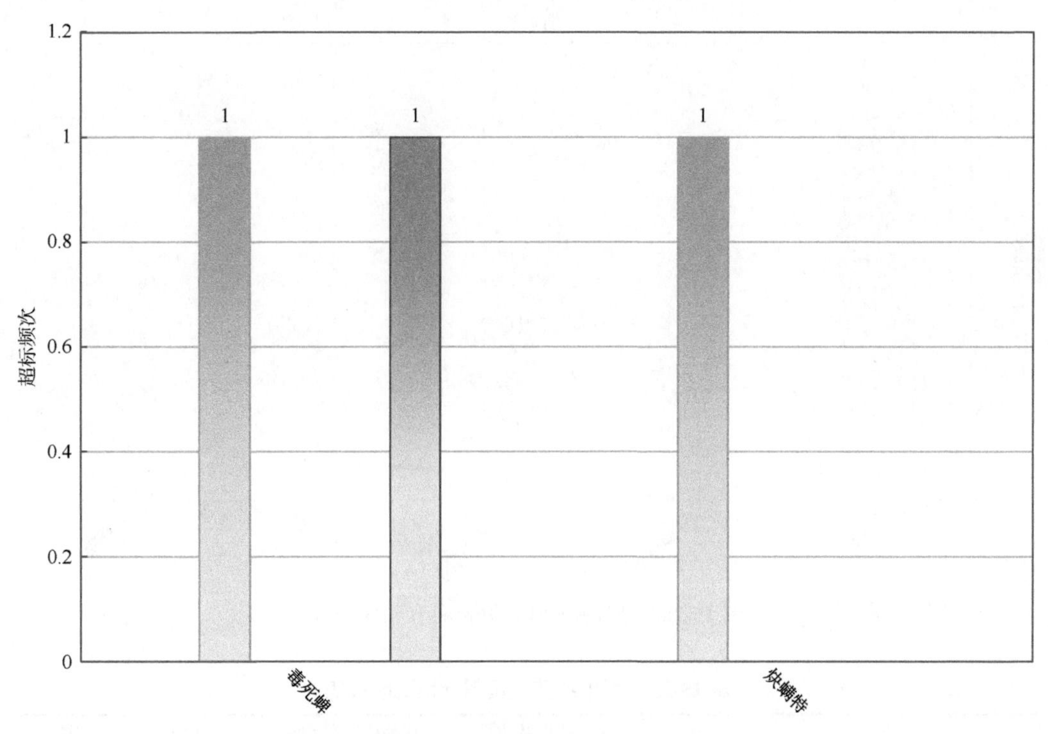

图 15-27　苹果样品中超标农药分析

表 15-22　苹果中农药残留超标情况明细表

样品总数			检出农药样品数	样品检出率（%）	检出农药品种总数
12			9	75	10
	超标农药品种	超标农药频次	按照 MRL 中国国家标准、欧盟标准和日本标准衡量超标农药名称及频次		
中国国家标准	0	0	—		
欧盟标准	2	2	毒死蜱（1），炔螨特（1）		
日本标准	0	0	—		

15.3.3.3　梨

这次共检测 12 例梨样品，4 例样品中检出了农药残留，检出率为 33.3%，检出农药共计 5 种。其中毒死蜱、2，4-滴异辛酯、八氯二丙醚、腈菌唑和乙螨唑检出频次较高，分别检出了 2、1、1、1 和 1 次。梨中农药检出品种和频次见图 15-28，超标农药见图 15-29 和表 15-23。

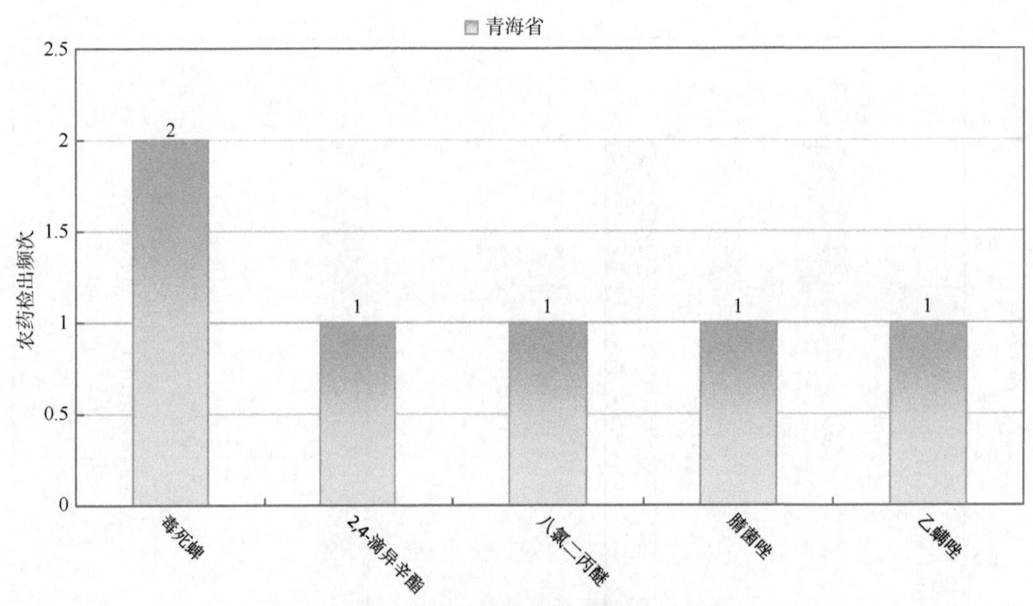

图 15-28　梨样品检出农药品种和频次分析

表 15-23　梨中农药残留超标情况明细表

样品总数			检出农药样品数	样品检出率（%）	检出农药品种总数
12			4	33.3	5
	超标农药品种	超标农药频次	按照 MRL 中国国家标准、欧盟标准和日本标准衡量超标农药名称及频次		
中国国家标准	0	0	—		
欧盟标准	1	1	2，4-滴异辛酯（1）		
日本标准	1	1	2，4-滴异辛酯（1）		

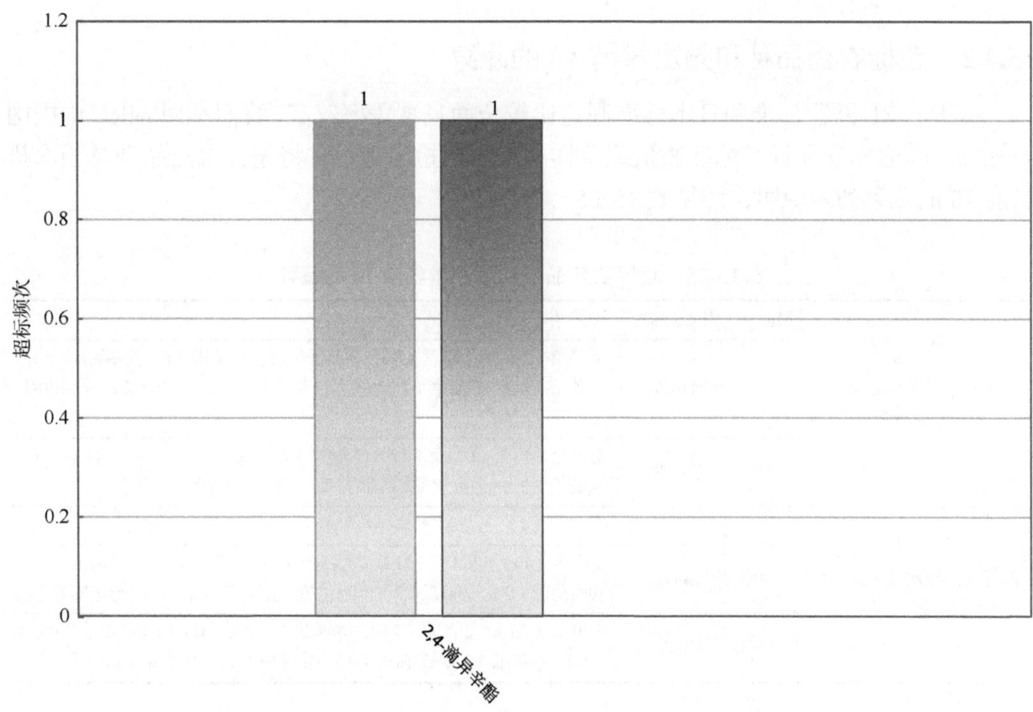

图 15-29 梨样品中超标农药分析

15.4 蔬菜中农药残留分布

15.4.1 检出农药品种和频次排前 10 的蔬菜

本次残留侦测的蔬菜共 14 种，包括辣椒、结球甘蓝、芹菜、小白菜、大白菜、番茄、茄子、西葫芦、马铃薯、花椰菜、黄瓜、菠菜、豇豆和菜豆。

根据检出农药品种及频次进行排名，将各项排名前 10 位的蔬菜样品检出情况列表说明，详见表 15-24。

表 15-24 检出农药品种和频次排名前 10 的蔬菜

检出农药品种排名前 10（品种）	①芹菜（40），②番茄（36），③黄瓜（27），④豇豆（24），⑤辣椒（21），⑥茄子（17），⑦西葫芦（15），⑧菠菜（11），⑨马铃薯（10），⑩花椰菜（6）
检出农药频次排名前 10（频次）	①芹菜（133），②番茄（123），③豇豆（72），④西葫芦（63），⑤黄瓜（60），⑥辣椒（52），⑦茄子（48），⑧菠菜（26），⑨马铃薯（24），⑩花椰菜（20）
检出禁用、高毒及剧毒农药品种排名前 10（品种）	①芹菜（5），②番茄（2），③辣椒（2），④菜豆（1），⑤花椰菜（1），⑥豇豆（1），⑦结球甘蓝（1），⑧茄子（1），⑨西葫芦（1）
检出禁用、高毒及剧毒农药频次排名前 10（频次）	①芹菜（10），②豇豆（3），③辣椒（3），④番茄（2），⑤花椰菜（2），⑥茄子（2），⑦西葫芦（2），⑧菜豆（1），⑨结球甘蓝（1）

15.4.2 超标农药品种和频次排前 10 的蔬菜

鉴于 MRL 欧盟标准和日本标准制定比较全面且覆盖率较高，我们参照 MRL 中国国家标准、欧盟标准和日本标准衡量蔬菜样品中农残检出情况，将超标农药品种及频次排名前 10 的蔬菜列表说明，详见表 15-25。

表 15-25 超标农药品种和频次排名前 10 的蔬菜

超标农药品种排名前 10（农药品种数）	MRL 中国国家标准	①芹菜（2）
	MRL 欧盟标准	①芹菜（16），②豇豆（8），③茄子（8），④辣椒（6），⑤番茄（4），⑥黄瓜（4），⑦菠菜（2），⑧大白菜（2），⑨西葫芦（2），⑩花椰菜（1）
	MRL 日本标准	①豇豆（14），②芹菜（12），③菠菜（4），④大白菜（3），⑤辣椒（3），⑥茄子（3），⑦番茄（2），⑧黄瓜（2），⑨西葫芦（1）
超标农药频次排名前 10（农药频次数）	MRL 中国国家标准	①芹菜（4）
	MRL 欧盟标准	①芹菜（40），②豇豆（21），③番茄（14），④茄子（12），⑤辣椒（11），⑥西葫芦（9），⑦黄瓜（7），⑧大白菜（4），⑨菠菜（3），⑩花椰菜（1）
	MRL 日本标准	①豇豆（33），②芹菜（24），③西葫芦（8），④大白菜（6），⑤菠菜（5），⑥黄瓜（4），⑦茄子（4），⑧辣椒（3），⑨番茄（2）

通过对各品种蔬菜样本总数及检出率进行综合分析发现，芹菜、番茄和黄瓜的残留污染最为严重，在此，我们参照 MRL 中国国家标准、欧盟标准和日本标准对这 3 种蔬菜的农残检出情况进行进一步分析。

15.4.3 农药残留检出率较高的蔬菜样品分析

15.4.3.1 芹菜

这次共检测 24 例芹菜样品，全部检出了农药残留，检出率为 100.0%，检出农药共计 40 种。其中烯酰吗啉、二苯胺、苯醚甲环唑、吡唑醚菌酯和氯氟氰菊酯检出频次较高，分别检出了 14、12、10、8 和 8 次。芹菜中农药检出品种和频次见图 15-30，超标农药见图 15-31 和表 15-26。

表 15-26 芹菜中农药残留超标情况明细表

样品总数		检出农药样品数	样品检出率（%）	检出农药品种总数
24		24	100	40
	超标农药品种	超标农药频次	按照 MRL 中国国家标准、欧盟标准和日本标准衡量超标农药名称及频次	
中国国家标准	2	4	毒死蜱（3），甲拌磷（1）	
欧盟标准	16	40	丙环唑（6），嘧霉胺（5），霜霉威（5），毒死蜱（4），腐霉利（3），己唑醇（3），三唑酮（3），噁霜灵（2），三唑醇（2），敌敌畏（1），多效唑（1），氟硅唑（1），甲拌磷（1），克百威（1），戊唑醇（1），异丙威（1）	
日本标准	12	24	嘧霉胺（5），毒死蜱（3），腐霉利（3），己唑醇（3），灭菌丹（2），戊唑醇（2），多效唑（1），二甲戊灵（1），氟硅唑（1），咯菌腈（1），烯虫酯（1），异丙威（1）	

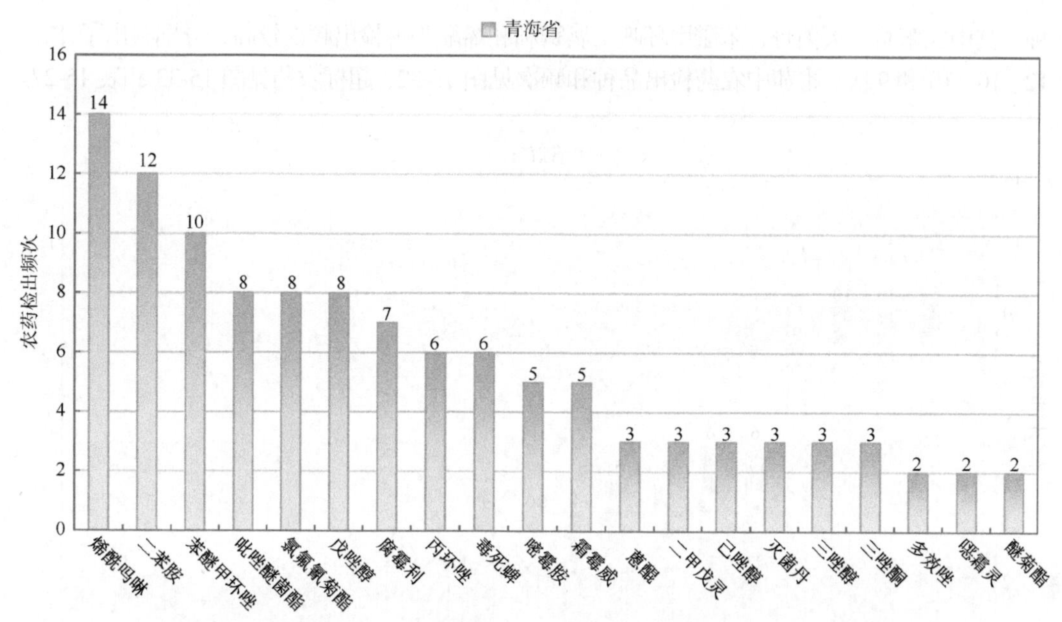

图 15-30　芹菜样品检出农药品种和频次分析（仅列出 2 频次及以上的数据）

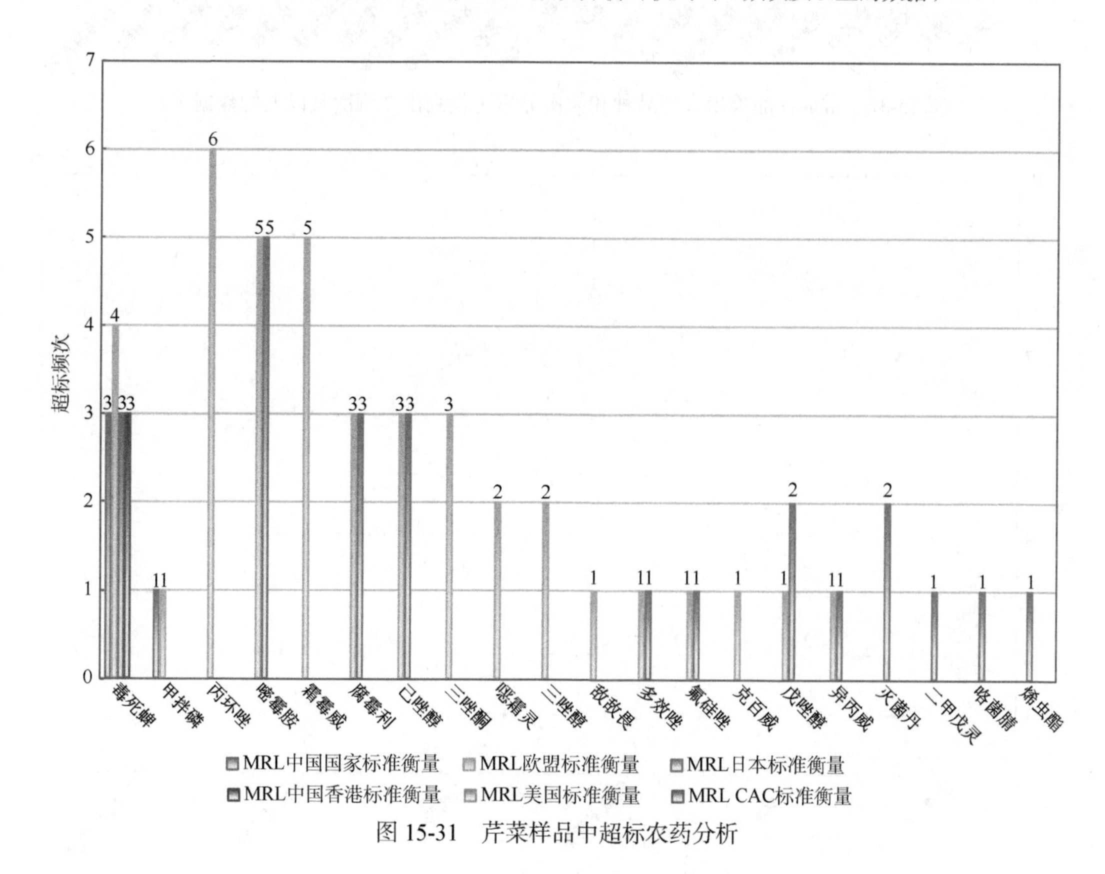

图 15-31　芹菜样品中超标农药分析

15.4.3.2　番茄

这次共检测 24 例番茄样品，全部检出了农药残留，检出率为 100.0%，检出农药共计 36

种。其中二苯胺、灭菌丹、苯醚甲环唑、腐霉利和烯酰吗啉检出频次较高，分别检出了12、12、10、10和9次。番茄中农药检出品种和频次见图15-32，超标农药见图15-33和表15-27。

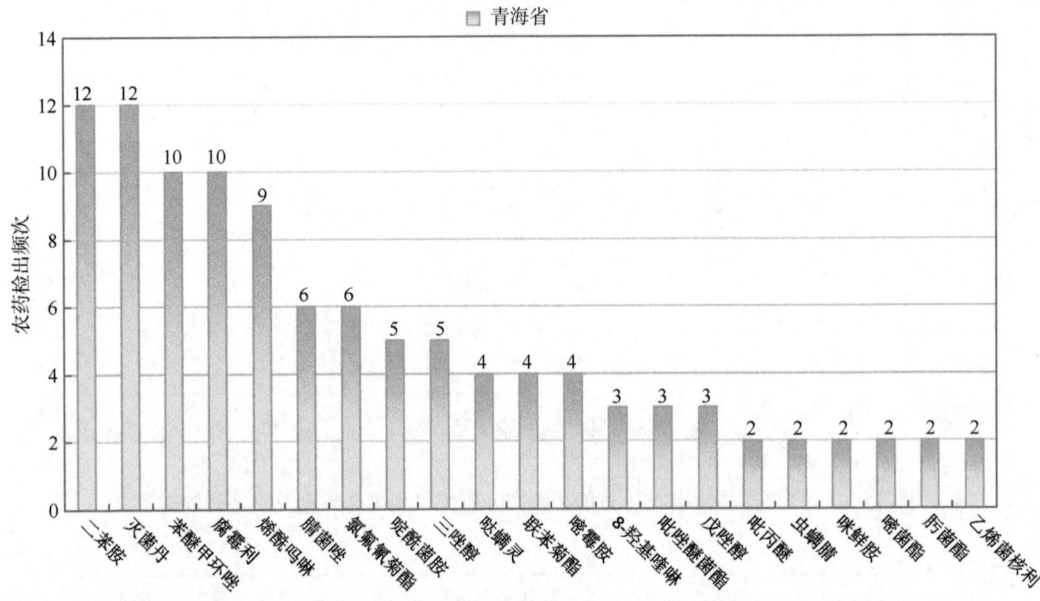

图15-32　番茄样品检出农药品种和频次分析（仅列出2频次及以上的数据）

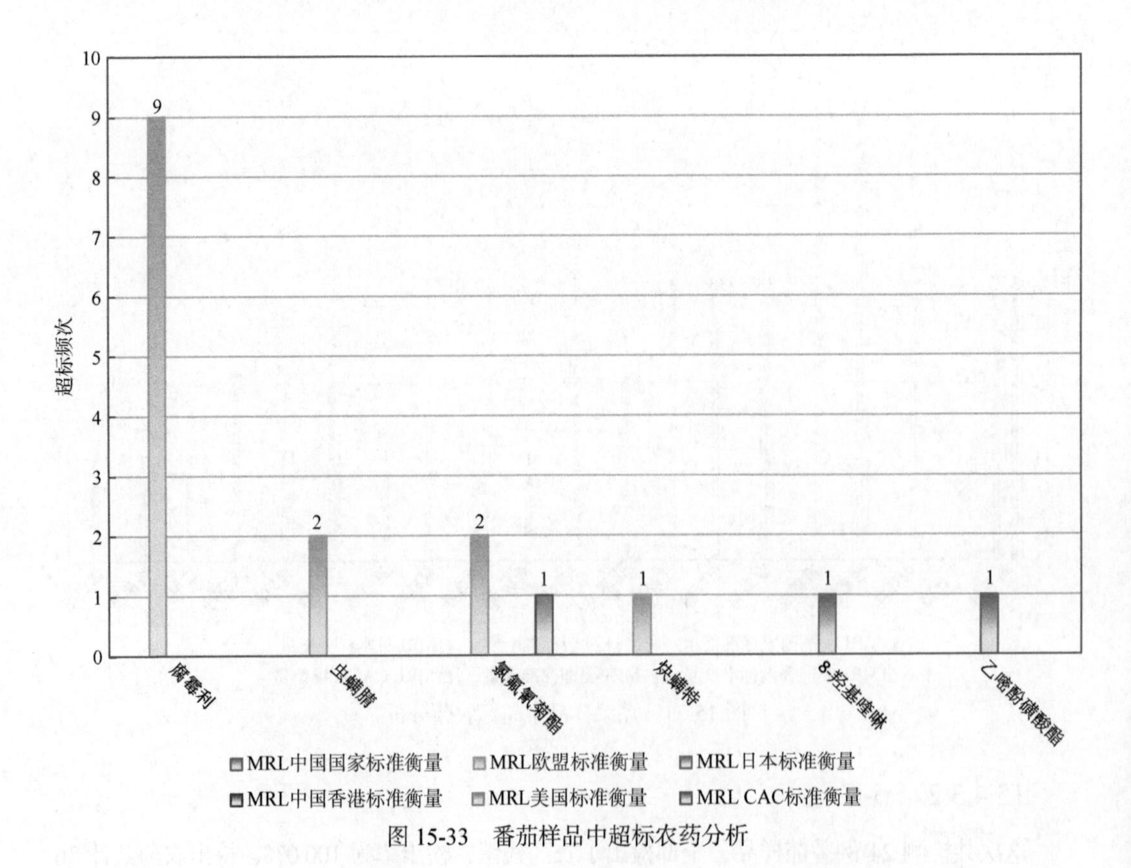

图15-33　番茄样品中超标农药分析

表 15-27　番茄中农药残留超标情况明细表

样品总数			检出农药样品数	样品检出率（%）	检出农药品种总数
24			24	100	36
	超标农药品种	超标农药频次	按照 MRL 中国国家标准、欧盟标准和日本标准衡量超标农药名称及频次		
中国国家标准	0	0	—		
欧盟标准	4	14	腐霉利（9），虫螨腈（2），氯氟氰菊酯（2），炔螨特（1）		
日本标准	2	2	8-羟基喹啉（1），乙嘧酚磺酸酯（1）		

15.4.3.3　黄瓜

这次共检测 12 例黄瓜样品，全部检出了农药残留，检出率为 100.0%，检出农药共计 27 种。其中咯菌腈、霜霉威、甲霜灵、联苯菊酯和苯醚甲环唑检出频次较高，分别检出了 6、5、4、4 和 3 次。黄瓜中农药检出品种和频次见图 15-34，超标农药见图 15-35 和表 15-28。

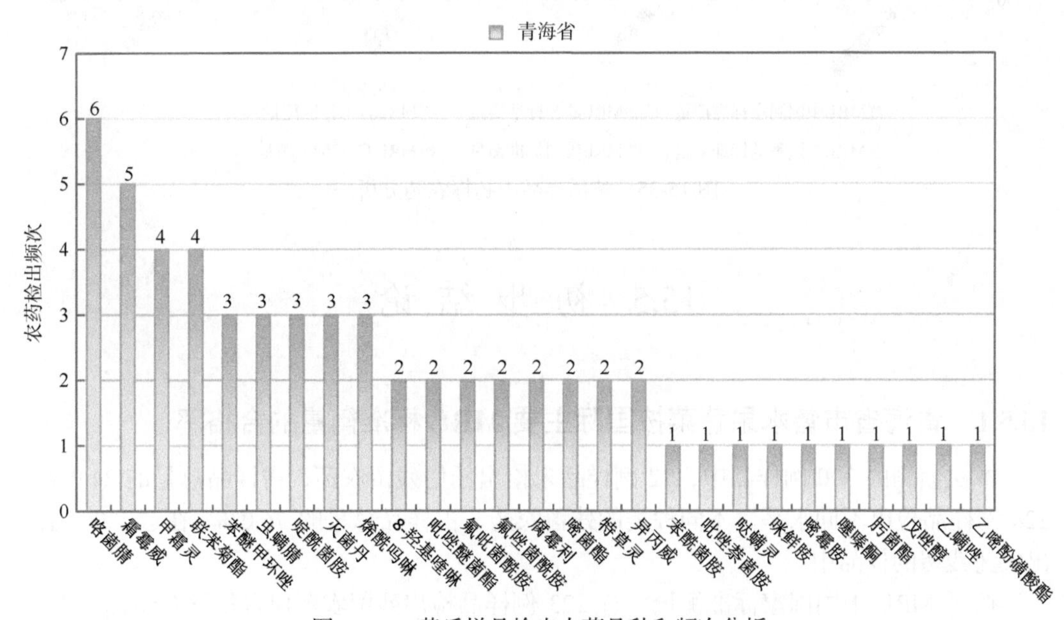

图 15-34　黄瓜样品检出农药品种和频次分析

表 15-28　黄瓜中农药残留超标情况明细表

样品总数			检出农药样品数	样品检出率（%）	检出农药品种总数
12			12	100	27
	超标农药品种	超标农药频次	按照 MRL 中国国家标准、欧盟标准和日本标准衡量超标农药名称及频次		
中国国家标准	0	0	—		
欧盟标准	4	7	8-羟基喹啉（2），联苯菊酯（2），异丙威（2），腐霉利（1）		
日本标准	2	4	8-羟基喹啉（2），异丙威（2）		

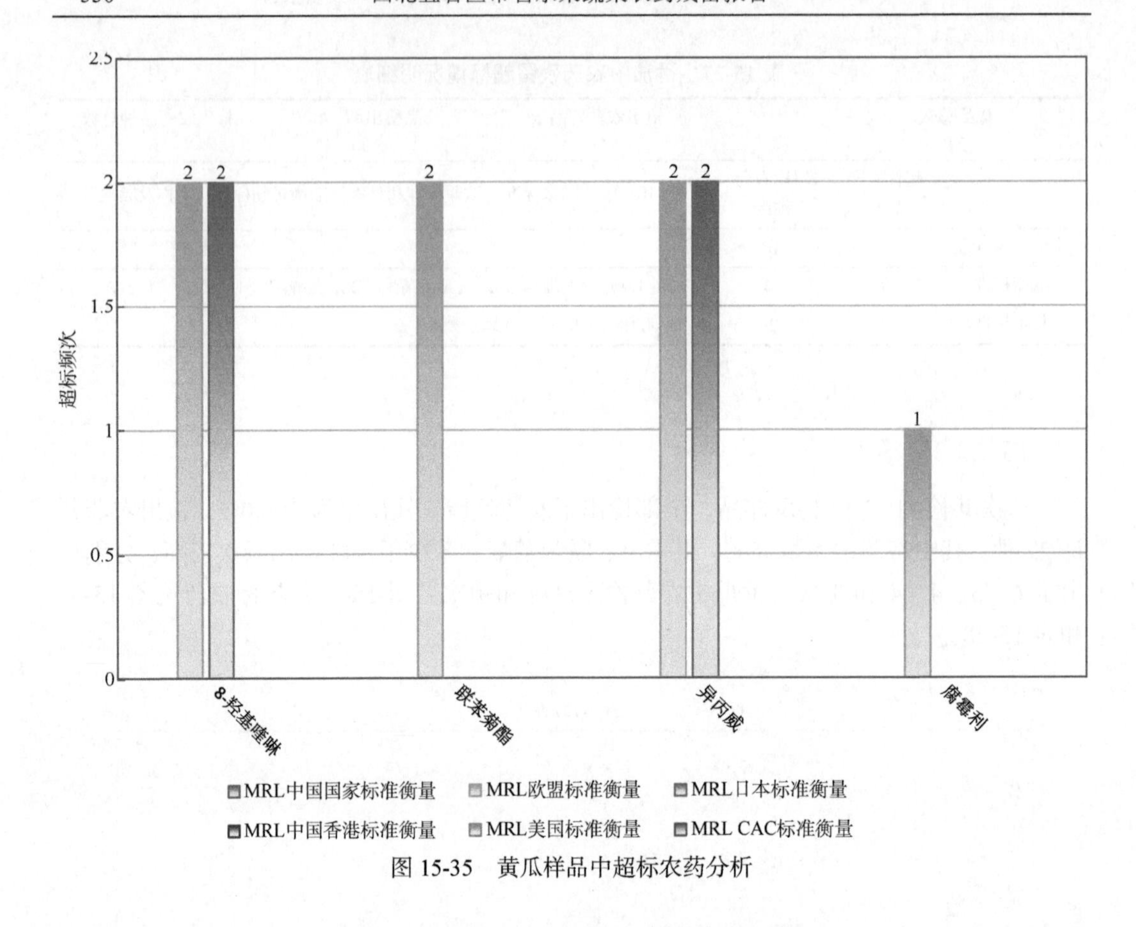

图 15-35 黄瓜样品中超标农药分析

15.5 初步结论

15.5.1 青海省市售水果蔬菜按国际主要 MRL 标准衡量的合格率

本次侦测的 300 例样品中，72 例样品未检出任何残留农药，占样品总量的 24.0%，228 例样品检出不同水平、不同种类的残留农药，占样品总量的 76.0%。在这 228 例检出农药残留的样品中：

按照 MRL 中国国家标准衡量，有 223 例样品检出残留农药但含量没有超标，占样品总数的 74.3%，有 5 例样品检出了超标农药，占样品总数的 1.7%。

按照 MRL 欧盟标准衡量，有 139 例样品检出残留农药但含量没有超标，占样品总数的 46.3%，有 89 例样品检出了超标农药，占样品总数的 29.7%。

按照 MRL 日本标准衡量，有 164 例样品检出残留农药但含量没有超标，占样品总数的 54.7%，有 64 例样品检出了超标农药，占样品总数的 21.3%。

按照 MRL 中国香港标准衡量，有 224 例样品检出残留农药但含量没有超标，占样品总数的 74.7%，有 4 例样品检出了超标农药，占样品总数的 1.3%。

按照 MRL 美国标准衡量，有 224 例样品检出残留农药但含量没有超标，占样品总数的 74.7%，有 4 例样品检出了超标农药，占样品总数的 1.3%。

按照 MRL CAC 标准衡量，有 228 例样品检出残留农药但含量没有超标，占样品总数的 76.0%，无检出残留农药超标的样品。

15.5.2　青海省市售水果蔬菜中检出农药以中低微毒农药为主，占市场主体的 93.7%

这次侦测的 300 例样品包括蔬菜 14 种 264 例，水果 3 种 36 例，共检出了 79 种农药，检出农药的毒性以中低微毒为主，详见表 15-29。

表 15-29　市场主体农药毒性分布

毒性	检出品种	占比（%）	检出频次	占比（%）
剧毒农药	2	2.5	2	0.3
高毒农药	3	3.8	4	0.5
中毒农药	29	36.7	291	39.6
低毒农药	27	34.2	226	30.7
微毒农药	18	22.8	212	28.8
中低微毒农药，品种占比 93.7%，频次占比 99.2%				

15.5.3　检出剧毒、高毒和禁用农药现象应该警醒

在此次侦测的 300 例样品中的 36 例样品检出了 8 种 41 频次的剧毒和高毒或禁用农药，占样品总量的 12.0%。其中剧毒农药甲拌磷和治螟磷以及高毒农药醚菌酯、敌敌畏和克百威检出频次较高。

按 MRL 中国国家标准衡量，剧毒农药甲拌磷，检出 1 次，超标 1 次；高毒农药按超标程度比较，芹菜中甲拌磷超标 4.3 倍。

剧毒、高毒或禁用农药的检出情况及按照 MRL 中国国家标准衡量的超标情况见表 15-30。

表 15-30　剧毒、高毒或禁用农药的检出及超标明细

序号	农药名称	样品名称	检出频次	超标频次	最大超标倍数	超标率
1.1	治螟磷*▲	芹菜	1	0	0	0.0%
2.1	甲拌磷*▲	芹菜	1	1	4.32	100.0%
3.1	克百威◊▲	芹菜	1	0	0	0.0%
4.1	敌敌畏◊	芹菜	1	0	0	0.0%
5.1	醚菌酯◊	番茄	1	0	0	0.0%
5.2	醚菌酯◊	辣椒	1	0	0	0.0%

续表

序号	农药名称	样品名称	检出频次	超标频次	最大超标倍数	超标率
6.1	毒死蜱▲	芹菜	6	3	27.164	50.0%
6.2	毒死蜱▲	苹果	6	0	0	0.0%
6.3	毒死蜱▲	葡萄	6	0	0	0.0%
6.4	毒死蜱▲	豇豆	3	0	0	0.0%
6.5	毒死蜱▲	梨	2	0	0	0.0%
6.6	毒死蜱▲	花椰菜	2	0	0	0.0%
6.7	毒死蜱▲	茄子	2	0	0	0.0%
6.8	毒死蜱▲	辣椒	2	0	0	0.0%
6.9	毒死蜱▲	结球甘蓝	1	0	0	0.0%
6.10	毒死蜱▲	菜豆	1	0	0	0.0%
7.1	滴滴涕▲	西葫芦	2	0	0	0.0%
8.1	八氯二丙醚▲	梨	1	0	0	0.0%
8.2	八氯二丙醚▲	番茄	1	0	0	0.0%
合计			41	4		9.8%

注：超标倍数参照 MRL 中国国家标准衡量

* 表示剧毒农药；◊ 表示高毒农药；▲ 表示禁用农药

这些超标的高剧毒或禁用农药都是中国政府早有规定禁止在水果蔬菜中使用的，为什么还屡次被检出，应该引起警惕。

15.5.4　残留限量标准与先进国家或地区差距较大

735 频次的检出结果与我国公布的《食品中农药最大残留限量》（GB 2763—2019）对比，有 363 频次能找到对应的 MRL 中国国家标准，占 49.4%；还有 372 频次的侦测数据无相关 MRL 标准供参考，占 50.6%。

与国际上现行 MRL 标准对比发现：

有 735 频次能找到对应的 MRL 欧盟标准，占 100.0%；

有 735 频次能找到对应的 MRL 日本标准，占 100.0%；

有 332 频次能找到对应的 MRL 中国香港标准，占 45.2%；

有 331 频次能找到对应的 MRL 美国标准，占 45.0%；

有 290 频次能找到对应的 MRL CAC 标准，占 39.5%。

由上可见，MRL 中国国家标准与先进国家或地区标准还有很大差距，我们无标准，境外有标准，这就会导致我们在国际贸易中，处于受制于人的被动地位。

15.5.5　水果蔬菜单种样品检出 5～40 种农药残留，拷问农药使用的科学性

通过此次监测发现，葡萄、苹果和梨是检出农药品种最多的 3 种水果，芹菜、番茄

和黄瓜是检出农药品种最多的 3 种蔬菜，从中检出农药品种及频次详见表 15-31。

表 15-31　单种样品检出农药品种及频次

样品名称	样品总数	检出率	检出农药品种数	检出农药（频次）
芹菜	24	100.0%	40	烯酰吗啉（14），二苯胺（12），苯醚甲环唑（10），吡唑醚菌酯（8），氯氟氰菊酯（8），戊唑醇（8），腐霉利（7），丙环唑（6），毒死蜱（6），嘧霉胺（5），霜霉威（5），蒽醌（3），二甲戊灵（3），己唑醇（3），灭菌丹（3），三唑醇（3），三唑酮（3），多效唑（2），噁霜灵（2），醚菊酯（2），1，4-二甲基萘（1），丙溴磷（1），哒螨灵（1），敌草腈（1），敌敌畏（1），氟硅唑（1），氟乐灵（1），甲拌磷（1），甲霜灵（1），腈菌唑（1），克百威（1），咯菌腈（1），嘧菌环胺（1），扑草净（1），噻呋酰胺（1），五氯苯（1），烯虫酯（1），乙烯菌核利（1），异丙威（1），治螟磷（1）
番茄	24	100.0%	36	二苯胺（12），灭菌丹（12），苯醚甲环唑（10），腐霉利（10），烯酰吗啉（9），腈菌唑（6），氯氟氰菊酯（6），啶酰菌胺（5），三唑醇（5），哒螨灵（4），联苯菊酯（4），嘧霉胺（4），8-羟基喹啉（3），吡唑醚菌酯（3），戊唑醇（3），吡丙醚（2），虫螨腈（2），咪鲜胺（2），嘧菌酯（2），肟菌酯（2），乙烯菌核利（2），八氯二丙醚（1），吡噻菌胺（1），丙环唑（1），敌草腈（1），氟吡菌胺（1），氟吡菌酰胺（1），甲霜灵（1），咯菌腈（1），醚菌酯（1），嘧菌环胺（1），炔螨特（1），四氟醚唑（1），乙螨唑（1），乙嘧酚磺酸酯（1），异噁草酮（1）
黄瓜	12	100.0%	27	咯菌腈（6），霜霉威（5），甲霜灵（4），联苯菊酯（4），苯醚甲环唑（3），虫螨腈（3），啶酰菌胺（3），灭菌丹（3），烯酰吗啉（3），8-羟基喹啉（2），吡唑醚菌酯（2），氟吡菌酰胺（2），氟唑菌酰胺（2），腐霉利（2），嘧菌酯（2），特草灵（2），异丙威（2），苯酰菌胺（1），吡唑萘菌胺（1），哒螨灵（1），咪鲜胺（1），嘧霉胺（1），噻嗪酮（1），肟菌酯（1），戊唑醇（1），乙螨唑（1），乙嘧酚磺酸酯（1）
葡萄	12	91.7%	14	烯酰吗啉（11），嘧霉胺（7），苯醚甲环唑（6），毒死蜱（6），甲霜灵（5），啶酰菌胺（3），氟吡菌胺（3），氟唑菌酰胺（3），腐霉利（3），嘧菌酯（2），噻呋酰胺（2），肟菌酯（2），戊唑醇（2），三唑醇（1）
苹果	12	75.0%	10	毒死蜱（6），三唑醇（3），戊唑醇（3），吡唑醚菌酯（1），二嗪磷（1），甲醚菊酯（1），灭菌丹（1），炔螨特（1），烯酰吗啉（1），乙螨唑（1）
梨	12	33.3%	5	毒死蜱（2），2，4-滴异辛酯（1），八氯二丙醚（1），腈菌唑（1），乙螨唑（1）

上述 6 种水果蔬菜，检出农药 5～40 种，是多种农药综合防治，还是未严格实施农业良好管理规范（GAP），抑或根本就是乱施药，值得我们思考。

第 16 章　GC-Q-TOF/MS 侦测青海省市售水果蔬菜农药残留膳食暴露风险与预警风险评估

16.1　农药残留侦测数据分析与统计

庞国芳院士科研团队建立的农药残留高通量侦测技术以高分辨精确质量数（0.0001 *m/z* 为基准）为识别标准，采用 GC-Q-TOF/MS 技术对 686 种农药化学污染物进行侦测。

科研团队于 2020 年 8 月至 2020 年 9 月在青海省 5 个区县的 24 个采样点，随机采集了 300 例水果蔬菜样品，采样点分布在超市，个体商户和农贸市场，各月内水果蔬菜样品采集数量如表 16-1 所示。

表 16-1　青海省各月内采集水果蔬菜样品数列表

年月	样品数（例）
2020 年 8 月	120
2020 年 9 月	180

利用 GC-Q-TOF/MS 技术对 300 例样品中的农药进行侦测，共侦测出残留农药 735 频次。侦测出农药残留水平如表 16-2 和图 16-1 所示。检出频次最高的前 10 种农药如表 16-3 所示。从侦测结果中可以看出，在水果蔬菜中农药残留普遍存在，且有些水果蔬菜存在高浓度的农药残留，这些可能存在膳食暴露风险，对人体健康产生危害，因此，为了定量地评价水果蔬菜中农药残留的风险程度，有必要对其进行风险评价。

表 16-2　侦测出农药的不同残留水平及其所占比例列表

残留水平（μg/kg）	检出频次	占比（%）
1～5（含）	305	41.5
5～10（含）	98	13.3
10～100（含）	247	33.6
100～1000（含）	78	10.6
>1000	7	1.0

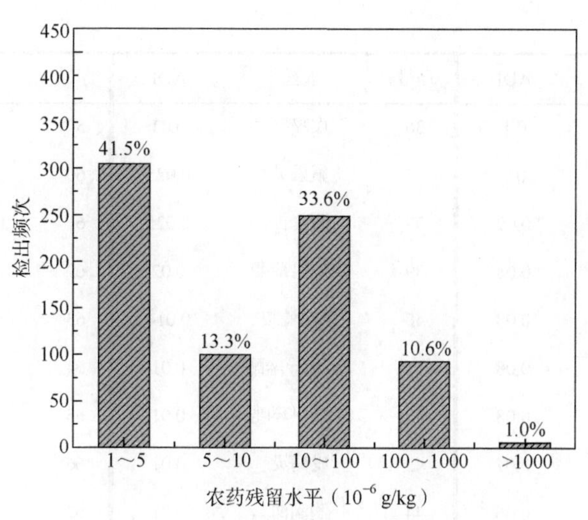

图 16-1　残留农药侦测出浓度频数分布图

表 16-3　检出频次最高的前 10 种农药列表

序号	农药	检出频次
1	烯酰吗啉	71
2	二苯胺	65
3	灭菌丹	61
4	腐霉利	42
5	苯醚甲环唑	33
6	毒死蜱	31
7	氯氟氰菊酯	30
8	嘧霉胺	30
9	戊唑醇	25
10	蒽醌	21

本研究使用 GC-Q-TOF/MS 技术对青海省 300 样品中的农药侦测中，共侦测出农药 79 种，这些农药的每日允许最大摄入量值（ADI）见表 16-4。为评价青海省农药残留的风险，本研究采用两种模型分别评价膳食暴露风险和预警风险，具体的风险评价模型见附录 A。

表 16-4　青海省水果蔬菜中侦测出农药的 ADI 值

序号	农药	ADI	序号	农药	ADI	序号	农药	ADI
1	灭幼脲	1.25	5	霜霉威	0.4	9	吡丙醚	0.1
2	苯酰菌胺	0.5	6	嘧菌酯	0.2	10	吡噻菌胺	0.1
3	咯菌腈	0.4	7	嘧霉胺	0.2	11	多效唑	0.1
4	醚菌酯	0.4	8	烯酰吗啉	0.2	12	二甲戊灵	0.1

续表

序号	农药	ADI	序号	农药	ADI	序号	农药	ADI
13	腐霉利	0.1	36	戊唑醇	0.03	59	氟硅唑	0.007
14	灭菌丹	0.1	37	氟乐灵	0.025	60	唑虫酰胺	0.006
15	烯虫酯	0.09	38	野麦畏	0.025	61	二嗪磷	0.005
16	二苯胺	0.08	39	氯氟氰菊酯	0.02	62	己唑醇	0.005
17	氟吡菌酰胺	0.08	40	噻呋酰胺	0.014	63	敌敌畏	0.004
18	氟唑菌酰胺	0.08	41	2,4-滴异辛酯	0.01	64	四氟醚唑	0.004
19	甲霜灵	0.08	42	苯醚甲环唑	0.01	65	异丙威	0.002
20	丙环唑	0.07	43	哒螨灵	0.01	66	克百威	0.001
21	吡唑萘菌胺	0.06	44	滴滴涕	0.01	67	治螟磷	0.001
22	乙螨唑	0.05	45	敌草腈	0.01	68	甲拌磷	0.0007
23	乙嘧酚磺酸酯	0.05	46	毒死蜱	0.01	69	1,4-二甲基萘	—
24	啶酰菌胺	0.04	47	噁霜灵	0.01	70	8-羟基喹啉	—
25	扑草净	0.04	48	蒽醌	0.01	71	八氯二丙醚	—
26	肟菌酯	0.04	49	氟吡菌胺	0.01	72	苯醚氰菊酯	—
27	吡唑醚菌酯	0.03	50	甲基毒死蜱	0.01	73	甲醚菊酯	—
28	丙溴磷	0.03	51	联苯	0.01	74	磷酸三异丁酯	—
29	虫螨腈	0.03	52	联苯菊酯	0.01	75	双苯酰草胺	—
30	甲氰菊酯	0.03	53	螺螨酯	0.01	76	特草灵	—
31	腈菌唑	0.03	54	氯硝胺	0.01	77	五氯苯	—
32	醚菊酯	0.03	55	咪鲜胺	0.01	78	缬霉威	—
33	嘧菌环胺	0.03	56	炔螨特	0.01	79	异噁草酮	—
34	三唑醇	0.03	57	乙烯菌核利	0.01			
35	三唑酮	0.03	58	噻嗪酮	0.009			

注："—"表示国家标准中无 ADI 值规定；ADI 值单位为 mg/kg bw

16.2　农药残留膳食暴露风险评估

16.2.1　每例水果蔬菜样品中农药残留安全指数分析

基于农药残留侦测数据，发现在 300 例样品中侦测出农药 735 频次，计算样品中每种残留农药的安全指数 IFS_c，并分析农药对样品安全的影响程度，农药残留对水果蔬菜样品安全的影响程度频次分布情况如图 16-2 所示。

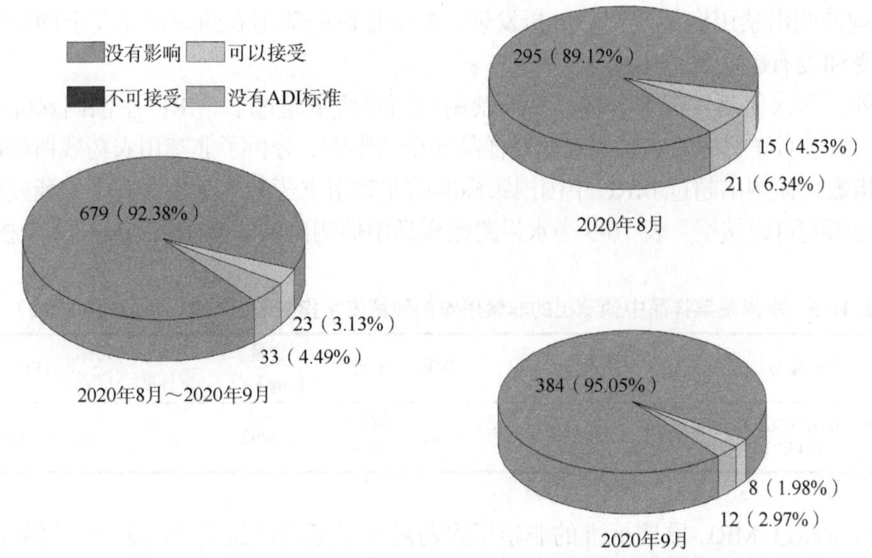

图 16-2　农药残留对水果蔬菜样品安全的影响程度频次分布图

由图 16-2 可以看出，农药残留对样品安全的影响可以接受的频次为 23，占 3.13%；农药残留对样品安全的没有影响的频次为 679，占 92.38%。分析发现，农药残留对水果蔬菜样品安全的影响程度频次 2020 年 8 月（331）<2020 年 9 月（404）。

部分样品侦测出禁用农药 6 种 38 频次，为了明确残留的禁用农药对样品安全的影响，分析侦测出禁用农药残留的样品安全指数，禁用农药残留对水果蔬菜样品安全的影响程度频次分布情况如图 16-3 所示，农药残留对样品安全的影响可以接受的频次为 5，占 13.16%；农药残留对样品安全没有影响的频次为 31，占 81.58%；农药残留对样品安全的影响没有 ADI 标准的频次为 2，占 5.26%。由图中可以看出 2 个月份的水果蔬菜

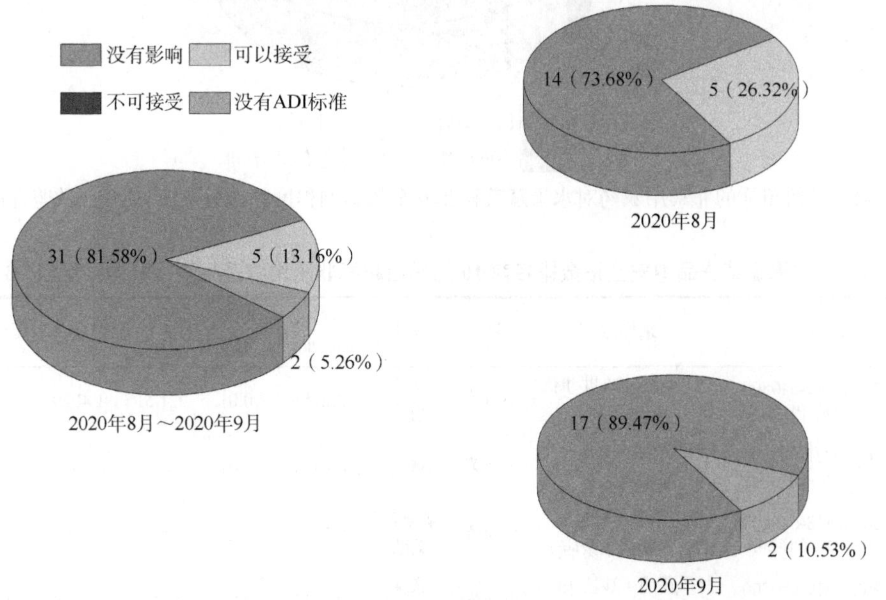

图 16-3　禁用农药对水果蔬菜样品安全影响程度的频次分布图

样品中均侦测出禁用农药残留，分析发现，2 个月份内禁用农药对样品安全的影响均在可以接受和没有影响的范围内。

此外，本次侦测发现部分样品中非禁用农药残留量超过了 MRL 中国国家标准和欧盟标准，为了明确超标的非禁用农药对样品安全的影响，分析了非禁用农药残留超标的样品安全指数。侦测出超过 MRL 中国国家标准的非禁用农药共 1 频次，其中农药残留对样品安全的影响可以接受。表 16-5 为水果蔬菜样品中侦测出的非禁用农药残留安全指数表。

表 16-5　水果蔬菜样品中侦测出的非禁用农药残留安全指数表（MRL 中国国家标准）

序号	样品编号	采样点	基质	农药	含量（mg/kg）	中国国家标准	超标倍数	IFS_c	影响程度
1	20200916-630200-LZFDC-GP-10A	**生活超市（乐都区文化街）	葡萄	苯醚甲环唑	0.6292	0.5	1.26	0.3985	可以接受

残留量超过 MRL 欧盟标准的非禁用农药对水果蔬菜样品安全的影响程度频次分布情况如图 16-4 所示。可以看出超过 MRL 欧盟标准的非禁用农药共 130 频次，其中农药没有 ADI 的频次为 4，占 3.08%；农药残留对样品安全的影响可以接受的频次为 9，占 6.92%；农药残留对样品安全没有影响的频次为 116，占 89.23%。表 16-6 为水果蔬菜样品中安全指数排名前 10 的残留超标非禁用农药列表。

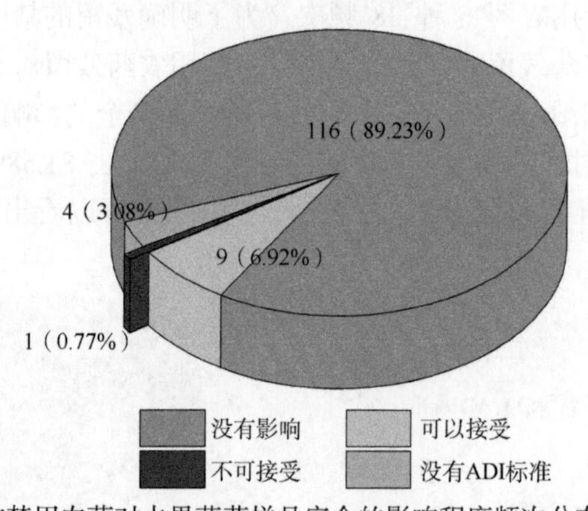

图 16-4　残留超标的非禁用农药对水果蔬菜样品安全的影响程度频次分布图（MRL 欧盟标准）

表 16-6　水果蔬菜样品中安全指数排名前 10 的残留超标非禁用农药列表（MRL 欧盟标准）

序号	样品编号	采样点	基质	农药	含量（mg/kg）	欧盟标准	超标倍数	IFS_c	影响程度
1	20200819-640500-LZFDC-PB-21A	**万家超市（世和新天地店）	小白菜	联苯菊酯	2.2151	0.01	221.51	1.4029	不可接受
2	20200821-640500-LZFDC-CL-14A	**果蔬店（沙坡头区迎宾大道）	小油菜	哒螨灵	0.4714	0.01	47.14	0.2986	可以接受
3	20200818-640100-LZFDC-CL-24A	**鲜菜篮子社区直销店（紫檀水景店）	小油菜	氯氟氰菊酯	0.7575	0.3	2.525	0.2399	可以接受
4	20200819-640500-LZFDC-CL-20A	**果蔬店（沙坡头区南苑东路）	小油菜	联苯菊酯	0.3312	0.01	33.12	0.2098	可以接受

续表

序号	样品编号	采样点	基质	农药	含量（mg/kg）	欧盟标准	超标倍数	IFS_c	影响程度
5	20200820-640300-LZFDC-CE-18A	**鲜果蔬菜店（利通区明珠西路）	芹菜	氟硅唑	0.7943	0.01	79.43	0.7187	可以接受
6	20200820-640300-LZFDC-CE-09A	**蔬菜店（利通区双拥路）	芹菜	氟硅唑	0.5618	0.01	56.18	0.5083	可以接受
7	20200820-640300-LZFDC-CE-17A	**北街蔬菜粮油市场	芹菜	氟硅唑	0.5106	0.01	51.06	0.4620	可以接受
8	20200820-640300-LZFDC-EP-25A	**西路蔬菜市场	茄子	炔螨特	0.2143	0.01	21.43	0.1357	可以接受
9	20200820-640300-LZFDC-CE-05A	**街菜篮子连锁超市（利通区）	芹菜	氟硅唑	0.2934	0.01	29.34	0.2655	可以接受
10	20200820-640300-LZFDC-CE-07A	**路北粮油蔬菜市场	芹菜	氟硅唑	0.1757	0.01	17.57	0.1590	可以接受

16.2.2　单种水果蔬菜中农药残留安全指数分析

本次检测的水果蔬菜共计 17 种，17 种水果蔬菜全部侦测出农药残留，检出频次为 735 次，其中 11 种农药没有 ADI 标准，68 种农药存在 ADI 标准。对 17 种水果蔬菜按不同种类分别计算侦测出的具有 ADI 标准的各种农药的 IFS_c 值，农药残留对水果蔬菜的安全指数分布图如图 16-5 所示。

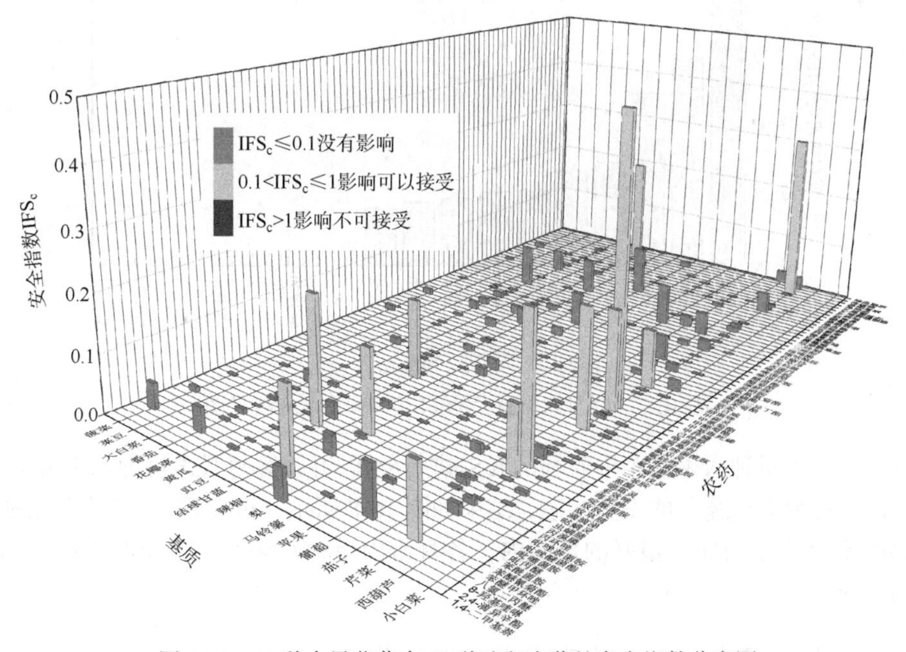

图 16-5　17 种水果蔬菜中 68 种残留农药的安全指数分布图

本次侦测中，17 种水果蔬菜和 79 种残留农药（包括没有 ADI 标准）共涉及 249 个分析样本，农药对单种水果蔬菜安全的影响程度分布情况如图 16-6 所示。可以看出，

86.75%的样本中农药对水果蔬菜安全没有影响，5.22%的样本中农药对水果蔬菜安全的影响可以接受。

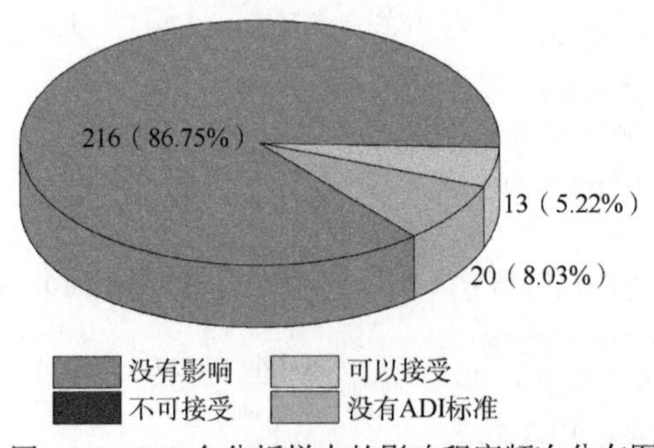

图 16-6　249 个分析样本的影响程度频次分布图

此外，分别计算 17 种水果蔬菜中所有侦测出农药 IFS_c 的平均值$\overline{IFS}$，分析每种水果蔬菜的安全状态，结果如图 16-7 所示，分析发现，17 种（100%）水果蔬菜的安全状态很好。

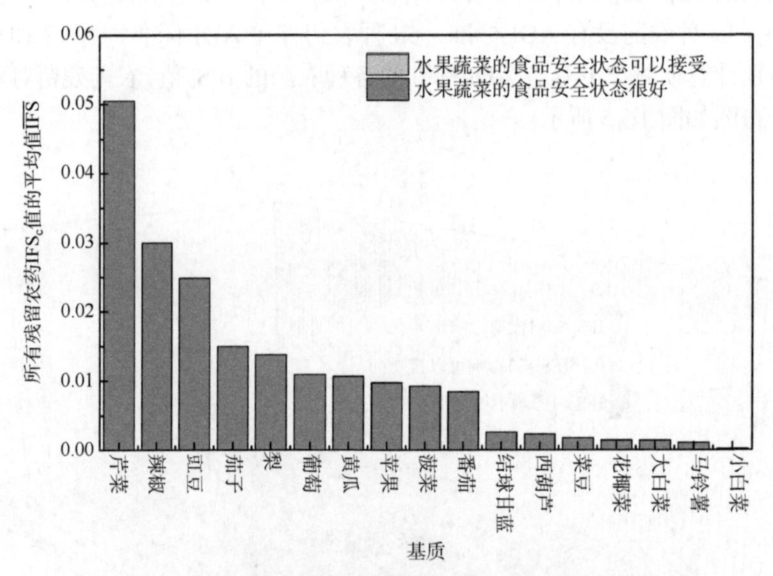

图 16-7　17 种水果蔬菜的$\overline{IFS}$值和安全状态统计图

对每个月内每种水果蔬菜中农药的 IFS_c 进行分析，并计算每月内每种水果蔬菜的$\overline{IFS}$值，以评价每种水果蔬菜的安全状态，结果如图 16-8 所示，可以看出，2 个月份所有水果蔬菜的安全状态均处于很好的范围内，各月份内单种水果蔬菜安全状态统计情况如图 16-9 所示。

16.2.3　所有水果蔬菜中农药残留安全指数分析

计算所有水果蔬菜中 79 种农药的 $\overline{IFS_c}$ 值，结果如图 16-10 及表 16-7 所示。

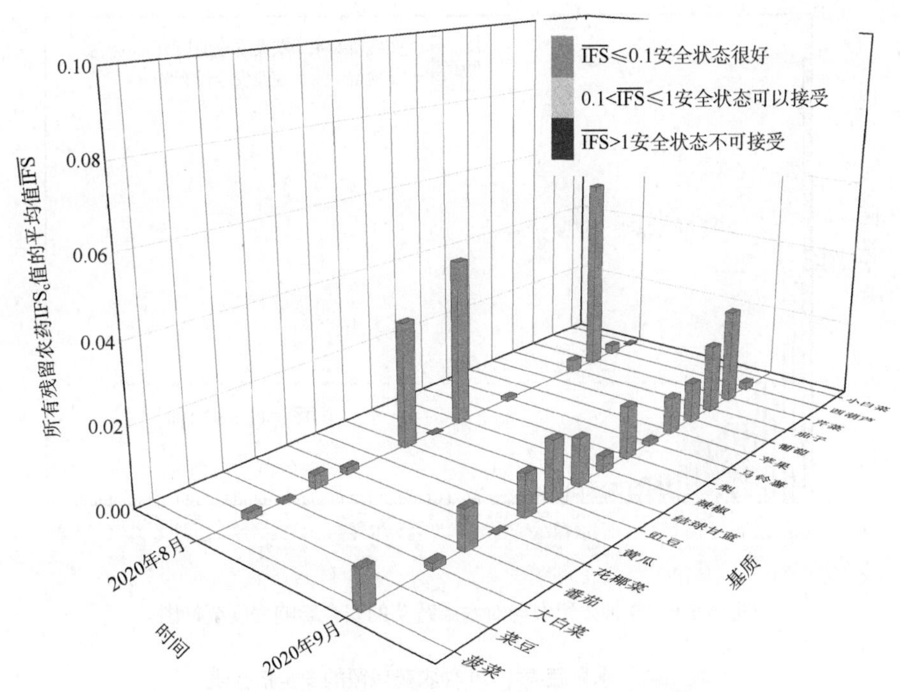

图 16-8　各月内每种水果蔬菜的$\overline{IFS}$值与安全状态分布图

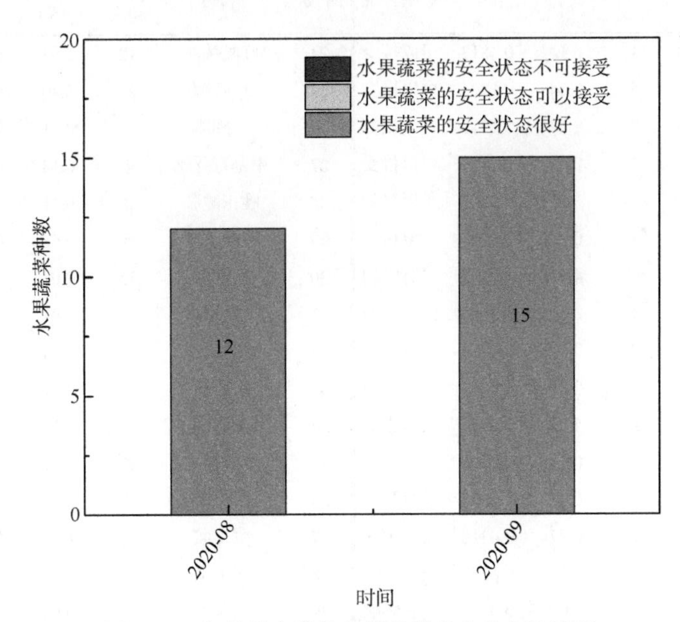

图 16-9　各月份内单种水果蔬菜安全状态统计图

分析发现，79 种农药对水果蔬菜安全的影响均在没有影响和可以接受的范围内，其中 7.59%的农药对水果蔬菜安全的影响可以接受，92.41%的农药对水果蔬菜安全没有影响。

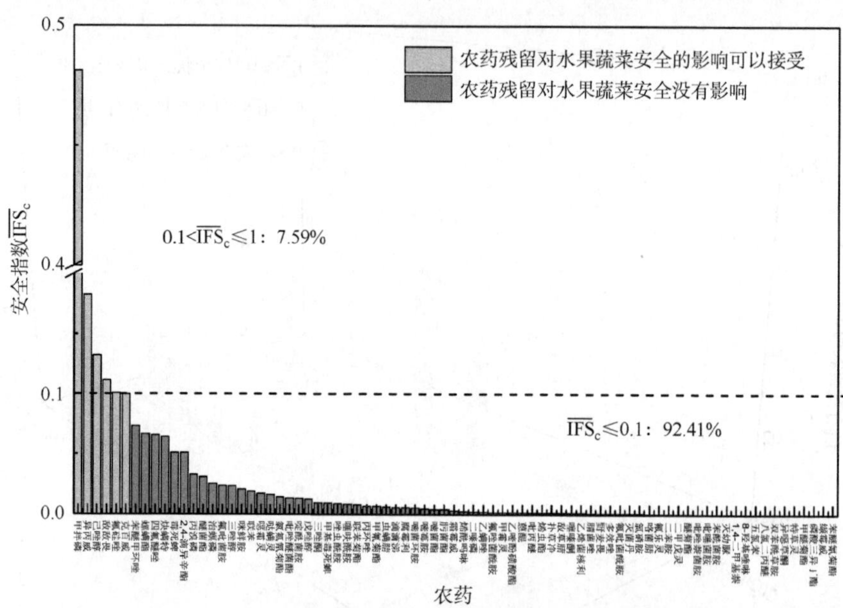

图 16-10　79 种残留农药对水果蔬菜的安全影响程度统计图

表 16-7　水果蔬菜中 79 种农药残留的安全指数表

序号	农药	检出频次	检出率（%）	$\overline{IFS_c}$	影响程度	序号	农药	检出频次	检出率（%）	$\overline{IFS_c}$	影响程度
1	甲拌磷	1	0.14	0.4813	可以接受	24	啶酰菌胺	12	1.63	0.0130	没有影响
2	异丙威	4	0.54	0.1826	可以接受	25	戊唑醇	25	3.40	0.0124	没有影响
3	己唑醇	4	0.54	0.1319	可以接受	26	三唑酮	3	0.41	0.0095	没有影响
4	敌敌畏	1	0.14	0.1113	可以接受	27	甲基毒死蜱	1	0.14	0.0091	没有影响
5	氟硅唑	2	0.27	0.1008	可以接受	28	唑虫酰胺	3	0.41	0.0088	没有影响
6	克百威	1	0.14	0.1001	可以接受	29	噻呋酰胺	5	0.68	0.0083	没有影响
7	苯醚甲环唑	33	4.49	0.0731	没有影响	30	联苯菊酯	15	2.04	0.0078	没有影响
8	螺螨酯	1	0.14	0.0666	没有影响	31	丙环唑	8	1.09	0.0068	没有影响
9	四氟醚唑	2	0.27	0.0656	没有影响	32	甲氰菊酯	1	0.14	0.0067	没有影响
10	炔螨特	3	0.41	0.0641	没有影响	33	虫螨腈	17	2.31	0.0061	没有影响
11	毒死蜱	31	4.22	0.0508	没有影响	34	滴滴涕	2	0.27	0.0057	没有影响
12	2,4-滴异辛酯	1	0.14	0.0508	没有影响	35	腐霉利	42	5.71	0.0056	没有影响
13	丙溴磷	7	0.95	0.0328	没有影响	36	嘧菌环胺	2	0.27	0.0053	没有影响
14	醚菌酯	2	0.27	0.0310	没有影响	37	嘧霉胺	30	4.08	0.0048	没有影响
15	治螟磷	1	0.14	0.0253	没有影响	38	嘧菌酯	10	1.36	0.0043	没有影响
16	氟吡菌胺	8	1.09	0.0237	没有影响	39	肟菌酯	5	0.68	0.0043	没有影响
17	三唑醇	18	2.45	0.0234	没有影响	40	霜霉威	11	1.50	0.0033	没有影响
18	咪鲜胺	7	0.95	0.0205	没有影响	41	烯酰吗啉	71	9.66	0.0025	没有影响
19	联苯	8	1.09	0.0187	没有影响	42	二嗪磷	1	0.14	0.0024	没有影响
20	噁霜灵	2	0.27	0.0171	没有影响	43	乙螨唑	8	1.09	0.0020	没有影响
21	哒螨灵	14	1.90	0.0166	没有影响	44	氟唑菌酰胺	5	0.68	0.0020	没有影响
22	氯氟氰菊酯	30	4.08	0.0143	没有影响	45	甲霜灵	16	2.18	0.0020	没有影响
23	吡唑醚菌酯	16	2.18	0.0134	没有影响	46	乙嘧酚磺酸酯	2	0.27	0.0019	没有影响

续表

序号	农药	检出频次	检出率（%）	$\overline{IFS_c}$	影响程度	序号	农药	检出频次	检出率（%）	$\overline{IFS_c}$	影响程度
47	蒽醌	21	2.86	0.0016	没有影响	64	醚菊酯	2	0.27	0.0002	没有影响
48	吡丙醚	5	0.68	0.0016	没有影响	65	吡唑萘菌胺	1	0.14	0.0002	没有影响
49	烯虫酯	1	0.14	0.0014	没有影响	66	吡噻菌胺	1	0.14	0.0001	没有影响
50	扑草净	1	0.14	0.0013	没有影响	67	苯酰菌胺	2	0.27	0.0000	没有影响
51	敌草腈	2	0.27	0.0012	没有影响	68	灭幼脲	1	0.14	0.0000	没有影响
52	噻嗪酮	1	0.14	0.0012	没有影响	69	1,4-二甲基萘	—	—	—	—
53	乙烯菌核利	3	0.41	0.0011	没有影响	70	8-羟基喹啉	—	—	—	—
54	腈菌唑	17	2.31	0.0010	没有影响	71	五氯苯	—	—	—	—
55	野麦畏	1	0.14	0.0008	没有影响	72	八氯二丙醚	—	—	—	—
56	多效唑	2	0.27	0.0008	没有影响	73	双苯酰草胺	—	—	—	—
57	氟吡菌酰胺	6	0.82	0.0008	没有影响	74	异噁草酮	—	—	—	—
58	灭菌丹	61	8.30	0.0007	没有影响	75	特草灵	—	—	—	—
59	氯硝胺	1	0.14	0.0007	没有影响	76	甲醚菊酯	—	—	—	—
60	咯菌腈	8	1.09	0.0006	没有影响	77	磷酸三异丁酯	—	—	—	—
61	氟乐灵	4	0.54	0.0006	没有影响	78	缬霉威	—	—	—	—
62	二苯胺	65	8.84	0.0004	没有影响	79	苯醚氰菊酯	—	—	—	—
63	二甲戊灵	4	0.54	0.0004	没有影响						

对每个月内所有水果蔬菜中残留农药的 $\overline{IFS_c}$ 进行分析，结果如图 16-11 所示。分析发现，2 个月份所有农药对水果蔬菜安全的影响均处于没有影响和可以接受的范围内。每月内不同农药对水果蔬菜安全影响程度的统计如图 16-12 所示。

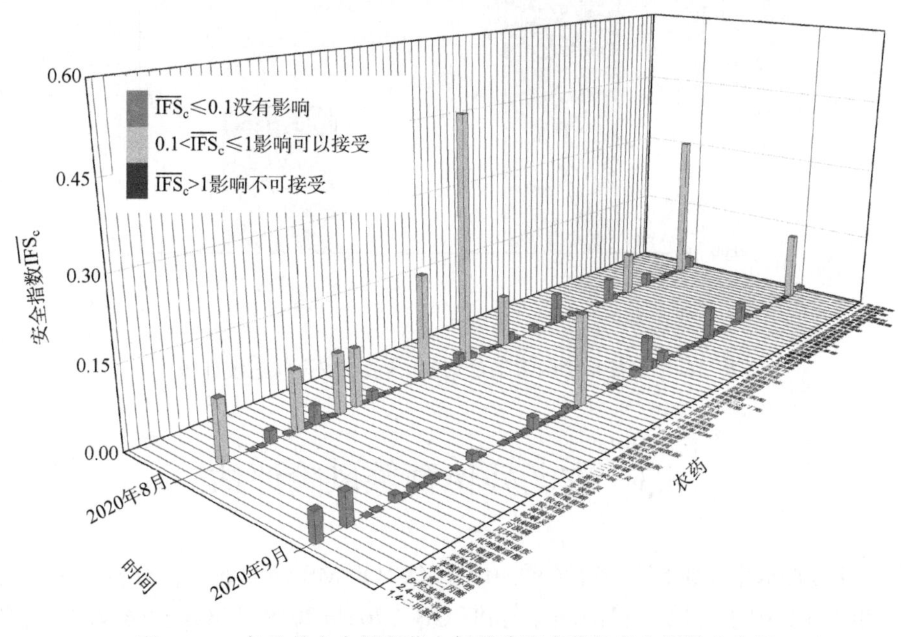

图 16-11 各月份内水果蔬菜中每种残留农药的安全指数分布图

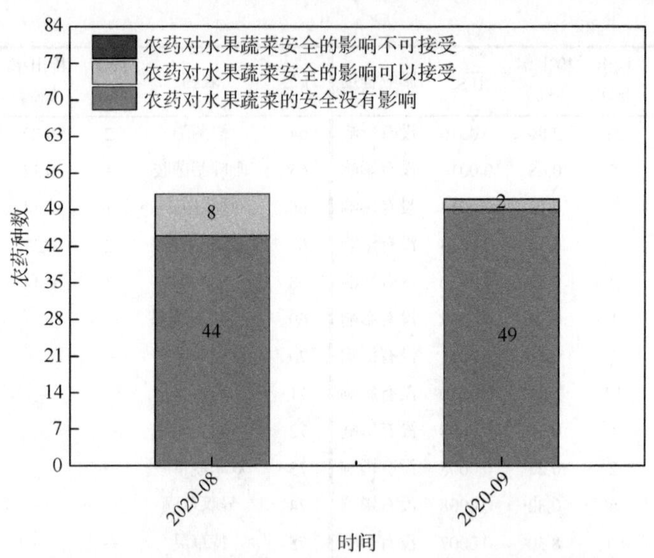

图 16-12 各月份内农药对水果蔬菜安全影响程度的统计图

计算每个月内水果蔬菜的$\overline{IFS}$，以分析每月内水果蔬菜的安全状态，结果如图 16-13 所示，可以看出 2 个月的水果蔬菜安全状态均处于很好的范围内。

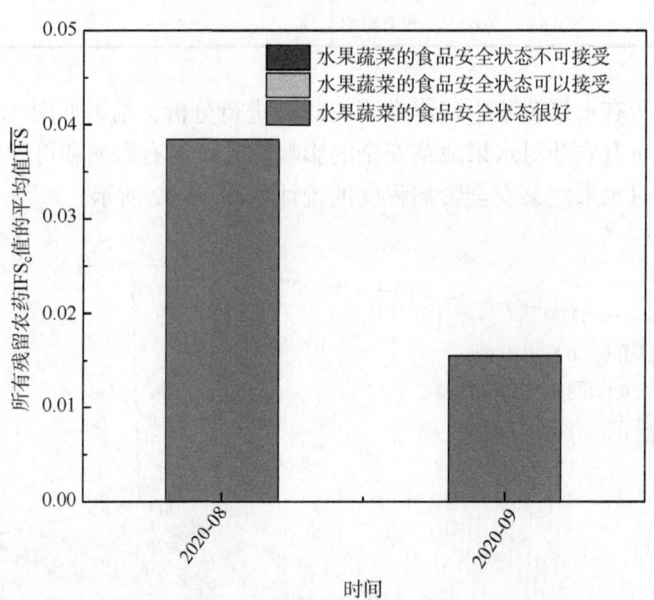

图 16-13 各月份内水果蔬菜的$\overline{IFS}$值与安全状态统计图

16.3 农药残留预警风险评估

基于青海省水果蔬菜样品中农药残留 GC-Q-TOF/MS 侦测数据，分析禁用农药的检出率，同时参照中华人民共和国国家标准 GB 2763—2019 和欧盟农药最大残留限量（MRL）标准分析非禁用农药残留的超标率，并计算农药残留风险系数。分析单种水果蔬菜中农药残留以及所有水果蔬菜中农药残留的风险程度。

16.3.1 单种水果蔬菜中农药残留风险系数分析

16.3.1.1 单种水果蔬菜中禁用农药残留风险系数分析

侦测出的 79 种残留农药中有 6 种为禁用农药，且它们分布在 12 种水果蔬菜中，计算 12 种水果蔬菜中禁用农药的超标率，根据超标率计算风险系数 R，进而分析水果蔬菜中禁用农药的风险程度，结果如图 16-14 与表 16-8 所示。分析发现 6 种禁用农药在 12 种水果蔬菜中的残留均处于高度风险。

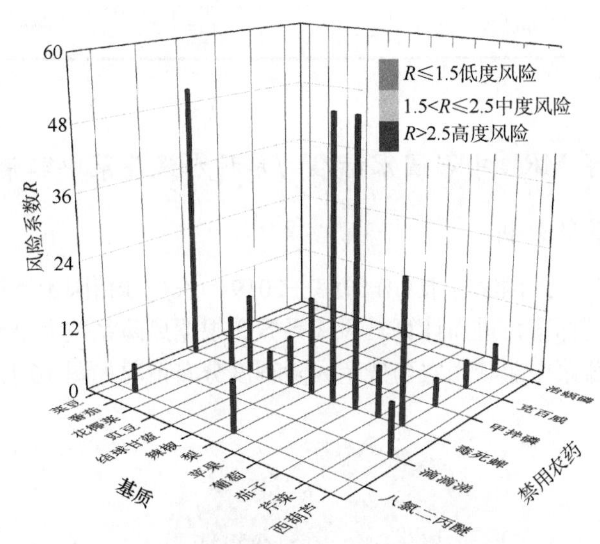

图 16-14 12 种水果蔬菜中 6 种禁用农药的风险系数分布图

表 16-8 12 种水果蔬菜中 6 种禁用农药的风险系数列表

序号	基质	农药	检出频次	检出率（%）	风险系数 R	风险程度
1	苹果	毒死蜱	6	50.00	51.10	高度风险
2	菜豆	毒死蜱	1	50.00	51.10	高度风险
3	葡萄	毒死蜱	6	50.00	51.10	高度风险
4	芹菜	毒死蜱	6	25.00	26.10	高度风险
5	梨	毒死蜱	2	16.67	17.77	高度风险
6	豇豆	毒死蜱	3	13.64	14.74	高度风险
7	梨	八氯二丙醚	1	8.33	9.43	高度风险
8	花椰菜	毒死蜱	2	8.33	9.43	高度风险
9	茄子	毒死蜱	2	8.33	9.43	高度风险

续表

序号	基质	农药	检出频次	检出率（%）	风险系数 R	风险程度
10	西葫芦	滴滴涕	2	8.33	9.43	高度风险
11	辣椒	毒死蜱	2	8.33	9.43	高度风险
12	番茄	八氯二丙醚	1	4.17	5.27	高度风险
13	结球甘蓝	毒死蜱	1	4.17	5.27	高度风险
14	芹菜	克百威	1	4.17	5.27	高度风险
15	芹菜	治螟磷	1	4.17	5.27	高度风险
16	芹菜	甲拌磷	1	4.17	5.27	高度风险

16.3.1.2　基于 MRL 中国国家标准的单种水果蔬菜中非禁用农药残留风险系数分析

参照中华人民共和国国家标准 GB 2763—2019 中农药残留限量计算每种水果蔬菜中每种非禁用农药的超标率，进而计算其风险系数，根据风险系数大小判断残留农药的预警风险程度，水果蔬菜中非禁用农药残留风险程度分布情况如图 16-15 所示。

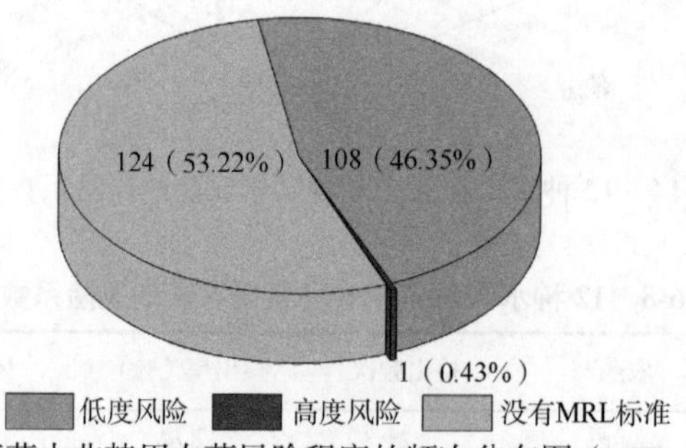

图 16-15　水果蔬菜中非禁用农药风险程度的频次分布图（MRL 中国国家标准）

本次分析中，发现在 17 种水果蔬菜侦测出 73 种残留非禁用农药，涉及样本 233 个，在 233 个样本中，0.43%处于高度风险，46.35%处于低度风险，此外发现有 124 个样本没有 MRL 中国国家标准标准值，无法判断其风险程度，有 MRL 中国国家标准值的 109 个样本涉及 12 种水果蔬菜中的 41 种非禁用农药，其风险系数 R 值如图 16-16 所示。表 16-9 为非禁用农药残留处于高度风险的水果蔬菜列表。

表 16-9　单种水果蔬菜中处于高度风险的非禁用农药风险系数表（MRL 中国国家标准）

序号	基质	农药	超标频次	超标率 P（%）	风险系数 R
1	葡萄	苯醚甲环唑	1	8.33	9.43

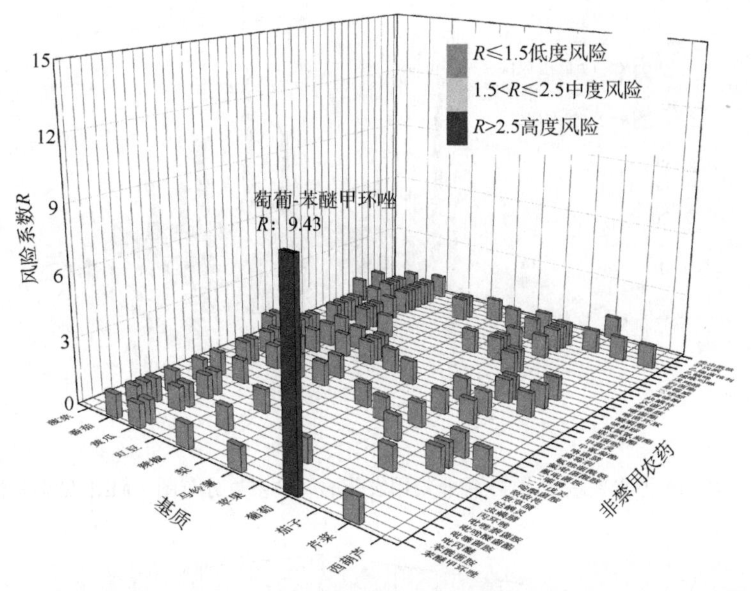

图 16-16　12 种水果蔬菜中 41 种非禁用农药的风险系数分布图（MRL 中国国家标准）

16.3.1.3　基于 MRL 欧盟标准的单种水果蔬菜中非禁用农药残留风险系数分析

参照 MRL 欧盟标准计算每种水果蔬菜中每种非禁用农药的超标率，进而计算其风险系数，根据风险系数大小判断农药残留的预警风险程度，水果蔬菜中非禁用农药残留风险程度分布情况如图 16-17 所示。

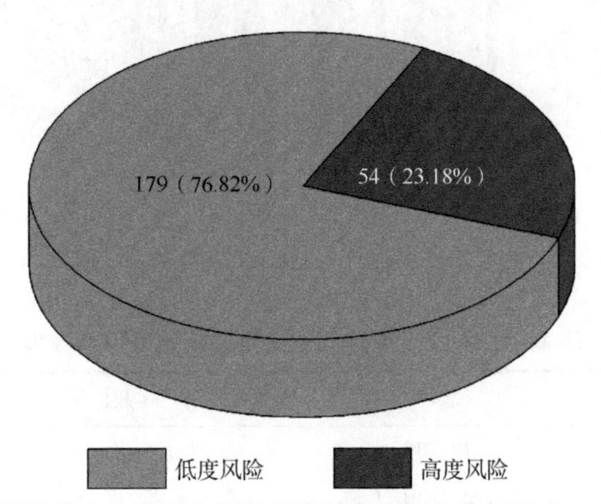

图 16-17　水果蔬菜中非禁用农药的风险程度的频次分布图（MRL 欧盟标准）

本次分析中，发现在 16 种水果蔬菜中共侦测出 73 种非禁用农药，涉及样本 233 个，其中，23.18%处于高度风险，涉及 14 种水果蔬菜和 36 种农药；76.82%处于低度风险，涉及 16 种水果蔬菜和 62 种农药。单种水果蔬菜中的非禁用农药风险系数分布图如图 16-18 所示。单种水果蔬菜中处于高度风险的非禁用农药风险系数如图 16-19 和表 16-10 所示。

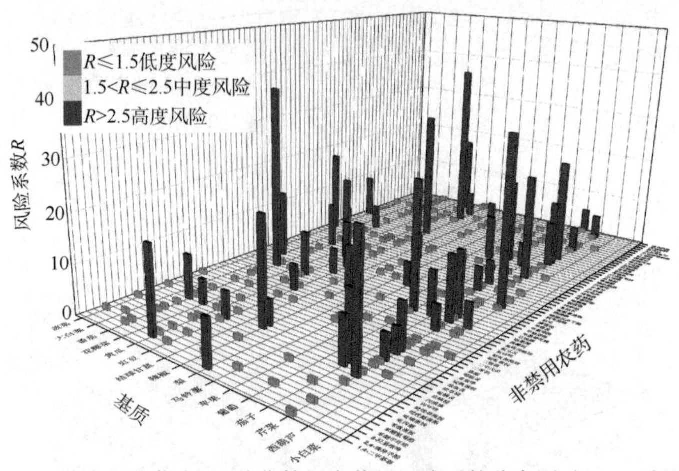

图 16-18 16 种水果蔬菜中 73 种非禁用农药的风险系数分布图（MRL 欧盟标准）

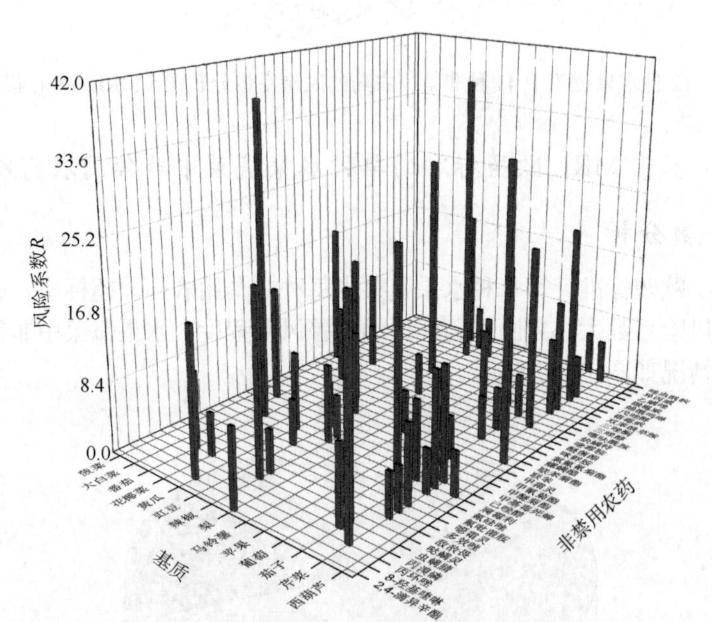

图 16-19 单种水果蔬菜中处于高度风险的非禁用农药的风险系数分布图（MRL 欧盟标准）

表 16-10 单种水果蔬菜中处于高度风险的非禁用农药的风险系数表（MRL 欧盟标准）

序号	基质	农药	超标频次	超标率 P（%）	风险系数 R
1	番茄	腐霉利	9	37.50	38.60
2	豇豆	烯酰吗啉	8	36.36	37.46
3	西葫芦	联苯	8	33.33	34.43
4	豇豆	三唑醇	6	27.2	28.37
5	芹菜	丙环唑	6	25.00	26.10
6	葡萄	腐霉利	3	25.00	26.10
7	芹菜	嘧霉胺	5	20.83	21.93

续表

序号	基质	农药	超标频次	超标率 P（%）	风险系数 R
8	芹菜	霜霉威	5	20.83	21.93
9	辣椒	虫螨腈	5	20.83	21.93
10	菠菜	嘧霉胺	2	16.67	17.77
11	葡萄	噻呋酰胺	2	16.67	17.77
12	黄瓜	8-羟基喹啉	2	16.67	17.77
13	黄瓜	异丙威	2	16.67	17.77
14	黄瓜	联苯菊酯	2	16.67	17.77
15	大白菜	甲醚菊酯	3	13.04	14.14
16	芹菜	三唑酮	3	12.50	13.60
17	芹菜	己唑醇	3	12.50	13.60
18	芹菜	腐霉利	3	12.50	13.60
19	茄子	虫螨腈	3	12.50	13.60
20	豇豆	甲霜灵	2	9.09	10.19
21	梨	2,4-滴异辛酯	1	8.33	9.43
22	番茄	氯氟氰菊酯	2	8.33	9.43
23	番茄	虫螨腈	2	8.33	9.43
24	芹菜	三唑醇	2	8.33	9.43
25	芹菜	噁霜灵	2	8.33	9.43
26	苹果	炔螨特	1	8.33	9.43
27	茄子	丙溴磷	2	8.33	9.43
28	茄子	腐霉利	2	8.33	9.43
29	菠菜	双苯酰草胺	1	8.33	9.43
30	辣椒	腐霉利	2	8.33	9.43
31	黄瓜	腐霉利	1	8.33	9.43
32	豇豆	丙溴磷	1	4.55	5.65
33	豇豆	乙螨唑	1	4.55	5.65
34	豇豆	氟吡菌胺	1	4.55	5.65
35	豇豆	甲基毒死蜱	1	4.55	5.65
36	大白菜	嘧霉胺	1	4.35	5.45
37	番茄	炔螨特	1	4.17	5.27
38	花椰菜	虫螨腈	1	4.17	5.27
39	芹菜	多效唑	1	4.17	5.27

续表

序号	基质	农药	超标频次	超标率 P（%）	风险系数 R
40	芹菜	异丙威	1	4.17	5.27
41	芹菜	戊唑醇	1	4.17	5.27
42	芹菜	敌敌畏	1	4.17	5.27
43	芹菜	氟硅唑	1	4.17	5.27
44	茄子	咪鲜胺	1	4.17	5.27
45	茄子	唑虫酰胺	1	4.17	5.27
46	茄子	炔螨特	1	4.17	5.27
47	茄子	甲氰菊酯	1	4.17	5.27
48	茄子	螺螨酯	1	4.17	5.27
49	西葫芦	腐霉利	1	4.17	5.27
50	辣椒	哒螨灵	1	4.17	5.27
51	辣椒	己唑醇	1	4.17	5.27
52	辣椒	缬霉威	1	4.17	5.27
53	辣椒	醚菌酯	1	4.17	5.27
54	马铃薯	甲霜灵	1	4.17	5.27

16.3.2 所有水果蔬菜中农药残留风险系数分析

16.3.2.1 所有水果蔬菜中禁用农药残留风险系数分析

在侦测出的 79 种农药中有 6 种为禁用农药，计算所有水果蔬菜中禁用农药的风险系数，结果如表 16-11 所示。禁用农药毒死蜱处于高度风险。

表 16-11 水果蔬菜中 6 种禁用农药的风险系数表

序号	农药	检出频次	检出率 P（%）	风险系数 R	风险程度
1	毒死蜱	31	10.33	11.43	高度风险
2	八氯二丙醚	2	0.67	1.77	中度风险
3	滴滴涕	2	0.67	1.77	中度风险
4	克百威	1	0.33	1.43	低度风险
5	治螟磷	1	0.33	1.43	低度风险
6	甲拌磷	1	0.33	1.43	低度风险

对每个月内的禁用农药的风险系数进行分析，结果如图 16-20 和表 16-12 所示。

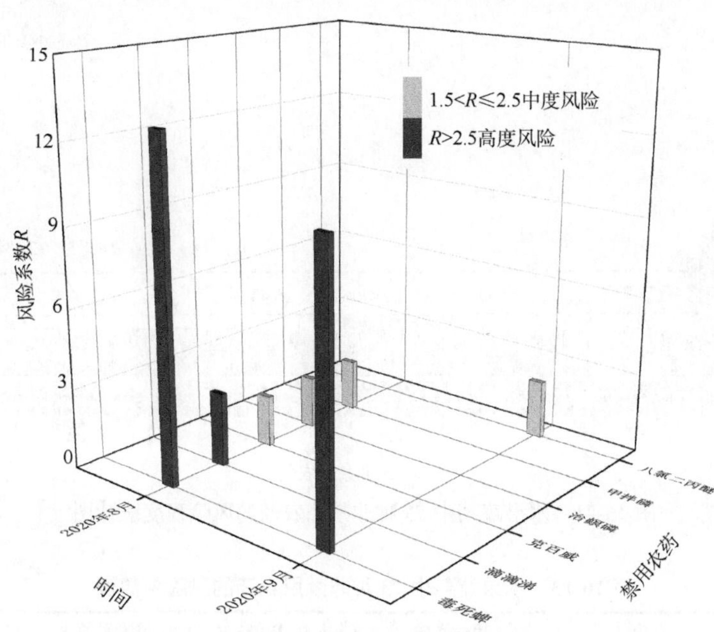

图 16-20　各月份内水果蔬菜中禁用农药残留的风险系数分布图

表 16-12　各月份内水果蔬菜中禁用农药的风险系数表

序号	年月	农药	检出频次	检出率 P（%）	风险系数 R	风险程度
1	2020 年 8 月	毒死蜱	14	11.67	12.77	高度风险
2	2020 年 8 月	滴滴涕	2	1.67	2.77	高度风险
3	2020 年 8 月	克百威	1	0.83	1.93	中度风险
4	2020 年 8 月	治螟磷	1	0.83	1.93	中度风险
5	2020 年 8 月	甲拌磷	1	0.83	1.93	中度风险
6	2020 年 9 月	毒死蜱	17	9.44	10.54	高度风险
7	2020 年 9 月	八氯二丙醚	2	1.11	2.21	中度风险

16.3.2.2　所有水果蔬菜中非禁用农药残留风险系数分析

参照 MRL 欧盟标准计算所有水果蔬菜中每种非禁用农药残留的风险系数，如图 16-21 与表 16-13 所示。在侦测出的 73 种非禁用农药中，8 种农药（10.96%）残留处于高度风险，12 种农药（16.44%）残留处于中度风险，53 种农药（72.6%）残留处于低度风险。

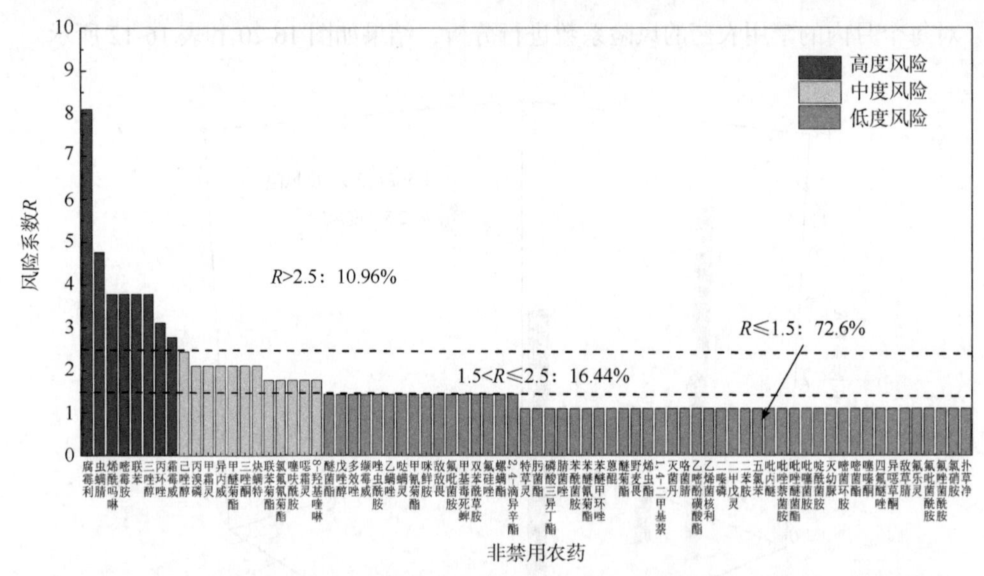

图 16-21　水果蔬菜中 73 种非禁用农药的风险程度统计图

表 16-13　水果蔬菜中 73 种非禁用农药的风险系数表

序号	农药	超标频次	超标率 P（%）	风险系数 R	风险程度
1	腐霉利	21	7.00	8.10	高度风险
2	虫螨腈	11	3.67	4.77	高度风险
3	烯酰吗啉	8	2.67	3.77	高度风险
4	嘧霉胺	8	2.67	3.77	高度风险
5	联苯	8	2.67	3.77	高度风险
6	三唑醇	8	2.67	3.77	高度风险
7	丙环唑	6	2.00	3.10	高度风险
8	霜霉威	5	1.67	2.77	高度风险
9	己唑醇	4	1.33	2.43	中度风险
10	丙溴磷	3	1.00	2.10	中度风险
11	甲霜灵	3	1.00	2.10	中度风险
12	异丙威	3	1.00	2.10	中度风险
13	甲醚菊酯	3	1.00	2.10	中度风险
14	三唑酮	3	1.00	2.10	中度风险
15	炔螨特	3	1.00	2.10	中度风险
16	联苯菊酯	2	0.67	1.77	中度风险
17	氯氟氰菊酯	2	0.67	1.77	中度风险
18	噻呋酰胺	2	0.67	1.77	中度风险
19	噁霜灵	2	0.67	1.77	中度风险
20	8-羟基喹啉	2	0.67	1.77	中度风险
21	醚菌酯	1	0.33	1.43	低度风险
22	戊唑醇	1	0.33	1.43	低度风险

续表

序号	农药	超标频次	超标率 P（%）	风险系数 R	风险程度
23	多效唑	1	0.33	1.43	低度风险
24	缬霉威	1	0.33	1.43	低度风险
25	唑虫酰胺	1	0.33	1.43	低度风险
26	乙螨唑	1	0.33	1.43	低度风险
27	哒螨灵	1	0.33	1.43	低度风险
28	甲氰菊酯	1	0.33	1.43	低度风险
29	咪鲜胺	1	0.33	1.43	低度风险
30	敌敌畏	1	0.33	1.43	低度风险
31	氟吡菌胺	1	0.33	1.43	低度风险
32	甲基毒死蜱	1	0.33	1.43	低度风险
33	双苯酰草胺	1	0.33	1.43	低度风险
34	氟硅唑	1	0.33	1.43	低度风险
35	螺螨酯	1	0.33	1.43	低度风险
36	2,4-滴异辛酯	1	0.33	1.43	低度风险
37	特草灵	0	0.00	1.10	低度风险
38	肟菌酯	0	0.00	1.10	低度风险
39	磷酸三异丁酯	0	0.00	1.10	低度风险
40	腈菌唑	0	0.00	1.10	低度风险
41	苯酰菌胺	0	0.00	1.10	低度风险
42	苯醚氰菊酯	0	0.00	1.10	低度风险
43	苯醚甲环唑	0	0.00	1.10	低度风险
44	蒽醌	0	0.00	1.10	低度风险
45	醚菊酯	0	0.00	1.10	低度风险
46	野麦畏	0	0.00	1.10	低度风险
47	烯虫酯	0	0.00	1.10	低度风险
48	1,4-二甲基萘	0	0.00	1.10	低度风险
49	灭菌丹	0	0.00	1.10	低度风险
50	咯菌腈	0	0.00	1.10	低度风险
51	乙嘧酚磺酸酯	0	0.00	1.10	低度风险
52	乙烯菌核利	0	0.00	1.10	低度风险
53	二嗪磷	0	0.00	1.10	低度风险
54	二甲戊灵	0	0.00	1.10	低度风险
55	二苯胺	0	0.00	1.10	低度风险
56	五氯苯	0	0.00	1.10	低度风险
57	吡丙醚	0	0.00	1.10	低度风险
58	吡唑萘菌胺	0	0.00	1.10	低度风险
59	吡唑醚菌酯	0	0.00	1.10	低度风险

续表

序号	农药	超标频次	超标率 P（%）	风险系数 R	风险程度
60	吡噻菌胺	0	0.00	1.10	低度风险
61	啶酰菌胺	0	0.00	1.10	低度风险
62	灭幼脲	0	0.00	1.10	低度风险
63	嘧菌环胺	0	0.00	1.10	低度风险
64	嘧菌酯	0	0.00	1.10	低度风险
65	噻嗪酮	0	0.00	1.10	低度风险
66	四氟醚唑	0	0.00	1.10	低度风险
67	异噁草酮	0	0.00	1.10	低度风险
68	敌草腈	0	0.00	1.10	低度风险
69	氟乐灵	0	0.00	1.10	低度风险
70	氟吡菌酰胺	0	0.00	1.10	低度风险
71	氟唑菌酰胺	0	0.00	1.10	低度风险
72	氯硝胺	0	0.00	1.10	低度风险
73	扑草净	0	0.00	1.10	低度风险

对每个月份内的非禁用农药的风险系数分析，每月内非禁用农药风险程度分布图如图 16-22 所示。这 2 个月份内处于高度风险的农药数排序为 2020 年 8 月（11）>2020 年 9 月（7）。

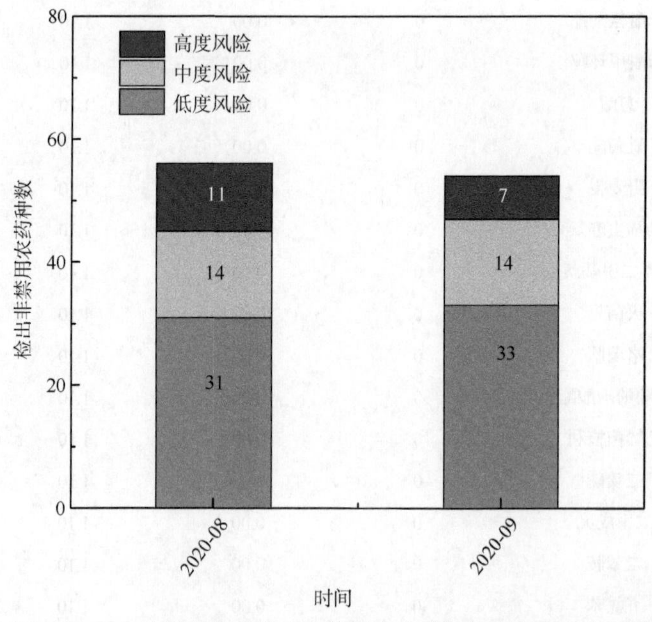

图 16-22　各月份水果蔬菜中非禁用农药残留的风险程度分布图

2 个月份内水果蔬菜中非禁用农药处于中度风险和高度风险的风险系数如图 16-23 和表 16-14 所示。

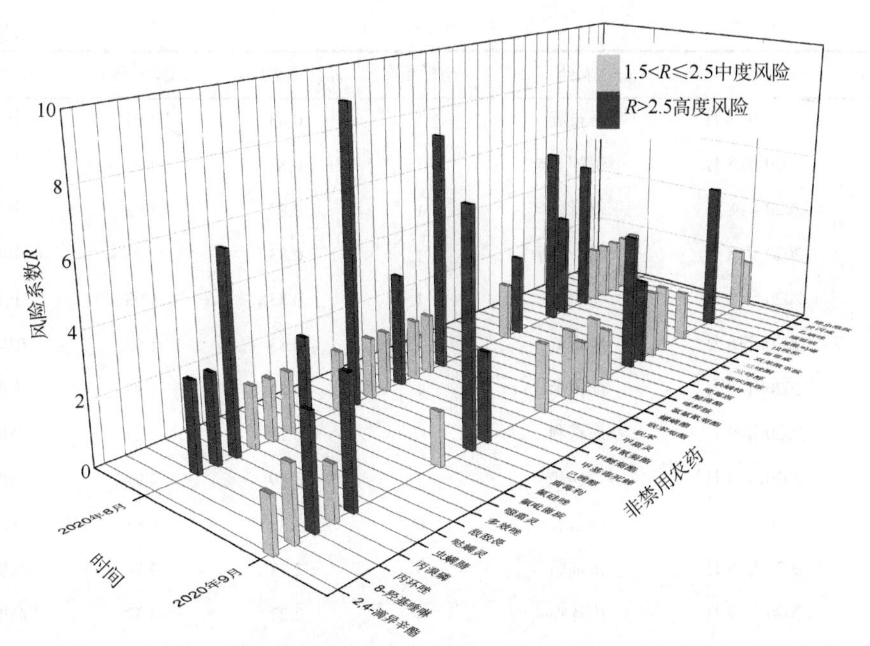

图 16-23　各月份水果蔬菜中非禁用农药处于中度风险和高度风险的风险系数分布图

表 16-14　各月份水果蔬菜中非禁用农药处于中度风险和高度风险的风险系数表

序号	年月	农药	超标频次	超标率 P（%）	风险系数 R	风险程度
1	2020 年 8 月	腐霉利	10	8.33	9.43	高度风险
2	2020 年 8 月	联苯	8	6.67	7.77	高度风险
3	2020 年 8 月	三唑醇	6	5.00	6.10	高度风险
4	2020 年 8 月	虫螨腈	6	5.00	6.10	高度风险
5	2020 年 8 月	霜霉威	5	4.17	5.27	高度风险
6	2020 年 8 月	三唑酮	3	2.50	3.60	高度风险
7	2020 年 8 月	甲醚菊酯	3	2.50	3.60	高度风险
8	2020 年 8 月	丙溴磷	2	1.67	2.77	高度风险
9	2020 年 8 月	丙环唑	2	1.67	2.77	高度风险
10	2020 年 8 月	嘧霉胺	2	1.67	2.77	高度风险
11	2020 年 8 月	噁霜灵	2	1.67	2.77	高度风险
12	2020 年 8 月	乙螨唑	1	0.83	1.93	中度风险
13	2020 年 8 月	哒螨灵	1	0.83	1.93	中度风险
14	2020 年 8 月	多效唑	1	0.83	1.93	中度风险
15	2020 年 8 月	己唑醇	1	0.83	1.93	中度风险
16	2020 年 8 月	异丙威	1	0.83	1.93	中度风险
17	2020 年 8 月	戊唑醇	1	0.83	1.93	中度风险
18	2020 年 8 月	敌敌畏	1	0.83	1.93	中度风险

续表

序号	年月	农药	超标频次	超标率 P（%）	风险系数 R	风险程度
19	2020 年 8 月	氟硅唑	1	0.83	1.93	中度风险
20	2020 年 8 月	烯酰吗啉	1	0.83	1.93	中度风险
21	2020 年 8 月	甲基毒死蜱	1	0.83	1.93	中度风险
22	2020 年 8 月	甲氰菊酯	1	0.83	1.93	中度风险
23	2020 年 8 月	甲霜灵	1	0.83	1.93	中度风险
24	2020 年 8 月	缬霉威	1	0.83	1.93	中度风险
25	2020 年 8 月	醚菌酯	1	0.83	1.93	中度风险
26	2020 年 9 月	腐霉利	11	6.11	7.21	高度风险
27	2020 年 9 月	烯酰吗啉	7	3.89	4.99	高度风险
28	2020 年 9 月	嘧霉胺	6	3.33	4.43	高度风险
29	2020 年 9 月	虫螨腈	5	2.78	3.88	高度风险
30	2020 年 9 月	丙环唑	4	2.22	3.32	高度风险
31	2020 年 9 月	己唑醇	3	1.67	2.77	高度风险
32	2020 年 9 月	炔螨特	3	1.67	2.77	高度风险
33	2020 年 9 月	8-羟基喹啉	2	1.11	2.21	中度风险
34	2020 年 9 月	三唑醇	2	1.11	2.21	中度风险
35	2020 年 9 月	噻呋酰胺	2	1.11	2.21	中度风险
36	2020 年 9 月	异丙威	2	1.11	2.21	中度风险
37	2020 年 9 月	氯氟氰菊酯	2	1.11	2.21	中度风险
38	2020 年 9 月	甲霜灵	2	1.11	2.21	中度风险
39	2020 年 9 月	联苯菊酯	2	1.11	2.21	中度风险
40	2020 年 9 月	2,4-滴异辛酯	1	0.56	1.66	中度风险
41	2020 年 9 月	丙溴磷	1	0.56	1.66	中度风险
42	2020 年 9 月	双苯酰草胺	1	0.56	1.66	中度风险
43	2020 年 9 月	咪鲜胺	1	0.56	1.66	中度风险
44	2020 年 9 月	唑虫酰胺	1	0.56	1.66	中度风险
45	2020 年 9 月	氟吡菌胺	1	0.56	1.66	中度风险
46	2020 年 9 月	螺螨酯	1	0.56	1.66	中度风险

16.4 农药残留风险评估结论与建议

农药残留是影响水果蔬菜安全和质量的主要因素，也是我国食品安全领域备受关注的敏感话题和亟待解决的重大问题之一。各种水果蔬菜均存在不同程度的农药残留现象，本研究主要针对青海省各类水果蔬菜存在的农药残留问题，基于 2020 年 8 月至 2020 年 9 月期间对青海省 300 例水果蔬菜样品中农药残留侦测得出的 735 个侦测结果，分别采用食品安全指数模型和风险系数模型，开展水果蔬菜中农药残留的膳食暴露风险和预警风险评估。水果蔬菜样品取自超市和农贸市场，符合大众的膳食来源，风险评价时更具有代表性和可信度。

本研究力求通用简单地反映食品安全中的主要问题，且为管理部门和大众容易接受，为政府及相关管理机构建立科学的食品安全信息发布和预警体系提供科学的规律与方法，加强对农药残留的预警和食品安全重大事件的预防，控制食品风险。

16.4.1　青海省水果蔬菜中农药残留膳食暴露风险评价结论

水果蔬菜样品中农药残留安全状态评价结论

采用食品安全指数模型，对 2020 年 8 月至 2020 年 9 月期间青海省水果蔬菜食品农药残留膳食暴露风险进行评价，根据 IFS_c 的计算结果发现，水果蔬菜中农药的$\overline{IFS}$为 0.0149，说明青海省水果蔬菜总体处于很好的安全状态，但部分禁用农药、高残留农药在蔬菜、水果中仍有侦测出，导致膳食暴露风险的存在，成为不安全因素。

16.4.2　青海省水果蔬菜中农药残留预警风险评价结论

1）单种水果蔬菜中禁用农药残留的预警风险评价结论

本次侦测过程中，在 12 种水果蔬菜中侦测超出 6 种禁用农药，禁用农药为：八氯二丙醚、滴滴涕、毒死蜱、甲拌磷、克百威和治螟磷，水果蔬菜为：菜豆、番茄、花椰菜、豇豆、结球甘蓝、辣椒、梨、苹果、葡萄、茄子、芹菜和西葫芦，水果蔬菜中禁用农药的风险系数分析结果显示，6 种禁用农药在 12 种水果蔬菜中的残留均处于高度风险，说明在单种水果蔬菜中禁用农药的残留会导致较高的预警风险。

2）单种水果蔬菜中非禁用农药残留的预警风险评价结论

以 MRL 中国国家标准为标准，计算水果蔬菜中非禁用农药风险系数情况下，233 个样本中，1 个处于高度风险（0.43%），108 个处于低度风险（46.35%），124 个样本没有 MRL 中国国家标准（53.22%）。以 MRL 欧盟标准为标准，计算水果蔬菜中非禁用农药风险系数情况下，发现有 54 个处于高度风险（23.18%），179 个处于低度风险（76.82%）。基于两种 MRL 标准，评价的结果差异显著，可以看出 MRL 欧盟标准比中国国家标准更加严格和完善，过于宽松的 MRL 中国国家标准值能否有效保障人体的健康有待研究。

16.4.3　加强青海省水果蔬菜食品安全建议

我国食品安全风险评价体系仍不够健全，相关制度不够完善，多年来，由于农药用药次数多、用药量大或用药间隔时间短，产品残留量大，农药残留所造成的食品安全问题日益严峻，给人体健康带来了直接或间接的危害。据估计，美国与农药有关的癌症患者数约占全国癌症患者总数的 50%，中国更高。同样，农药对其它生物也会形成直接杀伤和慢性危害，植物中的农药可经过食物链逐级传递并不断蓄积，对人和动物构成潜在威胁，并影响生态系统。

基于本次农药残留侦测数据的风险评价结果，提出以下几点建议：

1）加快食品安全标准制定步伐

我国食品标准中对农药每日允许最大摄入量 ADI 的数据严重缺乏，在本次青海省水果蔬菜农药残留评价所涉及的 79 种农药中，仅有 86.08%的农药具有 ADI 值，而 13.92%的农药中国尚未规定相应的 ADI 值，亟待完善。

我国食品中农药最大残留限量值的规定严重缺乏，对评估涉及的不同水果蔬菜中不同农药 249 个 MRL 限值进行统计来看，我国仅制定出 84 个标准，标准完整率仅为 33.7%，欧盟的完整率达到 100%（表 16-15）。因此，中国更应加快 MRL 的制定步伐。

表 16-15　我国国家食品标准农药的 ADI、MRL 值与欧盟标准的数量差异

分类		中国 ADI	MRL 中国国家标准	MRL 欧盟标准
标准限值（个）	有	57	84	249
	无	7	165	0
总数（个）		64	249	249
无标准限值比例（%）		10.9	66.3	0

此外，MRL 中国国家标准限值普遍高于欧盟标准限值，这些标准中共有 54 个高于欧盟。过高的 MRL 值难以保障人体健康，建议继续加强对限值基准和标准的科学研究，将农产品中的危险性减少到尽可能低的水平。

2）加强农药的源头控制和分类监管

在青海省某些水果蔬菜中仍有禁用农药残留，利用 GC -Q-TOF/MS 技术侦测出 6 种禁用农药，检出频次为 38 次，残留禁用农药均存在较大的膳食暴露风险和预警风险。早已列入黑名单的禁用农药在我国并未真正退出，有些药物由于价格便宜、工艺简单，此类高毒农药一直生产和使用。建议在我国采取严格有效的控制措施，从源头控制禁用农药。

对于非禁用农药，在我国作为“田间地头”最典型单位的县级蔬果产地中，农药残留的侦测几乎缺失。建议根据农药的毒性，对高毒、剧毒、中毒农药实现分类管理，减少使用高毒和剧毒高残留农药，进行分类监管。

3）加强残留农药的生物修复及降解新技术

市售果蔬中残留农药的品种多、频次高、禁用农药多次检出这一现状，说明了我国的田间土壤和水体因农药长期、频繁、不合理的使用而遭到严重污染。为此，建议中国相关部门出台相关政策，鼓励高校及科研院所积极开展分子生物学、酶学等研究，加强土壤、水体中残留农药的生物修复及降解新技术研究，切实加大农药监管力度，以控制农药的面源污染问题。

综上所述，在本工作基础上，根据蔬菜残留危害，可进一步针对其成因提出和采取严格管理、大力推广无公害蔬菜种植与生产、健全食品安全控制技术体系、加强蔬菜食品质量侦测体系建设和积极推行蔬菜食品质量追溯制度等相应对策。建立和完善食品安全综合评价指数与风险监测预警系统，对食品安全进行实时、全面的监控与分析，为我国的食品安全科学监管与决策提供新的技术支持，可实现各类检验数据的信息化系统管理，降低食品安全事故的发生。

第17章　LC-Q-TOF/MS侦测宁夏回族自治区市售水果蔬菜农药残留报告

从宁夏回族自治区3个市区，随机采集了299例水果蔬菜样品，使用液相色谱-四极杆飞行时间质谱（LC-Q-TOF/MS）对842种农药化学污染物进行示范侦测（7种负离子模式ESI^-未涉及）。

17.1　样品种类、数量与来源

17.1.1　样品采集与检测

为了真实反映百姓餐桌上水果蔬菜中农药残留污染状况，本次所有检测样品均由检验人员于2020年8月期间，从宁夏回族自治区31个采样点，包括8个农贸市场、16个个体商户、7个超市，以随机购买方式采集，总计31批299例样品，从中检出农药80种，1075频次。采样及监测概况见表17-1，样品及采样点明细见表17-2和表17-3。

表17-1　农药残留监测总体概况

采样地区	宁夏回族自治区4个区县
采样点（超市+农贸市场+个体商户）	31
样本总数	299
检出农药品种/频次	80/1075
各采样点样本农药残留检出率范围	60.0%～100.0%

表17-2　样品分类及数量

样品分类	样品名称（数量）	数量小计
1. 蔬菜		299
1）芸薹属类蔬菜	结球甘蓝（20），花椰菜（30），紫甘蓝（9）	59
2）茄果类蔬菜	辣椒（30），茄子（30），番茄（30）	90
3）瓜类蔬菜	西葫芦（30）	30
4）根茎类和薯芋类蔬菜	马铃薯（30）	30
5）叶菜类蔬菜	芹菜（29），小白菜（7），小油菜（21），大白菜（1），娃娃菜（2）	60
6）豆类蔬菜	豇豆（14），菜豆（16）	30
合计	1. 蔬菜15种	299

表 17-3　宁夏回族自治区采样点信息

采样点序号	行政区域	采样点
个体商户（16）		
1	中卫市 沙坡头区	***果蔬店（沙坡头区南苑东路）
2	中卫市 沙坡头区	***菜店（沙坡头区中山街）
3	中卫市 沙坡头区	***果蔬店（沙坡头区宣和镇）
4	中卫市 沙坡头区	***早市（沙坡头区黄湾村）
5	中卫市 沙坡头区	***果蔬店（沙坡头区迎宾大道）
6	中卫市 沙坡头区	***菜店（沙坡头区中央东大道）
7	中卫市 沙坡头区	***菜店（沙坡头区）
8	吴忠市 利通区	***蔬菜店（利通区世纪大道）
9	吴忠市 利通区	***蔬菜店（利通区利通北街）
10	吴忠市 利通区	***蔬菜店（利通区双拥路）
11	吴忠市 利通区	***果蔬店（利通区明珠西路）
12	吴忠市 利通区	***果蔬店（利通区裕民西路）
13	吴忠市 利通区	***超市（利通区）
14	银川市 兴庆区	***果蔬店（兴庆区富宁街）
15	银川市 兴庆区	***果蔬店（兴庆区西桥巷）
16	银川市 金凤区	***超市（金凤区）
农贸市场（8）		
1	中卫市 沙坡头区	***市场
2	吴忠市 利通区	***市场
3	吴忠市 利通区	***市场
4	吴忠市 利通区	***市场
5	吴忠市 利通区	***市场
6	银川市 兴庆区	***直销店（利民街店）
7	银川市 金凤区	***直销店（紫檀水景店）
8	银川市 金凤区	***市场
超市（7）		
1	中卫市 沙坡头区	***超市（世和新天地店）
2	中卫市 沙坡头区	***超市（中卫店）
3	银川市 兴庆区	***超市（长城东路店）
4	银川市 金凤区	***超市（宝湖海悦店）
5	银川市 金凤区	***超市（蓝山名邸店）
6	银川市 金凤区	***超市（良田店）
7	银川市 金凤区	***超市（宝湖店）

17.1.2 检测结果

这次使用的检测方法是庞国芳院士团队最新研发的不需使用标准品对照，而以高分辨精确质量数（0.0001 *m/z*）为基准的 LC-Q-TOF/MS 检测技术，对于 299 例样品，每个样品均侦测了 842 种农药化学污染物的残留现状。通过本次侦测，在 299 例样品中共计检出农药化学污染物 80 种，检出 1075 频次。

17.1.2.1 各采样点样品检出情况

统计分析发现 31 个采样点中，被测样品的农药检出率范围为 60.0%～100.0%。其中，有 4 个采样点样品的检出率最高，达到了 100.0%，分别是：***菜店（沙坡头区中山街）、***市场、***果蔬店（兴庆区西桥巷）和***超市（金凤区）。***果蔬店（沙坡头区宣和镇）的检出率最低，为 60.0%，见图 17-1。

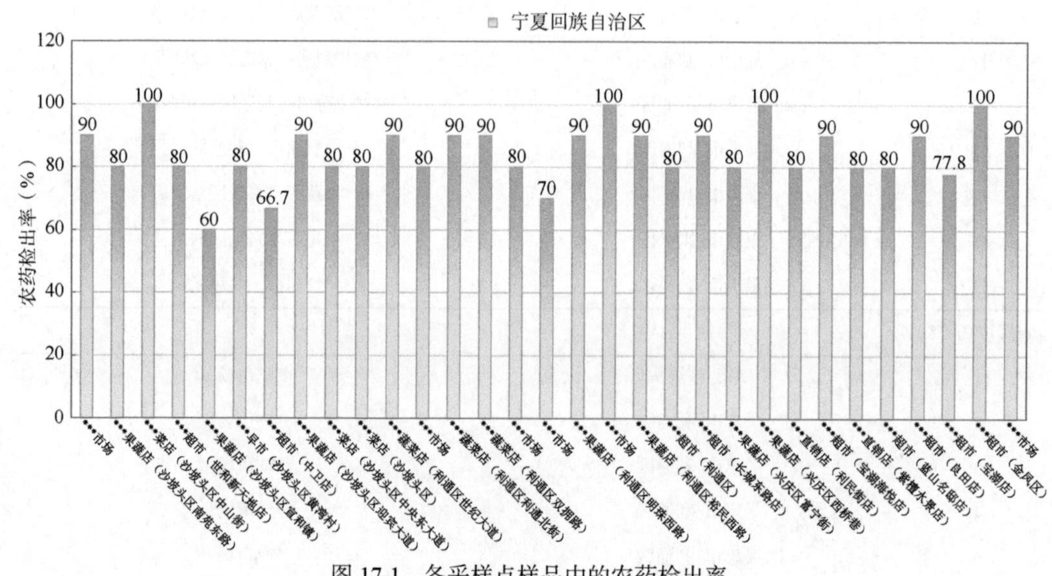

图 17-1　各采样点样品中的农药检出率

17.1.2.2 检出农药的品种总数与频次

统计分析发现，对于 299 例样品中 842 种农药化学污染物的侦测，共检出农药 1075 频次，涉及农药 80 种，结果如图 17-2 所示。其中啶虫脒检出频次最高，共检出 94 次。检出频次排名前 10 的农药如下：①啶虫脒（94），②烯酰吗啉（91），③苯醚甲环唑（72），④噻虫嗪（65），⑤吡虫啉（59），⑥吡唑醚菌酯（51），⑦噻虫胺（46），⑧嘧菌酯（40），⑨霜霉威（40），⑩戊唑醇（36）。

由图 17-3 可见，番茄、小油菜、菜豆和茄子这 4 种果蔬样品中检出的农药品种数较高，均超过 30 种，其中，番茄检出农药品种最多，为 39 种。由图 17-4 可见，番茄、小油菜、茄子和芹菜这 4 种果蔬样品中的农药检出频次较高，均超过 100 次，其中，番茄检出农药频次最高，为 258 次。

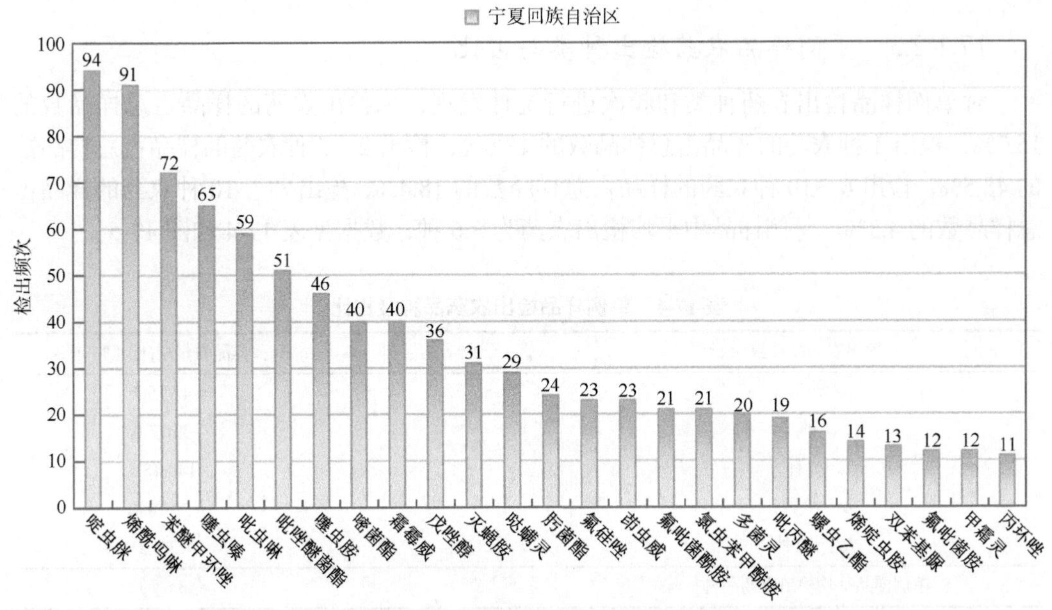

图 17-2 检出农药品种及频次（仅列出 11 频次及以上的数据）

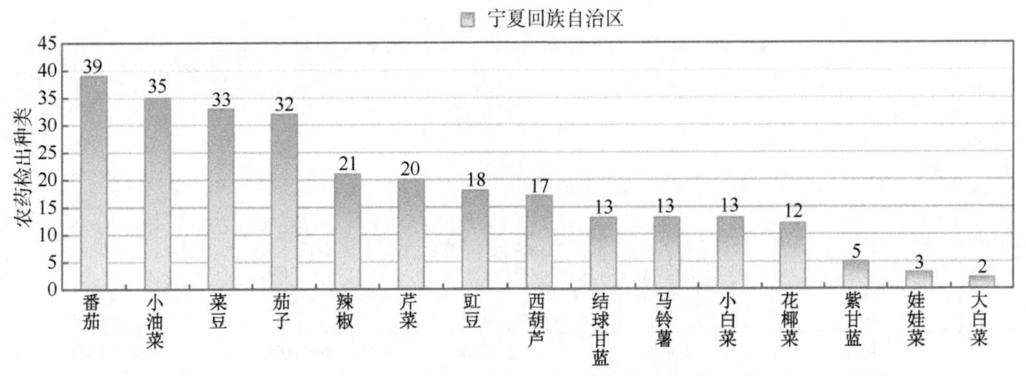

图 17-3 单种水果蔬菜检出农药的种类数（仅列出检出农药 2 种及以上的数据）

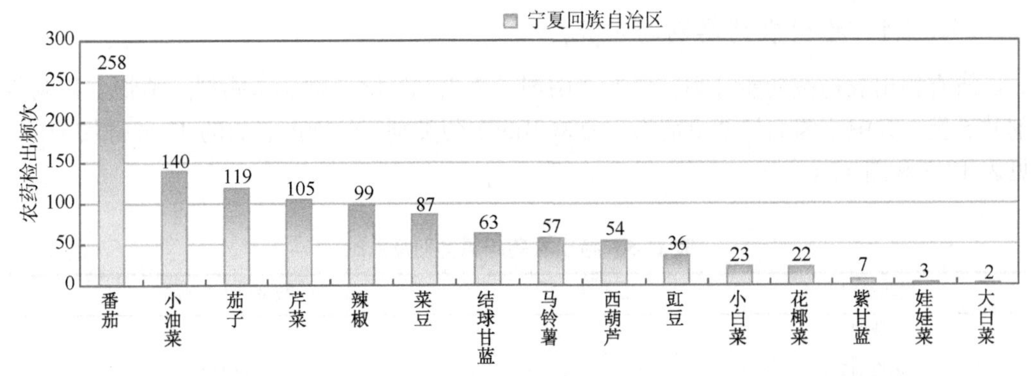

图 17-4 单种水果蔬菜检出农药频次（仅列出检出农药 2 频次及以上的数据）

17.1.2.3 单例样品农药检出种类与占比

对单例样品检出农药种类和频次进行统计发现，未检出农药的样品占总样品数的15.7%，检出1种农药的样品占总样品数的13.0%，检出2～5种农药的样品占总样品数的48.5%，检出6～10种农药的样品占总样品数的18.4%，检出大于10种农药的样品占总样品数的4.3%。每例样品中平均检出农药为3.6种，数据见表17-4和图17-5。

表17-4　单例样品检出农药品种及占比

检出农药品种数	样品数量/占比（%）
未检出	47/15.7
1种	39/13.0
2～5种	145/48.5
6～10种	55/18.4
大于10种	13/4.3
单例样品平均检出农药品种	3.6种

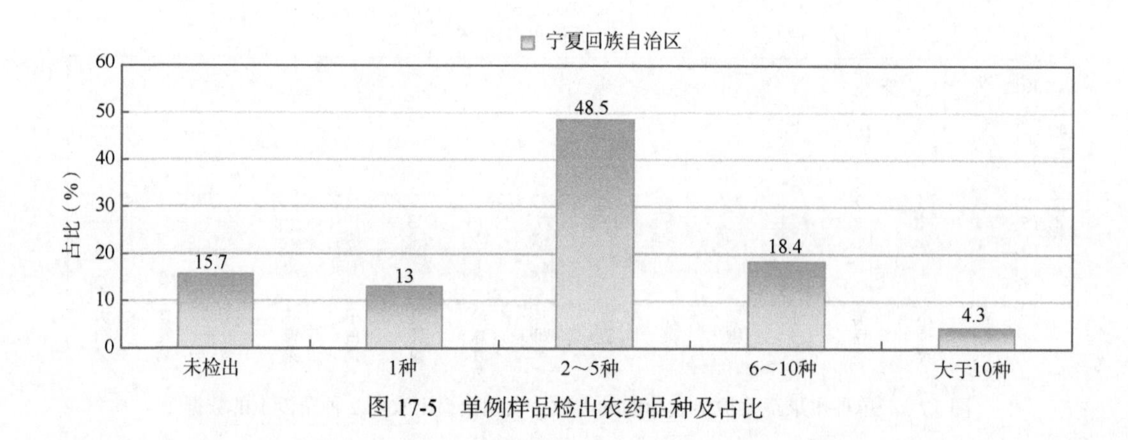

图17-5　单例样品检出农药品种及占比

17.1.2.4 检出农药类别与占比

所有检出农药按功能分类，包括杀菌剂、杀虫剂、除草剂、杀螨剂、植物生长调节剂共5类。其中杀菌剂与杀虫剂为主要检出的农药类别，分别占总数的47.5%和35.0%，见表17-5和图17-6。

表17-5　检出农药所属类别及占比

农药类别	数量/占比（%）
杀菌剂	38/47.5
杀虫剂	28/35.0
除草剂	6/7.5
杀螨剂	6/7.5
植物生长调节剂	2/2.5

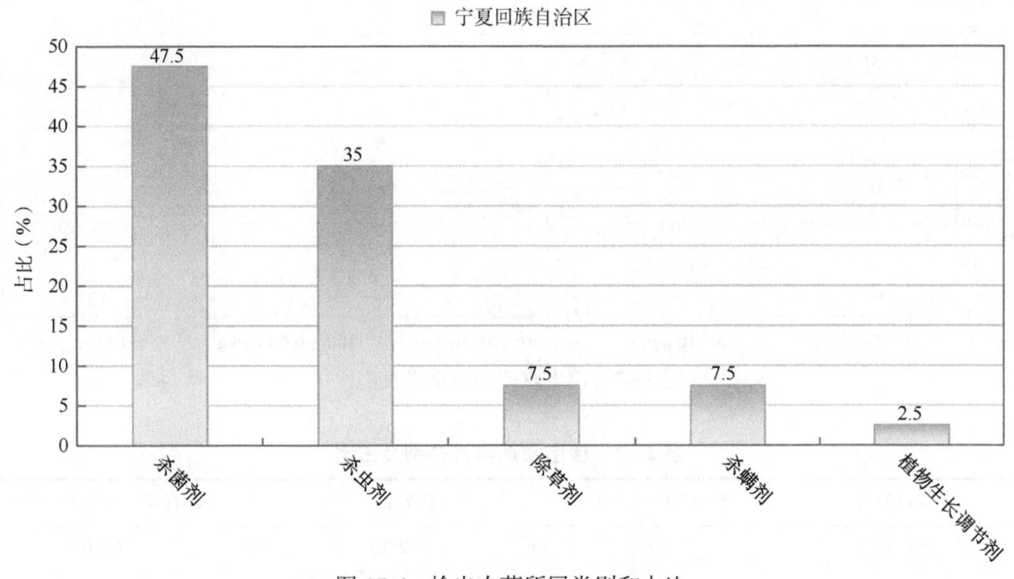

图 17-6 检出农药所属类别和占比

17.1.2.5 检出农药的残留水平

按检出农药残留水平进行统计，残留水平在 1～5 μg/kg（含）的农药占总数的 51.3%，在 5～10 μg/kg（含）的农药占总数的 16.8%，在 10～100 μg/kg（含）的农药占总数的 27.3%，在 100～1000 μg/kg（含）的农药占总数的 4.3%，在>1000 μg/kg 的农药占总数的 0.2%。

由此可见，这次检测的 31 批 299 例水果蔬菜样品中农药多数处于较低残留水平。结果见表 17-6 和图 17-7。

表 17-6 农药残留水平及占比

残留水平（μg/kg）	检出频次/占比（%）
1～5（含）	552/51.3
5～10（含）	181/16.8
10～100（含）	294/27.3
100～1000（含）	46/4.3
>1000	2/0.2

17.1.2.6 检出农药的毒性类别、检出频次和超标频次及占比

对这次检出的 80 种 1075 频次的农药，按剧毒、高毒、中毒、低毒和微毒这五个毒性类别进行分类，从中可以看出，宁夏回族自治区目前普遍使用的农药为中低微毒农药，品种占 95.0%，频次占 99.2%。结果见表 17-7 和图 17-8。

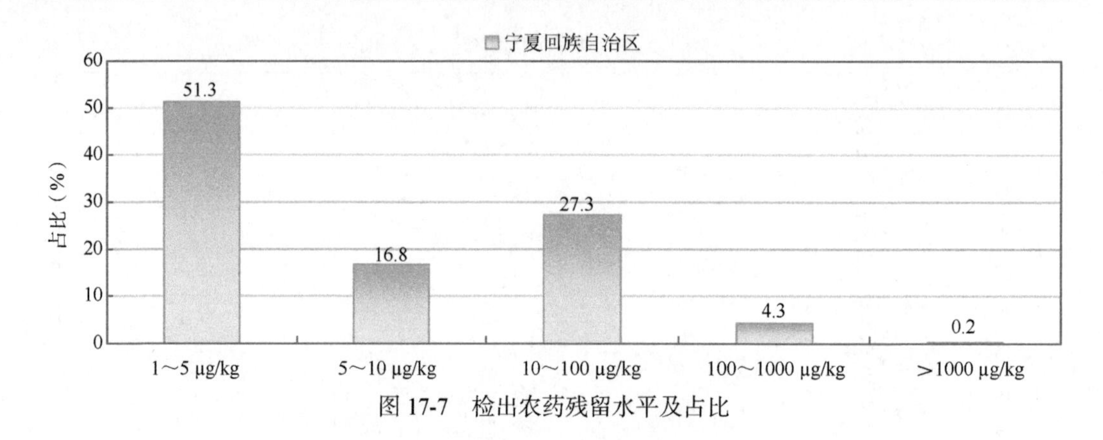

图 17-7　检出农药残留水平及占比

表 17-7　检出农药毒性类别及占比

毒性分类	农药品种/占比（%）	检出频次/占比（%）	超标频次/超标率（%）
剧毒农药	1/1.3	2/0.2	0/0.0
高毒农药	3/3.8	7/0.7	1/14.3
中毒农药	29/36.3	486/45.2	1/0.2
低毒农药	31/38.8	377/35.1	2/0.5
微毒农药	16/20.0	203/18.9	0/0.0

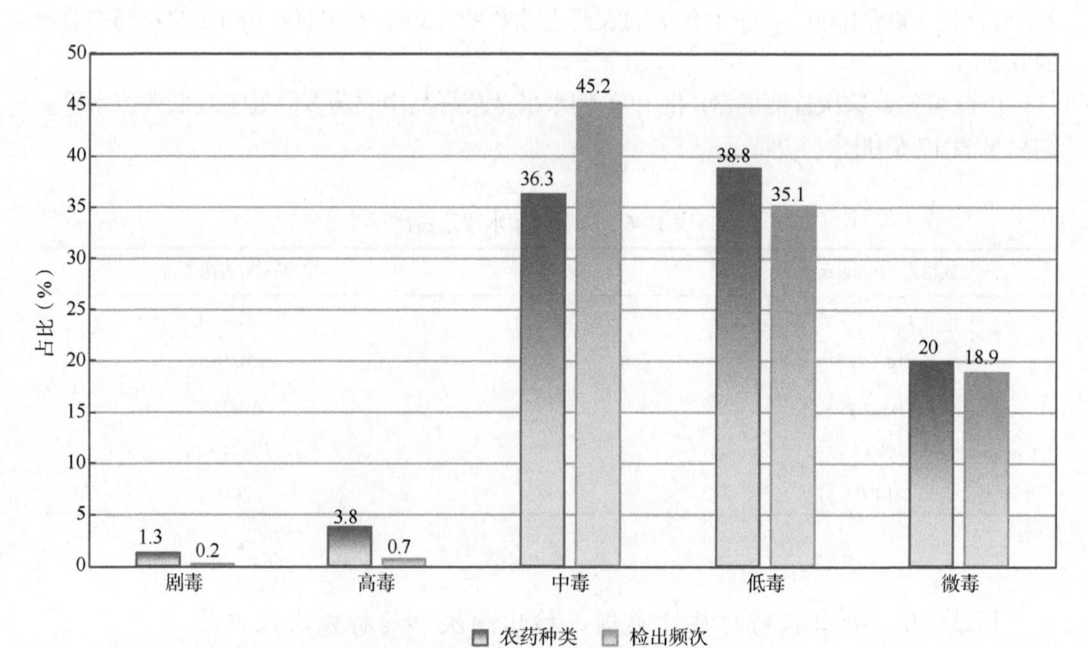

图 17-8　检出农药的毒性分类和占比

17.1.2.7　检出剧毒/高毒类农药的品种和频次

值得特别关注的是，在此次侦测的 299 例样品中有 6 种蔬菜的 9 例样品检出了 4 种

9 频次的剧毒和高毒农药，占样品总量的 3.0%，详见图 17-9、表 17-8 和表 17-9。

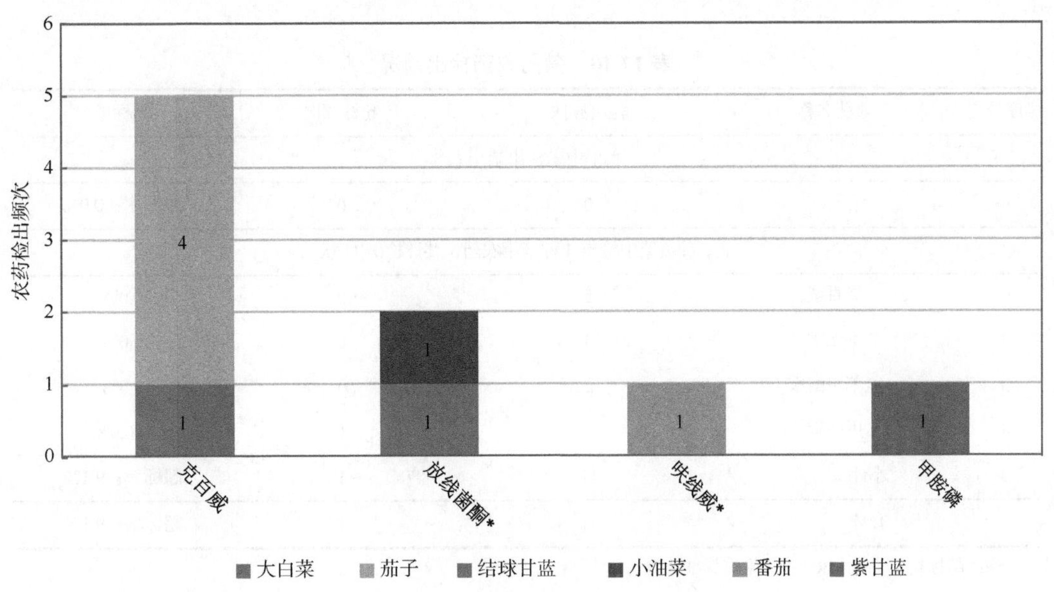

图 17-9　检出剧毒/高毒农药的样品情况

*表示允许在水果和蔬菜上使用的农药

表 17-8　剧毒农药检出情况

序号	农药名称	检出频次	超标频次	超标率
		水果中未检出剧毒农药		
	小计	0	0	超标率：0.0%
		从 2 种蔬菜中检出 1 种剧毒农药，共计检出 2 次		
1	放线菌酮*	2	0	0.0%
	小计	2	0	超标率：0.0%
	合计	2	0	超标率：0.0%

*表示剧毒农药

表 17-9　高毒农药检出情况

序号	农药名称	检出频次	超标频次	超标率
		水果中未检出高毒农药		
	小计	0	0	超标率：0.0%
		从 4 种蔬菜中检出 3 种高毒农药，共计检出 7 次		
1	克百威	5	0	0.0%
2	呋线威	1	0	0.0%
3	甲胺磷	1	1	100.0%
	小计	7	1	超标率：14.3%
	合计	7	1	超标率：14.3%

在检出的剧毒和高毒农药中，有 2 种是我国早已禁止在水果和蔬菜上使用的，分别是：克百威和甲胺磷。禁用农药的检出情况见表 17-10。

表 17-10　禁用农药检出情况

序号	农药名称	检出频次	超标频次	超标率
水果中未检出禁用农药				
	小计	0	0	超标率：0.0%
从 5 种蔬菜中检出 4 种禁用农药，共计检出 11 次				
1	克百威	5	0	0.0%
2	毒死蜱	3	0	0.0%
3	氟苯虫酰胺	2	0	0.0%
4	甲胺磷	1	1	100.0%
	小计	11	1	超标率：9.1%
	合计	11	1	超标率：9.1%

注：超标结果参考 MRL 中国国家标准计算

此次抽检的果蔬样品中，有 2 种蔬菜检出了剧毒农药，分别是：小油菜中检出放线菌酮 1 次；结球甘蓝中检出放线菌酮 1 次。

样品中检出剧毒和高毒农药残留水平超过 MRL 中国国家标准的频次为 1 次，其中：紫甘蓝检出甲胺磷超标 1 次。本次检出结果表明，高毒、剧毒农药的使用现象依旧存在。详见表 17-11。

表 17-11　各样本中检出剧毒/高毒农药情况

样品名称	农药名称	检出频次	超标频次	检出浓度（μg/kg）
水果 0 种				
	小计	0	0	超标率：0.0%
蔬菜 6 种				
大白菜	克百威▲	1	0	4.0
小油菜	放线菌酮*	1	0	32.1
番茄	呋线威	1	0	1.8
紫甘蓝	甲胺磷▲	1	1	220.3[a]
结球甘蓝	放线菌酮*	1	0	26.6
茄子	克百威▲	4	0	1.8，2.8，2.1，2.8
	小计	9	1	超标率：11.1%
	合计	9	1	超标率：11.1%

*表示剧毒农药；▲表示禁用农药；a 表示超标

17.2　农药残留检出水平与最大残留限量标准对比分析

我国于 2019 年 8 月 15 日正式颁布并于 2020 年 2 月 15 日正式实施食品农药残留限量国家标准《食品中农药最大残留限量》（GB 2763—2019），该标准包括 467 个农药条目，涉及最大残留限量（MRL）标准 7108 项。将 1075 频次检出结果的浓度水平与 7108 项 MRL 中国国家标准进行比对，其中有 685 频次的结果找到了对应的 MRL 标准，占 63.7%，还有 390 频次的侦测数据则无相关 MRL 标准供参考，占 36.3%。

将此次侦测结果与国际上现行 MRL 标准对比发现，在 1075 频次的检出结果中有 1075 频次的结果找到了对应的 MRL 欧盟标准，占 100.0%，其中，990 频次的结果有明确对应的 MRL 标准，占 92.1%，其余 85 频次按照欧盟一律标准判定，占 7.9%；有 1075 频次的结果找到了对应的 MRL 日本标准，占 100.0%，其中，832 频次的结果有明确对应的 MRL 标准，占 77.4%，其余 243 频次按照日本一律标准判定，占 22.6%；有 665 频次的结果找到了对应的 MRL 中国香港标准，占 61.9%；有 759 频次的结果找到了对应的 MRL 美国标准，占 70.6%；有 648 频次的结果找到了对应的 MRL CAC 标准，占 60.3%（图 17-10 和图 17-11）。

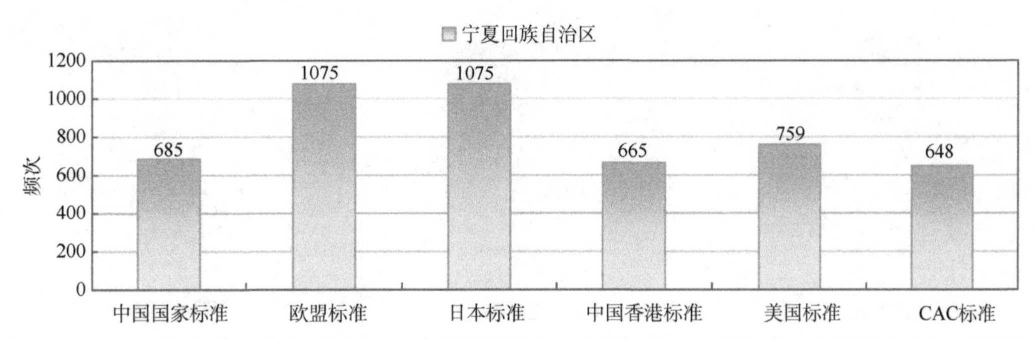

图 17-10　1075 频次检出农药可用 MRL 中国国家标准、欧盟标准、日本标准、中国香港标准、美国标准和 CAC 标准判定衡量的数量

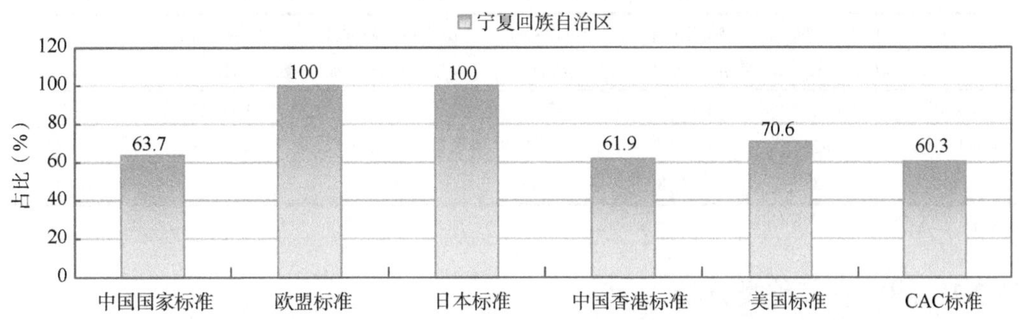

图 17-11　1075 频次检出农药可用 MRL 中国国家标准、欧盟标准、日本标准、中国香港标准、美国标准和 CAC 标准衡量的占比

17.2.1　超标农药样品分析

本次侦测的 299 例样品中，47 例样品未检出任何残留农药，占样品总量的 15.7%，252 例样品检出不同水平、不同种类的残留农药，占样品总量的 84.3%。在此，我们将本次侦测的农残检出情况与 MRL 中国国家标准、欧盟标准、日本标准、中国香港标准、美国标准和 CAC 标准这 6 大国际主流 MRL 标准进行对比分析，样品农残检出与超标情况见图 17-12、表 17-12 和图 17-13。

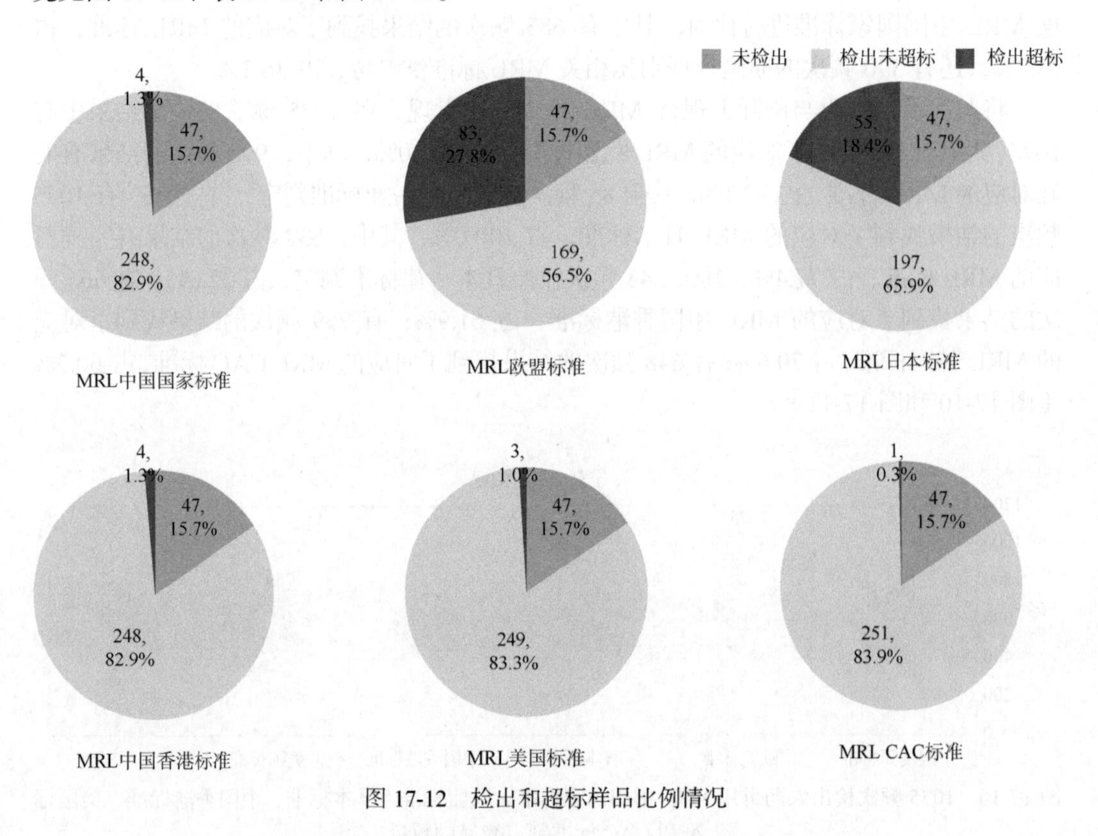

图 17-12　检出和超标样品比例情况

表 17-12　各 MRL 标准下样本农残检出与超标数量及占比

	中国国家标准	欧盟标准	日本标准	中国香港标准	美国标准	CAC 标准
	数量/占比（%）	数量/占比（%）	数量/占比（%）	数量/占比（%）	数量/占比（%）	数量/占比（%）
未检出	47/15.7	47/15.7	47/15.7	47/15.7	47/15.7	47/15.7
检出未超标	248/82.9	169/56.5	197/65.9	248/82.9	249/83.3	251/83.9
检出超标	4/1.3	83/27.8	55/18.4	4/1.3	3/1.0	1/0.3

17.2.2　超标农药种类分析

按照 MRL 中国国家标准、欧盟标准、日本标准、中国香港标准、美国标准和 CAC 标准这 6 大国际主流 MRL 标准衡量，本次侦测检出的农药超标品种及频次情况见表 17-13。

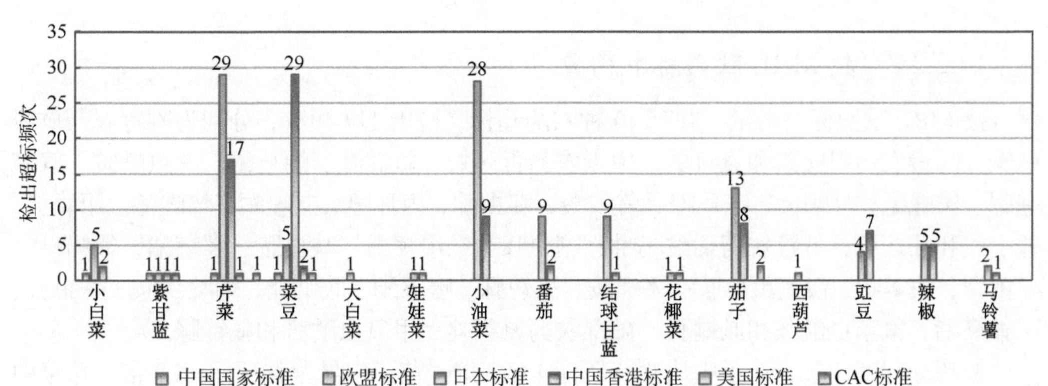

图 17-13 超过 MRL 中国国家标准、欧盟标准、日本标准、中国香港标准、美国标准和 CAC 标准结果在水果蔬菜中的分布

表 17-13 各 MRL 标准下超标农药品种及频次

	中国国家标准	欧盟标准	日本标准	中国香港标准	美国标准	CAC 标准
超标农药品种	3	40	40	3	2	1
超标农药频次	4	114	84	4	3	1

17.2.2.1 按 MRL 中国国家标准衡量

按 MRL 中国国家标准衡量，共有 3 种农药超标，检出 4 频次，分别为高毒农药甲胺磷，中毒农药茚虫威，低毒农药噻虫胺。

按超标程度比较，紫甘蓝中甲胺磷超标 3.4 倍，菜豆中噻虫胺超标 1.4 倍，芹菜中噻虫胺超标 70%，小白菜中茚虫威超标 3%。检测结果见图 17-14。

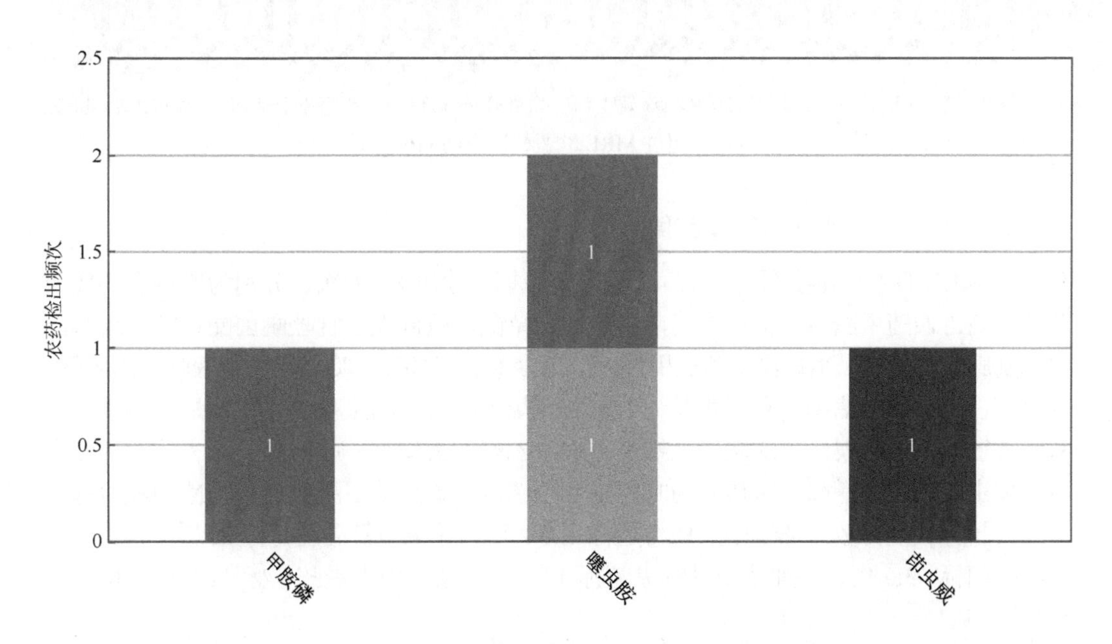

图 17-14 超过中国 MRL 农药品种及频次

17.2.2.2 按 MRL 欧盟标准衡量

按 MRL 欧盟标准衡量，共有 40 种农药超标，检出 114 频次，分别为剧毒农药放线菌酮，高毒农药甲胺磷和克百威，中毒农药毒死蜱、氟硅唑、烯草酮、唑虫酰胺、双苯基脲、霜脲氰、哒螨灵、三环唑、茵多酸、啶虫脒、丙环唑、三唑酮、烯唑醇、甲霜灵、仲丁威和嘧菌腙，低毒农药烯酰吗啉、噻虫嗪、二甲嘧酚、呋虫胺、螺螨酯、氟吗啉、异菌脲、炔螨特、溴氰虫酰胺、灭蝇胺、灭幼脲、噻嗪酮、胺鲜酯、烯啶虫胺、噻虫胺、丁氟螨酯、氟苯虫酰胺和虱螨脲，微毒农药氰霜唑、甲氧虫酰肼和氟铃脲。

按超标程度比较，茄子中炔螨特超标 128.2 倍，茄子中异菌脲超标 48.8 倍，芹菜中氟硅唑超标 22.7 倍，紫甘蓝中甲胺磷超标 21.0 倍，茄子中茵多酸超标 13.6 倍。检测结果见图 17-15。

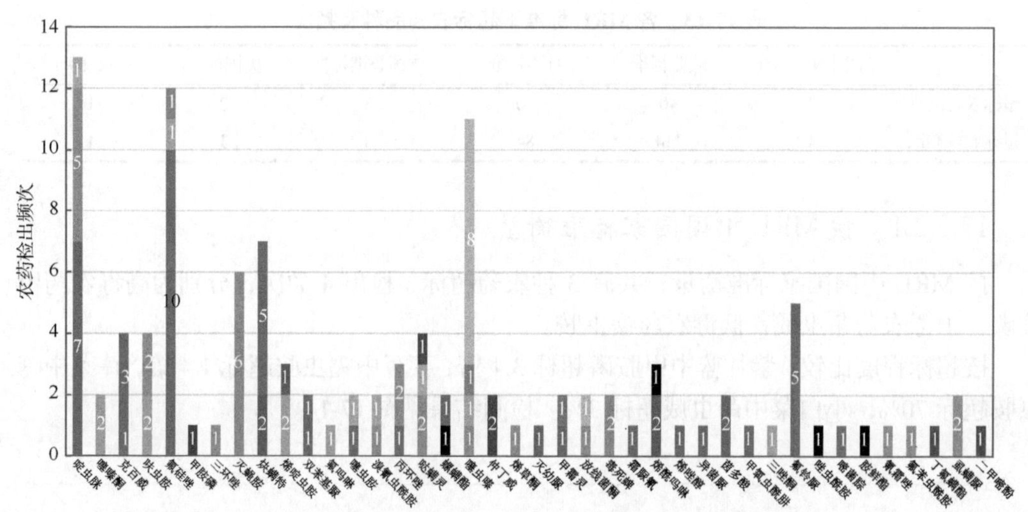

图 17-15　超过 MRL 欧盟标准农药品种及频次

17.2.2.3 按 MRL 日本标准衡量

按 MRL 日本标准衡量，共有 40 种农药超标，检出 84 频次，分别为剧毒农药放线菌酮，高毒农药甲胺磷，中毒农药茚虫威、烯草酮、氟硅唑、吡唑醚菌酯、唑虫酰胺、双苯基脲、吡虫啉、哒螨灵、苯醚甲环唑、茵多酸、三环唑、啶虫脒、腈菌唑、丙环唑、烯唑醇、仲丁威、嘧菌腙和甲霜灵，低毒农药烯酰吗啉、噻虫嗪、二甲嘧酚、螺螨酯、氟吗啉、炔螨特、溴氰虫酰胺、灭蝇胺、螺虫乙酯、灭幼脲、胺鲜酯、莠去津、烯啶虫胺、噻虫胺和丁氟螨酯，微毒农药吡丙醚、乙嘧酚、氯虫苯甲酰胺、霜霉威和氟铃脲。

按超标程度比较，茄子中炔螨特超标 128.2 倍，芹菜中氟硅唑超标 22.7 倍，茄子中茵多酸超标 13.6 倍，小油菜中哒螨灵超标 13.2 倍，菜豆中灭蝇胺超标 11.6 倍。检测结果见图 17-16。

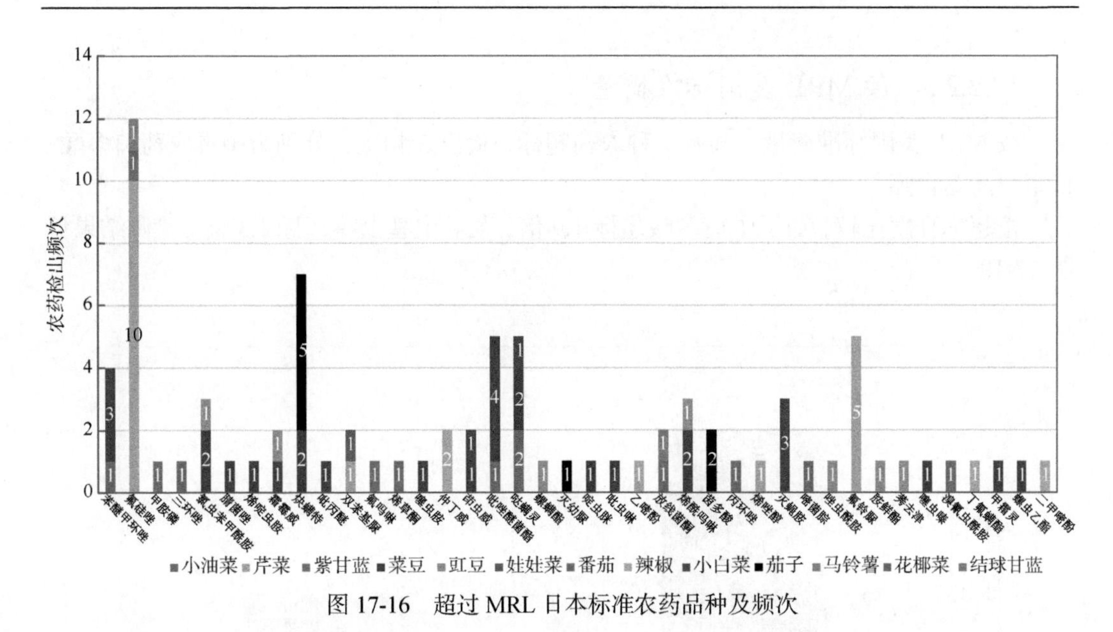

图 17-16　超过 MRL 日本标准农药品种及频次

17.2.2.4　按 MRL 中国香港标准衡量

按 MRL 中国香港标准衡量，共有 3 种农药超标，检出 4 频次，分别为高毒农药甲胺磷，低毒农药噻虫嗪和噻虫胺。

按超标程度比较，菜豆中噻虫嗪超标 3.6 倍，紫甘蓝中甲胺磷超标 3.4 倍，菜豆中噻虫胺超标 1.4 倍，芹菜中噻虫胺超标 70%。检测结果见图 17-17。

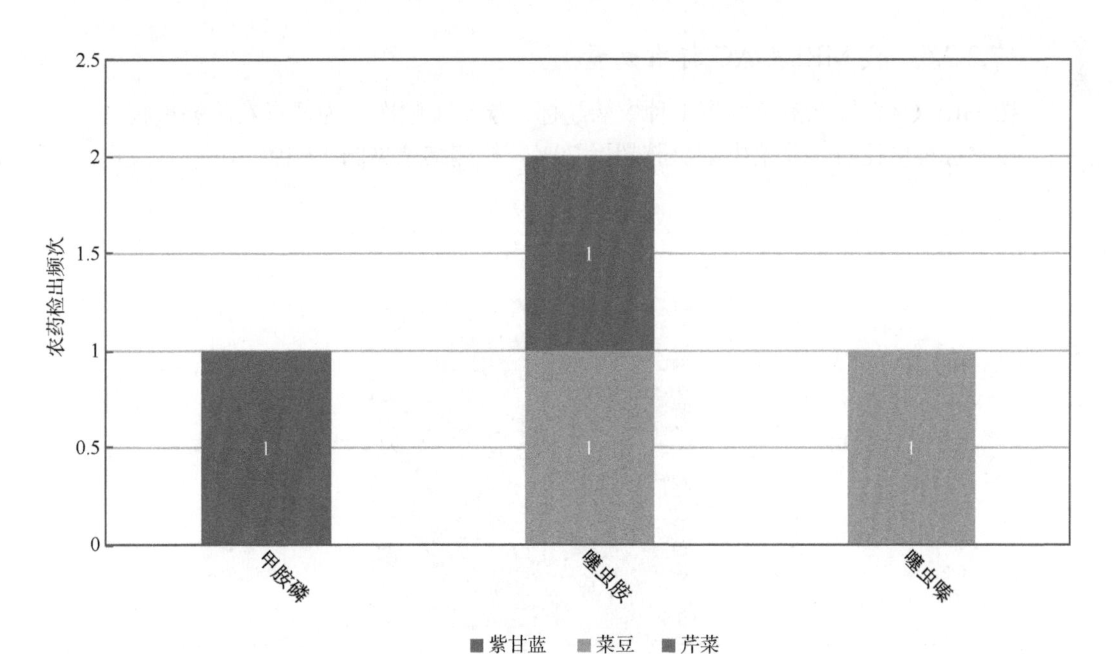

图 17-17　超过 MRL 中国香港标准农药品种及频次

17.2.2.5　按 MRL 美国标准衡量

按 MRL 美国标准衡量，共有 2 种农药超标，检出 3 频次，分别为中毒农药茵多酸，低毒农药噻虫嗪。

按超标程度比较，茄子中茵多酸超标 1.9 倍，菜豆中噻虫嗪超标 1.3 倍。检测结果见图 17-18。

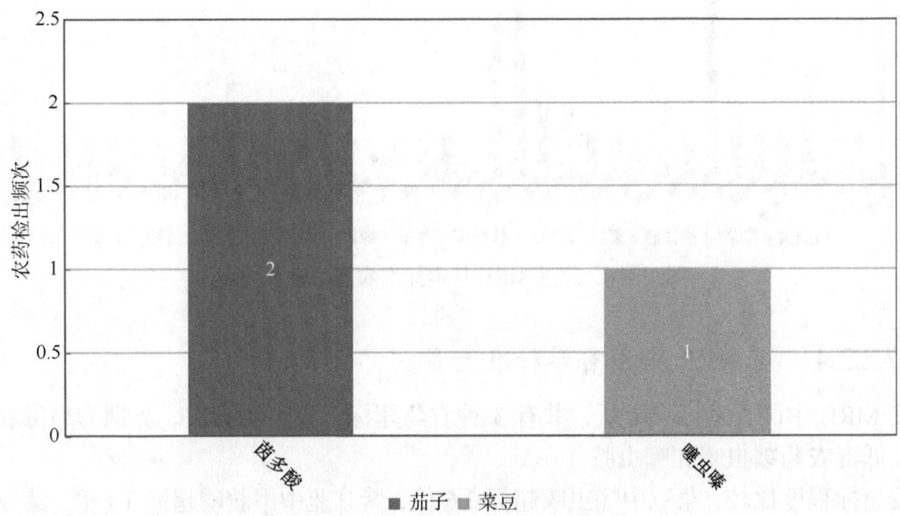

图 17-18　超过 MRL 美国标准农药品种及频次

17.2.2.6　按 MRL CAC 标准衡量

按 MRL CAC 标准衡量，有 1 种农药超标，检出 1 频次，为低毒农药噻虫胺。

按超标程度比较，芹菜中噻虫胺超标 70%。检测结果见图 17-19。

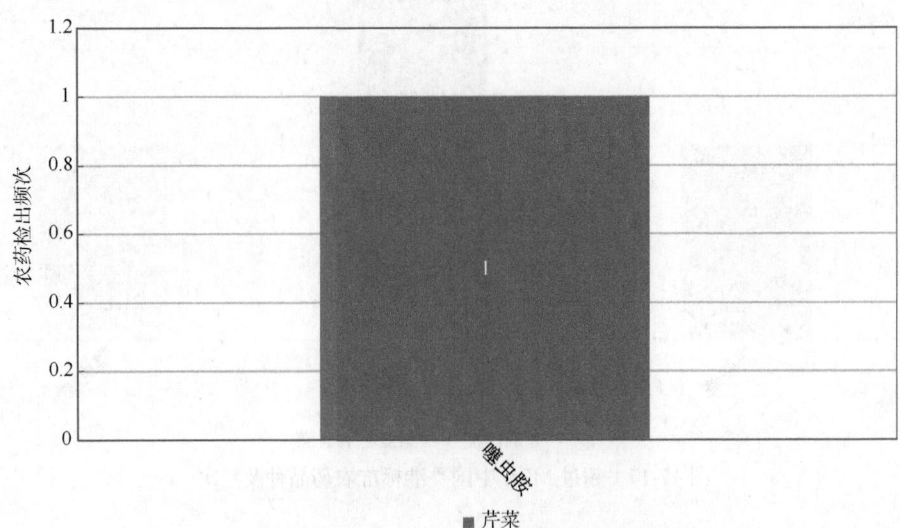

图 17-19　超过 MRL CAC 标准农药品种及频次

17.2.3　31 个采样点超标情况分析

17.2.3.1　按 MRL 中国国家标准衡量

按 MRL 中国国家标准衡量，有 4 个采样点的样品存在不同程度的超标农药检出，其中***果蔬店（兴庆区西桥巷）的超标率最高，为 11.1%，如表 17-14 和图 17-20 所示。

表 17-14　超过 MRL 中国国家标准水果蔬菜在不同采样点分布

序号	采样点	样品总数	超标数量	超标率（%）	行政区域
1	***超市（宝湖海悦店）	10	1	10.0	银川市 金凤区
2	***果蔬店（沙坡头区迎宾大道）	10	1	10.0	中卫市 沙坡头区
3	***菜店（沙坡头区中山街）	10	1	10.0	中卫市 沙坡头区
4	***果蔬店（兴庆区西桥巷）	9	1	11.1	银川市 兴庆区

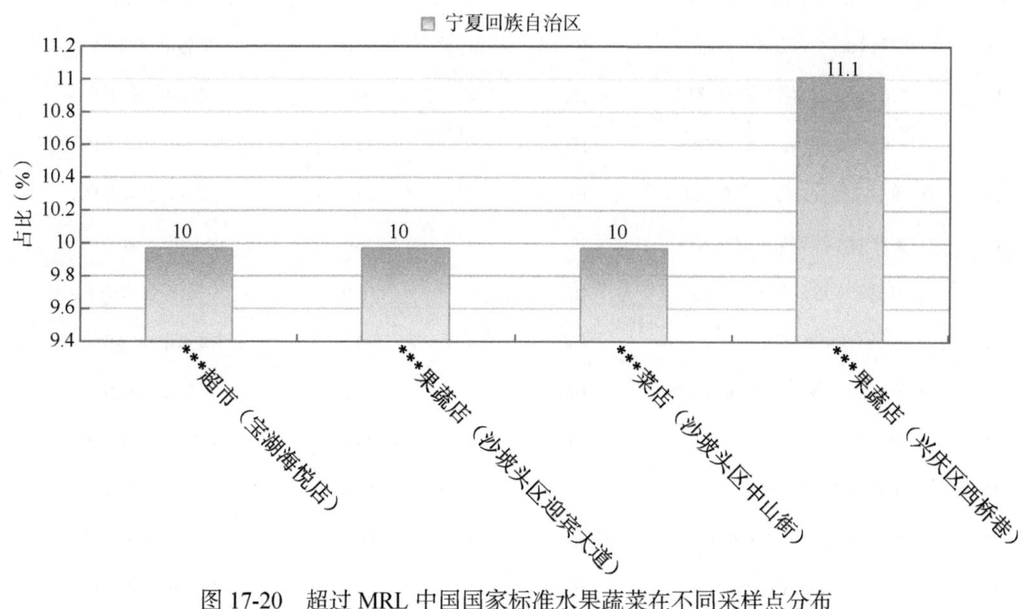

图 17-20　超过 MRL 中国国家标准水果蔬菜在不同采样点分布

17.2.3.2　按 MRL 欧盟标准衡量

按 MRL 欧盟标准衡量，有 30 个采样点的样品存在不同程度的超标农药检出，其中***市场、***蔬菜店（利通区双拥路）、***超市（世和新天地店）和***市场的超标率最高，为 50.0%，如表 17-15 和图 17-21 所示。

表 17-15　超过 MRL 欧盟标准水果蔬菜在不同采样点分布

序号	采样点	样品总数	超标数量	超标率（%）	行政区域
1	***超市（良田店）	10	2	20.0	银川市 金凤区
2	***菜店（沙坡头区）	10	2	20.0	中卫市 沙坡头区
3	***超市（长城东路店）	10	3	30.0	银川市 兴庆区
4	***超市（宝湖海悦店）	10	2	20.0	银川市 金凤区
5	***市场	10	1	10.0	银川市 金凤区
6	***直销店（利民街店）	10	2	20.0	银川市 兴庆区
7	***超市（蓝山名邸店）	10	2	20.0	银川市 金凤区
8	***市场	10	5	50.0	吴忠市 利通区
9	***超市（利通区）	10	4	40.0	吴忠市 利通区
10	***蔬菜店（利通区利通北街）	10	4	40.0	吴忠市 利通区
11	***市场	10	2	20.0	吴忠市 利通区
12	***蔬菜店（利通区世纪大道）	10	3	30.0	吴忠市 利通区
13	***蔬菜店（利通区双拥路）	10	5	50.0	吴忠市 利通区
14	***果蔬店（利通区裕民西路）	10	4	40.0	吴忠市 利通区
15	***果蔬店（沙坡头区宣和镇）	10	3	30.0	中卫市 沙坡头区
16	***菜店（沙坡头区中央东大道）	10	1	10.0	中卫市 沙坡头区
17	***果蔬店（沙坡头区迎宾大道）	10	3	30.0	中卫市 沙坡头区
18	***早市（沙坡头区黄湾村）	10	1	10.0	中卫市 沙坡头区
19	***市场	10	3	30.0	吴忠市 利通区
20	***果蔬店（利通区明珠西路）	10	4	40.0	吴忠市 利通区
21	***菜店（沙坡头区中山街）	10	4	40.0	中卫市 沙坡头区
22	***果蔬店（沙坡头区南苑东路）	10	2	20.0	中卫市 沙坡头区
23	***超市（世和新天地店）	10	5	50.0	中卫市 沙坡头区
24	***市场	10	2	20.0	中卫市 沙坡头区
25	***直销店（紫檀水景店）	10	2	20.0	银川市 金凤区
26	***市场	10	5	50.0	吴忠市 利通区
27	***果蔬店（兴庆区富宁街）	10	1	10.0	银川市 兴庆区
28	***超市（中卫店）	9	1	11.1	中卫市 沙坡头区
29	***超市（宝湖店）	9	2	22.2	银川市 金凤区
30	***果蔬店（兴庆区西桥巷）	9	3	33.3	银川市 兴庆区

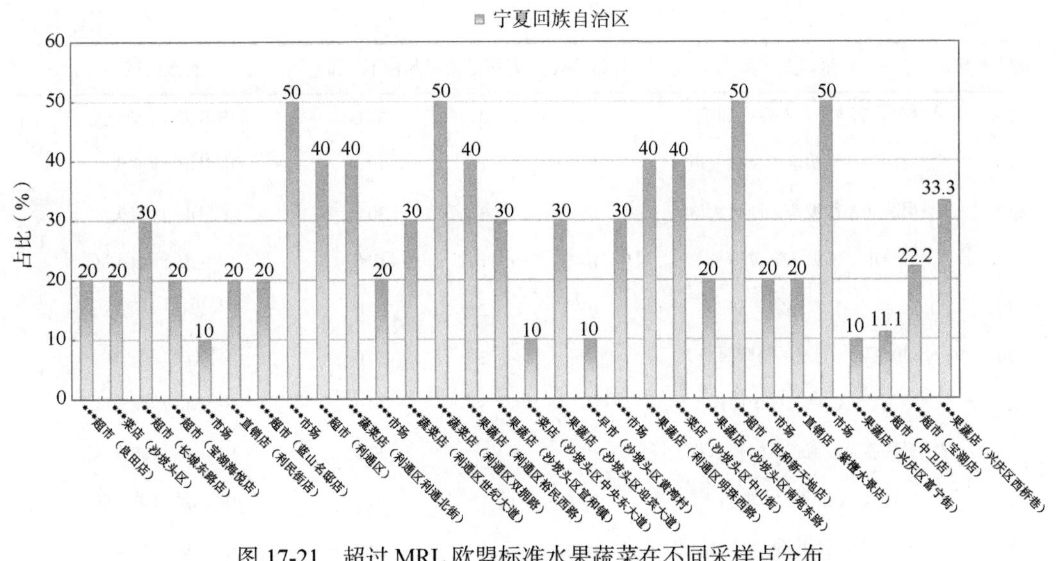

图 17-21　超过 MRL 欧盟标准水果蔬菜在不同采样点分布

17.2.3.3　按 MRL 日本标准衡量

按 MRL 日本标准衡量，有 29 个采样点的样品存在不同程度的超标农药检出，其中***市场和***蔬菜店（利通区双拥路）的超标率最高，为 40.0%，如表 17-16 和图 17-22 所示。

表 17-16　超过 MRL 日本标准水果蔬菜在不同采样点分布

序号	采样点	样品总数	超标数量	超标率（%）	行政区域
1	***超市（良田店）	10	1	10.0	银川市 金凤区
2	***菜店（沙坡头区）	10	1	10.0	中卫市 沙坡头区
3	***超市（长城东路店）	10	3	30.0	银川市 兴庆区
4	***超市（宝湖海悦店）	10	1	10.0	银川市 金凤区
5	***市场	10	2	20.0	银川市 金凤区
6	***直销店（利民街店）	10	1	10.0	银川市 兴庆区
7	***超市（蓝山名邸店）	10	1	10.0	银川市 金凤区
8	***市场	10	4	40.0	吴忠市 利通区
9	***超市（利通区）	10	3	30.0	吴忠市 利通区
10	***蔬菜店（利通区利通北街）	10	2	20.0	吴忠市 利通区
11	***市场	10	1	10.0	吴忠市 利通区
12	***蔬菜店（利通区世纪大道）	10	2	20.0	吴忠市 利通区
13	***蔬菜店（利通区双拥路）	10	4	40.0	吴忠市 利通区
14	***果蔬店（利通区裕民西路）	10	2	20.0	吴忠市 利通区

续表

序号	采样点	样品总数	超标数量	超标率（%）	行政区域
15	***果蔬店（沙坡头区宣和镇）	10	3	30.0	中卫市 沙坡头区
16	***菜店（沙坡头区中央东大道）	10	1	10.0	中卫市 沙坡头区
17	***果蔬店（沙坡头区迎宾大道）	10	3	30.0	中卫市 沙坡头区
18	***早市（沙坡头区黄湾村）	10	1	10.0	中卫市 沙坡头区
19	***市场	10	2	20.0	吴忠市 利通区
20	***果蔬店（利通区明珠西路）	10	2	20.0	吴忠市 利通区
21	***菜店（沙坡头区中山街）	10	3	30.0	中卫市 沙坡头区
22	***果蔬店（沙坡头区南苑东路）	10	2	20.0	中卫市 沙坡头区
23	***超市（世和新天地店）	10	1	10.0	中卫市 沙坡头区
24	***市场	10	1	10.0	中卫市 沙坡头区
25	***直销店（紫檀水景店）	10	2	20.0	银川市 金凤区
26	***市场	10	3	30.0	吴忠市 利通区
27	***超市（中卫店）	9	1	11.1	中卫市 沙坡头区
28	***超市（宝湖店）	9	1	11.1	银川市 金凤区
29	***果蔬店（兴庆区西桥巷）	9	1	11.1	银川市 兴庆区

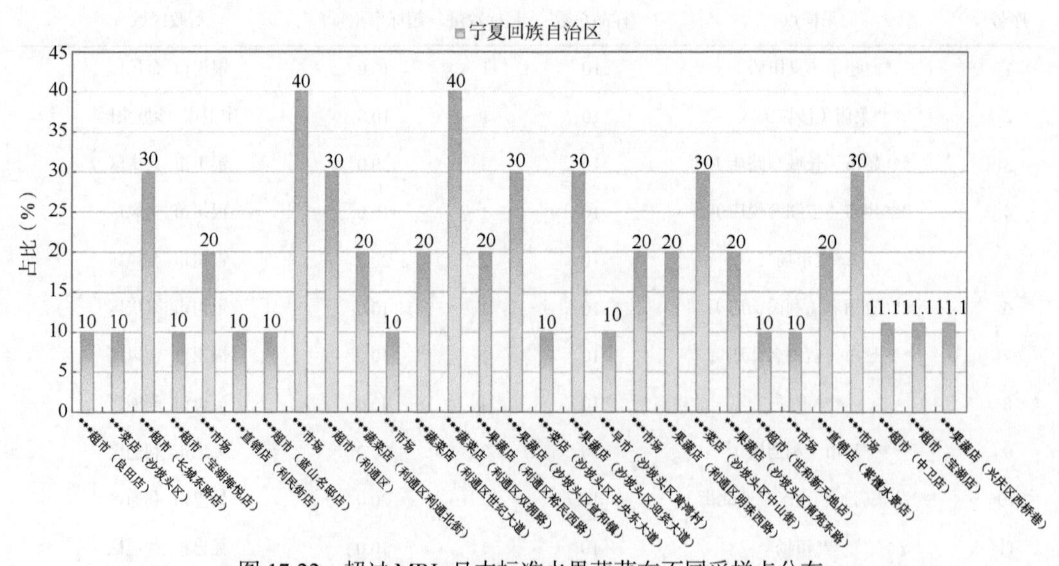

图 17-22 超过 MRL 日本标准水果蔬菜在不同采样点分布

17.2.3.4 按 MRL 中国香港标准衡量

按 MRL 中国香港标准衡量，有 4 个采样点的样品存在不同程度的超标农药检出，超标率均为 10.0%，如表 17-17 和图 17-23 所示。

表 17-17　超过 MRL 中国香港标准水果蔬菜在不同采样点分布

序号	采样点	样品总数	超标数量	超标率（%）	行政区域
1	***菜店（沙坡头区）	10	1	10.0	中卫市 沙坡头区
2	***超市（宝湖海悦店）	10	1	10.0	银川市 金凤区
3	***果蔬店（沙坡头区迎宾大道）	10	1	10.0	中卫市 沙坡头区
4	***菜店（沙坡头区中山街）	10	1	10.0	中卫市 沙坡头区

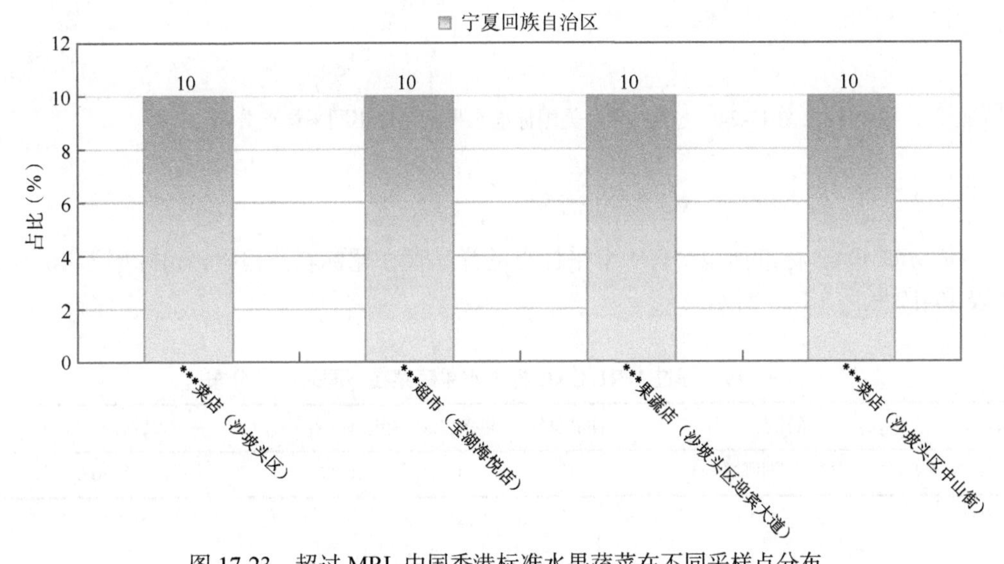

图 17-23　超过 MRL 中国香港标准水果蔬菜在不同采样点分布

17.2.3.5　按 MRL 美国标准衡量

按 MRL 美国标准衡量，有 3 个采样点的样品存在不同程度的超标农药检出，超标率均为 10.0%，如表 17-18 和图 17-24 所示。

表 17-18　超过 MRL 美国标准水果蔬菜在不同采样点分布

序号	采样点	样品总数	超标数量	超标率（%）	行政区域
1	***菜店（沙坡头区）	10	1	10.0	中卫市 沙坡头区
2	***蔬菜店（利通区利通北街）	10	1	10.0	吴忠市 利通区
3	***果蔬店（利通区明珠西路）	10	1	10.0	吴忠市 利通区

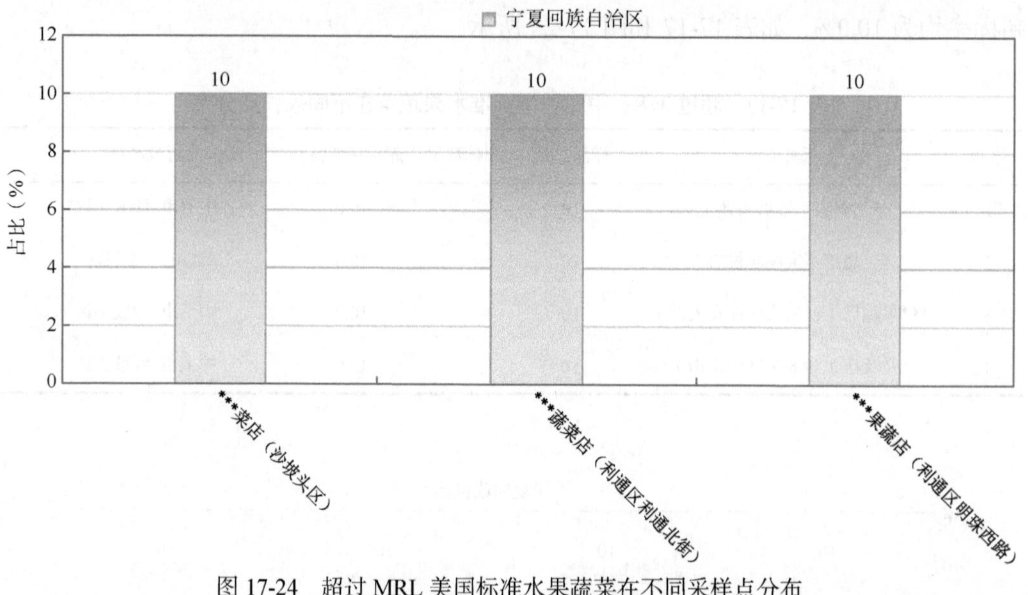

图 17-24　超过 MRL 美国标准水果蔬菜在不同采样点分布

17.2.3.6　按 MRL CAC 标准衡量

按 MRL CAC 标准衡量，有 1 个采样点的样品存在超标农药检出，超标率为 10.0%，如表 17-19 和图 17-25 所示。

表 17-19　超过 MRL CAC 标准水果蔬菜在不同采样点分布

序号	采样点	样品总数	超标数量	超标率（%）	行政区域
1	***超市（宝湖海悦店）	10	1	10.0	银川市 金凤区

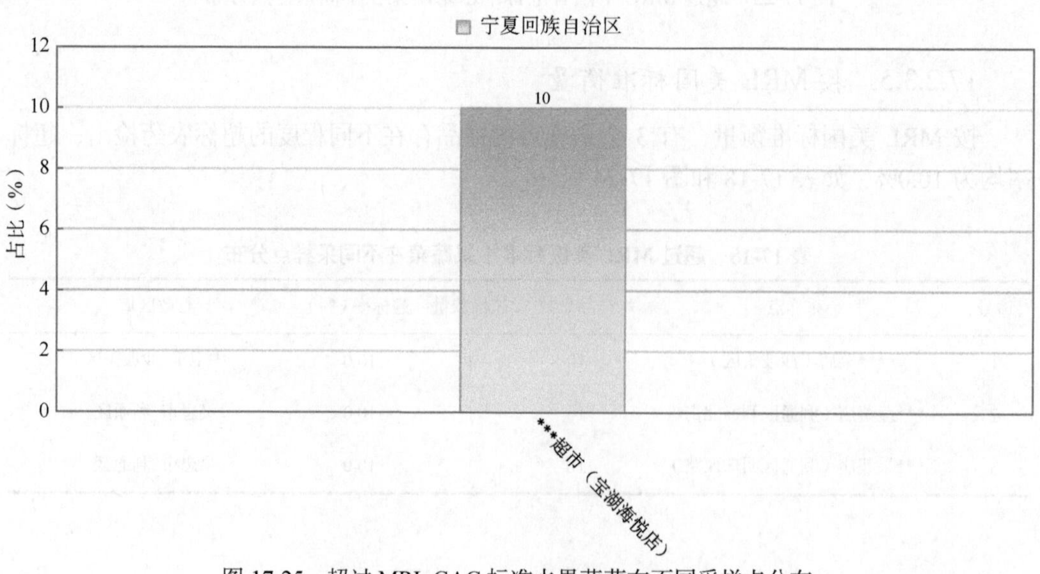

图 17-25　超过 MRL CAC 标准水果蔬菜在不同采样点分布

17.3 水果中农药残留分布

本次残留侦测无水果样品。

17.4 蔬菜中农药残留分布

17.4.1 检出农药品种和频次排前 10 的蔬菜

本次残留侦测的蔬菜共 15 种，包括结球甘蓝、辣椒、芹菜、小白菜、茄子、小油菜、番茄、大白菜、娃娃菜、西葫芦、花椰菜、马铃薯、豇豆、紫甘蓝和菜豆。

根据检出农药品种及频次进行排名，将各项排名前 10 位的蔬菜样品检出情况列表说明，详见表 17-20。

表 17-20 检出农药品种和频次排名前 10 的蔬菜

检出农药品种排名前 10（品种）	①番茄（39），②小油菜（35），③菜豆（33），④茄子（32），⑤辣椒（21），⑥芹菜（20），⑦豇豆（18），⑧西葫芦（17），⑨结球甘蓝（13），⑩马铃薯（13）
检出农药频次排名前 10（频次）	①番茄（258），②小油菜（140），③茄子（119），④芹菜（105），⑤辣椒（99），⑥菜豆（87），⑦结球甘蓝（63），⑧马铃薯（57），⑨西葫芦（54），⑩豇豆（36）
检出禁用、高毒及剧毒农药品种排名前 10（品种）	①小油菜（3），②大白菜（1），③番茄（1），④结球甘蓝（1），⑤马铃薯（1），⑥茄子（1），⑦紫甘蓝（1）
检出禁用、高毒及剧毒农药频次排名前 10（频次）	①小油菜（5），②茄子（4），③大白菜（1），④番茄（1），⑤结球甘蓝（1），⑥马铃薯（1），⑦紫甘蓝（1）

17.4.2 超标农药品种和频次排前 10 的蔬菜

鉴于 MRL 欧盟标准和日本标准制定比较全面且覆盖率较高，我们参照 MRL 中国国家标准、欧盟标准和日本标准蔬菜样品中农残检出情况，将超标农药品种及频次排名前 10 的蔬菜列表说明，详见表 17-21。

表 17-21 超标农药品种和频次排名前 10 的蔬菜

超标农药品种排名前 10（农药品种数）	MRL 中国国家标准	①菜豆（1），②芹菜（1），③小白菜（1），④紫甘蓝（1）
	MRL 欧盟标准	①小油菜（14），②芹菜（10），③番茄（6），④茄子（6），⑤小白菜（5），⑥豇豆（4），⑦辣椒（4），⑧菜豆（3），⑨结球甘蓝（2），⑩马铃薯（2）
	MRL 日本标准	①菜豆（18），②小油菜（8），③豇豆（7），④辣椒（4），⑤芹菜（4），⑥茄子（3），⑦番茄（2），⑧小白菜（2），⑨花椰菜（1），⑩结球甘蓝（1）

续表

超标农药频次排名前 10（农药频次数）	MRL 中国国家标准	①菜豆（1），②芹菜（1），③小白菜（1），④紫甘蓝（1）
	MRL 欧盟标准	①芹菜（29），②小油菜（28），③茄子（13），④番茄（9），⑤结球甘蓝（9），⑥菜豆（5），⑦辣椒（5），⑧小白菜（5），⑨豇豆（4），⑩马铃薯（2）
	MRL 日本标准	①菜豆（29），②芹菜（17），③小油菜（9），④茄子（8），⑤豇豆（7），⑥辣椒（5），⑦番茄（2），⑧小白菜（2），⑨花椰菜（1），⑩结球甘蓝（1）

通过对各品种蔬菜样本总数及检出率进行综合分析发现，番茄、芹菜和小油菜的残留污染最为严重，在此，我们参照 MRL 中国国家标准、欧盟标准和日本标准对这 3 种蔬菜的农残检出情况进行进一步分析。

17.4.3 农药残留检出率较高的蔬菜样品分析

17.4.3.1 番茄

这次共检测 30 例番茄样品，全部检出了农药残留，检出率为 100.0%，检出农药共计 39 种。其中吡唑醚菌酯、氟吡菌酰胺、肟菌酯、苯醚甲环唑和嘧菌酯检出频次较高，分别检出了 17、17、17、15 和 14 次。番茄中农药检出品种和频次见图 17-26，超标农药见图 17-27 和表 17-22。

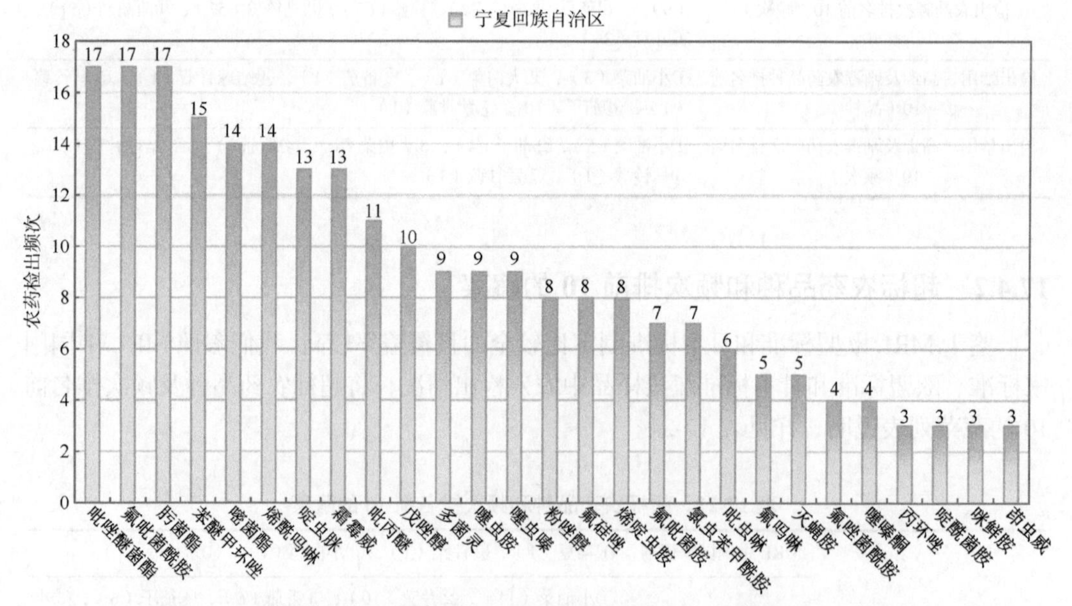

图 17-26 番茄样品检出农药品种和频次分析（仅列出 3 频次及以上的数据）

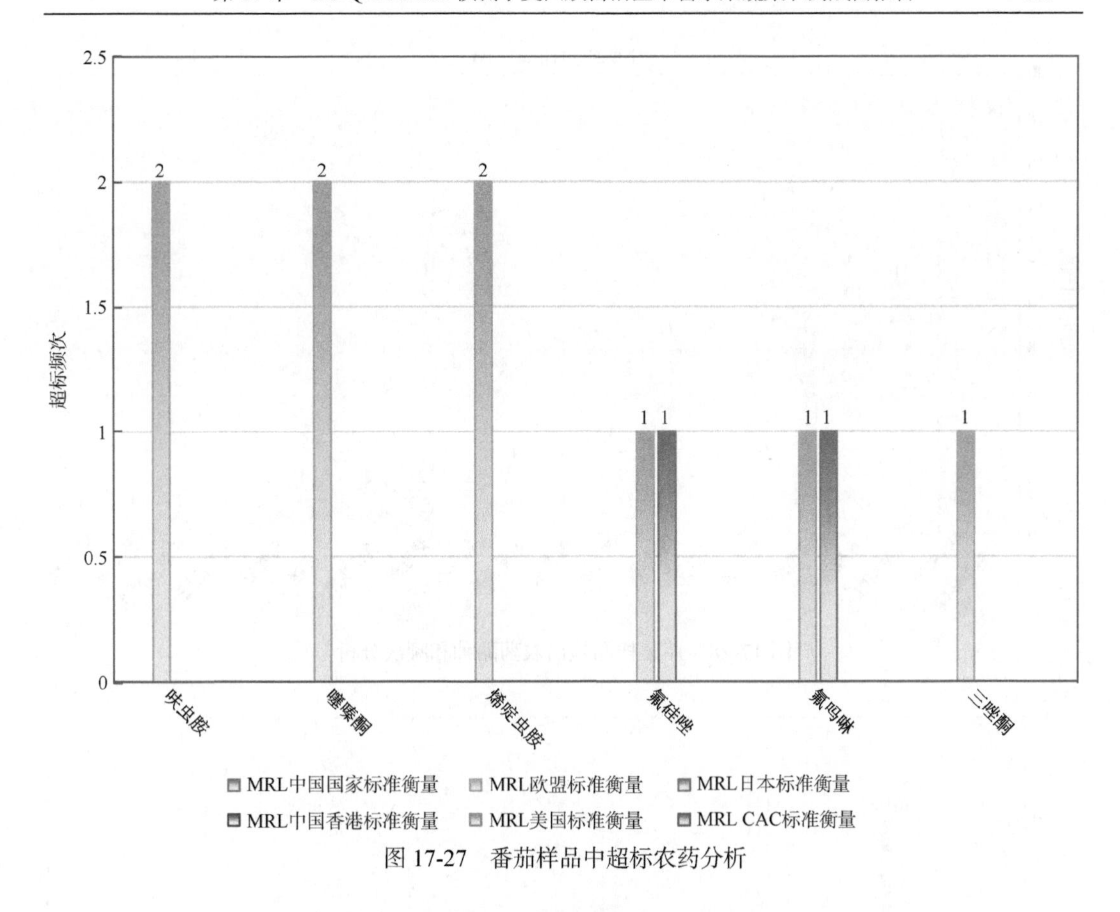

图 17-27　番茄样品中超标农药分析

表 17-22　番茄中农药残留超标情况明细表

样品总数			检出农药样品数	样品检出率（%）	检出农药品种总数
30			30	100	39
	超标农药品种	超标农药频次	按照 MRL 中国国家标准、欧盟标准和日本标准衡量超标农药名称及频次		
中国国家标准	0	0	—		
欧盟标准	6	9	呋虫胺（2），噻嗪酮（2），烯啶虫胺（2），氟硅唑（1），氟吗啉（1），三唑酮（1）		
日本标准	2	2	氟硅唑（1），氟吗啉（1）		

17.4.3.2　芹菜

这次共检测 29 例芹菜样品，全部检出了农药残留，检出率为 100.0%，检出农药共计 20 种。其中苯醚甲环唑、啶虫脒、烯酰吗啉、氟硅唑和嘧菌酯检出频次较高，分别检出了 18、17、11、10 和 9 次。芹菜中农药检出品种和频次见图 17-28，超标农药见图 17-29 和表 17-23。

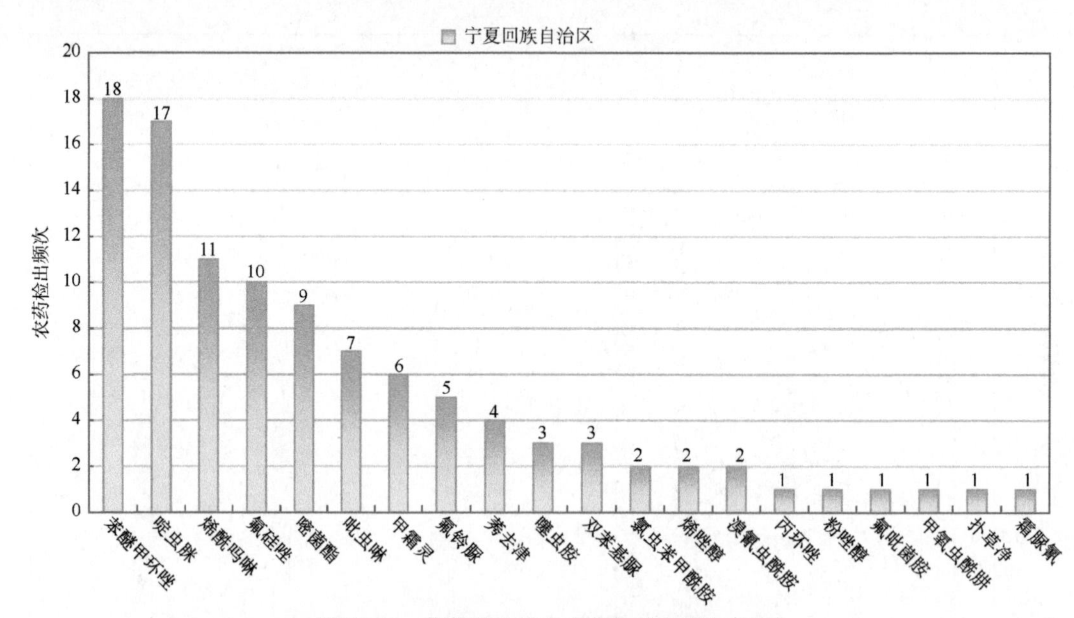

图 17-28　芹菜样品检出农药品种和频次分析

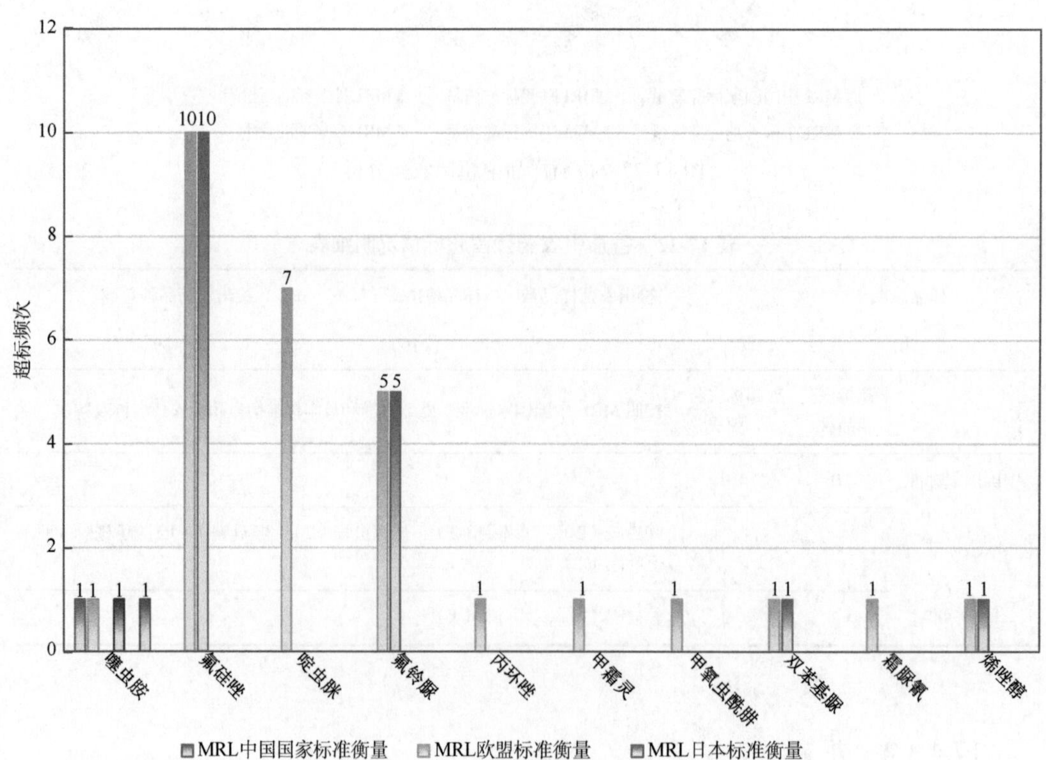

图 17-29　芹菜样品中超标农药分析

表 17-23　芹菜中农药残留超标情况明细表

样品总数	检出农药样品数	样品检出率（%）	检出农药品种总数
29	29	100	20
	超标农药品种	超标农药频次	按照 MRL 中国国家标准、欧盟标准和日本标准衡量超标农药名称及频次
中国国家标准	1	1	噻虫胺（1）
欧盟标准	10	29	氟硅唑（10），啶虫脒（7），氟铃脲（5），丙环唑（1），甲霜灵（1），甲氧虫酰肼（1），噻虫胺（1），双苯基脲（1），霜脲氰（1），烯唑醇（1）
日本标准	4	17	氟硅唑（10），氟铃脲（5），双苯基脲（1），烯唑醇（1）

17.4.3.3　小油菜

这次共检测 21 例小油菜样品，全部检出了农药残留，检出率为 100.0%，检出农药共计 35 种。其中啶虫脒、苯醚甲环唑、灭蝇胺、霜霉威和三环唑检出频次较高，分别检出了 17、16、14、13 和 10 次。小油菜中农药检出品种和频次见图 17-30，超标农药见图 17-31 和表 17-24。

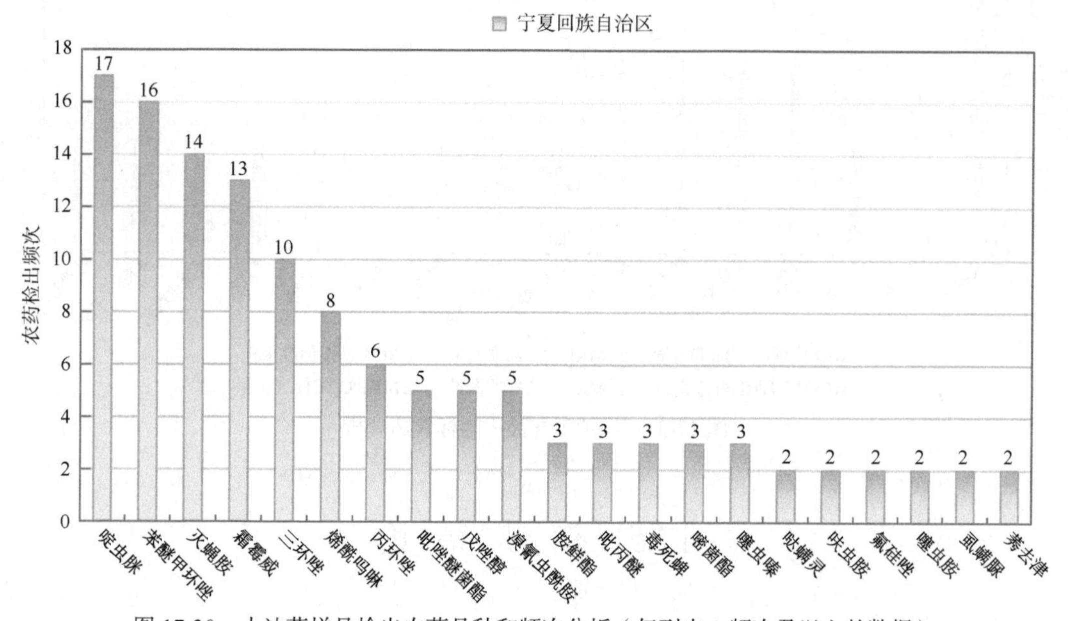

图 17-30　小油菜样品检出农药品种和频次分析（仅列出 2 频次及以上的数据）

表 17-24　小油菜中农药残留超标情况明细表

样品总数			检出农药样品数	样品检出率（%）	检出农药品种总数
21			21	100	35
	超标农药品种	超标农药频次	按照 MRL 中国国家标准、欧盟标准和日本标准衡量超标农药名称及频次		
中国国家标准	0	0			
欧盟标准	14	28	灭蝇胺（6），啶虫脒（5），丙环唑（2），哒螨灵（2），毒死蜱（2），呋虫胺（2），虱螨脲（2），放线菌酮（1），氟苯虫酰胺（1），氰霜唑（1），噻虫嗪（1），三环唑（1），烯草酮（1），溴氰虫酰胺（1）		
日本标准	8	9	哒螨灵（2），苯醚甲环唑（1），吡唑醚菌酯（1），丙环唑（1），放线菌酮（1），三环唑（1），烯草酮（1），溴氰虫酰胺（1）		

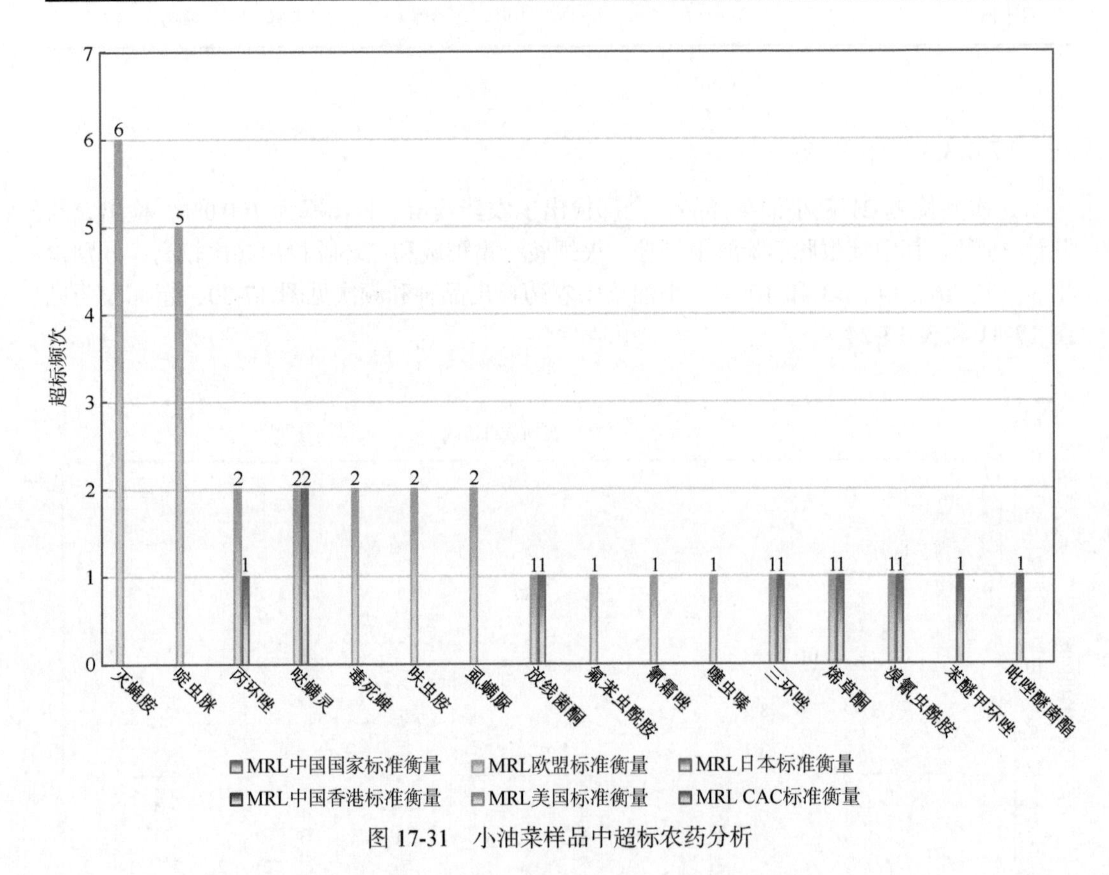

图 17-31　小油菜样品中超标农药分析

17.5　初步结论

17.5.1　宁夏回族自治区市售水果蔬菜按国际主要 MRL 标准衡量的合格率

本次侦测的 299 例样品中，47 例样品未检出任何残留农药，占样品总量的 15.7%，252 例样品检出不同水平、不同种类的残留农药，占样品总量的 84.3%。在这 252 例检出农药残留的样品中：

按照 MRL 中国国家标准衡量，有 248 例样品检出残留农药但含量没有超标，占样品总数的 82.9%，有 4 例样品检出了超标农药，占样品总数的 1.3%。

按照 MRL 欧盟标准衡量，有 169 例样品检出残留农药但含量没有超标，占样品总数的 56.5%，有 83 例样品检出了超标农药，占样品总数的 27.8%。

按照 MRL 日本标准衡量，有 197 例样品检出残留农药但含量没有超标，占样品总数的 65.9%，有 55 例样品检出了超标农药，占样品总数的 18.4%。

按照 MRL 中国香港标准衡量，有 248 例样品检出残留农药但含量没有超标，占样品总数的 82.9%，有 4 例样品检出了超标农药，占样品总数的 1.3%。

按照 MRL 美国标准衡量，有 249 例样品检出残留农药但含量没有超标，占样品总数的 83.3%，有 3 例样品检出了超标农药，占样品总数的 1.0%。

按照 MRL CAC 标准衡量，有 251 例样品检出残留农药但含量没有超标，占样品总数的 83.9%，有 1 例样品检出了超标农药，占样品总数的 0.3%。

17.5.2 宁夏回族自治区市售水果蔬菜中检出农药以中低微毒农药为主，占市场主体的 95.0%

这次侦测的 299 例样品包括蔬菜 15 种 299 例，共检出了 80 种农药，检出农药的毒性以中低微毒为主，详见表 17-25。

表 17-25 市场主体农药毒性分布

毒性	检出品种	占比（%）	检出频次	占比（%）
剧毒农药	1	1.2	2	0.2
高毒农药	3	3.8	7	0.7
中毒农药	29	36.2	486	45.2
低毒农药	31	38.8	377	35.1
微毒农药	16	20.0	203	18.9
中低微毒农药，品种占比 95.0%，频次占比 99.2%				

17.5.3 检出剧毒、高毒和禁用农药现象应该警醒

在此次侦测的 299 例样品中的 13 例样品检出了 6 种 14 频次的剧毒和高毒或禁用农药，占样品总量的 4.3%。其中剧毒农药放线菌酮以及高毒农药克百威、呋线威和甲胺磷检出频次较高。

按 MRL 中国国家标准衡量，高毒农药甲胺磷，检出 1 次，超标 1 次；按超标程度比较，紫甘蓝中甲胺磷超标 3.4 倍。

剧毒、高毒或禁用农药的检出情况及按照 MRL 中国国家标准衡量的超标情况见表 17-26。

表 17-26 剧毒、高毒或禁用农药的检出及超标明细

序号	农药名称	样品名称	检出频次	超标频次	最大超标倍数	超标率
1.1	放线菌酮*	小油菜	1	0	0	0.0%
1.2	放线菌酮*	结球甘蓝	1	0	0	0.0%
2.1	克百威◊▲	茄子	4	0	0	0.0%
2.2	克百威◊▲	大白菜	1	0	0	0.0%
3.1	呋线威◊	番茄	1	0	0	0.0%
4.1	甲胺磷◊▲	紫甘蓝	1	1	3.406	100.0%
5.1	毒死蜱▲	小油菜	3	0	0	0.0%
6.1	氟苯虫酰胺▲	小油菜	1	0	0	0.0%
6.2	氟苯虫酰胺▲	马铃薯	1	0	0	0.0%
合计			14	1		7.1%

注：超标倍数参照 MRL 中国国家标准衡量

*表示剧毒农药；◊表示高毒农药；▲表示禁用农药

这些超标的高剧毒或禁用农药都是中国政府早有规定禁止在水果蔬菜中使用的，为什么还屡次被检出，应该引起警惕。

17.5.4 残留限量标准与先进国家或地区差距较大

1075 频次的检出结果与我国公布的《食品中农药最大残留限量》（GB 2763—2019）对比，有 685 频次能找到对应的 MRL 中国国家标准，占 63.7%；还有 390 频次的侦测数据无相关 MRL 标准供参考，占 36.3%。

与国际上现行 MRL 标准对比发现：

有 1075 频次能找到对应的 MRL 欧盟标准，占 100.0%；

有 1075 频次能找到对应的 MRL 日本标准，占 100.0%；

有 665 频次能找到对应的 MRL 中国香港标准，占 61.9%；

有 759 频次能找到对应的 MRL 美国标准，占 70.6%；

有 648 频次能找到对应的 MRL CAC 标准，占 60.3%。

由上可见，MRL 中国国家标准与先进国家或地区标准还有很大差距，我们无标准，境外有标准，这就会导致我们在国际贸易中，处于受制于人的被动地位。

17.5.5 水果蔬菜单种样品检出 33～39 种农药残留，拷问农药使用的科学性

通过此次监测发现，番茄、小油菜和菜豆是检出农药品种最多的 3 种蔬菜，从中检出农药品种及频次详见表 17-27。

表 17-27　单种样品检出农药品种及频次

样品名称	样品总数	检出率	检出农药品种数	检出农药（频次）
番茄	30	100.0%	39	吡唑醚菌酯（17），氟吡菌酰胺（17），肟菌酯（17），苯醚甲环唑（15），嘧菌酯（14），烯酰吗啉（14），啶虫脒（13），霜霉威（13），吡丙醚（11），戊唑醇（10），多菌灵（9），噻虫胺（9），噻虫嗪（9），粉唑醇（8），氟硅唑（8），烯啶虫胺（8），氟吡菌胺（7），氯虫苯甲酰胺（7），吡虫啉（6），氟吗啉（5），灭蝇胺（5），氟唑菌酰胺（4），噻嗪酮（4），丙环唑（3），啶酰菌胺（3），咪鲜胺（3），茚虫威（3），吡唑萘菌胺（2），哒螨灵（2），呋虫胺（2），三唑酮（2），呋线威（1），己唑醇（1），螺虫乙酯（1），螺螨酯（1），三唑醇（1），双苯基脲（1），双炔酰菌胺（1），烯肟菌胺（1）
小油菜	21	100.0%	35	啶虫脒（17），苯醚甲环唑（16），灭蝇胺（14），霜霉威（13），三环唑（10），烯酰吗啉（8），丙环唑（6），吡唑醚菌酯（5），戊唑醇（5），溴氰虫酰胺（5），胺鲜酯（3），吡丙醚（3），毒死蜱（3），嘧菌酯（3），噻虫嗪（3），哒螨灵（2），呋虫胺（2），氟硅唑（2），噻虫胺（2），虱螨脲（2），莠去津（2），啶酰菌胺（1），放线菌酮（1），氟苯虫酰胺（1），氟吡菌胺（1），甲霜灵（1），螺虫乙酯（1），氯虫苯甲酰胺（1），氰霜唑（1），三唑酮（1），双苯基脲（1），烯草酮（1），烯唑醇（1），乙螨唑（1），茚虫威（1）
菜豆	16	93.8%	33	苯醚甲环唑（6），吡虫啉（6），吡唑醚菌酯（6），灭蝇胺（6），烯酰吗啉（6），胺鲜酯（5），氯虫苯甲酰胺（5），啶虫脒（4），嘧菌腙（4），噻虫胺（4），霜霉威（3），肟菌酯（3），哒螨灵（2），氟吡菌酰胺（2），甲霜灵（2），螺虫乙酯（2），螺螨酯（2），嘧菌酯（2），炔螨特（2），戊唑醇（2），吡丙醚（1），吡蚜酮（1），吡唑萘菌胺（1），氟吡菌胺（1），腈菌唑（1），噻虫嗪（1），四螨嗪（1），烯啶虫胺（1），溴氰虫酰胺（1），乙螨唑（1），乙嘧酚磺酸酯（1），茚虫威（1），莠去津（1）

上述 3 种蔬菜，检出农药 33～39 种，是多种农药综合防治，还是未严格实施农业良好管理规范（GAP），抑或根本就是乱施药，值得我们思考。

第18章　LC-Q-TOF/MS侦测宁夏回族自治区市售水果蔬菜农药残留膳食暴露风险与预警风险评估

18.1　农药残留侦测数据分析与统计

庞国芳院士科研团队建立的农药残留高通量侦测技术以高分辨精确质量数（0.0001 *m/z* 为基准）为识别标准，采用LC-Q-TOF/MS技术对842种农药化学污染物进行侦测。

科研团队于2020年8月在宁夏回族自治区的31个采样点，随机采集了299例水果蔬菜样品，采样点分布在超市、个体户和农贸市场。

利用LC-Q-TOF/MS技术对299例样品中的农药进行侦测，共侦测出残留农药1075频次。侦测出农药残留水平如表18-1和图18-1所示。检出频次最高的前10种农药如表18-2所示。从侦测结果中可以看出，在水果蔬菜中农药残留普遍存在，且有些水果蔬菜存在高浓度的农药残留，这些可能存在膳食暴露风险，对人体健康产生危害，因此，为了定量地评价水果蔬菜中农药残留的风险程度，有必要对其进行风险评价。

表18-1　侦测出农药的不同残留水平及其所占比例列表

残留水平（μg/kg）	检出频次	占比（%）
1～5（含）	552	51.3
5～10（含）	181	16.8
10～100（含）	294	27.3
100～1000（含）	46	4.3
>1000	2	0.2

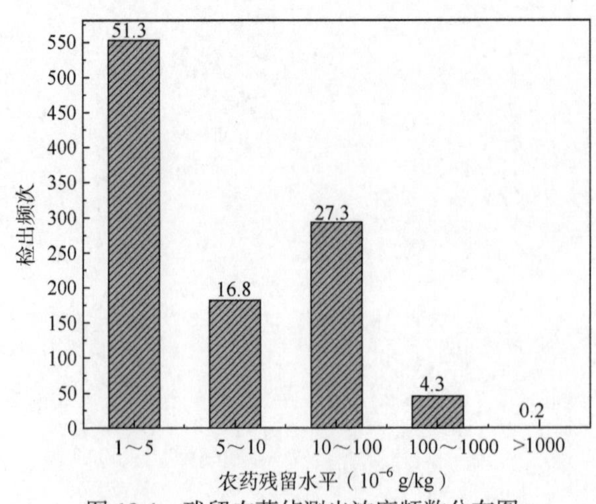

图18-1　残留农药侦测出浓度频数分布图

表 18-2　检出频次最高的前 10 种农药列表

序号	农药	检出频次
1	啶虫脒	94
2	烯酰吗啉	91
3	苯醚甲环唑	72
4	噻虫嗪	65
5	吡虫啉	59
6	吡唑醚菌酯	51
7	噻虫胺	46
8	嘧菌酯	40
9	霜霉威	40
10	戊唑醇	36

本研究使用 LC-Q-TOF/MS 技术对宁夏省 299 例样品中的农药侦测中，共侦测出农药 80 种，这些农药的每日允许最大摄入量值（ADI）见表 18-3。为评价宁夏回族自治区农药残留的风险，本研究采用两种模型分别评价膳食暴露风险和预警风险，具体的风险评价模型见附录 A。

表 18-3　宁夏回族自治区水果蔬菜中侦测出农药的 ADI 值

序号	农药	ADI	序号	农药	ADI	序号	农药	ADI
1	唑嘧菌胺	10	18	噻虫嗪	0.08	35	三环唑	0.04
2	氯虫苯甲酰胺	2	19	氟吡菌酰胺	0.08	36	乙嘧酚	0.035
3	灭幼脲	1.25	20	甲霜灵	0.08	37	溴氰虫酰胺	0.03
4	烯啶虫胺	0.53	21	啶虫脒	0.07	38	戊唑醇	0.03
5	霜霉威	0.4	22	丙环唑	0.07	39	茵多酸	0.03
6	氟唑磺隆	0.36	23	烯肟菌胺	0.069	40	多菌灵	0.03
7	烯酰吗啉	0.2	24	吡虫啉	0.06	41	腈菌唑	0.03
8	嘧菌酯	0.2	25	灭蝇胺	0.06	42	三唑酮	0.03
9	呋虫胺	0.2	26	异菌脲	0.06	43	吡唑醚菌酯	0.03
10	氰霜唑	0.2	27	仲丁威	0.06	44	丙溴磷	0.03
11	双炔酰菌胺	0.2	28	吡唑萘菌胺	0.06	45	三唑醇	0.03
12	氟吗啉	0.16	29	乙螨唑	0.05	46	吡蚜酮	0.03
13	吡丙醚	0.1	30	螺虫乙酯	0.05	47	胺鲜酯	0.023
14	噻虫胺	0.1	31	乙嘧酚磺酸酯	0.05	48	莠去津	0.02
15	丁氟螨酯	0.1	32	肟菌酯	0.04	49	氟铃脲	0.02
16	甲氧虫酰肼	0.1	33	啶酰菌胺	0.04	50	虱螨脲	0.02
17	氟唑菌酰胺	0.08	34	扑草净	0.04	51	氟苯虫酰胺	0.02

续表

序号	农药	ADI	序号	农药	ADI	序号	农药	ADI
52	四螨嗪	0.02	62	茚虫威	0.01	72	甲胺磷	0.004
53	噻霉酮	0.017	63	螺螨酯	0.01	73	克百威	0.001
54	霜脲氰	0.013	64	咪鲜胺	0.01	74	氟吡甲禾灵	0.0007
55	氟吡菌胺	0.01	65	烯草酮	0.01	75	双苯基脲	—
56	苯醚甲环唑	0.01	66	噻嗪酮	0.009	76	二甲嘧酚	—
57	粉唑醇	0.01	67	氟硅唑	0.007	77	放线菌酮	—
58	哒螨灵	0.01	68	环虫腈	0.007	78	嘧菌腙	—
59	炔螨特	0.01	69	唑虫酰胺	0.006	79	呋线威	—
60	噻虫啉	0.01	70	烯唑醇	0.005	80	缬霉威	—
61	毒死蜱	0.01	71	己唑醇	0.005			

注：“—”表示国家标准中无 ADI 值规定；ADI 值单位为 mg/kg bw

18.2 农药残留膳食暴露风险评估

18.2.1 每例水果蔬菜样品中农药残留安全指数分析

基于农药残留侦测数据，发现在 299 例样品中侦测出农药 1075 频次，计算样品中每种残留农药的安全指数 IFS_c，并分析农药对样品安全的影响程度，农药残留对水果蔬菜样品安全的影响程度频次分布情况如图 18-2 所示。

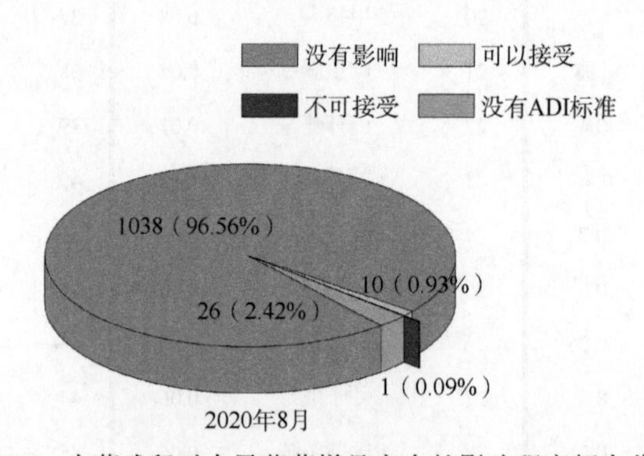

图 18-2 农药残留对水果蔬菜样品安全的影响程度频次分布图

由图 18-2 可以看出，农药残留对样品安全的影响不可接受的频次为 1，占 0.09%；农药残留对样品安全的影响可以接受的频次为 10，占 0.93%；农药残留对样品安全没有影响的频次为 1038，占 96.56%。表 18-4 为对水果蔬菜样品中安全影响不可接受的农药残留列表。

表 18-4　水果蔬菜样品中安全影响不可接受的农药残留列表

序号	样品编号	采样点	基质	农药	含量（mg/kg）	IFS_c
1	20200821-640100-LZFDC-PB-02A	**果蔬店（兴庆区西桥巷）	小白菜	茚虫威	2.0619	1.3059

部分样品侦测出禁用农药 4 种 11 频次，为了明确残留的禁用农药对样品安全的影响，分析侦测出禁用农药残留的样品安全指数，禁用农药残留对水果蔬菜样品安全的影响程度频次分布情况如图 18-3 所示，农药残留对样品安全的影响可以接受的频次为 1，占 9.09%；农药残留对样品安全没有影响的频次为 10，占 90.91%。

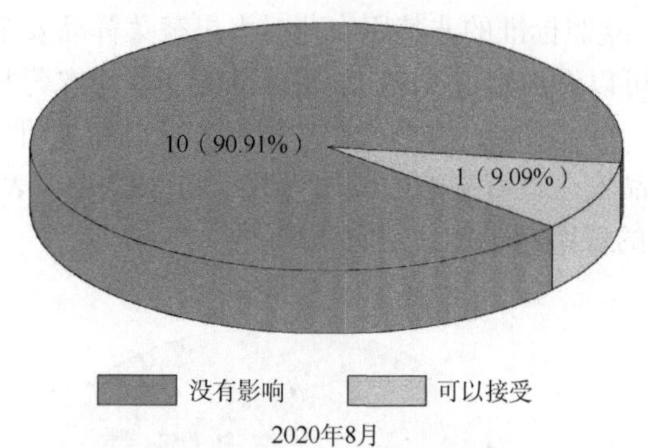

图 18-3　禁用农药对水果蔬菜样品安全影响程度的频次分布图

此外，本次侦测发现部分样品中非禁用农药残留量超过了 MRL 中国国家标准和欧盟标准，为了明确超标的非禁用农药对样品安全的影响，分析了非禁用农药残留超标的样品安全指数。

水果蔬菜残留量超过 MRL 中国国家标准的非禁用农药对水果蔬菜样品安全的影响程度频次分布情况如图 18-4 所示。可以看出侦测出超过 MRL 中国国家标准的非禁用农药共 3 频次，其中农药残留对样品安全的影响不可接受的频次为 1，占 33.33%；农药残留对样品安全没有影响的频次为 2，占 66.67%。表 18-5 为水果蔬菜样品中侦测出的非禁用农药残留安全指数表。

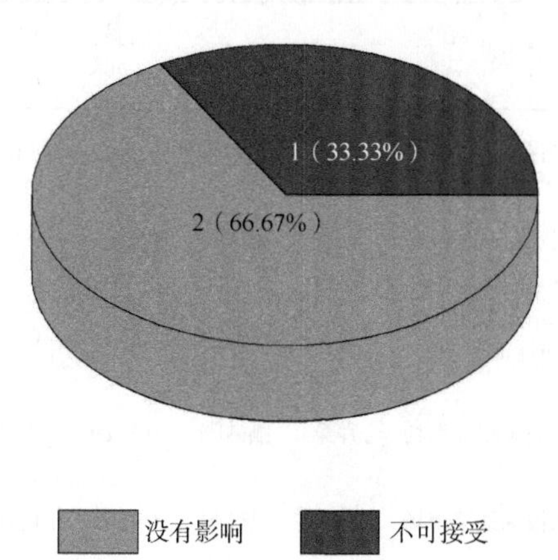

图 18-4　残留超标的非禁用农药对水果蔬菜样品安全的影响程度频次分布图（MRL 中国国家标准）

表 18-5　水果蔬菜样品中侦测出的非禁用农药残留安全指数表（MRL 中国国家标准）

序号	样品编号	采样点	基质	农药	含量（mg/kg）	中国国家标准	超标倍数	IFS_c	影响程度
1	20200821-640100-LZFDC-PB-02A	**果蔬店（兴庆区西桥巷）	小白菜	茚虫威	2.0619	2.00	1.03	1.3059	不可接受
2	20200820-640100-LZFDC-CE-01A	**超市（宝湖海悦店）	芹菜	噻虫胺	0.0697	0.04	1.74	0.0044	没有影响
3	20200821-640500-LZFDC-DJ-14A	**果蔬店（沙坡头区迎宾大道）	菜豆	噻虫胺	0.0241	0.01	2.41	0.0015	没有影响

残留量超过 MRL 欧盟标准的非禁用农药对水果蔬菜样品安全的影响程度频次分布情况如图 18-5 所示。可以看出超过 MRL 欧盟标准的非禁用农药共 106 频次，其中农药没有 ADI 的频次为 6，占 5.66%；农药残留对样品安全的影响可以接受的频次为 8，占 7.55%；农药残留对样品安全没有影响的频次为 92，占 86.79%。表 18-6 为水果蔬菜样品中安全指数排名前 10 的残留超标非禁用农药列表。

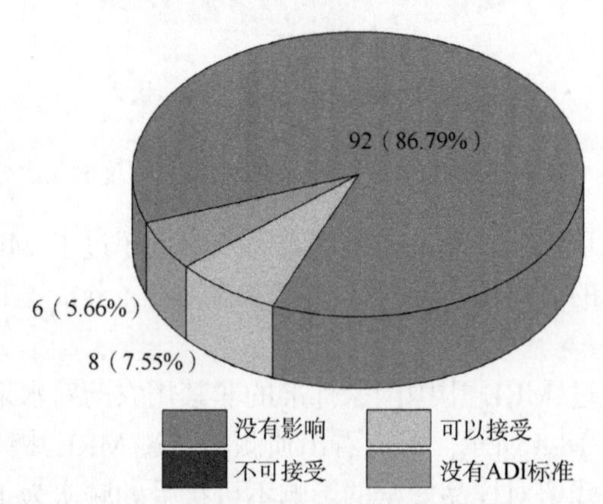

图 18-5　残留超标的非禁用农药对水果蔬菜样品安全的影响程度频次分布图（MRL 欧盟标准）

表 18-6　水果蔬菜样品中安全指数排名前 10 的残留超标非禁用农药列表（MRL 欧盟标准）

序号	样品编号	采样点	基质	农药	含量（mg/kg）	欧盟标准	超标倍数	IFS_c	影响程度
1	20200820-640300-LZFDC-EP-25A	**路蔬菜市场	茄子	炔螨特	1.2922	0.01	129.22	0.8184	可以接受
2	20200820-640300-LZFDC-CE-04A	**路蔬菜水果市场	芹菜	氟硅唑	0.2367	0.01	23.67	0.2142	可以接受
3	20200820-640300-LZFDC-CE-18A	**路鲜果蔬菜店(利通区明珠西路)	芹菜	氟硅唑	0.2174	0.01	21.74	0.1967	可以接受
4	20200820-640300-LZFDC-CE-17A	**北街蔬菜粮油市场	芹菜	氟硅唑	0.1519	0.01	15.19	0.1374	可以接受
5	20200820-640300-LZFDC-CE-07A	**路北粮油蔬菜市场	芹菜	氟硅唑	0.1341	0.01	13.41	0.1213	可以接受

续表

序号	样品编号	采样点	基质	农药	含量（mg/kg）	欧盟标准	超标倍数	IFS_c	影响程度
6	20200820-640300-LZFDC-EP-05A	**街菜篮子连锁超市（利通区）	茄子	炔螨特	0.1853	0.01	18.53	0.11736	可以接受
7	20200820-640300-LZFDC-CE-05A	**街菜篮子连锁超市（利通区）	芹菜	氟硅唑	0.1231	0.01	12.31	0.11138	可以接受
8	20200820-640300-LZFDC-EP-09A	**路蔬菜店（利通区双拥路）	茄子	炔螨特	0.1638	0.01	16.38	0.1037	可以接受
9	20200821-640500-LZFDC-CL-14A	**站果蔬店（沙坡头区迎宾大道）	小油菜	哒螨灵	0.142	0.01	14.2	0.0899	没有影响
10	20200820-640300-LZFDC-CE-25A	**西路蔬菜市场	芹菜	氟硅唑	0.0809	0.01	8.09	0.0732	没有影响

18.2.2 单种水果蔬菜中农药残留安全指数分析

本次 15 种水果蔬菜侦测 80 种农药，所有水果蔬菜均侦测出农药，检出频次为 1075 次，其中 6 种农药没有 ADI 标准，74 种农药存在 ADI 标准。对 15 种水果蔬菜按不同种类分别计算侦测出的具有 ADI 标准的各种农药的 IFS_c 值，农药残留对水果蔬菜的安全指数分布图如图 18-6 所示。

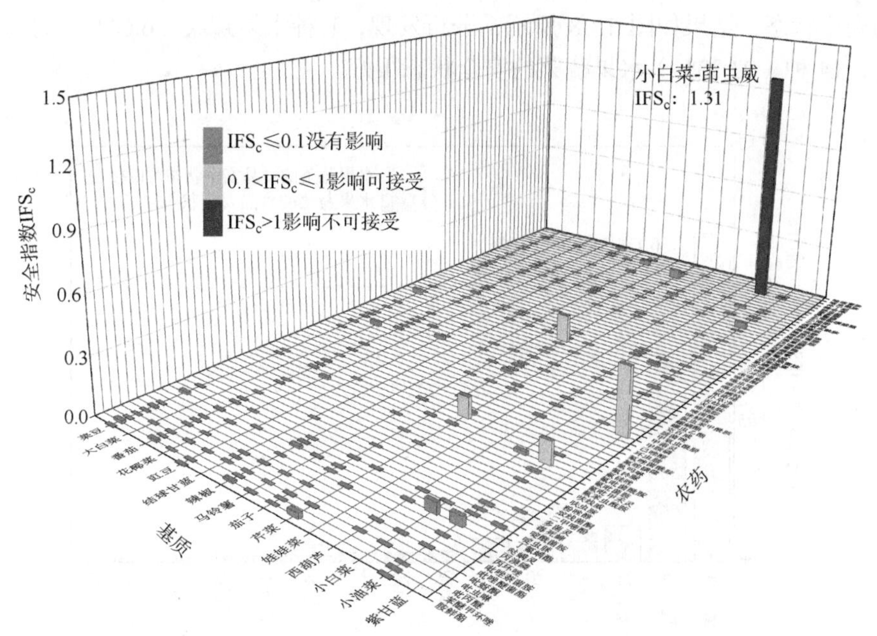

图 18-6 15 种水果蔬菜中 74 种残留农药的安全指数分布图

分析发现菠菜中的克百威残留对食品安全影响不可接受，如表 18-7 所示。

表 18-7　单种水果蔬菜中安全影响不可接受的残留农药安全指数表

序号	基质	农药	检出频次	检出率（%）	IFS>1 的频次	IFS>1 的比例（%）	IFS_c
1	小白菜	茚虫威	1	4.35	1	4.35	1.3059

本次侦测中，15 种水果蔬菜和 80 种残留农药（包括没有 ADI 标准）共涉及 249 个分析样本，农药对单种水果蔬菜安全的影响程度分布情况如图 18-7 所示。可以看出，85.14%的样本中农药对水果蔬菜安全没有影响，3.61%的样本中农药对水果蔬菜安全的影响可以接受，0.4%的样本中农药对水果蔬菜安全的影响不可接受。

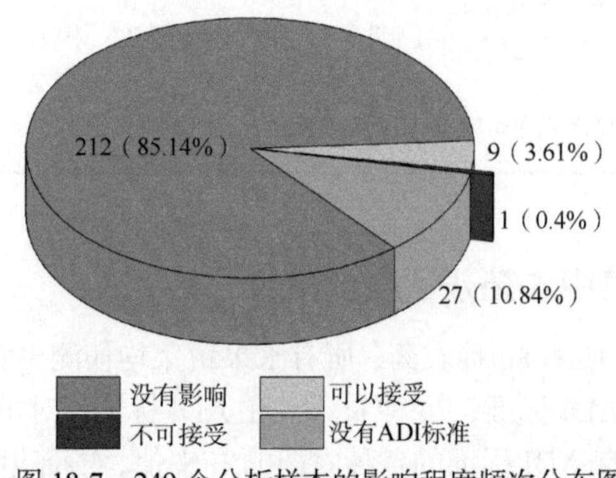

图 18-7　249 个分析样本的影响程度频次分布图

此外，分别计算 15 种水果蔬菜中所有侦测出农药 IFS_c 的平均值$\overline{IFS}$，分析每种水果蔬菜的安全状态，结果如图 18-8 所示，分析发现，1 种水果蔬菜（6.67%）的安全状态可接受，14 种（93.33%）水果蔬菜的安全状态很好。

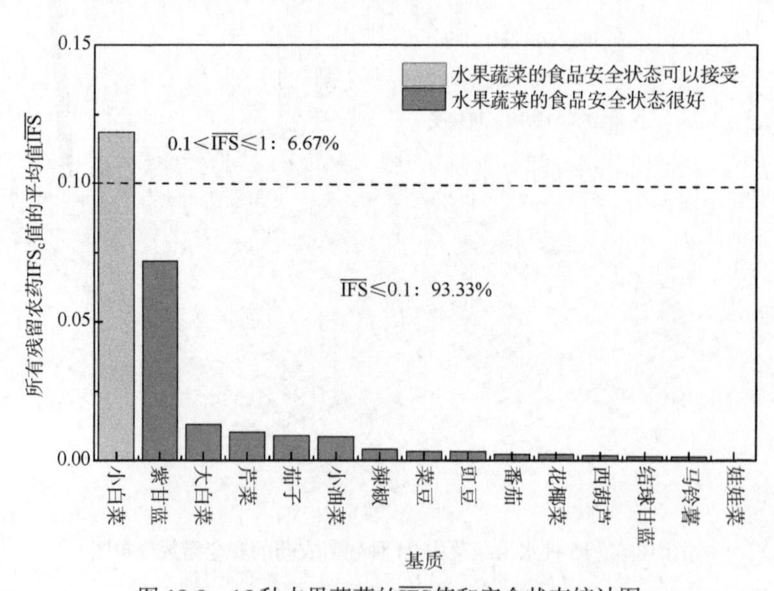

图 18-8　15 种水果蔬菜的$\overline{IFS}$值和安全状态统计图

8 月份内单种水果蔬菜安全状态统计情况如图 18-9 所示。

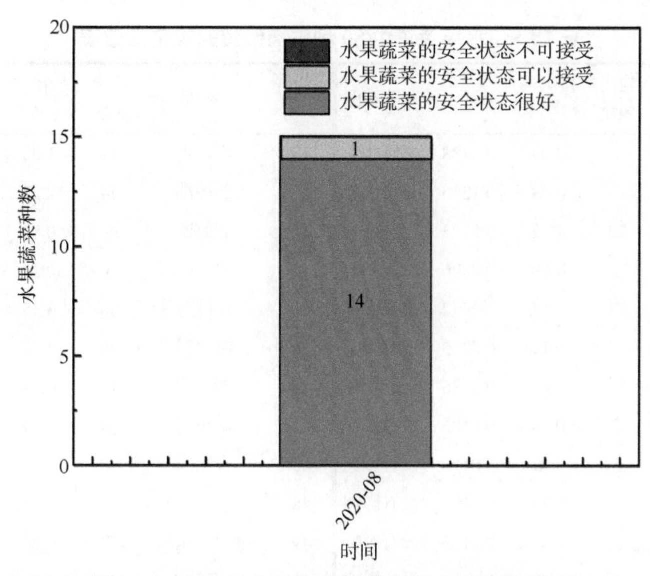

图 18-9　8 月份内单种水果蔬菜安全状态统计图

18.2.3　所有水果蔬菜中农药残留安全指数分析

计算所有水果蔬菜中 80 种农药的 $\overline{IFS}_c$ 值，结果如图 18-10 及表 18-8 所示。

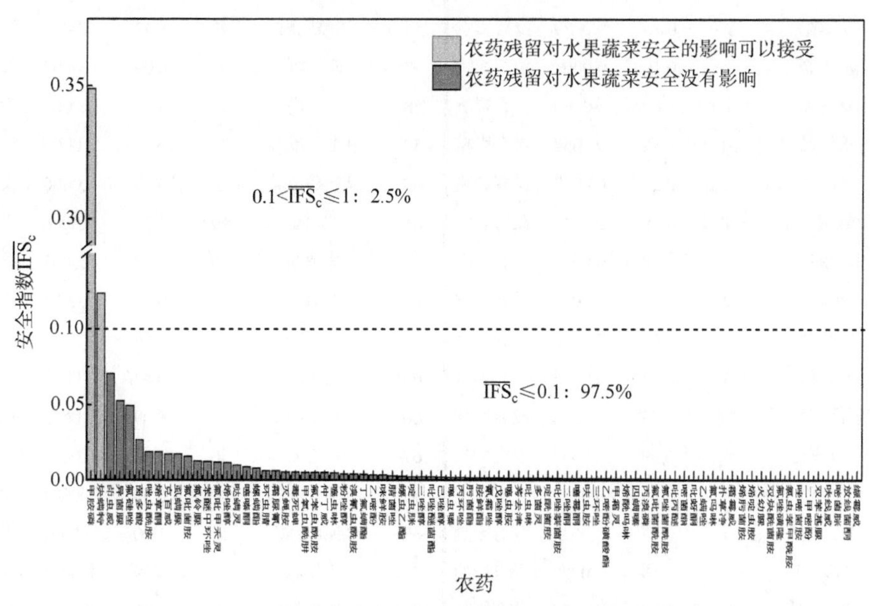

图 18-10　80 种残留农药对水果蔬菜的安全影响程度统计图

分析发现，所有农药的 $\overline{IFS}_c$ 均小于 1，说明 80 种农药对水果蔬菜安全的影响均在没有影响和可以接受的范围内，其中 2.5%的农药对水果蔬菜安全的影响可以接受，97.5%的农药对水果蔬菜安全没有影响。

表 18-8　水果蔬菜中 80 种农药残留的安全指数表

序号	农药	检出频次	检出率（%）	$\overline{IFS_c}$	影响程度	序号	农药	检出频次	检出率（%）	$\overline{IFS_c}$	影响程度
1	甲胺磷	1	0.09	0.3488	可以接受	39	丙环唑	11	1.02	0.0017	没有影响
2	炔螨特	10	0.93	0.1236	可以接受	40	肟菌酯	24	2.23	0.0014	没有影响
3	茚虫威	23	2.14	0.0705	没有影响	41	胺鲜酯	9	0.84	0.0014	没有影响
4	异菌脲	1	0.09	0.0526	没有影响	42	氰霜唑	3	0.28	0.0013	没有影响
5	氟硅唑	23	2.14	0.0492	没有影响	43	戊唑醇	36	3.35	0.0012	没有影响
6	茵多酸	2	0.19	0.0265	没有影响	44	噻虫胺	46	4.28	0.0011	没有影响
7	唑虫酰胺	1	0.09	0.0186	没有影响	45	莠去津	10	0.93	0.0011	没有影响
8	烯草酮	2	0.19	0.0185	没有影响	46	吡虫啉	59	5.49	0.0010	没有影响
9	克百威	5	0.47	0.0171	没有影响	47	多菌灵	20	1.86	0.0010	没有影响
10	虱螨脲	2	0.19	0.0171	没有影响	48	啶酰菌胺	4	0.37	0.0010	没有影响
11	氟吡菌胺	12	1.12	0.0155	没有影响	49	吡唑萘菌胺	3	0.28	0.0010	没有影响
12	氟铃脲	5	0.47	0.0124	没有影响	50	三唑酮	3	0.28	0.0010	没有影响
13	苯醚甲环唑	72	6.70	0.0121	没有影响	51	噻霉酮	3	0.28	0.0010	没有影响
14	氟吡甲禾灵	1	0.09	0.0118	没有影响	52	呋虫胺	7	0.65	0.0010	没有影响
15	烯唑醇	3	0.28	0.0114	没有影响	53	三环唑	10	0.93	0.0010	没有影响
16	哒螨灵	29	2.70	0.0098	没有影响	54	乙嘧酚磺酸酯	1	0.09	0.0008	没有影响
17	噻嗪酮	4	0.37	0.0087	没有影响	55	甲霜灵	12	1.12	0.0008	没有影响
18	螺螨酯	9	0.84	0.0079	没有影响	56	烯酰吗啉	91	8.47	0.0007	没有影响
19	环虫腈	2	0.19	0.0061	没有影响	57	四螨嗪	1	0.09	0.0007	没有影响
20	霜脲氰	1	0.09	0.0060	没有影响	58	丙溴磷	2	0.19	0.0007	没有影响
21	灭蝇胺	31	2.88	0.0052	没有影响	59	氟吡菌酰胺	21	1.95%	0.0006	没有影响
22	毒死蜱	3	0.28	0.0052	没有影响	60	氟唑菌酰胺	4	0.37	0.0006	没有影响
23	甲氧虫酰肼	1	0.09	0.0049	没有影响	61	吡丙醚	19	1.77	0.0006	没有影响
24	氟苯虫酰胺	2	0.19	0.0049	没有影响	62	嘧菌酯	40	3.72	0.0003	没有影响
25	仲丁威	2	0.19	0.0048	没有影响	63	吡蚜酮	4	0.37	0.0003	没有影响
26	噻虫啉	7	0.65	0.0046	没有影响	64	乙螨唑	6	0.56	0.0003	没有影响
27	粉唑醇	9	0.84	0.0038	没有影响	65	氟吗啉	5	0.47	0.0002	没有影响
28	溴氰虫酰胺	10	0.93	0.0038	没有影响	66	扑草净	1	0.09	0.0002	没有影响
29	丁氟螨酯	1	0.09	0.0037	没有影响	67	霜霉威	40	3.72	0.0002	没有影响
30	乙嘧酚	3	0.28	0.0034	没有影响	68	烯肟菌胺	1	0.09	0.0001	没有影响
31	咪鲜胺	4	0.37	0.0034	没有影响	69	烯啶虫胺	14	1.30	0.0001	没有影响
32	腈菌唑	2	0.19	0.0029	没有影响	70	灭幼脲	1	0.09	0.0001	没有影响
33	螺虫乙酯	16	1.49	0.0024	没有影响	71	双炔酰菌胺	1	0.09	0.0001	没有影响
34	啶虫脒	94	8.74	0.0021	没有影响	72	氟唑磺隆	3	0.28	0.0000	没有影响
35	三唑醇	2	0.19	0.0021	没有影响	73	氯虫苯甲酰胺	21	1.95	0.0000	没有影响
36	吡唑醚菌酯	51	4.74	0.0020	没有影响	74	唑嘧菌胺	1	0.09	0.0000	没有影响
37	己唑醇	1	0.09	0.0019	没有影响	75	二甲嘧酚	—	—	—	—
38	噻虫嗪	65	6.05	0.0018	没有影响	76	双苯基脲	—	—	—	—

续表

序号	农药	检出频次	检出率（%）	$\overline{IFS}_c$	影响程度	序号	农药	检出频次	检出率（%）	$\overline{IFS}_c$	影响程度
77	呋线威	—	—	—	—	79	放线菌酮	—	—	—	—
78	嘧菌腙	—	—	—	—	80	缬霉威	—	—	—	—

8 月内不同农药对水果蔬菜安全影响程度的统计如图 18-11 所示。

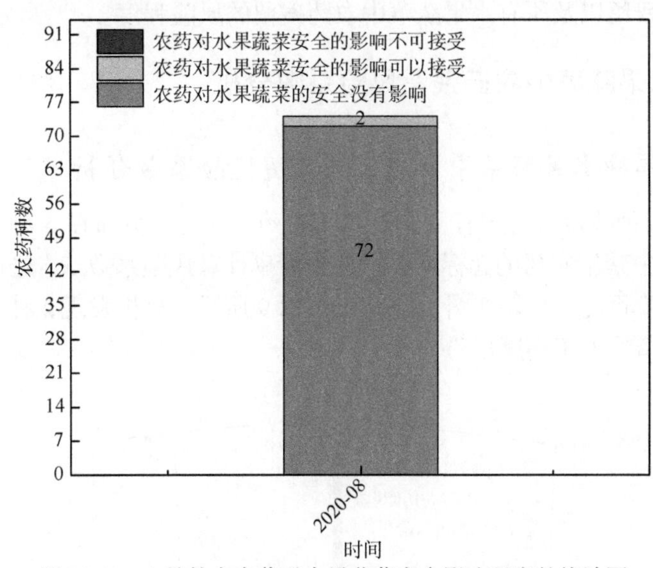

图 18-11　8 月份内农药对水果蔬菜安全影响程度的统计图

计算 8 月份内水果蔬菜的$\overline{IFS}$，以分析 8 月份内水果蔬菜的安全状态，结果如图 18-12 所示，可以看出 8 月份的水果蔬菜安全状态处于很好的范围内。

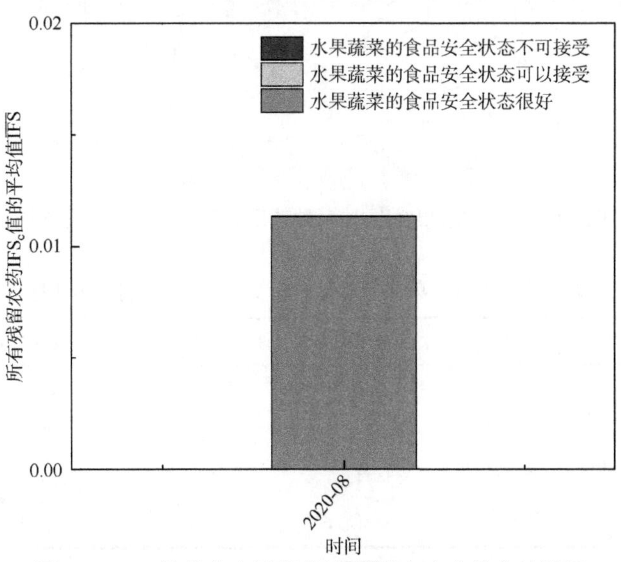

图 18-12　8 月份内水果蔬菜的$\overline{IFS}$值与安全状态统计图

18.3 农药残留预警风险评估

基于宁夏回族自治区水果蔬菜样品中农药残留 LC-Q-TOF/MS 侦测数据，分析禁用农药的检出率，同时参照中华人民共和国国家标准 GB 2763—2019 和欧盟农药最大残留限量（MRL）标准分析非禁用农药残留的超标率，并计算农药残留风险系数。分析单种水果蔬菜中农药残留以及所有水果蔬菜中农药残留的风险程度。

18.3.1 单种水果蔬菜中农药残留风险系数分析

18.3.1.1 单种水果蔬菜中禁用农药残留风险系数分析

侦测出的 80 种残留农药中有 4 种为禁用农药，且它们分布在 5 种水果蔬菜中，计算 5 种水果蔬菜中禁用农药的超标率，根据超标率计算风险系数 R，进而分析水果蔬菜中禁用农药的风险程度，结果如图 18-13 与表 18-9 所示。分析发现 4 种禁用农药在 5 种水果蔬菜中的残留均处于高度风险。

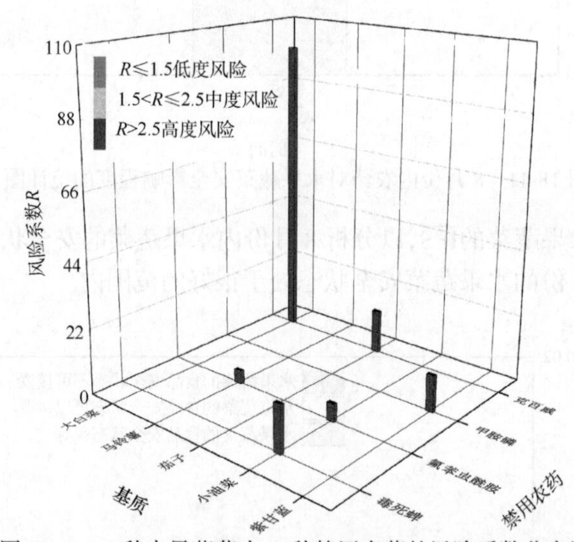

图 18-13 5 种水果蔬菜中 4 种禁用农药的风险系数分布图

表 18-9 5 种水果蔬菜中 4 种禁用农药的风险系数列表

序号	基质	农药	检出频次	检出率（%）	风险系数 R	风险程度
1	大白菜	克百威	1	100.00	101.10	高度风险
2	小油菜	毒死蜱	3	14.29	15.39	高度风险
3	茄子	克百威	4	13.33	14.43	高度风险
4	紫甘蓝	甲胺磷	1	11.11	12.21	高度风险

续表

序号	基质	农药	检出频次	检出率（%）	风险系数 R	风险程度
5	小油菜	氟苯虫酰胺	1	4.76	5.86	高度风险
6	马铃薯	氟苯虫酰胺	1	3.33	4.43	高度风险

18.3.1.2　基于MRL中国国家标准的单种水果蔬菜中非禁用农药残留风险系数分析

参照中华人民共和国国家标准GB 2763—2019中农药残留限量计算每种水果蔬菜中每种非禁用农药的超标率，进而计算其风险系数，根据风险系数大小判断残留农药的预警风险程度，水果蔬菜中非禁用农药残留风险程度分布情况如图18-14所示。

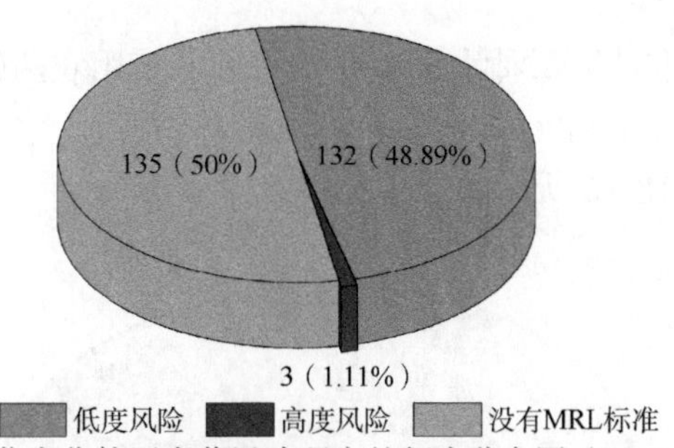

图18-14　水果蔬菜中非禁用农药风险程度的频次分布图（MRL中国国家标准）

本次分析中，发现在15种水果蔬菜侦测出76种残留非禁用农药，涉及样本270个，在270个样本中，1.11%处于高度风险，48.89%处于低度风险，此外发现有135个样本没有MRL中国国家标准值，无法判断其风险程度，有MRL中国国家标准值的135个样本涉及15种水果蔬菜中的40种非禁用农药，其风险系数 R 值如图18-15所示。表18-10为非禁用农药残留处于高度风险的水果蔬菜列表。

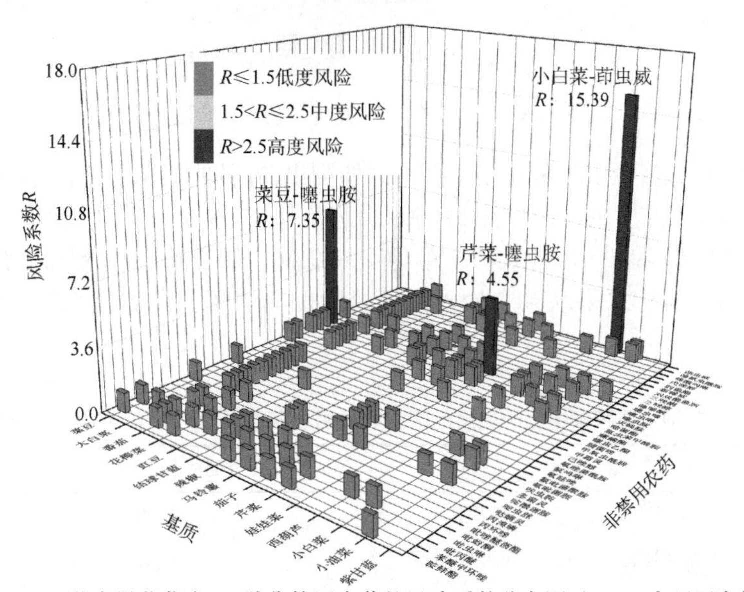

图18-15　15种水果蔬菜中40种非禁用农药的风险系数分布图（MRL中国国家标准）

表 18-10 单种水果蔬菜中处于高度风险的非禁用农药风险系数表（MRL 中国国家标准）

序号	基质	农药	超标频次	超标率 *P*（%）	风险系数 *R*
1	小白菜	茚虫威	1	14.29	15.39
2	菜豆	噻虫胺	1	6.25	7.35
3	芹菜	噻虫胺	1	3.45	4.55

18.3.1.3 基于 MRL 欧盟标准的单种水果蔬菜中非禁用农药残留风险系数分析

参照 MRL 欧盟标准计算每种水果蔬菜中每种非禁用农药的超标率，进而计算其风险系数，根据风险系数大小判断农药残留的预警风险程度，水果蔬菜中非禁用农药残留风险程度分布情况如图 18-16 所示。

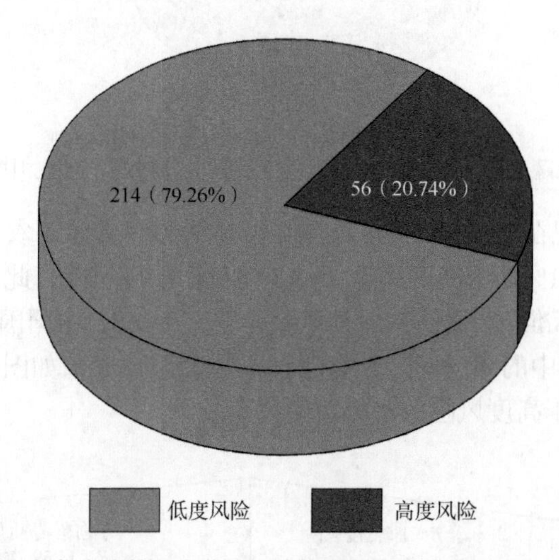

图 18-16 水果蔬菜中非禁用农药的风险程度的频次分布图（MRL 欧盟标准）

本次分析中，发现在 15 种水果蔬菜中共侦测出 76 种非禁用农药，涉及样本 270 个，其中，20.74%处于高度风险，涉及 13 种水果蔬菜和 36 种农药；79.26%处于低度风险，涉及 15 种水果蔬菜和 61 种农药。单种水果蔬菜中的非禁用农药风险系数分布图如图 18-17 所示。单种水果蔬菜中处于高度风险的非禁用农药风险系数如图 18-18 和表 18-11 所示。

表 18-11 单种水果蔬菜中处于高度风险的非禁用农药的风险系数表（MRL 欧盟标准）

序号	基质	农药	超标频次	超标率 *P*（%）	风险系数 *R*
1	娃娃菜	双苯基脲	1	50.00	51.10
2	结球甘蓝	噻虫嗪	8	40.00	41.10
3	芹菜	氟硅唑	10	34.48	35.58

续表

序号	基质	农药	超标频次	超标率 P（%）	风险系数 R
4	小油菜	灭蝇胺	6	28.57	29.67
5	芹菜	啶虫脒	7	24.14	25.24
6	小油菜	啶虫脒	5	23.81	24.91
7	芹菜	氟铃脲	5	17.24	18.34
8	茄子	炔螨特	5	16.67	17.77
9	小白菜	哒螨灵	1	14.29	15.39
10	小白菜	啶虫脒	1	14.29	15.39
11	小白菜	噻虫嗪	1	14.29	15.39
12	小白菜	噻虫胺	1	14.29	15.39
13	小白菜	溴氰虫酰胺	1	14.29	15.39
14	菜豆	炔螨特	2	12.50	13.60
15	菜豆	烯酰吗啉	2	12.50	13.60
16	小油菜	丙环唑	2	9.52	10.62
17	小油菜	呋虫胺	2	9.52	10.62
18	小油菜	哒螨灵	2	9.52	10.62
19	小油菜	虱螨脲	2	9.52	10.62
20	豇豆	唑虫酰胺	1	7.14	8.24
21	豇豆	烯酰吗啉	1	7.14	8.24
22	豇豆	胺鲜酯	1	7.14	8.24
23	豇豆	螺螨酯	1	7.14	8.24
24	番茄	呋虫胺	2	6.67	7.77
25	番茄	噻嗪酮	2	6.67	7.77
26	番茄	烯啶虫胺	2	6.67	7.77
27	茄子	茵多酸	2	6.67	7.77
28	辣椒	仲丁威	2	6.67	7.77
29	菜豆	烯啶虫胺	1	6.25	7.35
30	结球甘蓝	放线菌酮	1	5.00	6.10
31	小油菜	三环唑	1	4.76	5.86
32	小油菜	噻虫嗪	1	4.76	5.86
33	小油菜	放线菌酮	1	4.76	5.86
34	小油菜	氰霜唑	1	4.76	5.86
35	小油菜	溴氰虫酰胺	1	4.76	5.86
36	小油菜	烯草酮	1	4.76	5.86
37	芹菜	丙环唑	1	3.45	4.55
38	芹菜	双苯基脲	1	3.45	4.55

续表

序号	基质	农药	超标频次	超标率 P（%）	风险系数 R
39	芹菜	噻虫胺	1	3.45	4.55
40	芹菜	烯唑醇	1	3.45	4.55
41	芹菜	甲氧虫酰肼	1	3.45	4.55
42	芹菜	甲霜灵	1	3.45	4.55
43	芹菜	霜脲氰	1	3.45	4.55
44	番茄	三唑酮	1	3.33	4.43
45	番茄	氟吗啉	1	3.33	4.43
46	番茄	氟硅唑	1	3.33	4.43
47	花椰菜	嘧菌腙	1	3.33	4.43
48	茄子	异菌脲	1	3.33	4.43
49	茄子	灭幼脲	1	3.33	4.43
50	茄子	螺螨酯	1	3.33	4.43
51	西葫芦	甲霜灵	1	3.33	4.43
52	辣椒	丁氟螨酯	1	3.33	4.43
53	辣椒	二甲嘧酚	1	3.33	4.43
54	辣椒	哒螨灵	1	3.33	4.43
55	马铃薯	噻虫嗪	1	3.33	4.43
56	马铃薯	氟硅唑	1	3.33	4.43

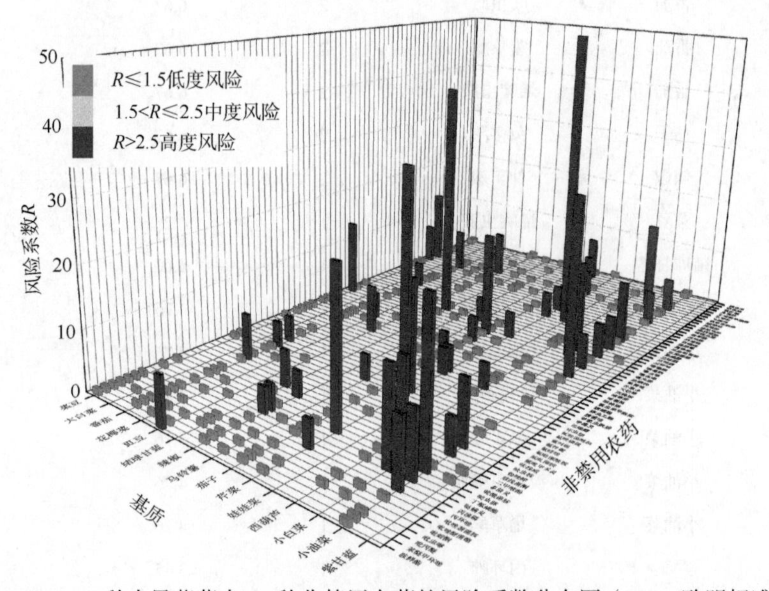

图 18-17　15 种水果蔬菜中 76 种非禁用农药的风险系数分布图（MRL 欧盟标准）

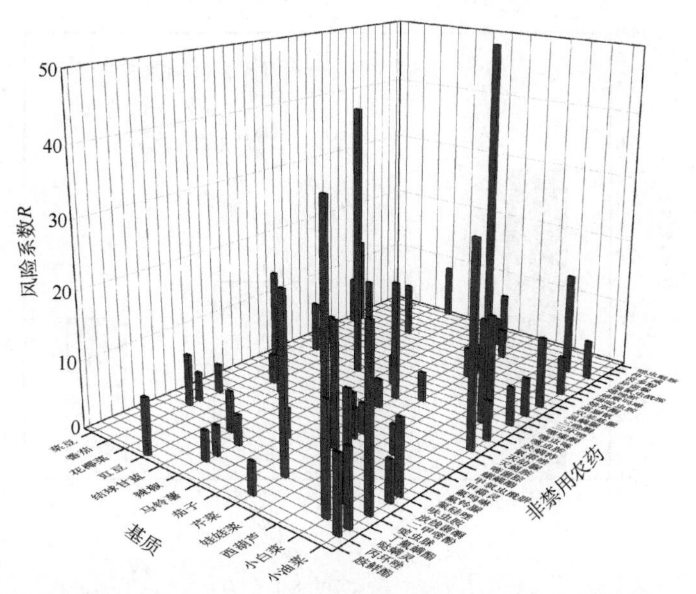

图 18-18　单种水果蔬菜中处于高度风险的非禁用农药的风险系数分布图（MRL 欧盟标准）

18.3.2　所有水果蔬菜中农药残留风险系数分析

18.3.2.1　所有水果蔬菜中禁用农药残留风险系数分析

在侦测出的 80 种农药中有 4 种为禁用农药，计算所有水果蔬菜中禁用农药的风险系数，结果如表 18-12 所示。禁用农药克百威处于高度风险。

表 18-12　水果蔬菜中 4 种禁用农药的风险系数表

序号	农药	检出频次	检出率 P（%）	风险系数 R	风险程度
1	克百威	5	1.67	2.77	高度风险
2	毒死蜱	3	1.00	2.10	中度风险
3	氟苯虫酰胺	2	0.67	1.77	中度风险
4	甲胺磷	1	0.33	1.43	低度风险

对 8 月份内的禁用农药的风险系数进行分析，结果如图 18-19 所示。

18.3.2.2　所有水果蔬菜中非禁用农药残留风险系数分析

参照 MRL 欧盟标准计算所有水果蔬菜中每种非禁用农药残留的风险系数，如图 18-20 与表 18-13 所示。在侦测出的 76 种非禁用农药中，6 种农药（7.89%）残留处于高度风险，15 种农药（19.74%）残留处于中度风险，55 种农药（72.37%）残留处于低度风险。

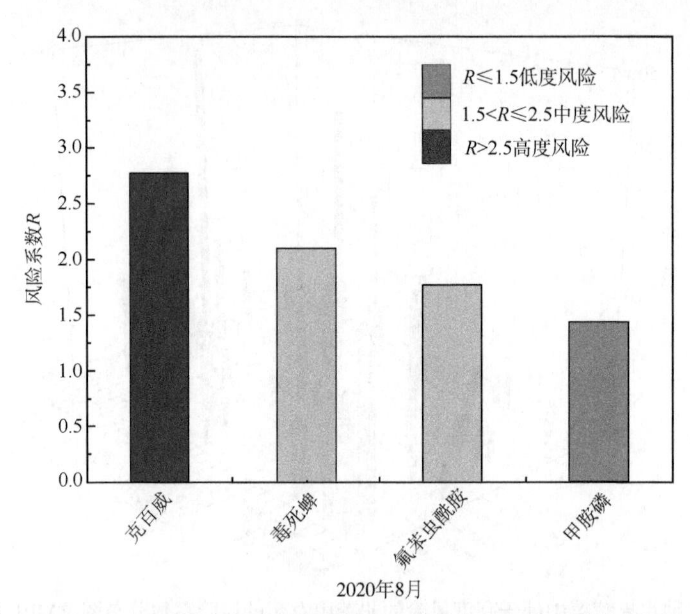

图 18-19　8 月份内水果蔬菜中禁用农药残留的风险系数分布图

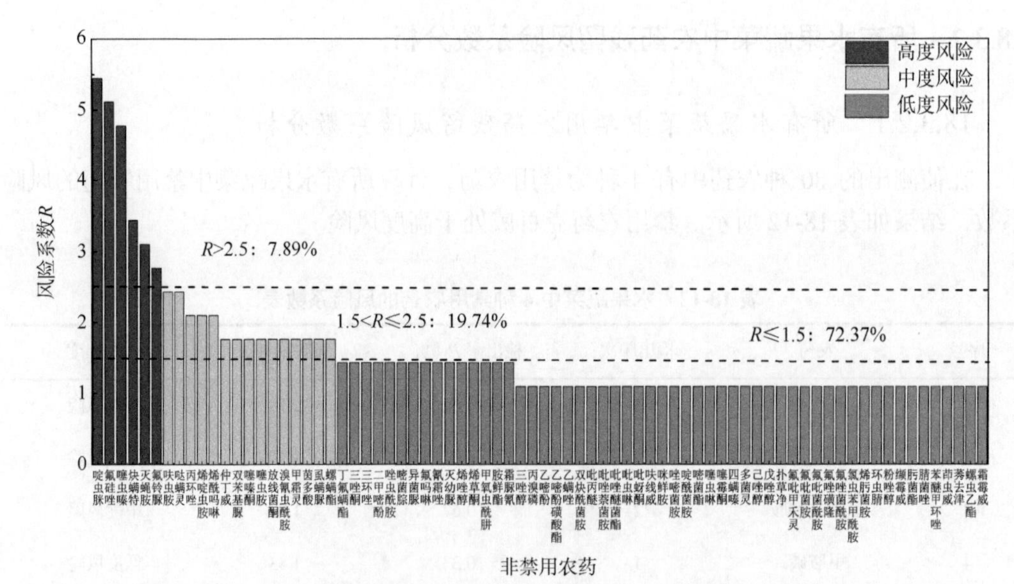

图 18-20　水果蔬菜中 76 种非禁用农药的风险程度统计图

表 18-13　水果蔬菜中 76 种非禁用农药的风险系数表

序号	农药	超标频次	超标率 P（%）	风险系数 R	风险程度
1	啶虫脒	13	4.35	5.45	高度风险
2	氟硅唑	12	4.01	5.11	高度风险
3	噻虫嗪	11	3.68	4.78	高度风险
4	炔螨特	7	2.34	3.44	高度风险
5	灭蝇胺	6	2.01	3.11	高度风险

续表

序号	农药	超标频次	超标率 P（%）	风险系数 R	风险程度
6	氟铃脲	5	1.67	2.77	高度风险
7	呋虫胺	4	1.34	2.44	中度风险
8	哒螨灵	4	1.34	2.44	中度风险
9	丙环唑	3	1.00	2.10	中度风险
10	烯啶虫胺	3	1.00	2.10	中度风险
11	烯酰吗啉	3	1.00	2.10	中度风险
12	仲丁威	2	0.67	1.77	中度风险
13	双苯基脲	2	0.67	1.77	中度风险
14	噻嗪酮	2	0.67	1.77	中度风险
15	噻虫胺	2	0.67	1.77	中度风险
16	放线菌酮	2	0.67	1.77	中度风险
17	溴氰虫酰胺	2	0.67	1.77	中度风险
18	甲霜灵	2	0.67	1.77	中度风险
19	茵多酸	2	0.67	1.77	中度风险
20	虱螨脲	2	0.67	1.77	中度风险
21	螺螨酯	2	0.67	1.77	中度风险
22	丁氟螨酯	1	0.33	1.43	低度风险
23	三唑酮	1	0.33	1.43	低度风险
24	三环唑	1	0.33	1.43	低度风险
25	二甲嘧酚	1	0.33	1.43	低度风险
26	唑虫酰胺	1	0.33	1.43	低度风险
27	嘧菌腙	1	0.33	1.43	低度风险
28	异菌脲	1	0.33	1.43	低度风险
29	氟吗啉	1	0.33	1.43	低度风险
30	氰霜唑	1	0.33	1.43	低度风险
31	灭幼脲	1	0.33	1.43	低度风险
32	烯唑醇	1	0.33	1.43	低度风险
33	烯草酮	1	0.33	1.43	低度风险
34	甲氧虫酰肼	1	0.33	1.43	低度风险
35	胺鲜酯	1	0.33	1.43	低度风险
36	霜脲氰	1	0.33	1.43	低度风险
37	三唑醇	0	0.00	1.10	低度风险
38	丙溴磷	0	0.00	1.10	低度风险
39	乙嘧酚	0	0.00	1.10	低度风险
40	乙嘧酚磺酸酯	0	0.00	1.10	低度风险

续表

序号	农药	超标频次	超标率 P（%）	风险系数 R	风险程度
41	乙螨唑	0	0.00	1.10	低度风险
42	双炔酰菌胺	0	0.00	1.10	低度风险
43	吡丙醚	0	0.00	1.10	低度风险
44	吡唑萘菌胺	0	0.00	1.10	低度风险
45	吡唑醚菌酯	0	0.00	1.10	低度风险
46	吡虫啉	0	0.00	1.10	低度风险
47	吡蚜酮	0	0.00	1.10	低度风险
48	呋线威	0	0.00	1.10	低度风险
49	咪鲜胺	0	0.00	1.10	低度风险
50	唑嘧菌胺	0	0.00	1.10	低度风险
51	啶酰菌胺	0	0.00	1.10	低度风险
52	嘧菌酯	0	0.00	1.10	低度风险
53	噻虫啉	0	0.00	1.10	低度风险
54	噻霉酮	0	0.00	1.10	低度风险
55	四螨嗪	0	0.00	1.10	低度风险
56	多菌灵	0	0.00	1.10	低度风险
57	己唑醇	0	0.00	1.10	低度风险
58	戊唑醇	0	0.00	1.10	低度风险
59	扑草净	0	0.00	1.10	低度风险
60	氟吡甲禾灵	0	0.00	1.10	低度风险
61	氟吡菌胺	0	0.00	1.10	低度风险
62	氟吡菌酰胺	0	0.00	1.10	低度风险
63	氟唑磺隆	0	0.00	1.10	低度风险
64	氟唑菌酰胺	0	0.00	1.10	低度风险
65	氯虫苯甲酰胺	0	0.00	1.10	低度风险
66	烯肟菌胺	0	0.00	1.10	低度风险
67	环虫腈	0	0.00	1.10	低度风险
68	粉唑醇	0	0.00	1.10	低度风险
69	缬霉威	0	0.00	1.10	低度风险
70	肟菌酯	0	0.00	1.10	低度风险
71	腈菌唑	0	0.00	1.10	低度风险
72	苯醚甲环唑	0	0.00	1.10	低度风险
73	茚虫威	0	0.00	1.10	低度风险
74	莠去津	0	0.00	1.10	低度风险
75	螺虫乙酯	0	0.00	1.10	低度风险
76	霜霉威	0	0.00	1.10	低度风险

对 8 月份内的非禁用农药的风险系数分析，8 月份内非禁用农药风险程度分布图如图 18-21 所示。

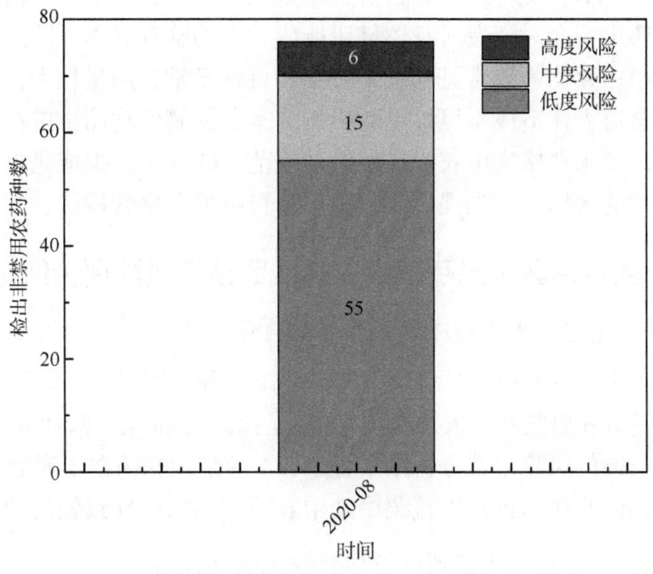

图 18-21　8 月份水果蔬菜中非禁用农药残留的风险程度分布图

18.4　农药残留风险评估结论与建议

农药残留是影响水果蔬菜安全和质量的主要因素，也是我国食品安全领域备受关注的敏感话题和亟待解决的重大问题之一。各种水果蔬菜均存在不同程度的农药残留现象，本研究主要针对宁夏回族自治区各类水果蔬菜存在的农药残留问题，基于 2020 年 8 月期间对宁夏省 299 例水果蔬菜样品中农药残留侦测得出的 1075 个侦测结果，分别采用食品安全指数模型和风险系数模型，开展水果蔬菜中农药残留的膳食暴露风险和预警风险评估。水果蔬菜样品取自超市和农贸市场，符合大众的膳食来源，风险评价时更具有代表性和可信度。

本研究力求通用简单地反映食品安全中的主要问题，且为管理部门和大众容易接受，为政府及相关管理机构建立科学的食品安全信息发布和预警体系提供科学的规律与方法，加强对农药残留的预警和食品安全重大事件的预防，控制食品风险。

18.4.1　宁夏回族自治区水果蔬菜中农药残留膳食暴露风险评价结论

1）水果蔬菜样品中农药残留安全状态评价结论

采用食品安全指数模型，对 2020 年 8 月期间宁夏回族自治区水果蔬菜食品农药残留膳食暴露风险进行评价，根据 IFS_c 的计算结果发现，水果蔬菜中农药的 $\overline{IFS}$ 为 0.0135，说明宁夏回族自治区水果蔬菜总体处于很好的安全状态，但部分禁用农药、高残留农药在蔬菜、水果中仍有侦测出，导致膳食暴露风险的存在，成为不安全因素。

2）单种水果蔬菜中农药膳食暴露风险不可接受情况评价结论

单种水果蔬菜中农药残留安全指数分析结果显示，农药对单种水果蔬菜安全影响不可接受（IFS_c>1）的样本数共 1 个，占总样本数的 0.33%，样本为小白菜中的茚虫威，说明小白菜中的茚虫威会对消费者身体健康造成较大的膳食暴露风险。茚虫威属于禁用的剧毒农药，且小白菜均为较常见的水果蔬菜，百姓日常食用量较大，长期食用大量残留茚虫威的菠菜会对人体造成不可接受的影响，本次侦测发现茚虫威在小白菜样品中多次并大量侦测出，是未严格实施农业良好管理规范（GAP），抑或是农药滥用，这应该引起相关管理部门的警惕，应加强对小白菜中茚虫威的严格管控。

18.4.2 宁夏回族自治区水果蔬菜中农药残留预警风险评价结论

1）单种水果蔬菜中禁用农药残留的预警风险评价结论

本次侦测过程中，在 5 种水果蔬菜中侦测超出 4 种禁用农药，禁用农药为：克百威、毒死蜱、氟苯虫酰胺和甲胺磷，水果蔬菜为：大白菜、小油菜、紫甘蓝、茄子和马铃薯，水果蔬菜中禁用农药的风险系数分析结果显示，4 种禁用农药在 5 种水果蔬菜中的残留均处于高度风险，说明在单种水果蔬菜中禁用农药的残留会导致较高的预警风险。

2）单种水果蔬菜中非禁用农药残留的预警风险评价结论

以 MRL 中国国家标准为标准，计算水果蔬菜中非禁用农药风险系数情况下，270 个样本中，3 个处于高度风险（1.11%），132 个处于低度风险（48.89%），135 个样本没有 MRL 中国国家标准（50.00%）。以 MRL 欧盟标准为标准，计算水果蔬菜中非禁用农药风险系数情况下，发现有 56 个处于高度风险（20.74%），214 个处于低度风险（79.26%）。基于两种 MRL 标准，评价的结果差异显著，可以看出 MRL 欧盟标准比中国国家标准更加严格和完善，过于宽松的 MRL 中国国家标准值能否有效保障人体的健康有待研究。

18.4.3 加强宁夏回族自治区水果蔬菜食品安全建议

我国食品安全风险评价体系仍不够健全，相关制度不够完善，多年来，由于农药用药次数多、用药量大或用药间隔时间短，产品残留量大，农药残留所造成的食品安全问题日益严峻，给人体健康带来了直接或间接的危害。据估计，美国与农药有关的癌症患者数约占全国癌症患者总数的 50%，中国更高。同样，农药对其他生物也会形成直接杀伤和慢性危害，植物中的农药可经过食物链逐级传递并不断蓄积，对人和动物构成潜在威胁，并影响生态系统。

基于本次农药残留侦测数据的风险评价结果，提出以下几点建议：

1）加快食品安全标准制定步伐

我国食品标准中对农药每日允许最大摄入量 ADI 的数据严重缺乏，在本次宁夏回族自治区水果蔬菜农药残留评价所涉及的 80 种农药中，仅有 92.5%的农药具有 ADI 值，而 7.5%的农药中国尚未规定相应的 ADI 值，亟待完善。

我国食品中农药最大残留限量值的规定严重缺乏，对评估涉及的不同水果蔬菜中不同农药 249 个 MRL 限值进行统计来看，我国仅制定出 84 个标准，标准完整率仅为 33.7%，欧盟的完整率达到 100%（表 18-14）。因此，中国更应加快 MRL 的制定步伐。

表 18-14　我国国家食品标准农药的 ADI、MRL 值与欧盟标准的数量差异

分类		中国 ADI	MRL 中国国家标准	MRL 欧盟标准
标准限值（个）	有	57	84	249
	无	7	165	0
总数（个）		64	249	249
无标准限值比例（%）		10.9	66.3	0

此外，MRL 中国国家标准限值普遍高于欧盟标准限值，这些标准中共有 54 个高于欧盟。过高的 MRL 值难以保障人体健康，建议继续加强对限值基准和标准的科学研究，将农产品中的危险性减少到尽可能低的水平。

2）加强农药的源头控制和分类监管

在宁夏回族自治区某些水果蔬菜中仍有禁用农药残留，利用 LC-Q-TOF/MS 技术侦测出 4 种禁用农药，检出频次为 11 次，残留禁用农药均存在较大的膳食暴露风险和预警风险。早已列入黑名单的禁用农药在我国并未真正退出，有些药物由于价格便宜、工艺简单，此类高毒农药一直生产和使用。建议在我国采取严格有效的控制措施，从源头控制禁用农药。

对于非禁用农药，在我国作为“田间地头”最典型单位的县级蔬果产地中，农药残留的侦测几乎缺失。建议根据农药的毒性，对高毒、剧毒、中毒农药实现分类管理，减少使用高毒和剧毒高残留农药，进行分类监管。

3）加强残留农药的生物修复及降解新技术

市售果蔬中残留农药的品种多、频次高、禁用农药多次检出这一现状，说明了我国的田间土壤和水体因农药长期、频繁、不合理的使用而遭到严重污染。为此，建议中国相关部门出台相关政策，鼓励高校及科研院所积极开展分子生物学、酶学等研究，加强土壤、水体中残留农药的生物修复及降解新技术研究，切实加大农药监管力度，以控制农药的面源污染问题。

综上所述，在本工作基础上，根据蔬菜残留危害，可进一步针对其成因提出和采取严格管理、大力推广无公害蔬菜种植与生产、健全食品安全控制技术体系、加强蔬菜食品质量侦测体系建设和积极推行蔬菜食品质量追溯制度等相应对策。建立和完善食品安全综合评价指数与风险监测预警系统，对食品安全进行实时、全面的监控与分析，为我国的食品安全科学监管与决策提供新的技术支持，可实现各类检验数据的信息化系统管理，降低食品安全事故的发生。

第 19 章　GC-Q-TOF/MS 侦测宁夏回族自治区市售水果蔬菜农药残留报告

从宁夏回族自治区 3 个市区，随机采集了 299 例水果蔬菜样品，使用气相色谱-四极杆飞行时间质谱（GC-Q-TOF/MS）对 686 种农药化学污染物进行示范侦测。

19.1　样品种类、数量与来源

19.1.1　样品采集与检测

为了真实反映百姓餐桌上水果蔬菜中农药残留污染状况，本次所有检测样品均由检验人员于 2020 年 8 月期间，从宁夏回族自治区 31 个采样点，包括 8 个农贸市场、16 个个体商户、7 个超市，以随机购买方式采集，总计 31 批 299 例样品，从中检出农药 76 种，767 频次。采样及监测概况见表 19-1，样品及采样点明细见表 19-2 及表 19-3。

表 19-1　农药残留监测总体概况

采样地区	宁夏回族自治区 4 个区县
采样点（超市+农贸市场+个体商户）	31
样本总数	299
检出农药品种/频次	76/767
各采样点样本农药残留检出率范围	40.0%～100.0%

表 19-2　样品分类及数量

样品分类	样品名称（数量）	数量小计
1. 蔬菜		299
1）芸薹属类蔬菜	结球甘蓝（20），花椰菜（30），紫甘蓝（9）	59
2）茄果类蔬菜	辣椒（30），番茄（30），茄子（30）	90
3）瓜类蔬菜	西葫芦（30）	30
4）叶菜类蔬菜	芹菜（29），小白菜（7），小油菜（21），大白菜（1），娃娃菜（2）	60
5）根茎类和薯芋类蔬菜	马铃薯（30）	30
6）豆类蔬菜	豇豆（14），菜豆（16）	30
合计	1. 蔬菜 15 种	299

表 19-3　宁夏回族自治区采样点信息

采样点序号	行政区域	采样点
个体商户（16）		
1	中卫市 沙坡头区	***果蔬店（沙坡头区南苑东路）
2	中卫市 沙坡头区	***菜店（沙坡头区中山街）
3	中卫市 沙坡头区	***果蔬店（沙坡头区宣和镇）
4	中卫市 沙坡头区	***早市（沙坡头区黄湾村）
5	中卫市 沙坡头区	***果蔬店（沙坡头区迎宾大道）
6	中卫市 沙坡头区	***菜店（沙坡头区中央东大道）
7	中卫市 沙坡头区	***菜店（沙坡头区）
8	吴忠市 利通区	***蔬菜店（利通区世纪大道）
9	吴忠市 利通区	***蔬菜店（利通区利通北街）
10	吴忠市 利通区	***蔬菜店（利通区双拥路）
11	吴忠市 利通区	***果蔬店（利通区明珠西路）
12	吴忠市 利通区	***果蔬店（利通区裕民西路）
13	吴忠市 利通区	***超市（利通区）
14	银川市 兴庆区	***果蔬店（兴庆区富宁街）
15	银川市 兴庆区	***果蔬店（兴庆区西桥巷）
16	银川市 金凤区	***超市（金凤区）
农贸市场（8）		
1	中卫市 沙坡头区	***市场
2	吴忠市 利通区	***市场
3	吴忠市 利通区	***市场
4	吴忠市 利通区	***市场
5	吴忠市 利通区	***市场
6	银川市 兴庆区	***直销店（利民街店）
7	银川市 金凤区	***直销店（紫檀水景店）
8	银川市 金凤区	***市场
超市（7）		
1	中卫市 沙坡头区	***超市（世和新天地店）
2	中卫市 沙坡头区	***超市（中卫店）
3	银川市 兴庆区	***超市（长城东路店）
4	银川市 金凤区	***超市（宝湖海悦店）
5	银川市 金凤区	***超市（蓝山名邸店）
6	银川市 金凤区	***超市（良田店）
7	银川市 金凤区	***超市（宝湖店）

19.1.2 检测结果

这次使用的检测方法是庞国芳院士团队最新研发的不需使用标准品对照，而以高分辨精确质量数（0.0001 *m/z*）为基准的 GC-Q-TOF/MS 检测技术，对于 299 例样品，每个样品均侦测了 686 种农药化学污染物的残留现状。通过本次侦测，在 299 例样品中共计检出农药化学污染物 76 种，检出 767 频次。

19.1.2.1 各采样点样品检出情况

统计分析发现 31 个采样点中，被测样品的农药检出率范围为 40.0%～100.0%。其中，***超市（金凤区）的检出率最高，为 100.0%。***果蔬店（利通区明珠西路）的检出率最低，为 40.0%，见图 19-1。

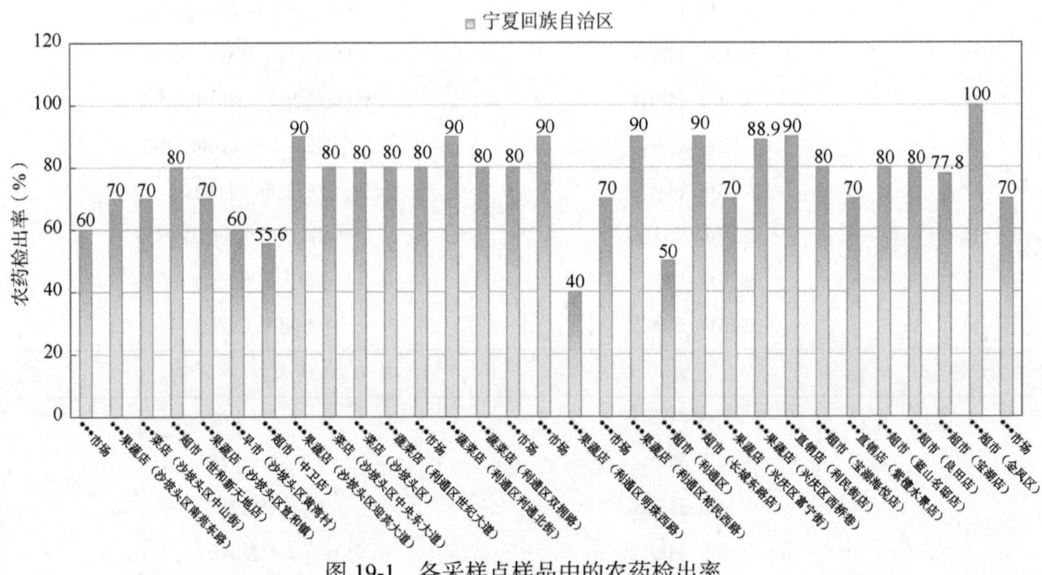

图 19-1　各采样点样品中的农药检出率

19.1.2.2 检出农药的品种总数与频次

统计分析发现，对于 299 例样品中 686 种农药化学污染物的侦测，共检出农药 767 频次，涉及农药 76 种，结果如图 19-2 所示。其中二苯胺检出频次最高，共检出 116 次。检出频次排名前 10 的农药如下：①二苯胺（116），②烯酰吗啉（59），③灭菌丹（47），④戊唑醇（35），⑤苯醚甲环唑（28），⑥虫螨腈（27），⑦氯氟氰菊酯（27），⑧丙环唑（26），⑨联苯（25），⑩蒽醌（22）。

由图 19-3 可见，芹菜、番茄和菜豆这 3 种果蔬样品中检出的农药品种数较高，均超过 25 种，其中，芹菜检出农药品种最多，为 32 种。由图 19-4 可见，芹菜、番茄和西葫芦这 3 种果蔬样品中的农药检出频次较高，均超过 100 次，其中，芹菜检出农药频次最高，为 163 次。

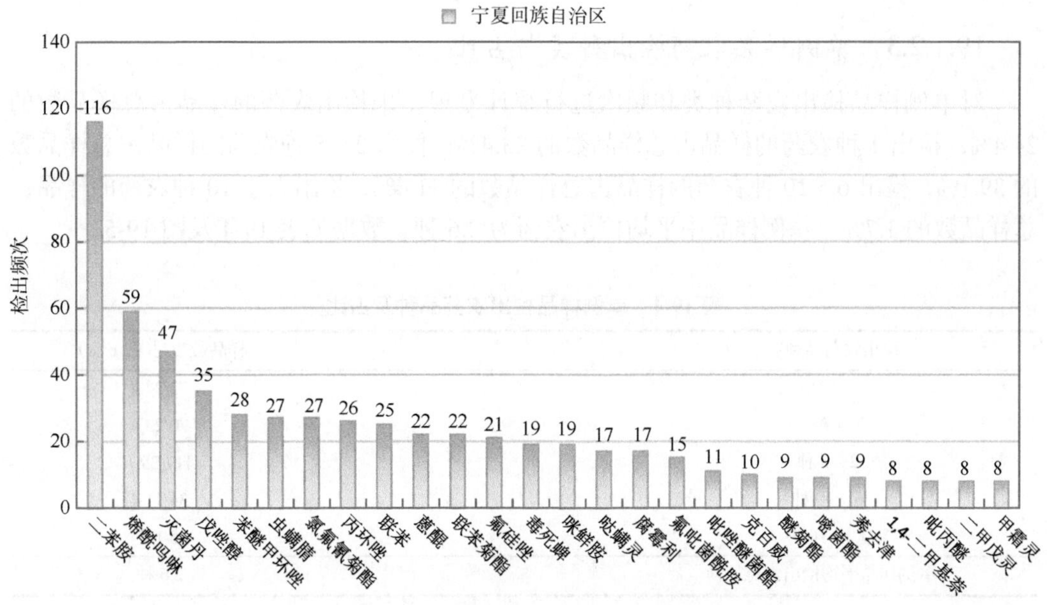

图 19-2　检出农药品种及频次（仅列出 8 频次及以上的数据）

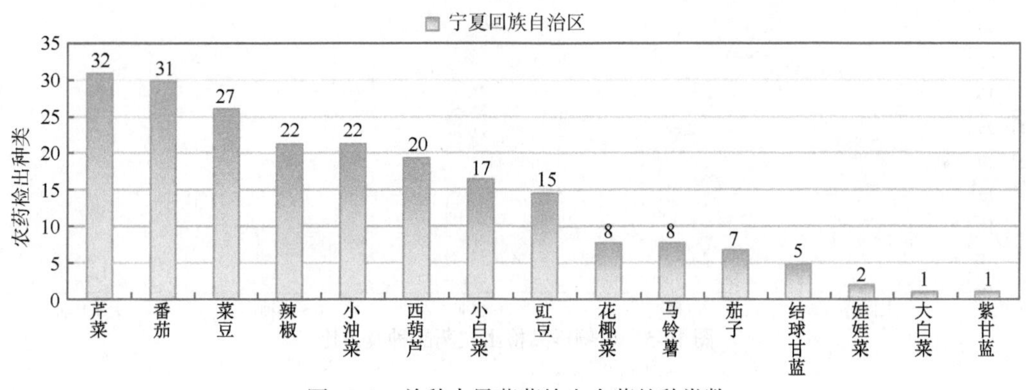

图 19-3　单种水果蔬菜检出农药的种类数

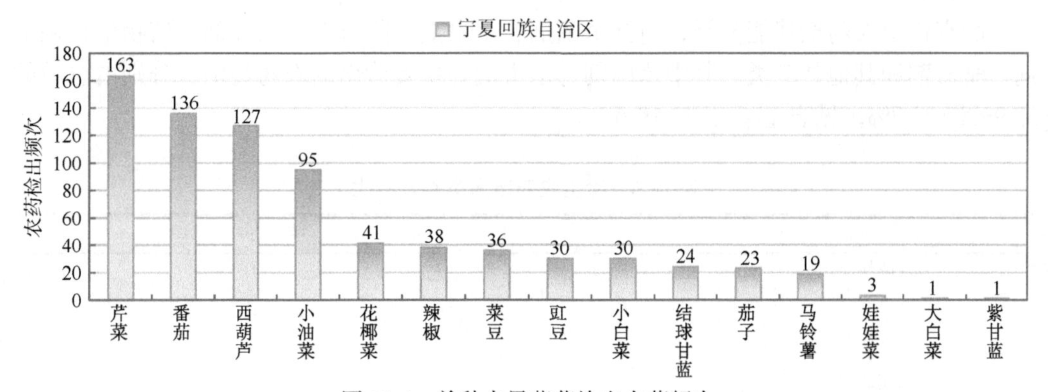

图 19-4　单种水果蔬菜检出农药频次

19.1.2.3　单例样品农药检出种类与占比

对单例样品检出农药种类和频次进行统计发现，未检出农药的样品占总样品数的24.4%，检出1种农药的样品占总样品数的23.4%，检出2～5种农药的样品占总样品数的39.1%，检出6～10种农药的样品占总样品数的11.4%，检出大于10种农药的样品占总样品数的1.7%。每例样品中平均检出农药为2.6种，数据见表19-4及图19-5。

表19-4　单例样品检出农药品种及占比

检出农药品种数	样品数量/占比（%）
未检出	73/24.4
1种	70/23.4
2～5种	117/39.1
6～10种	34/11.4
大于10种	5/1.7
单例样品平均检出农药品种	2.6种

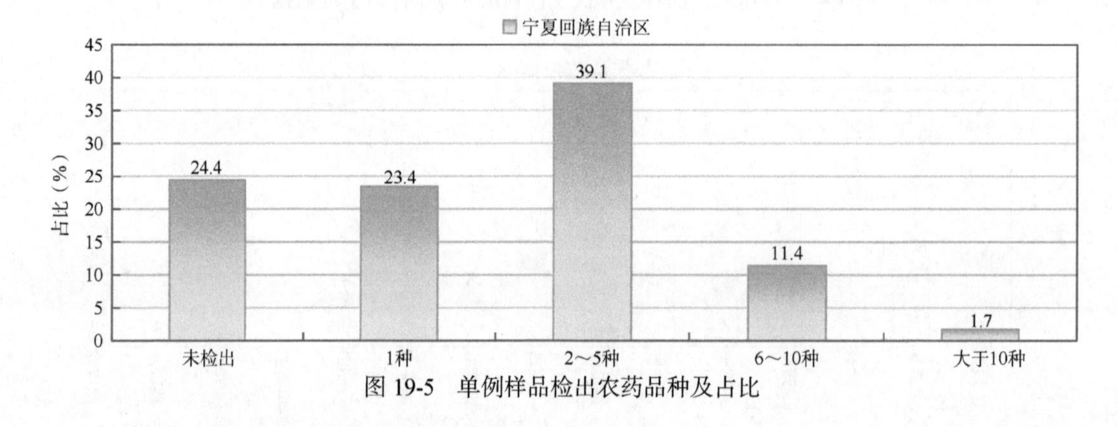

图19-5　单例样品检出农药品种及占比

19.1.2.4　检出农药类别与占比

所有检出农药按功能分类，包括杀菌剂、杀虫剂、除草剂、杀螨剂、植物生长调节剂、驱避剂和其他共7类。其中杀菌剂与杀虫剂为主要检出的农药类别，分别占总数的53.9%和23.7%，见表19-5及图19-6。

表19-5　检出农药所属类别及占比

农药类别	数量/占比（%）
杀菌剂	41/53.9
杀虫剂	18/23.7
除草剂	9/11.8
杀螨剂	3/3.9
植物生长调节剂	2/2.6
驱避剂	1/1.3
其他	2/2.6

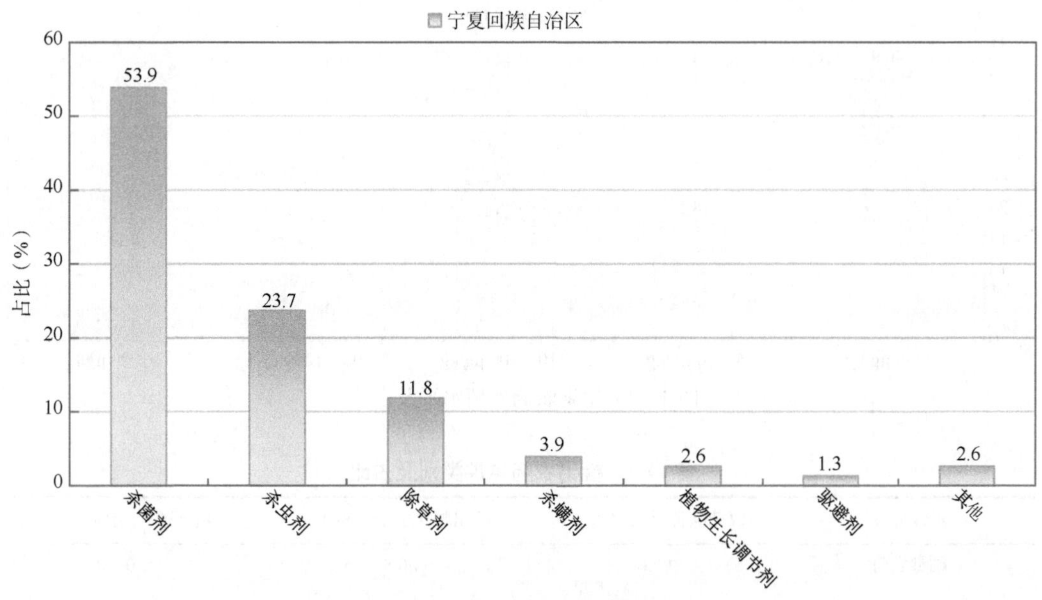

图 19-6　检出农药所属类别和占比

19.1.2.5　检出农药的残留水平

按检出农药残留水平进行统计，残留水平在 1～5 μg/kg（含）的农药占总数的 40.9%，在 5～10 μg/kg（含）的农药占总数的 18.1%，在 10～100 μg/kg（含）的农药占总数的 31.7%，在 100～1000 μg/kg（含）的农药占总数的 6.9%，>1000 μg/kg 的农药占总数的 2.3%。

由此可见，这次检测的 31 批 299 例水果蔬菜样品中农药多数处于较低残留水平。结果见表 19-6 及图 19-7。

表 19-6　农药残留水平及占比

残留水平（μg/kg）	检出频次/占比（%）
1～5（含）	314/40.9
5～10（含）	139/18.1
10～100（含）	243/31.7
100～1000（含）	53/6.9
>1000	18/2.3

19.1.2.6　检出农药的毒性类别、检出频次和超标频次及占比

对这次检出的 76 种 767 频次的农药，按剧毒、高毒、中毒、低毒和微毒这五个毒性类别进行分类，从中可以看出，宁夏回族自治区目前普遍使用的农药为中低微毒农药，品种占 94.7%，频次占 97.8%。结果见表 19-7 及图 19-8。

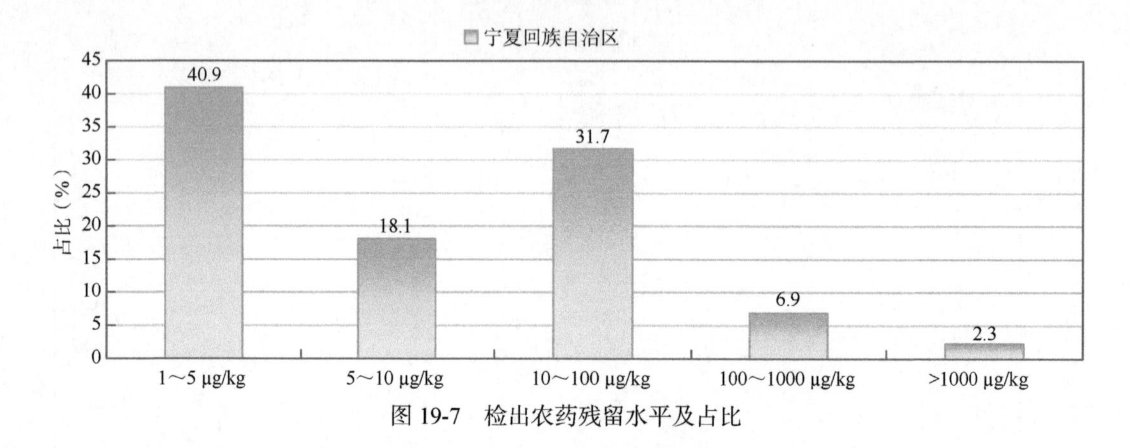

图 19-7　检出农药残留水平及占比

表 19-7　检出农药毒性类别及占比

毒性分类	农药品种/占比（%）	检出频次/占比（%）	超标频次/超标率（%）
剧毒农药	2/2.6	4/0.5	0/0.0
高毒农药	2/2.6	13/1.7	7/53.8
中毒农药	30/39.5	330/43.0	1/0.3
低毒农药	22/28.9	280/36.5	0/0.0
微毒农药	20/26.3	140/18.3	0/0.0

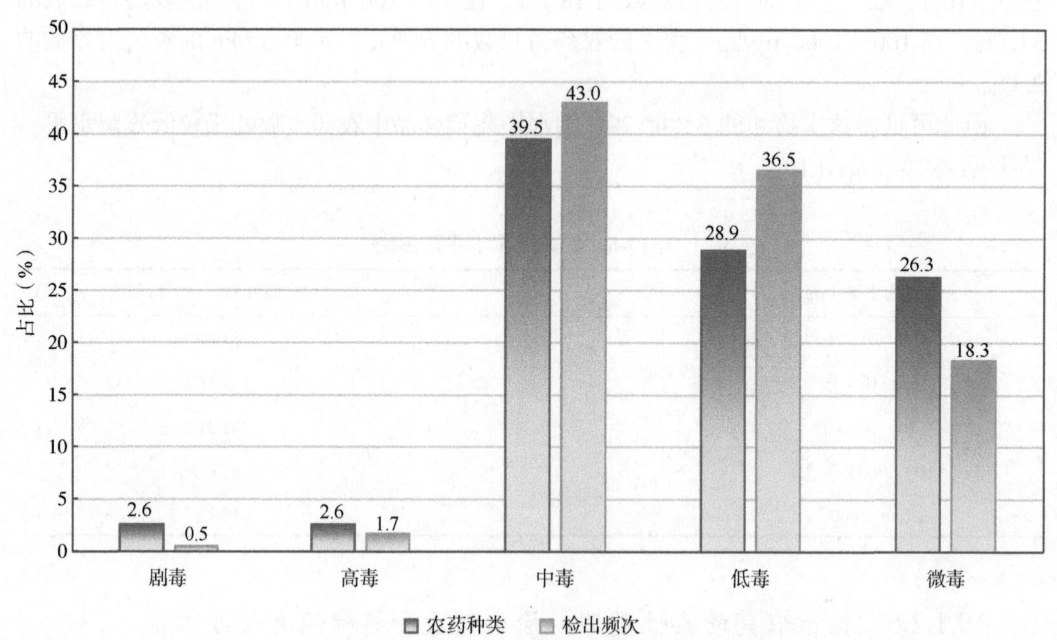

图 19-8　检出农药的毒性分类及占比

19.1.2.7　检出剧毒/高毒类农药的品种和频次

值得特别关注的是，在此次侦测的 299 例样品中有 4 种蔬菜的 15 例样品检出了 4

种 17 频次的剧毒和高毒农药，占样品总量的 5.0%，详见图 19-9、表 19-8 及表 19-9。

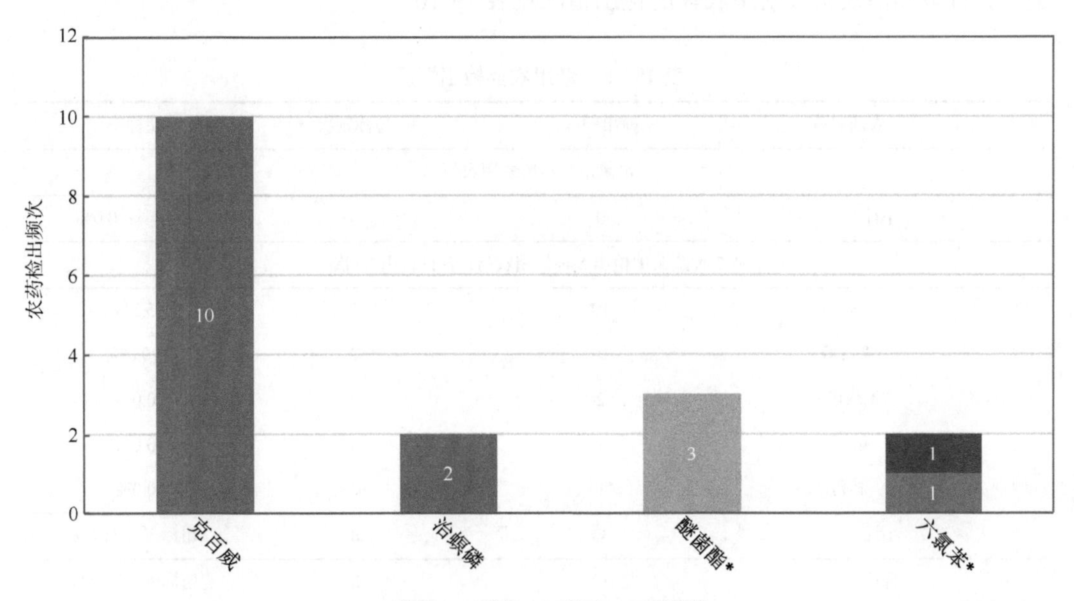

图 19-9　检出剧毒/高毒农药的样品情况

*表示允许在水果和蔬菜上使用的农药

表 19-8　剧毒农药检出情况

序号	农药名称	检出频次	超标频次	超标率
水果中未检出剧毒农药				
	小计	0	0	超标率：0.0%
从 3 种蔬菜中检出 2 种剧毒农药，共计检出 4 次				
1	六氯苯*	2	0	0.0%
2	治螟磷*	2	0	0.0%
	小计	4	0	超标率：0.0%
	合计	4	0	超标率：0.0%

* 表示剧毒农药

表 19-9　高毒农药检出情况

序号	农药名称	检出频次	超标频次	超标率
水果中未检出高毒农药				
	小计	0	0	超标率：0.0%
从 2 种蔬菜中检出 2 种高毒农药，共计检出 13 次				
1	克百威	10	7	70.0%
2	醚菌酯	3	0	0.0%
	小计	13	7	超标率：53.8%
	合计	13	7	超标率：53.8%

在检出的剧毒和高毒农药中，有 2 种是我国早已禁止在水果和蔬菜上使用的，分别是：克百威和治螟磷。禁用农药的检出情况见表 19-10。

表 19-10　禁用农药检出情况

序号	农药名称	检出频次	超标频次	超标率
水果中未检出禁用农药				
	小计	0	0	超标率：0.0%
从 7 种蔬菜中检出 5 种禁用农药，共计检出 33 次				
1	毒死蜱	19	1	5.3%
2	克百威	10	7	70.0%
3	治螟磷*	2	0	0.0%
4	滴滴涕	1	0	0.0%
5	林丹	1	0	0.0%
	小计	33	8	超标率：24.2%
	合计	33	8	超标率：24.2%

注：超标结果参考 MRL 中国国家标准计算

* 表示剧毒农药

此次抽检的果蔬样品中，有 3 种蔬菜检出了剧毒农药，分别是：芹菜中检出治螟磷 2 次；菜豆中检出六氯苯 1 次；西葫芦中检出六氯苯 1 次。

样品中检出剧毒和高毒农药残留水平超过 MRL 中国国家标准的频次为 7 次，其中：芹菜检出克百威超标 7 次。本次检出结果表明，剧毒、高毒农药的使用现象依旧存在。详见表 19-11。

表 19-11　各样本中检出剧毒/高毒农药情况

样品名称	农药名称	检出频次	超标频次	检出浓度（μg/kg）
水果 0 种				
	小计	0	0	超标率：0.0%
蔬菜 4 种				
番茄	醚菌酯	3	0	7.6，5.7，2.6
芹菜	克百威▲	10	7	31.2[a]，35.6[a]，84.7[a]，628.8[a]，1751.2[a]，1420.7[a]，16.0，17.6，1945.4[a]，9.0
芹菜	治螟磷*▲	2	0	5.6，4.5
菜豆	六氯苯*	1	0	2.4
西葫芦	六氯苯*	1	0	1.5
	小计	17	7	超标率：41.2%
	合计	17	7	超标率：41.2%

* 表示剧毒农药；▲ 表示禁用农药；a 表示超标

19.2　农药残留检出水平与最大残留限量标准对比分析

我国于 2019 年 8 月 15 日正式颁布并于 2020 年 2 月 15 日正式实施食品农药残留限量国家标准《食品中农药最大残留限量》(GB 2763—2019)，该标准包括 467 个农药条目，涉及最大残留限量（MRL）标准 7108 项。将 767 频次检出结果的浓度水平与 7108 项 MRL 中国国家标准进行比对，其中有 233 频次的结果找到了对应的 MRL 标准，占 30.4%，还有 534 频次的侦测数据则无相关 MRL 标准供参考，占 69.6%。

将此次侦测结果与国际上现行 MRL 标准对比发现，在 767 频次的检出结果中有 767 频次的结果找到了对应的 MRL 欧盟标准，占 100.0%，其中，729 频次的结果有明确对应的 MRL 标准，占 95.0%，其余 38 频次按照欧盟一律标准判定，占 5.0%；有 767 频次的结果找到了对应的 MRL 日本标准，占 100.0%，其中，527 频次的结果有明确对应的 MRL 标准，占 68.7%，其余 240 频次按照日本一律标准判定，占 31.3%；有 221 频次的结果找到了对应的 MRL 中国香港标准，占 28.8%；有 281 频次的结果找到了对应的 MRL 美国标准，占 36.6%；有 177 频次的结果找到了对应的 MRL CAC 标准，占 23.1%（图 19-10 和图 19-11）。

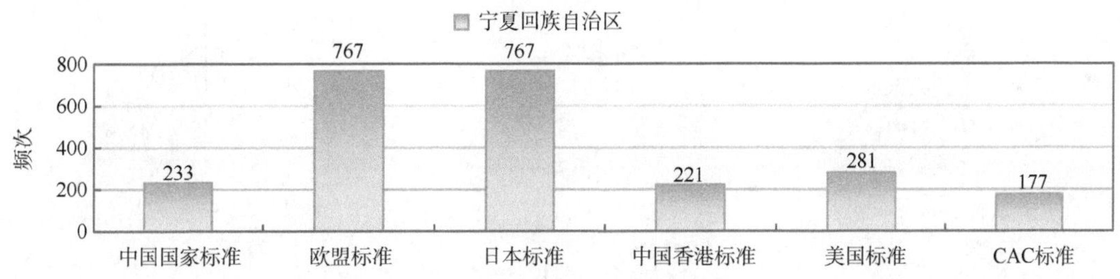

图 19-10　767 频次检出农药可用 MRL 中国国家标准、欧盟标准、日本标准、中国香港标准、美国标准和 CAC 标准判定衡量的数量

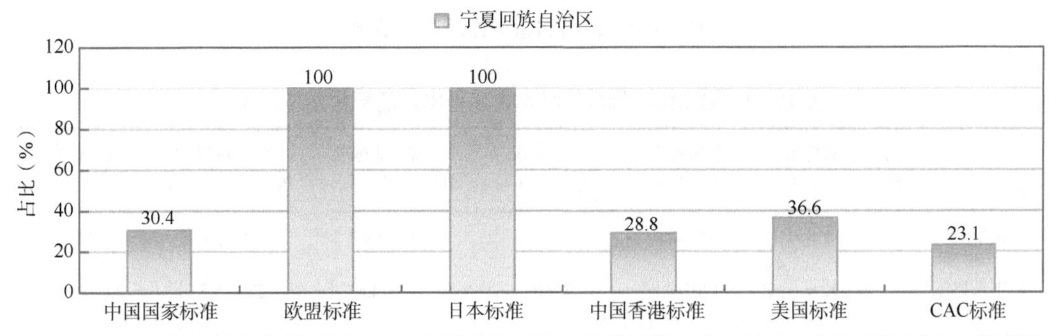

图 19-11　767 频次检出农药可用 MRL 中国国家标准、欧盟标准、日本标准、中国香港标准、美国标准和 CAC 标准衡量的占比

19.2.1　超标农药样品分析

本次侦测的299例样品中，73例样品未检出任何残留农药，占样品总量的24.4%，226例样品检出不同水平、不同种类的残留农药，占样品总量的75.6%。在此，我们将本次侦测的农残检出情况与MRL中国国家标准、欧盟标准、日本标准、中国香港标准、美国标准和CAC标准这6大国际主流MRL标准进行对比分析，样品农残检出与超标情况见图19-12、表19-12和图19-13。

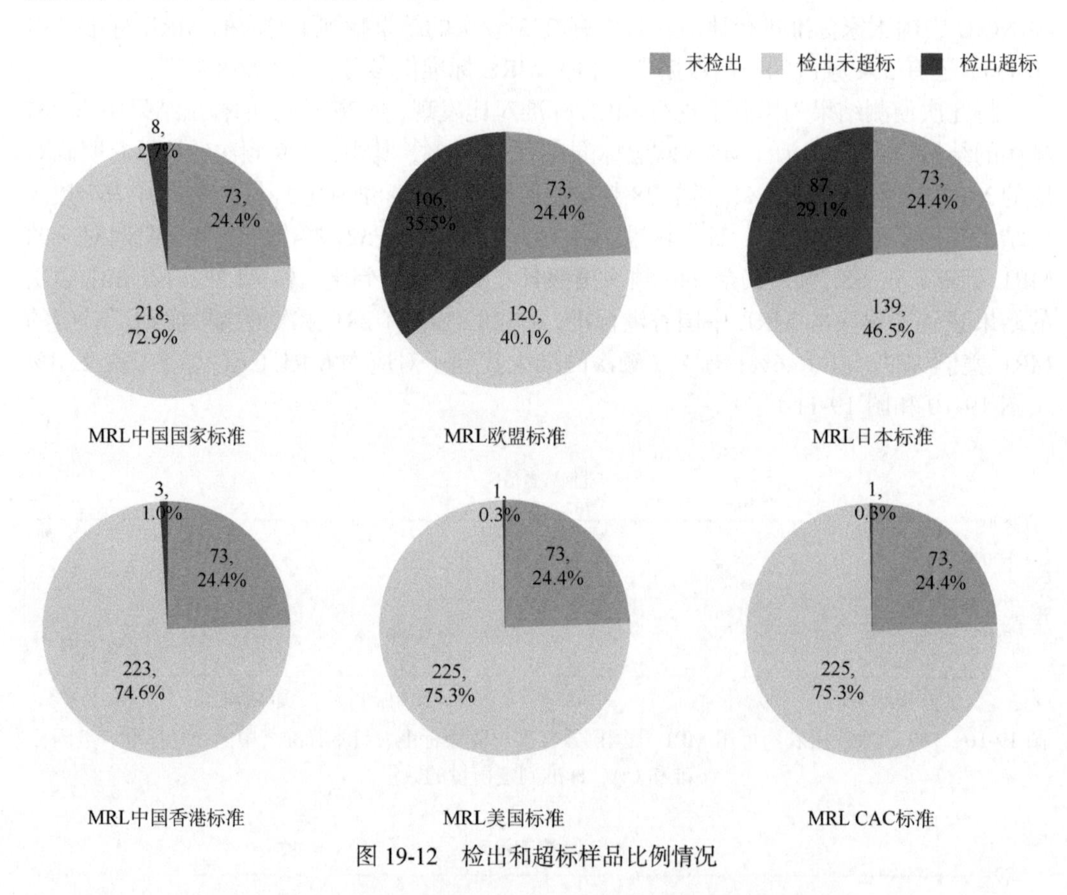

图19-12　检出和超标样品比例情况

表19-12　各MRL标准下样本农残检出与超标数量及占比

	中国国家标准 数量/占比（%）	欧盟标准 数量/占比（%）	日本标准 数量/占比（%）	中国香港标准 数量/占比（%）	美国标准 数量/占比（%）	CAC标准 数量/占比（%）
未检出	73/24.4	73/24.4	73/24.4	73/24.4	73/24.4	73/24.4
检出未超标	218/72.9	120/40.1	139/46.5	223/74.6	225/75.3	225/75.3
检出超标	8/2.7	106/35.5	87/29.1	3/1.0	1/0.3	1/0.3

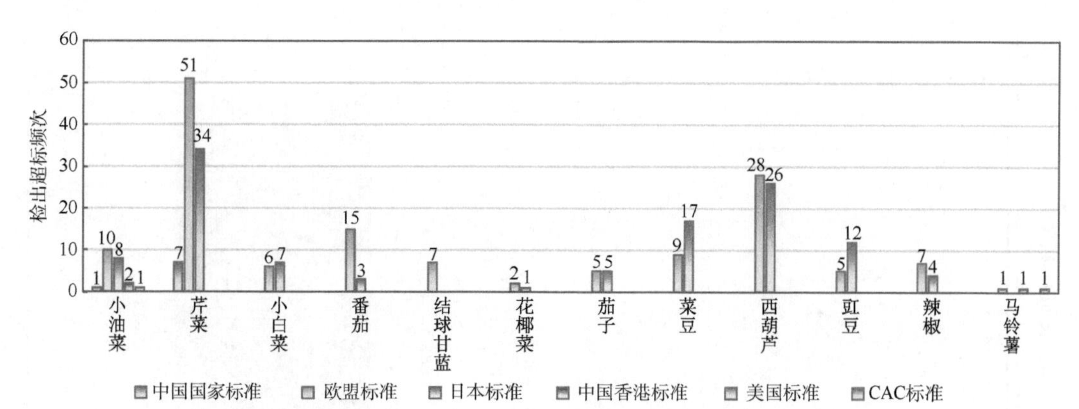

图 19-13 超过 MRL 中国国家标准、欧盟标准、日本标准、中国香港标准、美国标准和 CAC 标准结果在水果蔬菜中的分布

19.2.2 超标农药种类分析

按照 MRL 中国国家标准、欧盟标准、日本标准、中国香港标准、美国标准和 CAC 标准这 6 大国际主流 MRL 标准衡量，本次侦测检出的农药超标品种及频次情况见表 19-13。

表 19-13 各 MRL 标准下超标农药品种及频次

	中国国家标准	欧盟标准	日本标准	中国香港标准	美国标准	CAC 标准
超标农药品种	2	37	39	2	1	1
超标农药频次	8	146	117	3	1	1

19.2.2.1 按 MRL 中国国家标准衡量

按 MRL 中国国家标准衡量，共有 2 种农药超标，检出 8 频次，分别为高毒农药克百威，中毒农药毒死蜱。

按超标程度比较，芹菜中克百威超标 96.3 倍，小油菜中毒死蜱超标 17.3 倍。检测结果见图 19-14。

19.2.2.2 按 MRL 欧盟标准衡量

按 MRL 欧盟标准衡量，共有 37 种农药超标，检出 146 频次，分别为高毒农药克百威，中毒农药联苯菊酯、毒死蜱、氟硅唑、稻瘟灵、唑虫酰胺、仲丁灵、咪鲜胺、哒螨灵、丙环唑、三唑酮、烯唑醇、甲氰菊酯、林丹、三唑醇、虫螨腈、氯氟氰菊酯、甲霜灵和仲丁威，低毒农药联苯、烯酰吗啉、炔螨特、溴氰虫酰胺、敌草腈、二苯胺、丁苯吗啉、噻嗪酮和 1，4-二甲基萘，微毒农药蒽醌、吡丙醚、灭菌丹、腐霉利、胺菊酯、烯虫炔酯、醚菊酯、乙烯菌核利和溴丁酰草胺。

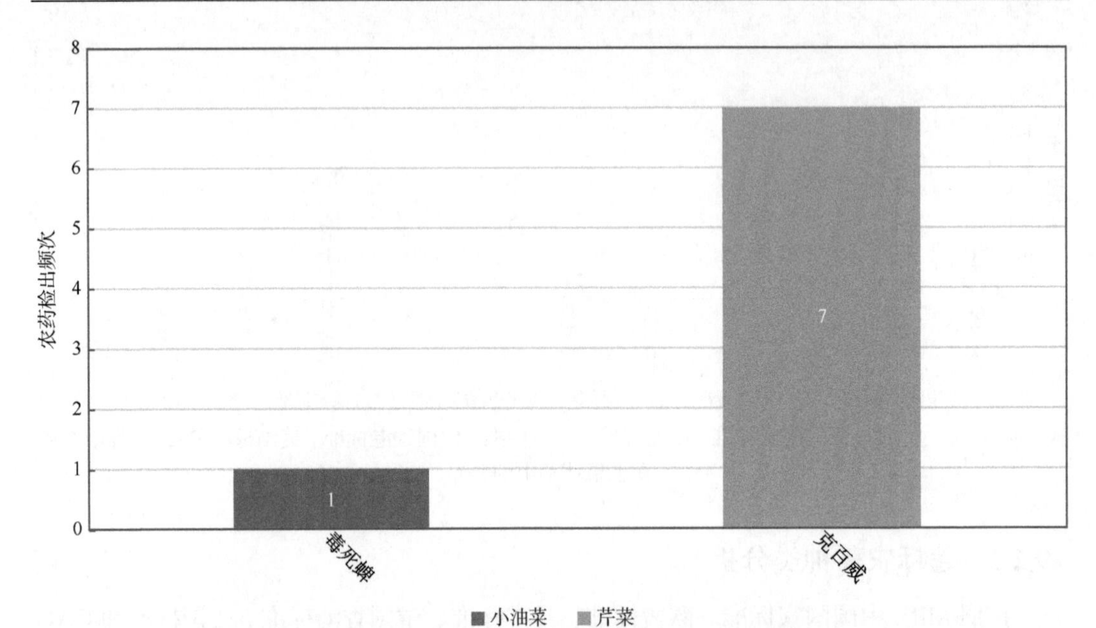

图 19-14　超过 MRL 中国国家标准农药品种及频次

按超标程度比较，芹菜中克百威超标 971.7 倍，小白菜中联苯菊酯超标 220.5 倍，小油菜中毒死蜱超标 181.8 倍，芹菜中丙环唑超标 84.9 倍，芹菜中氟硅唑超标 78.4 倍。检测结果见图 19-15。

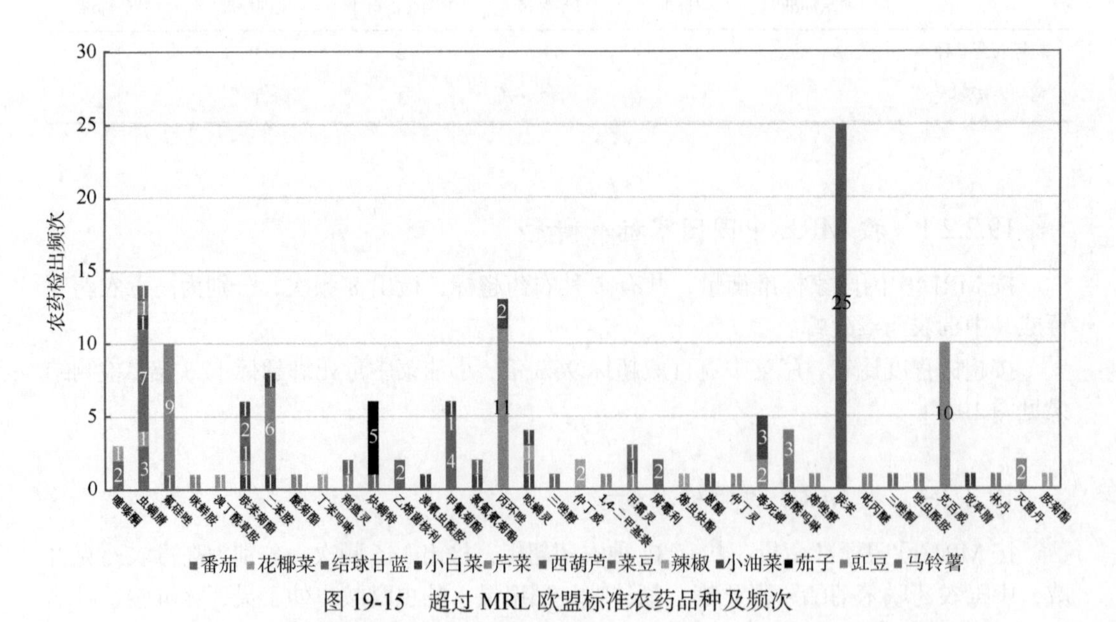

图 19-15　超过 MRL 欧盟标准农药品种及频次

19.2.2.3　按 MRL 日本标准衡量

按 MRL 日本标准衡量，共有 39 种农药超标，检出 117 频次，分别为高毒农药克百威，中毒农药联苯菊酯、茚虫威、毒死蜱、氟硅唑、稻瘟灵、二甲戊灵、吡唑醚菌酯、唑虫酰胺、咪鲜胺、哒螨灵、仲丁灵、苯醚甲环唑、腈菌唑、丙环唑、甲氰菊酯、林丹、三唑醇、烯唑醇、虫螨腈、氯氟氰菊酯、仲丁威和甲霜灵，低毒农药联苯、烯酰吗啉、炔螨特、溴氰虫酰胺、敌草腈、二苯胺、8-羟基喹啉和 1，4-二甲基萘，微毒农药吡丙醚、蒽醌、灭菌丹、胺菊酯、嘧菌酯、烯虫炔酯、醚菊酯和溴丁酰草胺。

按超标程度比较，芹菜中氟硅唑超标 78.4 倍，小油菜中哒螨灵超标 46.1 倍，豇豆中嘧菌酯超标 40.8 倍，茄子中炔螨特超标 20.4 倍，小油菜中吡唑醚菌酯超标 15.8 倍。检测结果见图 19-16。

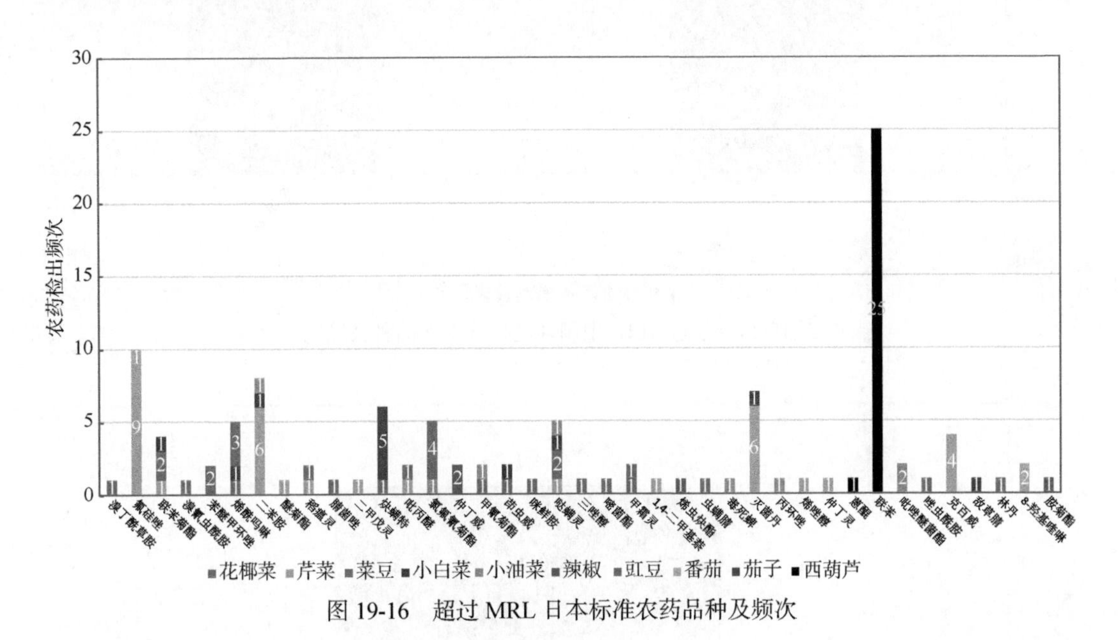

图 19-16　超过 MRL 日本标准农药品种及频次

19.2.2.4　按 MRL 中国香港标准衡量

按 MRL 中国香港标准衡量，共有 2 种农药超标，检出 3 频次，分别为中毒农药毒死蜱和氯氟氰菊酯。

按超标程度比较，小油菜中毒死蜱超标 17.3 倍，小油菜中氯氟氰菊酯超标 2.8 倍，马铃薯中氯氟氰菊酯超标 10%。检测结果见图 19-17。

19.2.2.5　按 MRL 美国标准衡量

按 MRL 美国标准衡量，有 1 种农药超标，检出 1 频次，为中毒农药毒死蜱。

按超标程度比较，小油菜中毒死蜱超标 80%。检测结果见图 19-18。

19.2.2.6　按 MRL CAC 标准衡量

按 MRL CAC 标准衡量，有 1 种农药超标，检出 1 频次，为中毒农药氯氟氰菊酯。

按超标程度比较，马铃薯中氯氟氰菊酯超标 10%。检测结果见图 19-19。

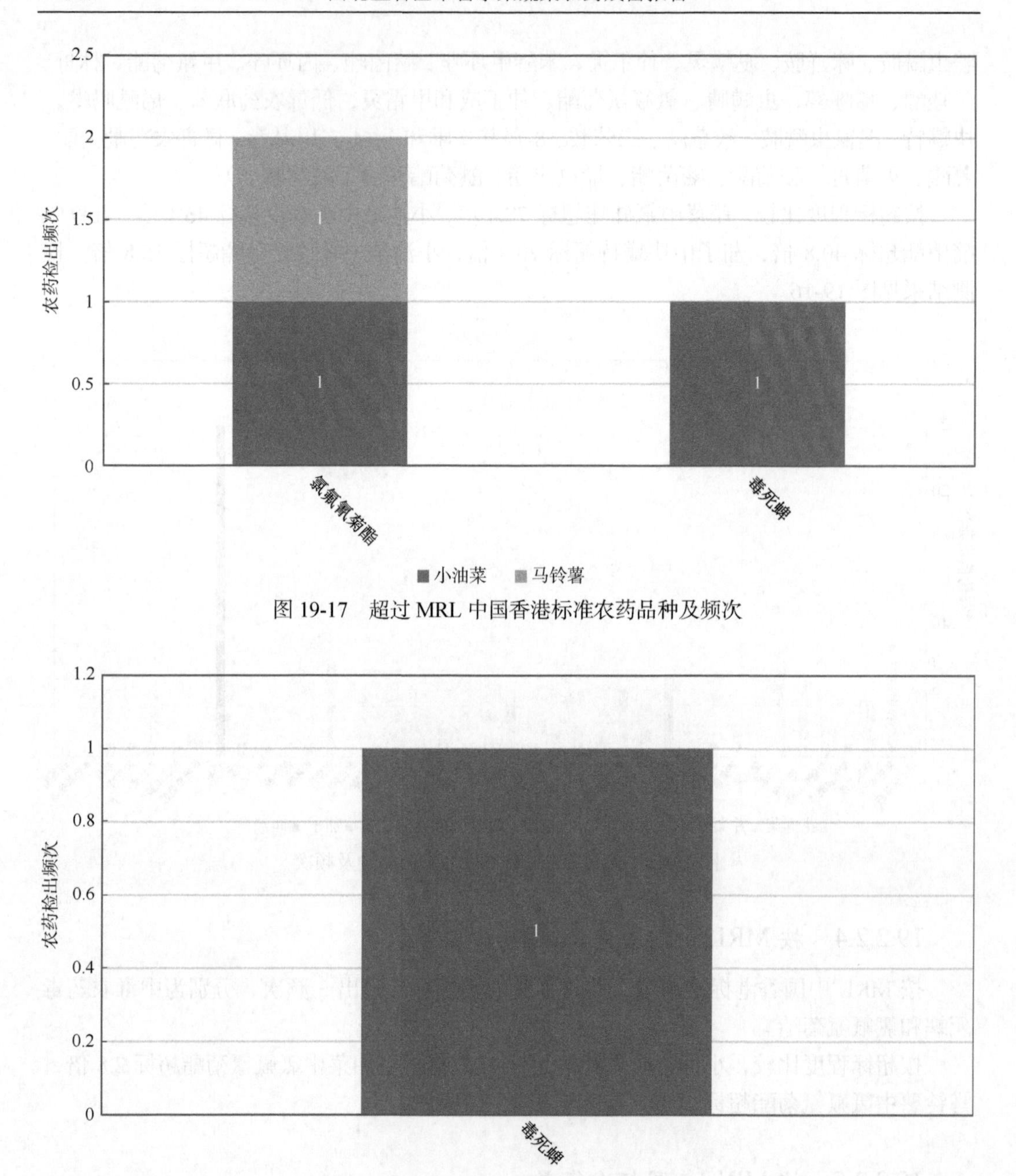

图 19-17　超过 MRL 中国香港标准农药品种及频次

图 19-18　超过 MRL 美国标准农药品种及频次

19.2.3　31 个采样点超标情况分析

19.2.3.1　按 MRL 中国国家标准衡量

按 MRL 中国国家标准衡量，有 8 个采样点的样品存在不同程度的超标农药检出，超标率均为 10.0%，如表 19-14 和图 19-20 所示。

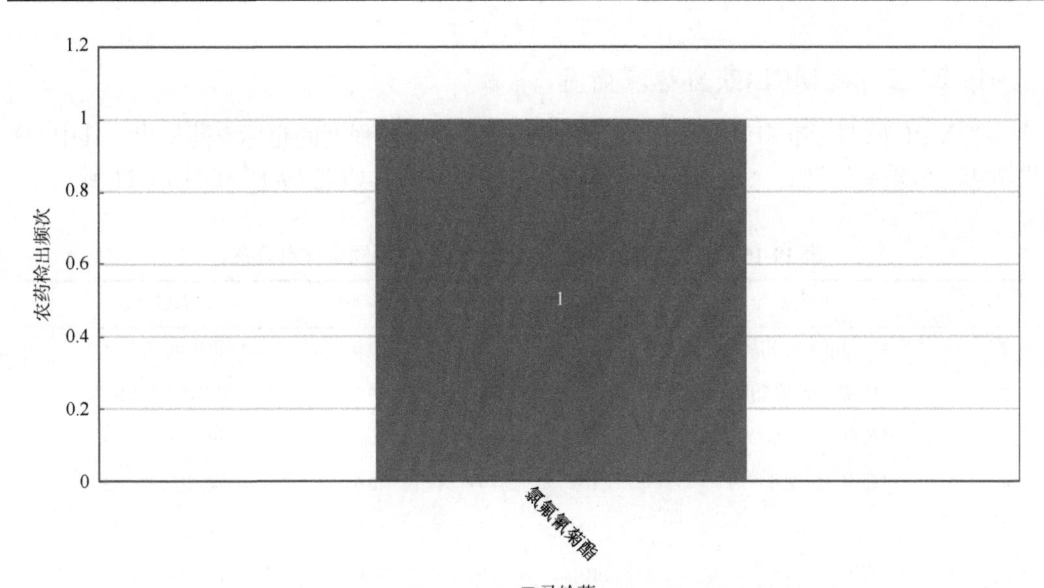

图 19-19　超过 MRL CAC 标准农药品种及频次

表 19-14　超过 MRL 中国国家标准水果蔬菜在不同采样点分布

序号	采样点	样品总数	超标数量	超标率（%）	行政区域
1	***超市（长城东路店）	10	1	10.0	银川市 兴庆区
2	***超市（宝湖海悦店）	10	1	10.0	银川市 金凤区
3	***市场	10	1	10.0	吴忠市 利通区
4	***蔬菜店（利通区利通北街）	10	1	10.0	吴忠市 利通区
5	***果蔬店（沙坡头区宣和镇）	10	1	10.0	中卫市 沙坡头区
6	***菜店（沙坡头区中央东大道）	10	1	10.0	中卫市 沙坡头区
7	***超市（世和新天地店）	10	1	10.0	中卫市 沙坡头区
8	***果蔬店（兴庆区富宁街）	10	1	10.0	银川市 兴庆区

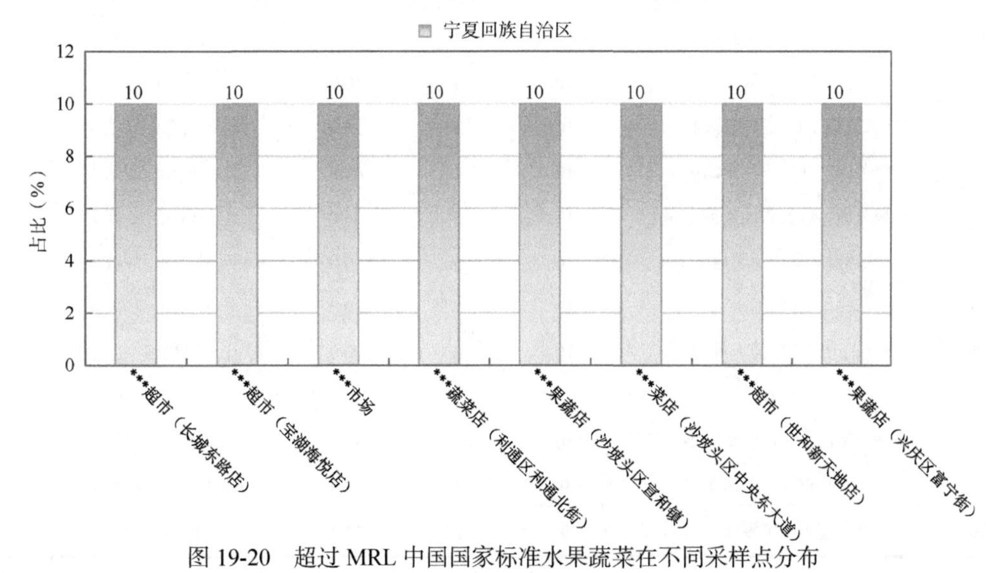

图 19-20　超过 MRL 中国国家标准水果蔬菜在不同采样点分布

19.2.3.2　按 MRL 欧盟标准衡量

按 MRL 欧盟标准衡量，所有采样点的样品存在不同程度的超标农药检出，其中***果蔬店（沙坡头区迎宾大道）的超标率最高，为 70.0%，如表 19-15 和图 19-21 所示。

表 19-15　超过 MRL 欧盟标准水果蔬菜在不同采样点分布

序号	采样点	样品总数	超标数量	超标率（%）	行政区域
1	***超市（良田店）	10	4	40.0	银川市 金凤区
2	***菜店（沙坡头区）	10	3	30.0	中卫市 沙坡头区
3	***超市（长城东路店）	10	4	40.0	银川市 兴庆区
4	***超市（宝湖海悦店）	10	4	40.0	银川市 金凤区
5	***市场	10	3	30.0	银川市 金凤区
6	***直销店（利民街店）	10	5	50.0	银川市 兴庆区
7	***超市（蓝山名邸店）	10	2	20.0	银川市 金凤区
8	***市场	10	4	40.0	吴忠市 利通区
9	***超市（利通区）	10	4	40.0	吴忠市 利通区
10	***蔬菜店（利通区利通北街）	10	3	30.0	吴忠市 利通区
11	***市场	10	2	20.0	吴忠市 利通区
12	***蔬菜店（利通区世纪大道）	10	4	40.0	吴忠市 利通区
13	***蔬菜店（利通区双拥路）	10	6	60.0	吴忠市 利通区
14	***果蔬店（利通区裕民西路）	10	1	10.0	吴忠市 利通区
15	***果蔬店（沙坡头区宣和镇）	10	3	30.0	中卫市 沙坡头区
16	***菜店（沙坡头区中央东大道）	10	4	40.0	中卫市 沙坡头区
17	***果蔬店（沙坡头区迎宾大道）	10	7	70.0	中卫市 沙坡头区
18	***早市（沙坡头区黄湾村）	10	3	30.0	中卫市 沙坡头区
19	***市场	10	4	40.0	吴忠市 利通区
20	***果蔬店（利通区明珠西路）	10	2	20.0	吴忠市 利通区
21	***菜店（沙坡头区中山街）	10	4	40.0	中卫市 沙坡头区
22	***果蔬店（沙坡头区南苑东路）	10	3	30.0	中卫市 沙坡头区
23	***超市（世和新天地店）	10	5	50.0	中卫市 沙坡头区
24	***市场	10	3	30.0	中卫市 沙坡头区
25	***直销店（紫檀水景店）	10	3	30.0	银川市 金凤区
26	***市场	10	5	50.0	吴忠市 利通区
27	***果蔬店（兴庆区富宁街）	10	3	30.0	银川市 兴庆区
28	***超市（中卫店）	9	3	33.3	中卫市 沙坡头区
29	***超市（宝湖店）	9	2	22.2	银川市 金凤区

续表

序号	采样点	样品总数	超标数量	超标率（%）	行政区域
30	***果蔬店（兴庆区西桥巷）	9	2	22.2	银川市 兴庆区
31	***超市（金凤区）	2	1	50.0	银川市 金凤区

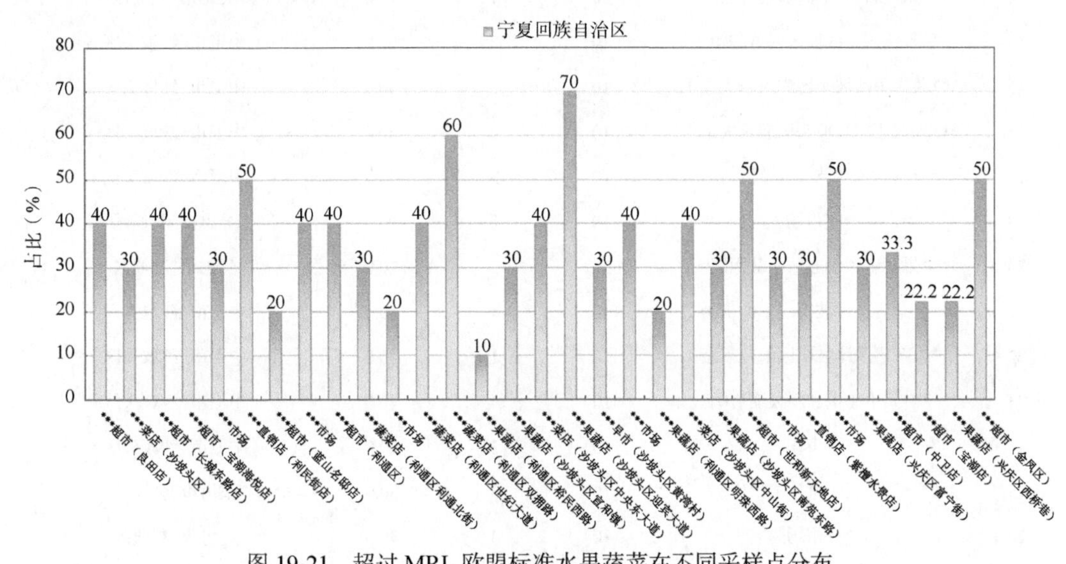

图 19-21 超过 MRL 欧盟标准水果蔬菜在不同采样点分布

19.2.3.3 按 MRL 日本标准衡量

按 MRL 日本标准衡量，所有采样点的样品存在不同程度的超标农药检出，其中***果蔬店（沙坡头区迎宾大道）的超标率最高，为 60.0%，如表 19-16 和图 19-22 所示。

表 19-16 超过 MRL 日本标准水果蔬菜在不同采样点分布

序号	采样点	样品总数	超标数量	超标率（%）	行政区域
1	***超市（良田店）	10	3	30.0	银川市 金凤区
2	***菜店（沙坡头区）	10	3	30.0	中卫市 沙坡头区
3	***超市（长城东路店）	10	4	40.0	银川市 兴庆区
4	***超市（宝湖海悦店）	10	3	30.0	银川市 金凤区
5	***市场	10	2	20.0	银川市 金凤区
6	***直销店（利民街店）	10	2	20.0	银川市 兴庆区
7	***超市（蓝山名邸店）	10	2	20.0	银川市 金凤区
8	***市场	10	4	40.0	吴忠市 利通区
9	***超市（利通区）	10	2	20.0	吴忠市 利通区
10	***蔬菜店（利通区利通北街）	10	2	20.0	吴忠市 利通区
11	***市场	10	2	20.0	吴忠市 利通区

续表

序号	采样点	样品总数	超标数量	超标率（%）	行政区域
12	***蔬菜店（利通区世纪大道）	10	3	30.0	吴忠市 利通区
13	***蔬菜店（利通区双拥路）	10	5	50.0	吴忠市 利通区
14	***果蔬店（利通区裕民西路）	10	1	10.0	吴忠市 利通区
15	***果蔬店（沙坡头区宣和镇）	10	3	30.0	中卫市 沙坡头区
16	***菜店（沙坡头区中央东大道）	10	5	50.0	中卫市 沙坡头区
17	***果蔬店（沙坡头区迎宾大道）	10	6	60.0	中卫市 沙坡头区
18	***早市（沙坡头区黄湾村）	10	3	30.0	中卫市 沙坡头区
19	***市场	10	2	20.0	吴忠市 利通区
20	***果蔬店（利通区明珠西路）	10	2	20.0	吴忠市 利通区
21	***菜店（沙坡头区中山街）	10	4	40.0	中卫市 沙坡头区
22	***果蔬店（沙坡头区南苑东路）	10	1	10.0	中卫市 沙坡头区
23	***超市（世和新天地店）	10	4	40.0	中卫市 沙坡头区
24	***市场	10	2	20.0	中卫市 沙坡头区
25	***直销店（紫檀水景店）	10	3	30.0	银川市 金凤区
26	***市场	10	4	40.0	吴忠市 利通区
27	***果蔬店（兴庆区富宁街）	10	3	30.0	银川市 兴庆区
28	***超市（中卫店）	9	2	22.2	中卫市 沙坡头区
29	***超市（宝湖店）	9	3	33.3	银川市 金凤区
30	***果蔬店（兴庆区西桥巷）	9	1	11.1	银川市 兴庆区
31	***超市（金凤区）	2	1	50.0	银川市 金凤区

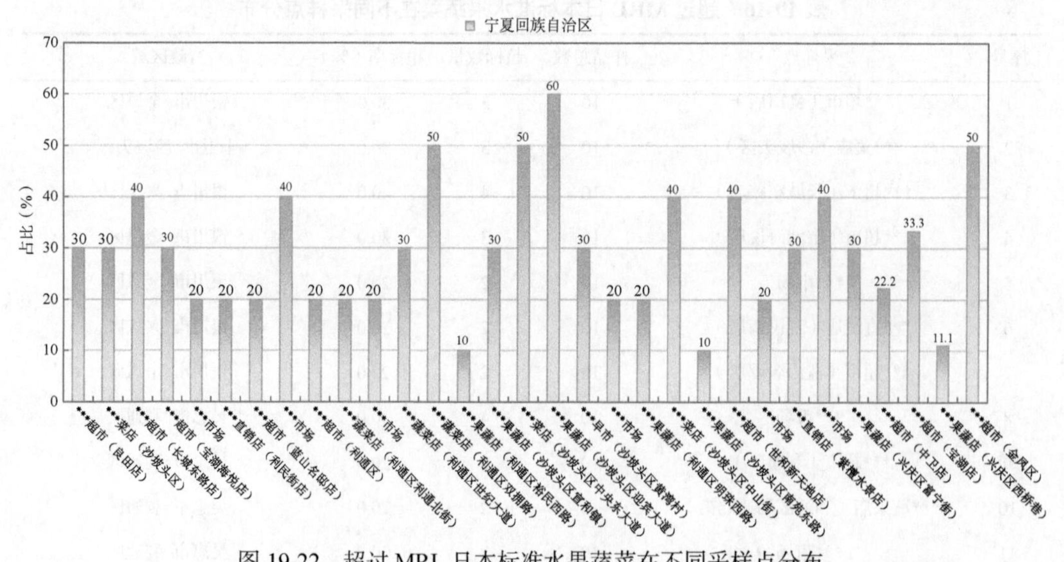

图 19-22　超过 MRL 日本标准水果蔬菜在不同采样点分布

19.2.3.4　按 MRL 中国香港标准衡量

按 MRL 中国香港标准衡量，有 3 个采样点的样品存在不同程度的超标农药检出，超标率均为 10.0%，如表 19-17 和图 19-23 所示。

表 19-17　超过 MRL 中国香港标准水果蔬菜在不同采样点分布

序号	采样点	样品总数	超标数量	超标率（%）	行政区域
1	***超市（长城东路店）	10	1	10.0	银川市 兴庆区
2	***直销店（利民街店）	10	1	10.0	银川市 兴庆区
3	***直销店（紫檀水景店）	10	1	10.0	银川市 金凤区

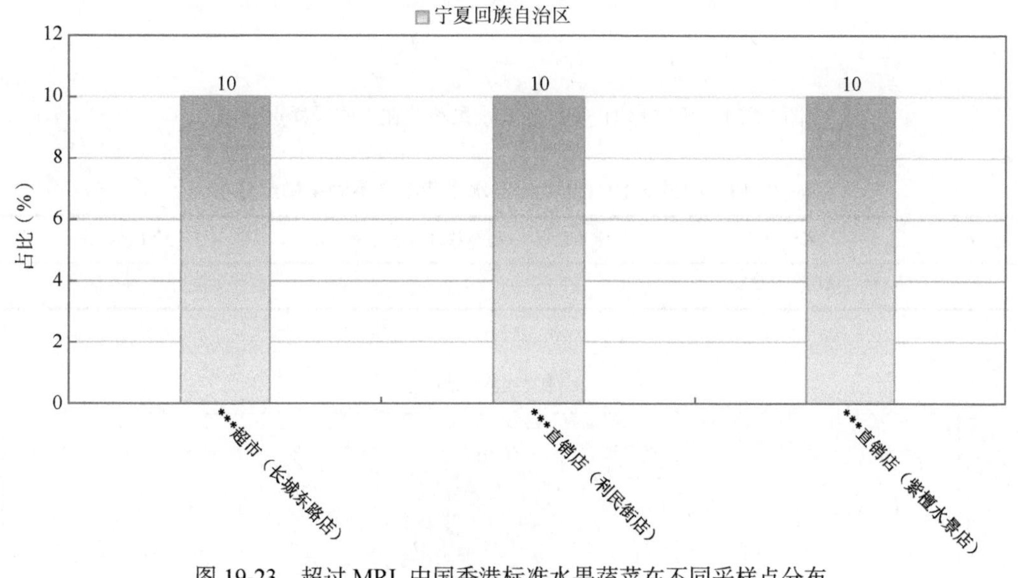

图 19-23　超过 MRL 中国香港标准水果蔬菜在不同采样点分布

19.2.3.5　按 MRL 美国标准衡量

按 MRL 美国标准衡量，有 1 个采样点的样品存在超标农药检出，超标率为 10.0%，如表 19-18 和图 19-24 所示。

表 19-18　超过 MRL 美国标准水果蔬菜在不同采样点分布

序号	采样点	样品总数	超标数量	超标率（%）	行政区域
1	***超市（长城东路店）	10	1	10.0	银川市 兴庆区

19.2.3.6　按 MRL CAC 标准衡量

按 MRL CAC 标准衡量，有 1 个采样点的样品存在超标农药检出，超标率为 10.0%，如表 19-19 和图 19-25 所示。

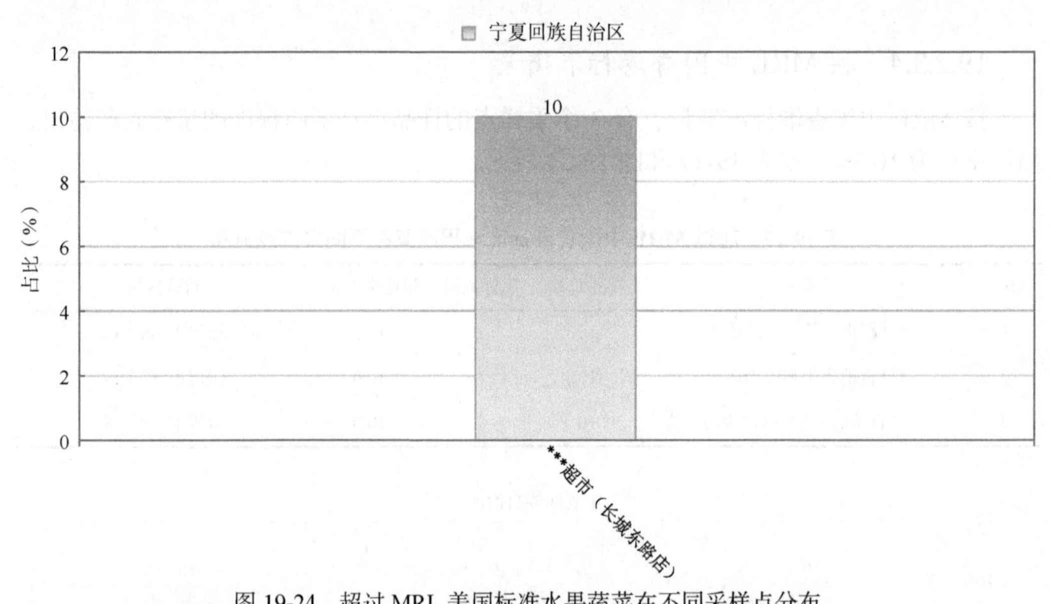

图 19-24　超过 MRL 美国标准水果蔬菜在不同采样点分布

表 19-19　超过 MRL CAC 标准水果蔬菜在不同采样点分布

序号	采样点	样品总数	超标数量	超标率（%）	行政区域
1	***直销店（利民街店）	10	1	10.0	银川市 兴庆区

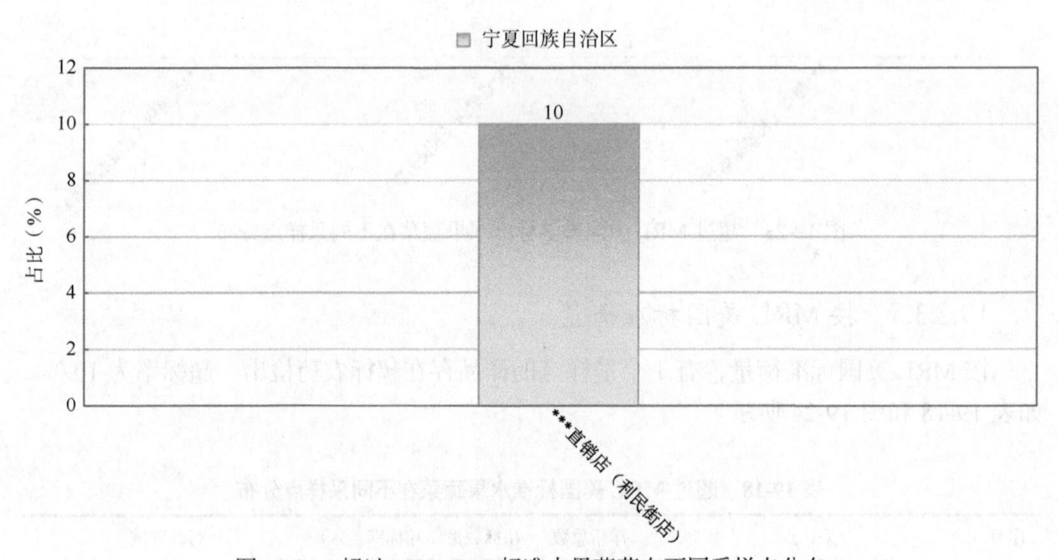

图 19-25　超过 MRL CAC 标准水果蔬菜在不同采样点分布

19.3　水果中农药残留分布

本次残留侦测无水果样品。

19.4　蔬菜中农药残留分布

19.4.1　检出农药品种和频次排前 10 的蔬菜

本次残留侦测的蔬菜共 15 种，包括结球甘蓝、辣椒、芹菜、小白菜、小油菜、番茄、茄子、大白菜、娃娃菜、花椰菜、西葫芦、马铃薯、豇豆、紫甘蓝和菜豆。

根据检出农药品种及频次进行排名，将各项排名前 10 位的蔬菜样品检出情况列表说明，详见表 19-20。

表 19-20　检出农药品种和频次排名前 10 的蔬菜

检出农药品种排名前 10（品种）	①芹菜（32），②番茄（31），③菜豆（27），④辣椒（22），⑤小油菜（22），⑥西葫芦（20），⑦小白菜（17），⑧豇豆（15），⑨花椰菜（8），⑩马铃薯（8）
检出农药频次排名前 10（频次）	①芹菜（163），②番茄（136），③西葫芦（127），④小油菜（95），⑤花椰菜（41），⑥辣椒（38），⑦菜豆（36），⑧豇豆（30），⑨小白菜（30），⑩结球甘蓝（24）
检出禁用、高毒及剧毒农药品种排名前 10（品种）	①芹菜（4），②番茄（2），③菜豆（1），④花椰菜（1），⑤豇豆（1），⑥辣椒（1），⑦马铃薯（1），⑧西葫芦（1），⑨小油菜（1）
检出禁用、高毒及剧毒农药频次排名前 10（频次）	①芹菜（20），②小油菜（7），③番茄（4），④辣椒（2），⑤菜豆（1），⑥花椰菜（1），⑦豇豆（1），⑧马铃薯（1），⑨西葫芦（1）

19.4.2　超标农药品种和频次排前 10 的蔬菜

鉴于欧盟和日本的 MRL 标准制定比较全面且覆盖率较高，我们参照 MRL 中国国家标准、欧盟标准和日本标准衡量蔬菜样品中农残检出情况，将超标农药品种及频次排名前 10 的蔬菜列表说明，详见表 19-21。

表 19-21　超标农药品种和频次排名前 10 的蔬菜

超标农药品种排名前 10（农药品种数）	中国国家标准	①芹菜（1），②小油菜（1）
	欧盟标准	①芹菜（17），②菜豆（8），③番茄（7），④小油菜（7），⑤辣椒（6），⑥小白菜（6），⑦西葫芦（4），⑧豇豆（3），⑨花椰菜（2），⑩结球甘蓝（1）
	日本标准	①菜豆（14），②芹菜（13），③豇豆（7），④小白菜（7），⑤小油菜（7），⑥辣椒（3），⑦番茄（2），⑧西葫芦（2），⑨花椰菜（1），⑩茄子（1）
超标农药频次排名前 10（农药频次数）	中国国家标准	①芹菜（7），②小油菜（1）
	欧盟标准	①芹菜（51），②西葫芦（28），③番茄（15），④小油菜（10），⑤菜豆（9），⑥结球甘蓝（7），⑦辣椒（7），⑧小白菜（6），⑨豇豆（5），⑩茄子（5）
	日本标准	①芹菜（34），②西葫芦（26），③菜豆（17），④豇豆（12），⑤小油菜（8），⑥小白菜（7），⑦茄子（5），⑧辣椒（4），⑨番茄（3），⑩花椰菜（1）

通过对各品种蔬菜样本总数及检出率进行综合分析发现，小油菜、小白菜和番茄的残留污染最为严重，在此，我们参照 MRL 中国国家标准、欧盟标准和日本标准对这 3 种蔬菜的农残检出情况进行进一步分析。

19.4.3　农药残留检出率较高的蔬菜样品分析

19.4.3.1　小油菜

这次共检测 21 例小油菜样品，全部检出了农药残留，检出率为 100.0%，检出农药共计 22 种。其中烯酰吗啉、二苯胺、咪鲜胺、丙环唑和毒死蜱检出频次较高，分别检出了 19、17、14、9 和 7 次。小油菜中农药检出品种和频次见图 19-26，超标农药见图 19-27 和表 19-22。

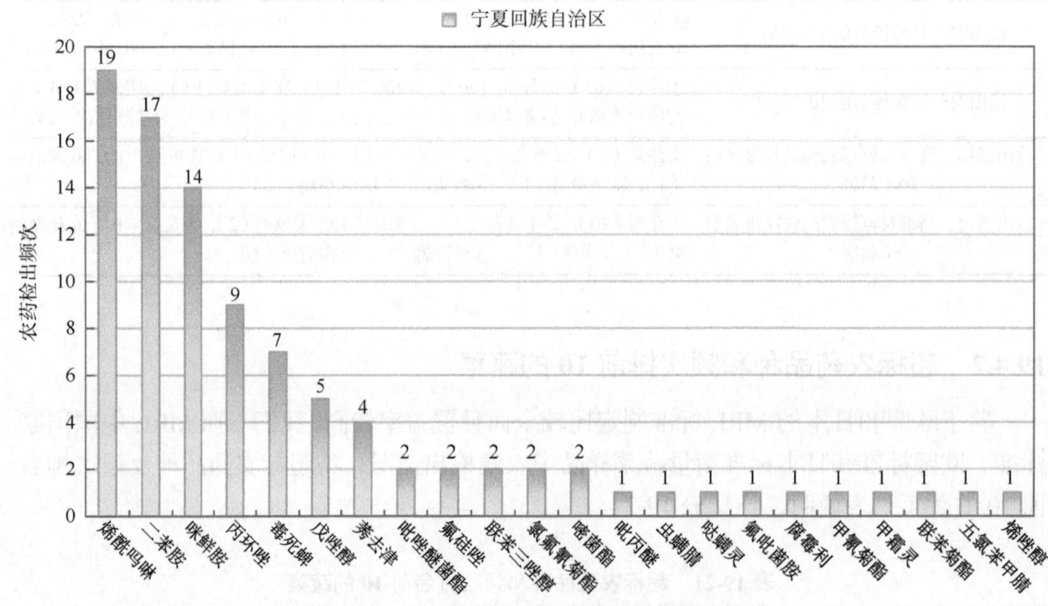

图 19-26　小油菜样品检出农药品种和频次分析

表 19-22　小油菜中农药残留超标情况明细表

样品总数 21			检出农药样品数 21	样品检出率（%） 100	检出农药品种总数 22
	超标农药品种	超标农药频次	按照 MRL 中国国家标准、欧盟标准和日本标准衡量超标农药名称及频次		
中国国家标准	1	1	毒死蜱（1）		
欧盟标准	7	10	毒死蜱（3），丙环唑（2），哒螨灵（1），二苯胺（1），甲氰菊酯（1），联苯菊酯（1），氯氟氰菊酯（1）		
日本标准	7	8	吡唑醚菌酯（2），丙环唑（1），哒螨灵（1），毒死蜱（1），二苯胺（1），甲氰菊酯（1），氯氟氰菊酯（1）		

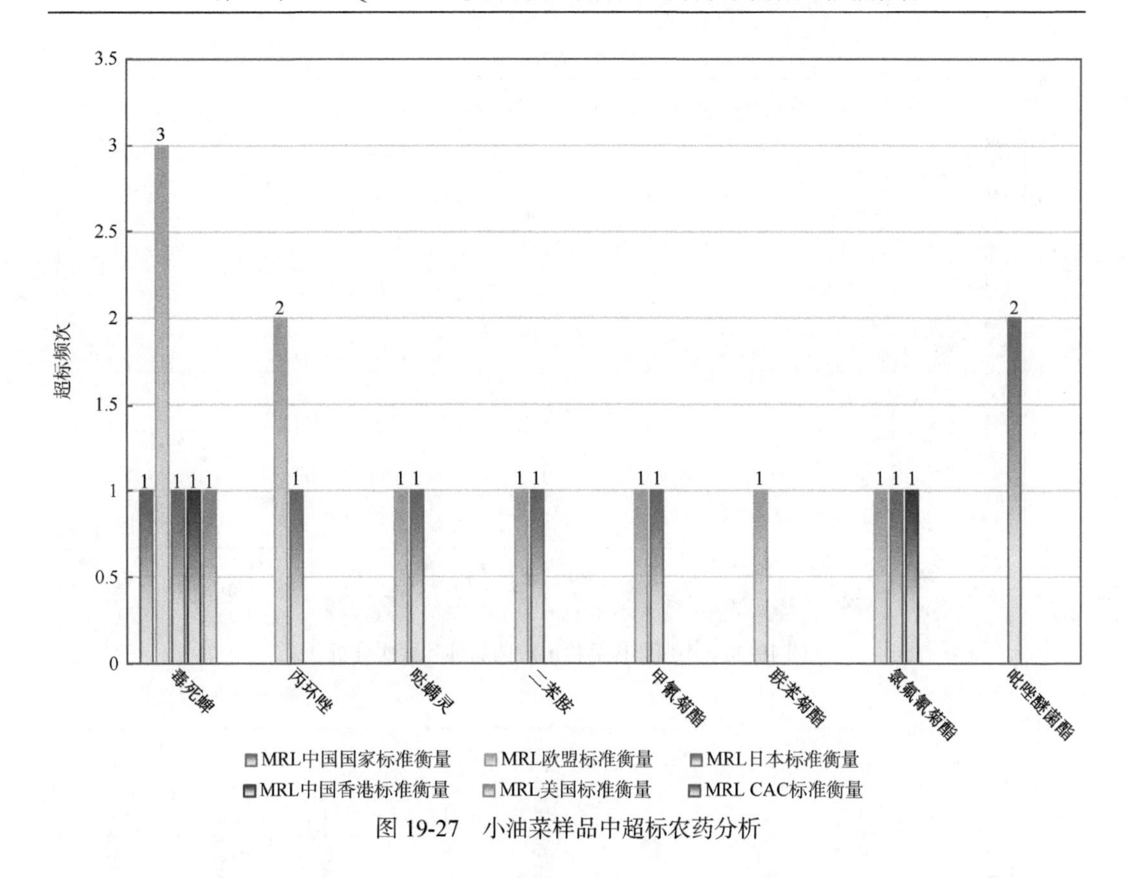

图 19-27 小油菜样品中超标农药分析

19.4.3.2 小白菜

这次共检测7例小白菜样品，全部检出了农药残留，检出率为100.0%，检出农药共计17种。其中二苯胺、蒽醌、烯酰吗啉、氯氟氰菊酯和溴氰虫酰胺检出频次较高，分别检出了7、4、3、2和2次。小白菜中农药检出品种和频次见图19-28，超标农药见图19-29和表19-23。

表 19-23 小白菜中农药残留超标情况明细表

样品总数			检出农药样品数	样品检出率（%）	检出农药品种总数
7			7	100	17
	超标农药品种	超标农药频次	按照MRL中国国家标准、欧盟标准和日本标准衡量超标农药名称及频次		
中国国家标准	0	0	—		
欧盟标准	6	6	虫螨腈（1），哒螨灵（1），敌草腈（1），二苯胺（1），联苯菊酯（1），溴氰虫酰胺（1）		
日本标准	7	7	哒螨灵（1），敌草腈（1），二苯胺（1），联苯菊酯（1），灭菌丹（1），烯酰吗啉（1），茚虫威（1）		

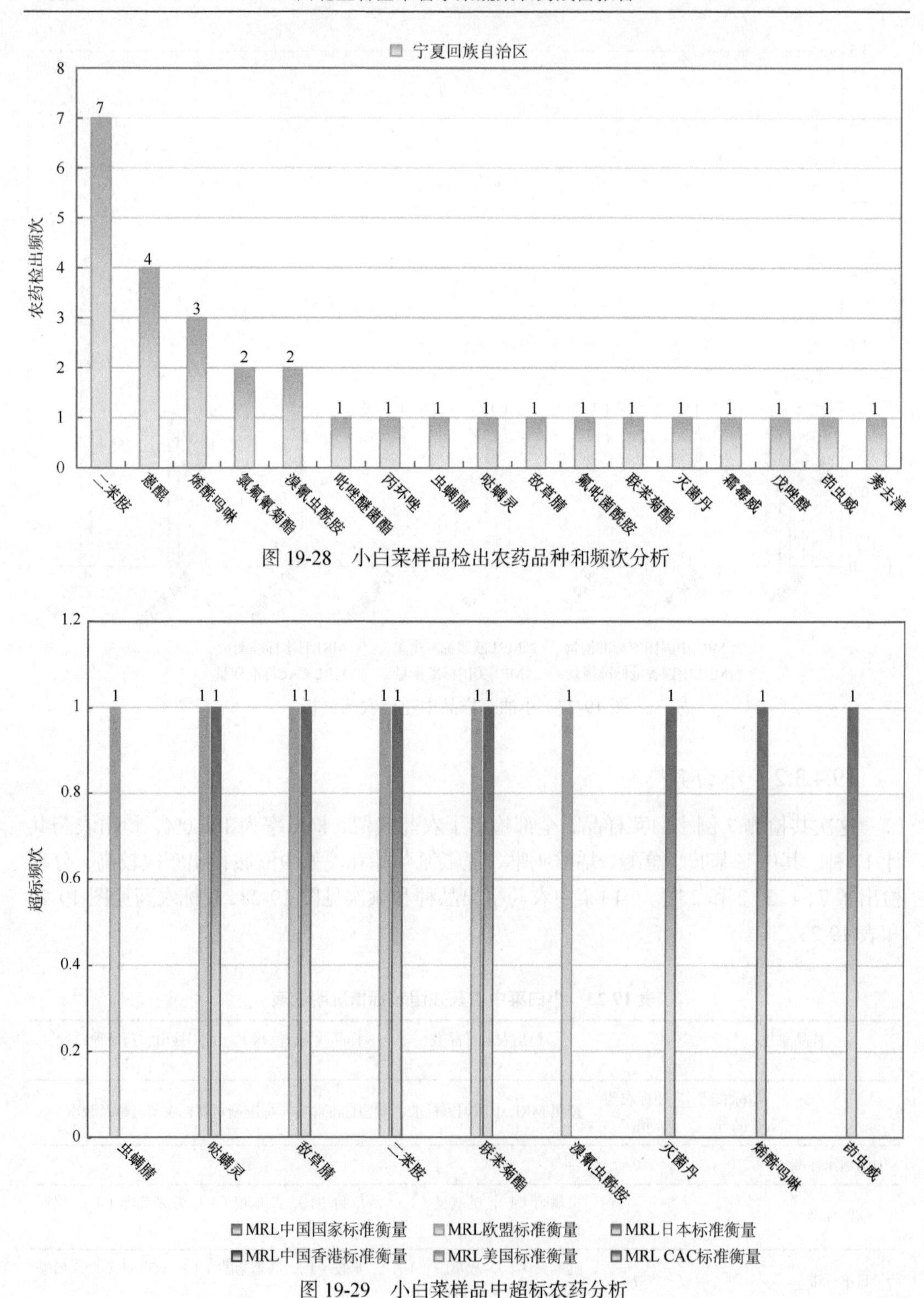

图 19-28 小白菜样品检出农药品种和频次分析

图 19-29 小白菜样品中超标农药分析

19.4.3.3 番茄

这次共检测 30 例番茄样品，29 例样品中检出了农药残留，检出率为 96.7%，检出农药共计 31 种。其中二苯胺、烯酰吗啉、氟吡菌酰胺、苯醚甲环唑和氯氟氰菊酯检出频次较高，分别检出了 18、13、11、10 和 9 次。番茄中农药检出品种和频次见图 19-30，超标农药见图 19-31 和表 19-24。

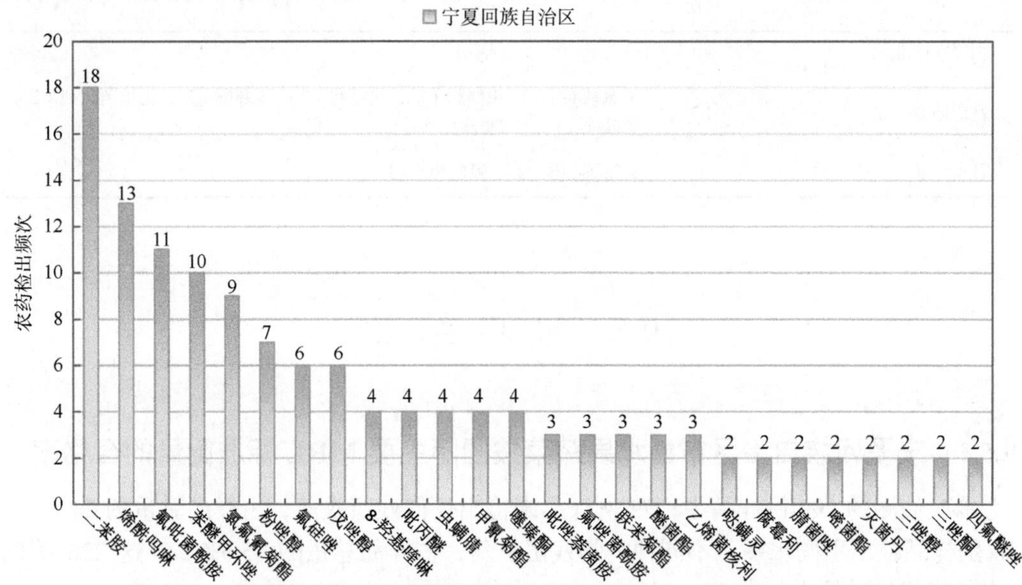

图 19-30　番茄样品检出农药品种和频次分析（仅列出 2 频次及以上的数据）

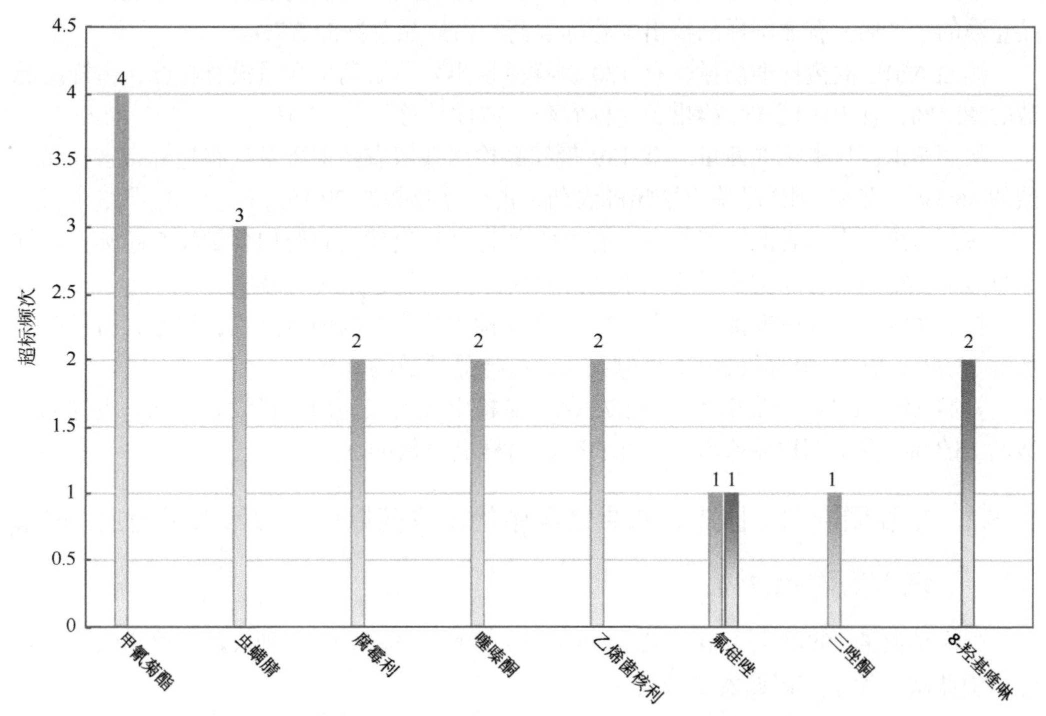

图 19-31　番茄样品中超标农药分析

表 19-24　番茄中农药残留超标情况明细表

样品总数			检出农药样品数	样品检出率（%）	检出农药品种总数
30			29	96.7	31
	超标农药品种	超标农药频次	按照 MRL 中国国家标准、欧盟标准和日本标准衡量超标农药名称及频次		
中国国家标准	0	0	—		
欧盟标准	7	15	甲氰菊酯（4），虫螨腈（3），腐霉利（2），噻嗪酮（2），乙烯菌核利（2），氟硅唑（1），三唑酮（1）		
日本标准	2	3	8-羟基喹啉（2），氟硅唑（1）		

19.5　初步结论

19.5.1　宁夏回族自治区市售水果蔬菜按国际主要 MRL 标准衡量的合格率

本次侦测的 299 例样品中，73 例样品未检出任何残留农药，占样品总量的 24.4%，226 例样品检出不同水平、不同种类的残留农药，占样品总量的 75.6%。在这 226 例检出农药残留的样品中：

按照 MRL 中国国家标准衡量，有 218 例样品检出残留农药但含量没有超标，占样品总数的 72.9%，有 8 例样品检出了超标农药，占样品总数的 2.7%。

按照 MRL 欧盟标准衡量，有 120 例样品检出残留农药但含量没有超标，占样品总数的 40.1%，有 106 例样品检出了超标农药，占样品总数的 35.5%。

按照 MRL 日本标准衡量，有 139 例样品检出残留农药但含量没有超标，占样品总数的 46.5%，有 87 例样品检出了超标农药，占样品总数的 29.1%。

按照 MRL 中国香港标准衡量，有 223 例样品检出残留农药但含量没有超标，占样品总数的 74.6%，有 3 例样品检出了超标农药，占样品总数的 1.0%。

按照 MRL 美国标准衡量，有 225 例样品检出残留农药但含量没有超标，占样品总数的 75.3%，有 1 例样品检出了超标农药，占样品总数的 0.3%。

按照 MRL CAC 标准衡量，有 225 例样品检出残留农药但含量没有超标，占样品总数的 75.3%，有 1 例样品检出了超标农药，占样品总数的 0.3%。

19.5.2　宁夏回族自治区市售水果蔬菜中检出农药以中低微毒农药为主，占市场主体的 94.7%

这次侦测的 299 例样品包括蔬菜 15 种 299 例，共检出了 76 种农药，检出农药的毒性以中低微毒为主，详见表 19-25。

表 19-25　市场主体农药毒性分布

毒性	检出品种	占比（%）	检出频次	占比（%）
剧毒农药	2	2.6	4	0.5
高毒农药	2	2.6	13	1.7
中毒农药	30	39.5	330	43.0
低毒农药	22	28.9	280	36.5
微毒农药	20	26.3	140	18.3
中低微毒农药，品种占比 94.7%，频次占比 97.8%				

19.5.3　检出剧毒、高毒和禁用农药现象应该警醒

在此次侦测的 299 例样品中的 31 例样品检出了 7 种 38 频次的剧毒和高毒或禁用农药，占样品总量的 10.4%。其中剧毒农药六氯苯和治螟磷以及高毒农药克百威和醚菌酯检出频次较高。

按 MRL 中国国家标准衡量，高毒农药克百威，检出 10 次，超标 7 次；按超标程度比较，芹菜中克百威超标 96.3 倍。

剧毒、高毒或禁用农药的检出情况及按照 MRL 中国国家标准衡量的超标情况见表 19-26。

表 19-26　剧毒、高毒或禁用农药的检出及超标明细

序号	农药名称	样品名称	检出频次	超标频次	最大超标倍数	超标率
1.1	六氯苯*	菜豆	1	0	0	0.0%
1.2	六氯苯*	西葫芦	1	0	0	0.0%
2.1	治螟磷*▲	芹菜	2	0	0	0.0%
3.1	克百威◊▲	芹菜	10	7	96.27	70.0%
4.1	醚菌酯◊	番茄	3	0	0	0.0%
5.1	林丹▲	豇豆	1	0	0	0.0%
6.1	毒死蜱▲	小油菜	7	1	17.276	14.3%
6.2	毒死蜱▲	芹菜	7	0	0	0.0%
6.3	毒死蜱▲	辣椒	2	0	0	0.0%
6.4	毒死蜱▲	番茄	1	0	0	0.0%
6.5	毒死蜱▲	花椰菜	1	0	0	0.0%
6.6	毒死蜱▲	马铃薯	1	0	0	0.0%
7.1	滴滴涕▲	芹菜	1	0	0	0.0%
合计			38	8		21.1%

注：超标倍数参照 MRL 中国国家标准衡量

* 表示剧毒农药；◊ 表示高毒农药；▲ 表示禁用农药

这些超标的高剧毒或禁用农药都是中国政府早有规定禁止在水果蔬菜中使用的，为什么还屡次被检出，应该引起警惕。

19.5.4 残留限量标准与先进国家或地区差距较大

767 频次的检出结果与我国公布的《食品中农药最大残留限量》（GB 2763—2019）对比，有 233 频次能找到对应的 MRL 中国国家标准，占 30.4%；还有 534 频次的侦测数据无相关 MRL 标准供参考，占 69.6%。

与国际上现行 MRL 标准对比发现：

有 767 频次能找到对应的 MRL 欧盟标准，占 100.0%；

有 767 频次能找到对应的 MRL 日本标准，占 100.0%；

有 221 频次能找到对应的 MRL 中国香港标准，占 28.8%；

有 281 频次能找到对应的 MRL 美国标准，占 36.6%；

有 177 频次能找到对应的 MRL CAC 标准，占 23.1%。

由上可见，我国的 MRL 国家标准与先进国家或地区标准还有很大差距，我们无标准，境外有标准，这就会导致我们在国际贸易中，处于受制于人的被动地位。

19.5.5 水果蔬菜单种样品检出 27～32 种农药残留，拷问农药使用的科学性

通过此次监测发现，芹菜、番茄和菜豆是检出农药品种最多的 3 种蔬菜，从中检出农药品种及频次详见表 19-27。

表 19-27 单种样品检出农药品种及频次

样品名称	样品总数	检出率	检出农药品种数	检出农药（频次）
芹菜	29	96.6%	32	二苯胺（16），丙环唑（15），戊唑醇（14），苯醚甲环唑（12），氟硅唑（11），克百威（10），醚菊酯（9），1，4-二甲基萘（8），灭菌丹（8），毒死蜱（7），二甲戊灵（6），蒽醌（5），扑草净（4），烯酰吗啉（4），莠去津（4），吡唑醚菌酯（3），稻瘟灵（3），联苯菊酯（3），嘧菌酯（3），仲丁灵（3），氯氟氰菊酯（2），烯唑醇（2），治螟磷（2），吡丙醚（1），虫螨腈（1），哒螨灵（1），滴滴涕（1），敌草腈（1），甲霜灵（1），咪鲜胺（1），肟菌酯（1），唑胺菌酯（1）
番茄	30	96.7%	31	二苯胺（18），烯酰吗啉（13），氟吡菌酰胺（11），苯醚甲环唑（10），氯氟氰菊酯（9），粉唑醇（7），氟硅唑（6），戊唑醇（6），8-羟基喹啉（4），吡丙醚（4），虫螨腈（4），甲氰菊酯（4），噻嗪酮（4），吡唑萘菌胺（3），氟唑菌酰胺（3），联苯菊酯（3），醚菌酯（3），乙烯菌核利（3），哒螨灵（2），腐霉利（2），腈菌唑（2），嘧菌酯（2），灭菌丹（2），三唑醇（2），三唑酮（2），四氟醚唑（2），毒死蜱（1），蒽醌（1），咪鲜胺（1），肟菌酯（1），乙嘧酚磺酸酯（1）
菜豆	16	75.0%	27	稻瘟灵（4），苯醚甲环唑（3），虫螨腈（2），哒螨灵（2），联苯菊酯（2），烯酰吗啉（2），吡丙醚（1），吡唑醚菌酯（1），吡唑萘菌胺（1），氟吡菌酰胺（1），腐霉利（1），已唑醇（1），甲氰菊酯（1），甲霜灵（1），腈菌唑（1），六氯苯（1），氯氟氰菊酯（1），咪鲜胺（1），炔螨特（1），三唑醇（1），五氯硝基苯（1），戊唑醇（1），烯效唑（1），溴氰虫酰胺（1），乙螨唑（1），乙嘧酚磺酸酯（1），茚虫威（1）

上述 3 种蔬菜，检出农药 27～32 种，是多种农药综合防治，还是未严格实施农业良好管理规范（GAP），抑或根本就是乱施药，值得我们思考。

第20章　GC-Q-TOF/MS侦测宁夏回族自治区市售水果蔬菜农药残留膳食暴露风险与预警风险评估

20.1　农药残留侦测数据分析与统计

庞国芳院士科研团队建立的农药残留高通量侦测技术以高分辨精确质量数（0.0001 *m/z* 为基准）为识别标准，采用GC-Q-TOF/MS技术对686种农药化学污染物进行侦测。

科研团队于2020年8月在宁夏回族自治区的31个采样点，随机采集了299例水果蔬菜样品，采样点分布在超市，个体户和农贸市场。

利用GC-Q-TOF/MS技术对299例样品中的农药进行侦测，共侦测出残留农药767频次。侦测出农药残留水平如表20-1和图20-1所示。检出频次最高的前10种农药如表20-2所示。从侦测结果中可以看出，在水果蔬菜中农药残留普遍存在，且有些水果蔬菜存在高浓度的农药残留，这些可能存在膳食暴露风险，对人体健康产生危害，因此，为了定量地评价水果蔬菜中农药残留的风险程度，有必要对其进行风险评价。

表20-1　侦测出农药的不同残留水平及其所占比例列表

残留水平（μg/kg）	检出频次	占比（%）
1～5（含）	314	40.9
5～10（含）	139	18.1
10～100（含）	243	31.7
100～1000（含）	53	6.9
>1000	18	2.3

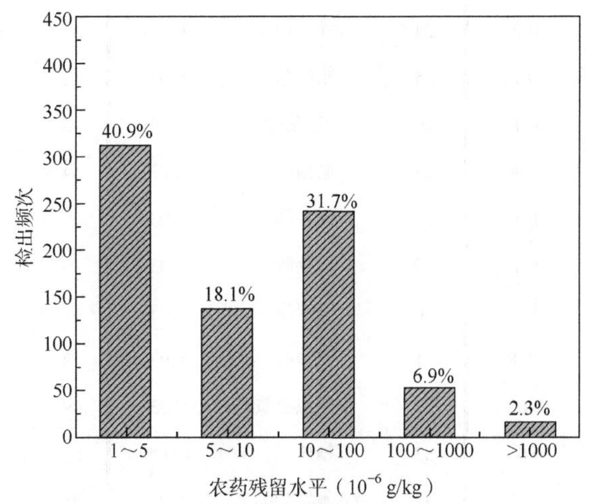

图20-1　残留农药侦测出浓度频数分布图

表 20-2 检出频次最高的前 10 种农药列表

序号	农药	检出频次
1	二苯胺	116
2	烯酰吗啉	59
3	灭菌丹	47
4	戊唑醇	35
5	苯醚甲环唑	28
6	虫螨腈	27
7	氯氟氰菊酯	27
8	丙环唑	26
9	联苯	25
10	蒽醌	22

本研究使用 GC-Q-TOF/MS 技术对宁夏省 299 样品中的农药侦测中，共侦测出农药 76 种，这些农药的每日允许最大摄入量值（ADI）见表 20-3。为评价宁夏回族自治区农药残留的风险，本研究采用两种模型分别评价膳食暴露风险和预警风险，具体的风险评价模型见附录 A。

表 20-3 宁夏回族自治区水果蔬菜中侦测出农药的 ADI 值

序号	农药	ADI	序号	农药	ADI	序号	农药	ADI
1	苯酰菌胺	0.5	18	吡唑萘菌胺	0.06	35	烯效唑	0.02
2	醚菌酯	0.4	19	仲丁威	0.06	36	莠去津	0.02
3	霜霉威	0.4	20	乙螨唑	0.05	37	苯醚甲环唑	0.01
4	嘧菌酯	0.2	21	乙嘧酚磺酸酯	0.05	38	哒螨灵	0.01
5	嘧霉胺	0.2	22	扑草净	0.04	39	滴滴涕	0.01
6	烯酰吗啉	0.2	23	肟菌酯	0.04	40	敌草腈	0.01
7	仲丁灵	0.2	24	吡唑醚菌酯	0.03	41	毒死蜱	0.01
8	吡丙醚	0.1	25	虫螨腈	0.03	42	蒽醌	0.01
9	稻瘟灵	0.1	26	甲氰菊酯	0.03	43	粉唑醇	0.01
10	二甲戊灵	0.1	27	腈菌唑	0.03	44	氟吡菌胺	0.01
11	腐霉利	0.1	28	醚菊酯	0.03	45	联苯	0.01
12	灭菌丹	0.1	29	三唑醇	0.03	46	联苯菊酯	0.01
13	二苯胺	0.08	30	三唑酮	0.03	47	联苯三唑醇	0.01
14	氟吡菌酰胺	0.08	31	戊唑醇	0.03	48	氯硝胺	0.01
15	氟唑菌酰胺	0.08	32	溴氰虫酰胺	0.03	49	咪鲜胺	0.01
16	甲霜灵	0.08	33	氟乐灵	0.025	50	炔螨特	0.01
17	丙环唑	0.07	34	氯氟氰菊酯	0.02	51	五氯硝基苯	0.01

续表

序号	农药	ADI	序号	农药	ADI	序号	农药	ADI
52	乙烯菌核利	0.01	61	丁苯吗啉	0.003	70	六氯苯	—
53	茚虫威	0.01	62	克百威	0.001	71	双苯酰草胺	—
54	噻嗪酮	0.009	63	治螟磷	0.001	72	特丁通	—
55	氟硅唑	0.007	64	唑胺菌酯	0.001	73	五氯苯甲腈	—
56	唑虫酰胺	0.006	65	1,4-二甲基萘	—	74	烯虫炔酯	—
57	己唑醇	0.005	66	8-羟基喹啉	—	75	缬霉威	—
58	林丹	0.005	67	胺菊酯	—	76	溴丁酰草胺	—
59	烯唑醇	0.005	68	氟硅菊酯	—			
60	四氟醚唑	0.004	69	磷酸三异丁酯	—			

注：“—”表示国家标准中无 ADI 值规定；ADI 值单位为 mg/kg bw

20.2　农药残留膳食暴露风险评估

20.2.1　每例水果蔬菜样品中农药残留安全指数分析

基于农药残留侦测数据，发现在 299 例样品中侦测出农药 767 频次，计算样品中每种残留农药的安全指数 IFS_c，并分析农药对样品安全的影响程度，农药残留对水果蔬菜样品安全的影响程度频次分布情况如图 20-2 所示。

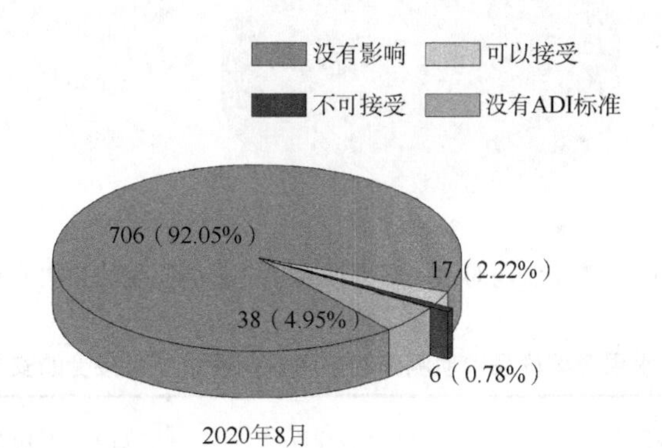

图 20-2　农药残留对水果蔬菜样品安全的影响程度频次分布图

由图 20-2 可以看出，农药残留对样品安全的影响不可接受的频次为 6，占 0.78%；农药残留对样品安全的影响可以接受的频次为 17，占 2.22%；农药残留对样品安全没有影响的频次为 706，占 92.05%。表 20-4 为对水果蔬菜样品中安全影响不可接受的农药残留列表。

表 20-4 水果蔬菜样品中安全影响不可接受的农药残留列表

序号	样品编号	采样点	基质	禁用农药	含量（mg/kg）	IFS_c
1	20200819-640500-LZFDC-CE-21A	**超市（世和新天地店）	芹菜	克百威	1.9454	12.3209
2	20200821-640500-LZFDC-CE-11A	**果蔬店（沙坡头区宣和镇）	芹菜	克百威	1.7512	11.0909
3	20200820-640500-LZFDC-CE-12A	**菜店（沙坡头区中央东大道）	芹菜	克百威	1.4207	8.9978
4	20200822-640100-LZFDC-CE-26A	**果蔬店（兴庆区富宁街）	芹菜	克百威	0.6288	3.9824
5	20200819-640500-LZFDC-PB-21A	**超市（世和新天地店）	小白菜	联苯菊酯	2.2151	1.4029
6	20200822-640100-LZFDC-CL-15A	**超市（长城东路店）	小油菜	毒死蜱	1.8276	1.1575

部分样品侦测出禁用农药 5 种 33 频次，为了明确残留的禁用农药对样品安全的影响，分析侦测出禁用农药残留的样品安全指数，禁用农药残留对水果蔬菜样品安全的影响程度频次分布情况如图 20-3 所示，农药残留对样品安全的影响不可接受的频次为 5，占 15.15%，农药残留对样品安全的影响可以接受的频次为 5，占 15.15%；农药残留对样品安全没有影响的频次为 23，占 69.7%。表 20-5 列出了对水果蔬菜样品安全影响不可接受的残留禁用农药安全指数表情况。

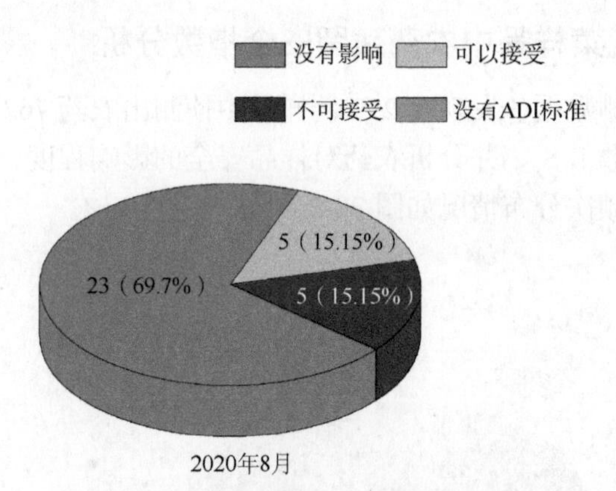

图 20-3 禁用农药对水果蔬菜样品安全影响程度的频次分布图

表 20-5 水果蔬菜样品中侦测出的禁用农药残留不可接受的安全指数表

序号	样品编号	采样点	基质	禁用农药	含量（mg/kg）	IFS_c
1	20200819-640500-LZFDC-CE-21A	**超市（世和新天地店）	芹菜	克百威	1.9454	12.3209
2	20200821-640500-LZFDC-CE-11A	**果蔬店（沙坡头区宣和镇）	芹菜	克百威	1.7512	11.0909
3	20200820-640500-LZFDC-CE-12A	**菜店（沙坡头区中央东大道）	芹菜	克百威	1.4207	8.9978
4	20200822-640100-LZFDC-CE-26A	**果蔬店（兴庆区富宁街）	芹菜	克百威	0.6288	3.9824
5	20200822-640100-LZFDC-CL-15A	**超市（长城东路店）	小油菜	毒死蜱	1.8276	1.1575

此外，本次侦测发现部分样品中非禁用农药残留量超过了 MRL 中国国家标准和欧

盟标准，为了明确超标的非禁用农药对样品安全的影响，分析了非禁用农药残留超标的样品安全指数。

残留量超过 MRL 欧盟标准的非禁用农药对水果蔬菜样品安全的影响程度频次分布情况如图 20-4 所示。可以看出超过 MRL 欧盟标准的非禁用农药共 130 频次，其中农药没有 ADI 的频次为 4，占 3.08%；农药残留对样品安全的影响不可接受的频次为 1，占 0.77%；农药残留对样品安全的影响可以接受的频次为 9，占 6.92%；农药残留对样品安全没有影响的频次为 116，占 89.23%。表 20-6 为水果蔬菜样品中安全指数排名前 10 的残留超标非禁用农药列表。

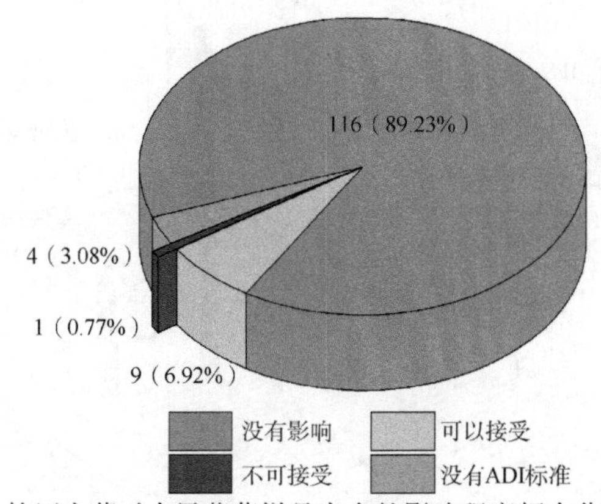

图 20-4　残留超标的非禁用农药对水果蔬菜样品安全的影响程度频次分布图（MRL 欧盟标准）

表 20-6　水果蔬菜样品中安全指数排名前 10 的残留超标非禁用农药列表（MRL 欧盟标准）

序号	样品编号	采样点	基质	农药	含量（mg/kg）	欧盟标准	超标倍数	IFS_c	影响程度
1	20200819-640500-LZFDC-PB-21A	**万家超市（世和新天地店）	小白菜	联苯菊酯	2.2151	0.01	221.51	1.4029	不可接受
2	20200820-640300-LZFDC-CE-18A	**西路鲜果蔬菜店（利通区明珠西路）	芹菜	氟硅唑	0.7943	0.01	79.43	0.7187	可以接受
3	20200820-640300-LZFDC-CE-09A	**路蔬菜店（利通区双拥路）	芹菜	氟硅唑	0.5618	0.01	56.18	0.5083	可以接受
4	20200820-640300-LZFDC-CE-17A	**北街蔬菜粮油市场	芹菜	氟硅唑	0.5106	0.01	51.06	0.4620	可以接受
5	20200821-640500-LZFDC-CL-14A	**站果蔬店（沙坡头区迎宾大道）	小油菜	哒螨灵	0.4714	0.01	47.14	0.2986	可以接受
6	20200820-640300-LZFDC-CE-05A	**街菜篮子连锁超市（利通区）	芹菜	氟硅唑	0.2934	0.01	29.34	0.2655	可以接受
7	20200818-640100-LZFDC-CL-24A	**鲜菜篮子社区直销店（紫檀水景店）	小油菜	氯氟氰菊酯	0.7575	0.30	2.53	0.2399	可以接受
8	20200819-640500-LZFDC-CL-20A	**果蔬店（沙坡头区南苑东路）	小油菜	联苯菊酯	0.3312	0.01	33.12	0.2098	可以接受
9	20200820-640300-LZFDC-CE-07A	**路北粮油蔬菜市场	芹菜	氟硅唑	0.1757	0.01	17.57	0.1590	可以接受
10	20200820-640300-LZFDC-EP-25A	**西路蔬菜市场	茄子	炔螨特	0.2143	0.01	21.43	0.1357	可以接受

20.2.2　单种水果蔬菜中农药残留安全指数分析

本次 15 种水果蔬菜侦测 76 种农药，所有水果蔬菜均侦测出农药，检出频次为 767 次，其中 12 种农药没有 ADI 标准，64 种农药存在 ADI 标准。对 15 种水果蔬菜按不同种类分别计算侦测出的具有 ADI 标准的各种农药的 IFS_c 值，农药残留对水果蔬菜的安全指数分布图如图 20-5 所示。

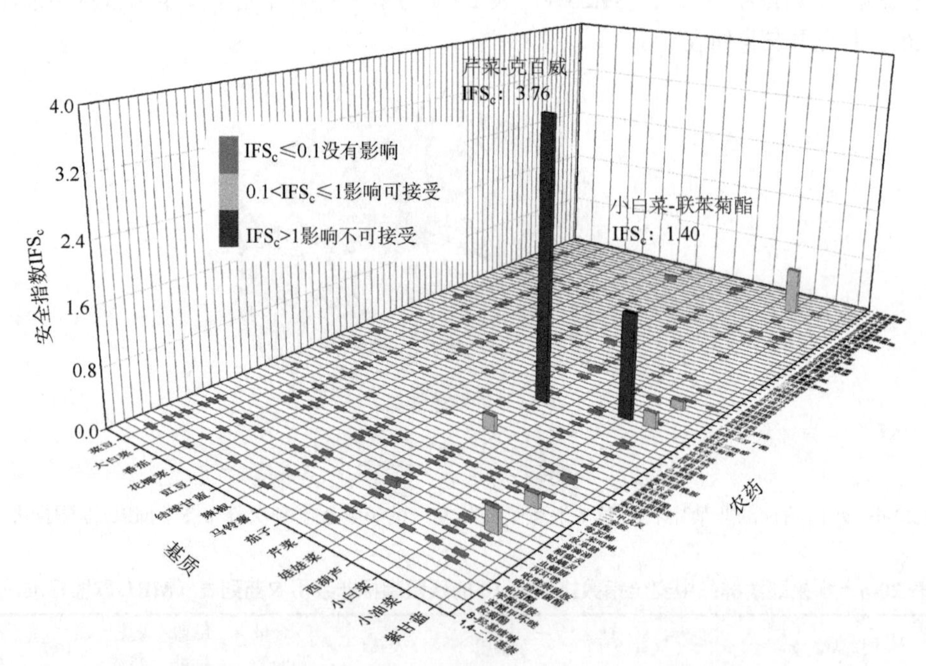

图 20-5　15 种水果蔬菜中 76 种残留农药的安全指数分布图

分析发现芹菜中的克百威和小白菜中的联苯菊酯残留对食品安全影响不可接受，如表 20-7 所示。

表 20-7　单种水果蔬菜中安全影响不可接受的残留农药安全指数表

序号	基质	农药	检出频次	检出率（%）	IFS>1 的频次	IFS>1 的比例（%）	IFS_c
1	芹菜	克百威	10	6.13	4	2.45	3.7621
2	小白菜	联苯菊酯	1	3.33	1	3.33	1.4029

本次侦测中，15 种水果蔬菜和 80 种残留农药（包括没有 ADI 标准）共涉及 218 个分析样本，农药对单种水果蔬菜安全的影响程度分布情况如图 20-6 所示。可以看出，89.91%的样本中农药对水果蔬菜安全没有影响，2.75%的样本中农药对水果蔬菜安全的影响可以接受，0.92%的样本中农药对水果蔬菜安全的影响不可接受。

此外，分别计算 23 种水果蔬菜中所有侦测出农药 IFS_c 的平均值 $\overline{IFS}$，分析每种水果蔬菜的安全状态，结果如图 20-7 所示，分析发现，2 种水果蔬菜（13.33%）的安全状态可接受，13 种（86.67%）水果蔬菜的安全状态很好。

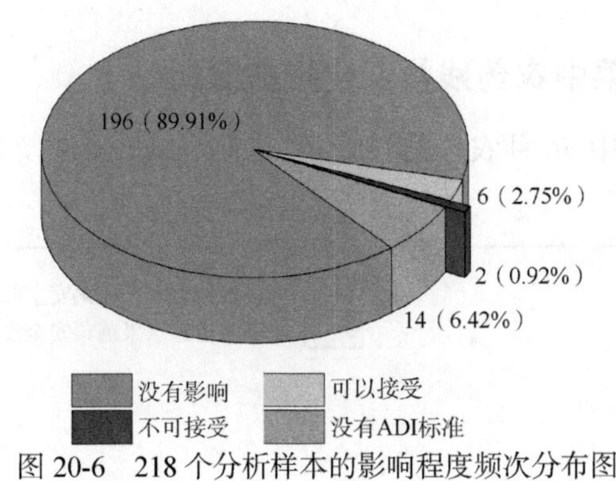

图 20-6　218 个分析样本的影响程度频次分布图

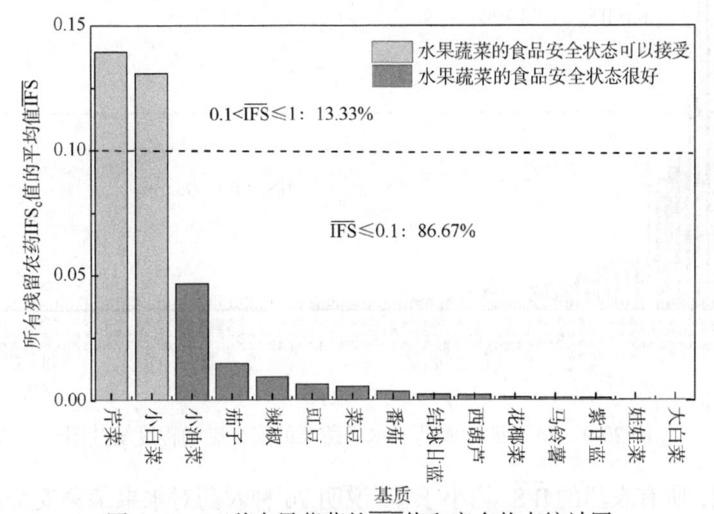

图 20-7　15 种水果蔬菜的$\overline{\text{IFS}}$值和安全状态统计图

8 月份内单种水果蔬菜安全状态统计情况如图 20-8 所示。

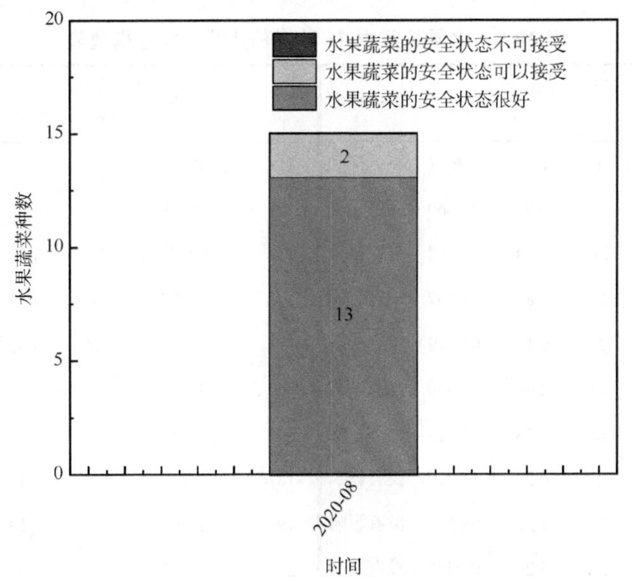

图 20-8　8 月份内单种水果蔬菜安全状态统计图

20.2.3　所有水果蔬菜中农药残留安全指数分析

计算所有水果蔬菜中 76 种农药的 $\overline{\mathrm{IFS}}_{\mathrm{c}}$ 值，结果如图 20-9 及表 20-8 所示。

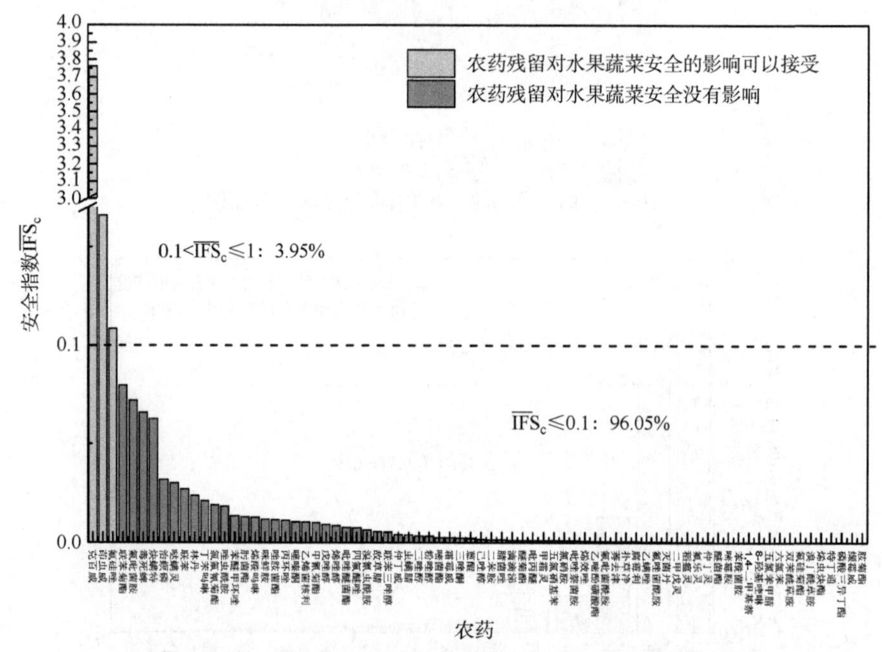

图 20-9　76 种残留农药对水果蔬菜的安全影响程度统计图

分析发现，所有农药的 $\overline{\mathrm{IFS}}_{\mathrm{c}}$ 均小于 1，说明 76 种农药对水果蔬菜安全的影响均在没有影响和可以接受的范围内，其中 3.95%的农药对水果蔬菜安全的影响可以接受，96.05%的农药对水果蔬菜安全没有影响。

表 20-8　水果蔬菜中 76 种农药残留的安全指数表

序号	农药	检出频次	检出率（%）	$\overline{\mathrm{IFS}}_{\mathrm{c}}$	影响程度	序号	农药	检出频次	检出率（%）	$\overline{\mathrm{IFS}}_{\mathrm{c}}$	影响程度
1	克百威	10	1.30	3.7621	不可接受	11	林丹	1	0.13	0.0238	没有影响
2	茚虫威	7	0.91	0.1660	可以接受	12	丁苯吗啉	2	0.26	0.0210	没有影响
3	氟硅唑	21	2.74	0.1085	可以接受	13	氯氟氰菊酯	27	3.52	0.0190	没有影响
4	联苯菊酯	22	2.87	0.0797	没有影响	14	唑虫酰胺	1	0.13	0.0183	没有影响
5	氟吡菌胺	1	0.13	0.0719	没有影响	15	苯醚甲环唑	28	3.65	0.0134	没有影响
6	毒死蜱	19	2.48	0.0659	没有影响	16	肟菌酯	2	0.26	0.0129	没有影响
7	炔螨特	6	0.78	0.0626	没有影响	17	烯酰吗啉	59	7.69	0.0127	没有影响
8	治螟磷	2	0.26	0.0320	没有影响	18	咪鲜胺	19	2.48	0.0117	没有影响
9	哒螨灵	17	2.22	0.0302	没有影响	19	唑胺菌酯	1	0.13	0.0114	没有影响
10	联苯	25	3.26	0.0270	没有影响	20	丙环唑	26	3.39	0.0112	没有影响

续表

序号	农药	检出频次	检出率（%）	$\overline{IFS_c}$	影响程度	序号	农药	检出频次	检出率（%）	$\overline{IFS_c}$	影响程度
21	噻嗪酮	5	0.65	0.0104	没有影响	49	烯效唑	1	0.13	0.0008	没有影响
22	乙烯菌核利	3	0.39	0.0102	没有影响	50	乙嘧酚磺酸酯	2	0.26	0.0007	没有影响
23	甲氰菊酯	7	0.91	0.0099	没有影响	51	氟吡菌酰胺	15	1.96	0.0006	没有影响
24	戊唑醇	35	4.56	0.0090	没有影响	52	莠去津	9	1.17	0.0006	没有影响
25	烯唑醇	3	0.39	0.0085	没有影响	53	扑草净	4	0.52	0.0006	没有影响
26	吡唑醚菌酯	11	1.43	0.0076	没有影响	54	腐霉利	17	2.22	0.0006	没有影响
27	四氟醚唑	2	0.26	0.0074	没有影响	55	乙螨唑	2	0.26	0.0006	没有影响
28	溴氰虫酰胺	3	0.39	0.0063	没有影响	56	氟唑菌酰胺	3	0.39	0.0005	没有影响
29	敌草腈	2	0.26	0.0055	没有影响	57	灭菌丹	47	6.13	0.0005	没有影响
30	联苯三唑醇	2	0.26	0.0052	没有影响	58	二甲戊灵	8	1.04	0.0004	没有影响
31	仲丁威	2	0.26	0.0039	没有影响	59	稻瘟灵	7	0.91	0.0004	没有影响
32	虫螨腈	27	3.52	0.0037	没有影响	60	氟乐灵	2	0.26	0.0004	没有影响
33	三唑醇	6	0.78	0.0033	没有影响	61	仲丁灵	3	0.39	0.0004	没有影响
34	粉唑醇	7	0.91	0.0032	没有影响	62	醚菌酯	3	0.39	0.0001	没有影响
35	嘧菌酯	9	1.17	0.0024	没有影响	63	嘧霉胺	1	0.13	0.0001	没有影响
36	霜霉威	2	0.26	0.0023	没有影响	64	苯酰菌胺	1	0.13	0.0000	没有影响
37	三唑酮	2	0.26	0.0023	没有影响	65	1,4-二甲基萘	—	—	—	—
38	蒽醌	22	2.87	0.0022	没有影响	66	8-羟基喹啉	—	—	—	—
39	己唑醇	2	0.26	0.0015	没有影响	67	五氯苯甲腈	—	—	—	—
40	二苯胺	116	15.12	0.0014	没有影响	68	六氯苯	—	—	—	—
41	腈菌唑	6	0.78	0.0013	没有影响	69	双苯酰草胺	—	—	—	—
42	滴滴涕	1	0.13	0.0011	没有影响	70	氟硅菊酯	—	—	—	—
43	醚菊酯	9	1.17	0.0010	没有影响	71	溴丁酰草胺	—	—	—	—
44	吡丙醚	8	1.04	0.0010	没有影响	72	烯虫炔酯	—	—	—	—
45	甲霜灵	8	1.04	0.0009	没有影响	73	特丁通	—	—	—	—
46	五氯硝基苯	2	0.26	0.0009	没有影响	74	磷酸三异丁酯	—	—	—	—
47	氯硝胺	2	0.26	0.0009	没有影响	75	缬霉威	—	—	—	—
48	吡唑萘菌胺	4	0.52	0.0009	没有影响	76	胺菊酯	—	—	—	—

8 月内不同农药对水果蔬菜安全影响程度的统计如图 20-10 所示。

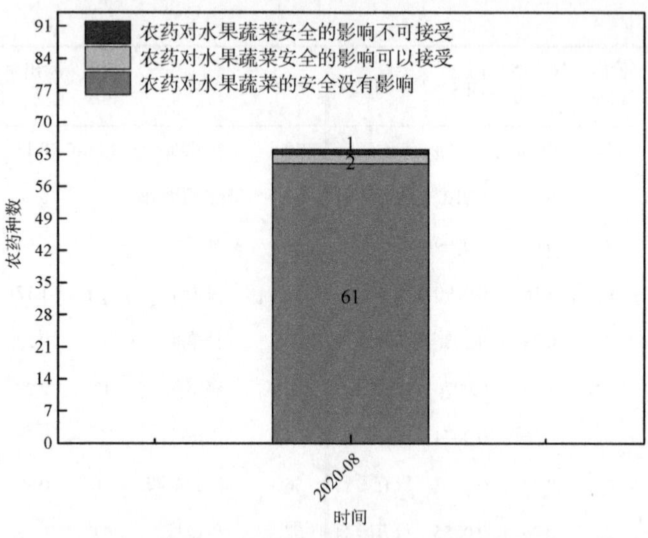

图 20-10　8 月份内农药对水果蔬菜安全影响程度的统计图

计算 8 月份内水果蔬菜的$\overline{IFS}$,以分析 8 月份内水果蔬菜的安全状态,结果如图 20-11 所示，可以看出 8 月份的水果蔬菜安全状态处于很好的范围内。

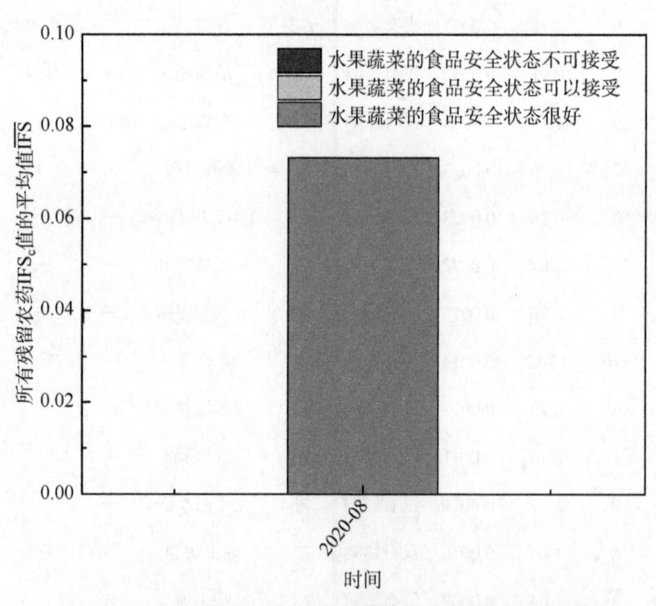

图 20-11　8 月份内水果蔬菜的$\overline{IFS}$值与安全状态统计图

20.3　农药残留预警风险评估

基于宁夏回族自治区水果蔬菜样品中农药残留 GC-Q-TOF/MS 侦测数据，分析禁用农药的检出率，同时参照中华人民共和国国家标准 GB 2763—2019 和欧盟农药最大残留限量（MRL）标准分析非禁用农药残留的超标率，并计算农药残留风险系数。分析单种水果蔬菜中农药残留以及所有水果蔬菜中农药残留的风险程度。

20.3.1　单种水果蔬菜中农药残留风险系数分析

20.3.1.1　单种水果蔬菜中禁用农药残留风险系数分析

侦测出的 76 种残留农药中有 5 种为禁用农药，且它们分布在 7 种水果蔬菜中，计算 7 种水果蔬菜中禁用农药的超标率，根据超标率计算风险系数 R，进而分析水果蔬菜中禁用农药的风险程度，结果如图 20-12 与表 20-9 所示。分析发现 5 种禁用农药在 7 种水果蔬菜中的残留均处于高度风险。

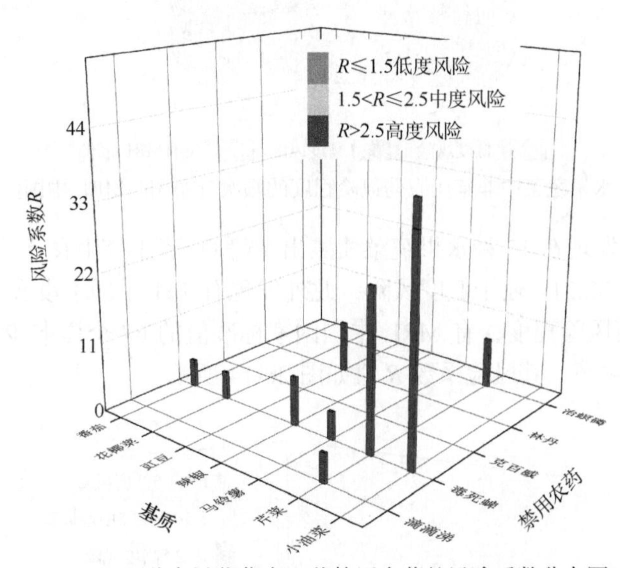

图 20-12　7 种水果蔬菜中 5 种禁用农药的风险系数分布图

表 20-9　7 种水果蔬菜中 5 种禁用农药的风险系数列表

序号	基质	农药	检出频次	检出率（%）	风险系数 R	风险程度
1	芹菜	克百威	10	34.48	35.58	高度风险
2	小油菜	毒死蜱	7	33.33	34.43	高度风险
3	芹菜	毒死蜱	7	24.14	25.24	高度风险
4	豇豆	林丹	1	7.14	8.24	高度风险
5	芹菜	治螟磷	2	6.90	8.00	高度风险
6	辣椒	毒死蜱	2	6.67	7.77	高度风险
7	芹菜	滴滴涕	1	3.45	4.55	高度风险
8	番茄	毒死蜱	1	3.33	4.43	高度风险
9	花椰菜	毒死蜱	1	3.33	4.43	高度风险
10	马铃薯	毒死蜱	1	3.33	4.43	高度风险

20.3.1.2　基于 MRL 中国国家标准的单种水果蔬菜中非禁用农药残留风险系数分析

参照中华人民共和国国家标准 GB 2763—2019 中农药残留限量计算每种水果蔬菜中每种非禁用农药的超标率，进而计算其风险系数，根据风险系数大小判断残留农药的预警风险程度，水果蔬菜中非禁用农药残留风险程度分布情况如图 20-13 所示。

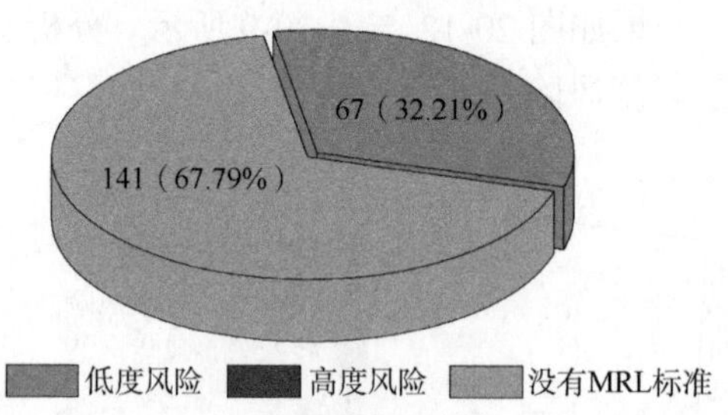

图 20-13　水果蔬菜中非禁用农药风险程度的频次分布图（MRL 中国国家标准）

本次分析中，发现在 15 种水果蔬菜侦测出 76 种残留非禁用农药，涉及样本 208 个，在 208 个样本中，32.21%处于低度风险，此外发现有 141 个样本没有 MRL 中国国家标准值，无法判断其风险程度，有 MRL 中国国家标准值的 67 个样本涉及 13 种水果蔬菜中的 31 种非禁用农药，其风险系数 R 值如图 20-14 所示。

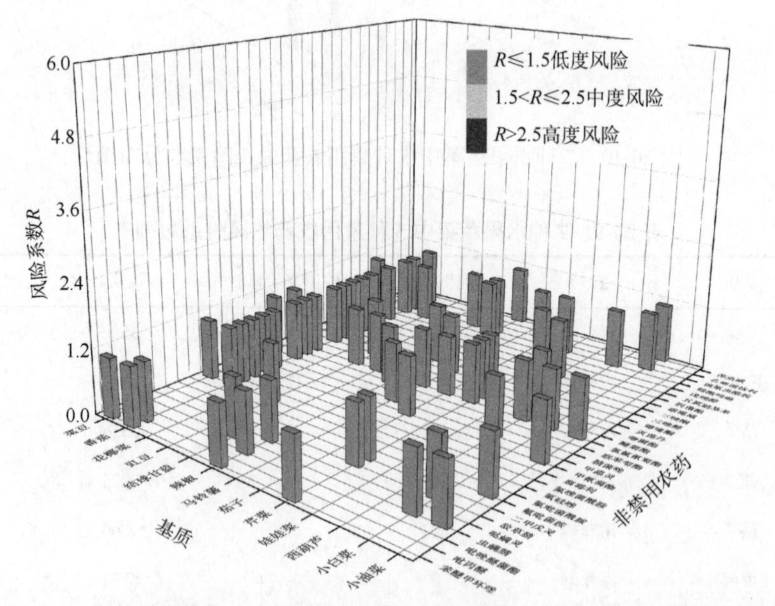

图 20-14　13 种水果蔬菜中 31 种非禁用农药的风险系数分布图（MRL 中国国家标准）

20.3.1.3　基于 MRL 欧盟标准的单种水果蔬菜中非禁用农药残留风险系数分析

参照 MRL 欧盟标准计算每种水果蔬菜中每种非禁用农药的超标率，进而计算其风险系数，根据风险系数大小判断农药残留的预警风险程度，水果蔬菜中非禁用农药残留风险程度分布情况如图 20-15 所示。

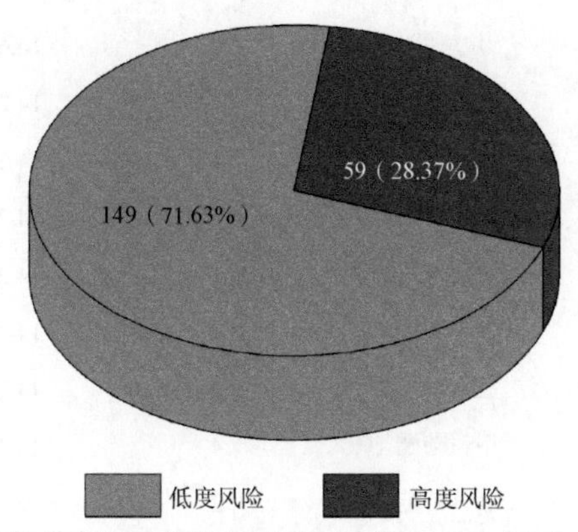

图 20-15　水果蔬菜中非禁用农药的风险程度的频次分布图（MRL 欧盟标准）

本次分析中，发现在 15 种水果蔬菜中共侦测出 71 种非禁用农药，涉及样本 208 个，其中，28.37%处于高度风险，涉及 4 种水果蔬菜和 40 种农药；71.63%处于低度风险，涉及 12 种水果蔬菜和 58 种农药。单种水果蔬菜中的非禁用农药风险系数分布图如图 20-16 所示。单种水果蔬菜中处于高度风险的非禁用农药风险系数如图 20-17 和表 20-10 所示。

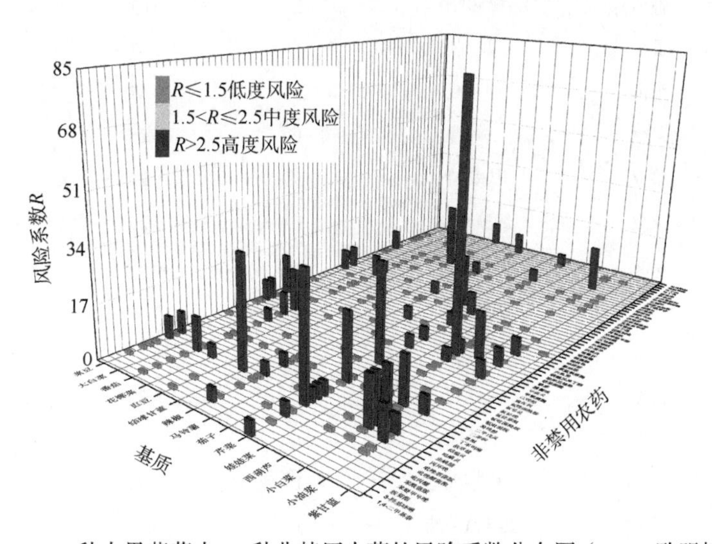

图 20-16　15 种水果蔬菜中 71 种非禁用农药的风险系数分布图（MRL 欧盟标准）

表 20-10　单种水果蔬菜中处于高度风险的非禁用农药的风险系数表（MRL 欧盟标准）

序号	基质	农药	超标频次	超标率 P（%）	风险系数 R
1	西葫芦	联苯	25	83.33	84.43
2	芹菜	丙环唑	11	37.93	39.03
3	结球甘蓝	虫螨腈	7	35.00	36.10
4	芹菜	氟硅唑	9	31.03	32.13
5	豇豆	烯酰吗啉	3	21.43	22.53

续表

序号	基质	农药	超标频次	超标率 P（%）	风险系数 R
6	芹菜	二苯胺	6	20.69	21.79
7	茄子	炔螨特	5	16.67	17.77
8	小白菜	二苯胺	1	14.29	15.39
9	小白菜	哒螨灵	1	14.29	15.39
10	小白菜	敌草腈	1	14.29	15.39
11	小白菜	溴氰虫酰胺	1	14.29	15.39
12	小白菜	联苯菊酯	1	14.29	15.39
13	小白菜	虫螨腈	1	14.29	15.39
14	番茄	甲氰菊酯	4	13.33	14.43
15	菜豆	联苯菊酯	2	12.50	13.60
16	番茄	虫螨腈	3	10.00	11.10
17	小油菜	丙环唑	2	9.52	10.62
18	豇豆	唑虫酰胺	1	7.14	8.24
19	芹菜	灭菌丹	2	6.90	8.00
20	番茄	乙烯菌核利	2	6.67	7.77
21	番茄	噻嗪酮	2	6.67	7.77
22	番茄	腐霉利	2	6.67	7.77
23	辣椒	仲丁威	2	6.67	7.77
24	菜豆	三唑醇	1	6.25	7.35
25	菜豆	炔螨特	1	6.25	7.35
26	菜豆	烯酰吗啉	1	6.25	7.35
27	菜豆	甲氰菊酯	1	6.25	7.35
28	菜豆	甲霜灵	1	6.25	7.35
29	菜豆	稻瘟灵	1	6.25	7.35
30	菜豆	虫螨腈	1	6.25	7.35
31	小油菜	二苯胺	1	4.76	5.86
32	小油菜	哒螨灵	1	4.76	5.86
33	小油菜	氯氟氰菊酯	1	4.76	5.86
34	小油菜	甲氰菊酯	1	4.76	5.86
35	小油菜	联苯菊酯	1	4.76	5.86
36	芹菜	1,4-二甲基萘	1	3.45	4.55
37	芹菜	仲丁灵	1	3.45	4.55
38	芹菜	吡丙醚	1	3.45	4.55
39	芹菜	咪鲜胺	1	3.45	4.55
40	芹菜	哒螨灵	1	3.45	4.55

续表

序号	基质	农药	超标频次	超标率 P（%）	风险系数 R
41	芹菜	烯唑醇	1	3.45	4.55
42	芹菜	甲霜灵	1	3.45	4.55
43	芹菜	稻瘟灵	1	3.45	4.55
44	芹菜	联苯菊酯	1	3.45	4.55
45	芹菜	虫螨腈	1	3.45	4.55
46	芹菜	醚菊酯	1	3.45	4.55
47	番茄	三唑酮	1	3.33	4.43
48	番茄	氟硅唑	1	3.33	4.43
49	花椰菜	溴丁酰草胺	1	3.33	4.43
50	花椰菜	虫螨腈	1	3.33	4.43
51	西葫芦	甲霜灵	1	3.33	4.43
52	西葫芦	联苯菊酯	1	3.33	4.43
53	西葫芦	蒽醌	1	3.33	4.43
54	辣椒	丁苯吗啉	1	3.33	4.43
55	辣椒	哒螨灵	1	3.33	4.43
56	辣椒	噻嗪酮	1	3.33	4.43
57	辣椒	烯虫炔酯	1	3.33	4.43
58	辣椒	胺菊酯	1	3.33	4.43
59	马铃薯	氯氟氰菊酯	1	3.33	4.43

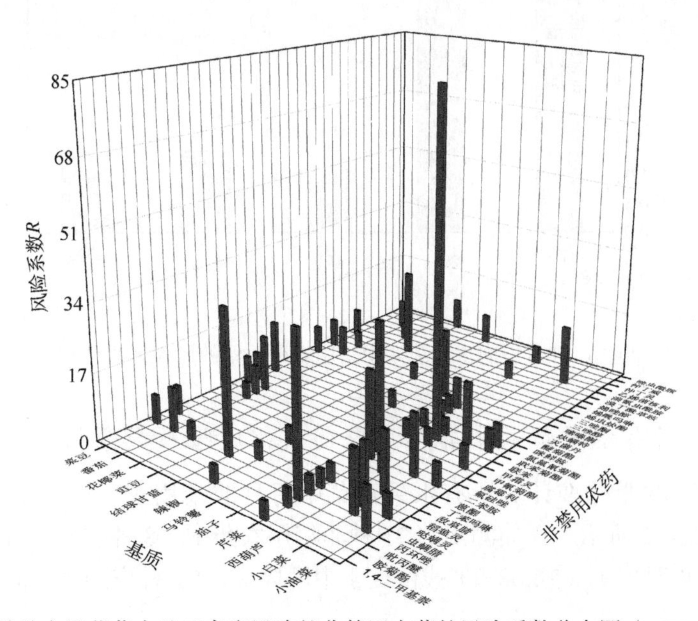

图 20-17　单种水果蔬菜中处于高度风险的非禁用农药的风险系数分布图（MRL 欧盟标准）

20.3.2 所有水果蔬菜中农药残留风险系数分析

20.3.2.1 所有水果蔬菜中禁用农药残留风险系数分析

在侦测出的 76 种农药中有 5 种为禁用农药，计算所有水果蔬菜中禁用农药的风险系数，结果如表 20-11 所示。禁用农药毒死蜱、克百威处于高度风险。

表 20-11　水果蔬菜中 5 种禁用农药的风险系数表

序号	农药	检出频次	检出率 P（%）	风险系数 R	风险程度
1	毒死蜱	19	6.35	7.45	高度风险
2	克百威	10	3.34	4.44	高度风险
3	治螟磷	2	0.67	1.77	中度风险
4	林丹	1	0.33	1.43	低度风险
5	滴滴涕	1	0.33	1.43	低度风险

对 8 月份内的禁用农药的风险系数进行分析，结果如图 20-18 所示。

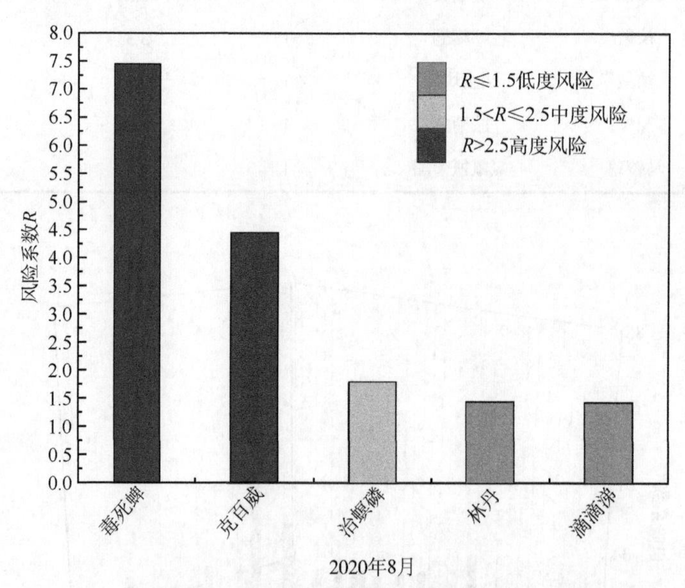

图 20-18　8 月份内水果蔬菜中禁用农药残留的风险系数分布图

20.3.2.2 所有水果蔬菜中非禁用农药残留风险系数分析

参照 MRL 欧盟标准计算所有水果蔬菜中每种非禁用农药残留的风险系数，如图 20-19 与表 20-12 所示。在侦测出的 71 种非禁用农药中，8 种农药（11.27%）残留处于高度风险，10 种农药（14.08%）残留处于中度风险，53 种农药（74.65%）残留处于低度风险。

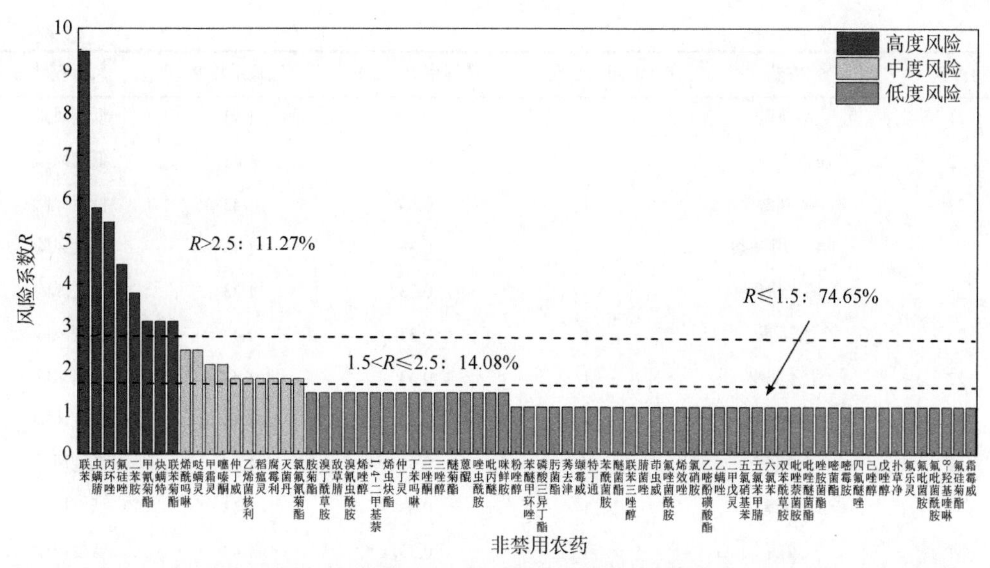

图 20-19　水果蔬菜中 71 种非禁用农药的风险程度统计图

表 20-12　水果蔬菜中 71 种非禁用农药的风险系数表

序号	农药	超标频次	超标率 P（%）	风险系数 R	风险程度
1	联苯	25	8.36	9.46	高度风险
2	虫螨腈	14	4.68	5.78	高度风险
3	丙环唑	13	4.35	5.45	高度风险
4	氟硅唑	10	3.34	4.44	高度风险
5	二苯胺	8	2.68	3.78	高度风险
6	甲氰菊酯	6	2.01	3.11	高度风险
7	炔螨特	6	2.01	3.11	高度风险
8	联苯菊酯	6	2.01	3.11	高度风险
9	烯酰吗啉	4	1.34	2.44	中度风险
10	哒螨灵	4	1.34	2.44	中度风险
11	甲霜灵	3	1.00	2.10	中度风险
12	噻嗪酮	3	1.00	2.10	中度风险
13	仲丁威	2	0.67	1.77	中度风险
14	乙烯菌核利	2	0.67	1.77	中度风险
15	稻瘟灵	2	0.67	1.77	中度风险
16	腐霉利	2	0.67	1.77	中度风险
17	灭菌丹	2	0.67	1.77	中度风险
18	氯氟氰菊酯	2	0.67	1.77	中度风险
19	胺菊酯	1	0.33	1.43	低度风险
20	溴丁酰草胺	1	0.33	1.43	低度风险

续表

序号	农药	超标频次	超标率 P（%）	风险系数 R	风险程度
21	敌草腈	1	0.33	1.43	低度风险
22	溴氰虫酰胺	1	0.33	1.43	低度风险
23	烯唑醇	1	0.33	1.43	低度风险
24	1,4-二甲基萘	1	0.33	1.43	低度风险
25	烯虫炔酯	1	0.33	1.43	低度风险
26	仲丁灵	1	0.33	1.43	低度风险
27	丁苯吗啉	1	0.33	1.43	低度风险
28	三唑酮	1	0.33	1.43	低度风险
29	三唑醇	1	0.33	1.43	低度风险
30	醚菊酯	1	0.33	1.43	低度风险
31	蒽醌	1	0.33	1.43	低度风险
32	唑虫酰胺	1	0.33	1.43	低度风险
33	吡丙醚	1	0.33	1.43	低度风险
34	咪鲜胺	1	0.33	1.43	低度风险
35	粉唑醇	0	0.00	1.10	低度风险
36	苯醚甲环唑	0	0.00	1.10	低度风险
37	磷酸三异丁酯	0	0.00	1.10	低度风险
38	肟菌酯	0	0.00	1.10	低度风险
39	莠去津	0	0.00	1.10	低度风险
40	缬霉威	0	0.00	1.10	低度风险
41	特丁通	0	0.00	1.10	低度风险
42	苯酰菌胺	0	0.00	1.10	低度风险
43	醚菌酯	0	0.00	1.10	低度风险
44	联苯三唑醇	0	0.00	1.10	低度风险
45	腈菌唑	0	0.00	1.10	低度风险
46	苗虫威	0	0.00	1.10	低度风险
47	氟唑菌酰胺	0	0.00	1.10	低度风险
48	烯效唑	0	0.00	1.10	低度风险
49	氯硝胺	0	0.00	1.10	低度风险
50	乙嘧酚磺酸酯	0	0.00	1.10	低度风险
51	乙螨唑	0	0.00	1.10	低度风险
52	二甲戊灵	0	0.00	1.10	低度风险
53	五氯硝基苯	0	0.00	1.10	低度风险
54	五氯苯甲腈	0	0.00	1.10	低度风险
55	六氯苯	0	0.00	1.10	低度风险

续表

序号	农药	超标频次	超标率 P（%）	风险系数 R	风险程度
56	双苯酰草胺	0	0.00	1.10	低度风险
57	吡唑萘菌胺	0	0.00	1.10	低度风险
58	吡唑醚菌酯	0	0.00	1.10	低度风险
59	唑胺菌酯	0	0.00	1.10	低度风险
60	嘧菌酯	0	0.00	1.10	低度风险
61	嘧霉胺	0	0.00	1.10	低度风险
62	四氟醚唑	0	0.00	1.10	低度风险
63	己唑醇	0	0.00	1.10	低度风险
64	戊唑醇	0	0.00	1.10	低度风险
65	扑草净	0	0.00	1.10	低度风险
66	氟乐灵	0	0.00	1.10	低度风险
67	氟吡菌胺	0	0.00	1.10	低度风险
68	氟吡菌酰胺	0	0.00	1.10	低度风险
69	8-羟基喹啉	0	0.00	1.10	低度风险
70	氟硅菊酯	0	0.00	1.10	低度风险
71	霜霉威	0	0.00	1.10	低度风险

对 8 月份内的非禁用农药的风险系数分析，8 月份内非禁用农药风险程度分布图如图 20-20 所示。

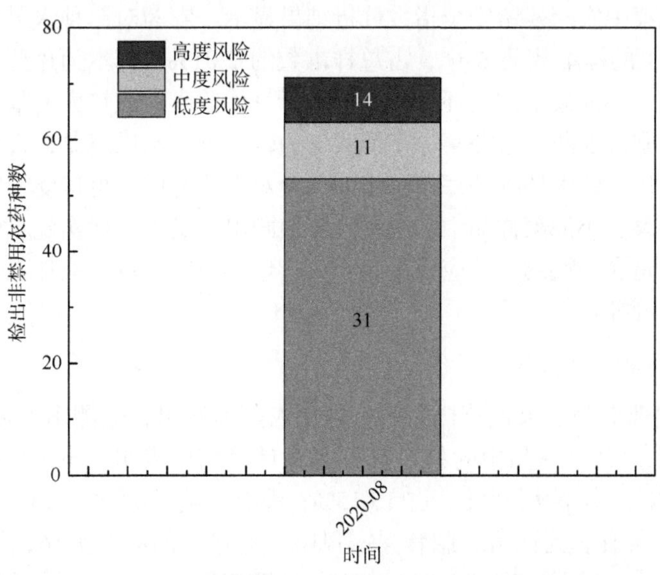

图 20-20　8 月份水果蔬菜中非禁用农药残留的风险程度分布图

20.4　农药残留风险评估结论与建议

农药残留是影响水果蔬菜安全和质量的主要因素，也是我国食品安全领域备受关注的敏感话题和亟待解决的重大问题之一。各种水果蔬菜均存在不同程度的农药残留现象，本研究主要针对宁夏省各类水果蔬菜存在的农药残留问题，基于 2020 年 8 月期间对宁夏回族自治区 299 例水果蔬菜样品中农药残留侦测得出的 767 个侦测结果，分别采用食品安全指数模型和风险系数模型，开展水果蔬菜中农药残留的膳食暴露风险和预警风险评估。水果蔬菜样品取自超市和农贸市场，符合大众的膳食来源，风险评价时更具有代表性和可信度。

本研究力求通用简单地反映食品安全中的主要问题，且为管理部门和大众容易接受，为政府及相关管理机构建立科学的食品安全信息发布和预警体系提供科学的规律与方法，加强对农药残留的预警和食品安全重大事件的预防，控制食品风险。

20.4.1　宁夏回族自治区水果蔬菜中农药残留膳食暴露风险评价结论

1）水果蔬菜样品中农药残留安全状态评价结论

采用食品安全指数模型，对 2020 年 8 月期间宁夏回族自治区水果蔬菜食品农药残留膳食暴露风险进行评价，根据 IFS_c 的计算结果发现，水果蔬菜中农药的 $\overline{IFS}$ 为 0.0732，说明宁夏回族自治区水果蔬菜总体处于很好的安全状态，但部分禁用农药、高残留农药在蔬菜、水果中仍有侦测出，导致膳食暴露风险的存在，成为不安全因素。

2）单种水果蔬菜中农药膳食暴露风险不可接受情况评价结论

单种水果蔬菜中农药残留安全指数分析结果显示，农药对单种水果蔬菜安全影响不可接受（$IFS_c>1$）的样本数共 6 个，占总样本数的 2.01%，样本为芹菜、小油菜中的丙环唑，说明芹菜，小油菜中的丙环唑会对消费者身体健康造成较大的膳食暴露风险。丙环唑属于禁用的剧毒农药，且芹菜、小油菜均为较常见的水果蔬菜，百姓日常食用量较大，长期食用大量残留丙环唑的芹菜、小油菜会对人体造成不可接受的影响，本次侦测发现丙环唑在芹菜、小油菜样品中多次并大量侦测出，是未严格实施农业良好管理规范（GAP），抑或是农药滥用，这应该引起相关管理部门的警惕，应加强对芹菜、小油菜中丙环唑的严格管控。

3）禁用农药膳食暴露风险评价

本次侦测发现部分水果蔬菜样品中有禁用农药侦测出，侦测出禁用农药 5 种，检出频次为 33，水果蔬菜样品中的禁用农药 IFS_c 计算结果表明，不可接受的频次为 5，占 15.15%；可以接受的频次为 5，占 15.15%；没有影响的频次为 23，占 69.7%。对于水果蔬菜样品中所有农药而言，膳食暴露风险不可接受的频次为 6，仅占总体频次的 0.78%。可以看出，禁用农药的膳食暴露风险不可接受的比例远高于总体水平，这在一定程度上说明禁用农药更容易导致严重的膳食暴露风险。此外，膳食暴露风险不可接受的残留禁用农药为毒死蜱、克百威，因此，应该加强对禁用农药毒死蜱、克百威的管控力度。为何在国家明令禁止禁用农药喷洒的情况下，还能在多种水果蔬菜中多次侦测出禁用农药残留并造成不可接受的膳食暴露风险，这应该引起相关部门的高度警惕，应该在禁止禁用农药喷洒的同时，严格管控禁用农药的生产和售卖，从根本上杜绝安全隐患。

20.4.2 宁夏回族自治区水果蔬菜中农药残留预警风险评价结论

1）单种水果蔬菜中禁用农药残留的预警风险评价结论

本次侦测过程中，在 7 种水果蔬菜中侦测超出 5 种禁用农药，禁用农药为：毒死蜱、克百威、治螟磷、滴滴涕和林丹，水果蔬菜为：小油菜、番茄、花椰菜、芹菜、豇豆、辣椒和马铃薯，水果蔬菜中禁用农药的风险系数分析结果显示，5 种禁用农药在 7 种水果蔬菜中的残留均处于高度风险，说明在单种水果蔬菜中禁用农药的残留会导致较高的预警风险。

2）单种水果蔬菜中非禁用农药残留的预警风险评价结论

以 MRL 中国国家标准为标准，计算水果蔬菜中非禁用农药风险系数情况下，270 个样本中，3 个处于高度风险（1.11%），132 个处于低度风险（48.89%），135 个样本没有 MRL 中国国家标准（50.00%）。以 MRL 欧盟标准为标准，计算水果蔬菜中非禁用农药风险系数情况下，发现有 59 个处于高度风险（28.37%），149 个处于低度风险（71.63%）。基于两种 MRL 标准，评价的结果差异显著，可以看出 MRL 欧盟标准比中国国家标准更加严格和完善，过于宽松的 MRL 中国国家标准值能否有效保障人体的健康有待研究。

20.4.3 加强宁夏回族自治区水果蔬菜食品安全建议

我国食品安全风险评价体系仍不够健全，相关制度不够完善，多年来，由于农药用药次数多、用药量大或用药间隔时间短，产品残留量大，农药残留所造成的食品安全问题日益严峻，给人体健康带来了直接或间接的危害。据估计，美国与农药有关的癌症患者数约占全国癌症患者总数的 50%，中国更高。同样，农药对其他生物也会形成直接杀伤和慢性危害，植物中的农药可经过食物链逐级传递并不断蓄积，对人和动物构成潜在威胁，并影响生态系统。

基于本次农药残留侦测数据的风险评价结果，提出以下几点建议：

1）加快食品安全标准制定步伐

我国食品标准中对农药每日允许最大摄入量 ADI 的数据严重缺乏，在本次宁夏回族自治区水果蔬菜农药残留评价所涉及的 76 种农药中，仅有 84.21%的农药具有 ADI 值，而 15.79%的农药中国尚未规定相应的 ADI 值，亟待完善。

我国食品中农药最大残留限量值的规定严重缺乏，对评估涉及的不同水果蔬菜中不同农药 249 个 MRL 限值进行统计来看，我国仅制定出 84 个标准，标准完整率仅为 33.7%，欧盟的完整率达到 100%（表 20-13）。因此，中国更应加快 MRL 的制定步伐。

表 20-13　我国国家食品标准农药的 ADI、MRL 值与欧盟标准的数量差异

分类		中国 ADI	MRL 中国国家标准	MRL 欧盟标准
标准限值（个）	有	57	84	249
	无	7	165	0
总数（个）		64	249	249
无标准限值比例（%）		10.9	66.3	0

此外，MRL 中国国家标准限值普遍高于欧盟标准限值，这些标准中共有 54 个高于欧盟。过高的 MRL 值难以保障人体健康，建议继续加强对限值基准和标准的科学研究，将农产品中的危险性减少到尽可能低的水平。

2）加强农药的源头控制和分类监管

在宁夏回族自治区某些水果蔬菜中仍有禁用农药残留，利用 GC-Q-TOF/MS 技术侦测出 5 种禁用农药，检出频次为 33 次，残留禁用农药均存在较大的膳食暴露风险和预警风险。早已列入黑名单的禁用农药在我国并未真正退出，有些药物由于价格便宜、工艺简单，此类高毒农药一直生产和使用。建议在我国采取严格有效的控制措施，从源头控制禁用农药。

对于非禁用农药，在我国作为“田间地头”最典型单位的县级蔬果产地中，农药残留的侦测几乎缺失。建议根据农药的毒性，对高毒、剧毒、中毒农药实现分类管理，减少使用高毒和剧毒高残留农药，进行分类监管。

3）加强残留农药的生物修复及降解新技术

市售果蔬中残留农药的品种多、频次高、禁用农药多次检出这一现状，说明了我国的田间土壤和水体因农药长期、频繁、不合理的使用而遭到严重污染。为此，建议中国相关部门出台相关政策，鼓励高校及科研院所积极开展分子生物学、酶学等研究，加强土壤、水体中残留农药的生物修复及降解新技术研究，切实加大农药监管力度，以控制农药的面源污染问题。

综上所述，在本工作基础上，根据蔬菜残留危害，可进一步针对其成因提出和采取严格管理、大力推广无公害蔬菜种植与生产、健全食品安全控制技术体系、加强蔬菜食品质量侦测体系建设和积极推行蔬菜食品质量追溯制度等相应对策。建立和完善食品安全综合评价指数与风险监测预警系统，对食品安全进行实时、全面的监控与分析，为我国的食品安全科学监管与决策提供新的技术支持，可实现各类检验数据的信息化系统管理，降低食品安全事故的发生。

第 21 章　LC-Q-TOF/MS 侦测新疆维吾尔自治区市售水果蔬菜农药残留报告

从新疆维吾尔自治区 1 个市，随机采集了 19 例水果蔬菜样品，使用液相色谱-四极杆飞行时间质谱（LC-Q-TOF/MS），进行了 842 种农药化学污染物的全面侦测（7 种负离子模式 ESI^-未涉及）。

21.1　样品种类、数量与来源

21.1.1　样品采集与检测

为了真实反映百姓餐桌上水果蔬菜中农药残留污染状况，本次所有检测样品均由检验人员于 2020 年 9 月期间，从新疆维吾尔自治区 16 个采样点，包括 16 个电商平台，以随机购买方式采集，总计 16 批 19 例样品，从中检出农药 34 种，105 频次。采样及监测概况见表 21-1，样品及采样点明细见表 21-2 及表 21-3。

表 21-1　农药残留监测总体概况

采样地区	新疆维吾尔自治区 1 个区县
采样点（电商平台）	16
样本总数	19
检出农药品种/频次	34/105
各采样点样本农药残留检出率范围	100.0%

表 21-2　样品分类及数量

样品分类	样品名称（数量）	数量小计
1. 水果		19
1）仁果类水果	苹果（5），梨（8）	13
2）浆果和其他小型水果	葡萄（6）	6
合计	1. 水果 3 种	19

表 21-3 新疆维吾尔自治区采样点信息

采样点序号	行政区域	采样点
电商平台（16）		
1	乌鲁木齐市 天山区	天猫商城（***旗舰店）
2	乌鲁木齐市 天山区	淘宝网（***）
3	乌鲁木齐市 天山区	天猫商城（***旗舰店）
4	乌鲁木齐市 天山区	天猫商城（***旗舰店）
5	乌鲁木齐市 天山区	淘宝网（***）
6	乌鲁木齐市 天山区	淘宝网（***旗舰店）
7	乌鲁木齐市 天山区	淘宝网（***旗舰店）
8	乌鲁木齐市 天山区	淘宝网（***旗舰店）
9	乌鲁木齐市 天山区	淘宝网（***旗舰店）
10	乌鲁木齐市 天山区	淘宝网（***旗舰店）
11	乌鲁木齐市 天山区	淘宝网（***旗舰店）
12	乌鲁木齐市 天山区	淘宝网（***旗舰店）
13	乌鲁木齐市 天山区	天猫商城（***旗舰店）
14	乌鲁木齐市 天山区	淘宝网（***鲜果店）
15	乌鲁木齐市 天山区	淘宝网（***旗舰店）
16	乌鲁木齐市 天山区	淘宝网（***果坊店）

21.1.2 检测结果

这次使用的检测方法是庞国芳院士团队最新研发的不需使用标准品对照，而以高分辨精确质量数（0.0001 *m/z*）为基准的 LC-Q-TOF/MS 检测技术，对于 19 例样品，每个样品均侦测了 842 种农药化学污染物的残留现状。通过本次侦测，在 19 例样品中共计检出农药化学污染物 34 种，检出 105 频次。

21.1.2.1 各采样点样品检出情况

统计分析发现 16 个采样点中，被测样品的农药检出率范围均为 100.0%，见图 21-1。

21.1.2.2 检出农药的品种总数与频次

统计分析发现，对于 19 例样品中 842 种农药化学污染物的侦测，共检出农药 105 频次，涉及农药 34 种，结果如图 21-2 所示。其中啶虫脒检出频次最高，共检出 14 次。检出频次排名前 10 的农药如下：①啶虫脒（14），②多菌灵（11），③毒死蜱（7），④吡唑醚菌酯（7），⑤吡虫啉（5），⑥乙螨唑（5），⑦烯酰吗啉（5），⑧嘧菌酯（5），⑨噻虫胺（4），⑩苯醚甲环唑（4）。

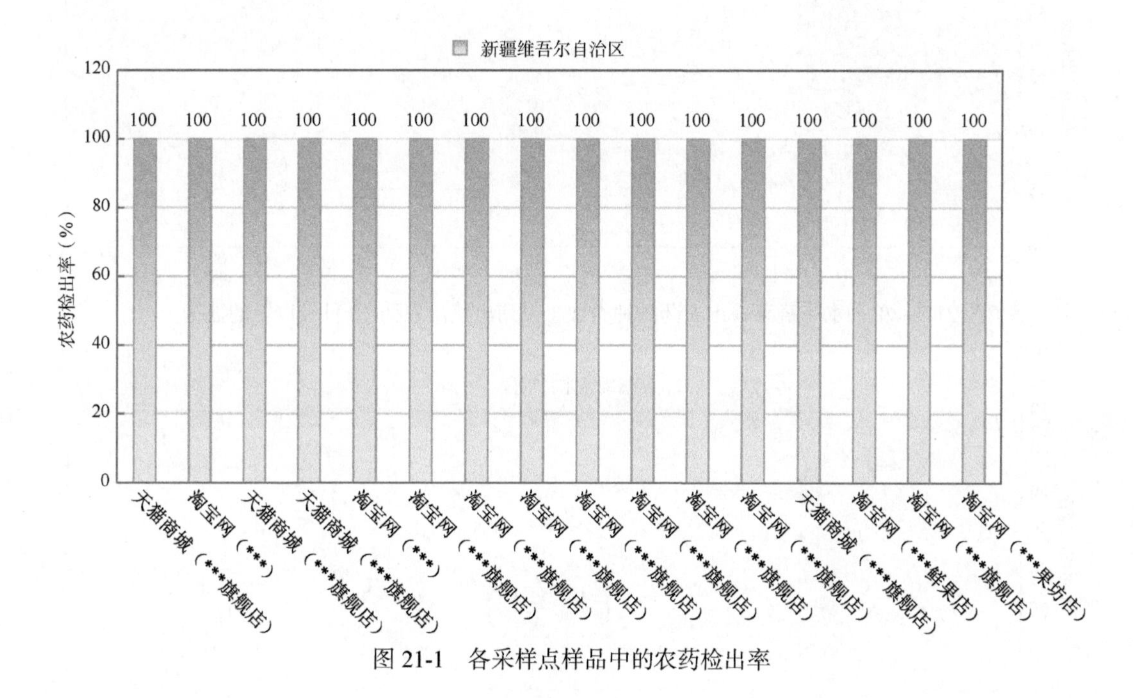

图 21-1 各采样点样品中的农药检出率

图 21-2 检出农药品种及频次（仅列出 2 频次及以上的数据）

由图 21-3 可见，梨、葡萄和苹果这 3 种水果样品中检出的农药品种数分别为 28、14 和 10 种。由图 21-4 可见，梨、葡萄和苹果这 3 种水果样品中的农药检出频次分别为 62、26 和 17 次。

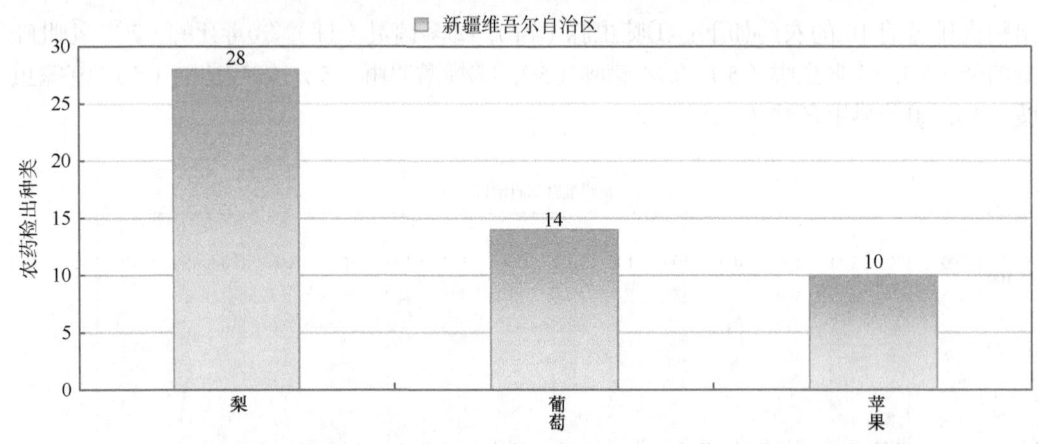

图 21-3　单种水果蔬菜检出农药的种类数（仅列出检出农药 10 种及以上的数据）

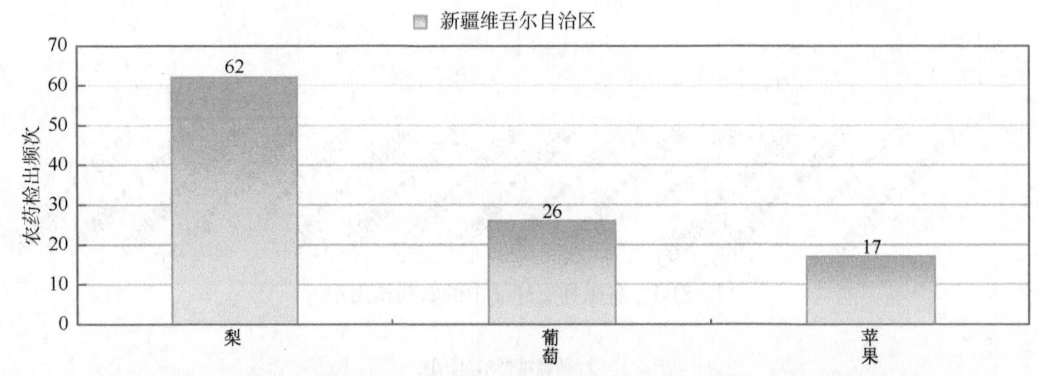

图 21-4　单种水果蔬菜检出农药频次（仅列出检出农药 17 频次及以上的数据）

21.1.2.3　单例样品农药检出种类与占比

对单例样品检出农药种类和频次进行统计发现，所有样品均检出 1 种以上农药残留，检出 2～5 种农药的样品占总样品数的 68.4%，检出 6～10 种农药的样品占总样品数的 26.3%，检出 10 种以上农药的样品占总样品数的 5.3%。每例样品中平均检出农药为 5.5 种，数据见表 21-4 和图 21-5。

表 21-4　单例样品检出农药品种及占比

检出农药品种数	样品数量/占比（%）
未检出	0/0
1 种	0/0
2～5 种	13/68.4
6～10 种	5/26.3
大于 10 种	1/5.3
单例样品平均检出农药品种	5.5 种

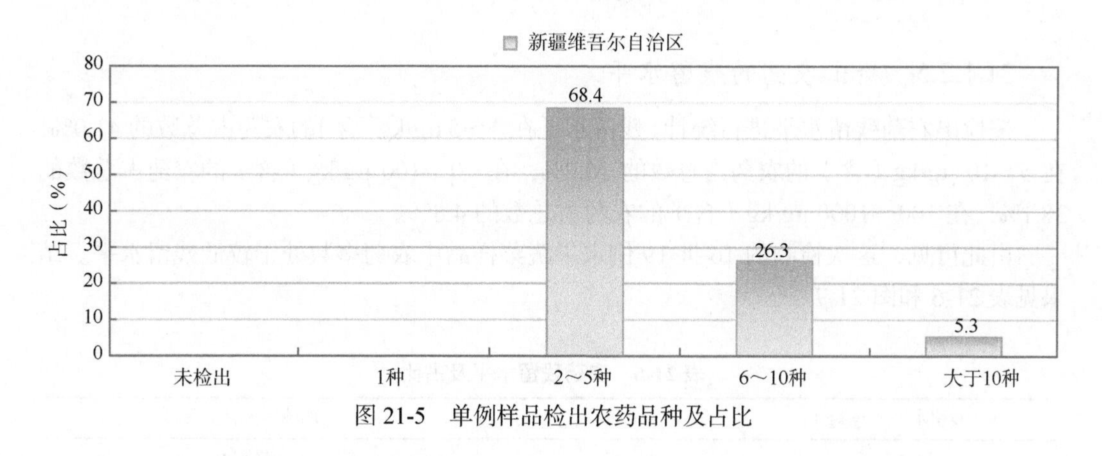

图 21-5　单例样品检出农药品种及占比

21.1.2.4　检出农药类别与占比

所有检出农药按功能分类，包括杀菌剂、杀虫剂、杀螨剂、植物生长调节剂和除草剂共5类。其中杀菌剂与杀虫剂为主要检出的农药类别，分别占总数的41.2%和32.4%，见表21-5和图21-6。

表 21-5　检出农药所属类别及占比

农药类别	样品数量/占比（%）
杀菌剂	14/41.2
杀虫剂	11/32.4
杀螨剂	5/14.7
植物生长调节剂	3/8.8
除草剂	1/2.9

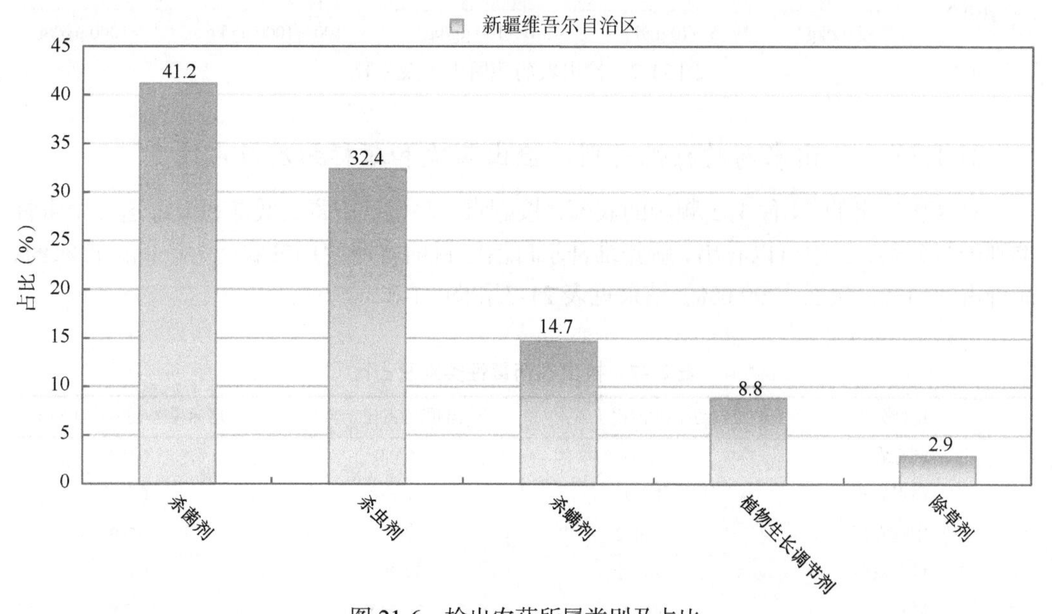

图 21-6　检出农药所属类别及占比

21.1.2.5　检出农药的残留水平

按检出农药残留水平进行统计，残留水平在 1～5 μg/kg（含）的农药占总数的 41.0%，在 5～10 μg/kg（含）的农药占总数的 16.2%，在 10～100 μg/kg（含）的农药占总数的 38.1%，在 100～1000 μg/kg（含）的农药占总数的 4.8%。

由此可见，这次检测的 16 批 19 例水果蔬菜样品中农药多数处于较低残留水平。结果见表 21-6 和图 21-7。

表 21-6　农药残留水平及占比

残留水平（μg/kg）	检出频次/占比（%）
1～5（含）	43/41.0
5～10（含）	17/16.2
10～100（含）	40/38.1
100～1000（含）	5/4.8
>1000	0/0

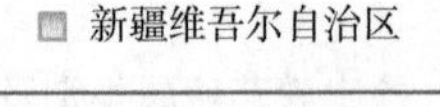

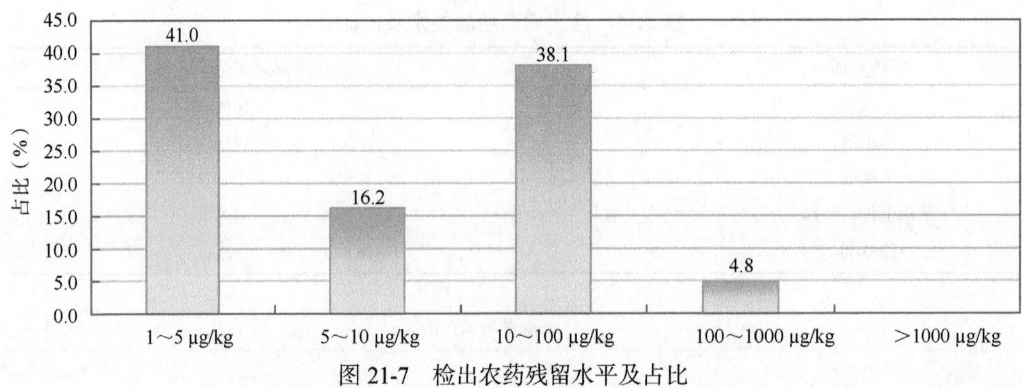

图 21-7　检出农药残留水平及占比

21.1.2.6　检出农药的毒性类别、检出频次和超标频次及占比

对这次检出的 34 种 105 频次的农药，按剧毒、高毒、中毒、低毒和微毒这五个毒性类别进行分类，从中可以看出，新疆维吾尔自治区目前普遍使用的农药为中低微毒农药，品种占 97.1%，频次占 99.0%。结果见表 21-7 和图 21-8。

表 21-7　检出农药毒性类别及占比

毒性分类	农药品种/占比（%）	检出频次/占比（%）	超标频次/超标率（%）
剧毒农药	0/0.0	0/0.0	0/0.0
高毒农药	1/2.9	1/1.0	0/0.0
中毒农药	13/38.2	47/44.8	0/0.0
低毒农药	14/41.2	31/29.5	0/0.0
微毒农药	6/17.6	26/24.8	1/3.8

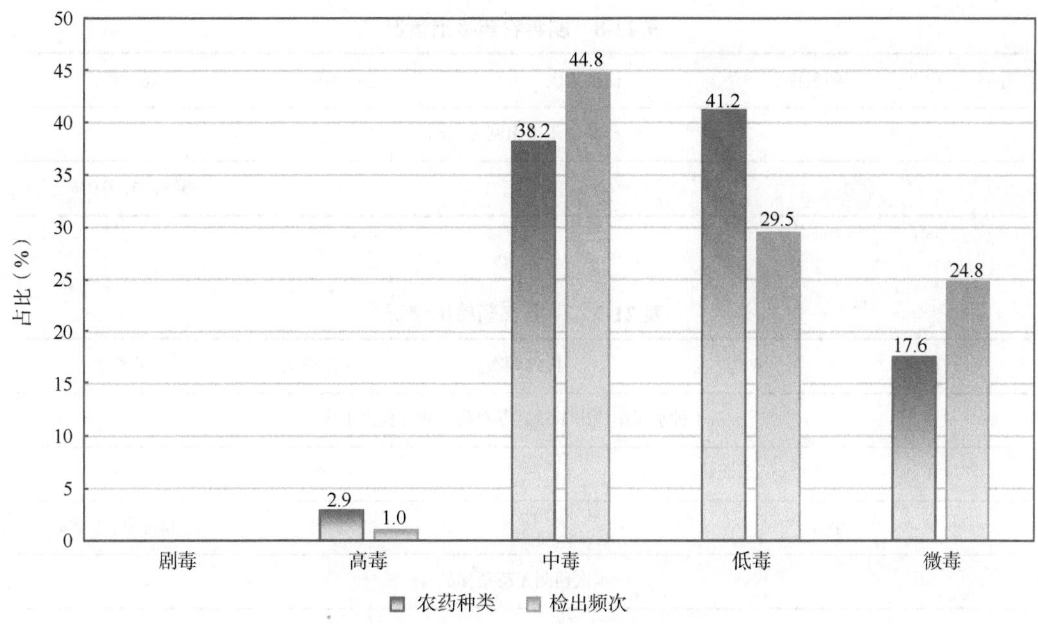

图 21-8　检出农药的毒性分类及占比

21.1.2.7　检出剧毒/高毒类农药的品种和频次

值得特别关注的是，在此次侦测的 19 例样品中有 1 种水果的 1 例样品检出了 1 种 1 频次的高毒农药，占样品总量的 5.3%，详见图 21-9、表 21-8 和表 21-9。

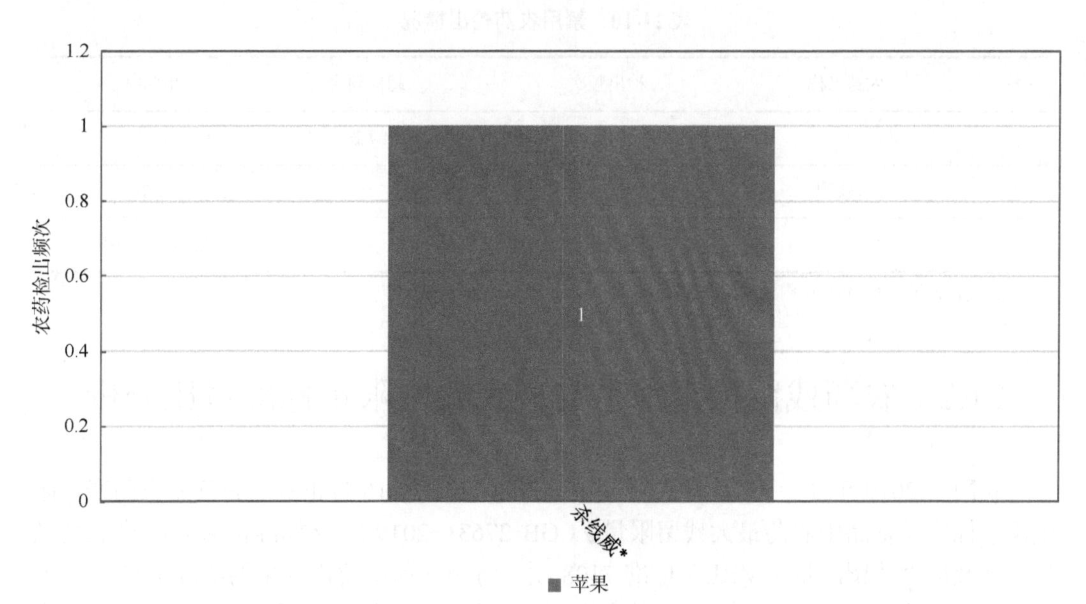

图 21-9　检出剧毒/高毒农药的样品情况

*表示允许在水果和蔬菜上使用的农药

表 21-8　剧毒农药检出情况

序号	农药名称	检出频次	超标频次	超标率
样品中未检出剧毒农药				
	合计	0	0	超标率：0.0%

表 21-9　高毒农药检出情况

序号	农药名称	检出频次	超标频次	超标率
从 1 种水果中检出 1 种高毒农药，共计检出 1 次				
1	杀线威	1	0	0.0%
	小计	1	0	超标率：0.0%
本次侦测无蔬菜样品				
	小计	0	0	超标率：0.0%
	合计	1	0	超标率：0.0%

禁用农药的检出情况见表 21-10。

表 21-10　禁用农药检出情况

序号	农药名称	检出频次	超标频次	超标率
从 2 种水果中检出 1 种禁用农药，共计检出 7 次				
1	毒死蜱	7	0	0.0%
	合计	7	0	超标率：0.0%

注：超标结果参考 MRL 中国国家标准计算

21.2　农药残留检出水平与最大残留限量标准对比分析

我国于 2019 年 8 月 15 日正式颁布并于 2020 年 2 月 15 日正式实施食品农药残留限量国家标准《食品中农药最大残留限量》（GB 2763—2019），该标准包括 467 个农药条目，涉及最大残留限量（MRL）标准 7108 项。将 105 频次检出结果的浓度水平与 7108 项 MRL 中国国家标准进行比对，其中有 82 频次的结果找到了对应的 MRL 标准，占 78.1%，还有 23 频次的侦测数据则无相关 MRL 标准供参考，占 21.9%。

将此次侦测结果与国际上现行 MRL 标准对比发现，在 105 频次的检出结果中有 105 频次的结果找到了对应的 MRL 欧盟标准，占 100.0%，其中，99 频次的结果有明确对应的MRL标准，占94.3%，其余6频次按照欧盟一律标准判定，占5.7%；有105频次的结果找到了对应的MRL日本标准，占100.0%，其中，87频次的结果有明确对应的MRL标准，占82.9%，其余18频次按照日本一律标准判定，占17.1%；有75频次的结果找到了对应的MRL中国香港标准，占71.4%；有69频次的结果找到了对应的MRL美国标准，占65.7%；有75频次的结果找到了对应的MRL CAC标准，占71.4%（图21-10和图21-11）。

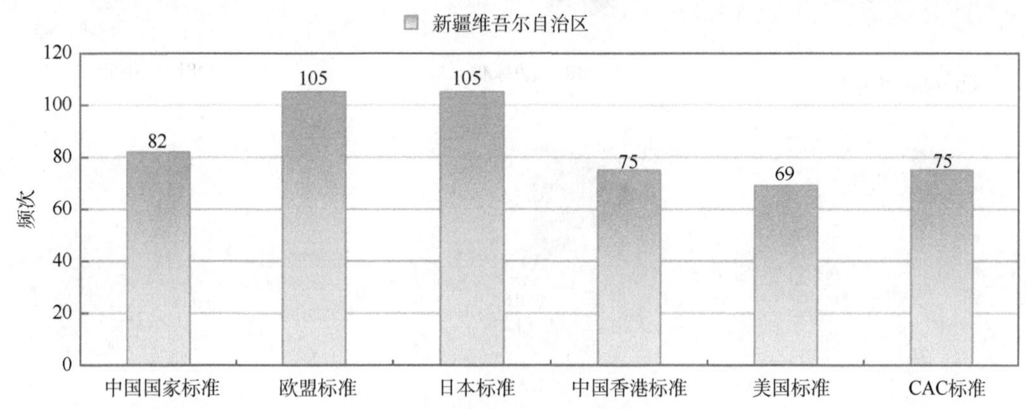

图21-10 105频次检出农药可用MRL中国国家标准、欧盟标准、日本标准、中国香港标准、美国标准和CAC标准判定衡量的数量

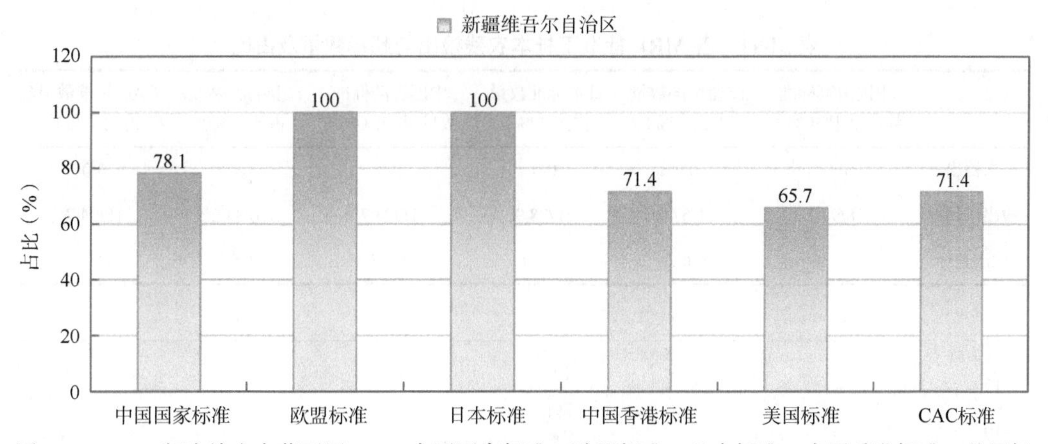

图21-11 105频次检出农药可用MRL中国国家标准、欧盟标准、日本标准、中国香港标准、美国标准和CAC标准衡量的占比

21.2.1 超标农药样品分析

本次侦测的19例样品中，所有样品均检出不同水平、不同种类的残留农药，占样品总量的100%。在此，我们将本次侦测的农残检出情况与MRL中国国家标准、欧盟标准、日本标准、中国香港标准、美国标准和CAC标准这6大国际主流MRL标准进行对比分析，样品农残检出与超标情况见图21-12、表21-11和图21-13。

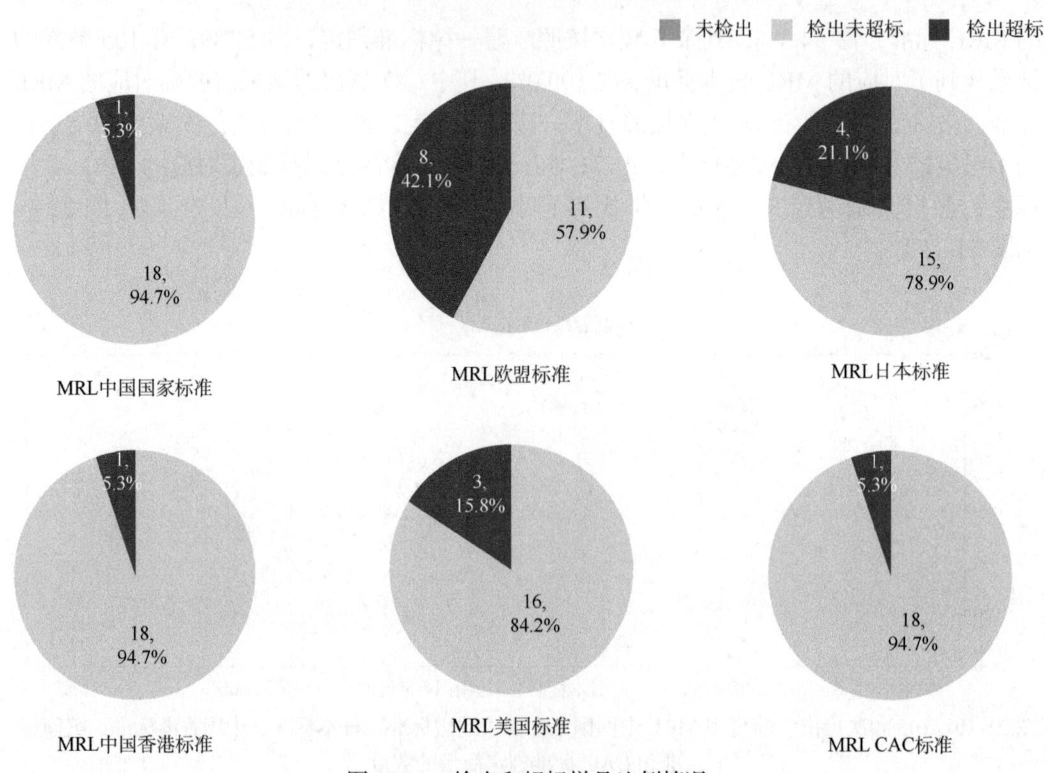

图 21-12　检出和超标样品比例情况

表 21-11　各 MRL 标准下样本农残检出与超标数量及占比

	中国国家标准数量/占比（%）	欧盟标准数量/占比（%）	日本标准数量/占比（%）	中国香港标准数量/占比（%）	美国标准数量/占比（%）	CAC 标准数量/占比（%）
未检出	0/0	0/0	0/0	0/0	0/0	0/0
检出未超标	18/94.7	11/57.9	15/78.9	18/94.7	16/84.2	18/94.7
检出超标	1/5.3	8/42.1	4/21.1	1/5.3	3/15.8	1/5.3

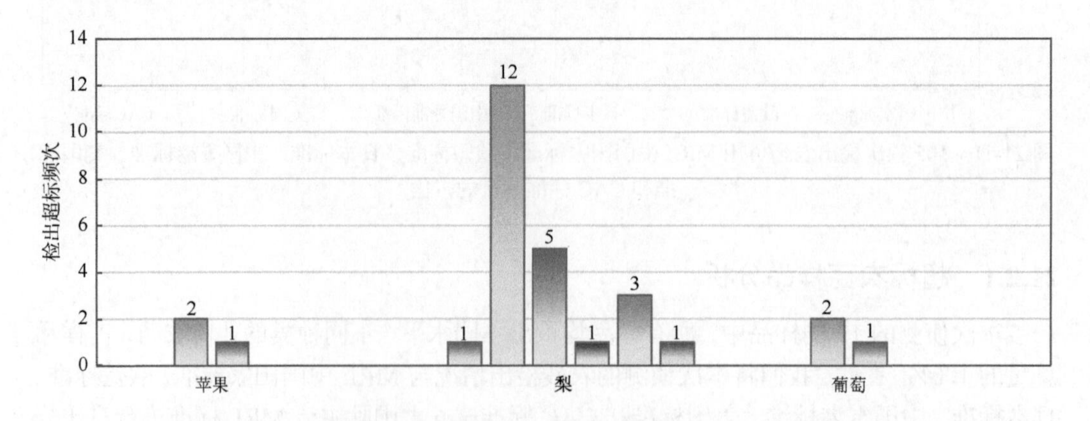

图 21-13　超过 MRL 中国国家标准、欧盟标准、日本标准、中国香港标准、美国标准和 CAC 标准结果在水果蔬菜中的分布

21.2.2 超标农药种类分析

按照 MRL 中国国家标准、欧盟标准、日本标准、中国香港标准、美国标准和 CAC 标准这 6 大国际主流 MRL 标准衡量，本次侦测检出的农药超标品种及频次情况见表 21-12。

表 21-12 各 MRL 标准下超标农药品种及频次

	中国国家标准	欧盟标准	日本标准	中国香港标准	美国标准	CAC 标准
超标农药品种	1	11	6	1	2	1
超标农药频次	1	16	7	1	3	1

21.2.2.1 按 MRL 中国国家标准衡量

按 MRL 中国国家标准衡量，共有 1 种农药超标，检出 1 频次，为微毒农药乙螨唑。按超标程度比较，梨中乙螨唑超标 1.87 倍。检测结果见图 21-14。

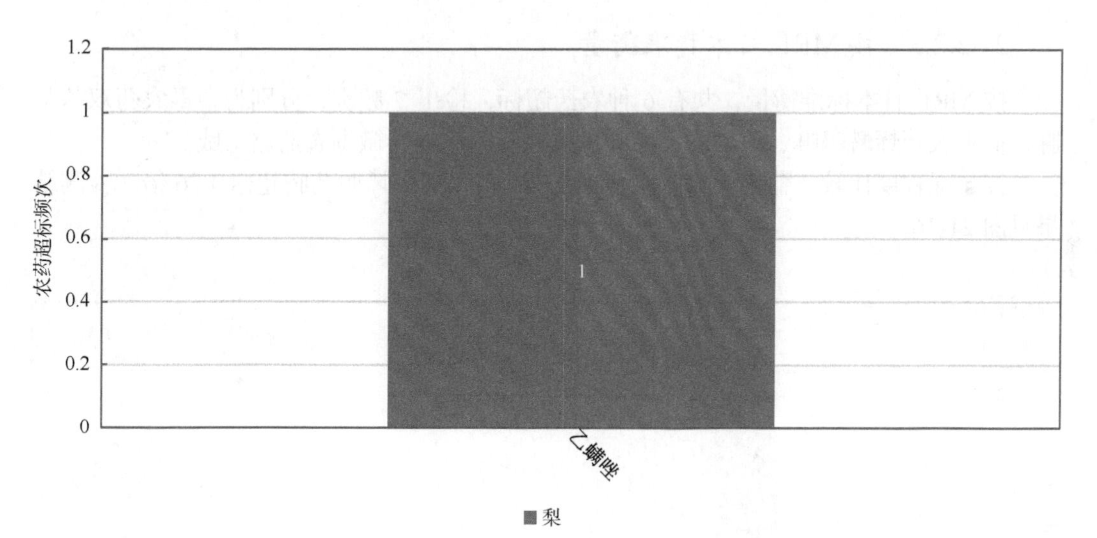

图 21-14 超过 MRL 中国国家标准农药品种及频次

21.2.2.2 按 MRL 欧盟标准衡量

按 MRL 欧盟标准衡量，共有 11 种农药超标，检出 16 频次，分别为高毒农药杀线威，中毒农药毒死蜱、双苯基脲和三唑酮，低毒农药烯酰吗啉、灭幼脲、烯肟菌胺、啶菌噁唑和噻嗪酮，微毒农药乙螨唑和霜霉威。

按超标程度比较，葡萄中霜霉威超标 23.84 倍，梨中毒死蜱超标 22.66 倍，梨中烯肟菌胺超标 4.26 倍。检测结果见图 21-15。

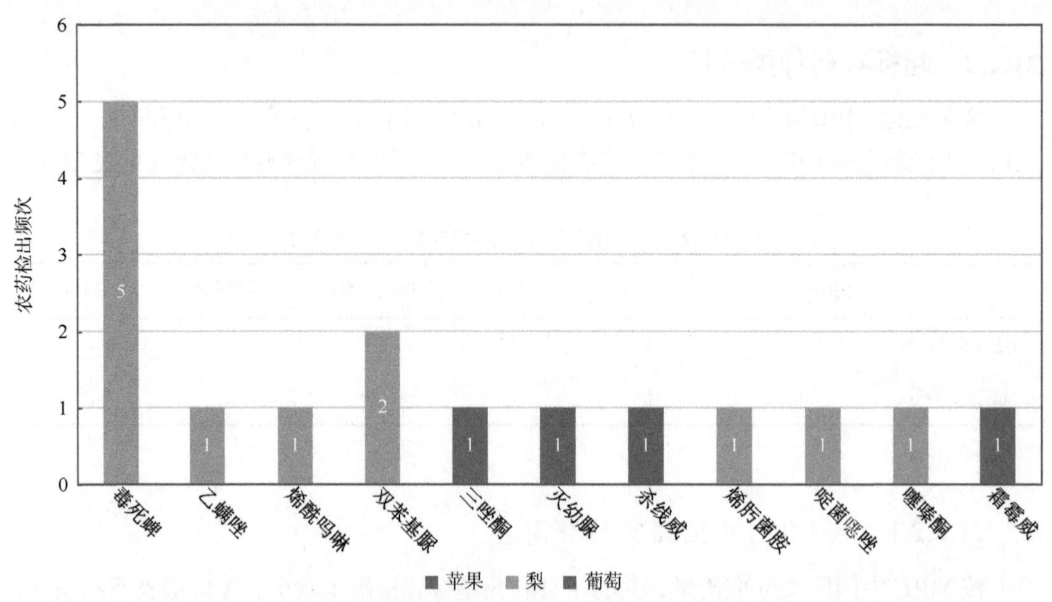

图 21-15 超过 MRL 欧盟标准农药品种及频次

21.2.2.3 按 MRL 日本标准衡量

按 MRL 日本标准衡量，共有 6 种农药超标，检出 7 频次，分别为中毒农药双苯基脲，低毒农药烯酰吗啉、灭幼脲、烯肟菌胺和啶菌噁唑，微毒农药霜霉威。

按超标程度比较，葡萄中霜霉威超标 23.84 倍，梨中烯肟菌胺超标 4.26 倍。检测结果见图 21-16。

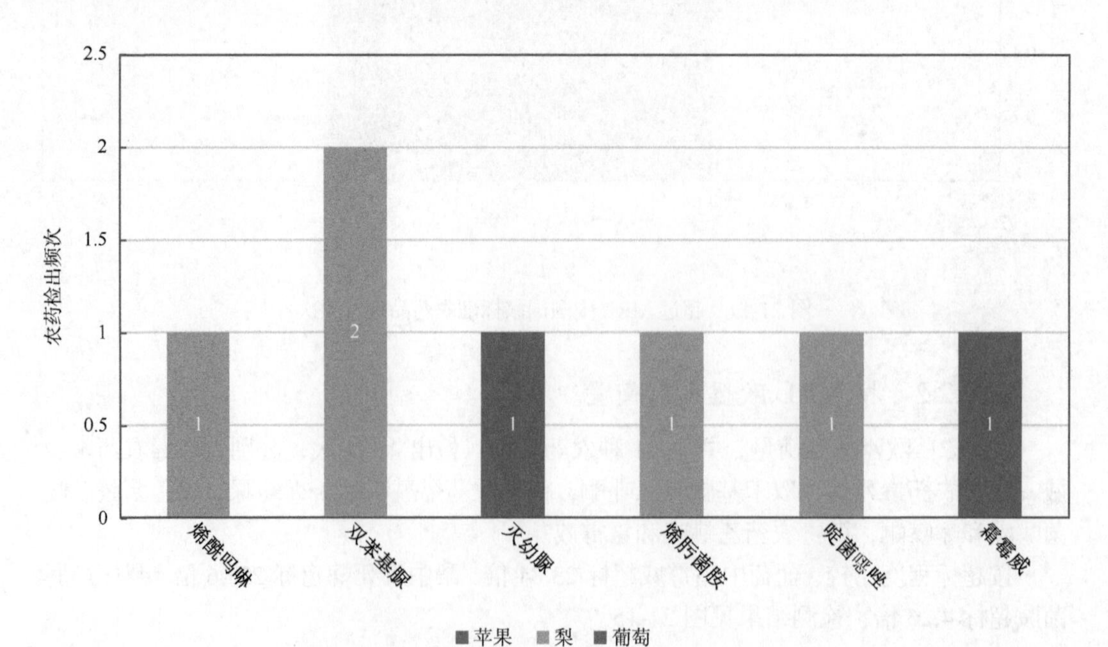

图 21-16 超过 MRL 日本标准农药品种及频次

21.2.2.4 按MRL中国香港标准衡量

按MRL中国香港标准衡量，有1种农药超标，检出1频次，为微毒农药乙螨唑。

按超标程度比较，梨中乙螨唑超标1%倍。检测结果见图21-17。

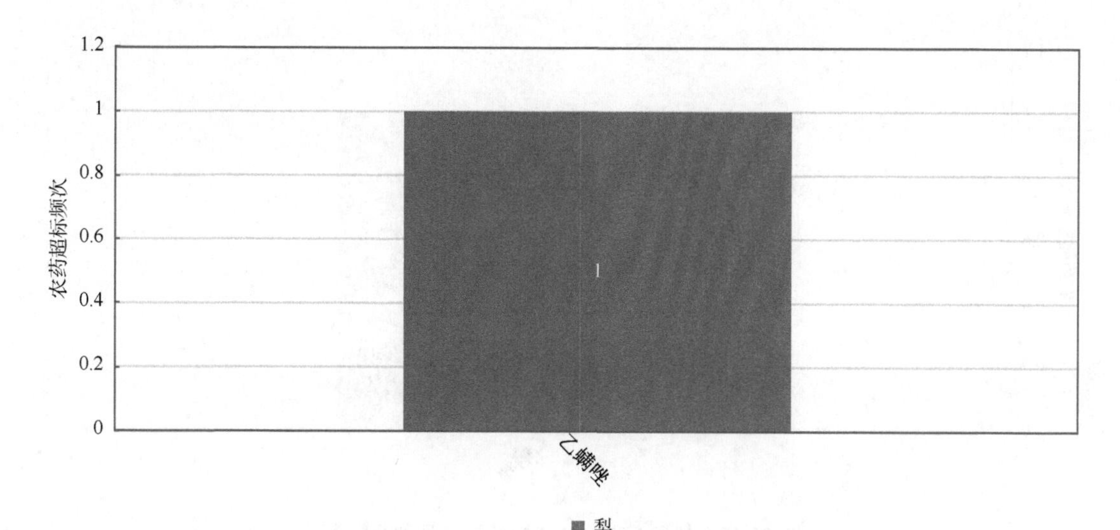

图21-17 超过MRL中国香港标准农药品种及频次

21.2.2.5 按MRL美国标准衡量

按MRL美国标准衡量，有2种农药超标，检出3频次，为中毒农药毒死蜱，微毒农药乙螨唑。

按超标程度比较，梨中毒死蜱超标3.73倍。检测结果见图21-18。

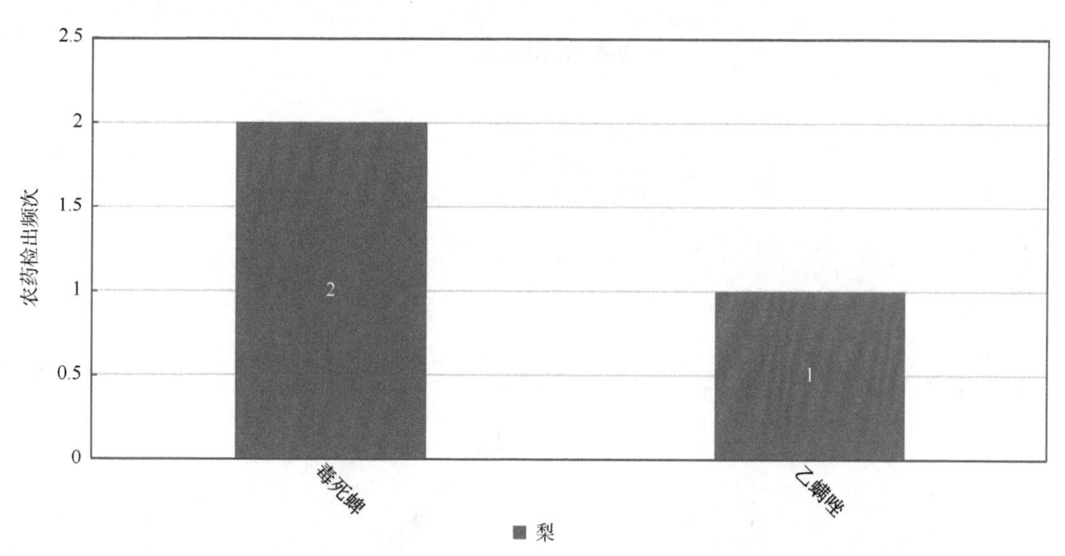

图21-18 超过MRL美国标准农药品种及频次

21.2.2.6　按 MRL CAC 标准衡量

按 MRL CAC 标准衡量，有 1 种农药超标，检出 1 频次，为微毒农药乙螨唑。按超标程度比较，梨中乙螨唑超标 1.87 倍。检测结果见图 21-19。

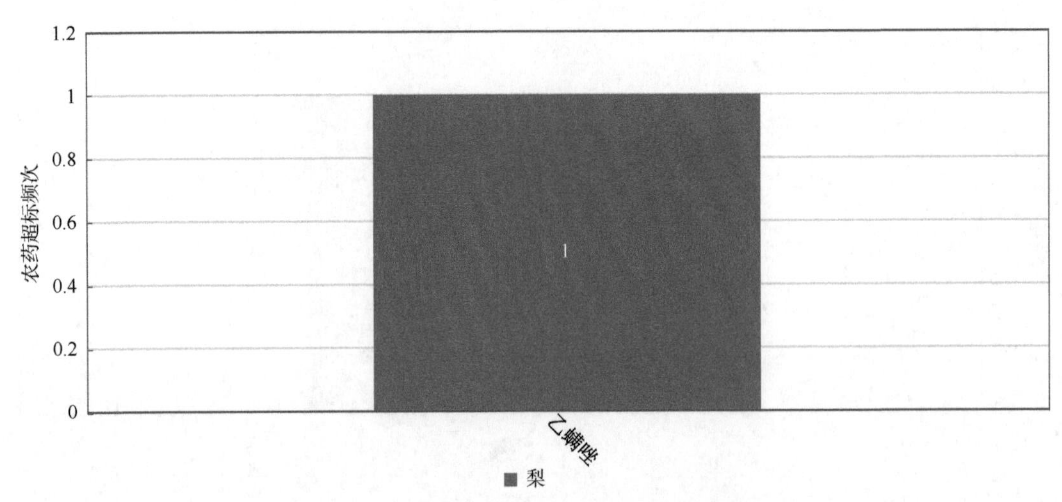

图 21-19　超过 MRL CAC 标准农药品种及频次

21.2.3　16 个采样点超标情况分析

21.2.3.1　按 MRL 中国国家标准衡量

按 MRL 中国国家标准衡量，有 1 个采样点的样品存在超标农药检出，超标率为 100.0%，如表 21-13 和图 21-20 所示。

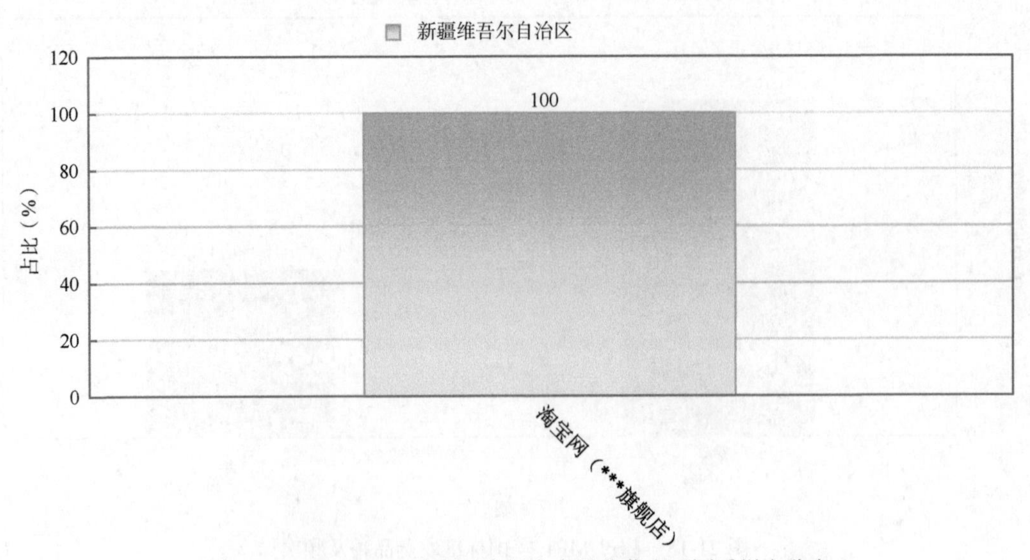

图 21-20　超过 MRL 中国国家标准水果蔬菜在不同采样点分布

表 21-13 超过 MRL 中国国家标准水果蔬菜在不同采样点分布

序号	采样点	样品总数	超标数量	超标率（%）	行政区域
1	淘宝网（***旗舰店）	1	1	100.0	乌鲁木齐市 天山区

21.2.3.2 按 MRL 欧盟标准衡量

按 MRL 欧盟标准衡量，有 7 个采样点的样品存在不同程度的超标农药检出，其中淘宝网（***旗舰店）、淘宝网（***旗舰店）、淘宝网（***旗舰店）、淘宝网（***旗舰店）和淘宝网（***鲜果店）的超标率最高，均为 100.0%，如表 21-14 和图 21-21 所示。

表 21-14 超过 MRL 欧盟标准水果蔬菜在不同采样点分布

序号	采样点	样品总数	超标数量	超标率（%）	行政区域
1	天猫商城（***旗舰店）	2	1	50	乌鲁木齐市 天山区
2	淘宝网（***旗舰店）	2	2	100	乌鲁木齐市 天山区
3	淘宝网（***旗舰店）	1	1	100	乌鲁木齐市 天山区
4	淘宝网（***旗舰店）	1	1	100	乌鲁木齐市 天山区
5	淘宝网（***旗舰店）	1	1	100	乌鲁木齐市 天山区
6	天猫商城（***旗舰店）	2	1	50	乌鲁木齐市 天山区
7	淘宝网（***鲜果店）	1	1	100	乌鲁木齐市 天山区

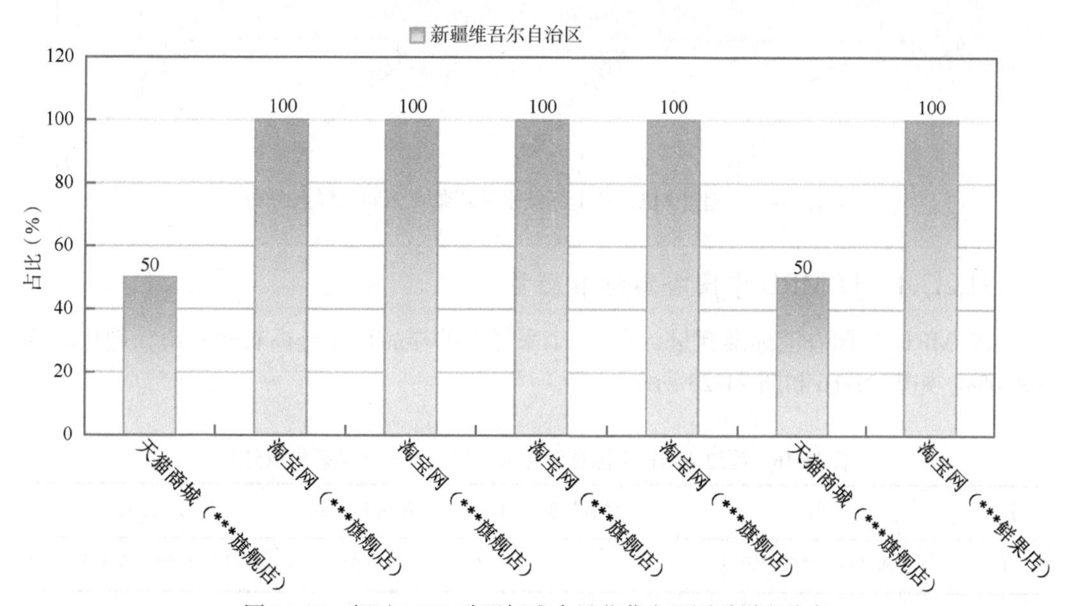

图 21-21 超过 MRL 欧盟标准水果蔬菜在不同采样点分布

21.2.3.3　按 MRL 日本标准衡量

按 MRL 日本标准衡量，有 4 个采样点的样品存在不同程度的超标农药检出，其中淘宝网（***旗舰店）的超标率最高，为 100.0%，如表 21-15 和图 21-22 所示。

表 21-15　超过 MRL 日本标准水果蔬菜在不同采样点分布

序号	采样点	样品总数	超标数量	超标率（%）	行政区域
1	天猫商城（***旗舰店）	2	1	50	乌鲁木齐市 天山区
2	淘宝网（***旗舰店）	2	1	50	乌鲁木齐市 天山区
3	淘宝网（***旗舰店）	1	1	100	乌鲁木齐市 天山区
4	天猫商城（***旗舰店）	2	1	50	乌鲁木齐市 天山区

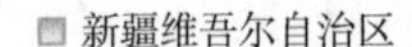

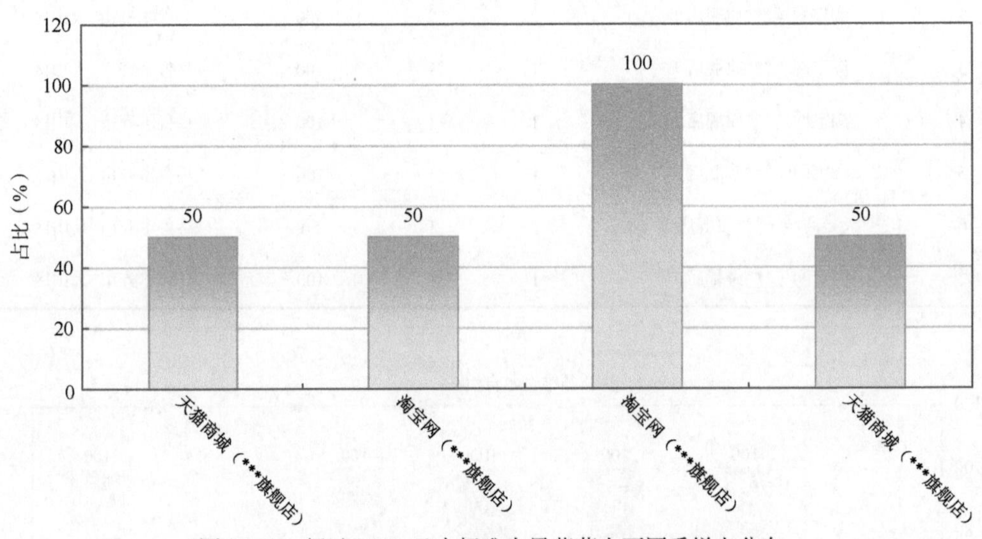

图 21-22　超过 MRL 日本标准水果蔬菜在不同采样点分布

21.2.3.4　按 MRL 中国香港标准衡量

按 MRL 中国香港标准衡量，有 1 个采样点的样品存在超标农药检出，超标率为 100.0%。如表 21-16 和图 21-23 所示。

表 21-16　超过 MRL 中国香港标准水果蔬菜在不同采样点分布

序号	采样点	样品总数	超标数量	超标率（%）	行政区域
1	淘宝网（***旗舰店）	1	1	100.0	乌鲁木齐市 天山区

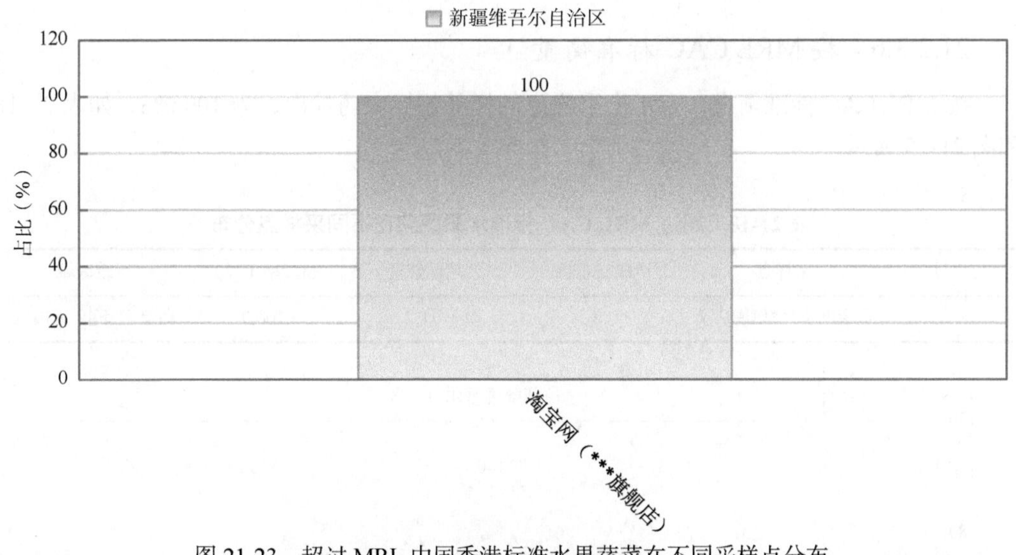

图 21-23　超过 MRL 中国香港标准水果蔬菜在不同采样点分布

21.2.3.5　按 MRL 美国标准衡量

按 MRL 美国标准衡量，有 2 个采样点的样品存在超标农药检出，超标率均为 100.0%，如表 21-17 和图 21-24 所示。

表 21-17　超过 MRL 美国标准水果蔬菜在不同采样点分布

序号	采样点	样品总数	超标数量	超标率（%）	行政区域
1	淘宝网（***旗舰店）	2	2	100	乌鲁木齐市 天山区
2	淘宝网（***旗舰店）	1	1	100	乌鲁木齐市 天山区

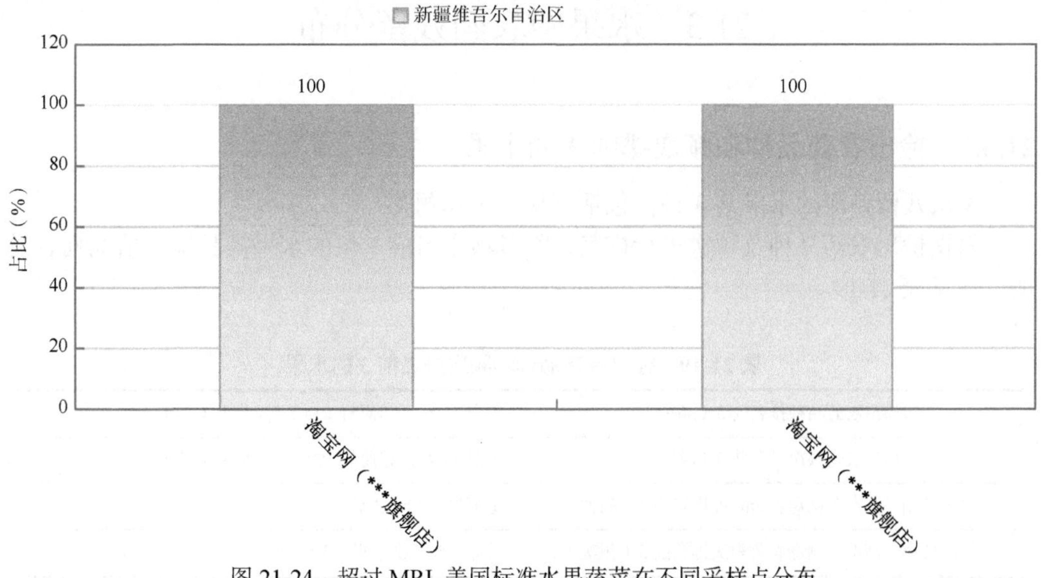

图 21-24　超过 MRL 美国标准水果蔬菜在不同采样点分布

21.2.3.6 按 MRL CAC 标准衡量

按 MRL CAC 标准衡量，有 1 个采样点的样品超标农药检出，为 100.0%，如表 21-18 和图 21-25 所示。

表 21-18 超过 MRL CAC 标准水果蔬菜在不同采样点分布

序号	采样点	样品总数	超标数量	超标率（%）	行政区域
1	淘宝网（***旗舰店）	1	1	100.0	乌鲁木齐市 天山区

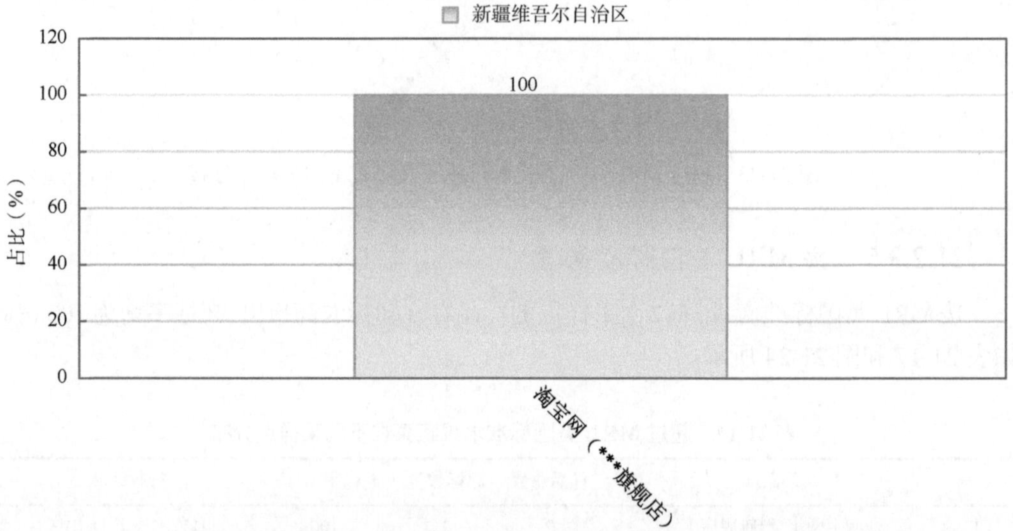

图 21-25 超过 MRL CAC 标准水果蔬菜在不同采样点分布

21.3 水果中农药残留分布

21.3.1 检出农药品种和频次排前 3 的水果

本次残留侦测的水果共 3 种，包括苹果、梨和葡萄。

根据检出农药品种及频次进行排名，将各项排名前 3 位的水果样品检出情况列表说明，详见表 21-19。

表 21-19 检出农药品种和频次排名前 3 的水果

检出农药品种排名前 3（品种）	①梨（28），②葡萄（14），③苹果（10）
检出农药频次排名前 3（频次）	①梨（62），②葡萄（26），③苹果（17）
检出禁用、高毒及剧毒农药品种排名前 3（品种）	①苹果（2），②梨（1）
检出禁用、高毒及剧毒农药频次排名前 3（频次）	①梨（5），②苹果（3）

21.3.2 超标农药品种和频次排前 3 的水果

鉴于 MRL 欧盟标准和日本标准制定比较全面且覆盖率较高，我们参照 MRL 中国国家标准、欧盟标准和日本标准衡量水果样品中农残检出情况，将超标农药品种及频次排名前 3 的水果列表说明，详见表 21-20。

表 21-20 超标农药品种和频次排名前 3 的水果

超标农药品种排名前 3（农药品种数）	MRL 中国国家标准	①梨（1）
	MRL 欧盟标准	①梨（7），②葡萄（2），③苹果（2）
	MRL 日本标准	①梨（4），②葡萄（1），③苹果（1）
超标农药频次排名前 3（农药频次数）	MRL 中国国家标准	①梨（1）
	MRL 欧盟标准	①梨（12），②葡萄（2），③苹果（2）
	MRL 日本标准	①梨（5），②葡萄（2），③苹果（1）

通过对各品种水果样本总数及检出率进行综合分析发现，梨、葡萄和苹果的残留污染最为严重，在此，我们参照 MRL 中国国家标准、欧盟标准、日本标准对这 3 种水果的农残检出情况进行进一步分析。

21.3.3 农药残留检出率较高的水果样品分析

21.3.3.1 梨

这次共检测 8 例梨样品，全部检出了农药残留，检出率为 100.0%，检出农药共计 28 种。其中啶虫脒、毒死蜱和乙螨唑检出频次较高，分别检出了 7、5 和 5 次。梨中农药检出品种和频次见图 21-26，超标农药见图 21-27 和表 21-21。

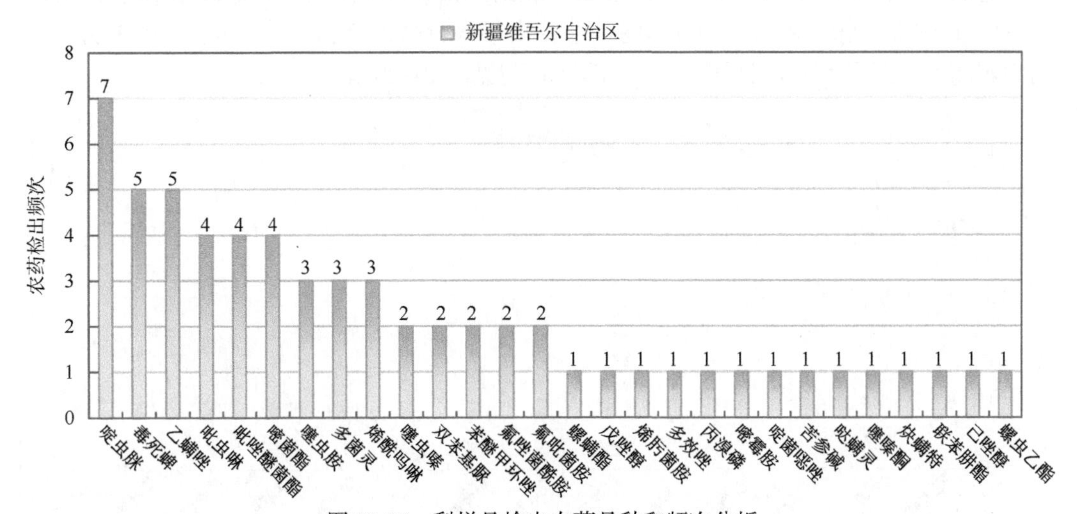

图 21-26 梨样品检出农药品种和频次分析

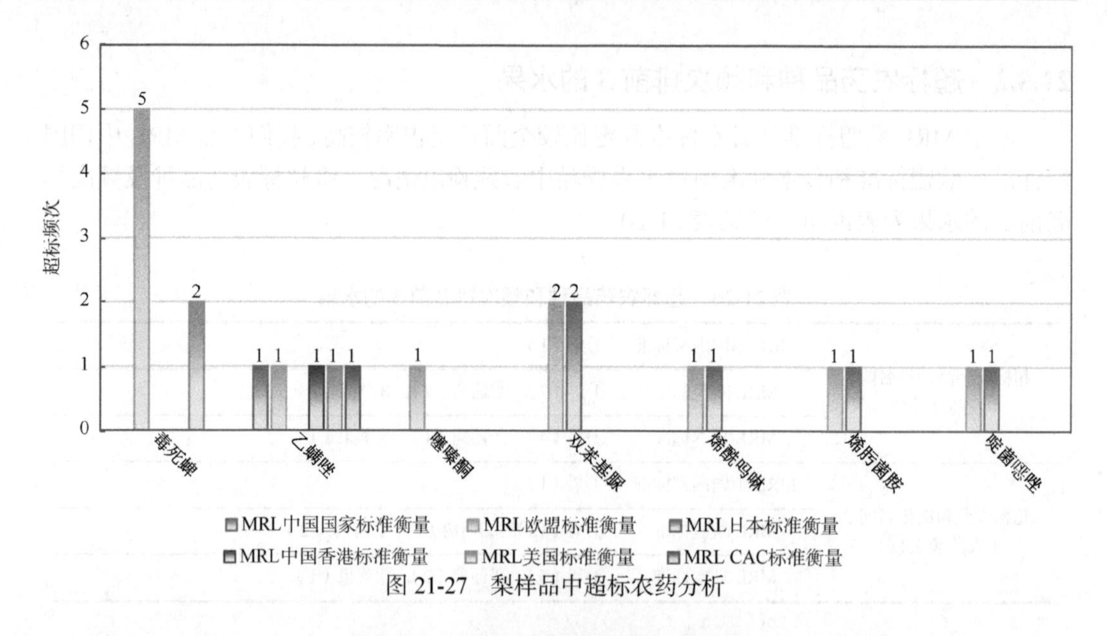

图 21-27　梨样品中超标农药分析

表 21-21　梨中农药残留超标情况明细表

样品总数			检出农药样品数	样品检出率（%）	检出农药品种总数
8			8	100	28
	超标农药品种	超标农药频次	按照 MRL 中国国家标准、欧盟标准和日本标准衡量超标农药名称及频次		
中国国家标准	1	1	乙螨唑（1）		
欧盟标准	7	12	毒死蜱（5），双苯基脲（2），乙螨唑（1），烯酰吗啉（1），烯肟菌胺（1），啶菌噁唑（1），噻嗪酮（1）		
日本标准	4	5	双苯基脲（2），烯酰吗啉（1），烯肟菌胺（1），啶菌噁唑（1）		

21.3.3.2　葡萄

这次共检测 6 例葡萄样品，全部检出了农药残留，检出率为 100.0%，检出农药共计 14 种。其中啶虫脒、多菌灵和吡唑醚菌酯检出频次较高，分别检出了 4、4 和 3 次。葡萄中农药检出品种和频次见图 21-28，超标农药见图 21-29 和表 21-22。

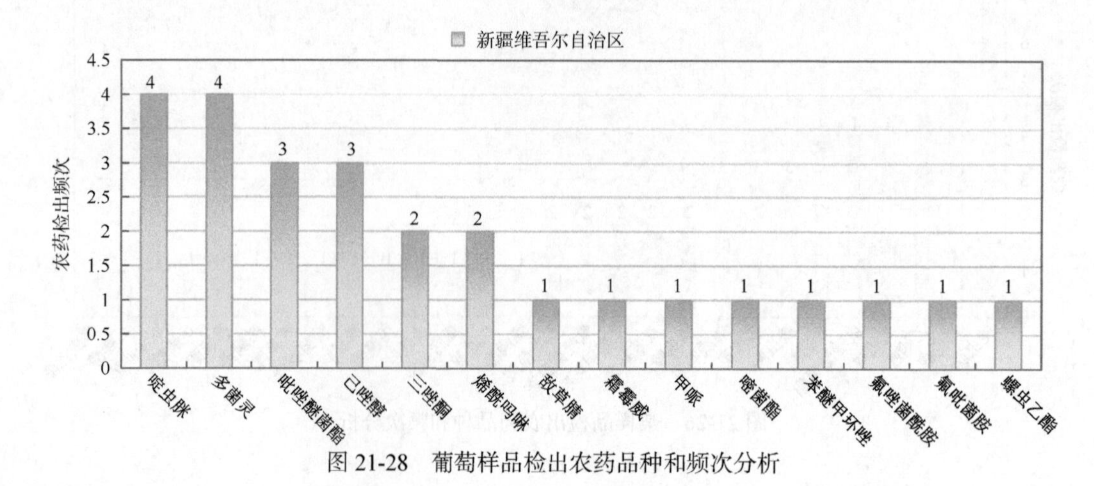

图 21-28　葡萄样品检出农药品种和频次分析

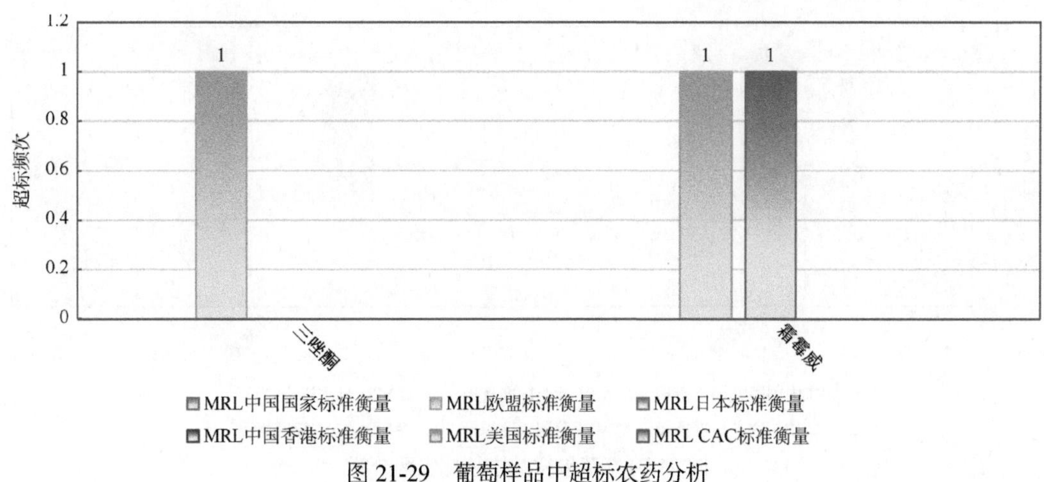

图21-29 葡萄样品中超标农药分析

表21-22 葡萄中农药残留超标情况明细表

样品总数			检出农药样品数	样品检出率（%）	检出农药品种总数
6			6	100.0	14
	超标农药品种	超标农药频次	按照MRL中国国家标准、欧盟标准和日本标准衡量超标农药名称及频次		
中国国家标准	0	0	—		
欧盟标准	2	2	三唑酮（1），霜霉威（1）		
日本标准	1	1	霜霉威（1）		

21.3.3.3 苹果

这次共检测5例苹果样品，全部检出了农药残留，检出率为100.0%，检出农药共计10种。其中多菌灵和啶虫脒检出频次较高，分别检出了4和3次。苹果中农药检出品种和频次见图21-30，超标农药见图21-31和表21-23。

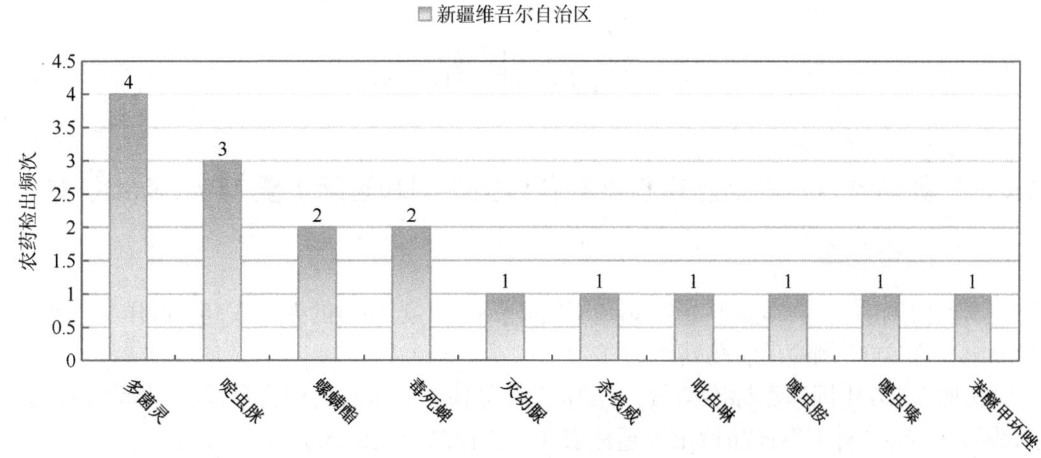

图21-30 苹果样品检出农药品种和频次分析

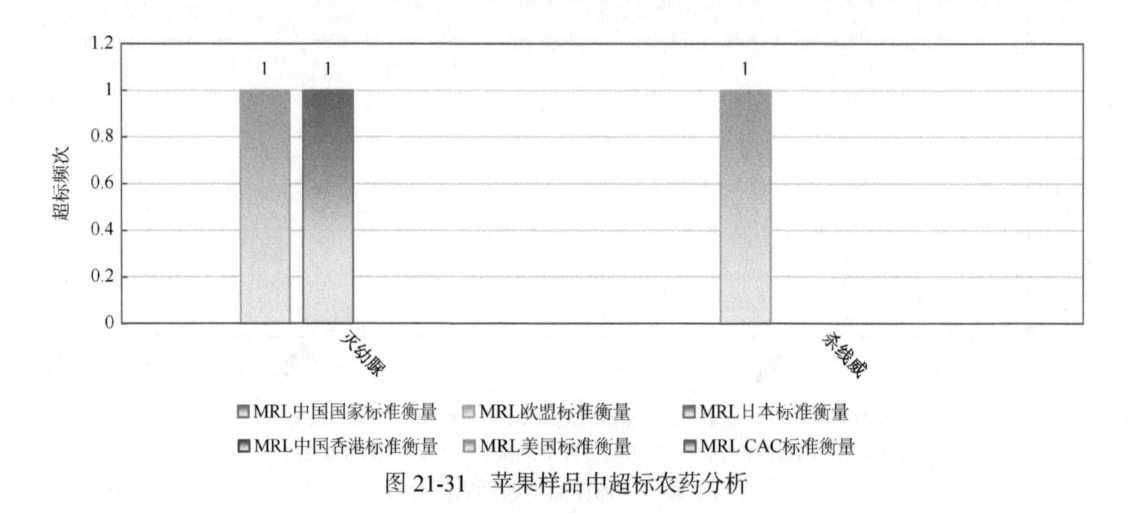

图 21-31　苹果样品中超标农药分析

表 21-23　苹果中农药残留超标情况明细表

样品总数		检出农药样品数	样品检出率（%）	检出农药品种总数
5		5	100.0	10

	超标农药品种	超标农药频次	按照 MRL 中国国家标准、欧盟标准和日本标准衡量超标农药名称及频次
中国国家标准	0	0	—
欧盟标准	2	2	灭幼脲（1），杀线威（1）
日本标准	1	1	灭幼脲（1）

21.4　蔬菜中农药残留分布

本次残留侦测无蔬菜样品。

21.5　初 步 结 论

21.5.1　新疆维吾尔自治区市售水果蔬菜按中国和国际主要 MRL 标准衡量的合格率

本次侦测的 19 例样品中，全部检出不同水平、不同种类的残留农药，占样品总量的 100.0%。在这 19 例检出农药残留的样品中：

按照 MRL 中国国家标准衡量，有 18 例样品检出残留农药但含量没有超标，占样品总数的 94.7%，有 1 例样品检出了超标农药，占样品总数的 5.3%。

按照 MRL 欧盟标准衡量，有 11 例样品检出残留农药但含量没有超标，占样品总数的 57.9%，有 8 例样品检出了超标农药，占样品总数的 42.1%。

按照 MRL 日本标准衡量，有 15 例样品检出残留农药但含量没有超标，占样品总数的 78.9%，有 4 例样品检出了超标农药，占样品总数的 21.1%。

按照 MRL 中国香港标准衡量，有 18 例样品检出残留农药但含量没有超标，占样品总数的 94.7%，有 1 例样品检出了超标农药，占样品总数的 5.3%。

按照 MRL 美国标准衡量，有 16 例样品检出残留农药但含量没有超标，占样品总数的 84.2%，有 3 例样品检出了超标农药，占样品总数的 15.8%。

按照 MRL CAC 标准衡量，有 18 例样品检出残留农药但含量没有超标，占样品总数的 94.7%，有 1 例样品检出了超标农药，占样品总数的 5.3%。。

21.5.2　新疆维吾尔自治区市售水果蔬菜中检出农药以中低微毒农药为主，占市场主体的 97.1%

这次侦测的 19 例样品包括水果 3 种，共检出了 34 种农药，检出农药的毒性以中低微毒为主，详见表 21-24。

表 21-24　市场主体农药毒性分布

毒性	检出品种	占比（%）	检出频次	占比（%）
剧毒农药	0	0.0	0	0
高毒农药	1	2.9	1	1.0
中毒农药	13	38.2	47	44.8
低毒农药	14	41.2	31	29.5
微毒农药	6	17.6	26	24.8
中低微毒农药，品种占比 97.1%，频次占比 99.0%				

21.5.3　检出剧毒、高毒和禁用农药现象应该警醒

在此次侦测的 19 例样品中的 7 例样品检出了 2 种 8 频次的高剧毒或禁用农药，占样品总量的 36.8%。

按 MRL 中国国家标准衡量，检出 8 频次的高剧毒或禁用农药均未超标。

剧毒、高毒或禁用农药的检出情况及按照 MRL 中国国家标准衡量的超标情况见表 21-25。

表 21-25　剧毒、高毒或禁用农药的检出及超标明细

序号	农药名称	样品名称	检出频次	超标频次	最大超标倍数	超标率
1.1	毒死蜱▲	梨	5	0	0	0.0%
1.2	毒死蜱▲	苹果	2	0	0	0.0%
2.1	杀线威◊	苹果	1	0	0	0.0%
合计			8	0		0.0%

注：超标倍数参照 MRL 中国国家标准衡量

◊ 表示高毒农药；▲ 表示禁用农药

这些超标的高剧毒或禁用农药都是中国政府早有规定禁止在水果蔬菜中使用的，为什么还屡次被检出，应该引起警惕。

21.5.4　残留限量标准与先进国家或地区差距较大

105 频次的检出结果与我国公布的《食品中农药最大残留限量》（GB 2763—2019）对比，有 82 频次能找到对应的 MRL 中国国家标准，占 78.1%；还有 23 频次的侦测数据无相关 MRL 标准供参考，占 21.9%。

与国际上现行 MRL 标准对比发现：

有 105 频次能找到对应的 MRL 欧盟标准，占 100.0%；

有 105 频次能找到对应的 MRL 日本标准，占 100.0%；

有 75 频次能找到对应的 MRL 中国香港标准，占 71.4%；

有 69 频次能找到对应的 MRL 美国标准，占 65.7%；

有 75 频次能找到对应的 MRL CAC 标准，占 71.4%。

由上可见，MRL 中国国家标准与先进国家或地区标准还有较大差距，我们无标准，境外有标准，这就会导致我们在国际贸易中，处于受制于人的被动地位。

21.5.5　水果蔬菜单种样品检出 10～28 种农药残留，拷问农药使用的科学性

通过此次监测发现，葡萄、梨和苹果是检出农药品种最多的 3 种水果，从中检出农药品种及频次详见表 21-26。

表 21-26　单种样品检出农药品种及频次

样品名称	样品总数	检出率	检出农药品种数	检出农药（频次）
梨	8	100.0%	28	啶虫脒（7），乙螨唑（5），毒死蜱（5），吡唑醚菌酯（4），嘧菌酯（4），吡虫啉（4），烯酰吗啉（3），多菌灵（3），噻虫胺（3），双苯基脲（2），氟唑菌酰胺（2），氟吡菌胺（2），噻虫嗪（2），苯醚甲环唑（2），戊唑醇（1），多效唑（1），丙溴磷（1），嘧霉胺（1），苦参碱（1），哒螨灵（1），炔螨特（1），联苯肼酯（1），噻嗪酮（1），烯肟菌胺（1），啶菌噁唑（1），己唑醇（1），螺虫乙酯（1），螺螨酯（1）
葡萄	6	100.0%	14	啶虫脒（4），多菌灵（4），吡唑醚菌酯（3），己唑醇（3），三唑酮（2），烯酰吗啉（2），敌草腈（1），霜霉威（1），甲哌（1），嘧菌酯（1），氟唑菌酰胺（1），氟吡菌胺（1），苯醚甲环唑（1），螺虫乙酯（1）
苹果	5	100.0%	10	多菌灵（4），啶虫脒（3），毒死蜱（2），螺螨酯（2），灭幼脲（1），杀线威（1），吡虫啉（1），噻虫胺（1），噻虫嗪（1），苯醚甲环唑（1）

上述 3 种水果，检出农药 10～28 种，是多种农药综合防治，还是未严格实施农业良好管理规范（GAP），抑或根本就是乱施药，值得我们思考。

第22章　LC-Q-TOF/MS侦测新疆维吾尔自治区市售水果蔬菜农药残留膳食暴露风险与预警风险评估

22.1　农药残留侦测数据分析与统计

庞国芳院士科研团队建立的农药残留高通量侦测技术以高分辨精确质量数（0.0001 *m/z* 为基准）为识别标准，采用LC-Q-TOF/MS技术对842种农药化学污染物进行侦测。

科研团队于2020年9月在新疆维吾尔自治区所属16个采样点，随机采集了19例水果蔬菜样品，采样点包括16个电商平台，各月内水果蔬菜样品采集数量如表22-1所示。

表22-1　新疆维吾尔自治区各月内采集水果蔬菜样品数列表

时间	样品数（例）
2020年9月	19

利用LC-Q-TOF/MS技术对19例样品中的农药进行侦测，共侦测出残留农药105频次。侦测出农药残留水平如表22-2和图22-1所示。检出频次最高的前10种农药如表22-3所示。从侦测结果中可以看出，在水果蔬菜中农药残留普遍存在，且有些水果蔬菜存在高浓度的农药残留，这些可能存在膳食暴露风险，对人体健康产生危害，因此，为了定量地评价水果蔬菜中农药残留的风险程度，有必要对其进行风险评价。

表22-2　侦测出农药的不同残留水平及其所占比例列表

残留水平（μg/kg）	检出频次	占比（%）
1～5（含）	43	41.0
5～10（含）	17	16.2
10～100（含）	40	38.1
100～1000（含）	5	4.8
>1000	0	0

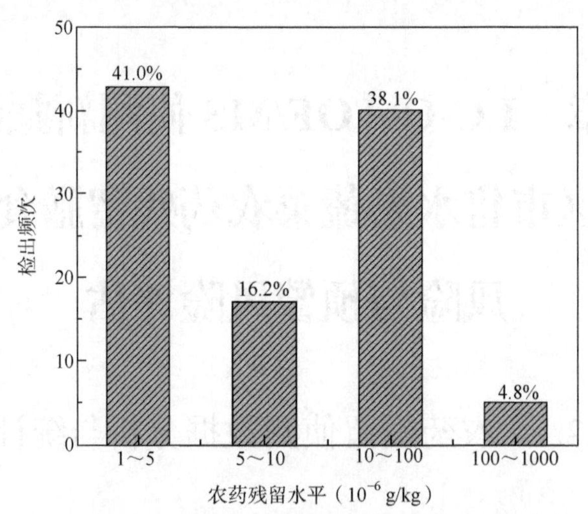

图 22-1 残留农药侦测出浓度频数分布图

表 22-3 检出频次最高的前 10 种农药列表

序号	农药	检出频次
1	啶虫脒	14
2	多菌灵	11
3	毒死蜱	7
4	吡唑醚菌酯	7
5	吡虫啉	5
6	乙螨唑	5
7	烯酰吗啉	5
8	嘧菌酯	5
9	噻虫胺	4
10	苯醚甲环唑	4

本研究使用 LC-Q-TOF/MS 技术对新疆维吾尔自治区 19 例样品中的农药侦测中，共侦测出农药 34 种，这些农药的 ADI 值见表 22-4。为评价新疆维吾尔自治区农药残留的风险，本研究采用两种模型分别评价膳食暴露风险和预警风险，具体的风险评价模型见附录 A。

表 22-4 新疆维吾尔自治区水果蔬菜中侦测出农药的 ADI 值

序号	农药	ADI	序号	农药	ADI	序号	农药	ADI
1	灭幼脲	1.25	6	甲哌	0.195	11	氟唑菌酰胺	0.08
2	霜霉威	0.4	7	苦参碱	0.1	12	啶虫脒	0.07
3	嘧菌酯	0.2	8	噻虫胺	0.1	13	烯肟菌胺	0.069
4	烯酰吗啉	0.2	9	多效唑	0.1	14	吡虫啉	0.06
5	嘧霉胺	0.2	10	噻虫嗪	0.08	15	乙螨唑	0.05

续表

序号	农药	ADI	序号	农药	ADI	序号	农药	ADI
16	螺虫乙酯	0.05	23	毒死蜱	0.01	30	噻嗪酮	0.009
17	多菌灵	0.03	24	炔螨特	0.01	31	杀线威	0.009
18	戊唑醇	0.03	25	苯醚甲环唑	0.01	32	己唑醇	0.005
19	吡唑醚菌酯	0.03	26	联苯肼酯	0.01	33	啶菌噁唑	—
20	丙溴磷	0.03	27	氟吡菌胺	0.01	34	双苯基脲	—
21	三唑酮	0.03	28	螺螨酯	0.01			
22	哒螨灵	0.01	29	敌草腈	0.01			

注："—"表示国家标准中无 ADI 值规定；ADI 值单位为 mg/kg bw

22.2　农药残留膳食暴露风险评估

22.2.1　每例水果蔬菜样品中农药残留安全指数分析

基于农药残留侦测数据，发现在 19 例样品中侦测出农药 105 频次，计算样品中每种残留农药的安全指数 IFS_c，并分析农药对样品安全的影响程度，农药残留对水果蔬菜样品安全的影响程度频次分布情况如图 22-2 所示。

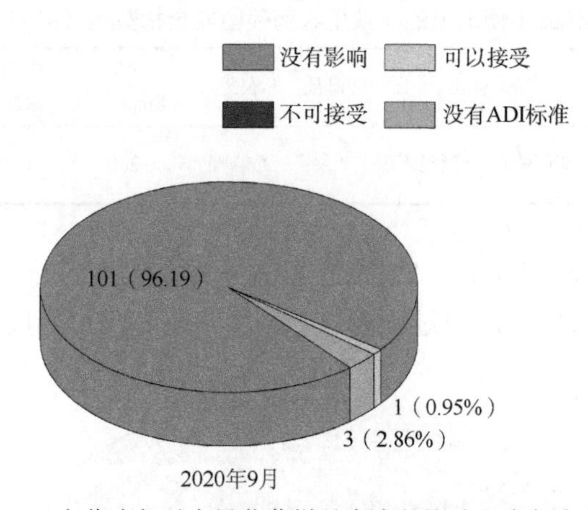

图 22-2　农药残留对水果蔬菜样品安全的影响程度频次分布图

由图 22-2 可以看出，农药残留对样品安全的影响可以接受的频次为 1，占 0.95%；农药残留对样品安全的没有影响的频次为 101，占 96.19%。

部分样品侦测出禁用农药 1 种 7 频次，为了明确残留的禁用农药对样品安全的影响，分析侦测出禁用农药残留的样品安全指数，禁用农药残留对水果蔬菜样品安全的影响程度频次分布情况如图 22-3 所示，农药残留对样品安全的影响可以接受的频次为 1，占 14.29%；农药残留对样品安全没有影响的频次为 6，占 85.71%。由图中可以看出 2020 年 9 月禁用农药对样品安全的影响在可以接受和没有影响的范围内。

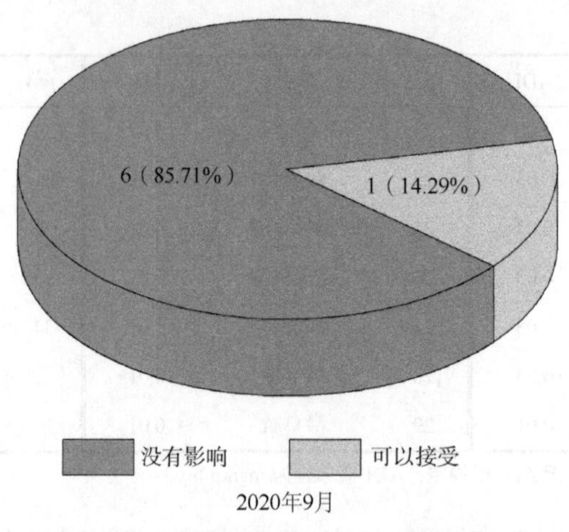

图 22-3　禁用农药对水果蔬菜样品安全影响程度的频次分布图

此外，本次侦测发现部分样品中非禁用农药残留量超过了 MRL 中国国家标准和欧盟标准，为了明确超标的非禁用农药对样品安全的影响，分析了非禁用农药残留超标的样品安全指数。

水果蔬菜残留量超过 MRL 中国国家标准的非禁用农药对水果蔬菜样品安全的影响程度频次分布情况可以看出侦测出超过 MRL 中国国家标准的非禁用农药共 1 频次，农药残留对样品安全没有影响。表 22-5 为水果蔬菜样品中侦测出的非禁用农药残留安全指数表。

表 22-5　水果蔬菜样品中侦测出的非禁用农药残留安全指数表（MRL 中国国家标准）

序号	样品编号	采样点	基质	农药	含量（mg/kg）	中国国家标准	超标倍数	IFS_c	影响程度
1	20200925-650100-LZFDC-PE-02A	淘宝网（***旗舰店）	梨	乙螨唑	0.2007	0.07	2.87	0.0254	没有影响

残留量超过 MRL 欧盟标准的非禁用农药对水果蔬菜样品安全的影响程度频次分布情况如图 22-4 所示。可以看出超过 MRL 欧盟标准的非禁用农 11 频次，其中农药没有

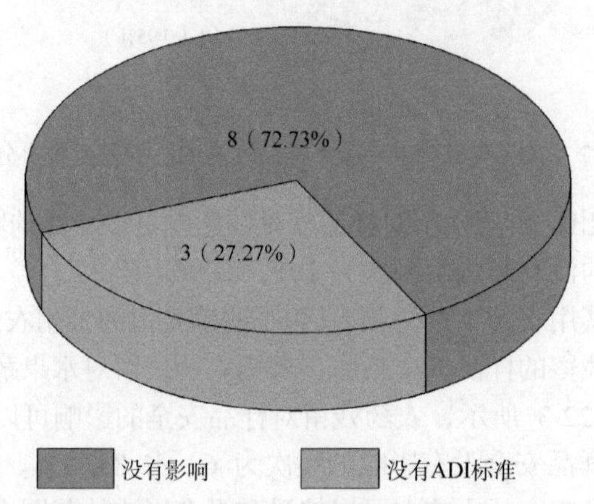

图 22-4　残留超标的非禁用农药对水果蔬菜样品安全的影响程度频次分布图（MRL 欧盟标准）

ADI 的频次为 3，占 27.27%；农药残留对样品安全没有影响的频次为 8，占 72.73%。表 22-6 为水果蔬菜样品中安全指数排名前 10 的残留超标非禁用农药列表。

表 22-6 水果蔬菜样品中安全指数排名前 10 的残留超标非禁用农药列表（MRL 欧盟标准）

序号	样品编号	采样点	基质	农药	含量（mg/kg）	欧盟标准	超标倍数	IFS_c	影响程度
1	20200925-650100-LZFDC-PE-02A	淘宝网（***旗舰店）	梨	乙螨唑	0.2007	0.07	2.87	0.0254	没有影响
2	20200924-650100-LZFDC-AP-04A	天猫商城（***旗舰店）	苹果	杀线威	0.0266	0.01	2.66	0.0187	没有影响
3	20200925-650100-LZFDC-PE-01A	淘宝网（***旗舰店）	梨	噻嗪酮	0.011	0.01	1.10	0.0077	没有影响
4	20200925-650100-LZFDC-PE-03A	淘宝网（***旗舰店）	梨	烯肟菌胺	0.0526	0.01	5.26	0.0048	没有影响
5	20200924-650100-LZFDC-GP-16A	天猫商城（***旗舰店）	葡萄	霜霉威	0.2484	0.01	24.84	0.0039	没有影响
6	20200924-650100-LZFDC-GP-17A	淘宝网（***鲜果店）	葡萄	三唑酮	0.0111	0.01	1.11	0.0023	没有影响
7	20200925-650100-LZFDC-PE-07B	淘宝网（***旗舰店）	梨	烯酰吗啉	0.0123	0.01	1.23	0.0004	没有影响
8	20200924-650100-LZFDC-AP-04A	天猫商城（***旗舰店）	苹果	灭幼脲	0.0149	0.01	1.49	0.0001	没有影响
9	20200925-650100-LZFDC-PE-03A	淘宝网（***旗舰店）	梨	双苯基脲	0.0268	0.01	2.68	—	—
10	20200925-650100-LZFDC-PE-07B	淘宝网（***旗舰店）	梨	双苯基脲	0.0155	0.01	1.55	—	—

22.2.2 单种水果蔬菜中农药残留安全指数分析

本次 3 种水果蔬菜侦测 34 种农药，所有水果蔬菜均侦测出农药，检出频次为 105 次，其中 2 种农药没有 ADI 标准，32 种农药存在 ADI 标准。对 3 种水果蔬菜按不同种类分别计算侦测出的具有 ADI 标准的各种农药的 IFS_c 值，农药残留对水果蔬菜的安全指数分布图如图 22-5 所示。

本次侦测中，3 种水果蔬菜和 34 种残留农药（包括没有 ADI 标准）共涉及 52 个分析样本，农药对单种水果蔬菜安全的影响程度分布情况如图 22-6 所示。可以看出，96.15% 的样本中农药对水果蔬菜安全没有影响。

此外，分别计算 3 种水果蔬菜中所有侦测出农药 IFS_c 的平均值 $\overline{IFS}$，分析每种水果蔬菜的安全状态，结果如图 22-7 所示，分析发现 3 种水果蔬菜的安全状态都很好。

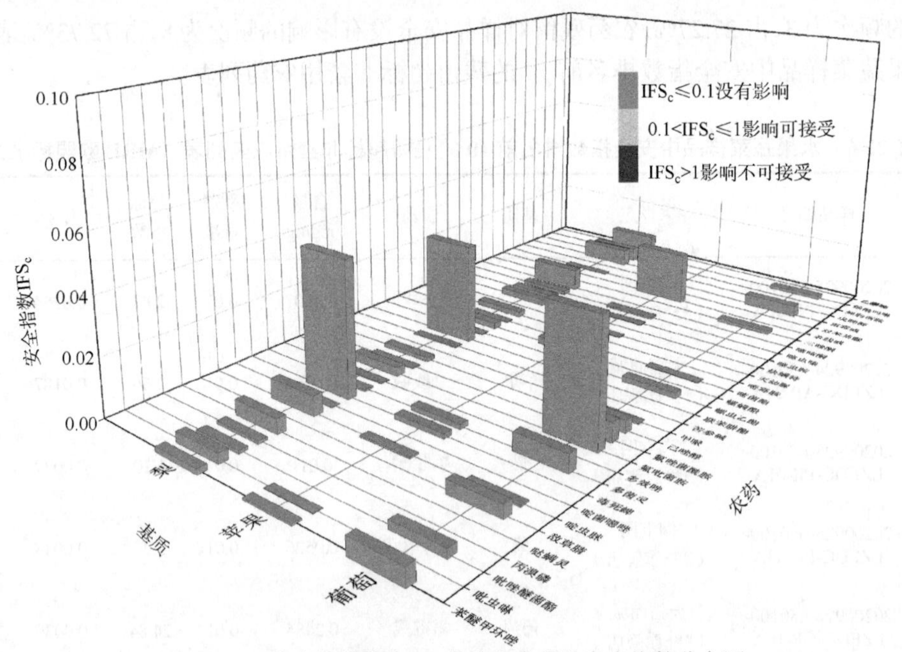

图 22-5 3 种水果蔬菜中 32 种残留农药的安全指数分布图

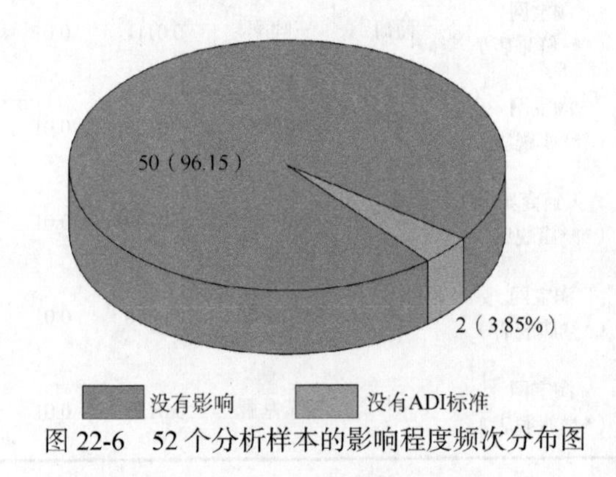

图 22-6 52 个分析样本的影响程度频次分布图

图 22-7 3 种水果蔬菜的$\overline{IFS}$值和安全状态统计图

22.2.3 所有水果蔬菜中农药残留安全指数分析

计算所有水果蔬菜中 34 种农药的 $\overline{IFS_c}$ 值，结果如图 22-8 及表 22-7 所示。

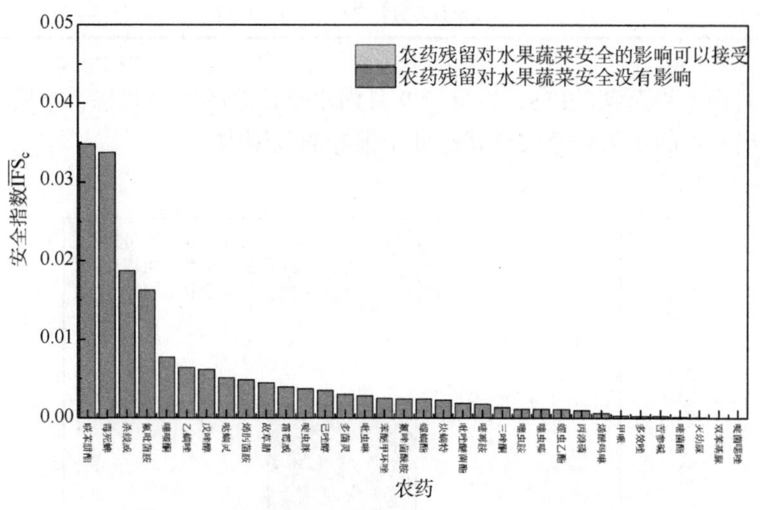

图 22-8 34 种残留农药对水果蔬菜的安全影响程度统计图

分析发现，所有农药的 $\overline{IFS_c}$ 均小于 0.1，说明 34 种农药对水果蔬菜安全的影响均在没有影响范围内。

表 22-7 水果蔬菜中 34 种农药残留的安全指数表

序号	农药	检出频次	检出率（%）	$\overline{IFS_c}$	影响程度	序号	农药	检出频次	检出率（%）	$\overline{IFS_c}$	影响程度
1	联苯肼酯	1	0.95	0.0348	没有影响	16	苯醚甲环唑	4	3.81	0.0025	没有影响
2	毒死蜱	7	6.67	0.0338	没有影响	17	氟唑菌酰胺	3	2.86	0.0024	没有影响
3	杀线威	1	0.95	0.0187	没有影响	18	螺螨酯	3	2.86	0.0024	没有影响
4	氟吡菌胺	3	2.86	0.0162	没有影响	19	炔螨特	1	0.95	0.0023	没有影响
5	噻嗪酮	1	0.95	0.0077	没有影响	20	吡唑醚菌酯	7	6.67	0.0019	没有影响
6	乙螨唑	5	4.76	0.0064	没有影响	21	嘧霉胺	1	0.95	0.0018	没有影响
7	戊唑醇	1	0.95	0.0062	没有影响	22	三唑酮	2	1.90	0.0013	没有影响
8	哒螨灵	1	0.95	0.0051	没有影响	23	噻虫胺	4	3.81	0.0011	没有影响
9	烯肟菌胺	1	0.95	0.0048	没有影响	24	噻虫嗪	3	2.86	0.0011	没有影响
10	敌草腈	1	0.95	0.0044	没有影响	25	螺虫乙酯	2	1.90	0.0011	没有影响
11	霜霉威	1	0.95	0.0039	没有影响	26	丙溴磷	1	0.95	0.0010	没有影响
12	啶虫脒	14	13.33	0.0037	没有影响	27	烯酰吗啉	5	4.76	0.0006	没有影响
13	己唑醇	4	3.81	0.0035	没有影响	28	甲哌	1	0.95	0.0003	没有影响
14	多菌灵	11	10.48	0.0030	没有影响	29	多效唑	1	0.95	0.0002	没有影响
15	吡虫啉	5	4.76	0.0028	没有影响	30	苦参碱	1	0.95	0.0002	没有影响

续表

序号	农药	检出频次	检出率（%）	$\overline{IFS}_c$	影响程度	序号	农药	检出频次	检出率（%）	$\overline{IFS}_c$	影响程度
31	嘧菌酯	5	4.76	0.0001	没有影响	33	双苯基脲	—	—	—	—
32	灭幼脲	1	0.95	0.0001	没有影响	34	啶菌噁唑	—	—	—	—

计算 9 月内水果蔬菜的$\overline{IFS}$，以分析 9 月内水果蔬菜的安全状态，结果如图 22-9 所示，可以看出 9 月的水果蔬菜安全状态处于很好的范围内。

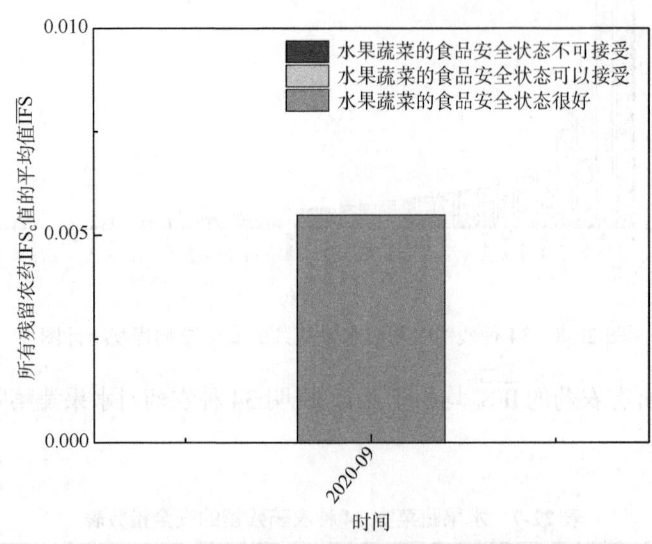

图 22-9　9 月份内水果蔬菜的$\overline{IFS}$值与安全状态统计图

22.3　农药残留预警风险评估

基于新疆维吾尔自治区水果蔬菜样品中农药残留 LC-Q-TOF/MS 侦测数据，分析禁用农药的检出率，同时参照中华人民共和国国家标准 GB 2763—2019 和欧盟农药最大残留限量（MRL）标准分析非禁用农药残留的超标率，并计算农药残留风险系数。分析单种水果蔬菜中农药残留以及所有水果蔬菜中农药残留的风险程度。

22.3.1　单种水果蔬菜中农药残留风险系数分析

22.3.1.1　单种水果蔬菜中禁用农药残留风险系数分析

侦测出的 34 种残留农药中有 1 种为禁用农药，且它分布在 2 种水果蔬菜中，计算 2 种水果蔬菜中禁用农药的超标率，根据超标率计算风险系数 R，进而分析水果蔬菜中禁用农药的风险程度，结果如图 22-10 与表 22-8 所示。分析发现 1 种禁用农药在 2 种水果蔬菜中的残留均处于高度风险。

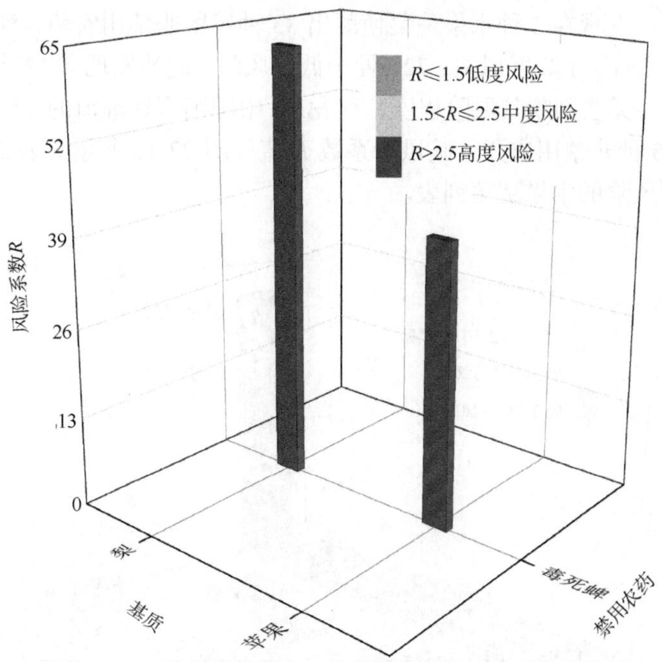

图 22-10 2 种水果蔬菜中 1 种禁用农药的风险系数分布图

表 22-8 2 种水果蔬菜中 1 种禁用农药的风险系数列表

序号	基质	农药	检出频次	检出率（%）	风险系数 *R*	风险程度
1	梨	毒死蜱	5	0.63	63.6	高度风险
2	苹果	毒死蜱	2	0.40	41.1	高度风险

22.3.1.2 基于 MRL 中国国家标准的单种水果蔬菜中非禁用农药残留风险系数分析

参照中华人民共和国国家标准 GB 2763—2019 中农药残留限量计算每种水果蔬菜中每种非禁用农药的超标率，进而计算其风险系数，根据风险系数大小判断残留农药的预警风险程度，水果蔬菜中非禁用农药残留风险程度分布情况如图 22-11 所示。

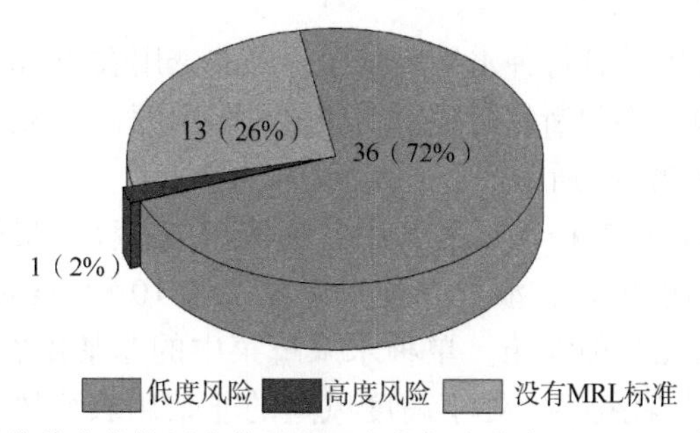

图 22-11 水果蔬菜中非禁用农药风险程度的频次分布图（MRL 中国国家标准）

本次分析中，发现在 3 种水果蔬菜侦测出 33 种残留非禁用农药，涉及样本 50 个，在 50 个样本中，2%处于高度风险，72%处于低度风险，此外发现有 13 个样本没有 MRL 中国国家标准值，无法判断其风险程度，有 MRL 中国国家标准值的 37 个样本涉及 3 种水果蔬菜中的 25 种非禁用农药，其风险系数 *R* 值如图 22-12 所示。表 22-9 为非禁用农药残留处于高度风险的水果蔬菜列表。

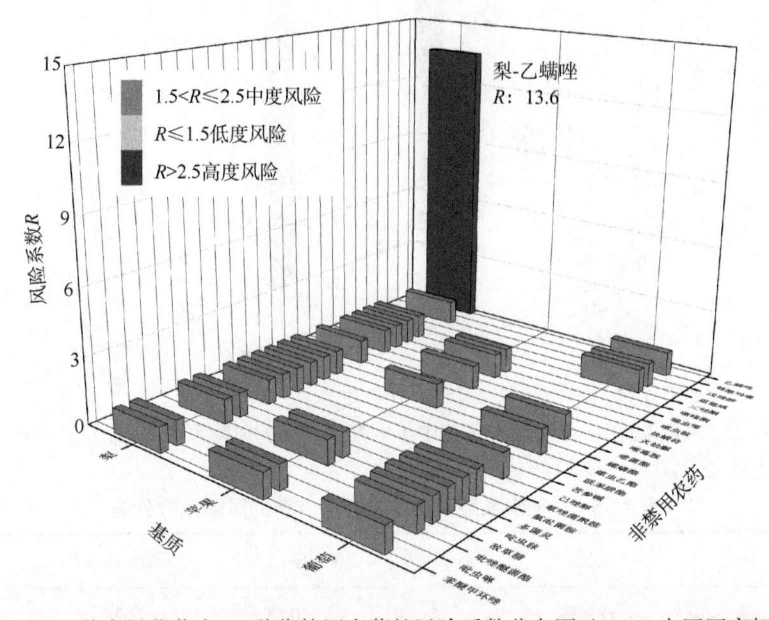

图 22-12　3 种水果蔬菜中 25 种非禁用农药的风险系数分布图（MRL 中国国家标准）

表 22-9　单种水果蔬菜中处于高度风险的非禁用农药风险系数表（MRL 中国国家标准）

序号	基质	农药	超标频次	超标率 *P*（%）	风险系数 *R*
1	梨	乙螨唑	1	12.5	13.60

22.3.1.3　基于 MRL 欧盟标准的单种水果蔬菜中非禁用农药残留风险系数分析

参照 MRL 欧盟标准计算每种水果蔬菜中每种非禁用农药的超标率，进而计算其风险系数，根据风险系数大小判断农药残留的预警风险程度，水果蔬菜中非禁用农药残留风险程度分布情况如图 22-13 所示。

本次分析中，发现在 3 种水果蔬菜中共侦测出 33 种非禁用农药，涉及样本 50 个，其中，20%处于高度风险，涉及 3 种水果蔬菜和 10 种农药；80%处于低度风险，涉及 3 种水果蔬菜和 24 种农药。单种水果蔬菜中的非禁用农药风险系数分布图如图 22-14 所示。单种水果蔬菜中处于高度风险的非禁用农药风险系数如图 22-15 和表 22-10 所示。

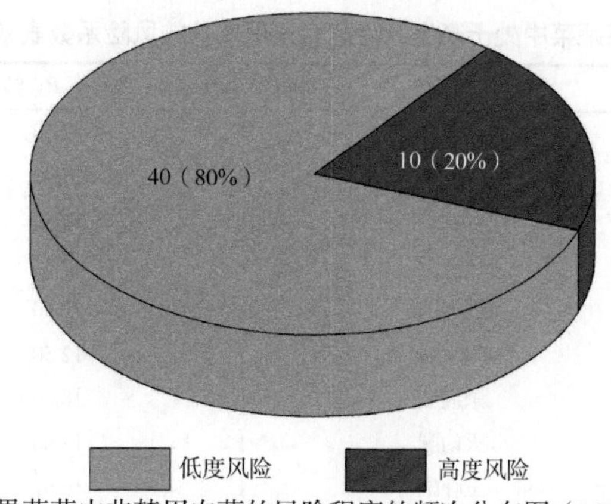

图 22-13　水果蔬菜中非禁用农药的风险程度的频次分布图（MRL 欧盟标准）

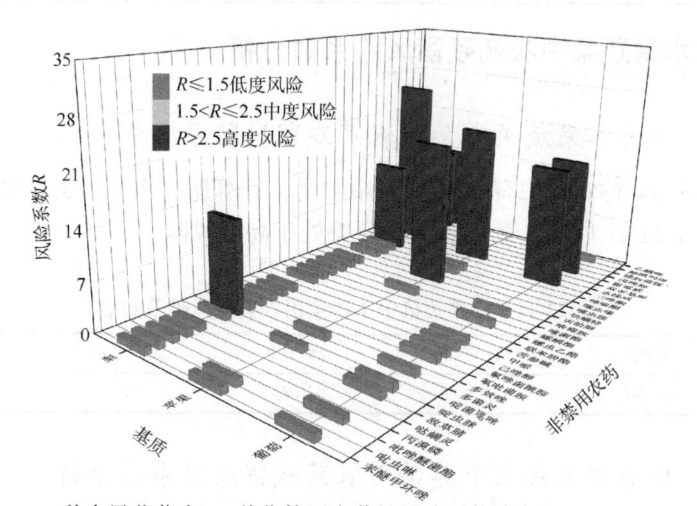

图 22-14　3 种水果蔬菜中 33 种非禁用农药的风险系数分布图（MRL 欧盟标准）

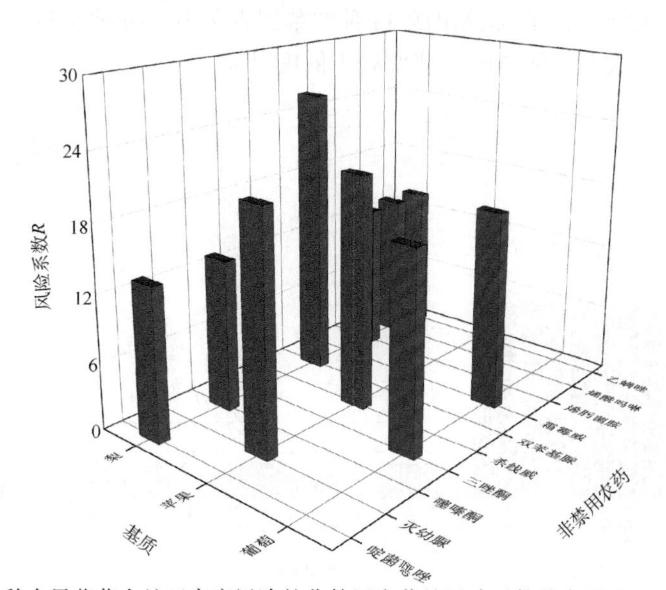

图 22-15　单种水果蔬菜中处于高度风险的非禁用农药的风险系数分布图（MRL 欧盟标准）

表 22-10　单种水果蔬菜中处于高度风险的非禁用农药的风险系数表（MRL 欧盟标准）

序号	基质	农药	超标频次	超标率 *P*（%）	风险系数 *R*
1	梨	乙螨唑	1	12.50	13.60
2	梨	双苯基脲	2	25.00	26.10
3	梨	啶菌噁唑	1	12.50	13.60
4	梨	噻嗪酮	1	12.50	13.60
5	梨	烯肟菌胺	1	12.50	13.60
6	梨	烯酰吗啉	1	12.50	13.60
7	苹果	杀线威	1	18.00	21.10
8	苹果	灭幼脲	1	18.00	21.10
9	葡萄	三唑酮	1	16.67	17.77
10	葡萄	霜霉威	1	16.67	17.77

22.3.2　所有水果蔬菜中农药残留风险系数分析

22.3.2.1　所有水果蔬菜中禁用农药残留风险系数分析

在侦测出的 34 种农药中有 1 种为禁用农药，计算所有水果蔬菜中禁用农药的风险系数，结果如表 22-11 所示。禁用农药毒死蜱处于高度风险。

表 22-11　水果蔬菜中 1 种禁用农药的风险系数表

序号	农药	检出频次	检出率 *P*（%）	风险系数 *R*	风险程度
1	毒死蜱	7	36.84	37.94	高度风险

22.3.2.2　所有水果蔬菜中非禁用农药残留风险系数分析

参照 MRL 欧盟标准计算所有水果蔬菜中每种非禁用农药残留的风险系数，如图 22-16 与表 22-12 所示。在侦测出的 33 种非禁用农药中，10 种农药（30.30%）残留处于高度风险，23 种农药（69.70%）残留处于低度风险。

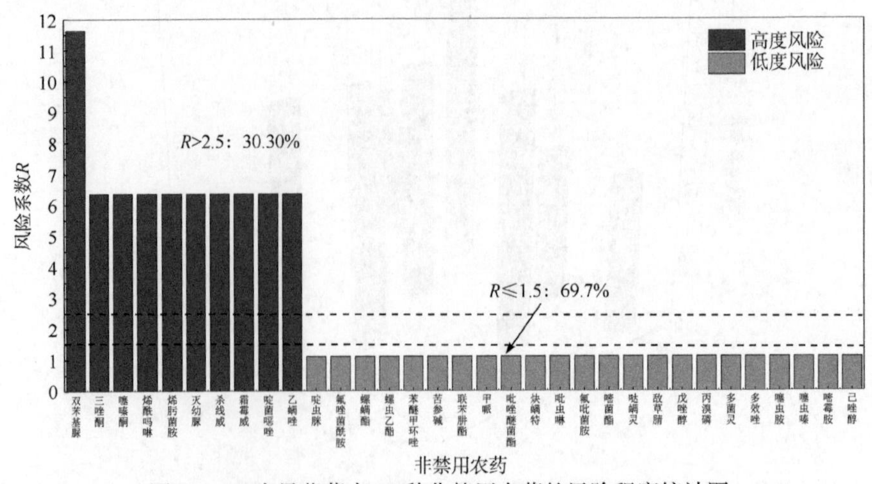

图 22-16　水果蔬菜中 33 种非禁用农药的风险程度统计图

表 22-12 水果蔬菜中 33 种非禁用农药的风险系数表

序号	农药	超标频次	超标率 P（%）	风险系数 R	风险程度
1	双苯基脲	2	10.53	11.63	高度风险
2	三唑酮	1	5.26	6.36	高度风险
3	噻嗪酮	1	5.26	6.36	高度风险
4	烯酰吗啉	1	5.26	6.36	高度风险
5	烯肟菌胺	1	5.26	6.36	高度风险
6	灭幼脲	1	5.26	6.36	高度风险
7	杀线威	1	5.26	6.36	高度风险
8	霜霉威	1	5.26	6.36	高度风险
9	啶菌噁唑	1	5.26	6.36	高度风险
10	乙螨唑	1	5.26	6.36	高度风险
11	啶虫脒	0	0.00	1.10	低度风险
12	氟唑菌酰胺	0	0.00	1.10	低度风险
13	螺螨酯	0	0.00	1.10	低度风险
14	螺虫乙酯	0	0.00	1.10	低度风险
15	苯醚甲环唑	0	0.00	1.10	低度风险
16	苦参碱	0	0.00	1.10	低度风险
17	联苯肼酯	0	0.00	1.10	低度风险
18	甲哌	0	0.00	1.10	低度风险
19	吡唑醚菌酯	0	0.00	1.10	低度风险
20	炔螨特	0	0.00	1.10	低度风险
21	吡虫啉	0	0.00	1.10	低度风险
22	氟吡菌胺	0	0.00	1.10	低度风险
23	嘧菌酯	0	0.00	1.10	低度风险
24	哒螨灵	0	0.00	1.10	低度风险
25	敌草腈	0	0.00	1.10	低度风险
26	戊唑醇	0	0.00	1.10	低度风险
27	丙溴磷	0	0.00	1.10	低度风险
28	多菌灵	0	0.00	1.10	低度风险
29	多效唑	0	0.00	1.10	低度风险
30	噻虫胺	0	0.00	1.10	低度风险
31	噻虫嗪	0	0.00	1.10	低度风险
32	嘧霉胺	0	0.00	1.10	低度风险
33	己唑醇	0	0.00	1.10	低度风险

对 9 月份内的非禁用农药的风险系数分析，9 月内非禁用农药风险程度分布图如图 22-17 所示。

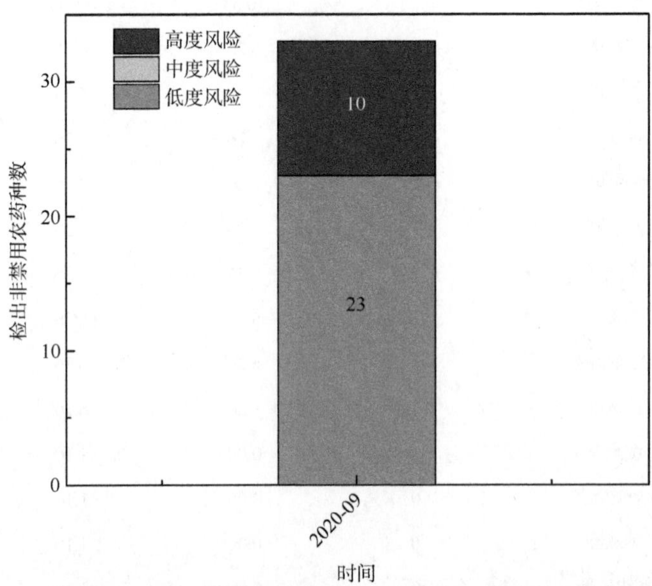

图 22-17　9 月份水果蔬菜中非禁用农药残留的风险程度分布图

22.4　农药残留风险评估结论与建议

农药残留是影响水果蔬菜安全和质量的主要因素，也是我国食品安全领域备受关注的敏感话题和亟待解决的重大问题之一。各种水果蔬菜均存在不同程度的农药残留现象，本研究主要针对新疆维吾尔自治区各类水果蔬菜存在的农药残留问题，基于 2020 年 9 月期间对新疆维吾尔自治区 19 例水果蔬菜样品中农药残留侦测得出的 105 个侦测结果，分别采用食品安全指数模型和风险系数模型，开展水果蔬菜中农药残留的膳食暴露风险和预警风险评估。水果蔬菜样品取自电商平台，符合大众的膳食来源，风险评价时更具有代表性和可信度。

本研究力求通用简单地反映食品安全中的主要问题，且为管理部门和大众容易接受，为政府及相关管理机构建立科学的食品安全信息发布和预警体系提供科学的规律与方法，加强对农药残留的预警和食品安全重大事件的预防，控制食品风险。

22.4.1　新疆维吾尔自治区水果蔬菜中农药残留膳食暴露风险评价结论

水果蔬菜样品中农药残留安全状态评价结论

采用食品安全指数模型，对 2020 年 9 月期间新疆维吾尔自治区水果蔬菜食品农药残留膳食暴露风险进行评价，根据 IFS_c 的计算结果发现，水果蔬菜中农药的 $\overline{IFS}$ 为 0.0055，说明新疆维吾尔自治区水果蔬菜总体处于很好的安全状态，但部分禁用农药、高残留农药在蔬菜、水果中仍有侦测出，导致膳食暴露风险的存在，成为不安全因素。

22.4.2　新疆维吾尔自治区水果蔬菜中农药残留预警风险评价结论

1）单种水果蔬菜中禁用农药残留的预警风险评价结论

本次侦测过程中，在 3 种水果蔬菜中侦测超出 1 种禁用农药，禁用农药为：毒死蜱，水果蔬菜为：苹果，葡萄，梨，水果蔬菜中禁用农药的风险系数分析结果显示，1 种禁用农药在 3 种水果蔬菜中的残留均处于高度风险，说明在单种水果蔬菜中禁用农药的残留会导致较高的预警风险。

2）单种水果蔬菜中非禁用农药残留的预警风险评价结论

以 MRL 中国国家标准为标准，计算水果蔬菜中非禁用农药风险系数情况下，50 个样本中，1 个处于高度风险（2%），36 个处于低度风险（72%），13 个样本没有 MRL 中国国家标准（26%）。以 MRL 欧盟标准为标准，计算水果蔬菜中非禁用农药风险系数情况下，发现有 10 个处于高度风险（20%），40 个处于低度风险（80%）。基于两种 MRL 标准，评价的结果差异显著，可以看出 MRL 欧盟标准比中国国家标准更加严格和完善，过于宽松的 MRL 中国国家标准值能否有效保障人体的健康有待研究。

22.4.3　加强新疆维吾尔自治区水果蔬菜食品安全建议

我国食品安全风险评价体系仍不够健全，相关制度不够完善，多年来，由于农药用药次数多、用药量大或用药间隔时间短，产品残留量大，农药残留所造成的食品安全问题日益严峻，给人体健康带来了直接或间接的危害。据估计，美国与农药有关的癌症患者数约占全国癌症患者总数的 50%，中国更高。同样，农药对其他生物也会形成直接杀伤和慢性危害，植物中的农药可经过食物链逐级传递并不断蓄积，对人和动物构成潜在威胁，并影响生态系统。

基于本次农药残留侦测数据的风险评价结果，提出以下几点建议：

1）加快食品安全标准制定步伐

我国食品标准中对农药每日允许最大摄入量 ADI 的数据严重缺乏，在本次新疆维吾尔自治区水果蔬菜农药残留评价所涉及的 34 种农药中，仅有 94.12%的农药具有 ADI 值，而 5.88%的农药中国尚未规定相应的 ADI 值，亟待完善。

我国食品中农药最大残留限量值的规定严重缺乏，对评估涉及的不同水果蔬菜中不同农药 249 个 MRL 限值进行统计来看，我国仅制定出 84 个标准，标准完整率仅为 33.7%，欧盟的完整率达到 100%（表 22-13）。因此，中国更应加快 MRL 标准的制定步伐。

表 22-13　我国国家食品标准农药的 ADI、MRL 值与欧盟标准的数量差异

分类		中国 ADI	MRL 中国国家标准	MRL 欧盟标准
标准限值（个）	有	57	84	249
	无	7	165	0
总数（个）		64	249	249
无标准限值比例（%）		10.9	66.3	0

此外，MRL 中国国家标准限值普遍高于欧盟标准限值，这些标准中共有 54 个高于欧盟。过高的 MRL 值难以保障人体健康，建议继续加强对限值基准和标准的科学研究，将农产品中的危险性减少到尽可能低的水平。

2）加强农药的源头控制和分类监管

在新疆维吾尔自治区某些水果蔬菜中仍有禁用农药残留，利用 LC-Q-TOF/MS 技术侦测出 1 种禁用农药，检出频次为 7 次，残留禁用农药均存在较大的膳食暴露风险和预警风险。早已列入黑名单的禁用农药在我国并未真正退出，有些药物由于价格便宜、工艺简单，此类高毒农药一直生产和使用。建议在我国采取严格有效的控制措施，从源头控制禁用农药。

对于非禁用农药，在我国作为“田间地头”最典型单位的县级蔬果产地中，农药残留的侦测几乎缺失。建议根据农药的毒性，对高毒、剧毒、中毒农药实现分类管理，减少使用高毒和剧毒高残留农药，进行分类监管。

3）加强残留农药的生物修复及降解新技术

市售果蔬中残留农药的品种多、频次高、禁用农药多次检出这一现状，说明了我国的田间土壤和水体因农药长期、频繁、不合理的使用而遭到严重污染。为此，建议中国相关部门出台相关政策，鼓励高校及科研院所积极开展分子生物学、酶学等研究，加强土壤、水体中残留农药的生物修复及降解新技术研究，切实加大农药监管力度，以控制农药的面源污染问题。

综上所述，在本工作基础上，根据果蔬残留危害，可进一步针对其成因提出和采取严格管理、大力推广无公害蔬菜种植与生产、健全食品安全控制技术体系、加强果蔬食品质量侦测体系建设和积极推行果蔬食品质量追溯制度等相应对策。建立和完善食品安全综合评价指数与风险监测预警系统，对食品安全进行实时、全面的监控与分析，为我国的食品安全科学监管与决策提供新的技术支持，可实现各类检验数据的信息化系统管理，降低食品安全事故的发生。

第 23 章　GC-Q-TOF/MS 侦测新疆维吾尔自治区市售水果蔬菜农药残留报告

从新疆维吾尔自治区 1 个市，随机采集了 19 例水果样品，使用气相色谱-四极杆飞行时间质谱（GC-Q-TOF/MS）对 686 种农药化学污染物进行示范侦测。

23.1　样品种类、数量与来源

23.1.1　样品采集与检测

为了真实反映百姓餐桌上水果蔬菜中农药残留污染状况，本次所有检测样品均由检验人员于 2020 年 9 月期间，从新疆维吾尔自治区所属 16 个采样点，包括 16 个电商平台，以随机购买方式采集，总计 16 批 19 例样品，从中检出农药 31 种，68 频次。采样及监测概况见表 23-1，样品及采样点明细见表 23-2 和表 23-3。

表 23-1　农药残留监测总体概况

采样地区	新疆维吾尔自治区 1 个区县
采样点（电商平台）	16
样本总数	19
检出农药品种/频次	31/68
各采样点样本农药残留检出率范围	100.0%

表 23-2　样品分类及数量

样品分类	样品名称（数量）	数量小计
1.水果		19
1）仁果类水果	苹果（5），梨（8）	13
2）浆果和其他小型水果	葡萄（6）	6
合计	1. 水果 3 种	19

表 23-3　新疆维吾尔自治区采样点信息

采样点序号	行政区域	采样点
电商平台（16）		
1	乌鲁木齐市 天山区	天猫商城（***旗舰店）
2	乌鲁木齐市 天山区	淘宝网（***）
3	乌鲁木齐市 天山区	天猫商城（***旗舰店）
4	乌鲁木齐市 天山区	天猫商城（***旗舰店）
5	乌鲁木齐市 天山区	淘宝网（***）
6	乌鲁木齐市 天山区	淘宝网（***旗舰店）
7	乌鲁木齐市 天山区	淘宝网（***旗舰店）
8	乌鲁木齐市 天山区	淘宝网（***旗舰店）
9	乌鲁木齐市 天山区	淘宝网（***旗舰店）
10	乌鲁木齐市 天山区	淘宝网（***旗舰店）
11	乌鲁木齐市 天山区	淘宝网（***旗舰店）
12	乌鲁木齐市 天山区	淘宝网（***旗舰店）
13	乌鲁木齐市 天山区	天猫商城（***旗舰店）
14	乌鲁木齐市 天山区	淘宝网（***鲜果店）
15	乌鲁木齐市 天山区	淘宝网（***旗舰店）
16	乌鲁木齐市 天山区	淘宝网（***果坊店）

23.1.2　检测结果

这次使用的检测方法是庞国芳院士团队最新研发的不需使用标准品对照，而以高分辨精确质量数（0.0001 *m/z*）为基准的 GC-Q-TOF/MS 检测技术，对于 19 例样品，每个样品均侦测了 686 种农药化学污染物的残留现状。通过本次侦测，在 19 例样品中共计检出农药化学污染物 31 种，检出 68 频次。

23.1.2.1　各采样点样品检出情况

统计分析发现 16 个采样点中，被测样品的农药检出率范围均为 100.0%，见图 23-1。

23.1.2.2　检出农药的品种总数与频次

统计分析发现，对于 19 例样品中 686 种农药化学污染物的侦测，共检出农药 68 频次，涉及农药 31 种，结果如图 23-2 所示。其中毒死蜱检出频次最高，共检出 11 次。检出频次排名前 10 的农药如下：①毒死蜱（11），②戊唑醇（7），③乙螨唑（5），④氯氟氰菊酯（5），⑤甲醚菊酯（3），⑥己唑醇（3），⑦三唑酮（3），⑧1, 4-二甲基萘（2），⑨硫丹（2），⑩嘧霉胺（2）。

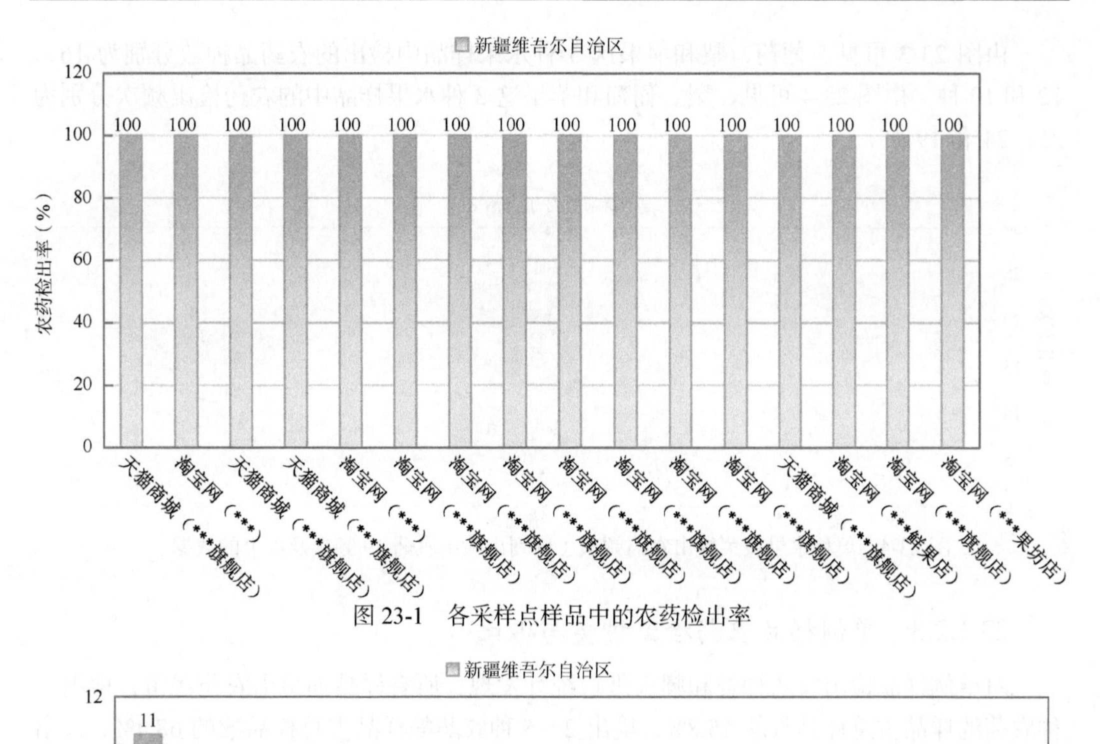

图 23-1　各采样点样品中的农药检出率

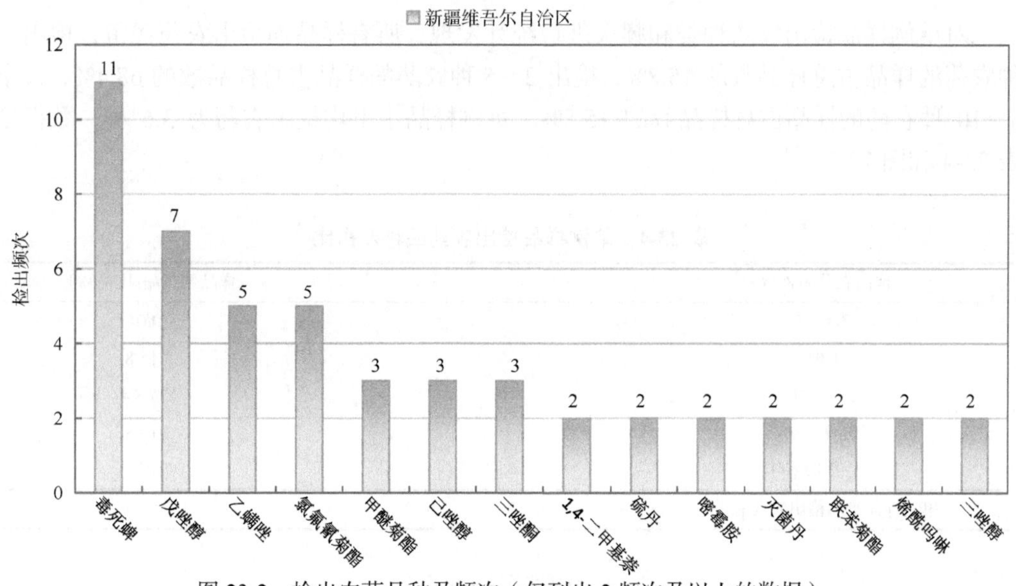

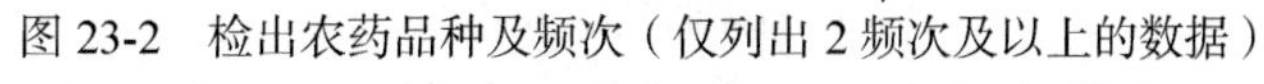
图 23-2　检出农药品种及频次（仅列出 2 频次及以上的数据）

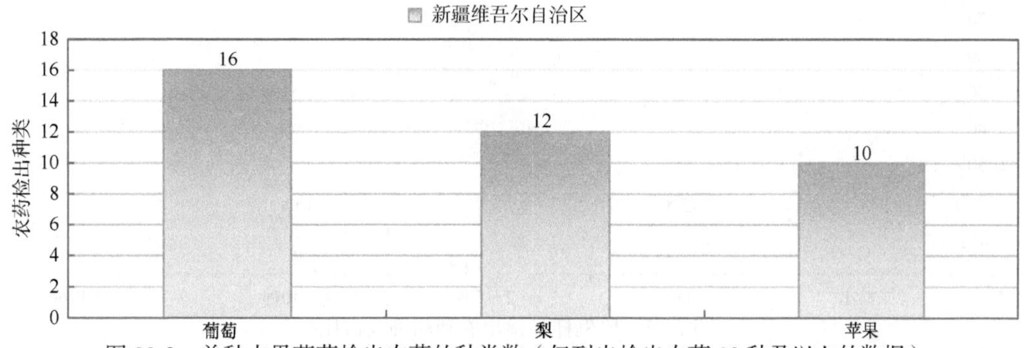

图 23-3　单种水果蔬菜检出农药的种类数（仅列出检出农药 10 种及以上的数据）

由图 23-3 可见，葡萄、梨和苹果这 3 种水果样品中检出的农药品种数分别为 16、12 和 10 种。由图 23-4 可见，梨、葡萄和苹果这 3 种水果样品中的农药检出频次分别为 25、24 和 19 次。

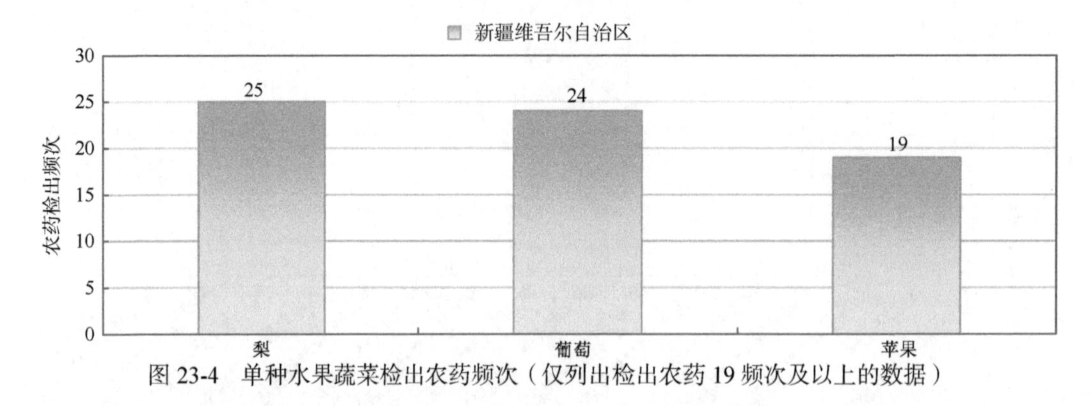

图 23-4 单种水果蔬菜检出农药频次（仅列出检出农药 19 频次及以上的数据）

23.1.2.3 单例样品农药检出种类与占比

对单例样品检出农药种类和频次进行统计发现，所有样品均检出农药残留，检出 1 种农药的样品占总样品数的 15.8%，检出 2～5 种农药的样品占总样品数的 68.4%，检出 6～10 种农药的样品占总样品数的 15.8%。每例样品中平均检出农药为 3.6 种，数据见表 23-4 和图 23-5。

表 23-4 单例样品检出农药品种及占比

检出农药品种数	样品数量/占比（%）
未检出	0/0
1 种	3/15.8
2～5 种	13/68.4
6～10 种	3/15.8
大于 10 种	0/0
单例样品平均检出农药品种	3.6 种

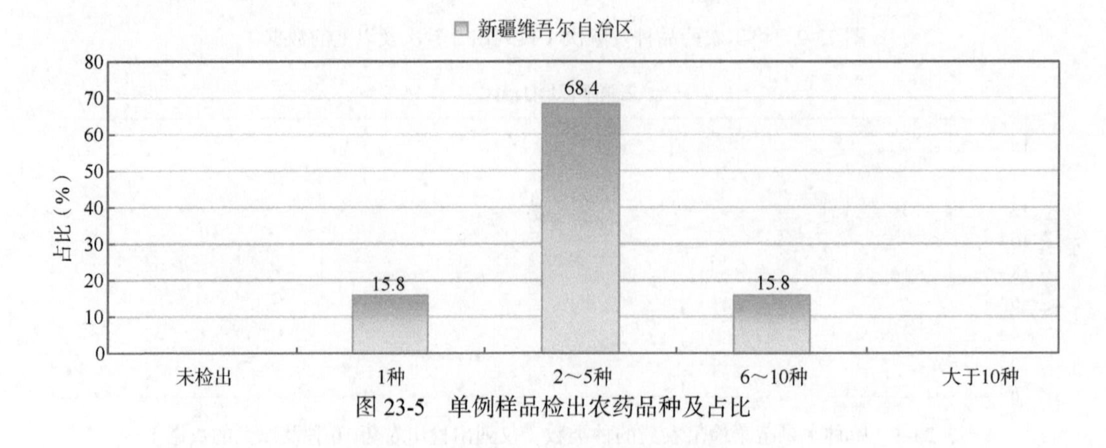

图 23-5 单例样品检出农药品种及占比

23.1.2.4　检出农药类别与占比

所有检出农药按功能分类，包括杀菌剂、杀虫剂、杀螨剂、除草剂和植物生长调节剂共 5 类。其中杀菌剂与杀虫剂为主要检出的农药类别，分别占总数的 58.1%和 29.0%，见表 23-5 和图 23-6。

表 23-5　检出农药所属类别及占比

农药类别	数量/占比（%）
杀菌剂	18/58.1
杀虫剂	9/29.0
杀螨剂	2/6.5
除草剂	1/3.2
植物生长调节剂	1/3.2

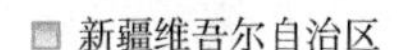

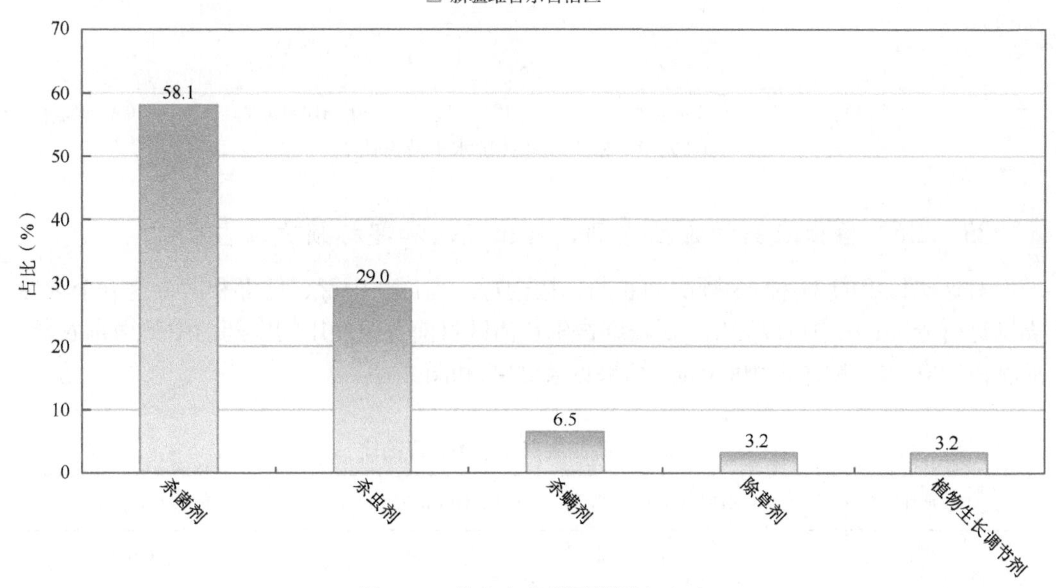

图 23-6　检出农药所属类别和占比

23.1.2.5　检出农药的残留水平

按检出农药残留水平进行统计，残留水平在 1～5 μg/kg（含）的农药占总数的 42.6%，在 5～10 μg/kg（含）的农药占总数的 10.3%，在 10～100 μg/kg（含）的农药占总数的 38.2%，在 100～1000 μg/kg（含）的农药占总数的 7.4%，>1000 μg/kg 的农药占总数的 1.5%。

由此可见，这次检测的 16 批 19 例水果蔬菜样品中农药多数处于较低残留水平。结果见表 23-6 和图 23-7。

表 23-6 农药残留水平及占比

残留水平（μg/kg）	检出频次/占比（%）
1～5（含）	29/42.6
5～10（含）	7/10.3
10～100（含）	26/38.2
100～1000（含）	5/7.4
>1000	1/1.5

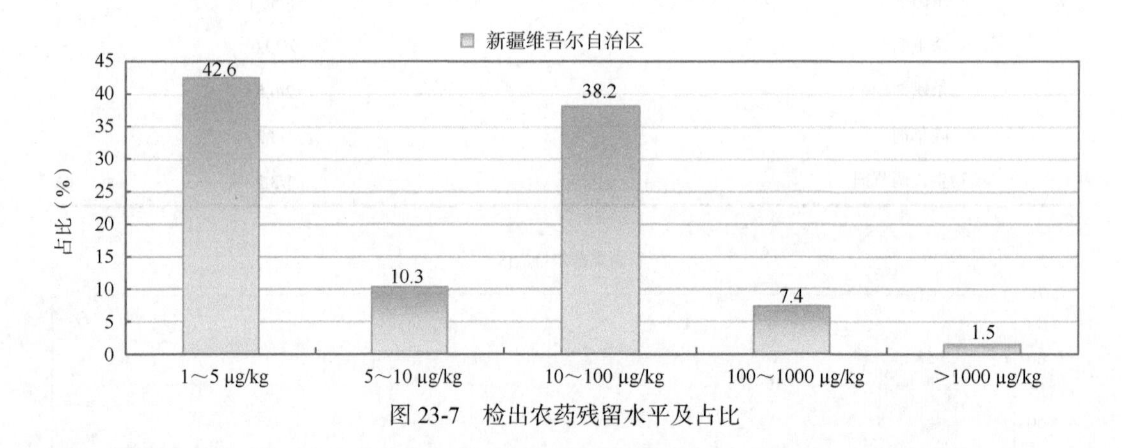

图 23-7 检出农药残留水平及占比

23.1.2.6 检出农药的毒性类别、检出频次和超标频次及占比

对这次检出的 31 种 68 频次的农药，按剧毒、高毒、中毒、低毒和微毒这五个毒性类别进行分类，从中可以看出，新疆维吾尔自治区目前普遍使用的农药为中低微毒农药，品种占 100.0%，频次占 100.0%。结果见表 23-7 和图 23-8。

表 23-7 检出农药毒性类别及占比

毒性分类	农药品种/占比（%）	检出频次/占比（%）	超标频次/超标率（%）
剧毒农药	0/0	0/0	0/0.0
高毒农药	0/0	0/0	0/0.0
中毒农药	11/35.5	36/52.9	1/2.8
低毒农药	13/41.9	20/29.4	0/0.0
微毒农药	7/22.6	12/17.6	0/0.0

23.1.2.7 检出剧毒/高毒类农药的品种和频次

在此次侦测的 19 例样品中均未检出剧毒或高毒农药。

禁用农药的检出情况见表 23-8。

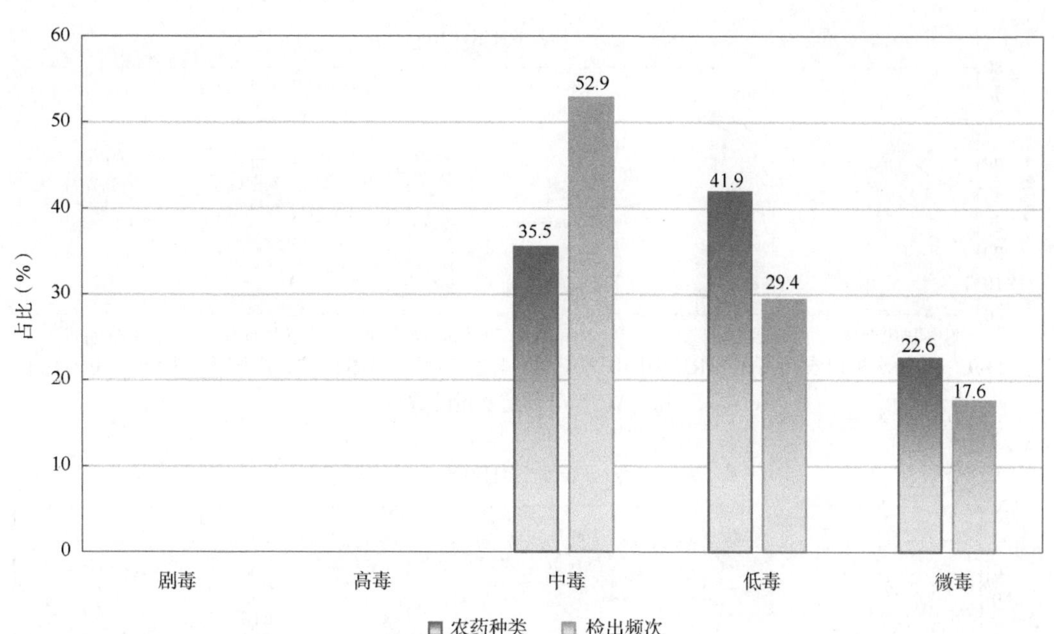

图 23-8　检出农药的毒性分类及占比

表 23-8　禁用农药检出情况

序号	农药名称	检出频次	超标频次	超标率
从 2 种水果中检出 2 种禁用农药，共计检出 13 次				
1	毒死蜱	11	0	0.0%
2	硫丹	2	0	0.0%
	合计	33	8	超标率：0.0%

注：超标结果参考 MRL 中国国家标准计算

23.2　农药残留检出水平与最大残留限量标准对比分析

我国于 2019 年 8 月 15 日正式颁布并于 2020 年 2 月 15 日正式实施食品农药残留限量国家标准《食品中农药最大残留限量》(GB 2763—2019)，该标准包括 467 个农药条目，涉及最大残留限量（MRL）标准 7108 项。将 68 频次检出结果的浓度水平与 7108 项国 MRL 中国国家标准进行核对，其中有 53 频次的结果找到了对应的 MRL 标准，占 77.9%，还有 15 频次的侦测数据则无相关 MRL 标准供参考，占 22.1%。

将此次侦测结果与国际上现行 MRL 标准对比发现，在 68 频次的检出结果中有 68 频次的结果找到了对应的 MRL 欧盟标准，占 100.0%，其中，60 频次的结果有明确对应的 MRL 标准，占 88.2%，其余 8 频次按照欧盟一律标准判定，占 11.8%；有 68 频次的结果找到了对应的 MRL 日本标准，占 100.0%，其中，54 频次的结果有明确对应的 MRL 标准，占 79.4%，其余 14 频次按照日本一律标准判定，占 20.6%；有 46 频次的结果找到了对应的 MRL 中国香港标准，占 67.6%；有 44 频次的结果找到了对应的 MRL 美国标准，占 64.7%；有 46 频次的结果找到了对应的 MRL CAC 标准，占 67.6%（图 23-9 和图 23-10）。

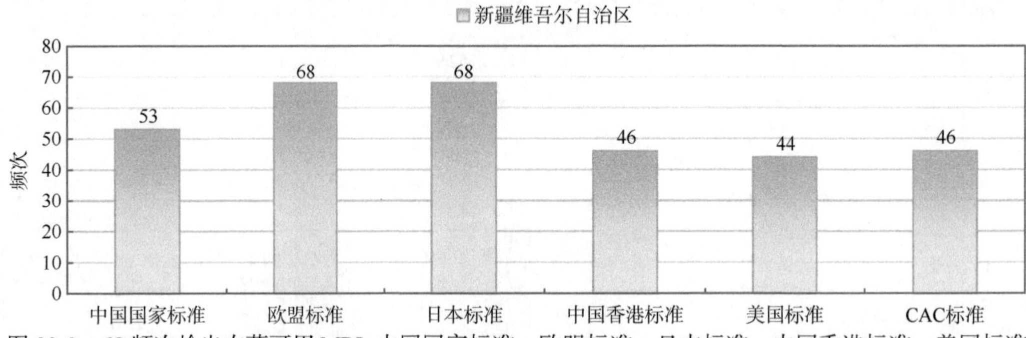

图 23-9 68 频次检出农药可用 MRL 中国国家标准、欧盟标准、日本标准、中国香港标准、美国标准和 CAC 标准判定衡量的数量

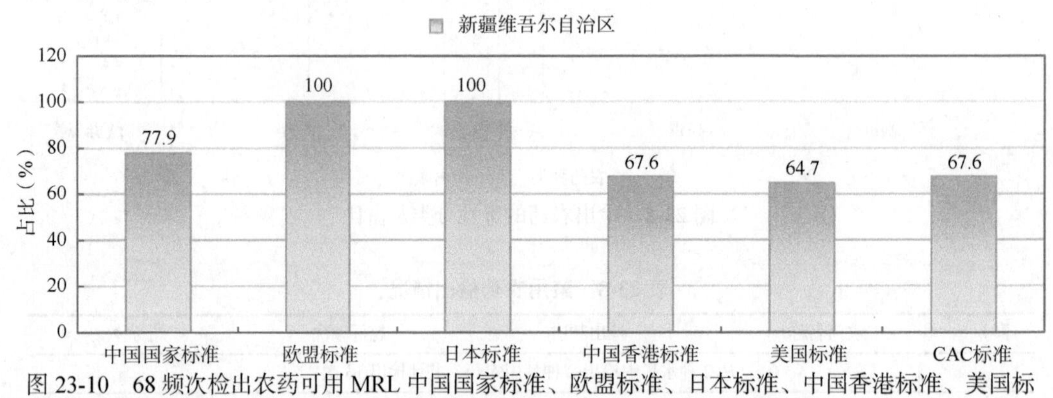

图 23-10 68 频次检出农药可用 MRL 中国国家标准、欧盟标准、日本标准、中国香港标准、美国标准和 CAC 标准衡量的占比

23.2.1 超标农药样品分析

本次侦测的 19 例样品中，所有样品均检出不同水平、不同种类的残留农药，占样品总量的 100%。在此，我们将本次侦测的农残检出情况与 MRL 中国国家标准、欧盟标准、日本标准、中国香港标准、美国标准和 CAC 标准这 6 大国际主流 MRL 标准进行对比分析，样品农残检出与超标情况见图 23-11、表 23-9 和图 23-12。

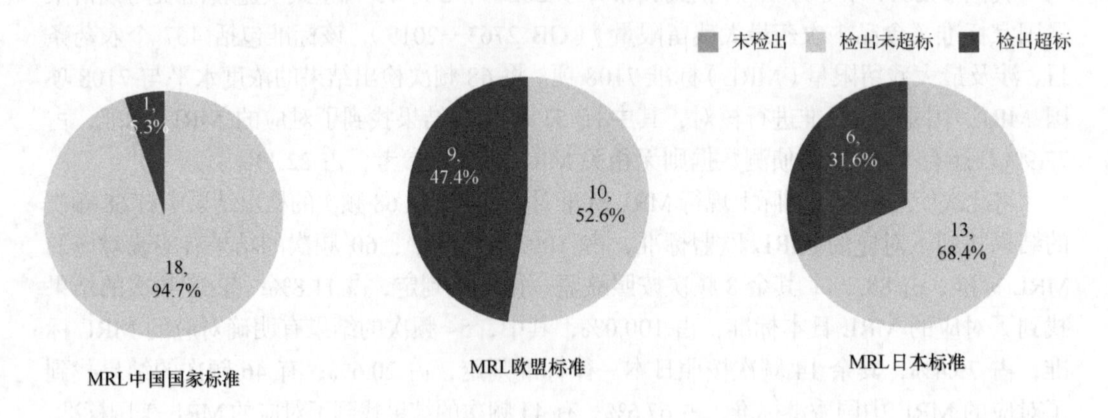

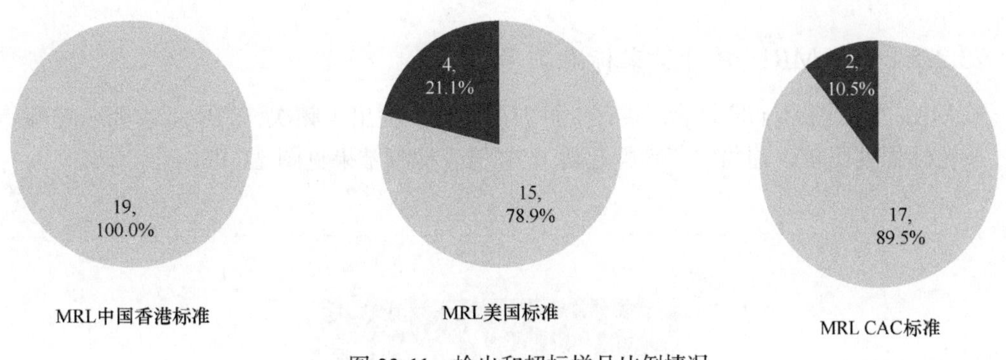

图 23-11 检出和超标样品比例情况

表 23-9 各 MRL 标准下样本农残检出与超标数量及占比

	中国国家标准数量/占比（%）	欧盟标准数量/占比（%）	日本标准数量/占比（%）	中国香港标准数量/占比（%）	美国标准数量/占比（%）	CAC 标准数量/占比（%）
未检出	0/0	0/0	0/0	0/0	0/0	0/0
检出未超标	18/94.7	10/52.6	13/68.4	19/100	15/78.9	17/89.5
检出超标	1/5.3	9/47.4	6/31.6	0/0	4/21.1	2/10.5

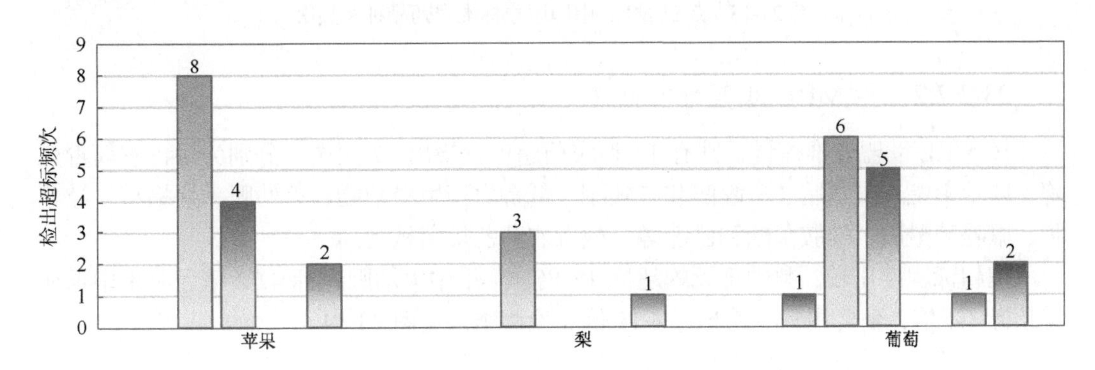

图 23-12 超过 MRL 中国国家标准、欧盟标准、日本标准、中国香港标准、美国标准和 CAC 标准结果在水果蔬菜中的分布

23.2.2 超标农药种类分析

按照 MRL 中国国家标准、欧盟标准、日本标准、中国香港标准、美国标准和 CAC 标准这 6 大国际主流 MRL 标准衡量，本次侦测检出的农药超标品种及频次情况见表 23-10。

表 23-10 各 MRL 标准下超标农药品种及频次

	中国国家标准	欧盟标准	日本标准	中国香港标准	美国标准	CAC 标准
超标农药品种	1	13	7	0	2	2
超标农药频次	1	17	9	0	4	2

23.2.2.1 按 MRL 中国国家标准衡量

按 MRL 中国国家标准衡量，共有 1 种农药超标，检出 1 频次，为中毒农药三唑醇。按超标程度比较，葡萄中三唑醇超标 0.72 倍。检测结果见图 23-13。

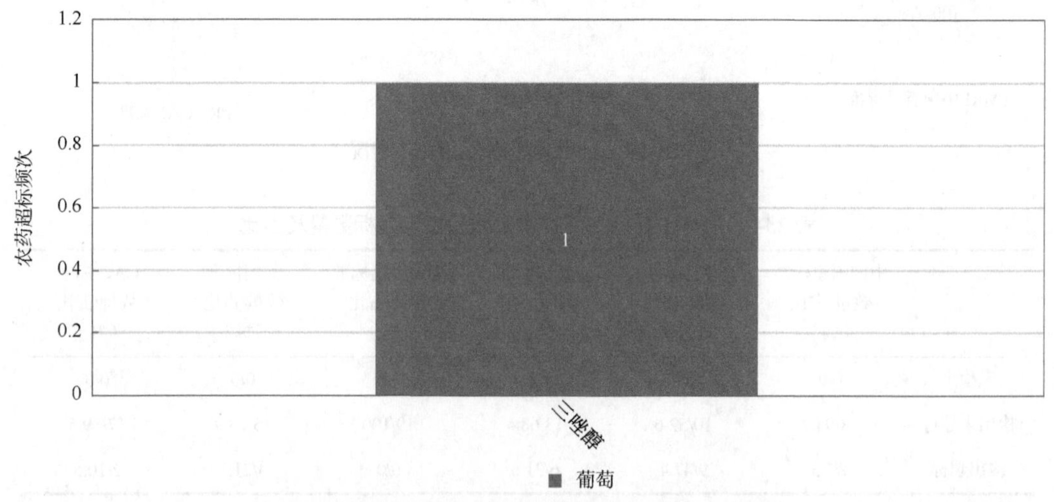

图 23-13 超过 MRL 中国国家标准农药品种及频次

23.2.2.2 按 MRL 欧盟标准衡量

按 MRL 欧盟标准衡量，共有 13 种农药超标，检出 17 频次，分别为中毒农药毒死蜱、联苯菊酯、虫螨腈、三唑醇和三唑酮，低毒农药甲醚菊酯、灭幼脲、炔螨特、敌草腈、氟唑菌酰胺、唑胺菌酯和已唑醇，微毒农药乙烯菌核利。

按超标程度比较，梨中毒死蜱超标 12 倍，苹果中灭幼脲超标 4.72 倍，苹果中毒死蜱超标 4.4 倍，葡萄中三唑酮超标 4.11 倍。检测结果见图 23-14。

23.2.2.3 按 MRL 日本标准衡量

按 MRL 日本标准衡量，共有 7 种农药超标，检出 9 频次，分别为中毒农药三唑醇，低毒农药甲醚菊酯、灭幼脲、敌草腈、氟唑菌酰胺、唑胺菌酯和已唑醇。

按超标程度比较，苹果中灭幼脲超标 4.72 倍，苹果中甲醚菊酯超标 2.92 倍，葡萄中唑胺菌酯超标 1.47 倍。检测结果见图 23-15。

23.2.2.4 按 MRL 中国香港标准衡量

按 MRL 中国香港标准衡量，无超标农药检出。

23.2.2.5 按 MRL 美国标准衡量

按 MRL 美国标准衡量，有 2 种农药超标，检出 4 频次，为中毒农药毒死蜱，低毒农药氟唑菌酰胺。

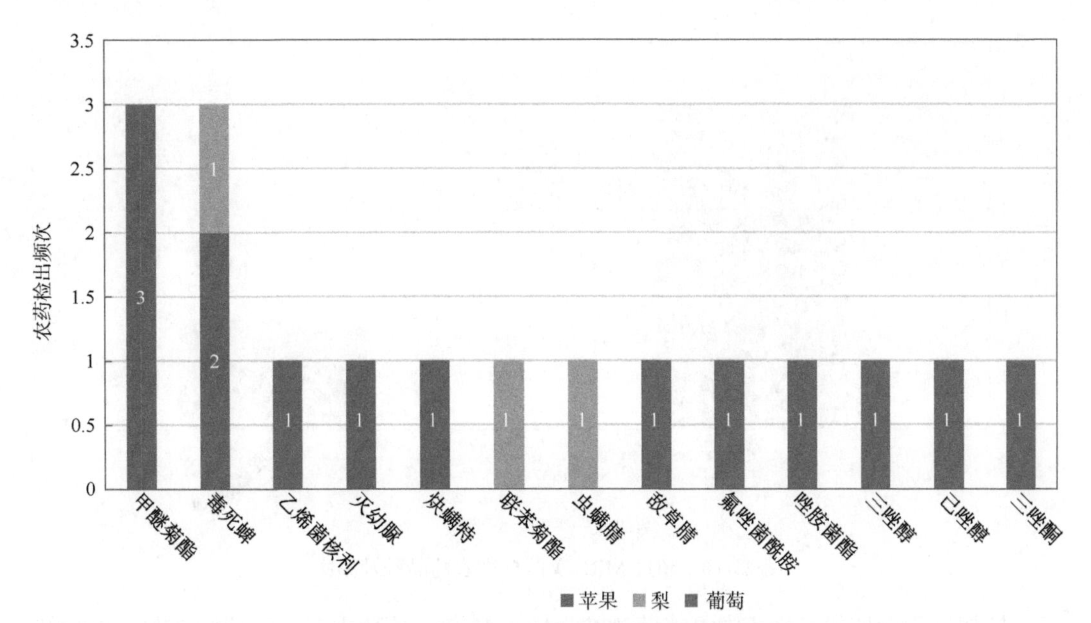

图 23-14　超过 MRL 欧盟标准农药品种及频次

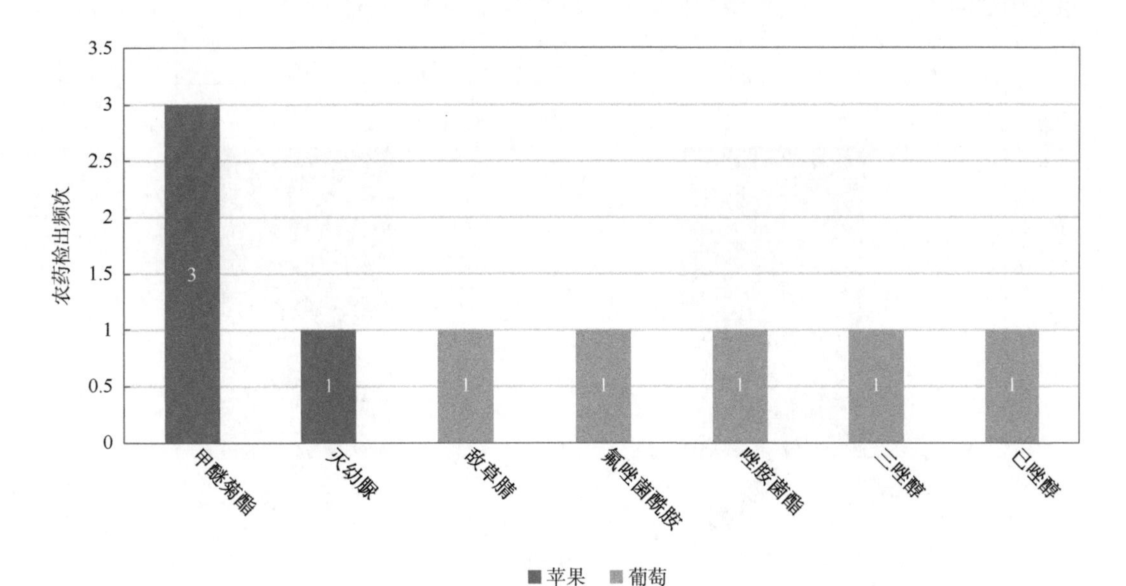

图 23-15　超过 MRL 日本标准农药品种及频次

按超标程度比较，苹果中毒死蜱超标 4.4 倍，葡萄中氟唑菌酰胺超标 2.69 倍，梨中毒死蜱超标 1.6 倍。检测结果见图 23-16。

23.2.2.6　按 MRL CAC 标准衡量

按 MRL CAC 标准衡量，有 2 种农药超标，检出 2 频次，为中毒农药三唑醇，低毒农药氟唑菌酰胺。

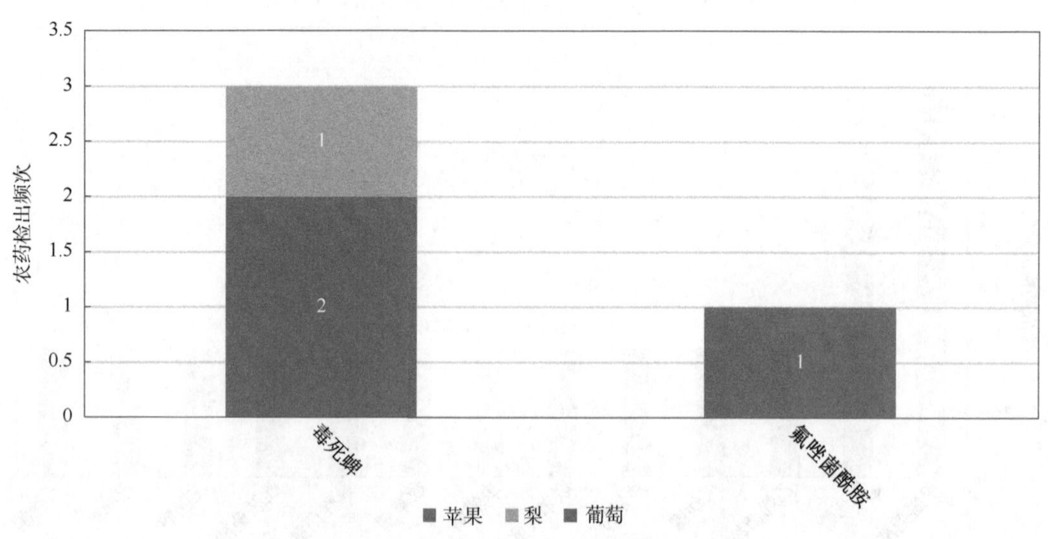

图 23-16 超过 MRL 美国标准农药品种及频次

按超标程度比较，葡萄中氟唑菌酰胺超标 1.46 倍，葡萄中三唑醇超标 72%。检测结果见图 23-17。

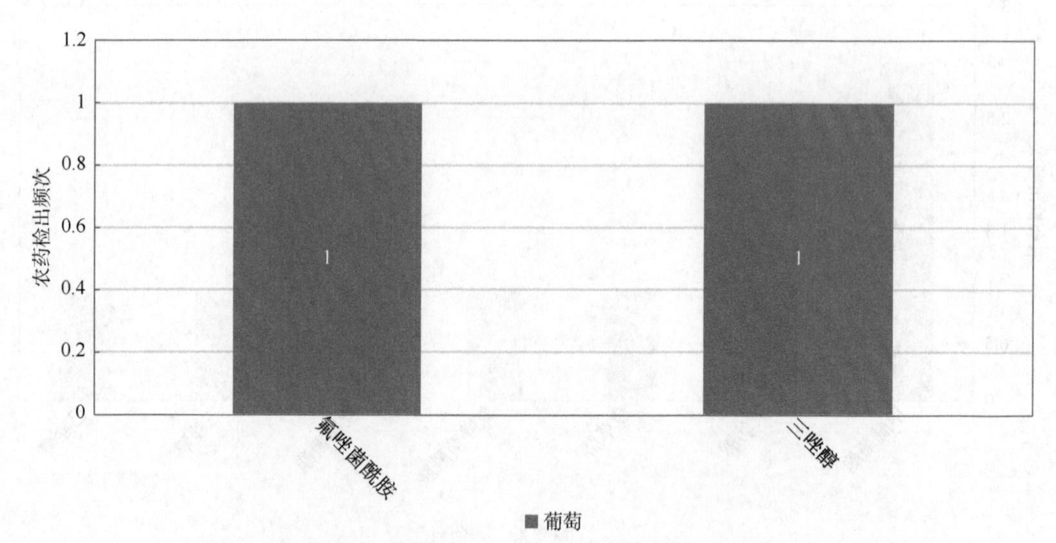

图 23-17 超过 MRL CAC 标准农药品种及频次

23.2.3 16 个采样点超标情况分析

23.2.3.1 按 MRL 中国国家标准衡量

按 MRL 中国国家标准衡量，有 1 个采样点的样品存在超标农药检出，超标率为 100.0%，如表 23-11 和图 23-18 所示。

表 23-11 超过 MRL 中国国家标准水果蔬菜在不同采样点分布

序号	采样点	样品总数	超标数量	超标率（%）	行政区域
1	淘宝网（***鲜果店）	1	1	100.0	乌鲁木齐市 天山区

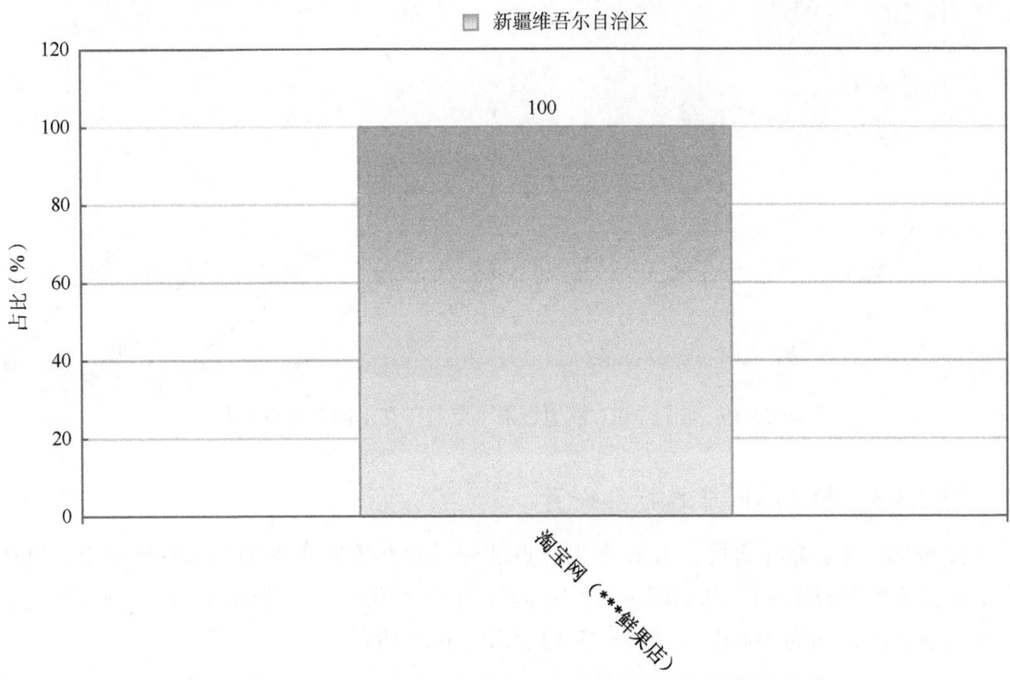

图 23-18 超过 MRL 中国国家标准水果蔬菜在不同采样点分布

23.2.3.2 按 MRL 欧盟标准衡量

按 MRL 欧盟标准衡量，有 9 个采样点的样品存在不同程度的超标农药检出，其中天猫商城（***旗舰店）、淘宝网（***）、淘宝网（***）、淘宝网（***旗舰店）、淘宝网（***鲜果店）和淘宝网（***果坊店）的超标率最高，均为 100.0%，如表 23-12 和图 23-19 所示。

表 23-12 超过 MRL 欧盟标准水果蔬菜在不同采样点分布

序号	采样点	样品总数	超标数量	超标率（%）	行政区域
1	天猫商城（***旗舰店）	1	1	100	乌鲁木齐市 天山区
2	淘宝网（***）	1	1	100	乌鲁木齐市 天山区
3	天猫商城（***旗舰店）	2	1	50	乌鲁木齐市 天山区
4	淘宝网（***）	1	1	100	乌鲁木齐市 天山区
5	淘宝网（***旗舰店）	2	1	50	乌鲁木齐市 天山区
6	淘宝网（***旗舰店）	1	1	100	乌鲁木齐市 天山区
7	天猫商城（***旗舰店）	2	1	50	乌鲁木齐市 天山区
8	淘宝网（***鲜果店）	1	1	100	乌鲁木齐市 天山区
9	淘宝网（***果坊店）	1	1	100	乌鲁木齐市 天山区

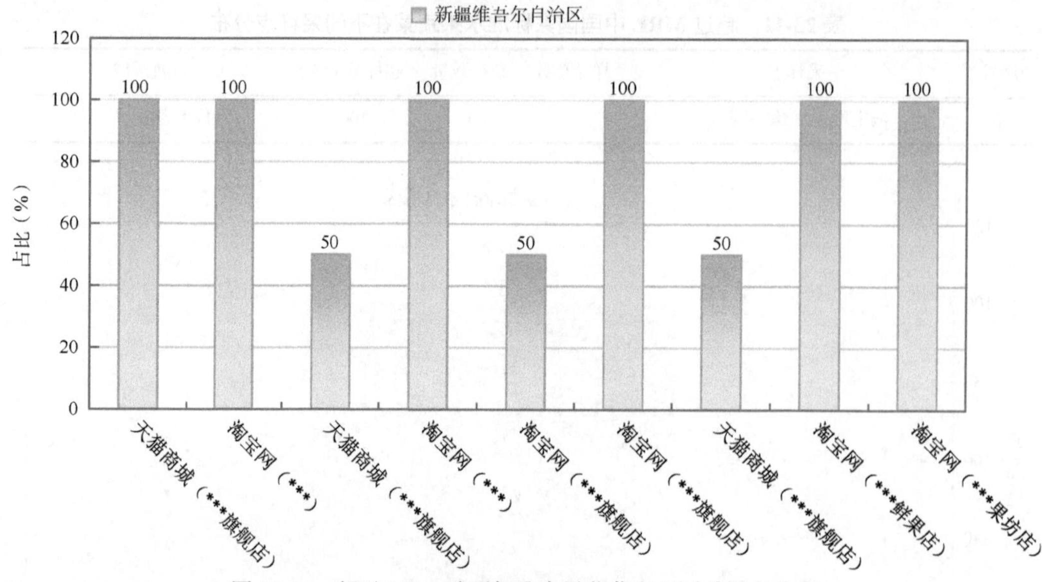

图 23-19 超过 MRL 欧盟标准水果蔬菜在不同采样点分布

23.2.3.3 按 MRL 日本标准衡量

按 MRL 日本标准衡量，有 6 个采样点的样品存在不同程度的超标农药检出，其中天猫商城（***旗舰店）、淘宝网（***）、淘宝网（***鲜果店）和淘宝网（***果坊店）的超标率最高，均为 100.0%，如表 23-13 和图 23-20 所示。

表 23-13 超过 MRL 日本标准水果蔬菜在不同采样点分布

序号	采样点	样品总数	超标数量	超标率（%）	行政区域
1	天猫商城（***旗舰店）	1	1	100	乌鲁木齐市 天山区
2	淘宝网（***）	1	1	100	乌鲁木齐市 天山区
3	天猫商城（***旗舰店）	2	1	50	乌鲁木齐市 天山区
4	天猫商城（***旗舰店）	2	1	50	乌鲁木齐市 天山区
5	淘宝网（***鲜果店）	1	1	100	乌鲁木齐市 天山区
6	淘宝网（***果坊店）	1	1	100	乌鲁木齐市 天山区

23.2.3.4 按 MRL 中国香港标准衡量

按 MRL 中国香港标准衡量，所有采样点的样品均无超标农药检出。

23.2.3.5 按 MRL 美国标准衡量

按 MRL 美国标准衡量，有 4 个采样点的样品存在不同程度的超标农药检出，其中天猫商城（***旗舰店）的超标率最高，为 100.0%，如表 23-14 和图 23-21 所示。

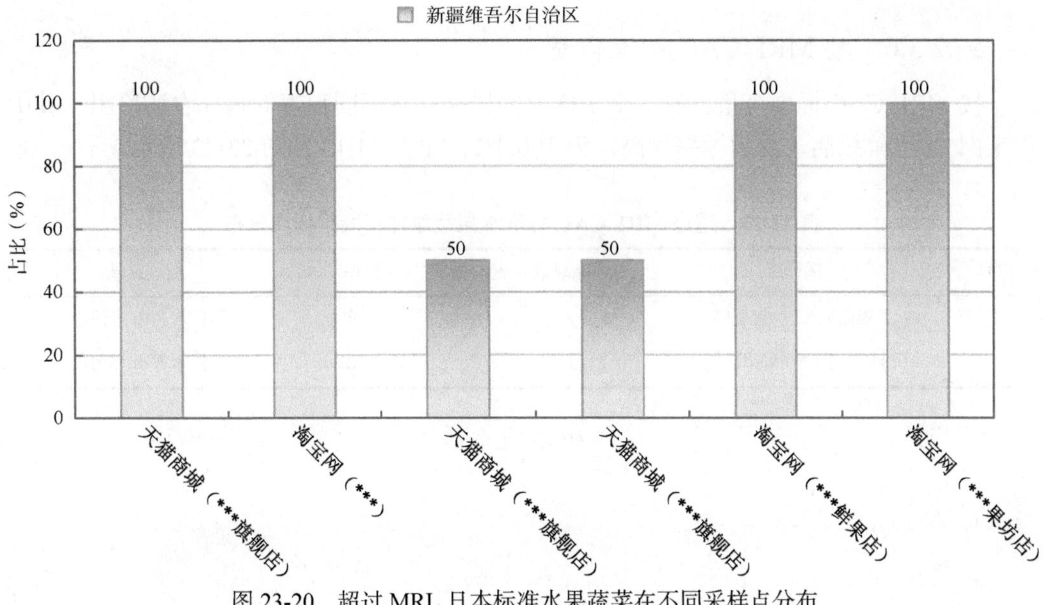

图 23-20　超过 MRL 日本标准水果蔬菜在不同采样点分布

表 23-14　超过 MRL 美国标准水果蔬菜在不同采样点分布

序号	采样点	样品总数	超标数量	超标率（%）	行政区域
1	天猫商城（***旗舰店）	1	1	100	乌鲁木齐市 天山区
2	天猫商城（***旗舰店）	2	1	50	乌鲁木齐市 天山区
3	淘宝网（***旗舰店）	2	1	50	乌鲁木齐市 天山区
4	天猫商城（***旗舰店）	2	1	50	乌鲁木齐市 天山区

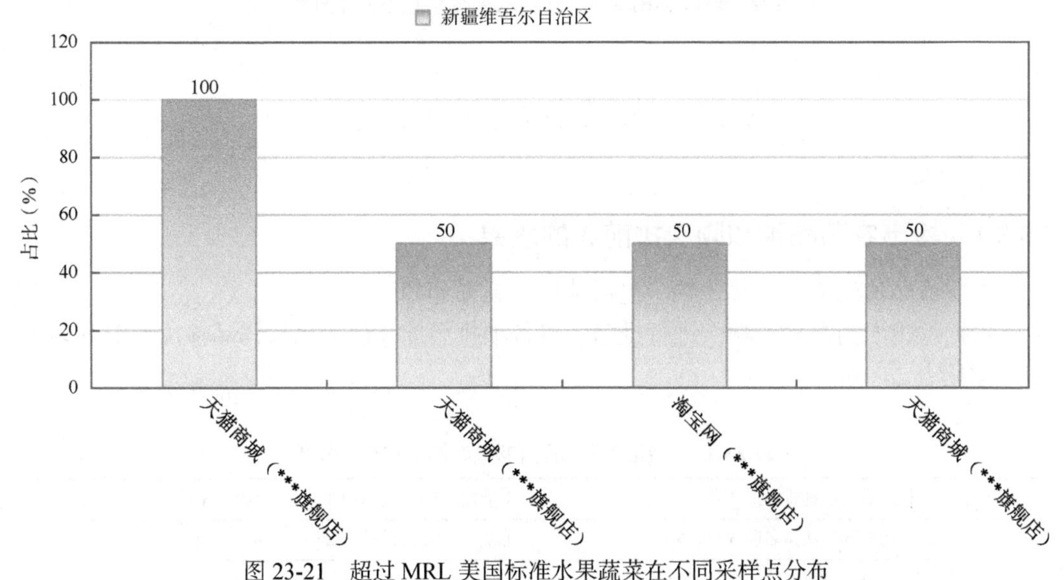

图 23-21　超过 MRL 美国标准水果蔬菜在不同采样点分布

23.2.3.6 按 MRL CAC 标准衡量

按 MRL CAC 标准衡量，有 2 个采样点的样品存在不同程度的超标农药检出，其中淘宝网（***鲜果店）的超标率最高，为 100.0%，如表 23-15 和图 23-22 所示。

表 23-15 超过 MRL CAC 标准水果蔬菜在不同采样点分布

序号	采样点	样品总数	超标数量	超标率（%）	行政区域
1	天猫商城（***旗舰店）	2	1	50.0	乌鲁木齐市 天山区
2	淘宝网（***鲜果店）	1	1	100.0	乌鲁木齐市 天山区

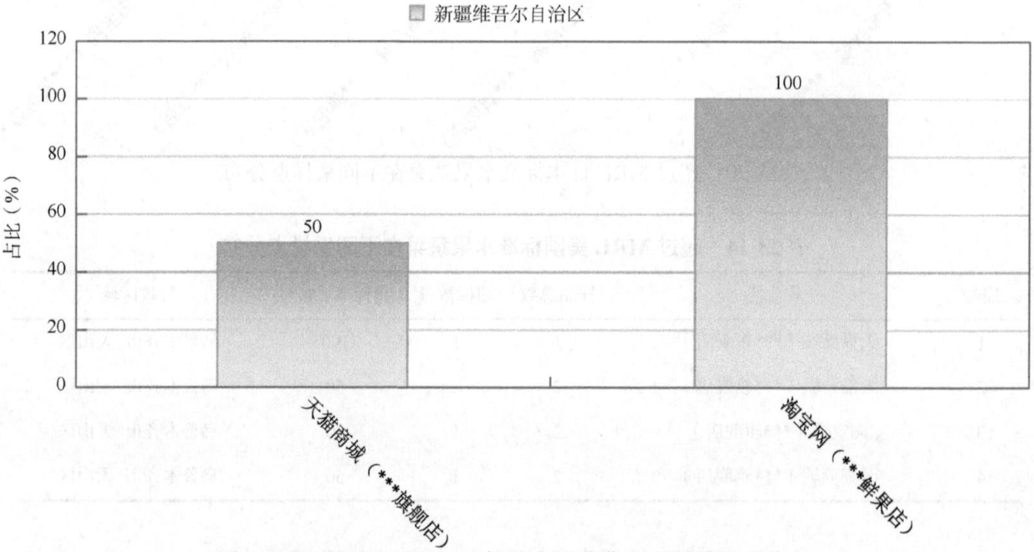

图 23-22 超过 MRL CAC 标准水果蔬菜在不同采样点分布

23.3 水果中农药残留分布

23.3.1 检出农药品种和频次排前 3 的水果

本次残留侦测的水果共 3 种，包括苹果、梨和葡萄。

根据检出农药品种及频次进行排名，将各项排名前 3 位的水果样品检出情况列表说明，详见表 23-16。

表 23-16 检出农药品种和频次排名前 3 的水果

检出农药品种排名前 3（品种）	①葡萄（16），②梨（12），③苹果（10）
检出农药频次排名前 3（频次）	①梨（25），②葡萄（24），③苹果（19）
检出禁用、高毒及剧毒农药品种排名前 3（品种）	①梨（2），②苹果（1）
检出禁用、高毒及剧毒农药频次排名前 3（频次）	①梨（8），②苹果（5）

23.3.2　超标农药品种和频次排前 3 的水果

鉴于 MRL 欧盟标准和日本标准制定比较全面且覆盖率较高，我们参照 MRL 中国国家标准、欧盟标准和日本标准衡量水果样品中农残检出情况，将超标农药品种及频次排名前 3 的水果列表说明，详见表 23-17。

表 23-17　超标农药品种和频次排名前 3 的水果

超标农药品种排名前 3（农药品种数）	MRL 中国国家标准	①葡萄（1）
	MRL 欧盟标准	①葡萄（6），②苹果（5），③梨（3）
	MRL 日本标准	①葡萄（5），②苹果（2）
超标农药频次排名前 3（农药频次数）	MRL 中国国家标准	①葡萄（1）
	MRL 欧盟标准	①苹果（8），②葡萄（6），③梨（3）
	MRL 日本标准	①葡萄（5），②苹果（4）

通过对各品种水果样本总数及检出率进行综合分析发现，葡萄、梨和苹果的残留污染最为严重，在此，我们参照 MRL 中国国家标准、欧盟标准、日本标准对这 3 种水果的农残检出情况进行进一步分析。

23.3.3　农药残留检出率较高的水果样品分析

23.3.3.1　葡萄

这次共检测 6 例葡萄样品，全部检出了农药残留，检出率为 100.0%，检出农药共计 16 种。其中戊唑醇、己唑醇和三唑酮检出频次较高，均检出了 3 次。葡萄中农药检出品种和频次见图 23-23，超标农药见图 23-24 和表 23-18。

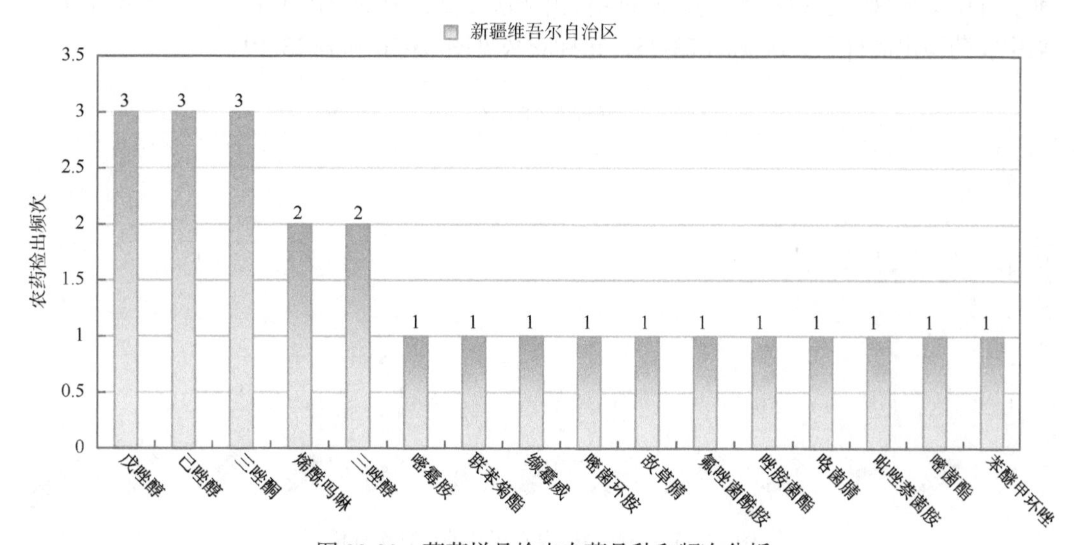

图 23-23　葡萄样品检出农药品种和频次分析

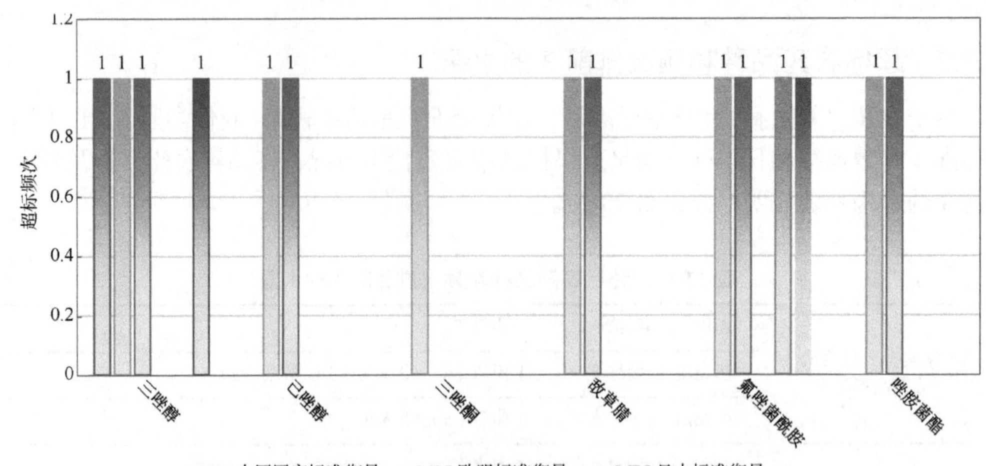

图 23-24　葡萄样品中超标农药分析

表 23-18　葡萄中农药残留超标情况明细表

样品总数			检出农药样品数	样品检出率（%）	检出农药品种总数
6			6	100	16
	超标农药品种	超标农药频次	按照 MRL 中国国家标准、欧盟标准和日本标准衡量超标农药名称及频次		
中国国家标准	1	1	三唑醇（1）		
欧盟标准	6	6	己唑醇（1），三唑酮（1），三唑醇（1），敌草腈（1），氟唑菌酰胺（1），唑胺菌酯（1）		
日本标准	5	5	己唑醇（1），三唑醇（1），敌草腈（1），氟唑菌酰胺（1），唑胺菌酯（1）		

23.3.3.2　梨

这次共检测 8 例梨样品，全部检出了农药残留，检出率为 100.0%，检出农药共计 12 种。其中毒死蜱、乙螨唑和氯氟氰菊酯检出频次较高，分别检出了 6 次、4 次和 4 次。梨中农药检出品种和频次见图 23-25，超标农药见图 23-26 和表 23-19。

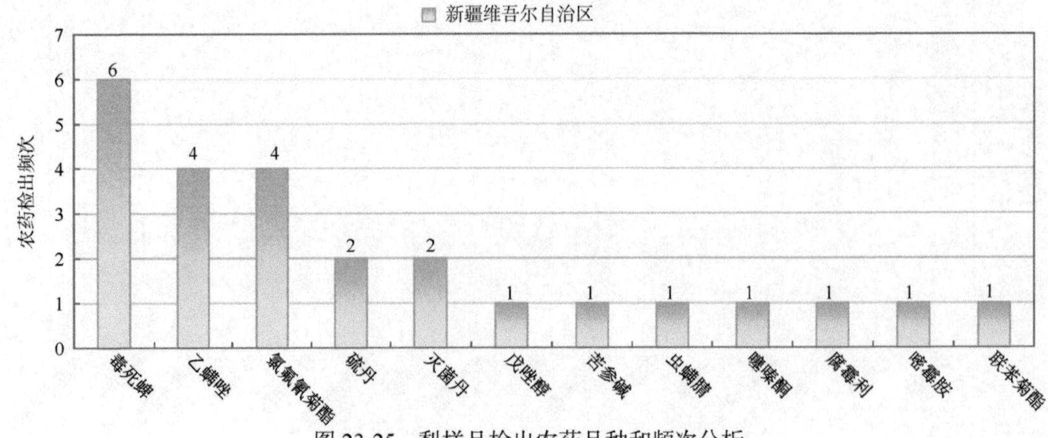

图 23-25　梨样品检出农药品种和频次分析

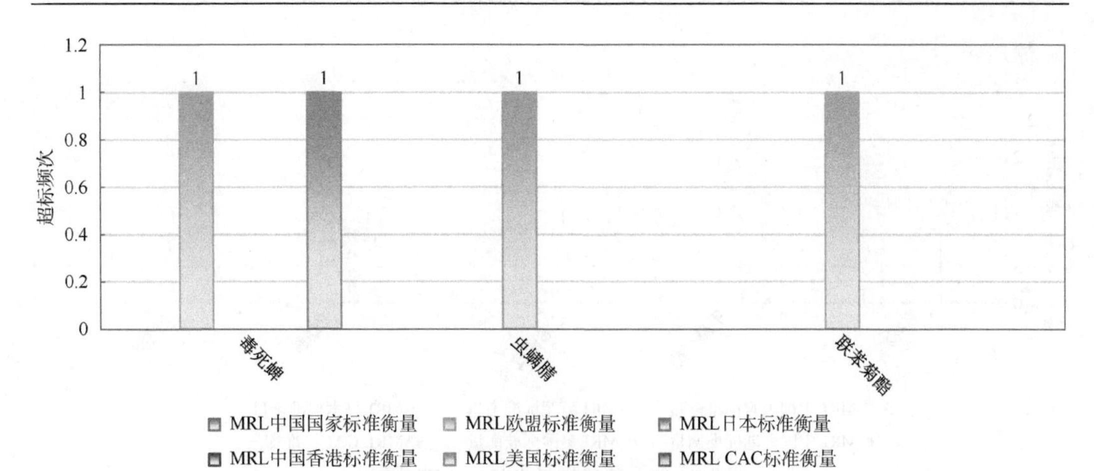

图 23-26　梨样品中超标农药分析

表 23-19　梨中农药残留超标情况明细表

样品总数			检出农药样品数	样品检出率（%）	检出农药品种总数
8			8	100.0	12
	超标农药品种	超标农药频次	按照 MRL 中国国家标准、欧盟标准和日本标准衡量超标农药名称及频次		
中国国家标准	0	0	—		
欧盟标准	3	3	毒死蜱（1），虫螨腈（1），联苯菊酯（1）		
日本标准	0	0	—		

23.3.3.3　苹果

这次共检测 5 例苹果样品，全部检出了农药残留，检出率为 100.0%，检出农药共计 10 种。其中毒死蜱、甲醚菊酯和戊唑醇检出频次较高，分别检出了 5 次、3 次和 3 次。苹果中农药检出品种和频次见图 23-27，超标农药见图 23-28 和表 23-20。

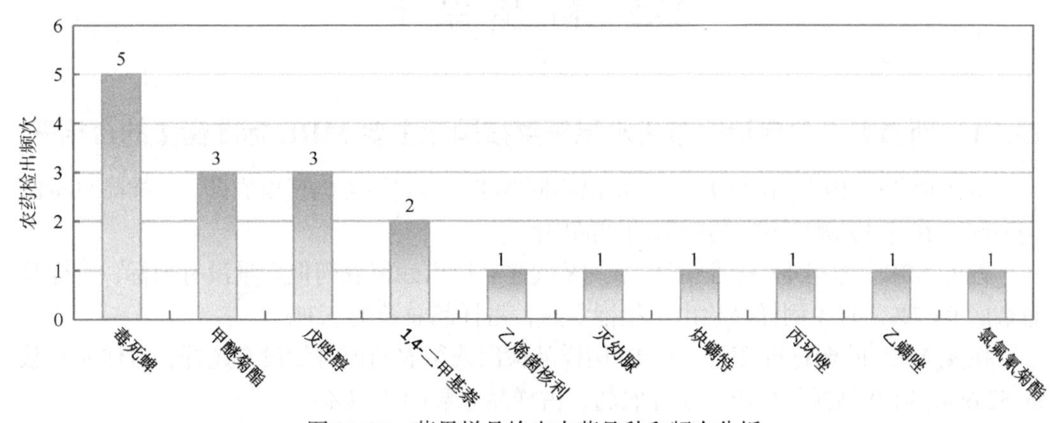

图 23-27　苹果样品检出农药品种和频次分析

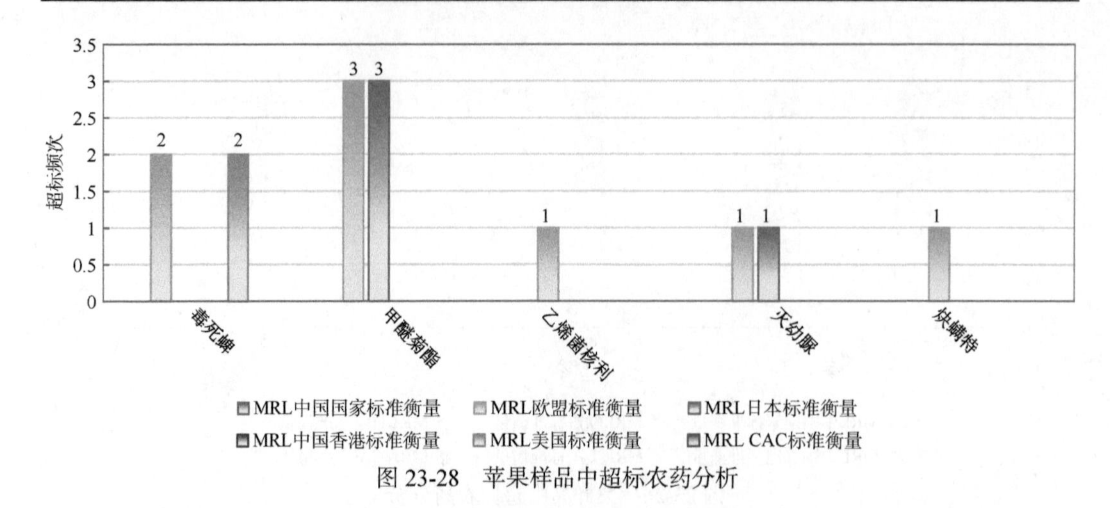

图 23-28　苹果样品中超标农药分析

表 23-20　苹果中农药残留超标情况明细表

样品总数			检出农药样品数	样品检出率（%）	检出农药品种总数
5			5	100.0	10
	超标农药品种	超标农药频次	按照 MRL 中国国家标准、欧盟标准和日本标准衡量超标农药名称及频次		
中国国家标准	0	0	—		
欧盟标准	5	8	甲醚菊酯（3），毒死蜱（2），乙烯菌核利（1），灭幼脲（1），炔螨特（1）		
日本标准	2	4	甲醚菊酯（3），灭幼脲（1）		

23.4　蔬菜中农药残留分布

本次残留侦测无蔬菜样品。

23.5　初 步 结 论

23.5.1　新疆维吾尔自治区市售水果蔬菜按国际主要 MRL 标准衡量的合格率

本次侦测的 19 例样品中，全部检出不同水平、不同种类的残留农药，占样品总量的 100.0%。在这 19 例检出农药残留的样品中：

按照 MRL 中国国家标准衡量，有 18 例样品检出残留农药但含量没有超标，占样品总数的 94.7%，有 1 例样品检出了超标农药，占样品总数的 5.3%。

按照 MRL 欧盟标准衡量，有 10 例样品检出残留农药但含量没有超标，占样品总数的 52.6%，有 9 例样品检出了超标农药，占样品总数的 47.4%。

按照 MRL 日本标准衡量，有 13 例样品检出残留农药但含量没有超标，占样品总数的 68.4%，有 6 例样品检出了超标农药，占样品总数的 31.6%。

按照 MRL 中国香港标准衡量，全部样品检出残留农药但含量都没有超标，占样品总数的 100.0%。

按照 MRL 美国标准衡量，有 15 例样品检出残留农药但含量没有超标，占样品总数的 78.9%，有 4 例样品检出了超标农药，占样品总数的 21.1%。

按照 MRL CAC 标准衡量，有 17 例样品检出残留农药但含量没有超标，占样品总数的 89.5%，有 2 例样品检出了超标农药，占样品总数的 10.5%。

23.5.2　新疆维吾尔自治区市售水果蔬菜中检出农药以中低微毒农药为主，占市场主体的 100.0%

这次侦测的 19 例样品包括水果 3 种，共检出了 31 种农药，检出农药的毒性以中低微毒为主，详见表 23-21。

表 23-21　市场主体农药毒性分布

毒性	检出品种	占比（%）	检出频次	占比（%）
剧毒农药	0	0.0	0	0
高毒农药	0	0.0	0	0
中毒农药	11	35.5	36	52.9
低毒农药	13	41.9	20	29.4
微毒农药	7	22.6	12	17.6
中低微毒农药，品种占比 100.0%，频次占比 100.0%				

23.5.3　检出剧毒、高毒和禁用农药现象应该警醒

在此次侦测的 19 例样品中的 11 例样品检出了 2 种 13 频次的禁用农药，占样品总量的 57.9%。

按 MRL 中国国家标准衡量，检出 13 频次的禁用农药均未超标。

剧毒、高毒或禁用农药的检出情况及按照 MRL 中国国家标准衡量的超标情况见表 23-22。

表 23-22　剧毒、高毒或禁用农药的检出及超标明细

序号	农药名称	样品名称	检出频次	超标频次	最大超标倍数	超标率
1.1	毒死蜱▲	苹果	5	0	0	0.0%
1.2	毒死蜱▲	梨	6	0	0	0.0%
2.1	硫丹▲	梨	2	0	0	0.0%
合计			13	0		0.0%

注：超标结果参考 MRL 中国国家标准计算

▲ 表示禁用农药

这些超标的高剧毒或禁用农药都是中国政府早有规定禁止在水果蔬菜中使用的，为什么还屡次被检出，应该引起警惕。

23.5.4　残留限量标准与先进国家或地区差距较大

68 频次的检出结果与我国公布的《食品中农药最大残留限量》（GB 2763—2019）对比，有 53 频次能找到对应的 MRL 中国国家标准，占 77.9%；还有 15 频次的侦测数据无相关 MRL 标准供参考，占 22.1%。

与国际上现行 MRL 标准对比发现：

有 68 频次能找到对应的 MRL 欧盟标准，占 100.0%；

有 68 频次能找到对应的 MRL 日本标准，占 100.0%；

有 46 频次能找到对应的 MRL 中国香港标准，占 67.6%。

有 44 频次能找到对应的 MRL 美国标准，占 64.7%；

有 46 频次能找到对应的 MRL CAC 标准，占 67.6%。

由上可见，MRL 中国国家标准与先进国家或地区标准还有较大差距，我们无标准，境外有标准，这就会导致我们在国际贸易中，处于受制于人的被动地位。

23.5.5　水果蔬菜单种样品检出 10～16 种农药残留，拷问农药使用的科学性

通过此次监测发现，葡萄、梨和苹果是检出农药品种最多的 3 种水果，从中检出农药品种及频次详见表 23-23。

表 23-23　单种样品检出农药品种及频次

样品名称	样品总数	检出率	检出农药品种数	检出农药（频次）
葡萄	6	100.0%	16	己唑醇（3），三唑酮（3），戊唑醇（3），烯酰吗啉（2），三唑醇（2），缬霉威（1），嘧菌环胺（1），敌草腈（1），氟唑菌酰胺（1），唑胺菌酯（1），咯菌腈（1），吡唑萘菌胺（1），嘧菌酯（1），苯醚甲环唑（1），嘧霉胺（1），联苯菊酯（1）
梨	8	100.0%	12	毒死蜱（6），乙螨唑（4），氯氟氰菊酯（4），硫丹（2），灭菌丹（2），苦参碱（1），虫螨腈（1），噻嗪酮（1），腐霉利（1），嘧霉胺（1），联苯菊酯（1），戊唑醇（1）
苹果	5	100.0%	10	毒死蜱（5），甲醚菊酯（3），戊唑醇（3），1,4-二甲基萘（2），乙烯菌核利（1），灭幼脲（1），炔螨特（1），丙环唑（1），乙螨唑（1），氯氟氰菊酯（1）

上述 3 种水果，检出农药 10～16 种，是多种农药综合防治，还是未严格实施农业良好管理规范（GAP），抑或根本就是乱施药，值得我们思考。

第24章 GC-Q-TOF/MS 侦测新疆维吾尔自治区市售水果蔬菜农药残留膳食暴露风险与预警风险评估

24.1 农药残留侦测数据分析与统计

庞国芳院士科研团队建立的农药残留高通量侦测技术以高分辨精确质量数（0.0001 *m/z* 为基准）为识别标准，采用 GC-Q-TOF/MS 技术对 686 种农药化学污染物进行侦测。

科研团队于 2020 年 9 月在新疆维吾尔自治区所属 16 个采样点，随机采集了 19 例水果蔬菜样品，采样点包括 16 个电商平台，各月内水果蔬菜样品采集数量如表 24-1 所示。

表 24-1 新疆维吾尔自治区各月内采集水果蔬菜样品数列表

时间	样品数（例）
2020 年 9 月	19

利用 GC-Q-TOF/MS 技术对 19 例样品中的农药进行侦测，共侦测出残留农药 68 频次。侦测出农药残留水平如表 24-2 和图 24-1 所示。检出频次最高的前 10 种农药如表 24-3 所示。从侦测结果中可以看出，在水果蔬菜中农药残留普遍存在，且有些水果蔬菜存在高浓度的农药残留，这些可能存在膳食暴露风险，对人体健康产生危害，因此，为了定量地评价水果蔬菜中农药残留的风险程度，有必要对其进行风险评价。

表 24-2 侦测出农药的不同残留水平及其所占比例列表

残留水平（μg/kg）	检出频次	占比（%）
1～5（含）	29	42.6
5～10（含）	7	10.3
10～100（含）	26	38.2
100～1000（含）	5	7.4
>1000	1	1.5

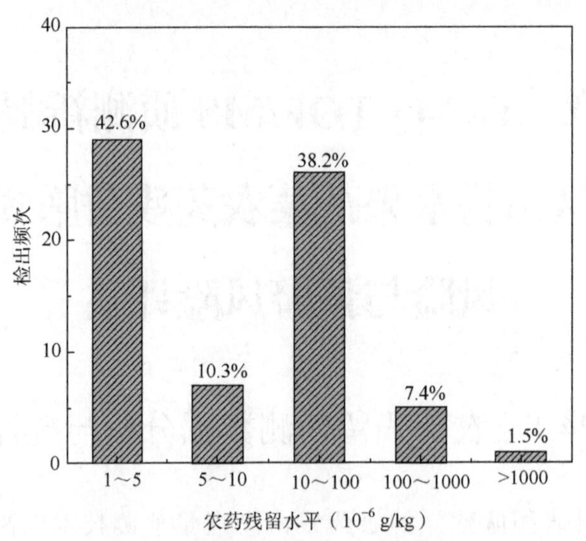

图 24-1 残留农药侦测出浓度频数分布图

表 24-3 检出频次最高的前 10 种农药列表

序号	农药	检出频次
1	毒死蜱	11
2	戊唑醇	7
3	乙螨唑	5
4	氯氟氰菊酯	5
5	甲醚菊酯	3
6	己唑醇	3
7	三唑酮	3
8	1,4-二甲基萘	2
9	硫丹	2
10	嘧霉胺	2

本研究使用 LC-Q-TOF/MS 技术对新疆维吾尔自治区 19 例样品中的农药侦测中，共侦测出农药 31 种，这些农药的 ADI 值见表 24-4。为评价新疆维吾尔自治区农药残留的风险，本研究采用两种模型分别评价膳食暴露风险和预警风险，具体的风险评价模型见附录 A。

表 24-4 新疆维吾尔自治区水果蔬菜中侦测出农药的 ADI 值

序号	农药	ADI	序号	农药	ADI	序号	农药	ADI
1	灭幼脲	1.25	4	嘧霉胺	0.2	7	苦参碱	0.1
2	咯菌腈	0.4	5	烯酰吗啉	0.2	8	灭菌丹	0.1
3	嘧菌酯	0.2	6	腐霉利	0.1	9	氟唑菌酰胺	0.08

续表

序号	农药	ADI	序号	农药	ADI	序号	农药	ADI
10	丙环唑	0.07	18	氯氟氰菊酯	0.02	26	硫丹	0.006
11	吡唑萘菌胺	0.06	19	苯醚甲环唑	0.01	27	己唑醇	0.005
12	乙螨唑	0.05	20	敌草腈	0.01	28	唑胺菌酯	0.001
13	虫螨腈	0.03	21	毒死蜱	0.01	29	1,4-二甲基萘	—
14	嘧菌环胺	0.03	22	联苯菊酯	0.01	30	甲醚菊酯	—
15	三唑醇	0.03	23	炔螨特	0.01	31	缬霉威	—
16	三唑酮	0.03	24	乙烯菌核利	0.01			
17	戊唑醇	0.03	25	噻嗪酮	0.009			

注：“—”表示国家标准中无 ADI 值规定；ADI 值单位为 mg/kg bw

24.2　农药残留膳食暴露风险评估

24.2.1　每例水果蔬菜样品中农药残留安全指数分析

基于农药残留侦测数据，发现在 19 例样品中侦测出农药 68 频次，计算样品中每种残留农药的安全指数 IFS_c，并分析农药对样品安全的影响程度，农药残留对水果蔬菜样品安全的影响程度频次分布情况如图 24-2 所示。

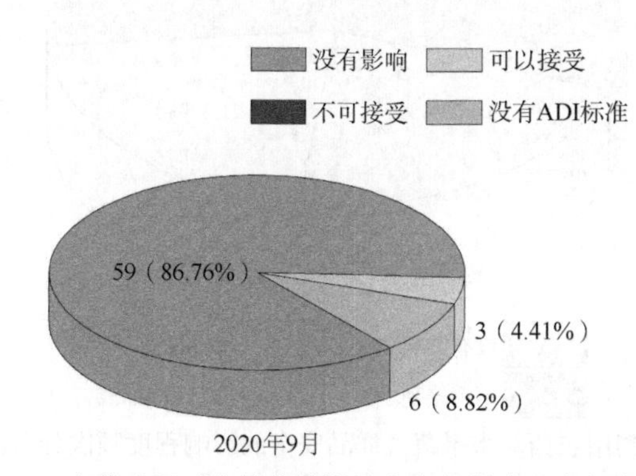

图 24-2　农药残留对水果蔬菜样品安全的影响程度频次分布图

由图 24-2 可以看出，农药残留对样品安全的影响可以接受的频次为 3，占 4.41%；农药残留对样品安全的没有影响的频次为 59，占 86.76%。

部分样品侦测出禁用农药 2 种 13 频次，为了明确残留的禁用农药对样品安全的影响，分析侦测出禁用农药残留的样品安全指数，根据禁用农药残留对水果蔬菜样品安全的影响程度频次分布情况发现农药残留对样品安全均没有影响。

此外，本次侦测发现部分样品中非禁用农药残留量超过了 MRL 中国国家标准和欧盟标准，为了明确超标的非禁用农药对样品安全的影响，分析了非禁用农药残留超标的样品安全指数。

水果蔬菜残留量超过 MRL 中国国家标准的非禁用农药对水果蔬菜样品安全的影响程度频次分布情况可以看出侦测出超过 MRL 中国国家标准的非禁用农药共 1 频次，农药残留对样品安全可以接受。表 24-5 为水果蔬菜样品中侦测出的非禁用农药残留安全指数表。

表 24-5　水果蔬菜样品中侦测出的非禁用农药残留安全指数表（MRL 中国国家标准）

序号	样品编号	采样点	基质	农药	含量（mg/kg）	中国国家标准	超标倍数	IFS_c	影响程度
1	20200924-650100-LZFDC-GP-17A	淘宝网（**精品鲜果店）	葡萄	三唑醇	0.5165	0.30	1.72	0.1090	可以接受

残留量超过 MRL 欧盟标准的非禁用农药对水果蔬菜样品安全的影响程度频次分布情况如图 24-3 所示。可以看出超过 MRL 欧盟标准的非禁用农 14 频次，其中农药没有 ADI 的频次为 3，占 21.43%；农药残留对样品安全的影响可以接受的频次为 3，占 21.43%；农药残留对样品安全没有影响的频次为 8，占 57.14%。表 24-6 为水果蔬菜样品中安全指数排名前 10 的残留超标非禁用农药列表。

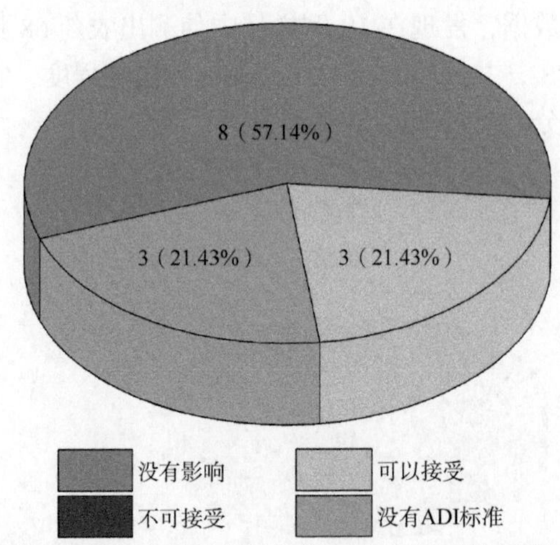

图 24-3　残留超标的非禁用农药对水果蔬菜样品安全的影响程度频次分布图（MRL 欧盟标准）

表 24-6　水果蔬菜样品中安全指数排名前 10 的残留超标非禁用农药列表（MRL 欧盟标准）

序号	样品编号	采样点	基质	农药	含量（mg/kg）	欧盟标准	超标倍数	IFS_c	影响程度
1	20200924-650100-LZFDC-GP-16A	天猫商城（**生旗舰店）	葡萄	氟唑菌酰胺	7.3886	3	2.46	0.5849	可以接受
2	20200924-650100-LZFDC-GP-16A	天猫商城（**生旗舰店）	葡萄	唑胺菌酯	0.0247	0.01	2.47	0.1564	可以接受
3	20200924-650100-LZFDC-GP-17A	淘宝网（**精品鲜果店）	葡萄	三唑醇	0.5165	0.3	1.72	0.1090	可以接受

续表

序号	样品编号	采样点	基质	农药	含量（mg/kg）	欧盟标准	超标倍数	IFS_c	影响程度
4	20200924-650100-LZFDC-GP-15A	淘宝网（**鲜果坊店）	葡萄	己唑醇	0.0236	0.01	2.36	0.0299	没有影响
5	20200924-650100-LZFDC-GP-16A	天猫商城（**生旗舰店）	葡萄	敌草腈	0.027	0.01	2.70	0.0171	没有影响
6	20200924-650100-LZFDC-AP-08A	淘宝网（tb**35581）	苹果	炔螨特	0.0249	0.01	2.49	0.0158	没有影响
7	20200924-650100-LZFDC-GP-17A	淘宝网（**精品鲜果店）	葡萄	三唑酮	0.0511	0.01	5.11	0.0108	没有影响
8	20200925-650100-LZFDC-PE-01A	淘宝网（**斋旗舰店）	梨	联苯菊酯	0.0132	0.01	1.32	0.0084	没有影响
9	20200924-650100-LZFDC-AP-04A	天猫商城（**园食品旗舰店）	苹果	乙烯菌核利	0.012	0.01	1.20	0.0076	没有影响
10	20200925-650100-LZFDC-PE-01A	淘宝网（**斋旗舰店）	梨	虫螨腈	0.0145	0.01	1.45	0.0031	没有影响

24.2.2　单种水果蔬菜中农药残留安全指数分析

本次 3 种水果蔬菜侦测 31 种农药，所有水果蔬菜均侦测出农药，检出频次为 68 次，其中 3 种农药没有 ADI 标准，28 种农药存在 ADI 标准。对 3 种水果蔬菜按不同种类分别计算侦测出的具有 ADI 标准的各种农药的 IFS_c 值，农药残留对水果蔬菜的安全指数分布图如图 24-4 所示。

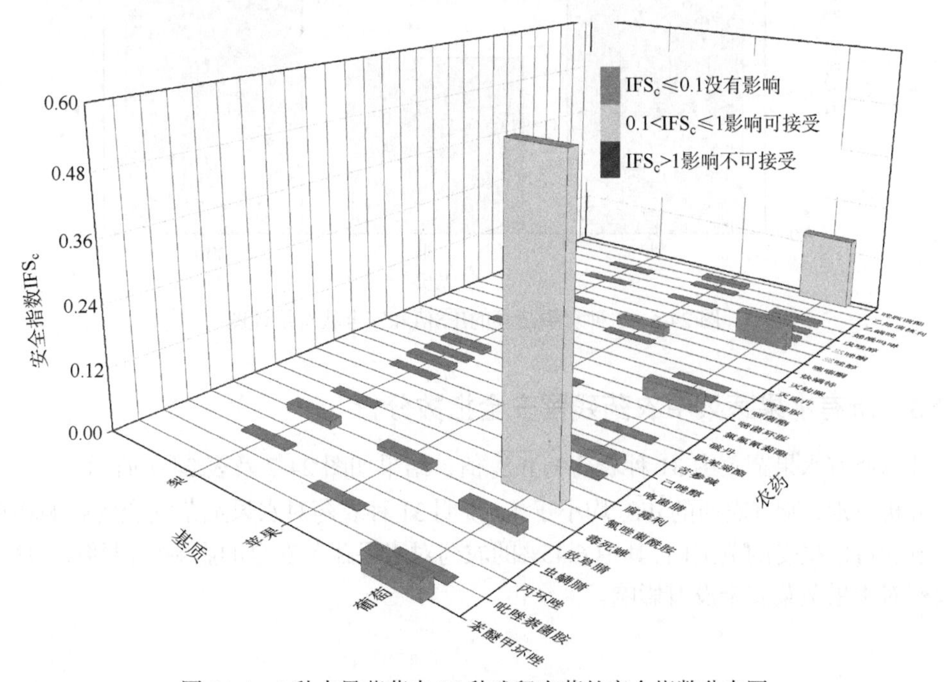

图 24-4　3 种水果蔬菜中 28 种残留农药的安全指数分布图

本次侦测中，3 种水果蔬菜和 31 种残留农药（包括没有 ADI 标准）共涉及 38 个分析样本，农药对单种水果蔬菜安全的影响程度分布情况如图 24-5 所示。可以看出，86.84%的样本中农药对水果蔬菜安全没有影响。

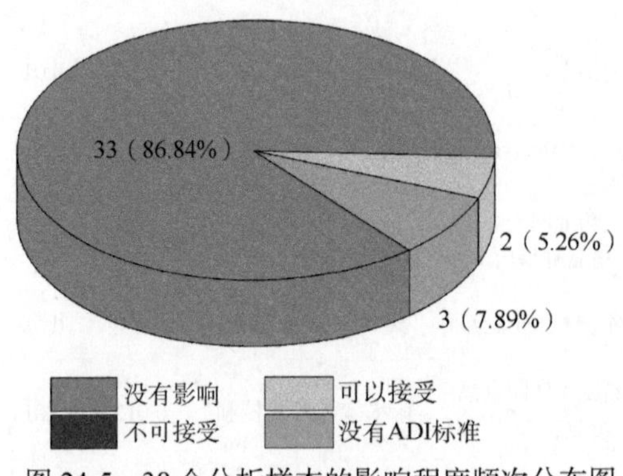

图 24-5 38 个分析样本的影响程度频次分布图

此外，分别计算 3 种水果蔬菜中所有侦测出农药 IFS_c 的平均值$\overline{IFS}$，分析每种水果蔬菜的安全状态，结果如图 24-6 所示，分析发现 3 种水果蔬菜的安全状态都很好。

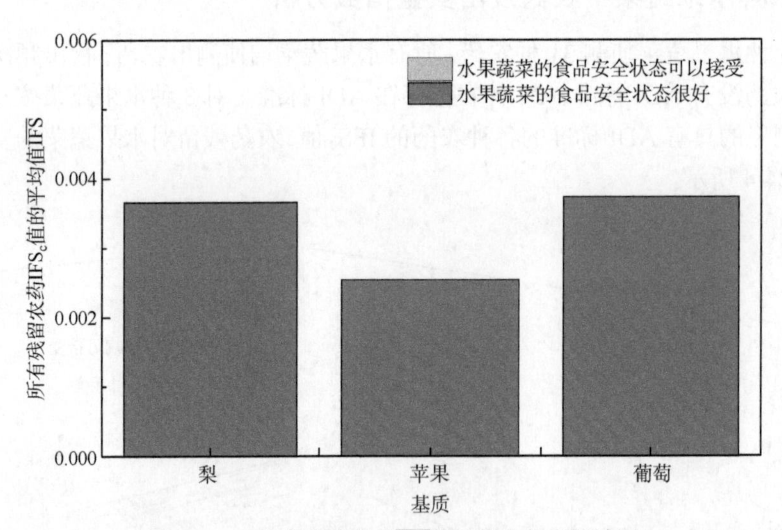

图 24-6 3 种水果蔬菜的$\overline{IFS}$值和安全状态统计图

24.2.3 所有水果蔬菜中农药残留安全指数分析

计算所有水果蔬菜中 31 种农药的 $\overline{IFS}_c$ 值，结果如图 24-7 及表 24-7 所示。

分析发现，所有农药的 $\overline{IFS}_c$ 均小于 1，说明 31 种农药对水果蔬菜安全的影响均在没有影响和可以接受的范围内，其中 6.45%的农药对水果蔬菜安全的影响可以接受，93.55%的农药对水果蔬菜安全没有影响。

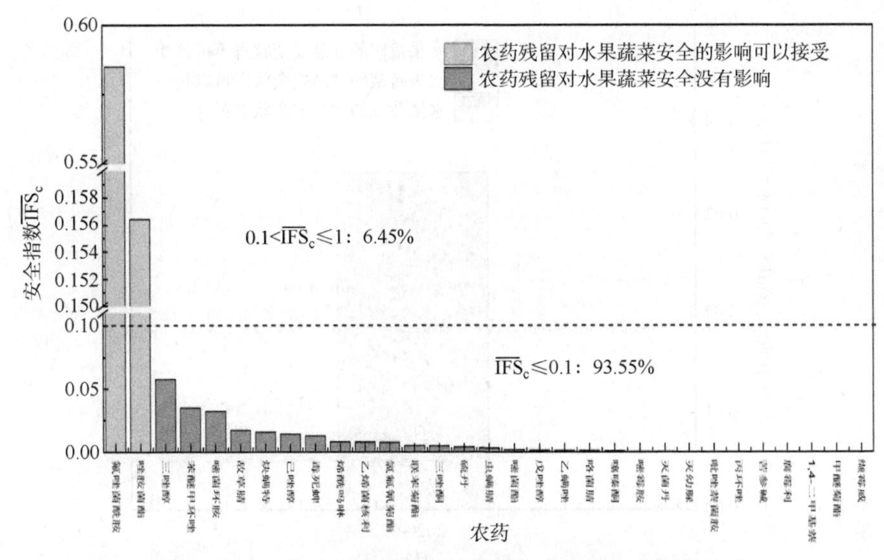

图 24-7　31 种残留农药对水果蔬菜的安全影响程度统计图

表 24-7　水果蔬菜中 31 种农药残留的安全指数表

序号	农药	检出频次	检出率（%）	$\overline{IFS}_c$	影响程度	序号	农药	检出频次	检出率（%）	$\overline{IFS}_c$	影响程度
1	氟唑菌酰胺	1	1.47	0.5849	可以接受	17	嘧菌酯	1	1.47	0.0018	没有影响
2	唑胺菌酯	1	1.47	0.1564	可以接受	18	戊唑醇	7	10.29	0.0014	没有影响
3	三唑醇	2	2.94	0.0573	没有影响	19	乙螨唑	5	7.35	0.0013	没有影响
4	苯醚甲环唑	1	1.47	0.0349	没有影响	20	咯菌腈	1	1.47	0.0012	没有影响
5	嘧菌环胺	1	1.47	0.0322	没有影响	21	噻嗪酮	1	1.47	0.0008	没有影响
6	敌草腈	1	1.47	0.0171	没有影响	22	嘧霉胺	2	2.94	0.0004	没有影响
7	炔螨特	1	1.47	0.0158	没有影响	23	灭菌丹	2	2.94	0.0004	没有影响
8	己唑醇	3	4.41	0.0140	没有影响	24	灭幼脲	1	1.47	0.0003	没有影响
9	毒死蜱	11	16.18	0.0126	没有影响	25	吡唑萘菌胺	1	1.47	0.0003	没有影响
10	烯酰吗啉	2	2.94	0.0078	没有影响	26	丙环唑	1	1.47	0.0002	没有影响
11	乙烯菌核利	1	1.47	0.0076	没有影响	27	苦参碱	1	1.47	0.0002	没有影响
12	氯氟氰菊酯	5	7.35	0.0074	没有影响	28	腐霉利	1	1.47	0.0001	没有影响
13	联苯菊酯	2	2.94	0.0050	没有影响	29	1,4-二甲基萘	—	—	—	—
14	三唑酮	3	4.41	0.0049	没有影响	30	甲醚菊酯	—	—	—	—
15	硫丹	2	2.94	0.0040	没有影响	31	缬霉威	—	—	—	—
16	虫螨腈	1	1.47	0.0031	没有影响						

计算 9 月内水果蔬菜的$\overline{IFS}$，以分析 9 月内水果蔬菜的安全状态，结果如图 24-8 所示，可以看出 9 月的水果蔬菜安全状态处于很好的范围内。

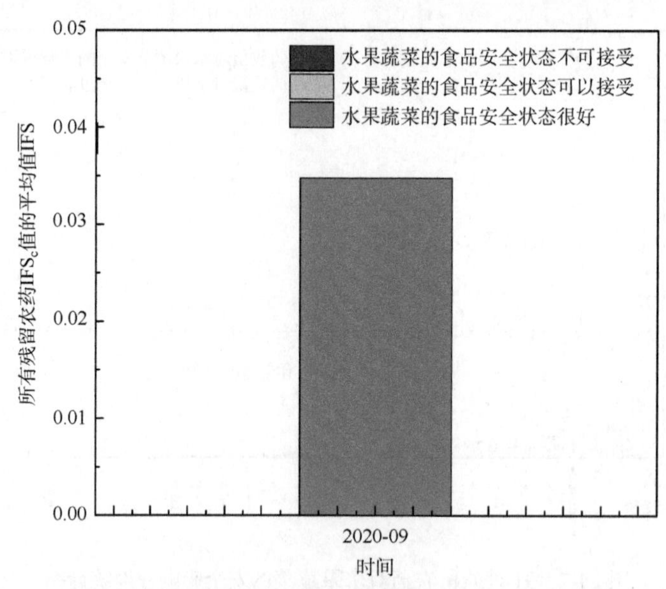

图 24-8 9 月份内水果蔬菜的$\overline{IFS}$值与安全状态统计图

24.3 农药残留预警风险评估

基于新疆维吾尔自治区水果蔬菜样品中农药残留 GC-Q-TOF/MS 侦测数据，分析禁用农药的检出率，同时参照中华人民共和国国家标准 GB 2763—2019 和欧盟农药最大残留限量（MRL）标准分析非禁用农药残留的超标率，并计算农药残留风险系数。分析单种水果蔬菜中农药残留以及所有水果蔬菜中农药残留的风险程度。

24.3.1 单种水果蔬菜中农药残留风险系数分析

24.3.1.1 单种水果蔬菜中禁用农药残留风险系数分析

侦测出的 31 种残留农药中有 2 种为禁用农药，且它分布在 2 种水果蔬菜中，计算 2 种水果蔬菜中禁用农药的超标率，根据超标率计算风险系数 R，进而分析水果蔬菜中禁用农药的风险程度，结果如图 24-9 与表 24-8 所示。分析发现 2 种禁用农药在 2 种水果蔬菜中的残留均处于高度风险。

表 24-8 2 种水果蔬菜中 2 种禁用农药的风险系数列表

序号	基质	农药	检出频次	检出率（%）	风险系数 R	风险程度
1	梨	毒死蜱	6	75.00	76.1	高度风险
2	梨	硫丹	2	25.00	26.1	高度风险
3	苹果	毒死蜱	5	100.00	101.1	高度风险

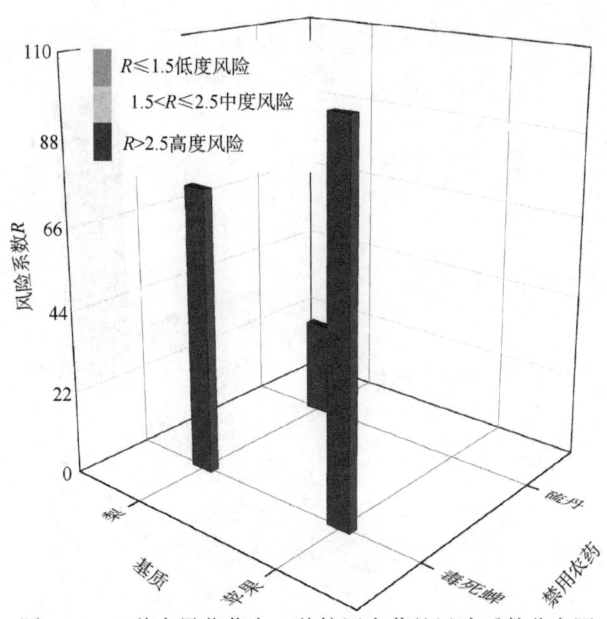

图 24-9　2 种水果蔬菜中 2 种禁用农药的风险系数分布图

24.3.1.2　基于 MRL 中国国家标准的单种水果蔬菜中非禁用农药残留风险系数分析

参照中华人民共和国国家标准 GB 2763—2019 中农药残留限量计算每种水果蔬菜中每种非禁用农药的超标率，进而计算其风险系数，根据风险系数大小判断残留农药的预警风险程度，水果蔬菜中非禁用农药残留风险程度分布情况如图 24-10 所示。

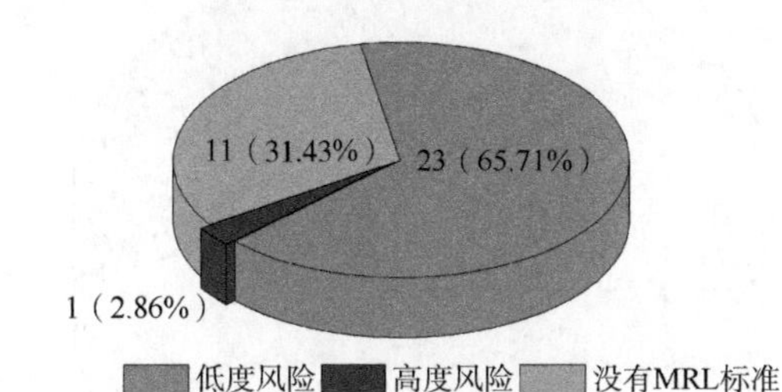

图 24-10　水果蔬菜中非禁用农药风险程度的频次分布图（MRL 中国国家标准）

本次分析中，发现在 3 种水果蔬菜侦测出 31 种残留非禁用农药，涉及样本 35 个，在 35 个样本中，2.86%处于高度风险，65.71%处于低度风险，此外发现有 11 个样本没有 MRL 中国国家标准标准值，无法判断其风险程度，有 MRL 中国国家标准值的 24 个样本涉及 3 种水果蔬菜中的 19 种非禁用农药，其风险系数 R 值如图 24-11 所示。表 24-9 为非禁用农药残留处于高度风险的水果蔬菜列表。

表 24-9　单种水果蔬菜中处于高度风险的非禁用农药风险系数表（MRL 中国国家标准）

序号	基质	农药	超标频次	超标率 P（%）	风险系数 R
1	葡萄	三唑醇	1	16.67	17.7667

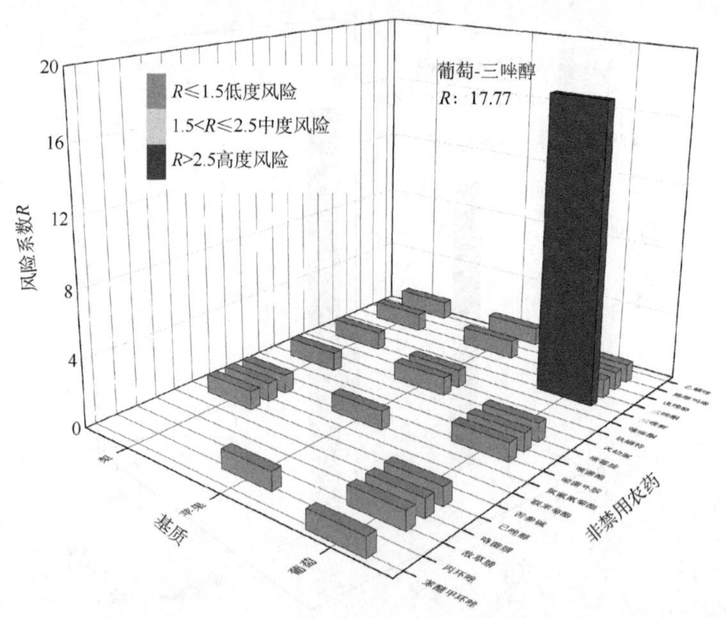

图 24-11　3 种水果蔬菜中 19 种非禁用农药的风险系数分布图（MRL 中国国家标准）

24.3.1.3　基于 MRL 欧盟标准的单种水果蔬菜中非禁用农药残留风险系数分析

参照 MRL 欧盟标准计算每种水果蔬菜中每种非禁用农药的超标率，进而计算其风险系数，根据风险系数大小判断农药残留的预警风险程度，水果蔬菜中非禁用农药残留风险程度分布情况如图 24-12 所示。

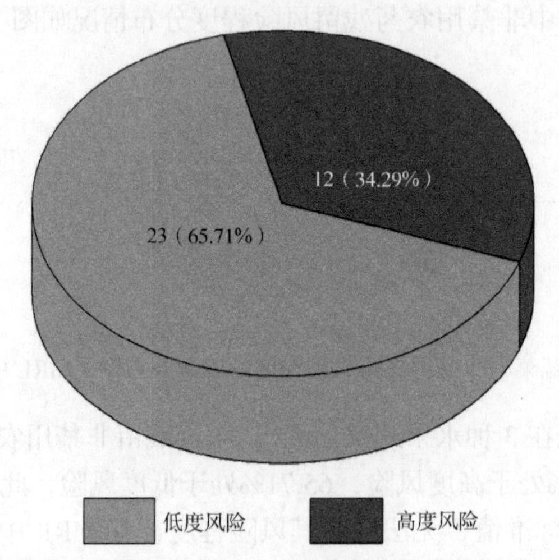

图 24-12　水果蔬菜中非禁用农药的风险程度的频次分布图（MRL 欧盟标准）

本次分析中，发现在 3 种水果蔬菜中共侦测出 29 种非禁用农药，涉及样本 35 个，其中，34.29%处于高度风险，涉及 2 种水果蔬菜和 12 种农药；65.71%处于低度风险，涉及 2 种水果蔬菜和 22 种农药。单种水果蔬菜中的非禁用农药风险系数分布图如图 24-13 所示。单种水果蔬菜中处于高度风险的非禁用农药风险系数如图 24-14 和表 24-10 所示。

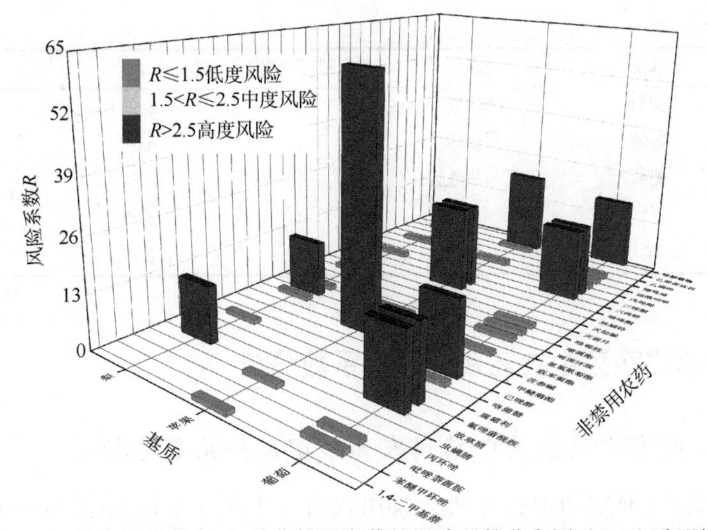

图 24-13　3 种水果蔬菜中 29 种非禁用农药的风险系数分布图（MRL 欧盟标准）

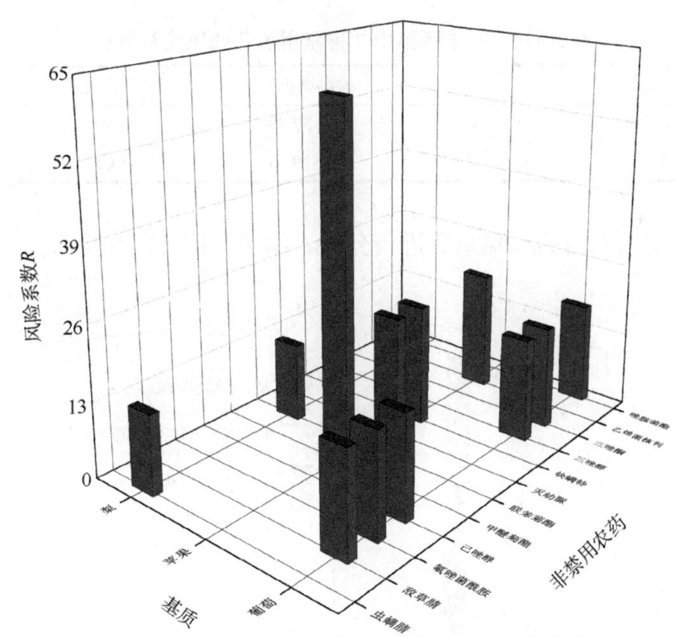

图 24-14　单种水果蔬菜中处于高度风险的非禁用农药的风险系数分布图（MRL 欧盟标准）

表 24-10　单种水果蔬菜中处于高度风险的非禁用农药的风险系数表（MRL 欧盟标准）

序号	基质	农药	超标频次	超标率 *P*（%）	风险系数 *R*
1	苹果	甲醚菊酯	3	60.00	61.10
2	苹果	乙烯菌核利	1	20.00	21.10
3	苹果	灭幼脲	1	20.00	21.10
4	苹果	炔螨特	1	20.00	21.10
5	葡萄	三唑酮	1	16.67	17.77
6	葡萄	三唑醇	1	16.67	17.77
7	葡萄	唑胺菌酯	1	16.67	17.77

续表

序号	基质	农药	超标频次	超标率 P（%）	风险系数 R
8	葡萄	己唑醇	1	16.67	17.77
9	葡萄	敌草腈	1	16.67	17.77
10	葡萄	氟唑菌酰胺	1	16.67	17.77
11	梨	联苯菊酯	1	12.50	13.60
12	梨	虫螨腈	1	12.50	13.60

24.3.2 所有水果蔬菜中农药残留风险系数分析

24.3.2.1 所有水果蔬菜中禁用农药残留风险系数分析

在侦测出的 31 种农药中有 2 种为禁用农药，计算所有水果蔬菜中禁用农药的风险系数，结果如表 24-11 所示。禁用农药毒死蜱、硫丹处于高度风险。

表 24-11 水果蔬菜中 2 种禁用农药的风险系数表

序号	农药	检出频次	检出率 P（%）	风险系数 R	风险程度
1	毒死蜱	11	57.89	58.99	高度风险
2	硫丹	2	10.53	11.63	高度风险

对 9 月内的禁用农药的风险系数进行分析，结果如图 24-15 所示。

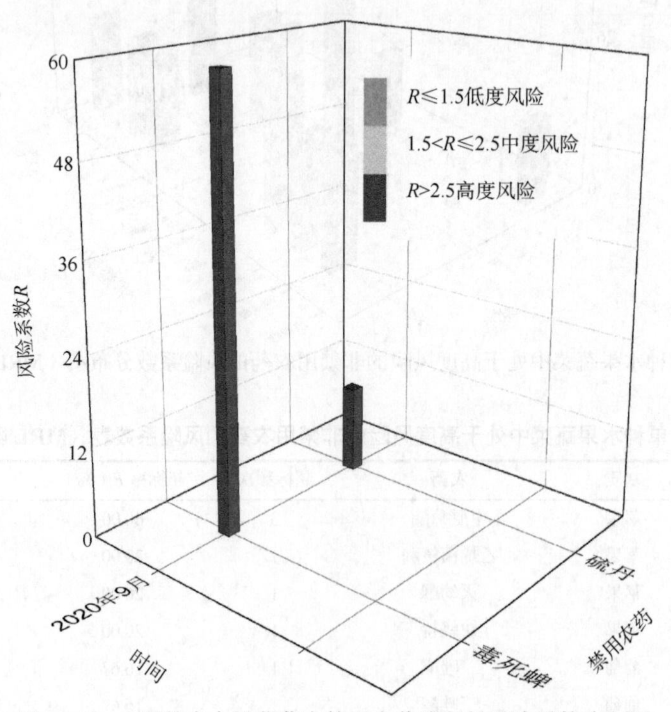

图 24-15 9 月份内水果蔬菜中禁用农药残留的风险系数分布图

24.3.2.2　所有水果蔬菜中非禁用农药残留风险系数分析

参照 MRL 欧盟标准计算所有水果蔬菜中每种非禁用农药残留的风险系数，如图 24-16 与表 24-12 所示。在侦测出的 29 种非禁用农药中，12 种农药（41.38%）残留处于高度风险，17 种农药（58.62%）残留处于低度风险。

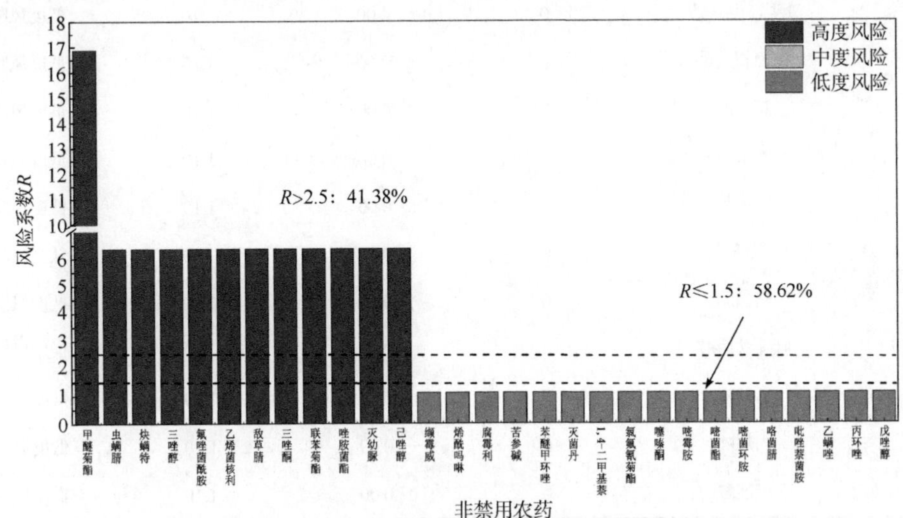

图 24-16　水果蔬菜中 29 种非禁用农药的风险程度统计图

表 24-12　水果蔬菜中 29 种非禁用农药的风险系数表

序号	农药	超标频次	超标率 P（%）	风险系数 R	风险程度
1	甲醚菊酯	3	15.79	16.89	高度风险
2	虫螨腈	1	5.26	6.36	高度风险
3	炔螨特	1	5.26	6.36	高度风险
4	三唑醇	1	5.26	6.36	高度风险
5	氟唑菌酰胺	1	5.26	6.36	高度风险
6	乙烯菌核利	1	5.26	6.36	高度风险
7	敌草腈	1	5.26	6.36	高度风险
8	三唑酮	1	5.26	6.36	高度风险
9	联苯菊酯	1	5.26	6.36	高度风险
10	唑胺菌酯	1	5.26	6.36	高度风险
11	灭幼脲	1	5.26	6.36	高度风险
12	己唑醇	1	5.26	6.36	高度风险
13	缬霉威	0	0.00	1.10	低度风险
14	烯酰吗啉	0	0.00	1.10	低度风险
15	腐霉利	0	0.00	1.10	低度风险

续表

序号	农药	超标频次	超标率 P（%）	风险系数 R	风险程度
16	苦参碱	0	0.00	1.10	低度风险
17	苯醚甲环唑	0	0.00	1.10	低度风险
18	灭菌丹	0	0.00	1.10	低度风险
19	1,4-二甲基萘	0	0.00	1.10	低度风险
20	氯氟氰菊酯	0	0.00	1.10	低度风险
21	噻嗪酮	0	0.00	1.10	低度风险
22	嘧霉胺	0	0.00	1.10	低度风险
23	嘧菌酯	0	0.00	1.10	低度风险
24	嘧菌环胺	0	0.00	1.10	低度风险
25	咯菌腈	0	0.00	1.10	低度风险
26	吡唑萘菌胺	0	0.00	1.10	低度风险
27	乙螨唑	0	0.00	1.10	低度风险
28	丙环唑	0	0.00	1.10	低度风险
29	戊唑醇	0	0.00	1.10	低度风险

对 9 月份内的非禁用农药的风险系数分析，9 月内非禁用农药风险程度分布图如图 24-17 所示。

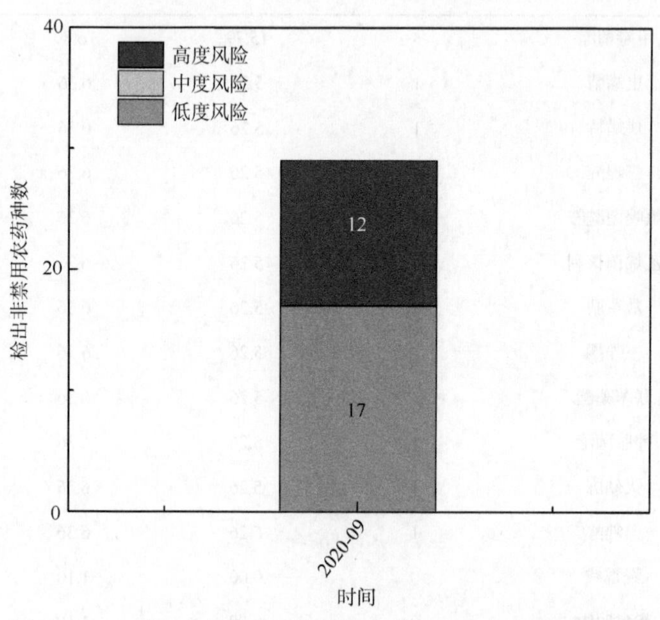

图 24-17　9 月份水果蔬菜中非禁用农药残留的风险程度分布图

24.4　农药残留风险评估结论与建议

农药残留是影响水果蔬菜安全和质量的主要因素，也是我国食品安全领域备受关注的敏感话题和亟待解决的重大问题之一。各种水果蔬菜均存在不同程度的农药残留现象，本研究主要针对新疆维吾尔自治区各类水果蔬菜存在的农药残留问题，基于 2020 年 9 月期间对新疆维吾尔自治区 19 例水果蔬菜样品中农药残留侦测得出的 68 个侦测结果，分别采用食品安全指数模型和风险系数模型，开展水果蔬菜中农药残留的膳食暴露风险和预警风险评估。水果蔬菜样品取自电商平台，符合大众的膳食来源，风险评价时更具有代表性和可信度。

本研究力求通用简单地反映食品安全中的主要问题，且为管理部门和大众容易接受，为政府及相关管理机构建立科学的食品安全信息发布和预警体系提供科学的规律与方法，加强对农药残留的预警和食品安全重大事件的预防，控制食品风险。

24.4.1　新疆维吾尔自治区水果蔬菜中农药残留膳食暴露风险评价结论

水果蔬菜样品中农药残留安全状态评价结论

采用食品安全指数模型，对 2020 年 9 月期间新疆维吾尔自治区水果蔬菜食品农药残留膳食暴露风险进行评价，根据 IFS_c 的计算结果发现，水果蔬菜中农药的 $\overline{IFS}$ 为 0.0348，说明新疆维吾尔自治区水果蔬菜总体处于很好的安全状态，但部分禁用农药、高残留农药在蔬菜、水果中仍有侦测出，导致膳食暴露风险的存在，成为不安全因素。

24.4.2　新疆维吾尔自治区水果蔬菜中农药残留预警风险评价结论

1）单种水果蔬菜中禁用农药残留的预警风险评价结论

本次侦测过程中，在 2 种水果蔬菜中侦测超出 2 种禁用农药，禁用农药为：毒死蜱、硫丹，水果蔬菜为：苹果，梨，水果蔬菜中禁用农药的风险系数分析结果显示，2 种禁用农药在 2 种水果蔬菜中的残留均处于高度风险，说明在单种水果蔬菜中禁用农药的残留会导致较高的预警风险。

2）单种水果蔬菜中非禁用农药残留的预警风险评价结论

以 MRL 中国国家标准为标准，计算水果蔬菜中非禁用农药风险系数情况下，35 个样本中，1 个处于高度风险（2.86%），23 个处于低度风险（65.71%），11 个样本没有 MRL 中国国家标准（31.43%）。以 MRL 欧盟标准为标准，计算水果蔬菜中非禁用农药风险系数情况下，发现有 12 个处于高度风险（34.29%），23 个处于低度风险（65.71%）。基于两种 MRL 标准，评价的结果差异显著，可以看出 MRL 欧盟标准比中国国家标准更加严格和完善，过于宽松的 MRL 中国国家标准值能否有效保障人体的健康有待研究。

24.4.3 加强新疆维吾尔自治区水果蔬菜食品安全建议

我国食品安全风险评价体系仍不够健全，相关制度不够完善，多年来，由于农药用药次数多、用药量大或用药间隔时间短，产品残留量大，农药残留所造成的食品安全问题日益严峻，给人体健康带来了直接或间接的危害。据估计，美国与农药有关的癌症患者数约占全国癌症患者总数的50%，中国更高。同样，农药对其他生物也会形成直接杀伤和慢性危害，植物中的农药可经过食物链逐级传递并不断蓄积，对人和动物构成潜在威胁，并影响生态系统。

基于本次农药残留侦测数据的风险评价结果，提出以下几点建议：

1）加快食品安全标准制定步伐

我国食品标准中对农药每日允许最大摄入量ADI的数据严重缺乏，在本次新疆维吾尔自治区水果蔬菜农药残留评价所涉及的31种农药中，仅有90.32%的农药具有ADI值，而9.68%的农药中国尚未规定相应的ADI值，亟待完善。

我国食品中农药最大残留限量值的规定严重缺乏，对评估涉及的不同水果蔬菜中不同农药249个MRL限值进行统计来看，我国仅制定出84个标准，标准完整率仅为33.7%，欧盟的完整率达到100%（表24-13）。因此，中国更应加快MRL的制定步伐。

表24-13 我国国家食品标准农药的ADI、MRL值与欧盟标准的数量差异

分类		中国ADI	MRL中国国家标准	MRL欧盟标准
标准限值（个）	有	57	84	249
	无	7	165	0
总数（个）		64	249	249
无标准限值比例（%）		10.9	66.3	0

此外，MRL中国国家标准限值普遍高于欧盟标准限值，这些标准中共有54个高于欧盟。过高的MRL值难以保障人体健康，建议继续加强对限值基准和标准的科学研究，将农产品中的危险性减少到尽可能低的水平。

2）加强农药的源头控制和分类监管

在新疆维吾尔自治区某些水果蔬菜中仍有禁用农药残留，利用GC-Q-TOF/MS技术侦测出1种禁用农药，检出频次为7次，残留禁用农药均存在较大的膳食暴露风险和预警风险。早已列入黑名单的禁用农药在我国并未真正退出，有些药物由于价格便宜、工艺简单，此类高毒农药一直生产和使用。建议在我国采取严格有效的控制措施，从源头控制禁用农药。

对于非禁用农药，在我国作为“田间地头”最典型单位的县级蔬果产地中，农药残留的侦测几乎缺失。建议根据农药的毒性，对高毒、剧毒、中毒农药实现分类管理，减少使用高毒和剧毒高残留农药，进行分类监管。

3）加强残留农药的生物修复及降解新技术

市售果蔬中残留农药的品种多、频次高、禁用农药多次检出这一现状，说明了我国的田间土壤和水体因农药长期、频繁、不合理的使用而遭到严重污染。为此，建议中国相关部门出台相关政策，鼓励高校及科研院所积极开展分子生物学、酶学等研究，加强土壤、水体中残留农药的生物修复及降解新技术研究，切实加大农药监管力度，以控制农药的面源污染问题。

综上所述，在本工作基础上，根据果蔬残留危害，可进一步针对其成因提出和采取严格管理、大力推广无公害蔬菜种植与生产、健全食品安全控制技术体系、加强果蔬食品质量侦测体系建设和积极推行果蔬食品质量追溯制度等相应对策。建立和完善食品安全综合评价指数与风险监测预警系统，对食品安全进行实时、全面的监控与分析，为我国的食品安全科学监管与决策提供新的技术支持，可实现各类检验数据的信息化系统管理，降低食品安全事故的发生。

附录A　农药残留风险评价模型

对西北五省区水果蔬菜中农药残留分别开展暴露风险评估和预警风险评估。膳食暴露风险评估利用食品安全指数模型对水果蔬菜中的残留农药对人体可能产生的危害程度进行评价，该模型结合残留监测和膳食暴露评估评价化学污染物的危害；预警风险评价模型运用风险系数（risk index，R），风险系数综合考虑了危害物的超标率、施检频率及其本身敏感性的影响，能直观而全面地反映出危害物在一段时间内的风险程度。

A.1　食品安全指数模型

为了加强食品安全管理，《中华人民共和国食品安全法》第二章第十七条规定“国家建立食品安全风险评估制度，运用科学方法，根据食品安全风险监测信息、科学数据以及有关信息，对食品、食品添加剂、食品相关产品中生物性、化学性和物理性危害因素进行风险评估”[1]，膳食暴露评估是食品危险度评估的重要组成部分，也是膳食安全性的衡量标准[2]。国际上最早研究膳食暴露风险评估的机构主要是JMPR（FAO、WHO农药残留联合会议），该组织自1995年就已制定了急性毒性物质的风险评估急性毒性农药残留摄入量的预测。1960年美国规定食品中不得加入致癌物质进而提出零阈值理论，渐渐零阈值理论发展成在一定概率条件下可接受风险的概念[3]，后衍变为食品中每日允许最大摄入量（ADI），而国际食品农药残留法典委员会（CCPR）认为ADI不是独立风险评估的唯一标准[4]，1995年JMPR开始研究农药急性膳食暴露风险评估，并对食品国际短期摄入量的计算方法进行了修正，亦对膳食暴露评估准则及评估方法进行了修正[5]，2002年，在对世界上现行的食品安全评价方法，尤其是国际公认的CAC的评价方法、全球环境监测系统/食品污染监测和评估规划（WHO GEMS/Food）及FAO、WHO食品添加剂联合专家委员会（JECFA）和JMPR对食品安全风险评估工作研究的基础之上，检验检疫食品安全管理的研究人员提出了结合残留监控和膳食暴露评估，以食品安全指数（IFS）计算食品中各种化学污染物对消费者的健康危害程度[6]。IFS是表示食品安全状态的新方法，可有效地评价某种农药的安全性，进而评价食品中各种农药化学污染物对消费者健康的整体危害程度[7, 8]。从理论上分析，IFS_c可指出食品中的污染物c对消费者健康是否存在危害及危害的程度[9]。其优点在于操作简单且结果容易被接受和理解，不需要大量的数据来对结果进行验证，使用默认的标准假设或者模型即可[10, 11]。

1）IFS_c的计算

IFS_c计算公式如下：

$$\mathrm{IFS_c} = \frac{\mathrm{EDI_c} \times f}{\mathrm{SI_c} \times \mathrm{bw}} \tag{A-1}$$

式中，c为所研究的农药；EDI_c为农药c的实际日摄入量估算值，等于$\sum(R_i \times F_i \times E_i \times P_i)$

（i为食品种类；R_i为食品i中农药c的残留水平，mg/kg；F_i为食品i的估计日消费量，g/（人·天）；E_i为食品i的可食用部分因子；P_i为食品i的加工处理因子）；SI_c为安全摄入量，可采用每日允许最大摄入量（ADI）；bw为人平均体重，kg；f为校正因子，如果安全摄入量采用ADI，则f取1。

$IFS_c \ll 1$，农药c对食品安全没有影响；$IFS_c \leqslant 1$，农药c对食品安全的影响可以接受；$IFS_c > 1$，农药c对食品安全的影响不可接受。

本次评价中：

$IFS_c \leqslant 0.1$，农药c对水果蔬菜安全没有影响；

$0.1 < IFS_c \leqslant 1$，农药c对水果蔬菜安全的影响可以接受；

$IFS_c > 1$，农药c对水果蔬菜安全的影响不可接受。

本次评价中残留水平R_i取值为中国检验检疫科学研究院庞国芳院士课题组利用以高分辨精确质量数（0.0001 m/z）为基准的LC-Q-TOF/MS和GC-Q-TOF/MS侦测技术于2020年8月到10月对西北五省区水果蔬菜农药残留的侦测结果，估计日消费量F_i取值0.38 kg/(人·天)，E_i=1，P_i=1，f=1，SI_c采用《食品中农药最大残留限量》(GB 2763—2019）中ADI值，人平均体重（bw）取值60 kg。

2）计算IFS_c的平均值$\overline{IFS}$，评价农药对食品安全的影响程度

以$\overline{IFS}$评价各种农药对人体健康危害的总程度，评价模型见公式（A-2）。

$$\overline{IFS} = \frac{\sum_{i=1}^{n} IFS_c}{n} \tag{A-2}$$

$\overline{IFS} \ll 1$，所研究消费者人群的食品安全状态很好；$\overline{IFS} \leqslant 1$，所研究消费者人群的食品安全状态可以接受；$\overline{IFS} > 1$，所研究消费者人群的食品安全状态不可接受。

本次评价中：

$\overline{IFS} \leqslant 0.1$，所研究消费者人群的水果蔬菜安全状态很好；

$0.1 < \overline{IFS} \leqslant 1$，所研究消费者人群的水果蔬菜安全状态可以接受；

$\overline{IFS} > 1$，所研究消费者人群的水果蔬菜安全状态不可接受。

A.2　预警风险评估模型

2003年，我国检验检疫食品安全管理的研究人员根据WTO的有关原则和我国的具体规定，结合危害物本身的敏感性、风险程度及其相应的施检频率，首次提出了食品中危害物风险系数R的概念[12]。R是衡量一个危害物的风险程度大小最直观的参数，即在一定时期内其超标率或阳性检出率的高低，但受其施检频率的高低及其本身的敏感性（受关注程度）影响。该模型综合考察了农药在蔬菜中的超标率、施检频率及其本身敏感性，能直观而全面地反映出农药在一段时间内的风险程度[13]。

1）R计算方法

危害物的风险系数综合考虑了危害物的超标率或阳性检出率、施检频率和其本身的敏感性影响，并能直观而全面地反映出危害物在一段时间内的风险程度。风险系数R的

计算公式如式（A-3）：

$$R = aP + \frac{b}{F} + S \quad \text{(A-3)}$$

式中，P 为该种危害物的超标率；F 为危害物的施检频率；S 为危害物的敏感因子；a, b 分别为相应的权重系数。

本次评价中 F=1；S=1；a=100；b=0.1，对参数 P 进行计算，计算时首先判断是否为禁用农药，如果为非禁用农药，P=超标的样品数（侦测出的含量高于食品最大残留限量标准值，即 MRL）除以总样品数（包括超标、不超标、未侦测出）；如果为禁用农药，则侦测出即为超标，P=能侦测出的样品数除以总样品数。判断西北五省区水果蔬菜农药残留是否超标的标准限值 MRL 分别以 MRL 中国国家标准[14]和 MRL 欧盟标准作为对照。

2）评价风险程度

R≤1.5，受检农药处于低度风险；

1.5<R≤2.5，受检农药处于中度风险；

R>2.5，受检农药处于高度风险。

A.3 食品膳食暴露风险和预警风险评估应用程序的开发

1）应用程序开发的步骤

为成功开发膳食暴露风险和预警风险评估应用程序，与软件工程师多次沟通讨论，逐步提出并描述清楚计算需求，开发了初步应用程序。为明确出不同水果蔬菜、不同农药、不同地域和不同季节的风险水平，向软件工程师提出不同的计算需求，软件工程师对计算需求进行逐一地分析，经过反复的细节沟通，需求分析得到明确后，开始进行解决方案的设计，在保证需求的完整性、一致性的前提下，编写出程序代码，最后设计出满足需求的风险评估专用计算软件，并通过一系列的软件测试和改进，完成专用程序的开发。软件开发基本步骤见图 A-1。

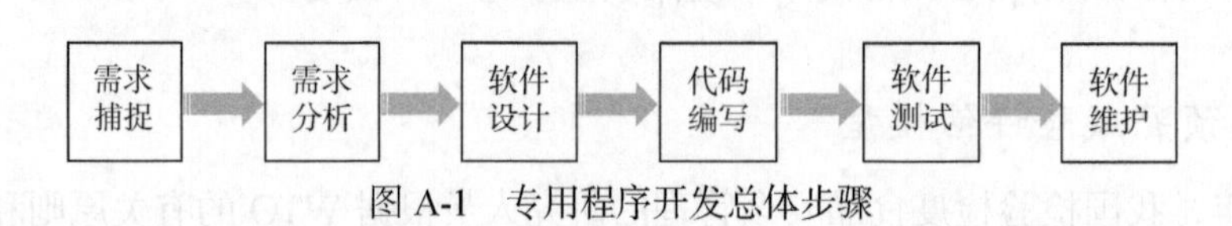

图 A-1 专用程序开发总体步骤

2）膳食暴露风险评估专业程序开发的基本要求

首先直接利用公式（A-1），分别计算 LC-Q-TOF/MS 和 GC-Q-TOF/MS 仪器侦测出的各水果蔬菜样品中每种农药 IFS_c，将结果列出。为考察超标农药和禁用农药的使用安全性，分别以我国《食品中农药最大残留限量》（GB 2763—2019）和欧盟食品中农药最大残留限量（以下简称 MRL 中国国家标准和 MRL 欧盟标准）为标准，对侦测出的禁用农药和超标的非禁用农药 IFS_c 单独进行评价；按 IFS_c 大小列表，并找出 IFS_c 值排名前 20 的样本重点关注。

对不同水果蔬菜 i 中每一种侦测出的农药 c 的安全指数进行计算，多个样品时求平均值。若监测数据为该市多个月的数据，则逐月、逐季度分别列出每个月、每个季度内每一种水果蔬菜 i 对应的每一种农药 c 的 IFS_c。

按农药种类，计算整个监测时间段内每种农药的 IFS_c，不区分水果蔬菜。若侦测数据为该市多个月的数据，则需分别计算每个月、每个季度内每种农药的 IFS_c。

3）预警风险评估专业程序开发的基本要求

分别以 MRL 中国国家标准和 MRL 欧盟标准，按公式（A-3）逐个计算不同水果蔬菜、不同农药的风险系数，禁用农药和非禁用农药分别列表。

为清楚了解各种农药的预警风险，不分时间，不分水果蔬菜，按禁用农药和非禁用农药分类，分别计算各种侦测出农药全部侦测时段内风险系数。由于有 MRL 中国国家标准的农药种类太少，无法计算超标数，非禁用农药的风险系数只以 MRL 欧盟标准为标准，进行计算。若侦测数据为多个月的，则按月计算每个月、每个季度内每种禁用农药残留的风险系数和以 MRL 欧盟标准为标准的非禁用农药残留的风险系数。

4）风险程度评价专业应用程序的开发方法

采用 Python 计算机程序设计语言，Python 是一个高层次地结合了解释性、编译性、互动性和面向对象的脚本语言。风险评价专用程序主要功能包括：分别读入每例样品 LC-Q-TOF/MS 和 GC-Q-TOF/MS 农药残留侦测数据，根据风险评价工作要求，依次对不同农药、不同食品、不同时间、不同采样点的 IFS_c 值和 R 值分别进行数据计算，筛选出禁用农药、超标农药（分别与 MRL 中国国家标准、MRL 欧盟标准限值进行对比）单独重点分析，再分别对各农药、各水果蔬菜种类分类处理，设计出计算和排序程序，编写计算机代码，最后将生成的膳食暴露风险评估和超标风险评估定量计算结果列入设计好的各个表格中，并定性判断风险对目标的影响程度，直接用文字描述风险发生的高低，如“不可接受”“可以接受”“没有影响”“高度风险”“中度风险”“低度风险”。

参 考 文 献

[1] 全国人民代表大会常务委员会. 中华人民共和国食品安全法[Z]. 2015-04-24.

[2] 钱永忠, 李耘. 农产品质量安全风险评估: 原理、方法和应用[M]. 银川: 中国标准出版社, 2007.

[3] 高仁君, 陈隆智, 郑明奇, 等. 农药对人体健康影响的风险评估[J]. 农药学学报, 2004, 6(3): 8-14.

[4] 高仁君, 王蔚, 陈隆智, 等. JMPR 农药残留急性膳食摄入量计算方法[J]. 中国农学通报, 2006, 22(4): 101-104.

[5] WHO. Recommendation for the revision of the guidelines for predicting dietary intake of pesticide residues, Report of a FAO/WHO Consultaion[R]. 2-6 May 1995, York, United Kingdom.

[6] 李聪, 张艺兵, 李朝伟, 等. 暴露评估在食品安全状态评价中的应用[J]. 检验检疫学刊, 2002, 12(1): 11-12.

[7] Liu Y, Li S, Ni Z, et al. Pesticides in persimmons, jujubes and soil from China: Residue levels, risk assessment and relationship between fruits and soils[J]. Science of the Total Environment, 2016,542(Pt A): 620-628.

[8] Claeys W L, Schmit J F O, Bragard C, et al. Exposure of several Belgian consumer groups to pesticide residues through fresh fruit and vegetable consumption[J]. Food Control, 2011, 22(3): 508-516.

[9] Quijano L, Yusà V, Font G, et al. Chronic cumulative risk assessment of the exposure to organophosphorus, carbamate and pyrethroid and pyrethrin pesticides through fruit and vegetables consumption in the region of Valencia(Spain)[J]. Food & Chemical Toxicology, 2016,89: 39-46.

[10] Fang L, Zhang S, Chen Z, et al. Risk assessment of pesticide residues in dietary intake of celery in China.[J]. Regulatory Toxicology & Pharmacology, 2015, 73(2): 578-586.

[11] Nuapia Y, Chimuka L, Cukrowska E. Assessment of organochlorine pesticide residues in raw food samples from open markets in two African cities[J]. Chemosphere, 2016,164: 480-487.

[12] 秦燕, 李辉, 李聪. 危害物的风险系数及其在食品检测中的应用[J]. 检验检疫学刊, 2003, 13(5): 13-14.

[13] 金征宇. 食品安全导论[M]. 银川: 化学工业出版社, 2005.

[14] 中华人民共和国国家卫生和计划生育委员会, 中华人民共和国农业部, 中华人民国家食品药品监督管理总局. GB 2763—2019 食品安全国家标准-食品中农药最大残留限量[S]. 2019.